全球环境展望

GEO4

旨在发展的环境

中国环境科学出版社 · 北京

本出版物经联合国环境规划署授权，中国环境保护部国际合作司全权负责中文版的翻译协调工作，中国环境科学出版社出版

中文版审校 徐庆华 岳瑞生 张金华 张洁清 王 茜

中文版翻译 任立平 何小英 邸慧萍 陈艳艳 邹 晶 王卓妮 王静懿 蒋坤芝

组 织 协 调 张洁清 高凌云 邵 葵

中文版编辑 丁 枚 连 斌 孟亚莉

本出版物由联合国环境规划署于 2007 年首次出版

联合国环境规划署 2007 年版权

在注明出处的前提下，可以未经版权所有者许可以任何形式转载本出版物的全部或部分内容用于教育或非盈利目的。如蒙惠寄使用本书作为资料来源的出版物，环境规划署将不胜感激。

未经联合国环境规划署事先书面许可，不得转售本出版物或将之用于商业目的。

要申请许可，请将复制的目的和内容的声明寄到如下地址：

the Director, DCPI, UNEP, P.O. Box 30552, Nairobi, 00100, Kenya.

本出版物的内容不一定代表环境规划署或参加组织的观点。本出版物中所使用的名称及其表述不意味着环境规划署或参与组织对于任何国家、领土、城市或地区或其当局的合法地位或对于其边界或疆界的划分表示任何意见。

本出版物中地图的使用指导可见如下网站：

http://www.un.org/Depts/Cartographic/english/9701474e.htm

本报告所提及的商业公司或产品不意味着联合国环境规划署对其的认可。禁止将本书内容用于产品公告或广告用途。

联合国环境规划署在全球范围内倡导保护环境并身体力行。因此本出版物所用纸张系环保用纸，此举的目的旨在减少联合国环境规划署的碳足迹。

全球环境展望 4

合作者

Arab Centre for the Studies of Arid Zones and Drylands (ACSAD), Syria

African Futures Institute,South Africa

Arab Forest and Range Institute (AFRI), Syria

Arabian Gulf University (AGU), Bahrain

Asian Institute of Technology (AIT), Thailand

Arab Planning Institute (API), Kuwait

American University of Beirut (AUB), Lebanon

Bangladesh Centre for Advanced Studies (BCAS), Bangladesh

BrazilianInstituteoftheEnvironmentand Natural Renewable Resources (IBAMA), Brazil

Central European University (CEU), Hungary

Centre for Environment and Development for the Arab Region and Europe (CEDARE), Egypt

CentrodeInvestigacionesdelaEconomía Mundial (CIEM), Cuba

Centro Latino Americano de Ecología Social (CLAES), Uruguay

Center for International Earth Science Information Network (CIESIN),Columbia University, United States

Commission for Environmental Cooperation of North America (CEC), Canada

Development Alternatives (DA), India

EnvironmentAgency–AbuDhabi(EAD)/ AbuDhabiGlobalEnvironmentalData Initiative (AGEDI), Abu Dhabi

European Environment Agency

European Environment Agency (EEA), Denmark

GRID Arendal

UNEP/GRID-Arendal, Norway

Gateway Antarctica, University of Canterbury, New Zealand

Indian Ocean Commission (IOC), Mauritius

Institute for Global Environmental Strategies (IGES), Japan

International Global Change Institute (IGCI), New Zealand

International Institute for Environment and Development

International Institute for Environmentand Development (IIED), United Kingdom

iisd International Institute for Sustainable Development / Institut international du développement durable

International Institute for Sustainable Development (IISD), Canada

Island Resources Foundation (IRF), US Virgin Islands

International Soil Reference and Information Centre (ISRIC), The Netherlands

IUCN
The World Conservation Union

IUCN– The World Conservation Union (IUCN), Switzerland

Kuwait Institute for Scientific Research (KISR), Kuwait

Moscow State University (MSU), Russian Federation

National Environmental Management Authority (NEMA), Uganda

National Institute for Environmental Studies (NIES), Japan

Netherlands Environment Assessment Agency (MNP), The Netherlands

Network for Environment and Sustainable Development in Africa (NESDA), Cote d'Ivoire

Scientific Committeeon Problemsofthe Environment (SCOPE), France

SIC of ISDC

Scientific Information Center (SIC), Turkmenistan

Musokotwane Environment Resource Centre for Southern Africa (IMERCSA) of the Southern African Researchand Documentation Centre (SARDC), Zimbabwe

State Environmental Protection Administration (SEPA), People's Republic of China

StockholmEnvironmentInstitute(SEI), Sweden, United Kingdom and United States

Thailand Environment Institute (TEI), Thailand

The Energy and Resources Institute (TERI), India

The Macaulay Institute, United Kingdom

THE REGIONAL ENVIRONMENTAL CENTER *for Central and Eastern Europe*

The Regional Environmental Center for Central and Eastern Europe (REC), Hungary

UNITED NATIONS UNIVERSITY

UNU-IAS

Institute of Advanced Studies

United Nations University (UNU), Japan

UNEP WCMC

United Nations Environment Programme World Conservation Monitoring Centre (UNEP-WCMC), United Kingdom

Universidad del Pacífico, Perú

Universidad de Chile

University of Chile, Chile

University of Costa Rica Development Observatory (OdD-UCR), Costa Rica

University of Denver, United States

UNIKASSEL VERSITÄT

University of Kassel, Germany

University of South Pacific, Fijis lands

University of the West Indies, Centre fo rEnvironment and Development (UWICED), Jamaica

University of the West Indies, WI St. Augustine Campus, Trinidad and Tobago

World Resources Institute, United States

鸣谢

联合国环境规划署感谢为《全球环境展望4》(GEO4)的准备和出版作出贡献的政府、个人和机构。本书505～513页附有详细名录，特别感谢：

GEO4合作中心

阿拉伯干旱区域和旱地研究中心（ACSAD），叙利亚

非洲未来研究所，南非

阿拉伯森林和牧场研究所（AFRI），叙利亚

阿拉伯湾大学（AGU），巴林

亚洲理工学院（AIT），泰国

阿拉伯规划研究所（API），科威特

贝鲁特美国大学（AUB），黎巴嫩

孟加拉高级研究中心（BCAS），孟加拉国

巴西环境和可再生自然资源协会（IBAMA），巴西

中欧大学（CEU），匈牙利

阿拉伯地区和欧洲环境与发展中心(CEDARE)，埃及

世界经济研究中心（CIEM），古巴

社会生态学拉美研究中心（CLAES），乌拉圭

国际地球科学信息网络中心（CIESIN），哥伦比亚大学，美国

北美环境合作委员会（CEC），加拿大

印度能源替代开发中心（DA），印度

阿布扎比环境局（EAD）下属的阿布扎比全球环境数据中心（AGEDI），阿布扎比

欧洲环境署（EEA），丹麦

联合国环境规划署（UNEP）/GRID—阿伦达尔，挪威

通往南极，坎特伯雷大学，新西兰

印度洋委员会（IOC），毛里求斯

全球环境策略研究所（IGES），日本

国际全球变化研究所（IGCI），新西兰

国际环境与发展研究所（IIED），英国

可持续发展研究所（IISD），加拿大

海岛资源研究基金（IRF），美属维尔京群岛

国际土壤文献和信息中心（ISRIC），荷兰

世界自然保护联盟（IUCN），瑞士

科威特科学研究所（KISR），科威特

莫斯科大学（MSU），俄罗斯

国家环境管理局（NEMA），乌干达

国家环境研究所（NIES），日本

荷兰环境评估局（MNP），荷兰

非洲环境与可持续发展网络中心（NESD），科特迪瓦

环境问题科学委员会（SCOPE），法国

科学信息中心（SIC），土库曼斯坦

南非研究和文献中心(SARDC)，Musokotwane南非环境资源中心（IMERCSA），津巴布韦

中国环境保护部（MEP），中国

斯德哥尔摩国际环境研究所（SEI），瑞典、英国和美国

泰国环境研究所（TEI），泰国

能源与资源研究所（TERI），印度

麦考利研究所，英国

中欧和东欧区域环境中心（REC），匈牙利

联合国大学（UNU），日本

联合国环境规划署世界保护监测中心(UNEP-WCMC)，英国

太平洋大学，秘鲁

智利大学，智利

哥斯达黎加大学发展观察所（OdD-UCR），哥斯达黎加

丹佛大学，美国

卡塞尔大学，德国

南太平洋大学，斐济岛

西印度群岛大学，环境与发展中心（UWICED），牙买加

西印度群岛大学，圣奥古斯丁校园，特里尼达和多巴哥

世界资源研究所，美国

资金提供

比利时、荷兰、挪威和瑞典政府，以及联合国环境规划署环境基金会为GEO4的评估和扩展行动提供了资金支持。

高级顾问组

Jacqueline McGlade （联合主席），Agnes Kalibbala（联合主席），Ahmed Abdel-Rehim（轮席），Svend Auken, Philippe Bourdeau, Preety Bhandari, Nadia Makram Ebeid, Idunn Eidheim, Exequiel Ezcurra, Peter Holmgren, Jorge Illueca, Fred Langeweg, John Matuszak, Jaco Tavenier, Dan Tunstall, Vedis Vik, Judi Wakhungu, Toral Patel-Weynand （轮席）

重要合作作者

John Agard, Joseph Alcamo, Neville Ash, Russell Arthurton, Sabrina Barker, Jane Barr, Ivar Baste, W. Bradnee Chambers, David Dent, Asghar Fazel, Habiba Gitay, Michael Huber, Jill Jäger, Johan C. I. Kuylenstierna, Peter N. King, Marcel T. J. Kok, Marc A. Levy, Clever Mafuta, Diego Martino, Trilok S. Panwar, Walter Rast, Dale S. Rothman, George C. Varughese, Zinta Zommers

扩展行动组

Richard Black, Quamrul Chowdhury, Nancy Colleton, Heather Creech, Felix Dodds, Randa Fouad, Katrin Hallman, Alex Kirby, Nicholas Lucas, Nancy MacPherson, Patricia Made, Lucy O'Shea, Bruce Potter, Eric Quincieu, Nick Rance, Lakshmi M. N. Rao, Solitaire Townsend, Valentin Yemelin

全球环境展望 4

GEO 协调部

Sylvia Adams, Ivar Baste, Munyaradzi Chenje, Harsha Dave, Volodymyr Demkine, Thierry De Oliveira, Carolyne Dodo-Obiero, Tessa Goverse, Elizabeth Migongo-Bake, Neeyati Patel, Josephine Wambua

GEO 区域协调组

Adel Abdelkader, Salvador Sánchez Colón, Joan Eamer, Charles Sebukeera, Ashbindu Singh, Kakuko Nagatani Yoshida, Ron Witt, Jinhua Zhang

UNEP 外援组

Johannes Akiwumi, Joana Akrofi, Christopher Ambala, Benedicte Boudol, Christophe Bouvier, Matthew Broughton, Edgar Arredondo Casillas, Juanita Castano, Marion Cheatle, Twinkle Chopra, Gerard Cunningham, Arie de Jong, Salif Diop, Linda Duquesnoy, Habib N. El-Habr, Norberto Fernandez, Silvia Giada, Peter Gilruth, Gregory Giuliani, Maxwell Gomera, Teresa Hurtado, Priscilla Josiah, Charuwan Kalyangkura, Nonglak Kasemsant, Amreeta Kent, Nipa Laithong, Christian Lambrecths, Marcus Lee, Achira Leophairatana, Arkadiy Levintanus, Monika Wehrle MacDevette, Esther Mendoza, Danapakorn Mirahong, Patrick M'mayi, Purity Muguku, John Mugwe, Josephine Nyokabi Mwangi, Bruce Pengra, Daniel Puig, Valarie Rabesahala, Anisur Rahman, Priscilla Rosana, Hiba Sadaka, Frits Schlingemann, Meg Seki, Nalini Sharma, Gemma Shepherd, Surendra Shrestha, James Sniffen, Ricardo Sánchez Sosa, Anna Stabrawa, Gulmira Tolibaeva, Sekou Toure, Brennan Van Dyke, Hendricus Verbeek, Anne-Marie Verbeken, Janet Waiyaki, Mick Wilson, Kaveh Zahedi

出版物协调员： Neeyati Patel

GEO4平行审阅协调员： Herb Caudill, Shane Caudill, Sylvia Adams, Harsha Dave

数据支持： Jaap van Woerden, Stefan Schwarzer, Andrea DeBono, Diawoye Konte

图表： Bounford.com 和 UNEP/GRID-Arendal

编辑： Mirjam Schomaker, Michael Keating, Munyaradzi Chenje

页面设计： Bounford.com

封面设计： Audrey Ringler

对外联络： Jacquie Chenje, Eric Falt, Elisabeth Guilbaud-Cox, Beth Ingraham, Steve Jackson, Mani Kabede, Fanina Kodre, Angele Sy Luh, Danielle Murray, Francis Njoroge, Nick Nuttall, Naomi Poulton, David Simpson, Jennifer Smith

目录

图目录

第 1 章 旨在发展的环境

第 2 章 大气

第 3 章 土地

第 4 章 水

第 5 章 生物多样性

第 6 章 实现可持续的共同未来

第 7 章 人类的脆弱性与环境：挑战与机遇

第 8 章 相互联系：可持续性管理

第 9 章 未来的今天

第 10 章 从决策边缘到核心——行动选择

专栏目录

第 1 章 旨在发展的环境

第 2 章 大气

第 3 章 土地

第 4 章 水

第 5 章 生物多样性

第 6 章 实现可持续的共同未来

第 7 章 人类的脆弱性与环境：挑战与机遇

第 8 章 相互联系：可持续性管理

第 9 章 未来的今天

第 10 章 从决策边缘到核心——行动选择

表目录

第 1 章 旨在发展的环境

第 2 章 大气

第 3 章 土地

第 4 章 水

第 5 章 生物多样性

第 6 章 实现可持续的共同未来

第 7 章 人类的脆弱性与环境：挑战与机遇

第 8 章 相互联系：可持续性管理

第 9 章 未来的今天

第 10 章 从决策边缘到核心——行动选择

序

很少有全球性问题能比环境和气候变化更重要。我就职以来，一直坚持强调全球变暖、环境退化、生物多样性丧失问题，以及日益表现为争夺自然资源的冲突（如水资源），这些都是《全球环境展望4》报告所分析的主题。应对这些问题，是我们时代崇高的精神、经济和社会职责。

环境问题

我们周围正发生迅速的环境变化。最明显的例子是全球气候变化，这个问题已经成为作为联合国秘书长的我的当务之急。地平线上还有另外几朵乌云，包括水资源短缺、土地退化和生物多样性的丧失。这些问题引发的全球环境风险破坏了人类过去几十年所取得的许多进展。它们正影响我们的扶贫工作，甚至破坏国际和平与安全。

这些问题都是跨界问题，所以，保护全球环境在很大程度上超出了单个国家的能力。只有一致和协调的国际行动才足以解决问题。世界需要一个更加紧密联合的国际环境治理体系。我们需要特别关注那些更多遭受环境和灾难的贫困人口的需求。自然资源和生态系统支持了我们拥有一个更美好世界的一切希望。

能源与气候变化

能源与气候变化问题可能影响和平与安全。特别在同时面临多种压力的脆弱地区，情况就更是如此。这些压力包括过去的冲突、贫困和不平等获取资源、制度软弱、食品不安全和艾滋病等疾病发病率。

我们必须更多地开发和利用可再生能源，提高能效也非常重要。清洁能源技术也很重要，包括先进的矿物燃料和可再生能源技术，既可以创造就业机会，促进产业发展，降低空气污染，还可以减少温室气体排放。这是一件非常紧迫的事情，需要持续、共同和高层次关注。它不仅广泛地影响环境，还影响经济和社会发展，并且需要在可持续发展的背景下加以考虑。所有国家，不论贫富，都要关心这个问题。

能源、气候变化、经济发展和空气污染都是国际议程上的重要议题。和谐处理这些问题能形成许多“双赢”的机遇，是可持续发展的关键。我们需要在全球范围内采取联合行动来解决气候变化问题。处理这些悬而未决的危机有很多政策和技术供选择，但是我们需要政治意愿来抓住机遇。在此，我请求您加入到应对气候变化的战斗中，如果我们无所作为，我们失败的实际成本将由我们的后代承担。为了防止它成为不当遗产，我们必须团结奋斗。

生物多样性

生物多样性是地球生命的基础，可持续发展的支柱之一。没有生物多样性的保护和持续利用，我们将无法实现联合国千年发展目标。生物多样性的保护和持续利用也是适应气候变化策略的重要组成部分。通过制定《生物多样性公约》（Convention on Biodiversity）和《联合国气候变化框架公约》（United Nations Framework Convention on Climate Change），国际社会承诺保护生物多样性和应对气候变化。对这些挑战的全球响应速度应该更快，并且需要在各种层面（全球、国家和地区）上下更大的决心。为了当代和后代的利益，我们必须实现这些具有里程碑意义的目标。

水资源

世界水体现状非常脆弱，全面和可持续水资源管理的需求比以往更为紧迫。由于人口快速增长、不可持续的消费模式、管理不善、污染、基础设施投资不足和低效率用水，水资源供应面临巨大的压力。水资源供需差距很可能会越来越大，威胁到经济和社会发展及环境的可持续性。水资源综合管理在解决水资源短缺方面至关重要。联合国千年发展目标突出了获取安全饮用水和足够卫生条件的重要性，不可否认，正是这两者区分开了生活健康、富裕的人与生活贫困、极易遭受各种危及生命疾病的人。实现全球水资源利用和卫生议程对于消除贫困和实现其他发展目标是至关重要的。

工业

企业不断融入全球协议，不是因为全球协议可以创造良好的公共关系，也不是因为企业为所犯的错误已付出了代价。他们这样做是因为，在我们这样相互依存的世界中，如果没有在环境、社会和政府管制问题上的领导能力，商业领导力就不能得以维持。

Ki Moon Ban

潘基文（Ban Ki-moon）

联合国秘书长

纽约联合国总部

2007 年 10 月

前言

第四份全球环境展望研究报告——《全球环境展望4》(GEO4)在这样一个可能被认为不寻常的年份付梓出版了。在这一年，人类以崭新的现实感，真诚、坚定、果敢的态度和所有可想到的行动来勇敢地面对环境退化的规模和速度。

《全球环境展望4》强调了当今我们所面临的前所未有的环境变化，需要我们共同来解决。这些前所未有的环境变化包括气候变化、土地退化和渔业的衰退，新疾病和害虫的出现及生物多样性丧失等。我们人类社会有责任解决面临的这些问题和应对发展的挑战。而推进世界各国和社会团体重新思考集体责任的契机是我们这一代人面临的最首要的挑战——气候变化。

如果温室气体排放量仍然无限制地增长，人们就不可能持续稳定地安排事务。如果不能迅速而持续不变地发展低碳经济，可能无法实现与贫困、水资源和其他基本问题有关的“联合国千年发展目标”。

比较这本《全球环境展望4》和2002年出版的《全球环境展望3》报告，两者的区别在于它们对气候变化的断言或观点在许多方面不同并有所超越。对于人类行动是否影响了大气以及气候变化的可能影响——不远的将来对我们这代人的可能影响，政府间气候变化专门委员会(IPCC)以科学为依据给出了明确的结论。

当前的挑战不在于发生气候变化或者是否应该解决，而在于如何让190个国家一起来解决这共同的问题。这场战争的奖品不仅是温室气体的减排，更是拥有了全面致力于实现可持续发展的核心目标和原则。

就气候变化本身性质而言，它不可能划入单一部门职责，或者单一企业商业规划，或者单一NGO的行动范畴。气候变化是环境问题，也是对政府和公众生活各方面都产生影响的环境威胁，它影响着金融、农业、健康、就业和交通规划等各方面。

如果气候问题的两重性——减排和适应性问题能得到解决，那么，其他可持续性问题的挑战也能以长远考虑的角度得到全面、相应的解决，而不像过去那样采取分割、逐个和短视的处理方式。

《全球环境展望4》在已知和不断出现的环境、社会和经济挑战方面，给决策者指明了可选择的道路。它不仅指出地球生态系统及其提供的产品和服务具有上万亿美元的巨大价值，而且还指明了环境在发展和人类福祉中所扮演的核心角色。

2007年也是具有特殊意义的一年，恰逢《我们共同的未来》（Our Common Future）报告发表20周年纪念。有个好兆头是，该报告主要作者，以可持续发展概念的推广而著称的挪威前首相布伦特兰（Gro Harlem Brundtland）夫人，在今年被联合国秘书长潘基文任命为三个专门气候问题特使之一。

《全球环境展望4》报告最成功的方面在于它是一个国际合作的生动例子。全世界大约400名科学家和决策人员，50多个全球环境展望合作中心及其他伙伴研究所参与了本评估报告的编写工作，其中很多人无偿提供了他们的时间和专业技术。在此，我对他们的巨大贡献表示感谢。

此外，我还要感谢比利时、挪威、荷兰和瑞典政府为《全球环境展望4》提供的经济支持，他们在资助全球和地区会议、1 000名受邀专家的全面平行审阅等方面所提供的支持是无法衡量的。我也要感谢《全球环境展望4》高级顾问组，他们提供了宝贵的政策和科学方面的专业意见。

施泰纳（Achim Steiner）
联合国副秘书长
兼联合国环境规划署执行主任

读者指南

《全球环境展望4——旨在发展的环境》把可持续发展放在评估的核心位置，特别是在探讨代内和代际公平问题上。分析内容包括环境产品和服务价值的需求和效用，以及它们在促进发展和提高人类福祉、使人类面对的环境变化脆弱性最小化方面所起的作用。《全球环境展望4》的时间基线是1987年，世界环境与发展委员会（WCED）公布的开创性报告——《我们共同的未来》就是在这一年出版的。1983年，联合国大会38/161决议决定成立布伦特兰委员会（The Brundtland Commission），以关注重要的环境和发展挑战。该委员会是在前所未有的全球环境压力不断加大时建立的，此时，人类未来岌岌可危的预言也成为普遍认识。

2007年是具有重大里程碑意义的年份，这一年记录了可持续发展领域取得的成就，以及针对不同环境问题，全球和区域所付出的努力。具体如下：

- 《我们共同的未来》报告发表20年，报告定义了可持续发展，并成为解决我们所维系的环境和发展问题的蓝图。
- 联合国环境规划署管理委员会通过的《公元2000年后的环境展望》发表20年，报告执行了世界环境与发展委员会的重要成果，让世界走向可持续发展的道路。
- 世界环境与发展峰会（里约地球峰会）已经召开15年，该大会通过了《21世纪议程》（Agenda 21），提出代内和代际公平理论。
- 2002年世界可持续发展峰会（WSSD）已经召开5年，大会通过了《约翰内斯堡可持续发展计划》（Johannesburg Plan of Implementation）。

2007年也是执行联合国千年发展目标（Millennium Development Goals，MDGs）等国际发展目标的中间阶段。本报告对它们和其他问题都作了分析。

《全球环境展望4》评估报告是精心构思和咨询工作的结果，本报告最后对此做了概述。《全球环境展望4》共有10章，分别回顾了全球社会和经济发展趋势，在过去20年间全球和区域环境的现状和发展趋势，以及这些变化对人类的重要性。它强调了环境变化和环境为人类福祉所提供的机遇之间的联系和挑战，展望未来，并提供解决现有和不断出现的环境问题的政策选择。以下是每一章的要点。

第1章　旨在发展的环境——分析了自《我们共同的未来》普及可持续发展以来的环境问题的演化，强调了在此之后的制度发展和理论概念演变情况，以及重大环境、社会和经济趋势及其对人类福祉的影响。

第2章　大气——强调大气问题如何影响人类福祉和环境。今天，气候变化已经成为人类面临的最大挑战。本章还强调了其他大气问题，如空气质量和臭氧层消耗等。

第3章　土地——提出联合国环境规划署区域组所确认的土地问题，突显了由于土地退化引起的人类对土地资源需求的压力。土地利用变化最活跃因素是影响深远的森林覆盖和构成的改变，农田扩张和强化及城市发展。

第4章　水——回顾了全球和区域驱动力作用下，引起地球水环境状况变化的压力，分析了水环境变化的现状和发展趋势，包括水生生态系统和鱼类资源；突出了过去20年的情况，在区域和全球范围内水资源变化对环境和人类福祉的影响。

第5章 生物多样性——突出了生物多样性作为生态可持续发展的重要支柱作用，综合描述了全球生物多样性现状和发展趋势的最新情况，还将生物多样性的发展趋势与许多关键区域可持续发展的影响相联系。

第6章 实现可持续的共同未来——识别和分析了全球环境展望七个区域1987—2007年的关键环境问题。这些区域是非洲、亚洲及太平洋地区、欧洲、拉丁美洲及加勒比地区、北美洲、西亚和极地地区。本章指出，七个区域都把气候变化确定为重大问题，这是自1997年首次出版《全球环境展望》报告以来的第一次。

第7章 人类的脆弱性与环境：挑战和机遇——通过分析环境系统和社会群体对环境和社会经济变化的脆弱性，本章确认了改进人类福祉的挑战和机遇。由于惊人的全球消费、不断增加的贫困和环境变化，人类的脆弱性越来越多地在不同国家间进出口。

第8章 相互联系：可持续性管理——评估了地球系统的组成单元及其之间、环境变化、人类社会面临的发展挑战和应付挑战的管理体制之间的相互联系。这些组成要素通过重要的系统性互动和反馈、驱动力、政策和技术合成以及平衡而相互联系。灵活、协作式和在实践中学习的管理方法可能会更适应变化并做出反应，从而更能应付与发展相关的环境挑战。

第9章 未来的今天——本章在以前章节的基础上，展望了2050年的四种情景——市场优先、政策优先、安全优先和可持续发展优先，以这种方式探索社会、经济和环境的发展趋势如何呈现，以及对环境和人类福祉的涵义。各情景分析了不同的政策路径和社会选择，在全球和区域层次用叙述性线索和大量数据表现出来。在未来50年，在各种情景不同的政策路径和社会选择条件下，许多环境变化的程度也会不同。

第10章 从决策边缘到核心——行动选择——讨论了在先前章节中探讨的主要环境问题，把它们按已经解决的问题和即将解决的问题归类。本章还分析了现有政策响应的合适性、更有效的政策类型及其执行的可能障碍。概述了未来政策挑战，指出了双轨路径的需要：将对传统环境问题有效的政策延伸到落后地区，并着手通过社会和经济体系的结构改革来解决不断出现的环境问题。

全球环境展望4评估

全球环境展望4概念框架

《全球环境展望4》评估使用了“驱动力—压力—状态—影响—反应”（DPSIR）框架来分析过去20年里环境变化之间的相互影响并提出第9章的四种情景设想。

人类福祉和生态系统服务的概念是分析的核心。然而，本报告扩展了评估的范围，从专门关注生态系统扩展到了涵盖全部的环境及其与社会之间的互动。本概念框架试图反映社会与环境之间相互作用、复杂、多维、空间和时间因果关系链的关键组成部分。《全球环境展望4》框架是通用而灵活的，它认识到，我们可能需要一个具体和有针对性的框架来讨论具体主题和某地区的问题。

因而，《全球环境展望4》概念框架（图1）加强了人类对环境与发展的联系、人类福祉与环境变化脆弱性的联系的理解。本框架将环境、社会问题和经济部门放在了影响类别中而不只是笼统地把它们归入“驱动力”或“压力”类别。《全球环境展望4》分析框架各组成部分的特征诠释如下：

驱动力

驱动力有时是指间接的潜在动力或驱动力量。它们是社会的基本过程，促使活动对环境造成直接影响。重要驱动力包括：人口、消费和生产模式、科学和技术变革、经济需求、市场和贸易、分配模式、制度和政治框架及价值体系。每个驱动力的特征和重要性在区域之间和区域内部以及国家之间和国家内部都是很不一样的。例如，在以人口为驱动力的地区，多数发展中国家仍然面临人口增长问题，而发达

图1 《全球环境展望4》概念框架

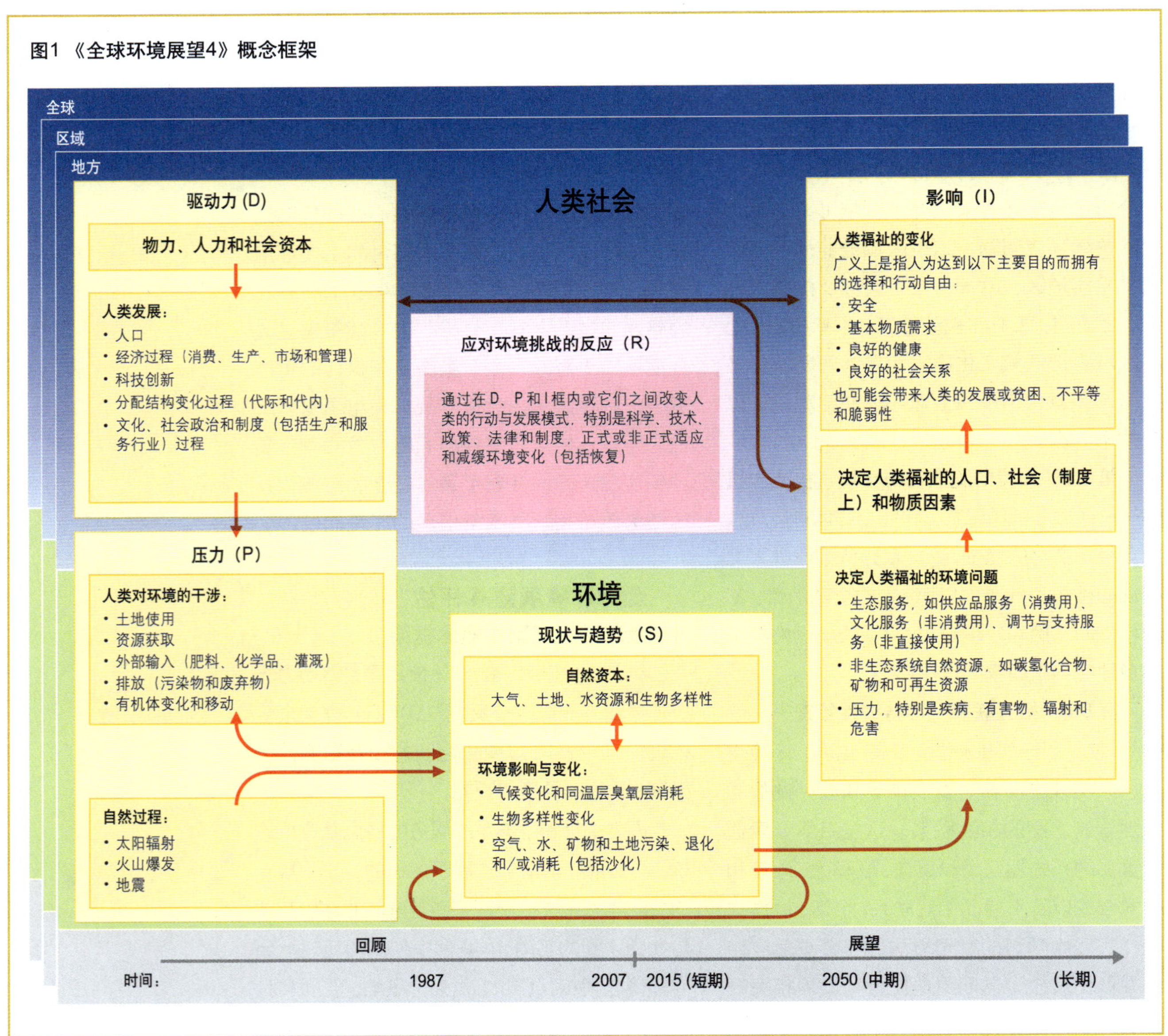

国家则面对人口增长停滞和老龄化问题。人类对资源的需求影响了环境变化。

压力

重要压力包括：以污染物或废物形式排放的物质；外部输入，如化肥、化学物和灌溉；土地利用；资源开采；生物体的变异和迁移。人类干预可能引起了期望的环境变化(如土地利用)，或人类其他活动的故意或无意的副产品（如污染）。

在不同区域，每种压力的特征和重要性各不相同，但导致环境变化通常是多种压力共同作用的结果。例如，气候变化是温室气体排放、森林砍伐和土地利用等活动的结果。此外，在不同区域，产生和转移环境压力到其他社会的能力也不一样。生产、消耗和贸易水平高的富裕国家对全球和跨界的环境压力的贡献比贫穷国家的贡献要大，贫穷国家与其所处环境的相互作用要更加直接。

现状与趋势

环境状态也包括发展趋势，通常是指环境变化。该变化可以是自然的、人为的或两者兼有。自然过程的例子包括太阳辐射、极端自然事件、污染和侵蚀。人为的环境变化包括气候变化、荒漠化和土地退化、生物多样性丧失、空气和水污染。

不同类型的自然或人为环境变化之间是互动的。一种变化如气候变化，会不可避免地引起生态变化，从而导致荒漠化和/或生物多样性的丧失。不同类型的环境变化能相互加强或中和。例如，欧洲气候变化引起的气温上升，部分被气候变化引起的洋流变化抵消了。构成环境的物理、化学和生物系统的复杂性使得环境变化难以预测，特别是当环境变化面临多种压力时。由于不同的气候和生态状况，环境现状以及针对变化的复原能力在不同区域和地区内也大不相同。

影响

环境直接或间接地受社会和经济的影响，引起人类福祉和应对环境变化(负面的或正面的)的能力的改变。施加于人类福祉、社会和经济部门或环境服务的影响，与驱动力的特征高度相关，因此，在发展中地区和发达地区的差异性很大。

反应

反应提出了人类和环境脆弱性问题，并提供了降低人类脆弱性和加强人类福祉的机遇。反应发生在多层次水平，例如国家层面的环境法律和制度、区域和全球层面的多边环境协议和制度。减轻和/或适应环境变化的能力在各区域之间和区域内是不同的，因此能力建设成为反应的首要内容。

因而，《全球环境展望4》框架明确地或隐含地应用在这本书10个章节的分析中。它的效用在于针对环境挑战做出综合分析，以更好地表现因果关系和最终社会响应。

第8章的图8.2是图1的变形，它更好地展示了经济部门(如农业、林业、渔业和旅游业)在发展和人类福祉以及施加环境压力和影响环境变化方面的双重作用，并在某些情况下反映了面对这些变化的人类的脆弱性。

160
120
80
40
80
北 冰 洋
波弗特海
巴芬湾
极地
（北极）
楚科奇海
北极圈
白令海峡
戴维斯海峡
丹麦海
白令海
阿拉斯加湾
哈德逊
北美
40
北 大 西 洋
墨西哥湾
北回归线
加勒比
中美洲
加勒比海
0
太 平 洋
南美
南回归线
40
新西兰
南极圈
南 极 海
160
120
80
40

北冰洋
巴伦支海
喀拉海
拉普捷夫海
东西伯利亚海
北极圈
东欧
北海
波罗的海
西欧
中欧
黑海
地中海
鄂霍次克海
巴伦支海
中亚
咸海
里海
西北太平洋和东亚
日本海
黄海
东海
太平洋
马什里格
北非
南亚
北回归线
红海
阿拉伯半岛
亚丁湾
孟加拉湾
菲律宾海
南海
东非
中非
西里伯斯海
联合国环境规划署总部
东南亚
印度洋
南太平洋
珊瑚海
莫桑比克海峡
西印度洋
南部非洲
澳大利亚
南回归线
新西兰
塔斯曼海
联合国环境规划署区域办公室
合作中心
南极圈
极地(南极)
0
40
80
120
160

《全球环境展望 4》区域

名称	区域	次区域
非洲		
喀麦隆	非洲	中非
中非共和国	非洲	中非
乍得	非洲	中非
刚果	非洲	中非
刚果民主共和国	非洲	中非
赤道几内亚	非洲	中非
加蓬	非洲	中非
圣多美和普林西比民主共和国	非洲	中非
布隆迪	非洲	东非
吉布提	非洲	东非
厄立特里亚	非洲	东非
埃塞俄比亚	非洲	东非
肯尼亚	非洲	东非
卢旺达	非洲	东非
索马里	非洲	东非
乌干达	非洲	东非
阿尔及利亚	非洲	北非
埃及	非洲	北非
利比亚	非洲	北非
摩洛哥	非洲	北非
苏丹	非洲	北非
突尼斯	非洲	北非
西撒哈拉	非洲	北非
安哥拉	非洲	南非
博茨瓦纳	非洲	南非
莱索托	非洲	南非
马拉维	非洲	南非
莫桑比克	非洲	南非
纳米比亚	非洲	南非
圣赫勒拿（英）	非洲	南非
南非共和国	非洲	南非
斯威士兰	非洲	南非
坦桑尼亚	非洲	南非
赞比亚	非洲	南非
津巴布韦	非洲	南非
贝宁	非洲	西非
布基纳法索	非洲	西非
佛得角	非洲	西非
科特迪瓦	非洲	西非

名称	区域	次区域
冈比亚	非洲	西非
加纳	非洲	西非
几内亚	非洲	西非
几内亚比绍共和国	非洲	西非
利比里亚	非洲	西非
马里	非洲	西非
毛里塔尼亚	非洲	西非
尼日尔	非洲	西非
尼日利亚	非洲	西非
塞内加尔	非洲	西非
塞拉利昂	非洲	西非
多哥	非洲	西非
科摩罗	非洲	西印度洋
马达加斯加	非洲	西印度洋
毛里求斯	非洲	西印度洋
马约特岛（法）	非洲	西印度洋
留尼旺（法）	非洲	西印度洋
塞舌尔	非洲	西印度洋
亚洲及太平洋地区		
澳大利亚	亚洲及太平洋地区	澳大利亚和新西兰
新西兰	亚洲及太平洋地区	澳大利亚和新西兰
哈萨克斯坦	亚洲及太平洋地区	中亚
吉尔吉斯斯坦	亚洲及太平洋地区	中亚
塔吉克斯坦	亚洲及太平洋地区	中亚
土库曼斯坦	亚洲及太平洋地区	中亚
乌兹别克斯坦	亚洲及太平洋地区	中亚
中国	亚洲及太平洋地区	西北太平洋及东亚
韩国	亚洲及太平洋地区	西北太平洋及东亚
日本	亚洲及太平洋地区	西北太平洋及东亚
蒙古	亚洲及太平洋地区	西北太平洋及东亚
朝鲜	亚洲及太平洋地区	西北太平洋及东亚
阿富汗	亚洲及太平洋地区	南亚
孟加拉国	亚洲及太平洋地区	南亚
不丹	亚洲及太平洋地区	南亚
印度	亚洲及太平洋地区	南亚
伊朗	亚洲及太平洋地区	南亚
马尔代夫	亚洲及太平洋地区	南亚
尼泊尔	亚洲及太平洋地区	南亚
巴基斯坦	亚洲及太平洋地区	南亚
斯里兰卡	亚洲及太平洋地区	南亚

名称	区域	次区域
文莱	亚洲及太平洋地区	东南亚
柬埔寨	亚洲及太平洋地区	东南亚
圣诞岛（澳大利亚）	亚洲及太平洋地区	东南亚
印度尼西亚	亚洲及太平洋地区	东南亚
老挝	亚洲及太平洋地区	东南亚
马来西亚	亚洲及太平洋地区	东南亚
缅甸	亚洲及太平洋地区	东南亚
菲律宾	亚洲及太平洋地区	东南亚
新加坡	亚洲及太平洋地区	东南亚
泰国	亚洲及太平洋地区	东南亚
东帝汶	亚洲及太平洋地区	东南亚
越南	亚洲及太平洋地区	东南亚
萨摩亚群岛（美）	亚洲及太平洋地区	南太平洋
科科斯群岛（澳大利亚）	亚洲及太平洋地区	南太平洋
库克岛	亚洲及太平洋地区	南太平洋
斐济	亚洲及太平洋地区	南太平洋
波利尼西亚（法）	亚洲及太平洋地区	南太平洋
关岛（美）	亚洲及太平洋地区	南太平洋
约翰斯顿岛（美）	亚洲及太平洋地区	南太平洋
基里巴斯	亚洲及太平洋地区	南太平洋
马歇尔群岛	亚洲及太平洋地区	南太平洋
密克罗尼西亚（联邦制）	亚洲及太平洋地区	南太平洋
中途岛（美）	亚洲及太平洋地区	南太平洋
瑙鲁	亚洲及太平洋地区	南太平洋
新喀里多尼亚（法）	亚洲及太平洋地区	南太平洋
纽埃岛	亚洲及太平洋地区	南太平洋
诺福克岛（澳大利亚）	亚洲及太平洋地区	南太平洋
马利亚纳群岛（美）	亚洲及太平洋地区	南太平洋
帕劳群岛	亚洲及太平洋地区	南太平洋
巴布亚新几内亚	亚洲及太平洋地区	南太平洋
皮特科恩岛（英）	亚洲及太平洋地区	南太平洋
萨摩亚群岛	亚洲及太平洋地区	南太平洋
所罗门群岛	亚洲及太平洋地区	南太平洋
托克劳（新西兰）	亚洲及太平洋地区	南太平洋
汤加	亚洲及太平洋地区	南太平洋
图瓦卢	亚洲及太平洋地区	南太平洋
瓦努阿图	亚洲及太平洋地区	南太平洋
威克岛（美）	亚洲及太平洋地区	南太平洋
瓦利斯和富图纳群岛（法）	亚洲及太平洋地区	南太平洋

名称	区域	次区域
欧洲		
阿尔巴尼亚	欧洲	中欧
波斯尼亚和黑塞哥维那	欧洲	中欧
保加利亚	欧洲	中欧
克罗地亚	欧洲	中欧
塞浦路斯	欧洲	中欧
捷克	欧洲	中欧
爱沙尼亚	欧洲	中欧
匈牙利	欧洲	中欧
拉脱维亚	欧洲	中欧
立陶宛	欧洲	中欧
黑山共和国	欧洲	中欧
波兰	欧洲	中欧
罗马尼亚	欧洲	中欧
塞尔维亚	欧洲	中欧
斯洛伐克	欧洲	中欧
斯洛文尼亚	欧洲	中欧
前南斯拉夫马其顿共和国	欧洲	中欧
土耳其	欧洲	中欧
亚美尼亚	欧洲	东欧
阿塞拜疆	欧洲	东欧
白俄罗斯	欧洲	东欧
格鲁吉亚	欧洲	东欧
摩尔多瓦	欧洲	东欧
俄罗斯联邦	欧洲	东欧
乌克兰	欧洲	东欧
安道尔共和国	欧洲	西欧
奥地利	欧洲	西欧
比利时	欧洲	西欧
丹麦	欧洲	西欧
法罗群岛（丹麦）	欧洲	西欧
芬兰	欧洲	西欧
法国	欧洲	西欧
德国	欧洲	西欧
直布罗陀（英）	欧洲	西欧
希腊	欧洲	西欧
格恩西岛（英）	欧洲	西欧
梵蒂冈	欧洲	西欧
冰岛	欧洲	西欧
爱尔兰	欧洲	西欧
马恩岛（英）	欧洲	西欧

名称	区域	次区域
以色列	欧洲	西欧
意大利	欧洲	西欧
泽西（英）	欧洲	西欧
列支敦士登	欧洲	西欧
卢森堡	欧洲	西欧
马耳他	欧洲	西欧
摩纳哥	欧洲	西欧
荷兰	欧洲	西欧
挪威	欧洲	西欧
葡萄牙	欧洲	西欧
圣马力诺	欧洲	西欧
西班牙	欧洲	西欧
斯瓦尔巴群岛和扬马延岛（挪）	欧洲	西欧
瑞典	欧洲	西欧
瑞士	欧洲	西欧
英国	欧洲	西欧

拉美及加勒比地区		
安圭拉岛（英）	拉美及加勒比地区	加勒比地区
安提瓜岛和巴布达岛	拉美及加勒比地区	加勒比地区
阿鲁巴岛（荷）	拉美及加勒比地区	加勒比地区
巴哈马群岛	拉美及加勒比地区	加勒比地区
巴巴多斯岛	拉美及加勒比地区	加勒比地区
英属维尔京群岛	拉美及加勒比地区	加勒比地区
开曼群岛（英）	拉美及加勒比地区	加勒比地区
古巴	拉美及加勒比地区	加勒比地区
多米尼加	拉美及加勒比地区	加勒比地区
多米尼加共和国	拉美及加勒比地区	加勒比地区
格林纳达	拉美及加勒比地区	加勒比地区
瓜德罗普岛（法）	拉美及加勒比地区	加勒比地区
海地	拉美及加勒比地区	加勒比地区
牙买加	拉美及加勒比地区	加勒比地区
马提尼克岛（法）	拉美及加勒比地区	加勒比地区
蒙特塞拉特岛（英）	拉美及加勒比地区	加勒比地区
荷兰安的列斯群岛	拉美及加勒比地区	加勒比地区
波多黎各（美）	拉美及加勒比地区	加勒比地区
圣基茨和尼维斯	拉美及加勒比地区	加勒比地区
圣卢西亚岛	拉美及加勒比地区	加勒比地区
圣文森特和格林纳丁斯	拉美及加勒比地区	加勒比地区
特立尼达和多巴哥	拉美及加勒比地区	加勒比地区
特克斯和凯科斯群岛（英）	拉美及加勒比地区	加勒比地区
美属维尔京群岛	拉美及加勒比地区	加勒比地区

名称	区域	次区域
波利兹	拉美及加勒比地区	中美洲
哥斯达黎加	拉美及加勒比地区	中美洲
萨尔瓦多	拉美及加勒比地区	中美洲
危地马拉	拉美及加勒比地区	中美洲
洪都拉斯	拉美及加勒比地区	中美洲
墨西哥	拉美及加勒比地区	中美洲
尼加拉瓜	拉美及加勒比地区	中美洲
巴拿马	拉美及加勒比地区	中美洲
阿根廷	拉美及加勒比地区	南美洲
玻利维亚	拉美及加勒比地区	南美洲
巴西	拉美及加勒比地区	南美洲
智利	拉美及加勒比地区	南美洲
哥伦比亚	拉美及加勒比地区	南美洲
厄瓜多尔	拉美及加勒比地区	南美洲
法属圭亚那	拉美及加勒比地区	南美洲
圭亚那	拉美及加勒比地区	南美洲
巴拉圭	拉美及加勒比地区	南美洲
秘鲁	拉美及加勒比地区	南美洲
苏里南	拉美及加勒比地区	南美洲
乌拉圭	拉美及加勒比地区	南美洲
委内瑞拉	拉美及加勒比地区	南美洲

北美		
加拿大	北美	北美洲
美国	北美	北美洲

两极地区		
南极	两极地区	南极
北极（八个北极国家及地区：美国的阿拉斯加、加拿大、芬兰、丹麦格陵兰岛、冰岛、挪威、俄罗斯、瑞典）	两极地区	北极

西亚		
巴林	西亚	阿拉伯半岛
科威特	西亚	阿拉伯半岛
阿曼	西亚	阿拉伯半岛
卡塔尔	西亚	阿拉伯半岛
沙特阿拉伯	西亚	阿拉伯半岛
阿拉伯联合酋长国	西亚	阿拉伯半岛
也门	西亚	阿拉伯半岛
伊拉克	西亚	马什里格
约旦	西亚	马什里格
黎巴嫩	西亚	马什里格
巴勒斯坦	西亚	马什里格
叙利亚	西亚	马什里格

部分

概述

"'环境'是我们生活的地方；

发展是我们在其中所做的

旨在改善我们命运的一切努力。

这两者是不可分离的。"

《我们共同的未来》

第1章

旨在发展的环境

重要合作作者：Diego Martino, Zinta Zommers

主要作者：Kerry Bowman, Don Brown, Flavio Comim, Peter Kouwenhoven, Ton Manders, Patrick Milimo, Jennifer Mohamed-Katerere, Thierry De Oliveira

其他作者：Dan Claasen, Simon Dalby, Irene Dankelman, Shawn Donaldson, Nancy Doubleday, Robert Fincham, Wame Hambira, Sylvia I. Karlsson, David MacDonald, Lars Mortensen, Renata Rubian, Guido Schmidt-Traub, Mahendra Shah, Ben Sonneveld, Indra de Soysa, Rami Zurayk, M.A. Keyzer, W.C.M. Van Veen

本章编审：Tony Prato

本章协调人：Thierry De Oliveira, Tessa Goverse, Ashbindu Singh

致谢：fotototo/Still Pictures

主要内容

世界环境与发展委员会（World Commission on Environment and Development，WCED）发表《我们共同的未来》（Our Common Future）已经20年了。这本书强调我们需要走可持续发展道路，不仅要应对当前的环境挑战，还要确保人类社会未来的安全。本章分析了这个理念的发展，以及与环境和社会经济相关的全球趋势。以下是本章的要点。

1987年以来，世界的社会、经济和环境发生了巨大变化。全球人口已经从50亿增长到了67亿。全球经济持续增长并以日益广泛的全球化为特征。全世界人均国内生产总值从1987年的5 927美元增长到2004年的8 162美元。然而，世界各区域的经济增长并不平衡。在全球化以及更好的通讯设施和更低运输成本的推动下，全球贸易在过去20年有了显著增长。电信业和互联网的飞速发展使全球交流发生了革命性变化。从世界范围看，手机普及率已经从1990年的2‰增长到2003年的220‰。互联网用户比例从1990年的1‰增长到2003年的114‰。最终，政治上的变化也是极为广泛的。人口和经济增长增加了对自然资源的需求。

早在20年前，世界环境与发展委员会就认识到环境、经济与社会问题是相互联系的。该委员会建议把环境、经济与社会作为一个整体纳入发展决策中。在给可持续发展定义时，该委员会认为需要注意代内和代际公平问题，也就是说，我们的发展不仅要满足当代人的需要，还要满足我们后代人的需要。

人口增长、经济活动和消费模式等驱动力的变化已经给环境施加了越来越大的压力，但可持续发展的严重性和持久性障碍依然存在。在过去20年，把环境问题纳入发展决策一直非常有限。

因此，环境退化正损坏当前的发展，也威胁着未来的发展。发展是使人类提高福祉的过程。只有通过可持续管理财政、物质、人力、社会和自然等各种资源，才能实现长期发展。包括水、土壤、植物和动物在内的自然资源是人类生活的基础。

环境退化也从方方面面威胁着人类福祉。实践已经证明，环境退化与人类健康问题有密切联系，一些癌症、媒介传播的疾病、由动物传染给人的疾病、营养不良和呼吸道系统疾病等都归因于环境退化。环境为人类提供了基本物质财产和经济基础。全世界接近一半人口的工作机会是渔业、林业或农业提供的。以不可持续的方式使用包括土地、水、森林和鱼类在内的自然资源，将对个人生活、地方、国家和国际层面的经济构成威胁。环境在促进发展和增加人类福祉方面发挥重要作用，但它也增加了人类的脆弱性，如在暴风雨、干旱或环境治理失效的情况下会导致人口迁徙和不安全。环境资源的稀缺性可以促进合作，也能引发紧张形势和冲突。

联合国千年发展目标中的目标7，即环境可持续性，对于实现千年发展目标中的其他目标是至关重要的。自然资源是许多贫困社区的生存之本。实际上，贫穷国家财富的26%来自自然资本。发展中国家高达20%的总疾病负担都与环境风险有关。贫穷妇女由于暴露于室内空气污染环境中，特别容易感染呼吸道系统疾病。急性呼吸道疾病是儿童主要死因，死于肺炎的5岁以下儿童数量比死于其他各种疾病的总数还多。不安全的饮用水和卫生条件差是全世界儿童第二大死因。由于腹泻，全世界每年有 180 万儿童死亡和 4.43 亿人·天的学生病假。洁净的水和空气是强效的预防剂。自然资源的可持续管理有助于消除贫困、减少疾病和降低儿童死亡率，改善育龄妇女健康并有助于性别平等和普及教育。

自从世界环境与发展委员会 1987 年发表《我们共同的未来》后，人类在可持续发展方面已经取得了一些进步。世界上召开的与环境和发展有关的会议及首脑会议次数在增加（如 1992 年在巴西里约热内卢召开的地球首脑会议，2002 年召开的可持续发展世界首脑会议），国际社会签署的多边环境协议数量也迅速增长（如《京都议定书》(Kyoto Protocol) 和《关于持久性有机污染物的斯德哥尔摩公约》(Stockholm Convention on Persistent Organic Pollutants)）。可持续发展战略已经在地方、国家、区域和国际层面得到执行。越来越多的科学研究与评估（如联合国政府间气候变化专门委员会）使人们对面临的环境挑战的认识越来越深入。另外，人们还找到了经过实践证明可行的解决办法，这些办法可以解决有限范围内非常明显和紧迫的环境问题（如工业空气和水污染问题、局部土壤侵蚀问题和汽车尾气排放污染问题）。

然而，因平等和责任分担问题，一些国际（环境）谈判一直停滞不前。全球环境变化的动力与压力之间的相互联系使寻求解决方案变得十分复杂。因此，限制了世界各国对一些问题采取的行动，例如，全球气候变化、持久性有机污染物、渔业管理、外来物种入侵和物种灭绝。

需要在各个管理层面做出有效的政策反应。在继续采用已证实有效的解决方案的同时，人们应该采取行动解决驱使产生变化的根本以及环境问题。在过去的 20 年里涌现出来的大量手段也许都只具有策略上的意义。经济手段，如产权、市场构建、债券及保证金，能有助于纠正市场失灵问题，并使环境保护的成本内部化。价值评估方法可用于了解生态系统服务的价值。未来情景设想可以使我们预测当前决策的未来影响。对于获得知识和决策者在充分了解信息的基础上做出决策来说，能力建设和教育是至关重要的。

人类社会有能力做出改变，以支持发展和人类福祉的方式利用环境。本书后面各章节重点描述了人类社会当前面临的许多挑战，并为可持续发展指明了方向。

引言

想象人们处于这样一个环境里：环境变化威胁着人们的健康、安全、材料需求和社会凝聚力。在这个世界中，越来越强和越来越频繁的暴风雨及海平面的升高困扰着人们。一些人经历大规模洪水，而另一些人则饱受严重干旱之苦。物种以前所未有的速度灭绝。安全的水资源越来越有限，并妨碍了经济活动。土地退化使数以百万计的人生活面临威胁。

这就是当今世界的现状。不过，正如世界环境与发展委员会（布伦特兰委员会）20年前所说的那样，“人类有能力进行可持续的发展”。

《全球环境展望4》的重点是实现这一愿景所需要的关键步骤。《全球环境展望4》评价了全球大气、土地、水和生物多样性的现状，描述了全球环境，并说明环境对于提高和永久保持人类的福祉是至关重要的。本书还表明：环境退化正在降低人类可持续发展的潜能。现在各国的行动政策都把重点放在促进新的发展模式上。

本章审视了布伦特兰委员会1987年出版著名的《我们共同的未来》这份报告以来的进展，这份报告把可持续发展放在国际政策议程很重要的位置上。本章回顾了20世纪80年代中期以来的制度发展和思想变化；探索了环境、发展和人类福祉的关系，审视了重要的环境、社会和经济趋势以及它们对环境与人类福祉的影响，并为实现可持续发展提供了选择方案。

随后几章将分析在全球和区域层面大气、土地、水和生物多样性的环境变化，重点将分析人类的脆弱性与有效反应战略政策的相互关系。叙述了从1987年以来取得的积极进展。这些进展包括实现了《蒙特利尔议定书》(Montreal Protocol）确定的目标，减少了消耗臭氧层物质的排放。后几章的内容重点叙述了正威胁人类福祉的一些环境发展趋势：

- 在某些情况下，全球气候变化正严重影响人类健康、粮食生产、安全和可获得的资源。
- 极端天气现象正在对易受灾害影响的人群产生越来越大的影响，特别是贫困人口。
- 室内外空气污染致使许多人早亡。
- 土地退化降低了农业生产力，导致农民收入减少和粮食安全程度降低。
- 日益减少的安全的水资源，正损坏人体健康和经济活动。
- 渔业资源的急剧减少，导致经济损失和食品供应量损失。
- 日益加剧的物种灭绝，造成特有基因库的损失，而特有基因库则是未来医药和农业发展与进步的可能来源。

我们今天的选择将决定这些威胁未来会如何发展。扭转这些不利的环境趋势，将是巨大的挑战。如果我们不采取行动，很明显，生态系统服务可能会崩溃。因此，我们当前急需寻求这些问题的破解之道。

本章为我们现在采取行动提供了这样的信息：地球是我们唯一的家园。地球和我们的福祉受到了威胁。为确保长期福祉，我们必须改变发展模式，采用承认环境重要性的发展模式。

我们共同的未来：从理念到行动的发展进程

20年前，布伦特兰委员会发布的报告《我们共同的未来》指出了发展与环境的联系，并要求决策者在解决全球问题时考虑环境、经济和社会问题之间的相互关系。这份报告在以下方面分析了开始出现的全球挑战：

- 人口和人力资源；
- 食物安全；
- 物种和生态系统；
- 能源；
- 工业；
- 城市化。

该委员会建议在以下六个领域进行制度和

法律变革，以应对这些挑战：

- 从根源着手解决；
- 处理后果；
- 评估全球风险；
- 在获知足够信息的情况下做出选择；
- 提供法律方法；
- 向未来投资。

这些建议强调扩大国际合作机构，建立环境保护和可持续发展的法律机制，还强调了贫困与环境退化的关系。他们还要求人类加强能力，以评估和报告不可逆转损害对自然体系造成的风险，及其对人类生存、安全与福祉的威胁。

除其他工作外，该委员会的工作是建立在一些活动基础上的，包括1972年在斯德哥尔摩召开的联合国人类环境大会（UN Conference on the Human Environment）；1980年召开的世界保护战略大会（World Conservation Strategy），这次会议强调保护既包括资源保护，也包括合理使用自然资源（IUCN等1991）。通常人们把可持续发展概念的国际性普及归功于布伦特兰委员会（Langhelle 1999）。该委员会给可持续发展下的定义是，“满足当代发展的需要，并且不破坏后代满足自己需要的能力”。该委员会进一步解释说，“可持续发展概念意味着限制——它不是绝对限制，而是当前技术状况和社会组织对环境资源的限制，以及生物圈承受人类活动影响的能力”。该委员会认为，“我们能够管理和改善技术和社会组织，为经济增长新时代的到来开辟道路”（WCED 1987）。

《我们共同的未来》最直接和最重要的成果是组织召开了联合国环境与发展大会（UN Conference on Environment and Development，UNCED），也称为地球首脑会议（Earth Summit），许多国家的首脑参加了1992年在巴西里约热内卢召开的大会。这次大会不仅聚集了108个国家的政府领袖，非政府组织（NGOs）的2 400多名代表也参加了会议，另有17 000人参加了非政府组织平行活动。这次地球首脑会议加强了政府、非政府组织和科学家之间的相互作用和影响，并基本上改变了人们对管理与环境的态度。鼓励各国政府重新思考经济发展的概念，并寻找合适途径停止破坏自然资源并减少对地球的污染。

这次地球首脑会议导致在可持续发展方面迈出了几个重要步伐。《里约宣言》（Rio Declaration）和《21世纪议程》（Agenda 21）的通过有助于形成这样一个国际制度框架，来执行《我们共同的未来》中的重点想法。《里约宣言》包括27项各国同意执行的原则，以实现布伦特兰委员会提出的目标。《里约宣言》的重要承诺包括在决策中结合考虑环境与发展问题，污染者付费原则，承认共同但有区别的责任，以

1987年，时任世界环境与发展委员会主席的布伦特兰（Gro Harlem Brundtland）把世界环境与发展委员会这份报告介绍给联合国大会（General Assembly）。这份报告要求决策者们在解决全球问题时考虑环境、经济和社会问题的相互关系。

致谢：UN Photo/Milton Grant

及在决策中采用预先防范原则。

《21世纪议程》确定了可持续发展的综合行动计划。它包括40章内容，这些内容可划分为以下四个主要领域：

- 社会和经济问题，如贫困、人体健康和人口；
- 自然资源的保护与管理，包括大气、森林、生物多样性、废弃物和有毒化学品；
- 执行可持续发展议程9个重要团体的作用（地方当局、妇女、农民、青少年、土著居民、工人和工会、非政府组织、科学技术界、工商业）；
- 执行方法，包括技术转让、财政支持、科学、教育和公共信息。

《21世纪议程》这四个重要方面包括环境挑战及布伦特兰委员会报告所着重强调的广泛管理问题。作为可持续发展的蓝图，《21世纪议程》仍然是环境领域最重要的不具有约束力的工具（UNEP 2002）。

全球环境基金（Global Environment Facility，GEF）为《21世纪议程》的执行提供资金。全球环境基金是由联合国环境规划署、联合国开发计划署和世界银行组成的伙伴关系，它在地球首脑会议召开前一年成立，以便为环境保护项目筹集和动员所需资源。从1991年开始，全球环境基金已经提供了68亿美元的拨款，带动了其他来源的超过240亿美元的联合资助，支持了大约2 000个项目，产生的全球环境效益使160多个发展中国家和经济转型国家受益。全球环境基金的资金来自一些国家的捐助，2006年，32个国家保证提供总计31.3亿美元的资金，以便在未来4年为各种与环境有关的行动计划提供资助（GEF 2006）。

世纪之交给我们带来了努力解决环境与发展挑战的紧迫感。世界各国领导人正努力创造一个免于匮乏的世界。在2000年通过的《联合国千年宣言》（Millennium Declaration）中，世界各国领导人承诺让各国人民不会面临“所居住的地球因遭到人类活动的破坏而无法补救以及自然资源无法满足人类需要而产生的威胁”（UN 2000）。联合国千年首脑会议（The Millennium Summit）通过了该宣言，并确定了需要按时完成的大小目标——联合国千年发展目标，以增进人类福祉。

在《联合国千年宣言》公布2年和里约地球首脑会议10年后，世界各国领导人在2002年召开的约翰内斯堡可持续发展世界首脑会议（Johannesburg World Summit on Sustainable Development，WSSD）上再次重申：可持续发展是国际议程的中心目标。包括来自191个国家和政府的代表在内的21 000多人参加了这次首脑会议。联合国秘书长提出了供讨论的五个优先领域：包括卫生在内的水、能源、健康、农业和生物多样性。这五个优先领域的英文缩写为WEHAB。这些问题也可以追溯到一些行动计划，其中包括布伦特兰委员会提出的行动计划。可持续发展世界首脑会议的成果包括《约翰内斯堡可持续发展宣言》（Johannesburg Declaration on Sustainable Development）和54页的执行计划。世界各国领导人在《约翰内斯堡可持续发展宣言》包含的实施计划（Plan of Implementation）中承诺“加快实现有具体时间限制的社会、经济和环境目标”。这次历史性首脑会议还在水资源和卫生、消除贫困、能源、可持续生产和消费、化学品和自然资源管理方面达成了新的承诺（UN 2002）。

过去20年中，一些科学评价也有了长足发展，如联合国政府间气候变化专门委员会（Intergovernmental Panel on Climate Change，IPCC）、千年生态系统评估（Millennium Ecosystem Assessment）和全球环境展望（Global Environment Outlook）。1988年成立的联合国政府间气候变化专门委员会旨在客观、公开和透明的基础上评估与全球气候变化有关的科学、技术和社会经济信息。2007年，联合国政府间气候变化专门委员会公布了第四份评估报告。当时的联合国秘书长安南要求进行“千年生态系统评估”以评价生态系统变化对人类福祉的影响。

这些科学评估反映了全世界数以千计专家的工作，并使人们越来越了解环境问题。上述这些会议和评估的结果就是国际社会缔结了各种各样的多边环境协议（MEAs）（图1.1），本报告相关章节分析了这些多边环境协议和几项其他环境协议。在里约地球首脑会议上，150个政府领导人签署了《生物多样性公约》（The Convention on Biological Diversity，CBD）。《生物多样性公约》确定了以下承诺：保护生物多样性、可持续利用生物多样性以及公平分享利益。《卡塔赫纳生物安全议定书》（The Cartagena Protocol on Biosafety）是在《里约宣言》（Rio Declaration）预先防范措施基础上制定的。《里约宣言》第15条说，“遇有严重或不可逆转损害的威胁时，不得以缺乏科学的充分确定证据为理由，延迟采取符合成本效益的措施防止环境恶化”（UNGA 1992）。《卡塔赫纳生物安全议定书》在转基因活体生物处理、转移和使用方面促进了生物安全性。

在过去20年引起明显关注的两项国际环境协议是《消耗臭氧层物质维也纳公约蒙特利尔议定书》(Montreal Protocol to the Vienna Convention on Substances that Deplete the Ozone Layer）和《联合国气候变化框架公约京都议定书》（Kyoto Protocol to the UN Framework Convention on Climate Change）。1989年生效的《蒙特利尔议定书》到2007年初时已经发展了191个缔约方，该议定书已经帮助减少或稳定了大气中许多消耗臭氧层物质的浓度，其中包括氯氟烃。人们认为《蒙特利尔议定书》是迄今为止最成功的国际协议之一。作为对比，尽管全球气候变化成为紧迫问题，让一些温室气体主要排放国批准《京都议定书》一直非常困难。

从布伦特兰委员会开展工作以来，环境管理已经发生了变化。如今，人们正讨论与环境和发展相关的更广泛的问题。把环境与发展联系在一起的贸易、经济发展、良政（good governance）、技术转让、科学和教育政策以及全球环境问题，已经成为可持续发展更核心的问题。

不同级别的政府都参与环境政策。在联合国环境与发展大会召开后的时代，我们看到通过地方的《21世纪议程》等方式，省级和地方

图 1.1 重要多边环境协议的批准情况

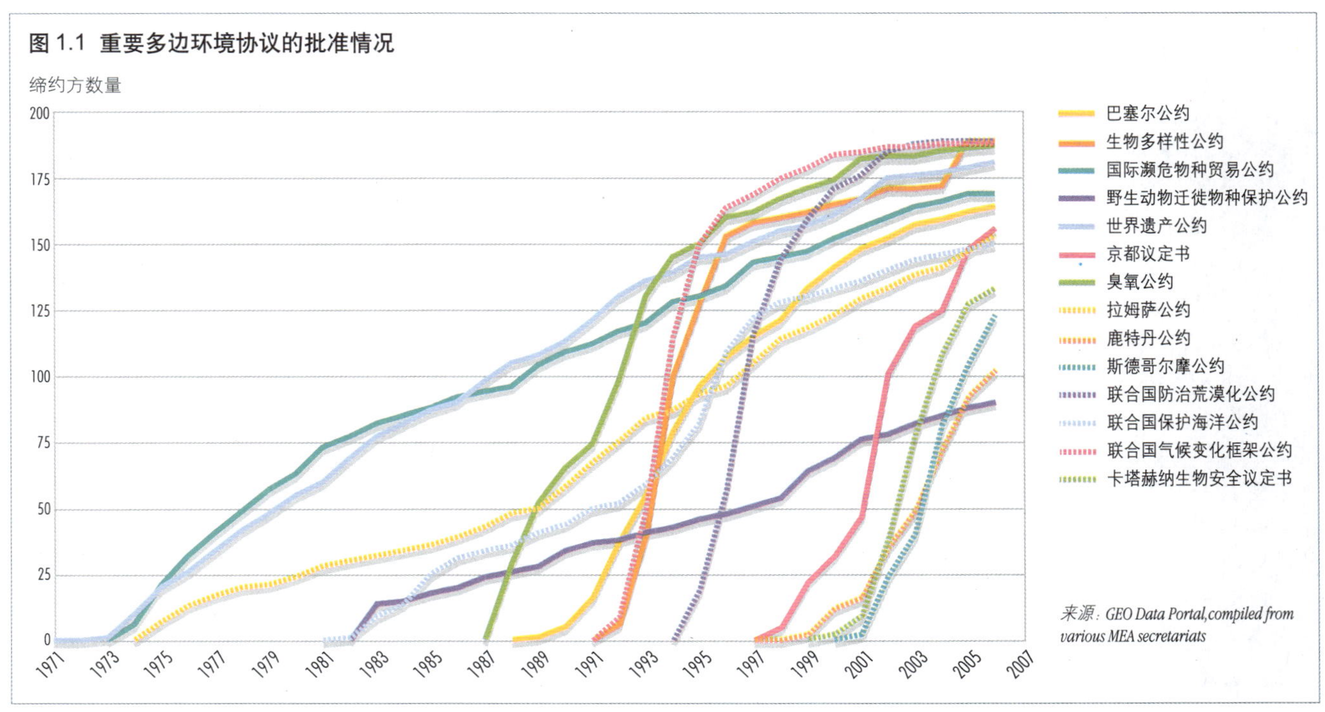

来源：GEO Data Portal, compiled from various MEA secretariats

政府的行动日益增强。《可持续发展世界首脑会议实施计划》（The Johannesburg Plan of Implementation）着重指出：国家政策和发展战略的作用“怎么强调都不过分”。

它还加强了区域层面的作用，例如通过给联合国区域经济委员会布置新任务和为可持续发展委员会（Commission on Sustainable Development，CSD）进行区域层面的准备工作（UN 2002）。

一些参与环境管理的非政府利益相关方有了长足发展，从地方到全球层面，这些组织都发挥着关键作用。非政府组织和致力于公益与环境保护的民间团体呈指数增长，特别是在那些正在民主转型的国家（Carothers 和 Barndt 2000）。

私营部门也应该采取行动帮助保护环境。虽然“世界环境与发展大会没太注意私营企业……越来越多的董事会和执行委员会已经从现在开始，针对同一议程在同一房间考虑他们影响的方方面面”（WBCSD 2007）。因为消费者对“绿色”产品的需求越来越高，一些企业已经制定了自愿性环境规章，或遵守非政府组织和政府制定的环保规章（Prakash 2000）。一些公司开始检测和报告它们对可持续性的影响。八名公司领导人对未来成功的企业将是什么样子进行了研究，结果发现企业的成功与帮助社会应对诸如贫困、全球化、环境退化和人口变化等挑战密切相关（WBCSD 2007）。

最后，公众参与决策的程度也越来越高。通过网络、对话和伙伴关系，利益相关方团体之间与政府互相影响。联合国环境与发展大会和可持续发展首脑会议的行动计划对在地方、国家和全球层面团体和组织的相互作用和影响进行了制度化安排。《21世纪议程》第37章敦促各国让一切利益相关团体参与实施《21世纪议程》所达成的国家共识；第28章鼓励地方当局与公民对话。

专栏 1.1 作为发展基础的环境

发展就是进一步提高人民生活水平的过程。良好的发展需要：

- 提高资产总量和生产力；
- 赋予穷人和边缘化社区权力；
- 减少和管理风险；
- 在当代和子孙后代公平方面有长远的考虑。

环境是上述四种需要的核心。只有通过可持续管理包括金融、物质、人力、社会和自然资源在内的各种资产，才能实现长期发展。包括水、土地、植物和动物在内的自然资产是人的所有生活基础。在国家层面，自然资产占低收入国家财富的26%。农业、渔业、林业、旅游业和矿产行业为人们提供了重要的经济和社会利益。我们所面临的挑战是如何合理管理好这些资源。可持续发展为管理人力资源和经济发展提供了一个框架，同时确保自然环境随着时间的推移发挥其合适和最佳的功能。

来源：Bass 2006, World Bank 2006a

作为发展基础的环境

在布伦特兰委员会成立前，人们把“发展进步”同工业化联系在一起，并仅仅用经济活动和增长的财富来衡量发展和进步。许多人认为环境保护是经济发展的障碍。然而，《我们共同的未来》认识到“环境或发展”是一个虚设的二分命题。人们的重点转到“环境与发展”，然后又转到“旨在发展的环境（专栏1.1）”。《21世纪议程》第1条原则指出：“人类是可持续发展的核心。他们有权生活在健康和有生产力的环境中，与自然和谐相处。”

人类发展合乎规范的框架反映在联合国千年发展目标中（UNDP 2006）。那些签署联合国千年发展目标的国家明确认识到目标7关于环境可持续性的实现是实现消除贫困问题的关键。然而，环境问题并没有高度结合在联合国千年发展目标的其他目标中（UNDP 2005a）。一个健康的环境对实现所有目标是至关重要的（表1.1）。要实现真正的进步，我们必须认识到联合国千年发展目标的第7项目标同其他目标的相互联系，并把它们结合到所有形式的规划中。健康的环境能支持发展，但这一关系并非总是互惠的。

针对现代发展的优缺点，存在许多不同观点（Rahnema 1997）。有人认为发展对自然界是

表 1.1 千年发展目标与环境的主要联系

千年发展目标	主要环境联系
1. 消除极端贫困和饥饿	穷人的生活策略和食物安全常常直接依赖健康的生态系统，以及生态系统提供的多样化商品和生态服务。低收入国家财富的26%是自然资本 全球气候变化影响了农业生产力。地面的臭氧对农作物构成危害
2. 实现普及的初等教育	更干净的空气将降低直接暴露于污染空气中儿童的发病率，因此，中小学生将减少请病假的天数 像腹泻这样与水有关的疾病，每年造成学生大约4.43亿人·天的病假，从而影响这些学生的学习
3. 促进性别平等，赋予妇女权力	室内外空气污染导致每年200多万人早亡。贫困妇女最容易染上呼吸系统疾病，因为她们常常暴露于较高浓度的室内空气污染物中 妇女和女孩担负着打水和捡柴的重任，由于像水污染和森林砍伐这样的环境退化，这些任务变得越来越难
4. 降低儿童死亡率	儿童的主要致死疾病是急性呼吸系统疾病。肺炎是5岁以下儿童的第一号疾病杀手。像室内空气污染这样的环境因素可能增加了儿童患肺炎的可能性 与水有关的疾病，如腹泻和霍乱，导致发展中国家每年约300万人死亡，其中大多数是不足5岁的儿童。腹泻已经成为儿童第二大疾病死因，每年有180万儿童死于腹泻（大约每天5 000人）
5. 改善哺乳妇女的健康	室内空气污染、每天拾柴担水的重体力劳动影响了妇女健康，可能影响妇女生育并使怀孕妇女面临更高的患病风险 提供清洁水能降低影响育龄妇女健康的疾病发病率，并有助于降低产妇的死亡率
6. 治疗主要疾病	发展中国家高达20%的疾病负担可能与环境风险因素有关 与疾病治疗相比，预防性环境健康措施一样重要，有时效果更好。得益于生物多样性的新药为治疗主要疾病带来了希望
7. 确保环境的可持续性	为了保证维持全球生态系统的健康和生产力，我们必须扭转当前环境恶化的趋势
8. 为发展结成全球伙伴关系	贫穷国家和地区被迫开采其自然资源以获得收入和支付巨额债务 不公正的全球化把发达国家有害的负面影响出口到那些经常是缺乏有效管理体制的国家

来源：Adapted from DFID and others 2002, UNDP 2006, UNICEF 2006

破坏性的，甚至是暴力性的（Shiva 1991）。正如《全球环境展望4》所表明的那样：过去的发展实践常常对环境没有好处。然而，存在使发展变得可持续的好机会。

由于发展引发的环境退化引起深层伦理问题，已经超越了经济效益比的范畴。公平问题或许是与环境挑战和可持续发展密切相关的最大道德问题。越来越多的证据表明：环境变化的负担并没有落在那些最大的环境资源消费者身上，这些消费者享受了发展的好处。而普遍情况却是，发展中国家贫困人民承担环境恶化的负面后果。此外，我们的后代也将承担环境退化的代价。当人们从开发环境中受益，但他们不承担后果时，就产生了影响极大的伦理问题。

可持续发展的障碍

尽管环境管理发生了变化，人们对环境与发展关系的理解也更加深入，人们在可持续发展方面取得的真正进展仍然缓慢。许多政府在制订与环境、经济和社会问题有关的政策时，继续把它们看成是互不相关的问题。在决策过程中，把环境与发展结合在一起的努力仍然不成功（Dernbach 2002）。结果，发展战略常常忽视保持生态系统服务的需求，而长期发展

妇女和女孩承担着打水和捡柴的任务，环境恶化使这一任务更难完成。

致谢：*Christian Lambrechts*

目标恰恰是依赖生态系统服务的。一个明显的例子是2005年发生在美国的卡特里娜飓风灾难，它的发生在于一些政府部门没有看到海岸湿地的破坏与海岸社区更容易遭受飓风灾害风险的关系（Travis 2005，Fischetti 2005）。对许多人而言，承认环境变化将影响未来人类福祉是有困难的，因为这需要在个人生活及工作中发生令人不舒服的变化（Gore 2006）。

关于全球环境问题解决方案的国际谈判常常因公平问题而被拖延（Brown 1999）。以气候变化为例，在各国如何分配责任和负担这个问题上，国际谈判的进程放慢了，这主要因为不同国家过去和现在排放量不一样。

广泛参与《21世纪议程》呼吁的可持续发展决策也引发重要挑战。可持续发展决策需要考虑的许许多多不同问题加上透明需求，使得公共参与设计让人产生畏惧心理。如果只是表面参与，并在决策过程中限制很少的名额，那就很容易变得只是“说说而已”。设计现代、跨行业、透明和基于证据的跨专业决策这项任务，不仅具有思想上的挑战性，而且需要地方在民主和决策方面大幅度增强能力（MacDonald和Service 2007）。

本章后面叙述的许多社会、经济和技术变化都使《我们共同的未来》的建议变得很难实施。正如其他章所表明的那样，像人口增长和能源消费增加这样的变化已经对环境产生巨大的影响，对社会实现可持续发展的能力构成了挑战。

最后，环境问题的性质也影响过去反应行动的效果。环境问题经历了从“发现问题并找到解决办法”到“对新（或持久性）问题所知甚少”这样一个过程（Speth 2004）。对于有解决办法的问题，人们都知道其因果关系。问题的规模倾向于在地方或国家层面。问题的影响非常明显和紧迫，也容易确定受害者。在过去20年中，我们已经能够解决这几种问题，如工业空气和水污染，地方土壤侵蚀，清除红树林进行水产养殖和汽车尾气排放。

然而，在较难管理的环境问题上，我们取得的进展是有限的，这些环境问题也被称为“持久性”问题（Jänicke和Volkery 2001）。这是深层结构问题，与在家庭、国家、区域和全球层面的生产和消费方式密切相关。较难管理的问题一般涉及许多方面并且发生在全球范围。我们知道其中一些科学的因果关系，但这并不足以让我们预测何时发生拐点或不可逆转的转折点。并常常需要在非常大范围内采取措施。这种问题包括全球气候变化、持久性有机污染物和重金属、地面臭氧污染、酸雨、渔业资源大范围衰退、物种灭绝或外来物种入侵。认识到环境问题的性质为我们制订战略、投入力量和找到并实施可持续解决方案奠定了基础。本章最后一节介绍了针对不同类型环境问题的解决方案，本书其他地方也着重叙述了这些解决方案，并在第10章进行了深入讨论。

人类福祉与环境

要实现可持续发展，我们必须审视环境与发展的关系，考虑发展的终极目的——人类福祉。发展的思想历程使得“人类福祉”这一概念成为政策辩论的核心。人类福祉是发展的产物，人类福祉与环境现状的关系非常密切。本报告的核心目标就是确定环境变化如何影响了人类福祉，以及表明环境对人类福祉的重要性。

定义人类福祉

给“人类福祉”下定义并不容易(专栏1.2)，因为人们对此有不同观点。简单而言，我们可根据三种看法来定义，每种看法对环境有不同影响：

- 人拥有的资源，如金钱和其他财产。人们认为财富有益于人类福祉。这种看法与“弱可持续性”概念密切相关，它认为环境损失可以由增长的物质资本（机器）得到弥补（Solow 1991)。这种观点把环境看成是促进经济增长、有益于发展的一个工具。
- 人们怎样看待生活(主观看法)。个人对生活条件的评价考虑了环境对生活满意度的重要性。根据这个观点，人们从传统或文化角度上珍视环境(Diener 2000，Frey 和 Stutzer 2005)。
- 人能成为什么和能做什么。这个观点把重点放在环境能允许人成为什么和做什么（Sen 1985，Sen 1992，Sen 1999)。这个观点指出，环境提供了许多益处，例如，合适的食物，避免不必要的生病和早亡，享受安全和自尊，参加社区生活。环境的作用超过了给人类带来的经济收入，它对人类福祉的影响是多方面、多维度的。

这些观点已经从上面第一种发展到了第三种，现在人们越来越重视给人以这样的真正机会，即人们实现其希望所成为的人和做他们想做的事情。

对人类福祉这个新的理解有下面几个重要方面。首先，人们把多方面、多维度看成是人类福祉的一个重要特点。因此，人们从多维度来看待环境对人类福祉的影响。其次，自主被认为是人及其福祉的特征。可以把自主广泛地定义为允许人做出自己或集体选择。换句话说，要想知道一个人是否幸福，需要考虑他或她的素质、观点和选择与行动的能力。人类福

专栏 1.2 人类福祉

人类福祉指的是这样一个程度，即人有能力和机会过他们所珍视的那种生活。

人追求他们所珍视生活的能力取决于广泛的重要自由。人类福祉包括人和环境安全、获得幸福生活所需的物质、健康身体和良好的社会关系，所有这些都密切联系，并构成选择和采取行动的自由：

- 健康是身体、精神和社会福利全面正常的状况，并不仅仅意味着没有疾病。良好的健康不仅包括身体强壮、感觉良好，还包括避免得病、健康的物质环境及可以获得能量、安全的饮用水和清洁空气。人能成为什么和做什么，包括保持健康的能力，把与健康有关的压力降到最低程度，以及确保能获得医疗保健。
- 物质需要与获得生态系统的物品和服务密切相关。构成良好生活的物质基础包括安全和足够的生计、收入和财产，随时都有足够的食品和干净水、房屋、衣服，得到取暖或凉爽所需的能源，以及获得商品。
- 安全指的是个人和环境安全。它包括可获得自然和其他资源，没有暴力、犯罪和战争（环境因素引发的战争)，以及自然和人为疾病的威胁。
- 社会关系指的是这样的积极特性，它确定了人与人之间的相互作用和影响，例如社会凝聚力、互惠、互相尊重、性别平等和良好的家庭关系，以及帮助其他人和供养孩子的能力。

要想提高人们改善生活的真正机会，需要改善上面所有这些组成部分。这与环境质量和生态系统服务的可持续性密切相关。因此，可以通过确定环境对这些福祉不同组成部分的影响来评价环境对个人福祉的影响。

来源：MA 2003, Sen 1999

祉的这个定义强调了这样一个认识的重要性：即个人仅仅是政策干预的被动旁观者，或实际上，是他们命运积极的作用人。

人类福祉的内容

个人、社区和国家在做出自己的选择，最大程度地实现安全和健康，满足物质需求和维持社会关系等方面，受到许多相关因素的影响，如贫穷、不平等和性别问题。注意这些因素的相互关系以及它们与环境的关系是非常重要的。

贫穷和不平等

人们把贫穷看成是剥夺了基本自由。贫穷意味着低福利水平，会产生健康状况不佳、生病、早亡和文盲等后果。常常是因为不能控制资源及歧视（包括种族歧视和性别歧视），缺乏获得物质财产、保健和教育的途径而导致（UN 2004）。

不平等指的是在个人或阶层之间不公平地分配有价物质，如收入、医疗保健或清洁饮用水。对环境资源不平等的获取，也是人与人之间不平等的一个重要原因。从解决有价物质的公平性角度看，平等是社会公平安排的理念。根据性别、年龄、宗教和种族等随机因素，人们用分配分析来评估人与人之间分配不平等的人类福祉特性。当这个分配分析只针对低端人群时，它指的就是贫穷。

个人评估他们自己的生活条件时，考虑到环境给他们的生活带来满意程度的内在重要性。

致谢：Mark Edwards/Still Pictures

流动性

从动态角度看，我们可以从社会流动性和脆弱性这两个概念来更好地认识不平等和贫穷。流动性指的是人从一个社会团体或阶层流动到另外一个社会团体或阶层的能力。环境退化可能会把人限制在低流动性状况中，限制了他们改善自己福利的机会。

脆弱性

脆弱性指的是暴露于敏感和有风险的环境中，没有能力解决或适应环境变化。最常见的情况是，穷人最容易受到环境变化的不利影响。我们可以确定人们在面对环境、社会和经济变化时脆弱性的广泛类型，这样，决策者就能做出反应，在降低脆弱性的同时为保护环境提供机会。第7章评价了人类—环境系统对多重压力（动力和压力）的脆弱性。

性别不平等

分析环境对人类福祉影响时，不能忽视性别问题。发达国家和发展中国家最长久的不公平问题之一就是性别不平等，因为生活在贫困中的大多数人是妇女（UNDP 2005b）。与男人相比，妇女和女孩常常更多地承受环境退化的负担。了解妇女在社会中的地位和她们与环境的关系对促进发展是非常重要的。在许多情况下，妇女和女孩在环境管理方面承担更大的责任，但在决策过程中处于从属地位（Braidotti等1994）。妇女需要处于政策反应的核心地位

(Agarwal 2000)。与此同时，避免把她们的作用形式化，并根据当地复杂现实做出反应，这点也十分重要（Cleaver 2000）。

环境变化和人类福祉

联合国千年生态系统评估一个重要发现是，生态系统服务影响着人类福祉与自然环境的关系（专栏1.3）。由于环境变化引发的生态服务的变化，通过影响安全、良好生活的基本物质需要、健康、社会和文化关系影响了人类福祉（MA 2003）。世界上所有人，不管是富人还是穷人，城市居民还是农民，所有地区的人都依赖自然资本。

世界上最贫困人群的生活主要依赖环境物品和服务，这使得他们对环境变化特别敏感，也最容易受到环境变化的不利影响（WRI 2005）。此外，发展中国家和发达国家的许多社区的收入来自环境资源，这些环境资源包括渔业、非木材森林产品和野生动物。

健康

在《我们共同的未来》报告出版前，前苏联发生的切尔诺贝利核电站事故表明了污染对人体健康的灾难性影响。20年后，切尔诺贝利核电站事故的受害者仍在同疾病斗争。世界上无数人的健康不断受到人为环境变化的不利影响，包括水资源在内的生态系统供应服务的变化都可以影响人类健康；疾病通过媒介昆虫传播或水和空气污染物传播，影响生态系统管理服务的环境变化也影响着人类健康（MA 2003）。几乎疾病总数的1/4起因于环境暴露（WHO 2006）。

正如第2章描述的那样，城市空气污染是最广泛的环境问题之一，它影响了世界几乎所有地区的人的健康。虽然空气污染在许多工业化国家已经减少，但在其他地区特别是亚洲，却增加了。亚洲国家迅速增长的人口、经济发展和城市化导致化石燃料的用量越来越多，空气质量日益下降。世界卫生组织估计，亚洲有超过10亿人暴露在超过空气质量标准的空气污染物中（WHO 2000）。2002年，世界卫生组织估计，超过80万人因为室外PM_{10}（即直径小于10微米

专栏 1.3 生态系统服务

生态系统服务包括像食物和水这样的供应服务；包括防洪和疾病控制在内的管理服务；包括精神、娱乐和文化利益在内的文化服务；以及包括维持地球生命条件的养分循环在内的支持服务（详细内容见第5章表5.2）。

来源：MA 2005a

人类福祉与自然环境的关系受到生态系统提供服务的影响。

致谢：Joerg Boethling/Still Pictures

的空气颗粒物）空气污染早死，160万人因为室内PM_{10}空气污染早死（WHO 2002）（见第2章）。

第4章叙述了对淡水生态系统（河流、湖泊、湿地和地下水资源）的过度开发和污染是如何直接影响人类福祉的。虽然获得清洁水和卫生条件的情况已经有所改善，但2002年还有超过11亿人不能得到清洁水，26亿人没有得到改善的卫生条件（WHO和UNICEF 2004）。每年有180万儿童死于腹泻，腹泻成为世界上儿童第二大杀手（UNDP 2006）。

在水和沉积物中发现了许多重金属，如汞和铅；因为它们能在人体和其他生物体中蓄积，现在已经成为人们关注的一个主要问题（UNESCO 2006）。许多活动都导致重金属污染。本书第2～4章描述的主要活动包括烧煤、焚烧、城市和农村地表径流、工业废弃物排放、

专栏1.4 野味贸易

中非的野味贸易和亚洲的野生动物市场就是既影响环境又带来疾病风险的人类活动的例证。在越南，目前野生动物走私每年的金额为2 000万美元。对于森林居住者和农村穷人来说，野味是重要的蛋白质和收入来源。然而，城市从野味餐馆到药店的消费，再加上邻国市场的需求，使野味的商业需求愈来愈高。对野生动物的捕获率现在已经不可持续，并使小牙棕榈小灵猫（*small-toothed palm civet*）等物种面临灭绝的威胁。

在野生动物市场，哺乳动物、鸟和爬行动物与其他数十种物种及人类接触，增加了疾病传播的概率。2003年中国爆发非典型性肺炎（Sudden Acute Respiratory Syndrome，SARS）疫情时，广东省几名最早的病人是从事野生动物买卖或屠宰的工人，这就令人毫不吃惊了。这种疾病可能在当地野生动物市场首先从果子狸或蝙蝠传播给人。通过人类的空中旅行，非典型性肺炎迅速传播到五大洲25个国家。全世界每年有7亿人次空中旅行，因此疫情很容易向世界范围传播。

据估计，全球每年消耗110万～340万t生活在刚果盆地的剥皮野生动物或野味。野味贸易和商业猎取野生动物已经大量毁灭了像黑猩猩这样长期存在的物种。贸易是全球性的，人们甚至在巴黎、伦敦、布鲁塞尔、纽约、芝加哥、洛杉矶、蒙特利尔和多伦多等大城市的市场都发现了灵长类动物的肉。人在捕获和屠宰灵长类动物过程中会接触它们的血液和体液，这很可能使人暴露于新的病毒。2000—2003年，在加蓬和刚果爆发的16例埃博拉病毒中，13例是因为处理大猩猩或黑猩猩的尸体。最近一份研究报告记载了喀麦隆农村从事动物打猎者的身体里，有猿泡沫病毒（SFV）和人类T型淋巴病毒（HTLV）。

来源：Bell and others 2004, Brown 2006, Goodall 2005, Fa and others 2007, Karesh and others 2005, Leroy and others 2004, Li and others 2005, Peiris and others 2004, Peterson 2003, Wolfe and others 2004, Wolfe and others 2005

野味的商用需求一直增长，捕获野生动物的速度是非可持续的。

致谢：Lise Albrechtsen

小规模工业活动、采矿和垃圾填埋场渗流。

环境的变化也会引发疾病。自1980年以来，超过35种传染病已经爆发或变成重要传染病。这些传染病包括以前不知道的新疾病，如艾滋病、非典型性肺炎（SARS）和禽流感（avian influenza，H5N1），以及人们曾经认为已经控制的疾病，如登革热、疟疾和腺鼠疫（Karesh等2005，UNEP 2005a）。全球气候变化、土地用途改变和与野生动物的相互影响（专栏1.4）等，导致了最近的流行病学转变（McMichael 2001，McMichael 2004）。由于人口压力使人类开发目前还相对未被打扰的环境资源，使人类与野生动物接触日益增多，增加了病原体的交流机会（Wolfe等1998）。全球化本身也影响着疾病的兴起，这是因为疾病媒介有机会到达新地区和遇到新的易感染人群。联合国环境规划署一份关于禽流感与环境（Avian Influenza and the Environment）的最新报告指出："如果要减少家禽和野生鸟类之间的亚洲禽流感基因系H5N1的转移，至关重要的是采取措施把它们之间的接触降到最低程度。恢复湿地健康将减少野生迁徙鸟类分享家禽栖息地的需要。"（UNEP 2006）

物质需要

人们的基本需求依赖自然资源，如食物、能源、水资源和住房。在许多社区，特别是发展中国家，包括鱼类、木材、非木材森林产品和野生动物在内的环境资源，是他们收入和其他物质财产的直接来源，并构成他们所珍视的生活的基础。满足物质需要的能力与生态系统的供应服务、管理服务和支持服务密切相关（MA 2003）。

全世界13亿人的工作依靠渔业、林业和农业——接近全世界工作机会的一半（专栏1.5）（FAO 2004a）。在亚洲及太平洋地区，小规模渔业的产量占马来西亚、菲律宾和泰国1987—1997年渔业总产量的25%（Kura等2004）。在非洲，每10人就有7人生活在农村，大多数人都从事资源依赖型的生产活动（IFAD 2001）。资源依赖型的小规模生产在许多非洲国家的国内生产总值占据了重要比例（IFPRI 2004）。另外，小规模农业生产占非洲农业产量的90%以上（Spencer 2001）。一项对津巴布韦东南部马斯文戈省（Masvingo）家庭收入的研究表明，51%的家庭收入来自农业，家庭总收入平均66%来自环境资源（Campbell等2002）。在自然资源发生退化的地方，人们的生计都面临风险。森林损失可能减少食物、能源和其他森林产品的可获得性；而在许多社区，自然资源是贸易和收入的支柱。

越来越多的证据表明，投资于生态系统的保护，如对流域管理的投资，使农村穷人增加了收入。在印度阿德冈（Adgaon）流域，在完成流域整治工程后，每名工人的年就业天数（工资劳力）从治理前的75天增长到200天（Kerr等2002）。在斐济，加强传统的"不索取（休渔）"管理方式以促进海洋生物的恢复，取得良好效果，三年中，人们的收入增加了35%～43%（专栏7.13）（WRI 2005）。在印度一个人们自主进行的开创性流域管理项目中，大家共同参与的流域恢复计划执行后，人们到水源的距离缩短了一半，灌溉面积增加一倍，当地农村的农业总收入从流域恢复前的1996年的大约55 000美元增加到2001年的大约235 000美元（D'Souza和Lobo 2004，WRI 2005）。

专栏1.5 渔业提供的物质福利

渔业在提供物质福利方面发挥着重要作用，在世界许多地方，渔业为人们带来收入、减少贫困和增加食物安全。鱼类是重要的蛋白质来源，特别是在发展中国家，鱼类为26亿多人提供了至少20%的人均动物蛋白摄取量。世界人口增长已经超过了鱼类总供应量的增长速度，联合国粮食与农业组织（FAO）的预测表明，预计全球将面临渔业资源的短缺（见第4章）。

在一些地区，如东南亚、欧洲和北美，鱼肉消费增加了，但在包括次撒哈拉地区的非洲国家和东欧国家等地区，鱼肉消费量正在减少。20世纪80年代后期，加拿大东海岸鳕鱼捕捞业的崩溃对当地渔民社区造成了毁灭性影响，证明了发达国家如果对自然资源管理不善，同样会严重影响经济。鳕鱼捕捞业的崩溃导致25 000名渔民和10 000名其他工人失业（见第5章的专栏5.2和第7章的图7.17）。

来源：Delgado and others 2003, FAO 2004b, Matthews 1995

安全

安全包括经济、政治、文化、社会和环境方面（Dabelko 等 2000）。它包括身体免受伤害的威胁，免受暴力、犯罪和战争的威胁。安全意味着可以稳定和可靠地获得资源，免遭自然和人为灾害的能力，减少压力和打击以及对压力打击作出反应的能力。对数以百万计的人来说，环境资源是他们生计的重要组成部分，当环境变化威胁到这些资源时，人们的安全也受到了威胁。“可持续发展的核心就是人类安全与环境的微妙平衡”（CHS 2006）。

在过去一个世纪，地球已经表现出明显的变暖迹象。过去12年（1995—2006年）中，有11年是位于自1850年开始有仪器记录地球表面温度以来最热的12年中（IPCC 2007）。正如第2章描述的那样，全球气候变化很可能影响生态系统的管理服务功能，并在全球许多地区导致更多和更强烈的极端天气危害（IPCC 2007），导致世界许多人群更大的不安全感（Conca 和 Dabelko 2002）。极端天气现象将更多地影响发展中国家，如小岛屿发展中国家（Small Island Developing States，SIDS）（图1.2），以及各国的穷人（IPCC 2007）。2005年，美国遭到卡特里娜飓风袭击时，没有私人汽车的穷人无法撤离城市。在2004年发生的印度洋海啸中，健康不好或体力不强的人，生存的可能性就低一些。例如，在印度尼西亚亚齐省北部村庄里，妇女占死亡人数的80%（Oxfam 2005）。在斯里兰卡，容易遭受灾害影响的其他人群，即儿童和老人的死亡率也很高（Nishikiori 等 2006）。

通过改变生态系统提供食物和其他产品的供应服务功能，缓解变化也影响着人类安全。共享资源的缺乏一直是冲突和社会不稳定的根源（deSombre 和 Barkin 2002）。现在世界许多地方都因为水资源量和水质发生争端。波利尼西亚群岛居民导致的复活岛自然资源的明显退化，当地氏族和部落之间随后的争斗，清楚地证明了一个社会因过度攫取稀缺资源而导致自我破坏（Diamond 2005）。自然资源可以在武装冲突中起重要作用。它们常常成为诱发战争的一种方式（专栏1.6）。人们也把武装冲突作为夺取自然资源的一种手段（Le Billion 2001），而

图 1.2 小岛屿发展中国家受自然灾害影响的人数

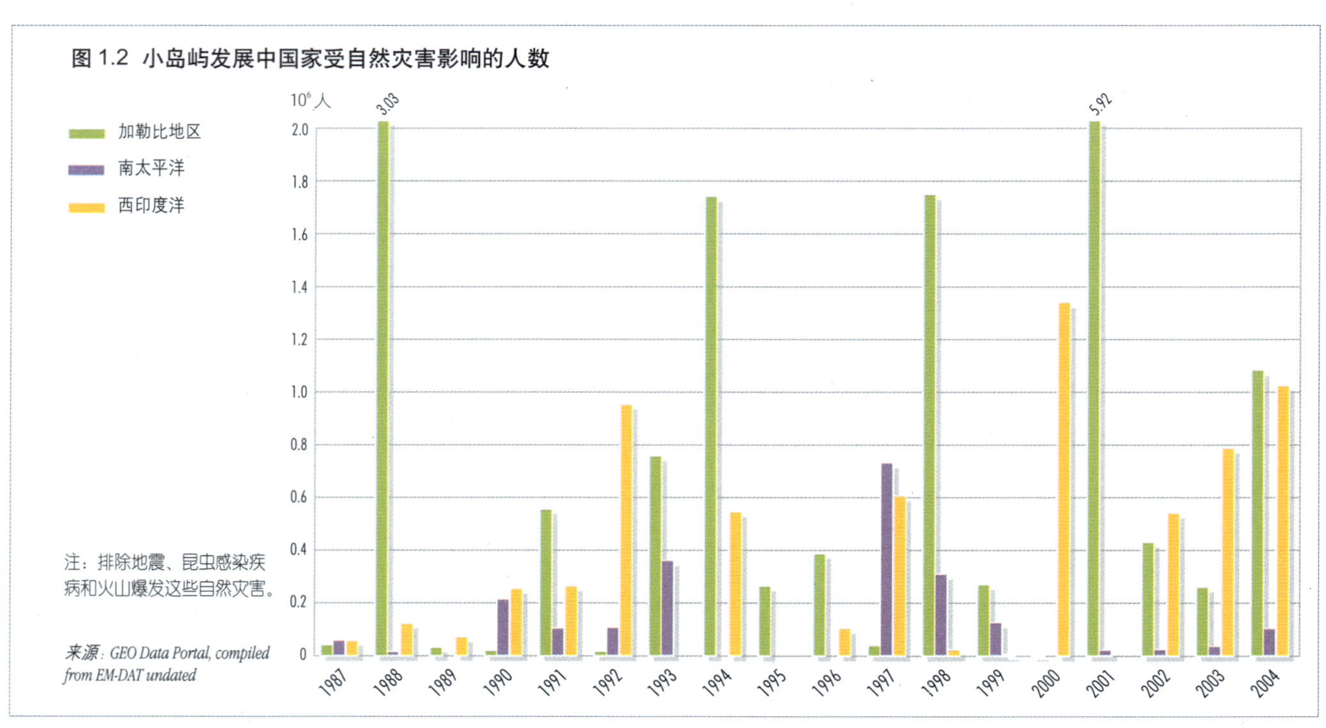

注：排除地震、昆虫感染疾病和火山爆发这些自然灾害。

来源：GEO Data Portal, compiled from EM-DAT undated

武装冲突又会破坏环境资源。

政府无能力或战争引起的不安全感可能归因于环境恶化。通过良政、避免冲突的机制与决议、灾害预防、应急机制，安全需要环境在当前和今后都能提供生态系统产品和服务（Dabelko等 2000，Huggins等 2006，Maltais等 2003）。不公正的统治和制度会干扰人民安全的生活，这已经为非洲南部国家的土地使用权冲突所证明（Katerere 和 Hill 2002）；印度尼西亚对泥炭沼泽的管理不善也证明了这一点（Hecker 2005）。在这两个例子里，自然资源与当地人民生计密切相关，人们的不安全并非因为资源短缺，而是由于人们获取和得到这些重要资源的不公平造成的。在专栏1.6所显示的其他例子中，环境退化可能导致居住形式的变化，因为人们由于敌意或战争而被迫逃离家园。

近年来已经变得很清楚，我们需要对环境事务进行联合管理，以促进不同社会和不同国家的合作，从而避免冲突（Matthew等 2002，UNEP 2005b）。解决维多利亚湖（Lake Victoria）渔业资源下降，是一个非常好的合作案例。水资源管理和跨国生态系统合作，还能培养磋商和对话

专栏 1.6 塞拉利昂和利比里亚的武装冲突，几内亚的难民安置

20世纪90年代，包括钻石和木材在内的自然资源促发了利比里亚和塞拉利昂的内战。人们把钻石从塞拉利昂走私到利比里亚和世界市场。90年代中期，利比里亚官方出口的钻石每年价值3亿～4.5亿美元。人们把这些钻石称为“血钻”（blood diamonds），因为钻石贸易给反叛组织提供了资金，并加深敌意。2002年战争结束时，5万多人死亡，2万人残废，塞拉利昂3/4的人口流离失所。

当塞拉利昂和利比里亚陷于激烈战争时，数十万难民为了安全逃到几内亚。2003年，大约18万难民居住在几内亚。在塞拉利昂和利比里亚之间，有一条被称为“鹦鹉嘴”的狭长地带（属于几内亚），因为这些国家的国际分界线外形像一只鹦鹉（在两幅照片中显示为黑线）。在这个地带，难民占居民总数的80%。

1974年的照片显示了“鹦鹉嘴”深绿色森林中均匀分布的小片浅绿色植被和周围的利比里亚和塞拉利昂森林。这些小斑点是村民住房和周围的农地。照片左上角深色地区很可能是森林被烧光的土地疤痕。

在2002年的照片中，随着浅灰和浅绿面积更加均匀地分布，以利比里亚和塞拉利昂深绿森林为背景的“鹦鹉嘴”图像更加清晰。浅颜色表明在“安全地带”的森林砍伐，难民在这里建立了营地。许多难民已经融入当地村庄，通过砍伐更多树木来修建他们的居住区。结果，孤立的斑点与面积更大的退化的森林相融合。照片左上方的森林破坏得特别明显，这片土地1974年还是绿色的，现在由于森林砍伐的扩张变成了灰褐色。

来源：Meredith 2005, UNEP 2005b, UNHCR 2006a

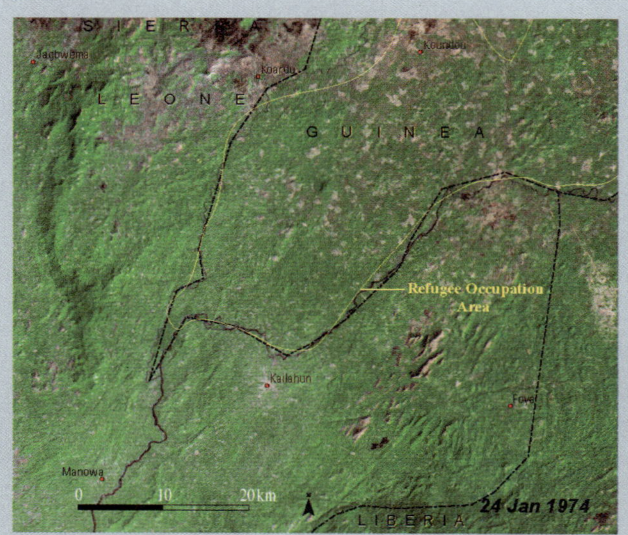

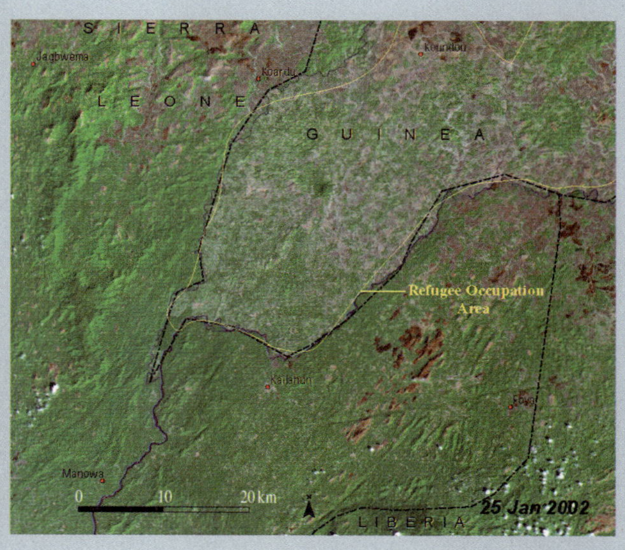

致谢：UNEP 2005b

的外交习惯并产生积极政治成果，这表明人与环境安全是密切相关的（Dodds和Pippard 2005）。

社会关系

通过提供与生态系统直接有关的美丽景色、文化或精神价值这样的文化服务，环境也影响社会关系（MA 2005a）。自然世界为我们提供了观察、教育、娱乐和美景享受的机会，所有这些对社会来说都是有价值的。在一些社区，环境支持着社会关系的基础结构。正如第5章所描述的那样，许多文化特别是土著文化，深深植根于本地环境。

全球气候变化是小岛屿发展中国家和他们高度的文化多样性的一项主要担忧。海平面上升和日益增多、增强的暴风雨对小岛屿发展中国家构成了威胁（Watson等1997）（见第7章）。图瓦鲁（Tuvalu）就是容易遭受环境变化影响的岛屿的典型例子。它的文化深深依赖当地环境，但由于气候变化导致海平面上升，该岛居民可能不得不考虑搬迁到其他国家。当地居民这种文化蕴含着的应对危机的机制可能丧失，减弱了社会对未来自然灾害的处理能力（Pelling和Uitto 2001）。

对生活在北极地区的土著来说，传统食谱对他们的社会、文化、营养、经济和健康起特别重要的作用（Donaldson 2002）。打猎、钓鱼及采集植物和浆果与他们的重要传统价值和习俗息息相关，重要传统价值和习俗是土著人身份认同的核心。环境污染（专栏1.7和图1.3）和全球气候变化（见第6章）正破坏他们的传统食物，这对土著人的福利构成了全方位的影响。由于缺乏可获得的、文化上得到认可并且能够支付的替代食物，这个问题变得很严重。储备食物比较昂贵，并且缺乏文化意义。长期解决方案需要世界各地区在确定工业和农业发展选择时，考虑北极地区的生活方式（Doubleday 2005）。

专栏 1.7 影响北极居民的化学品

正如第5章和第6章所描述的那样，土著居民与环境的关系对他们的身份认同和总体福利起重要作用。科学研究已在包括人在内的北极地区生态系统所有组成部分内发现了持久性有机污染物（POPs）和重金属成分。北极地区生态系统和当地居民食物中，大多数这些污染物质都是世界其他地区工业社会选择的结果（如在棉田使用毒杀芬杀虫剂）。风、空气和水流把这些物质从世界各地传输到北极地区（图1.3），并进入食物链。

与世界其他民族相比，居住在加拿大北极东部地区和格陵兰的伊努伊特人（Inuit）的传统饮食方式，暴露在持久性有机污染物和汞污染物的风险最高。因此，他们根植于传统的打猎、分配和消费本地可再生资源的可持续生活方式，正面临威胁。

来源：Doubleday 1996, Van Oostdam 2005

图 1.3 污染物到达北极地区的途径

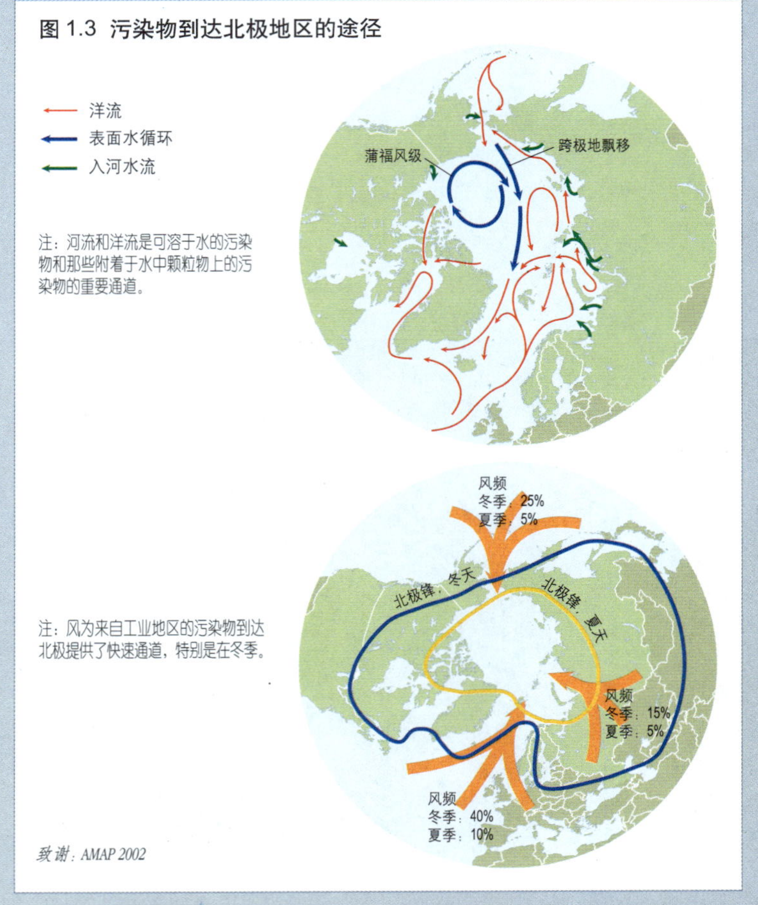

致谢：AMAP 2002

变化的驱动力与压力

各种驱动力和压力引发了环境变化及其对人类福祉的影响。像人口变化、经济需求和贸易、科学与技术，以及制度和社会政治框架等驱动力引发了压力，而压力又影响环境状况，环境变化进而影响了环境本身、人类社会和经济活动。例如，大多数生态系统压力是因为人类排放、土地利用和资源开发等变化引起的。对驱动力—压力—现状—影响—反应（DSPIR）框架（见本报告“读者指南”部分）显示出来的相互联系的分析构成了《全球环境展望4》评估工作的基础。自从布伦特兰委员会成立20年来，这些驱动力和压力已经发生变化，常常是加速变化。结果，自然环境已经发生惊人变化。世界上没有一个地区不面临环境变化的现实，以及环境变化对人类福祉当前、近期和长期的影响。

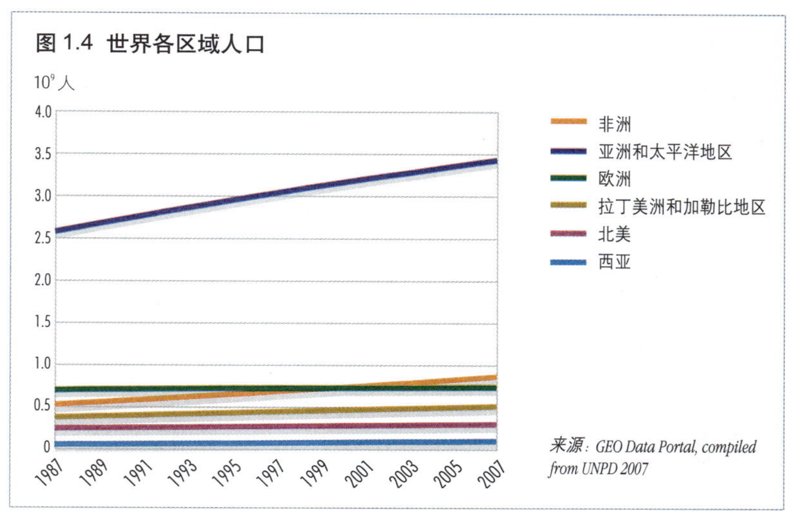

人口

人口是推动环境变化的重要驱动力，导致人类对食物、水资源和能源需求的日益增加，以及对自然资源的压力。当前的人口是20世纪初人口的3倍。在过去20年，全球人口继续增长，从1987年的50亿增加到2007年的67亿（图1.4），每年平均增长1.4%。然而，不同区域人口增长明显不同，非洲和西亚人口增长率很高，而欧洲人口保持稳定（详见第6章）。虽然世界人口正在增长，但增长速度正在减缓（专栏1.8）。

被迫和出于经济原因的人口迁移引起了人口和人居模式的变化，特别是在区域层面。2005年，全世界共有1.9亿国际人口迁移，而1985年仅有1.11亿人迁移。全世界迁移人口大约1/3是从发展中国家移居到另一个发展中国家，另有1/3是从发展中国家移居到发达国家（UN 2006）。许多移民是难民、（因战争或遭迫害而被迫离开本土的）流亡者或没有国家的人。2005年底，联合国难民事务高级专员公署（UN High Commission for Refugees）把2 080多万人归类为“值得关注的人”（UNHCR 2006b）。这些人包括难民、流亡者或没有国家的人。从2000年开始，全世界难民人数已经下降，但流亡者人数一直增加（UNHCR 2006b）。

我们使用“生态移民”这个术语来描述那些因环境因素影响而移居的人（Wood 2001）。据称在20世纪90年代中期，有高达2 500万人因环境变化而被迫离开家园，有多达2亿人面临因环境变化而最终被迫离开家园的风险（Myers 1997）。其他研究分析显示：环境是人们被迫迁移的一个重要因素，但人口迁移常常也与政治分裂、经济利益和种族冲突密切相关（Castles 2002）。人们常常很难把这些影响因素清楚地分开。

城市化还在世界范围进行，特别是在发展中国家，这些国家的农村居民来到城市推动城市的发展（图1.6）。到2007年底，生活在城市的人将比生活在农村里的人多，这将是人类历史上的第一次（UN-HABITAT 2006）。在东北亚和东南亚，居住在城市地区的人口从1985年的28%～29%增长到2005年的44%，预计到2025年将达到总人口的59%（GEO Data Portal，from UNPD 2005）。在一些地区，城市面积的增长超过了城市人口增长，这个过程称为城市的无序扩张。例如，1970—1990年，美国100个最大城市的总城区面积增加了82%。城区面积增加的近一半原因是人口增长造成的（Kolankiewicz 和 Beck 2001）（专栏1.9）。生活在城市里越来越多的人居住在贫民窟——这里缺乏足够的住房，没有或很少有基本服务（UN-HABITAT 2006）。在次撒哈拉非洲国家许多城市里，生活在贫民窟的儿童比生活在农村的儿童更容易死于水生疾病和

专栏 1.8 人口变化

全球每年人口增长率从1987年的1.7%下降到2007年的1.1%。本书第6章分析了各区域明显不同的人口增长率。人口变迁和从高出生率、高死亡率到低出生率、低死亡率的变化可以解释这些人口变化。由于经济发展，世界各区域的生育率都在下降。2000—2005年，全世界妇女平均每人生育2.7个小孩，而50年前，平均每人生5.1个小孩。最终，世界平均生育率可能甚至下降到低于2（人口替换率），从而导致全球人口下降。一些欧洲国家现在正处于这个阶段，并出现人口老龄化问题。

在大多数区域，医疗保健的改善已经降低了死亡率并提高了人口寿命（图1.5）。然而，在过去20年，非洲许多地区的人均寿命已经降低，部分原因是艾滋病造成的。自从1981年确认第一例艾滋病死亡病例以来，全世界已经有超过2 000万人死于艾滋病。估计2005年全世界有3 950万成年人和儿童感染了艾滋病病毒，其中2 470万人生活在次撒哈拉非洲地区。在艾滋病肆虐最严重的国家，这种疾病降低了人均寿命，减少了健康农民数量并加剧了贫困。

来源：GEO Data Portal, from UNPD 2007, UNAIDS 2006

图 1.5 世界各区域人口寿命

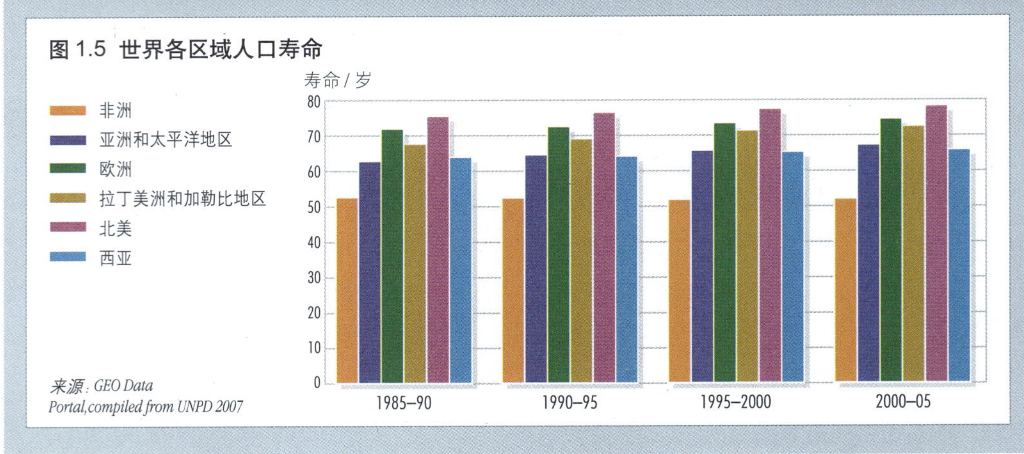

来源：GEO Data Portal,compiled from UNPD 2007

图 1.6 世界各区域城市人口占区域总人口的百分比

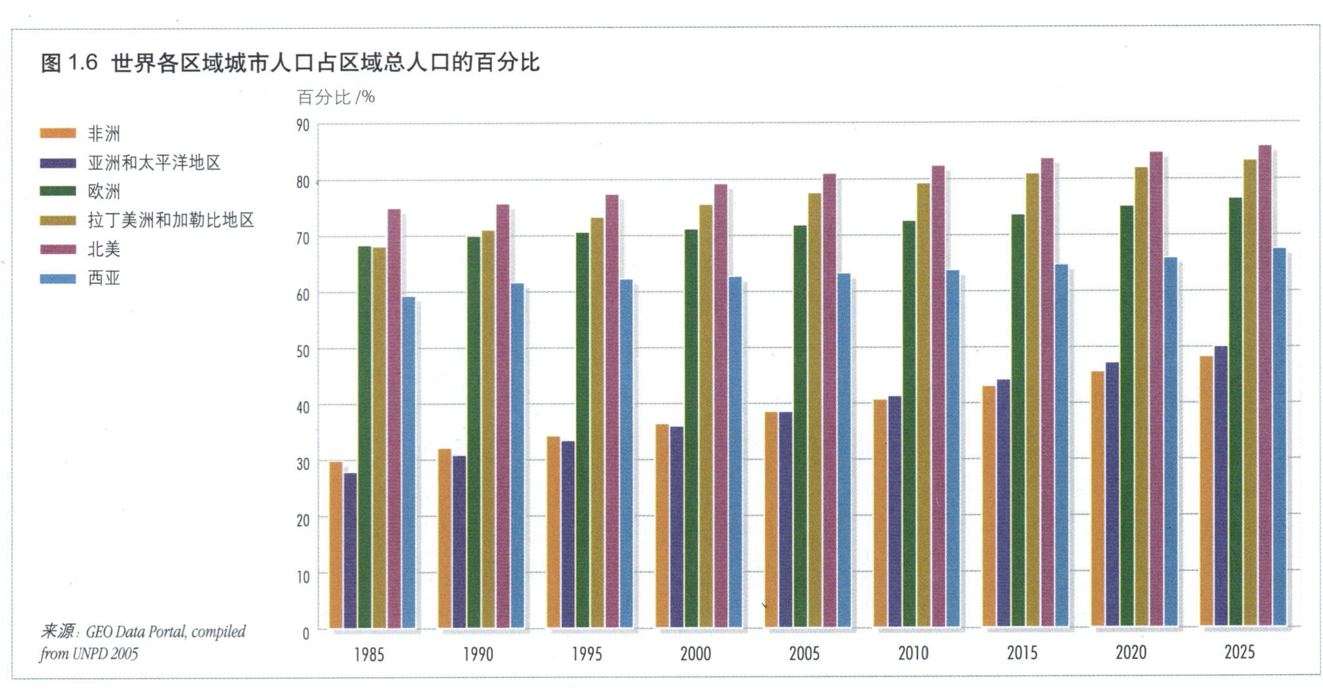

来源：GEO Data Portal, compiled from UNPD 2005

呼吸道系统疾病。2005年，估计全世界有10亿人生活在城市贫民窟（UN-HABITAT 2006）。

人口迁移和城市化与环境变化有复杂关系。自然灾害、土地和当地生态系统退化是人口迁移的主要原因（Matutinovic 2006）。由于人口迁移或城市化导致的人口模式变化，改变了土地利用方式并对生态系统服务提出更高要求（专栏1.9）。

城市化给环境施加特别明显的压力（见第6章）。沿海城市经常引起近岸海洋污染。到2025年，预计全球海岸地区人口将达到60亿（Kennish 2002）。在这些地区，大规模开发活动导致城市和工业废弃物把过多养分输入大海。正如第4章所描述的那样，富营养化引发死亡水域，这样的水域没有溶解氧或其浓度很低。鱼无法在这样的水域存活，水生生态系统遭到破坏。死亡水域是亚洲、非洲和南美地区的新问题，但在世界各地都存在。随着人口增长及日益发展的工业化和城市化，预计死亡水域将继续扩大。如果管理得好，城市也能成为一些环境压力的解决方案。例如，城市提供了规模经济并为可持续交通和高效能源选择提供了机会。

经济增长

过去20年，全球经济取得令人瞩目的增长。人均国内生产总值（按照购买力平价计算）每年平均增长约1.7%，但这一增长并不均匀（图1.7）。非洲、东欧、中亚、拉丁美洲和加勒

专栏1.9 拉斯维加斯城市扩张

拉斯维加斯是美国增长速度最快的大都市，典型体现了城市无序扩张的问题。随着博彩业和旅游业的繁荣，该市人口也不断增长。1985年，拉斯维加斯市有55.7万人，是美国第66大城市。到2004年，拉斯维加斯市成为美国第32大城市，城市居民接近170万。据估算，该市人口到2015年可能再翻一番。人口增长给水资源供应带来了压力。

卫星照片清楚地显示了拉斯维加斯市由于无序扩张导致的空间变化及其速度。1973年和2000年卫星照片中间绿色和灰色地区就是拉斯维加斯市所属地区。注意公路和其他基础设施（黑线方块）的扩张及灌溉面积的显著增加。

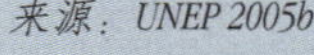
来源：UNEP 2005b

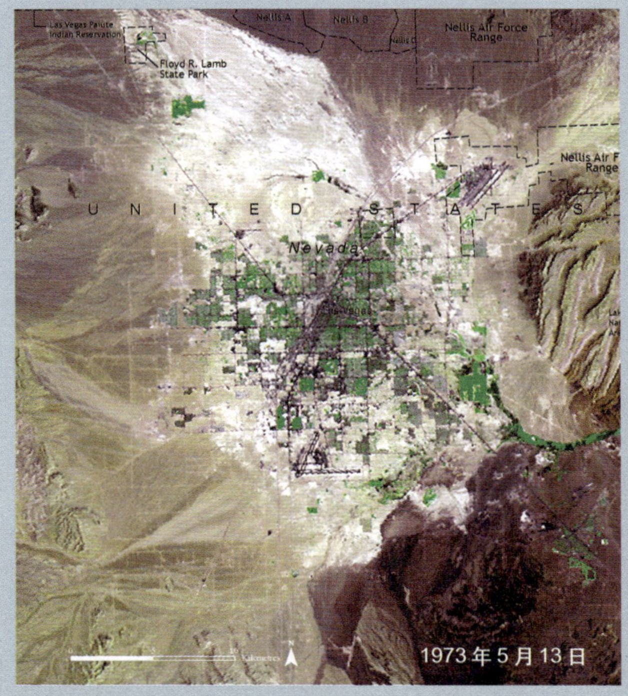

致谢：UNEP 2005b

图 1.7 按人均购买力计算的国内生产总值

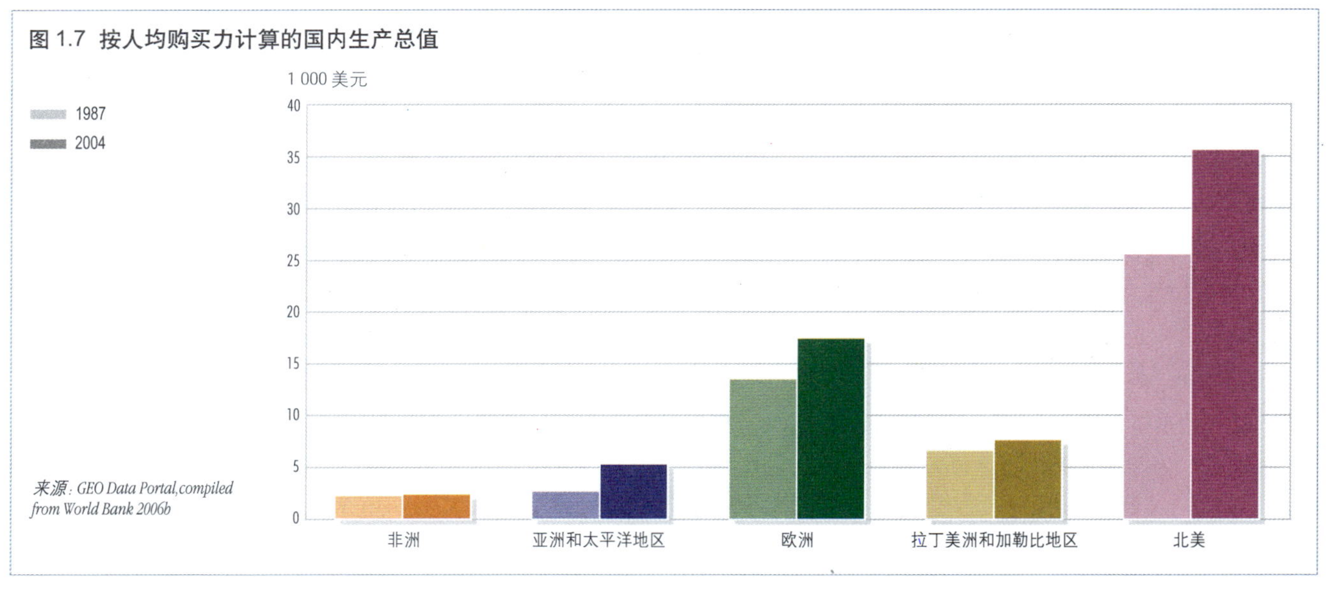

来源：GEO Data Portal, compiled from World Bank 2006b

比地区部分区域的人比北美、中欧和西欧人穷。1987—2004 年，这些地区的许多国家的经济没有增长，一些国家的经济甚至明显衰退。特别是在非洲，该区域存在很大差别，即使经济有增长的国家，也面临严重债务问题（专栏 1.10）。亚洲和太平洋地区人们收入水平仍然比世界平均水平低很多，但它们的经济增长速度是全球平均水平的 2 倍。本书第 6 章着重描述了这些区域之间的差别。

经济增长和非可持续消费模式代表环境正面临日益增长的压力，这种压力的分配常常是不均衡的。达斯古普塔认为，贫穷国家经济不能可持续发展，部分原因是富裕国家的可持续性。出口资源的那些国家正为那些资源进口国家的消费提供补贴（Dasgupta 2002）。然而，随着像中国、印度、巴西、南非和墨西哥这样的新经济体和大国的崛起，区域间的消费模式正发生变化。例如，预计中国到 2025—2035 年将成为世界第一经济大国。中国迅猛的经济发展影响着全球资源生产和消费模式，并改变了全球环境和地缘政治（Grumbine 2007）。机动车拥有模式表明了消费模式变化的影响（见第 2 章）。2004 年，中国拥有大约 2 750 万辆小汽车和 7 900 万辆摩托车（CSB 1987—2004）。日益增加的汽车拥有量对城市空气质量产生不利影响，从而明显地威胁着人体健康。

专栏 1.10 偿还外债仍是制约经济增长的主要障碍

非洲的收入虽然只占发展中国家总收入的 5%，但承担着发展中国家总债务的约 2/3，超过 3 000 亿美元。尽管极其贫穷，次撒哈拉地区非洲国家每年要向富裕国家支付 145 亿美元外债。因此，次撒哈拉地区非洲国家每年偿还外债的金额，平均是为本国人民提供基本服务金额的 3 倍多。到 2004 年底，非洲把出口收入的约 70% 用来偿还外债。2005 年，在鹰谷召开的八国首脑会议上，八国集团免除了几个陷入沉重债务的贫穷国家欠三家国际金融机构——国际货币基金组织（International Monetary Fund，IMF）、国际开发协会（International Development Association，IDA）和非洲发展基金（African Development Fund）100% 的债务。这是解除因偿还外债对经济增长和社会服务造成负担的一个步骤。由于债务免除和 2000—2004 年有针对性地增加了援助，非洲又有 2 000 多万孩子能上学读书。虽然八国集团 2007 年在德国海利根达姆首脑会议上重申了它们在鹰谷八国首脑会议上做出的承诺，但是人们对它们履行这些承诺的能力表示质疑。

来源：Christian Reformed Church 2005, DATA 2007, Katerere and Mohamed-Katerere 2005

全球化

世界经济的特点是日益增长的全球化，通过全球贸易和金融流动，全球化促进了全球经济一体化；通过信息、文化和技术的转移，全球化促进了知识一体化(Najam 等 2007)。随着复杂的跨国相互作用日益增多和非国家角色发挥越来越大的作用，管理也变得全球化了。在全球管理事务中，跨国公司开始成为有影响力的经济角色，而在过去，国际管理的主角都是各国政府。虽然世界各国政府“统治世界”，但跨国公司则通过像世界经济论坛(World Economic Forum)这样的聚会和像多边投资协议（Multilateral Agreement on Investment）这样的多边磋商场合，已经公开走向全球政治舞台(De Grauwe和Camerman 2003，Graham 2000)。互联网等技术和通讯的进步，也加强了个人和组织作为全球化世界主要参与者的作用(Friedman 2005)。

全球化给人们同时带来了更多恐惧和希望。一些人认为，日益增长的相互依赖有利于合作、和平及解决共同问题（Bhagwati 2004，Birdsall 和 Lawrence 1999，Russett 和 Oneal 2001）。经济一体化可能提供像更高生产率这样的益处。商品和服务交换也有助于思想和知识的交换。与相对封闭的经济体相比，一个相对开放的经济体能更好地学习和采用国外最先进的技术(Coe 和 Helpman 1995，Keller 2002)。然而，另外一些人则认为，日益加强的经济相互依赖性具有破坏稳定的作用。他们表示，各国快速流入和流出的投资，导致失去工作机会、增加不平等、更低工资（Haass 和 Litan 1998）和破坏环境等问题。他们认为，全球化是剥削，并给全球合作与公平带来更阴暗的未来（Falk 2000，Korten 2001，Mittelman 2000）。

环境和全球化在本质上是密切联系的。贸易全球化已经促进了包括五种最重要的淡水生物物种［斑马贝（*Dressena polymorpha*）、日氏斑纹贻贝（*D. bugensis*）、河蚬（*Corbicula fluminea*）、江蚬（*C. fluminalis*）和河壳菜蛤（*Limoperna fortunei*）］在内的外来物种的传播。在过去20年，斑马贝已经传播到北美各个角落，产生重大的生态和经济影响。斑马贝的入侵与美国、加拿大和前苏联小麦海运的急剧增加有很大关系（Karatayev 等 2007）。在全球化世界里，与环境保护有关的重要决策可能更多地是公司管理和市场作用的结果，而不是国家层面的政治因素的作用结果。由于害怕跨国公司搬走，一些国家可能不愿意执行严格的环境法律。然而，人们常常忘记，环境本身也影响着全球化。自然资源是全球经济增长和贸易的动力。全球气候变化等环境危机的解决方案，需要协调一致的全球行动和更加全球化的管理(Najam 等 2007)。

贸易

由于更低的运输和通信成本、贸易自由化及《北美自由贸易协定》(North American Free Trade Agreement)等多边贸易协议，世界贸易在过去20年持续增长。1990—2003年，全球商品贸易量从占全球国内生产总值的32.5%增加到41.5%。不同区域间的贸易存在差异。东北亚的商品贸易量从占该区域国内生产总值的47%增长到70.5%，高科技产品出口从占制造业出口总量的16%增长到33%。作为对比，西亚和非洲北部商品贸易额从占该地区国内生产总值的46.6%增长到50.4%。2002年，这两个地区的高科技产品出口额仅占制造业出口总量的2%(World Bank 2005)。1990年以来，最不发达国家(least developed countries，LDC)已经增加了它们在世界商品贸易中的份额，但在2004年，它们仍然仅占世界出口总量的0.6%和世界进口总量的0.8%（WTO 2006）。

随着全球化进程，环境与贸易存在双向联系。商品流动增加和全球生产网络的扩展导致运输量增加。在当代经济中，运输业现在成为最具活力的行业，并产生重大环境影响(Button 和 Nijkamp 2004)（见第2章和第6章）。贸易本身也对环境施加压力。例如，国际粮食价格升高可能增加农业利润，并导致拉丁美洲和加勒比地区将农田扩展到森林地带(专栏1.11)。蒙古野生动物交易每年价值1亿美元，导致赛加羚羊（*saiga antelope*）等物种数量的急剧减少

(World Bank 和 WCS 2006)。在有市场或干预失效时，国际贸易可能会间接加剧环境问题。例如，渔业生产补贴可能推动过度捕捞（OECD 1994)。在国家层面，自然灾害引发的物质损害也会影响贸易，导致出口下降。体现这种关系的一个典型例子是2005年发生在墨西哥湾的飓风给炼油厂造成的损害。墨西哥湾的石油产量占世界原油供应量的2%，在卡特里娜飓风过后，墨西哥湾的石油产量下降，导致每桶原油的价格飙升到70美元以上（WTO 2006)。

贸易也可能对环境产生有利影响。对于自由贸易是否能把收入提高到这样一种程度，以至于环境保护成为当务之急，关于这点，人们一直有非常激烈的争论（Gallagher 2004)。2002年在约翰内斯堡举行的可持续发展首脑会议上，各国承诺为环境产品和服务拓展市场。对保护环境的商品的贸易自由化可能有助于刺激和催生致力于改善环境的产业（OECD 2005)。消费者的喜好能影响生产标准，我们可以利用这点来改善环境。2006年，在欧洲绿色和平运动的推动下，一家大型粮食批发商暂时中止购买产自亚马逊地区毁林开荒农田的大豆（Cargill 2006，Greenpeace 2006)。

能源

世界正面临两个密切相关的威胁：缺乏足

专栏 1.11 贸易、增长与环境

近年来，人们认为智利是拉丁美洲和加勒比地区最具竞争力的国家之一。智利林业产品生产和出口的迅猛增长是建立在过去30年对新种植森林外来物种的扩展和管理基础上的。因此，原来传统的小规模自然森林的砍伐、牲畜养殖和农业耕种都已经被大规模木材生产所取代。人工森林的增长已经影响了许多濒危树种和灌木，并导致景色多样性的明显下降以及森林产品和服务种类的减少。1975年（左）和2001年（右）拍摄的这两张照片，一方面清楚显示了林地面积（红色箭头）的减少；另一方面显示了新的林地面积（黄色箭头）。

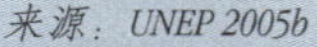
来源：UNEP 2005b

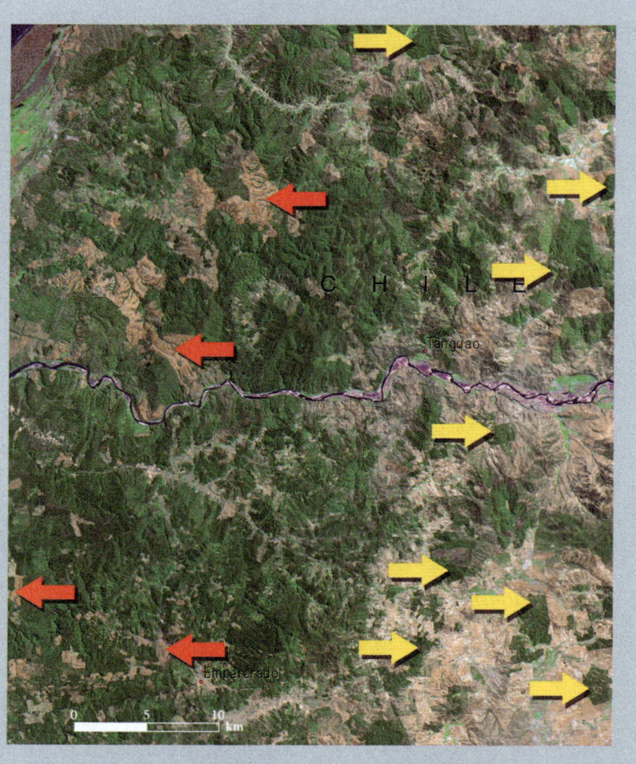

致谢：UNEP 2005b

够的、能够保障的和买得起的能源供应；能源过度消费引起的环境损害（IEA 2006a）。全球能源需求持续增长，给自然资源和环境施加了日益增加的压力。在过去30年，世界初级能源需求每年增长2.1%，从1971年的55.66亿t石油当量增长到2004年的112.04亿t石油当量（IEA 2006b）。这一增长量超过2/3来自发展中国家，但经济合作与发展组织（OECD）成员国仍然消耗世界能源需求总量的约50%。2004年，经济合作与发展组织成员国人均初级能源消耗量仍然比次撒哈拉非洲地区人均消耗量高出10倍。图1.8显示了人均初级能源供应量。

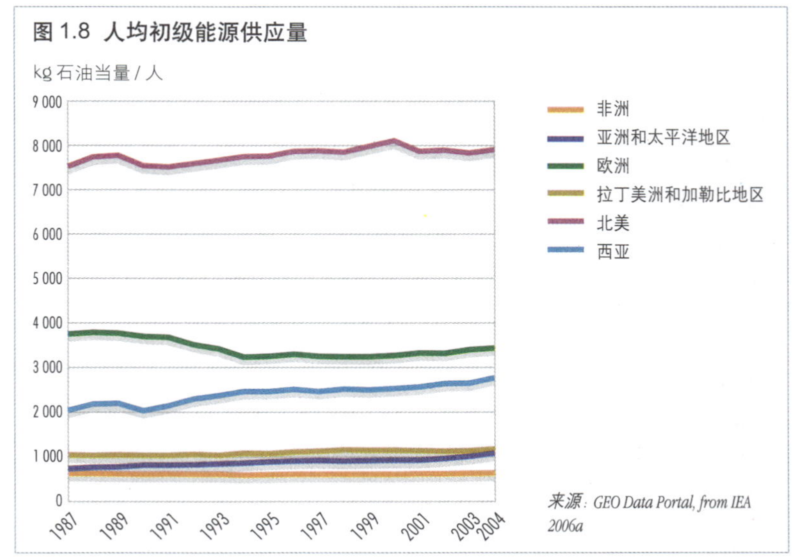

全球二氧化碳排放量的增加主要是因为使用化石燃料（IPCC 2007），2004年，化石燃料占全世界能源需求总量的82%。传统的生物质能燃料（木柴和牛粪）仍然是发展中国家重要的能源来源，这些国家有21亿人依靠生物质能燃料取暖、做饭（IEA 2002）。总体而言，太阳能和风能等清洁能源的利用量仍然只占很小份额（见图5.5和第5章）。现在，减少能源需求、增加燃料供应的多样性和降低温室气体排放量，已经变得比以往任何时候都迫切（IEA 2006a）。然而，我们也必须认真规划增加生物燃料等替代能源的利用。巴西预计在未来20年把先进的生物燃料（即乙醇）的产量翻一番（Government of Brazil 2005）。为了种植足够达到燃料产量目标的粮食作物，该国的耕地面积正迅速增加。农业的增长破坏了整个生态地区，如塞拉多（Cerrado），它是全世界有名的生物多样性热点地区之一（Klink 和 Machado 2005）。

技术创新

农业、能源、医药和制造业的进步，已经为人类的持续发展和更清洁的环境带来了希望。与水资源利用、肥料和植物育种有关的新农业技术和实践已经转变了农业，提高了粮食产量并解决了一些地区的营养不良和长期饥荒。1970年以来，世界各地的粮食消费都在增加，随着经济发展和人口增长，预计粮食消费会继续增加。人们一直在担心满足人类未来粮食需求的能力：全世界11%的土地已经用于农业，由于土地或水资源短缺，世界许多地方已经没有农业扩展的空间了。包括转基因在内的生物技术和纳米技术，有可能增加农业产量和促进人类的健康（UNDP 2004），但对于生物技术和纳米技术对健康和环境的影响，人们对其仍然有很大争论。过去应用新技术的经验教训说明了采用预先防范措施的重要性（CIEL

全球能源需求持续增长，给自然资源和环境施加了日益增加的压力。

致谢：*Ngoma Photos*

1991)，因为技术进步无意中会导致生态系统服务的退化。例如，淡水水域的富营养化和近岸海洋生态系统的缺氧，就是过多使用无机化肥的结果。捕鱼技术的发展是海洋渔业资源日趋减少的重要原因。

随着互联网和电信业的飞速发展（图1.9），人类的交流和文化模式在过去20年也发生了革命。全世界手机用户比例从1990年的2‰增长到2003年的220‰，同期互联网用户从1‰增长到114‰（GEO Data Portal，from ITU 2005）。许多发达国家在互联网用户、主机和服务器数量方面都名列前茅，这使一些人认为，在世界各区域之间形成了数字鸿沟。例如，澳大利亚和新西兰1996年互联网用户（网民）数仅占人口总数的4%，但到2003年，已经增长到56%。作为对比，像孟加拉、布隆迪、埃塞俄比亚、缅甸和塔吉克斯坦这样的贫穷国家，2003年网民比例仅占人口总数的千分之一二（GEO Data Portal，from ITU 2005）。

管理

自从布伦特兰委员会成立以来，全球和区域政治形势发生了巨大变化，冷战已经结束，人们对多边和全球管理保持乐观。20世纪90年代，是全世界针对多样化问题召开全球首脑会议最多的10年，包括儿童问题首脑会议（1990）、可持续发展首脑会议（1992）、人权首脑会议（1994）、人口首脑会议（1994）、社会发展首脑会议（1995）、性别平等首脑会议（1995）和人居首脑会议（1996）。从2000年召开全球千年首脑会议及随后在2005年召开后续会议以来，新的千年既是一个活跃时期，也是人们纷纷制订议程的时期。这两次首脑会议发表的宣言和雄心勃勃的行动计划表明，各国政府和国际社会越来越一致地理解了复杂的全球问题并做出了恰当的反应。1994年成立的世界贸易组织（World Trade Organization，WTO）通过贸易领域的相当大的权力加强了全球管理；2002年成立的国际法庭（International Criminal Court of Justice）则试图针对反人类罪行加强全球管理。联合国系统也进行了一些重要改革，包括越来越多地利用伙伴关系［例如全球水资源伙伴关系（Global

图 1.9（a）世界各区域每千人手机用户；（b）世界各区域每百人互联网用户

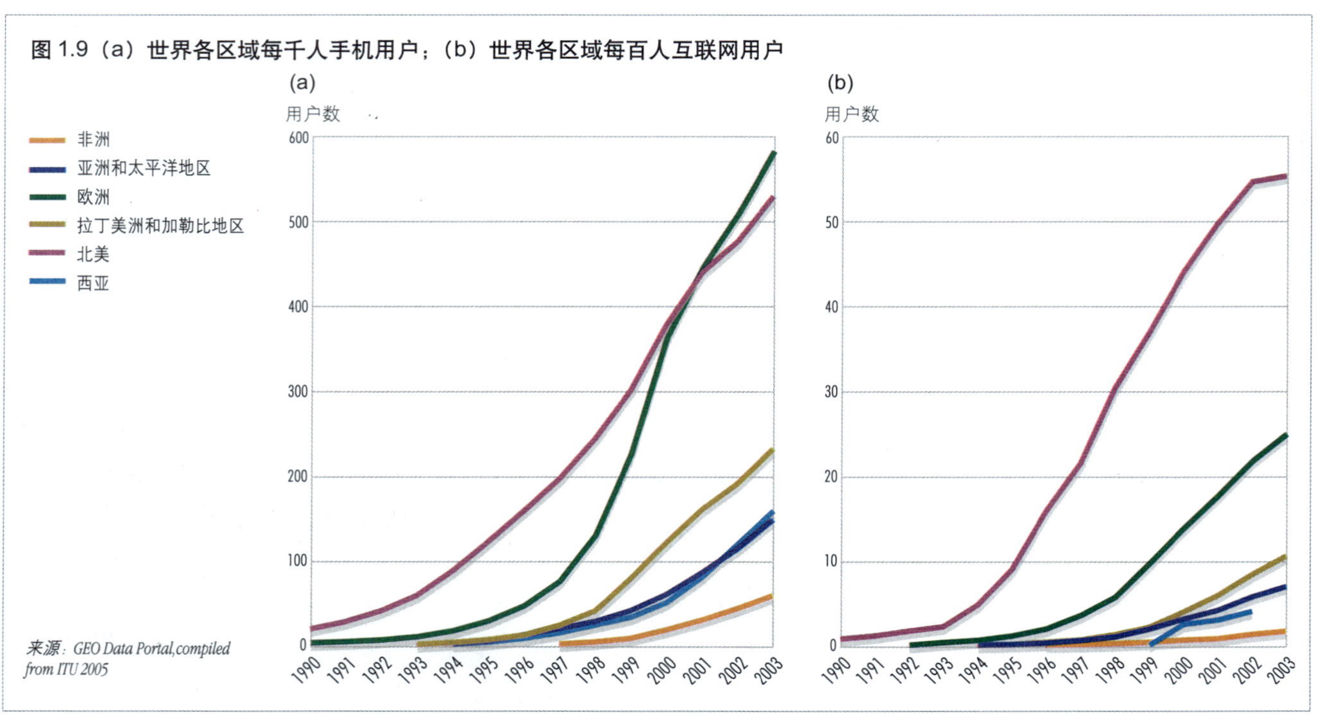

来源：GEO Data Portal, compiled from ITU 2005

Water Partnership)]和制度化过程来加强民间社会的参与,(例如联合国环境规划署全球民间社会论坛(UNEP's Global Civil Society Forum))和全球环境妇女大会(Global Women's Assembly on Environment)。

在区域层面,世界各国已经扩展或建立了加强合作的机构,包括欧盟(European Union, EU)、北美自由贸易协定(North American Free Trade Agreement, NAFTA)、南方共同市场(Southern Common Market, MERCOSUR)、东南亚国家联盟(Association of Southeast Asian Nations, ASEAN)和非洲联盟(African Union, AU)。例如,通过强调为召开世界可持续发展首脑会议(World Summit on Sustainable Development)进行区域准备,区域在全球讨论中的作用变得日趋明显。

尽管我们是在全球化和区域化的背景下进行讨论,国家层面仍然在管理中起核心作用。一些国家正采用创新管理体系,并且已经出现这样的趋势,即国家把政治和财政管理权分给省或州级政府。这并非必然意味着赋予地方当局权力。有人认为,没有权力下放的分权可能是加强中央权力的方式(Stohr 2001)。在各种舞台上,地方政府也越来越广泛地参与国际合作,通过2000年成立联合国地方当局咨询委员会(UN Advisory Committee of Local Authorities, UNACLA)和2002年的世界城市论坛(World Urban Forum)以及2004年成立的城市与地方政府联合组织(United Cities and Local Governments Organization),地方政府也已经在全球层面加强了它们的作用。

反应

在1987年,人们还无法预见引发环境变化的驱动力和压力之间的相互作用,以及它们对生态系统服务和人类福祉影响所引发的挑战。现在迫切需要人们在国际、区域、国家和地方各个层面做出有效的政策反应。正如本报告其他章所强调的那样,在过去20年里,可供决策者反应选择的范围一直在发展演化(专栏1.12),现在有多种多边环境协议与机制试图应对这些挑战。国际管理体制的增加也带来其自身的挑战,包括它们之间的竞争和重叠。用相互联系的方法管理环境是至关重要的,这种方法注重整体和全面角度,而不是个体。该方法认识到环境本身是相互关联的;土地、水资源和大气以许多方式相互联系在一起,特别是通过碳、氮和水循环。本书第8章重点描述了生物物理和管理体制之间的相互联系。

本书第10章重点描述了政策反应措施的演化过程——从重视命令和控制政策到创造市场和制订鼓励政策,特别是鼓励工业企业执行旨在降低环境损害的自愿性措施。对于那些已经拥有经过实践证明解决方案的常规、大家熟知的环境问题,我们需要继续采用并进一步改善这些过去成功的方法。那些还没有解决这些问题的国家应该采用这些经过实践证明可行的方法来解决当前面临的问题。那些过去成功的方法一般解决的是压力变化问题,如对污染物排放、土地利用或资源开发进行管制。为了解决人们所知较少的长期(或新兴)问题,我们就需要革新性政策。这些政策解决环境问题的动因是,人口变化和消费模式等。适应性管理很重要,它使决策者汲取过去的经验教训,并利用可能需要的各种新工具。

专栏 1.12 反应类型

命令和控制型(Command-and-control)管理包括标准、禁令、许可和配额、区划、责任制、法律赔偿和灵活管制。

政府直接措施型(Direct provisions by government)管理范围包括环境基础设施、生态工业园区、保护区和娱乐设施,以及生态系统恢复。

公共和私营部门参与(Public and private sector engagement)包括公共参与、分权、信息披露、生态标签、自愿协议和公共—私营部门伙伴关系。

市场方法(Market use)包括环境税费、用户费、保证金偿还制度、针对性补贴和取消不合理补贴。

创作市场方法(Market creation)旨在解决财产所有权、可交易许可和权利、补偿计划、绿色计划、环境投资基金、种子基金和鼓励措施等问题。

经济工具

当前，人们正越来越强调利用经济工具来帮助纠正市场失效问题。《里约宣言》第16条“国家当局应该努力促使环境成本内部化和运用经济手段……”鼓励各国运用这些工具。

我们可以把自然资源看作属于一个总投资组合的资本资产，总投资组合由其他资产和资本组成，包括物质、金融、人和社会。以良好和可持续方式管理这个投资组合，以便从长期获得最高回报和收益，就是良好投资。它也是可持续发展的核心内容。

现在有多种多样经济工具，包括产权、创造市场、财政工具、收费制度、金融工具、责任制、债券和保证金等。现在，人们把以市场为导向的工具（MBIs）同命令和控制工具结合起来，使决策者更好地管理这个资本资产投资组合，并从中获得更准确的信息。表1.2总结了不同的经济工具，以及如何把它们应用在不同的环境领域。这些工具之一是估算价值，我们可以利用它更好地评价生态系统的价值，以及人为导致环境变化的成本。

估价

各国环境部或环保局常常是投资的最末一个受益者，因为政府开支决策的优先考虑是经济发展。这经常是因为缺乏关于地球生态系统价值和承载限度的知识。经济发展与进步的测量常常与测量经济产出（如国民生产总值（GNP））联系在一起。这种总体测量并没有考虑商品与服务消费和生产引起的自然资本的消耗。我们需要修改国民经济核算体系，使其更好地反映由于人类活动引起的环境资源基础变化的价值（Mäler 1974，Dasgupta和Mäler 1999）。

给不同商品和服务估算价值涉及不同类物品的比较。这些物品怎样核算，例如怎样核算生态系统为增进人类福祉提供的服务，称为核算价格。表1.3显示了不同估价方法，以及如何使用这些方法来评估政策对环境变化与人类福祉的影响。

“一套能管理自然资源、法律框架、收集资源费并把这些资源费进行有回报投资的制度”是有效利用估价的关键（World Bank 2006a）。给自然资源估价，评估市场机制等不存在的制度下的政策以及缺乏私人财产权时的政策，这向人们提出了挑战。在这种不确定性下，并且存在有差异价值体系的情况下，只有通过测量个人愿意为获得给定商品或服务所愿意放弃其他商品和服务的最大值来确定公共资源的经济价值，因此，我们可以权衡比如建设一座水库的益处，并比较它给渔业、水库附近社区生活以及景观价值变化带来的负面影响。利用条件估值法（CVM），专栏1.13提供了一个非市场估价的案例。

给环境服务估算价值，这向人们提出了一系列挑战，这些挑战超越了各种相互冲突的价值系统或当前缺乏市场机制的情况。它使用了理论和替代措施来估算环境所提供的有形和无形服务的经济价值。人们对生态系统临时服务已经进行了越来越多的价值估算工作。这些研究对非木材森林产品、森林、空气污染和水源疾病的健康影响都给出了估算价值。然而，对于不那么有形但重要的服务的价值，例如水的净化和防止自然灾害，以及娱乐、景观和文化服务，人们一直很难得到这方面的价值估算成果。要得到这些服务的客观货币价值，仍然是一项挑战。对于生态系统提供的服务，只有一小部分拥有市场数据。此外，成本—效益分析和条件估值法等方法可能会产生偏差问题。

使用市场和非市场工具在解决分配和代际公平问题方面也显示出差距（MA 2005b），特别是在涉及与贫困有关的问题时。最后，由于政策或项目在当前或今后产生什么后果方面缺乏足够准确的估算，许多针对政策或项目对人类福祉影响的估价研究都失败了。尽管有这些缺陷，价值估算可能仍是一个有用工具，人们用它来审视环境、经济增长和人类福祉之间复杂的关系和反馈。

表 1.2 经济手段和应用举例

	财产权	市场创新	财政手段	收费制度	金融手段	责任制度	债券和储蓄
森林	共有权	建立特许制	税收		激励重新造林	自然资源责任	重新造林债券和林业管理债券
水资源	水权	水股权	资本收益税	水定价，水保护费			
海洋		捕捞权，个人可转让配额许可					油泄漏债券
矿物	采矿权		税收				土地恢复债券
野生动植物		准人费				自然资源责任	
生物多样性	专利勘探权	可转移开发权		科学旅游费		自然资源责任	
水污染		可交易污水排放许可	排污费	水处理费	低息贷款		
土地和土壤	土地权，使用权		财产税，土地使用税		土壤保护激励措施（如贷款）		土地恢复债券
空气污染		可交易排放许可	排污费		技术补贴，低息贷款		
危险废物				回收费			保证金偿还制度
固体废物			财产税		技术补贴，低息贷款		
有毒化学物质			有差别的征税			法律责任，责任险	保证金退还制度
气候	可交易排放权 可交易森林保护义务	可交易二氧化碳排放，可交易氯氟烃配额，氯氟烃配额拍卖，碳补偿	碳税 按英制热量单位征税		氯氟烃替代激励措施，森林合同		
人居	土地权	准人费，可交易开发配额，可交易开发权	财产税，土地使用税	改良费，开发费，土地使用费，过路费，进口费			发展完成债券

来源：Adapted from Panayotou 1994

表 1.3 不同估价方法的目的与应用		
方法	为什么做	怎样做
确定一个生态系统当前流出的益处的总价值	了解生态系统为社会和人类福祉作出的贡献	确认所提供的一切互相配套的服务； 测量所提供的每种服务量，然后乘以每种服务的价值
确定一项改变生态系统条件的干预措施的净收益	评估干预是否值得	在干预后，测量每种服务与没有干预时比，在数量上发生了什么变化；乘以每种服务的边际价值
研究一个生态系统（或一项干预措施）的成本和收益是如何分布的	从伦理和实际角度确定赢家和输家	确定有关利益相关方团体； 确定他们使用哪种具体的服务及这些服务对该团体的价值（或由于干预导致的价值变化）
确定保护的潜在财政资源	帮助保护生态系统，使其从财政角度看能自我维持	使用各种机制，确认那些获得大量收益的团体，因此可以从这些团体获得有关资金

来源：Adapted from Stephano 2004

非经济工具

除了经济工具外，人们还使用各种非经济工具来解决那些人所共知和不那么凸显的（或持久的）环境问题。当前，开始对人类福祉的理解已经越来越多地影响着我们对工具的选择。

公共参与

人类福祉依赖人不受到限制地参与决策，这样，他们就能以符合他们最高价值和志向的方式组织社会。换句话说，公共参与不仅是一个程序公正问题，而且是实现人类福祉的先决条件。公共参与是有挑战性的，在进行政策干预时，管理人员应该让民间社会参与进来。《生物多样性公约》提供了几个利益相关方参与决策的例子。这些例子包括：《生物多样性公约》VII/12条款，《亚的斯亚贝巴可持续使用生物多样性指南》（The Addis Ababa Guidelines on the sustainable use of the components of biodiversity），《生物多样性公约》VII/14关于可持续旅游业发展指南，以及《生物多样性公约》VII/16关于对土著人和当地社区一直占用或使用的圣地、土地和

专栏 1.13 估算拆除艾尔瓦水坝和格兰斯水坝的价值

20世纪90年代，人们使用条件估值法，对在美国华盛顿州拆除艾尔瓦（Elwha）水坝和格兰斯（Glines）水坝项目进行了环境影响评价。这两座旧水坝一座高30 m，另外一座高60 m，阻断了向110 km远处非常干净的奥林匹克公园（Olympic National Park）水域的迁徙通道。这两座水坝还对下游的艾尔瓦克拉拉姆部落（Elwha Klallam Tribe）居民的生活造成了危害，这些土著人的食物依赖鲑鱼，他们的物质、精神和文化福祉则依赖这条河流。拆除水坝可以为渔业带来巨大好处，即河流里鲑鱼群数量可以增长超过2倍。拆除这两座水坝的成本，特别是清除水坝下淤泥的成本估计为1亿～1.25亿美元。拆除这两座水坝带来的娱乐和渔业收益还不能收回这些成本。

有关人员进行了条件估值法调查，华盛顿州有68%的家庭接受调查，美国其他州有55%的家庭接受调查。为了把这两座水坝拆除，华盛顿州平均每户居民愿意支付73美元，美国其他各州每户平均愿意支付68美元。如果华盛顿州每家支付73美元，就可以涵盖水坝拆除和河流生态恢复项目的成本。如果再加上美国其他各州每户居民的支付意愿（共8 600万户家庭，每家平均愿意支付68美元），则支付总量将超出10亿美元。

经过多年谈判，当局决定拆除这些水坝，并将执行艾尔瓦河流生态恢复项目（Elwha Restoration Project）。这是历史上最大的水坝拆除工程，并且是对美国具有全国影响的工程。预计这两座水坝将在2009—2011年3年间分阶段拆除。

来源：American Rivers 2006, Loomis 1997, USGS 2006

水域的开发计划进行文化、环境与社会影响评估的自愿性行为指南。我们应该鼓励制订能够加强社会各界有效参与的类似协议和议定书。

教育

获得信息和教育是基本人权，也是人类福祉的重要方面。它还是获得知识的一项重要工具，这些知识把生态分析与社会挑战连接在一起，并且对决策过程是至关重要的。必须确保妇女和边缘化社区获得教育的途径。联合国2005年发布了“可持续发展教育十年”（Decade of Education for Sustainable Development，DESD）国际实施计划，并指定联合国教育、科学与文化组织（UNESCO）作为该国际实施计划的牵头单位（专栏1.14）。

公平与道德

因为环境影响着人类福祉的基础，因此，考虑环境退化对其他人的影响，并努力把对当前和后代的影响降到最小程度，就成为一个公平问题。有人认为，为了解决21世纪的问题，我们需要“全球道德体系”（Singer 2002）。人们已经认识到了物种的内在价值（IUCN等1991）。一些人对机会和自由的追求可能会伤害或限制其他人对机会和自由的追求。决策者考虑他们决策对其他地方或区域人民和环境的负面影响，这点很重要，因为这些社区不参与地方决策。

情景分析

人们越来越多地使用情景分析来告诉人们政策过程，为决策者提供机会来探索各种决策可能的影响和结果。设想未来情景的目标“常常是支持更合理的决策，把已知和未知情况都考虑在内”（MA 2005c）。他们的目的是拓宽人们的视野，并表明要不然就可能错失或拒绝的主要问题。本书第9章使用了四种设想的未来情景来探索不同决策对环境变化和人类未来福祉的影响。

结论

《我们共同的未来》报告发表并迫切强调可持续发展已经有20年了，环境退化仍然威胁着人类福祉、公共健康、自然安全、社会凝聚力和人类满足物质需要的能力。《全球环境展望4》全书分析也着重指出了正在迅速消失的森林、不断恶化的景观、遭到污染的水资源和城市无序扩张这些现象。我们的目的不是展现黑暗和悲观的未来情景，而是敦促大家立即行动。

虽然我们通过会议、协议和改变环境管理等方式，已经在可持续发展方面取得了进步，但真正的变化一直步伐缓慢。1987年以来，人口增长、消费模式和能源利用等驱动力的变化，已经给环境施加了日益增长的压力。为了有效解决环境问题，决策者应该制订既能缓解环境压力又能减轻压力背后的驱动力的政策。可以使用创立市场和收费体系等经济工具来

专栏1.14 联合国“可持续发展教育十年”国际实施计划

“可持续发展教育十年”国际实施计划的总目标是“把可持续发展的原则、价值和实践结合在教育和学习的各方面”。

这一教育将鼓励人们的行为变化，并为环境完整性、经济可行性和当代与后代的社会公平创造更可持续的未来。

从长期来看，教育必须有助于政府的能力建设，这样科学知识才能够完善政策。

来源：UNESCO 2007

想象一个所有人的福祉都得到保障的世界。把这一切变成现实是可能的，从现在就开始行动，我们这代人责无旁贷。

致谢：T. Mobr/Still Pictures

鼓励环境可持续行为。价值估算可以帮助决策者在知道生态系统服务价值变化的情况下做出决策。应该使用非经济工具解决那些已经存在有效解决方案的众所周知的问题，同时解决那些不那么明显的新兴环境问题。本章概述了21世纪人类面临的挑战，突出描述了分析和理解这些环境问题的理念，并指出了我们今后的选择。

以后各章重点描述了那些社会各界努力减少环境退化和人类脆弱性的领域。每个人都离不开环境。环境是一切发展的基础，并为个人和社会整体实现他们的希望与梦想提供了机会。当前的环境退化破坏了自然资产，并给人类福祉带来了不利影响。很明显，对当代和后代来说，环境恶化都是不公正的。

本书各章还强调，保护环境的另外一种发展道路是存在的。人类的智慧、恢复和适应能力是进行有效变化的强大力量。

让我们想象这样一个世界吧，所有人的福祉都得到保障；每个人都能呼吸清洁空气并喝到干净的水；全世界人民健康都得到改善；通过减少能源使用和投资于清洁技术，使全球变暖问题得到解决；脆弱社区得到帮助；作为生态系统重要组成部分的物种丰度得到保证。把这一切变成现实是可能的，从现在就开始行动，我们这代人责无旁贷。

参考文献

Agarwal, B. (2000). Conceptualizing Environmental Collective Action: Why Gender Matters. In Cambridge Journal of Economics 24(3):283-310

AMAP (2002). Persistent Organic Polluatants, Heavy Metals, Radioactivity, Human Health, Changing Pathways. Arctic monitoring and Assessment Programme, Oslo

American Rivers (2006). Elwha River Restoration. http://www.americanrivers.org/site/PageServer?pagename=AMR_elwharestoration (last accessed 12 June 2007)

Bass, S. (2006). Making poverty reduction irreversible: development implications of the Millennium Ecosystem Assessment. IIED Environment for the MDGs' Briefing Paper. International Institute on Environment and Development, London

Bell, D., Robertson, S. and Hunter, P. (2004). Animal origins of SARS coronavirus: possible links with the international trade of small carnivores. In Philosophical Transactions of the Royal Society London 359:1107-1114

Bhagwati, J. (2004). In Defense of Globalization. Oxford University Press, Oxford

Birdsall, N. and Lawrence, R. (1999). Deep Integration and Trade Agreements: Good for Developing Countries? In Grunberg, K. and Stern, M (eds.). In Global Public Goods: International Cooperation in the 21st Century. Oxford University Press, New York, NY

Braidotti, R., Charkiewicz, E., Hausler, S. and Wieringa, S. (1994). Women, the Environment and Sustainable Development. Zed, London

Brown, D. (1999). Making CSD Work. In Earth Negotiations Bulletin 3(2):2-6

Brown, S. (2006). The west develops a taste for bushmeat. In New Scientist 2559:8

Button, K. and Nijkamp, P. (2004). Introduction: Challenges in conducting transatlantic work on sustainable transport and the STELLA/STAR Initiative. In Transport Reviews 24 (6):635-643

Campbell, B., Jeffrey, S., Kozanayi, W., Luckert, M., Mutamba, M. and Zindi, C. (2002). Household livelihoods in semi-arid regions: options and constraints. Center for International Forestry Research, Bogor

Castles, S. (2002). Environmental change and forced migration: making sense of the debate. New Issues in Refugee Research, Working Paper No. 70. United Nations High Commission for Refugees, Geneva

Cargill (2006). Brazilian Soy Industry Announces Initiative Designed To Curb Soy-Related Deforestation in the Amazon. http://www.cargill.com/news/issues/issues_soyannouncement_en.htm (last accessed 11 June 2007)

Carothers, T. and Barndt, W. (2000). Civil Society. In Foreign Policy (11):18-29

China Statistical Bureau (1987-2004). China Statistical Yearbook (1987-2004). China 28 Statistics Press (in Chinese), Beijing

CIEL (1991). The Precautionary Principle: A Policy for Action in the Face of Uncertainty. King's College, London

Cleaver, F. (2000). Analysing Gender Roles in Community Natural Resource Management: Negotiation, Life Courses, and Social Inclusion. In IDS Bulletin 31(2):60-67

Coe, D. T. and Helpman, E. (1995). International R&D Spillovers. NBER Working Papers 4444. National Bureau of Economic Research, Inc, Cambridge, MA

Christian Reformed Church (2005). Global Debt. An OSJHA Fact Sheet. Office of Social Justice and Hunger Action http://www.crcna.org/site_uploads/uploads/factsheet_globaldebt.doc (last accessed 21 April 2007)

CHS (2006). Outline of the Report of the Commission on Human Security. Commission on Human Security http://www.humansecurity-chs.org/finalreport/Outlines/outline. pdf (last accessed 1 May 2007)

Conca, K. and Dabelko, G. (2002). Environmental Peacemaking. Woodrow Wilson Center Press, Washington, DC

Dabelko, D., Lonergan, S. and Matthew, R. (2000). State of the Art Review of Environmental Security and Co-operation. Organisation for Economic Cooperation and Development, Paris

Dasgupta, P. (2002). Is contemporary economic development sustainable? In Ambio 31(4):269-271

Dasgupta, P. and M_ler, K.G. (1999). Net National Product, Wealth, and Social Well-Being. In Environment and Development Economics 5:69-93

DATA (2007). The DATA Report 2007: Keep the G8 Promise to Africa. Debt AIDS Trade Africa, London

De Grauwe, P. and Camerman, F. (2003). Are Multinationals Really Bigger Than Nations? In World Economics 4 (2):23-37

Delgado, C., Wada, N., Rosegrant, M., Meijer, S. and Ahmed, M. (2003). Outlook for fish to 2020. In Meeting Global Demand. A 2020 Vision for Food, Agriculture, and the Environment Initiative, International Food Policy Research Institute, Washington, DC

Dernbach, J. (2002). Stumbling Toward Sustainability. Environmental Law Institute, Washington, DC

DeSombre, E.R. and Barkin, S. (2002). Turbot and Tempers in the North Atlantic. In Matthew, R. Halle, M. and Switzer, J (eds.). In Conserving the Peace: Resources, Livelihoods, and Security 325-360. International Institute for Sustainable Development and The World Conservation Union, Winnipeg, MB

Diamond, J. (2005). Collapse: How Societies Choose to Fail or Survive. Penguin Books, London

Diener, E. (2000). Subjective well-being. The science of happiness and a proposal for a national index. In The American Psychologist 55:34-43

Dodds, F. and Pippard, T. (eds.) (2005). Human and Environmental Security: An agenda for change. Earthscan, London

Donaldson, S. (2002). Re-thinking the mercury contamination issue in Arctic Canada. M.A. Thesis (Unpublished). Carleton University, Ottawa, ON

Doubleday, N. (1996). "Commons" concerns in search of uncommon solutions: Arctic contaminants, catalyst of change? In The Science of the Total Environment 186:169-179

Doubleday, N. (2005). Sustaining Arctic visions, values and ecosystems: writing Inuit identity, reading Inuit Art. In Williams, M. and Humphrys, G. (eds.). Cape Dorset, Nunavut' in Presenting and Representing Environments: Cross-Cultural and Cross-Disciplinary Perspectives. Springer, Dordrecht

EM-DAT (undated). Emergency Events Database: The OFDA/CRED International Disaster Database (in GEO Data Portal). Université Catholique de Louvain, Brussels

Fa, J., Albrechtsen, L. and Brown. D. (2007). Bushmeat: the challenge of balancing human and wildlife needs in African moist tropical forests. In Macdonald, D. and Service, K. (eds.) Key Topics in Conservation Biology 206-221. Blackwell Publishing, Oxford

Falk, R. (2000). Human rights horizons: the pursuit of justice in a globalizing world. Routledge, New York, NY

FAO (2004a). The State of Food and Agriculture 2003-2004: Agriculture Biotechnology-Meeting the Needs of the Poor? Food and Agriculture Organization of the United Nations, Rome http://www.fao.org/WAICENT/FAOINFO/ECONOMIC/ESA/en/pubs_sofa.htm (last accessed 11 June 2007)

FAO (2004b). The State of the World's Fisheries and Aquaculture 2004. Food and Agriculture Organization of the United Nations, Rome

Fischetti, M. (2005). Protecting against the next Katrina: Wetlands mitigate flooding, but are they too damaged in the gulf? In Scientific American October 24

Frey, B and Stutzer, A. (2005). Beyond Outcomes: Measuring Procedual Utility. In Oxford Economic Papers 57(1):90-111

Friedman, T. (2005). The World is Flat: A Brief History of the Twenty-First Century. Farrar, Straus, and Giroux, New York, NY

Gallagher, K. (2004). Free Trade and the Environment: Mexico, NAFTA and Beyond. Stanford University Press, Stanford

GEF (2006). What is the GEF? The Global Environment Facility, Washington, DC http://www.gefweb.org/What_is_the_GEF/what_is_the_gef.html (last accessed 1 May 2007)

GEO Data Portal. UNEP's online core database with national, sub-regional, regional and global statistics and maps, covering environmental and socio-economic data and indicators. United Nations Environment Programme, Geneva http://www.unep.org/geo/data or http://geodata.grid.unep.ch (last accessed 12 June 2007)

Goodall, J. (2005). Introduction. In Reynolds, V. (ed.). The Chimpanzees of the Budongo Forest. Oxford University Press, Oxford

Gore, A. (2006). An Inconvenient Truth: the planetary emergency of global warming and what we can do about it. Bloomsbury, London

Graham, E. (2000). Fighting the Wrong Enemy: Antiglobal Activists and Multinational Enterprises. Institute of International Economics, Washington, DC

Greenpeace (2006). The future of the Amazon hangs in the balance. http://www. greenpeace.org/usa/news/mcvictory (last accessed 11 June 2007)

Grumbine, R. (2007). China's emergence and the prospects for global sustainability. In BioScience 57 (3):249-255

Haass, R., and Litan, R. (1998). Globalization and Its Discontents: Navigating the Dangers of a Tangled World. In Foreign Affairs 77(3):2-6

Hecker, J.H. (2005). Promoting Environmental Security and Poverty Alleviation in the Peat Swamps of Central Kalimantan, Indonesia. Institute of Environmental Security, The Hague

IEA (2002). World Energy Outlook 2003. International Energy Agency, Paris

IEA (2006a). World Energy Outlook 2006. International Energy Agency, Paris

IEA (2006b). Key Energy Statistics. International Energy Agency, Paris

IFAD (2001). Rural Poverty Report 2001. The Challenge of Ending Rural Poverty. International Fund for Agricultural Development, Rome http://www.ifad.org/poverty/index.htm (last accessed 1 May 2007)

IFPRI (2004). Ending Hunger in Africa: Prospects for the Small Farmer. International Food Policy Research Institute, Washington, DC http://www.ifpri.org/pubs/ib/ib16.pdf (last accessed 1 May 2007)

IPCC (2001). Technical Summary, Climate Change 2001: Impacts, Adaptation and Vulnerability. Contribution of Working Group II to the Third Assessment Report of the Intergovernmental Panel on Climate Change. Intergovernmental Panel on Climate Change. Cambridge University Press, New York, NY

IPCC (2007). Climate change 2007: The Physical Science Basis. Summary for Policymakers. Contribution of Working Group 1 to the Fourth Assessment Report of the Intergovernmental Panel on Climate Change, Geneva

ITU (2005). ITU Yearbook of Statistics. International Telecommunication Union (in GEO Data Portal).

IUCN, UNEP and WWF (1991). Caring for the Earth: A Strategy for Sustainable Living. The World Conservation Union, United Nations Environment Programme and World Wide Fund for Nature, Gland

J_nicke, M. and Volkery, A. (2001). Persistente Probleme des Umweltschutzes. In Natur und Kultur 2(2001):45-59

Karatayev, A., Padilla, D., Minchin, D., Boltovskoy, D. and Burlakova, L. (2007). Changes in global economies and trade: the potential spread of exotic freshwater bivalves. In Bio Invasions 9:161-180

Karesh, W., Cook, R., Bennett, E. and Newcomb, J. (2005). Wildlife Trade and Global Disease Emergence. In Emerging Infectious Diseases 11 (7):1000-1002

Katerere, Y. and Hill, R. (2002). Colonialism and inequality in Zimbabwe. In Matthew, R., Halle, M. and Switzer, J. (eds.). Conserving the Peace: Resources, Livelihoods, and Security 247-71 International Institute for Sustainable Development and The World Conservation Union, Winnipeg and Gland

Katerere, Y. and Mohamed-Katerere, J. (2005). From Poverty to Prosperity: Harnessing the Wealth of Africa's Forests. In Mery, G., Alfaro, R., Kanninen, M. and Lobovikov, M. (eds.). Forests in the Global Balance – Changing Paradigms. IUFRO World Series Vol. 17. International Union of Forest Research Organizations, Helsinki

Keller, W. (2002). Trade and the Transmission of Technology. In Journal of Economic Growth 7:5-24

Kennish, M. (2002). Environmental Threats and Environmental Future of Estuaries. In Environmental Conservation 29 (1):78-107

Kerr J., Pangare G., and Pangare V. (2002). Watershed development projects in India: An evaluation. In Research Report of the International Food Policy Research Institute 127:1-90

Klink, C. and Machado, R. (2005). Conservation of the Brazilian Cerrado. In Conservation Biology 19 (3):707-713

Kolankiewicz, L. and Beck, R. (2001). Weighing Sprawl Factors in Large U.S. Cities, Analysis of U.S. Bureau of the Census Data on the 100 Largest Urbanized Areas of the United States. http://www.sprawlcity.org (last accessed 1 May 2007)

Korten, D. (2001). When Corporations Rule the World, 2nd edition. Kumarian Press, Bloomfield

Kura,Y., Revenga, C., Hoshino, E. and Mock, G. (2004). Fishing for Answers: Making Sense of the Global Fish Crisis. World Resources Institute, Washington, DC

Langhelle, O. (1999). Sustainable development: exploring the ethics of Our Common Future. In International Political Science Review 20 (2):129-149

Le Billion, P. (2001). The political Ecology of war: natural resources and armed conflict. In Political Geography 20:561-584

LeRoy, E., Rouquet, P., Formenty, P., Souquière, S., Kilbourne, A., Froment, J., Bermejo, M., Smit, S., Karesh, W., Swanepoel, R., Zaki, S. and Rollin, P. (2004). Multiple Ebola virus transmission events and rapid decline of central African wildlife. In Science 303:387-390

Li, W., Shi, Z., Yu, M., Ren, W., Smith, C., Epstein, J. Wang, H. Crameri, G., Hu., Z., Zhang, H., Zhang, J., McEachern, J., Field, H., Daszak, P., Eaton, B., Zhang, S. and Wang, L. (2005). Bats are natural reservoirs of SARS-like coronavirsues. In Science 310:676-679

Loomis, J. (1997). Use of Non-Market Valuations Studies. Water Resources Management Assessments. In Water Resources Update 109:5-9

MA (2003). Ecosystems and Human Well-being; a framework for assessment. Millennium Ecosystem Assessment. Island Press, Washington, DC

MA (2005a). Ecosystems and Human well-being: Biodiversity Synthesis. Millennium Ecosystem Assessment. World Resources Institute. Island Press, Washington, DC

MA (2005b). Ecosystems and Human Well-Being. Synthesis Report. Millennium Ecosystem Assessment. Island Press, Washington, DC

MA (2005c). Ecosystems and Human Well-being: Volume 2 – Scenarios. Millennium Ecosystem Assessment. Island Press, Washington, DC

MacDonald, D. and Service, K (2007). Key Topics in Conservation Biology. Blackwell Publications, Oxford

Mäler, K-G. (1974). Environmental Economics: A Theoretical Enquiry. John Hopkins University Press, Baltimore, MB

Maltais, A., Dow, K. and Persson, A. (2003). Integrating Perspectives on Environmental Security. SEI Risk and Vulnerability Programme, Report 2003-1. Stockholm Environment Institute, Stockholm

Matthews, D. (1995). Common versus open access. The collapse of Canada's east coast fishery. In The Ecologist 25:86-96

Matthew, R., Halle, M. and Switzer, J. (eds.) (2002). Conserving the Peace: Resources, Livelihoods and Security. International Institute for Sustainable Development, Winnipeg, MB

Matutinovic, I. (2006). Mass migrations, income inequality and ecosystem health in the second wave of globalization. In Ecological Economics 59:199-203

McMichael, A. (2001). Human culture, ecological change and infectious disease: are we experiencing history's fourth great transition? In Ecosystem Health (7):107-115

McMichael, A. (2004). Environmental and social influences on emerging infectious disease: past, present and future. Philosophical Transactions of the Royal Society of London Biology 10:1-10

Meredith, M. (2005).The State of Africa: A history of fifty years of independence. Free Press, London

Government of Brazil (2005). Diretrizes de Política de Agroenergia 2006-2011. Ministério da Agricultura, Pecuária e Abastecimento, Ministério da Ciência e Tecnologia, Ministério de Minas e Energia, Ministério do Desenvolvimento, Indústria e Comércio Exterior, Brasilia

Mittelman, J. (2000). Capturing Globalization. Carfax, Abingdon

Myers, N. (1997). Environmental Refugees. In Population and Environment 19(2):167-82

Najam, A., Runnalls, D. and Halle, M. (2007). Environment and Globalization: Five Propositions. International Institute for Sustainable Development, Winnipeg

Nishikiori, N., Abe, T., Costa, D., Dharmaratne, S., Kunii, O. and Moji, K. (2006). Who died as a result of the tsunami? Risk factors of mortality among internally displaced persons in Sri Lanka: a retrospective cohort analysis. In BMC Public Health 6:73

OECD (2005). Trade that Benefits the Environment and Development: Opening Markets for Environmental Goods and Services. Organisation for Economic Co-operation and Development, Paris

OECD (1994). The Environmental Effects of Trade. Organisation for Economic Cooperation and Development, Paris

Oxfam (2005). The Tsunami's Impact on Women. Oxfam Briefing Note. http://www. oxfam.org.uk/what_we_do/issues/conflict_disasters/bn_tsunami_women.htm (last accessed 11 June 2007)

Panayotou, T. (1994). Economic Instruments for environmental Management and Sustainable Development. Environmental Economics series Paper No.1, United Nations Environment Programme, Nairobi

Peiris, J., Guan, Y. and Yuen, K. (2004). Severe acute respiratory syndrome. In Nature Medicine 10 (12):S88-S97

Pelling, M. and Uitto, J. (2001). Small island developing states: natural disaster vulnerability and global change. In Environmental Hazards 3:49-62

Peterson, D. (2003). Eating Apes. University of California Press, London

Prakash, A. (2000). Responsible Care: An Assessment. In Business and Society 39(2):183-209

Rahnema, M. (Ed.) (1997). The Post-Development Reader. Zed Books, London

Russett, B. and Oneal, J. (2001). Triangulating Peace: Democracy, Interdependence, and International Organizations, The Norton Series in World Politics. W. W. Norton and Company, London

Sen, A. (1985). Commodities and Capabilities, Oxford University Press, Oxford

Sen, A. (1992). Inequality Re-examined. Clarendon Press, Oxford

Sen, A. (1999). Development as Freedom. Oxford University Press, Oxford

Shiva, V. (1991). The Violence of the Green Revolution: Third World Agriculture, Ecology and Politics. Zed Books, London

Singer, P. (2002). One World. Yale University Press, London

Smith, K. (2006). Oil from bombed plant left to spill. In Nature 442:609

Solow, R. M. (1991), Sustainability: An Economist's Perspective. The Eighteen J. Seward Johnson Lecture to the Marine Policy Center, Woods Hole Oceanographic Insitution. In Economics of the Environment: Selected Readings (ed. R. Dorfman and N.s Dorfman) 179-187. Norton, New York, NY

D°ØSouza, M. and Lobo, C. (2004). Watershed Development, Water Management and the Millennium Development Goals. Paper presented at the Watershed Summit, Chandigarh, November 25-27, 2004. Watershed Organization Trust, Ahmednagar

Spencer, D. (2001). Will They Survive? Prospects for Small farmers in sub-Saharan Africa. Paper Presented in Vision 2020: Sustainable food Security for All by 2020. International Conference Organized by the International Food Policy Research Institute (IFPRI), September 4-6, 2001, Bonn

Speth, J. (2004). Red Sky at Morning: America and the Crisis of the Global Environment. Yale University Press, New Haven and London

Stefano, P., Von Ritter, K. and Bishop, J. (2004). Assessing the Economic Value of Ecosystem Conservation. Environment Development Paper No.101. The World Bank, Washington, DC

Stohr, W. (2001). Introduction. In New Regional Development Paradigms: Decentralization, Governance and the New Planning for Local-Level Development. (ed. Stohr, W., Edralin, J. and Mani, D). Contributions in Economic History Series (225). Published in cooperation with the United Nations and the United Nations Centre for Regional Development. Greenwood Press, Westport, CT

UN (2000). United Nations Millennium Declaration. United Nations, New York, NY http://www.un.org/millennium/declaration/ares552e.htm (last accessed 1 May 2007)

UN (2002). Report of the World Summit on Sustainable Development. Johannesburg, South Africa, 26 August - 4 September. A/CONF.199/20. United Nations, New York, NY

UN(2004). Human Rights and Poverty Reduction. A conceptual framework. United Nations Office of the High Commissioner for Human Rights. United Nations, New York and Geneva

UN (2006). Trends in Total Migrant Stock: The 2005 Revision. Population Division of the Department of Economic and Social Affairs of the United Nations Secretariat, New York, NY http://www.un.org/esa/population/publications/migration/UN_Migrant_Stock_Documentation_2005.pdf (last accessed 1 May 2007)

UNAIDS (2006). 2006 Report on Global AIDS Epidemic. United Nations Programme on HIV/AIDS, Geneva

UNDP (2004). Human Development Report 2001: Making New Technologies Work for Human Development. United Nations Development Programme, New York, NY

UNDP (2005a). Environmental Sustainability in 100 Millennium Development Goal Country Report. United Nations Development Programme, New York, NY

UNDP (2005b) Human Development Report 2005: International Cooperation at a Crossroads. United Nations Development Programme, New York, NY

UNDP (2006) Human Development Report 2006. Beyond Scarcity: power, poverty and the global water crisis. United Nations Development Programme, New York, NY

UNEP (2002). Global Environment Outlook (GEO-3). United Nations Environment Programme, Nairobi

UNEP (2004b). GEO Year Book 2003. United Nations Environment Programme, Nairobi

UNEP (2005a). GEO yearbook 2004/2005. United Nations Environment Programme, Nairobi

UNEP (2005b). One Planet Many People: Atlas of our Changing Environment. United Nations Environment Programme, Nairobi

UNEP (2006). Avian Influenza and the Environment: An Ecohealth Perspective. Paper prepared by David J. Rapport on behalf of UNEP, United Nations Environment Programme and EcoHealth Consulting, Nairobi

UNESCO (2007). United Nations Decade of Education for Sustainable Development (2005-2014) http://portal.unesco.org/education/en/ev.php-URL_ID=27234&URL_DO=DO_TOPIC&URL_SECTION=201.html/ (last accessed June 25)

UNESCO-WWAP (2006). Water for People. Water for Life, The United Nations World Water Development Report. United Nations Educational, Scientific and Cultural Organization, Paris and Berghahn Books, Oxford and New York, NY

UN-Habitat (2006). State of the World's Cities 2006/7. United Nations-Habitat, Nairobi

UNHCR (2006a). Statistical Yearbook 2004 Country Data Sheets: Guinea. United Nations High Commission for Refugees, Geneva

UNHCR (2006b). 2005 Global refugee trends statistical overview of populations of refugees, asylum-seekers, internally displaced persons, stateless persons, and other persons of concern to UNHCR. United Nations High Commission for Refugees, Geneva

UNICEF (2006). Pneumonia: The forgotten killer of children. United Nations Childrens Fund and World Health Organization, New York, NY

UNPD (2005). World Urbanisation Prospects: The 2005 Revision (in GEO Data Portal). UN Population Division, New York, NY http://www.un.org/esa/population/unpop.htm (last accessed 4 June 2007)

UNPD (2007). World Population Prospects: The 2006 Revision (in GEO Data Portal). UN Population Division, New York, NY http://www.un.org/esa/population/unpop.htm (last accessed 4 June 2007)

USGS (2006). Studying the Elwha River, Washington, in Preparation for Dam Removal. In Sound Waves Monthly Newsletter. US Geological Survey, Washington, DC http://soundwaves.usgs.gov/2006/11/fieldwork3.html (last accessed 12 June 2007)

Van Oostdam, J., Donaldson, S., Feeley, M., Arnold, D., Ayotte, P., Bondy, G., Chan, L., Dewaily, E., Furgal, C.M., Kuhnlein, H., Loring, E., Muckle, G., Myles, E., Receveur, O., Tracy, B., Gill, U., Kalhok, S. (2005). Human health implications of environmental contaminants in Arctic Canada: A review. In Science of the Total Environment 351-352:165-246

Watson, R., Zinyower, M. and Dokken, D. (eds.) (1997). The regional impacts of climate change: an assessment of vulnerability. Summary for Decision Makers. Special Report of IPCC Working Group II. Intergovernmental Panel on Climate Change

WBCSD (2007). Then & Now: Celebrating the 20th Anniversary of the "Brundtland Report" – 2006 WBCSD Annual Review. World Business Council for Sustainable Development, Geneva

WCED (1987). Our Common Future. Oxford University Press, Oxford

WHO (2000). Guidelines for Air Quality. WHO/SDE/OEH/00.02, World Health Organization, Geneva

WHO (2002) The World Health Report. Reducing risks, promoting healthy life. World Health Organization, Geneva

WHO (2006). Preventing disease through healthy environments: Towards an estimate of the environmental burden of disease. World Health Organization, Geneva

WHO and UNICEF (2004). Meeting the MDG drinking-water and sanitation target: A mid-term assessment of progress. World Health Organization and United Nations Children's Fund, Geneva and New York, NY

Wolfe, N., Escalante, A., Karesh, W., Kilbourn, A., Spielman, A. and Lal, A. (1998). Wild Primate Populations in Emerging Infectious Disease Research: The Missing Link? In Emerging Infectious Diseases 4 (2):148-159

Wolfe, N., Heneine, W., Carr, J., Garcia, A., Shanmugam, V., Tamoufe, U., Torimiro, J., Prosser, T., LeBreton, M., Mpoudi-Ngole, E., McCutchan, F., Birx, D., Folks, T., Burke, D. and Switzer, W. (2005). Emergence of unique primate T-lymphotropic viruses among central African bushmeat hunters. In Proceedings of the National Academy of Sciences 102 (22):7994-7999

Wolfe, N., Switzer. W., Carr, J., Bhullar, V., Shanmugam, V., Tamoufe, U., Prosser, A., Torimiro, J., Wright, A., Mpoudi-Ngole, E., McCutchan, F., Birx. D., Folks, T., Burke, D. and Heneine, W. (2004). Naturally acquired simian retrovirus infections in central African hunters. In The Lancet 363:932-937

Wood, W.B. (2001). Ecomigration: Linkages between environmental change and migration. In Zolberg, A.R. and Benda, P. M.(eds.) Global Migrants, Global Refugees. Berghahn, Oxford

World Bank (2005). The Little Data Book 2005. The World Bank, Washington, DC

World Bank (2006a). Where is the Wealth of Nations? Measuring Capital for the 21st Century. The World Bank, Washington, DC

World Bank (2006b). World Development Indicators 2006 (in GEO Data Portal). The World Bank, Washington, DC

World Bank and Wildlife Conservation Society (2006). The Silent Steppe: the Illegal Wildlife Trade Crisis. The World Bank, Washington DC

WTO (2006). World Trade Report 2006: Exploring the Links Between Subsidies, Trade and the WTO. World Trade Organization, Geneva

WRI (2005). World Resources 2005: The Wealth of the Poor – Managing Ecosystems to Fight Poverty. World Resources Institute in collaboration with the United Nations Development Programme, the United Nations Environment Programme and The World Bank. World Resources Institute, Washington, DC

B 部分

1987—2007年的环境状况与发展趋势

气候变化使全球的海洋变暖并酸化，
同时，它还影响了地球表面的
温度及降雨的数量、时间和强度，
包括暴风雨和干旱。
对于陆地来说，这些变化影响了淡水的可供应性和
质量、地表径流和地下水补给，以及
水生疾病媒介，因此它很可能在推动生物多样性
及物种的分布和数量相对丰富方面
扮演越来越重要的角色。

大气

重要合作作者： Johan C.I. Kuylenstierna, Trilok S. Panwar

主要作者： Mike Ashmore, Duncan Brack, Hans Eerens, Sara Feresu, Kejun Jiang, Héctor Jorquera, Sivan Kartha, Yousef Meslmani, Luisa T. Molina, Frank Murray, Linn Persson, Dieter Schwela, Hans Martin Seip, Ancha Srinivasan, Bingyan Wang

本章编审： Michael J. Chadwick, Mahmoud A.I. Hewehy

本章协调人： Volodymyr Demkine

致谢：Munyaradzi Chenje

主要内容

目前全世界都面临着一系列重大的大气环境问题，这些问题向我们提出了短期和长期的挑战，这些挑战已经影响了人类的健康和福祉。这些问题对人类产生影响的本质、范围和地区分布也在不断变化。如今令人忧虑的发展和实质性进展并存。

气候变化是一个重大的全球性挑战。其影响已经非常明显，水资源的供应、粮食安全和海平面上升等方面的变化预计将对数以百万计的人产生显著影响。大气中的温室气体（GHG）排放（主要为二氧化碳）是造成这种变化的主要原因。气候变化产生影响的证据现在清晰可见且明确无误。有证据表明，过去一个世纪地球的平均温度约升高了0.74℃。这一温度升高产生的影响包括海平面上升及热浪、暴风雨、洪水和干旱等气候灾害发生频率和强度的增加。对于21世纪全球变暖所做的最佳预测是由政府间气候变化专门委员会提供的，预计平均气温将升高1.8～4℃。这将会进一步加剧全球变暖产生的影响，从而可能导致大规模的后果，尤其是对于地球上那些适应能力最差、最贫困和处于弱势的人而言。人们越来越关注的一个问题就是降雨的规律和水的供应有可能发生变化，从而影响粮食安全。政府间气候变化专门委员会为各区域预测了主要变化，例如应对能力最差的非洲。海平面的上升会对沿海地区数以百万计的人口、主要经济中心及小岛屿国家的生存构成威胁。目前，适应可能发生的气候变化是全球各国的优先目标。

为了预防气候变化产生的严重影响，我们必须采取强力措施来减少能源、交通、林业及农业等行业产生的温室气体排放。过去20年间，我们一直对解决温室气体排放的问题缺乏紧迫感。自世界环境与发展委员会，即联合国布伦特兰委员会，在1987年发表报告以来，全球温室气体排放量持续显著增长。我们在这方面已经实施了相应的协议，即《京都议定书》，但世界各国对此协议的响应却远远不够。最近进行的研究表明，所有用来减少气候变化产生影响措施的成本总额只占全球经济总量的一小部分。我们现在迫切需要将气候变化的问题融入主流发展规划，尤其是在能源、交通、农业、林业，以及基础设施建设等行业的政策制定和具体实施这两个层面。同样，那些旨在帮助适应性较差的行业（如农业）来适应气候变化的政策，对于减少其负面影响也非常重要。社会经济结构的转型以及各利益相关方对于实现低碳社会的广泛参与也同样重要。

据估算，全球每年因室内及室外空气污染造成的过早死亡人数超过200万。尽管某些城市的空气质量得到了明显改善，很多地区仍在遭受过量空气污染的危害。空气污染问题的现状喜忧参半：一方面发达国家和发展中国家都取得了一些成绩，而另一方面主要问题仍然存在。通过综合采取技术改善和相应的政策措施，全球不同地区某些城市的空气污染状况已有所缓解。然而，人类活动的增加却抵消了我们取得的一些成绩。交通运输行业的需求逐年增加，对人为活动产生的温室气体排放增加以及因空气污染而形成的健康问题负有很大责任。全球大多数污染最严重的城市目前位于亚洲，生活在这里的许多人仍然遭受空气污染的危害，他们呼吸的空气中污染物浓度很高，尤其是危害人体健康的首要空气污染物——细颗粒物。这种状况也与亚洲许多城市的大规模工业扩张有关，这些城市为全球经济生产各种各样的货物。

这些污染还在城市和区域上空产生烟霾，从而降低了能见度。许多贫困社区仍然依靠传统的生物质能和煤炭等燃料来做饭。妇女和儿童的健康尤其会受到室内空气污染的影响，据估算，每年因此造成的过早死亡人数高达160万。含硫和氮的氧化物的许多空气污染物都会侵蚀各种材料，包括历史性建筑物。各种不同空气污染物的长距离输送对人类和生态系统健康的危害仍然是人们关注的一个问题，同时它们也会对生态系统提供的各种服务产生危害。北半球的对流层（地面高度）臭氧浓度不断增加，成为一种影响人类健康和农作物产量的区域性污染物。工业企业产生的持久性有机污染物（POPs）在北极地区不断聚积，影响了那些并没有排放污染的人们。

南极上空的平流层臭氧层“空洞”的面积已经达到了历史最高水平。平流层臭氧能够阻挡有害的紫外线辐射。过去20年间，消耗臭氧层物质（ODS）的排放量已经有所减少，然而人们对于平流层臭氧状况的担忧仍然存在。从好的方面来看，一些工业化国家在平流层臭氧消耗产生危害的效果还不明显时就已经采取了预先防范措施。这些国家的领导地位是决定削减消耗臭氧层物质的生产和消费量能否在全世界范围内取得成功的关键。尽管消耗臭氧层物质的排放量在过去20年间有所减少，据估算，在各国完全遵守《关于消耗臭氧层物质的蒙特利尔议定书》承诺义务的情况下，南极上空的臭氧层也要到2060—2075年才能完全恢复。

能源需求、交通以及其他消费形式需求的快速增长，不断产生空气污染的问题，同时也造成了人类活动产生的温室气体排放量以前所未有的速度增长。自从布伦特兰委员会强调解决这些问题的紧迫性以后，情况就发生了变化，但变化趋势有好有坏。来自各方的许多压力仍然不断增长，使温室气体排放量持续上升。这些因素包括人口不断增加、人们使用更多的化石燃料能源、消耗更多的商品、去更远的地方旅行和越来越多地选择汽车作为他们喜爱的交通工具。作为全球化经济的一部分，航空业和航空贸易量也在快速增长，从而导致了海上货物运输行业的增长——而这一行业有关燃料质量和排放标准的规定并不严格。然而，这些压力在一定程度上被能源利用效率的提高和/或采用新的或完善现有技术的措施所取得的成绩所抵消。

我们现在已经具备了成本效益较高的应对有害排放物的措施，但要实施这些措施还需要领导阶层的支持和协作。现有的应对消耗臭氧层物质的机制已经足够，但全球很多地区在空气质量管理方面还需要加强制度、人力和财力资源来推动具体的实施。在那些空气污染得到控制的地方，危害减少所带来的经济利益远远超过了采取行动的成本。对于全球气候变化来说，采取更多的创新和公平方法来减少气候变化的影响并适应气候变化至关重要，同时也要求对消费和生产方式进行系统的变革。我们目前已经具备了解决温室气体排放和空气污染问题的许多成本效益较高的政策和技术，一些国家已经开始着手进行这些变革了。在继续开展相关的研究和评估工作之外，我们还需要包括技术转让和有效的资金机制在内的灵活的领导力和国际合作来在全球范围内加速这些政策的执行。那些能长期存在的污染排放物，尤其是同时还是温室气体的物质所产生的长期风险应该能够强烈地激励我们现在就采取预先防范措施。

尽管我们取得了一些重要的污染控制的成功经验，联合国布伦特兰委员会特别指出的那些大气问题仍然存在（如在智利的圣地亚哥）。

致谢：Luis A. Cifuentes

引言

1987年，世界环境与发展委员会意识到区域性空气污染问题已经对环境和文化价值产生了影响（见第1章）。该委员会声称，燃烧化石燃料会排放二氧化碳，由此产生的温室气体“最早有可能会在下个世纪造成全球平均气温的上升，从而使农业生产地区转移；使海平面上升而导致沿海城市被淹，并干扰国民经济”。报告还指出，“其他工业废气会威胁对于地球具有保护作用的臭氧层”，而“工业和农业会使有毒物质进入人类的食物链”，并强调我们缺乏对化学品进行有效管理的方法。

联合国布伦特兰委员会的报告——《我们共同的未来》得出的主要结论是：尽管经济活动、工业生产和消费已经对环境产生了深远影响，“贫困仍然是造成全球环境问题的主要原因和结果”。人类的福祉，尤其是贫困和不平等，都受到了本章所讨论的所有大气环境问题的影响。很明显，人类活动产生的空气污染是影响世界各地发展的最重要的环境问题之一。气候变化威胁着沿海地区，同时也威胁到了生活在最容易受到气候变化影响地区的人们的食品安全和生计。燃烧生物质能或煤炭煮饭而产生的室内空气污染会对妇女和儿童产生特别的危害。城市或主要工业区附近的室外空气污染会使贫困人口产生不合比例的死亡或损害他们的健康。解决污染物排放问题有助于实现联合国千年发展目标（UN 2007），特别是消除饥饿、确保所有人的健康以及确保环境的可持续性这几个目标。

大气环境问题十分复杂。不同地区排放的主要污染物各不相同，在大气中形成的二次污染物也有所不同，这些污染物在空气中的存留时间和输送距离也不一样，而这些都会影响它们产生影响的范围（图2.1）。那些存留时间很短的污染物质会影响室内及当地空气质量；存留时间在几天到几周之间的污染物质会产生地方及地区性污染问题；存留时间在几周到几个

图2.1 特定污染物在大气中的平均存留时间及其产生影响的最大范围

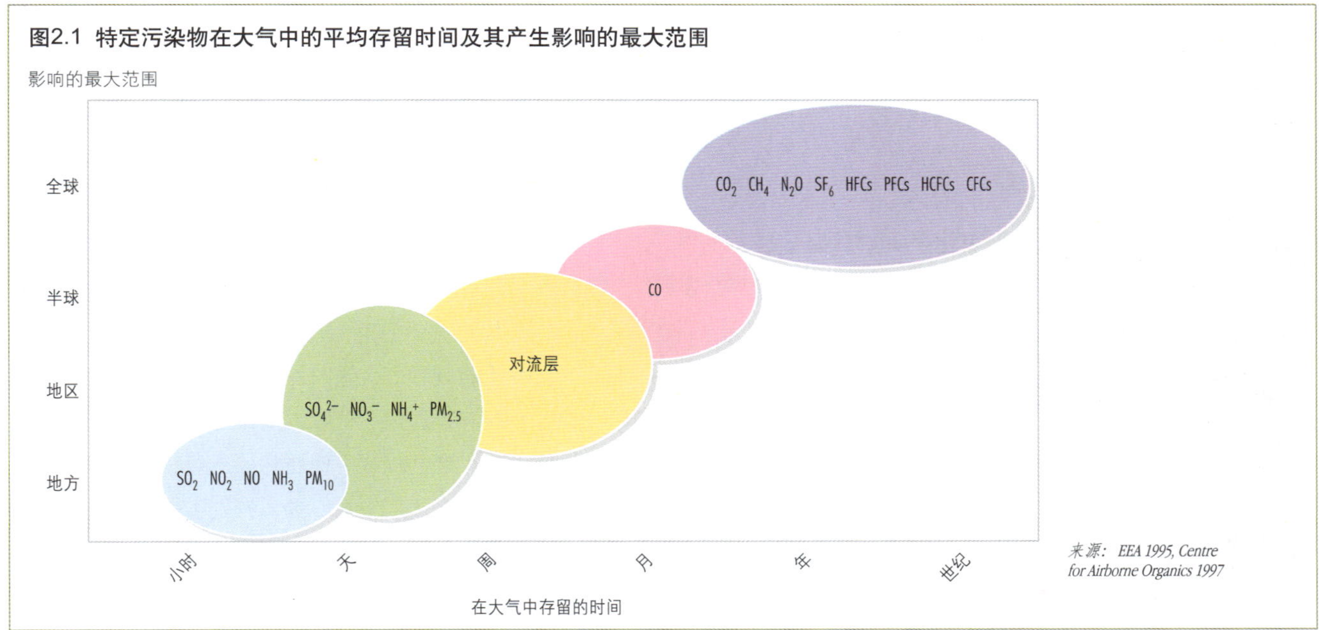

来源：EEA 1995, Centre for Airborne Organics 1997

月之间的物质会引起整个大陆或半球范围的污染问题；而存留时间在若干年左右的物质会引起全球性问题。一些温室气体可能在大气中存留长达5万年。

现在，绝大多数科学家都达成了一种共识，认为人类活动产生的温室气体排放（最主要的排放物是二氧化碳和甲烷）已经引起了气候变化。全球的温室气体排放量仍然在不断增长，其影响将覆盖全球各个地区，它改变了天气规律并造成海平面上升，从而影响沿海地区的人类居住地、疾病的类型、粮食的生产以及生态系统的服务。

空气污染仍在导致许多人过早死亡。尽管过去20年间，一些城市尤其是富裕国家城市的空气质量得到了显著改善，但是发展中国家许多城市的空气质量仍持续恶化，已经达到了极差的水平。即便在富裕国家，近些年人们在改善空气颗粒污染物和对流层臭氧的水平方面也已经止步不前，需要进一步采取措施。区域性的酸雨污染问题在欧洲和北美洲都已经得到了控制。但在亚洲的部分地区，由于酸沉降情况不断加剧，酸雨问题现在却越来越成为政策的焦点。对流层（地面高度）臭氧污染会导致农作物产量和质量显著下降。污染物在北半球（尤其是对流层臭氧层）的传输成为一个越来越重要的问题。尽管人类自1987年以来就开始着手解决空气污染问题，排放到大气中的各种空气污染物仍然对人体健康、经济和人们的生计以及生态系统的完整性和生产力都产生了重大影响。

氯氟烃等消耗臭氧层物质的排放会使平流层臭氧变薄，从而增强到达地球表面的紫外线辐射（UV-B）。南极上空的臭氧空洞或季节性臭氧层消耗仍然还在继续发生。紫外线辐射增强会增加人体患皮肤癌的几率，并损害人的眼睛和免疫系统，因此对公共健康具有重大影响（WHO 2006b）。人们担心的另外一个问题是紫外线辐射会对生态系统产生影响，如通过对浮游植物及海洋食物链的影响来产生作用（UNEP 2003）。

自1987年以来，人们越来越清楚地意识到食物链中存在高浓度的持久性有机污染物和汞，它们可能会影响人类和野生动物的健康，尤其是位于食物链上端的高等物种。持久性有机污染物是一个全球性问题。有些在大气中的存留时间较短，但是可以再次挥发，并且能够进行长距离传输，在环境中具有持久性。许多持久性有机污染物是通过大气传输的，但是它们产生的影响却被水生和陆源食物链调解（见第3章和第4章），并最终在极地地区累积起来（见第6章）。

变化的动力和压力

人类所有活动事实上都会影响大气的组成。人口增长、收入增加及全球性的货物和服务贸易自由化都刺激了能源和交通需求的增长。这些都是推动各种污染物排放到大气中的动力。此外，正如许多成本效益研究结果显示的那样（Stern 2006），实现人类集体福祉的成本往往大于人们享受或是希望享有的高消费生活方式所产生的个人收益（见第1章）。在很多情况下，污染物的排放都是为了满足新兴富裕阶层的需求，而不是满足最基本的生活需要（专栏2.1）。而污染物排放量急剧下降的压力则是来自于能源利用效率的提高和/或采用新技术或对现有技术的改进。

专栏2.1 联合国千年发展目标框架下的能源利用

现在，获得能源来进行采暖、做饭、交通和电力供应被视为一项基本人权。各种研究都调查了满足联合国千年发展目标中规定的最低标准所产生的结果，并发现满足这些最低标准所需初级能源的总量在全球范围内可以忽略不计。照明（家庭、学校及农村地区的卫生机构）需要的电力供应、（为17亿城市和农村居民提供）做饭需要的液化石油气（LPG）以及（为150万农村人口提供）交通运输需要的汽车和公共汽车使用的柴油不到全球能源年需求总量的1%，其产生的二氧化碳也不到目前全球二氧化碳年排放总量的1%。这说明我们完全可以提供满足联合国千年发展目标所要求的能源服务，而不必大幅增加全球能源领域对环境的影响。

来源：Porcaro and Takada 2005, Rockström and others, 2005

按人均水平衡量，发达国家仍然是化石燃料的主要使用者，并经常向发展中国家出口使用时间很长、陈旧并产生污染的技术。富裕的国家还通过向低收入国家购买未以环境友好方式生产的商品，而将污染进行“转移”。因此，发展中国家中适应能力较差群体的健康受到空气污染产生的负面影响最大（见第6章、第7章和第10章）。

由于经济、社会、文化和制度体系的惰性，向更加可持续性的生产和消费方式转变的进程十分缓慢且麻烦重重。一般来说，要全面实施这些变革需要30～50年，甚至更长时间，尽管在较早时就能看到实施变革后引起的初始改善结果（专栏2.2）。充分了解政策决策将如何影响经济活动，以及因此而产生的污染物排放及其影响，能够有助于我们发出预警信号并及时采取行动。表2.1展示的就是影响大气的各种主要促进因素。

生产、消费和人口增长

大气环境产生影响的促进因素最终还是人类活动不断增长的规模和形式的变化。地球人口的增长对这些活动的范围有一定影响，但是

专栏2.2 各种促进因素惯性作用的例子

能源供应

能源领域要求在基础设施方面进行大量投资以满足预期需求。国际能源总署（IEA）估算2005—2030年的投资总额将达到20万亿美元左右，也就是每年8 000亿美元，而电力行业将吸收这些投资中的绝大部分。能源需求量将快速增长的发展中国家大约需要这些投资总额的一半。这些投资一般都是长期性的。举例来说，核电站的一般设计寿命为50年或更长时间。我们今天所做的决定将对我们的未来产生深远影响。

来源：IEA 2006

交通运输

道路车辆、飞机和轮船的产量都可以说明交通运输行业是一个正在稳步增长的成熟市场。一些新概念交通工具，例如以混和能源或氢能电池为动力的汽车或高速磁悬浮列车，还需要相当长的时间才能大规模进入市场。技术壁垒和标准、降低成本、新的生产工厂以及最终进入市场都是具有挑战性的障碍。旧的生产设备往往只有在从经济角度考虑认为陈旧时才会被淘汰下线，而一辆新车的寿命一般都超过10年。因此，按照最乐观的估计，类似氢能电池燃料汽车这样一项新技术的应用最少需要40年时间。

更加重要的是，全球经济的不断扩张导致了生产和消费的大规模增长（见第1章），从而直接或间接地造成了污染物向大气的排放。

自从布伦特兰委员会的报告发布以来，地球人口已经增长了近30%（见第1章），各个地区增幅各不相同，欧洲为5.1%，非洲为57.2%（GEO Data Portal，from UNPD 2007）。全球经济产量（以购买力平价即PPP计算）增长了76%，使平均人均国民总收入从大约3 300美元激增到6 400美元，几乎翻了一番。这种人均收入的平均增幅掩盖了不同地区之间存在的巨大差别，非洲几乎没有增长，而亚太地区的一些国家则完全翻了一番。同期的城市人口也有大幅增长，现在占全球人口总数的一半。尽管人口增长速率有望持续减缓，全球人口总数到2030年仍将在现有水平上增长27%（GEO Data Portal，from UNPD 2007 medium variant）。这段时期内全世界所有的人口增长都将集中在城市地区（见第1章）。

表2.1 促进因素的发展趋势及其与大气问题的相关性

促进因素	平流层臭氧消耗		气候变化		空气污染	
	1987年的状况	2007年的相关性/趋势	1987年的状况	2007年的相关性/趋势	1987年的状况	2007年的相关性/趋势
人口	重要	人均污染物排放大幅减少	重要	需求增长导致排放增长	重要，城市地区受到的影响最大	不断增长的城市化进程给很多人带来了风险
农业生产	可忽略不计的污染来源	甲基溴在现有消耗臭氧层物质排放中占更大比例	由于甲烷和一氧化二氮（N_2O）的排放及土地用途的变动而变得重要	产量增加导致排放增长	氨和杀虫剂产生的排放	排放量随着产量的增加而增长
森林砍伐（包括森林火灾）	可忽略不计的污染来源	可忽略不计的资源	产生大量温室气体排放	持续的森林砍伐产生了大量的温室气体排放	一氧化碳（CO）、颗粒物（PM）和氮氧化物（NO_x）的排放	森林火灾的发生频率增加
工业生产	最大的污染物排放源	消耗臭氧层物质的生产量大幅减少	重要	重要，但排放份额正在减少	重要的排放源	某些地区的产量有所减少，其他地区则呈现增长趋势
电力生产	可忽略不计的污染来源	可忽略不计的资源	重要	成为越来越重要的促进因素	重要的排放源	某些地区所占排放份额减少，其他地区则有所增长
交通运输	有关系	相关性有所下降，但仍是来源之一	重要	交通运输及其产生的排放显著增长	铅、一氧化碳（CO）、颗粒物（PM）和氮氧化物（NO_x）的排放	根据地区和污染物的不同而不同
基本商品的消费	有关系	相关性有所下降	排放所占份额很小	保持不变	来自传统生物质能的大量排放	农村人口一直占很大份额
奢侈商品的消费	重要	相关性显著下降	重要	排放所占份额增长	在排放中所占份额适中	排放所占份额不断增加
科学与技术创新	创新刚刚开始	对于提供解决方法非常重要	对于提高能源利用效率十分重要	与能源利用效率和能源生产有很大的相关性	对于所有的排放都很重要	对于所有行业的改进都很重要
制度及社会政治构架	构架开始形成	得到很大推进	不存在	取得了显著进展	在发达国家已经建成	着手解决问题的地区越来越多

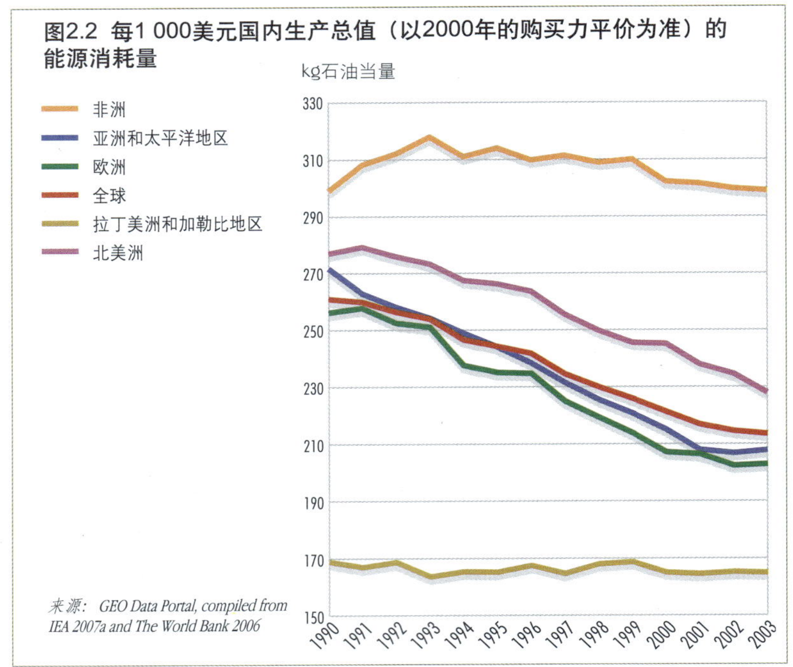

图2.2 每1 000美元国内生产总值（以2000年的购买力平价为准）的能源消耗量

来源：GEO Data Portal, compiled from IEA 2007a and The World Bank 2006

与人口和国内生产总值的增长相一致的是生产和消费的增长。能源消耗已经在一定程度上与国内生产总值的增长脱钩（图2.2），这是因为能源利用和电力生产效率的提高、生产工艺的改进和材料利用强度的降低。然而，绝大部分污染物排放产生于与能源有关的人类活动，尤其是燃烧化石燃料。自从布伦特兰委员会的报告发布以来，全球的初级能源供应量在1987—2004年的年增长率为4%（GEO Data Portal，from IEA 2007a），而化石燃料仍然占能源供应总量的80%（图2.3）。非生物质能的可再生能源资源（太阳能、风能、潮汐能、水电和地热等）占全球能源供应总量的比例增长速度非常缓慢，仅从1987年的2.4%增长到了2004年的2.7%（GEO Data Portal，from IEA 2007a）（见第5章）。

我们社会的能源强度（定义为单位国内生产总值的能源消耗量，单位为购买力平价）自布伦特兰委员会的报告发布以来平均每年降低1.3%（图2.2）。然而，全球国内生产总值的增长使得能源消耗量的增幅已经超过了这些因能源利用效率提高而减少的部分。

制造过程也会直接产生污染物排放，例如钢铁和水泥生产过程中产生的二氧化碳，铜、铅、镍和锌的生产过程中产生的二氧化硫（SO_2），硝酸的生产过程中产生的氮氧化物（NO_x），冰箱和空调产生的氯氟烃（CFCs），电力设备使用过程中产生的六氟化硫（SF_6），以及电子行业和铝的生产过程中产生的全氟碳化合物（PFCs）。

人类在地球上留下的足迹越来越大。人类对自然资源的需求不断膨胀，给环境带来的负担也越来越沉重。尽管压力的来源已经发生了

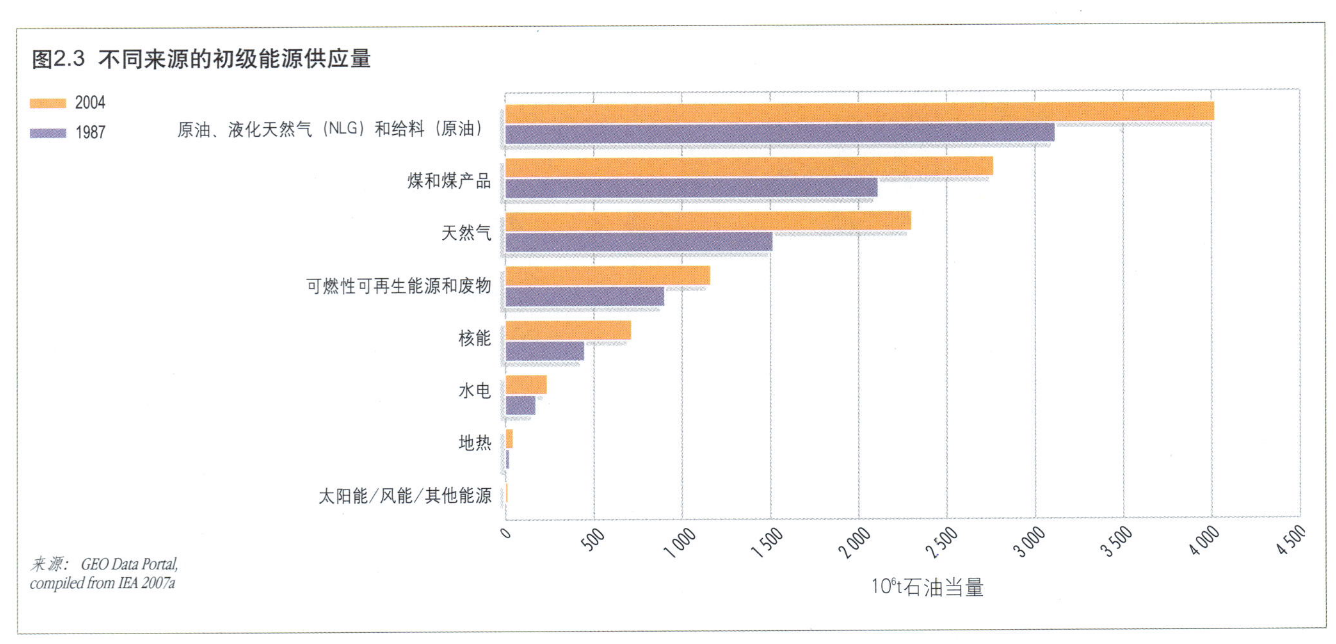

图2.3 不同来源的初级能源供应量

来源：GEO Data Portal, compiled from IEA 2007a

变化，这种趋势似乎必然会持续下去。农业和工业两大领域占全球国内生产总值的比例从1987年的5.3%和34.2%分别降低至2004年的4%和28%（GEO Data Portal，from World Bank 2006）。交通运输领域在同期则表现出持续的高速增长，在1987—2004年全球这一领域的能源消耗量增长了46.5%（GEO Data Portal，from IEA 2007a）。要减少这些大气污染的主要促进因素产生的影响，需要包括能源、交通、农业土地利用和城市基础设施在内的众多领域进行能源需求的转变。建筑行业占全球能源消耗总量的30%～40%，合理的政府法规体系和更多地利用节能技术，以及行为方式的改变都可以显著减少这一领域的二氧化碳排放量。在这一领域实施比较严格的提高能效的政策可能会减少每年数十亿t的二氧化碳排放量（UNEP 2007a）。

对冰箱、空调、泡沫材料、气溶胶喷雾、工业溶剂和灭火剂这类产品需求的不断增长，导致了各种化学品产量的上升。在释放到大气中后，它们当中的某些物质可以上升到平流层，最终分解，释放出能够破坏臭氧分子的氯原子或溴原子。尽管人类排放的消耗臭氧层物质的物理数量与人类活动向大气排放的其他污染物相比并不算大，但其产生不良后果的风险却很高。幸运的是，人类现在已经成功地解决了这一问题。

不同领域和技术

交通运输

小汽车销售额相对较快的增长速度说明人们在生活逐渐富足后非常希望能拥有私家车（图2.4）。此外，人们也更多地转向选择排气量更大的汽车，在汽车上安装更多耗费能源的装置（如空调和电动车窗），从而使交通运输领域的能源消耗量增幅超出人们的预期。

交通运输领域的大气污染物排放量取决于若干因素，例如车辆数量、车使用的年数、采用的技术、燃料质量、里程和驾驶模式等。车辆周转率的低下，尤其对于柴油发动机汽车，以及富裕国家将旧款汽车出口到贫穷国家，这些都减缓了发展中国家控制污染物排放的进程。在亚洲部分地区，大部分在用车辆都是安装小型引擎的两轮车和三轮车。这些车为数以百万计的家庭提供了代步工具。尽管这些车价格低廉，单车的燃油消耗量也低于小汽车或轻型卡车，但它们排放的颗粒物、碳氢化合物和一氧化碳的总量却很高（World Bank 2000，Faiz和Gautam 2004）。

图2.4 不同地区的汽车保有量

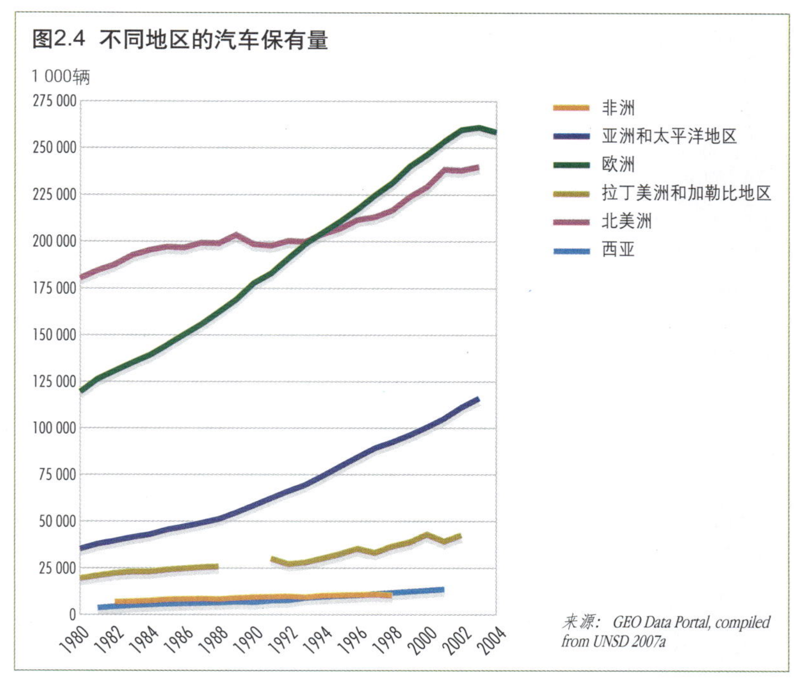

来源：GEO Data Portal, compiled from UNSD 2007a

图2.5 全球58个高收入大城市的活动强度与人均小汽车使用量的关系曲线

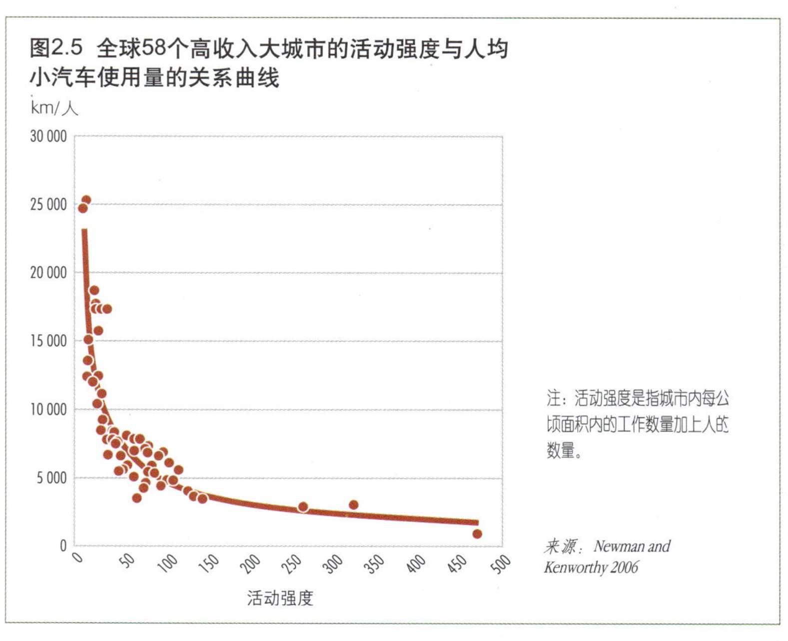

注：活动强度是指城市内每公顷面积内的工作数量加上人的数量。

来源：Newman and Kenworthy 2006

图2.6 用汽车、公共汽车或自行车运送同样数量的乘客所需的空间（法国东北部明斯特市规划办公室2001年8月发布的海报）

致谢：Press-Office City of Münster, Germany

放弃公共交通系统而使用私家车会增加道路的拥堵状况和大气污染物排放量。不合理的城市用地规划导致的城市向外高度无序扩张（将城市人口分散到更大地区内），也会使人们更多地使用小汽车出行（图2.5），并消耗更多的能源。城市中缺乏为步行和骑自行车准备的完善的基础设施，也是导致汽车使用率增加的一个重要因素。图2.6展示了容纳同样数量的驾车者、坐公共汽车者或骑自行车者所需要的相对空间，明白无误地说明了我们应该采用的交通战略和规划。

航空运输是发展最快的交通方式之一，1990—2003年的飞行里程数增长了80%（GEO Data Portal，from UNSD 2007b）。这种显著增长的动力来自于人们生活的富足、更多新修建的机场、低成本航线的增加，以及对出国旅游的推广。经济效率促使能源利用效率不断提高，据称，新型民航飞机比10年前出售的同类产品节省高达20%的燃料（IATA 2007）。货物运输业自布伦特兰委员会的报告发布以来也有了长足发展，从一个侧面反映出全球贸易的增长。全球装运的货物总量从1990年的40亿t增长到2005年的71亿t（UNCTAD 2006）。货物运输业在环境保护方面取得的成就不及航空业。

工业

工业生产在发达国家呈下降趋势，而在发展中国家呈上升趋势。工业行业使用的二次能源情况变化说明了工业生产的区域性特点的转变。在美国，工业领域能源使用量的减少（人均0.48 t石油当量）在一定程度上抵消了交通运输和服务行业能源使用量的增加。相反，在亚太地区以及拉丁美洲和加勒比地区，所有领域的人均能源消耗量都有所增长（GEO Data Portal 2006）。

通过使用更加清洁的燃料、末端控制、转移或关闭高排放源，以及推广更加高效的能源利用方式，发达国家已经降低了大型固定源产生的大气污染物排放。许多发展中国家尚未全面实施这些措施，但它们具备快速减少排放物的可能性。如果我们能够通过利用已有技术在发展中国家节省现有能源生产和工业设施消耗能源量的20%，发展中国家在2000—2020年的二氧化碳排放量增幅将减少一半（METI 2004）。那些采用陈旧的技术、缺乏排放控制措施且未采取有效执法措施的工业排放源在排放总量中占很大份额。一般来说，政府法规的实施会刺激人们采用能够降低成本的技术，由此而产生的收益往往大于原先的预期。

小型工厂和商业排放源更难以控制。要求它们遵守相关的排放标准从政治角度看更难，同时也需要高昂的成本。相应的技术解决方案更加具有挑战性，同时我们无法采用简单的办法来核查这些企业是否采用了最佳的管理方法。

能源

在发达国家，大型发电厂现在正受到越来越严格的环境标准的约束。有多种采用清洁能源进行生产的方案可供选择，并且已经打入市场，但这些可选方案往往都得到了政府的补贴。自1987年以来，清洁能源发展迅速，尤其是太阳能和风能。尽管风能在全球电力供应中所占的份额仍然非常少，2004年只有约0.5%（IEA 2007b），但是到2004年为止，风能提供的能源供应增长了15倍，平均年增长率大约为30%。

提高能源利用效率并节约能源是包括发展中国家在内的许多国家在能源开发战略方面的优先目标。高效的能源利用和清洁技术，再加上安全的能源供应，对于实现低排放的发展道路至关重要。决定排放水平的因素包括燃料质量、技术、排放控制措施，以及生产和维护的方法。能源安全方面的考虑及燃料的成本问题，经常都决定着对燃料的选择，例如是选择煤还是选择核能（见第7章）。热电厂燃烧煤炭是空气污染物的主要来源，在生产同样数量电能的前提下排放出的许多污染物水平高于燃气发电厂。包括地热、风能和太阳能在内的清洁能源资源仍然尚未得到充分利用。由于最近石油价格走高，高效发电厂已经获得了更高的成本效益，但仍需要在基础设施方面进行大量的投资。例如撒哈拉以南非洲各国及许多国家无法应对不断增长的能源需求，因此不得不继续依靠陈旧、效率低下且排放大量污染物的发电厂来提供能源。

土地利用

在农村地区，习惯的土地利用方法也会促使污染物的大气排放。将林地开垦为平地并将其用来饲养牛群和种植农作物，都会将储存在树木和土壤中的碳释放出来，从而削减其进行碳汇的潜能（见第3章）。这些做法还有可能增加甲烷、氨和氮氧化物的排放量。目前的数据认为，砍伐森林每年造成的二氧化碳大气排放量高达总量的20%～25%（IPCC 2001a）。常见的如焚烧秸秆和其他人类有意放火行为，都会增加二氧化碳、空气颗粒物及其他污染物的排放量（Galanter等2000）。野火和用来清理土地的森林烧荒行为，都会释放高浓度的空气颗粒物。1997年，东南亚因土地开荒而产生的烟霾，对当地民众造成的经济损失估计为14亿美元，其中绝大部分是进行短期健康治疗的费用（ADB 2001）。自1987年以来，人们在减轻这些不希望产生的负面影响方面几乎没有取得任何进展。由于季节性或周期性大风的作用，来自地面的细微灰尘颗粒物也是干旱或半干旱地区关注的一个重要问题。

将林地开垦为平地并将其用来饲养牛群和种植农作物，都会将储存在树木和土壤中的碳释放出来，从而削减其进行碳汇的潜能。

致谢：Ngoma Photos

城市的居民区

尽管较高的能源利用效率及利用个人交通工具进行短途交通降低了人均排放量（图2.5），但是由于与污染排放有关的活动总量大，人口密度很高地区的污染物排放往往也较高，再加上污染物扩散条件较差，这些都导致了大量人口暴露于恶劣空气环境中。在拉丁美洲、亚洲和非洲，城市化表现为城市人口的增长，而在北美洲和欧洲则表现为城市的不断向外扩张。这些持续的城市化进程都是社会和经济的各种促进因素综合推动的结果。城市地区在交通运输、采暖、做饭、空调制冷、照明和家居方面对于能源的需求非常集中。尽管城市确实可以提供给人们更多的机遇，如在经济和文化方面，但随之而来的往往还有各种各样的问题，这些问题还因为人口的大幅增长和有限的谋生手段而不断加剧，从而迫使市政当局不得不采用只重视短期收益的非可持续性的解决办法。举例来说，市政当局就面临一定的压力，将预留作为绿地或开发公共交通系统的土地改为建造具有很高经济价值的居民楼、办公楼、工业厂区或其他用途。此外，城市产生的热岛效应也会改变地区的气象条件，并对大气化学和气候产生影响。要扭转这种非可持续性的发展趋势是许多市政当局都面临的一项挑战。

技术创新

技术创新及技术转让和应用，对于减少污染物排放非常重要。广泛地综合运用多种技术也非常必要，这是因为没有任何单一技术足以实现期望的减排目标。脱硫技术、低氮燃烧室和末端颗粒污染物捕获装置等技术都能够大幅减少二氧化硫、氮氧化物和颗粒污染物的排放。许多技术在减少温室气体排放方面都可以发挥重要作用。这些技术包括与提高能源利用效率、可再生能源、整体煤气化联合循环（Integrated Gasification Combined Cycle，IGCC）、清洁煤、核能和碳汇有关的各种技术（Goulder和Nadreau 2002）。从长远角度（到2050年以后）看，要进一步开展温室气体的减排工作，在开展大规模的研究和技术应用项目并开发具有突破性新技术的基础上，我们就必须采用“技术推进”的方法。

除了政府和私营部门在技术研究和开发方面的投资，能源、环境和健康方面的法规也是刺激发展中国家采用清洁技术的主要推动力。同时，降低发展中国家因禁止使用二氧化碳排放密集型的能源技术而产生的风险也同样重要。

环境发展趋势及反应

本章详细地分析了三个与大气有关的主要环境问题：空气污染、气候变化和平流层臭氧的消耗。对于每个问题，我们都将环境状况发生的变化与其自1987年至今对环境和人类福祉产生的影响联系了起来。随后，我们介绍了人类在控制污染物排放方面所做的努力。表2.2概

表 2.2 大气环境状况的变化及其对环境和人类产生的影响

状况的变化	采取减缓措施后对环境/生态系统的影响	对人类福祉的影响				
		人类健康	粮食安全	物质安全	社会经济影响	其他影响
与室外空气污染有关的问题						
标准污染物（不是对流层臭氧）的浓度/沉降 ⇩ 发达国家 ⇳ 发展中国家	暴露于质量极差的空气中 ⇧ 发展中国家 ⇩ 发达国家 ⇧ 儿童哮喘	⇳ 呼吸系统疾病及心脏病 ⇳ 过早死亡和发病率	⇳ 农作物产量	⇳ 有关污染物越境转移问题的冲突	⇳ 健康成本 ⇳ 伤残调整生命年（DALYs） ⇧ 控制污染的成本	⇩ 旅游业的潜能 ⇩ 能见度 ⇧ 烟雾
	⇳ 酸化		⇧ 森林及自然生态系统的退化	⇧ 对材料的侵蚀维护成本	⇧ 基础设施的	⇩ 旅游业的潜能
	⇧ 富营养化		⇩ 营养物质进入表层水后鱼类的数量	⇧ 生物多样性的丧失	⇧ 恶臭的问题	

表 2.2 大气环境状况的变化及其对环境和人类产生的影响

状况的变化	采取减缓措施后对环境 / 生态系统的影响	对人类福祉的影响				
		人类健康	粮食安全	物质安全	社会经济影响	其他影响
			与室外空气污染有关的问题			
平流层臭氧的形成及浓度 ⇧ 北半球	⇧ 农作物、自然生态系统和人类受到的影响	⇧ 呼吸系统的炎症 ⇧ 死亡率和发病率	⇩ 农作物的产量丧失	⇧ 生物多样性的（尤其对穷人） ⇧ 活动受限制的天数	⇩ 收入来源	
⇳ 空气中有毒物质（重金属、多环芳烃（PAHs）和挥发性有机化合物（VOC））的浓度	⇳ 空气质量	⇳ 癌症的发病率	⇧ 食物链受到污染		⇧ 健康成本	
⇧ 持久性有机污染物的排放	⇧ 在自然生态系统的沉降 ⇧ 在食物链中的生物聚积	⇩ 粮食安全 ⇩ 人体健康	⇩ 鱼类资源的可持续性		⇩ 鱼类的商业价值 ⇧ 极地居民较差的适应性	
			与室内空气污染有关的问题			
标准污染物和空气中的有毒物质 ⇧ 发展中国家	⇧ 受到影响的人口数	⇧ 死亡率和呼吸系统疾病			⇧ 贫穷社区较差的适应性	⇧ 对妇女和儿童的影响
			与气候变化有关的问题			
⇳ 温室气体的浓度	⇧ 气温 ⇧ 极端天气现象	⇧ 热导致的死亡 ⇧ 疾病（腹泻和带菌媒介导致的疾病）	⇧ 饥饿的风险 ⇳ 农作物生产（见第 3 章和第 6 章）	⇧ 人类较差的适应性（见第 6 章和第 8 章）	⇧ 制冷需要的能源 ⇧ 经济财产的损失	⇧ 社区的生计受到威胁 ⇧ 贫穷社区较差的适应性
	⇧ 海水的表面温度 ⇳ 降雨 ⇧ 土地和海冰的融化 ⇧ 海洋的酸化	见表 4.2				
			与平流层臭氧有关的问题			
⇩ 消耗臭氧层物质的排放量 ⇳ 平流层中消耗臭氧层物质的浓度	⇳ 紫外线辐射 ⇧ 极地上空平流层臭氧的消耗	⇧ 皮肤癌 ⇧ 对眼睛和免疫系统的损伤（见第 4 章） ⇩ 粮食生产（疾病强度的变化）	⇩ 鱼类储量（对浮游植物和其他生物体的影响） ⇧ 预防紫外线辐射的开销		⇩ 在户外停留的时间（生活方式的改变）	⇳ 全球变暖（由于污染物存留时间较长）

注：⇧ 表示增加；⇩ 表示减少；⇳ 表示根据不同地点而变化。

要地介绍了大气和人类福祉之间的相互关系，包括大气状况的变化、影响产生的机制及人类福祉在一段时期内发生的变化。

空气污染

人类及环境暴露于空气污染之中构成了一项重要挑战，同时这也是全球关注的一个公众健康问题。据世界卫生组织的估计，全球每年大约有240万人由于吸入细颗粒空气污染物而过早死亡（WHO 2002，WHO 2006b）。这包括大约80万城市居民因吸入室外可吸入颗粒物（PM_{10}）（专栏2.3）导致的死亡以及160万人吸入室内可吸入颗粒污染物导致的过早死亡。即便如此，这项研究还未包括与空气污染有关的可能造成的所有死亡人数。图2.7展示了世界各地不同地区每年因室外可吸入颗粒物造成的死亡人数。每年早死人数最多的是亚太地区的发展中国家（Cohen 等 2004）。

除了对于人体健康产生的影响，空气污染还会对农作物产量、森林生长、生态系统的结构和功能、材料以及空气能见度等产生负面影响。空气污染物一旦释放到大气中，就可以借助风力与其他污染物混和，发生化学变化，并最终沉降在各种物质的表面（专栏2.3）。

图2.7 2000年全球不同地区因城市室外可吸入颗粒物造成的过早死亡

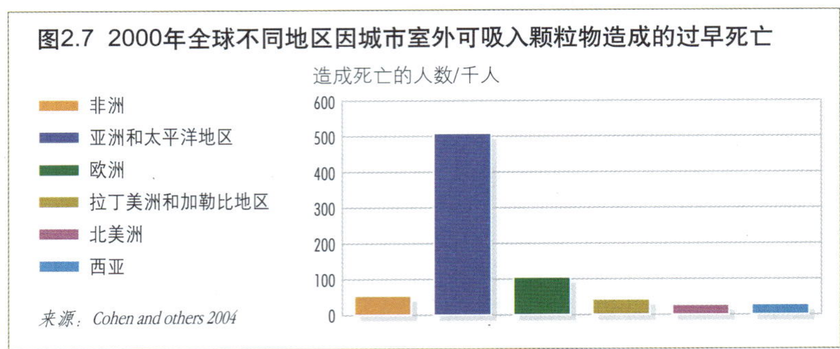

来源：Cohen and others 2004

图2.8 全球不同地区二氧化硫和氮氧化物的排放量

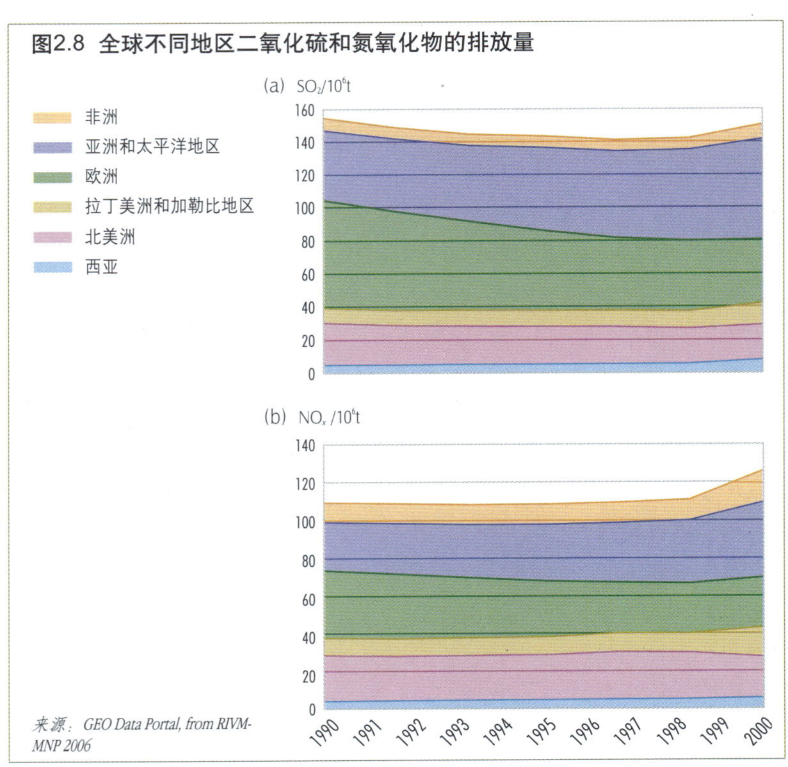

来源：GEO Data Portal, from RIVM-MNP 2006

专栏2.3 各种空气污染物的特性

六种最常见的污染物：悬浮颗粒物（SPM）、二氧化硫（SO_2）、二氧化氮（NO_2）、一氧化碳（CO）、对流层臭氧（O_3）和铅（Pb），都对人体健康构成危害，因此，这六种污染物是环境管理部门衡量空气质量的主要指标。这些污染物被称为标准污染物，世界卫生组织推荐根据这些指标确定有关人体健康的环境空气质量标准。空气颗粒污染物可以分为不同的可吸入粒子，包括细颗粒物和粗颗粒物，两者的空气动力学直径分别小于10 μm（PM_{10}）和2.5 μm（$PM_{2.5}$）。

人们把直接排放到大气中的污染物称为初级污染物，把这些初级污染物在空气中发生化学和/或光化学反应后形成的污染物称为二次污染物。那些由初级污染物（如二氧化硫、氮氧化物、氨（NH_3）和挥发性有机化合物（VOCs））生成的二次污染物，如对流层臭氧和二次气溶胶的形成过程，在很大程度上受气候和大气成分的影响。由于大气的传输，它们产生的影响会扩展到离源头很远的地方。

可吸入颗粒物主要化学成分包括磷酸盐、硝酸盐、铵、有机碳、元素碳和土壤灰尘（由几种矿物质元素组成）。其他重要的初级污染物包括重金属（如汞、镉和砷），挥发性有机化合物（如苯、甲苯、乙苯和二甲苯），多环芳烃（PAHs）和某些持久性有机污染物（如二噁英和呋喃）。这些空气污染物都产生于化石燃料、生物质能和固体废物的燃烧，而氨的排放则主要是来自农业排放源。

来源：Molina and Molina 2004, WHO 2006a

大气排放和空气污染的发展趋势

不同地区的二氧化硫和氮氧化物排放，表现出不同的发展趋势（图2.8）。欧洲和北美洲比较富裕国家的全国排放总量自1987年以来一直呈下降趋势。最近，欧洲也开始担忧由国际航运带来的不受法规约束的硫化物排放，将其提升到了与受控制的陆源硫污染物排放同等重要的地位（EEA 2005）。过去20年间，亚洲工业化国家的污染物排放量已经持续增加，有时增长幅度非常大。我们现在没有世界不同地区在2000年以后的排放量综合数据，因此发展中国家近些年排放数据的变化并未在图中显示，尤其是亚洲国家。例如，2000—2005年，中国的二氧化硫排放量大约增长了28%（SEPA 2006），而卫星数据显示中国氮氧化物的排放量在1996—2003年增长了50%（Akimoto等2006）。这种变化的主要后果就是，与1990年相比，全球二氧化硫和氮氧化物的排放量呈现持续增长的趋势。而非洲、拉丁美洲和加勒比地区则有小幅度增长。

发展中国家的许多大城市目前空气污染浓度非常高，尤其是可吸入颗粒物（图2.9和图2.10）。不过，污染物的整体水平却在下降，这通常得益于对排放源的控制、改变燃料的消耗模式及关闭陈旧的工厂等措施。铅排放的发展总趋势是不断下降，而大多数城市空气中的铅

图2.9 全球特定城市市区污染物的年均浓度变化趋势

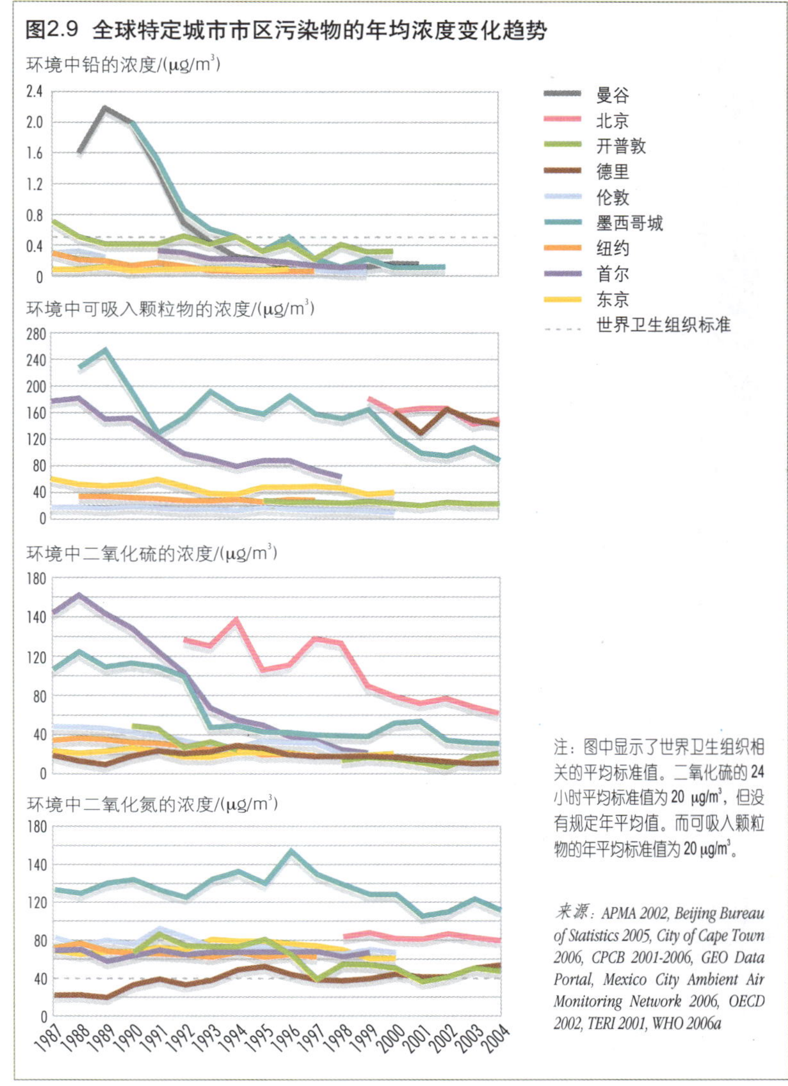

注：图中显示了世界卫生组织相关的平均标准值。二氧化硫的24小时平均标准值为20 μg/m³，但没有规定年平均值。而可吸入颗粒物的年平均标准值为20 μg/m³。

来源：APMA 2002, Beijing Bureau of Statistics 2005, City of Cape Town 2006, CPCB 2001-2006, GEO Data Portal, Mexico City Ambient Air Monitoring Network 2006, OECD 2002, TERI 2001, WHO 2006a

图2.10 1999年人口数超过10万的城市以及首都城市可吸入颗粒物的年均估算浓度值

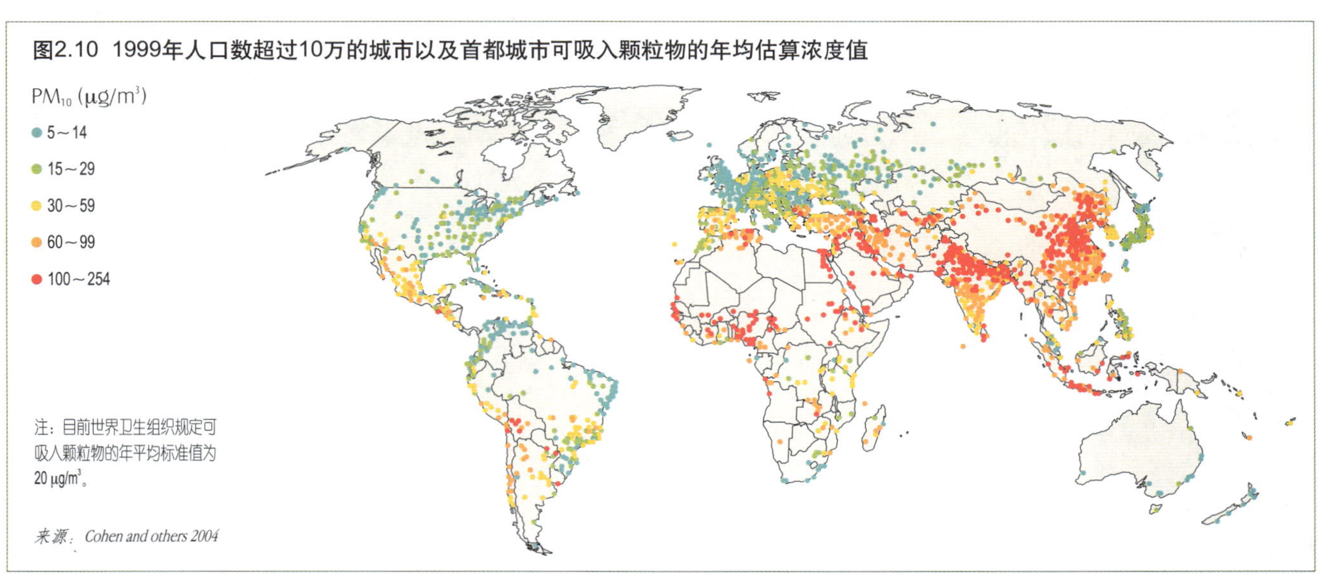

注：目前世界卫生组织规定可吸入颗粒物的年平均标准值为20 μg/m³。

来源：Cohen and others 2004

图2.11 通过综合几种模型研究计算出的2000年对流层臭氧的平均浓度

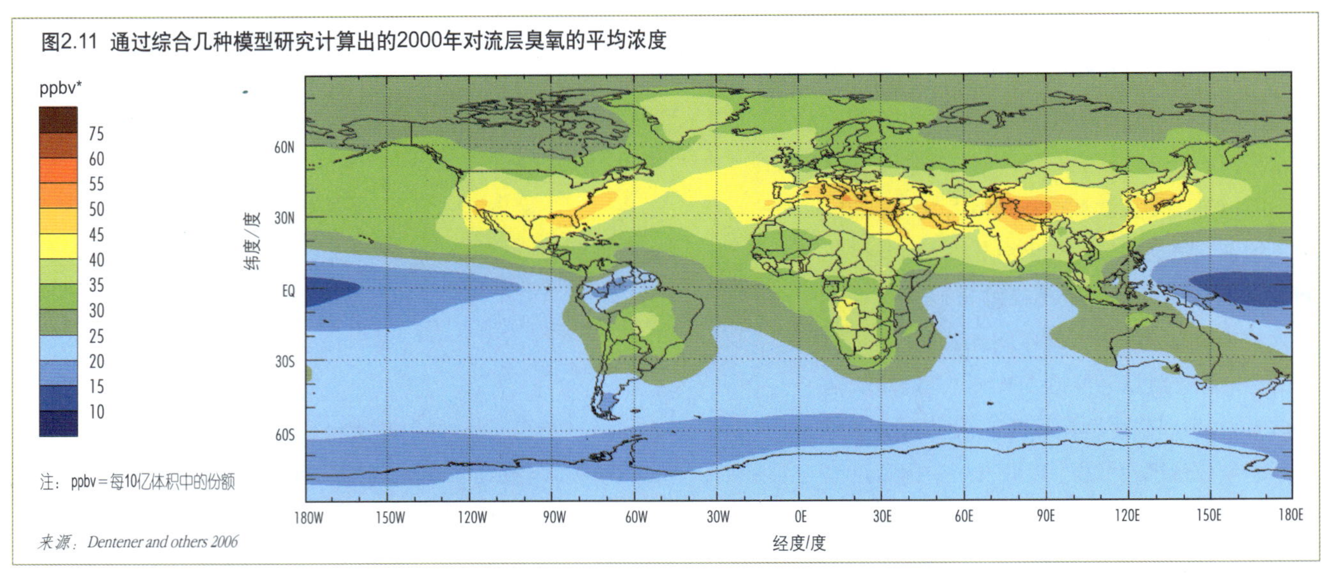

注：ppbv＝每10亿体积中的份额

来源：*Dentener and others 2006*

浓度目前都低于世界卫生组织规定的标准（WHO 2006a）。总的来说，虽然许多发展中国家的可吸入颗粒物浓度水平超出世界卫生组织规定标准许多倍，一些城市中二氧化硫的浓度水平也高于世界卫生组织的标准，且不同地区差别显著，但可吸入颗粒物和二氧化硫的总体水平一直在持续下降。大多数大城市空气中的氮氧化物水平超过了世界卫生组织的标准，且其浓度水平并未表现出明显的降低趋势。

模型计算表明，对流层臭氧（构成光化学烟雾的一种主要化合物）在特定的亚热带地带浓度最高，这一地带包括北美洲的东南部、欧洲南部、非洲北部、阿拉伯半岛及亚洲的南部和东北部（图2.11）。但是，我们目前还未掌握亚洲、非洲和拉丁美洲农村地区的测量数据来证实这一结果的正确性。北半球对流层臭氧的年平均浓度呈现出上升趋势（Vingarzan 2004），这说明有些地区可能需要开展合作来解决这一问题。

此外，排放产生的气溶胶粒子形成的云团出现在若干地区的上空（也就是人们所说的大气褐云（Atmospheric Brown Clouds））。这些季节性的烟雾带减少了到达地球表面的太阳光，从而对水文循环、农业和人体健康产生潜在的直接和间接影响（Ramanathan等 2002）。大气中的气溶胶和其他颗粒状的空气污染物都会吸收太阳能，并将太阳光反射回宇宙中去（Liepert 2002）。

专栏2.4 全球各地的主要空气污染问题各不相同

（详细信息请参见本章和第6章中的所有图示）

非洲、亚太地区、拉丁美洲和加勒比地区以及西亚

- 这些地区最突出的问题是室内和室外空气颗粒物对人体健康所产生的影响，尤其是家庭做饭时产生的烟雾对妇女和儿童的影响。
- 工业生产和交通运输行业中普遍使用劣质燃料，对该地区的决策者提出了严重的室外城市空气污染问题，尤其在亚太地区。
- 对流层臭氧水平的不断升高产生的粮食安全问题对这些地区部分地方构成了挑战。
- 人们还没有充分理解酸沉降的风险，但是酸雨问题在亚太地区的某些国家已经成为了政策制定中的一个重点议题。

欧洲和北美洲

- 这些地区最突出的问题是细空气颗粒物和对流层臭氧对人体健康和农业生产力产生的影响，以及氮沉降对于自然生态系统的影响。
- 人们已经充分了解了二氧化硫和粗空气颗粒物排放产生的影响以及酸沉降的问题，这些问题普遍得到了很好的解决，其影响重要性正在逐渐降低（见第3章）。

空气污染的影响

空气污染是对人体健康、农作物、生态系统和材料产生负面影响的一个主要环境因素，不同地区这一影响的重要性各不相同（专栏2.4）。室内和室外空气污染都与众多急性和慢性疾病有关，而具体会导致哪种疾病取决于污染物的特性。据计算，东北亚、东南亚和南亚的发展中国家由于室内外空气污染造成的过早死亡人数占全世界的2/3（Cohen 等 2005）。

从疾病的角度看，最重要的空气污染物就是细颗粒污染物。世界卫生组织估计，全球城市地区的空气颗粒污染物（专栏2.5）大约造成2%的成年人心肺疾病死亡率，5%的气管癌、支气管癌和肺癌死亡率，以及1%的儿童急性呼吸系统感染死亡病例，这些共占全球每年过早死亡人数的1%（WHO 2002）。此外，世界卫生组织还估计，使用固体燃料产生的室内烟雾大约会造成1/3下呼吸道系统感染，约1/5的慢性阻塞性肺疾病，以及约1%的气管癌、支气管癌和肺癌（WHO 2002）。图2.12展示了全球因室内及市区可吸入颗粒污染物而造成的疾病负担分布情况。

空气污染产生的健康影响与贫困和性别问题有非常密切的关系。贫穷家庭中的妇女受到空气污染的影响非常大，这是因为她们做饭时会更多地暴露于燃烧劣质燃料而产生的烟雾之中。一般来说，由于住所和工作场所的位置，穷人更易于受到空气污染的影响，而这种健康易受到影响的状况会因为其他因素（如营养不良和较差的

图2.12 全球因室内（a）及市区（b）可吸入颗粒物污染而造成的疾病估测分布情况（以伤残调整生命年计算）

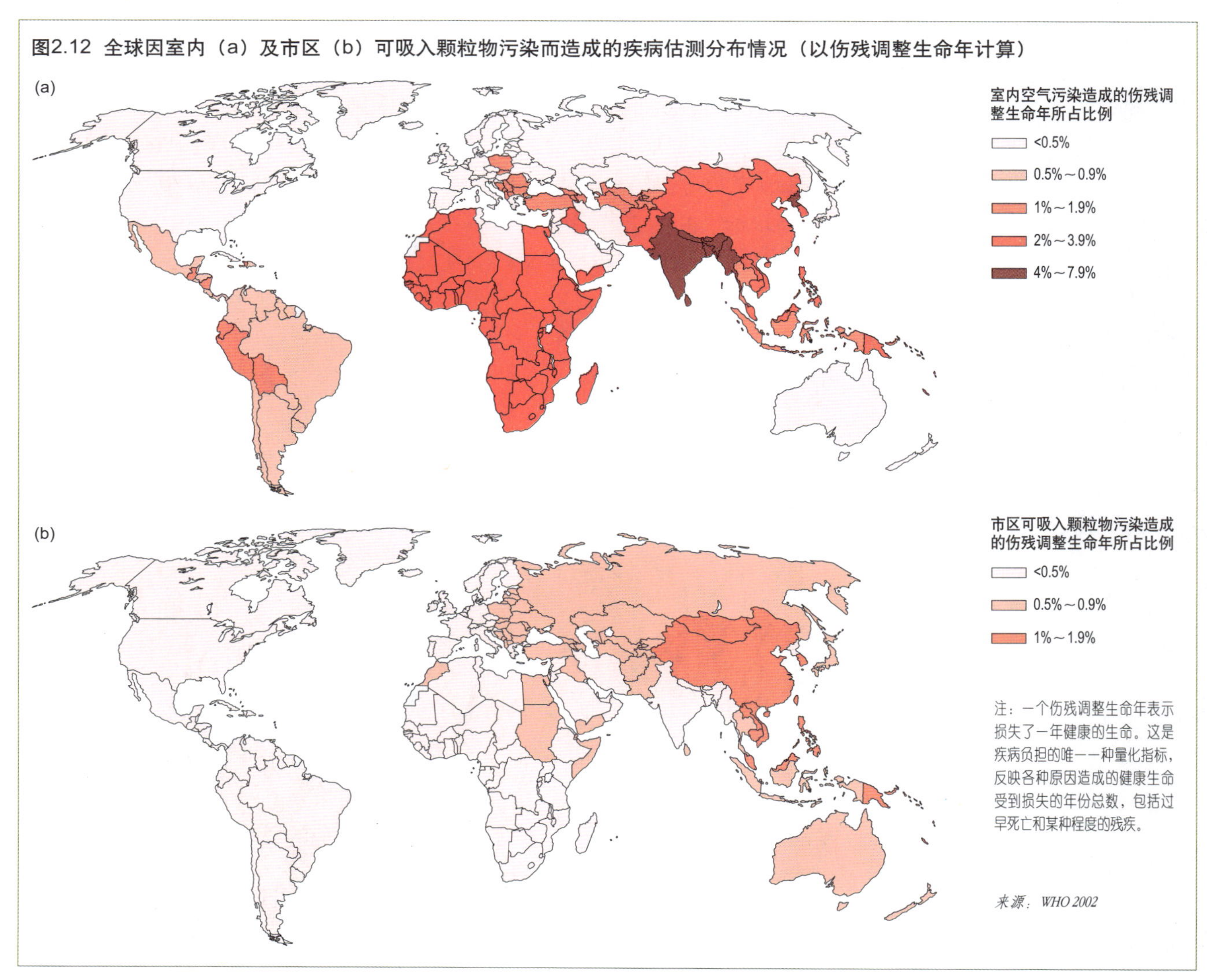

注：一个伤残调整生命年表示损失了一年健康的生命。这是疾病负担的唯一一种量化指标，反映各种原因造成的健康生命受到损失的年份总数，包括过早死亡和某种程度的残疾。

来源：WHO 2002

专栏 2.5 细空气颗粒物对健康的影响

颗粒污染物对健康的影响在很大程度上取决于它们的物理和化学特性。颗粒物的大小很重要，决定了它们进入人体肺部的难易程度和深度。人体保护自己免受可吸入空气颗粒物侵害的能力，以及个体是否易于受到颗粒物危害的状况，都与颗粒物的大小和化学成分密切相关。直径超过 10 μm 的粒子一般都无法进入肺部，且只能在大气中停留较短时间。因此，流行病学的相关证据一般都认为直径为 10 μm（PM_{10}）和 2.5 μm（$PM_{2.5}$）以下的粒子才会对人体健康产生负面影响。

近期人们对超细颗粒污染物（直径在 0.1 μm 以下的粒子）产生了更多的兴趣，这是因为难溶解的超细颗粒污染物可以从肺部进入血液循环系统，从而到达人体的其他部位。科学家已经知道，颗粒物的化学成分和大小往往与其对人体健康产生的影响直接有关，同时颗粒物的数量和表面积也是评价这些影响的重要因素。然而，对人体健康产生不良影响的那些粒子其精确的化学成分缺乏详细了解。

来源：Lippmann 2003, Pope and Dockery 2006

医疗条件）而变得更加严重（Martins 等 2004）。

空气污染同样也会对农业产生不良影响。据估算，对流层臭氧污染在欧洲对23种农作物产量造成的可测量的经济损失每年为57.2亿～120 亿美元（Holland 等 2006）。有证据表明，某些发展中国家，如印度、巴基斯坦和中国，主要农作物受到了严重的负面影响，但这些国家也已经开始解决这一问题了（Emberson等 2003）（见图 2.13 中的例子）。

1987 年，由硫和氮的沉降形成的酸雨对欧洲和北美洲产生了重大影响，造成湖水酸化和森林退化（主要原因是土壤酸化）。最近，这种现象在墨西哥和中国也发生了，而且许多其他国家可能也存在这种情况（Emberson 等 2003）。最近有证据表明，控制污染物的排放可以使淡水酸化的过程发生逆转（Skjelkvåle 等 2005），而布伦特兰委员会发出的有关欧洲和北美洲会发生大面积森林退化的严重警告并未成为现实。现在世界的其他地区仍然存在酸化的风险，特别是在亚洲（Ye 等 2002，Kuylenstierna 等 2001，Larssen 等 2006）（见第 3 章和第 6 章）。

最近几十年间，氮沉降的富营养化作用已经在一些敏感的、营养物质有限的生态系统内造成了大量的生物多样性丧失，例如欧洲北部和北美洲的石楠树丛、沼泽和泥潭（Stevens等 2004）。《生物多样性公约》认定氮沉降是造成物种丧失的一个主要因素。全球几个主要的生物多样性热点地区已经被确定为面临很大的氮沉降风险

图2.13 当地空气污染对巴基斯坦拉合尔市郊区的小麦生长产生的影响

注：中间和右边的植物都是在当地空气中生长起来的，而左边的植物生长的空气经过了过滤。对污染空气进行过滤能够使粮食产量增长40%左右。

致谢：A. Wahid

(Phoenix 等 2006)(见第 4 章、第 5 章和第 6 章)。

空气污染会通过几种方式影响建筑环境。来自交通行业的煤烟颗粒和灰尘会降落在纪念碑和建筑物表面;二氧化硫和酸沉降会腐蚀石头和金属结构;而臭氧会危害许多合成材料,缩短它们的使用寿命,并对其外表造成侵蚀。所有这些影响都会产生巨大的维护和更换成本。此外,城市环境中的细空气颗粒物一般都会使能见度降低一个数量级(Jacob 1999)。

自 1987 年以来,持久性有机污染物和汞也成为了重要环境问题。这些有毒物质被排放到环境中后可以挥发,同时可以被输送很远的距离。如果一种污染物具备了持久性,其浓度就会在环境中不断累积,从而在食物链中造成生物聚积的风险。现在,全球各地都已经发现了许多持久性有机污染物,有些甚至离其源头非常遥远。在北极的北部,人们发现野生动物的健康已经受到了负面影响;污染同时也对传统食物体系的完整性和土著居民的健康构成了威胁(见第 6 章)。

管理空气污染

管理空气污染的进展呈现出复杂局面。尽管高收入国家在这方面取得了显著的成绩,但在许多发展中国家,城市空气污染仍然是一个重要问题,影响着民众的健康。包括酸雨在内的某些区域性空气污染问题在欧洲已经得到了很好的解决,但这些问题却对亚洲的某些国家构成了威胁。对北半球而言,对流层臭氧现在已经成为了一个特别棘手的问题,因为它会影响农作物和人体健康。发展中国家在室内燃烧生物质燃料给贫困家庭带来了极大的健康负担,尤其是妇女和年幼的儿童。发展中国家到目前为止采取的行动还不够,仍然存在改善公共健康状况并降低早亡几率的机会。

全球很多地区在预防和控制空气污染方面取得的显著成就大部分都是通过在全国和区域范围内实行强制性的控制措施实现的。在国家层面,许多国家已经开展了清洁空气方面的立法工作。这些法律规定了有关污染物排放和环境空气质量的相关标准来保护公共健康和环境。在区域层面,类似措施包括《远程越境空气污染公约》(UNECE 1979—2005)、《加拿大—美国空气质量协议》(Environment Canada 2006)和《欧盟立法》(EU 1996,EU 1999,EU 2002)。其他新近出现的区域性政府间协议还包括《东盟跨域烟霾污染协议》(ASEAN 2003)、《南亚防治空气污染及其潜在越境影响马累宣言》(UNEP/RRC-AP 2006),以及一个区域性的科学政策网络——非洲空气污染信息网络(APINA)。在全球层面,《关于持久性有机污染物的斯德哥尔摩公约》(Stockholm Convention 2000)对某些污染物(即持久性有机污染物)的使用和排放进行了管制。尽管布伦特兰委员会强调了环境中存在的汞污染问题,但目前我们尚未达成有关减少汞污染的全球性协议。自 2001 年开始,已经实施了一项全球性的汞项目;技术变化和替代性化合物的利用似乎已经减少了汞污染物的排放(UNEP/Chemicals 2006)。

交通领域的排放

在技术进步和立法的推动下,燃料和汽车技术在过去20年间取得了长足发展。通过去除汽油里的铅杂质、要求汽车安装催化转换器、提高对蒸发性尾气的控制、改进燃料质量、安装车载诊断系统等措施,汽车尾气已经在一定程度上得到了控制。通过改进发动机的设计以及在某些汽车上安装微粒捕集系统,柴油发动机汽车的尾气也得到了控制。被广泛采用的微粒捕集系统可以使柴油中硫的含量降至15 ppm以下。目前,不同地区使用的柴油中硫的浓度差别很大(图2.14)。降低汽油中硫的含量可以使汽车使用更加高效的催化转换器,从而进一步提高对汽车尾气的控制。在城市交通运输中,汽油—电力混和燃料汽车似乎比纯汽油汽车的燃料利用率更高。许多发达国家已经引进这种汽车,但是其使用范围仍然非常有限。

大多数发达国家已经在降低单位汽车的尾气排放方面取得了重大进展,而许多中等收入国家也采取了重大措施来控制汽车尾气的排放。除了改进汽车技术之外,有效的汽车检测和保养计划也有助于控制汽车尾气的排放，并满足相关的尾气排放标准（Gwilliam等 2004）。然而，某些低收入国家在这方面进展缓慢。发展中国家只有选择采用清洁能源，才能获得先进的排放控制技术带来的益处。

在某些亚洲国家，两轮和三轮摩托车产生的污染排放量非常惊人。不过，一些国家对控制这些交通工具的尾气排放已经做出了规定。从使用两冲程引擎到四冲程引擎的转变，以及制定排放标准来有效禁止销售新的两冲程引擎汽车，将大幅改善汽车尾气排放造成的污染问题（WBCSD 2005，Faiz 和 Gautam 2004）。

公共交通是替代私人小汽车的一个重要手段，并且在许多城市中，已经通过利用轻轨、地铁和快速公共汽车中转系统成功实施（Wright 和 Fjellstrom 2005）。在德里、开罗和许多其他城市，人们已经在公共交通车辆中完成了从使用柴油到压缩天然气的转变，从而有效地减少了空气颗粒物和二氧化硫的排放。但是在许多其他国家，公共交通系统的广泛利用仍然阻力重重，主要原因是效率低下和观念错误。

工业和能源领域的排放

在许多发达国家，大型工业源的污染排放已经通过替换燃料和污染排放控制法律得到了控制。欧洲和北美洲在削减二氧化硫方面取得的成就堪称近几十年内的成功典范之一。包括1979年签署的《远程越境空气污染公约》在内的相关协议，为取得这一成功发挥了重要作用。此项公约在1988年采用了临界负荷（环境能够容纳的阈值）这一概念，并在1999年通过了《歌德堡议定书》（Gothenburg Protocol），确定了各个国家的二氧化硫、氮氧化物、氮氢化合物（NH_x）和大气挥发性有机物的国家排放限值目标。在欧洲，二氧化硫的排放已经显著减少，这在部分程度上应归功于这些协议。同时，这些成绩的取得也得益于相关政策的执行，包括呼吁各方使用更加清洁的燃料、对废气进行脱硫并采用新的工艺。污染物排放的减少同时还得益于许多重工业企业的关闭，尤其在东欧和前苏联。然而，许多发展中国家的二氧化硫排放量却有所增长。

实行更加严格的环境法规和包括排放交易在内的经济手段都促成了清洁技术的引进，同时也进一步推动了技术创新。

经济政策向生产者和消费者发出了重要的信号。例如，欧洲的税收体制正在从根据劳动力人数征税向根据能源消耗量征税转变，以更好地反映污染物排放的影响（Brown 2006）。其他成功的范例还包括美国为减少发电站的二氧

图2.14 2007年柴油机燃料含硫浓度的全球分布情况

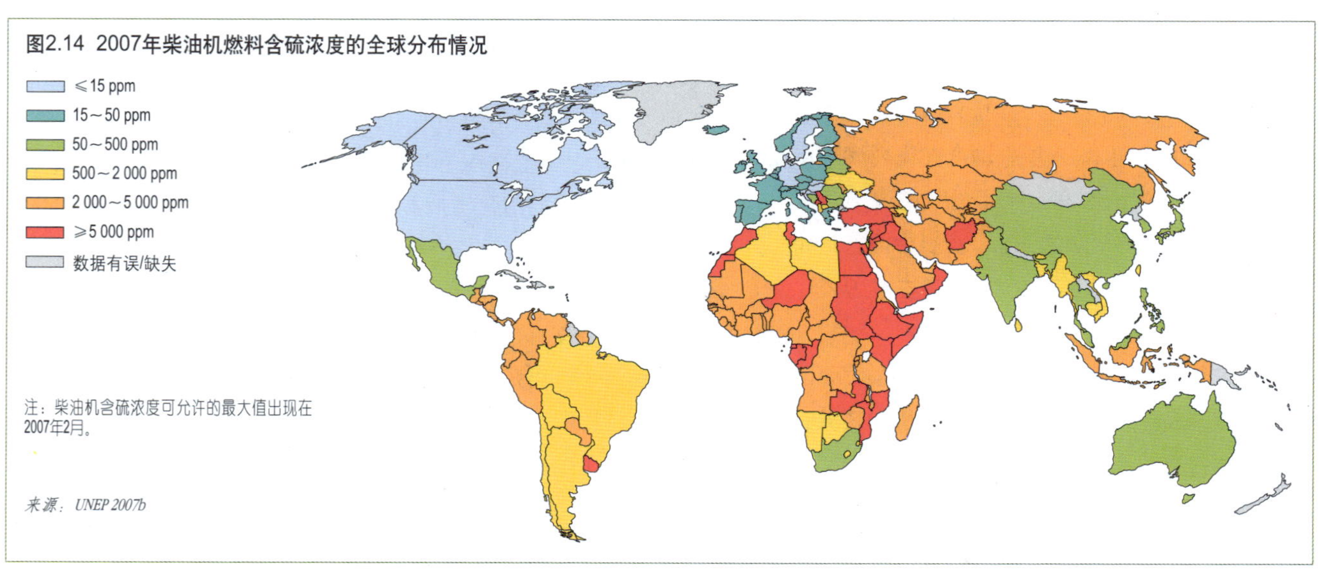

注：柴油机含硫浓度可允许的最大值出现在2007年2月。

来源：UNEP 2007b

许多发展中国家一直试图解决在室内燃烧生物质燃料和煤炭产生的污染物排放而导致的健康问题，例如为家庭提供技术改进型节能炉等。

致谢：Charlotte Thege/Das Fotoarchiv/Still Pictures

化硫排放而实施的“捕获与交易”政策（cap and trade policies）（UNEP 2006）。其他国家也正在越来越多地运用这些经济手段（Wheeler 1999）。许多清洁技术和清洁生产的替代方案现在已经成熟，并且已经进入了市场。但是在技术转让方面，我们仍然非常需要全球各国开展合作来扩大这些技术的普及面。

室内空气质量

全球因暴露于室内空气污染而过早死亡的人数每年大约有160万（WHO 2006c）。非洲、亚洲和拉丁美洲的许多发展中国家一直在试图解决在室内燃烧生物质燃料和煤炭而产生的污染物排放问题。它们采取的措施包括为家庭提供改进型的炉子，提供电力、燃气和煤油等清洁燃料以及相关的信息和教育，使人们认识到烟雾会对他们（尤其是妇女和幼儿）的健康产生危害。燃料的适度转变，即从木柴、家畜粪便和秸秆等固体生物质燃料转变为使用更清洁的能源已经成功实现，同时政府也支持这些措施的执行。但如果我们希望取得重大进展，就必须按照这一思路做出更多的努力（WHO 2006c）。

气候变化

自1850年人类开始进行系统的气温记录以来，过去12年中（1995—2006年）有11年都被列入了自1850年以来最热的12个年份，由此我们可以看出全球变暖的趋势不容争辩（IPCC 2007）。证明这种变暖状况的证据包括许多山岳冰川的减少（Oerlemans 2005），永久冻结带的融化（ACIA 2005），河流和湖泊冰层的过早解冻，中纬度和高纬度地区生长期的延长，植物、昆虫和动物地理分布区的转移，树木提前开花、昆虫提前出生、鸟类过早产蛋（Menzel等 2006），降雨规律的变化和洋流的变化（Bryden等 2005），以及某些地区可能发生的热带风暴强度增大和持续时间的延长（IPCC 2007，Webster等 2005，Emanuel 2005）。

贫困人口最直接地依赖稳定且宜人的气候来维持生计。在发展中国家，贫困人口往往依靠雨水灌溉农业和收集自然资源来维持生计，因此他们对季风等气候类型具有很大的依赖性，也最容易受到像飓风这样的极端气候事件的危害。脆弱社会群体已经遭受了气候变化的危害，例如非洲干旱发生频率的增加（AMCEN等UNEP 2002）。同时，2005年的卡特里娜飓风和2003年欧洲的热浪造成的后果都说明，即便是在相对比较富裕的国家，遭受极端气候事件危害最大的仍然是贫困人口和脆弱群体。

尽管地球的气候在整个史前时期就一直在不断变化，但最近几十年全球的气候扰乱现象在过去几千年中却是前所未有的。这几千年中地球的气候状况相对稳定，因而孕育了人类文明（Moberg等 2005，IPCC 2007）。某些区域，尤其是北极地区，受到气候变化的影响将大于那些更靠近赤道的地区（见第6章极地的内容）。

图2.15 过去1万年大气中二氧化碳的浓度

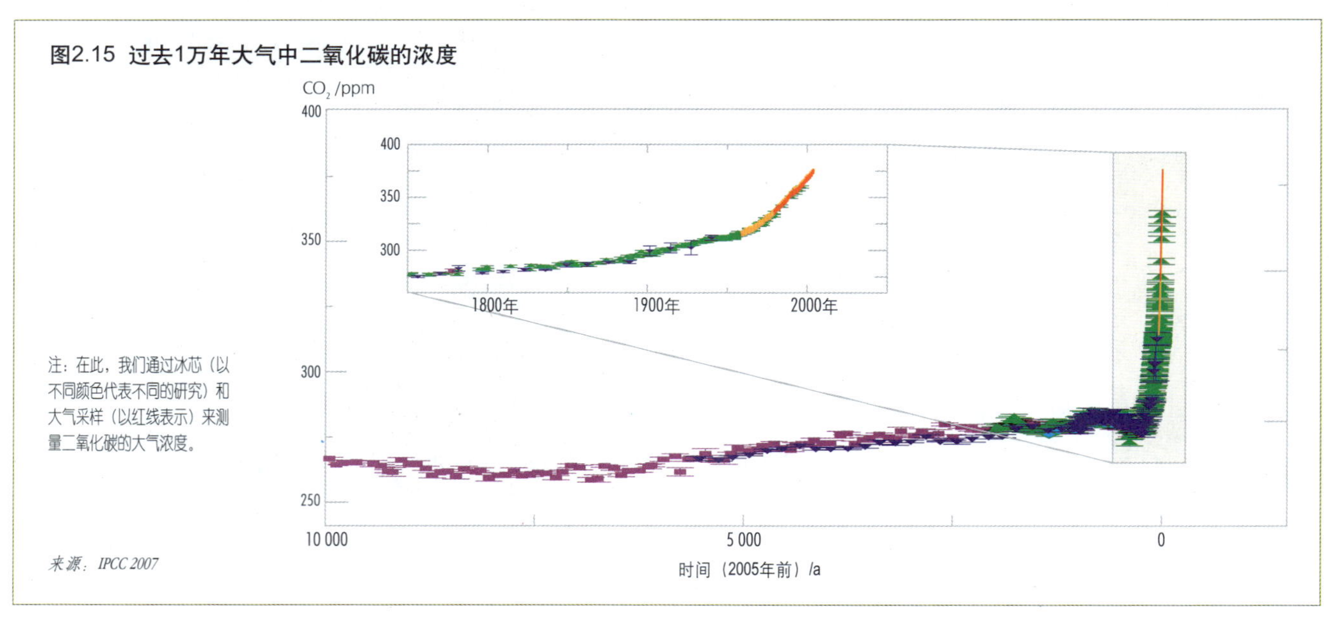

注：在此，我们通过冰芯（以不同颜色代表不同的研究）和大气采样（以红线表示）来测量二氧化碳的大气浓度。

来源：IPCC 2007

图 2.16 全球不同地区来自化石燃料的二氧化碳排放

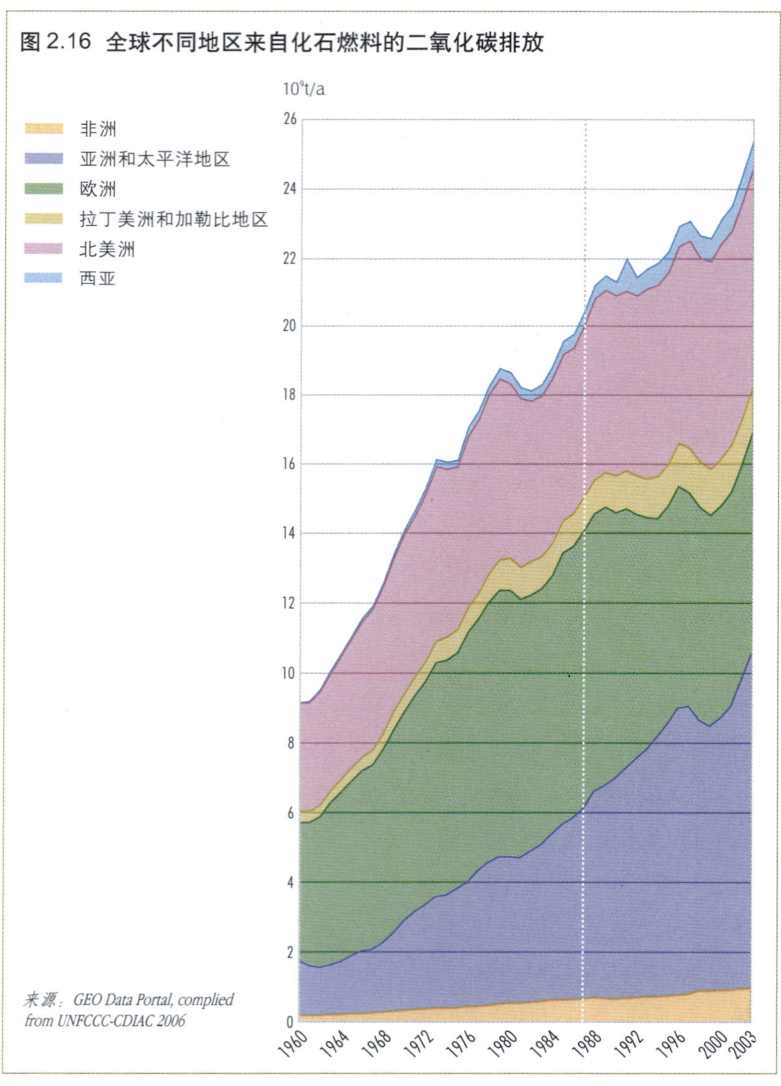

来源：GEO Data Portal, complied from UNFCCC-CDIAC 2006

在许多区域，农业领域将特别受到气候变化的影响。预计非洲部分地区尤其难以适应可能出现的高温及土壤水分减少的情况。在世界大部分人口仍然为满足联合国千年发展目标中确定的最基本的发展需求而奋斗时，人类很难承受全球气候变化影响所带来的这些额外负担（Reid 和 Alam 2005）。

温室气体浓度和人类活动导致的气候变暖

人类对气候体系产生的最直接压力就是温室气体的排放。这些温室气体主要来自对化石燃料的消费，最主要的温室气体是二氧化碳。自从工业化时代开始以来，温室气体在大气中的浓度就稳步上升。图2.15展示了过去1万年大气中二氧化碳浓度的变化。二氧化碳浓度在最近出现了史无前例的上升，已经达到了380 ppm，远远高于工业化时代之前（即18世纪）280 ppm的水平。自1987年以来，全球燃烧化石燃料产生的二氧化碳年排放量已经增长了大约1/3（图2.16），而目前二氧化碳人均排放量也清晰地说明了不同区域之间存在的巨大差别（图2.17）。

另外一种主要的温室气体——甲烷的排放量也有显著上升，其大气浓度比19世纪增加了150%（Siegenthaler 等 2005，Spahni 等 2005）。对冰芯进行的测定表明，地球大气中目前的二氧化碳和甲烷浓度已经远远超过过去50万年中其各自的自然变化范围（Siegenthaler 等 2005）。

大气中存在的其他污染物也会影响地球的热平衡。这些污染物包括工业废气，例如六氟化硫、氢氟烃（HFCs）和全氟化碳（PFCs）、《蒙特利尔议定书》管制的一些消耗臭氧层气体、对流层臭氧、一氧化二氮、颗粒污染物以及燃烧化石燃料和生物质燃料产生的含硫和含碳的气溶胶。含碳元素的气溶胶（煤烟或是“炭黑”）通过吸收短波辐射造成全球变暖，同时还会造成当地的空气污染。去除这些污染物不但对气候变化有益，同时也有利于人体健康。另外，含硫气溶胶污染物能够通过它们对云层形成过程产生的影响以及对射向地球表面的太阳光的散射使地球的气温降低，因此，目前它们对温室气体排放造成的全球变暖有一定的“防护”作用（IPCC 2007）。在未来，我们需要制定相关政策措施来减少与含硫污染物有关的公共健康问题及其对地方环境产生的影响。而这些举措也将会削弱这种并非有意为之但却非常有益的“防护”。

图 2.17 2003年不同区域的二氧化碳人均排放量

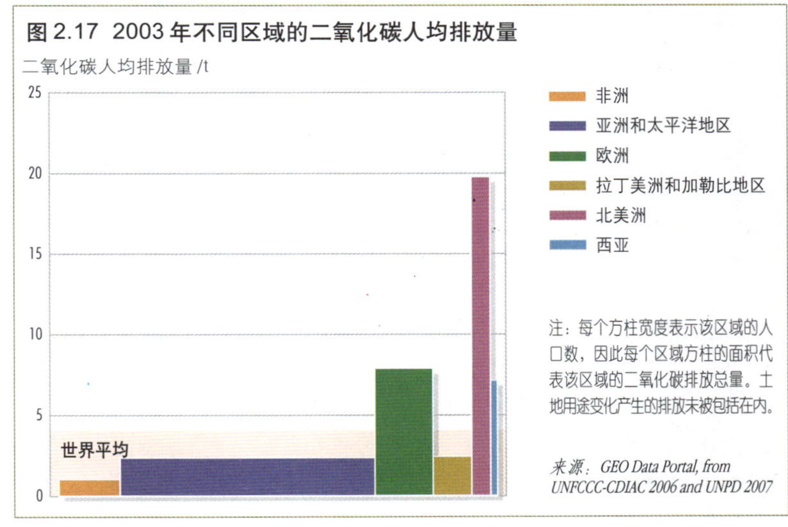

注：每个方柱宽度表示该区域的人口数，因此每个区域方柱的面积代表该区域的二氧化碳排放总量。土地用途变化产生的排放未被包括在内。

来源：GEO Data Portal, from UNFCCC-CDIAC 2006 and UNPD 2007

自1906年以来，地球表面温度大约增加了0.74℃。科学家们都坚信，自1750年以来，人类活动在全球范围内产生的平均净效果之一就是气候变暖（IPCC 2007）。与过去2 000年中气候发生的变化相比，最近几十年这种变暖的速度尤其迅速。过去2 000年的气温很可能从未超过目前的水平。以前出现的地球表面温度的测量值与卫星提供的测量数据之间存在差别的问题

图 2.18 对20世纪气候变暖状况的观测结果与气候模型计算结果的比较

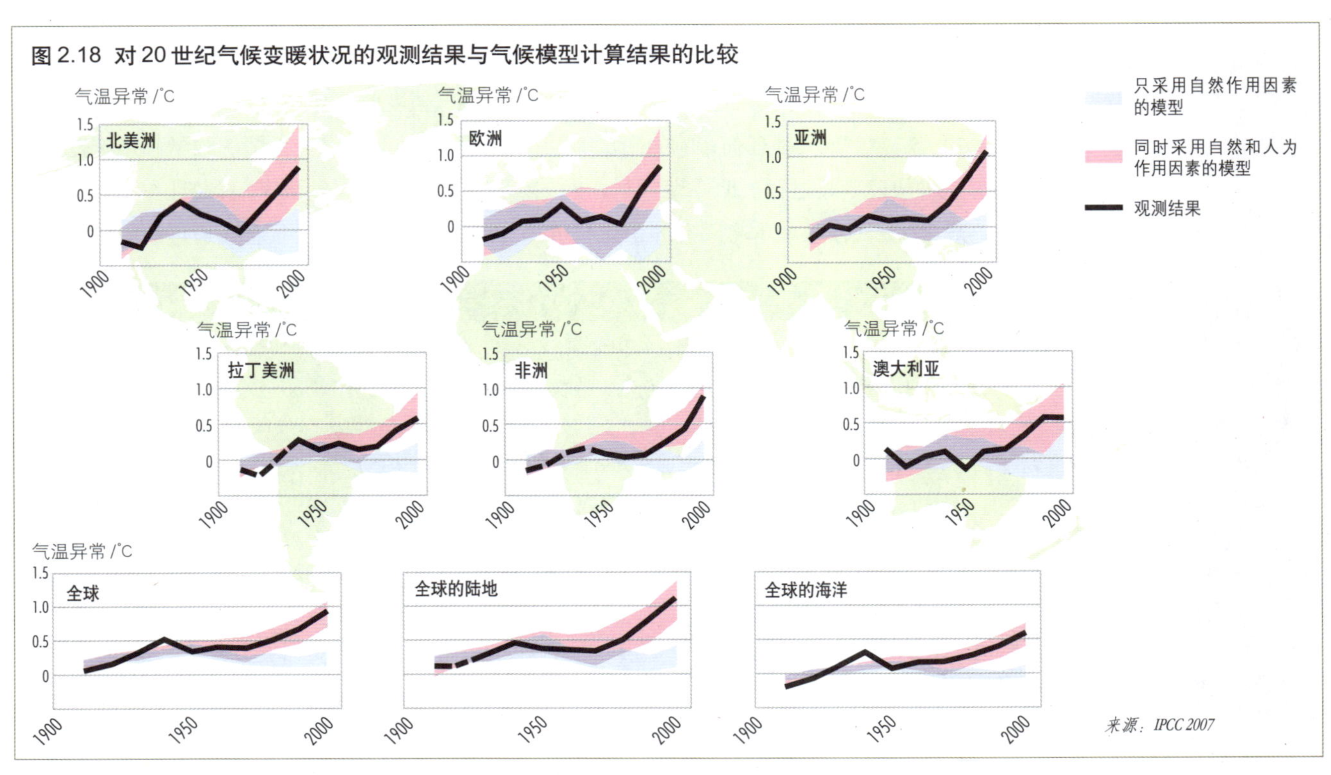

来源：IPCC 2007

图 2.19 2000—2005 年全球的碳循环

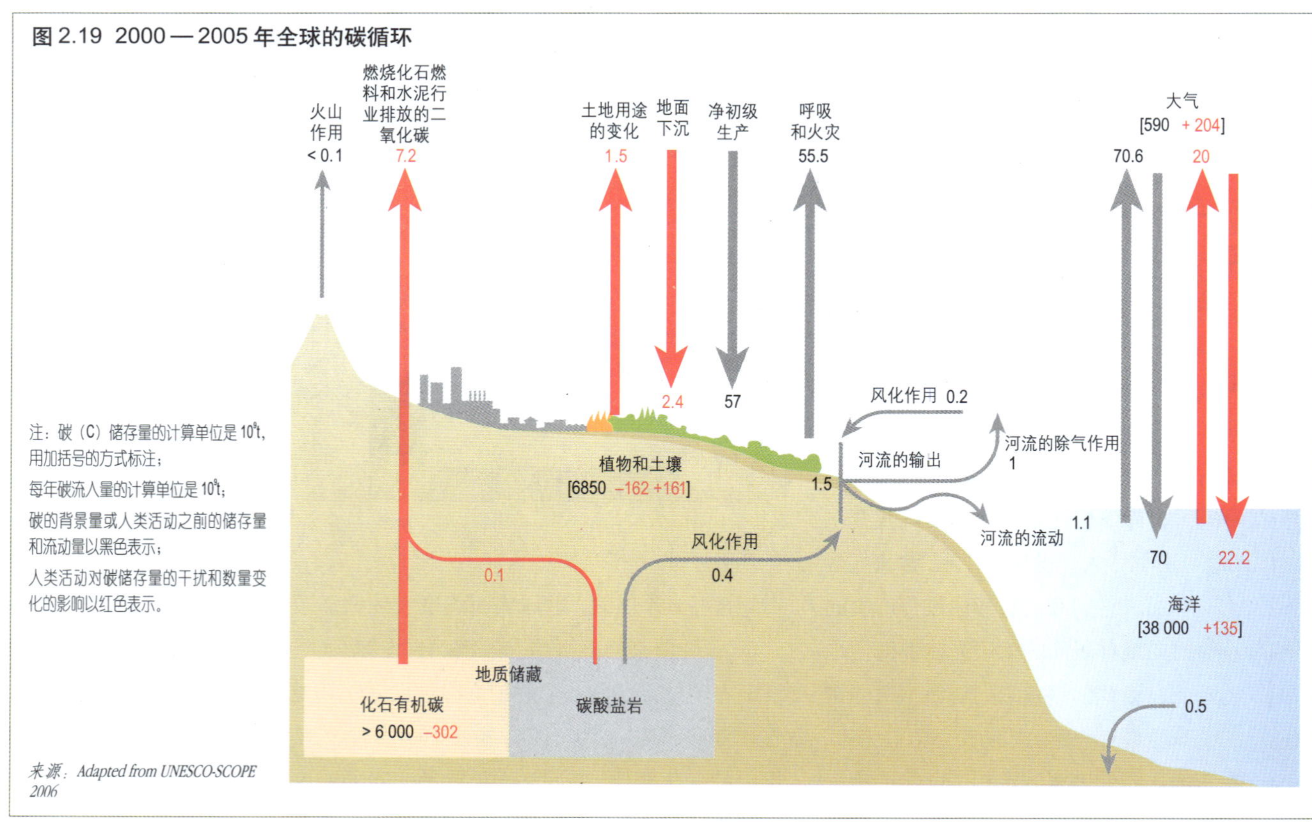

来源：Adapted from UNESCO-SCOPE 2006

已经基本解决（Mears 和 Wentz 2005）。将自然和人类活动影响因素都包括在内的模型计算得出的结果与自工业化时期开始以来实际观测到的变化值非常一致（图 2.18）。上世纪出现的气候变暖主要发生在最近几十年，且观测到的与太阳有关的太阳辐射或其他任何影响的变化都无法解释这种快速变暖过程（IPCC 2007）。

一般来说，气候系统本身固有的正面和负面反馈机制是人类社会无法控制的。气候变暖的最后结果是一个强大的正面反馈（IPCC 2001b），而地球复杂的气候系统发生的若干过程（全球范围内的碳储存和流动情况见图 2.19）都在气候变暖开始发生后起到了加速作用（专栏 2.6）。人们就这些反馈的数量和影响范围这一主题进行了大量研究。我们现在了解的情况是，目前地球的气候状态在最近的史前时期从

专栏 2.6 地球系统的正反馈

首先一个重要的正反馈就是空气和海洋温度的升高将导致大气中水蒸气含量的上升。当气温升高后，空气保留水分的能力成指数倍增加。因此大气变暖可以保存更多的水蒸气，而这反过来又会加强温室效应。最近的观察结果也证实了随着地球变暖，大气中水蒸气浓度也随之升高。

另一个重要的反馈就是气温升高导致雪和海冰的消融，这就会使反射性较差的土地和海域暴露出来，从而吸收更多来自太阳的热量。据记载，过去几十年间阿尔卑斯山脉和喜马拉雅山脉的冰川和北极地区的海冰数量已经减少（见第 3 章和第 6 章）。第三个反馈就是北温带北部森林地区永久冻土的融化，这会导致属于温室气体的甲烷和二氧化碳从土壤中的有机质中释放出来。最近在西伯利亚、北美洲及其他地区进行的研究也发现永久冻土确实正在融化。第四个重要的反馈就是由于气候条件变化而导致生态系统中的碳被释放出来。某些研究模型已经预测包括亚马逊地区在内的高碳浓度的生态系统将因为降雨规律的变化而逐渐消亡，但目前并未观察到这种状况。实验室研究表明，温带森林和草原地区气温和降雨量的变化已经造成了土壤有机质分解速度的加快或是已经对二氧化碳引发的菌根分解起到了促进作用。

来源：ACIA 2005, Cox and others 2004, Heath and others 2005, Soden and others 2005, Walter and others 2006, Zimov and others 2006

未有过。这些反馈的累积效果远远大于温室气体排放产生的“直接”变暖这一后果。

气候变化的影响

随着全球气温的升高，极高气温出现的几率似乎也在增加。最近一个值得注意的事件就是欧洲许多地区在2003年夏天经历的特别严重的热浪，中暑和相关的空气污染导致的过早死亡人数估计高达3万（UNEP 2004）。北极地区平均气温的升高速度几乎是世界其他地区的2倍。冰川和海冰的大面积消融以及永久冻土带气温的不断上升为我们提供了更多的证据，表明北极地区正在快速变暖。自1979年以来，卫星观测结果使科学家可以精确跟踪格陵兰大冰原表面发生季节性融化的范围（图2.20）。现在又有新的证据表明阿拉斯加和西伯利亚地区的永久冻土带正发生大面积融化，而这将增加从冻结水合物中释放出来的甲烷，从而有可能产生强大的正反馈（见专栏2.6及第6章极地部分的内容）。这种现象在5 500万年前发生过，当时有大量甲烷气体被释放出来，同时地球气温升高了5～7℃（Dickens 1999，Svensen 等 2004）。从甲烷气体开始释放算起，大约经过14万年后情况才恢复正常。

地球模式（Dore 2005）的发展趋势表明全球各地的降雨变化程度都有所增强：雨水多的地区变得更加潮湿，而较干燥和干旱地区则变得更加干旱。需要注意的是，那些人类活动产生的温室气体排放量最少的地区，如非洲，预计最容易受到这些不良后果影响，特别是水资源的紧缺（IPCC 2001b）（见第4章和第6章）。

观测结果表明，北大西洋热带气旋活动的强度大概从1970年以来有所加强，而这则与热带海洋表面温度的升高有关。还有迹象表明，其他地区热带气旋活动的强度也在增加，而人们更担心这些地区相关数据的质量（IPCC

图 2.20 格陵兰大冰原的季节性融化

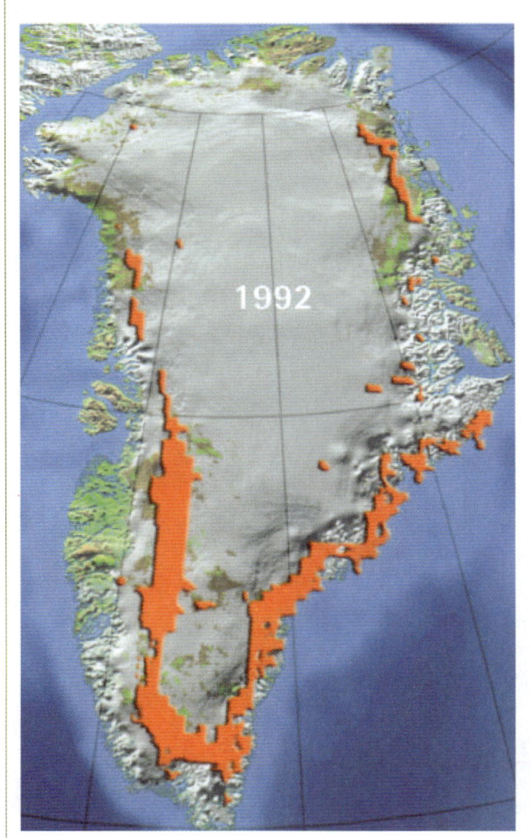

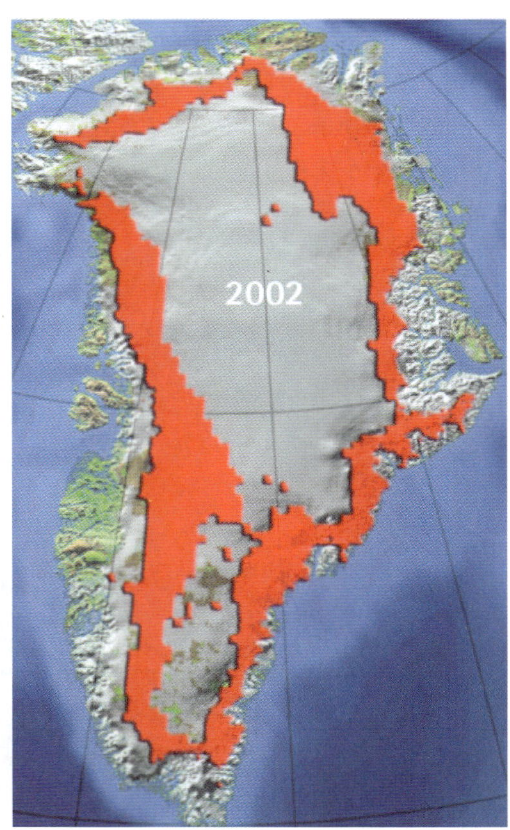

注：橙色/红色地区为大冰原表面发生季节性融化的地区。

来源：Steffen and Huff 2005

2007)。过去35年中级别最高的热带风暴（四级和五级风暴）发生的次数几乎已经增长了一倍，在世界各个大洋盆地都呈上升趋势。而这也与相关模型计算得出的认为全球变暖会使这种趋势持续下去的结果相一致（Emanuel 2005，Trenberth 2005，Webster 等 2005）。如果这个结论正确，那么未来全球发生具有极大破坏性的强烈飓风的频率将会增加，例如（2005年发生的）卡特里娜飓风和（1998年发生的）米奇飓风，以及1999年在印度奥里萨邦发生的超级龙卷风。然而，最近人们对这些结论又产生了争议（Landsea 等 2006），政府间气候变化专门委员会和世界气象组织（WMO）都认为有必要在这方面开展更多的研究（IPCC 2007，WMO 2006a）。

有人认为，20世纪人类活动产生的温室气体排放是造成到目前为止大部分气候变暖的主要原因。另外，由于气候体系的惯性，它还会使地球气温每10年上升0.1℃，而这种效果现在仍在进行中。即使大气中所有温室气体和气溶胶的浓度都维持在2000年的水平，全球气候仍然会发生一定程度的变暖。在这种情况下，预计21世纪末全球气温将增加0.3～0.9℃。气温的实际变化将完全取决于人类社会在温室气体减排方面所做的选择。未来可能出现的气温变化情况的幅度很大。预计2090—2099年，全球平均气温在1980—1999年的水平上将升高1.8～4.0℃（IPCC 2007)。这是最乐观的估计，其依据是六种排放量的情景模式，而该模式下可能的升温范围是1.1～6.4℃。如果大气中的二氧化碳浓度升高一倍，地球表面的平均变暖范围可能会是2～4.5℃，而最乐观的估计是在工业化革命前的水平上升高3℃，但同时我们也不排除实际升温的程度可能会大于4.5℃的可能性（IPCC 2007)。这些数据都是指全球平均值，预计某些地区的气温上升会超出这些数值。

海平面上升是由于海水的热扩散以及冰川和大冰原的融化造成的。政府间气候变化专门委员会（IPCC 2007）预测到21世纪末，根据上文中预测的气温变化，海平面将上升0.18～0.59 m。我们特别需要注意的是，这些预测都没有考虑未来冰的流动中可能出现的快速动态变化。（但是这些影响中的绝大部分只有在2100年后才会表现出来（图2.21））。根据预测，如果全球平均气温升幅超过3℃，格陵兰大冰原将会变得很不稳定，而这种情况很可能在本世纪就会发生（Gregory 等 2004，Gregory 和 Huybrechts 2006）。冰的融化将会使海平面在未来1 000年内升高大约7 m。然而，我们现在仍然没有充分了解大冰原融化的机制，有些科学家也指出，由于模型预测中并未考虑各种动态过程的作用（如Hansen 2005），冰的实际融化速度也许会快得多。相关的研究仍在继续评估南极洲西

图 2.21 海平面在不同时间范围内的上升情况

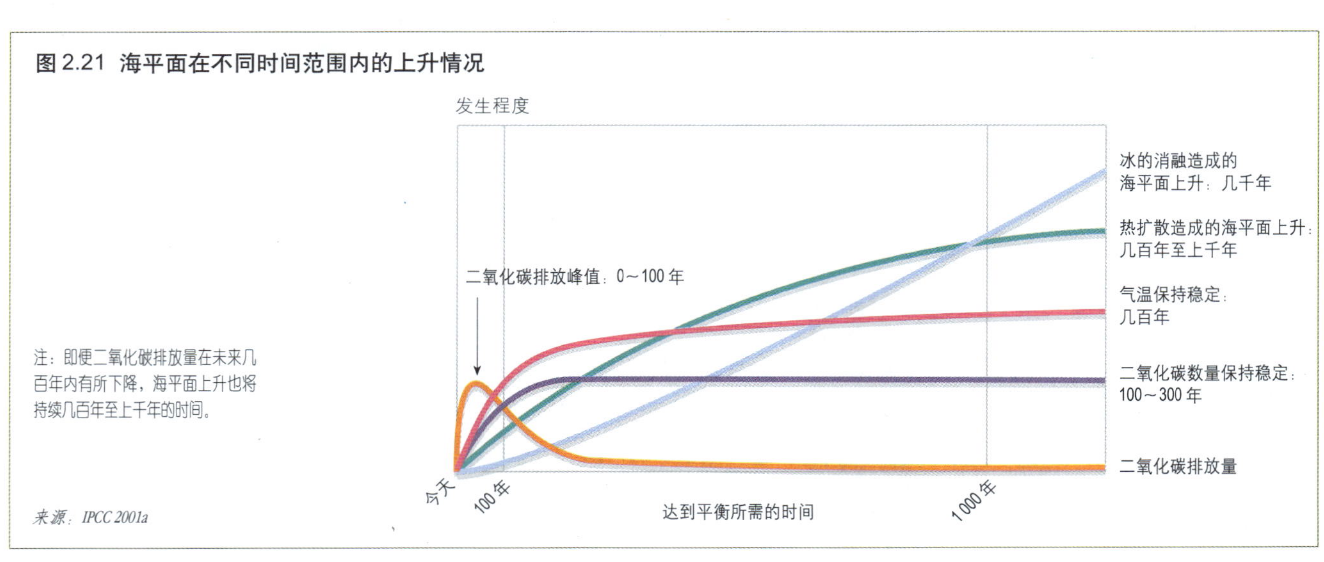

注：即便二氧化碳排放量在未来几百年内有所下降，海平面上升也将持续几百年至上千年的时间。

来源：IPCC 2001a

部大冰原在未来可能会对海平面产生的影响(Zwally等 2005)。地球上的一些小岛屿国家的生存现状已经面临着与气候变化有关的海平面上升的威胁 (IPCC 2001c)。

未来北欧的气温将取决于北大西洋洋流(也就是海湾流)的运动情况。北大西洋洋流将温暖的海水带到挪威海，并继续向北运动。对此进行的模型预测结果各不相同,但一般都认为在本世纪内，北大西洋洋流将会减弱，但不会完全消失(Curry和Maurtizen 2005，Hansen等2004)。北大西洋洋流发生的显著变化将极大地影响该区域的气候规律,从而对生态系统和人类活动产生重大影响(见第4章和第6章极地部分的内容)。

在过去200年，海洋已经吸收了大约一半人类活动排放的二氧化碳。其影响之一就是会产生碳酸,从而提高海洋的酸性,并使表层海水的pH降低0.1。根据不同排放物的情景模型的预测结果，到2100年，全球海洋表层海水的平均pH将进一步降低0.14～0.35(IPCC 2007)。这个水平的海水酸性也许比以前几十万年都要强。同时我们还有有力证据表明这种酸度会削弱珊瑚虫和软体动物等海洋动物利用碳酸钙建筑贝壳或巢穴的石灰化过程(Royal Society 2005b，Orr等2005)。

最初，全球气温小幅度上升，加上人类活动排放的更多二氧化碳产生的施肥作用,这些都可能会使部分地区的农作物增产。但是，随着全球气温的持续上升,它产生的负面影响将会起主导作用(IPCC 2001c)。非洲的某些次区域(见第6章)尤其脆弱。相关研究发出了警告，发生饥荒的风险将迅速增长(Royal Society 2005a，Royal Society 2005b，Huntingford和Gash 2005)。

在利用了有关未来气候情景下物种分布情况的预测后，托马斯和其他研究人员(Thomas等2004a，Thomas等2004b)认为，地球将有20%的陆生物种面临灭绝的风险。他们估计，到2050年如果全球气温升高2℃，陆地上15%～37%的物种和生物类别“必将灭绝”。气候变化已经导致了某些生物的灭绝，例如南美洲山麓地区许多种类的多色斑蟾(Pounds等2006)(见第5章)。

尽管二氧化碳浓度升高可以促进光合作用,在未来几十年内可能有助于维持热带雨林的存在,但持续的气候变暖和干旱最终会导致森林覆盖面积的急剧减少(Gash等2004)。一些研究模型预测亚马逊热带雨林将会大面积消失，从而释放出二氧化碳，并因此对气候变化产生正反馈效应。除了大幅增加全球的二氧化碳排放之外,亚马逊热带雨林的大面积消失还将从根本上改变动植物的栖息地,并威胁当地土著居民的生计。同样，永久冻土带的消融也会显著改变北纬地区的生态系统和当地居民的生计(见第6章)。

根据估算，2000年气候变化造成了全球大约2.4%的腹泻病例以及某些中等收入国家6%的疟疾病例(WHO 2002)。腹泻和疟疾在发展中国家已经对公共健康造成很大的破坏,而气候变化会加剧这一作用,这已经引起了人们的极大关注。持续的气候变暖预计将会使某些传染性疾病的地理分布范围(包括经度和纬度)和季节性特征发生变化,这包括通过媒介传染的疾病(如疟疾和登革热)及通过食物传染的疾病(如在气温较高的月份发病率最高的沙门氏菌病)。气候变暖对健康产生的某些影响也是有益的。例如，温暖的冬季可以降低温带国家冬季的死亡率高峰。然而，整体上来说，气候变化对健康产生的负面影响可能远远大于正面影响。世界卫生组织、帕茨和其他研究人员以1961—1990年的气候为基准，提供了到2000年为止气候变化造成的发病率和死亡率的变化数值(Patz等2005，WHO 2003)。他们估计，全球的死亡人数因此增加了16.6万，绝大部分发生在非洲，有些在亚洲国家，而造成死亡的主要原因是营养不良、腹泻和疟疾。到2025年，发生死亡风险增幅最大的是洪水,而腹泻和疟疾这些疾病的风险有中等程度的增加。受到对气候非常敏感的疾病困扰最大的地区恰恰最难以适应这些新的灾害。

管理气候变化

气候变化对社会现有的决策机构提出了一项重大挑战，这是因为人类并不知道它所产生的威胁到底有多大，但事实上这种威胁的范围可能非常广泛。传统的成本效益分析方法很难适用于应对气候变化方面的政策。气候变暖的成本和影响不仅非常难以确定，成本效益分析对相关参数也极为敏感，如我们选择的贴现率，它反映的是我们对子孙后代遭受气候损害的重视程度，以及全球气温的预期升幅。现在大家还没有就这种情况下能够采用的最佳方法达成一致意见，而这种（这些）方法具有很高价值（Groom 等 2005，Stern 2006）。

我们今天所做决定产生的影响会在未来几十年甚至几百年的时间里持续体现。面对这样一项挑战，我们看来必须选择预先防范的方法。我们能采取的应对措施至少应该是确定人类能够承受的影响上限值。各个领域的科学家、分析者和决策机构都认为这一限值就是全球平均气温在工业革命之前的水平上再上升2℃，如果超过这个限值，全球气候变化的影响将显著加剧，并有可能产生更加严重且不可逆转的损害。有些人甚至认为这一限值应该更低（Hansen 2005）。黑尔（Hare 和 Meinshausen 2004）的研究结论认为，我们要想将气候变暖的幅度控制在2℃以内，就必须在温室气体减排方面实现非常严格的目标。我们越拖延开始实施这些目标的时间，我们的减排发展轨迹需要满足的坡度就会越陡（图2.22中的第二种途径）。

图 2.22 实现温室气体浓度达到 400 ppm 二氧化碳当量目标（《京都议定书》气体排放目标加上土地使用产生的二氧化碳排放量）的途径

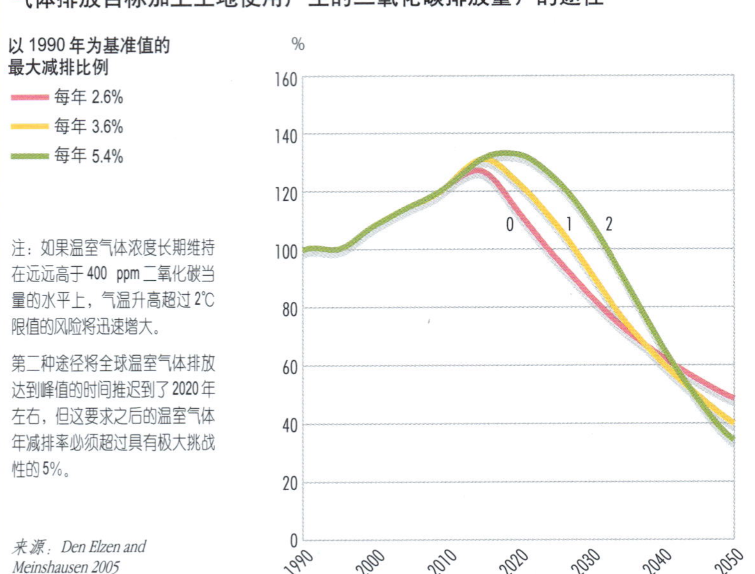

注：如果温室气体浓度长期维持在远远高于 400 ppm 二氧化碳当量的水平上，气温升高超过 2℃ 限值的风险将迅速增大。

第二种途径将全球温室气体排放达到峰值的时间推迟到了 2020 年左右，但这要求之后的温室气体年减排率必须超过具有极大挑战性的 5%。

来源：Den Elzen and Meinshausen 2005

在与私营部门和公有部门的合作下，各国政府已经实施了各种政策和措施来减轻气候变化（表 2.3）。这些行动包括第一轮非常重要的控制温室气体排放的努力，从而最终实现向远离碳密集型经济的过渡。尽管我们已经采取了许多重要行动来解决气候变化问题，如欧洲采取的征收碳税和碳交易措施以及《京都议定书》的生效，但不幸的是，目前这些行动的最终效果仍然不够充分（见第 6 章）。

我们需要一个综合的行动和措施体系，包括公有和私营部门之间的伙伴关系（见第10章）。实现全球的温室气体减排目标毫无疑问需要全世界发达国家和发展中国家的共同努力。即便某些正在工业化中的发展中国家的人均温室气体排放量远远低于发达国家，但他们的排放总量正随着经济增长和生活水平的提高而增加。

目前有一些技术可行性的方案来解决世界各国面对的气候变化问题，而且许多方案从经济角度看都具有很强的竞争力，尤其是当我们综合考虑到能源安全性的提高、能源成本的降低和空气污染对健康影响的减弱这些共同益处时（Vennemo 等 2006，Aunan 等 2006）。这些方案包括提高能源利用效率，以及向低碳和利用太阳能、风能、生物质燃料和地热等可再生能源资源的转变。此外，我们可能还需要推动社会变革，促使人们转向更加节约和耗材强度更低的生活方式。尽管碳的捕获和储存（如将二氧化碳储存在地下），以及其他技术备选方案（如核能）在大规模运用方面还存在一些问题（如公众对利用核能的担心以及相关的政治辩论等），但都可以在未来发挥重要作用。人们的担忧包括对核废料的处理、发生事故的风险、高昂的成本和核武器的扩散。

最近的研究结果表明，减轻气候变化的措

施并不一定需要很高的成本，而且总成本只占全球经济非常小的一部分（Stern 2006，Edenhofer等 2006）。阿扎尔和施奈德的研究结果表明，即使按照最严格的稳定目标（350～550 ppm）计算，全球经济在下个世纪的预期增幅也不会受到影响。而根据“一切照旧”模式的预测，全球经济达到2100年财富水平的时间也只需推迟几年（Azar和Schneider 2002）。德卡尼奥（DeCanio）认为目前人们觉得减排需要高昂成本的普遍观点是由于现在的研究模型设计往往都存在偏见，对成本的估算远远偏高（DeCanio 2003）。

由于气候系统的惯性，气候变化产生的某些影响在未来几十年内是不可避免的。即便我们迅速实施重大的减排措施，适应这种变化依然十分必要。适应气候变化的定义是，“自然和人类系统为适应已经发生或预期将要发生的气候刺激或产生的影响而做出的调整，以便减缓危害或利用有利机会”（IPCC 2001b）。培育新的能够抗旱抗涝的农作物品种及建设防止气候变化的基础设施，来应对未来气候变化可能产生的影响，就是这方面的几个例子。适应气候变化措施往往因地而异，而且设计必须从当地的实际情况出发。国家和国际的政策和金融机制对于帮助这些措施的实施非常重要。然而，薄弱的制度机制、资金来源不充足、对适应措施进行的研究不够充分，以及不能将这些措施纳入发展规

表 2.3 减轻气候变化的重点政策和措施

性质	政策	措施
目标导向的温室气体减排措施	国际范围内的政策	36 个国家和欧盟都接受《京都议定书》规定的减排目标
	州或省范围内的政策	美国的 14 个州及其他国家的许多省都实施了这些目标（Pew Centre on Global Climate Change 2007）
	城市或地方政府的政策	全球 650 多个地方政府和美国 38 个州的 212 个城市都实施了这些目标（Cities for Climate Protection，CCP）
	私营部门的政策	例如，美国环保局（USEPA）发起的有 48 家公司参与的气候领袖项目（Climate Leaders Programme）（USEPA 2006）
法规性措施	改善能源加工和利用效率	能源利用效率综合标准、家电能效标准、建筑物规范和相互关联的标准
	改进可再生能源	可再生能源发电配额制（RPS） 生物质燃料标准，如美国的《2005 年能源政策法案》（US Energy Policy Act of 2005）规定到 2012 年每年使用 284 亿 L 生物质燃料（DOE 2005）
	改进原材料	工业标准、研究开发和示范活动（RD&D）
	燃料的转变	强制标准以及研究开发和示范活动
	回收和重复利用	强制标准、意识的形成和征收排污税
经济措施	税收政策	征收碳税、排污税、燃料税以及公益基金
	补贴政策	为推广可再生能源来源而提供的设备补贴
技术措施	技术努力	战略技术的行动计划，例如第四代核能合作计划（Generation IV Nuclear Partnership）、碳汇领袖论坛（Carbon Sequestration Leadership Forum）、国际氢经济合作组织（International Partnership for the Hydrogen Economy），以及亚太清洁发展与气候合作计划（Asia-Pacific Partnership on Clean Development and Climate）（USEIA 1999）
	新技术的推广	技术标准 技术转让以及研究开发和示范活动
	碳汇	技术转让以及征收排放税
	核能	征收排放税及社会政治方面达成的共识
其他措施	提高意识	“清凉商务”（Cool Biz）或“温暖商务”（Warm Biz）的宣传活动

划，都已经妨碍了这些适应措施的实施。适应气候变化措施需要额外的资金来源，而从一般意义上来说，污染者付费原则要求各国应按其对气候变化产生影响的比例来提供资源。

在国际层面，我们已经建立了广泛的多边合作基础框架来应对气候变化。1992年召开的联合国地球首脑会议签署了《联合国气候变化框架公约》（UNFCCC），191个国家已经签署了这项公约。这项公约鼓励各国共同努力，将温室气体排放量稳定在“一个能够预防人类活动危险地干扰气候系统的水平”。在认识到约束性义务对实现这一目标非常必要后，许多国家在1997年通过了《京都议定书》，有160多个国家签署了这项议定书。该项议定书认为，发达国家必须带头努力应对气候变化，议定书附录B中收录的所有国家都承诺实现减排目标。到目前为止，美国和澳大利亚（同样被收录在附录B中）仍然没有签署这项议定书。36个具有约束性义务的国家代表发达国家基准排放总量的大约60%。

除了各个国家在国内将要采取的各种行动措施外，《京都议定书》还提供了三个灵活的履约机制：排放交易、联合履约和清洁发展机制（Clean Development Mechanism，CDM）。附录B中的国家可以在国内减排措施的基础上补充使用国际排放交易。在后两种机制下，附录中收录的各缔约方可以对其他国家的减排活动进行投资，从而为本国赢得减排信用额度，来实现自身的减排义务。许多国家（但并非所有国家）似乎正在朝着完成各自在2008—2012年减排目标的正确方向前进（UNFCCC 2007）。

作为对开展温室气体减排活动的回报，清洁发展机制为发展中国家推动可持续发展提供了一个特别的机会，该项机制已经取得了进展，并得到发达国家的资金和技术援助。然而，迄今为止的进展表明，开展活动的重点更多地放在了如何降低减排的成本，而不是帮助推动可持续发展上。越来越多的呼声都希望加强2012年之后的清洁发展机制，从而确保各方获得更多的可持续发展收益（Srinivasan 2005）。

《京都议定书》减排承诺的截止时间是2012年，因此需要尽早制定2012年后的减排管理体制。2006年在内罗毕召开的第二届缔约方大会上，各国原则上同意2012年和下一阶段的减排承诺之间不应该存在差距。在这种情况下，缔约方共同确定了一个目标，在2008年之前完成对《京都议定书》的履约情况回顾，从而为确定下一阶段的减排目标做准备。在适应气候变化方面，缔约方原则上同意了对适应气候变化基金（Adaptation Fund）进行管理的基本法则。该项基金是《京都议定书》向发展中国家分配资源以适应气候变化的主要工具，这些资金有望在未来几年内兑现。

只有气候问题作为主流议题被纳入国家和地方的发展规划之中，全球才能在减轻并适应气候变化方面取得最终胜利。由于大部分温室气体的排放都来自于能源、交通运输和农业土地利用等领域，因此在政策和执行层面将气候问题融入这些领域非常重要。只有这样做，我们才能获得最大的协同效益，例如改善空气质量、创造就业机会并获得经济收益。在这些领域确定可再生能源和能源利用效率的强制性目标也许就是在政策层面将气候问题纳入主流工作的一个例子；而用生物质燃料替代化石燃料来减少空气污染和温室气体排放则是执行层面的一个例子。将气候问题融入农业和水资源等行业的规划，对于帮助不同群体和生态系统来适应气候变化是至关重要的。

尽管温室气体减排方面的政治行动迟迟未能启动，但2006年底到2007年初世界政坛发生了一项重大变化。至少有两件事使公众和政治人物对气候问题开始变得敏感：欧洲的某些地区和北美洲经历了非常明显的暖冬；政府间气候变化专门委员会发布了2007年的评估报告，指出气候变化确实已经发生并且显而易见。利用北极消融的冰川和变薄的冰层的照片和图像，许多有影响力的人物都向大家展示了地球近期历史上从未出现过的气候变暖的直观证据。2006年末，美国的加利福尼亚州通过了一项法律，要求到2020年将温室气体排放量在目前的水平上减少25%。

平流层臭氧的消耗

臭氧层

除了热带地区，目前平流层臭氧的消耗（专栏2.7）在全球各地都有不同程度的出现。季节性的平流层臭氧消耗在极地地区最为严重，尤其是南极地区。由此产生的紫外线辐射增强对有人类居住的地区产生了影响，最严重的区域包括智利、阿根廷、澳大利亚和新西兰的部分地区。

自布伦特兰委员会在1987年发表报告以来，南半球的南极地区春季发生的臭氧消耗量已经非常巨大，同时其范围也在不断扩大。臭氧层空洞（几乎完全消耗掉臭氧层的区域）覆盖的平均面积已经有所扩大，尽管其扩张速度已经慢于20世纪80年代《蒙特利尔议定书》生效之前的时期。

臭氧层空洞覆盖的面积每年都在发生变化（图2.23），我们现在还无法确定其面积是否已经达到了最大值。到目前为止，最大的“空洞”发生在2000年、2003年和2006年。2006年9月25日，臭氧层空洞扩展到了2900万km²，臭氧消耗总量达到历史最高水平（WMO 2006b）。化学气候模型预测，南极上空的臭氧层大概要到2060—2075年才能恢复到1980年之前的水平（WMO和UNEP 2006）。

专栏2.7 消耗臭氧层物质

氯氟烃（CFCs）和其他消耗臭氧层物质（ODS）包括许多在20世纪20年代最初研制出来的工业化学品。这些物质性质稳定、无毒、生产成本低廉、易于储存且用途广泛。因此，它们开始在各个领域被加以利用，包括冰箱和空调的制冷剂、发泡剂、溶剂、消毒剂和喷雾发射剂。当这些物质被释放后，它们会上升到大气的平流层，在太阳的辐射下分解，然后释放出氯或溴原子，进而损害具有保护作用的平流层臭氧层中的臭氧分子。这些物质难以消失，这就意味着昨天和今天产生的排放物会在未来许多年内造成臭氧的消耗。

北极上空的大气并没有南极上空那么冷，因此臭氧层的消耗没有那么严重。由于平流层的气候条件在每个冬季都各不相同，因此北极冬季和春季的臭氧层消耗情况变化性很强，从2005年夏天欧洲中部突然发生的臭氧消耗就可以看出这一点。未来北极的臭氧层空洞似乎不可能达到南极那样的严重程度，但是北极地区受到平流层臭氧消耗威胁的人口却远远大于南极（WMO和UNEP 2006）。

平流层臭氧消耗产生的后果

紫外线辐射（中波紫外线辐射）会对人的眼睛、皮肤和免疫系统产生不良影响，近些年，人们已经确认了紫外线对人体健康产生影响的机理（UNEP 2003）。我们已经明确了紫外线辐射造成皮肤癌的具体原理。对平流层臭氧消耗造成的数量不断增加的皮肤癌病例进行量化非常

图2.23 南极上空臭氧层空洞面积的变化情况

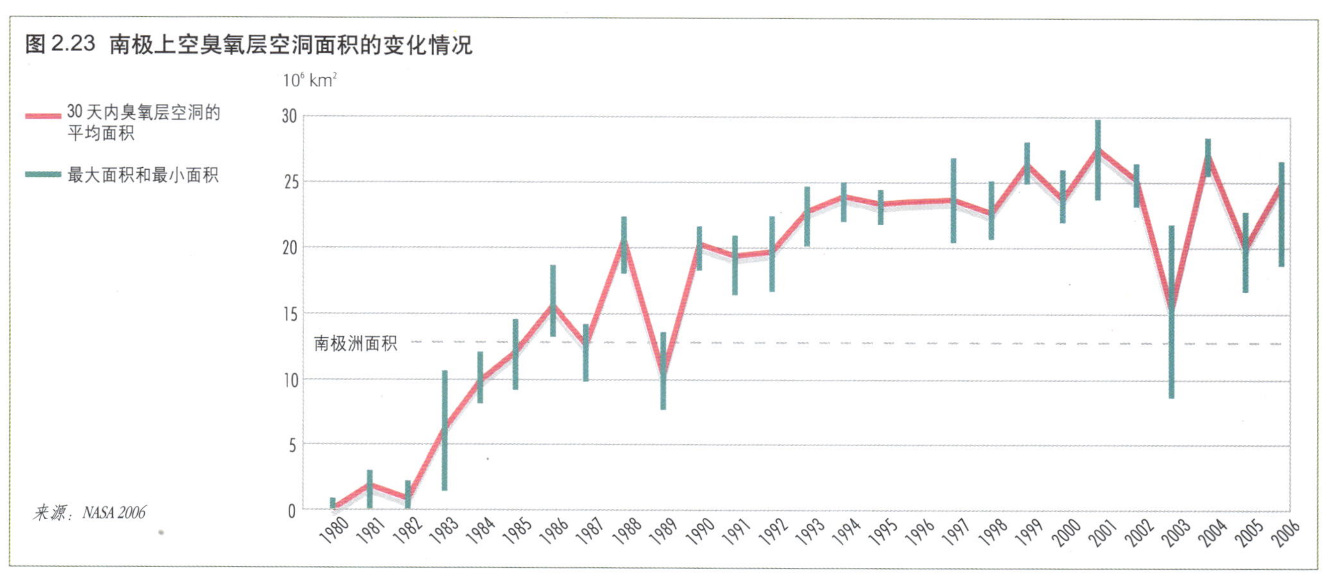

来源：NASA 2006

专栏 2.8 紫外线辐射对北极地区的影响

尽管紫外线辐射对南北两极地区都将产生影响，但由于北极地区的浮冰上有广阔的湿地和融化池及众多清澈的浅水湖泊能够使大量的紫外线辐射穿透，因此北极地区尤其危险。研究表明，紫外线对所有不同营养层次的淡水生物体都会产生直接伤害，而这种伤害能够分多级贯穿整个食物网。尽管我们现在对紫外线辐射的不良影响还知之甚少，但一般观点都认为它能够对与生长、色素沉淀和光合作用有关的许多生理和生物化学过程产生影响。北极淡水中的无脊椎动物，尤其是浮游生物，非常容易受到紫外线的伤害，因为紫外线可以影响它们的繁殖、遗传、发育和生长速度以及色素沉淀。紫外线对鱼类影响方面的研究很少，但是实验室试验已经表明其对鱼类生命发育的各个阶段都会造成伤害，这包括皮肤的损伤和晒伤、增大疾病传染的几率、对大脑造成损害并阻碍生长。研究已经表明，目前的紫外线强度可能已经对许多种鱼类的生存构成了挑战。但是，这些研究也给我们带来了一些令人鼓舞的好消息：许多生物体能够忍受、躲避或修复紫外线的伤害，或是能够生成自身的防御系统来抵抗紫外线。气候变暖的影响可能会加重北极淡水生态系统暴露于紫外线辐射环境中（见第6章）。

来源：Hansson 2000, Perin and Lean 2004, Zellmer 1998

图 2.24 全球的氯氟烃和氢氯氟烃消费量

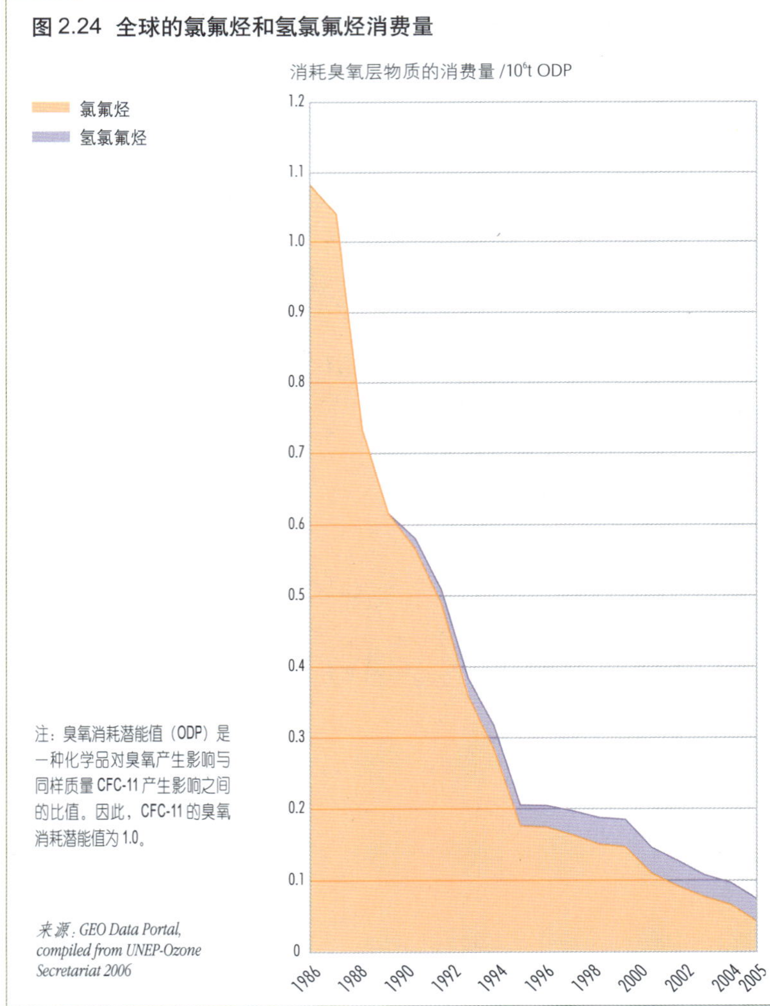

注：臭氧消耗潜能值（ODP）是一种化学品对臭氧产生影响与同样质量 CFC-11 产生影响之间的比值。因此，CFC-11 的臭氧消耗潜能值为 1.0。

来源：GEO Data Portal, compiled from UNEP-Ozone Secretariat 2006

困难，这是因为其他因素，如生活方式的变化（如在户外逗留时间的延长），都会发生作用。然而，澳大利亚的情况却有所不同，据估计，会使皮肤变红的辐射在 1980 — 1996 年增强了 20%，人们认为癌症发病率的部分增幅可能是由于平流层臭氧的消耗造成的（ASEC 2001）。

管理平流层臭氧消耗

为了应对臭氧层消耗的威胁，国际社会提出了《关于消耗臭氧层物质的蒙特利尔议定书》，该议定书要求逐步淘汰氯氟烃和其他消耗臭氧层物质的生产和消费。1987年各国政府签署了该议定书，并在两年后生效。该议定书最初号召各国到20世纪末减少50%氯氟烃的生产量。随后，通过《伦敦修正案》（1990 年）、《哥本哈根修正案》（1992 年）、《蒙特利尔修正案》（1997 年）和《北京修正案》（1999 年），淘汰的数量逐渐增大。现在，该议定书已经被广泛视为现行的最有效的多边环境协议之一。除了氯氟烃，该议定书还包括其他一些管制物质，如哈龙、四氯化碳、甲基氯仿、氢氯氟烃、甲基溴和溴氯甲烷。后面这些物质都是在1999年通过《北京修正案》添加到议定书中的。这些修正案需要漫长的批准过程，而没有添加其他无商业价值的消耗臭氧层物质，尽管近些年我们已经确定了五种这类物质（Andersen 和 Sarma 2002）。

《蒙特利尔议定书》规定的淘汰时间表已经减少了许多消耗臭氧层物质的消费量（图 2.24）。氢氯氟烃（氯氟烃的过渡性替代品，其臭氧消耗潜能值远远低于氯氟烃）和甲基溴则是两种主要的例外物质。对对流层进行的观察证实消耗臭氧层物质的水平在近些年有所下降。平流层发生的变化虽然落后几年，但氯的浓度也正在下降。平流层中的溴浓度仍然没有降低（WMO 和 UNEP 2006）。

除几项重要用途外，发达国家在1996年就已经完全淘汰了氯氟烃的消费，除了几个正处于经济转型期的国家。到 2005 年，发达国家已

图 2.25 1980—2100 年国际协议对平流层中存在的消耗臭氧层物质的预测量产生的影响

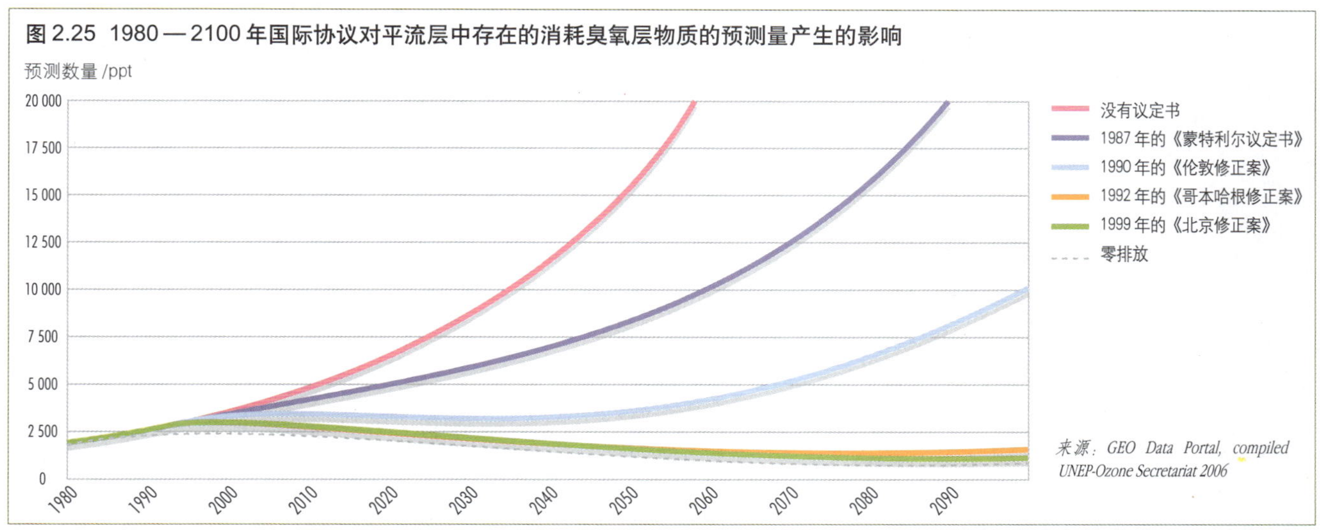

来源：GEO Data Portal, compiled UNEP-Ozone Secretariat 2006

经完全淘汰了所有种类的消耗臭氧层物质的消费，除了作为重要用途的氢氯氟烃和甲基溴。尽管《蒙特利尔议定书》对发展中国家淘汰氯氟烃和哈龙给予了一定的缓冲期，到 2005 年，发展中国家已经远远走在了淘汰时间表前面。《蒙特利尔议定书》取得进展的成功因素（图 2.25）包括“共同但有区别的责任”原则以及议定书的资金机制（Brack 2003）。

此外，在执行《蒙特利尔议定书》的规定后，消耗臭氧层物质产量和使用量的持续减少对臭氧层的恢复非常重要，同时这些措施也能减少消耗臭氧层物质对气候变化的促进作用，这一点非常清楚。然而，我们目前仍未掌握有关这些相互关系的详细情况（见专栏2.9中有关气候变化和臭氧层消耗之间相互关联的内容）。

尽管《蒙特利尔议定书》取得了成功，但人类旨在减少平流层臭氧消耗的奋斗却没有结束，关于臭氧层的管理体制仍面临一些重大挑战。甲基溴是一种气态杀虫剂，主要用于农业、粮食储存、建筑物和交通。逐步淘汰这种物质的生产和使用就是一项挑战。与其他大多数消耗臭氧层物质相比，开发甲基溴的替代品要复杂得多。尽管它的替代品已经存在，但替换工作却进展缓慢。《蒙特利尔议定书》对替代品在技术和经济方面还不具备可行性的物质给予了一个作为“重要用途”的免除期，许多发达国家都已经以“重要用途”的名义提出在淘汰期过后（2005 年之后）继续使用这种物质。

另一项挑战就是消耗臭氧层物质的非法贸易，它们中的绝大部分都被用于空调和冰箱。随着发达国家对氯氟烃的淘汰即将到期，这些化学品的黑市交易从 20 世纪 90 年代起开始繁荣起来。随着终端用户对氯氟烃需求的逐步萎缩以及执法情况的加强，黑市交易得到了限制。然而，发展中国家仍然普遍存在非法贸易，这是因为这些国家正在按其自己的淘汰时间表向前推进淘汰工作（UNEP 2002）。全球针对这一现象的主要应对措施是 1997 年提出的《蒙特利尔议定

专栏 2.9 气候变化和平流层臭氧——相互关联的体系

平流层臭氧的消耗和全球变暖在物理和化学变化方面具有很多共同点。许多种消耗臭氧层物质和若干种它们的替代品，如氯氟烃，都和温室气体一样会造成气候变化。《蒙特利尔议定书》的履行已经减少了大气中氯氟烃物质的数量，但全球范围内的观测证实某些常见的氯氟烃替代品，如氢氯氟烃，在大气中的浓度正在升高。

总体而言，尽管我们对这些复杂体系中的许多方面还缺乏了解，但人类对于平流层臭氧消耗对气候变化产生影响的了解程度已经加深。同样，我们对于气候变化对平流层臭氧的恢复产生的影响也知之甚少。不同的变化过程都在同时向不同方向产生作用。预计气候变化将会导致平流层冷却，预计这种情况反过来会提高平流层上部的臭氧浓度，但同时还会延缓平流层下部的臭氧恢复。目前我们还无法预计这两种变化过程的最终结果。

来源：IPCC/TEAP 2005, WMO and UNEP 2006

书》修正案，它采用一项出口和进口许可证体系。这项体系的实施取得了一定效果。多边履约基金和全球环境基金（Global Environment Facility，GEF）也为建立这一许可证体系和海关官员的培训提供了资助。联合国环境规划署绿色海关行动计划（UNEP's Green Customs Initiative）已经在《蒙特利尔议定书》秘书处和包括《巴塞尔公约》（Basel Convention）、《斯德哥尔摩公约》（Stockholm Convention）、《鹿特丹公约》（Rotterdam Convention）及《濒危野生动植物物种国际贸易公约》（CITES）等其他多边环境协议的秘书处之间建立了合作关系。该项合作的参与方还有国际刑警组织（Interpol）和世界海关组织（Green Customs 2007）。

挑战和机遇

1987年布伦特兰委员会发表题为《我们共同的未来》报告，建议制定相关政策来避免气候变化和空气污染的负面影响，并号召国际社会开展后续活动。该报告发表之后，1992年在巴西里约热内卢召开的地球首脑会议和2002年在南非约翰内斯堡召开的可持续发展世界首脑会议都针对如何解决这些问题做出了后续承诺。这两次会议形成了《21世纪议程》和《约翰内斯堡实施计划》(Johannesburg Plan of Implementation)

表 2.4 国际公约最近确定的与大气排放物质有关的目标

公约/签署的年份	议定书	控制的物质	地理覆盖范围	目标年	减排目标/主要组成部分
《远程越境空气污染公约》（LRTAP），1979年	1998年《奥尔胡斯议定书》	重金属（镉、铅和汞）	联合国欧洲经济委员会（UNECE）辖区（减排目标不包括北美洲）	2005—2011年	各方应通过采取符合各国具体情况的有效措施将污染物排放量减少至1990年（或是1985—1995年的任意一个替代年份）的水平之下
	1998年《奥尔胡斯议定书》	持久性有机污染物	联合国欧洲经济委员会辖区（减排目标不包括北美洲）	2004—2005年	彻底去除所有持久性有机污染物的排放和损失。各方应将二噁英、呋喃、多环芳烃和六氯苯的排放量减少至1990年（或是1985—1995年的任意一个替代年份）的水平之下
	1999年《哥德堡议定书》	硫氧化物、氮氧化物、挥发性有机化合物和氨	联合国欧洲经济委员会辖区（减排目标不包括北美洲）	2010年	以1990年的水平为准，将含硫化合物的排放量至少减少63%；氮氧化物排放量减少41%；挥发性有机化合物排放量减少40%；氨减少17%
《维也纳公约》，1985年	1987年《蒙特利尔议定书》及其修正案	消耗臭氧层物质	全球	2005—2010年	发展中国家在2005年1月1日前将氯氟烃的消耗量减少50%；2010年1月1日前全面淘汰。发达国家的淘汰期限更早。其他控制措施适用于其他种类的消耗臭氧层物质，如甲基溴和氢氯氟烃
《联合国气候变化框架公约》，1992年	1997年《京都议定书》	温室气体的排放（CO_2、CH_4、N_2O、HFCs、PFCs、SF_6）	36个国家接受了减排目标	2008—2012年	《京都议定书》附录中收录的各国在2008—2012年所做的减排承诺加起来相当于在1990年的水平上减少温室气体排放总量的5%
《斯德哥尔摩公约》，2000年		持久性有机污染物	全球		减少或消除最危险的持久性有机污染物（即"肮脏的一打"*（Dirty Dozen））

*：肮脏的一打：多氯联苯（polychlorinated biphenyls，PCBs）、二噁英（dioxins）、呋喃（furans）、艾氏剂（aldrin）、狄氏剂（dieldrin）、滴滴涕（DDT）、异狄氏剂（endrin）、氯丹（chlordane）、六氯苯（hexachlorobenzene，HCB）、灭蚁灵（mirex）、毒杀芬（toxaphene）和七氯（heptachlor）。

来源：UNECE 1979-2005, Vienna Convention 1987, UNFCCC 1997, Stockholm Convention 2000

两份文件来指导国际社会的行动。此外，各方还制定了若干全球公约来解决大气环境问题，并在这些公约下确定了减少污染物排放的成因和影响的目标。表 2.4 概括总结了主要的目标。除了全球和区域政策行动计划外，各缔约方在国家层面还开展了为数众多的行动计划。

20 年功过参半的进展

尽管我们付出了巨大的努力，但 1987 年确定的大气环境问题今天仍在困扰我们。应对空气污染和气候变化挑战而采取的举措并非全都尽如人意。消耗平流层臭氧物质的减排工作取得了显著成绩。如果没有这项迅速而预先防范性的行动，其对健康和环境产生的后果将不堪设想。相比之下，我们在解决人类活动产生的温室气体排放方面却十分缺乏紧迫意识。如果我们希望将全球气候稳定在一个“相对安全”的水平上，每年都向后推迟行动就意味着未来我们必须实现更加大幅的减排目标。鉴于气候变化已经对脆弱群体和生态系统造成了明显影响，我们现在迫切需要付出更多努力来适应气候变化。迅速取得进展的方法已经存在，但如果我们希望做到这一点，政治意愿和领导至关重要。下文的讨论对应对空气污染、气候变化和平流层臭氧消耗的国家和国际政策的制定过程以及其他措施进行了评估。

对不同大气环境问题的不同反应之间的比较

如果所有利益相关方都能一起采取行动来消除障碍并促进可持续性的解决方案的实行，

专栏 2.10 全球在力所能及的范围内对含铅汽油的禁令以及撒哈拉以南非洲各国取得的进展

汽油中所含铅的排放对人体健康会产生不良影响，尤其是对儿童的智力发展。北美洲、欧洲和拉丁美洲的国家已经逐步淘汰了含铅汽油，而全球对于含铅汽油的淘汰进程也在过去 10 年加速发展。然而，亚洲、西亚和非洲的某些国家仍在使用铅添加剂来提高汽油中的辛烷值。2001 年 6 月，28 个撒哈拉以南非洲国家的代表通过了《达喀尔宣言》（Dakar Declaration），承诺开展国家项目以便在 2005 年前逐步淘汰含铅汽油（图 2.26）。炼油厂因此需要承担的实际转化成本往往低于人们最初的预计值。例如，肯尼亚蒙巴萨岛上的炼油厂只需投资 2 000 万美元就能生产无铅汽油，大大低于人们最初预计的 1.6 亿美元。

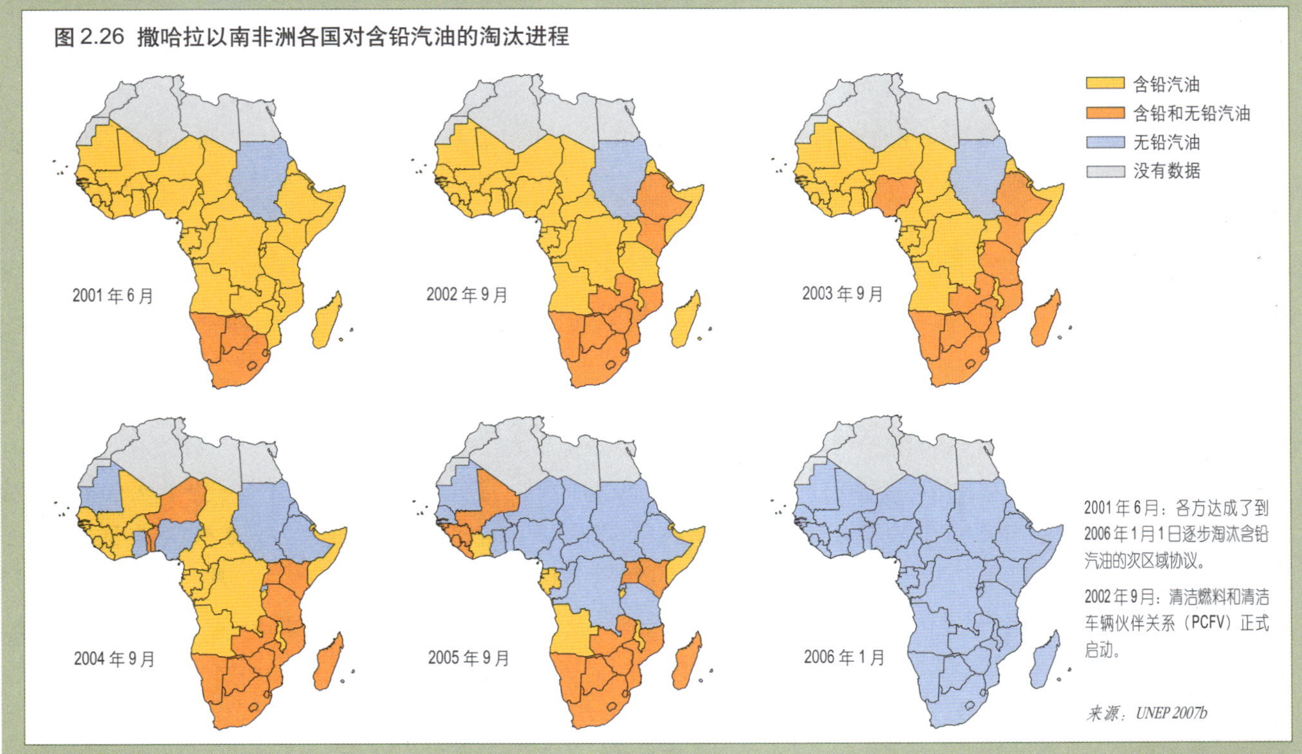

图 2.26 撒哈拉以南非洲各国对含铅汽油的淘汰进程

大幅减少大气污染物的排放是完全可行的。全球几乎所有国家在过去20年间开展的汽油除铅活动，就是各国成功采取措施减少空气污染的一个突出例子，这一做法给人类健康和环境都带来了巨大收益（专栏2.10）。

欧洲和北美洲在二氧化硫减排方面取得的成功也非常值得一提。这一成绩是通过一系列不同的污染预防和控制策略实现的，包括改变燃料种类（用天然气替代煤）、对排放物进行脱硫处理、洗煤、使用含硫量低的燃料以及提高能源利用效率（UNECE 1979—2005）。尽管中国、印度和其他地区在经济方面取得了巨大发展，但图2.8a却显示出全球的硫化物排放量自1990年以来几乎没有发生变化。事实证明氮氧化物的问题比硫化物更难解决，图2.8b显示了全球氮氧化物排放量整体增长的情况。尽管汽车技术已经改善，单车氮氧化物排放量有所降低，但旅客周转总量却不断增长，因此，不同国家的氮氧化物排放总量也还是有所增长、维持在同一水平或最多略微下降。全球货运和航空业的氮氧化物排放量都在增长，而发电站的氮氧化物排放量却保持稳定或有所减少。

《蒙特利尔议定书》是采取预先防范方法的一个很好例证。各国政府都一致同意在平流层臭氧消耗的影响完全体现之前采取应对措施。尽管二氧化碳和氯氟烃都是能长期存在的气体，且它们产生的潜在影响也非常严重，但是为应对气候变化而采取的预先防范方法仍未得到充分实施。表2.5概括说明了造成这一情况的原因和影响应对措施取得成功的因素。

《蒙特利尔议定书》（以下简称《议定书》）进行磋商的时机恰到好处。20世纪80年代正是公众对自然环境状况的关注不断增强的时期，而南极上空的臭氧层空洞这一引人注目的事件又证明了人类活动产生的影响。磋商中的主要因素并不多，因此各方很容易达成协议。同时在此过程中的相关方也明确发挥了领导作用。这一领导最初是美国，后来是欧盟。该《议定书》的成功很大程度上归功于其所具有的灵活性，能够使《议定书》在科学和技术不断进步的情况下继续发展。自《议定书》在1989年生效以来，它已经经历了5次调整，从而使各缔约方能够加速淘汰进程，而不必对公约进行反复修正。

通过制定进程较慢的淘汰时间表，该《议定书》表达了其对发展中国家特殊需求的认可，这一点非常重要，因为它可以鼓励低收入国家遵守减排承诺。此外，该《议定书》还建立了一个有效的资金机制，即多边履约基金（Multilateral Fund）。该基金已将大约20亿美元的资金给了发展中国家，以支付它们实施淘汰的增量成本，并加强制度建设来开展淘汰行动。这也是《议定书》的履行取得成功的一个重要因素（Bankobeza 2005）。在建立资金机制的同时，《议定书》在贸易方面采取的措施禁止缔约方与非缔约方之间开展消耗臭氧层物质的贸易，以便鼓励更多的国家签署该《议定书》。此外，事实证明《议定书》的不遵守机制十分灵活，且非常有效。相比之下，《联合国气候变化框架公约》和《京都议定书》也都表达了希望开展技术转让和援助的意愿。但到目前为止，它们在具体落实及提供资金和技术资源帮助发展中国家减排方面的实际行动都非常有限。

《蒙特利尔议定书》成功的一个重要因素就是企业界对淘汰控制时间表给予了广泛的响应。尽管它们最初都反对这些控制措施，但后来各家公司竞相向市场推出了非臭氧消耗的物质和技术，并以比超过人们预期的更快的速度和更低的成本开发物美价廉的替代品。而在气候变化这个问题上，并不存在同样的市场条件。相比之下，《联合国气候变化框架公约》在1992年签署后，《京都议定书》就有些生不逢时了。当时恰逢20世纪90年代中期公众和政界对全球环境问题的关注处于低潮，主要的利益相关方数目众多，再加上某些领域的参与方又持强烈反对意见，因此最终很难达成一致意见。

尽管保护气候的设计在很多方面都与保护臭氧的设计相似，但从范围和任务角度看，无论是发达国家还是发展中国家对保护全球气候

表 2.5 平流层臭氧、气候变化和空气污染的管理取得成功的主要因素在 1987 — 2007 年的进展

	成功因素	平流层臭氧		气候变化		空气污染	
		1987 年	2007 年	1987 年	2007 年	1987 年	2007 年
确定问题	对科学的信心	被广泛认可 公众认为“臭氧层空洞＝喷雾器中的氯氟烃”	问题仍然存在，但已经得到控制	首次发出信号，成为潜在威胁	被广泛认可	大量的空气污染问题被公众所了解	问题数量已经减少，但污染问题更难解决
经济评估	社会收益应大大超过成本	应对措施成本很高但非常值得	成本低于预期	信息很少	开展了大量研究，而减缓变化和影响的成本各不相同	已经具备技术可选方案，产品成本略有增加	已经具备进一步减少的方案，但成本更高；收益远远大于成本
磋商	领导力，主要因素数量较少	强大的领导力（首先是美国，后来是欧盟）	无	无	过程复杂，利益相关方数量很多，强大的既得利益集团	各国情况不同	在区域层面不断增长，在全球层面刚刚开始
解决方案	公约以及随后的目标不断严格的议定书	议定书已经启动，但措施不够充分	一项议定书和四项修正案，行动非常充分	未发现	第一步：1992 年签署的《联合国气候变化框架公约》；1997 年的《京都议定书》	在国家和区域层面上数量很少	标准数量不断增加，已有成熟技术，已经达成一些区域协议
执行和控制	为应对措施和制度提供的资金支持，“大棒”加“胡萝卜”政策	体制已经到位	全球执行情况得到改善，191 个国家批准	无	2008 — 2012 年对发达国家具有法律约束力的减排承诺；166 个国家批准	主要在国家层面开展	不定 某些行动在区域/全球范围内达成一致（如无铅汽油）
达成的条约	外交磋商	1985 年的《维也纳公约》 1987 年的《蒙特利尔议定书》	对《议定书》进行了四次修正；实现了稳定性		1992年签署的《联合国气候变化框架公约》；1997 年的《京都议定书》	1979 年签署的《联合国欧洲经济委员会远程越境空气污染公约》 联合国欧洲经济委员会关于 SO_2 和 NO_x 的议定书	LRTAP 得到加强 其他区域性协议不断出现
展望	政治领导力，高效的控制机制	逐步淘汰甲基溴 开发具有经济可行性的替代性产品，防止非法贸易		产生不可逆转影响的风险增加 成功制定后京都时期的减排承诺非常紧迫 公平和负担问题亟待解决		在全球范围内推广解决方案的挑战（可接受的程度、制度和机制以及技术）；全球最低标准	

的支持程度都不及后者。尽管包括重点关注技术开发和推广的《亚太清洁发展与气候伙伴计划》(Asia-Pacific Partnership for Clean Development and Climate)及《八国集团苏格兰鹰谷行动计划》(G8 Gleneagles Programme of Action)在内的其他替代性和补充性的方法都已经推出，但它们所取得的进展却完全无法令人满意。

如果发达国家大幅提高减排目标，下一阶段清洁发展机制开展合作的数量可能会显著增多。尽管如此，到目前为止，该项机制下开展的国际合作数量非常有限。它的另外一个主要弱点是各国可以在不受到任何不良影响的情况下选择退出《京都议定书》。而这就等于是鼓励“不劳而获”的行为，那些选择不批准议定书的国家反而可以获得双倍收益。它们可以坐享其他国家减缓气候变化的好处，同时又避免了像某些《京都议定书》签署方执行昂贵的措施，从而获得了竞争优势。因此，某些并不赞成《京都议定书》的工业企业成功地设法破坏了当局希望批准议定书的政治意愿。即使对于签署方，相关的激励措施也过于薄弱，甚至表现为议定书到目前都没有建立一个实质性的遵守管理体系。

最后，全球气候管理体系的未来发展问题已经成为众多讨论的焦点，各方也提出了许多解决方法（Bodansky 2003）（见第 10 章）。《联合国气候变化框架公约》的缔约方都同意各方应该在“平等的基础上根据共同但有区别的责任以及各自的能力”采取行动来保护全球气候(UNFCCC 1997)，但它们现在仍然还在为将此付诸实施而斗争。那些对气候变化负主要责任的国家都是能源的使用者及其用户，而那些将受到气候变化主要影响的却都是造成责任较小的脆弱群体，现在情况依然如此。正如 Agarwal 和 Narain（1991）指出的那样，人人都有获得大气共有权的平等权利，全球气候管理体系必须认识到那些过度开采大气共有权的获利者和那些负担成本者之间的巨大差别。

上述分析表明，《蒙特利尔议定书》的现行机制和履约在很大程度上已经足以解决剩余的消耗臭氧层物质的排放问题，而全球许多地区在空气质量管理方面还需要增强制度、人员和资金来执行相关政策。然而，目前全球针对气候变化采用的方法并未奏效。在社会各个层面使用包括对社会和经济结构进行根本改变在内的更多创新和公平的方法，来减缓并适应气候变化，对于充分应对气候变化问题将至关重要。

减少在大气中长期存留的化学品的排放

这些物质的生产和释放构成了一项特殊的挑战。它们产生的影响往往在排放后很久才能表现出来，汞和持久性有机污染物都是如此。某些温室气体，如氟化碳（PFCs）和六氟化硫，估计能够在大气中存留成千上万年时间。与其他温室气体相比，氟化气体的使用量相对较小。然而，它们在大气中过长的存留时间再加上极高的全球变暖潜能值，都增强了它们对气候变化产生的影响。对损害进行补救和修复的成本（如果可能的话）往往要高于预防这些危险物质被释放到大气中的成本(见第3章、第4章和第6章)。

全球范围内的汞排放是一个非常重要的问题，而国际社会和各国却并未对此做出充分响应。汞最主要被排放到大气中，而一旦进入全球环境，汞就会不断流动、沉降和再流动。在所有已知数量的汞排放中，煤的燃烧和废物的焚烧大约占排放总量的70%。随着化石燃料燃烧量的增加，如果我们不采取任何控制技术或预防措施，预计汞的排放量也会随之增长（UNEP 2003)。目前汞在环境中的浓度已经很高，在某些食品中的浓度已经足以对健康产生影响（见第6章)。

应对大气环境挑战的机遇

解决大气问题的主要工具一直以政府法规为主。此项政策工具在某些地区已经取得了显著成果，例如对汽油进行除铅处理、降低柴油的含硫量、全球汽车行业广泛采用更严格的排放标准（如欧盟标准），以及最重要的一项——消除氯氟烃的生产。然而，利用法规也存在很多局限性，现在各国也在越来越多地使用其他工具作为应对措施。

在某些情况下，经济工具也非常有用，例如实行污染者付费原则、解决市场无法解决的问题以及调动市场的力量寻找经济成本最低的方法来实现政策目标。这方面的例子包括美国采用的“上限与交易”(cap-and-trade) 方法来实现二氧化硫的主要减排。其他方法还包括一些国家根据排放量征收的排污费，这种收费能够提供直接的经济激励措施来减少排放，以及取消鼓励使用高排放燃料的补贴等。

大公司越来越多地利用自我管理和联合管理的工具来改进公司所在地经营业务的环境。包括ISO 14000在内的环境管理体系和责任关怀(Responsible Care) 体系在内的工业标准，都被企业作为自愿性工具而加以利用。这些管理工具的作用往往都超出了政府法规单一的守法要求，能够减少企业生产对环境的不良影响，同时还能保护企业的品牌。

在某些情况下，信息和教育也可以成为强大的工具来发动公众舆论、社区、公民社会和私营部门一起实现环境目标。在政府法规作用比较微弱或无法覆盖的领域，这些工具则十分有效。它们通常都是与其他法规和经济手段等方法综合使用时能取得最大成功，从而提高特定高排放活动的成本，并且使它们所产生的负面影响在国内和国际上广为人知。

制订并执行控制大气排放政策的成功主要取决于不同层面的众多利益相关方的有效参与以及推动公有和私营部门之间的伙伴关系。许多国家都已经制定了大量法规，但由于缺乏合理的制度、法律体系、政治意愿和完善的管理，它们往往未能得到有效执行。强大的政治领导力对于发展制度能力及有效地为公众服务、确保充足的资金，以及加强地方、国家和国际合作都至关重要。

在政府采取解决空气污染行动之后进行的绝大多数经济研究，即便采用保守的方法和成本效益估算，一般得出的结论都是空气污染产生的影响远远大于实施这些行动的成本，差别往往达到一个数量级（Watkiss 等 2004，USEPA 1999，Evans 等 2002）。此外，在大多数情况下，采取应对行动的成本都明显低于最初的预期（Watkiss 等 2004）。另外，空气污染的负担在社会中的分配主要都由穷人、儿童、老人和本身就有健康问题的人来承担。我们可以做到在减少污染物排放的同时保护全球气候，同时对社会经济结构不产生重大干扰（Azar 和 Schneider 2002，Edenhofer 等 2006，Stern 2006）。

未来我们在控制大气排放方面所做的努力能够取得成功将最终取决于不同层面利益相关方的全力参与，再加上合理的机制来协助技术和资金流动，以及对人才和机构能力的强化。除了开发创新型清洁技术外，要在发展中国家将现有技术迅速应用。解决上述这些问题还需要很长的时间和努力。如果我们想在这方面取得快速进展，社会经济结构的根本性变革就非常重要，这其中也包括生活方式的转变。

控制大气排放的努力能否取得成功主要取决于不同层面的利益相关方的参与。

致谢（上图）：Ngoma Photos

致谢（下图）：Mark Edwards/Still Pictures

参考文献

ACIA (2005). *Arctic Climate Impact Assessment*. Arctic Council and the InternationalArctic Science Committee, Cambridge University Press, Cambridge http://www.acia.uaf.edu/pages/scientific.html (last accessed 14 April 2007)

ADB (2001). *Asian Environmental Outlook 2001*. Asian Development Bank, Manilla

Agarwal, A. and Narain, S. (1991). *Global Warming in an Unequal World: A Case of Environmental Colonialism*. Centre for Science and Environment, New Delhi

Akimoto, H., Oharaa, T., Kurokawa, J. and Horii, N. (2006). Verification of energy consumption in China during 1996-2003 by using satellite observational data. In *Atmospheric Environment* 40:7663-7667

AMCEN and UNEP (2002). *Africa environment outlook: Past, Present and future perspectives*. Earthprint Limited, Stevenage, Hertfordshire

Andersen, S. O. and Sarma, M. (2002). *Protecting the Ozone Layer: The United Nations History*. Earthscan Publications, London

APMA (2002). *Benchmarking Urban Air Quality Management and Practice in Major and Mega Cities of Asia – Stage 1*. Air Pollution in the Megacities of Asia Project. Stockholm Environment Institute, York http://www.york.ac.uk/inst/sei/rapidc2/benchmarking.html (last accessed 11 April 2007)

ASEAN (2003). *ASEAN Haze Agreement*. The Association of South East Asian Nations, Jakarta http://www.aseansec.org/10202.htm (last accessed 11 April 2007)

ASEC (2001). *Australia: State of Environment 2001*. Australian State of the Environment Committee, Department of the Environment and Heritage. CSIRO Publishing, Canberra http://www.environment.gov.au/soe/2001/index.html (last accessed 15 April 2007)

Aunan, K., Fang, J. H., Hu, T., Seip, H. M. and Vennemo, H. (2006). Climate change and air quality - Measures with co-benefits in China. In *Environmental Science & Technology* 40(16):4822-4829

Azar, C. and Schneider, S. H. (2002). Are the economic costs of stabilising the atmosphere prohibitive? In *Ecological Economics* 42(1-2):73-80

Bankobeza, G. M. (2005). *Ozone protection – the international legal regime*. Eleven International Publishing, Utrecht

Beijing Bureau of Statistics (2005). *Beijing Statistical Yearbook 2005*. Beijing Bureau of Statistics, Beijing

Bodansky, D. (2003). Climate Commitments: Assessing the Options. In *Beyond Kyoto: Advancing the International Effort Against Climate Change*. Pew Center on Global Climate Change

Brack, D. (2003). Monitoring the Montreal Protocol. In *Verification Yearbook 2003*. VERTIC, London

Brown, L. R. (2006). Building a New Economy. In *Plan B 2.0: Rescuing a Planet Under Stress and a Civilization in Trouble*. W. W. Norton, Exp Upd edition

Bryden, H., Longworth, H. and Cunningham, S. (2005). Slowing of the Atlantic meridional overturning circulation at 25° N. In *Nature* 438:455-457

CAI (2003). *Phase-Out of Leaded Gasoline in Oil Importing Countries of Sub-Saharan Africa – The case of Tanzania – Action plan*. Clean Air Initiative, The World Bank, Washington, DC http://wbln0018.worldbank.org/esmap/site.nsf/files/tanzania+final.pdf/$FILE/tanzania+final.pdf (last accessed 14 April 2007)

Centre on Airborne Organics (1997). *Fine particles in the Atmosphere. 1997 Summer Symposium Report*. MIT, Boston http://web.mit.edu/airquality/www/rep1997.html(last accessed 1 May 2007)

Cities for Climate Protection (2007). http://www.iclei.org/index.php?id=809 (last accessed 18 July 2007)

City of Cape Town (2006). *Air Quality Monitoring Network*. City of Cape Town, Cape Town http://www.capetown.gov.za/airqual/ (last accessed 11 April 2007)

Cohen, A. J., Anderson, H. R., Ostro, B., Pandey, K., Krzyzanowski, M., Künzli, N., Gutschmidt, K., Pope, C. A., Romieu, I., Samet, J. M. and Smith, K. R. (2004). Mortality impacts of urban air pollution. In *Comparative quantification of health risks: global and regional burden of disease attributable to selected major risk factor* Vol. 2, Chapter 17. World Health Organization, Geneva

Cohen, A.J., Anderson, H.R., Ostro, B., Pandey, K.D., Krzyzanowski, M., Kunzli, N., Gutschmidt, K., Pope, A., Romieu, I., Samet, J.M. and Smith, K. (2005). The global burden of disease due to outdoor air pollution. In *Journal of toxicology and environmental health* Part A (68):1-7

Cox, P. M., Betts, R. A., Collins, M., Harris, P. P., Huntingford, C. and Jones, C. D. (2004). Amazonian forest dieback under climate-carbon cycle projections for the 21st century. In *Theoretical and Applied Climatology* 78(1-3):137-156

CPCB (2001-2006). *National Ambient Air Quality- Status & Statistics 1999-2004*. Central Pollution Control Board, New Delhi

Curry, R. and Mauritzen, C. (2005). Dilution of the northern North Atlantic Ocean in recent decades. In *Science* 308(5729):1772-1774

DeCanio, S. J. (2003). *Economic Models of Climate Change: A Critique*. PalgraveMacmillan, Hampshire

Den Elzen, M. G. J. and Meinshausen, M. (2005). *Meeting the EU 2-C climate target: global and regional emission implications*. RIVM report 728007031/2005. The Netherlands Environmental Assessment Agency, Bilthoven

Dentener, F., Stevenson, D., Ellingsen, K., van Noije, T., Schultz, M., Amann, M., Atherton, C., Bell, N., Bergmann, D., Bey, I., Bouwman, L., Butler, T., Cofala, J., Collins, B., Drevet, J., Doherty, R., Eickhout, B., Eskes, H., Fiore, A., Gauss, M., Hauglustaine, D., Horowitz, L., Isaksen, I. S. A. , Josse, B., Lawrence, M., Krol, M., Lamarque, J. F., Montanaro, V., Muller, J. F., Peuch, V. H., Pitari, G., Pyle, J., Rast, S., Rodriguez, J., Sanderson, M., Savage, N. H., Shindell, D., Strahan, S., Szopa, S., Sudo, K., Van Dingenen, R., Wild, O. and Zeng, G. (2006). The global atmospheric environment for the next generation. In *Environmental Science & Technology* 40(11):3586-3594

Dickens, G. R. (1999). Carbon cycle - The blast in the past. In *Nature* 401(6755):752

DOE (2005). *US Energy Policy Act of 2005*. http://genomicsgtl.energy.gov/biofuels/legislation.shtml (last accessed 11 April 2007)

Dore, M. H. I. (2005). Climate change and changes in global precipitation patterns: What do we know? In *Environment International* 31(8):1167-1181

Edenhofer, O., Kemfert, C., Lessmann, K., Grubb, M. and Koehler, J. (2006). Induced Technological Change: Exploring its implications for the Economics of Atmospheric Stabilization: Synthesis Report from the innovation Modeling Comparison Project. In The Energy Journal Special Issue, Endogenous Technological Change and the Economics *of Atmospheric Stabilization* 57:107

EDGAR (2005). *Emission Database for Global Atmospheric Research (EDGAR) information system*. Joint project of RIVM-MNP, TNO-MEP, JRC-IES and MPIC-AC, Bilthoven http://www.mnp.nl/edgar/ (last accessed 14 April 2007)

EEA (1995). *Europe's Environment - The Dobris Assessment*. European Environment Agency, Copenhagen

EEA (2005). *The European Environment. State and Outlook 2005*. European Environment Agency, Copenhagen

Emanuel, K. (2005). Increasing destructiveness of tropical cyclones over the past 30 years. In *Nature* 436(7051):686-688

Emberson, L., Ashmore, M. and Murray, F. eds. (2003). *Air Pollution Impacts on Crops and Forests - a Global Assessment*. Imperial College Press, London

Environment Canada (2006). *Canada-U.S.* Air Quality Agreement. Environment Canada, Gatineau, QC http://www.ec.gc.ca/pdb/can_us/canus_links_e.cfm (last accessed 11 April 2007)

EU (1996). Council Directive 96/62/EC of 27 September 1996 on ambient air quality assessment and management. Environment Council, European Commission, Brussels. In *Official Journal of the European Union* L 296, 21/11/1996:55- 63

EU (1999). Council Directive 1999/30/EC of 22 April 1999 relating to limit values for sulphur dioxide, nitrogen dioxide and oxides of nitrogen, particulate matter and lead in ambient air. Environment Council, European Commission, Brussels. In *Official Journal of the European Union* L 163, 29/06/1999:41-60

EU (2002). Council Directive 2002/3/EC of the European parliament and of the council of 12 February 2002 relating to ozone in ambient air. Environment Council, European Commission, Brussels. In *Official Journal of the European Union* L 67, 09/03/2002:14-30

Evans, J., Levy, J., Hammitt, J., Santos-Burgoa, C., Castillejos, M., Caballero-Ramirez, M., Hernandez-Avila, M., Riojas-Rodriguez, H., Rojas-Bracho, L., Serrano-Trespalacios, P., Spengler, J.D. and Suh, H. (2002). Health benefits of air pollution control. In Molina, L.T. and Molina, M.J. (eds.) *Air Quality in the Mexico Megacity: An Integrated Assessment*. Kluwer Academic Publishers, Dordrecht

Faiz, A. and Gautam , S. (2004). Technical and policy options for reducing emissions from 2-stroke engine vehicles in Asia. In *International Journal of Vehicle Design* 34(1):1-11

Galanter, M. H., Levy, I. I. and Carmichael, G. R. (2000). Impacts of Biomass Burning on Tropospheric CO, NOX, and O3. In *J. Geophysical Research* 105:6633-6653

Gash, J.H.C., Huntingford, C., Marengo, J.A., Betts, R.A., Cox, P.M., Fisch, G., Fu, R., Gandu, A.W., Harris, P.P., Machado, L.A.T., von Randow, C. and Dias, M.A.S. (2004). Amazonian climate: results and future research. In *Theoretical and Applied Climatology* 78(1-3):187-193

GEO Data Portal. *UNEP's online core database with national, sub-regional, regional* and global statistics and maps, covering environmental and socio-economic data and *indicators*. United Nations Environment Programme, Geneva http://www.unep.org/geo/data or http://geodata.grid.unep.ch (last accessed 7 June 2007)

Goulder, L. H. and Nadreau, B. M. (2002). International Approaches to Reducing Greenhouse Gas Emissions. In Schneider, S. H., Rosencranz, A, and Niles, J.O. (eds.) In *Climate Change Policy: A Survey*. Island Press, Washington, DC

Green Customs (2007). http://www.greencustoms.org/ (last accessed 7 June 2007)

Gregory, J. M., Huybrechts, P. and Raper, S. C. B. (2004). Threatened loss of theGreenland ice-sheet. In *Nature* 428:616

Gregory, J.M. and Huybrechts P. (2006). Ice-sheet contributions to future sea-level change. In *Phil.Trans. R. Soc.* A 364:1709-1731

Groom, B., Hepburn, C., Koundour, P. and Pearce, D. (2005). Declining Discount Rates: The Long and the Short of it. In *Environmental & Resource Economics* 32:445-493

Gwilliam, K., Kojima, M. and Johnson, T. (2004). *Reducing air pollution from urban transport*. The World Bank, Washington, DC

Hansen, B., Østerhus, S., Quadfasel, D. and Turrell, W. (2004). Already the day after tomorrow? In *Science* 305:953-954

Hansen, J. E. (2005). A slippery slope: How much global warming constitutes "dangerous anthropogenic interference?" In *Climatic Change* 68(3):269-279

Hansson, L. (2000). Induced pigmentation in zooplankton: a trade-off between threats from predation and ultraviolet radiation. In *Proc. Biol. Science* 267(1459):2327–2331

Hare, B. and Meinshausen, M. (2004). *How much warming are we committed to and how much can be avoided?* Report 93. Potsdam Institute for Climate Impact Research, Potsdam

Heath, J., Ayres, E., Possell, M., Bardgett, R.D., Black, H.I.J., Grant, H., Ineson, P. and Kerstiens, G. (2005). Rising Atmospheric CO2 Reduces Sequestration of Root-Derived Soil Carbon. In *Science* 309: 1711-1713

Holland, M., Kinghorn, S., Emberson, L., Cinderby, S., Ashmore, M., Mills, G. and Harmens, H. (2006). *Development of a framework for probabilistic assessment of the economic losses caused by ozone damage to crops in Europe*. CEH project No. C02309NEW. Centre for Ecology and Hydrology, Natural Environment Research Council, Bangor, Wales

Huntingford, C. and Gash, J. (2005). Climate equity for all. In *Science* 309(5742):1789

IEA (2006). *World Energy Outlook*. International Energy Agency, Paris

IEA (2007a). *Energy Balances of OECD Countries and Non-OECD Countries 2006 edition*. International Energy Agency, Paris (in GEO Data Portal)

IEA (2007b). *International Energy Agency Online Energy Statistics*. International Energy Agency, Paris http://www.iea.org/Textbase/stats/electricitydata.asp?COUNTRY_CODE=29 (last accessed June 21 2007)

IATA (2007). *Fuel Efficiency*. International Air Transport Association, Montreal and Geneva http://www.iata.org/whatwedo/environment/fuel_efficiency.htm (last accessed 7 June 2007)

IPCC (2001a). *Climate Change 2001: Synthesis Report*. Intergovernmental Panel on Climate Change. Cambridge University Press, Cambridge

IPCC (2001b). *Climate Change 2001: The Scientific Basis*. Intergovernmental Panel on Climate Change. Cambridge University Press, Cambridge

IPCC (2001c). *Climate Change 2001: Impacts, Adaptation and Vulnerability*. Intergovernmental Panel on Climate Change. Cambridge University Press, Cambridge

IPCC (2007). *Climate Change 2007: The Physical Science Basis*. Contribution of Working Group I to the Fourth Assessment Report of the Intergovernmental Panel on Climate Change, Geneva http://ipcc-wg1.ucar.edu/wg1/docs/WG1AR4_SPM_ Approved_05Feb.pdf (last accessed 11 April 2007)

IPCC/TEAP (2005). *IPCC Special Report on Safeguarding the Ozone Layer and the Global Climate System. Issues related to Hydrofluorocarbons and Perfluorocarbons*. Approved and accepted in April 2005. Intergovernmental Panel on Climate Change, Geneva

Jacob, D. (1999). *Introduction to Atmospheric Chemistry*. Princeton University Press, New York, NY

Kuylenstierna, J.C.I., Rodhe, H., Cinderby, S. and Hicks, K. (2001). Acidification in developing countries: ecosystem sensitivity and the critical load approach on a global scale. In *Ambio* 30:20-28

Landsea, C.W., Harper, B.A., Hoarau, K. and Knaff, J.A. (2006). Can we detect trends in extreme tropical cyclones? In *Science* 313:452-454

Larssen, T., Lydersen, E., Tang, D.G., He, Y., Gao, J.X., Liu, H.Y., Duan, L., Seip, H.M., Vogt, R.D., Mulder, J., Shao, M., Wang, Y.H., Shang, H., Zhang, X.S., Solberg, S., Aas, W., Okland, T., Eilertsen, O., Angell, V., Liu, Q.R., Zhao, D.W., Xiang, R.J., Xiao, J.S. and Luo, J.H. (2006). Acid rain in China. In *Environmental Science & Technology* 40(2):418-425

Liepert, B. G. (2002). Observed refuctions of surface solar radiation at sites in the United States and worldwide from 1961 to 1990. In *Geophysical Research Letters* 29(10):1421

Lippmann, M. (2003). Air pollution and health – studies in the Americas and Europe. In *Air pollution and health in rapidly developing countries*, G. McGranahan and F. Murray (eds.). Earthscan, London

Martins, M. C. H., Fatigati, F. L., Vespoli, T. C., Martins, L. C., Pereira, L. A. A., Martins, M. A., Saldiva, P. H. N. and Braga, A.L.F. (2004). The influence of socio-economic conditions on air pollution adverse health effects in elderly people: an analysis of six regions in Sao Paulo, Brazil. In *Journal of epidemiology and community health* 58:41-46

Mears, C. A. and Wentz, F. J. (2005). The effect of diurnal correction on satellitederived lower tropospheric temperature. In *Science* 309(5740):1548-1551

Menzel, A., Sparks, T.H., Estrella, N., Koch, E., Aasa, A., Aha, R., Alm-Kubler, K., Bissolli, P., Braslavska, O., Briede, A., Chmielewski, F.M., Crepinsek, Z., Curnel, Y., Dahl, A., Defila, C., Donnelly, A., Filella, Y., Jatcza, K., Mage, F., Mestre, A., Nordli, O., Penuelas, J., Pirinen, P., Remisova, V., Scheifinger, H., Striz, M., Susnik, A., Van Vliet. A.J.H., Wielgolaski, F.E., Zach, S. and Zust, A. (2006). European phenological response to climate change matches warming pattern. In *Global Change Biology* 12:1969-1976

METI (2004). *Sustainable future framework on climate change. Interim report by special committee on a future framework for addressing climate change.* Global Environmental Sub-Committee, Industrial Structure Council, Japan. Ministry of Economy, Trade and Industry, Tokyo

Mexico City Ambient Air Monitoring Network (2006). Federal District Government, Mexico DF http://www.sma.df.gob.mx/simat/ (last accessed 11 April 2007)

Moberg, A., Sonechkin, D.M., Holmgren, K., Datsenko, N.M. and Karlen, W. (2005). Highly variable Northern Hemisphere temperatures reconstructed from low- and highresolution proxy data. In *Nature* 433(7026):613-617

Molina, M. J. and Molina, L. T. (2004). Megacities and atmospheric pollution. In *Journal of the Air & Waste Management Association* 54(6):644-680

NASA (2006). *Ozone Hole Monitoring. Total Ozone Mapping Spectrometer.* NASA Website http://toms.gsfc.nasa.gov/eptoms/dataqual/oz_hole_avg_area_v8.jpg (last accessed 1 May 2007)

Newman, P. and Kenworthy, J. (2006). Urban Design to Reduce Automobile Dependence. In *Opolis: An International Journal of Suburban and Metropolitan Studies* 2(1): Article 3 http://repositories.cdlib.org/cssd/opolis/vol2/iss1/art3 (last accessed 1 May 2007)

OECD (2002). *OECD Environmental Data Compendium 2002.* Organisation for Economic Cooperation and Development, Paris

Oerlemans, J. (2005). Extracting a climate signal from 169 glacier records. In *Science* 308(5722):675-77

Orr, J.C., Fabry, V.J., Aumont, O., Bopp, L., Doney, S.C., Feely, R.A., Gnanadesikan, A., Gruber, N., Ishida, A., Joos, F., Key, R.M., Lindsay, K., Maier-Reimer, E., Matear, R., Monfray, P., Mouchet, A., Najjar, R.G., Plattner, G.K., Rodgers, K.B., Sabine, C.L., Sarmiento, J.L., Schlitzer, R., Slater, R.D., Totterdell, I.J., Weirig, M.F., Yamanaka, Y. and Yool, A. (2005). Anthropogenic ocean acidification over the twenty-first century and its impact on calcifying organisms. In *Nature* 437:681-686

Patz, J. A., Lendrum, D. C., Holloway, T. and Foley, J. A. (2005). Impact of regional climate change on human health. In *Nature* 438:310-317

Perin, S. and Lean, D.R.S. (2004). The effects of ultraviolet-B radiation on freshwater ecosystems of the Arctic: Influence from stratospheric ozone depletion and climate change. In *Environment Reviews* 12:1-70

Pew Centre on Global Climate Change (2007). *Emission Targets* http://www.pewclimate.org/what_s_being_done/targets/index.cfm (last accessed 7 June 2007)

Phoenix, G.K., Hicks, W.K., Cinderby, S., Kuylenstierna, J.C.I., Stock, W.D., Dentener, F.J., Giller, K.E., Austin, A.T., Lefroy, R.D.B., Gimeno, B.S., Ashmore, M.R. and Ineson, P. (2006). Atmospheric nitrogen deposition in world biodiversity hotspots: the need for a greater global perspective in assessing N deposition impacts. In *Global Change Biology* 12:470-476

Pope, A.C., III and Dockery, D.W. (2006). Critical Review: Health Effects of Fine Particulate Air Pollution: Lines that Connect. In *J. Air & Waste Manage. Assoc.* 56:709-742

Porcaro, J. and Takada, M. (eds.) (2005). *Achieving the Millennium Development Goals: Case Studies from Brazil, Mali, and the Philippines.* United Nations Development Programme, New York, NY

Pounds, J.A., Bustamante, M.R., Coloma, L.A., Consuegra, J.A., Fogden, M.P.L., Foster, P.N., La Marca, E., Masters, K.L., Merino-Viteri, A., Puschendorf, R., Ron, S.R., Sanchez- Azofeifa, G.A., Still, C.J. and Young, B.E. (2006). Widespread amphibian extinctions from epidemic disease driven by global warming. In *Nature* 439:161-167

Ramanathan, V., Crutzen, P. J. , Mitra A. P. and Sikka, D. (2002). The Indian Ocean Experiment and the Asian Brown Cloud. In *Current Science* 83(8):947-955

Reid, H. and Alam, M. (2005). Millennium Development Goals. Stockholm Environment Institute, York. In *Tiempo* 54

RIVM-MNP (2006). *Emission Database for Global Atmospheric Research - EDGAR 3.2 and EDGAR 32FT2000.* The Netherlands Environmental Assessment Agency, Bilthoven (in GEO Data Portal)

Rockström, J. Axberg, G.N., Falkenmark, M. Lannerstad, M., Rosemarin, A., Caldwell, I., Arvidson, A. and Nordström, M. (2005). *Sustainable Pathways to Attain the* Millennium Development Goals: Assessing the Key Role of Water, Energy and *Sanitation.* Stockholm Environment Institute, Stockholm

Royal Society (2005a). *Food crops in a changing climate: Report of a Royal Society Discussion Meeting. 26-27 April 2005.* Policy report from the meeting, launched 20 June 2005. The Royal Society, London

Royal Society (2005b). *Full text of open letter to Margaret Beckett and other G8 energy and environment ministers from Robert May, President.* The Royal Society, London http://www.royalsoc.ac.uk/page.asp?id=3834 (last accessed 11 April 2007)

SEPA (2006). 2005 Report on the State of the Environment in China. State Environmental Protection Agency http://english.sepa.gov.cn/ghjh/hjzkgb/200701/ P020070118528407141643.pdf (last accessed 1 May 2007)

Siegenthaler, U., Stocker, T.F., Monnin, E., Luthi, D., Schwander, J., Stauffer, B., Raynaud, D., Barnola, J.M., Fischer, H., Masson-Delmotte, V. and Jouzel, J. (2005). Stable carbon cycle-climate relationship during the late Pleistocene. In *Science* 310(5752):1313-1317

Skjelkvåle, B.L., Stoddard, J.L., Jeffries, D.S., Torseth, K., Hogasen, T., Bowman, J., Mannio, J., Monteith, D.T., Mosello, R., Rogora, M., Rzychon, D., Vesely, J,. Wieting, J., Wilander, A. and Worsztynowicz, A. (2005). Regional scale evidence for improvements in surface water chemistry 1990-2001. In *Environmental Pollution* 137(1):165-176

Soden, B.J., Jackson, D.L., Ramaswamy, V., Schwarzkopf, M.D. and Huang, X.L. (2005). The radiative signature of upper tropospheric moistening. In *Science* 310:841-844

Spahni, R., Chappellaz, J., Stocker, T.F., Loulergue, L., Hausammann, G., Kawamura, K., Fluckiger, J., Schwander, J., Raynaud, D., Masson-Delmotte, V. and Jouzel, J. (2005). Atmospheric methane and nitrous oxide of the late Pleistocene from Antarctic ice cores. In *Science* 310(5752):1317-1321

Srinivasan, A. (2005). Mainstreaming climate change concerns in development: Issues and challenges for Asia. In *Sustainable Asia 2005 and beyond: In the pursuit of innovative policies.* IGES White Paper, Institute for Global Environmental Strategies, Tokyo

Steffen, K. and Huff, R. (2005). *Greenland Melt Extent, 2005* http://cires.colorado. edu/science/groups/steffen/greenland/melt2005 (last accessed 11 April 2007)

Stern, N. (2006). *The Economics of Climate Change – The Stern Review.* Cambridge University Press, Cambridge

Stevens, C.J., Dise, N.B., Mountford, J.O. and Gowing, D.J. (2004). Impact of nitrogen deposition on the species richness of grasslands. In *Science* 303(5665):1876-1879

Stockholm Convention (2000). *Stockholm Convention on Persistent Organic Pollutants* http://www.pops.int/ (last accessed 11 April 2007)

Svensen, H., Planke, S., Malthe-Sorenssen, A., Jamtveit, B., Myklebust, R., Eidem, T.R. and Rey, S.S. (2004). Release of methane from a volcanic basin as a mechanism for initial Eocene global warming. In *Nature* 429(6991):542-545

Tarnocai, C. (2006). The effect of climate change on carbon in Canadian peatlands. In *Global and Planetary Change* 53(4):222-232

TERI (2001). *State of Environment Report for Delhi 2001.* Supported by the Department of Environment, Government of National Capital Territory. Tata Energy Research Institute, New Delhi

Thomas, C.D., Cameron, A., Green, R.E., Bakkenes, M., Beaumont, L.J., Collingham, Y.C., Erasmus, B.F.N., de Siqueira, M.F., Grainger, A., Hannah, L., Hughes, L., Huntley, B., van Jaarsveld, A.S., Midgley, G.F., Miles, L., Ortega-Huerta, M.A., Peterson, A.T., Phillips, O.L. and Williams, S.E. (2004a). Extinction risk from climate change. In *Nature* 427:145-148

Thomas, C. D., Williams, S. E., Cameron, A., Green, R. E., Bakkenes, M., Beaumont, L. J., Collingham, Y. C., Erasmus, B. F. N., De Siqueira, M. F., Grainger, A., Hannah, L., Hughes, L., Huntley, B., van Jaarsveld, A. S., Midgley, G. F., Miles, L., Ortega- Huerta, M. A., Peterson, A. T. and Phillips, O. L. (2004b). Biodiversity conservation - Uncertainty in predictions of extinction risk -Effects of changes in climate and land use - Climate change and extinction risk – Reply. In *Nature* 430: Brief Communications

Trenberth, K. (2005). Uncertainty in hurricanes and global warming. In *Science* 308(5729):1753-1754

UN (2007). *UN Millennium Development Goals.* United Nations Department of Public Information http://www.un.org/millenniumgoals (last accessed 7 June 2007)

UNCTAD (2006). *Review of Maritime Transport 2006.* United Nations Conference on Trade and Development, New York and Geneva http://www.unctad.org/en/docs/rmt2006_en.pdf (last accessed 14 April 2007)

UNECE (1979-2005). *The* Convention on Long-range Transboundary Air pollution website. United Nations Economic Commission for Europe, Geneva http://unece. org/env/lrtap/lrtap_h1.htm (last accessed 14 April 2007)

UNEP (2002). *Study on the monitoring of international trade and prevention of illegal trade in ozone-depleting substances.* Study for the Meeting of the Parties. UNEP/OzL. Pro/WG.1/22/4. United Nations Environment Programme, Nairobi http://ozone. unep.org/Meeting_Documents/oewg/22oewg/22oewg-2.e.pdf (last accessed 17 April 2007)

UNEP (2003). Environmental effects of ozone depletion and its interactions with climate change: 2002 assessment. In *Photochemical & Photobiological Science* 2:1-4

UNEP (2004). Impacts of summer 2003 heat wave in Europe. In: *Environment Alert Bulletin 2* UNEP Division of Early Warning and Assessment/GRID Europe, Geneva http://www.grid.unep.ch/product/publication/download/ew_heat_wave.en.pdf (last accessed 14 April 2007)

UNEP (2006). *GEO Year Book 2006.* United Nations Environment Programme, Nairobi

UNEP (2007a). *Buildings and Climate Change: Status, Challenges and Opportunities.* United Nations Environment Programme, Nairobi http://www.unep.fr/pc/sbc/documents/Buildings_and_climate_change.pdf (last accessed 14 April 2007)

UNEP (2007b). *Partnership for clean fuels and vehicles.* United Nations Environment Programme, Nairobi http://www.unep.org/pcfv (last accessed 7 June 2007)

UNEP/Chemicals (2006). *The Mercury Programme.* http://www.chem.unep.ch/mercury/ (last accessed 14 April 2007)

UNEP/RRC-AP (2006). *Malé Declaration on the Control and Prevention of Air Pollution in South Asia and its Likely Transboundary Effects.* UNEP Regional Resource Centre for Asia and the Pacific, Bangkok http://www.rrcap.unep.org/issues/air/maledec/ baseline/indexpak.html (last accessed 7 June 2007)

UNESCO-SCOPE (2006). *The Global Carbon Cycle.* UNESCO-SCOPE Policy Briefs October 2006 – No. 2. United Nations Educational, Scientific and Cultural Organization, Scientific Committee on Problems of the Environment, Paris http://unesdoc.unesco. org/images/0015/001500/150010e.pdf (last accessed 14 April 2007)

UNFCCC (1997). *United Nations Framework Convention on Climate Change.* United Nations Conference on Environment and Development, 1997 http://unfccc.int/kyoto_protocol/items/2830.php (last accessed 17 April 2007)

UNFCCC (2006). Peatland degradation fuels climate change. Wetlands International and Delft Hydraulics. Presented at *The UN Climate Conference, 7 November 2006, Nairobi* http://www.wetlands.org/ckpp/publication.aspx?id=1f64f9b5-debc-43f5-8c79-b1280f0d4b9a) (last accessed 10 April 2007)

UNFCCC-CDIAC (2006). *Greenhouse Gases Database.* United Nations Framework Convention on Climate Change, Carbon Dioxide Information Analysis Centre (in GEO Data Portal)

UNFCCC (2007). *The Kyoto Protocol website* http://unfccc.int/kyoto_protocol/items/2830.php (last accessed 10 April 2007)

UNPD (2005). *World Urbanization Prospects: The 2005 Revision.* UN Population Division, New York, NY (in GEO Data Portal)

UNPD (2007). *World Population Prospects: the 2006 Revision Highlights.* United Nations Department of Social and Economic Affairs, Population Division, New York, NY (in GEO Data Portal)

UNSD (2007a). *Transport Statistical Database* (in GEO Data Portal)

UNSD (2007b). *International Civil Aviation Yearbook: Civil Aviation Statistics of the World* (in GEO Data Portal)

USEIA (1999). *Analysis of the Climate Change Technology Initiative.* Report SR/OIAF/99-01. US Energy Information Administration, US Department of Energy, Washington, DC http://www.eia.doe.gov/oiaf/archive/climate99/climaterpt.html (last accessed 7 June 2007)

USEPA (1999). *The benefits and costs of the Clean Air Act 1990 to 2010.* US Environmental Protection Agency, Washington, DC http://www.epa.gov/air/sect812/prospective1.html (last accessed 14 April 2007)

USEPA (2006). *Climate Leaders Partners.* US Environmental Protection Agency, Washington, DC http://www.epa.gov/climateleaders/partners/index.html (last accessed 14 April 2007)

Vennemo, H., Aunan, K., Fang, J., Holtedahl, P., Hu, T. and Seip, H. M. (2006). Domestic environmental benefits of China's energy-related CDM potential. In *Climate Change* 75:215-239

Vienna Convention (2007). *The Vienna Convention website* http://ozone.unep.org/Treaties_and_Ratification/2A_vienna_convention.asp (last accessed 7 June 2007)

Vingarzan, R. (2004). A review of surface ozone background levels and trends. In *Atmospheric Environment* 38:3431-3442

Wahid, A., Maggs, R., Shamsi, S. R. A., Bell, J. N. B. and Ashmore, M. R. (1995). Air pollution and its impacts on wheat yield in the Pakistan Punjab. In *Environmental Pollution* 88(2):47-154

Walter, K.M., Zimov, S.A., Chanton, J.P., Verbyla, D. and Chapin, F.S. (2006). Methane bubbling from Siberian thaw lakes as a positive feedback to climate warming. In *Nature* 443:71-75

Watkiss, P., Baggot, S., Bush, T., Cross, S., Goodwin, J., Holland, M., Hurley, F., Hunt, A., Jones, G., Kollamthodi, S., Murrells, T., Stedman, J. and Vincent, K. (2004). *An evaluation of air quality strategy*. Department for Environment, Food and Rural Affairs, London http://www.defra.gov.uk/environment/airquality/publications/stratevaluation/index.htm (last accessed 17 April 2007)

WBCSD (2005). *Mobility 2030: Meeting the Challenges to Sustainability*. World Business Council for Sustainable Development, Geneva

Webster, P.J., Holland, G.J., Curry, J.A. and Chang, H.R. (2005). Changes in Tropical Cyclone Number, Duration, and Intensity in a Warming Environment. In *Science* 309:1844-1846

Wheeler, D. (1999). *Greening industry: New roles for communities, markets and governments.* The World Bank, Washington, DC and Oxford University Press, New York, NY

WHO (2002). *The World Health Report 2002. Reducing risks, promoting healthy life.* World Health Organization, Geneva http://www.who.int/whr/previous/en/index. html (last accessed 14 April 2007)

WHO (2003). *Climate Change and Human Health – Risks and Responses.* McMichael, A.J., Campbell-Lendrum, D.H., Corvalan, C.F., Ebi, K.L., Githeko, A.K., Scheraga, J.D. and Woodward, A. (eds.). World Health Organization, Geneva

WHO (2006a). *WHO Air quality guidelines for particulate matter, ozone, nitrogen dioxide and sulfur dioxide, Global update 2005: Summary of risk assessment.* World Health Organization, Geneva

WHO (2006b). *Solar ultraviolet radiation: global burden of disease from solar ultraviolet radiation.* Environmental Burden of Disease Series No 13. World Health Organization, Geneva

WHO (2006c). *Fuel of life: household energy and health.* World Health Organization, Geneva

WMO (2006a). *Commission for Atmospheric Sciences, Fourteenth session, 2006.* Abridged final report with resolutions and recommendations. WMO No.-1002. World Meteorological Organization, Geneva

WMO (2006b). *WMO Antarctic Ozone Bulletin #4/2006.* World Meteorological Organization, Geneva http://www.wmo.ch/web/arep/06/ant-bulletin-4-2006.pdf (last accessed 17 April, 2007)

WMO and UNEP (2003). *Twenty questions and answers about the ozone layer. Scientific assessment of ozone depletion: 2002.* http://www.wmo.int/web/arep/ reports/ozone_2006/twenty-questions.pdf (last accessed 18 April 2007)

WMO and UNEP (2006). *Executive Summary of the Scientific Assessment of Ozone Depletion: 2006.* Scientific Assessment Panel of the Montreal Protocol on Substances that Deplete the Ozone Layer, Geneva and Nairobi http://ozone.unep. org/Publications/Assessment_Reports/2006/Scientific_Assessment_2006_Exec_Summary.pdf (last accessed 14 April 2007)

World Bank (2000). *Improving Urban Air Quality in South Asia by Reducing Emissions from Two-Stroke Engine Vehicles.* The World Bank, Washington, DC http://www.worldbank.org/transport/urbtrans/e&ei/2str1201.pdf (last accessed April 14, 2007)

World Bank (2006). *World Development Indicators 2006* (in GEO Data Portal)

Wright, L. and Fjellstrom, K. (2005). *Sustainable Transport: A Sourcebook for Policymakers in developing countries, Module 3a: Mass Transit Options.* German Technical Cooperation (GTZ), Bangkok http://eprints.ucl.ac.uk/archive/00000113/01/Mass_Rapid_Transit_guide,_GTZ_Sourcebook,_Final,_Feb_2003,_Printable_version.pdf (last accessed 17April 2007)

Ye, X.M., Hao, J.M., Duan, L. and Zhou, Z.P. (2002). Acidification sensitivity and critical loads of acid deposition for surface waters in China. In *Science of the Total Environment* 289(1-3):189-203

Zellmer, I. D. (1998). The effect of solar UVA and UVB on subarctic Daphnia pulicaria in its natural habitat. In *Hydrobiologia* 379:55-62

Zimov, S.A., Schuur, E.A.G. and Chapin, F.S. (2006). Permafrost and the global carbon budget. In *Science* 312:1612-1613

Zwally, H.J., Giovinetto, M.B., Li, J., Cornejo, H.G., Beckley, M.A., Brenner, A.C., Saba, J.L. and Yi, D.H. (2005). Mass changes of the Greenland and Antarctic ice sheets and shelves and contributions to sea-level rise: 1992-2002.In *J Glaciol* 51(175):509-527

第3章

土地

重要合作作者：David Dent

主要作者：Ahmad Fares Asfary, Chandra Giri, Kailash Govil, Alfred Hartemink, Peter Holmgren, Fatoumata Keita-Ouane, Stella Navone, Lennart Olsson, Raul Ponce-Hernandez, Johan Rockstrom, Gemma Shepherd

其他作者：Gilani Abdelgawad, Niels Batjes, Julian Martinez Beltran, Andreas Brink, Nikolai Dronin, Wafa Essahli, Goram Ewald, Jorge Illueca, Shashi Kant, Thelma Krug, Wolfgang Kueper, Li Wenlong, David MacDevette, Freddy Nachtergaele, Ndegwa Ndiang'ui, Jan Poulisse, Chirstiane Schmullius, Ashbindu Singh, Ben Sonneveld, Harald Sverdrup, Jo van Brusselen, Godert van Lynden, Andrew Warren, Wu Bingfang, Wu Zhongze

本章编审：Mohamed Kassas

本章协调人：Timo Maukonen, Marcus Lee

致谢：Christian Lambrechts

主要内容

人口迅速增长、经济发展和全球市场带来的需求使土地用途发生了空前变化。本章主要内容如下：

过去20年来，农田飞速扩张减缓，但是土地使用强度却大幅度增加：从全球范围看，20世纪80年代，平均每公顷农田的产量为1.8 t，而现在的产量为2.5 t。世界一半以上的人口居住在城市，这在历史上是前所未有的，而这些城市，尤其是发展中国家的城市，正在快速膨胀。城市从广袤而偏远的农村取水并在那里处理废物，而他们对食物、燃料和原材料的需求却对全球都产生着影响。

不可持续的土地利用方式导致土地退化。土地退化与气候变化、生物多样性丧失一起被认为是对生境、经济和社会的威胁，但是在不同的政治局势下，社会对土地退化的各个方面有着不同的看法。无动于衷加剧了土地退化这一长期遗留的历史问题，使土地恢复变得十分困难甚至不太可能。

矿山开采、产品制造、污水排放、能源消耗及汽车尾气排放、农用化学品的使用和废弃化学品堆置产生的泄漏，使重金属和有机化学品等有害持久性污染物不断释放到土地、空气和水中。这是一个有明显政治影响的问题，它对人类健康的影响是直接的而且逐渐被人们所了解，有关部门正在制定更好的制度和法律应对化学污染。工业化国家在治理污染方面已经取得了进步，污染首先出现在这些国家，但是随着工业向新兴工业国家的转移，新兴工业国家还没有采取足够的措施保护环境和人类健康。在世界范围实现可接受的安全水平需要各国加强制度和技术能力，在各个层面纳入并有效执行现有的控制措施。许多数据的严重匮乏程度仍然令人难以接受，即便是像总生产量和化学品应用量这样的替代性数据也是如此。

人类日益增加的需求正威胁着森林生态系统服务。森林开采破坏了生物多样性和水与气候的自然调节能力，损害了一些民族的生存基础和文化价值。这些问题越来越受到人们的关注，随之也出现了各种保护森林的技术方案、法律和非强制性协议（如联合国森林问题论坛（United Nations Forum on Forests）），以及支持这些技术方案、法律和协议的金融机制。过去温带森林减少的趋势得到了扭转，1990—2005年，温带森林每年增加的面积达3万 km^2。随后的热带森林砍伐则继续以每年13万 km^2的速度减少。对人工林进行投资，有效地使用木材，可以补偿天然森林面积的减少。更多森林被选定用来给人类提供生态服务，但是要维护和修复生态系统需要开展创新管理。迫切需要增强能力建设，尤其是基于社区的管理。这一行动的效力取决于良政。

以水土流失、养分缺失、水资源匮乏、盐度增加和生物循环紊乱为形式的土地退化是一个根本性的持久问题。土地退化降低了生产力，减少了生物多样性和其他生态服务，还会加剧全球气候变化。这是一个全球发展问题。土地退化和贫穷是相互促进的，但这一点在政治上并不明显，往往被忽视了。土地退化造成的损害是可以遏制甚至修复的，但这需要各级政府、土地使用者齐心协力进行跨行业长期投资，需要开展研究提供可靠的数据，进行技术调整以适应当地的情况。但是，这一揽子措施很少被尝试过。

大片的热带和亚热带高原在长期耕种过程中很少或不施肥，使土地养分缺失，限制了这

些土地的生产能力。研究结果已经表明，把豆类纳入种植系统形成生物养分循环，能够改善休耕地和农林。但是，人们目前还没有广泛采用这种技术，对于严重贫瘠的土壤，除了从外部供给养料外没有别的补救方法。仅使用农家肥或化肥就可以使每公顷土地的粮食产量从0.5 t增加到6～8 t。集约型农耕制度大量使用化肥，污染了河流和地下水，虽然化肥能带来良好的投入产出比，但贫穷国家小农户没有财力购买化肥。

日益严重的水资源短缺正在损害发展、粮食安全、公众健康和生态系统服务。全球可利用的淡水资源中，有70%蕴藏在土壤里可供植物利用，只有11%的淡水以河流和地下水的形式供人类利用。良好的土壤管理和水管理能大大增加农耕系统的适应性和下游河水的利用程度，但是，目前几乎所有投资都用于取水，其中有70%～80%用来灌溉。要实现解决饥饿问题的千年发展目标，预计到2050年农作物的用水需求将增加一倍。即使用水效率大幅提高，光靠灌溉也无法解决问题。我们需要把政策转向提高旱作农业的用水效率，这样也能对供水源头提供补充。

在局部地区，当土地发生退化，影响到干旱地区的大片土地时，就出现了沙漠化。全球约有20亿人口生活在干旱地区，90%生活在发展中国家。有600万km^2的干旱地区长期被土地退化问题所困扰。由于降雨具有周期性，土地所有权不再适应环境，以及地方管理机构受到区域和全球力量的驱使，这个问题很难解决。必须通过国家、区域和全球政策来应对这些影响。测量生态系统长期变化的指标要保持一贯性，以指导地方层面的行动反应。

对土地资源的需求及可持续性面临的风险可能增加。我们有机遇迎接这项挑战，避免出现可能无法控制的威胁。人口增长、经济发展和城市化将加大对粮食、水资源、能源和原材料的需求；人们消费的粮食不断被畜产品替代，近期还增加了对生物质燃料的使用，这些都加大了对农业生产的需求。同时，气候变化将增加对水的需求，降雨越来越没有规律，加剧了干旱地区的水资源短缺。迎接这些挑战的机遇包括使土地用途多样化，把现有知识用于农耕系统，因为农耕系统同自然生态系统相似而且非常适合当地条件。另外还可以利用技术进步和市场手段提供生态服务，民间团体和私有部门可以开展独立的行动计划。可能无法控制的威胁有生物周期失控、与气候相关的转折点、冲突和政府管理失效。

引言

20年前，由世界环境与发展委员会编写的《我们共同的未来》报告指出，“如果要满足人类的需求，必须保护和培育地球的自然资源。农业和林业使用土地时必须对土地承载力和每年损耗的表土做出科学评估。”这种科学评估尚未展开，科学数据仍然有不确定性。1992年联合国环境与发展大会（UNCED）上，特别是《可持续发展21世纪议程行动纲领》(Agenda 21 Programme of Action for Sustainable Development）对可持续土地管理确定的根本原则还没有在全球范围转化成有效的政策和工具。虽然我们也取得了一些成功，但是可持续发展仍然是我们面临的最大挑战之一。从区域范围看，中国黄土高原和美国大平原地带在长期的不懈努力下有很大一部分得到恢复。

过去20年不断增长的人口、经济发展和新兴的全球市场使土地用途发生了史无前例的变化。在未来50年，预计人口增长和持续的经济发展都可能进一步增加对土地资源的开发（见第9章）。变化最显著的是森林植被及其构成、农田扩张和集约使用以及城市地区的扩展。污染、水土流失和养分缺失等非可持续的土地利用方式使土地发生退化。有些地区则因养分过多造成富营养化，很可能出现供水匮乏和盐度升高。土地退化源自生命赖以生存的生物循环紊乱及其他社会和发展问题。造出“沙漠化”这个词是为了表示干旱地区里各种紧迫而关联的问题造成的戏剧性结果，但是人类活动导致的土地退化则超出了干旱地区或森林的范围。

许多问题与空气或水或两者一起相互影响。本章讲述的水资源问题是与土地管理密切相关的，涉及降雨、地表径流、渗透、水在土壤中的贮存、植物对水的利用（绿水），以及盐、农用化学品和悬浮沉淀物的吸收。与地下水补给和河流（蓝水）有关的部分见第4章。碳的存储和排放主要在第2章做了介绍。图3.1强调了绿水和蓝水的流动情况。

变化的驱动力和压力

引起土地用途变化的主要驱动力包括人口和人口密度大幅增加、生产力提高、高收入与高消费模式、技术、政治及气候变化因素。个人对土地使用的决定也受到集体记忆、个人经历、观念、信仰和理解能力的激发。表3.1中总结了土地用途变化的压力和驱动力，驱动力又分为经过几十年逐步产生影响的慢速驱动力和一年内就能带来影响的快速驱动力（见沙漠化部分）。

改变土地用途的动因也随着时间而改变。例如，亚马逊流域的巴西地区在19世纪末到20世纪中期曾被开发生产橡胶以满足国际市场的

图3.1 绿水和蓝水的全球流量

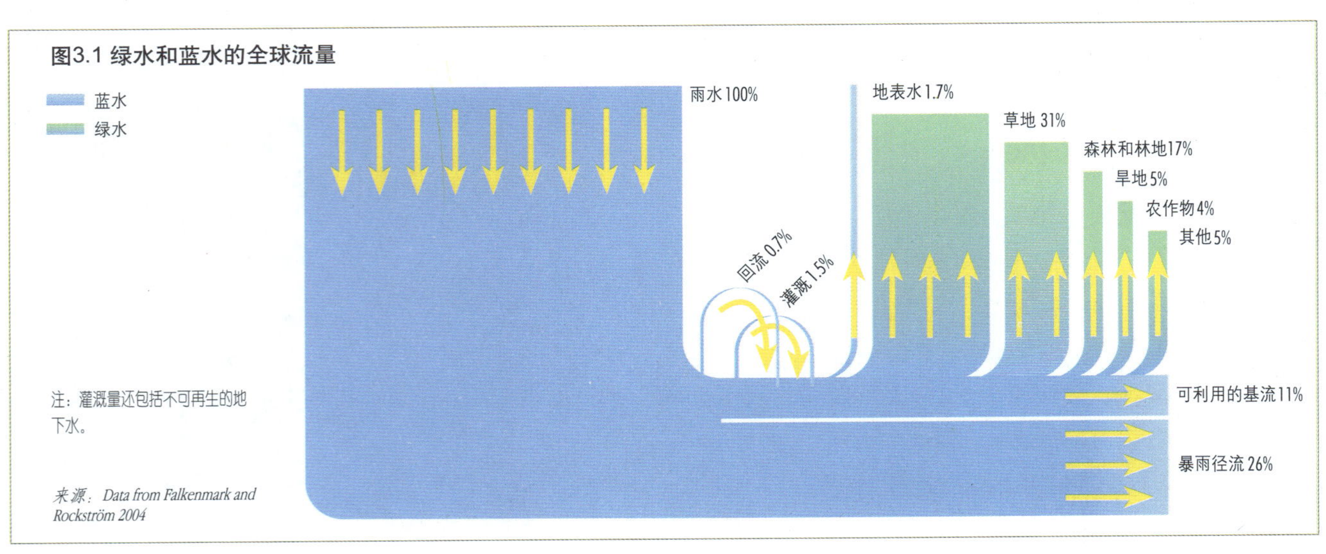

注：灌溉量还包括不可再生的地下水。

来源：Data from Falkenmark and Rockström 2004

需求。在20世纪下半叶，该地区又开垦出大片土地卷入了全国经营牧场的浪潮。现在，面对国内、国际市场需求，巴西对土地利用趋于集约化，并不断把森林开辟为农田，包括转化成草场以提高牛肉产量。

地方需要、附近城市需求和外界经济力量的影响（专栏3.1），影响着土地用途的改变。在世界范围，可靠的历史数据很少，但现有信息表明，过去20年变化最大的是森林，特别是把森林转变为农田、林地、草原以及新出现的人工林。表3.2是以不同类别的土地面积变化为基础，对1987年后全球土地用途变化所做的估计（这个表格没有显示出这些土地类别组成的变化）。

1987年以来，亚马逊流域、东南亚、中非和西非出现了规模最大的森林转换。新造的人工林使欧亚北部森林、亚洲、北美和拉丁美洲局部的森林面积增加（FAO 2006a）。人为原因和自然原因造成的森林退化非常普遍。例如，过去15年，由于非法砍伐和火灾，俄罗斯远东地区的森林退化面积达3万km^2（WWF 2005）。

东南亚、西亚和中亚部分地区，东非大湖地区，亚马逊流域南部和美国大平原耕地面积大幅增加。而一些农地则转变成其他用途：在美国东南部、中国东部和巴西南部地区转变为森林，大部分大城市周围用于城市开发。纵观

表3.1 土地用途变化的压力和驱动力

	人口及管理的变化	市场创造出变化的商机	政策与政治变化	适应能力与脆弱性加剧的问题	社会组织、资源获得和观念的变化
慢速驱动力	人口自然增长；土地地块细分 引起劳动力资源变化的家庭生命周期 过度或不当使用土地	商业化及农业工业化 修建公路改善交通 原料和产品市场价格的变化，如初级产品价格下降、全球贸易或城乡贸易的不利条款 农业以外的工资及就业机会	经济发展规划 不合理补贴，政策导致的价格扭曲及财政激励措施 边区开发（如由于地缘政治原因或维护利益集团） 政府管理不力和腐败 对土地所有权的不安全感	金融问题，如家庭负债增加、无法获得贷款、缺少其他收入来源 私人社会关系破裂 对外界资源或帮助的依赖 对少数民族、妇女、底层人员的社会歧视	对不同土地管理者获得资源的管理制度发生变化，如从公有转为私有、土地所有权、拥有的财产及所有权 对城市的向往加剧 几代同堂的大家庭破裂 个人主义和物质主义抬头 缺乏公共教育，环境信息流通不畅
快速驱动力	自然移民，人口强制迁移 因其他用途减少土地可获得性，如用于自然保护区	资本投资 引起价格变化的国家或全球宏观经济贸易条件变化，如能源价格上涨、全球金融危机 集约使用资源的新技术	政策的快速变化，如货币贬值 政府不稳定 战争	内部冲突 疾病，如疟疾和艾滋病等 自然灾害	征用大片农业土地、大型水坝、森林项目、旅游和野生动物保护等导致丧失对环境资源的权益

来源：Adapted from Lambin and others 2003

表 3.2 全球土地使用——1987—2006 年用途没发生改变的面积（10^3 km²）和发生转变的面积（10^3km²/a）

从 \ 转化为	森林	林地 / 草原	农田	城区	减少面积	增加面积	变化净值
森林	39 699	30	98	2	-130	57	-73
林地 / 草原	14	34 355	10	2	-26	50	24
农田	43	20	15 138	16	-79	108	29
城区	很少	很少	很少	380	0	20	20
合计					-235	235	

注：农田包括耕地和集约化牧场。

来源：Holmgren 2006

历史，1950年以后的30年间，转变为耕地的土地要比1700—1850年的150年里转化的都多（MA 2005a）。

比农地面积变化更为显著的是，自1987年以来，土地使用强度大大增加，因此每公顷土地的产量也有所提高。谷物产量在北美增加了17%，亚洲增加25%，西亚增加37%，拉美和加勒比地区增加40%。只有非洲产量保持在较低的稳定水平。在全球范围，以单位土地和人每个农民的产生计算，谷物、水果、蔬菜和肉类的产量都增加了。20世纪80年代，平均每个农民每年生产1 t粮食，1 hm² 耕地生产 1.8 t 粮食。现在，平均每个农民和每公顷土地分别生产1.4 t和2.5 t粮食。农民人均耕地面积仍然为0.55 hm²（FAOSTAT 2006）。但是，世界人均谷物产量在20世纪80年代达到高峰，从那以后，虽然耕地的平均产量增加了，人均谷物产量却逐渐减少。

乡镇和城市都在飞速扩张。虽然城镇占地面积仅为地表面积的百分之几，但是它们对粮食、水、原材料和废物处理空间的需求控制了周围的土地。城市扩张以农田而非森林为代价，目前，发展中国家为此付出的代价最高。

环境趋势和反应

土地用途的变化对人类福祉和生态服务既有积极影响又有消极作用。农林产品产量大幅增加带来了更多财富，使数十亿人的生存有了更大保障，但是也付出了代价，那就是土地退化、生物多样性丧失和生物物理周期紊乱，如水和养分的循环。这些影响带来了许多挑战和机遇。表3.3总结了土地和人类福祉变化之间的正面联系和负面联系。

森林

森林不仅仅是树木，它是支撑生命、经济和社会的生态系统的一部分。私有森林往往主要用来生产。然而，森林除了向木材、纸浆和生物技术等行业提供直接支持外，所有的森林

表 3.3 土地和人类福祉变化间的联系

土地变化	环境影响	物质需求	人类健康	安全	社会经济
耕地扩张与集约化	生境和生物多样性丧失；土壤对水分的保持和调节；生物周期紊乱；水土流失、养分枯竭、河水盐化及富营养化增加	粮食和纤维产量增加，如过去 40 年粮食产量增加了一倍 对水的需求加剧	与植物和水有关的疾病媒介的传播（如带有血吸虫病的移民） 接触空气、土壤和水中的农用化学品	极端天气事件中洪水、粉尘和滑坡危害增加	生活更有保障，农业产量增加 社会权力结构的变化

表 3.3 土地和人类福祉变化间的联系

土地变化		环境影响	物质需求	人类健康	安全	社会经济
森林、草地和湿地减少		生境、生物多样性、碳储量减少，土壤储水和调节能力下降 生物周期和食物网错乱	资源种类减少 水资源减少，水质下降	森林生态服务减少，包括潜在的新医药产品	极端天气事件和海啸中发生的洪水和滑坡的危险程度增加	林业产品，牧业、渔业产品和应付干旱的储备减少 土著人和当地社区的谋生手段、文化价值和对传统生活方式的支持减少 休闲和旅游的机会减少
城市扩张		水文及生物循环紊乱；生境、生物多样性丧失；污染物、固体废物和有机废物浓度增加；城市热岛效应	获得粮食、水资源和住房途径增加；选择增加，但是对物质需求的满意程度高度依赖于收入	空气污染、供水和卫生条件差，导致呼吸系统和消化系统疾病 与压力和工业有关的疾病增多，中暑发病率升高	犯罪增多 交通运输危险 垃圾封存和有害物占地导致洪水的危害增加	社会经济相互影响以及获得服务的机会增加 对金融资源的争夺加剧 归属感减少，孤立感增强
土地退化	化学污染	土壤和水受到污染	水资源缺乏和不能饮用的水	中毒，人体组织内持久性污染物累积可能引起遗传和生殖问题	接触污染的风险和食物链污染危险增加；在严重的情况下，有些地区变得不适合人居住	健康下降导致生产力降低 被污染系统的生产力下降
	水土流失	土壤、养分、生境和财产损失；水库淤积	粮食和水资源安全受到威胁	饥饿、营养不良和因抵抗力降低容易受到疾病影响 混浊和受污染的水	洪水、滑坡危险 因基础设施损坏出现的事故，尤其是在沿海和河流沿岸地区	财产损失、基础设施毁坏 水库淤积致使水力发电减少 农林业发展减缓
	养分缺失	土壤贫瘠	农林业产量下降	营养不良、饥饿		农业发展停滞、贫困
	水资源短缺	河水流量和地下水补给减少	粮食和水资源安全受到威胁	脱水 卫生条件欠缺，与水有关的疾病	因水资源引起的冲突	发展停滞，贫困
	水的盐度	不毛之地，水资源无法利用，淡水生境丧失	农业产量减少	不可饮用水		农业生产减少 腐蚀和水处理的工业成本增加 对基础设施的破坏

表 3.3 土地和人类福祉变化间的联系

土地变化	环境影响	物质需求	人类健康	安全	社会经济
沙漠化	生境和生物多样性丧失 地下水补给、水质和土壤肥力下降 水土流失、沙尘暴和沙粒侵蚀严重	农牧业产量降低 生物多样性丧失 水资源短缺	营养不良和饥饿 水媒传播疾病，呼吸有关的问题	争夺土地、水资源引发的冲突 洪水暴发和沙尘危害增加	贫困，边缘化，社会经济适应力下降，人口流动
碳循环	气候变化，海洋表面水体酸化（见第2章）	从化石燃料转向生物质燃料与粮食生产发生冲突 生长季变化和歉收风险	与空气污染有关的呼吸道疾病	财产遭受洪水等破坏的风险，特别是在沿海、河流沿岸地区	80% 的能源供给是通过控制碳循环产生的
养分循环	内陆和沿海水域富营养化，地下水污染 磷资源枯竭		食物链中氮或磷的生物聚积对健康造成的影响 不可饮用水		粮食安全和生物质燃料的益处
酸化循环	对土地和水生生态系统造成危害的酸沉降和酸排放 海洋和淡水酸化	淡水鱼资源减少，海洋渔业有进一步崩溃的风险	动植物对有毒金属吸收量增加引发的中毒		对森林、渔业和旅游业造成的经济损失 基础设施和工业设备的腐蚀

都能提供广泛的生态服务。这些服务包括防止水土流失、保持土壤肥力、固定空气中以生物质能形式存在的碳和土壤中的有机碳。森林包含丰富的陆地生物多样性，可以保护集水区，并缓和气候变化。森林还是当地居民的谋生之本，为他们提供燃料、传统药材和食物，而且还是许多文化赖以发展的基础。林业产品丰收给世界森林带来了严重压力。专栏3.1描述了引起森林生态系统变化的主要压力。

森林生态系统的变化

1990—2005年，全球的森林面积以每年约0.2%的速度减少。森林减少最多的地方是非洲、拉美和加勒比地区。然而，欧洲和北美的森林面积却在增加。在亚太地区，森林面积在2000年以后开始增加（见图3.2联合国粮农组织的数据，第6章拉丁美洲和加勒比地区生物多样性及生态系统部分关于森林年度变化的图6.31）。

除全球森林面积的变化外，森林构成也发生了显著变化，尤其是原始森林转变成其他类型的森林（特别是亚太地区）。据估计，过去15年来，原始森林每年减少的面积达5万 km^2，而每年平均增加的人工林和半自然林为3万 km^2。原始森林现在占全球林地面积的1/3（图3.3）。

人们通过管理森林实现森林的各种功能

专栏 3.1 影响森林生态系统的驱动力和压力

引起森林生态系统的变化，尤其是森林和其他土地用途之间转换的原因，有林产品丰收及相关管理活动，自然森林的动态变化，如年龄和结构的变化以及自然干扰。其他驱动力包括气候变化、疾病、入侵物种、虫害、空气污染和农业、采矿等经济活动造成的压力。

造成森林变化的驱动力和压力有很多。

- 人口趋势，包括人口密度、人口流动和增长率以及城乡分布的变化。对木材、薪柴等产品需求以及调节水资源和提供休闲场地的服务需求等趋势给森林施加了外部压力。对森林服务需求的增加速度要快于服务供给速度。
- 林产品价格和国际贸易反映出经济的增长。林业对全球国内生产总值的相对贡献率在过去10年有所下降，从 1990 年的 1.6% 降到 2000 年的 1.2%。
- 文化取向正转向以森林生态服务为基础的文化服务需求。
- 科学有利于改善森林管理，而科学技术则提高了森林生产力和利用效率。

来源：Bengeston and Kant 2005, FAO 2004, FAO 2006a

(图 3.4)：2005 年，全球 1/3 的森林主要用于生产，1/5 用于保护环境，剩余的森林提供社会和其他各种服务。用于生产目的的森林在欧洲所占比例最大（73%），在北美（7%）和西亚（3%）最小。在总的木材产量中，60% 为工业木材，40% 作为燃料。而工业木材有 70% 产自北美和欧洲，薪材中有82%来自发展中国家（FAO 2006a）。非木材类林产品，如食物、饲料、药材、橡胶和手工艺品，越来越受到森林价值评估的重视。在一些国家，这些产品被认为比木材更有价值。

越来越多的森林被指定用于保护环境，部分原因是人们认识到森林能提供宝贵的生态服务，如水土保持、吸收污染和通过固碳调节气候。但是，森林总面积减少和持续的森林退化，尤其是用于生产和多种用途的森林，使这些生态服务的功能一直在减弱。例如，森林固碳的减少速度一直都大于森林面积的减少速度（图 3.5）。

确保森林能够不断地提供商品和服务，对人类福祉和国家经济都至关重要。加大对保护生物多样性的重视更利于改善适应能力、社会关系、人类健康、选择与行动的自由（MA 2005a，FAO 2006a）。改变森林用途对世界的很多贫困人口有着直接而重大的影响。最近对 17 个国家的数据进行了汇总，发现林区农村家庭收入有 22% 来自收割野生食物、薪柴、饲

图3.2 世界各区域森林总面积

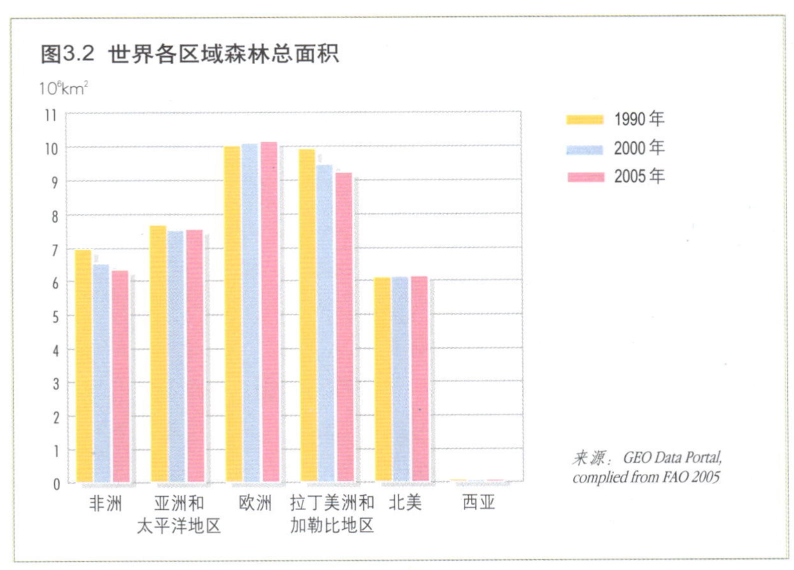

图3.3 世界各区域的原始森林面积

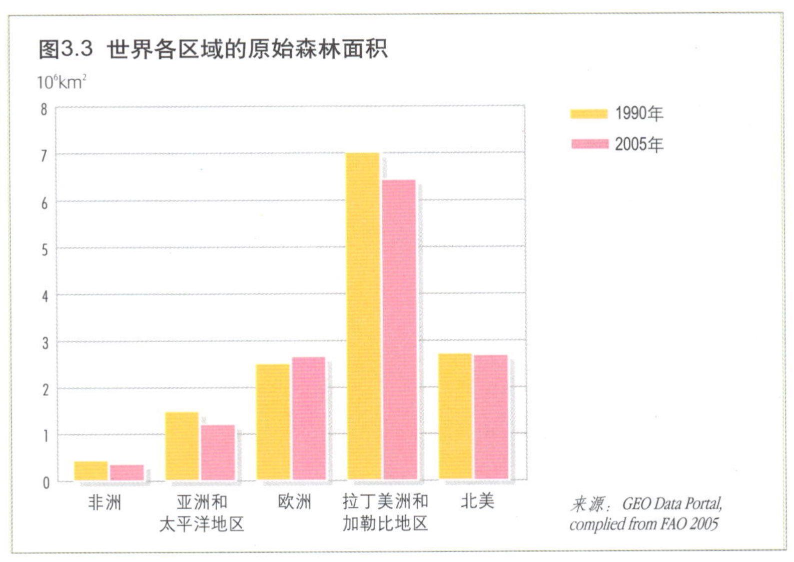

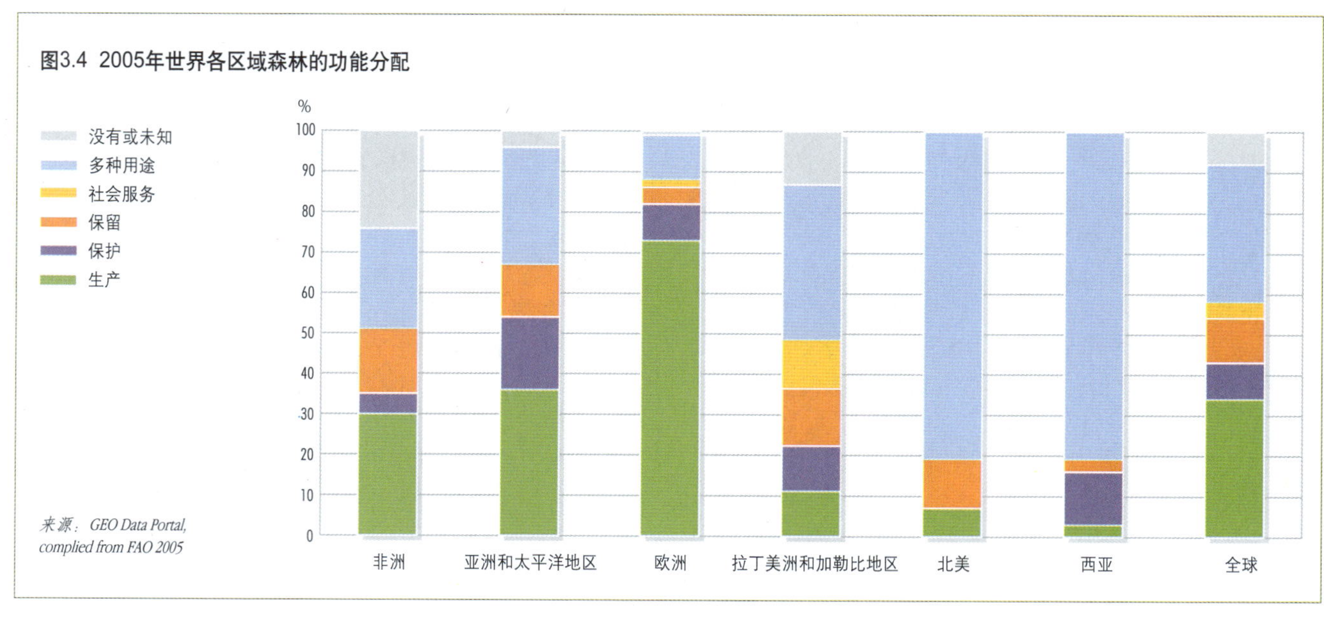

图3.4 2005年世界各区域森林的功能分配

来源：GEO Data Portal, complied from FAO 2005

料和药用植物，这些为贫困家庭创造的收入比例远远多于富裕家庭。对穷人而言，当其他收入来源很少的时候，这就成为一个重要收入部分（Vedeld 等 2004）。

森林管理

虽然森林覆盖和用途的变化有广泛影响，但是在多边公约和其他具有法律约束力或没有约束力的工具和协议中，对森林问题仍然只限于逐步解决。但是，一些针对森林法的执行和管理的区域行动计划却有力地打击了非法活动。林产品生产国和消费国的政府共同组织了区域森林部长级会议（Regional ministerial conference on forests），举办地点分别在东亚（2001）、非洲（2003）、欧洲和北美（2005）（World Bank 2006）。

近 20 年，可持续森林管理的概念不断发展，但现在仍然很难给出清楚的定义。联合国环境与发展大会制定的森林原则（The Forest Principles）指出，“应该对森林资源和林地进行可持续管理，以满足人类现在和未来的社会、经济、生态、文化和精神需求。”其他评价和监测可持续森林管理各要素现状和趋势的框架包括各种标准和指标、森林认证及环境核算。从操作方法来看，很难把关于森林现况与趋势的信息及那些没有流通的、非消费性和无形的森林产品与服务的贡献计算在内。更难的是确定森林价值产生变化的阈值，变化超过这个阈值就被视为显著变化。事实上，评估森林管理可持续性的时间和空间数据往往不够、不相容和缺乏一致性。人们开始更加严肃地考虑鼓励农牧业和森林系统固碳的政策，因为根据《京都议定书》，通过植树造林固碳进行交易是合法的。表 3.4 通过衡量森林面积、生物多样性、森林健康程度及其在生产、环境保护和社会经济方面的功能，总结了可持续森林管理取得的进步。

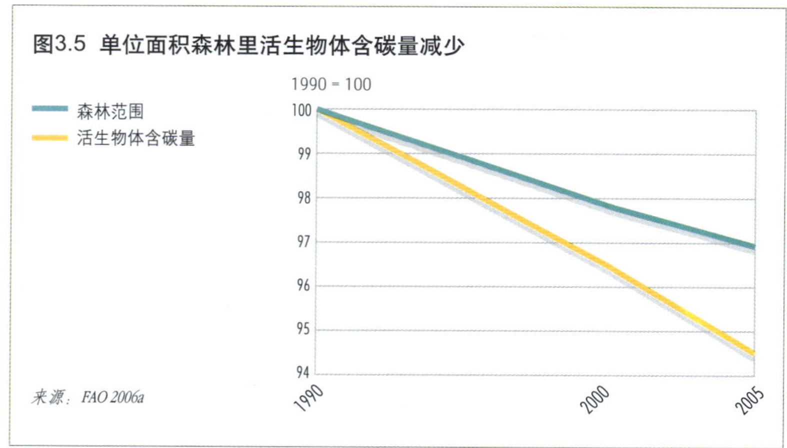

图3.5 单位面积森林里活生物体含碳量减少

来源：FAO 2006a

表 3.4 可持续森林管理取得的进步

有关因素	FRA 2005 年变量或衍生物趋势	数据可获得性	1990—2005 年变化速度 /%	1990—2005 年度变化	单位
森林资源的范围	■森林面积	高	-0.21	-8 351	10^3hm^2
	■其他林地面积	中等	-0.35	-3 299	10^3hm^2
	■森林立木蓄积	高	-0.15	-570	10^6m^3
	■每公顷森林生物质能碳蓄积	高	-0.02	-0.15	t/hm^2
生物多样性	■原始森林面积	高	-0.52	-5 848	10^3hm^2
	■主要用于保护生物多样性的森林面积	高	1.87	6 391	10^3hm^2
	■除生产性森林外的森林总面积	高	-0.26	-9 397	10^3hm^2
森林健康与活力	■受火灾影响的森林面积	中等	-0.49	-125	10^3hm^2
	■受虫害、疾病和其他干扰影响的森林面积	中等	1.84	1 101	10^3hm^2
森林资源的生产功能	■主要用于生产的森林面积	高	-0.35	-4 552	10^3hm^2
	■生产性人工林面积	高	2.38	2 165	10^3hm^2
	■商业立木蓄积	高	-0.19	-321	10^6m^3
	■木材砍伐总量	高	-0.11	-3 199	10^3hm^2
	■非木材林产品（NWFP）的砍伐总量	中等	2.47	143 460	t
森林资源的保护功能	■主要用于保护目的的森林面积	高	1.06	3 375	10^3hm^2
	■保护性人工林面积	高	1.14	380	10^3hm^2
社会经济功能	■木材砍伐总量价值	低	0.67	377	10^6 美元
	■非木材林产品砍伐总量价值	中等	0.80	33	10^6 美元
	■总就业量	中等	-0.97	-102	10^3 人·a
	■私有森林面积	中等	0.76	2 737	10^3hm^2
	■主要用于社会服务功能的森林面积	高	8.63	6 646	10^3hm^2

注：FRA 即联合国粮农组织全球森林资源评估；
■表示积极变化（大于 0.5%） ■表示变化不大（介于 -0.5%～0.5%） ■表示消极变化（小于 -0.5%）

来源：FAO 2006a

地方层面涌现出许多创新管理的例子，尤其是基于社区的管理方法，这些方法遏制了森林退化和森林生态服务丧失的趋势（专栏3.2）。

土地退化

土地退化是指生态系统因干扰而长期丧失生态功能和服务，在没有帮助的情况下系统无

专栏 3.2 巴西亚马逊流域小农户开展的可持续森林管理

从 1998 年起，巴西农民不得不把其土地的 80%（有些特殊地区为 50%）作为森林，成为合法森林保护区。小规模的森林管理使小农户能够利用森林保护区的经济价值。

自 1995 年起，阿克里州的一批小农户在 Embrapa（巴西农业研究中心）的支持下，根据传统的森林实践制定了可持续森林管理体系，从而有了新的收入来源。森林结构和生物多样性在短期的轻微干扰和森林文化作业中得以保持，合理的管理技巧（修剪周期短，低密度收割和动物牵引）正适合小农户作业的条件（管理面积小、人力和投资有限）。

这里讲述的体系用于平均每户拥有 40 hm^2 森林的情况。邻里间的合作协议促使人们方便地获取公牛、小型拖拉机和单人锯木机，提高了产品在当地市场上的价格并减少了运输成本。结果，农民收入增加了 30%。2001 年，这些小农户成立了农村森林管理和农业生产者协会（Association of Rural Producers in Forest Management and Agriculture），在全国推销它们的产品。2003 年，他们从 SmartWood 那里获得了森林管理委员会（Forest Stewardship Council）认证。农民们还开展了调查监测生物多样性。巴西环境与可再生自然资源学院（IBAMA）与亚马逊银行（BASA）把可持续森林管理体系当作同类自然资源管理计划的发展和金融政策的样板。

来源：D'Oliveira and others 2005, Embrapa Acre 2006

法自我恢复。它影响大片的土地表层和全球1/3的人口，穷人和贫困国家受到的影响更大。确凿的证据表明，土地退化与生物多样性丧失和气候变化有关，这两者都是直接原因（Gisladottir和Stocking 2005）。土地退化的直接影响包括土壤有机碳、养分减少，土壤蓄水量和调节能力下降及地下生物多样性丧失。间接地，它会导致生产能力和野生动物栖息地减少。例如，牧场土地退化会扰乱野生动物迁移，使草料发生变化，导致虫害和疾病发生，增加动物对食物和水的争夺。水循环紊乱、远距离污染和沉降使水资源减少。土地退化威胁着可持续发展，人们在过去几十年就已经认识到这个问题，其中包括1992年召开的全球首脑会议和2002年召开的世界可持续发展首脑会议，但是，由于现有数据不完整，特别是有关土地退化的分布、范围和严重性等各个方面的数据欠缺，这个问题一直没有得到积极回应。

全球土壤退化评价（Global Assessment of Human-induced Soil Degradation，GLASOD）是唯一一个提供全面信息的来源，它按1：1 000万的比例尺对广义地形上土地退化的严重性和种类进行了评估（Oldeman等1991）。这份评估报告是根据专家判断编写的，虽然作为第一份全球评估报告其价值无法估量，但后来证明该报告缺乏一致性，不宜再版。而且，该报告没有证实土地退化和粮食产量、贫困等政策标准的关系（Sonneveld和Dent 2007）。

全球环境基金/联合国环境规划署/联合国粮农组织干旱地区土地退化评估项目（Land Degradation Assessment in Drylands，LADA）开展了一项新的定量全球评估，该评估对过去25年净初级生产力（NPP，或生物质能产量）发展趋势做出分析，指出了土地退化的主要发生地区。净初级生产力是根据卫星测量出的不同植被标准化指数（NDVI，或绿色指数）计算得来的。净初级生产力呈负数趋势并不一定意味着出现土地退化，因为土地退化还取决于另外几个因素，特别是降雨。图3.6把净初级生产力的近期变化趋势和雨水利用效率（单位降雨量的净初级生产力）结合起来。面临土地退化危险的地区是那些在过去25年来排除干旱造成的单纯影响外，净初级生产力和雨水利用效率呈下降趋势的地区。对于灌溉区只考虑生物质能，不考虑城市地区。对肯尼亚进行的案例分析展示了这项研究的部分成果（专栏3.3）。

与以往评估不同的是，这种新的测量方法没有把历史遗留的土地退化和现在正在发生的情况混为一谈。由图3.6可见，1981—2003年，全球12%的土地面积出现了净初级生产力绝对

图3.6 1981—2003年以生物质能产量和雨水利用效率趋势衡量的全球土地退化情况

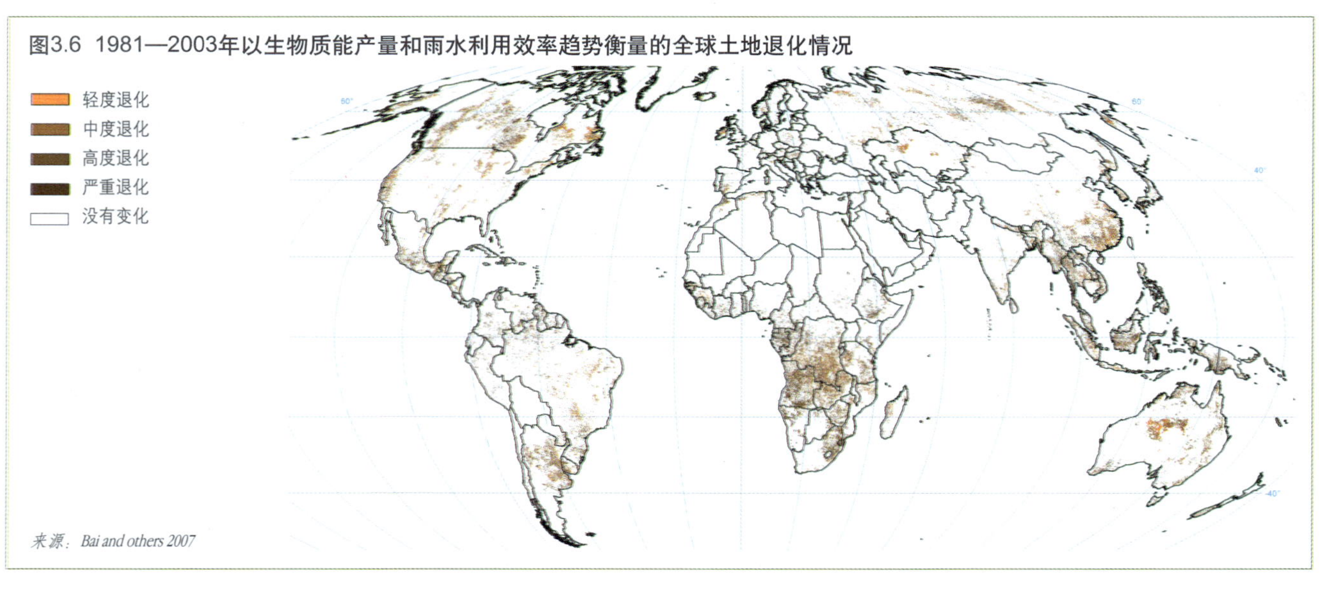

来源：Bai and others 2007

下降，另有1%的土地出现了严重的消极变化。从雨水利用效率看，29%的土地利用效率绝对减少，2%出现了严重的消极变化。受影响地区居住着10亿人口，占全球人口的15%。土地退化地区除丧失农林业生产外，这段时期还损失了约8亿t碳的净初级生产力，也就是说，空气中有8亿t碳没有被固定。而且，向大气中排放的碳要比丧失土壤有机碳和生物质能现存量排放的碳多出1～2个数量级（Bai等2007）。

需要关注的地区包括赤道以南的热带非洲及东南非、东南亚（特别是坡地）、中国南方、澳大利亚中北部地区、中美洲和加勒比地区（特别是坡地和干旱地区）、巴西东南部和彭巴斯草原、阿拉斯加北部森林、加拿大和西伯利亚东部。地中海和西亚周围有历史性退化问题的地区，只有相对较小范围的土地变化明显，如西班牙南部、马格里布和伊拉克沼泽地。把土地退化高发区和土地植被进行比较，我们发现按面积计算，18%的土地退化发生在农田，25%在阔叶林，17%在北部森林。这与森林退化的趋势是一致的，虽然北部森林面积有所增加（见驱动力与压力一节）。这一初步分析有待在干旱地区土地退化评估项目国家案例研究的基础上加以考证，这一研究同时也将确定土地退化的不同类型。

土地变化

化学污染

我们生活的方方面面都要用到化学品，包括工业加工、能源、运输、农业、医药、清洁和制冷。商业使用的化合物多达50 000多种，并且每年以数百种的速度递增。预计未来20年，全球化学品产量将增加85%（OECD 2001）。然而，在化学品的生产和使用过程中并未采取足够的安全措施。化学品释放、产生的副产品和化学品降解，医药产品及其他商品都会污染环境。越来越多的证据证明，这些化学品具有持久性，对生态系统和人类及动物健康造成不利影响。

专栏3.3 肯尼亚的土地退化

肯尼亚80%的地区为干旱地区。该地区25年来生物质能和雨水利用效率变化趋势显示，有两个黑色地区为土地退化高发区：图尔卡纳湖（Lake Turkana）周围的旱区和东部省的大片农地。东部省的农地是近期把农业生产范围扩大到贫瘠土地而产生的（见最下方地图的红色地区）。

图3.7 肯尼亚的土地使用、生物质能和雨水利用效率

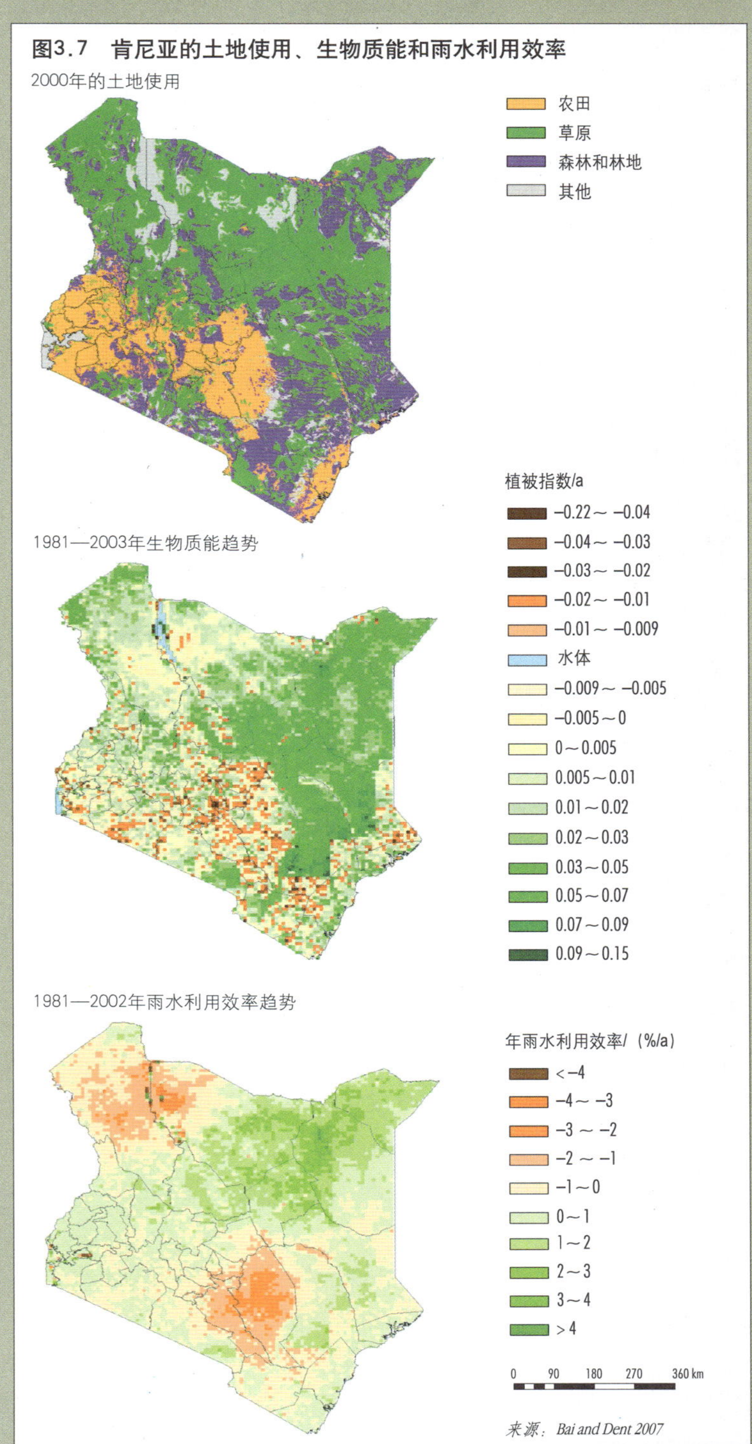

来源：Bai and Dent 2007

图3.8 2003年大气中的PCDD及其沉降

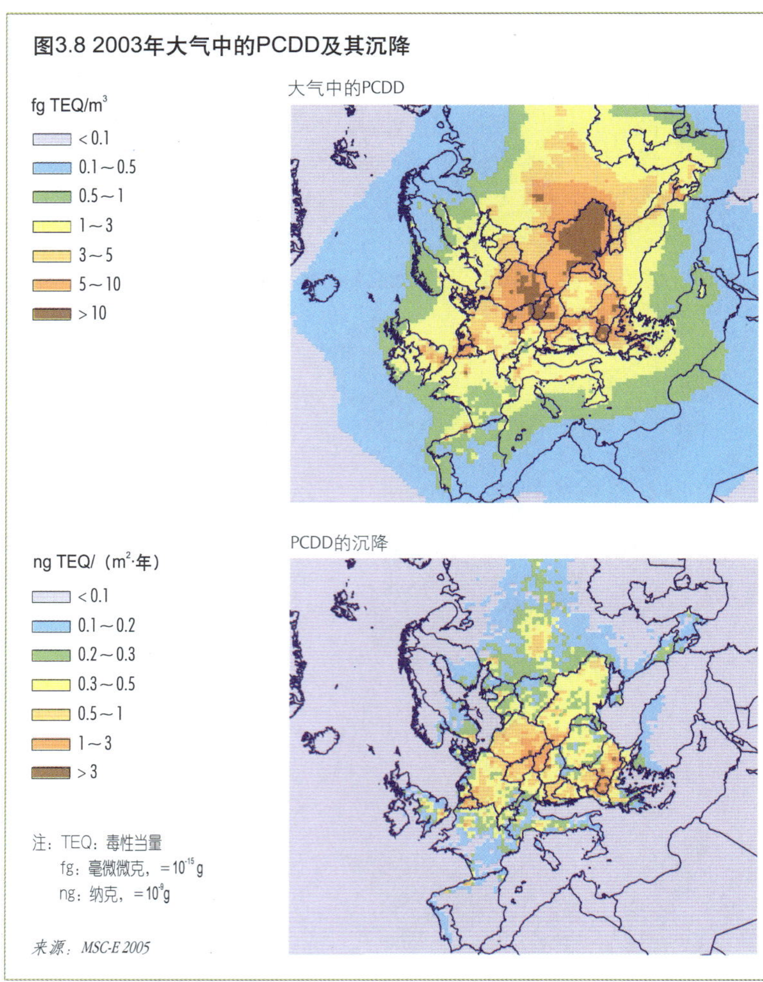

来源：MSC-E 2005

目前，对于化学品的释放数量、毒理特性、对人类健康的影响以及安全暴露限度，还缺乏充分的信息以评价化学品对环境和人类健康的影响。可以通过残留物水平和物质的空间浓度测量或估计化学污染程度，但是，在全球范围和许多地区都缺乏完整的数据。能提供一些信息的替代数据包括化学品总产量，杀虫剂和化肥的使用总量，城市、工业和农业废物产生量，以及与化学品相关的多边环境协议的执行状况。

许多来源的一系列化学品都对土地产生影响，包括城市、工业和农业来源的化学品。污染物包括持久性有机污染物（如DDT、溴化阻燃剂和多环芳烃），铅、镉、汞等重金属，氮氧化物，硫氧化物等。例如，采矿时会用氰化物、汞、硫酸等有毒物质把金属和矿石分离开，剩余物就残留在尾矿中。有毒化学物质可能来自可辨别的点源，如危险废物堆、发电站、垃圾焚烧厂和工业企业；也可能来自面源，如机动车尾气、农业中使用的杀虫剂和化肥，以及含有化学助剂残余的污泥、消费品和药品。

许多化学品长期存在于环境中，在空气、水、沉淀物、土壤和生物群之间循环。有些污染物甚至能经过很远的距离传输到人迹罕至的地方（De Vries 等 2003）。例如，人们发现，北极人群和野生动物体内持久性有机污染物和汞的含量较高（Hansen 2000）（见第 6 章极地部分图6.57）。向大气中排放的化学物质往往沉降到陆地和水面。图3.8是一个模型，显示了2003年欧洲多氯二苯并二噁英（PCDD）排放和沉降分布的结果。

工业和农业化学废物是一个主要污染源，在发展中国家和经济转型国家尤其如此。在非洲撒哈拉沙漠以南许多地区观测到的持久性有毒物质的浓度表明，工农业化学污染在该地区十分广泛。资料显示，非洲曾堆放着含有至少3万 t 废杀虫剂的存货（FAO 1994）。这些堆放物常常会渗漏，而且堆放了有40年之久，它们含有的某些杀虫剂是工业化国家在很久以前就禁用的。在仍然大量使用这些杀虫剂的国家（如尼日利亚、南非和津巴布韦）和对使用这些物质尚未采取有效管制的国家，环境中有毒化学品的浓度将增加（GEF和UNEP 2003）。此外，有毒废物还在不断地出口并堆放到发展中国家。危险废物倾倒仍是一个重要问题，例如，2006年象牙海岸阿比让就发现含有硫化氢和有机氯的炼油厂有毒废物倾倒在那里。尽管1991年非洲地区国家签署了《禁止向非洲输入有害废物并管制有害废物在非洲境内越境转移和管理的巴马科公约》（Bamako Convention on the Ban of the Import into Africa and the Control of Transboundary Movement and Management of Hazardous Waste），但还是发生了这种事件。

过去的所有旧工业中心都遗留下了工业和城市污染问题，这一现象在美国、欧洲和前苏联特别突出。据估计，欧洲大约有200多万处这样的污染场地，这些地方含有的有害物质包括重金属、氰化物、矿物油和氯代烃类等。这些地区中有10万个需要进行环境整治（EEA 2005）。关于人和环境与暴露于污染物的其他信息参见第7章。

越来越多的化学废物来源于日常用品；不断增长的消费继续导致废物产生量不断增加，包括化学废物。大多数城市垃圾采用填埋处理，虽然现在欧洲已开始转向焚烧技术（EEA 2005）。

工业化国家和发展中国家的污染趋势差异日渐明显。1980—2000年，欧洲大部分地区由于采取控制措施减少了向空气中排放的污染物，所以污染物沉降少了。如今，消费活动产生的污染已经超过了主要的工业污染源。虽然，经济合作与发展组织（OECD）国家仍然是最大的化学品生产国和消费国，但是，化学品生产正在向新型工业化国家转移，这些国家30年前几乎没有什么化学工业。这种转移往往没有采取相应的控制措施，增加了向环境中释放有害化学品的危险。

化学品对环境和人类福祉造成的严重后果在过去25年表现得越来越突出。大气污染物除了直接损害人们的健康外，与土壤酸度增加、森林持续减少及河流湖泊酸化也有关系（见酸化循环一节），而且还导致患哮喘等慢性病的负担。世界卫生组织估计，每年有300万人因杀虫剂重度中毒，意外死亡人数多达2万人（Worldwatch Institute 2002）（见第2章空气污染的影响）。

土壤侵蚀

侵蚀是指土壤被水或风带走的自然过程。当土地管理不善使这一自然过程加剧时，水土流失就变成一个问题。土地管理不善包括清除森林草地后种植作物（这会使地表植被覆盖不足），不当耕作和过度放牧。采矿、基础建设和城市发展等活动由于缺乏精心设计和维护的保护措施也会导致水土流失。

失去表层土也就意味着土壤丧失有机物、养分、蓄水能力（见水资源短缺一节）和生物多样性，使这块土地的生产能力下降。流失的土壤常常沉积在不需要的地方，结果会损害基础设施；沉降在水库、河流和江河口，影响水力发电，这些在水土流失现场以外发生的成本往往比农业生产的损失还大。

虽然人们一致认为水土流失是个严重问题，但是对于水土流失范围和严重程度进行的系统测量并不多。水土流失的指标包括荒地、大范围面蚀或通过密集的沟蚀或滑坡导致的表层土损失。风力侵蚀在西亚是个严重问题，影响面积达145万km^2，占该区域面积的1/3。在极端情况下，流动沙丘会侵占农田和居住区（Al-Dabi等1997，Abdelgawad 1997）。人们常常把在小区试验得到的测量数据按照比例进行区域甚至全球范围水土流失的计算，这样得出巨大的水土流失量将在几十年内重新塑造全球地貌，这种计算方法实际上是错误的。非洲报告显示，水土流失速度为5～100 t/（$hm^2 \cdot a$），具体数值因国家和评价方法而不同（Bojö 1996）。Den Biggelaar等（2004）预计，全球每年因土地退化（特别是水土流失）而失去的土地为2万～5万km^2，其中非洲、拉丁美洲和亚洲的减少速度是北美和欧洲的2～6倍。对全球和地区模拟地形、土壤、土地覆盖和气候变量得出的空间数据给出了土地对侵蚀的脆弱性，但这种脆弱性并非实际的土壤侵蚀：决定侵蚀的最重要的一个因素是土地管理水平（专栏3.4）。

养分缺失

养分缺失是指植物所需营养的水平下降，导致土壤肥力降低。这些营养包括氮、磷、钾和土壤里的有机物。养分缺失往往伴随着土壤酸化，这会增加铝等有毒物质的溶解性。养分缺失的原因和结果广为人知：在潮湿气候下，可溶性养分从土壤中滤掉，同时农作物从各处汲取养分。收割庄稼和清除作物残渣会使土壤养分缺失，除非通过粪肥或无机化肥补充养分（Buresh 等 1997）。养分攫取是指养分高度损失而且没有补充。

热带地区土地贫瘠，土壤缺乏植物所需养分是影响热带大部分地区作物生长的最重要的一个生物物理因素。20世纪90年代开展的几项研究表明，许多热带国家土壤存在严重的养分缺失现象，特别是在非洲次撒哈拉地区的国家。多数测算都根据国家或次区域公布的数据估计了养分流量和总量，对土壤养分做出了预算。例如，斯托尔沃盖尔（Stoorvogel）和斯马灵（Smaling）在1990年进行了一项影响力很大的研究，既对1983年以来非洲撒哈拉沙漠以南的38个国家农田的氮、磷、钾进行了计算，并给出了2000年的预测值。几乎在每种情况下，养分投入都少于产出。如果土壤养分缺失持续下去，该地区95万 km^2区域的土地退化将不可逆转（Henao 和 Baanante 2006）。

有人对这种计算方法的根据提出批评，而且就土壤养分缺失的范围和影响展开了辩论

专栏 3.4 彭巴斯草原的土壤侵蚀

雨水侵蚀土壤是拉丁美洲土地退化的主要形式。耕作的土地面积越大，侵蚀状况就越严重，即便在肥沃的彭巴斯（Pampas）草原也是如此。这一直是个难以解决的问题，拿阿根廷西北地区来说，土壤侵蚀导致退耕撂荒。

大规模保护性农耕方式是这里最可喜的进步，与传统耕作相比，在拉丁美洲实施的保护性农耕方式可以增加土壤的雨水渗透。从20世纪80年代到2000年，拉丁美洲实施保护性农耕方式的耕地面积从零增加到25万 km^2，虽然在小型农场这种方法的采用率较低，但阿根廷和巴西的大型机械农场采用率可达70%～80%。

来源：FAO 2001, KASSA 2006, Navone and Maggi 2005

在彭巴斯草原，地表覆盖稀疏的土地在暴风雨时会形成毛沟侵蚀，有些逐渐发展成大的侵蚀沟。

致谢：J.L. Panigatti

津巴布韦一块农田，增加土壤肥力与旁边因养分缺失长势低矮的农作物形成对比。

致谢：Ken Giller

（Hartemink 和 van Keulen 2005），但是针对养分缺失这一现象则达成了广泛的一致。有的地区，养分缺失是因为轮作制度下休耕期缩短，无机化肥的投入很少或没有。在其他地区，以牺牲其他土地为代价，通过生物质能转移保持或提高农田的土壤肥力。当我们更加详细地探索这些差别时，就会有很多包括非农学因素在内的复杂解释，如基础设施、市场准入、政局稳定、土地使用和投资的安全性等。

在大多数热带地区，无机化肥的使用受制于可获得性和成本，虽然无机化肥的投入产出比较高（van Lauwe 和 Giller 2006）。在非洲撒哈拉沙漠以南部分地区，每公顷土地仅施加 1 kg 养料。相比之下，工业化国家施加的土壤肥料要多 10～20 倍，大多数发展中国家的肥料使用率也高出很多（Borlaug 2003）。有充分的证据证明，淋失到地表和地下水的硝酸盐以及流入河流的磷酸盐是造成这些国家水体富营养化的主要原因（见第 4 章）。

水资源短缺

到 2025 年，将有 18 亿人生活在水资源绝对缺乏的国家或地区，世界 2/3 的人口面临用水压力，即水资源面临不能满足农业、工业、家庭、能源和环境用水需求的风险（UN Water 2007）。这将对农业耕作等活动产生重大影响（见第 4 章）。

所有淡水都来源于降雨，大部分雨水贮存在土壤里，通过土壤水分蒸发返回大气中（绿水）。在全球范围，只有 11% 的淡水以河流和地下水的形式供灌溉、城市和工业用水、饮用水和储备水之用（图 3.1）。然而，几乎所有投资都用于管理从河流和地下水获取的水。灌溉农业消耗的淡水资源最多，而且早已充分利用了得不到补充的地下水，其他方面对用水的需求也越来越大（图 4.4）。要实现 2015 年以前使遭受饥饿的人口比例减少一半的联合国千年发展目标，就必须在雨水刚落地的那一刻起开始对淡水资源进行管理。这一刻也是土壤管理决定雨水是否带走表层土，或渗透到土壤供植物利用，或补给地下水和河流的时候。

生态系统和农耕系统用各种方法来适应水资源短缺（表3.5）。除了干旱和半干旱地区，并不存在绝对缺水问题。这些地区大多数年份都有足够的水分供庄稼生长。例如，在非洲东部，气象干旱（由于降雨远远低于平均水平，水分不够庄稼生长的时期）每十年中都发生一次；每隔两三年，生长季就会出现2～5周的干旱期（Barron等2003）。随着政治干旱（由于干旱导致许多过失）变得非常普遍，农业干旱（农作物根区干旱）现在更加频繁。农业干旱比气象干旱更为普遍，因为耕地里的大多数雨水经地表流走，土壤侵蚀削弱了土壤蓄水能力，导致土壤结构不良、有机物损失、质地变差和妨碍作物生根。农田水分平衡显示，事实上只有15%～20%的雨水促进了农作物生长，降落到退化土地上的降水量仅为5%（Rockström 2003）。

降雨不一定是制约庄稼生长的主要因素。大片土地也存在养分缺失的问题（见养分缺失部分）。虽然种植商品粮的农民通过施肥保持土壤养分，但是除非能够控制发生干旱的危险，风险规避型农民并没有对其他防治措施进行投资。

毫无疑问，灌溉是防御旱灾最保险的措施。灌溉农田的粮食产量占全球产量的30%～40%，而且在不到10%的耕地中收获的高附加值农作物远远高于其他农地。用于灌溉的取水量大幅增加，大约占全球取水总量的70%（图4.4）。世界的主要江河中，有1/10的河流在一年的某个时期无法流入大海，主要是因为上游取水灌溉造成的（Schiklomanov 2000）。但是，现在有望对灌溉用水增加采取限制。从投资回报（Fan和Haque 2000）的角度、从土壤除盐平衡角度（见盐度部分）和从生态服务角度来看，进一步开发土地资源的收益很可能是微不足道的。

盐度

干旱地区的土壤、河流和地下水含有相当

表3.5 生态系统和农耕系统对水资源短缺的反应

地区	范围（占全球土地表面的比例）/%	降雨/mm（干旱指数）（降雨量/可能蒸发量）	生长季/天	与水有关的风险	生态系统类型	雨灌耕作系统	风险管理战略
特别干旱	7	< 200（< 0.05）	0	干旱	沙漠	无	无
干旱	12	< 200（0.05～0.2）	1～59	干旱	沙漠—沙漠灌木	畜牧、游牧或季节性放牧	游牧社会，集水
半干旱	18	200～800（0.2～0.5）	60～119	每两年有一次干旱，每年有旱期，强暴风雨	草地	畜牧和农牧：牧场，大麦、小米和豇豆	季节性放牧，集水，水土保持，灌溉
半湿润	10	800～1 500（0.5～0.65）	120～179	干旱，干旱期，强暴风雨，洪水	草地和林地	混合种植：玉米、豆类、花生或小麦、大麦和豌豆	集水，水土保持，补充性灌溉
湿润	20	1 500～2 000（0.65～1）	180～269	洪水，水涝	林地和森林	复种，多为一年生	土壤保持，补充性灌溉
潮湿	33	> 2 000（> 1）	> 270	洪水，水涝	森林	复种，多年生及一年生	土壤保持，排水

注：易发生干旱的旱区突出表示（图3.9）。

来源：Adapted from Rockström and others 2006

数量自然形成的盐，妨碍了动植物汲取水分，容易使道路桥梁坍塌并腐蚀金属。可溶性盐含量超过1%的土壤占400万km^2，或全球土地总面积的3%（FAO和UNESCO 1974-8）。盐度的定义是以土地和水适于使用为标准，农田、饮用水和灌溉水以及淡水栖息地不应该含盐。由于不当的土地使用和管理造成盐度升高。灌溉使用的水远远多于降雨和洪水量，而且用水量几乎总是多于农作物的需要。添加的水本身含盐，而且会溶解土壤里已有的盐。事实上，灌渠漏水、由于地表不平造成积水和不当的排水系统都会增加地下水位。一旦地下水位高度接近土壤表面，水分蒸发导致盐分浓缩，最终可能形成盐壳。

叙利亚幼发拉底河流域因灌溉造成土地盐化。

致谢：Mussaddak Janat, Atomic Energy Commission of Syria

当土地缺少合理的排水系统把盐从土壤中带走时，增加灌溉排水就增加了盐度升高的可能性（专栏3.5）。这就给干旱地区的人民生计和粮食安全造成了威胁，因为干旱地区多数农业生产依赖灌溉，农户用任何能获得的水浇灌土地，甚至在水位高盐分多的土地上也是如此。长此以往就使土地变得失去生产能力。除非灌溉网络大大改进，否则盐度就会上升。

与灌溉导致的盐度升高不同，干旱地区的盐度是由于把地表的自然植被改换为耗水较少的庄稼和草地造成的，因而与以前相比有更多的水渗透到地下水中。带有盐度的地下水水位上升，使更多的盐进入河流，当地下水位接近地表时，蒸发作用就把盐分带到了地表。

世界范围有20%的灌溉农田（45万km^2）受到盐化影响，每年因盐度升高丧失生产力的土地达2 500～5 000 km^2（FAO 2002，FAO 2006b）。以澳大利亚为例，据国家土地与水资源监管局（NLWRA 2001）估计，有57 000 km^2土地面临旱区盐化的威胁，而这一数字在50年后可能增加三倍。地下水位上升造成江河水盐度急剧增加引起了人们的极大关注。据预测，到2050年，将有2万km河流受到盐化的严重影响（Webb 2002）。

专栏 3.5 西亚的灌溉和土壤盐度升高

盐化土地占西亚可耕地总量的22%，各国所占比例从黎巴嫩为0到科威特和巴林55%～60%不等。过度灌溉和海水倒灌进入沿海枯竭的地下蓄水层使土壤盐度不断增加。

过去20年来，西亚灌溉土地从4 100 km^2增加到7 300 km^2，粮食和纤维产量有了提高，但这是以牺牲牧场和不可再生的地下水资源为代价的。可利用的水资源有60%～90%用于农业，但农业对马什里格（Mashriq）地区国家国内生产总值的贡献率仅为10%～25%，在海湾合作委员会（Gulf Cooperation Council）国家贡献率为1%～7%。一般而言，漫灌和犁沟系统的用水效率较低，耗水多的作物水利用率也不高。田地水分损失和运河渗漏的水分超过了灌溉取水量的一半。有的地方取水频率远远超过了补给率，蓄水层很快就枯竭了。然而，由于喷灌滴灌系统成本较高，这一主要高效用水措施的采用一直受到限制。

来源：ACSAD and others 2004, Al-Mooji and Sadek 2005, FAOSTAT 2006, World Bank 2005

生物循环紊乱

水循环、碳循环和养分循环是生命的基础。这些循环的完整性决定了生态系统的健康状况和适应力,以及生态系统提供产品和服务的能力。农业依赖于控制这些循环的部分环节,往往要牺牲同一循环的其他环节。人们已经充分了解了碳循环和气候变化的关系(专栏3.6)。虽然燃烧化石燃料极大地干扰了碳循环,过去150年来空气中增加的二氧化碳有1/3归因于土地用途的改变,这主要是通过土壤流失有机碳造成的。同样,人们已经明确了水土流失和沉积物沉积作用的关系,化肥与富营养化的关系,大气中的硫氧化物、氮氧化物与水土酸性污染的关系。

养分循环:土壤肥力和化学过程有密切的关系。土壤中的许多元素都参与各种循环,包括植物的养分和生长循环、有机物分解、进入地表水和地下水,以及最终流入大海。氮和磷是土壤需求量非常大的养分,人们对未来能否长期获得化学补充物以及由此造成的循环紊乱表示担忧。

大气中很小部分氮通过自然固定用于生物循环,这限制了植物生产,直到20世纪初氮肥开始工业化生产,才改变了这一局面。如今,世界2/3人口的粮食安全要依赖化肥,尤其是氮肥。在欧洲,70%～75%的氮来自合成肥料,在全球范围,这个比例大约为50%。豆类植物也可以固定空气中一部分氮,但土壤中的氮平衡主要来自农作物残余和粪肥。然而,农作物吸收的氮只占氮肥使用量的一半,其余的则渗透到河流和地下水,或排放到大气中。动物粪便中丧失的氮占30%～40%,这部分氮有一半以氨的形式进入大气。荷兰、比利时、丹麦和中国四川省的氮排放量都很高。每年燃烧化石燃料排放的活性氮达2 500万t(Fowler等2004,Li 2000,Smil 1997,Smil 2001)。

从深层地下蓄水层到积雨云,甚至在遭到N_2O破坏臭氧层的同温层,都发现活性氮的浓度有所增加。有人担忧,饮用水中硝酸盐浓度增加会危害健康,特别是对幼儿不利。有充分证据证明氮、磷浓度增加与浅水湖和沿海水域水华有关。两次最严重的水华发生在波罗的海(Conley等2002)和密西西比河口附近的墨西哥湾(Kaiser 2005)。藻类的副产品对动物有毒,而分解大量的有机物要消耗水中的氧气,从而导致鱼类死亡(见第4章)。

酸化循环:有机物分解和燃烧化石燃料时,会向大气中释放二氧化碳、氮氧化物和硫氧化物(见第2章)。熔炼含硫矿石时也会产生硫氧化物。人类活动排放的硫氧化物总量和自然产生量差不多,但是多集中于北部中纬度地区。北美洲东部的大片地区、欧洲中西部以及中国东部,硫氧化物的沉积量达10～100 kg S/($hm^2 \cdot a$)。中欧和北美的部分地区氮氧化物的沉积量超过了50 kg/($hm^2 \cdot a$)。

受这些排放物影响,污染地区降雨的pH为3.0～4.5。在土壤缓冲能力微弱地区,酸雨使更多的河流湖泊呈酸性,伴随而来的是有毒铝和重金属的溶解度增加。自1800年以来,欧洲大部分地区和北美东部的土壤pH已经下降了0.5～1.5。预计到2100年还将再降低1(Sverdrup等2005)。近几十年,加拿大和斯堪的纳维亚

专栏3.6 土壤丧失有机物导致碳循环紊乱

过去两个世纪以来,土地用途改变使空气中的二氧化碳和甲烷排放量大大增加。计算数据特别是对土壤的计算值存在很大的不确定性。森林开垦最初使大量的生物质能丧失,在土壤有机含量高的地区,随着土地转变为草场和农田,土壤有机碳含量逐渐减少。在农业种植过程中,由于有机物的氧化,土壤有机物含量降低到新的更低的平衡点。

富含有机物的潮湿土壤和泥炭排出水分,泥炭燃烧会排放大量的温室气体。例如,伴随森林大火和气候变化的高温会增加土壤有机物和泥炭的分解速度。加拿大泥炭地的有机碳有一半将受到严重影响,永久冻土带的碳循环可能加速。全球变暖也会使目前储藏在永久冻土带的甲烷大量释放出来。

虽然从20世纪中期以来,欧洲和北美的碳排放量有所减少,热带发展中国家的碳排放量却一直在增加,导致全球因土地用途改变而产生的碳排放总量持续增加。亚太地区的碳排放量约占全球排放总量的一半。

来源:Houghton and Hackler 2002, Prentice and others 2001, Tarnocai 2006, UNFCCC 2006, Zimov and others 2006

受酸雨的影响最严重，导致浮游植物、鱼类、甲壳类、软体动物和两栖动物大量减少。有的地区采取污染排放控制和恢复措施减缓甚至扭转了淡水酸化的形势（Skjelkvåle等2005）。20世纪80年代中期对欧洲和北美森林减少的预测现在仍无定论，但酸化可能导致北部森林的生物质减少，如图3.3所示。虽然如此，燃煤产业带来的酸化危险正在加剧，特别是在中国和印度。

酸化不仅仅是空气污染引发的问题。例如，把红树林转变为水产养殖场或用于城市发展时，挖掘富含硫化物的土壤和沉积物或排干其中的水分会出现酸化的极端情况。在这些含有硫酸盐的土壤里，硫酸的pH为2.5，铝、重金属和砷都变成游离态，渗漏到附近的水环境，导致生物多样性大量丧失（van Mensvoort和Dent 1997）。

土地资源管理

化学污染

在日益认识到化学污染的负面影响后，许多工业化国家都进行了严格管理。自1992年联合国环境与发展大会以来，人们普遍认识到化学品和污染物越境转移带来的风险。目前，有17项多边协议和21个政府间组织及协调机制致力于化学品管理问题。《控制危险废物越境转移及其处置巴塞尔公约》（Basel Convention on the International Movement of Hazardous Wastes）、《关于在国际贸易中对某些危险化学品和农药采用事先知情同意程序的鹿特丹公约》（Rotterdam Convention on Certain Hazardous Chemicals in International Trade）及《关于持久性有机污染物的斯德哥尔摩公约》（Stockholm Convention on Persistent Organic Pollutants），都旨在控制那些无法安全管理的危险化学品和废弃物的国际贸易。有关区域协议包括非洲政府1991年通过的《巴马科公约》以及欧盟《关于化学品注册、评估、许可和限制制度》（REACH）（专栏3.7）。

专栏3.7 欧盟保护土壤，防止化学品危害

在欧盟，化学污染物对土壤生物群落和陆地生态系统影响的评估为制定土壤保护政策提供了依据。土壤框架指令（Soil Framework Directive）要求各成员国采取适当措施限制对土壤使用危险化学品，确定污染地点并进行治理。

新的《关于化学品注册、评估、许可和限制制度》（Registration, Evaluation, Authorization and Restriction of Chemicals）于2007年6月生效。该制度要求化学品生产商和进口商证明汽车、服装或油漆等常用产品中的物质是安全的，欧盟生产或进口的化学品特性必须在中央机关备案。

来源：European Commission 2007

我们已经大幅削减对某些有毒化学品的使用，而且正在确认一些更安全的替代品。诸如化工产业发起的责任关怀项目等自觉行动计划鼓励企业不断改进它们在健康、安全和环境方面的表现。许多化工产业在污染物减排方面已经取得了很大进步。

继联合国环境规划署理事会第九次特别会议/全球环境部长论坛（The Ninth Special Session of the UNEP Governing Council/Global Ministerial Environment Forum）后，100多个国家的环境与卫生部长于2006年在迪拜达成了国际化学品管理战略方针（Strategic Approach to International Chemicals Management，SAICM）。这一方针为实现约翰内斯堡可持续发展世界首脑会议实施计划的目标提供了非约束性政策框架。约翰内斯堡实施计划的目标是到2020年，以最佳方式在最大程度上减少化学品生产和使用给环境和人类健康造成的负面影响。这要求人们对污染负责并减少污染。使用化学品和各种物质时要在没有毒性的基础上加以选择，应该尽可能减少废弃物，使用寿命即将到期的产品应再次进入生产，作为制造新产品的原材料。

这些政策工具的使用取决于机构能力和政治意愿。有些情况会影响这些工具发挥的作用，如政治承诺有限、存在法律漏洞、跨部门协调差、执行不力、培训欠缺、沟通不畅、信息量少、未能采取预先防范措施。（直至20世纪90年代，在没有证据证明化学品有害之前，化学品还被认为是清白的。）虽然有关环境承载力控制的法律确定了某些化学品的最大许可释放量，但观测到的化学品浓度常常大大超出了规定限值。另外，在采取预防措施方面还存在某些不确定性。这些不确定性包括突然致使潜在的有毒污染加重的触发机制，拦河坝决裂造成地点变化或掘出材料氧化造成化学状态变化等触发因素。

现有的多边协议和区域协议为遏制和最终扭转有害化学品释放量增加的趋势提供了契机。取得成功的必要条件包括：

- 把预先防范措施彻底纳入化学品营销过程，证明化学品特性的责任由管理者转移到工业企业；
- 在各国建设适当的化学品管理基础，包括法律法规、有效执行和海关控制机制、测试监测能力等；
- 以危害较小的物质取而代之，采用最佳实用技术和最佳环境实践，为发展中国家和经济转型国家采用这些方法提供便利；
- 鼓励生产创新，在农业中使用非化学类替代物，避免产生废物并使产生量减少到最少程度；
- 把与化学品有关的环境问题纳入常规教育课程，学术界和工业界携手合作。

土壤侵蚀

为减轻土壤侵蚀，人们进行了大量尝试，但结果喜忧参半。国家层面的应对措施主要针对立法、信息、信贷补贴或具体的保护计划。地方行动是由土地使用者（Mutunga 和 Critchley 2002）或项目带动发起的。在技术层面，有大量实践证明良好的方法和技术，包括改良植被覆盖、少耕和采用梯田方式。这些有益经验（包括正面的和负面的）记载不多。世界水土保持技术和方法纵览网（World Overview of Conservation Approaches and Technologies，WOCAT 2007）旨在通过收集并分析不同农业生态和社会经济条件下的案例填补这一空缺。但技术通常关注的重点却忽略了应该考虑的更复杂更根本的政治经济问题，而这个问题从20世纪80年代初就有人提出了（Blaikie 1985）。

过去几十年对土地保护进行的大量投资在一些地区取得了成效，但是，除了保护性农耕土地外（专栏3.4），采纳推广措施的进展缓慢，而且往往不是自发的。历史上的一个成功案例是在20世纪30年代，美国发生沙尘暴后，干旱给美国中西部带来大面积的土壤侵蚀，数百万人失去了生计，被迫迁移（专栏3.8）。当时对这个问题的处理方式给我们今天以直观展示和启迪。可以明确的是，要有效预防和控制土壤侵蚀，需要具备知识、有力的社会经济政策、能够提供支持服务号召全民参与的合理制度及给土地使用者以实实在在的利益。采用这一整套措施并持续到后代，这样才会奏效（见专栏3.10和应对沙漠化部分）。

养分缺失

对于缺乏营养的土壤，除了增加必要的养分外别无办法。提高土壤肥力的措施主要是靠谨慎使用无机化肥和有机粪肥补充养料。这种措施在世界很多地方都取得了良好的效果，而且农业产量大幅提高也得益于此。即便使用少量化肥，农业产量也能持续增加 1 ~ 2 倍（Greenland 1994）。例如，尼日尔的高粱产量（未施肥产量为 600 kg/hm^2）在每公顷使用 40 kg 氮肥后增加了1倍（Christianson和Vlek 1991）。然而，使用无机化肥需要资金，对于发展中国家很少能获得补贴的小农户来说，这是一个难以克服的困难。

减少营养制约的土办法有很多，例如灌木式休耕、生物质能输送到农田、在特殊地块添加堆肥和粪肥。但是，面对人口增长压力、劳动力或机械化资金不足，这些办法不能满足对产量的需求。近几年，人们对土地生物过程进行了许多研究，如优化养分循环、减少外部投入、提高养分利用效率。已经研究出的几种技

针对土壤侵蚀和水资源缺乏的水土管理措施。

左图：微型盆地

中间：覆盖层

右图：保护性农耕方式

致谢：WOCAT

术包括多用途豆科植物组合、农林复合经营和改良休耕地等，但是尚未实现科学突破和在小农户中普及。

土壤养分缺失在世界各地不尽相同，因为许多决定性的原因互相影响。不同的养分缺失过程也不一样。我们需要在区域和地方层面掌握更多的空间信息，并需要更好的土壤管理技术改进治理。减少养分缺失提高土壤肥力的技术依土壤和农耕制度的差异而不同。一年生和多年生作物轮作、把林业纳入耕种体系等改善土壤管理的方法，可以保持养分连续吸收，减少流失损失，从而提高养分循环效率。生物固氮作用（把豆类纳入种植系统）可以维持氮储存，但是只有通过可以利用的磷才能固氮，而许多热带土壤的含磷量很低。对于严重缺乏养分的土壤，除了依靠外界供给养料外没有其他治理措施。

水资源短缺

要实现千年发展目标减少饥饿的目标，

专栏 3.8 沙尘暴后的成功故事

20世纪20年代末，美国农业丰收，小麦高价出售使农田面积迅速扩张。在30年代出现旱灾时，美国出现了灾难性的土壤侵蚀，许多农民被迫离开农田。到1940年，离开美国大平原的人达250万。

20世纪30年代期间，美国政府推出了一揽子全面措施，既提供短期救济，减少经济损失，又着眼于长期的农业研究和开发。这些措施包括：

- 农场紧急抵押法（Emergency Farm Mortgage Act）：帮助无力还贷的农民，以避免农场关闭；
- 农场破产法（Farm Bankruptcy Act）：限制银行在危机时刻剥夺农民；
- 农业信贷法（Farm Credit Act）：一种地方银行贷款提供系统；
- 稳定农产品价格；
- 联邦节余救助公司（Federal Surplus Relief）：把商品分配给救助组织；
- 抗旱服务组织：以合理的价格购买受灾地区的牲畜；
- 工程进度管理局（Works Progress Administration）：为850万人口提供就业；
- 重置管理局（Resettlement Administration）：购买农业闲置土地；
- 土壤保护服务局（Soil Conservation Service）：设在农业部下，根据详细的全国土地调查开发执行新的土地保护计划。

这一揽子长期综合措施重建了美国的自然、社会、制度和金融资本。加之充分利用科学技术，美国安然度过了后来发生的旱情，中西部地区现已成为主要农业区。

来源：Hansen and Libecap 2004

不论是靠增加耕种土地面积还是增加灌溉取水，到2015年农业用水需求都将增加50%，到2050年增加1倍(SEI 2005)。粮农组织预测(2003)，2000—2015年，发展中国家的旱地将增加6.3%，到2030年将增加14.3%；2000—2015年，灌溉面积预计将增加近20%，到2030年，增加的灌溉面积将超过30%。世界各处继续兴建大型水坝，因为水坝可以保证对下游的供水供电，但是对能提供水源的流域投资却不多。相反，过去20年水土流失和较高的径流率不断浪费绿水资源，径流率高使基流减少、洪水增加。这也导致水库淤积，斯里兰卡马哈威力河维多利亚大坝（Owen等1987）和加纳伏塔河艾卡索伯水坝（Wardell 2003）的水库淤积就是例证。

尽管灌溉农田的产量总是高于旱区，大片旱地还是有很大的改善空间。在非洲，谷物的平均产量从西非的0.91 t/hm² 到北非的1.73 t/hm² 不等（GEO Data Portal，from FA OSTAT 2004)，而在同样土壤和气候条件下耕作的商品粮农户的收成可达5 t/hm²甚至更多。已证实的部分证据表明，旱地需要增加的产量中有2/3可通过提高雨水利用效率实现（SEI 2005）。对100多个农业开发项目（Pretty和Hine 2001）进行的分析发现，旱地项目的粮食产量增加了1倍，而灌溉田只增加了10%（专栏3.9）。

不论是通过灌溉还是增加种植面积，产量越高意味着作物的用水量越大。但是，有明确证据证明投资于水生产力，即每滴水增加的作物产量，有利于维持下游的供水（Rockström等2006)。合理的土地利用和土壤管理措施能增加地下水补给和河流基流（Kauffman等2007)。

针对水资源缺乏采取的治理措施主要包括径流管理、取水和需求管理。新政策应该着重考虑雨水管理，并解决各方争抢水资源的问题。事实上，利害关系方采取的一揽子互利措施和一致行动应包括：

- 加强土地和水管理机构的能力建设；
- 对教育进行投资，培训土地和水资源管理者；
- 鼓励土地使用者在源头管理供水的奖励机制，环境服务付费也包括在内（Greig-Gran等2006）。

盐度

联合国粮农组织和区域组织已经确立了合

专栏3.9 提高用水效率可增加粮食产量

农田产量低、地表覆盖稀疏会使水分在贫瘠的土壤径流和蒸发作用下未经利用就大量损失。在半干旱地区，产量从1～2 t/hm² 增加一倍时，水的生产效率从每吨粮食3 500 m³提高到2 000 m³。可以通过多种渠道提高用水效率，有些方法在治理土壤侵蚀时做了说明。

- 生长季节短的抗旱作物可以在短生长季种植。
- 可以把田里微型集水池的水引给农作物，在不减少地下水补给的情况下将用水效率提高40%～60%，原理非常简单，就是减少蒸发，使径流聚积在微型集水池直到这些径流渗透到地下。
- 地面覆盖物可以缓冲雨滴撞击，提供有机物，遮挡地面高温，便于土壤里的动物创造渗透性的土壤结构。
- 传统的耕作方式可以用对表层土影响最小的深耕来替代，这种保护性耕作在大量减少引水动力要求的同时提高了土壤渗透性。
- 补充灌溉可以大幅提高农业产量和用水效率，这种灌溉并不是满足作物全部的用水需求，而是帮助作物渡过干旱期。在叙利亚阿勒颇的干旱、中等和湿润年份分别补充灌溉了180 mm、125 mm和75 mm的水，小麦产量的增加比例分别达到400%、150%和30%。可以靠种植区以外的小型集水池来提供这样的用水量。可以以家庭或小规模社区集资方式，利用当地条件和资源来修建这些小型集水池。

来源：Oweis and Hachum 2003, Rockström and others 2006

作项目，减少水渠的水流失，根据作物需要对农田供水，排除多余的水以控制地下水位上升(FAO 2006b)。然而，在管理改善灌溉网络方面，特别是排水和农场内灌溉的投资，与对水资源分配的资本投资相差甚远。

旱地盐度增加是由地形水文平衡变化引起的，其中降雨变化所起的作用同土地用途改变一样重要。为减少地下水补给而零星地植树、开展作物管理，对抑制高出几个数量级的地下水流动系统无济于事。对于这两种措施，成功干预需要掌握地下水流动系统的构造和动力方面的信息（Dent 2007），以及对于相应信息做出反应的技术能力。如同土壤侵蚀问题一样，对技术问题的关注转移了人们对一些广泛问题的注意，如水权和付费制度，管理机构的能力建设和国家、跨国协议的执行。土壤盐度增加有时只是公共资源管理失效的内在表现。

生物循环紊乱

欧洲、北美等地养分过剩的现象促使法律对施加粪肥和化肥规定了限值。例如，欧盟氮指令（EU Nitrate Directive）（欧盟委员会指令91/676/欧洲经济共同体）规定，地下水容易发生氮污染的地区限制使用氮肥。该指令生效10年后开展的一项评估发现，改善一些农业实践对提高水质产生了积极影响，但是，该评估强调，在众多农场改善传统做法后，需要相当长一段时间，当地水质才能发生适当改善(European Commission 2002)。

欧洲和北美减少酸性气体排放量是近几十年的一个成功典范。这项工作涉及国内制定法律法规、部分工业创新实践和开展国际合作(主要见第2章)。包括的协议有1979年联合国/欧洲经济委员会签署的《远程越境空气污染公约》和《加拿大—美国空气质量协议》(Canada-US Air Quality Agreement)。欧洲经济委员会大会在1988年采纳了“临界负荷”的概念，1999年签定的《哥德堡议定书》(Gothenburg Protocol)对SO_x和NO_x的排放进行控制，根据最新证据确定了它们的临界负荷值。

实施鼓励使用清洁燃料和烟气除硫的清洁空气法及重工业的停产，特别是在东欧和前苏联地区的重工业停产后，1990—2000年，全球二氧化硫排放量减少了2.5%（GEO Data Portal, from RIVM -MNP 2005）。但是，很多地方的酸沉降仍然大大超过了临界负荷(如尼泊尔、中国、韩国和日本)，而且全球的排放总量在新兴工

管理改善灌溉网络方面的投资与对水资源分配的资本投资相差甚远。

致谢：Joerg Boetbling/Still Pictures

直升机在瑞典一个酸化的湖泊上空撒石灰。

致谢：*Andre Maslennikov/ Still Pictures*

业化国家的推动下再次增加（图2.8）。仅中国排放的二氧化硫就占全球排放总量的1/4（GEO Data Portal，from RIVM-MNP 2005），而且其燃煤工业的发展很可能使酸性气体排放量大幅增加（Kuylenstierna 等 2001）。许多国家实施了长期脱硫计划，以减轻内陆水域酸性物质增加。

在对土壤酸性水排放的控制方面，只有澳大利亚实施了具体的规划和规定，以防止硫酸盐土壤形成。对于矿山及其土地排出的含硫酸盐废水或废弃物堆场的酸性废水，人们通常采用的措施是用石灰治理酸性土壤，但是澳大利亚昆士兰最近通过调节恢复涨潮为整治酸性土壤提供了最新范例。在这个例子中，现有酸性被潮水中和，重建的潮汐系统阻止了酸的进一步形成（Smith 等 2003）。

沙漠化

沙漠化的范围和影响

当个别土地退化过程发展到共同影响当地大片旱地时就出现了沙漠化。根据《联合国防治荒漠化公约》（UN Convention to Combat Desertification，UNCCD），沙漠化是指干旱、半干旱和半湿润地区的土地在气候变化、人为活动等各种因素作用下发生土地退化的现象（UNGA 1994）。沙漠化在贫困国家最为明显，这些国家错综复杂的社会经济和生物物理过程给土地资源和人类福祉造成了不良影响。旱地占地球陆地表面的40%（图3.9），并供养着20亿人口，其中有90%生活在发展中国家（MA 2005b）。但是，沙漠化也不仅是发展中国家的问题，欧洲地中海地区的1/3土地（DISMED 2005）和美国85%的牧场都面临沙漠化的威胁（Lal 等 2004）（更多关于旱地的问题见第7章）。

沙漠化威胁着干旱地区农村人口的生计，尤其是那些以牲畜、庄稼和薪柴为生的贫困人口。在不新添大量肥料的情况下把牧场转变为农田，会持续显著削弱土地生产力，减少生物多样性，同时还伴随着水土流失、养分枯竭、盐度增加和缺水问题。2000年，旱地人均可利用淡水量为1 300 m^3/a（远远低于人类正常生活所需的最低估计水平2 000 m^3/a），而这一数字还可能进一步缩小（MA 2005b）。根据人类幸福发展指数（indicators of human well-being and development），位于干旱地区的发展中国家落后于世界其他地区。例如，干旱地区发展中国家的婴儿平均死亡率（54‰）比非旱区发展中国家高23%，是工业化国家的10倍。

《联合国防治荒漠化公约》《生物多样性公约》和《联合国气候变化框架公约》都指出了这个问题的严重性。非洲发展新伙伴关系（New Partnership for Africa's Development）强调，要把治理沙漠化作为减贫战略的一个重要组成部分。然而，干旱地区孤立于发展主流之外，甚至对“沙漠化”这个词的争议使防治沙漠化的投资和行动停滞不前。大众媒体刊登的关于“沙漠侵蚀”的文章触目惊心，引发了人们对沙漠化的争论，20世纪60～80年代发生的一连串干旱，使关于沙漠化的争论更加激烈（Reynolds 和 Stafford Smith 2002）。

沙漠化取决于地方、国家和区域层面的各种社会、经济和生物物理因素（Geist 和 Lambin 2004），促进沙漠化再次发生的因素也包括国家农业政策，如土地再分配及市场自由化、不再适应管理要求的土地所有制和引进技术不当。一般而言，导致沙漠化的直接原因是农田牧场扩张、森林开采加剧。鼓励可持续发展的国家和地方政策必须考虑到从家庭到国际的各层驱动力。当全球贸易不平衡等间接动力看起来与贫瘠土地关系不大，而又缺乏合理的自下而上的决策机制时，就很难做到兼顾各种因素。

沙漠化是连接成片的土地退化，超越了基本生态系统自我修复的界限，需要更多的外部资源帮助恢复。生态系统过去能够抵抗干扰，而如今这些干扰因素使生态系统变得脆弱，超过临界点，从而使其失去了恢复能力，导致它很难自我恢复（Holling 等 2002）。生态系统适应力降低往往伴随着社会适应力和调节能力的衰退，处于弱势的人们束手无策，只能利用有限的资源（Vogel 和 Smith 2002）。例如，当树木被砍伐后，公共绿地（树木—作物—牲畜综合体系）恢复能力降低会使土地暴露于侵蚀影响。适应性管理的目的是通过保持生态系统的恢复能力防止生态系统超过这些临界点，而不是单纯追求产量或利润等狭隘目标（Gunderson 和 Pritchard 2002）。

虽然自从使用“沙漠化”这个词以来就有人提出过沙漠化指标（Reining 1978），但由于在大范围和长时间内缺少一致的测量方法，使人们无法进行可靠的评估。从长期来看，生态系统受缓慢变化的生物物理因素和社会经济因素支配。与快速变量（如作物产量或草场产量）指标相比，缓慢变量（如森林植被覆盖率和土壤有机物的变化）的可测量指标能更准确地说明生态系统的状态和特点，因为快速变量对短期事件非常敏感。目前还没有用测量缓慢变化的方法对国家或全球沙漠化做过系统评估。一些遭受旱灾打击，被认为处于永久性退化的地区后来也恢复过来，至少从绿色植被的数量来看已经恢复了，虽然其物种构成已经发生了变化。例如，粗分辨率卫星数据显示，继 20 世纪80年代初的几次干旱后，萨赫勒地区土地在 90 年代大规模变绿（图 3.10）。部分地区降雨增多可以对此提供解释，而城市移民带来的土地用途变化和土地管理方式改进也发挥了一些作用（Olsson 等 2005）。我们需要用系统和跨学科方法提供更明确的经验证据，这将有利于制定有效的重点干预政策。

植被减少、土壤贮水能力下降及沙尘的产生（Nicholson 2002，Xue 和 Fennessey 2002）导致沙

图3.9 旱区——年降水量与可能蒸发量之比的长期平均值

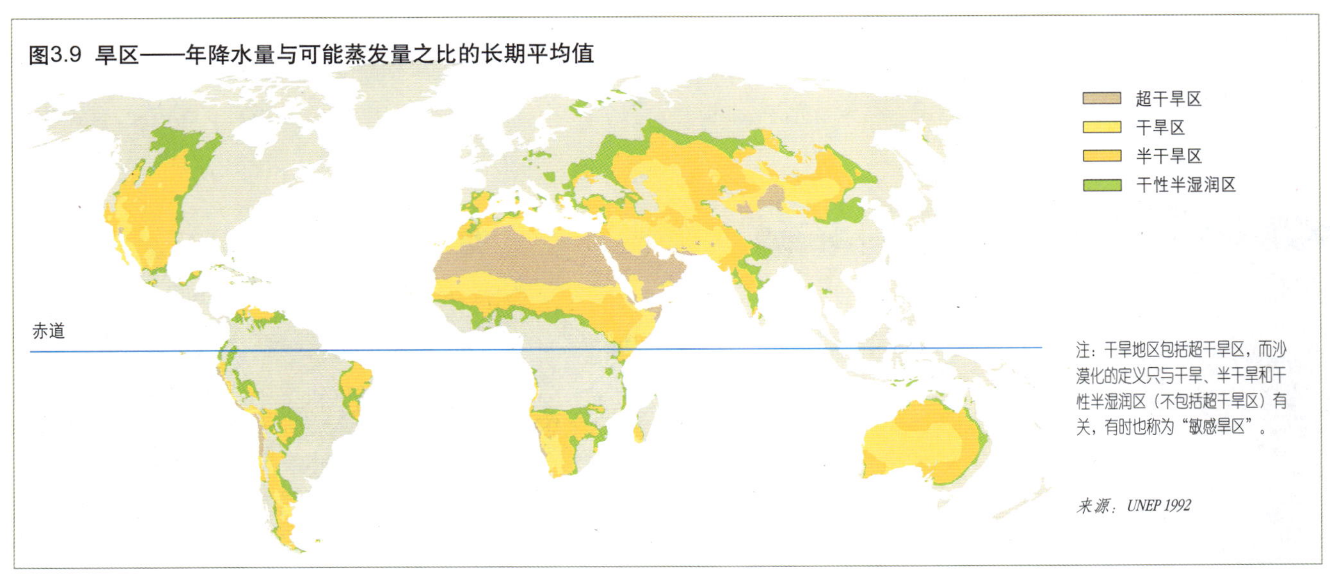

注：干旱地区包括超干旱区，而沙漠化的定义只与干旱、半干旱和干性半湿润区（不包括超干旱区）有关，有时也称为“敏感旱区”。

来源：UNEP 1992

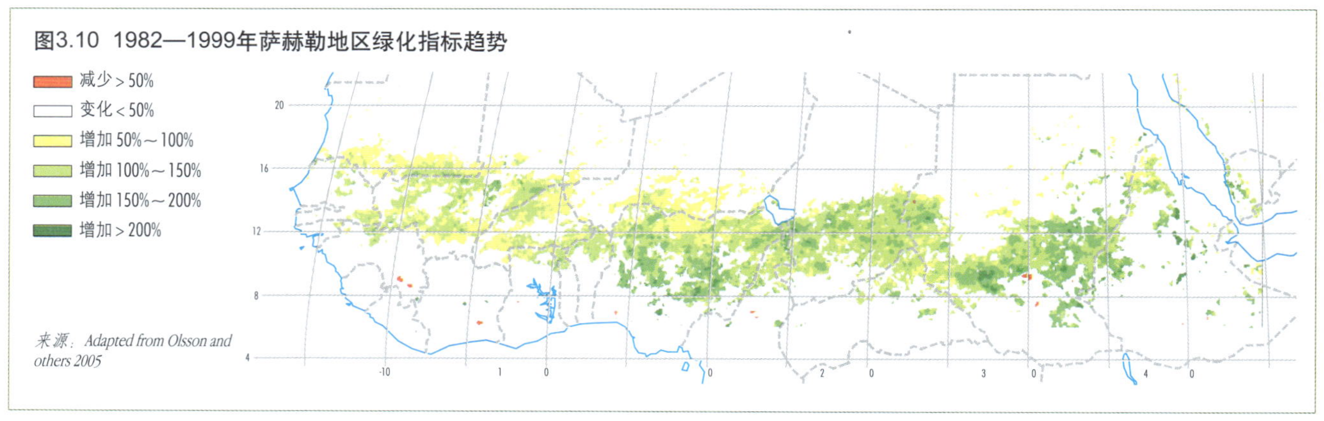

漠化，进而影响到区域气候，这一观点目前尚无定论。沙尘的远距离输送有利有弊。一方面，它作为铁的来源，有可能还含有磷，是一种全球性化肥，为西非的农田森林（Okin 等 2004）、亚马逊流域东北部和夏威夷的森林（Kurtz 等 2001）以及大洋（Dutkiewicz 等 2006）提供了养分。另一方面，沙尘可能造成毒性藻类水华，不利于珊瑚礁生长并引起呼吸系统疾病（MA 2005b）。一般来说，退化农田的尘土对全球沙尘负荷的贡献率还不到 10%（Tegen 等 2004）。在乍得北部和中国西部等地出现的沙尘有 90% 是由自然过程产生的（Giles 2005，Zhang 等 2003）。

防治沙漠化

1994 年签署的《联合国防治荒漠化公约》引领了全球治理沙漠化行动，目前已有 191 个国家签署了该公约。沙漠化治理已经发展成一个追求良政、联合非政府组织、改良政策、将传统知识与科学技术融合的过程。79 个国家已经制定了国家行动计划，现在已经制定了九个针对越境问题的次区域行动计划和三个区域主题网络（UNCCD 2005）。沙漠化治理行动现在从意识提高和计划制定扩大到落实土地复垦项目并提供财政资源（见第 6 章非洲和西亚部分）。中国很早就开始对退化严重的黄土高原实施了国家层面的复垦努力，虽然黄土高原地区同期降雨量有所减少，但是，全球土地退化和改善评估（Global Assessment of Land Degradation）展示了这一行动开展 20 年来生物质能不断增加的趋势（Bai 等 2005）。自 20 世纪 90 年代以来，中国每年有 3 440 km² 的土地面临沙化威胁。从 1999 年开始，每年复垦的土地达到 1 200 km²（Zhu 2006）。

沙漠化是一个全球发展问题，它所到之处，人们被迫离开家园。然而，由于沙漠化问题的实质和范围以及在不同环境下什么样的政策和管理策略能够奏效都没有定论，有关政策

中国的沙地扩张和沙漠治理。左图：2000 年；右图：2004 年种植的树木为新疆白杨。

致谢：*Yao Jianming*

专栏 3.10 应对沙漠化的行动

沙漠化治理行动主要集中在解决干旱、粮食短缺、牲畜死亡和反映气候循环的固有变化等方面的问题。经验表明，政策行动必须把多种因素结合起来着眼于长期问题。

1. 政府的直接行动

- 有效的预警、评估和监测：把遥感和重点指标实地调查相结合。长期在不同范围对指标进行连贯测量。
- 把环境问题纳入各级决策主流：旨在增加系统的恢复能力和调节能力，在系统越过生物物理或社会经济临界值前进行干预（预防胜过治理，而且成本较低）。制订政策时要把对所有的生态系统服务评估考虑在内。

2. 公共和私有部门的参与

- 科学与交流：把科学技术和当地的知识结合起来，更好服务于监测、评估和自主学习，特别是用于那些阻碍行动的不确定因素上。对所有的利益相关方有效宣传这些知识，包括对青年、妇女和非政府组织。
- 加强生态系统管理的制度建设：对能够在不同范围（从地方集水区到大河流域）运行的制度给予支持，这些制度能够使生态系统发挥作用，鼓励制度学习、能力建设和所有利益方的参与。努力发挥各公约的协同效应，包括《联合国防治荒漠化公约》《联合国生物多样性公约》《拉姆萨尔公约》（Ramsar Convention）、《濒危野生动植物物种国际贸易公约》（Convention on International Trade in Endangered Species）、《保护迁徙物种公约》（Convention on migratory Species）和《联合国气候变化框架公约》。找出机制的交叉部分，加强能力建设，使用需求驱动研究方法。

3. 把握机遇，开发市场

- 推动多样化的谋生手段：把握不直接依赖农作物和牲畜的各种经济机遇，通过太阳能、水产业和旅游业等手段利用旱区充沛的阳光和空间。

来源：Reynolds and Stafford Smith 2002, UNEP 2006

和行动也被搁置一旁。我们迫切需要对沙漠化过程以及在不同规模不同情况下的干预影响进行大量系统的研究以指导未来的工作。我们需要加强地方技术和管理的能力建设（专栏3.10），应用科学解决重点关注的疑难障碍，把科学技术和当地的知识相结合，提高评估、监测和自主学习的严谨性。

挑战与机遇

自从《我们共同的未来》出版以来，经济增长在很多方面带动了环境改善，例如对先进技术的投资成为可能，发达国家取得了非常显著的进步。但是许多全球趋势仍然十分严峻。

越来越多的证据证明，目前很多发展都是非可持续的，在联合国环境与发展大会的召唤下，全球重点已经放在了推动可持续发展的国家战略上。1997年联合国大会特别会议把2002年定为制订执行国家战略目标的最后期限。然而，很多因素阻碍了我们采取有效措施，如信息获取渠道有限，面对复杂的土地使用问题机构能力不足，缺乏广泛参与和响应者。只有决策者现在付出政治成本才能抵消未来其他人付出的成本。可持续战略需要有研究支持，为生物物理、经济社会的长期指标提供可靠数据，这需要开发适应地方环境的技术或进行必要的调整。

以保护环境而非可持续发展为驱动的战略很少对行动需要的支持提出要求（Dalal-Clayton和Dent 2001）。成功方案不仅要解决环境问题，而且会考虑到环境同涉及百姓的经济社会问题的关系。例如，许多地方正在实施流域开发计划，保证供水和保护水力设施，还有许多多方利益相关者项目旨在对生物圈和森林储备进行可持续利用，有的项目还兼顾土著居民的权利和需要。

展望2050年，我们看到与土地相关的两大挑战：不可避免的主流趋势和无法预知的危险警告，而这些趋势和警告会给人类社会造成严重影响，因而必须采取预先防范措施。

挑战：土地使用主流趋势

争夺土地资源

根据有关预测，到2050年世界人口将增加到90多亿，要实现解决饥饿问题的千年发展目标，全球粮食产量将需要增加一倍。此外，人们的饮食习惯继续从谷物转向肉类，加之各种过度消费和浪费，粮食需求量将是现在的2.5～3.5倍（Penning de Vries等1997）。然而，虽然平均产量在增加，全球人均粮食产量在20世纪80年代达到顶峰后却开始缓慢下降。其中的原因包括欧盟等产量过剩地区的农业政策，目前的粮食生产技术已经到达顶峰，土地退化，城市基础设施扩张使土地减少，其他土地用途引起的市场竞争（图3.11）。

我们满足未来农业需求的能力受到了挑战。主要的生物物理约束与水资源、养分和土地本身有关。水资源短缺在许多地方都已非常严重，农业取水量已经占河流和地下水用水的最大部分。其他方面的用水需求也在加剧，特别是城市供水（见水资源短缺部分）。

近几十年粮食产量增加主要是集约化生产造成的，并非耕种面积增加。集约化耕种包括技术改良，如植物育种、施肥、虫草害控制、灌溉和机械化作业。全球粮食安全在很大程度上依赖于化肥和化石燃料。成熟的农业体系对现有技术的应用已经达到极限，这些技术已经使用了几十年，产量也可能达到了峰值。虽然贫困国家有土地可以利用这些技术，但大多数小农户现在却用不起化肥，而能源成本上涨、磷酸盐因资源枯竭也拉高了化肥价格。对土地其他用途的争夺也限制了粮食产量，重要的一项是维护生态服务，大片土地可能会保留下来用于保护目的。

未来20年气候变化将影响农业产量，对各区域的影响各不相同，这是人们的共识。这些变化可能会增加农作物对水的需求；降雨日益反常会使旱地水资源短缺状况恶化（Burke等2006）。确定供人类消费所需的现有生物生产力，需要对全球农业、牧业和人类占地生产力进行更准确的计算（Rojstaczer等2001）。面对各种不确定性，保护良好的耕地、遏制过度消费趋势和开展必要的深入研究将是明智之举。

生物质能源生产

在多数严格遵守碳排放限制的全球能源假设情景中，生物质燃料都被认为是一个重要的新能源。据《世界能源展望2006》（World Energy Outlook 2006）（IEA 2006）预测，到2030年用于生产生物质燃料的农田面积将从目前的1%增加到2%～3.5%（在利用当前技术的条件下）。农业从粮食生产到生物质燃料生产的重大转变说明了一个突出矛盾，这在粮食期货市场早有体现（Avery 2006）。林产品和粮作物中的非食品纤维成分是非常有潜力的能源来源，但是有关技术成本太高，无法与目前化石燃料价格竞争，同时农作物的非食物成分对保持土壤有机质也发挥着重要作用。

城市化与基础设施的发展

现在世界人口有一半生活在城市，对环境和人类福祉既有正面影响，也有负面作用。人口密集的城市要比无度扩张的郊区用地少，使用公共交通更为方便，交通、供热等能源利用效率较高，利于废物减排和循环利用。农村建造房屋和基础设施经常与农业、休闲、生态服务等其他土地用途发生冲突，在快速工业化国家尤其如此（IIASA 2005）。

但是，城市往往建造在基本农田上，土壤养料不断从农田转移到城市，很少或没有回流。粪便和食品废物堆积既构成了污染源，也浪费了资源。城市变成污水源头，径流和其他形式的废物也成为环境问题，常常影响到周围

图3.11 可耕地和粮食种植面积

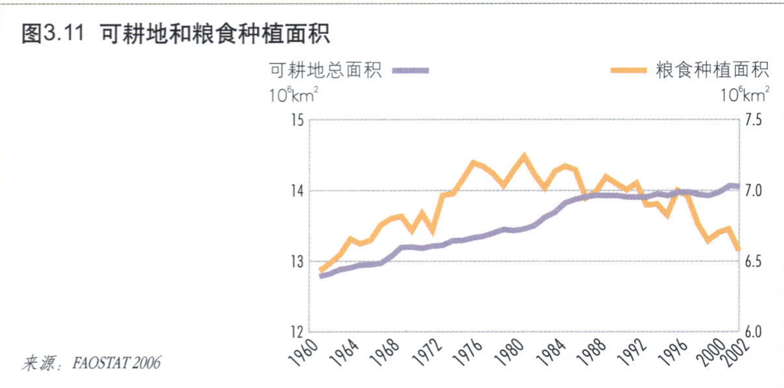

来源：FAOSTAT 2006

的农村地区，使水质恶化。

挑战：不可预测的土地风险

转折点

当持续环境变化产生累积效应达到引发重大而且通常是快速变化的临界值时，就会出现转折点。有人担忧，许多环境体系可能正在走向这种转折点。亚马逊流域的双稳定性就是一个例子，也就是说有可能从现在的湿润阶段转变为干旱阶段，而这将对流域以外的地区产生深远影响（Schellnhuber 等 2006，Haines-Young 等 2006）。另外一个具有全球影响的转折点是各区域同时发生农业歉收。

碳循环失控

人们对全球碳循环的认识并不充分。已知二氧化碳排放中的40%被认为沉积于陆地生态系统（Watson 等 2000，Houghton 2003）。广阔的泥炭地和苔原贮存着大量有机碳（陆地的有机碳有 1/3 为泥炭）和沼气，而且它们还在不断地固碳。随着全球变暖，如果这些碳汇饱和的话，空气中二氧化碳浓度有突然增加的危险。这些泥炭和苔原地区可能从碳汇转变为温室气体的来源（Walter 等 2006）。

富营养化

河流、湖泊和水域从陆地获取了大量养分，养分过多往往会导致水华。如果水华发生的强度和频率不断增加，整个生态系统就可能缺氧，墨西哥湾（Kaiser 2005）和波罗的海（Conley 等 2002）已经出现了这种情况。

管理失效，冲突和战争

土地用途改变往往伴随着更多的生活来源、收入机会、粮食安全或基础设施修建。非法行为不会带来这些长期效益，因此，良政对于保护长远利益不受短期开发损害具有重要作用。具有特殊环境价值的地区，如热带雨林、湿地和北部森林，特别需要强大的管理体系。战争和冲突总是对环境利益造成急剧而深远的破坏。

应对挑战的机遇

在人口发展推动主流趋势，全球环境状况和决定已经形成之际，我们面临着指引发展或遏制逆势的几次机遇，特别是利用现有的知识为我们服务。本书第7章分析的成功战略为削减人类的脆弱性提供了机遇；第8章进一步探讨了生物物理和社会因素的相互联系，为采取有效的政策回应提供了良机；第10章总结了许多有利于我们改进响应的创新方法。下文介绍的是一些与土地有关的良好机遇。

精准农业

精准农业是指通过对作物种类、施肥、种植和水管理因地制宜地做出选择，利用而非忽视田地地形和土壤的变化实现产量优化。这种耕作方式也介绍了采用的自动化技术，如利用连续记录监测仪记录作物产量。然而，这种原则也可以应用到依靠人力高度管理作物的粗放型农业中。集水就是一个例子。农民通过对作物的生长进行精确监测，就会对投入的劳动力、供水、养分和虫害管理精打细算。性能良好的廉价电子产品为推广先进的信息管理型农业提供了契机。广泛应用精准农业面临的障碍包括缺乏精细管理技能，与施肥相比这种技能的成本更高，贫困农民土地所有权没有保障，没有信贷支持，农场交货价格低。

多功能景观

农林复合经营是出现的可喜发展之一，这种经营模式在创收的同时还保护了环境质量。半自然雨林生产棕榈油和旱地生产阿拉伯胶都是成功案例。通过土地管理固碳也是一个很好的机会。由于种植树林固定的碳符合《京都议定书》的贸易规定，人们把大部分注意力都直接放在森林和农作物对碳的捕获和储存上。但是，碳也可以作为土壤有机物长期储存起来，这种形式容量更大、更加稳定。与此同时，土壤固碳可以增加抗侵蚀能力，增加土壤储存的水分、养分，提高渗透性，从而促进农业的可持续发展。粗放型农业比集约型农业积累碳的潜力更大，因为农业投入（如化肥和能源）会增加碳的成本（Schlesinger 1999）。让有机碳返回到它可以发挥作用的土壤中是土壤科学管理面临的一项挑战。

近几年，农林复合经营模式逐渐被采纳，如果气候变化控制法律承认土壤中的碳是有效碳汇的话，农林复合经营预计将进一步发展。我们将需要农场水管理服务绿水额度（Green Water Credits）等市场机制推动多功能景观的建设。

生态系统模拟

同块地复种在小农户耕作体系中已经得到良好的验证。但是，非常复杂的多层多年生作物耕种制，就像斯里兰卡康提园那样，需要稀缺的技能和知识（Jacow和Alles 1987）。这种具有生物多样化的体系不仅生产力高，还能更好地防御土壤侵蚀、天气、病虫害等危险。水产业为世界蛋白质供应发挥了重要作用，但是它的环境成本和风险也很高。减少对水生生态系统负面影响的一个办法是把这种种植方式转移到陆地，陆地的水池或水库更适合培养蛋白质（Soule和Piper 1992）。人们还在稻田养殖鱼虾方面积累了丰富经验（Rothuis等1998）。

作物育种

转基因作物的发展和使用是一个具有巨大潜力的领域，但在几个方面存在争议（Clark和Lehman 2001）。与农作物绿色革命的发展不同的是，转基因作物的发展基本是由私人资助的，关注的是具有商业潜力的作物。其中几个不确定因素包括对环境的不利影响，社会对有关技术和农业经济潜力的接受程度。目前，转基因技术支持者呈两极分化趋势，一方是遗传学和植物生理学领域的学者；另一方是生态环境学领域中对该技术持怀疑态度的人。目前研究的结果主要围绕作物的耐药性和抗虫性。这些研究非常重要，因为虫害造成的损失估计占全球农业产量的14%（Sharma等2004）。转基因作物的消极因素包括会增加农民成本，对大公司和个别农用化学品产生依赖，而且异体受精长期下去将意味着今后就不再有非转基因作物了。

另外一个向作物物种引进新基因的替代办法是新型标记辅助选择技术。这种技术能帮助确定其他品种或现有作物野生近缘种中的优良特性，然后可以通过传统的杂交方法改良作物，这比开发新的植物品种减少了一半时间（Patterson 2006），而且避免了转基因作物的潜在危害。不论取得了多少成果，作物的耐盐、抗旱性有利于提高旱地粮食安全保障，但是我们对这种作物适应性机理的理解还远远不够，更不用说可操作的种子技术了（Bartels和Sunkar 2005）。

参考文献

Abdelgawad, G. (1997). Degradation of soil and desertification in the Arab countries. In *J. Agriculture and Water* 17:28-55

ACSAD, CAMRE and UNEP (2004). *State of Desertification in the Arab World (Updated Study)*. Arab Center for the Studies in Arid Zones and Drylands, Damascus

Al-Dabi, H., Koch, M., Al-Sarawi, M. and El-Baz, F. (1997). Evolution of sand dune patterns in space and time in north-western Kuwait using Landsat images. In *J. Arid Environments* 36:15-24

Al-Mooji, Y. and Sadek, T. (2005). *State of Water Resources in the ESCWA Region*. UN Economic and Social Commission for West Asia, Beirut

Avery, D. (ed.) (2006). *Biofuels, Food or Wildlife? The Massive Land Costs of U.S. Ethanol*. Issue Analysis 2006:5. Competitive Enterprise Institute, Washington, DC

Bai, Z.G., Dent, D.L. and Schaepman, M.E. (2005). *Quantitative Global Assessment of Land Degradation and Improvement: Pilot Study in North China*. Report 2005/6, World Soil Information (ISRIC), Wageningen

Bai, Z.G. and Dent, D.L. (2007). *Global Assessment of Land Degradation and Improvement: Pilot Study in Kenya*. ISRIC Report 2007/03, World Soil Information (ISRIC), Wageningen

Bai, Z.G., Dent, D.L., Olsson, L. and Schaepman, M.E. (2007). *Global Assessment of Land Degradation and Improvement*. FAO LADA working paper. Food and Agriculture Organization of the United Nations, Rome

Barron, J., Rockström, J., Gichuki, F. and Hatibu, N. (2003). Dry spell analysis and maize yields for two semi-arid locations in East Africa. In *Agricultural and Forest Meteorology* 117 (1-2):23-37

Bartels, D. and Sunkar, R. (2005). Drought and salt tolerance in plants. In *Critical Reviews in Plant Sciences* 24:23–58

Bengeston, D. and Kant, S. (2005). Recent trends and issues concerning multiple values and forest management in North America. In Mery, G., Alfaro, R., Kanninen, M., and Lobovikov, M. (eds.) *Forests in the Global Balance: Changing Paradigms*. International Union of Forest Research Organizations, Vienna

Blaikie, P. (1985). *The Political Economy of Soil Erosion in Developing Countries*. Longman, London

Bojö, J. (1996). Analysis – the cost of land degradation in Sub-Saharan Africa. In *Ecological Economics* 16 (2):161-173

Borlaug, N.E. (2003). *Feeding a world of 10 billion people – the TVA/IFDC Legacy*. IFDC, Muscle Shoals, AL

Buresh, R.J., Sanchez, P.A. and Calhoun, F. eds. (1997). *Replenishing Soil Fertility in Africa*. SSSA Special Publication 51, Madison, WI

Burke, E.J., Brown, S.J. and Christidis, N. (2006). Modelling the recent evolution of global drought and projections for the twenty-first century with the Hadley Centre climate model. In *Journal of Hydrometeorology* 7:1113-1125

Christianson, C.B. and Vlek, P.L.G. (1991). Alleviating soil fertility constraints to food production in West Africa: Efficiency of nitrogen fertilizers applied to food crops. In *Fertilizer Research* 29:21-33

Clark, E. A. and Lehman, H. (2001). Assessment of GM crops in commercial agriculture. In *Journal of Agricultural and Environmental Ethics* 14:3-2

Conley, D.J., Humborg, C., Rahm, L., Savchuk, O.P. and Wulff, F. (2002). Hypoxia in the Baltic Sea and basin-scale changes in phosphorus biochemistry. In *Environmental Science and Technology* 36 (24):5315-5320

Dalal-Clayton, B.D. and Dent, D.L. (2001). *Knowledge of the Land: Land Resources Information and its Use in Rural Development*. Oxford University Press, Oxford

Den Biggelaar, C., Lal, R., Weibe, K., Eswaran, H., Breneman, V. and Reich, P. (2004). The global impact of soil erosion on productivity I: Absolute and relative erosion-induced yield losses. II: Effects on crop yields and production over time. In *Adv. Agronomy* 81:1-48, 49-95

Dent, D.L. (2007). Environmental geophysics mapping salinity and fresh water resources. In *Int. J. App. Earth Obs. and Geoinform* 9:130-136

De Vries, W., Schütze, G., Lofts, S., Meili, M., Römkens, P.F.A.M., Farret, R., De Temmerman, L. and Jakubowski, M. (2003). Critical limits for cadmium, lead and mercury related to ecotoxicological effects on soil organisms, aquatic organisms, plants, animals and humans. In Schütze, G., Lorenz, U. and Spranger, T. (eds.) *Expert meeting* on critical limits for heavy metals and methods for their application, 2–4 December *2002 in Berlin, Workshop Proceedings*. UBA Texte 47/2003. Federal Environmental Agency (Umweltbundesamt), Berlin

DISMED (2005). *Desertification Information System for the Mediterranean*. European Environment Agency, Copenhagen

Dutkiewicz, S., Follows, M.J., Heimbach, P., Marshall, J. (2006). Controls on ocean productivity and air-sea carbon flux: An adjoint model sensitivity study. In *Geophysical Research Letters* 33 (2) Art. No. LO2603

EEA (2005). *The European Environment – State and Outlook 2005*. European Environment Agency, Copenhagen

EMBRAPA Acre (2006). *Manejo Florestal Sustentavel*. Empresa Brasileira de Pesquisa Agropecuária, Acre

European Commission (2002). *The Implementation of Council Directive 91/676/EEC* concerning the Protection of Waters against Pollution caused by Nitrates from *Agricultural Sources. Synthesis from year 2000 member States reports*. Report COM(2002)407. Brussels http://ec.europa.eu/environment/water/water-nitrates/report.html (last accessed 29 June 2007)

European Commission (2007). The New EU Chemicals Legislation – REACH http://ec.europa.eu/enterprise/reach/index_en.htm (last accessed 29 June 2007)

Falkenmark, M. and Rockström, J. (2004). *Balancing water for humans and nature*. Earthscan, London

Fan, P.H. and Haque, T. (2000). Targeting public investments by agro-ecological zone to achieve growth and poverty alleviation goals in rural India. In *Food Policy* 25:411-428

FAO (1994). Prevention and disposal of obsolete and unwanted pesticide stocks in Africa and the Near East. http://www.fao.org/docrep/w8419e/w8419e00.htm (last accessed 29 June 2007)

FAO (2001). *Conservation Agriculture Case Studies in Latin America and Africa*. Soils Bulletin 78. Food and Agriculture Organization of the United Nations,Rome

FAO (2002). *Crops and drops: making the best use of water for agriculture*. Food and Agriculture Organization of the United Nations, Rome

FAO (2003). *World Agriculture: Towards 2015/2030 – An FAO Perspective*. Earthscan, London

FAO (2004). *Trends and Current Status of the Contribution of the Forestry Sector to National Economies*. Forest Products and Economics Division Working Paper, FSFM/ACC/007. Food and Agriculture Organization of the United Nations, Rome

FAO (2005). *Global Forest Resources Assessment 2005 (FRA 2005) database*. Food and Agriculture Organization of the United Nations, Rome (in GEO Data Portal)

FAO (2006a). *Global Forest Resources Assessment 2005 – Progress Towards Sustainable Forest Management*. Forestry Paper 147. Food and Agriculture Organization of the United Nations, Rome

FAO (2006b). FAO-AGL Global Network on Integrated Soil Management for Sustainable Use of Salt-Affected Soils In Participating Countries (SPUSH) http://www.fao.org/AG/AGL/agll/spush/intro.htm (last accessed 29 June 2007)

FAOSTAT (2006). FAO Statistics Database http://faostat.org (last accessed 29 June 2007)

FAO and UNESCO (1974-8). *Soil Map of the World*. Food and Agriculture Organization of the United Nations and United Nations Educational, Scientific and Cultural Organization, Paris

Fowler, D., Muller, J.B.A. and Sheppard, L.J. (2004). Water, air, and soil pollution. In *Focus* 4:3-8

GEF and UNEP (2003). *Regionally Based Assessment of Persistent Toxic Substances– Global Report 2003*. UNEP Chemicals, Geneva

Geist, H.J. and Lambin, E.F. (2004). Dynamic causal patterns of desertification. In *Bioscience* 54 (9):817-829

GEO Data Portal. *UNEP's online core database with national, sub-regional, regional and global statistics and maps, covering environmental and socio-economic data and indicators*. United Nations Environment Programme, Geneva http://www.unep.org/geo/data or http://geodata.grid.unep.ch (last accessed 1 June 2007)

Giles, J. (2005). The dustiest place on Earth. In *Nature* 434 (7035):816-819

Gisladottir, G. and Stocking, M.A. (2005). Land degradation control and its global environmental benefits. In *Land Degradation and Development* 16:99-112

Greenland, D.J. (1994). Long-term cropping experiments in developing countries: the need, the history and the future. In Leigh, R.A. and Johnston, A.E. (eds.) *Long-term Experiments in Agriculture and Ecological Sciences*. CAB, Wallingford

Greig-Gran, M., Noel, S. and Porras, I. (2006). *Lessons Learned from Payments for Environmental Services*. Green Water Credits Report 2. World Soil Information (ISRIC), Wageningen

Gunderson, L.H. and Pritchard, L.P. eds. (2002). *Resilience and the Behaviour of Large-Scale Systems*. SCOPE 60. Island Press, Washington, DC and London

Haines-Young, R., Potschin, M. and Cheshire, D. (2006). *Defining and identifying environmental limits for sustainable development – a scoping study*. Final report to UK Department for Environment, Food and Rural Affairs, Project code: NR0102

Hansen, J.C. (2000). Environmental contaminants and human health in the Arctic. In *Toxicol. Lett*. 112:119-125

Hansen, Z.K. and Libecap, G. D. (2004). Small farms, externalities and the Dust Bowl of the 1930s. In *J. Political Economy* 112 (3):665-694

Hartemink, A. and van Keulen, H. (2005). Soil degradation in Sub-Saharan Africa. In *Land Use Policy* 22 (1)

Henao, J. and Baanante, C. (2006). *Agricultural Production and Soil Nutrient Mining in Africa – Implications for Resource Conservation and Policy Development*. IFDC, Muscle Shoals, AL

Holling, C.S., Gunderson, L.H. and Ludwig, D. (2002). In quest of a theory of adaptive change. In Gunderson, L.H. and Holling, C.S. (eds.) *Panarchy: Understanding Transformations in Human and Natural Systems*. Island Press, Washington, DC

Holmgren, P. (2006). *Global Land Use Area Change Matrix: Input to GEO-4*. FAO Forest Resources Assessment Working Paper 134. Food and Agriculture Organization of the United Nations, Rome

Houghton, R.A. (2003). Why are estimates of the terrestrial carbon balance so different? In *Global Change Biology* 9:500-509

Houghton, R.A. and Hackler, J.L. (2002). Carbon flux to the atmosphere from land-use changes. In *Trends: A Compendium of Data on Global Change*. Carbon Dioxide Information Analysis Center, Oak Ridge National Laboratory, US Department of Energy, Oak Ridge, TN

IEA (2006). *World Energy Outlook 2006*. International Energy Agency. International Press, London

IIASA 2005 (2005). Feeding China in 2030. In *Options* Autumn 2005:12-15

Jacow, V.J. and Alles, W.S. (1987). Kandyan gardens of Sri Lanka. In *Agroforestry Systems* 5:123-137

Kauffman, J.H., Droogers P., and Immerzeel, W.W. (2007). *Green and blue water* services in the Tana Basin, Kenya: assessment of soil and water management *scenarios*. Green Water Credits Report 3. World Soil Information (ISRIC), Wageningen

Kaiser, J. (2005). Gulf's dead zone worse in recent decades. In *Science*, 308:195

KASSA (2006). *The Latin American Platform*. CIRAD, Brussels

Kurtz, A.C., Derry, L.A. and Chadwick, O.A. (2001). Accretion of Asian dust to Hawaiian soils: isotopic, elemental and mineral mass balances. In *Geochimica et Cosmochimica Act* 65 (12):1971-1983

Kuylenstierna, J.C.I., Rodhe, H., Cinderby S. and Hicks, K. (2001). Acidification in developing countries: Ecosystem sensitivity and the critical load approach on a global scale. In *Ambio* 30 (1):20-28

Lal, R., Sobecki, T.M., Iivari, T. and Kimble, J.M. (2004). Desertification. In *Soil Degradation in the United States: Extent Severity and Trends*. Lewis Publishers, CRC Press, Boca Raton

Lambin, E.F., Geist, H. and Lepers, E. (2003). Dynamics of land use and cover change in tropical regions. In *Annual Review of Environment and Resources* 28:205-241

Li, Y. (2000). Improving the Estimates of GHG Emissions from Animal Manure Management Systems in China. Proceedings of the IGES/NIES Workshop on GHG Inventories for Asia-Pacific Region, Hayama, Japan, 9-10 March

MA (2005a). *Ecosystems and Human Well-being: Synthesis*. Millennium Ecosystem Assessment. World Resources Institute, Island Press, Washington, DC

MA (2005b). *Ecosystems and Human Well-being: Desertification Synthesis*. Millennium Ecosystem Assessment World Resources Institute, Island Press, Washington, DC

NLWRA (2001). *Australian Dryland Salinity Assessment 2000 National Land and Water Resources Audit*. National Land and Water Resources Audit, Land & Water Australia, Canberra

MSC-E (2005). *Persistent Organic Pollutants in the Environment*. EMEP Status Report 3/2005. Meteorological Synthesising Centre-East, Moscow and Chemical Coordinating Centre, Kjeller

Mutunga, K. and Critchley, W.R.S. (eds.) (2002). *Farmers' Initiatives in Land Husbandry: Promising Technologies for the Drier Areas of East Africa*. Regional Land Management Unit, Nairobi

Navone, S. and Maggi, A.J. (2005). *La Inundación del Año 2001 en el Oeste de la* Prov. De Buenos Aires: Potencial Productivo de las Tierras Afectadas y las Consecuencias *Sobre la Produción de Granos Para el Periodo 1993-2002*. Fundación Hernandarias, Buenos Aires

Nicholson, S.E. (2002). What are the key components of climate as a driver of desertification? In Reynolds, J.F. and Stafford Smith, D.M. (eds.) *Global Desertification: Do Humans Cause Deserts?* Dahlem University Press, Berlin

OECD (2001). *OECD Environmental Outlook for the Chemicals Industry*. Organisation for Economic Co-operation and Development, Paris

Okin, G.S., Mahowald, N. Okin G., Mahowald, S.N., Chadwick, O.A. and Artaxo, P. (2004). Impact of desert dust on the biogeochemistry of phosphorus in terrestrial ecosystems. In *Global Biogeochemical Cycles* 18:2

Oldeman, L.R., Hakkeling, R.T.A. and Sombroek, W.G. (1991). *World Map of the Status of Human-Induced Soil Degradation: A Brief Explanatory Note*. World Soil Information (ISRIC), Wageningen

D'Oliveira, M.V.N., Swaine, M.D., Burslem, D.F.R.P., Braz, E.M. and Araujo, H.J.B. (2005). Sustainable forest management for smallholder farmers in the Brazilian Amazon. In Palm, C.A., Vosti, S.A., Sanchez, P.A. and Ericksen, P.J. (eds.). *Slash and Burn: the Search for Alternatives*. Columbia University Press, New York, NY

Olsson, L., Eklundh, L. and Ardö, J. (2005). A recent greening of the Sahel: trends, patterns and potential causes. In *Journal of Arid Environments* 63:556

Oweis, T.Y. and Hachum, A.Y. (2003). Improving water productivity in the dry areas of West Asia and North Africa. In Kijne, J.W., Barker, R. and Molden, D. (eds.). *Water Productivity in Agriculture*. CABI, Wallingford

Owen, P.L., Muir, T.C., Rew, A.W. and Driver, P.A. (1987). *Evaluation of the Victoria Dam Project in Sri Lanka, 1978-1985. Vol. 3, Social and Environmental Impact*. Evaluation Rept 392, Overseas Development Administration, London

Patterson, A.H. (2006) Leafing through the genome of our major crop plants: strategies for capturing unique information. In *Nature Reviews: Genetics* 7:174-184

Penning de Vries, F.W.T., Rabbinge, R. and Groot J.J.R. (1997). Potential and attainable food production and food security in different regions. In *Philosophical Translations: Biological Sciences* 352 (1356):917-928

Prentice, I.C., Farquhar, G.D., Fasham, M.J.R., Goulden, M.L., Heimann, M., Jaramillo, V.J., Kheshgi, H.S., Le Quéré, C., Scholes, R.J. and Wallace, D.W.R. (2001). The carbon cycle and atmospheric carbon dioxide. In Houghton, J.T., Ding, Y., Griggs, D.J., Noguer, M., van der Linden, P.J., Dai, X., Maskell, K., and Johnson, C.A (eds.). *Climate Change: IPCC Third assessment report* pp.881. Cambridge University Press, Cambridge and New York, NY

Pretty, J. and Hine, R. (2001). *Reducing Food Poverty with Sustainable Agriculture: A Summary of New Evidence*. Final report, Safe World Research Project. University of Essex, Colchester

Reining, P. (1978). *Handbook on Desertification Indicators*. American Association for the Advancement of Science, Washintgon, DC

Reynolds, J.F. and Stafford Smith, M.D. eds. (2002): *Global Desertification – Do Humans Cause Deserts?* Dahlem Workshop Report 88. Dahlem University Press, Berlin

RIVM-MNP (2005). Emission Database for Global Atmospheric Research (EDGAR 3.2 and EDGAR 32FT2000). Netherlands Environmental Assessment Agency, Bilthoven

Rockström, J. (2003). Water for food and nature in the tropics: vapour shift in rain-fed agriculture. In *Transactions of the Royal Society B, special issue: Water Cycle as Life Support Provider*. The Royal Society, London

Rockström, J., Hatibu, N., Oweis, T. and Wani, Suhas (2006). Chapter 4: Managing water in rain-fed agriculture. In *Comprehensive Assessment of Water Management in Agriculture*, International Water Management Institute, Colombo

Rojstaczer, S., Sterling, S.M. and Moore, N.J. (2001). Human appropriation of photosynthesis products. In *Science* 294:2549-2552

Rothuis, A., Nhan, D.K., Richter, C.J.J. and Ollevier, F. (1998). Rice with fish culture in semi-deep waters of the Mekong delta, Vietnam. In *Aquaculture Research* 29 (1):59-66

Schellnhuber, H.J., Cramer, W., Nakicenovic, N., Wigley, T. and Yohe, G.W. (eds.) (2006). *Avoiding Dangerous Climate Change*. Cambridge University Press, Cambridge

Schiklomanov, I. (2000). World water resources and water use: present assessment and outlook for 2025. In Rijsberman, F. (ed.) *World Water Scenarios: Analysis*. Earthscan, London

Schlesinger, W. H. (1999). Carbon Sequestration in Soils. In *Science* 284:2095

SEI (2005). *Sustainable Pathways to Attain the Millennium Development Goals – Assessing the Key Role of Water, Energy and Sanitation*. Stockholm Environmental Institute, Stockholm

Sharma, H.C., Sharma, K.K. and Crouch, J.H. (2004). Genetic transformation of crops for insect resistance: potential and limitations. In *Critical Reviews in Plant Sciences* 23 (1):47-72

Skjelkvåle, B.L., Stoddard, J.L., Jeffries, D.S., Torseth, K., Hogasen, T., Bowman, J., Mannio, J., Monteith, D.T., Mosello, R., Rogora, M., Rzychon, D., Vesely, J,. Wieting, J., Wilander, A. and Worsztynowicz, A. (2005). Regional scale evidence for improvements in surface water chemistry 1990-2001. In *Environmental Pollution* 137 (1):165-176

Smil, V. (1997). Cycles of life: Civilization and the Biosphere. In *Scientific American* Library Series 63

Smil, V. (2001). *Enriching the Earth*. MIT Press, Cambridge, MA

Smith, C., Martens, M., Ahern, C., Eldershaw, V., Powell, B., Barry, E., Hopgood, G. and Watling, K. (eds.) (2003). *Demonstration of management and rehabilitation of acid sulphate soils at East Trinity*. Australian Department of Natural Resources and Mines, Indooroopilly

Sonneveld, B.G.J.S. and Dent, D.L. (2007). How good is GLASOD? In *Journal of Environmental Management*, in press

Soule J.D. and Piper, J.K. (1992). *Farming in Nature's Image: an Ecological Approach to Agriculture*. Island Press, Washington, DC

Stoorvogel, J.J. and Smaling, E.M.A. (1990). *Assessment of Soil Nutrient Decline in Sub-Saharan Africa, 1983-2000*. Rept 28. Winand Staring Centre-DLO, Wageningen

Sverdrup, H. Martinson, L., Alveteg, M., Moldan, F., Kronnäs, V. and Munthe, J. (2005). Modelling the recovery of Swedish ecosystems from acidification. In *Ambio* 34 (1):25-31

Tarnocai. C. (2006). The effect of climate change on carbon in Canadian peatlands. In *Global and Planetary Change* 53 (4):222-232

Tegen, I., Werner, M., Harrison, S.P. and Kohfeld, K.E. (2004). Relative importance of climate and land use in determining the future of global dust emission. In *Geophysical Research Letters* 31 (5) art. LO5105

UNCCD (2005). *Economic Opportunities in the Drylands Under the United Nations Convention to Combat Desertification*. Background Paper 1 for the Special Segment of the 7th Session of the Conference of Parties, Nairobi, 24-25 Oct 2005

UNEP (1992). *Atlas of desertification*. United Nations Environment Programme and Edward Arnold, Sevenoaks

UNEP (2006). *Global Deserts Outlook*. United Nations Environment Programme, Nairobi

UNGA (1994). United Nations General Assembly Document A/AC.241/27

UN Water (2007). *Coping with water scarcity: challenge of the twenty-first century. Prepared for World Water Day 2007*. http://www.unwater.org/wwd07/downloads/ documents/escarcity.pdf (last accessed 29 June 2007)

Van Lauwe, B.and Giller, K.E. (2006). Popular myths around soil fertility management in sub-Saharan Africa. In *Agriculture Ecosystems and Environment* 116 (1-2):34-46

Van Mensvoort, M.E.F. and Dent, D.L. (1997). Assessment of the acid sulphate hazard. In *Advances in Soil Science* 22:301-335

Vedeld, P., Angelsen, A., Sjastad, E. and Berg, G.K. (2004). *Counting on the Environment. Forest Incomes and the Rural Poor*. Environmental Economics Series, Environment Department Paper No. 98. World Bank, Washington, DC

Vogel, C.H. and Smith, J. (2002). Building social resilience in arid ecosystems. In Reynolds, J.F. and Stafford Smith, M.D. (eds.) *Global Desertification – Do Humans Cause Deserts?* Dahlem Workshop Report 88, Dahlem University Press, Berlin

Walter, K.M., Zimov, S.A., Chanton, J.P., Verbyla, D. and Chapin III, F.S. (2006). Methane bubbling from Siberian thaw lakes as a positive feedback to climate warming. In *Nature* 443:71-74

Wardell, D.A. (2003). Estimating watershed service values of savannah woodlands in West Africa using the effect on production of hydro-electricity. Sahel-Sudan Environmental Research Initiative. http://www.geogr.ku.dk/research/serein/docs/WP_42 (last accessed 29 June 2007)

Watson, R.T., Noble, I.R., Bolin, B., Ravindranath, N.H., Verardo, D.J. and Dokken, J. (2000). *Land Use, Land Use Change and Forestry (A Special report of IPCC)*. Cambridge University Press, Cambridge

Webb, A. (2002). *Dryland Salinity Risk Assessment in Queensland*. Consortium for Integrated Resource Management. Occ. Papers ISSN 1445-9280, Consortium for Integrated Resource Management, Indooroopilly

WOCAT (2007). *Where the land is greener – case studies and analysis of soil and water conservation initiatives worldwide* Liniger, H. and Critchley, W. (eds.). CTA, FAO, UNEP and CDE, Wageningen

World Bank (2005). *Water Sector Assessment Report on the Countries of the Cooperation Council of the Arab States of the Gulf*. Rept No32539-MNA, Water, Environment, Social and Rural Development Department, Middle East and North Africa Region. The World Bank, Washington, DC

World Bank (2006). *Strengthening Forest Law Enforcement and Governance – Addressing a Systemic Constraint to Sustainable Development*. The World Bank, Washington, DC

Worldwatch Institute (2002). *State of the World 2002*. W.W. Norton, New York, NY

WWF (2005). *Failing the Forests – Europe's Illegal Timber Trade*. World Wildlife Fund, Godalming, Surrey

Xue, Y. and Fennessy, M.J. (2002). Under what conditions does land cover change impact regional climate? In *Global Desertification – Do Humans Cause Deserts?* (eds. Reynolds, J.F. and Stafford Smith, M.D.) pp.59-74. Dahlem Workshop Report 88, Dahlem University Press, Berlin

Zhang, X.Y., Gong, S.L., Zhao, T.L., Arimoto, R., Wang, Y.Q. and Zhou, Z.J. (2003). Sources of Asian dust and the role of climate change versus desertification in Asian dust emission. In *Geophysics Research Letters* 20(23), Art. No 2272

Zhu, L.K. (2006). *Dynamics of Desertification and Sandification in China*. China Agricultural Publishing, Beijing

Zimov, S.A., Schuur, E.A.G. and Chapin, F.S. (2006). Permafrost and the global carbon budget. In *Science* 312:1612-1613

第4章

水

重要合作作者：Russell Arthurton, Sabrina Barker, Walter Rast, Michael Huber

主要作者：Jacqueline Alder, John Chilton, Erica Gaddis, Kevin Pietersen, Christoph Zöckler

其他作者：Abdullah Al-Droubi, Mogens Dyhr-Nielsen, Max Finlayson, Matthew Fortnam (GEO 同事), Elizabeth Kirk, Sherry Heileman, Alistair Rieu-Clark, Martin Schäfer (GEO 同事), Maria Snoussi, Lingzis Danling Tang, Rebecca Tharme, Rolando Vadas, Greg Wagner

本章编审：Peter Ashton

本章协调人：Salif Diop, Patrick M' mayi, Joana Akrofi, Winnie Gaitho

致谢：Munyaradzi Chenje

主要内容

人为压力导致全球水循环发生变化，在世界很多地方人类福祉和生态系统的健康正遭到此变化的严重影响。以下内容是本章所要传达的主要信息：

气候变化、人类对水资源和水生生态系统的利用，以及渔业过度捕捞，影响着水环境的状态。这一切影响着人类福祉，也影响了国际上一致同意的发展目标的落实，如《联合国千年宣言》（Millennium Declaration）中确定的目标。有证据表明，落实针对环境问题的对策可增强人体健康、加快社会经济发展并提高水生环境的可持续性。

世界海洋是全球气候的主要调节器，也是温室气体的重要储存槽。在大陆、区域和大洋盆地等各层面，水循环正受到长期气候变化的影响，从而威胁着人类安全。气候变化影响着北极地区的温度、海冰和陆地上的冰，包括山地冰川；还影响着海洋的盐分和酸化、海平面、降水规律、极端天气事件，甚至可能影响海洋的循环体系。城市化扩大趋势以及旅游业的发展对海岸生态系统产生了重大影响。所有这些变化都可能对社会经济产生巨大影响。我们需要全球共同行动来解决问题的根本原因，同时，各地方开展的工作可以降低人类的脆弱性。

获取和使用淡水以及保护水产资源对人类至关重要。人口增长、农村人口向城市流动、财富消费和资源消耗的日益增长以及气候变化，造成地表水和地下水资源减少、水质下降，并损害了维持生命的生态系统服务。如果目前的趋势持续下去，至2025年，将有18亿人口生活在绝对缺水的国家或地区，世界上2/3的人口将感受到缺水的压力。

在流域层面实施水资源综合管理（Integrated Water Resource Management，IWRM），同时考虑到与流域相接的地下水蓄水层和下游沿海地区，是应对淡水资源缺乏的一个重要措施。农业用水占全球用水量的70%以上，农业理当成为节水和需求管理的对象。有些利益相关方注重提高雨水灌溉农业和水产养殖的生产力，这有助于提高食品安全。事实证明他们是成功的。

人为活动造成的水质恶化持续危害着人体和生态系统的健康。在发展中国家，每年有300万人死于与水有关的疾病，其中大部分为五岁以下的儿童。主要污染物包括微生物病原体和过度的营养负荷。在全球范围内，被细菌污染的水仍然是人类致病和致死的最主要原因。高营养负荷导致下游水体和海岸水体富营养化，减少了有益于人类的用途。陆地上散布的污染源，特别是农业径流和城市污水径流所造成的污染，需要各国政府和农业部门采取紧急行动。农药污染、内分泌扰乱物质以及悬浮沉淀物也难以控制。有证据表明，在流域层面进行水资源综合管理、加强污水治理和湿地生态修复，加上增强教育和公共意识，是有效的应对措施。

水生生态系统持续严重恶化，使许多生态系统服务面临危险，其中包括食物供应的可持续性和生物多样性。全球海洋和淡水渔业呈现大幅下降趋势，其主要原因是持续过度捕捞。淡水鱼群也因为气候变化和筑坝截水而受到栖息地退化和河湖热动态变化的不良影响。只有在远洋深海捕捞并且捕捞物处在食物链更下端时，才得以维持海洋捕捞总量。各国政府、工业和渔业界共同减少过度捕捞、缩减补贴和减少非法捕捞，才能扭转渔业资源的退化趋势。

水资源和水生生态系统管理的一个持续性的挑战是协调环境与发展的需求。这需要我们坚持综合运用技术、立法和体制框架，并在可行的情况下采取市场手段。当人类努力共享与水有关的生态系统服务而不仅仅分享水资源时，这一点尤其正确。除了能力建设，我们所面临的挑战不仅是制定新措施，还要以实用、低成本、高效率的方式促进现有的国际协议、政策和指标及其他协议、政策和指标的及时实施。这可以为开展各层面的合作打下基础。尽管有许多沿海环境受益于现行的区域海洋协议，但是针对跨境淡水水系的国际协议不多。跨境淡水水系是未来潜在的重要冲突之源。一系列不正当的补贴也影响着有效管理措施在各层次的制定与实施。当社会各层面有效协调它们的努力来解决我们熟知的环境问题，特别是流域层面的问题时，我们可能将获得最大的收益。

引言

1987年，世界环境与发展委员会（即布伦特兰委员会）在其总结报告《我们共同的未来》中发出警告，世界上许多地方的水资源正遭受污染，水资源被过度使用。本章评估了20世纪80年代中期以来的水环境状况及其对人体健康、食品安全、人类安全、生计和社会经济发展的影响。

图4.1 世界水资源分布图

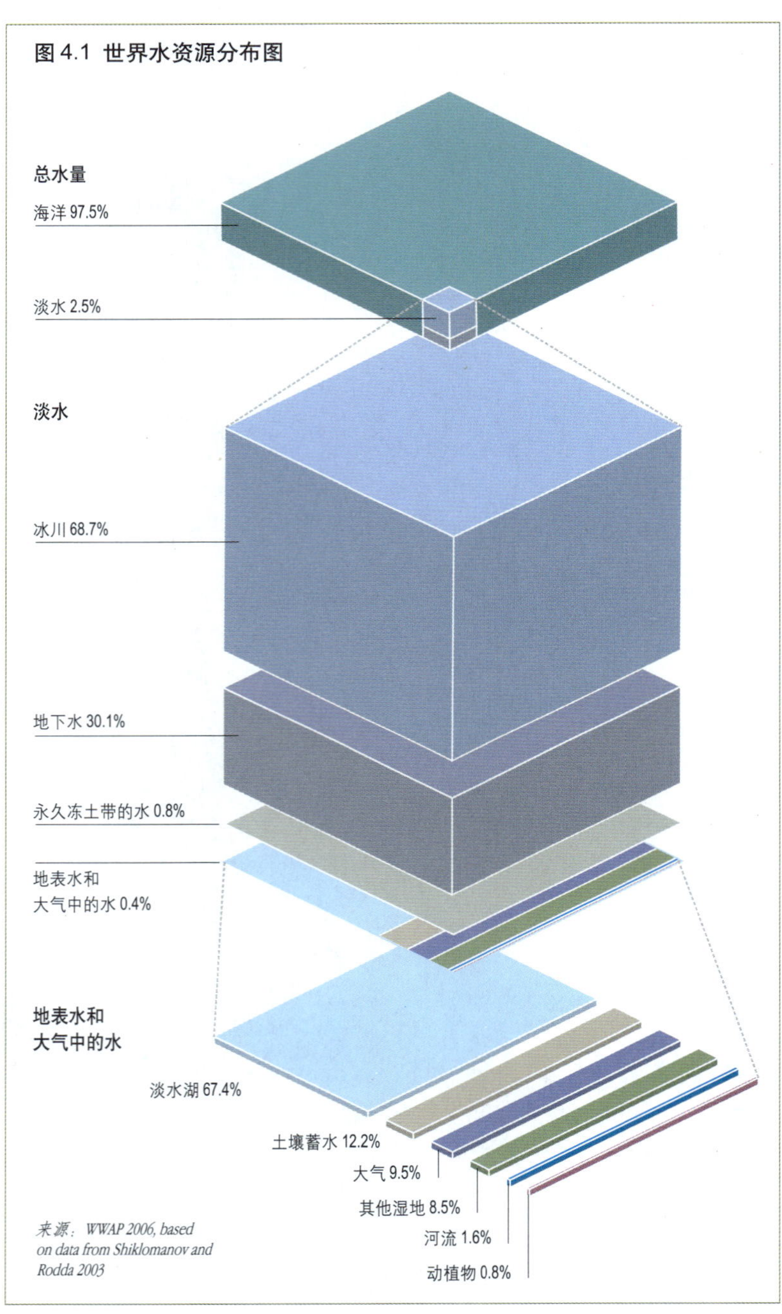

来源：WWAP 2006, based on data from Shiklomanov and Rodda 2003

世界上的降水（降雨和降雪）主要源自海洋。不过，陆地上的降水就几乎已经满足人类的淡水总需求了（图4.1），其中少部分通过日渐增加的海水淡化来满足。由于海洋状况发生变化，降水规律也有所改变，从而影响人类福祉。海洋变化还影响着众多地区赖以生存的海洋生物资源以及其他社会经济福利。淡水以及整个水生生态系统的可获得性、使用和管理对人类发展是至关重要的。

地球表面特别是海洋吸收的太阳能推动了地球的水循环。水大多通过蒸发和降水在海洋和大气之间转移。海洋循环即全球海洋深层大循环（图4.2）由海水密度的差异引起，并取决于海水的温度和盐分。热量通过温暖的水流在海洋表面向两极移动，同时通过温度较低的水流在海洋深处返回赤道。由于蒸发作用，温度较低的返回水流盐分更高，密度更大，因此随着返回水流向海洋深处下沉，它们被流向两极的温暖水流所替代。这一循环对世界有重要意义，它把二氧化碳运至深海（见第2章），散布热量和溶解物质，并强烈地影响着气候格局和海洋生物能够获得的营养物质。1982—1983年发生的强烈的厄尔尼诺（El Niño）现象证明，海洋循环和大气循环的大规模波动是相互联系的，对全球气候有深远的影响（Philander 1990）。有人担心气候变化可能改变全球大洋循环规律，可能会减少湾流向北部传输的热量，使欧洲西部和北冰洋变暖（见第2章和第6章）。

水环境和发展是相互依存的。水文格局的现状、水质以及生态系统是惠益人类的重要因素。表4.1和表4.4给出了它们之间的相互联系，表明了水的状况对实现联合国千年发展目标的重要意义。世界内陆和海洋渔业是水生生物资源的重要组成部分，对人类非常重要。本章评估了它们一直以来以及目前是如何应对环境变化的影响的。本章末的表4.5总结了一系列国际性、区域性和各国国内的政策和管理措施及其

图 4.2 全球海洋深层大循环

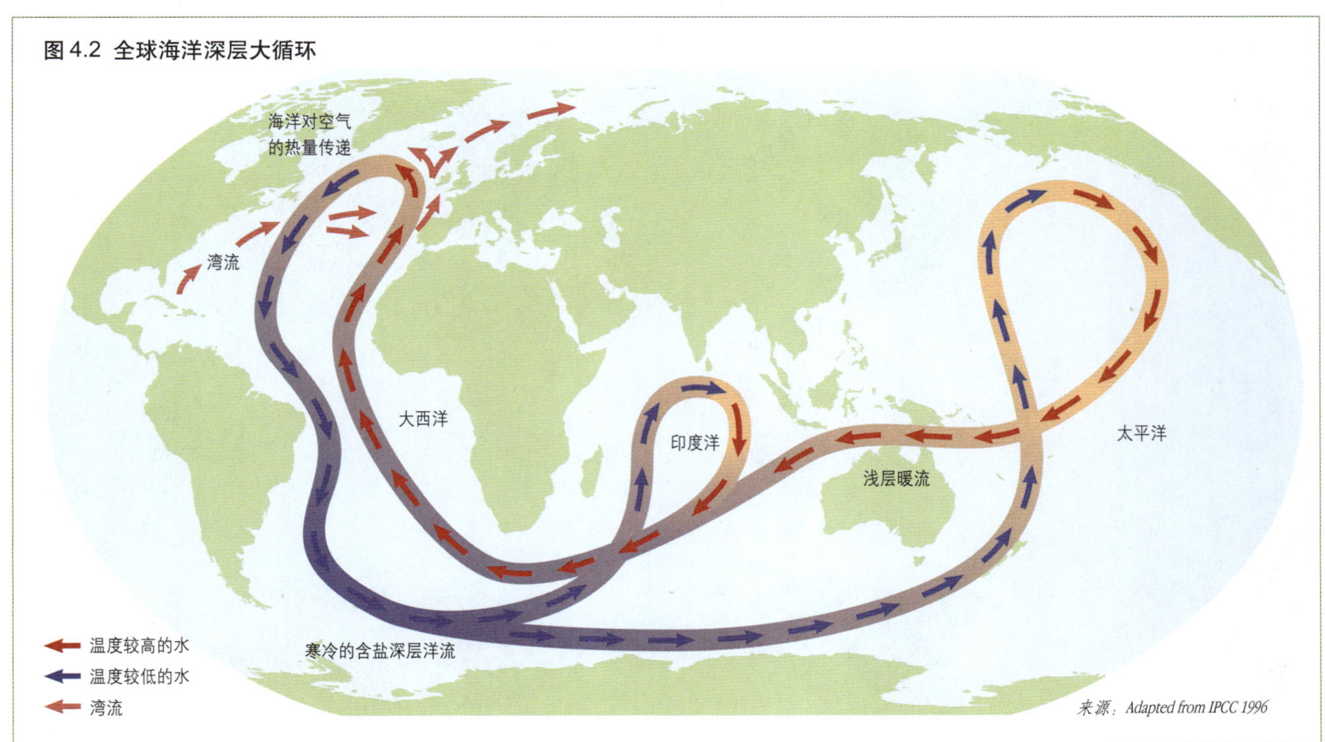

来源：*Adapted from IPCC 1996*

顺利实施的表现。

针对水的国际性政策日益强调加强环境管理的必要性，因为它与水资源管理相关。全球已就采取面向生态系统的管理措施来满足可持续水资源需求的必要性达成了共识。通过水资源综合管理等措施，我们可以通过这样的方式实现社会经济发展目标，即世界上有可持续的水生生态系统来满足后代人的水资源需求。人们逐渐认识到传统管理方法的局限性，于是引进了更具有参与性的管理措施，如需求管理和自愿协议。这一切使得教育和公共参与成为必要。

变化的驱动力和压力

地球系统主要因自然因素而不断改变，但过去几十年来人为活动越来越多地引起地球系统的变化。水环境变化的驱动力大致也是大气和陆地变化的驱动力（见第2章、第3章）。随着技术进步，世界人口、消费和贫困现象持续增长。人类活动日益频繁，对环境造成了压力，引起全球气候变暖；改变并加剧了淡水的使用；破坏并污染着水生生物栖息地；过度捕捞水生生物资源，尤其是鱼类。地球系统的变化在全球层面以及具体流域和相关沿海地区均有所体现。在全球层面，地球系统的变化通过日益增加的温室气体体现出来，从而导致全球气候变化（Crossland 等 2005）。

人类在全球层面和流域层面内造成的压力改变了全球水循环，为与其相连接的水生生态系统，即淡水和海洋生态系统，带来了严重的不良影响，从而影响了依靠其生态系统服务生存的人类福祉。

水资源的过度开采和水污染以及水生生态系统的退化直接影响着人类的福祉。尽管这一局面有所改善（图4.3），但估计全世界有26亿人缺乏良好的卫生设施。如果1990—2002年的趋势持续下去，世界将不能实现联合国千年发展目标中的卫生指标，有5亿人达不到指标（WHO 和 UNICEF 2004）。

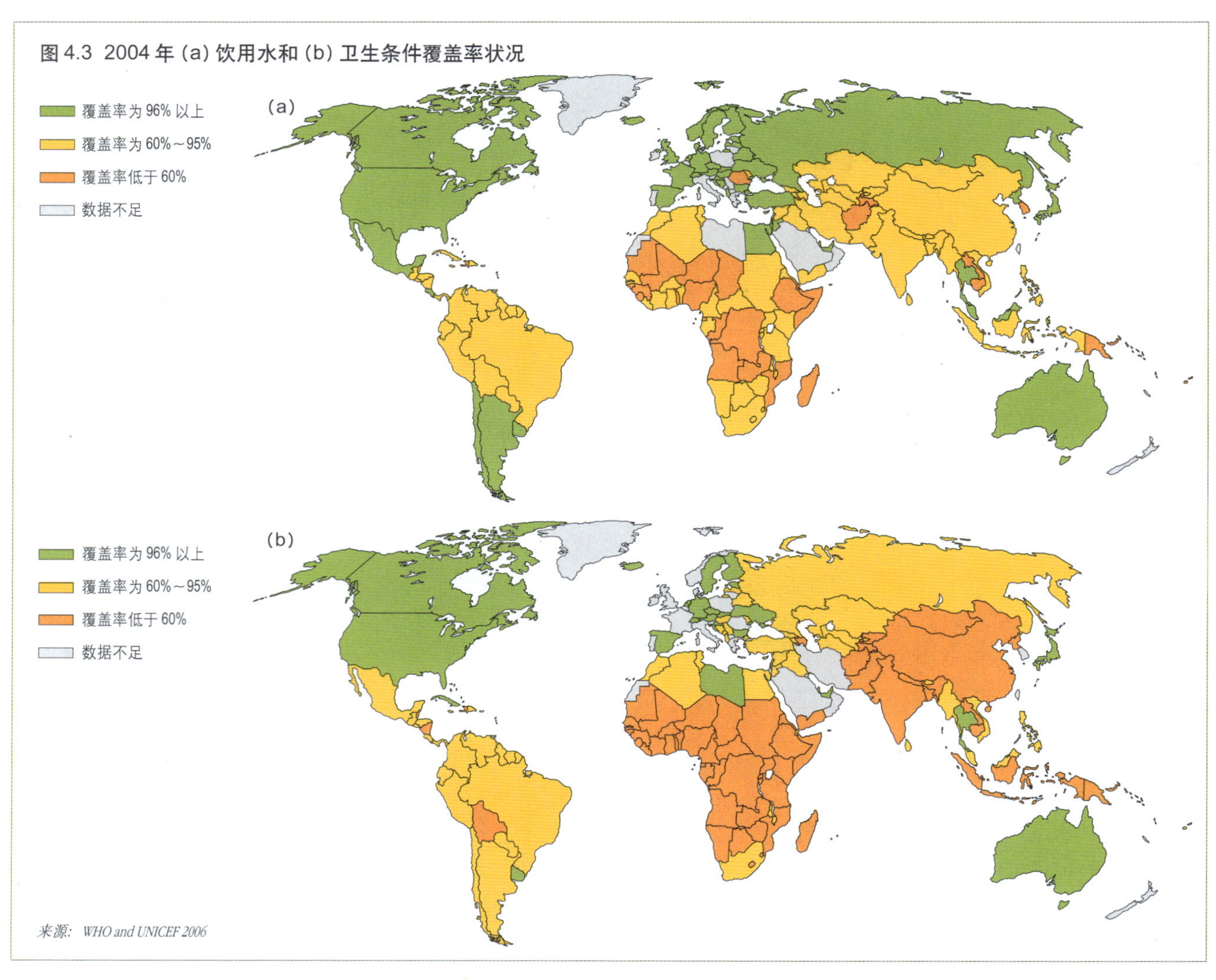

图 4.3 2004 年 (a) 饮用水和 (b) 卫生条件覆盖率状况

来源：WHO and UNICEF 2006

气候变化

气候的变暖是确定不疑的（IPCC 2007）。全球气候变化导致全球海洋变暖和酸化（见第2章、第6章），影响着地表温度以及降水量、降水时间和密度，包括暴风雨和干旱。在陆地上，气候变化影响着淡水的可获得性和水质、地表径流和地下水的补充，以及水媒介疾病的传播（见第2章、第3章）。气候引起的最深刻的变化正影响着低温层。在低温层，水以冰的形式存在。在北冰洋，温度的增幅是全球平均增加值的2.5倍，从而导致海洋和陆地冰川大量融化、永久冻土层解冻（ACIA 2004）（见第2章、第6章）。预计气候变化将直接或间接加剧对所有水生生态系统的压力。

水的利用

过去20年来，为满足日益增长的人口需求，提高人类福祉，粮食和能源生产用水越来越多，这一趋势还将在全球持续下去（WWAP 2006）。然而，用水方式的变化带来了严重的不良影响，急需我们密切关注以确保可持续使用。与气候变化造成的压力不同，水资源利用产生的压力主要体现在流域内部。用水压力的有些驱动力是全球性的，但是其补救方法可能是地方性的，尽管也有跨境公约的管制作用。

图4.4表明了目前生活、工业和农业用淡水的取用情况以及水库水分蒸发的情况。目前，农业用水量最大。水利发电和灌溉农业的增长（目前主要发生在发展中国家）对经济发展和粮食生产至关重要。但是，随着农业用地、农业用水、城镇扩张和工业发展出现的各种变化，对淡水和沿海生态系统造成了重大不良影响。

除了农业用水需求，城镇和工业发展，尤其是沿海地区的旅游业使得栖息地遭到物理改变和破坏，从而加剧了对水资源的压力。有意（鱼类养殖）或者无意（船只压舱排水）引入水体的外来物种也是一大因素。通过灌溉工程和供水配置对水循环做出的改变，已经使人类社会受益数百年。然而，地表植被的变化、城市化、工业化和水资源开发等人类对水循环的干预活动，对全球的影响或许将超过气候变化近期以及预期造成的影响，至少在数十年内如此（Meybeck和Vörösmarty 2004）。

人类在流域层面的活动导致点源和面源水污染加剧，影响着内陆和沿海的水生生态系统。面源比点源更难以识别、量化和管理。在许多国家，含有营养成分和农药的农业径流是主要的水污染源（US EPA 2006）。生活污水和工业废水也是主要污染源，未经充分处理的废水直接排入当地水系。事实上，所有工业活动都会产生水污染物，非可持续的林业（毁林开垦、森林火灾和日益加剧的水土流失）、采矿（矿山废水和渗出液的排放）、废弃物处理（垃圾填埋场的渗出液、陆地和海上的垃圾处理）、水产养殖和海洋生物养殖（微生物、富营养化和抗生素）、碳氢化合物（石油）的生产和使用也是如此。

预计到2025年，发展中国家的取水量将增长50%，发达国家增长18%（WWAP 2006）。由于几乎所有工业生产和制造活动都需要充足的供水，这种局面有可能妨碍社会经济发展，并增加对淡水生态系统的压力。在全球范围，水

图4.4 按部门划分的全球用水情况变化

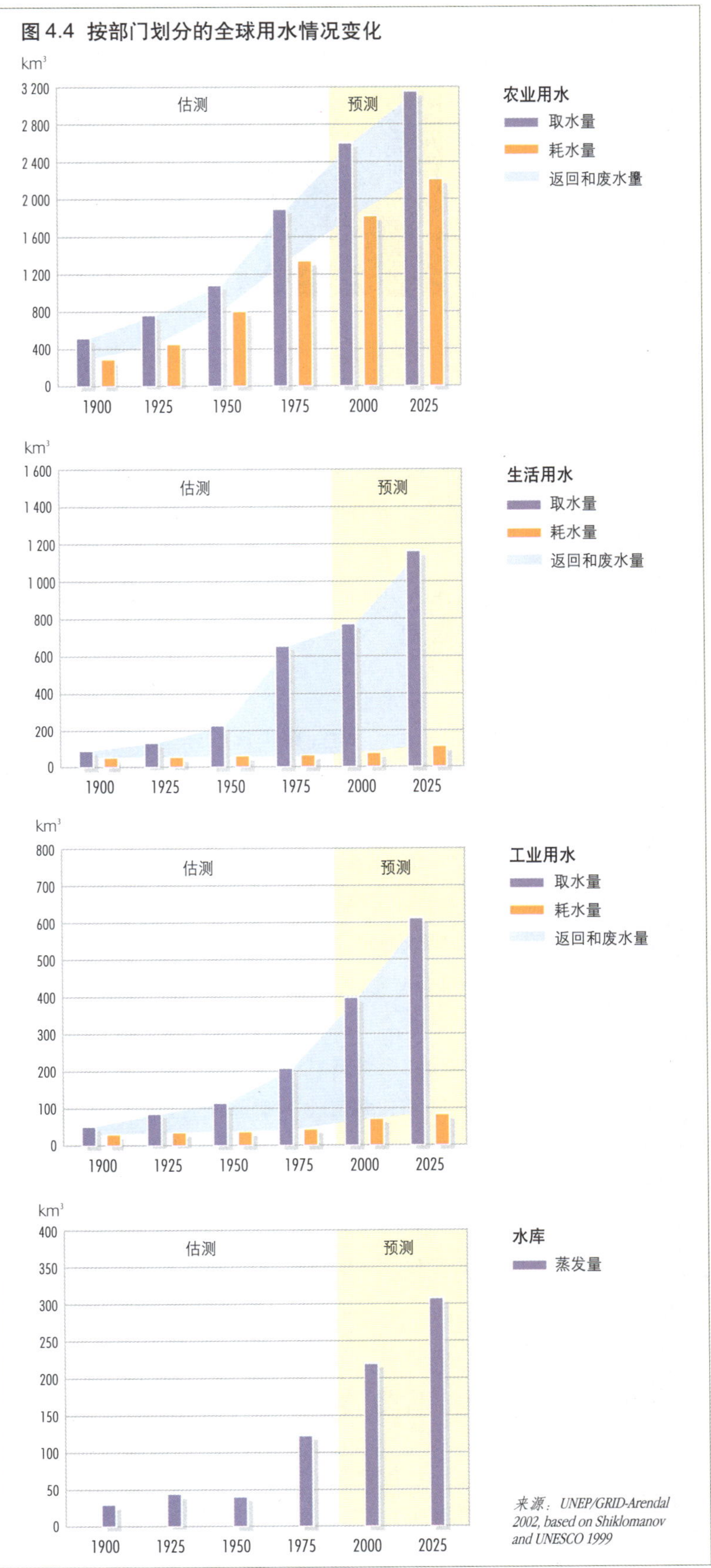

来源：UNEP/GRID-Arendal 2002, based on Shiklomanov and UNESCO 1999

捕虾拖船（图中小黑点）驶过长江入海口海面时留下的淤泥痕迹。

致谢：DigitalGlobe and MAPS geosystems

生生态系统（包括其自然因素的状况、生物多样性和各种过程）的完整性持续下降（MA 2005），降低了其提供清洁淡水、食物和稀释污染物等其他服务的能力，以及缓冲极端天气事件的能力。因此，水圈的变化对于实现千年发展目标中的清洁水、健康和食品安全指标至关重要。

渔业

有几方面压力直接导致了世界各地渔业过度捕捞以及海洋哺乳动物和海龟数量的下降。人口增长和财富增加导致鱼类产量从1987年的9 500万t增至2005年的1.41亿t，增长了近50%（FAO 2006c）。预计未来几十年内，鱼类需求特别是人口增长对鱼类的需求和对高价值海产品需求的年增长率在1.5%左右。满足这一需求将成为一项挑战。例如，20世纪80年代初至90年代末，伴随中国人民收入的迅速增长和城市化，年鱼肉消费增长率高达12%（Huang等 2002）。另一个因素是发达国家把鱼类作为健康食品加以推销，改变了人们的食品偏好。水产养殖持续增长，随之而来的是对饲料用鱼肉和鱼油的需求，这两者主要是从野生鱼类中获得（Malherbe 2005）。鱼类是国际贸易中增长最快的食品类商品，这引起了日益严重的生态问题和管理问题（Delgado 等 2003）。

据估算，渔业补贴占渔业产值的20%（WWF 2006），这导致捕鱼能力过大，超过了可获取的鱼类资源。全球渔船的捕捞能力超过捕捞海洋可持续提供的鱼类资源所需能力的250%左右（Schorr 2004）。此外，技术进步使得工业渔船和个体渔船以更高的精确度和效率在深海远洋捕鱼。这影响了很多鱼类种群的产卵地和保育地，并且由于发展中国家没有能力应用此类技术，因此还削弱了发展中国家渔民的经济收入（Pauly 等 2003）。海底拖网捕捞、炸药和毒药等破坏性的捕捞器械和做法也损害着全球渔业的生产力。尤其是海底拖网捕捞，会带来很多副产品，通常包含大量捕捞目标以外的海洋物种，全球每年约抛弃730万t（FAO 2006a）这样的捕捞物。

内陆渔业正遭受一系列直接压力，包括因建造水坝等基础设施造成的鱼类栖息地的变化、水流的减少、改道以及栖息地的分割。内陆鱼类还面临污染、外来物种和过度捕捞问题。由于很多内陆捕捞产品用于维持生计消费或者面向地方市场，日益增长的人口对食品的需求是导致内陆水域捕捞量上升的重要原因。

全球气候变化加重了非可持续的捕鱼以及其他压力。尽管不完全了解鱼类种群适应气候变化的能力，但气候变化有可能通过多种方式影响水生生态系统。水温的变化，尤其是刮风规律的变化表明气候变化可以干扰鱼类。这是一个新出现的重要问题，有可能对全球渔业资源产生重大影响。

环境趋势及其应对措施

人类福祉和环境可持续性之间存在固有的本质联系。全球水环境状况与全球气候变化、

表 4.1 水环境状况的变化与环境和人类影响之间的联系

水环境状况的变化	对环境 / 生态系统的影响	对人类的影响			
		人体健康	食品安全	自然安全	社会经济影响
与气候变化相关的问题：主要在全球层面干扰水文格局					
⇧ 海洋表面温度	⇔营养结构和食物网	⇩食品安全[1]	⇔鱼类种群分布[2] ⇩水产养殖[2]		⇩盈利（鱼类产品销量下降）[2]
	⇧珊瑚漂白		⇔个体渔民[2]	⇩海岸的保护[3]	⇩旅游业的吸引力[2]
	⇧海平面上升		⇔水产养殖设施[2]	⇧沿海 / 内陆洪涝灾害[1]	⇧财产损失、对基础设施和农业的损害[1]
	⇧热带风暴和飓风的频率与强度	⇧干扰公共设施的服务[1]	⇧损害农作物[1] ⇧损害水产养殖[1]	⇧溺水和洪涝灾害[1] ⇩海岸的保护[1]	⇩能源生产[1] ⇩法律与秩序[1] ⇧对财产和基础设施的损害[1]
⇧ ⇩降水	⇧洪水灾害	⇧与水有关的疾病[1]	⇧破坏农作物[1]	⇧溺水和洪涝灾害[1]	⇧财产损失[1]
	⇧干旱	⇧营养不良[1]	⇧作物产量下降[1]		
⇧ 陆地冰川和海冰的损耗	⇔海洋循环发生变化 ⇧山地冰川的损耗 ⇧海平面		⇔传统的食品来源[1] ⇩可获得的灌溉用水[2]	⇧海岸侵蚀和泛滥[2]	⇧海运机会增多[1] ⇩下游人民的生计[1]
⇧ 永久冻土带解冻	⇧冻土带生态系统的变化		⇧农业发展的可能性[2]	⇩地表稳定性[1]	⇩陆地运输[1] ⇧对建筑和基础设施的损害[1]
⇧ 海洋的酸化	⇩生物钙化有机体，包括珊瑚礁		⇩沿海渔业[3]	⇩海岸的保护[3]	⇩珊瑚礁旅游业[3] ⇩作为生计的渔业[3]
人类用水的有关问题：在流域和沿海地区层面干扰水文格局					
⇔水流的改变		⇩下游的饮用水[1] ⇧与水有关的疾病[1]	⇧灌溉农业[1] ⇩内陆鱼群[1] ⇧盐化[1] ⇩洪泛区的开发[1]	⇧防洪[1] ⇧社区移民[1]	⇩淡水渔业[1] ⇩水运[1] ⇧水利发电[1] ⇧灌溉农业[1] ⇧分配引起的冲突[1]
	⇧生态系统的破碎，湿地的填埋和排水		⇩沿海湿地的食物资源[2] ⇩捕虾业[1]		
	⇩把沉积物输送到沿海地区		⇩减少洪泛区的沉积物[1]	⇧海岸侵蚀[1]	⇩水库的生命周期[1]

表 4.1 水环境状况的变化与环境和人类影响之间的联系

水环境状况的变化	对环境/生态系统的影响	对人类的影响			
		人体健康	食品安全	自然安全	社会经济影响
人类用水的有关问题：在流域和沿海地区层面干扰水文格局					
⇩地下水水位	⇧浅井的干涸① ⇧盐化和污染		⇩可用的灌溉用水① ⇩水质①	⇧对地下水的竞争①	⇧获取地下水的成本① ⇧未挖成的井的遗弃① ⇧不公平①
	⇩流入地表水	⇩可取用的地表水①	⇩灌溉用淡水①		
	⇧陆地沉降				⇧对建筑和基础设施的损害①
	⇧盐水的入侵	⇩可取用的饮用水①	⇩可获得的灌溉用水① ⇧盐化① ⇩水质①		⇧水处理成本①
	地下水流倒流 ⇧向下运动	⇧来自陆地表面和沟渠的污染①	⇩水质①		⇧公共供水的处理成本①
人类用水的有关问题：在流域和沿海地区层面的水质变化					
⇧微生物污染		⇧与水有关的疾病① ⇧鱼类、贝类污染①			⇩工作日② ⇩娱乐和旅游①
⇧营养物质	⇧富营养化	⇧饮用水的硝酸盐污染①	⇧生产大型水生植物用于动物饲料①		⇧水处理成本①
	⇧有害水华	⇧鱼类和贝类污染① ⇧神经学疾病和肠胃疾病①	⇩牲畜的健康① ⇩人类可获取的食物①		⇩娱乐和旅游业① ⇩维持生计的收入①
⇧需氧物质	⇩水体中的溶解氧		⇩需氧量高的物种①		⇩娱乐和旅游③
⇧悬浮沉淀物	⇩生态系统的完整性		⇩鱼类和牲畜的健康①		⇧水处理成本①
持久性有机污染物		⇧鱼类和牲畜的污染① ⇧慢性病②			⇩鱼类的商业价值①
重金属污染		⇧海产品污染① ⇧慢性病①	⇧洪水污染农业用地①		⇧水处理成本①
⇧固体废物	⇧对生态系统和野生动植物的危害	⇧对人体健康的威胁(污染和受伤)①			⇩娱乐和旅游② ⇩捕鱼业②

注：箭头表示状况及影响的变化趋势：

⇧表示增加　⇩表示下降　⇔表示没有统计数据证明发生变化

①数据确凿　②已建立数据但不完整　③不确定

千年发展目标 1，指标 1：1990—2015 年，日收入不足 1 美元的人口比例减半。

指标 2：1990—2015 年，遭受饥饿的人口比例减半。

千年发展目标 6，指标 8：到 2015 年，开始扭转疟疾和其他重大疾病发病率上升的趋势。

千年发展目标 7，指标 9：把可持续发展原则纳入国家政策和规划，扭转环境资源减少的趋势。

千年发展目标 7，指标 10：到 2015 年，缺少可持续的安全饮用水和基本卫生设施的人口比例减半。

水资源利用的变化，以及水生生物资源特别是鱼类的过度捕捞有关。我们针对这三个问题分析了环境变化对人类的影响。表4.1强调了水和人类福祉之间的重大联系。

我们已采取各种管理措施应对水环境的挑战。尽管各级部门和个人应当采取的行动已经明确，但关键在于面临水问题挑战的决策者。在提供管理方面的指导时，决策者还必须考虑水环境与全球环境其他部分（大气、陆地和生物多样性）的联系与互动。例如，水资源的数量和质量决定着渔业类型。这些管理选择方案包括预防、缓解和适应方面的行动（旨在解决问题）和策略（着重于调整问题）。

气候变化的影响

海洋温度和海平面

在全球范围，海洋温度和海平面继续保持上升趋势。1961年以来的观测数据表明，全球海洋在至少3 000 m深处海水的平均温度都有所上升；一直以来海洋吸收了气候系统所增加热量的80%以上。温度上升导致海水膨胀，引起海平面上升（IPCC 2007）。1961—2003年，全球的海平面平均每年上升1.8 mm，1993—2003年的上升速度有所提高（约3.1 mm/a）（表4.2）。目前尚不清楚上升速度的提高体现的是十年内的变化还是长期增长趋势所致。人们非常确信，从19世纪到20世纪观测到的海平面上升速度有所提高。在整个20世纪，海平面总共上升了约0.17 m（IPCC 2007）。

海洋表面温度和表面洋流影响着大气层底部的气流规律，由此决定了区域气候。逐渐变暖的海水和表面洋流的变化直接影响着海洋动植物群落，改变鱼类种群的分布和数量。在热带地区，海洋表面海水出现异常高温的情况越来越频繁，导致大面积的珊瑚漂白和死亡（Wilkinson 2004）。观测数据表明，受热带海洋表面温度升高的影响，自1970年前后以来，北大西洋地区的热带飓风活动强度增大，但每年热带飓风的发生次数没有明显变化趋势（IPCC 2007）（见第2章）。

海洋温度的升高，尤其是表面水温的升高，以及热量向大气的反馈，正改变着降雨规律，影响着淡水的可获得性、食品安全和人类健康。由于海洋的储热能力很强，循环速度较慢，海洋温度上升对人类的影响将是广泛的。根据消除大气中温室气体的时间表，人类在过去和将来排出的温室气体将在未来上千年继续促使海洋变暖、海平面上升（IPCC 2007）。

表4.2 观测到的海平面上升情况及估计的各种原因

海平面上升的原因	海平面的年上升高度/（mm/a）	
	1961—2003年	1993—2003年
热膨胀	0.42±0.12	1.6±0.5
冰川与冰帽	0.50±0.18	0.77±0.22
格陵兰岛冰原	0.05±0.12	0.21±0.07
南极冰原	0.14±0.41	0.21±0.35
单独的气候因素造成海平面上升的总合	1.1±0.5	2.8±0.7
观测到的海平面的上升总量	1.8±0.5	3.1±0.7
误差（观测数据减去气候因素的总估算值）	0.7±0.7	0.3±1.0

注：1993年前的数据通过潮位仪测定，1993年之后的数据为卫星测量。

来源：IPCC 2007

降水

至少从20世纪80年代起，陆地、海洋及对流层上层大气中的平均水蒸气含量有所增加。这一增加趋势大体与温度变高的空气所能容纳的额外的水蒸气量相一致（IPCC 2007）。越来越多的证据表明，由于大气对气候变化有所反应，世界各地的降水规律均发生了变化（图4.5）（见第2章）。据观测，南、北美洲东部地区、欧洲北部以及北亚和中亚地区的降雨显著增加（IPCC 2007）。虽然人们认为降水规律越来越受到海洋和陆地表面大范围变暖的影响，但降水规律变化的确切本质尚未明确，尽管对此方面的了解正在加深。自20世纪初，全球陆地的降水量增加了2%左右。此数据具有统计学上的意义，但是在时间和空间分布上都不均匀。这种时空上的变化确切地体现在非洲萨赫勒地区（撒哈拉沙漠南沿一条宽广的半沙漠地带），该地区连续出现了雨季（相对来讲）和干旱的交替。继20世纪80年代的干旱之后，季风的动态变化导致90年代非洲荒漠草原地区和印度次大陆的降雨有所增加，植被覆盖率也因此上升（Enfield和Mestas-Nuñez 1999）（见图3.10萨赫勒地区绿化指标）。

自20世纪70年代以来，我们在更广泛的地域观测到了程度更严重、时间更长的干旱，尤其是热带和亚热带地区，而非洲萨赫勒地区、地中海地区、非洲南部以及南亚部分地区已经出现了干涸（IPCC 2007）。20世纪70年代以来，非洲萨赫勒地区降雨量减少，出现灾难性的干旱，这是全球气候研究界普遍公认且争议最少的近期最重要的气候变化（Dai等 2004，IPCC 2007）（图4.5）。降雨量的减少归因于海洋表面温度的变化，尤其是南半球海洋和印度洋的变暖，导致大气循环发生变化（Brooks 2004）。2005年，亚马逊地区遭遇40年来最严重的旱灾。

20世纪后半叶，许多中高纬度地区强降雨事件的发生频率上升了2%～4%。同一时期观测到的亚洲和非洲部分地区的干旱发生频率和强度也有所增加（Dore 2005）。大陆降水情况的差异有可能进一步加剧，湿润地区更加湿润，干旱地区更加干旱，最近这一趋势有可能持续下去。高纬度地区的降雨量很可能增加，多数亚热带大陆地区的降雨量可能会减少。热浪和强降雨事件很可能会更加频繁。大多数陆地地区的强降雨频率已经有所增加，这与气候变暖和所观测到的大气中水蒸气含量的增加是一致的（IPCC 2007）。

图 4.5 1900—2000 年年降水量趋势

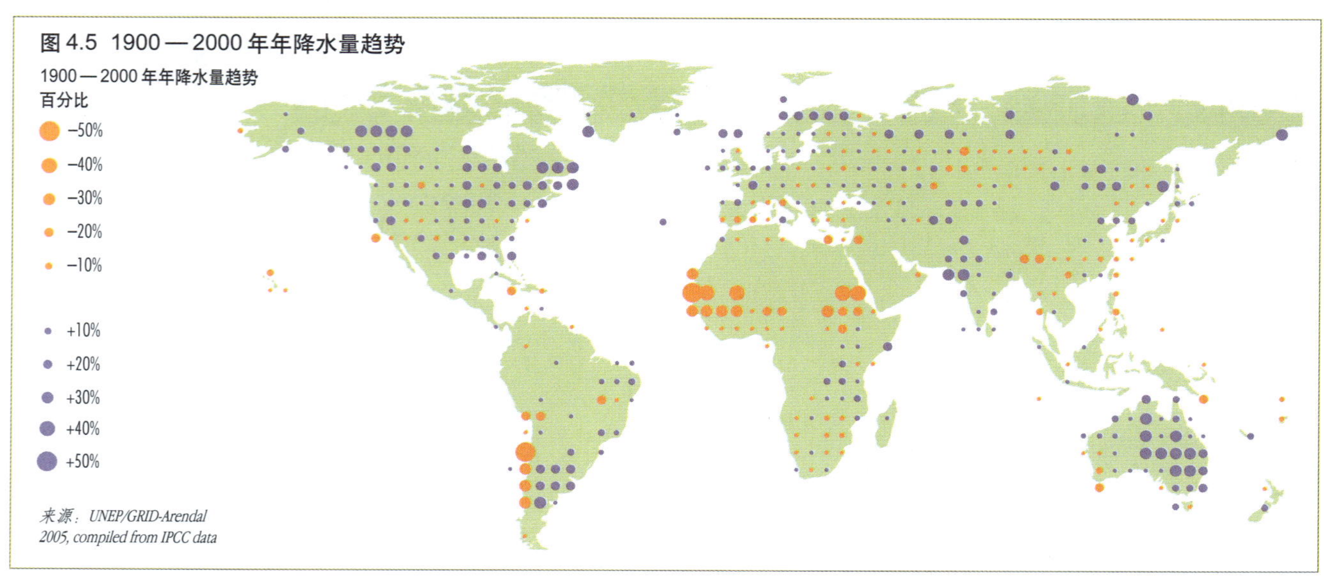

第3章描述了土壤墒情和森林等陆地生物群落在调节全球水质和水量方面的作用。人类活动对陆地表面状况的改变影响了气候，从而导致水蒸气气流规律在某些区域发生重大变化，灌溉对水蒸气气流的影响可能与森林砍伐的影响同样重要，但这取决于当地条件（Gordon 等 2005）。

旱涝灾害频率加大、严重程度提高正引起营养不良和与水有关的疾病，威胁着人体健康，破坏着人类生计。到2080年，预计发展中国家旱情的增加可能导致适宜雨水灌溉的农业用地减少 11%（FAO 2005）。暴雨和地方洪涝有可能增加，将影响发展中国家最穷困人群的安全和生计状况，因为他们的家庭和作物都将遭受此类天气事件的影响（WRI 2005）。

低温层

过去20年来，大陆冰原和山地冰川持续消融（图 4.6）（见第 2 章、第 6 章）。格陵兰岛和南极大陆冰原的损耗很可能造成了1993—2003年全球海平面的上升（表 4.2）。格陵兰岛和南极大陆外流冰河的流速有所增加，冰水从冰原内部向外流动（IPCC 2007）。由于冰雪覆盖率减少，北冰洋地区平均温度的升高速度是世界其他地区的两倍（ACIA 2005）（见第 6 章）。北冰洋大陆冰川的总储量约为 310 万 m^3，自 20 世纪 60 年代以来一直在缩减，越来越多的冰雪融水流入海洋（Curry 和 Mauritzen 2005）。数十年来，格陵兰岛冰原的融化速度比新冰川的生成速度更快（见第 2 章）。2005 年，冰原的融化程度达到有记录以来的最高点（Hanna 等 2005）。海洋冰原的覆盖率和厚度也大大下降（NSIDC 2005）（见第 6 章）。

永久冻土带的融化速度也在加快，过去数十年内温度上升了 2℃。1900 年以来，北半球季节性冻土的最大面积已缩减了 7% 左右，在春天的缩减率达 15%（IPCC 2007）。冻土带解冻正引起北冰洋局部地区苔原带的许多湖泊和湿地开始排水，并向大气中释放温室气体，尤其是甲烷和二氧化碳。北冰洋地区河流冬季的冰冻期正在缩短（ACIA 2005）（见第 2 章、第 6 章）。

全球变暖对低温层状况的影响，包括加深永久冻土带的解冻程度，减少海洋冰原的覆盖率和提高陆地冰川（包括山地冰川）的融化速度等，已经对人类产生了重大影响（见第 6 章）。根据预测，因陆地冰川融化导致的海平面上升将给全球经济造成巨大影响。全球人

图 4.6 全球的冰河质量：年度变化与累积值

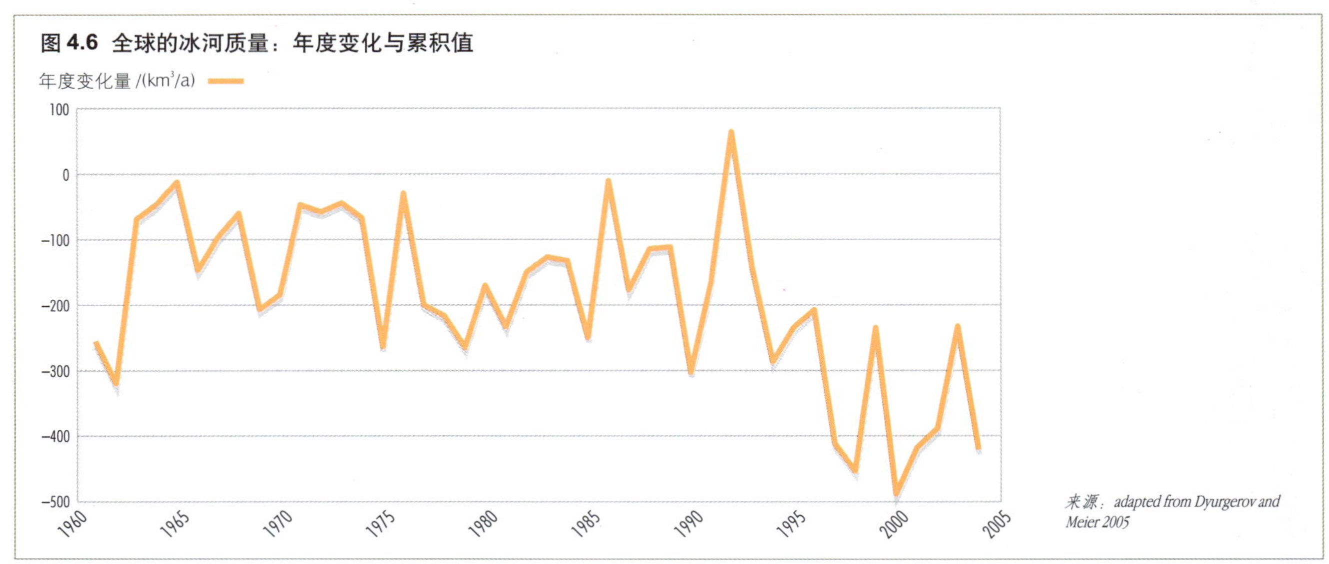

来源：adapted from Dyurgerov and Meier 2005

口有60%以上生活在距离海岸线100 km以内的地区（WRI 2005），海平面上升已经威胁到低海拔沿海地区城市和社区的安全与社会经济发展。它影响到由小岛屿组成的国家，包括小岛屿发展中国家（SIDS）。人类很可能需要采取重大措施来适应变化，包括在未来几十年内重新安置数以百万计的人口（IPCC 2001）（见第7章）。

永久冻土带逐渐解冻为农业生产和商业捕获甲烷气体带来了机遇，但限制了道路交通，并为建成区环境带来不稳定性（ACIA 2004）。在21世纪，北大西洋环流很可能放缓（Bryden等2005，IPCC 2007），有可能对欧洲西北部的人类福祉造成重大影响（见第6章）。

雨水和海洋酸化

雨水的酸度是由大气中二氧化碳的溶解以及氮和含硫化合物的运输与沉降造成的（见第2章、第3章）。这一点非常重要，因为生物的生产力与酸度密切相关（见第3章）。第3章中的酸化周期专栏描述了酸沉降对世界各地森林和湖泊的一些影响。

过去200年间，海洋吸收了全球向大气中排放二氧化碳的半数左右（见第2章），导致海水逐渐酸化（The Royal Society 2005）。不论是否立即减少排放物，酸化现象都将持续下去。如果在深层海床或深层海床以上释放工业生产和压缩二氧化碳的建议得到实施，那么海洋会进一步酸化（IPCC 2005）。迄今为止，人们只通过小规模的实验室实验和模型进行了二氧化碳注入海水的试验。尽管海洋生物中二氧化碳浓度的增加对生态系统会造成影响，但人类一直尚未在深海进行加以控制的生态系统实验或确定任何环境下限值。

海洋酸化的影响虽然不很明确，但可能是深远的，它会抑制甚至阻止珊瑚和浮游生物等海洋动物的生长；会通过海洋食物网的变化影响全球的食品安全，并且在地方范围内，对珊瑚礁吸引潜水旅游业和保护海岸线不受极端海浪事件影响的潜力造成不良影响。各类物种和生态系统如何适应二氧化碳含量的持续上升，目前尚不明确（IPCC 2005）。有预测认为，在21世纪地球表面海洋的平均pH（表示酸度）会减少0.14～0.35个单位，再加上从前工业化时代起减少的0.1个单位（IPCC 2007）。

应对与气候变化有关的水管理问题

在全球范围，由气候变化引起的水环境变化包括：海洋表面温度升高、扰乱全球的洋流、区域和地方降水规律的变化以及海洋酸化。这些问题通常通过全球范围的努力来应对，如《联合国气候变化框架公约》及其《京都议定书》（见第2章）。全球范围内的应对措施包括区域、国家和地方层面的无数项行动。许多全球性公约和条约都是以此为基础得到履行的，其成效取决于各个国家为此作出贡献的意愿。由于这些变化与其他环境问题也相关（如土地利用和生物多样性），必须通过其他具有约束力或者不具有约束力的条约和文件来解决这些问题（见第8章）。

本书第2章分析了气候变化驱动力（主要是越来越多地燃烧化石燃料获取能源）的主要应对措施。这些措施大多是国际性的，需要各国政府通过采取法律和市场手段长期共同努力。重点是针对气候变化对水环境所造成影响的措施，包括调节、适应和修复水环境的措施（见本章末的表4.5）。这些行动大多在国家甚至地方层面实施，但通常遵守区域或国际性公约。所有措施都必须在持续性的气候变化及其影响的背景下加以考虑，特别是全球海平面上升对人类安全和社会经济发展的长远影响。

在全球层面，政府间气候变化专门委员会正在制定适应气候变化的措施。在区域和地方层面，所采取的措施包括湿地生态修复、红树林的恢复和其他生态水文措施、碳汇措施以及防洪工程和海岸工程（表4.5）。有些措施，如

左边是英国 Tollesbury 村附近决口的海堤，此地区是应对海水泛滥的缓冲防护区，常常变成湿地；右边是天然沼泽地。

致谢：Alastair Grant

通过有组织的海防再造工程修复沿海湿地可以实现多重目的，其中包括缓解暴风雨中巨浪的冲击、再造沿海和内陆生态系统以及提高或者恢复生态系统服务，如为鱼类提供营养、净化水质、提高旅游和娱乐设施的质量，特别是为了当地社区的利益。

水资源与水的利用

淡水的可获得性与使用

由于地表水和地下水取用过度，全球气候变暖引起降雨量减少、蒸发量增加，水的径流量由此减少，人类可利用的水资源数量持续下滑。在世界许多地区，如西亚、南亚的印度—恒河草原、中国华北平原以及北美洲的高地平原，人类的用水量已经超过了每年的平均补水量。过去50年来，农业、工业和能源行业的淡水消耗量明显增加（图 4.4）。

《全球国际水域评估》（Global International Waters Assessment, GIWA）所研究的地区有半数以上被评为中度或严重缺水地区（UNEP-GIWA 2006a）。到 2025 年，全球将有 18 亿人口生活在绝对缺水的国家或地区，世界上 2/3 的人口将面临缺水的压力，即水资源量可能达不到他们满足农业、工业、家庭、能源和环境用水需求的临界值（UN Water 2007）。

陆地的年均降雨量为 11 万 km^3（SIWI 等 2005）。其中约有 1/3 流入河流、湖泊和地下蓄水层（即蓝水），这其中仅有 1.2 万 km^3 左右便于人类取用。其余 2/3 的降雨（即绿水）或者在土壤中储存，或者经过潮湿的土壤蒸发 / 植物的蒸腾作用返回大气中（Falkenmark 2005）（见第3章）。土地利用方式和用水方式的变化正改变着“蓝水”和“绿水”及其可用量之间的平衡，也加剧了河滨生态系统的分割，使河流水流量减少和地下水水位下降。水库里越来越多的水通过蒸发损失掉，这也造成了河流下游水量的减少（图 4.4）。

改变河水系统，尤其是通过围坝蓄水调节水流，是全球非常普遍的现象（Postel 和 Richter 2003）。世界上227个大型江河中有60%被大坝、引水工程和运河中等程度或严重地截断，其余位于发展中国家的天然河流的完整性由于高比例筑坝工程而受到威胁（Nilsson等 2005）。南美洲、非洲南部、中国和印度部分地区计划或者正在进行的跨流域调水工程将引起流域排水系统的重大变化。在非洲南部，调水工程已经改变了水质，并把新物种引入接受调水的流域。上游过度用水和水污染可对下游的用水需求造成不良影响。在尼罗河流域等跨境水系，下游国家用水时可通过限制上游国家的发展项目危及上游国家的稳定性。科罗拉多河（专栏6.32）、恒河和尼罗河等大河水资源均被过度利用，以致天然径流均未能入海（Vörösmarty 和 Sahagian 2000）。重要的含水层体系常常跨越国界。例如，前苏联和巴尔干半岛的政治演变大大增加了此类跨境水资源问题（UNESCO 2006），突显了共同管理水资源的必要性。

全球140个国家拥有4.5万多个大坝，其中有2/3位于发展中国家（WCD 2000），这2/3中有半数在中国。据估计，这些大坝的潜在蓄水量为8 400 km^3，蓄积了全球径流的14%左右（Vörösmarty等 1997）。新的筑坝工程大多限于发展中地区，尤其是亚洲。例如，中国的长江流域有105座大坝正在筹划或建设中（WWF 2007）。在美国等一些发达国家，过去20年来新大坝的建设工程一直在减少。为了使人类和自然受益，有一些大坝已成功拆除。对许多水库来说，泥沙淤积日渐成为问题。土地用途的变更，特别是森林砍伐，已通过水土流失和径流量的增加造成越来越多淤积物的输送。据估计，过去50年来所建筑的大坝已经总共淤积了1 000多亿t泥沙，缩短了大坝的寿命，并大大减少了泥沙向世界沿海地区的输送（Syvitski 等 2005）（表 4.1）。

筑坝和取水引起淡水排水量减少和季节性的高峰水流，使下游的农业产量和渔业生产力下降，并导致河口陆地出现盐化作用。在孟加拉国，由于河水水流发生变化，导致3 000万人口的生存状况和营养下降（UNEP-GIWA 2006a）。在过去20年里，热带地区尤其是非洲的水库开发活动引起疟疾、黄热病、麦地那龙线虫、血吸虫病等水传染病的增加，例如塞内加尔河流域就是这样（Hamerlynck 等 2000）。沉积物向沿海地区输送量的减少使海拔较低的沿海地区更易遭受洪水的侵袭，如在孟加拉国。由于泥沙淤积，水库缩短了使用期限（专栏 4.1），从而在未来几十年内影响当地灌溉计划和水电生产活动。使淤积的大坝退役有可能恢复河流泥沙的流动，但很可能实施起来既困难，成本又高，也很难找到替代的水库场址。

在世界各地，地下水的严重枯竭往往与燃油补贴有关，这在蓄水层或者流域范围内是个明显的问题。地下水的过度取用及由此引起的水位下降和出水量的减少可对人类和生态系统产生重大影响，必须将其与预期的社会经济效益相权衡。对地下水资源竞争的日渐激烈也会加剧社会不公平，因为大容量的深水井会造成局部水位下降，提高用水成本，导致使用浅水井的人取不到水。这可能会

专栏 4.1 水库淤积正在缩短大坝的使用寿命

在摩洛哥的穆卢耶河（Moulouya）流域，年降雨量少且集中。建设大坝有很多社会经济效益，如通过农业发展促进经济增长、通过水力发电和防洪提高生活水平。然而，由于自然和人为造成的水土流失率很高，水库很快发生淤积现象。据预测，到2030年，穆罕默德五世水库（Mohammed V Reservoir）将被淤积的泥沙填平，导致约7万 hm^2 灌溉用地和300 MW电力的损失。这座大坝已改变了穆卢耶河沿岸湿地的水文功能，造成生物多样性丧失、地表水和地下水盐化以及穆卢耶河三角洲的沙滩侵蚀，影响了当地旅游业。

来源：Snoussi 2004

表 4.3 过度取用地下水的影响

过度取用的影响		影响敏感性的因素
可逆的干预	抽水高度提高、成本增加	蓄水层的反应特性
	地上钻井的出水量减少	水位降低到出水线以下
	泉水涌流和河流基本水流的减少	蓄水层的蓄水特性
可逆的/不可逆的	地下水湿生物的压力（包括自然和农业植被）	地下水位的深度
	遭受污染的水的注入（高位蓄水层或者河流）	污染水体的远近
不可逆转的退化	盐水入侵	盐水水体的远近
	蓄水层紧密性和透射率的降低	蓄水层的可压缩性
	土地沉降及相关影响	重叠和/或夹层之间绝水层的垂直可压缩性

来源：Foster and Chilton 2003

激发新一轮钻探深水井的活动，随着当前使用的浅水井被提前遗弃，这就使新一轮钻探深水井的活动变得昂贵而且效率低下，也可能出现土地沉降和盐水入侵等本质上不能逆转的严重后果（表 4.3）。例如，在约旦的阿兹别科沃流域（Azraq basin），地下水的平均取水量逐渐上升到 5 800 万 m^3/a，其中 3 500 万 m^3 为农业用水，2 300 万 m^3 为饮用水。这使得 1987—2005 年的地下水位下降了 16 m。到 1993 年，阿兹别科沃绿洲的泉水和池塘已经完全干涸。地下水出水量的减少也造成水的盐分变高（Al Hadidi 2005）。

水质

水质变化主要是由于人类在陆地上的活动产生水污染物或者改变水的可获得性造成的。越来越多的证据表明全球气候变化可改变降雨规律，影响人类在陆地上的活动及相关的径流量。这说明全球变暖也会造成或者促使水质恶化。通常河流上游地区和公海的水质最好；水质恶化最严重的大多发生在江河下游、入海口和沿海水域。作为全球气候的调节者（见第 2 章），海洋不仅吸收大气中的大量温室气体，其庞大的容积还稀释了多数水污染物，为水质恶化提供了缓冲作用。这与内陆淡水水系及下游入海口和沿海水系形成了鲜明的对比。流域的点源和面源污染使污染物负荷源源不断地流入这些水系，突显出流域—沿海地区的相互联系。

人体健康是与水质有关的最重要问题（表 4.1）。主要污染物包括细菌污染物和过量的营养负荷。孟加拉国局部地区及印度与孟加拉国接壤地区的地下水中自然砷含量很高（World Bank 2005），许多地区地质来源的氟化物也使地下水中这种污染物浓度偏高，这两种污染物对人体健康都产生重大影响。重要的点源污染物包括细菌病原体、营养物质、耗氧物质、重金属及持久性有机污染物。主要的面源污染物为悬浮沉积物、营养物、农药和耗氧物质。盐分高的水和放射性物质可能造成局部地区的污染，但它们并未构成全球范围内的环境问题。

主要由卫生设施不足、废水和动物粪便处理不当引起的细菌污染是人类疾病和死亡的重要原因。因废水污染沿海地区水体而对人类健康产生的影响每年可造成 120 亿美元的经济损失（Shuval 2003）。在联合国环境规划署《区域海洋计划》（UNEP's Regional Seas Programme）中的至少八个地区，排入淡水水系和沿海地区的废水中有50%以上未经处理，其中五个地区有80%以上未经处理（UNEP-GPA 2006a）。未经处理的废水严重影响着水生生态系统及其生物多样性。在一些发展中国家，只有 10% 左右的生活污水被集中处理和回收，而只有约 10% 的污水处理厂在有效地运营。如果不显著增加废水管理方面的投资，那么缺乏生活污水处理系统或者受效率低下的污水处理系统影响的人数很可能增加（WHO 和 UNICEF 2004）。这将更难以实现联合国千年发展目标中的卫生指标（图4.3）。

据估计，6 440万伤残调整生命年（DALYs）是由水源病原体引起的（WHO 2004）。甲肝（150万例）、肠虫（1.33亿例）和血吸虫病（1.6亿例）的流行与卫生条件不够有关。每年，因在废水污染的海滨游泳而引起的肠胃病有1.2亿例，呼吸系统疾病有5 000万例。据报道，1987—1998年，由于摄取感染霍乱弧菌的食物或水而引发的霍乱病大幅增加（图4.7）（WHO 2000）。在发展中国家，每年约有300万人死于与水有关的疾病，其中大部分为五岁以下的儿童（DFID 等 2002）。有预测表明，全球变暖可能改变人们的生活环境，导致水源病原体的传播，威及人类健康。这一点值得我们给予更多关注。

水生生态系统的pH是水的酸碱度的量度。pH很重要，因为它与生物生产力密切相关。尽管个体物种的忍耐力有差异，但是大多数流域中优质水的pH介于6.5和8.5之间。随着全球或区域层面在减少硫排放方面的努力，世界部分地区的pH有了重大改善（UNEP-GEMS/Water 2007）。

最普遍的淡水水质问题是高浓度营养负荷（主要是磷和氮），这引起了水体富营养化，严重影响人类用水。地表水和地下水中越来越多的氮磷负荷来自农业径流、生活污水、工业废水和大气（化石燃料燃烧、森林火灾和风吹来的粉尘）。它们影响了世界各地的内陆和下游水系（包括河口）（见第3章、第5章）。一些水体由于接受了来自大气的湿润

图 4.7 世界各区域报告的霍乱病例

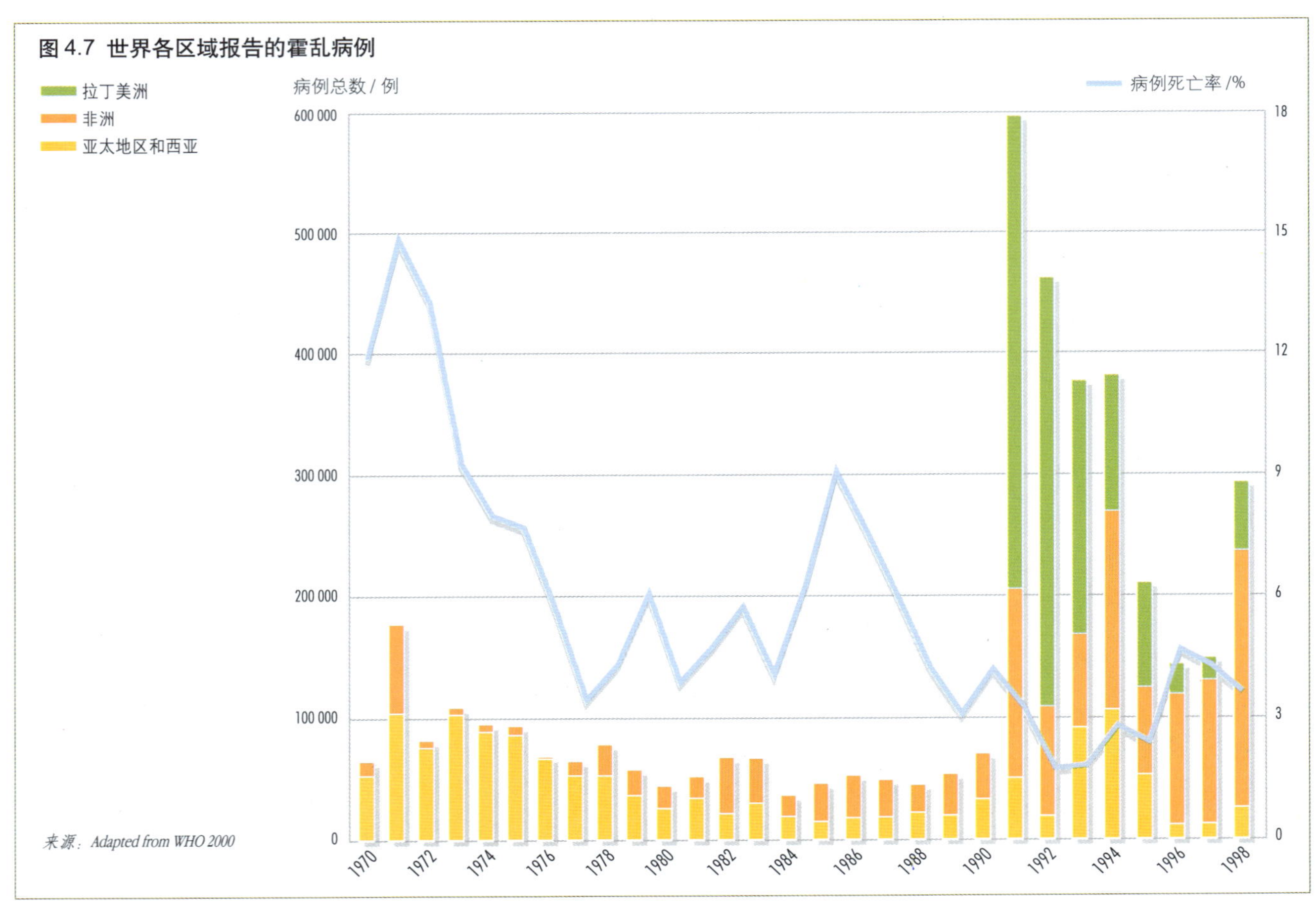

来源：*Adapted from WHO 2000*

或干燥营养物，也产生类似水质问题，维多利亚湖就是一个例子（Lake Basin Management Initiative 2006）。预计未来30年内用于粮食生产的化肥以及废水中的化肥含量将有所增加，这表明全球河流流入沿海生态系统的氮将增加10%～20%，延续1970—1995年29%的增长趋势（MA 2005）。只要水中氮含量超过5 mg/L，就说明水体被人类和/或动物排泄物以及因农业耕作方式不当造成的化肥流失等污染源污染。这种污染将造成水生生态系统恶化，给生态系统服务和人类福祉带来不良影响（图4.8和表4.4）。

市政污水处理厂以及农业和城市面源径流造成的营养物污染仍然是一个重大的全球性问题，对人体健康造成了诸多影响。过去20年来，淡水和沿海水系中部分由营养物负荷造成的有害水华有所增加（专栏4.2中的图4.9）。微藻青菌毒素在滤食性贝类、鱼类和其他海洋生物体内聚积，会造成鱼类和贝类中毒或者瘫痪。微囊藻毒素会引起人体急性中毒、皮肤发炎和肠胃病。鉴于温度越高时微藻青菌比绿藻更有生长竞争优势，全球变暖有可能恶化这一现象。

水华、生活污水处理厂排水、食品加工过程等来源的有机物质被水体中的耗氧微生物分解。这一类污染通常用生化需氧量（BOD）衡量。高浓度生化需氧量可引起氧气枯竭，危及鱼类及其他水生物种的生存。例如，伊利湖底的氧气枯竭区自1998年以来不断扩大，对环境产生了不良影响。部分沿海地区也出现了氧气枯竭，其中包括北美洲东部和南部沿海、中国和日本南部沿海以及欧洲周边的大片区域（WWAP 2006）。墨西哥湾的氧气枯竭已经造成了大片“死亡区”（Dead zone），对生物多样性

图4.8 1979—1990年和1991—2005年世界各区域大流域的无机氮含量

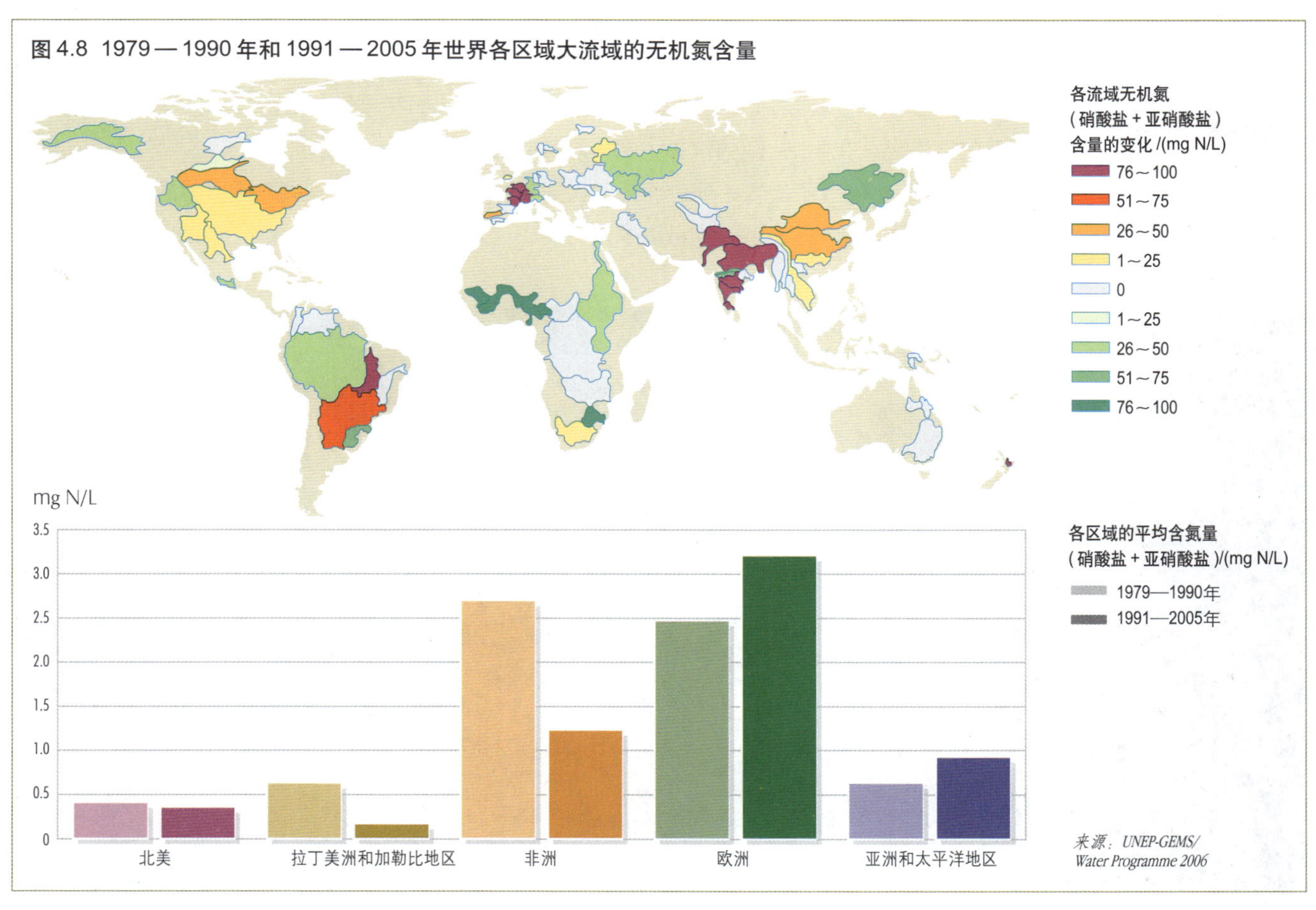

来源：UNEP-GEMS/ Water Programme 2006

专栏 4.2 中国东海有害水华发生频率增加、面积增大

中国东海有害水华（HABs）的发生次数从1993年的10次增至2003年的86次，覆盖面积达1.3万km^2。东海流域的化肥施用量增长了250%，尤其是上游沿海地区的安徽和江苏两省，导致高浓度营养负荷流入海洋。水华大多发生在长江的内陆架，对人类和生态系统产生一系列影响。目前已经观测到鱼类和海底生物的死亡率很高。

图 4.9 中国东海的水华

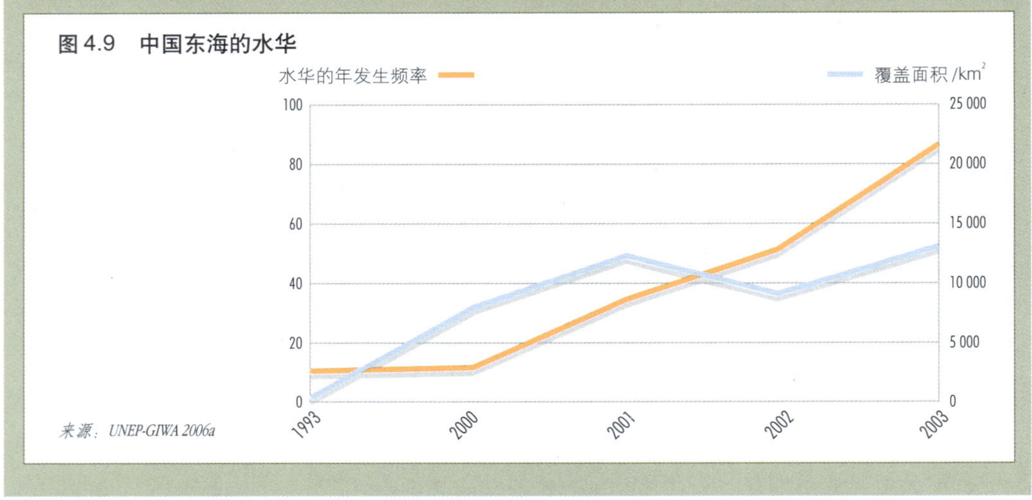

来源：UNEP-GIWA 2006a

和渔业带来严重的不良影响（MA 2005）（见第6章）。

持久性有机污染物是对人类和环境有广泛影响的有机合成化学品（见第2章、第3章和第6章）。20世纪70年代末，针对北美五大湖区的研究强调了存在于沉积物和鱼类中年头较长的有机氯农药（即所谓的遗留化学品）（PLUARG 1978）。随着限制这些农药法规的实施，20世纪80年代初以来，部分水系中的化学品含量有所下降（见第6章）（专栏6.28）。中国和俄罗斯联邦也同期观测到了类似的下降趋势（图4.10）。在美国，每年仅由工业部门产生的危险

由夜光藻引发的有害水华，即赤潮（注意赤潮相对于船只的规模）。

致谢：J.S.P. Franks

有机化学污染物就达360亿kg以上，其中大约90%的化学品不是以对环境负责任的方式处置的（WWDR 2006）。

农药中的化学品还会通过农业径流污染饮用水。人们越来越关注个人护理产品和口服避孕药残留、止痛药和抗生素等药品对水生生态系统的潜在影响。这些物质对人体健康或生态系统健康的长期影响尚不清楚，但其中部分物质可能引起内分泌紊乱。

水和沉积物中的一些重金属会在人体和其他生物组织中累积。饮用水及人类食用的鱼类和部分粮食中的砷、汞和铅提高了慢性疾病的发病率。自20世纪90年代初在欧洲进行的海洋监测表明，大西洋东北部和地中海地区蚌类和鱼类中镉、汞和铅的含量正在下降。北海地区大多数国家实现了以上重金属消减70%的目标，但铜和磷酸三丁酯除外（EEA 2003）。

尽管亚马逊河上游等一些内陆地区也出现了石油污染，但石油污染仍主要是海洋问题，对海鸟和其他海洋生物产生重大影响，也影响着景观。尽管保护海洋环境区域组织（ROPME）涵盖的地区每年仍然有大约27万t石油泄漏到压舱水中，但随着海上运输泄漏石油量的减少以及船只运营和设计水平的进步，预计泄漏到海洋环境中的石油量也在下降（UNEP-GPA 2006a）（图4.11）。海洋中的石油总量有3%来自石油钻井平台的意外泄漏，13%来自石油运输过程中发生的泄漏（National Academy of Sciences 2003）。

由于陆地和海洋来源的非降解或慢性降解物质处理不当，尽管国际社会做出了努力，但固体废物和垃圾问题仍继续导致淡水和海洋系统水质变差（UNEP 2005a）。

图4.10 俄罗斯和中国部分河流中有机污染物浓度的下降趋势

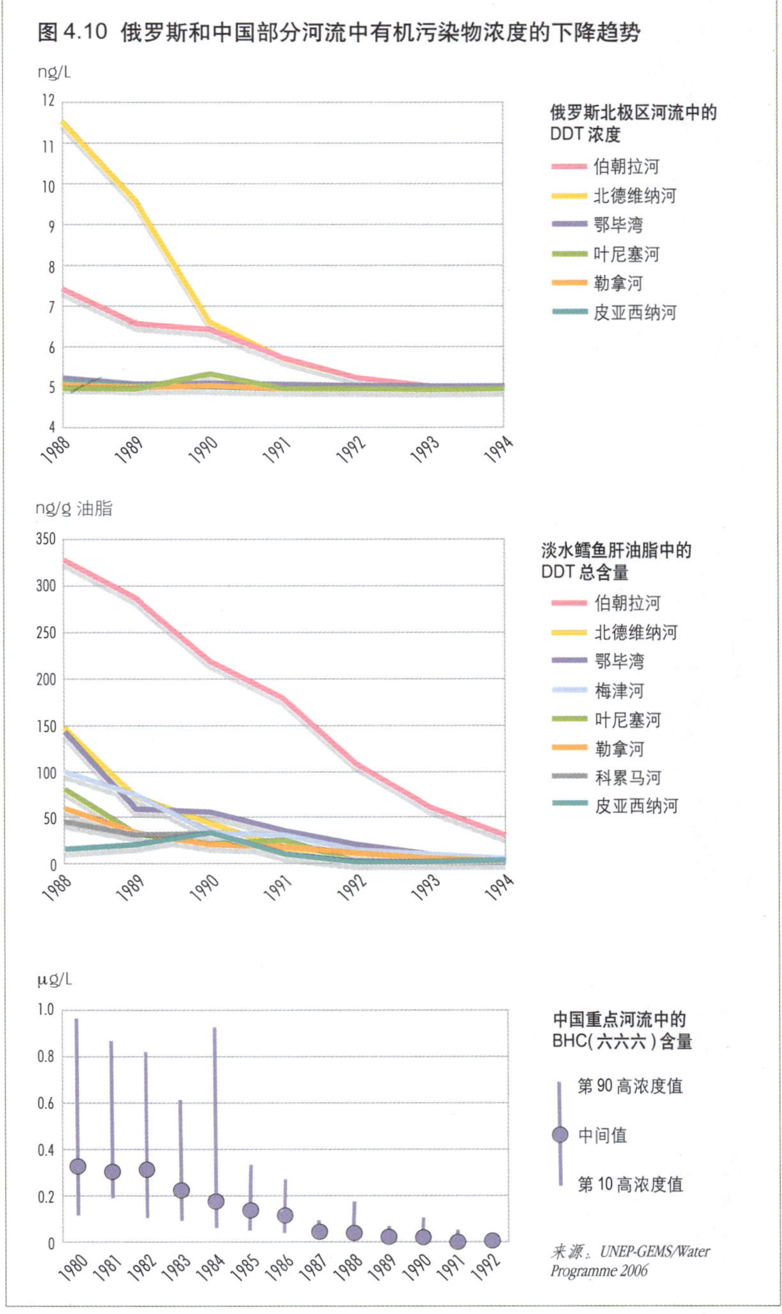

来源：UNEP-GEMS/Water Programme 2006

生态系统的完整性

自1987年开始，许多沿海和海洋生态系统及大部分淡水生态系统持续严重恶化，有很多已经完全消失了，其中一些完全消失的生态系统永远无法恢复（Finlayson和D'Cruz 2005，Argady和Alder 2005）（专栏4.3）。根据预测，由于海水温度上升，到2040年有许多珊瑚礁将消失（Argady和Alder 2005）。淡水和海洋物种数量比其他生态系统的下降速度更快（图5.2d）。《拉姆萨国际湿地公约》定义的湿地在全球的面积为900万～1 300万km^2，但是北美洲、欧洲和澳

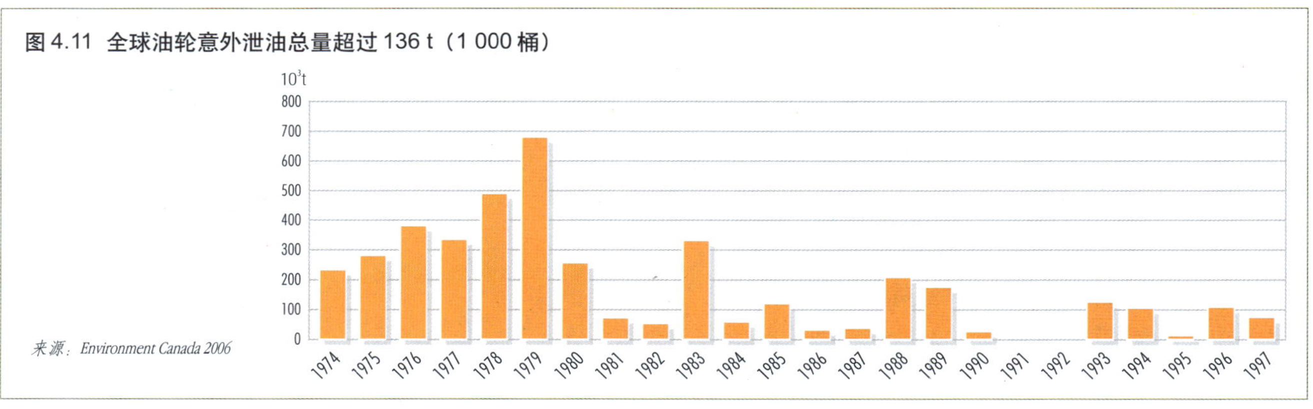

图 4.11 全球油轮意外泄油总量超过 136 t（1 000 桶）

来源：Environment Canada 2006

大利亚部分地区的内陆水域（不包括河流、湖泊）超过 50% 已经消失（Finlayson 和 D'Cruz 2005）。尽管由于数据有限，我们无法准确估算全球湿地的损失，但是有很多详细记录个别湿地严重退化或消失的例子。例如，由于过度取水、修建水坝和工业开发，2000 年，美索不达米亚（Mesopotamian）地区的湿地面积从 20 世纪 50 年代的 1.5 万～2 万 km² 锐减至约 400 km²，但目前正在恢复中（图 4.12）。在孟加拉国，孙德尔本斯（Sunderbans）保护地外面 50% 以上的红树林和沿海海滩已被改作其他用途或者退化。

开垦内陆和沿海水系导致许多沿海和洪泛区的生态系统及其服务消失。湿地的消失已经改变了江河的水流规律，增加了一些地区的洪涝灾害，并减少了野生动植物的栖息地。数百年来，人类沿海开垦活动的目的是尽可能多地从海洋中开垦土地。然而，管理措施的一项重大转变使西欧和美国的海岸湿地得以有组织地恢复。

尽管相对于海洋和陆地生态系统而言，淡水湿地的面积有限，但许多淡水湿地的物种相对比较丰富，淡水湿地能够维持部分动物种群的很多物种。然而，1987—2003 年，淡水脊椎动物物种的种群数量平均下降了约 50%，比同时期陆地和海洋物种数量的降幅更大（Loh 和 Wackernagel 2004）。尽管淡水无脊椎动物的评估数据较少，但是现有的少数数据表明其数量的降幅更大，可能有 50% 以上面临灭绝的威胁（Finlayson 和 D'Cruz 2005）。淡水和沿海动植物栖息地的持续损失和退化有可能更强烈地影响水生生物的多样性，因为这些栖息地与许多其他陆地生态系统相比，物种非常丰富，生产力过大，而且也受到很大威胁。

经轮船压舱水、水产养殖或其他来源引进的外来入侵物种，已经破坏了许多沿海和海洋水生生态系统的生物群落。许多内陆生态系统也遭受入侵动植物的危害。一些湖泊、水库和水道被入侵水草所覆盖，而入侵鱼类和无脊椎动物则严重影响了淡水渔业。

全球海洋和淡水渔业资源的衰落是持续过度捕捞、污染以及栖息地的扰乱和消失造成大型生态系统恶化的重要例证。尽管数据有限，但是各海洋营养级上鱼类种群的损失和减少表明，过去几十年来，海底拖网使大面积的海洋大陆架区域退化。尽管多数深海生物群落可能相对而言仍保持着未受扰动的状态，但深海中的高峰和冷水珊瑚群正被拖网严重破坏，急需保护（见第 5 章）（专栏 5.4）。

水生生态系统为人类福祉提供了很多服务（表 4.4）。维持和恢复以上生态系统的完整性对于水的补充净化、减少旱涝灾害和粮食生产等生态系统服务至关重要。鱼类生产是内陆和海洋水生生态系统所提供的最重要的服务之一，据估算全世界约有 2.5 亿人口依靠小规模的鱼类养殖作为食物和收入来源（WRI

2005)。由于建设水电大坝、引水灌溉、工业发展和人类建造住房等因素，亚洲湄公河下游流域的水流规律发生变化，影响了依靠季节性洪水捕鱼为生的4 000万人口的生计（UNEP-GIWA 2006b）。红树林、珊瑚礁、潮间带漫滩的消失和退化使人类对其的利用价值减少，主要影响了依靠这些生态系统服务为生的贫困人口。过去20年来，中国黄海沿岸的湿地消失了50%以上（Barter 2002）。

水生生态系统的主要功能往往被开发单项生态服务破坏，如红树林的保护功能由于发展水产养殖而丧失。随着湿地消失、红树林砍伐

专栏4.3 中美洲沿海水生生态系统的物理破坏

沿海开发是中美洲地区珊瑚礁和红树林面临的主要威胁之一。建设和改造沿海居住地破坏了脆弱的湿地（红树林）和沿海森林，并导致沉淀物增加。废水处理措施不力加剧了沿海开发的不良影响。

旅游业

旅游业，尤其是沿海和海洋旅游业是本地区发展最快的行业。墨西哥金塔纳罗奥州（Quintana Roo）正在大力发展从加勒比海岸到伯利兹城的旅游业基础设施。玛雅海滨（Mayan Riviera）和坎昆（Cancun）南部的红树林变成了海滨旅游胜地，使得海岸线生态系统变得非常脆弱。卡门沙滩（Playa del Carmen）是墨西哥旅游基础设施发展最快的地区，增长速度高达14%。对蓄水层构成的威胁主要来自用水增多（其中99%是抽取的地下水），还有废水处理。金塔罗纳奥海岸的最大魅力在于其洞窟系统，洞窟保护是一项重大挑战。伯利兹城也出现这一趋势，在这里，生态旅游似乎让位于大规模的旅游开发活动，包括改造全部珊瑚礁、潟湖和红树林，以容纳大型游轮、娱乐设施及其旅游需求。

水产养殖

洪都拉斯养虾业的快速发展对环境和当地社区造成了严重影响。养虾场剥夺了渔民和农民拥有红树林、入河口和季节性潟湖的机会；破坏了红树林生态系统以及动植物栖息地，减少了生物多样性；改变了该地区的水文状况，导致水质恶化。由于不加选择地捕捞各种鱼类，促使这片海域的鱼类种群数目下降。

来源：CNA 2005, INEGI 2006, UNEP 2005b, World Bank 2006

致谢：UNEP 2005b

表 4.4 水生生态系统状态变化与环境和人类影响的关系

水生生态系统	压力	部分状态变化	对人类的影响			
			人体健康	食品安全	自然安全	社会经济影响
内陆生态系统						
河流、溪流和洪泛区	通过筑坝和取水调节水流 蒸发造成的水流失 富营养化污染	⇧水停留时间 ⇧生态系统分割 ⇧扰乱河流与洪泛区之间的动态平衡 ⇧干扰鱼类迁徙 ⇧蓝藻水华	⇩淡水量① ⇩水净化与水质① ⇧一些水源疾病的病例①	⇩内陆与沿海鱼类种群①	⇧防洪措施①	⇩旅游业③ ⇩小规模渔业① ⇧贫困① ⇩生计①
湖泊与水库	泥沙淤积与排水 富营养化 污染 过度捕捞 入侵物种 全球变暖引起的物理和生态特性的变化	⇩栖息地 ⇧水华 ⇧厌氧状况 ⇧外来入侵鱼类物种 ⇧水葫芦	⇩水的净化与水质①	⇩内陆鱼类种群①		⇩小规模渔业② ⇧当地社区移民① ⇩旅游业② ⇩生计①
季节性湖泊、湿地和沼泽、沼池和泥潭	通过充填和排水进行改造 水流规律的变化 林火类型的变化 过度放牧 富营养化 入侵物种	⇩栖息地和物种 ⇩水流和水质 ⇧水华 ⇧厌氧状况 ⇧对本地物种的威胁	⇩水的补充① ⇩水的净化水质①		⇧洪水发生频率和规模① ⇩减少洪水① ⇩减少干旱①	⇩洪水、干旱以及与水流有关的缓冲效应① ⇩生计①
覆盖着森林的湿地和沼泽	通过砍伐树木、排水和林火加以改造	部分生态系统不可逆转地消失 野生鸟类与家禽的直接接触	⇩水的补充① ⇩水的净化与水质①		⇧洪水的发生频率和规模②	⇩洪水、干旱以及与水流有关的缓冲效应② ⇩生计②
高山和苔原湿地	气候变化 栖息地分割	灌木丛林和森林的扩张 苔原湖泊湖面的退缩	⇩水的净化与水质①	⇩放牧驯鹿② ⇩内陆的鱼类种群②	⇧洪水的发生频率和规模②	⇩生计②
泥炭地	排水 取水	⇩栖息地和物种 ⇧土壤侵蚀 ⇧碳贮存量的损失	⇩水的补充① ⇩水的净化与水质①		⇧洪水的发生频率和规模②	
绿洲	取水 污染 富营养化	⇧水资源的退化	⇩水的可获得性和水质①		⇧冲突和不稳定①	⇧干旱事件① ⇩生计①
蓄水层	取水 污染		⇩水的可获得性和水质①	⇩农业减产①	⇧冲突和不稳定①	⇩生计①

表 4.4 水生生态系统状态变化与环境和人类影响的关系

水生生态系统	压力	部分状态变化	对人类的影响			
			人体健康	食品安全	自然安全	社会经济影响
沿海和海洋生态系统						
红树林和咸水湿地	转作其他用途 淡水缺乏 木材过度采伐 暴风雨引起的巨浪和海啸 开垦	⇩红树林 ⇩树木的密度、生物质、生产力和物种多样性	⇧积滞水引起疟疾的风险①	⇩沿海鱼类和贝类种群①	⇩海岸的缓冲能力②	⇩木材产品① ⇩小规模渔业① ⇧当地社区移民② ⇩旅游业③ ⇩生计②
珊瑚礁	富营养化 泥沙沉积 过度捕鱼 破坏性的捕鱼 公海表面温度 海洋酸化 暴风雨引起的巨浪	⇧珊瑚漂白和死亡 ⇧相关渔业损失		⇩沿海鱼类和贝类种群①	⇩海岸的缓冲能力②	⇩旅游业① ⇩小规模渔业① ⇧贫困① ⇩生计①
入海口和潮间带泥滩	开垦 富营养化 污染 过度收割 疏浚	⇔潮间带的沉积作用及营养物的交换 ⇧氧气枯竭 ⇩贝类	⇩沿海水质及水的净化① ⇧沉积作用①	⇩沿海鱼类和贝类种群①	⇩海岸的缓冲能力②	⇩旅游业③ ⇩小规模渔业① ⇧贫困① ⇩生计①
海草和海藻床	沿海开发 污染 富营养化 淤积 破坏性的捕鱼活动 疏浚 用作海藻养殖和其他海洋生物养殖	⇩栖息地		⇩沿海鱼类种群①	⇩海岸的缓冲能力②	⇩生计①
软底生物群落	海底拖网 污染 持久性有机物和重金属矿产开发	⇩栖息地	⇩沿海水质②	⇩鱼类种群和其他生计手段①		⇩贝类生产①
潮下带硬底生物群落	海底拖网 污染（如同软底生物群落） 矿产开发	海山和冷水珊瑚群落遭受严重干扰		⇩鱼类种群①		

表 4.4 水生生态系统状态变化与环境和人类影响的关系

水生生态系统	压力	部分状态变化	对人类的影响			
			人体健康	食品安全	自然安全	社会经济影响
沿海和海洋生态系统						
浮游生态系统	过度捕鱼 污染 海洋表面温度变化 海洋的酸化 入侵物种	扰乱各营养级的平衡，浮游生物群落发生变化	⇩ 沿海水质①	⇩ 鱼类种群①		⇩ 生计①

注：箭头表示状况及影响的变化趋势：

⇧ 表示增加　⇩ 表示下降　⇔ 表示没有统计数据证明发生变化

①数据确凿　②已建立数据但不完整　③不确定

千年发展目标 1，	指标 1：1990—2015 年，日收入不足 1 美元的人口比例减半。
	指标 2：1990—2015 年，遭受饥饿的人口比例减半。
千年发展目标 6，	指标 8：到 2015 年止，开始扭转疟疾和其他重大疾病发病率上升的趋势。
千年发展目标 7，	指标 9：把可持续发展原则纳入国家政策和规划，扭转环境资源减少的趋势。
千年发展目标 7，	指标 10：到 2015 年，缺少可持续的安全饮用水和基本卫生设施的人口比例减半。

殆尽以及珊瑚礁的破坏，保护沿海社区免受海洋洪涝影响的功能就不那么有效了。从引起食品安全、就业率和海岸保护程度下降、旅游潜力降低、制药研究和药物生产作用减少等角度看，珊瑚正在丧失对人类福祉的价值（见第 5 章）（专栏 5.5）。未来 50 年内，气候变化引起的珊瑚漂白可能会导致全球高达 1 048亿美元的经济损失（IUCN 2006）。

在筑坝对鱼类迁徙和繁殖造成影响的情况下，利益相关方往往在水资源利用方面发生较明显的利益冲突，即便还不那么特别明显。许多利益问题只在发生灾难性事件之后才凸现出来，此时有关生态系统的更广泛功能和价值也就更加明显。其中最显著的例子有 2005 年 8 月美国新奥尔良州由飓风引发的灾难性洪灾（专栏 4.4），以及 2004 年 12 月亚洲南部海啸引发的大洪水。在以上两例中，由于人类的改造活动减少了沿海湿地的功能，从而加剧了洪水灾害。从亚洲到欧洲，无数其他例子表明土地用途变更（包括湿地的填实和消失）引发的洪水构成了越来越大的风险。城市排水增多引起的水流变化也会加剧洪水的危害程度。伦敦洪水次数的上升与各家铺设门前花园用作停车场有关系。

管理水资源和生态系统

人类的用水问题与可用水资源的数量和水质，以及为人类提供维持生命所需生态系统服务的水生生态系统密切相关。在用水需求和水资源及其相关生态系统服务相匹配的情况下，我们为解决以上问题进行高效管理时需要注意以下三类方法：

- 适当的法律、政策以及有效的体制结构；
- 有效的市场机制和技术；
- 适应与恢复（见本章末的表 4.5）。

各种区域层面的国际条约加强了各国关于水资源问题的合作。例如 1992 年签订的《保护东北大西洋海洋环境公约》（OSPAR）、1992年签订的《保护波罗的海的赫尔辛基公约》（Helsinki Convention for the Baltic Sea）及其议定

专栏 4.4　沿海湿地为风暴大浪和极端波浪提供缓冲作用

2005 年发生的卡特里娜飓风对位于密西西比河口美国新奥尔良州低海拔海岸地区的影响尤为严重。人类改造海岸生态系统，使自然海防能力大大削弱，导致沿海地区特别容易受巨浪的影响。各流域和沿海地区利益相关方（如防洪、渔业和石油天然气生产）的利益冲突在发生海啸、风暴海浪等灾难性事件之后尤为明显，突显了海岸生态系统更加一体化的功能和价值。以新奥尔良州的洪灾为例，人为活动使三角洲周围的沿海湿地消失，它们原本可以大大减轻洪水影响和灾害程度。沿河筑堤工程使湿地不能补给淤泥，虽增加了河水的水流，但是缩减了三角洲的面积。咸水沼泽、红树林和珊瑚礁等健全的海岸生态系统尽管不能完全预防，但往往可以减轻风暴海浪和巨浪的影响。

来源：America's Wetlands 2005, UNEP-WCMC 2006

书、1986 年《保护大加勒比海地区的卡塔赫纳公约》(Cartagena Convention for the Wider Caribbean Region）及其议定书，以及 1995 年签订的《非欧亚迁徙性水鸟协定》(African Eurasian Waterbird Agreement，AEWA)。欧盟已经把水资源保护列为其成员国的一项重点（专栏 4.5)。这些范例突出表明了区域框架协议在加强国内和地方法律、政策（有利环境）及体制结构（如各国间的合作）的重要性。另一个是《联合国河道公约》(UN Watercourses Convention)，迄今为止已经有 16 个签约国。联合国秘书长顾问委员会的一项近期行动计划是呼吁各国政府批准 1997 年《联合国水道公约》，作为对国际流域适用水资源综合管理各项原则的一种手段 (UN Secretary General's Advisory Board on Water and Sanitation 2006)。然而，仍有很多地区急需具有约束力的国际协议和体制，并需要加强现有框架，包括那些与跨境蓄水层和区域海洋问题有关的框架。

与具有环境和经济发展辅助功能的各种机构进行合作也同样重要。例如，欧盟 (2006) 和联合国欧洲经济委员会（2000）制定的洪水管理方案，以及 1998 年莱茵河和 2004 年多瑙河流域行动计划，体现了极端水文事件的管理体制一体化。所有这些都强调指出，各种组织、机构和使用者应就流域的利用进行合作，包括 (APFM 2006)：

- 明晰作用和责任；
- 基本数据和信息的可获得性及获取，以用于明智的决策；
- 促进所有利益相关方参与共同决策的有利环境。

此外，公私合作关系可用于水的供需管理。这可以通过增加供应（如通过筑坝)、减少需求（通过技术改造、提高水资源服务效率）或者通过水资源的适当定价来实现，并把测定水资源使用量作为支付水供应成本的一种方式。其他市场手段包括（可交易）配额、收费、许可证、补贴和税收。

我们可以通过评估公众对商品或服务的需求，然后就管理措施或土地用途的变更，直接向供应方付费来运作市场手段。这些手段可能产生正负两面的影响。“流域市场”(Watershed markets）是一个正面范例，让下游使用者向上游土地所有者支付其维持水质或水量的费用

专栏 4.5　《欧盟水框架指令》的实施

立法在实施水资源综合管理方面发挥的作用体现在《欧盟水框架指令》(European Union Water Framework Directive，WFD）的采纳上。《欧盟水框架指令》责令所有 27 个欧盟成员国到 2015 年为止，实现全部欧盟水体（包括内陆地表水、过渡水体、沿海水体和地下水）的“良好水况”。为实现“良好水况”，它要求各成员国进行流域区划，设立流域的主管部门并制订和执行流域管理计划。《欧盟水框架指令》还规定了利益相关方的参与。为促进《欧盟水框架指令》的履行，欧盟成员国和欧洲委员会还制定了《共同实施战略》(Common Implementation Strategy)。到目前为止，该《指令》的实施相对比较顺利，各方都明确表示强烈支持。

来源：WFD 2000

（专栏4.6）。但是，促进粮食增产的补贴等农业补贴可能造成水资源的利用效率低下、污染和栖息地的退化。

布伦特兰委员会报告发布之后，可交易配额体系和许可证成为有效手段，可鼓励使用者开发和使用更高效的技术来减少用水需求和污染物排放，实现公共资源和生态系统的可持续利用。以下是这方面的一些例子：

- 美国实施的“最大日负荷总量”（Total Maximum Daily Load，TMDL）计划；
- 缓解对淡水和海洋渔业的捕捞压力（Aranson 2002）；
- 管理地下水的盐度（澳大利亚的墨累—达令流域）；
- 优化地下水的取用。

要使这些措施切实有效，就必须监督水资源的利用。如果监测结果表明出现了消极趋势，可能就不得不取消配额或撤销许可证。例如，经证明捕捞海扇类可引起泥滩退化并对荷兰瓦登海（Dutch Wadden Sea）的沿海生态系统及其物种造成不良影响之后，2005年荷兰政府全面禁止捕捞海扇类（Piersma 等 2001）。

在供水受到限制的干旱和半干旱地区，配额体系对于管理水资源需求尤其有效，但当水资源估价过低时，配额体系就会存在问题，导致水资源的过度利用和水质恶化。配额机制最适合体制高度发达的国家，对经济方面有压力的国家和地区可能存在问题，因为它们缺乏投资于守法和执法的经济基础。

应对水资源短缺（表4.5）的技术措施包括通过高效灌溉和水分配技术减少水耗、废水回收和再利用等。通过人工补充地下水、修建水坝、雨水收集和海水淡化来增加可获得的水资源量。中国（20%的土地依靠雨水收集）、智利和印度（人工补充地下蓄水层）已经成功地进行了雨水收集（见第3章）（WWAP 2006）。日本和韩国有应对灾难状况的雨水收集利用系统。有组织的蓄水层恢复（MAR）和人工贮存与回收（ASR）的利用也取得了一些成效。减少水资源需求的另一种低技术方案是用中水代替饮用水进行灌溉、环境恢复、冲洗马桶和工业用水。在以色列、澳大利亚和突尼斯成功采用中水后，大部分公众已经接受这一方案（WWAP 2006）。人们正用一些方法来解决修建大坝引发的环境问题，其中包括使用更多的小型水坝，给鱼群提供洄游通道，控制环境流量以保持淡水供应，保持河口和沿海生态系统健康、多产，并维持生态系统服务（IWMI 2005）。

技术一直是预防和解决水质恶化的重要手段（表4.5），尤其是促进工农业发展的重要手段。其作用为国际协议所认可，20多年来从应对性措施发展到前瞻性措施。人们也越来越多地使用各种标准，如最佳可用技术（Best Available Technology）、最佳环境实践（Best Environmental Practice）和最佳环境管理实践（Best Environmental Management Practice）。这些方案旨在激励改善技术和实践做法，而不是确立不具备灵活性的标准。人们了解最多的技术措施主要在水处理和污水处理及再利用（主要是点源控制）方面。它们包括污染物的点源控制（厕所堆肥、清洁技术、市政和工业废弃物回收）、集中式的高科技废水处理厂、废水在排入自然河道之前用能源和化学品进行净化处理（Gujer 2002）等。利

专栏4.6 流域市场

流域市场是一种机制，通常涉及为水质等生态系统服务付费。这一机制的形式可以是上游采取保护和恢复行动。例如，哥伦比亚考卡山谷（Valle del Cauca）的农民协会向上游土地所有者付费，使其实施保护措施、在土地上再植植被和保护重要资源区，所有这些工作减少了下游的淤积负荷。约有9.7万户家庭参与了这项工作，通过向下游用水者收取费用来筹集这些资金。哥伦比亚各地都成立了类似的用水者协会。现已在22个国家确定了61个流域保护市场，其中有许多市场的重点是改善水质。

来源：Landell-Mills and Porras 2002

用废水处理和消毒技术（利用低技术和高科技方法）是全世界自1987年以来水源疾病下降的主要原因。其他处理技术可在排水之前去除危险物质。面源污染不易用高科技手段解决，其有效控制需要靠提高教育和公众意识。

要在决策过程中确定进行技术干预，应当考虑到所管理水生资源的长期价值。除非解决问题的内在根源，否则减少污染的技术手段从长期来看也可能无效。

评估水环境所提供生态系统服务（如过滤水、营养物循环、防洪和生物多样性的栖息地）的经济价值是把水生生态系统的完整性纳入发展规划和决策主流的重要手段。

自布伦特兰委员会报告发布以来，生态修复也成为重要的管理措施，尤其针对水文格局、破坏水质和生态系统的完整性受到的扰乱。此类工作往往旨在恢复已退化的生态系统以加强其提供的服务。这样的一些例子包括生态恢复工程、控制外来入侵物种、重新引进想要的物种、恢复水文流型、开凿运河、修建水坝和扭转排水的影响（表4.5）。通过拆除经济或生态意义上不合理存在的现有大坝，欧洲和美国恢复了它们河流生态系统的完整性（专栏 4.7）。

尽管很难获得全球范围内关于河滨、湿地和湖泊生态修复工程的统计数据，但美国天然河流生态修复科学综合（National River Restoration Science Synthesis）数据库确认了 3.7 万多项河流生态修复工程。这些数据表明，1995 — 2005 年，生态修复工程的数量呈指数增长，许多是地方性行动计划，没有记录在国家数据库中。河流生态修复项目的主要目标列举如下：改善水质、管理河滨地带、改善水中生物栖息地、鱼类通行和加固堤岸（Bernhardt 等 2005）。1990 — 2003 年，以上工程的估算成本至少为140亿美元。尽管全球范围

以色列用塑料薄膜覆盖的滴灌旱地。

致谢：*Fred Bruemmer/Still Pictures*

专栏 4.7 生态系统的修复

毛里塔尼亚和塞内加尔

由于持续的低降雨量加上 1985 年建造大坝，Diawling 三角洲事实上已被摧毁，导致依靠湿地的生计手段消失，大批居民迁移。从 1991 年开始，IUCN 和当地社区共同致力于修复 5 万 hm^2 区域，主要目标是使洪水和海水重新流入三角洲，恢复多样性的三角洲生态系统。此项工作的积极成果包括使当地捕鱼量从1992年的不足1 000 kg增至1998年的11.3 万 kg。此地鸟类数量也从 1992 年的仅 2 000 只上升到 1998 年的 3.5 万多只。生态系统的恢复工作为该地区带来的经济增加值每年约为 100 万美元。

北美地区

北美地区半数以上的大河都修建了大坝、引水工程或其他控制工程。这些设施提供水电、防洪、灌溉和水上运输业的功能，但改变了水文格局、伤害了水生生物、破坏了本地居民的一些休闲机会和生计。人们越来越多地评估水坝相对于其预期效益造成的生态和经济损失，其中一些大坝已被拆除。美国已有 465 座大坝退役，另有 100 座计划拆除。美国自 1990 年以来也出现了恢复河流生态的趋势，多数工程旨在提高水质、管理河滨地区、改善河中生物栖息地、为鱼类建立通道并加固河岸等。然而，在3.7万多项修复工程中，仅有 10% 把评估和监督当成工程项目的组成部分，许多工程的目的不在于评估生态修复工程的成果。加拿大尽管仍有大型水坝的修建工程，但最新趋势是建造小型水坝发电项目。其中正在运营的有300多个装机容量在15 MW以下的水坝，还有许多正在审议中。

来源：Bernhardt and others 2005, Hamerlynck and Duvail 2003, Hydropower Reform Coalition n.d., Prowse and others 2004

内生态修复工程的数量不易估算，但 1987 年以来欧洲、非洲和亚洲已启动了几项大型生态修复工程。其中包括罗马尼亚的多瑙河三角洲、中亚的咸海和近期的伊拉克美索不达米亚湿地（Richardson 等 2005）（图 4.12）。在伊拉克美索不达米亚湿地，2003 年 5 月至 2004 年 3 月，超过 20% 的原始湿地地区重新被水淹没。2006 年，湿地植被和有水面积比 20 世纪 70 年代中期的面积增加了 49%。另一个例子是喀麦隆的瓦扎拉冈（Waza Lagone）洪泛平原，其生态修复工程已带来了每年约 310 万美元的效益，其中包括捕鱼量和鱼类生产力、可获得的地表淡水、漫滩耕作、野生动植物以及一系列植物资源（IUCN 2004）。但是，生态修复工程比预防措施的成本更高，应当是最后的选择（第 5 章）。

图 4.12 伊拉克美索不达米亚湿地的修复

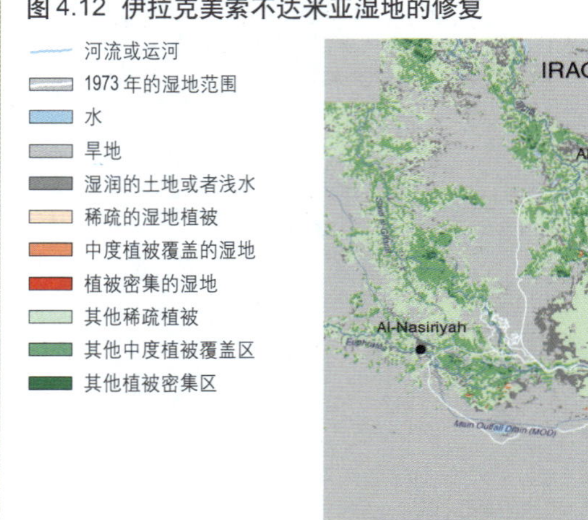

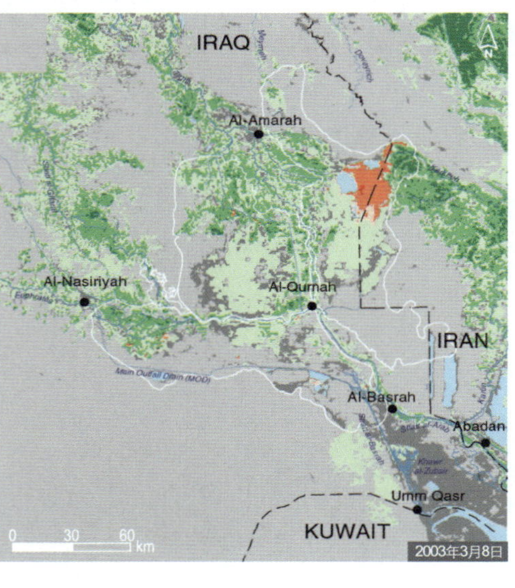

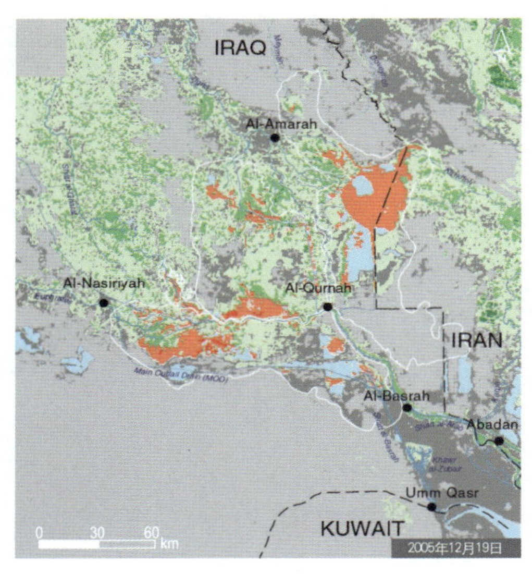

来源：UNEP 2006

渔业资源

有迹象表明，海洋和内陆鱼类种群数量有所下降，源自非可持续地捕鱼带来的压力、栖息地退化和全球气候变化等因素。鱼类种群数量下降是生物多样性丧失的重要因素，对人类福祉也有重大影响。全球26亿多人口人均摄取的动物蛋白至少有20%来自鱼肉。低收入缺粮国家（Low-Income Food Deficit）中鱼类蛋白占动物蛋白的20%，工业发达国家是13%。许多存在捕鱼过度问题的国家同时也是低收入缺粮国家(FAO 2006b)。东南亚、西欧和美国的鱼肉消费量有所增加，但在包括非洲次撒哈拉地区和东欧在内的其他区域，鱼肉消费量有所下降（Delgado等2003)。联合国粮农组织预测全球会出现鱼肉供应短缺。尽管各国的短缺程度各异，但这一预测表明，到2010年和2015年鱼肉的实际平均价格将分别上扬3%和3.2%（FAO 2006a)。

海洋渔业

20世纪中期，世界各国的捕鱼船队迅速扩张，捕鱼量也有所增加。这一趋势持续到20世纪80年代，全球海洋捕鱼量每年略超8 000万t。此后，全球海洋捕鱼量或是停滞不前（FAO 2002）或是开始缓慢下降（Watson和Pauly 2001）。水产养殖发展是海产品产量进一步增加的主要原因。1987—2004年，海产品（水生植物除外）产量的增长率达到每年9.1%，2004年达到4 500万t（FAO 2006a)。但是，在水产品主要用于出口的区域（非洲、拉丁美洲），这一增长趋势并没有使食品安全得以改善。

关于联合国粮农组织区域至少50年来捕捞的鱼类种群数量的数据显示，过去几年来，过度捕捞或产量大跌的鱼种数有所增加（图4.13)。根据新的定义，全球所捕捞的渔业资源有1 400余种。1955年，在人类捕捞的70种鱼中，最多只有1%产量大跌；而在2000年人类捕捞的至少1 400种鱼中，近20%（即240种鱼）捕获量大跌。许多地区已经过了捕鱼高产期，再也回不到20世纪70～80年代的最高捕捞水平了。另一个重要趋势是所捕捞食用鱼类的营养级在下降（图4.14)，表明高等肉食鱼类（枪鱼和金枪鱼）和鲶科鱼的捕捞量在减少（Myers和Worm 2003)。这些鱼种正被价值较小的鱼类（鲭鱼、鳕鱼)、价值较高的无脊椎动物（虾、鱿鱼）或价值较高的水养殖产品（鲑鱼、金枪鱼和无脊椎动物）所替代。

最近，一些深海鱼类遭到过度捕捞，如智

图4.13 海洋鱼类种群的捕捞状况

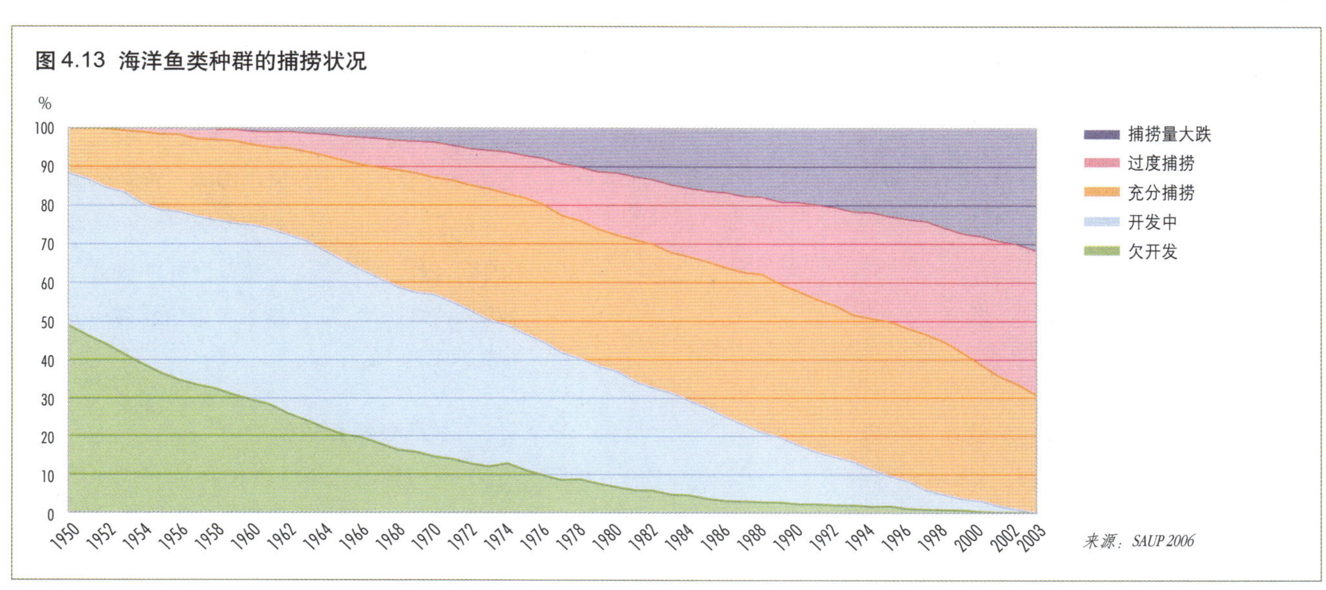

来源：SAUP 2006

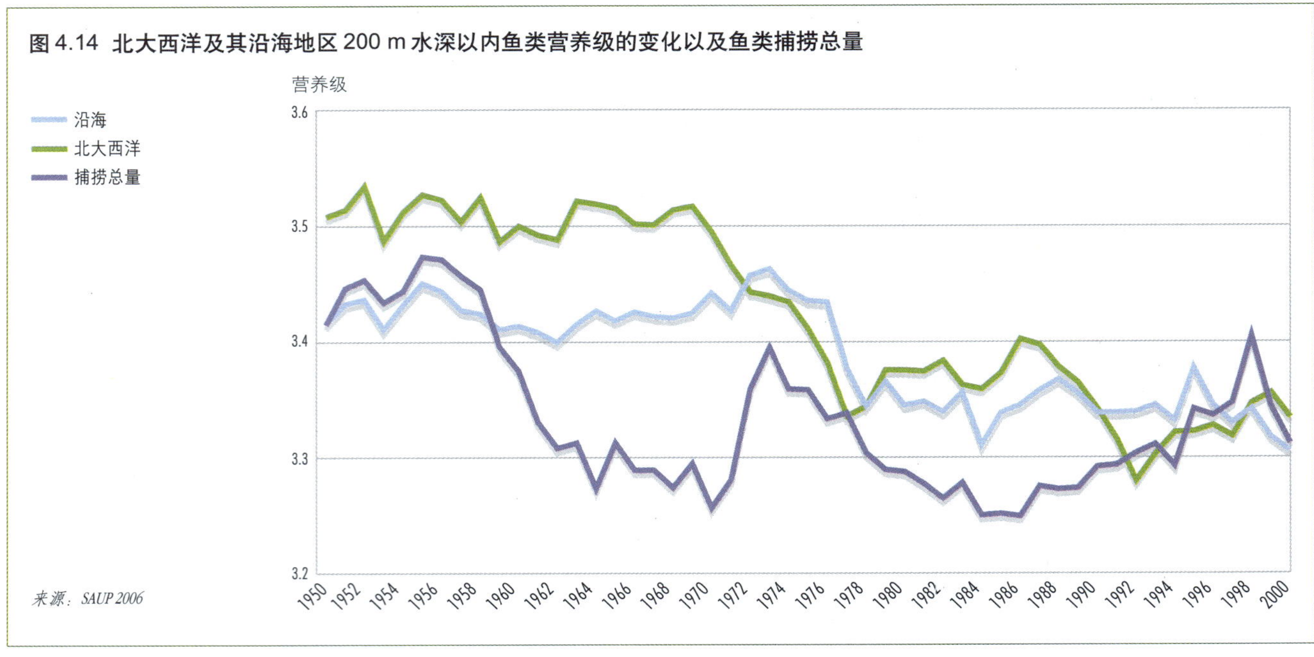

图 4.14 北大西洋及其沿海地区 200 m 水深以内鱼类营养级的变化以及鱼类捕捞总量

来源：SAUP 2006

利鲈鱼（巴塔哥尼亚齿鱼）（*Patagonian toothfish*）、深海鲨鱼、圆吻突吻鳕（*roundnose grenadier*）和新西兰红鱼（罗非鱼）（*orange roughy*）。例如，新西兰海岸的罗非鱼仅8年内就过度捕捞，目前仅剩其原始种群量的17%（Clarke 2001），要恢复到原来数量则需要比8年更长的时间。深海鱼类的生物学特征（寿命长、成熟期晚和生长慢）使它们非常容易遭受高强度捕捞带来的压力（见第5章）（专栏5.1）。

20世纪60~90年代，欧盟、俄罗斯和亚洲船只在非洲西部的捕鱼量已增长了6倍。多数捕捞物被出口或直接运输到欧洲，对捕鱼许可的补偿往往低于所捕获鱼类的价值。这些协议对渔业资源造成了负面影响，减少了个体渔民的捕鱼量，影响了西非沿海地区居民的食品安全和利益（Alder和Sumaila 2004）。过度捕捞迫使西非沿海地区的个体渔民迁徙到正在开发他们的渔业资源的国家。例如，移民到西班牙的塞内加尔渔民声称其背井离乡的原因是缺乏传统渔业的生计手段。根据联合国粮农组织的资料，加纳、尼日利亚、安哥拉和贝宁等人均鱼类消耗量较高的非洲国家正在大量进口鱼类以满足国内需求。

一个重要问题是失去就业机会和硬通货收入（Kaczynski和Fluharty 2002）。来自上述渔业资源的海产品在欧洲加工之后，其最终价值约为1.105亿美元，欧盟国家公司所撷取的渔业资源价值与它们偿付给这些国家的许可费用相比，有巨大差距，以上费用仅占加工海产品价值的7.5%（Kaczynski和Fluharty 2002）。渔业领域的就业率也有所下降。在毛里塔尼亚，由于外国渔船的捕捞，从事传统章鱼捕捞的渔民数从1996年的5 000人下降到2001年的1 800人左右（CNROP 2002）。2002年，渔业直接提供的就业机会约为3 800万人，尤其是亚洲（占世界总数的87%）和非洲（占世界总数的7%）等发展中地区（FAO 2006a）。然而，在发展中国家，渔业的就业率下降了。在许多发达国家，尤其是日本和欧盟国家，渔业及其陆地上相关行业的就业率近几年来持续下降，部分原因是捕鱼量减少（Turner等 2004）。

水产养殖和鱼粉

捕捞渔业的年均增长率为0.76%（1987—2004年的全部捕捞量，包括淡水鱼）；水产养殖业（不包括水生植物）的年均增长率为9.1%，

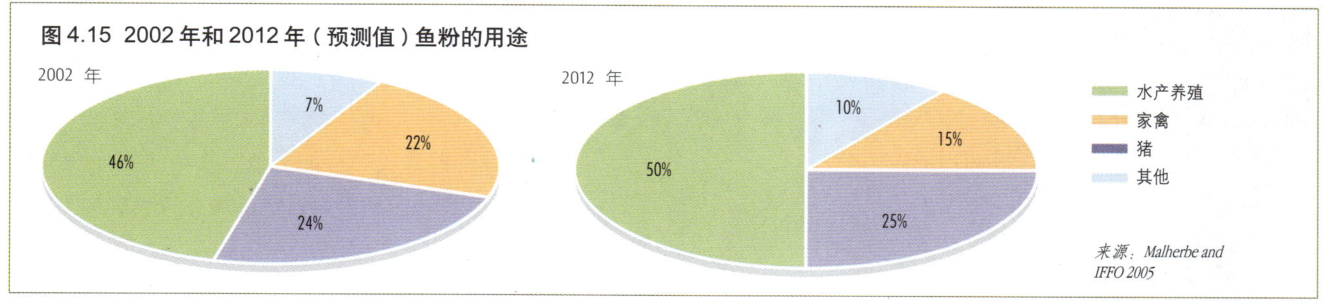

图 4.15 2002 年和 2012 年（预测值）鱼粉的用途

2004年达到4 500万吨（FAO 2006c）。1985—1997年，按重量来算，水产养殖食用鱼的产量占总增长量的71%。捕捞数量较稳定，但是野生鱼类用作水产养殖鱼粉的利用或需求在发生变化，2002年占鱼饲料总量的46%以上（Malherbe 2005），超过70%的鱼油用于水产养殖。世界上约有2/3的鱼饲料来自专门提供鱼粉的渔业领域（New 和 Wijkstrom 2002）。

尽管水产养殖业的发展大多体现在满足富裕社会的高价值鱼种的增长上，而且预计在减少禽类鱼饲料的基础上有更多野生鱼类用作水产养殖鱼粉（图4.15），但水产养殖业的发展有助于弥补野生鱼类的短缺。非洲和拉丁美洲（如智利）（Kurien 2005）水产养殖的增长主要是为了出口，对于提高当地的食品安全几乎不起作用。用作鱼粉的鱼类物种的营养级也在提高（图4.16），这意味着原先被人类食用的鱼类物种被转用作鱼饲料，可能会影响其他国家的食品生产和安全。

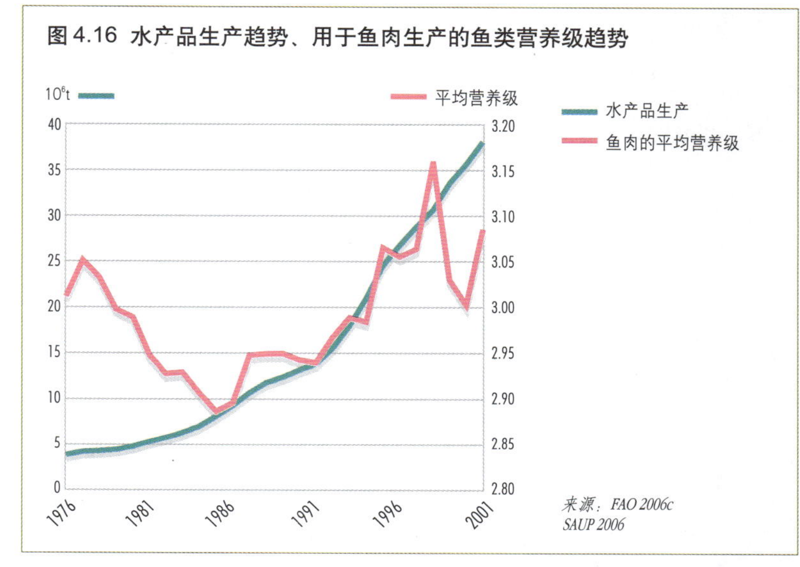

图 4.16 水产品生产趋势、用于鱼肉生产的鱼类营养级趋势

内陆渔业

2003年，内陆水域（不包括水产养殖）的捕鱼总量约为900万t（FAO 2006a）。针对野生鱼类的大多数内陆捕捞渔业都出现过度捕捞，或者捕捞到了鱼类的生物学极限（Allan 等 2005）。例如，在维多利亚湖，尼罗河鲈鱼的捕捞量从1990年的371 526 t下降到2002年的241 130 t。加勒比海周边国家的鲟鱼捕捞量也从1988年的2万t左右下降到2002年的不足1 400 t。在湄公河，有证据表明鱼类正被过度捕捞，或者因为筑坝、通航工程和栖息地的破坏受到威胁。有几种鱼成为濒危物种，其中至少有一种——湄公河大鲶鱼接近灭绝（FAO 2006a）。

内陆鱼类的是人类利用的脊椎动物中最易受到威胁的种群（Bruton 1995）。艾伦等（2005）研究人员认为，即使鱼类总产量上升，个别内陆鱼种达到生存崩溃状况也属于生物多样性危机，而不仅仅是渔业的危机（见第5章）。随着捕捞量增多，鱼类物种结构也发生了变化，因为成熟期较晚的大型鱼类的捕捞量有所下降（FAO 2006a）。根据国际自然保护联盟的濒危物种红色名录，世界上的多数大型淡水鱼类面临危机，在很多情况下过度捕捞是一个原因。由于目前面临的一系列压力，从历史上的过度捕捞现象中恢复鱼类种群的工作受到了阻碍，甚至是不可能的。当地鱼种生活在发生了变化的环境中，更易受到物种入侵或者疾病的干扰。经过恢复种群计划、引进外来物种、建设栖息

专栏4.8 泰国蒙河中游和松琴河下游流域湿地的经济价值

泰国的蒙河中游和松琴河下游流域（Middle Mun and Lower Songkhram River Basins）为366个村庄提供了很多颇有价值的服务。以下是每户家庭每年受益的货币价值：

产品	美元
非木材林产品	925
个人消费鱼类	1 125
商业鱼类	27
蘑菇种植	500
总计	2 577

来源：Choowaew 2006

地工程和改善栖息地等措施，一些内陆渔业已得到了加强。

在全球范围内，内陆渔业是重要的营养来源。例如在湄公河下游流域，有4 000万渔民或者渔场主以渔业为生（专栏4.8）。

管理世界上的渔业资源

渔业管理包括维持生态系统和减少过度捕捞。自布伦兰特委员会报告发布以来，旨在改善渔业管理的工作集中在三大领域：行政管理、经济激励措施和产权。全球范围内的措施包括降低捕捞力度、实施生态系统管理方案（ESBM）、产权、经济和市场激励措施、海洋保护地（MPAs）、执行渔业法规等（表4.5）。包括签订国际公约和建立相关区域渔业管理机构（RFMOs）在内的国际管理行动计划，已促使那些对渔业资源造成压力的国家进行磋商谈判。这些行动计划在应对渔业资源量减少方面的成效各不相同，取决于鱼种数量和地点。在欧洲北部，东北大西洋渔业委员会（Northeast Atlantic Fisheries Council）的成员国就降低青鱼等鱼种的捕捞力度达成了共识，恢复可持续渔业资源颇有成效。那些没有达成协议的（如蓝鳕鱼），种群正面临崩溃风险。

联合国粮农组织1988年旨在保护海鸟不成为渔业捕捞副产品的国际行动计划，在降低海鸟死亡率方面颇有成效，这些海鸟是由于捕捞金枪鱼的渔线过长而死亡的。其他国际管理行动计划（如针对大西洋金枪鱼的管理计划）就没有那么成功，许多鱼类物种濒临崩溃的危险。资金配备充足区域的渔业管理机构（多数在发达国家）比资金不足的发展中国家的类似组织往往更能取得实效。

我们需要进一步采取行动，引导各国政府加重减少全球捕鱼量的政治承诺、资助区域渔业管理机构制定和实施新方案，如生态系统管理方案和利益共享模式。为发展中国家服务的区域渔业管理机构必须接受更多资金援助。20世纪90年代以来，渔业领域的资金支持一直有所下降，相对于资本、基础设施和技术援助转让，支持改善渔业管理的资金太少。

在国家层面，许多国家已修订或重新制定渔业法规政策，以反映目前的趋势，其中包括多物种的鱼类管理、生态系统管理方案、促进利害关系人参与决策和产权等。联合国粮农组织《负责任捕鱼行为守则》（FAO Code of Conduct for Responsible Fisheries Management）规定了把以上措施纳入法律和政策的大量指导原则。例如，高度依赖海洋渔业资源的法罗群岛（Faroe Islands）支持生态系统管理方案（UNEP-GIWA 2006a）。然而，许多发达国家和发展中国家仍在努力研究海洋和内陆渔业实施生态系统管理方案的方法。我们需要进一步开发和测试实施生态系统管理方案的模型。

国家和州级渔业管理部门也在实施计划，通过减少捕捞量来恢复数量下降和产量大跌的鱼类资源，包括关闭渔场和有效执行法规（如纳米比亚的鳕鱼捕捞），以及通过海洋保护地保护栖息地。有些国家也正在恢复栖息地，如在海啸影响地区恢复红树林、改良或者使用鱼群聚集装置（FADs）等。栖息地恢复工程可有效地为鱼类提供栖息地，但需要大量财政和人力资源。例如，泰国在公共部门和工业领域的资助和支持下大力开展这一行动。利用人工鱼礁和鱼群聚集装置等设备改善栖息地时必须小心谨慎。在太平洋的热带地区（如菲律宾和印度尼西亚），用于提高远洋捕捞量的鱼群聚集装置也捕获了大量的小金枪鱼。这表明有必要谨慎考虑拟定措施所造成的影响（Bromhead 等 2003）。

过去20年来，海洋保护地的数量和规模一直在扩大，通过保护现有鱼群物种或恢复枯竭的种群，对渔业管理发挥了有效作用。在菲律宾，许多海洋保护地有效地恢复了鱼类种群，但是仍需要进一步研究评估它们对渔业管理的总体作用。尽管《生物多样性公约》和可持续发展世界首脑会议均呼吁建设更多更大的海洋保护区，但就目前趋势来看，这些目标均不能在限期之内实现。其他管理措施，包括通过技术手段，特别是运用卫星技术的船只监测系统加强渔业法规的执行。尽管需要进行培训和成本投入，但这一技术手段可在各种气象条件下有效覆盖大面积海域，有助于执法官员做出及时有效的部署。

正如在世界贸易组织磋商会上讨论的那样，我们正在促成取消扭曲市场的各种补贴政策以解决过度捕捞问题。欧盟的共同渔业政策（Common Fisheries Policy）提供了各种形式的补贴，造成捕捞力度加大，扭曲了竞争。由于许多发展中国家要求利用补贴来更有效地进行渔业管理，取消渔业补贴的工作进展缓慢。至于什么是“好的”补贴，什么是“有害的”补贴，各国政府间也存在较大争议。各种认证计划，如海洋管理委员会（Marine Stewardship Council，MSC）的认证，对鱼类批发和消费者的购买行为产生了影响。养殖鱼类的认证是个新出现的问题，但是由于用作很多养殖鱼类鱼食的鱼类未经认证，因此养殖渔业也很难符合海洋管理委员会的标准。

有些国家成功地运用一系列计划降低了捕捞力度，包括收购许可证、转移产权和运用其他替代收入方式来补偿离开此行业的渔民。但是，收购许可证的费用较高，而且必须谨慎运作，以免捕捞强度反弹或渔民们转向本行业的其他领域。另一项措施在新西兰颇有成效，但是在小规模渔民被边缘化了的智利，效果较差。这一措施是通过各种形式向渔民转让产权，如个体交易配额（如在管理水资源和生态系统一节中所讨论的内容）。

挑战和机遇

作为地球上最主要的整合媒介，水对于减少贫困、提高食品安全、改善人体健康、促进可持续能源来源及加强生态系统的整体性和可持续性有着巨大潜力。这些与水有关的商品和服务代表人类社会和各国政府共同实现可持续发展目标的重大机遇，联合国千年宣言和可持续发展世界首脑会议都确定了可持续发展目标，联合国千年发展目标则把这一目标具体化。本章末的表 4.5 总结了现有措施的相对有效性。

用于减贫和消除饥饿的水

有令人信服的证据表明，我们必须大力提高全球的粮食产量以满足日益增长的人口的需要、缓解或者消除没有足够的食品维持每日所需的状况。粮食产量的增加需要更多水（图 4.4）。在全球范围，农业领域消耗了绝大部分淡水资源。因此，农业领域是节约用水的合理对象，也是以更少的水资源种出更多粮食的方法的合理研究对象（每滴水产出更多粮食）。由于农业和健全的生态系统是彼此融合的目标，我们面临的主要挑战是通过提高水和土地的生产力、支持生态系统服务和提高恢复力来提高粮食生产的灌溉效率，同时减少对环境产生的危害，尤其是在运用基于生态系统的水资源综合管理措施的情况下（专栏 4.9）。

在许多人口高度密集的国家，由于地下水水位下降，蓄水层蓄水量也在减少，大量额外的农业用水必须从修建水坝的河流中获取。我们承认建造大坝会危害环境并且导致社会经济的动迁，但是不能拒绝建设更多水坝，因

专栏 4.9 水资源综合管理

正如全球水伙伴关系（Global Water Partnership，GWP）2000年所宣扬的那样，水资源综合管理有三大支柱：有利环境、机构的作用和管理手段。2002 年，《约翰内斯堡实施计划》（由可持续发展世界首脑会议通过）建议所有国家“到2005年制定出水资源综合管理计划和水的效率计划”。这包括确认对政策、立法和金融框架、机构作用和功能加以改革时所需的行动，并强化相关管理手段，来解决水资源问题。全球水伙伴关系（2006）随后调查了 95 个国家（主要是发展中国家）为履行可持续发展世界首脑会议的使命在水资源管理方面制定的有关水资源综合管理的政策、法律、规划和策略的现状。尽管基于生态系统解决水资源管理和使用问题的观念，如水资源综合管理，是最近引入国际水资源领域的观念，但是以上调查表明，受调查国家中有21%已有了到位的或正在实施中的规划或策略，另有 53% 已开始制定水资源综合管理策略的进程。例如，南非已经立法把水资源综合管理转变为法律，并制定了实施细则。布基纳法索把水资源综合管理纳入其国内的水政策。该国对提高人口的水资源综合管理意识、成立包括私有部门在内的地方水资源委员会加以支持。

水资源综合管理包括各类变化形式，如河流流域综合管理（IRBM）、湖泊流域综合管理（ILBM）和海岸综合管理（ICM）。所有这一切都代表了针对水环境管理的单一问题进行命令与控制的管理方法的根本性变化。世界银行和国际湖泊环境委员会（International Lake Environment Committee）在全球环境基金的资助下，在全球范围内开展了一项湖泊流域综合管理项目，突出了湖泊和水库流域管理的这一综合方案。这些有适应性的综合管理方案有共同原则，同时又适合特定水生生态系统的独特特点、问题和管理可能性。水资源综合管理包括社会因素，如性别平等和赋予妇女权力、文化因素和做出选择的能力。沿海地区和河流流域综合管理（Integrated Coastal Area and River Basin Management，ICARM）是一项综合性更强的方案，它把内陆淡水流域及其下游沿海生态系统的管理需求联系起来。而《大型海洋生态系统行动计划》（Large Marine Ecosystem Initiatives）标志着人类迈出了另外重要的一步，从单一种群渔业管理进步到基于生态系统的渔业管理。然而，由于在应用过程中缺乏经验，面临着克服制度、科学和其他关键障碍达到一体化的挑战，在国际、国内和地方层次把这些原则和建议转变为实际行动时一直比较困难。

来源：ILEC 2005, GWP 2006, WWAP 2006, UNEP-GPA 2006b

为水坝可以成为重要水源。但是，我们必须进一步了解和协调水坝建设运营带来的环境和社会经济影响及其所带来的效益。通过流域之间调水来增加缺水地区的水资源是另一项既定的选择方案，尽管拟定计划必须表明为捐水流域和接受调水流域双方带来的社会、环境和经济效益。

在水资源丰富的国家，增加农业用水需求造成的影响或许还能接受，但是在水资源短缺国家，加重用水负荷将变得难以忍受。水资源短缺国家把粮食生产转移到水资源丰富的国家，把本国有限的水资源投入经济效益更高的领域，可在某种程度上缓和这一局势。这将解决利用高能耗和高技术把水输送到远方需水地区的需求问题。尽管农业和相关粮食生产领域的全球化已经促进了这一变化，但这些方案的实施需要粮食生产国和进口国的密切合作。

更加完善地管理海洋、沿海和内陆水域及其相关的生物资源，能够提高生态系统的完整性和生产力。尽管拓展或开发新渔业的余地不大，但是改善现有渔业和粮食生产的管理却有着巨大的机遇。各国政府、工业和渔业界可以相互合作，通过采取必要变革、削减过度捕捞力度、缩减补贴、减少非法捕鱼来减少鱼类种群的损失。目前水产养殖有助于解决食品安全问题，也有潜力通过提高成本效益增加鱼类供应量、出口额外的鱼类产品换取外汇收入以改善当地居民的生存条件来作出更大贡献。但是，发展水产养殖满足食品安全需求时必须也养殖不以鱼饲料和鱼油为食、为广大消费者可食用的鱼类。

减少水源疾病

尽管保障人体健康是水资源管理的重中之

重，但是人类本身消耗和维持卫生所需的淡水在数量上相对较少。1990—2000年，尽管世界人口中获得经过改善的供水条件的人口比例从78%上升到82%，并且同期享有良好卫生条件的人口比例从51%上升到61%，但在全球范围内，污染水仍然是人类疾病和死亡的最大单一原因。2002年，联合国秘书长科菲·安南（Kofi Annan）指出，“没有任何措施比提供安全饮用水和卫生条件更能有效减少发展中国家人口的疾病、拯救那里的生命”（UN 2004）。仅改善卫生条件就能把相关疾病的死亡率降低60%，把腹泻病例降低40%。鉴于卫生条件对人类健康的重要作用，联合国把2008年定为国际卫生年（International Year of Sanitation）。

控制水源疾病和与供水密切相关的疾病，取决于运用特定技术手段、维护及恢复水生生态系统、加强公众教育和提高公共意识。建设运营低成本、高效益的水处理厂和处理人类粪便的卫生设施等技术手段，是应对水源疾病的有效措施。一些从水中提取各种物质的技术经过改造后，人们可利用它们来处理危害人体健康的许多工业水污染物。我们有时还可利用这些技术从废水中回收有用产品（如硫）。恢复生态系统可减少某些水源疾病的发病率，但可能导致其他疾病的发病率升高。通过加深对病原体生态需求的了解，并把知识纳入生态恢复工程，可抵消这一负面影响。雨水收集等传统方法可提供安全的饮用水源，尤其是在缺水地区或遭遇自然灾害和其他紧急状况的地区。

管理完善的渔场对于解决食品安全问题和提高当地居民的生活有巨大潜力。

致谢：*UNEP/Still Pictures*

安全饮用水可以拯救生命。

致谢：*I. Uwanaka-UNEP/Still Pictures*

全球的水应对措施和合作伙伴关系

世界海洋仍然是一个几乎完全未经开发的巨大能源宝库。各国政府和私有部门可合作探索海洋能源生产的可能性，包括开发更高效的技术，利用潮汐和波浪的能量作为可再生的水电来源。利用海洋进行大规模的碳储存是人类

表 4.5 本章有关水问题的几种应对措施

问题	关键机构	法律、政策和管理措施	市场手段	技术及其应用	生态修复
		与气候变化相关的问题			
海洋温度升高 海洋酸化	政府间气候变化专门委员会	■ 国际协定（如《京都议定书》） ■ 国家层面的二氧化碳减排和适应气候变化的法律政策	■ 国际排放物总量控制和交易计划	■ 碳储存（见第 2 章）	■ 修复珊瑚礁
降水变化	国际研究框架 国际性支持者——非政府组织（如 WWF） 地方当局			■ 雨水收集 ■ 规划水资源开发项目时考虑气候变化因素	
风暴增强，海平面上升		■ 土地利用区划和管理	■ 保险手段	■ 洪水和海岸保护	■ 沿海海浪缓冲地 ■ 湿地生态修复
淡水的酸化				■ 净化工业氮和硫排放物	
		人类用水问题及其对生态系统的影响			
清洁水供应	水输送与卫生服务主管部门 流域的各种组织	■ 国内政策法规 ■ 运用水资源综合管理进行流域管理 ■ 改善水的分配 ■ 利益相关方的参与 ■ 赋予妇女权利	■ 私有部门的参与 ■ 公私合作关系 ■ 关税和税收 ■ 作为激励措施的农业补贴和其他补贴	■ 水的再利用 ■ 低成本水和卫生服务 ■ 海水淡化	■ 流域恢复
水流规律的改变 地表水的过度取用 地下水的过度取用 —生态系统分割 —栖息地的自然改变和破坏	国际和区域组织（如联合国水机制和 MRC） 国际研究框架（如 CGIAR） 国际性支持者——非政府组织（如 GWF、WWC、IUCN 和 WWF） 国家最高水主管部门 流域各种组织	■ 水资源综合管理、湖泊流域综合管理、河流流域综合管理、沿海地区和河流综合管理、沿海地区综合管理 ■ 国际协议 ■ 国内政策法规 ■ 战略规划 ■ 生态系统方案 ■ 保护地	■ 对水供应源和水的取用实施许可证 ■ 根据实际为水定价 ■ 减少或取消能源和农业补贴，以及受资助的信贷机构 ■ 评估生态服务的价值	■ 建设大型水坝 ■ 人工补水 ■ 更高效的灌溉技术 ■ 种植需水少的作物（见第 3 章） ■ 改善雨水灌溉农业（见第 3 章） ■ 环境水流 ■ 鱼洄游通道	■ 拆除大坝 ■ 修复湿地 ■ 流域再造林 ■ 修复高地栖息地 ■ 修复海岸 ■ 沿海海浪缓冲地带

表 4.5 本章有关水问题的几种应对措施

问题	关键机构	法律、政策和管理措施	市场手段	技术及其应用	生态修复
人类用水问题及其对生态系统的影响					
水源疾病 营养物污染 一生态系统污染 农药污染 悬浮沉淀物一生态系统污染	健康推广机构 城市，废水处理 流域的各组织 农业、林业及其他利益相关组织	■ 水资源综合管理、湖泊流域综合管理、河流流域综合管理、沿海地区和河流综合管理、沿海地区综合管理 ■ 国际协议 ■ 国内政策法规（如区域海计划、《赫尔辛基公约》） ■ 可执行的水质标准、土地利用管理措施和最佳实践 ■ 生态系统方案 ■ 遵守公布的指南 ■ 国际协定（如《拉姆萨公约》和《非欧亚迁徙性水鸟协定》）	■ 作为清洁水激励措施的农业和其他补助 ■ 可交易的排放许可证 ■ 有机农业认证	■ 废水处理再利用 ■ 废水处理和再利用 ■ 削减废水源 ■ 施肥方法 ■ 害虫的综合治理 ■ 开发更安全的农药 ■ 土壤保护（见第3章）和其他沉淀物控制措施	■ 湿地修复 ■ 湿地修复和创造 ■ 生态水文学 ■ 再造林 ■ 拆除大坝
危险化学品	灾难预防组织	■ 国际协定（如《巴塞尔公约》） ■ 国际协定（如《国际防止船舶污染公约》） ■ 国家法律	■ 法规和惩罚措施	■ 清洁生产技术 ■ 处理技术 ■ 事故和灾难预防	
渔业资源问题					
污染和栖息地的退化	联合国政府间海洋学委员会，联合国环境规划署保护海洋环境免受陆源污染全球行动计划，当地利益相关方（如本地经营海域）（见第6章）	■ 国际协定（如《国际防止船舶污染公约》） ■《保护东北大西洋海洋环境公约》	■ 有关海洋保护地的公私合作关系（如巨蜥和 Chimbe）	■ 减少污染源 ■ 双壳体船 ■ 恢复渔业资源计划	■ 恢复海岸栖息地 ■ 鱼洄游通道
过度捕捞	区域、国内和地方的渔业管理机构 传统居民区	■ 许可，对捕捞器具的限制 ■ 基于生态系统的管理措施 ■ 海洋保护区 ■ 国际协定（如《联合国海洋法公约》、EC、《濒危野生动植物物种国际贸易公约》	■ 个体交易配额 ■ 适当定价 ■ 取消补贴 ■ 认证	■ 放养鱼苗 ■ 减少捕捞副产品的器具及器具的改造（如捕捞金枪鱼用的圆形鱼钩）	■ 重建生态系统
违法、无报告和未受规范的渔业活动(IUU)	司法（如南非的渔业法庭） 渔业委员会（如欧盟）	■ 联合国粮农组织国际行动计划 ■ 改善监督和执法，包括更严厉的惩罚	■ 供应链的记录（如智利鲈鱼）	■ 船只监督系统（卫星技术）	

注：■ 表示特别成功的应对措施　■ 表示部分成功、在局部地区有效或者有成功可能性的应对措施
■ 表示不太成功的应对措施　■ 表示信息不足或者未经充分测试的应对措施

积极探索的另一个领域，尽管碳储存对海洋化学成分及生物资源的潜在影响尚不明确。

国际水资源政策越来越强调改善管理的必要性，因为这与水资源的管理密切相关。2000年，《21世纪水安全——海牙部长级会议宣言》（Ministerial Declaration of The Hague on Water Security）指出，水管理力度不足是全人类用水安全的主要障碍。2001年波恩国际淡水会议（International Conference on Freshwater）强调指出，关键是需要执行效率更高更有力的管理措施，并指出确保水资源的可持续管理和平等管理的主要责任在于各国政府。管理和水政策改革是2002年约翰内斯堡可持续发展计划的核心内容。全球水伙伴关系把水资源管理定义为在国内各层次行使经济、政治和行政权力来管理水事务。其中包括机制、程序和制度，公民和组织可以根据它们来确定自己的水利益、享有合法权利、履行合法义务、提高公开透明度和调解异议。有必要加强国内和国际层面现有的水管理法律和制度框架，这是一切工作的中心。认可综合性措施的核心地位，全面落实、遵守和执行这些机制也是成功的关键。

决策者们越来越多地采用像水资源综合管理（专栏4.9）这样具有普遍适应性的综合性管理方法，而不是针对个别问题的命令与控制手段，这是以前水资源管理工作的主要方法。综合性方法对于实现社会经济发展目标，同时维持水生生态系统的可持续性以满足后代对水资源的需求起着基础作用。为确保有效，我们在采用此类方法时必须考虑“跨境”水文实体之间的联系和互动，不论这种“跨境”是地理、政治还是行政管理意义上的。基于生态系统的管理方法还为应对共同的水资源管理问题进行合作提供了基础，而不是任由这些问题演变各国或各区域之间潜在的冲突根源。

水资源的利益相关方之间要实现合作有很多关键内容。其中包括国际协定，如1997年《联合国河道公约》《拉姆萨公约》《生物多样性公约》《保护海洋环境免受陆源污染全球行动计划》（Global Programme of Action for the Protection of the Marine Environment from Land-based Activities）等。还需要采用水资源综合管理所倡导的基于生态系统的方法，以及1992年里约地球首脑会议和2002年可持续发展世界首脑会议提出的“良政”方案。以上方案促进了共有或共享水资源的可持续管理和均衡管理，有助于实现保护淡水和沿海地区以获取其重要生态系统服务的可持续发展目标。

由于人们越来越认识到传统管理方法的局限性，我们引进了更具有参与性的管理措施，如需求管理和自愿协议。这使得教育和公众参与成为了必要。因此，各级公共教育课程应当积极加强针对水环境问题的教育。

为加强水资源开发和解决水质恶化问题的国际合作，联合国宣布2005—2015年为“生命之水”国际行动十年（International Decade for Action “Water for Life”）。其中一项重要挑战是关注以行动为出发点、旨在可持续地管理水资源数量和水质的活动和政策。联合国2004年成立了“联合国水机制”（UN-Water），作为一项机制来协调整个联合国系统与水有关的各机构和计划。成立一个辅助机制将加强联合国系统就海洋、海岸和小岛屿发展中国家所开展活动的协调与合作，促进联合国水机制和联合国海洋机制（UN-Oceans）联合开展的活动间的跨领域整合。

在制定措施应对水环境变化所造成的影响时，各国政府和国际社会都面临着一项重大挑战。他们不仅需要研究出新方案，还要以务实方式和低成本促进现有的国际协议及其他协议、政策和指标的及时实施（表4.5）。为实现水环境的可持续发展以造福人类，为了长期维持支撑人类生命的生态系统，我们必须持续不断地监测和评估各种反应措施，并在必要时做出调整。

参考文献

ACIA (2004). *Impacts of a warming Arctic.* Arctic Monitoring and Assessment Programme. Cambridge University Press, Cambridge

ACIA (2005). *Arctic Climate Impact Assessment, Scientific Report.* Cambridge University Press, Cambridge

Alder, J. and Sumaila, R.U. (2004). Western Africa: a fish basket of Europe past and present. In *Journal of Environment and Development* 13:156-178

Al Hadidi, K. (2005). Groundwater Management in the Azraq Basin. In *ACSAD-BGR* Workshop on Groundwater and Soil Protection, 27-30 June 2005, Amman

Allan, J.D., Abell, R., Hogan, Z., Revenga, C., Taylor, B.W., Welcomme, R. L. and Winemiller, K. (2005). Overfishing of inland waters. In *Bioscience* 55(12):1041-1051

America's Wetlands (2005). *Wetland issues exposed in wake of Hurricane Katrina.* http://www.americaswetland.com article.cfm?id=292&cateid =2&pageid=3&cid=16 (last accessed 31 March 2007)

APFM (2006). Legal and Institutional Aspects of Integrated Flood Management. WMO/GWP Associated Programme on Flood Management. Flood Management Policy Series, WMO No. 997. World Meteorological Organization, Geneva http://www.apfm. info/pdf/ifm_legal_aspects.pdf (last accessed 31 March 2007)

Aranson, R. (2002). A review of international experiences with ITQs: an annex to *Future options for UK fish quota management.* CERMARE Report 58. University of Portsmouth, Portsmouth http://statistics.defra.gov.uk/esg/reports/fishquota/revitqs. pdf (last accessed 10 April 2007)

Argady, T. and Alder, J. (2005). Coastal Systems. In *Ecosystems and human wellbeing,* Volume 1: Current status and trends: findings of the Condition and Trends *Working Group* (eds. R. Hassan, Scholes, R.and Ash, N.) Chapter 19. Island Press, Washington, DC

Barter, M.A. (2002). *Shorebirds of the Yellow Sea: Importance, threats and conservation status.* Wetlands International Global Series 9, International Wader Studies 12, Canberra

Bernhardt, E.S., Palmer, M.A., Allan, J.D., Alexander, G., Barnas, K., Brooks, S., Carr, J., Clayton, S., Dahm, C., Follstad-Shah, J., Galat, D., Gloss, S., Goodwin, P., Hart, D., Hassett, B., Jenkinson, R., Katz, S., Kondolf, G.M., Lake, P.S., Lave, R., Meyer, J.L.,

O'Donnell, T.K., Pagano, L., Powell, B. and Sudduth, E. (2005). Synthesizing U.S. River restoration efforts. In *Science* 308:636-637

Bromhead, D., Foster, J., Attard, R., Findlay, J., and Kalish, J. (2003). *A review of the mpact of fish aggregating devices (FADs) on tuna fisheries.* Final Report to Fisheries Resources Research Fund. Commonwealth of Australia, Department of Agriculture, Fisheries and Forestry, Bureau of Rural Sciences, Canberra http://affashop.gov. au/PdfFiles/PC12777.pdf (last accessed 31 March 2007)

Brooks N. (2004). *Drought in the African Sahel: long term perspectives and future prospects.* Working Paper No. 61, Tyndall Centre for Climate Change Research, University of East Anglia, Norwich http://test.earthscape.org/r1/ES15602/wp61.pdf (last accessed 31 March 2007)

Bruton, M.N. (1995). Have fishes had their chips? The dilemma of threatened fishes. In *Environmental Biology of Fishes* 43:1-27

Bryden, H.L., Longworth, H.R. and Cunningham, S.A. (2005). Slowing of the Atlantic meridional overturning circulation at 25° N. In *Nature* 438(7068):655

Choowaew, S. (2006). What wetlands can do for poverty alleviation and economic development. Presented at *Regional IWRM 2005 Meeting, 11-13 September 2006,* Rayong

Clark, M. (2001). Are deepwater fisheries sustainable? – the example of orange roughy (*Hoplostethus atlanticus*) in New Zealand. In *Fisheries Research* 51:123-135

CNA (2005). Information provided by the Comisión Nacional del Agua (National Water Commission, Mexican government) from their Estadísticas del Agua en México

CNROP (2002). *Environmental impact of trade liberalization and trade-linked measures in the fisheries sector.* National Oceanographic and Fisheries Research Centre, Nouadhibou

Crossland, C.J., Kremer, H.H., Lindeboom, H.J., Marshall Crossland, J.I. and Le Tissier, M.D.A., eds (2005). *Coastal Fluxes in the Anthropocene. The Land-Ocean Interactions in the Coastal Zone Project of the International Geosphere-Biosphere Programme.* Global Change, IGBP Series. Springer-Verlag, Berlin

Curry, R. and Mauritzen, C. (2005). Dilution of the northern North Atlantic Ocean in recent decades. In *Science* 308(5729):1772-1774

Dai, A., Lamb, P.J., Trenberth, K.E., Hulme, M., Jones, P.D. and Xie, P. (2004). The recent Sahel drought is real. In *International Journal of Climatology* 24:1323-1331

Delgado, C.L., Wada, N., Rosegrant, M.W., Meijer, S. and Ahmed M. (2003). *Fish to 2020: Supply and demand in changing global markets.* Technical Report 62. International Food Policy Research Institute, Washington, DC and WorldFish Centre, Penang http://www.ifpri.org/pubs/books/fish2020/oc44front.pdf (last accessed 31 March 2007)

DIFD, EC, UNDP and World Bank (2002). *Linking Poverty Reduction and Environmental Management: Policy Challenges and Opportunities.* The World Bank, Washington, DC

Dore, M.H.I. (2005). Climate change and changes in global precipitation patterns: What do we know? In *Environment International* 31(8):1167-1181

Dyurgerov, M.B. and Meier, M.F. (2005). *Glaciers and the Changing Earth System: A 2004 Snapshot.* INSTAAR, University of Colorado at Boulder, Boulder, CO

EEA (2003). *Europe's environment: the third assessment.* Environmental assessment report 10, European Environment Agency, Copenhagen

Enfield D.B. and Mestas-Nuñez, A.M. (1999). Interannual-to-multidecadal climate variability and its relationship to global sea surface temperatures. In *Present and Past Inter-Hemispheric Climate Linkages in the Americas and their Societal Effects* (ed. V. Markgraf), Cambridge University Press, Cambridge http://www.aoml.noaa.gov/phod/docs/enfield/full_ms.pdf (last accessed 31 March 2007)

Environment Canada (2006). *TAG tanker spill database.* Environmental Technology Centre, Environment Canada http://www.etc-cte.ec.gc.ca/databases/TankerSpills/ Default.aspx (last accessed 31 March 2007)

EU (2006). *Proposal for a Directive of the European Parliament and of the Council on the Assessment and Management of Floods.* COM(2006) 15 final. European Commission, Brussels http://ec.europa.eu/environment/water/flood_risk/pdf/ com_2006_15_en.pdf (last accessed 31 March 2007)

Falkenmark, M. (2005). Green water–conceptualising water consumed by terrestrial ecosystems. *Global Water News 2*: 1-3 http://www.gwsp.org/downloads/GWSP_Newsletter_no2Internet.pdf (last accessed 31 March 2007)

FAO (2002). *The State of World Fisheries and Aquaculture 2002.* Fisheries Department, Food and Agriculture Organization of the United Nations, Rome

FAO (2005). Special Event on Impact of Climate Change, Pests and Diseases on Security and Poverty Reduction. Paper presented to the *31st Session of the Committee on World Food Security,* 23-26 May 2005 in Rome. Food and Agriculture Organization of the United Nations, Rome

FAO (2006a). *State of the World Fisheries and Aquaculture (SOFIA) 2004.* Food and Agriculture Organization of the United Nations, Rome http://www.fao.org/ documents/show_cdr.asp?url_file=/DOCREP/007/y5600e/y5600e00.htm (lastaccessed 2 April 2007)

FAO (2006b). *Low-Income Food-Deficit Countries (LIFDC).* Food and Agriculture Organization of the United Nations, Rome http://www.fao.org/countryprofiles/lifdc. asp?lang=en (last accessed 16 November 2006)

FAO (2006c). FISHSTAT. Food and Agriculture Organization of the United Nations, Rome http://www.fao.org/fi/statist/FISOFT/FISHPLUS.asp (last accessed 2 April 2007)

Finlayson, C.M. and D'Cruz, R. (2005). Inland Water Systems. In Hassan, R., Scholes, R. and Ash, N. (eds.) *Ecosystems and human well-being, Volume 1: current status and trends: findings of the Condition and Trends Working Group.* Chapter 20, Island Press, Washington, DC

Foster S.S.D. and Chilton P.J. (2003). Groundwater: the processes and global significance of aquifer degradation. In *Philosophical Transactions of the Royal Society* 358:1957-1972

Gordon, L.J., Steffen, W., Jönsson, B.F., Folke, C., Falkenmark, M. and Johannessen, A. (2005). Human modification of global water vapor flows from the land surface. *PNAS* Vol. 102, No. 21: 7612–7617 http://www.gwsp.org/downloads/7612.pdf (last accessed 3 May 2007)

Gujer, W. (2002). *Siedlungswasserwirtschaft.* 2nd Edition. Springer-Verlag, Heidelberg GWP (2006). *Setting the Change for Change.* Technical Report, Global Water Partnership, Stockholm

Hamerlynck, O. and Duvail, S. (2003). *The rehabilitation of the delta of the Senegal River in Mauritania.* Fielding an ecosystem approach. The World Conservation Union, Gland http://www.iucn.org/themes/wetlands/pdf/diawling/Diawling_GB.pdf (last accessed 5 April 2007)

Hamerlynck, O., Duvail, S. and Baba, M.L. Ould (2000). *Reducing the environmental* impacts of the Manantali and Diama dams on the ecosystems of the Senegal river *and estuary: alternatives to the present and planned water management schemes.* Submission to World Commission on Dams, Serial No: ins131 http://www.dams. org/kbase/submissions/showsub.php?rec=ins131 (last accessed 5 April 2007)

Hanna, E., Huybrechts, P., Cappelen, J., Steffen, K. and Stephens, A. (2005). Runoff and mass balance of the Greenland ice sheet. In *Journal of Geophysical Research* 110(D13108):1958-2003

Huang, J., Liu, H. and Li, L. (2002). Urbanization, income growth, food market development, and demand for fish in China. Presented at *Biennial Meeting,* International Institute of Fisheries Economics and Trade, Wellington, New Zealand, 19-23 August 2002

Hydropower Reform Coalition (n.d.). Hydropower Reform. Washington, DC http:// www.hydroreform.org/about (last accessed 5 April 2007)

ILEC (2005). *Managing lakes and their basins for sustainable use: A report for lake basin managers and stakeholders.* International Lake Environment Committee Foundation, Kusatsu, Shiga

INEGI (2006). *Il Conteo de población y vivienda. Resultados definitivos, 2005.* Instituto Nacional de Geografía Estadística e Informática, Mexico, DF http:// www. inegi.gob.mx/est/default.aspx?c=6789 (last accessed 2 April 2007)

IPCC (1996). *Climate* change 1995: Impacts, adaptations and mitigation of climate change: scientific-technical analyses. Contribution of Working Group II to the Second Assessment Report. Intergovernmental Panel on Climate Change. Cambridge University Press, Cambridge

IPCC (2001). *Climate Change 2001: The Scientific Basis.* Contribution of Working Group I to the Third Assessment Report of the Intergovernmental Panel on Climate Change. Cambridge University Press, Cambridge

IPCC (2005). *IPCC Special Report on Carbon Dioxide Capture and Storage.* Prepared by Working Group III of the Intergovernmental Panel on Climate Change, Geneva. Metz, B., Davidson, O., de Coninck, H. C., Loos, M. and Meyer L. A. (eds.). Cambridge University Press, Cambridge http:// www.ipcc.ch/activity/srccs/index.htm (lastaccessed 6 June 2007)

IPCC (2007). *Climate Change 2007: The Physical Science Basis. Summary for Policymakers.* Contribution of Working Group I to the Fourth Assessment Report of the Intergovernmental Panel on Climate Change, Geneva http://ipcc-wg1.ucar.edu/wg1/docs/WG1AR4_SPM_Approved_05Feb.pdf (last accessed 5 April 2007)

IUCN (2004). Fact Sheet - Ecosystem Management. http://www.iucn.org/congress//2004/documents/fact_ecosystem.pdf (accessed 30 March 2007)

IUCN (2006). News release - Coral bleaching will hit the world°Øs poor. http:// www.iucn. org/en/news/archive/2006/11/17_coral_bleach.htm (last accessed 2 April 2007)

IWMI (2005). *Environmental flows: Planning for environmental water allocation.* Water Policy Briefing 15. International Water Management Institute, Battaramulla http://www.iwmi.cgiar.org/waterpolicybriefing/files/wpb15.pdf (last accessed 2 April 2007)

Kaczynski, V.M. and Fluharty, D.L. (2002). European policies in West Africa: who benefits from fisheries agreements? In *Marine Policy* 26:75-93

Kurien, J. (2005). Comercio Internacional en la Pesca y Seguridad Alimentar®™a (Fishtrade and food security). Presented at *ICSF-CeDePesca Seminar, Santa Clara del Mar, Argentina, March 1-4, 2005* http:// oldsite.icsf.net/cedepesca/presentaciones/kurien_comercio/kurien_comercio.htm (last accessed 13 April 2007)

Lake Basin Management Initiative (2006). *Managing Lakes and their Basins for Sustainable Use.* A Report for Lake Basin Managers and Stakeholders. Lake Basin Management Initiative. International Lake Environment Committee Foundation, Kusatsu, Shiga, and The World Bank, Washington, DC

Landell-Mills, N. and Porras, I.T. (2002). *Silver bullet or fools' gold? A global review of markets for forest environmental services and their impact on the poor.* International Institute for Environment and Development, London

Loh, J., and Wackernagel, M. (eds.) (2004). *Living Planet Report 2004.* World Wide Fund for Nature, Gland

MA (2005). *Ecosystem Services and Human Well-being: Wetlands and Water Synthesis.* Millennium Ecosystem Assessment. World Resources Institute, Washington, DC

Malherbe, S. and IFFO (2005). The world market for fishmeal. In *Proceedings of World Pelagic Conference, Cape Town, South Africa, 24-25 October 2005.* Agra Informa Ltd., Tunbridge Wells

Meybeck, M. and Vörösmarty, C. (2004). The Integrity of River and Drainage Basin Systems: Challenges from Environmental Changes. In Kabat, P., Claussen, M., Dirmeyer, P.A., Gash, J.H.C., Bravo de Guenni, L., Meybeck, M., Pielke, R.S., Vörösmarty, C.J., Hutjes, R.W.A. and L®πtkemeier, S. (eds.). *Vegetation, Water, Humans and the Climate: a New Perspective on an Interactive System* IGBP Global Change Series. International Geosphere-Biosphere Programme and Springer-Verlag, Berlin

Myers, R.A. and Worm, B. (2003). Rapid worldwide depletion of predatory fish communities. In *Nature* 423(6937):280-283

National Academy of Sciences (2003). *Oil in the SEA III: Inputs, Fates and Effects.* National Research Council. National Academies Press, Washington, DC

New, M.B. and Wijkstrom, U.S. (2002). *Use of fishmeal and fish oil in aquafeeds: Further thoughts on the fishmeal trap.* Fisheries Circular 975. Food and Agriculture Organization of the United Nations, Rome

Nilsson, C., Reidy, C.A., Dynesius, M., and Revenga, C. (2005). Fragmentation and flow regulation of the world's large river systems. In *Science* 308:305-308

NOAA (2004). Louisiana Scientists Issue "Dead Zone" Forecast http://www. noaanews.noaa.gov/stories2004/s2267.htm (last accessed 2 April 2007)

NSIDC (2005). Sea Ice Decline Intensifies. National Snow and Ice Data Center ftp://sidads.colorado.edu/DATASETS/NOAA/G02135/Sep/N_09_area.txt (last accessed 2 April 2007)

OSPAR (2005). *2005 Assessment of data collected under the Riverine Inputs and Direct Discharges (RID) for the period 1990 – 2002.* OSPAR Commission http://www.ospar.org/eng/html/welcome.html (last accessed 3 May 2007)

Pauly, D., Alder, J., Bennett, E., Christensen, V., Tyedmers, P. and Watson, R. (2003). The future for fisheries. In *Science* 302(5649):1359-1361

Philander, S.G.H. (1990). *El Niño, La Niña and the Southern Oscillation.* Academic Press, San Diego, California

Piersma, T., Koolhaas, A., Dekinga, A., Beukema, J.J., Dekker, R. and Essink, K. (2001). Long-term indirect effects of mechanical cockle-dredging on intertidal bivalve stocks in the Wadden Sea. In *Journal of Applied Ecology* 38:976-990

PLUARG (1978). *Environmental Management Strategy for the Great Lakes Basin System.* Pollution from Land Use Activities Reference Group, Great Lakes Regional Office, International Joint Commission, Windsor, Ontario

Postel, S. and Richter, B. (2003). *Rivers for Life: Managing Water for People and Nature.* Island Press, Washington, DC

Prowse, T. D., Wrona, F. J. and Power, G. (2004). Dams, reservoirs and flow regulation. In *Threats to Water Availability in Canada.* National Water Research Institute, Meteorological Service of Canada, Environmental Conservation Service of Environment Canada, Burlington, ON, 9-18 http://www.nwri.ca/threats2full/intro-e.html (last accessed 2 April 2007)

Richardson, C.J., Reiss, P., Hussain, N.A., Alwash, A.J. and Pool, D.J. (2005). The restoration potential of the Mesopotamian Marshes of Iraq. In *Science* 307:1307-1311

Royal Society (2005). *Ocean acidification due to increasing atmospheric carbon dioxide.* Policy Document 12/05, The Royal Society, London http://www.royalsoc.ac.uk/displaypagedoc.asp?id=13539 (last accessed 31 March 2007)

SAUP (2006). Sea Around Us Project. http://www.seaaroundus.org (last accessed 26 March 2007)

Schorr, D. (2004). *Healthy fisheries, sustainable trade: crafting new rules on fishing subsidies in the World Trade Organization.* World Wide Fund for Nature, Gland http://www.wto.org/english/forums_e/ngo_e/posp43_wwf_e.pdf (last accessed 3 May 2007)

SIWI, IFPRI, IUCN and IWMI (2005). *Let it reign: The new water paradigm for global water security.* Final Report to CSD-13. Stockholm International Water Institute, Stockholm

Shiklomanov, I.A. and UNESCO (1999). World Water Resources: Modern Assessment and Outlook for the 21st Century. Summary of World Water Resources at the Beginning of the 21st Century. Prepared in the framework of IHP-UNESCO

Shiklomanov, I. A. and Rodda, J. C. (2003). *World Water Resources at the Beginning of the 21st Century.* Cambridge University Press, Cambridge

Shuval, H. (2003). Estimating the global burden of thalassogenic diseases: Human infectious diseases caused by wastewater pollution of the marine environment. In *Journal of Water and Health* 1(2):53–64

Snoussi, M. (2004). Review of certain basic elements for the assessment of environmental flows in the Lower Moulouya. In *Assessment and Provision* of Environmental Flows in the Mediterranean Watercourses: Basic Concepts, *Methodologies and Emerging Practice.* The World Conservation Union, Gland

Syvitski, J., Vörösmarty, C., Kettner, A. and Green, P. (2005). Impact of humans on the flux of terrestrial sediment to the global coastal ocean. In *Science* 308:376-380

Turner, K., Georgiou, S., Clark, R., Brouwer, R. and Burke, J. (2004). *Economic* valuation of water resources in agriculture: From the sectoral to a functional perspective *of natural resource management.* Water Report 27, Food and Agriculture Organization of the United Nations, Rome http://www.fao.org/docrep/007/y5582e/y5582e00.HTM (last accessed 31 March 2007)

UN (2004). International Decade for Action, "Water for Life", 2005-2015. UN Resolution 58/217 of 9 February 2004. United Nations General Assembly, New York, NY http://www.unesco.org/water/water_celebrations/decades/water_for_life.pdf (last accessed 3 May 2007)

UNECE (2000). Guidelines on Sustainable Flood Prevention. In *UN ECE Meeting of the* Parties to the Convention on the Protection and Use of Transboundary Watercourses and International Lakes, Second Meeting, 23-25 March 2000, The Hague http://www.*unece.org/env/water/publications/documents/guidelinesfloode.pdf* (last accessed 2 April 2007)

UNEP (2001). *The Mesopotamian Marshlands: Demise of an Ecosystem.* UNEP/ DEWA/TR.01-3. UNEP Division of Early Warning and Assessment/GRID-Europe, Geneva in cooperation with GRID-Sioux Falls and the Regional Office for West Asia (ROWA), Geneva http://www.grid.unep.ch/activities/sustainable/tigris/mesopotamia.pdf (last accessed 11 April 2007)

UNEP (2005a). *Marine litter. An analytical overview.* United Nations Environment Programme, Nairobi

UNEP (2005b). *One Planet Many People: Atlas of Our Changing Environment.* UNEP Division of Early Warning and Assessment, Nairobi

UNEP (2006). *Iraq Marshlands Observation System.* UNEP Division of Early Warning and Assessment/GRID-Europe http://www.grid.unep.ch/activities/sustainable/tigris/mmos.php (last accessed 31 March 2007)

UNEP-GEMS/Water Programme (2006). UNEP Global Environment Monitoring System, Water Programme www.gemswater.org and www.gemstat.org (last accessed 31 March 2007)

UNEP-GEMS/Water Programme (2007). *Water Quality Outlook.* UNEP Global Environment Monitoring System, Water Programme, National Water Research Institute, Burlington, ON http://www.gemswater.org/common/pdfs/water_quality_outlook.pdf (last accessed 3 May 2007)

UNEP-GIWA (2006a). *Challenges to International Waters – Regional Assessments in a Global Perspective.* Global International Waters Assessment Final Report. United Nations Environment Programme, Nairobi http://www.giwa.net/publications/finalreport/ (last accessed 31 March 2007)

UNEP-GIWA (2006b). *Mekong River, GIWA Regional Assessment 55.* Global International Waters Assessment, University of Kalmar on behalf of United Nations Environment Programme, Kalmar http://www.unep.org/dewa/giwa/publications/r55.asp (last accessed 31March 2007)

UNEP/GPA (2006a). *The State of the Marine environment: Trends and processes.* UNEP-Global Programme of Action for the Protection of the Marine Environment from Land-based Activities, The Hague

UNEP/GPA (2006b). *Ecosystem-based management: Markers for assessing progress.* UNEP-Global Programme of Action for the Protection of the Marine Environment from Land-based Activities, The Hague

UNEP/GRID-Arendal (2002). *Vital Water Graphics.* An overview of the State of the World's Fresh and Marine Waters. United Nations Environment Programme, Nairobi http://www.unep.org/vitalwater/ (last accessed 31 March 2007)

UNEP/GRID-Arendal (2005). *Vital Climate GraphicsUpdate.* United Nations Environment Programme, Nairobi and GRID-Arendal, Arendal http://www.vitalgraphics.net/climate2.cfm (last accessed 2 April 2007)

UNEP-WCMC (2006). *In the front line. Shoreline protection and other ecosystem services from mangroves and coral reefs.* UNEP-World Conservation Monitoring Centre, Cambridge

UNESCO (2006). *Groundwater Resources of the World: Transboundary Aquifer Systems.* WHYMAP 1:50 000 000 Special Edition for the 4th World Water forum, Mexico, DF

UN Secretary General's Advisory Board on Water and Sanitation (2006). Compendium of Actions, March 2006. United Nation, New York, NY http://www.unsgab.org/top_page.htm (last accessed 2 April 2007)

UN Water (2007). *Coping with water scarcity: challenge of the twenty-first century.* Prepared for World Water Day 2007 http://www.unwater.org/wwd07/downloads/documents/escarcity.pdf (last accessed 23 March 2007)

USEPA (2006). *Nonpoint Source Pollution: The Nation's Largest Water Quality Problem.* US Environmental Protection Agency, Washington, D.C. http://www.epa.gov/nps/facts/point1.htm (last accessed 2 April 2007)

Vörösmarty, C. J. and Sahagian, D. (2000). Anthropogenic disturbance of the terrestrial water cycle. In *Bioscience* 50:753-765

Vörösmarty, C. J., Sharma, K., Fekete, B., Copeland, A. H., Holden, J. and others 1997). The storage and ageing of continental runoff in large reservoir systems of the world. In *Ambio* 26:210-219

Watson, R. and Pauly, D. (2001). Systematic distortions in world fisheries catch trends. In *Nature* 414(6863):534-536

WCD (2000). *Dams and Development – A New Framework for Decision-Making: the Report of the World Commission on Dams.* Earthscan Publications Ltd., London http://www.dams.org/report/contents.htm (last accessed 2 April 2007)

WFD (2000). Directive 2000/60/EC of the European Parliament and of the Council establishing a framework for Community action in the field of water policy. OJ (L 327).

European Commission, Brussels http://ec.europa.eu/environment/water/waterframework/index_en.html (last accessed 2 April 2007)

WHO (2000). *WHO Report on Global Surveillance of Epidemic-prone Infectious Diseases: Chapter 4, Cholera.* World Health Organization, Geneva http://www.who.int/csr/resources/publications/surveillance/en/cholera.pdf (last accessed 31 March 2007)

WHO (2004). *Global burden of disease in 2002: data sources, methods and results.*February 2004 update. World Health Organization, Geneva http://www.who.int/healthinfo/paper54.pdf (last accessed 2 May 2007)

WHO and UNICEF (2004). *Meeting the MDG Drinking Water and Sanitation Target: A Mid-term Assessment of Progress.* Joint Monitoring Programme for Water Supply and Sanitation. World Health Organization, Geneva and United Nations Children's Fund, New York, NY

WHO and UNICEF (2006). Joint Monitoring Programme for Water Supply and Sanitation (in GEO Data Portal). World Health Organization, Geneva and United Nations Children's Fund, New York, NY

Wilkinson, C. ed. (2004). *Status of coral reefs of the world: 2004.* Australian Institute of Marine Science, Townsville

World Bank (2005). *Towards a More Effective Operational Response: Arsenic Contamination of Groundwater in South and East Asian Countries.* Environment and Social Unit, South Asia Region, and Water and Sanitation Program, South and East Asia, Vol. II, Technical Report. International Bank for Reconstruction and Development, Washington, DC

World Bank (2006). *Measuring Coral Reef Ecosystem Health: Integrating Social Dimensions.* World Bank Report No. 36623 – GLB. The World Bank, Washington, DC

WRI (2005). *World Resources 2005: The Wealth of the Poor-Managing Ecosystems to Fight Poverty.* World Resources Institute, in collaboration with United Nations Development Programme, United Nations Environment Programme and The World Bank, Washington, DC

WWAP (2006). *The State of the Resource, World Water Development Report 2,* Chapter 4. World Water Assessment Programme, United Nations Educational, Scientific and Cultural Organization, Paris http://www.unesco.org/water/wwap/wwdr2/pdf/wwdr2_ch_4.pdf (last accessed 31 March 2007)

WWDR (2006). *Water a shared responsibility.* The United Nations World Water Development Report 2. UN-Water/WWAP/2006/3. World Water Assessment Programme, United Nations Educational, Scientific and Cultural Organization, Paris and Berghahn Books, New York, NY

WWF (2006). *The Best of Texts, the Worst of Texts.* World Wide Fund for Nature, Gland

WWF (2007). *World's top 10 rivers at risk.* World Wide Fund for Nature, Gland http://assets.panda.org/downloads/worldstop10riversatriskfinalmarch13.pdf (last accessed 31 March 2007)

第 5 章

生物多样性

重要合作作者：Neville Ash, Asghar Fazel

主要作者：Yoseph Assefa, Jonathan Baillie, Mohammed Bakarr, Souvik Bhattacharjya, Zoe Cokeliss, Andres Guhl, Pascal Girot, Simon Hales, Leonard Hirsch, Anastasia Idrisova, Georgina Mace, Luisa Maffi, Sue Mainka, Elizabeth Migongo-Bake, José Gerhartz Muro, Maria Pena, Ellen Woodley, Kaveh Zahedi

其他作者：Barbara Gemmill, Jonathan Loh, Jonathan Patz, Jameson Seyani, Jorge Soberon, Rick Stepp, Jean-Christophe Vie, Dayuan Xue, David Morgan, David Harmon, Stanford Zent, Toby Hodgkin

本章编审：Jeffrey A. McNeely，João B. D. Camara

本章协调人：Elizabeth Migongo-Bake

致谢：Munyaradzi Chenje

主要内容

生物多样性是人类所依存的生态系统及其服务的基础。以下是本章的主要内容。

人类通常很少意识到日常生活依赖于生物多样性。生物多样性为人类的生活和福祉作出了多方面的贡献。它提供了食物和纤维等产品，这项服务受到广泛的认可。生物多样性支持了许许多多的服务，然而其中多数服务的价值在当前被低估了。细菌和微生物能将废物变为可利用的产物，昆虫可帮助作物和花朵授粉，珊瑚礁和红树林可以保护为人类提供娱乐的海岸带、生物丰富的陆地景观和海洋景观，这只是其中几个例子。虽然生物多样性和生态系统之间的关系还有待人类更多的理解，但人们已经充分认识到，如果生物多样性所提供的产品和服务没有得到有效管理，未来的选择会越来越有限，不论对于富裕的人还是贫困的人都是一样。然而，贫困人口更容易直接地受到生态系统服务退化和流失的影响，因为他们更依赖当地的生态系统，往往居住在生态系统最脆弱的地区。

目前生物多样性的流失限制了未来发展选择。生态系统被不断改变，在一些不可逆转的退化地区，大量物种在近些年灭绝或者濒临灭绝，种群数量大范围减少，普遍认为遗传多样性也在减少。已确认的是，现在的陆地、地球淡水和海洋生物多样性变化比人类历史上任何时候都快，并引起了多种地球生态系统服务的退化。

降低生物多样性流失率并把生物多样性产品和服务的全部价值结合到决策过程中，将有助于国际环境与发展委员会的报告所述的可持续发展目标的实现。

- **生物多样性对人类生计安全起着重要作用。**特别是对于农村贫困人口的生计和当地环境条件的调节方面意义重大。功能完善的生态系统能起到碳库、水传播污染物和空气传播污染物的天然过滤器，以及抵抗极端天气事件的缓冲器的作用。
- **从利用遗传资源到其他生态系统服务，世界农业都依赖于生物多样性。**但是，农业也是基因流失、物种消失和自然栖息地变换的重要驱动力。要满足不断增长的世界粮食需求需要以下两种途经中的一种或两种：集约化农业和扩张化农业。集约化农业是基于更高或更有效的投入，如更有效的品种和作物、农用化学品、能源和水。扩张化农业需要转化更多土地用于耕作。两种途径对生物多样性都存在潜在的消极影响。此外，农业生态系统生物多样性的流失可能破坏维持农业所必需的生态系统服务，如授粉和土壤营养循环。
- **大多数生物多样性流失的加速因子与社会不断增长的能源消费有关。**人类对能源的依赖及其需求的不断增长，寻找能源来源和目前的能源利用模式，导致物种和生态系统的重大变化。我们在各层面都能看到这一后果：在区域层面，传统生物质能的利用受到威胁；在国家层面，能源价格影响着政府政策；在全球层面，石油燃料的利用引起的气候变化正改变着物种类型和物种行为。全球层面的后果很可能对人类生计造成非常严重的影响，包括人类传染性疾病传播方式的改变和外来物种入侵机会的增加等。

- **人类的健康也受到生物多样性和生态系统服务变化的影响。**环境变化改变了疾病的类型和疾病暴发时人类接触疾病的程度。此外，当前高投入（如水、化肥）和集约化农业耕作方式，对生态系统施加了巨大压力，导致营养失衡和野外食物的减少。
- **无论何处，人类社会在文化认同、宗教精神、灵感、审美享受和休闲方面都一直依赖于生物多样性。**文化在生物多样性的保护和持续利用方面也能起重要作用。生物多样性流失影响了人类的物质和非物质福祉。持续的生物多样性的流失和文化完整性的瓦解则阻碍了千年发展目标的实现。

由于当前政策和经济体制没有将生物多样性的价值结合到政策体制或市场机制中，加上当前的政策也没有得到充分执行，生物多样性仍在流失。尽管包括生态系统退化在内的大多数生物多样性流失是缓慢的、渐进的，可是它们会引起生物多样性容量的突发性急剧减少，从而影响人类福祉。只有纠正市场和政策失灵，现代社会的继续发展才不会导致生物多样性的进一步流失。这些失灵包括不正当的生产补贴，生物资源价值的低估，没有把环境成本内部化，没有在地区层面考虑全球价值。要在2010年或之前降低生物多样性流失率，将需要多种互相支持的保护政策、持续利用政策和有效的地球生命收益的价值识别政策。这方面的某些政策在地区、国家和国际层面上已经到位，但充分执行这些政策仍然很困难。

引言

从世界环境与发展委员会（布伦特兰委员会）报告发表以来，人类对生物多样性重要性的认识已经发展了20年。人类逐渐认识到自身并不独立于生态系统之外，而是其中的一部分；人类居住其中，受生态系统改变、种群数量和遗传变化的影响。生物多样性变化以及随之而来的生态系统服务变化除了影响人类健康和福祉之外，还强烈地影响着人类的安全和文化。

生物多样性是所有生态系统服务和真正可持续发展的基础。世界上超过67亿人口，无论贫富、来自农村还是城市，生物多样性都对他们福祉的维持和提高起根本性作用。生物多样性包含了大部分人类生计和发展所倚赖的可再生自然资本。然而，过去20年生物多样性的加速流失和减少，降低了许多生态系统提供服务的能力，并对地球可持续发展产生了重大的负面影响。很大程度上，由于工业化国家不可持续的消费和贸易方式，上述负面影响在欠发达地区特别显著。

如果不考虑未来问题，且生物多样性提供的产品和服务未得到有效管理，那么无论对于富人还是穷人，未来道路选择都将非常有限，甚至没有选择余地。尽管出现了一些生物多样性服务的替代技术，但与有效管理的生态系统获益相比，可替代技术显得特别昂贵。生物多样性的流失尤其影响最直接依赖于生态系统服务，又无力支付替代技术的贫困人口。虽然造成生物多样性流失的活动（如变红树林为水产养殖企业）所带来的私人、小范围的经济收益通常非常高，但是它们往往对社会和经济造成了多种外部成本。其全部惠益常常大大地少于随生物多样性流失所损失的分布更广的社会收益，但这些益处的货币价值往往不得而知。例如，红树林生态系统的损失导致了鱼群、木材和燃料的减少，防暴风雨能力降低以及使环境更容易受极端事件影响。

生物多样性除了提供生态系统服务的价值外，还有内在价值，它独立于其功能和对于人类的其他收益（专栏5.1）。关键的问题在于如何平衡文化、经济、社会和环境价值，使在今天生物多样性保护和使用方式下，后代人也可以持续地获取和使用生物多样性来满足他们的需求。生物多样性管理和政策对社会的所有部门都有影响，并可能产生很强的跨文化和跨界影响。与贸易、交通、发展、安全、卫生保健和教育有关的政策都能影响生物多样性。探讨基因资源获取和共享的联合国《生物多样性公约》条款之一表明，了解生物多样性的所有价值并不容易。除了对生物多样性和生态系统功能的理解不同外，每个利益相关方对生物多样性同种属性的价值观也不尽相同。要更全面地理解这些价值，需要开展大量额外研究并逐步增加生物多样性给予人类健康、福祉和安全方面惠益的全面、跨学科和定量的评估。

生物多样性与本章所分析的五大主题——生计安全、农业、能源、健康和文化之间的关系，清晰地表明生物多样性对于人类福祉的重要性。生物多样性形成了农业的基础，使人类为了健康和营养到野外采集和种植食物成为可能。基因资源使过去和现有农作物和牲畜品种实现了改良并能够加以进一步改良，还赋予可以根据市场需求变化的灵活性以及适应环境条件变化的能力。或许，野生生

专栏 5.1 地球上的生命

生物多样性是指地球上生命的多样性。它包括基因多样性（如一个种群中个体基因的多样性、不同植物基因的多样性）、物种的多样性及生态系统和栖息地的多样性。生物多样性不仅仅是包含外观和构成的多样性，它还包括了数量的多样性（如特定地区基因、个体、种群或栖息地的数量）、分布的多样性（区域和时间）和行为的多样性（包括生物多样性组成单元之间的互动，如传粉物种与植物、食肉动物与被捕食者）。生物多样性也包括人类文化的多样性，它的驱动力与生物多样性相同，而且对基因、其他物种和生态系统的多样性产生影响。

在我们星球近50亿年的历史中，生物多样性已经演化了大约38亿年。虽然期间经历了5次重大物种灭绝事件，但是当前的基因、物种和生态系统的数量和种类，都是人类社会生存和发展所依赖的。

物多样性对世界上依靠很少的钱和食物维持生存的10亿人口具有最直接的重要性。野生生物多样性的减少对他们的健康、文化和生存有巨大影响。营养循环和土壤形成等属于生物多样性提供的支持型服务，害虫和疾病控制、防洪和授粉等属于生态多样性提供的调节型服务，这些服务支撑了成功的农业体系并有助于人类生计安全。

人们现在越来越多地认识到文化生态系统服务是决定人类福祉的关键因素，包括文化传统的延续、文化认同和精神。生物多样性给人类提供的多种其他收益包括从生物质和化石燃料生产能源。生物多样性的这种利用已经给人类带来了极大的收益（专栏5.2），然而，它也对人为引发的气候变化的形成和栖息地的变化产生了某些显著的负面连锁反应。随着生态系统服务需求的日益增大，当前生物多样性利用方式中所固有的权衡取舍会日益显著。

人类直接使用的生物多样性资源只占非常小的比例。农业降低多样性的目的是提高部分

专栏 5.2 生物多样性的价值和生态系统服务

生态系统服务的供给依赖于生物多样性的多种属性。服务不同，使生态系统能够运作并使人类获益的生物多样性的种类、数量、质量、动态和分布状况也不相同。在提供生态系统服务中，生物多样性的功能可以分为供应、调节、文化和支持（见第1章），生物多样性在提供各类服务过程中可能会发挥多种功能。例如，在农业方面，生物多样性是供应型服务（食物、燃料或纤维是最终产品）、支持型服务（如微生物提供养分循环和土壤形成）、调节型服务（如授粉）和潜在的文化型服务（指精神或审美获益或文化认同）的基础。

基于生物多样性的生态系统服务对国家经济作出了实质贡献。生态系统服务的评价是门新兴科学，仍然需要发展基本概念及方法学规范和共识，但是现在它已经非常具有指导意义，因为在决策和政策制订层面，人们一直忽略或低估生态系统服务的价值。识别生态系统服务的经济价值，以及内在价值和其他因素，将对生态系统管理中涉及权衡取舍的未来决策有重大帮助。

生态系统服务的价值包括：

- 世界年捕鱼量——580亿美元（供应型服务）；
- 海洋生物体提取的抗癌物质——每年高达10亿美元（供应型服务）；
- 全球草药市场——在2001年大约为430亿美元（供应型服务）；
- 为农作物授粉的蜜蜂——每年20亿～80亿美元（调节型服务）；
- 渔业和旅游业的珊瑚礁——每年300亿美元（专栏5.5）（文化型服务）。

意大利蜂（*Apis mellifera*）通过授粉提供调节型服务。

致谢：*J. Kottmann/WILDLIFE/Still Pictures*

生态系统服务的成本包括：

- 巴基斯坦红树林退化——2 000万美元的渔业损失，50万美元的木材损失，150万美元的饲料牧场损失（调节型和供应型服务）；
- 纽芬兰岛鳕鱼资源的崩溃——20亿美元损失和上万的工作机会丧失（供应型服务）。

在已经评估的生态系统服务中，大约60%正在退化或以非可持续的方式利用，包括渔业、废物处理和消毒、水净化、自然灾害防护、空气质量控制、区域和地方气候的调节以及土壤侵蚀控制（见第2章、第3章、第4章和第6章）。这是因为大部分服务受到具体供应型服务需求增加的直接影响，如渔业、野味、水资源、木材、纤维和燃料。

来源：Emerton and Bos 2004, FAO 2004, MA 2005, Nabban and Buchmann 1997, UNEP 2006a, WHO 2001

生物多样性成分的生产力。但是，人类没有意识到人类本身间接地依赖于一个更庞大的生物多样性体系。世界上有转化废物为可用产物的细菌和微生物体，为农作物和花朵授粉的昆虫，还有为人类提供了灵感和娱乐的生态多样的陆地景观。这些生态系统服务和生物多样性的惠益，最终都依赖于生态系统功能。然而，生态系统有效运行所需的生物多样性数量，差别非常大，使生态系统服务持续性供给，目前和将来所需要的生物多样性数量在很大程度上仍然是个未知数。

尽管提高有效的保护和持续利用的需求非常紧迫，但是生物多样性的流失仍在继续，在许多地区，生物多样性甚至是大幅度地流失。物种灭绝的速度比化石记录（专栏5.3）的基准速度高100倍。生物多样性流失来自一系列压力，如土地利用变化、栖息地退化、资源过度开发、污染和外来入侵种的扩散。这些压力本身受一系列社会经济驱动力所驱动，主要是不断增长的人口、人口增加引起的全球能源和资源消费的增长以及与发达国家高水平人均消费相关的不公平性。

人们对生物多样性持续流失的反应各式各样，包括指定更多保护区，日益改善生产性陆地景观和海洋景观的生物多样性管理。最近，2002年约翰内斯堡可持续发展世界首脑会议同意了《生物多样性公约》的2010年目标，随后将其列入联合国千年发展目标中，这些都标志着人们已经达成共识，那就是生物多样性保护和可持续发展复杂地交织在一起。

专栏5.3 第6次物种大灭绝

所有可获得的证据表明，第6次物种大灭绝事件已经在进行之中。前5次是由于自然灾难和星球变化引起（专栏5.1），而当前的生物多样性流失的主要原因是人类活动。当前，栖息地和景观的快速变化和演化、物种灭绝速度的加快以及由于种群数量的下降所导致的基因变异机会的减少，都对自然过程和人类需求产生了影响。大多数影响的具体细节仍然未知，但是它们所产生的重大负面影响却可以预见、避免或减轻。

生物多样性状态的全球回顾

生态系统

从一滴水中的微生物群体到整个亚马逊热带雨林地区，不同生态系统在规模和组成上很不相同。人类的存在以及星球上共同生存的成千上万的物种，都依赖于生态系统的健康。然而，人类不断地施压于世界陆地和水生生态系统（见第3章和第4章）。尽管生态系统非常重要，但是人类仍以前所未有的速度改变着它的范围和组成，而完全不了解这些改变对生态系统发挥正常功能及为未来提供服务的能力的影响（MA 2005）。图5.1描述了陆地生态系统的状态分析。

世界有14个生物群落区。超过半数的生物群落区，其地表面积的20%～50%已经转为农田（Olson等2001）。1950年以来，土地变化最快的是热带旱地阔叶林，其次是温带草原、洪泛草原和南非大草原。据推测，大约50%的内陆水体栖息地在20世纪都已经转化为人类用地（Finlayson和D'Cruz 2005）（见第4章）。60%的世界重要河流被大坝和水利工程所隔断（Revenga等2000），于是栖息地被洪水淹没，河水改变了流动规律，动物种群隔离及迁徙路线受阻，造成了生物多样性的减少。河流系统也受到取水的严重影响，部分重要河流几乎或已经干枯。在海洋世界，特别受威胁的生态系统是珊瑚礁和海山（专栏5.4）。

生态系统的分割日益影响到许多物种，特别是那些迁徙物种（因为它们的迁徙需要连续的线路网络）、那些依赖微小栖息地的物种和那些在不同生命阶段依赖不同栖息地的物种。

物种

人们有描述的物种数量已经达到200万，但实际物种总量在500万～3 000万（IUCN 2006，May 1992）。目前尚未确定的物种大多数是物种丰富的种群，如无脊椎生物。

现在记录的物种灭绝速度比化石记录的灭绝速度至少快100倍（MA 005）。尽管已经有一

图5.1 陆地生态系统地区分布状况

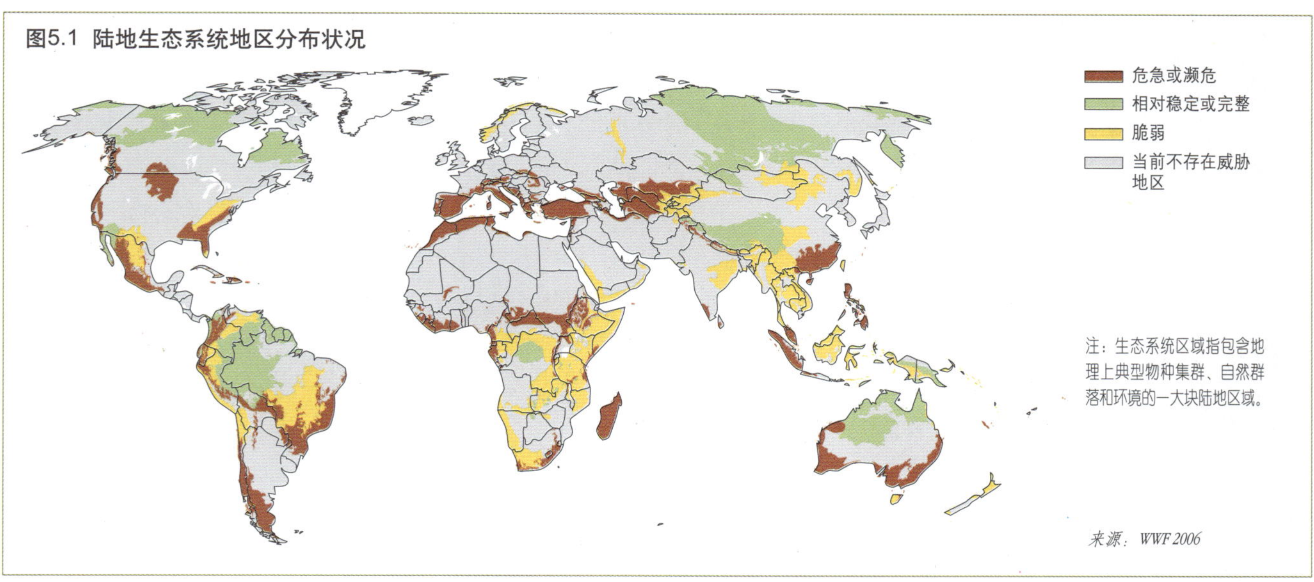

来源：WWF 2006

专栏 5.4 深海生物多样性

人们逐渐认识到，深海为生物多样性一个主要贮存库，其生物多样性可与热带雨林和浅水域珊瑚礁媲美。在各种深海栖息地——热液出口、冷渗出、海山、海底峡谷、深海区、海洋对流层和最近发现的沥青火山——发现了各种各样的独特生态系统和地方性物种。尽管深海多样性的数量还未探明（仅对万分之一的深海进行了生物调查），但是估计约有高达1 000万类物种栖息在深海地区。有人认为，深海海底容纳的物种比其他海洋环境容纳的物种总和都多。海洋生物多样性和生态系统正受到污染、海运、军事活动和气候变化的威胁，但是现在，捕鱼是最大的威胁。新的捕鱼技术的出现和市场对深海鱼产品的需求，使捕鱼船开始捕捞这些鱼种，但人类并不了解深海生态系统。

对深海生物多样性威胁最大的是海底拖网。其对海山和冷水珊瑚造成的破坏最大。而它们却是许多海底居住的商用鱼类的栖息地。海山也是物种重要的产卵和摄取食物之处，如海洋哺乳动物鲨鱼和金枪鱼，海山是它们非常有吸引力的鱼场。深海鱼类寿命长和性成熟缓慢使它们特别容易受到大范围捕鱼活动的影响。深海生态系统和相关的生物多样性数据资料的缺失，造成预测和控制人类活动影响的困难，而且现有的海底拖网捕捞可能是非可持续的，更可能的情况是鱼类大幅减少以致非可持续。

人类必须制订深海渔业和生物多样性的有效管理措施。2003年，东太平洋胡安德富卡板块及其热液出口（在加拿大范库弗峰岛以南250 km、2 250 m深处），被指定为海洋保护区。之后，海洋生态系统保护已经发展到了深海地区。现在有几种机制可以保护深海，如1982年《联合国海洋法公约》(UNCLOS)，1995年《联合国鱼类资源协议》(UNFSA)，国际海底管理局(ISA)，1992年的《生物多样性公约》(CBD)以及1973年的《濒危物种贸易协定》(CITES)。然而，如果要保护和可持续利用深海生态系统，还需要更有效地执行这些机制。

来源：Gianni 2004, UNEP 2006b, WWF and IUCN 2001

栖息在深海的物种示例：False boarfish（*Neocytlus helgae*）（左）和冷水珊瑚(*Lophelia*)（右）。

致谢：Deep Atlantic Stepping Stones Science Party, IFE, URI-IAO and NOAA (left), UNEP 2006b (right)

澳大利亚西北海底，捕鱼前（左）和捕鱼后（右）的珊瑚种群密度。

致谢：Keith Sainsbury, CSIRO

些受威胁物种成功受到保护的案例（IUCN 2006），一些被认为灭绝的物种重新被发现（Baillie等2004），但在未来十年，灭绝速度仍很可能增加到自然灭绝速度值的1 000～10 000倍的水平（MA 2005）。

大约不超过10%的世界已知物种被评估以确认它们的保护状况。其中，超过1.6万种被识别为濒临灭绝物种。在全面评估的大部分脊椎动物中，超过30%的两栖动物、23%的哺乳动物和12%的鸟类受到威胁（IUCN 2006）。

要了解物种灭绝风险趋势，必须定期评估整个物种群的保护状况。目前，我们只有鸟类和两栖动物的资料，这些资料显示，从20世纪80年代到2004年，这两类物种一直面临日益增加的灭绝风险（Bailie等2004，Butchart等2005，INCN 2006）。

物种当前面临的威胁分布状况并不平均。迄今为止，热带雨林面临灭绝威胁的物种最多，随后是热带旱地森林、山地森林草原和旱地丛林。对于淡水栖息地中濒临灭绝威胁物种的分布情况，人们所知甚少，但在美国、地中海盆地和其他地区进行的区域评估研究显示，与陆地物种相比，淡水水生物种面临更大的灭绝风险（Smith和Darwall 2006，Stein等2000）。很大部分渔业资源已经耗竭，全世界75%的鱼类已经充分捕捞或过度捕捞（见第4章）。

根据世界现有数据，生命地球指数（Living Planet Index）测量物种的丰富程度（Loh和Wackernage 2004）。尽管无脊椎动物占物种的大多数，但只有很少几种无脊椎动物列入趋势指数中，如欧洲的蝴蝶（Van Swaay 1990，Thomas等2004a）。目前有限的数据表明，脊椎动物和无脊椎动物物种的下降趋势可能是相同的，人类还需要对此进行进一步研究（Thomas等2004b）。

基因

基因多样性为适应性提供了基础，使生命有机体有可能对自然选择做出反应并适应环境。因此，在生物多样性对气候变化和新疾病等全球变化提供恢复能力方面，基因起着重要作用。基因还为人类提供直接益处，如用于提高作物的产量和疾病抵抗能力（见农业部分）、开发医药及其他产品（见健康和能源部分）的基因材料。

过去20年，因为农业生产的变化，世界大部分最重要农作物的基因多样性流失了（Heal等2002）。农作物基因多样性的持续流失对粮

无脊椎动物，包括蝴蝶等，占物种比例很大。

致谢：Ngoma Photos

食安全可能产生重要的潜在影响（见农业部分）。基因多样性流失的数量或者速度还尚未弄清，但是从灭绝和种群减少情况档案可以推断，基因流失正在发生（IUCN 2006）。

遏制生物多样性流失的全球反应

2002年，《生物多样性公约》缔约方承诺执行行动，即在“2010年之前，在全球、区域和国家层面大幅降低目前生物多样性的流失率”（CBD战略计划VI/26决议）。确定该目标有助于突出改善衡量全球生物多样性各方面变化趋势的生物多样性指标的需要。它也有助于唤醒科学研究界尝试研究出衡量生物多样性各个方面或不同层次水平的指标。图5.2提供了全球生物多样性指标的样本，其中的指标用于衡量2010年目标的进展情况，具体指标包括脊椎动物种群数量、鸟类灭绝的风险、全球消费和建立保护区的全球变化趋势（SCBD 2006）。

种群和灭绝风险指数表明生物多样性正持续减少，而生态足迹（ecological footprint）显示消费一直在非可持续地快速增长。这些趋势都是难以实现2010年全球生物多样性目标的不祥之兆。人类对生物多样性持续流失的反应各式各样，包括划定更多保护区土地和水域，逐步提高生产性陆地景观和海洋景观的生物多样性管理。保护区覆盖度指标表明，保护区的面积呈稳定增长的良好趋势。

在过去20年，保护区数量增加了2.2万个以上（Chape等2005），现有数量超过11.5万个（WDPA 2006）。但是，保护区数量和覆盖度可能对保护情况有误导作用（特别是对海洋地区），因为它们建立后并不是都得到了有效管理和执行（Mora等2006，Rodrigues等2004），而且每个生态系统受保护程度不一样。世界大约12%的陆地被划分为各种形式的保护区，但海洋生态系统受到保护的面积不足1%，其中澳大利亚的大堡礁和西北夏威夷群岛占了世界海洋保护区总面积的1/3（图5.3）（Chape等2005，SCBD 2006）。

图5.2 《生物多样性公约》采用的衡量2010年目标进展情况的状态、压力和反应指标示例

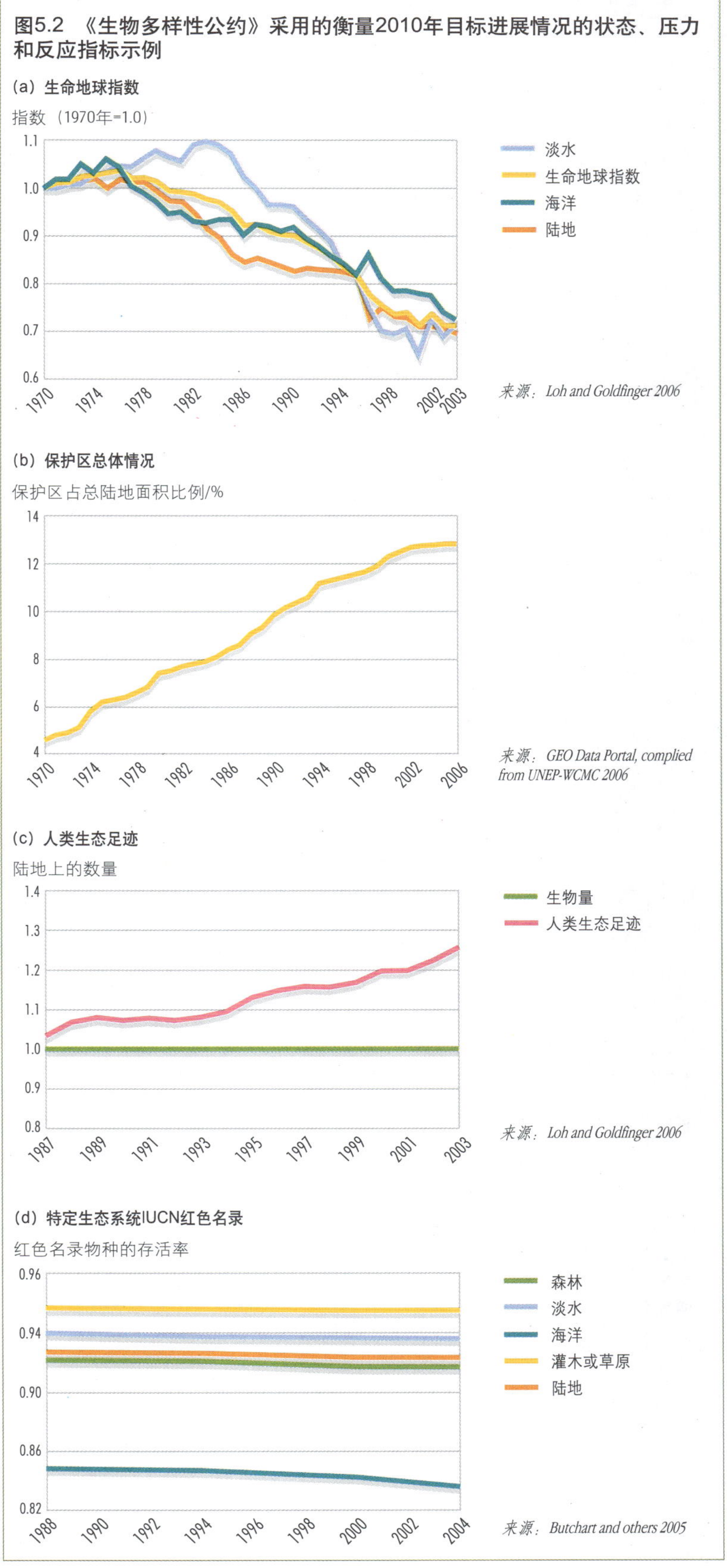

如果要降低生物多样性流失率，除了确保有效的保护区管理外，还需要逐渐加强保护区之外地区的生物多样性保护和注重其他土地利用方式。所有层次新政策的制定和实施，实行可持续性农业活动，包括保护组织和开发产业等各部门之间加强合作，以及让生物多样性问题进入决策领域，都有助于实现生物多样性未来更安全和可持续的发展。

在过去20年，全球范围的发展部门越来越认识到环境问题的重要性。例如，《生物多样性公约》缔约方承诺在2010年之前大幅降低生物多样性流失率，作为对减少贫困和提高地球上所有生命福祉的贡献；2002年约翰内斯堡可持续发展世界首脑会议赞成《生物多样性公约》的2010年目标；将2010年生物多样性目标纳入联合国千年发展目标，作为实现环境可持续性的第7个目标的组成部分。可持续发展世界首脑会议提出了一个行动框架，即应在五个关键领域（水资源、能源、健康、农业和生物多样性，即WEHAB）执行可持续发展政策。WEHAB框架提出了一项重点，并确定重视生物多样性是可持续发展议程中的关键组成部分。

变化的驱动力和压力

当前的增长和消费模式导致生态系统服务和能源需求的增长，它是影响生物多样性的最重要驱动力。该驱动力最终以压力直接作用于生态系统、物种和基因资源（表5.1）。人类活动导致生态系统生命和非生命组成的变化，而压力在过去几十年内显著增大。

驱动力和压力很少单独存在。它们互相促进，共同作用于生物多样性，所产生的影响大于驱动力和压力分别作用所产生的影响之和（MA 2005）。此外，互动作用表现出相当大的区域差异性（见第6章），驱动力和压力在不同时空范围发生作用。例如，南美洲内陆的奥里诺科河的源头，森林砍伐的沉积物影响到了泛加勒比海流域，改变了可获得的营养物质和水体的浊度（Hu 等 2004）。

自从布伦特兰委员会报告发表以来，出现了农业全球化和不恰当的农业政策，成为影响物种流失和生态系统服务流失的主导驱动力。全球化正导致食物和其他农业商品的生产地点、生产方式和生产者发生重要变化。高价值商品如大豆、咖啡、棉花、棕榈树、园艺作物和生物燃料，它们的全球市场需求导致了显著的栖息地变化和生态系统退化。这也使多样化

图5.3 陆地生态系统和大型海洋生态系统受保护程度

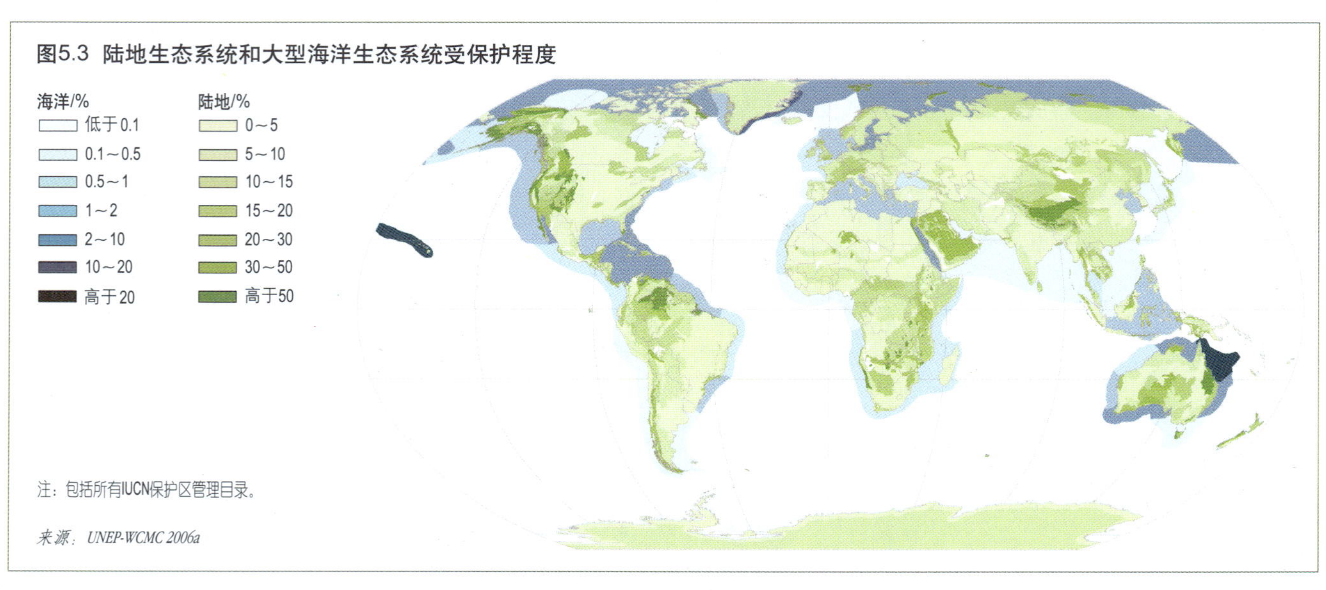

注：包括所有IUCN保护区管理目录。

来源：UNEP-WCMC 2006a

栽培的小型农场被大型单一栽培的农业企业所替代。在其他情况下，全球化将生产集中和强化于最富生产力的土地上，从而降低了森林净采伐速度。

实际上，所有加速生物多样性流失的因素都与人类社会能源的开发和日益增长的需求有关。发达国家高水平的人均能源利用率和大型新兴经济体的能源利用潜在增长状况都是特别重要的因素。能源需求的快速增长对生物多样性的深刻影响表现在两个层面（Guruswamy 和 McNeely 1998，Wilson 2002）：来自能源生产和分配的影响与来自能源使用的影响。石油的开发、管道建设、铀和煤矿的开采、水电大坝的建设、薪柴的收集和生物质燃料的种植，都能导致陆地和海洋生物多样性的显著流失。

广泛的人为环境变化改变了人类疾病类型并增加了对人类福祉的压力。基因多样性流失、人口过多和栖息地的破碎化都增加了疾病暴发的可能性（Lafferty 和 Gerber 2002）。某些生态系统变化为疾病媒介创造了新的栖息环境，如非洲和亚马逊盆地疟疾风险的增加（Vittor等 2006）。

未来几十年生物多样性的变化趋势将很大程度上取决于人类的行动，特别是土地利用变化、能源生产和自然保护。这些行动反过来将受多种因素影响，这些因素包括人类对生态系统服务的进一步了解、自然资源替代物的开发（特别是石油燃料替代物的开发），以及发展中国家和发达国家的政府对环境和自然保护的重视程度。物种水平生物多样性前景的预测显示，灭绝速度很可能继续高于自然灭绝速度，预计 3.5% 的世界鸟类（BirdLife International 2000）及更高比例的两栖动物和淡水鱼类物种在 21 世纪中叶将消失或灭绝。

气候变化可能在促使生物多样性变化中起日益重要的作用，随着物种分布和大量物种向适宜它们生存气候的极地和高纬度地区迁移，导致大部分极地和高山地区的本地物种面临危险。此外，病源携带物种范围的变化可能帮助危害人类和其他物种的疾病的传播，如疟疾、两栖动物真菌类疾病和壶菌病。

全球人口数量持续增加，预计 2025 年将达到 80 亿（GEO Data Portal，from UNPD 2007），这将进一步对生物多样性造成更大的压力。80亿人口都需要食物和水，这不可避免地加大了对自然资源的压力。支持全球至少80亿人口的基础设施需求不断增长，在未来很可能对生物多样性产生特殊影响（见第9章）。人们糊口所需要的农产品增量将大部分靠商业集约化耕作来满足，它将对农作物和牲畜的基因多样性产生负面影响。扩展性耕作也有助于满足人类粮食

奥里诺科河盆地，Serra Parima 的森林滥伐。

致谢：*Mark Edwards/Still Pictures*

奥里诺科河携带的来自土地退化的沉积物沿安第斯山一路输送到加勒比海。形成鲜明对比的是，Caroní 河水是浅蓝色的。它流经古老的圭亚那高地，这里的土壤侵蚀非常缓慢。

致谢：*NASA 2005*

需求，预计在2030年之前，发展中国家需要增加1 200万hm^2的耕地面积，其中包括了高生物多样性价值的土地（Bruinsma 2003）。

热带雨林是21世纪上半叶受人类活动影响最大的陆地生态系统，大部分是农业扩张（包括生物质燃料的种植）所导致的栖息地变化。仍在进行中的栖息地分割将致使亚马逊和刚果盆地所存最大面积、物种最丰富的森林地带发生退化。随着捕捞业、陆地活动引起的富营养化，以及越来越多的海产养殖的影响，预计海洋和海岸生态系统也将遭遇持续的退化（Jenkins 2003）。此外，包括高级食肉动物在内的大型动物物种将受到严重影响，它们的数量迅速下降，有一些很可能灭绝。

在未来几十年，生物多样性变化趋势不论正面的还是负面的，都将是不可避免的，尽管这些变化的具体细节尚不肯定。只有将生物多样性进一步结合到国家政策之中，增加企业的社会责任和保护行动，它们的影响才能在某种程度上得到削弱和缓解。只有在政府、私人部门、科学研究机构和公民社会的共同承诺下，才能采取行动确保《生物多样性公约》2010年目标、联合国千年发展目标及其他目标的实现。

环境趋势和反应

生物多样性与人类生计安全、农业、能源、健康和文化紧密联系，这五个主题将在本章分别加以分析。在这五个主题之中，农业（指粮食安全）和能源在布伦特兰委员会报告中得到了详细的阐述，约翰内斯堡可持续发展世界首脑会议发起的WEHAB行动框架将水资源和健康作为重点内容联系起来。它们之间很可能产生重要联系，并促进真正的可持续发展。表5.1总结了生物多样性、生态系统和人类福祉的主要驱动力影响。

生计安全

生态系统提供了重要的服务

生物多样性对人类生计安全产生直接和间接的影响（MA 2005）。功能正常的生态系统是至关重要的抵抗极端天气事件的缓冲器，还可以作为碳储存库、水污染物和空气污染物的过滤器。例如，浅层滑坡发生频率与植被覆盖率紧密相关，这是因为树根能稳固山坡，在浅土层给予土壤机械支持。在海岸地带，红树林和其他湿地有效保护了海岸线的稳定，减少了侵蚀，阻挡沉积物、有毒物和营养物，并缓冲暴风雨雪带来的风浪。内陆湿地储存水资源和调节水径流的功能都来自湿地中植物的功能，这些植物帮助维护土壤的结构和特有的平缓坡度。

当前土地退化和栖息地流失的发展趋势，正持续减少人类生计选择并增加了风险。土地管理的变化，特别是用其他形式的土地覆盖代替了适应野火的土地形式时，它增加了火灾的

克罗地亚发现的极度濒危的淡水鱼多鳞瑞士鲤（*Telestes polylepis*）。

致谢：Jörg Freyhof

强度和范围，并增加了对人类的危险。土地利用变化也影响了当地、区域和全球的气候。森林、灌木和草原、淡水和海岸生态系统提供了食物的重要来源和额外收入（专栏5.2）。鱼和野生动物肉类提供了动物蛋白，其他森林资源提供了补充营养。这些生态系统产品是数以百万计的农村贫困人口重要的生存安全网络。传统上，对这些公共物品产出物的获取权和使用范围是朝着公平分配的方向发展的。但最近，由于人口密度的增加和市场的引入，获取这些公共资源日益受到限制，并影响到农村人口的生计。如果有可信赖的市场准入，许多野外采集产品的商品化能成功维持农村人口的生计（Marshall 等 2006）。

环境退化以及人类居住地的高风险性和脆弱性，使灾难更容易发生。将近20亿人口在20

表 5.1 影响生物多样性的主要压力及其对生态系统服务和人类福祉的作用

压力	对生物多样性的影响	对生态系统和人类福祉的潜在影响	例子
栖息地改变	■ 自然栖息地的减少 ■ 物种构成的同质化 ■ 土地景观的分割 ■ 土壤退化	■ 农业生产活动增加 ■ 水资源管理的潜在损失 ■ 可依赖的物种更少 ■ 渔业资源减少 ■ 海岸保护下降 ■ 传统知识的流失	1990—1997年，每年大约600万hm^2热带湿润森林在消失。各地区森林采伐的发展趋势不同，采伐率东南亚最高，非洲和拉丁美洲次之。此外，每年大约200万hm^2森林在显著地发生退化（Achard等 2002）（第3章）
外来物种入侵	■ 与当地物种争夺猎物 ■ 生态系统功能的变化 ■ 物种灭绝 ■ 同质化 ■ 基因污染	■ 传统可获得资源的流失 ■ 潜在可利用物种的丧失 ■ 食物生产损失 ■ 农业、林业、渔业、水资源管理和人类健康成本的增加 ■ 水运的中断	1982年，栉水母不小心被美国大西洋海岸的船支带到了黑海，从此控制了整个黑海的海洋生态系统，直接与当地鱼群抢夺食物，到1992年，导致26种商业鱼类种群的破坏（Shiganova 和 Vadim 2002）
过度开采	■ 灭绝和下降的种群 ■ 资源耗竭后外来种的引入 ■ 生态系统功能的同质化和变化	■ 可利用资源的减少 ■ 潜在收入的下降 ■ 环境风险的上升（恢复力的降低） ■ 疾病从动物传播到人类	约100万～340万t野生动物的肉（野味）每年从刚果盆地运出。这个数量大概是可持续量的6倍。野生动物肉类贸易是出口国经济发展看不见的巨大贡献者。最近研究估计，在科特迪瓦该类贸易额达1.5亿美元/年，约占国民收入的1.4%（POST 2005）（更多信息见第4章鱼类资源的过度捕捞部分）
气候变化	■ 物种灭绝 ■ 物种范围的扩张和缩小 ■ 物种组成和互动作用的变化	■ 可利用资源的变化 ■ 疾病传播到新地区 ■ 保护区特征的改变 ■ 生态系统恢复能力的变化	极地海洋生态系统对气候变化是非常敏感的，因为即使是小幅度的温度上升，都会改变许多物种所依赖的海冰厚度和体积。因为海洋资源的开发与海冰的季节性变化直接相关，生活在北极附近地区以海洋哺乳动物为生的当地土著居民的生存受到了威胁（Smetacek 和 Nicol 2005）（更多信息见第2章气候变化部分）
污染	■ 高死亡率 ■ 营养过剩 ■ 酸化	■ 生态系统服务的恢复能力下降 ■ 服务的生产力下降 ■ 珊瑚礁和红树林的退化导致海岸带保护功能丧失 ■ 富营养化，缺氧水域导致渔业损失	欧盟25国90%以上的土地面积受到氮污染的影响，而且远高于计算出的临界负荷。于是导致了富营养化以及藻类爆发，影响了生物多样性、渔业和水产养殖业（De Jonge等 2002）（见第4章和第6章）

来源：Adapted from MA 2005

龙舌兰，针叶阔地凤梨科植物，自然生长在墨西哥东南的低地森林里。人们种植它的商业目的是提取其中的纤维用于皮革制品的缝边和装饰。每公顷林地每年能产高达20 kg的龙舌兰纤维，平均每公顷大约1 000美元的现金收入。

致谢：Elaine Marshall

世纪最后十年受到自然灾害的影响，其中86%受到洪水和干旱的影响（EM-DAT）。1997—1998年，厄尔尼诺南方波动现象（ENSO）造成的长期干旱引起了亚马逊盆地、印度尼西亚和中美洲地区的森林火灾。仅印尼地区，大约4.56万km²森林被烧毁（UNEP 1999）。在中美洲，1.5万多km²森林由于野火被烧毁，降低了天然林缓冲大雨和飓风影响的能力，并导致1998年米奇（Mitch）飓风毁灭性的影响（Girot 2001）。这些影响并不局限在热带地区，2005年美国加利福尼亚州、西班牙、葡萄牙及其他地中海国家都发生了森林大火（EFFIS 2005）。另外，珊瑚退化对海岸社区造成了负面影响（专栏5.5）。

与气候有关的灾害和生物风险结合起来，如通过热浪和作物歉收等事件，也影响到人类福祉。本章健康部分非常详细地阐述了它们对人类健康的影响。

生态系统降低风险

生物多样性和人类生计安全之间的联系是复杂的，建立在社会及其环境之间的内在关系之上。针对快速的环境变化带来的风险与机遇的政策将需要关注生态系统管理、可持续生计

专栏5.5 加勒比海的珊瑚礁

全球珊瑚礁对渔业、海岸带保护、旅游和生物多样性的净价值总和估计达每年298亿美元。然而，据报告，将近2/3的加勒比海珊瑚礁受人类活动的威胁。该地区的主要威胁压力来自过度捕捞，影响了将近60%的加勒比海珊瑚礁。其他压力有来自非洲沙漠的大量尘埃，它们随风穿过了大西洋，降落在加勒比海的珊瑚礁上，引起珊瑚大量死亡。有研究提出，该现象导致了始于1987年的珊瑚漂白事件，这一事件与加勒比海某个最高尘埃流通年份相关联。珊瑚退化给海岸居民地区带来了不利影响，包括渔业损失、蛋白质不足、旅游业收入下降和海岸带侵蚀增加。

来源：Burke and Maidens 2004, Cesar and Chong 2004, Griffin and others 2002, MA 2005, Shinn and others 2000

和当地风险管理的结合。例如，改善水资源管理的政策和减少气象灾害的非结构性措施，通过提高景观恢复、海岸带森林管理以及当地自然保护和可持续利用资源的行动计划，能有助于减少灾难风险。对于海岸带生态系统，在易发生飓风地区，恢复红树林将增加抵抗暴风雨的自然保护功能，创造吸收碳的储存库，并给当地居民带来非常需要的收入，从而增加他们的生计选择（MA 2005）。尽管证据来源多种多样，但是根据南亚2004年的海啸受灾地区报告，拥有健康红树林森林的地区比没有天然海洋屏障的地区受灾程度要小（Dahdouh-Guebas等2005）。印度和孟加拉国逐渐认识到孟加拉湾的桑德尔本斯（Sunderbans）红树林的重要性，它不仅是渔民的生活来源，而且是保护海岸带的有效机制。越南也投资进行红树林恢复，作为有成本效益的保护海岸带的途径（专栏5.6）。珊瑚礁也有类似的作用（UNEP-WCMC 2006b）。

专栏 5.6 越南恢复红树林以缓冲暴风和巨浪

在越南，热带风暴引起生计资源的大量流失，特别是在海岸社区。沿越南海岸线的红树林生态系统恢复是改善海岸屏障的具有成本效益的途径，同时还为当地带来了谋生手段。自1994年，越南国家红十字会与当地合作在越南北部种植和保护红树林，共种植了将近120 km²的红树林，效益显著。尽管种植和保护红树林的成本将近110万美元，但是每年却节约了730万美元的海堤维护费用。

2000年，威力巨大的台风“悟空”登陆期间，越南红树林生态系统恢复工程实施地区没有受到损害，而邻近省却遭受了巨大的生命、财产和生计损失。越南红十字会估计，7 750户家庭从红树林恢复工程中获益。这些家庭成员现在能销售螃蟹、虾和软体动物赚取额外收入，同时也增加了自己饮食中蛋白质的摄取。

来源：IIED 2003

农业

生物多样性和农业之间的联系

这里所指的是广义农业，包括了农作物和农林产品、牲畜及渔业生产。在27万种已知高等植物中，1万~1.5万种可以食用，其中7 000种可以进行农业生产。然而，日益增长的全球化减少了在绝大部分传统农业中可种植的物种。例如，当前仅14种动物就占了牲畜生产总量的90%；全球主要种植30种农作物，它们却为世界人口提供大约90%的热量（FAO 1998）。农业虽然在支持人类社会中至关重要，但仍然是基因流失、物种流失和自然栖息地变化的最大驱动力（MA 2005）（图5.4）。

培育的和野生的生物多样性都可以为农业提供必需的服务（表5.2）。尽管很少对这些服务进行经济评价，但是它们在国家和区域经济中具有重要作用。不同类型的农业生产体系（如商业密集型、小农型、牧业和农林混合型体系）利用这些服务的程度和水平也不同。例如，在非洲东部和南部，在玉米地里种植固氮的豆荚树，就不用施加无机肥，还可以帮助当地农民提高玉米单位产量（Sanchez 2002）。此外，通过吸收碳和给当地居民提供薪材，种树还可获得环境效益。

人类改变动植物栖息地通常的理由是：这样做对增加农业生产是至关重要的，本书第3章和第6章阐述了过去20年农业土地利用的变化趋势。尽管仅热带就有超过30万km²土地被转为农业用地（Wood等2000），但是其中的大部分都是贫瘠的农用地或用于特定农作物。这就导致了土地资源的无效利用，通常引发了土地和生态系统服务的退化（见第3章）。目前，全球有15亿人口（约占世界总劳动力的一半，世界人口的1/4）从事农业，或是他们的生计直接与农业有关（MA 2005），而妇女则占农业劳动者的绝大多数。如果减少贫瘠农地的利用并对土地适当管理，生态系统就能恢复，欧洲、北美洲、日本、中国、印度、越南、新西兰和拉丁美洲部分地区的森林面积扩张就证明了这点（Aide和Grau 2004，Mather和Needle 1998）。

满足全球食物需求的挑战越来越大，这就需要集约化农业或扩张化农业，从而提高农业生产力（Tillman等2002）。集约化农业只在部分品种中可以运用。这种方式常伴随着更高的投

图5.4 农业区域当前状况

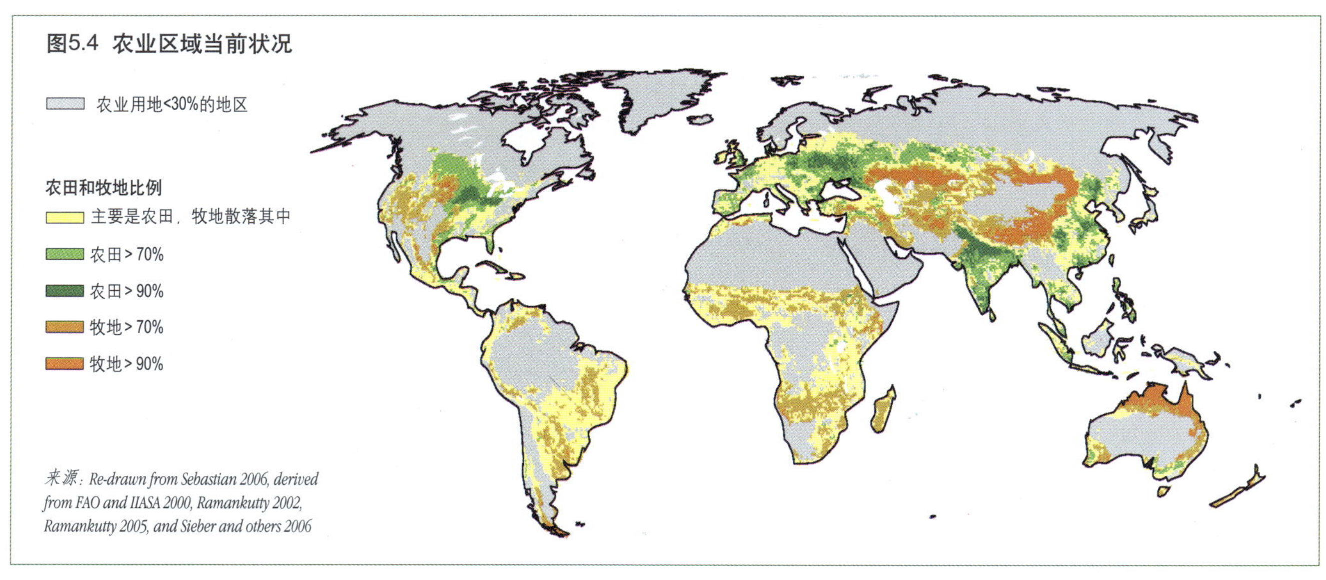

来源：Re-drawn from Sebastian 2006, derived from FAO and IIASA 2000, Ramankutty 2002, Ramankutty 2005, and Sieber and others 2006

入，包括技术、农用化学品、能量和水资源。至少后三者（农用化学品、能量和水资源）对生物多样性会产生严重的负面影响。

扩张化农业依靠较低的投入，但一般需要利用更多的农地，而这些土地通常是通过开垦动植物栖息地得到的。在世界很多地区，农业扩张化包括把更多土地转变为种植主要经济作物，如大豆（拉丁美洲和加勒比地区）、油棕和橡胶树（亚洲和太平洋地区）以及咖啡（非洲、拉丁美洲和亚洲）。在出现新出口市场后，这种土地转化将会加剧。如在巴西，种植大豆（主要出口到中国）的面积从1994年的11.7万km^2增加到2003年的21万km^2。这是世界大豆和豆制品消费上涨52%的结果（USDA 2004），该数据还在快速上升。

在过去20年间，一项主要生物技术创新是“转基因”或称改性活生物体（LMOs）的使用，它给予不同农作物和品种以新的特征（FAO 2004，IAASTD 2007）。该技术非常新，人类投入了大量资金以让该技术为人类福祉和商业稳定性作出更大贡献。改性活生物体的研究主要集中在减轻害虫和疾病的影响。证据显示，通过

表 5.2 生态系统服务带给农业的生物多样性收益

供给型服务	调节型服务	支持型服务	文化型服务
■ 食物和营养 ■ 燃料 ■ 动物饲养 ■ 药材 ■ 纤维和布料 ■ 工业材料 ■ 用于改进品种和产量的基因材料 ■ 授粉 ■ 防虫害	■ 控制害虫 ■ 控制土壤侵蚀 ■ 调节气候 ■ 自然灾害调节（干旱、洪水和火灾）	■ 土壤形成 ■ 土壤保护 ■ 营养循环 ■ 水循环	■ 提供食物和水资源的神圣树林 ■ 农业生活方式的多样性 ■ 改进品种和产量的基因材料库 ■ 授粉者的避难所 ■ 土壤侵蚀控制

来源：MA 2005

转基因，某些作物（如棉花和玉米）对杀虫剂和除草剂的需求量下降（FAO 2004）。2005年，全球生产的转基因作物（主要是玉米、大豆和棉花）种植面积估计超过90万km²（James 2003）。作为新技术的改性活生物体技术，人们对它的使用存在很多争议，特别是它对生态系统（逃逸和自然化）、人类健康和社会结构方面的不确定影响方面。人类特别关注它被引入后如何影响贫困人口，因为他们的生存更依赖于传统低投入的农业。为保证这些负面影响随着技术的发展得以避免，需要进行更多的研究、监测和管理（见第3章）。根据《生物多样性公约》，国际社会通过了《卡塔赫纳生物安全议定书》，它确定了管理和调节改性活生物体的全球框架（FAO 2004，Kormos 2000）。

最近，越来越多人关注气候变化对农业的现有和潜在影响。这些影响内容包括农作物生长的时间选择、作物的开花结果、授粉影响以及水资源和降雨分布的影响；还包括市场结构变化、不同作物和品系的产量以及极端天气现象对传统农耕方法和生计的影响（Stige等2005）。模型研究表明，在一些地区，特别是低温使生长受限的地区，农业生产力可能随着气候变化而提高。在水资源和热作为限制因子的其他地区，农业生产力可能严重下降（IPCC 2007）。

在农业生态系统，生产的改变和生物多样性的流失会破坏维持农业所必需的生态系统服务。例如，授粉媒介的种类和数量受栖息地分割（Aizen和Feinisinger 1994，Aizen等2002）、农业活动（Kremen等2002，Partap 2002）、农业区周围的土地利用（De Marco和Coelho 2004，Klein等2003）及其他土地利用变化的影响（Joshi 2004）。尽管占世界粮食主要来源的一部分农作物不需要授粉动物作媒介（如水稻和玉米），但是授粉媒介物种的减少将对世界大部分地区那些提供微量营养素和矿物质（如水果和蔬菜）的农作物物种产生长期影响。

基因、当地物种种群以及人类文化传统的流失常常密切联系。人们对基因流失率所知甚少，但是它们常常同从传统品种转向商业开发品种伴随在一起（FAO 1998）。发展中国家的作物和牲畜生产中，基因流失减少了小农户缓解环境变化影响和减少脆弱性的选择，特别是那些贫瘠的栖息地或易遭受极端天气状况地区（如非洲和印度的干旱和半干旱地区）的农业体系。

对农业技术和政策的影响

方法和技术创新

自布伦特兰委员会报告以来，农业研究和发展在减轻生物多样性流失、扭转土地退化及鼓励环境可持续发展的综合保护和发展中取得了巨大进展。但是，要在众多国家（不论贫富）创造适宜的政策扶持和技术环境，仍需要做许多事情，特别是在消除不利于自然保护的规定和不适当的农业生产补贴方面。

一个取得进展的具体领域是利用创新型农业的实践做法，它在提高产量的同时保护了当地的生物多样性（Collins和Qualset 1999，McNeely和Scherr 2001，McNeely和Scherr 2003，Pretty 2002）。在农田栽树（农林间作）、保护型农业、有机农业和害虫综合管理方面鼓励生物多样性友好型农业的实践做法，对可持续性农业生产有重要贡献（见第3章）。例如，农林间作这种实践出现后就为实现生物多样性保护和可持续农业生产提供了重大机遇（Buck等1999，McNeedly 2004，Schroth等2004），它主要通过以下三种方式来实现生物多样性保护和可持续农业生产，即降低对天然林的压力，为当地动植物提供栖息地，以及为已经被分割地区的土地利用提供了有效方式（专栏5.7）。

通过让农民参与和赋予农民权力，加强地方机构和给当地居民创造增值创收的机会，土地综合管理方案也有助于提高生态系统恢复能力。这些综合方案为恢复退化土地从而加强栖息地之间的连通和生态系统运作提供了重要机会。在热带森林边缘地带，毁林烧荒进行农业种植是森林采伐的主要原因，认识土地利用动态变化机制可以帮助小农户确认获利同时确保环境可持续发展的实用选择（Palm等 2005）。然而，推广执行这些方案的主要障碍在于缺乏合适的政策框架；该政策框架可以将农业和农村政策与生物多样性和生态系统保护很好地结合起来。没有这样的政策联系，自然资源综合管理（Sayer和Campbell 2004）和生态农业（McNeely和Scherr 2003）创新在保障生物多样性长期活力方面仍然起不了多大作用。

现在国际农业协商小组（Consultative Group on International Agricultural Research，CGIAR）在世界范围收集了相当数量的用于食物和农业的植物基因资源。这些制度化的基因库对于保护种质有重大的意义。在地方层面，农民在维持不同品种的生存能力方面起很大的作用，例如国际马铃薯中心（International Potato Center）和秘鲁当地社区之间的创新型伙伴关系，就是增加农民收入又能保护基因多样性的办法。该办法还帮助当地生态知识的传承。

政策选择和管理机制

地方和社区层面的行动计划对能够维持生物多样性的农业生产方式来说是至关重要的。推广这些行动计划是一项挑战，因为它们都建立在当地特殊性和多样性基础上，并不具有同质性和大规模生产性质。制订大家认可的标准和生产方法的认证有助于提高参加这些行动计划的生产者在全球市场上的分量和价值。

然而，总的来说，在使农业生产系统更多样化的方式制度化和其效果监督方面进展甚微。例如，大多数国家尚未采用减少杀虫剂和除草剂使用的技术。人们对于生态导向的农业生产体系所带来的生态系统服务的全部价值的认识，也是非常缓慢的。增加研究，采用害虫综合治理等技术，能够减少化学品的使用，还能提供重要的生物多样性保护服务。同样，恢复退化土地生产力的补救措施也没有在需要的规模上施行。生态系统方案能为开发实践（如修建河边缓冲带）提供一个框架，既能支持生物多样性保护，又能帮助水资源管理和净化。

国家土地使用权和利用的相关法律和政策措施，在促进农业领域大规模采用经实践证明

加纳热带雨林中的农业生产，种植木薯、香蕉和木瓜等水果。

致谢：Ron Giling/Still Pictures

能维持生物多样性的方法和技术选择方面起关键作用。这些技术选择提供了降低农业对生物多样性不利影响的可行方案，但是人们必须从兼顾农业商业生产和小农生产的政策支持框架中来考虑运用这些技术方案。

在全球层面，正在进行的国际协商提出了市场不均衡、补贴和产权问题，这些都直接与农业土地利用有关（专栏5.8）。要想缔结和执行对保护生物多样性和农业能产生切实作用的国际协定，尤其是在发展中国家，人们仍然面临巨大挑战。

专栏 5.7 可持续性的小夜曲：奖励中美洲以生物多样性友好型方式种植咖啡的农民

美国中西部鸣鸟消失的研究，给中美洲地区带来了高附加值咖啡生产和销售的创新机会。史密森研究所的研究员发现，中美洲森林转化为咖啡种植地后，许多迁徙鸟类的冬季栖息地明显减少了，从而减少了鸟类繁殖的成功率和数量。于是，他们与咖啡生产者一起来试验“鸟类友好型”的咖啡种植方法，即在未受损害或损害程度很轻的树林里种植咖啡树。这种种植方法产生的咖啡豆要少，但是质量很高，所需要的杀虫剂和化肥投入也很少。此外，这种咖啡在市场上可以作为环境友好型产品来销售，售价可能更高。不同认证体系表明，市场的发展和局限性越来越倾向于可持续生产的作物，如“鸟类友好型”咖啡®和树荫咖啡。

来源：Mas and Dietsch 2004, Perfecto and others 2005

能源

生物多样性和能源之间的关系

许多种能源都是生态系统服务的产物，不论是现在的，还是久远以前以化石燃料形式存在的。相反，社会发展对能源的需求表现在能源的开发和利用方式上，它们共同导致了生态系统的显著变化。已知能源支持所有经济发展的基本需求，人类面临的挑战是如何在生物多样性不再进一步流失的情况下持续地供给能源。这就必须界定权衡取舍，并制订适当的缓解和适应战略。

预计到2030年，人类的能源需求将至少增长53%（IEA 2006）。2030年之前，来自生物质和废物的能源预计能提供世界能源总需求的10%（图5.5）。但是，这个预测假设是必须靠足够的化石燃料满足绝大部分的能源需求增长量，一些研究人员认为这项假定不现实（Campbell 2005）。预计2030年之前，能源产生的二氧化碳排放量的增速会比能源使用量的增速快一些（见第2章）。

能源利用的影响表现为地区、国家和全球三个层面。虽然化石燃料的燃烧所产生的污染及由此产生的酸雨，确实已经造成对欧洲和北美森林、湖区及土壤的环境影响，但其对生物多样性的影响并没有布伦特兰委员会报告所警告的那么严重和广泛。欧洲和北美的污染物排放控制已经扭转了酸雨增长趋势，但世界其他地区，特别是亚洲，现在正面临酸化危险（见第2章和第3章）。火力和核能发电会产生废弃

专栏5.8 生物多样性多边环境协定的执行行动计划

1996年，《生物多样性公约》缔约方通过了《农业生物多样性保护和可持续利用计划》。此外，《生物多样性公约》还制定了《授粉媒介保护和可持续利用的国际行动计划》（International Initiative for the Conservation and Sustainable Use of Pollinators）及《养护和可持续利用土壤生物多样性的国际行动计划》（International Initiative for the Conservation and Sustainable Use of Soil Biodiversity），两者都将与联合国粮农组织和全球植物保护战略（Global Strategy for Plant Conservation）合作共同执行。尽管还有许多未尽之事，但是全球政策进展帮助了各国政府，特别是发展中国家的政府，更好地理解农业全球化对国家政策和发展重点的影响。2004年6月生效的《粮食和农作物基因资源条约》（International Treaty on Plant Genetic Resources for Food and Agriculture）代表对作物基因资源的利用和保护，特别是对大规模商业农业基因资源利用和保护的国际管理又前进了一步。该条约为30种作物和40种植物品种提供了多边交流体系，大大方便了利用，促进了惠益共享机制的发展。

物处置问题；使用太阳能电池也如此，它的重金属会污染土壤。非洲撒哈拉沙漠以南地区和萨赫勒（Sahel）地区荒漠化的部分原因是生物质燃料的需求（专栏5.9）（Goldemberg和Johansen 2004）。能源使用的间接影响包括自然资源的过度开发以及通过全球贸易而极大促进了外来物种的入侵范围，这两者都归因于廉价和易获取的交通能源。

以上所列影响，比起能源利用所产生的气候变化的潜在影响，都是相对较小的局部性影响（见第2章、第3章和第4章）。气候变化导致了物种类别和行为的变化（见专栏5.10和第6章），结果影响了人类福祉，包括改变了人类疾病分布规律和增加了外来物种入侵的机会。受影响可能性最大的物种是那些稀有或受到威胁的物种、迁移性物种、极地物种、基因贫困型物种、边缘种群和特异物种，包括仅栖息在阿尔卑斯山脉地区和岛屿的物种。某些两栖物种的灭绝与气候变化有关（Ron等 2003，Pounds等 2006），而最近一项全球研究预计，15%～37%的区域特有物种将在2050年之前灭绝（Thomas等 2004b）。

气候变化也对整个生态系统产生影响。2000年，世界27%的珊瑚礁退化了，部分原因是水温的上升，这也是导致1998年与气候有关的珊瑚漂白现象的最大单一原因。也有报告显示，部分珊瑚正在恢复（Wilkinson 2002）。预计地中海盆地、美国加利福尼亚州、智利、南非和西部澳大利亚地区的地中海型生态系统将受到气候变化的很大影响（Lavorel 1998，Sala等 2000）。

控制能源需求及其对生物多样性的影响

几乎没有能源对生物多样性完全没有影响，于是选择能源必须了解所有具体情况下的权衡以及对生物多样性和人类福祉的影响（表5.3）。当前，生物多样性管理已经成为减缓和适应气候变化影响的关键工具——从避免森林滥伐到进行生物多样性补偿，同时生物多样性管理也保护了各式各样的生态系统服务。

针对能源需求的日益增长以及生物多样性的影响，出台了大量管理措施和政策。面对石油价格的不断上升，一项重要举措就是提高其他能源的吸引力。生物燃料是其中最主要的替代能源，许多国家在这个领域投入了大量资源（专栏5.11）。假设现有做法和政策不变，生物燃料世界总产量预计将从2005年的2 000万t石油当量增加到2030年9 200万t石油当量。生物燃料的生产地占世界可耕地总面积的1%，支持了道路交通燃料总需求的1%，不过，预计在2030年之前可增长到4%，其中美国和欧洲的增长量最大。没有生物燃料作物生产力的显著提

图5.5 各种来源的初级能源供应及2030年预测值

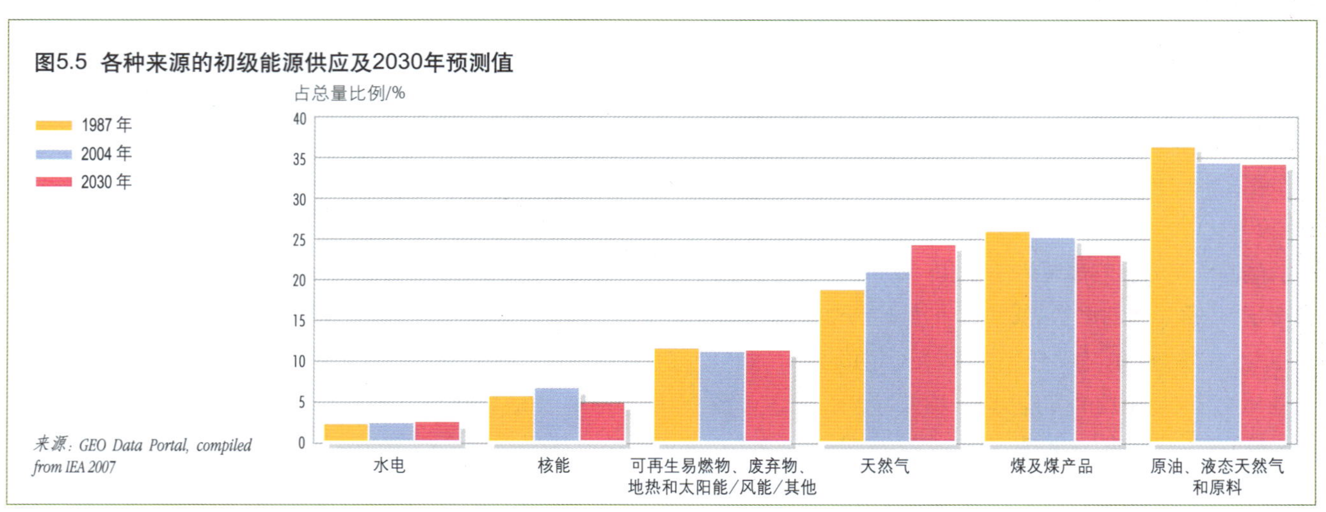

来源：GEO Data Portal, compiled from IEA 2007

专栏 5.9 生物多样性和贫困人口的能源供应

基于生物多样性的能源包括传统生物质能和现代生物燃料。生态系统提供相对廉价和易获取的传统生物质能源，因此它们对贫困人口非常重要（图5.6）。如果生物质能源受到了威胁，如一些国家森林砍伐极度严重，那么减少贫困将变得更加困难。薪材的利用能引起森林的砍伐，但是薪材需求也能鼓励人们植树，在肯尼亚、马里和其他发展中国家就是这样。

来源：Barnes and others 2002, FAO 2004

图5.6 12个发展中国家的城市地区收入和能源利用之间的关系

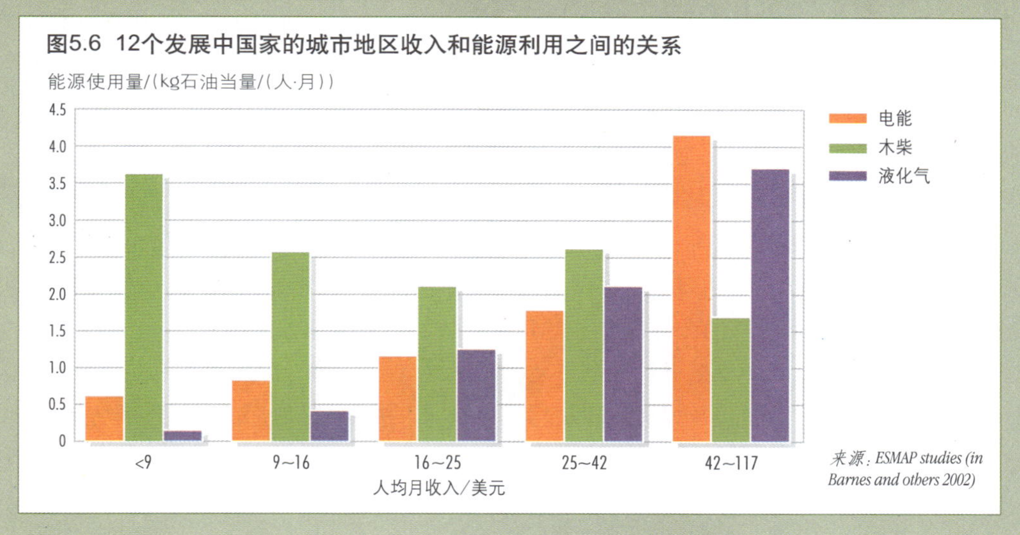

来源：ESMAP studies (in Barnes and others 2002)

高，以及粮食作物农业生产力的类似进展，交通燃料完全使用生物燃料的目标显然不可能实现（IEA 2006）。此外，生物燃料的大规模生产也将扩大生物多样性贫瘠的单一栽培地区，从而替换了低生产力的农业地区的生态系统，但是这些农业地区的生物多样性价值往往很高。

当前，解决气候变化影响的行动，对生物多样性而言是一把双刃剑。例如，一些旨在减少温室气体的碳汇计划通过种植单一树种森林，对生物多样性可能产生负面影响，否则该片土地可能拥有更高的生物多样性价值。消除森林滥伐主要靠森林保护工程，它是一项适应气候变化的策略。它所带来的收益是多重的，包括缓解气候变化、保护森林生物多样性、减

专栏 5.10 气候变化影响物种的例子

物种灭绝研究报告

- 两栖动物（Pounds 等 2006）

物种分布变化的研究报告

- 北极狐（Hersteinsson 和 MacDonald 1992）
- 山地植物（Grabbherr 等 1994）
- 潮间带生物（Sagarin 等 1999）
- 北温带蝴蝶（Parmesan 等 1999）
- 热带两栖动物和鸟类（Pounds 等 1999）
- 英国鸟类（Thomas 和 Lennon 1999）
- 欧洲树林分布（Thuiller 2006）

物种行为变化研究报告

- 昆虫迁徙时间的提前（Ellis 等 1997，Woiwod 1997）
- 鸟类产卵时间的提前（Brown 等 1999，Crick 和 Sparks 1999）
- 两栖动物的繁殖（Beebee 1995）
- 树木开花期（Walkovsky 1998）
- 蚂蚁聚集行为（Botes 等 2006）
- 火蜥蜴（Bernardo 和 Spotila 2006）

种群统计量变化研究报告

- 爬行动物种群内性别比例变化（Carthy 等 2003，Hays 等 2003，Janzen 1994）

少荒漠化和提高人类的生计能力。必须承认这些保护活动会产生排放物的“外溢”(Aukland等2003)。气候变化也影响当前生物多样性保护策略（Bomhard和Midgley 2005）。例如，气候带的地区迁移可在世界一半的保护地发生（Halpin 1997)，尤其在高海拔和高纬度地区影响会更明显。如果要继续实现保护区的保护目标，某些保护区的边界需要变得更为灵活。

能源生产和利用对生物多样性影响的提出，是过去几十年几项政策反应的副产物。这些政策反应的例子有，德国在能源和交通领域降低补贴及在农业中提高有机农业所占比例和减少氮的使用量（BMU 1997，OECD 2001）。然而，这些政策反应尚未全面、协调和普遍化。各国在不同论坛上做出了各种承诺，包括共同行动计划等，但是，由于所需资金无法保证和缺乏政治意愿或远见，要执行行动计划和实现承诺，人们还面临巨大的挑战。

此外，通过私营部门，尤其是在能源产业的私营部门，进行影响管理来努力解决这个问题。私营部门逐渐承担起环境治理的责任。它正同非政府组织，通过《能源和生物多样性倡议》（Energy and Biodiversity Initiative）等渠道进行合作（EBI 2007），以更好地了解影响以及缓解和适应气候变化的战略，这些战略能使他们的商业活动更加明智。除了法律和法规之外，生态系统服务付费方法的使用，如新兴的碳市场，就代表了一种创新，虽然还存在争议，不过可以用来减少能源使用的环境影响。《2006年碳市场现状》（涵盖期间从2005年1月1日到2006年3月31日）报告记录了一个新兴的全球碳市场，2005年价值超过100亿美元，是2004年的10倍，超过2005年全美小麦产量的总价值（合71亿美元）（World Bank 2006）。

要想在确保能源供给的同时，维护生物多样性和生态系统的关键服务，需要一个跨部门的综合方法（见第2章和第10章），该方法包括以下几方面内容：

- 一个管理生物多样性和自然资源的生态系统方案，该方案包括当前受能源生产和利用影响的自然资源管理方式中出现的任何经验教训；
- 一种环境治理的重大转变，即把对生物多样性的关注，尤其是关于气候变化的关注和行动融入促进能源生产和使用的政策和激励措施中；
- 加强与包括采掘业和金融业在内的私营部门的伙伴合作，以推广将生物多

专栏 5.11　2005 年生物质燃料生产前五名

生物柴油 /10^6L	
德国	1 920
法国	511
美国	290
意大利	270
奥地利	83

生物乙醇 /10^6L	
巴西	16 500
美国	16 230
中国	2 000
欧盟	950
印度	300

来源：Worldwatch Institute 2006

假设目前的做法和政策不变，预计世界生物质燃料总产量将增加近5倍。上面是印度古吉拉特邦生物柴油生产的实验农场。

致谢：Joerg Boethling/Still Pictures

表 5.3 能源来源及其对生物多样性的影响

能源来源 *	对生物多样性的影响	对人类福祉的影响
化石燃料 原油 原煤 天然气	■ 全球**气候变化**及其干扰，特别是人口增长和资源消耗速度加快的情况下，会带来生物多样性的流失 ■ **空气污染**（包括酸雨）对中国南部的森林造成的损失，每年高达 140 亿美元。农业每年因空气污染的损失也很大，德国损失总计 47 亿美元，波兰损失总计 27 亿美元，瑞典损失总计 15 亿美元（Myers 和 Kent 2001） ■ **石油泄漏**到淡水和海洋生态系统的影响已经得到广泛研究。最有名的就是 1989 年触礁的埃克森瓦尔兹号事件，导致 3.7 万 t 原油流入了阿拉斯加的威廉王子湾（ITOPF 2006） ■ 影响也来自**油田开发**及其相关的基础设施建设，以及具有生物多样性保护价值的附近地区的人类活动（如阿拉斯加的北极国家野生动物保护区就可能受到石油开发的威胁）	■ 维持生计所需自然资源的分布变化和流失 ■ 恶劣空气导致的呼吸系统疾病
生物质能 易燃品 可再生能源 废物	■ 由于大规模的**土地扩张**，用来生产甘蔗或速生林等生物质燃料，引起用于粮食作物及其他需求的可获得的土地数量减少，并导致自然栖息地转化为农业用地，以及以前就被过度开发的土地或休耕地被强化利用 ■ 能引起**化学污染物**进入影响生物多样性的大气（Pimentel 等 1994） ■ 把作物残余物当作燃料燃烧也造成了**土壤养分流失**，减少了土壤的有机物质并降低了土壤涵养水源的能力 ■ 生物燃料植物园的集中管理**需要额外化石燃料的投入**，用于器械、肥料和杀虫剂，于是产生了化石燃料相关的影响 ■ 生物质燃料植物的单一培植会增加来自化肥、杀虫剂的**土壤和水污染**，以及**水土流失**，进而导致生物多样性流失	■ 由于烧柴炉引起的室内空气质量下降，会引发心血管和呼吸道疾病，特别是对贫困的妇女和儿童而言 ■ 可获得的食物减少
核能	■ 排入环境的冷却反应水，**明显高于周围环境温度**，加重了极端天气如热浪对河边动物群的生态影响 ■ 建设中产生的相对少量的**温室气体** ■ 因为核能的潜在危险，一些核工厂通常被**自然保护区**包围。例如，汉福德（美国华盛顿州南部原子能重要研究中心）就选址在华盛顿州东南部，占地 14.5 万 hm^2。它包括几个保护区和长期研究场所（Gray 和 Rickard 1989），并为植物和动物种群提供了非常重要的避难所 ■ 核事故的发生会对人类和生物多样性造成严重的影响	■ 电离辐射对健康的影响，包括基因受损引起的死亡和疾病（包括癌症和生殖异常）
水电	■ 建设大型水坝会**引起森林、野生动物栖息地和物种种群的丧失，自然河流循环的扰乱**以及水库蓄水区导致的**上游集水区的退化**（WCD 2000） ■ 由于腐烂的植被和来自流域的碳流入物，水坝水库也会排放**温室气体** ■ 从积极角度来说，有些水库周边也可作为**湿地生态系统**，为鱼类和水禽提供栖息地	■ 修建大型水坝导致人口迁移 ■ 人类可获得的淡水资源变化（改善还是下降，取决于具体情况）
其他替代性能源来源 地热 太阳能 风能 潮汐能 波浪能	■ **生态系统破坏**，表现在生态系统脱水、大型风力农场的栖息地损失，以及水下噪声污染等方面 ■ 潮汐发电厂可能**破坏鱼类洄游路线，减少水禽的摄食区，扰乱悬浮泥沙的流通**，并在生态系统层面导致其他各种变化 ■ 大型光伏发电场与农业、林业和保护区**争地** ■ 制造太阳能电池中使用**有毒化学品**，无论在使用还是处置有毒化学品方面都带来了问题（Pimentel 等 1994） ■ 地热厂的水和废水的处理可能对地表水和地下水造成明显的**污染** ■ 风能和潮汐能发电装置可以造成某些陆地和海洋迁徙物种的**死亡**（Dolman 等 2002） ■ 风力发电厂给人造成强烈的**视觉冲击**	■ 造成提供生命基本物质的物种种群下降 ■ 排入环境的有毒物质可能引起公众健康问题 ■ 由于强烈的视觉冲击，风力农场附近的土地经济价值下降

注：*见图 5.5 占初级能源总量的比例。

样性和生计的所有成本内部化的能源方案。

健康

生物多样性变化影响人类健康

人类虽然对生物多样性许多具体变化的健康影响，以及人和其他物种疾病发生率的了解有限，但是对环境更广泛的变化和人类健康之间的联系非常了解（图5.7）。热带雨林和其他生态系统的破坏和分割所引起的新疾病，野生动物与人类的疾病之间的关联（如莱姆关节炎、西尼罗河病毒和禽流感），许多已知但未在自然界发现治病药物的疾病，生态系统服务对人类健康的贡献，以及人类逐渐认识到的内分泌干扰物对动物和人类健康的影响，这一切都强调了生物多样性和人类健康之间的联系（Chivian 2002，Osofsky等2005）。

全世界大约10亿人靠很少的钱或食物维持他们的生存，生态系统生产力的流失（如通过土壤肥力的流失、干旱或过度捕捞）会加速引发他们的营养不良、儿童成长和发育迟缓以及更容易患上其他疾病。全球营养严重失衡，有10亿人营养过剩（主要是富人），也有约10亿人营养不良（主要是穷人）。在历史上，这种不平衡主要由社会和经济因素所驱动，但是生态因素在未来可能起越来越重要的作用。大约70%的人类传染病来源于动物，防护问题则是流行病学的核心内容。土地利用的变化、多种集约化畜牧生产、外来物种入侵和野生动物的国际贸易，可能增加传染病的传播和交叉传染的风险。气候变化正在扩展病菌携带媒介的范围和活动水平，特别是携带病菌昆虫的活动范围。最近，突发急性呼吸系统综合征（SARS）和禽流感引起的国际恐慌，为全球健康辩论带来了崭新的视角。

随着生物多样性的变化，还有其他一些因素正在增加人类接触疾病的机会和危险。日益增多的人口为病菌提供了更多的宿主；气候变化提高了气温，使像蚊子这样的病源媒介的分布更加广泛；病菌对常规疗法所用药物的抗药性逐渐增强；并且，持续的贫困和营养不良使许多人更容易得病。最近，西尼罗河病毒、汉坦病毒（Hantavirus）、禽流感和肺结核的经验说明，病源微生物能很快适应环境变化，这些传染病的不断出现和增加就是证明（Ayele等2004，Campbell等2002，Harvell等2002，Zeier等2005）。在过去20年，主要在贫困地区，生态系统及其服务的变化，特别是淡水资源、粮食生产系统和气候稳定性方面所引起的生态系统及其服务的变化，一直对人类健康产生重大的不利影响。富裕的群体往往有能力通过迁移、替代，或从影响小的地区获取资源的方式，避免当地生态系统退化的影响。

生物多样性也是许多治病药品的来源。2002—2003年，全球80%新化学类药物可以追溯到天然产品或受天然产品的启示。开发这类药物的利润极大。例如，一种从海藻中提取的治疗疱疹的化合物，其利润估计为每年0.5亿～1亿美元；海洋生物体中提取的抗癌药物，价值每年高达10亿美元（UNEP 2006a）。

传统药物主要从植物中提取，是发展中国家绝大部分人口基础卫生保健的主要药物。据估计，发展中国家约80%人口靠传统药物，发达国家的最常用处方药超过一半来自天然植物。

生物多样性的流失可能会减少未来的新药品，从而减少可选择机会。世界卫生组织确认了2万种药用植物供医药筛选，此外，许多物种的药用价值刚被发现，或可能在未来证明其重要价值。全球传统药物的市场价值在2001年估计约为430亿美元（WHO 2001）。

由于废物负荷的增长和生态系统的退化，生态系统从环境吸纳废物的能力正在退化，引起当地甚至是全球的废物累积（MA 2005）。这样的例子包括，空气中颗粒物和废气的累积，微生物、无机化学污染物、重金属、放射性同位素和持久性有机污染物在水、土壤和食物中

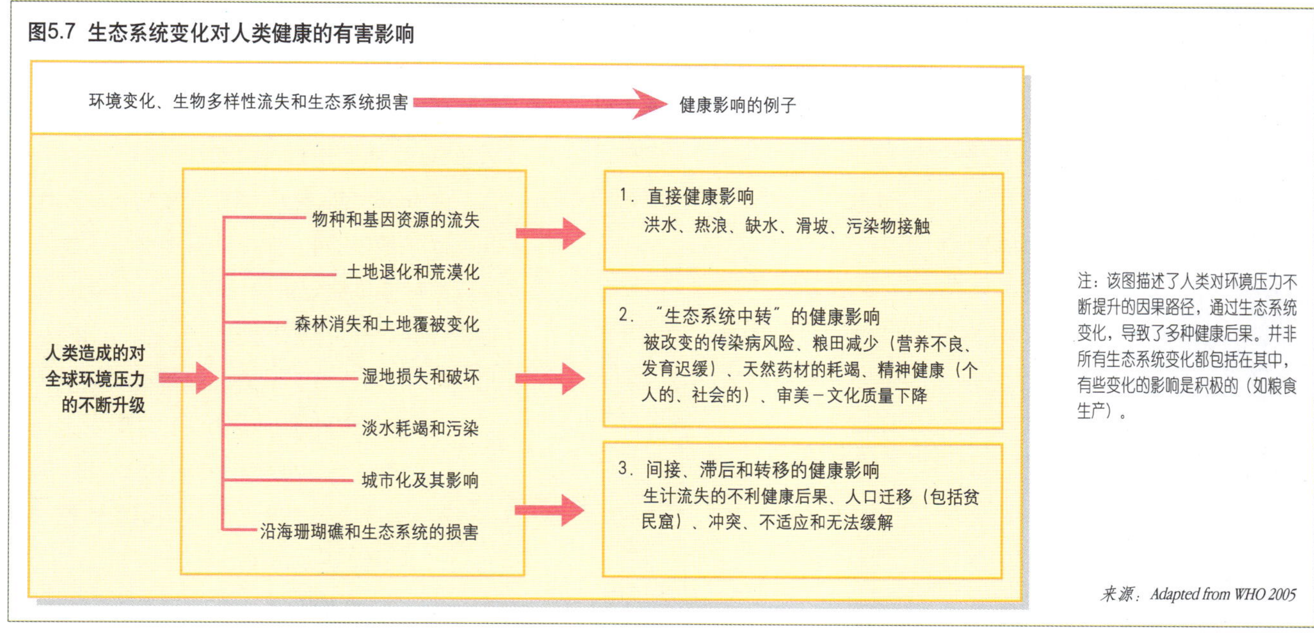

图5.7 生态系统变化对人类健康的有害影响

注：该图描述了人类对环境压力不断提升的因果路径，通过生态系统变化，导致了多种健康后果。并非所有生态系统变化都包括在其中，有些变化的影响是积极的（如粮食生产）。

来源：*Adapted from WHO 2005*

的沉积。这些废弃物对人体健康产生一系列负面影响。

控制生物多样性变化和人类健康影响

人类可获得的生态系统服务的分布并不均匀，从人口健康角度来看，与理想状况相差甚远。住房、营养食物、清洁的饮用水和能源供给等重要资源，是有效的健康政策的当务之急。当健康疾病间接或直接来自生态系统的过度消耗时，消耗的显著下降就会产生巨大的健康收益，同时生态系统的压力也会降低（WHO 2005）。例如，在富裕国家，过度消费引起了日益突出的健康问题，降低动物产品和精制碳水化合物的摄入会对全球人类健康和生态系统产生巨大的效益（WHO 2005）。将国家农业和粮食安全政策结合到可持续发展的经济、社会和环境目标之中，是可以实现的。要实现这一目标，人们需要做出的部分努力是让粮食价格和水资源价格更全面地体现生产和消费的环境成本和社会成本。

针对减轻生态系统变化对人类健康影响的反应，通常包括卫生部门之外的政策措施和行动。减轻气候变化影响的行动将需要多部门之间的合作。然而，卫生部门有责任告诉大家生态系统变化对健康的影响，并有责任进行有效和创新性的干预。哪里有减轻负面健康影响和其他部门经济增长速度等的权衡，哪里就需要对健康造成的影响有深入的了解，这一点很重要，只有这样，在决定优先顺序和权衡取舍时才能将健康的后果考虑在内。

文化

生物多样性和文化之间的互动

在过去20年，人类越来越清楚地认识到了保护生物多样性和可持续发展与文化和文化多样性之间的关系，2002年召开的可持续发展世界首脑会议对此有清楚的阐述（Berkes 和 Folke 1998，Borrini-Feyerabend 等 2004，Oviedo 等 2000，Posey 1999，Skutnabb-Kangas 等 2003，UNDP 2004，UNEP 和 UNESCO 2003）。

每个社会，每种文化都受当地人与环境之间具体关系的影响，从而产生了各种不同的生物多样性价值观、知识和实践活动（Selin 2003）。文化认知和实践常常有助于人们制订可持续利用自然资源和管理生物多样性的具体战略

(Anderson和Posey 1989，Carlson和Maffi 2004，Meilleur 1994，等）。在全球范围发展出来的文化多样性，针对不同生态系统及其环境条件差异和变化，提供了一系列应对措施。文化多样性是用于解决生物多样性保护问题的全球资源宝库中重要的组成部分（ICSU 2002，UNESCO 2000）。然而，文化多样性流失地非常迅速，几乎与生物多样性流失的速度相同，而且文化多样性流失和生物多样性流失的驱动力也大都相同（Harmon 2002，Maffi 2001）。以文化多样性的指标——语言多样性为例，全世界6 000种语言中，超过50%濒临消失（UNESCO 2001），人们预测在2100年之前，现存语言的90%可能会消失（Krauss 1992）。伴随语言流失的是文化价值观、知识、创新和实践做法的消失，其中也包括与生物多样性有关的价值观、知识、创新和实践做法（Zent 和 López-Zent 2004）。

除了文化在保护和持续利用生物多样性中的重要性外，世界各地的人类社会本身的生计、文化认同、精神、灵感、审美情趣和休闲都依赖于生物多样性（MA 2005）。因而生物多样性的流失影响着人类的物质和非物质福祉。

工业化国家虽然可能不会受生物多样性流失的直接影响，但是它们仍然不可避免地受到生态系统服务的流失或减少的影响。某几类人对剧烈的环境和社会变化特别敏感，他们是穷人、妇女、儿童和青年、农村人口、土著居民和原住民部落。而土著居民和原住民部落是世界文化多样性的重要组成部分（Posey 1999）。

人们已经在全球和区域层面上确认了文化和生物多样性的地理分布之间的相关性（Harmon 2002，Oviedo等 2000，Stepp等 2004，Stepp等 2005）。图5.8突出显示了这一点，它给出了植物多样性和文化多样性的世界分布。高生物多样性地区一般都是特色文化高度集中的地区。中美洲、安第斯山脉、西非、喜玛拉雅山脉和南亚太平洋地区，尤其呈现了这种高度的生物—文化多样性分布。将文化多样性指标和生物多样性指标结合到一起成为全球生物—文化多样性指标体系的研究结果也得出了相同的分布规律（Loh 和 Harmon 2005）。

在全球层面，生物多样性和文化多样性之间的联系是显著的，但在地方层面确认这两者的因果联系则需要进一步研究。支持文化和生物多样性之间关系的经验证据如下：

- 在传统低影响的资源管理实践中，人们创造和维护生物多样性景观（Baleé 1993，Posey 1998，Zent 1998）；
- 传统农民对全球农作物多样性和牲畜养殖的巨大贡献（Oldfield和Alcorn 1987，Thrupp 1998）；
- 风俗、信仰和行为，直接或间接对生物多样性保护的作用，如可持续的资源提取技术、神圣的树林、收获时的宗教礼仪和缓冲带的维护（Moock 和 Rhoades 1992，Posey 1999）；
- 当地社会的社会经济文化完整性和生存依赖于对传统地域、栖息地和自然资源的获取、使用和占有，以及传统地域、栖息地和资源对粮食安全的重要影响（Maffi 2001）。

这些研究结果指出，对世界文化多样性日益增加的威胁显著地影响了自然生态和人类社会。全球社会和经济变化（见第1章）通过宣扬文化同化和同质化，正在瓦解当地生活方式，促使生物多样性的流失。文化变化，如文化和精神价值、语言、传统知识和实践的流失，成为增加生物多样性压力的驱动力，这些压力包括过度收割、大范围土地利用变化、化肥的滥用、对取代了野外觅食和传统耕作方式的单一农业文化的依赖，以及取代当地物种的外来入侵物种的增加和扩散（MA 2005）。反过来，这些压力又影响了人类福祉。文化完整性的破坏也阻碍了联合国千年发展目标的实现（表5.4）。

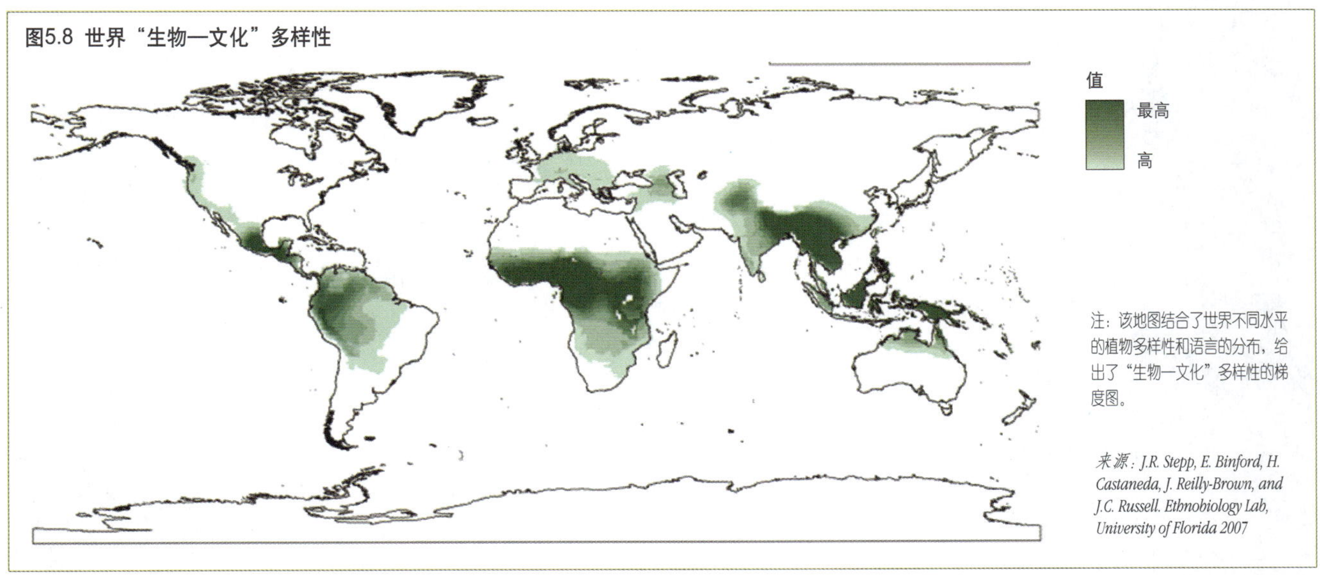

图5.8 世界“生物—文化”多样性

注：该地图结合了世界不同水平的植物多样性和语言的分布，给出了“生物—文化”多样性的梯度图。

来源：*J.R. Stepp, E. Binford, H. Castaneda, J. Reilly-Brown, and J.C. Russell. Ethnobiology Lab, University of Florida 2007*

管理生物和文化多样性

过去20年，人类日益认识到文化和文化多样性对环境和人类福祉的重要性，这促使在国际、国家和地区三个层面上的可持续发展和生物多样性保护相关政策及其他反应措施的重大发展（见第6章北极部分）。联合国环境规划署、联合国教科文组织、国际自然保护联盟和《生物多样性公约》现在的政策和行动，强调了对生物多样性和文化多样性之间联系的关注，并且在衡量《生物多样性公约》2010年目标进展的指标中包含了文化多样性发展趋势的指标。2006年，联合国人权委员会采纳了《联合国对原住民民族权利宣言》（UN Declaration on the Rights of Indigenous Peoples），认识到要“尊重本土知识、文化和传统实践对可持续、公平发展和正当环境管理的贡献”。

世界各国根据《生物多样性公约》，也制定了政策和行动计划来加强生物多样性和文化之间的联系。例如，《印度生物多样性法案》（2002）规定，联邦政府应尽力尊重和保护与生物多样性有关的当地居民文化。法案规定，可以把当地居民信仰并得到保护的神圣森林作为历史遗产保护起来。在巴拿马，国家授予七大主要原住民部落统治权并给与法律认可。巴拿马是拉丁美洲第一个承认原住民部落这种权力的政府，原住民部落拥有全国22%国土的统治权。

有效的生物多样性保护，特别是对保护区之外生物多样性的保护，需要在综合土地利用规划过程中加入当地人的参与、知识和价值观，例如在联合管理的森林、流域、湿地、海

表 5.4 文化多样性流失的影响

对依赖当地资源的脆弱群体的影响	相关的千年发展目标
■ 由于传统作物的多样性和野外食物的减少，导致当地粮食供应的不安全（IUCN 1997）	■ 目标1 根除极度贫困和饥饿
■ 低估具体性别人群对生物多样性特有知识的价值，特别是妇女关于药材和食物来源的知识（Sowerwine 2004）	■ 目标3 促进性别平等和授予妇女权益
■ 与生物多样性的保护和可持续利用有关的传统和当地知识、实践和语言的流失（Zent和Lopez-Zent 2004）	■ 目标7 确保环境可持续性

入侵物种（如水葫芦）的扩散，可以对生物多样性产生不利影响。

致谢：*Ngoma Photos*

岸带、农地和牧场、渔场和迁徙鸟类的栖息地（Borrini-Feyerabend 等 2004）。成功的联合管理通常需要当地居民和政府、国际和地方组织（见第6章极地地区）与包括生态旅游投资者在内的私营部门的合作。

要把当地和传统知识结合到政策决策和当前行动中，就需要整个社会和部门的主要计划及主流政策考虑生物多样性和文化之间的关系（UNESCO 2000）。这种方案需要在不同层次发展和强化制度，只有这样生物多样性保护和持续利用的当地知识才能在流域和国家层次得到成功地运用。它还包括通过教育、保护语言以及支持知识的跨代传承方面，加强传统知识的延续。

旨在可持续发展的一项生物多样性保护综合方案需要考虑保护基于文化的知识、实践、信仰和语言的重要性，它们都有助于当地生物多样性的保护和可持续利用。国际和国家政策指令和执行行动中采纳这种综合方案法，表明正在发生积极的变化。进一步认识最易受影响的地区和社会群体所受的影响，以及继续努力使当地和传统生态知识融入政策建议（Ericksen 和 Woodley 2005），将有助于维持人类和生物多样性之间的可持续关系。

挑战和机遇

挑战

生物多样性的低估

生物多样性持续流失的原因在于政策和市场对其价值认识不足。其中一部分原因在于生物多样性流失的成本没有被应承担成本的对象所承担。更复杂的是，生物多样性许多价值的整体性，要求生物多样性流失需要跨越国界来考虑损失问题。生物多样性的流失，如种群基因差异性的减少，通常是比较缓慢或渐进的，等到被发现或充分认识时，为时已晚。重大和迫切问题特别容易受到更多的政策关注和资金支持，所以老虎、大象等吸引大众的动物常常更容易获得资金支持，分布广泛但不出名的生物多样性物种则难以获取资金，而它们恰恰是构成地球基础生态系统的关键要素，为提供人类所受益的一系列生态系统服务作出了最重要的贡献。

许多计算生物多样性价值的方法都考虑了生物多样性个体组成的交易价值，即对生态系统某具体产品和服务支付的价值。尽管这种算法包括了某些生物多样性价值，但是它仍然低估了提供生态系统服务的生态系统许多重要功能的价值。此外，生物多样性的某些要素是不可替代的，如物种灭绝或基因流失就是这样。人们应该把经济价值评估和新型市场机制看成是范围更广泛的政策工具的组成部分，将这些生物多样性的不可逆变化考虑进去。而且，尽管更全面的经济价值评估有助于制订重要激励政策和保护措施，但是，从为我们的后代而全面保护生物多样性这个角度来说，它仍然不够。传统保护方案关注从开发和其他驱动力角度保护生物多样性要素，它仍将是一项保护无法取代的生物多样性及其众多无形价值的重要政策工具（专栏5.12）。

只有在这些市场和政策失灵纠正过来的情况下，人类社会才能继续发展，同时不会导致生物多样性的进一步流失。这些市场和政策失灵包括不正当的生产补贴、生物资源价值的低估、没有把环境成本内部化以及未能在地方层面认识到生物多样性的全球价值。大部分政策部门都会影响生物多样性，生物多样性变化反过来也会影响这些决策部门。然而，当制订工业、健康、农业发展或安全政策时，人们很少充分考虑生物多样性。尽管根据定义，任何继续耗竭生物多样性的社会或经济严格地说都是非可持续的，但是让生物多样性内容有效地纳入更广泛的决策主流过程，以便让一切政策都支持环境的可持续，对于人类而言，这仍然是一项关键的挑战。

降低生物多样性流失率将需要多样化和互相支持的生物多样性保护和持续利用政策，还需要承认生物多样性的价值。景观和流域综合管理和持续利用——生态系统方案——可以有效降低生物多样性的流失（专栏4.9）。最近几年开发了“生物多样性的缓解”和“生物多样性服务的偿付”等法律框架，以使用市场机制提供额外的资金支持，并且生物多样性友好产品的新市场开发为生产者提供了新选择。这些都展示了认识和主流化生物多样性价值的新机遇，并能解决生物多样性流失的众多驱动力问题。在政策框架支持下，这样的变化将激发人们纠正市场和行为，使社会朝更容易实现可持续发展的方向前进。像“鸟类友好型”咖啡和可可豆等有机产品和可持续生产的农业产品，就是代表性成功案例，虽然这样的产品占市场份额很小。不过，在当地或全球市场运作中，上述每一种尝试都必须有成本效益，并且遵守国际贸易规则等其他规定；国际贸易规则通常不正当地割断了环境需求和政策之间的联系。

无效的管理体系

政治权力机构和当局往往与影响生物多样性保护和可持续利用的相关决策相距甚远。这包括国家内不同部门间和国家与国家间缺乏协调，不同部门通常采取不同的手段处理生物多样性管理问题。许多国际和地区协议

专栏5.12 为生态系统服务付费：巴拿马运河流域的再造林

《经济学家》2005年4月的封面文章《拯救环境保护主义》，是巴拿马一个非政府组织PRORENA的成果分析文章：在巴拿马运河流域的广阔森林采伐地，重新造林建立了当地多样的森林覆被。此项工程受到再保险行业的大力支持，该行业认为，正常水流对于运河的长期运作是必不可少的。该工程与当地社区合作，共同确认了有用的树种，研究了最佳树木培育和种植方法。它还为社区提供了收入来源，同时，改善了运河地区的水资源保持力和水流动力机制。这个项目表明，在热带地区大规模的生态恢复在技术和经济上是可行的，在社会上是有吸引力的。

来源：The Economist 2005

试图解决生物多样性问题，其中不少是在过去20年内开始生效执行的。2004年，5个与生物多样性有关的重要的全球公约（《生物多样性公约》《濒危野生动植物种国际贸易公约》《保护迁徙物种公约》《拉姆萨公约》和《世界遗产公约》）成立了生物多样性联络组来协助推动一个更加合作化的政策制订和执行方法。联合国环境规划署建立了基于问题的模型项目，旨在协助各国和其他利益相关者理解各种公约职责的交叉问题。在响应可持续发展世界首脑会议关于把工作重点从制订政策转移到执行政策方面，这些行动和项目成为典范，并为生物多样性综合管理途径提供了良好的开端。

专栏5.13 政策开发和执行过程中有助于全面考虑生物多样性与管理的关键问题

国家、社区、公共和私人组织以及国际组织一直在努力探索如何才能更好地执行把生物多样性考虑在内的政策。以下所列问题给出了利益相关者思考有关问题所需要的各种有用信息：

- 地方、国家和全球层面的生物多样性价值是什么？
- 如何将生物多样性的考虑纳入所有部门的决策中？
- 保护生物多样性和生态系统服务所需的景观层次的生态系统方案如何适应现有土地使用和占有方式以及政府权限？
- 基因资源主权的实际意义是什么？因为许多(如果不是大部分)基因资源与多国政府权限有关，如何解决两国（或两个以上国家）针对同一或相关资源都声称主权所引起的潜在（和很可能的）冲突？
- 如何使生物多样性既能得到有效利用又能受到有效保护？
- 转基因生物对环境的潜在和可能的影响有哪些？恰当的管制方法有哪些？
- 如何从给基因申请专利、基因表达和生命形式的角度应用发明、有用性和不明显性标准？
- 利用基因资源的收益证明了基因资源研究和获取成本与限制的正当性了吗？
- 如何使生物多样性规章符合国家法律和产权体系？传统和本土社区可能有更多的公共途径和传统方法进行资源管理和分配，生物多样性保护如何影响他们的权利？
- 谁应该是生物多样性的受益者：政府、社区、专利权所有者、发明者、当地居民还是生物多样性本身？

生物多样性管理涉及许多利益相关者，包括土地所有者、社区和政治管理者（地方、国家和区域层面）、私营部门、像渔业管理委员会这样的特定协议、物种保护公约和全球协议。其中大部分因为资金和人力的缺乏而无法有效管理生物多样性。即使是非常明确的政策也不能保证守法或执行，如正在进行的非法物种贸易就违反了《濒危野生动植物种国际贸易公约》。

在许多情况下，政治权力下放产生了混乱，分散了资源，也减慢政策制订和执行的过程。这就导致了地方到国家、部门之间、区域和国际这几个层面内和层面之间的协调问题。在大多数国家，往往是由相对薄弱、缺乏资金和编制的环境部门负责生物多样性管理问题。而像土地利用变化和（无论是故意的还是无意的）引入潜在入侵性物种等严重威胁生物多样性的决策，绝大部分是由农业、渔业、商业或采矿部门做出的。通常，这些决策没有与负责环境问题的权威机构进行有效的协商，也没有认识到这些影响所产生的成本。

生物多样性管理正处于变迁的关键期。从历史上看，生物多样性很大程度上被看作共有遗产和公共物品。20世纪晚期却见证了前所未有的基因资源“圈地运动”，实现了把生物多样性看成是公共遗产到看成是个人所有或部分为个人所有的产品的转变。该“圈地运动”有两部分内容：一个是基因、基因表达和基因起源生命形式的专有权；另一个是基因资源所有权概念的根本性转向，它的根据是《生物多样性公约》和联合国粮农组织的《植物基因资源的国际条约》所规定的生物多样性的国家主权(Safrin 2004)。同时，生物多样性的重要性得到了更广泛的认可，不仅是作为新产品的来源，而且是生态系统所提供的全部服务的基础(专栏5.13)。

2002年，《生物多样性公约》采纳了《关于获取遗传资源并公正和公平分享其利用所产生惠益的波恩准则》(ABS)，随后可持续发展世界首脑会议呼吁各国明确生物多样性获取和惠益分享的国际管理体制。虽然协商结果自此成为了大多数国际生物多样性讨论的主要内容，但由《生物多样性公约》问题的早期提倡者预言的“绿色金子”和由基因信息专利抢夺者所预言的“基因金子”都未能实现。这是否意味着早期的市场或夸张性预言都还不够明朗。然而，这些《关于获取遗传资源并公正和公平分享其利用所产生惠益的波恩准则》的讨论很可能继续在国际磋商中占主导地位，不仅在生物多样性领域，也包括贸易和知识产权领域，但它分散了对其他维持发展所需要的持续性生态系统服务供给重要性的根本性问题讨论。深入对如何获取和分配生物多样性利用收益的研究和了解将有助于这些探讨，专栏5.14所列的印度案例就是一个典型案例。

专栏5.14 印度的生物多样性获取和惠益共享

当地社区惠益共享Kani-TBGRI模型涉及印度喀拉拉邦州的南沃特到西沃特地区的卡尼部落与热带植物园研究所（TBGRI）之间的协议安排。根据此协议，TBGRI给Aryavaidya制药有限公司提供销售一种抗疲劳药物Jeevni的生产许可，卡尼部落得到50%的许可证费和提成。Jeevni是一种基于野生植物（*Trichophus zeylanicus*）分子水平的药品，卡尼人用来保持精力和灵活性。1997年，卡尼部落的成员组在TBGRI的帮助下，签订了喀拉拉邦Kani Samudaya Kshema信托机构。该机构的目标是促进卡尼部落的福祉发展，为卡尼部落建立知识库进行生物多样性登记，并促进和支持可持续利用和保护生物资源方法。

来源：Anuradha 2000

《生物多样性公约》已采取了一种新颖而渐进的方法来确认尊敬关于生物多样性利用的传统知识和观点的机制。土著居民发言权的加强带来了重要却悬而未决的问题：即不同认知方式（西方科学和社区宇宙论）的紧张关系，不同价值观（基于经济的和基于文化的）的紧张关系以及不同治理理念（成文法和惯例法）的紧张关系。当地和土著居民以及他们中的妇女，一直是而且将来继续是生物多样性的看护者，并且，土地使用和占有的国家制度及对本土居民的尊重将与地方和国际层面的生物多样性政策制定交织在一起。

机遇

生物多样性和基因资源的所有权概念的产生和演变、传统知识的保护、生态系统方案、生态系统服务和价值评价，已对所有行动执行者构成了政策挑战。各级政府、社区和工商业正努力将环境、社会和文化更有效地结合到他们的决策过程。为了实现可持续发展，必须把生物多样性纳入能源、健康、安全、农业、土地利用、城市规划和发展政策的主流中。

管理联系

在国际层次，涉及生物多样性的公约已加强了国际协作，并尝试与经济手段更紧密地结合，这些经济手段包括世界知识产权组织和世界贸易组织等。这些进展的每一步都制定出了需要在国家层面执行的战略和行动计划。我们需要找到最有效的方案，知道它们在什么情况下最有效，并在不同层面给出更有效的建议。

私营部门的干预

某些私营企业已经开始将生物多样性的问题考虑到他们的计划和执行工作中，但是，要让加工制造业和运输业等行业的基础设施建设和运行对生物多样性产生的负面影响降到最低程度，仍然需要进行更多分析和研究。看似出色的政策可能掩盖了其他地方的环境退化问题，如将污染产业迁到管制少的地区，或从管制少的地区获取木材产品。行为准则、认证计划和三重底线会计透明度以及国际管理标准是关键的管理政策选择，这些政策有助于制订激励措施，并把上述成本转移行为降到最低程度。区域组织，如欧盟、北美自由贸易联盟和南部非洲发展共同体（SADC），在创造公平竞争环境中起重要作用，并且也需要国内跨部门的合作。要在国际谈判中采取一致立场以及在制订国家政策中考虑生物多样性问题，都需要部门与部门间的协调。

市场机制

在国家政策之中恰当地识别生物多样性的多重价值很可能需要新的管理和市场机制，如：

- 更全面的生态系统服务价值评估和市场创建；
- 更普遍的认证体系；
- 补偿方案，以增加保护生物多样性和生态系统的激励措施；
- 为低生物多样性影响行动提供税收激励的新政策；
- 降低和消除对生物多样性流失的不当刺激；
- 制订生物多样性保护和缓解方案；
- 上下游补偿机制。

有利于穷人的政策

执行让社会最贫困人口受益的政策将具有挑战性，但这是必须的。对于生物多样性直接使用者和看护者，特别是小规模持有者，提高他们的地位和代表性将是制订有效执行机制的关键。认识到世界各地的妇女在保护、使用和理解生物多样性中的作用，可以带来赋予社区权利和保证生物多样性可持续利用的多重好处。为了保证政策变动的长期有效性和可接受性，所有利益相关者必须参与到政策形成和试行过程中。推广和扩大多方参与的项目成为国际社会面临的重要挑战，同时也是重要机遇。

保护措施

最近几年，自然灾害——海啸、飓风和地震——已经突显了一系列环境和生物多样性问题。保护和恢复海岸带红树林、海草、海岸湿地和珊瑚系统，可以防护海岸线免受暴风雨的破坏。森林调节了水径流，调整了土壤结构和稳定性。保护生物多样性的政策也保护人类和基础设施。在土地利用规划及法规执行和管理之中考虑生物多样性和环境问题是获得成功的关键。

新型管理结构

正如各国和地区试行不同的政策选择、寻找机遇和确认障碍一样，对生物多样性的功能和效用的理解以及在管理结构中纳入生物多样性问题都还处于初级阶段（专栏5.15）。我们需要更深入的分析和价值评估方案、主流化尝试和新型管理结构，来研究出最佳实践做法和分享教训。随着人们研究出越来越多基于成功经验的政策工具和机制，保护和利用世界生物多样性的新方法将会不断涌现。当前，我们掌握的生物多样性的保护和利用知识已经足够让我们做出更合适的决策，并更明智地利用生物多样性。鉴于人类所记录的栖息地变化和退化的速度和种群以及基因资源减少的速度，人类需要立即采取更多的行动来保护生物多样性，只有这样，我们的后代才能有充足的机会享用生物多样性所带来的惠益。

专栏 5.15 信息空白和研究需求

由于生物多样性概念的复杂性，我们无法列出这样一个简单的信息空白表，一旦填满这份表格，就可以回答本章所提出的大部分问题。但是，每一层面都有一些重要信息需求，提出并解决它们，有多重益处：

地球有什么东西？它们在哪里？

这些描述和生物地理学的根本问题贯穿于所有生物多样性和生态系统研究之中。地球不同物种的发现、命名、描述和排序整理的科学称为分类学。例如，它可以用来识别入侵性物种，区别不同的疾病媒介及其寄主，识别新药与其他有用的化学物和酶的可能候选物种。但是，世界大部分物种还没被确定，人们对某些重要种群，如无脊椎动物和微生物，所知甚少。《生物多样性公约》已经提出了的全球生物分类倡议（Global Taxonomy Initiative），就是为了尝试克服此项障碍；而且，为了综合利用和调配各国对生物多样性的投资，国际社会还创立了全球生物多样性信息系统（GBIF），将世界各地分类学研究所的完全不同的数据汇集到一起以供综合使用。但是，这些努力还需要各国政府和公民社会更多的经济支持和合作。

生物资源如何发挥作用？

从基因层次的研究到研究不同生物体如何迁移及处理食物、水、盐和其他摄入物（包括污染物），人类逐渐了解自然发展的一系列过程，以及其中可用来推动社会朝更可持续的方向发展的方法。例如：

- 对重要农业生物体遗传学越来越深入的了解，如大米和土豆，这应该有助于研发更抗寒和多产的品种；
- 研究不同纲微生物的能力，以研究它们不同的功能，从分解污染物到金属分离和提纯；
- 确认那些人类可用来最有效地开发技术的过程或方法，如生物燃料既不会进一步破坏环境，又不影响粮食安全。

大量资源正源源不断地进入这个研究领域，通常是在特定的经济利益驱动下，但因为缺乏分类学和生物地理学的知识，这些研究常常无法继续开展。

系统如何互动？

大多数生态学问题，范围可以涵盖地方层面（土壤微生物如何支持植物生长）和全球层面（森林和海洋生物体如何吸收碳和调节全球气候）。回答这些问题和理解其中的动力机制常常需要许多年的重复观察研究。许多领域需要加强研究，如以下这些领域：

- 生态系统分割对生物多样性结构和功能的影响，生态系统针对变化（如气候变化和人类干预活动）的恢复能力；
- 生物多样性在缓解和应对气候变化方面的作用；
- 生物多样性在修复改变和退化土地过程中所起的生态恢复作用；
- 病原体和人兽传染病的寄主和媒介。

要把大量研究结果整理出来，使其能用于新模型研究计算和专题研究，也需要新的机制。

人类如何使用和理解生物多样性？

大量不同的文化及其相关的生物多样性知识，有助于人们更好地理解生物多样性保护和持续利用。人类正研究出许多新型管理结构和技术，但要使它们达到最佳效果和最大的协同作用，避免推广不当的激励措施，人类需要对生物多样性有更清楚和深入的理解。人类需要不断增强能力建设，在世界各地将知识转化为实践。逐渐理解人类与生物多样性之间的联系以及如何向更有效地管理生物多样性方向发展，这可能还是人类必须回答的最重要问题。

如何评估生物多样性的价值？

在生物多样性价值的内部化和采纳基于生态系统功能的全球和国家福祉的新型指标体系方面，我们需要进行大量研究工作，研究内容还包括跨越经济和政治管理权限的清晰而一致的准则和方法，如新兴的森林认证和有机认证体系。

参考文献

Achard, F., Eva, H.D., Stibig, H.J., Mayaux, P., Gallego, J., Richards, T. and Malingreau, J.P. (2002). Determination of Deforestation Rates of the World's Humid Tropical Forests. In *Science* 297(5583):999-1002

Aide, T. M. and Grau H.R. (2004). Globalization, migration and Latin American ecosystems. In *Science* 305:1915-1916

Aizen, M. A., Ashworth L. and Galetto, L. (2002). Reproductive success in fragmented habitats: do compatibility systems and pollination specialization matter? In *Journal of Vegetation Science* 13(6):885-892

Aizen, M. A. and Feinsinger, P. (1994). Forest Fragmentation, Pollination, and Plant Reproduction in a Chaco Dry Forest, Argentina. In *Ecology* 75(2):330-351

Anderson, A. and Posey, D. (1989). Management of a sub-tropical scrub savanna of the Gorotire Kayapo of Brazil. In *Advances in Economic Botany* 7:159-173

Anuradha, R V. (2000). *Sharing the Benefits of Biodiversity: the Kani-TBGRI Deal in Kerala, India.* Kalpavriksh Environment Action Group, Pune, Maharashtra

Aukland, L, Costal, P. M. and Brown. S. (2003). A conceptual framework and its application for addressing leakage: the case of avoided deforestation. In *Climate Policy* 3(2):123-136

Ayele, W.Y., Neill, S.D., Zinsstag, J., Weiss, M.G. and Pavlik, I. (2004). Bovine tuberculosis; an old disease but a new threat to Africa. In *The International Journal of Tuberculosis and Lung Disease* 8:924-937

Baillie, J.E.M., Hilton-Taylor, C. and Stuart, S.N. (2004). *2004 IUCN Red List of Threatened Species. A Global Species Assessment.* World Conservation Union (IUCN), Gland and Cambridge http://www.iucn.org/themes/ssc/red_list_2004/main_EN.htm (last accessed 8 May 2007)

Baleé, W. (1993). Indigenous Transformation of Amazonian Forests. In *L'Homme* 126-128:231-254

Barnes, D.F., Krutilla, K. and Hyde, W. (2002). *The Urban Energy Transition? Energy, Poverty, and the Environment.* The World Bank, Washington, DC

Barthlott, W., Biedinger, N., Braun, G., Feig, F., Kier, G. and Mutke, J. (1999). Terminological and methodological aspects of the mapping and analysis of global biodiversity. In *Acta Botanica Finnica* 162:103-110

Beebee, T.J.C. (1995). Amphibian breeding and climate. In *Nature* 374:219-220

Berkes, F. and Folke, C. (1994). Investing in cultural capital for sustainable use of natural resources. In Koskoff, S. (ed.) *Investing in Natural Capital: The Ecological Economics Approach to Sustainability.* Island Press, Washington, DC

Berkes, F. and Folke, C. (eds.) (1998). *Linking Social and Ecological Systems: Management Practices and Social Mechanisms for Building Resilience.* Cambridge University Press, Cambridge

Bernardo, J. and Spotila, J. R. (2006). Physiological constraints on organismal response to global warming: mechanistic insights from clinally varying populations and implications for assessing endangerment. In *Biology Letters* 2(1):135-139 http://www.cofc.edu/~bernardoj/bernardo&spotila.2005.pdf (last accessed 8 May 2007)

BirdLife International (2000). *Threatened Birds of the World.* Lynx Edicions and BirdLife International, Barcelona and Cambridge

BMU (1997). *Sustainable Germany – towards an environmentally sound development.* Federal Environmental Agency of Germany http://www.umweltdaten. de/publikationen/fpdf-l/2537.pdf (last accessed 8 May 2007)

Bomhard, B. and Midgley, G. (2005). Securing Protected Areas in the Face of Global Change: Lessons Learned from the South African Cape Floristic Region. A Report by the Ecosystems, Protected Areas, and People Project. IUCN, Bangkok and SANBI, Cape Town http://www.iucn.org/themes/wcpa/pubs/pdfs/pasclimatechange.pdf (last accessed 30 June 2007)

Borrini-Feyerabend, G., MacDonald, K. and Maffi, L. (eds.) (2004). History, Culture and Conservation. In *Policy Matters* 13 Spec. Issue

Botes, A., McGeoch, M. A., Robertson, H. G., Van Niekerk, A., Davids, H. P., Chown, S. L. (2006). Ants, altitude and change in the northern Cape Floristic Region. In *Journal of biogeography* 33(1):71-90

Brown J.L.., Li, S.H. and Bhagabati, N. (1999). Long-term trend toward earlier breeding in an American bird: a response to global warming? In *Proceedings of the National Academy of Science* 96:5565-5569

Bruinsma, J. (ed.) (2003). *World Agriculture: Towards 2015 / 2030, an FAO Perspective.* Food and Agriculture Organization of the United Nations, Rome and Earthscan, London

Buck, L.E., Lassoie, J.P. and Fernades, E.C.M. (eds.) (1999). *Agroforestry in Sustainable Agricultural Systems.* CRC Press LLC, Boca Raton, FL

Burke, L. and Maidens, J., (2004). *Reefs at Risk in the Caribbean.* World Resources Institute, Washington, DC

Butchart, S.H.M., Stattersfield, A.J., Baillie, J., Bennun, L.A., Stuart, S.N., Akcakaya, H.R., Hilton-Taylor, C. and Mace, G.M. (2005) Using Red List Indices to measure progress towards the 2010 target and beyond. In *Philosophical Transactions of the Royal Society B* 360:255–268

Campbell, C J. (2005). *Oil Crisis.* Multi Science Publishing Co. Ltd., Essex

Campbell, G.L., Martin, A.A., Lanciotti, R.S., and Gubler, D.J. (2002). West Nile Virus. A review. In *The Lancet Infectious Diseases* 2:519-529

Carlson, T.J.S. and Maffi, L. (eds.) (2004). Ethnobotany and Conservation of Biocultural Diversity. *Advances in Economic Botany Series* Vol. 15. New York Botanical Garden Press, Bronx, NY

Carthy, R.R., Foley, A.M., Matsuzawa, Y. (2003). Incubation environment of loggerhead turtle nests: effects on hatching success and hatchling characteristics. In Bolten, A.B. and Witherington, B.E. (eds.) *Loggerhead Sea Turtles.* Smithsonian Institution Press, Washington, DC

Cesar, H. and Chong, C.K. (2004). Economic Valuation and Socioeconomics of Coral Reefs: Methodological Issues and Three Case Studies. In *Economic Valuation and Policy Priorities for Sustainable Management of Coral Reefs.* WorldFish Centre, Penang

Chape, S., Harrison, J., Spalding, M. and Lysenko, I. (2005). Measuring the extent and effectiveness of protected areas as an indicator for meeting global biodiversity targets. In *Philosophical Transactions of the Royal Society B* 360:443-455

Chivian, E. (2002). *Biodiversity: Its Importance to Human Health.* Center for Health and the Global Environment, Cambridge, MA

Collins, W.W. and Qualset, C.Q. (eds.) (1999). *Biodiversity in Agroecosystems.* CRC Press, Boca Raton, FL

Crick H.Q.P. and Sparks, T.H. (1999). Climate change related to egg-laying trends. In *Nature* 399:423-424

Dahdouh-Guebas F., Jayatissa, L.P. Di Nitto, D., Bosire, J.O., Lo Seen, D. and Koedam, N.(2005). How effective were mangroves as a defence against the recent tsunami? In *Current Biology* 15(12):R443-R447

De Jonge, V.N., Elliot, M. and Orive, E. (2002). Causes, historical development, effects and future challenges of a common environmental problem: eutrophication. In *Hydrobiologia* 475/476:1-19

De Marco, P. and F. M. Coelho (2004). Services performed by the ecosystem: forest remnants influence agricultural cultures°Ø pollination and production. In *Biodiversity and Conservation* 13(7):1245-1255

Dolman, S. J., Simmonds, M.P., and Keith, S. (2003). *Marine wind farms and cetaceans.* IWC/SC/55/E4. International Whaling Commission, Cambridge

EBI (2007). *The Energy and Biodiversity Initiative* http://www.theebi.org/pdfs/practice.pdf (last accessed 8 May 2007)

EFFIS (2005). *Forest Fires in Europe 2005.* Report number 6. European Forest Fire Information System, European Commission Joint Research Centre, Ispra

Ellis, W.N., Donner, J.H. and Kuchlein, J.H. (1997). Recent shifts in phenology of Microlepidoptera, related to climatic change (Lepidoptera). In *Entomologische Berichten* 57(4):66-72

EM-DAT (undated). *Emergency Events Database: The OFDA/CRED International Disaster Database* (in GEO Data Portal). Université Catholique de Louvain, Brussels

Emerton, L. and Bos, E. (2004). *Value: Counting ecosystems as an economic part of water.* World Conservation Union (IUCN), Gland

Ericksen, P. and Woodley, E. (2005). Using Multiple Knowledge Systems: Benefits and Challenges. In *Millennium Ecosystem Assessment.* Volume 4, Multiscale Assessments. Island Press, Washington, DC

FAO (1998). *The State of the World's Plant Genetic Resources for Food and Agriculture.* Food and Agriculture Organization of the United Nations, Rome

FAO (2004). *The State of the World's Fisheries and Aquaculture 2004.* Food and Agriculture Organization of the United Nations, Rome

FAO and IIASA (2000). *Global Agro-ecological Zoning (CD-ROM).* FAO Land and Water Digital Media Series Nr. 11. Food and Agriculture Organization of the United Nations and International Institute for Applied Systems Analysis, Rome

Finlayson, C.M. and D°ØCruz, R. (CLAs) (2005). Inland Water Systems. Chapter 20. In *Ecosystems and Human Well-being: Current Status and Trends.* Millennium Ecosystem Assessment. Island Press, Washington, DC

GEO Data Portal. *UNEP's online core database with national, sub-regional, regional* and global statistics and maps, covering environmental and socio-economic data and *indicators.* United Nations Environment Programme, Geneva http://www.unep.org/geo/data or http://geodata.grid.unep.ch (last accessed 7 June 2007)

Gianni, M. (2004). *High seas bottom trawl fisheries and their impacts on the biodiversity of vulnerable deep-sea ecosystems: Options for international action.* World Conservation Union (IUCN), Gland

Girot, P.O. (2001). Vulnerability, Risk and Environmental Security in Central America: Lessons from Hurricane Mitch. In *Conserving the Peace: Resources, Livelihoods and Security.* IUCN/IISD Task Force on Environment and Security. International Institute for Sustainable Development, Geneva

Goldemberg, J. and Johansson, T. B. (2004). *World Energy Assessment. Overview: 2004 update.* United Nations Development Programme and United Nations Department of Economic and Social Affairs, New York, NY

Grabbherr, G., Gottfried, M. and Pauli, H. (1994). Climate effects on mountain plants. In *Nature* 369(6480):448

Gray, R.H. and Rickard, W.H. (1989). The protected area of Hanford as a refugium for native plants and animals. In *Environmental Conservation* 16(3):251-260

Griffin, D.W., Kellogg, C.A., Garrison, V.H. and Shinn, E.A. (2002). The Global Transport of Dust. In *American Scientist* 90:230-237

Grin, F. (2005). The Economics of Language Policy Implementation: Identifying and Measuring Costs. In N. Alexander (ed.). *Proceedings of the Symposium "Mother-Tongue Based Education in Southern Africa: The Dynamics of Implementation."*). Multilingualism Network, University of Cape Town, Cape Town

Guruswamy, L.D. and McNeely, J.A. (eds.) (1998). *Protection of Global Biodiversity: Converging Strategies.* Duke University Press, Durham and London

Halpin, P.N. (1997). Global climate change and natural-area protection: management responses and research directions. In *Ecological Applications* 7:828-843

Harmon, D. (2002). *In Light of Our Differences: How Diversity in Nature and Culture Makes Us Human.* Smithsonian Institution Press, Washington, DC

Harvell, C.D., Mitchel, C.E., Ward, J.R., Altizer, S., Dobson, A.P., Ostfeld, R.S. and Samuel, M.D. (2002). Climate warming and disease risks for terrestrial and marine biota. In *Science* 296(5576):2158-62

Hays, G.C., Broderick, A.C., Glen, F. and Godley, B.J. (2003). Climate change and sea turtles: 150-year reconstruction of incubation temperatures at a major marine turtle rookery. In *Global Change Biology* 9:642-646

Heal G., Dasgupta, P., Walker, B., Ehrlich, P., Levin, S., Daily, G., Maler, K.G., Arrow, K., Kautsky, N., Lubchenco, J., Schneider, S., and Starrett, D. (2002). *Genetic Diversity and Interdependent Crop Choices in Agriculture.* Beijer Discussion Paper 170. The Beijer Institute, The Royal Swedish Academy of Sciences, Stockholm

Hersteinsson, P. and MacDonald, D.W. (1992). Interspecific competition and the geographical distribution of red and arctic foxes Vulpes vulpes and Alopex lagopus. In *Oikos* 64:505-515

Hu, C., Montgomery, E.T., Schmitt, R.W. and Muller-Karger, F.E. (2004). The dispersal of the Amazon and Orinoco River water in the tropical Atlantic and Caribbean Sea: Observation from space and S-PALACE floats. Deep Sea Research II. In *Topical Studies in Oceanography* 51(10-11):1151-1171

IAASTD (2007). *The International Assessment of Agricultural Science and Technology for Development.* http://www.agassessment.org (last accessed 8 May 2007)

IEA (2006). *World Energy Outlook 2006.* International Energy Agency, Paris

IEA (2007). *Energy Balances of OECD Countries and Non-OECD Countries 2006 edition.* International Energy Agency, Paris (in GEO Data Portal)

IIED (2003). Climate Change – Biodiversity and Livelihood Impacts. Chapter 3. In The Millennium Development Goals and Conservation; Managing Natures Wealth for *Society's Health.* International Institute for Environment and Development, London

ICSU (2002). *Science and Traditional Knowledge.* Report from the ICSU Study Group on Science and Traditional Knowledge http://www.icsu.org/Gestion/img/ICSU_DOC_DOWNLOAD/220_DD_FILE_Traitional_Knowledge_report.pdf (last accessed 30 June 2007)

IPCC (2007). *Climate Change 2007: Impacts, Adaptation and Vulnerability.* Working Group II Contribution to the Intergovernmental Panel on Climate Change Fourth Assessment Report. Cambridge University Press, Cambridge

ITOPF (2006). Summaries of major tanker spills from 1967 to the present day. http://www.itopf.com/casehistories.html#exxonvaldez (last accessed 30 June 2007)

IUCN (1997). *Indigenous Peoples and Sustainability. Cases and Actions,* IUCN Inter- Commission Task Force on Indigenous Peoples. International Books, Utrecht

IUCN (2006). *2006 IUCN Red List of Threatened Species.* http://www.iucnredlist. org/ (last accessed 30 June 2007)

James, C. (2003). *Preview: Global status of commercialized transgenic crops.* Briefs No. 30. International Service for the Acquisition of Agri-biotech Applications (ISAAA). Ithaca, NY

Janzen, F.J. (1994). Climate Change and Temperature-Dependent Sex Determination in Reptiles. In *Proceedings of the National Academy of Sciences* 91:7487-7490

Jenkins, M. (2003). 'Prospects for Biodiversity'. In *Science* 302:1175-1177

Joshi, S. R., Ahmad, F. and Gurung, M.B. (2004). Status of *Apis laboriosa* populations in Kaski district, western Nepal. In *Journal of Apicultural Research* 43(4):176-180

Klein, A. M., Steffan-Dewenter, I. and Tscharntke, T. (2003). Pollination of *Coffea canephora* in relation to local and regional agroforestry management. In *Journal of Applied Ecology* 40:837-845

Kormos, C. and Hughes, L. (2000). *Regulating Genetically Modified Organisms: Striking a Balance between Progress and Safety*. Advances in Applied Biodiversity Science, Number 1. Conservation International, Washington, DC

Krauss, M. (1992). The world°Øs languages in crisis. In *Language* 68:4-10

Kremen, C., Williams, N. M. and Thorp, R.W. (2002). Crop pollination from native bees at risk from agricultural intensification. In *Proceedings of the National Academy of Sciences* 99(26):16812-16816

Lafferty, K. D. and Gerber, L. (2002). Good medicine for conservation biology: The intersection of epidemiology and conservation theory. In *Conservation Biology* 16:593-604

Lavorel, S. (1998). Mediteranean terrestrial ecosystems: research priorities on global change effects. In *Global Ecology and Biogeography* 7:157-166

Loh, J. and Wackernagel, M. (2004). Living planet report 2004. World Wide Fund for Nature, Gland

Loh, J. and D. Harmon (2005). A global index of biocultural diversity. In *Ecological Indicators* 5, 231-241.

Loh, J. and Goldfinger, S. (eds.) (2006). *Living planet report 2006*. World Wide Fund for Nature, Gland

MA (2005). *Ecosystems and Human well-being: Biodiversity Synthesis*. Millennium Ecosystem Assessment. World Resources Institute, Washington, DC

Maffi, L. (ed.) (2001). *On Biocultural Diversity: Linking Language, Knowledge, and the Environment*. Smithsonian Institution Press, Washington, DC

Marshall, E., K. Schreckenberg, and Newton, A. (2006). *Commercialization of Non-timber Forest Products; Factors Influencing Success*. UNEP- World Conservation Monitoring Centre Biodiversity Series No 23, Cambridge

Mas, A.H. and Dietsch, T.V. (2004). Linking shade coffee certification to biodiversity conservation: butterflies and birds in Chiapas, Mexico. In *Ecological Applications* 14(3):642-654

Mather, A. and Needle, C.L. (1998). The Forest transition: a theoretical basis. In *Area* 30:117-124

May, R.M. (1992). How many species inhabit the earth? In *Scientific American* 267(4):42

McNeely, J.A. (2004). Nature vs. Nurture: managing relationships between forests, agroforestry and wild biodiversity. In *Agroforestry Systems* 61:155-165

McNeely, J.A. and Scherr, S.J. (2001). *Common Ground, Common Future: How Ecoagriculture Can Help Feed the World and Save Wild Biodiversity*. World Conservation Union and Future Harvest, Washington, DC

McNeely, J.A. and Scherr, S.J. (2003). *Ecoagriculture: Strategies to Feed the World and Save Wild Biodiversity*. Island Press, Washington, DC

Meilleur, B. (1994). In Search of "Keystone Societies." In Etkin, N.L. (ed.) *Eating* on the Wild Side: The Pharmacologic, Ecologic, and Social Implications of Using *Noncultigens*. University of Arizona Press, Tucson, AZ

Moock, J. and Rhoades, R. (1992). *Diversity, Farmer Knowledge and Sustainability*. Cornell University Press, Ithaca, NY

Mora, C., Andrèfouët, S., Costello, M.J., Kranenburg, C., Rollo, A., Veron, J., Gaston, K. J., Myers, R. A. (2006). Coral Reefs and the Global Network of Marine Protected Areas. In *Science* 312:1750-1751

Myers, N. and Kent. J. (2001). *Perverse Subsidies: How Tax Dollars Can Undercut the Environment and Economy*. Island Press, Washington, DC

Nabhan, G. P. and S. L. Buchman. 1997. Services provided by pollinators. In Daily G. E. (ed.) *Nature's Services – Societal Dependence on Natural Ecosystems*. Island Press, Washington, DC

NASA (2005). Earth Observatory. Astronaut image ISS012-E-11779 http://earthobservatory.nasa.gov/Newsroom/NewImages/images.php3?img_id=17161 (last accessed 8 May 2007)

OECD (2001). *Environmental Performance Reviews Germany*. Organisation for Economic Co-operation and Development, Paris

Oldfield, M.L. and Alcorn, J. (1987). Conservation of Traditional Agroecosystems. In *BioScience* 37(3):199-208

Olson, D.M., Dinerstein, E., Wikramanayake, E.D., Burgess, N.D., Powell, G.V.N., Underwood, E.C., D°ØAmico, J.A., Itoua, I., Strand, H.E., Morrison, J.C., Loucks, C.J., Allnutt, T.F., Ricketts, T.H., Kura, Y., Lamoreux, J.F., Wettengel, W.W., Hedao, P. and Kassem, K.R. (2001). Terrestrial ecoregions of the world: a new map of life on earth. In *BioScience* 51:933-8

Osofsky, S. A., Kock, R. A., Kock, M.D., Kalema-Zikusoka, G., Grahn, R., Leyland, T. and Karesh, W. B. (2005). Building support for protected areas using a "one health" perspective. In McNeely, J. A. (ed.) *Friends for Life: New Partners in Support of Protected Areas*. World Conservation Union, Gland

Oviedo, G., Maffi, L. and Larsen, P. B. (2000). *Indigenous and Traditional Peoples* of the World and Ecoregion Conservation: An Integrated Approach to Conserving the *World's Biological and Cultural Diversity*. World Wide Fund for Nature and Terralingua, Gland

Palm, C.A., Vosti, S.A., Sanchez, P.A. and Ericksen, P.J. (eds.) (2005). *Slash-and-Burn Agriculture: The Search for Alternatives*. Columbia University Press, New York, NY

Parmesan, C., Ryrholm, N., Steganescu, C., Hill, J.K., Thomas, C.D., Descimon, H., Huntley, B., Kaila, L., Kullberg, J., Tammaru, T., Tennent, W.J., Thomas, J.A. and Warren, M. (1999). Poleward shifts in geographical ranges of butterfly species associated with regional warming. In *Nature* 399:579-83

Partap, U. (2002). *Cash crop farming in the Himalayas: the importance of pollinator management and managed pollination*. Biodiversity and the Ecosystem Approach in Agriculture. Forestry and Fisheries, Food and Agriculture Organization of the United Nations, Rome

Perfecto, I., Vandermeer, J., Mas, A.H. and Soto Pinto, L. (2005). Biodiversity, yield, and shade coffee certification. In *Ecological Economics* 54:435-446

Pimentel, D., Rodrigues, G., Wang, T., Abrams, R., Goldberg, K., Staecker, H., Ma, E., Brueckner, L., Trovato, L., Chow, C., Govindarajulu, U. and Boerke, S. (1994).

Renewable energy: economic and environmental issues. In *BioScience* 44:536-547

Posey, D.A. (1998). Diachronic Ecotones and Anthropogenic Landscapes in Amazonia: Contesting the Consciousness of Conservation. In Bale®¶, W. (ed.) *Advances in Historical Ecology*. Columbia University Press, New York, NY

Posey, D. A. (ed.) (1999). *Cultural and Spiritual Values of Biodiversity*. Intermediate Technology Publications and United Nations Environment Programme, London and Nairobi

POST (2005). *The bushmeat trade*. POSTNOTE, February 2005, No. 236. Parliamentary Office of Science and Technology, London

Pounds J.A., Fogden, M. P. L. and Campbell, J. H. (1999). Biological response to climate change on a tropical mountain. In *Nature* 398:611-615

Pounds, J.A., Bustamante, M. R., Coloma, L. A., Consuegra, J. A., Fogden, M. P. L., Foster, P. N., La Marca, E., Masters, K. L., Merino-Viteri, A., Puschendorf, R., Ron, S. R., Sa´nchez-Azofeifa, G. A., Still, C. J. and Young, B. E. (2006). Widespread amphibian extinctions from epidemic disease driven by global warming. In *Nature* 469:161-167

Pretty, J. (2002). *Agri-Culture: Reconnecting People, Land and Nature*. Earthscan, London

Ramankutty, N. (2002). Global distribution of croplands. Center for Sustainability and the Global Environment, University of Wisconsin- Madison. Unpublished data obtained through personal communication

Ramankutty, N. (2005). Global distribution of grazing lands. Center for Sustainability and the Global Environment, University of Wisconsin- Madison. Unpublished data obtained through personal communication

Revenga, C., Brunner, J., Henninger, N., Kassem, K. and Payne, R. (2000). *Pilot Analysis of Global Ecosystems: Freshwater Systems*. World Resources Institute, Washington, DC

Rodrigues, A.S.L., Andelman, S.J., Bakarr, M.I., Boitani, L., Brooks, T.M., Cowling, R.M., Fishpool, L.D.C., da Fonseca, G.A.B., Gaston, K.J., Hoffmann, M., Long, J.S., Marquet, P.A., Pilgrim, J.D., Pressey, R.L., Schipper, J., Sechrest, W., Stuart, S.N., Underhill, L.G., Waller, R.W., Watts, M.E.J. and Yan, X. (2004). Effectiveness of the global protected area network in representing species diversity. In *Nature* 428(6983):640-643

Ron, S. R., Duellman, W. E., Coloma, L. A. and Bustamante, M.R. (2003). Population declines of the Jambato toad *Atelopus ignescens* (Anura:Bufonidae) in the Andes of Ecuador. In *J. Herpetol* 37:116-126

Safrin, S. (2004). Hyperownership in a time of biotechnical promise: the international conflict to control the building blocks of life. In *American Journal of International Law* 641

Sagarin, R.D., Barry, J.P., Gilman, S.E. and Baxter, C.H. (1999). Climate-related change in an intertidal community over short and long time scales. In *Ecological Monographs* 69:465-490

Sala, O.E., Chapin, F.S. and Armesto, J.J. (2000). Global biodiversity scenarios for the year 2100. In *Science* 287:1770–1774

Sanchez, P.A. (2002). Soil Fertility and Hunger in Africa. In *Science* 295:2019-2020

Sayer, J. and Campbell, B. (2004). *The Science of Sustainable Development: Local Livelihoods and the Global Environment*. Cambridge University Press, Cambridge

SCBD (2006). *Global Biodiversity Outlook 2*. Secretariat of the Convention on Biological Diversity, Montreal

Schroth, G., Da Fonseca, G.A.B., Harvey, C.A., Gascon, C., Vasconcelos, H.L. and Izac, A-M. (2004). *Agroforestry and Biodiversity Conservation in Tropical Landscapes*. Island Press, Washington, DC

Sebastian, K. (2006). *Global Extent of Agriculture*. International Food Policy Research Institute, Washington, DC

Selin, H. (ed.) (2003). *Nature Across Cultures: Views of Nature and the Environment in Non-Western Cultures*. Kluwer Academic Publishers, Dordrecht

Shiganova, T. and Vadim, P. (2002). Invasive species *Mnemiopsis leidyi*. Prepared for the Group on Aquatic Alien Species (GAAS). www.zin.ru/projects/invasions/gaas/ mnelei.htm (last accessed 8 May 2007)

Shinn, E.A., Smith, G.W., Prospero, J.M., Betzer, P., Hayes, M.L., Garrison, V. and Barber, R.T. (2000). African dust and the demise of Caribbean coral reefs. In *Geophysical Research Letters* 27(19):3029-3032

Siebert, S., Doell, P., Feick, S. and Hoogeveen, J. (2006). *Global map of irrigated areas version 4.0*. Johann Wolfgang Goethe University, Frankfurt am Main and Food and Agriculture Organization of the United Nations, Rome

Skutnabb-Kangas, T., Maffi, L. and Harmon, D. (2003). *Sharing a World of Difference: The Earth's Linguistic, Cultural, and Biological Diversity*. United Nations Educational, Scientific and Cultural Organization, Paris

Smetacek, V. and Nicol, S. (2005). Polar ocean ecosystems in a changing world. In *Nature* 437(7057):362-368

Smith, K. and Darwall, W. (compilers) 2006. *The Status and Distribuiton of Freshwater Fish Endemic to the Mediterranean Basin*. World Conservation Union, Gland and Cambridge

Sowerwine, J.C. (2004). Effects of economic liberalization on Dao women's traditional knowledge, ecology, and trade of medicinal plants in Northern Vietnam. In Carlson, T.J.S. and Maffi, L. (eds.) (2004)

Stein, B.A., Kutner, L.S. and Adams, J.S. (2000). *Precious Heritage: The Status of Biodiversity in the United States*. Oxford University Press, New York, NY

Stepp, J. R., Cervone, S., Castaneda, H., Lasseter, A., Stocks, G., and Gichon, Y. (2004). Development of a GIS for global biocultural diversity. In Borrini-Feyerabend, G., MacDonald, K. and Maffi, L. (eds.) (2004)

Stepp, J. R., Castaneda, H. and Cervone, S. (2005). Mountains and biocultural diversity. In *Mountain Research and Development* 25(3):223-227

Stige, L.C., Stave, J., Chan Kung-Sik, Ciannelli, L., Pettorelli, N., Glantz, M., Herren, H.R. and Stenseth, N.C. (2005). The effect of climate variation on agropastoral production in Africa. In *Proceedings of the National Academy of Sciences* 103(9):3049-3053

The Economist (2005). Saving Environmentalism and Are you being served. In *The Economist* 23 April 2005: 75-78

Thomas, J.A., Telfer, M.G., Roy, D.B., Preston, C.D., Greenwood, J.J.D., Asher, J., Fox, R., Clarke, R.T. and Lawton, J.H. (2004a). Comparative losses of British butterflies, birds, and plants and the global extinction crisis. In *Science* 303(5665):1879-81

Thomas, C.D., Cameron, A., Green, R.A., Bakkenes, M., Beaumont, L.J., Collingham, Y.C., Erasmus, B.F.N., de Siquera, M.F., Grainger, A., Hannah, L., Hughes, L., Huntley, B., van Jaarsveld, A.S., Midgley, G.F., Miles, L., Ortega-Huerta, M.A., Townsend Peterson, A., Phillips, O.L. and Williams, S.E. (2004b). Extinction risk from climate change. In *Nature* 427:145-8

Thomas, C.D. and Lennon, J.J. (1999). Birds extend their ranges northwards. In *Nature* 399:213

Thuiller, W. (2006). Patterns and uncertainties of species' range shifts under climate change. In *Global Change Biology* 10(12):2020

Thrupp, L.A. (1998). *Cultivating Diversity*. World Resources Institute, Washington, DC

Tillman, D., Cassman, K.G., Matson, P.A., Naylor, R. and Polasky, S. (2002). Agricultural sustainability and intensive production practices. In *Nature* 418:671-677

UNDP (2004). Human Development Report 2004: *Cultural Liberty in Today's Diverse World*. United Nations Development Programme. New York, NY

UNEP (1999). *Wildland Fires and the Environment: a Global Synthesis*. UNEP/ DEIA&EW/TR.99-1. United Nations Environment Programme, Nairobi

UNEP (2006a). *Marine and coastal ecosystems and human well-being: A synthesis report based on the findings of the Millennium Ecosystem Assessment*. DEW/0785/ NA. United Nations Environment Programme, Nairobi

UNEP (2006b). *Ecosystems and biodiversity in deep waters and high seas*. UNEP Regional Seas Reports and Studies No. 178. United Nations Environment Programme and World Conservation Union (IUCN), Nairobi

UNEP-WCMC (2006). *World Database of Protected Areas*. World Conservation Monitoring Centre, UK (in GEO Data Portal)

UNEP-WCMC (2006a). *World Database on Protected Areas.* www.unep-wcmc.org/ wdpa/index.htm (last accessed 8 May 2007)

UNEP-WCMC (2006b). *In the front line: shoreline protection and other ecosystem services from mangroves and coral reefs.* UNEP-World Conservation Monitoring Centre, Cambridge

UNEP and UNESCO (2003). *Cultural Diversity and Biodiversity for Sustainable Development.* United Nations Environment Programme, Nairobi

UNESCO (2000). *Science for the Twenty-First Century: A New Commitment.* World Conference on Science, United Nations Educational, Scientific and Cultural Organization, Paris

UNESCO (2001). *Atlas of the World's Languages in Danger of Disappering.* United Nations Educational, Scientific and Cultural Organization Publishing, Paris

UNPD (2007). *World Population Prospects: The 2006 Revision.* UN Population Division, New York, NY (in GEO Data Portal)

USDA (2004). *The Amazon: Brazil's Final Soybean Frontier.* Washington, DC http://www.fas.usda.gov/pecad/highlights/2004/01/Amazon/ Amazon_soybeans.htm (last accessed 8 May 2007)

Van Swaay, C.A.M. (1990). An assessment of the changes in butterfly abundance in the Netherlands during the 20th Century. In *Biological Conservation* 52:287-302

Vittor, A.Y., Gilman, R.H., Tielsch, J., Glass, G.E., Shields, T.M., Sanchez-Lozano W, Pinedo, V.V. and Patz, J.A. (corresponding author) (2006). The effects of deforestation on the human-biting rate of Anopheles darlingi, the primary vector of falciparum malaria in the Peruvian Amazon. In *American Journal of Tropical Medicine and Hygiene* 74:3-11

Walkovsky, A. (1998). Changes in phenology of the locust tree (*Robinia pseudoacacia L.*) in Hungary. In *International Journal of Biometeorology* 41:155-160

WCD (2000). *Dams and Development: A New Framework for Decision-Making.* World Commission on Dams. Earthscan, London

WDPA (2006). World Database on Protected Areas. IUCN-WCPA and UNEP-WCMC, Washington, DC

Wetlands International (2002). *Waterbird Population Estimates.* Third Edition. Wetlands International Global Series No. 12, Wageningen

WHO (2001). Herbs For Health, But How Safe Are They? In *WHO News. Bulletin of the World Health Organization* 79(7):691

WHO (2005). *Ecosystems and Human Well-being: Health Synthesis.* Millennium Ecosystem Assessment. World Resources Institute, Washington, DC

Wilkinson, C. (2002). Coral bleaching and mortality – The 1998 event 4 years later and bleaching to 2002. In Wilkinson, C. (ed). *Status of coral reefs of the world: 2002.* Australian Institute of Marine Science http://www.aims.gov.au/pages/ research/coral-bleaching/scr2002/scr-00.html (last accessed 8 May 2007)

Wilson, E.O. (2002). *The Future of Life.* Alfred A. Knopf, New York, NY

Woiwod, I.P. (1997). Review. In *Journal of Insect Conservation* 1:149-158

Wood, S., Sebastian, K. and Scherr, S.J. (2000). *Pilot Analysis of Global Ecosystems: Agroecosystems.* Report Prepared for the Millennium Assessment of the State of the World's Ecosystems. International Food Policy Research Institute and World Resources Institute, Washington, DC

World Bank (2006). *World Development Indicators.* The World Bank, Washington, DC

Worldwatch Institute (2006). *Biofuels for transportation, global potential and implications for sustainable agriculture and energy in the 21st century.* Worldwatch Institute, Washington, DC

WWF and IUCN (2001). *The status of natural resources on the high-seas.* http:// www.iucn.org/THEMES/MARINE/pdf/highseas.pdf (last accessed 8 May 2007)

WWF (2006). *Conservation Status of Terrestrial Ecoregions.* World Wide Fund for Nature, Gland http://www.panda.org/about_wwf/where_we_work/ ecoregions/ maps/index.cfm (last accessed 8 May 2007)

Zeier, M., Handermann, M., Bahr, U., Rensch, B., Muller, S., Kehm, R., Muranyi, W. and Darai, G. (2005). New ecological aspects of hantavirus infection: a change of a paradigm and a challenge of prevention – a review. In *Virus Genes* 30(2):157-80

Zent, E.L. (1998). A Creative Perspective of Environmental Impacts by Native

Amazonian Human Populations. In *Interciencia* 23(4):232-240

Zent, S. and Lopez-Zent, E. (2004). Ethnobotanical Convergence, Divergence, and Change among the Hoti of the Venezuelan Guayana. In Carlson, T.J.S. and Maffi, L. (eds.) (2004)

部分

区域视角：1987—2007年

第6章　**实现可持续的共同未来**

各个地区持续的环境恶化，

已将负担转移给了子孙后代，这种行为本身是不公平的，

且与代际公平的原则相抵触。

第6章

实现可持续的共同未来

重要合作作者： Jane Barr, Clever Mafuta

主要作者：

非洲：Clever Mafuta

亚洲和太平洋地区：Murari Lal, Huang Yi

欧洲：David Stanners

拉丁美洲和加勒比地区：Álvaro Fernández-González, Irene Pisanty-Baruch, Salvador Sánchez-Colón

北美洲：Jane Barr

西亚：Waleed K. Al-Zubari, Ahmed Fares Asfary

极地：Joan Eamer, Michelle Rogan-Finnemore

其他作者：

非洲：Washington Ochola, Ahmed Abdelrehim, Charles Sebukeera, Munyaradzi Chenje

亚洲和太平洋地区：Jinhua Zhang, Tunnie Srisakulchairak Sithimolada, Sansana Malaiarisoon, Peter Kouwenhoven

欧洲：Gulaiym Ashakeeva, Peter Bosch, Barbara Clark, Francois Dejean, Nikolay Dronin, Jaroslav Fiala, Anna Rita Gentile, Adriana Gheorghe, Ivonne Higuero, Ybele Hoogeveen, Dorota Jarosinska, Peder Jensen, Andre Jol, Jan Karlsson, Pawel Kazmierczyk, Peter Kristensen, Tor-Björn Larsson, Ruben Mnatsakanian, Nicolas Perritaz, Gabriele Schöning, Rania Spyropoulou, Daniel Puig, Louise Rickard, Gunnar Sander, Martin Schäfer, Mirjam Schomaker, Jerome Simpson, Anastasiya Timoshyna, Edina Vadovics

拉丁美洲和加勒比地区：Paola M. García-Meneses, Elsa Patricia Galarza Contreras, Sherry Heilemann, Thelma Krug, Ana Rosa Moreno, Bárbara Garea, José Gerhartz Muro, Stella Navone, Joana Kamiche-Zegarra, Farahnaz Solomon

北美洲：Bruce Pengra, Marc Sydnor

西亚：Asma Ali Abahussain, Mohammed Abido, Rami Zurayk, Abdullah Al-Droubi, Ibrahim Abdul Gelil Al-Said, Saeed Abdulla Mohamed, Sabah Al-Jenaid, Mustafa Babiker, Maha Yahya, Hratch Kouyoumjian, Anwar Shaikheldin Abdo, Dhari Al-Amji, Samira Asem Omar, Asadullah Al-Ajmi, Yousef Meslmani, Gilani Abdelgawad, Sami Sabry, Mohamed Ait Belaid, Sahar Al-Barari, Fatima Haj Mousa, Ahlam Al-Marzouqi, Elham Tomeh, Omar Jouzdan, Said Jalala, Mohammed Eila, Nahida Butayban

极地：Alan Hemmings, Christoph Zöckler, Christian Nellemann

本章编审： Rudi Pretorius, Fabrice Renaud

本章协调人： Ron Witt

致谢：Munyaradzi Chenje

主要内容

作为《全球环境展望4》评估的一部分，在全球环境展望七个区域召开的各方利益相关者座谈表明，各地区对一系列重要的环境和可持续发展问题都很关注，同时，又各自面临着许多不同的环境挑战。本评估将突出随着国际化和对外贸易、不断增长的本地和跨区资源需求而增强的各地区之间的相互依赖。在区域分析中，一些共同的主题信息如下：

人口和经济的增长是加速资源需求的主要因素，也是导致包括大气、土地、水资源和生物多样性在内的全球环境变化的重要原因。全球环境四个评估地区（欧洲、拉丁美洲及加勒比地区、北美和两极地区）将气候变化定为首要问题。其他地区也都将气候变化视为重要环境问题。发达地区人均温室气体排放量相对较高，但受影响更大的却是贫困地区，以及其他弱势人群和国家。

我们欣喜地看到，在一些地区，环境压力和经济发展之间的关系正在逐渐减弱。但是，一些发达地区环境的改善，应归因于全球化带来的能源、食物和工业产品的进口，以及由此导致的环境和社会压力的重新分配。生态压力的不平等普遍存在，环境不平等与日俱增。在许多地区，性别歧视依然存在，很多妇女获得足够自然资源的途径非常有限，并且面临着室内环境污染带来的健康风险。

利用新技术进行环境管理与投资已有不少成功案例。欧洲的经济、政治、社会整合和良政方面的优势决定了其在跨区域环境决策方面的领导地位。北美在高质量的环境信息和研发投资方面堪称典范。非洲、亚太地区、拉美及加勒比地区，以及西非在处理环境与发展的挑战方面也有长足的进步。综合流域管理在许多地区发展迅速，很好地保护和恢复了生态系统。

区域视角的独特性表现在对全球环境问题多样性的强调。区域环境信息的多样性主要表现如下：

在**非洲**，土地退化是十分突出的环境问题，到1990年，已有近500万km^2土地受到了影响。贫困是土地退化的原因，而土地退化又会带来新的贫困：对于贫困人口而言，当前的需求必然比长远的土地质量更为优先，退化的土地与贫困同时带来了食物与收入方面的不安全性。1981年至今，非洲的人均食品量已下降了12个百分点。干旱和气候变化加剧了土地的退化。这种退化不仅威胁到农村贫困人群的生活，还影响了蓄水、森林、沙漠的扩张，减少了生态系统服务。综合性的农作物与土地管理计划是阻止土地退化的区域性措施之一，同时将有助于提高产量。解决这个问题的政策的弱点依然存在，如发达地区不公平的农业补贴。

在**亚太地区**，快速的人口增长、较高的收入、繁荣的产业经济和城市化的进程正带来一系列环境问题，影响着人们的健康和福祉。首要的问题包括城市空气污染、饮用水需求压力、退化的生态系统、耕地的使用和不断增多的废弃物。城市空气污染的原因包括：高度城市化的人口；城市发展规划不当；缺乏清洁和可以负担的大众公交服务；汽车数量增加，过去20年里增加了大约2.5倍；以及东南亚森林火灾带来的烟雾污染。空气污染每年导致亚洲超过50万人早亡。地表水与蓄水层的过度开采、工业污染、低效利用、气候变化以及自然灾害是水资源压力的主要原因，同时威胁着人类的福祉和生态健康。在过去十年里，人类在改良的饮用水供给方面取得了很大进步，但仍有约6.55亿（17.6%）人生活在无法获得安全饮用水的地区。除了亚洲中部，很多次区域都采取了相应的对策来克服土地退化带来的农产品方面的压力。高速的经济发展，伴随着新的生活方式和不断增加的财富，决定了消费方式的巨大变化。这产生了大量废弃物，改变了废弃物的成分。电子及有害废弃物非法运输带来的对人类健康和环境的影响又造成了新的和不断增长的挑战。大部分国家已经制定了广泛的环境法律、规章和标准，并通过多边和双边环境协定参与国际行动。

在**欧洲**，不断增长的收入和越来越庞大的家庭数量导致了非可持续的生产和消费方式，能源使用不断增长，温室气体的排放日益增加，都市空气质量逐渐变差，同时面临着交通的挑战。此外，生物多样性的减少、土地用途的变化和淡水需求的压力也是需要首先关注的问题。虽然户均消费量稳步上升，但欧洲在经济增长与资源环境压力脱钩方面还是取得了一定的进步。从1987年开始，西欧能源部门温室气体的排放量逐渐减少，但是整个地区的总量却在20世纪90年代末又开始增加，部分原因是天然气价格的上涨重新奠定了煤的核心能源地位。最近，由能源价格上涨引发的日益增强的公众意识，为气候变化相关政策带来了新的政治动力。尽管进步很大，但糟糕的水质和城市空气质量依然在欧洲一些地方带来了许多问题，影响着很多人的健康和生活质量。然而，1990年以来，由于污水处理和工业污染负荷降低，欧洲大部分地区的水质已经得到改善。大气污染物的排放很大程度上取决于更多出行的需求。欧盟已经对交通工具实施了越来越严格的污染控制措施。同时，贫瘠地区的农业面临着土地废弃和过度开发的压力，这进而影响了生物多样性。通过不同层面的行动计划和法律手段，欧洲在环境合作方面拥有了独特经验。

在**拉美和加勒比地区**，首要的环境问题是不断增加的城市对生物多样性和生态系统的威胁，退化的海岸、污染的海洋以及整个区域面对气候变化影响的脆弱性。区域一体化和全球化导致石油和天然气的开采日益增多，扩大了以单一农作物出口为目的的可耕地的开发和高强度旅游。结果，日益减少的农业生计加剧了城市地区的无序增长。在发展中国家，该地区是城市化程度最高的，有77%的人口生活在城市。虽然燃料（汽油和柴油）的质量已逐步得到改善，但是城市空气污染和相关的健康问题日益严重。未经处理的生活和工业废水不断增加，影响了该区域50%人口居住着的沿海地区。生活垃圾缺乏处理。土地利用方式的变化对生物多样性和文化多样性都产生了影响。从森林到草场的转变，树种单一的种植林，城市基础设施建设已经导致栖息地的减少和分割，也造成了本土知识与文化的流失。其他压力还来自于对木材的砍伐、森林火灾以及化石能源的开采。综合性保护和控制规划能使亚马逊流域每年的森林退化速度降低。由于森林采伐、过度放牧和不适当的灌溉方式，该区域内15.7%的陆地面积受到土地退化的影响。目前，已有11%的土地被列为保护区，人们现在做出更多的努力来保护生物走廊和亚马逊流域，但是还有很多热点地区需要得到保护。不断降低的水质、气候变化和海藻的爆发带来了海岸地区由水引起的疾病发病率的增多。要减少这些压力，该区域正不断加强综合性海洋和沿岸地区管理。极端天气事件在过去20年里不断增多，该地区正受到全球气候变化的影响，如后退的冰川。

在**北美**，能源的使用、城市的无序扩张、饮用水的压力都与气候变化有关，这也是该地区正努力解决的问题。北美地区的人口仅占世界人口总数的5.1%，却消耗着全球24%的初级能源。能源消耗是该地区温室气体排放持续走高的主要原因，而这又导致了气候变化。加拿大签署了《京都议定书》，并制定了规划来保证能源的高效利用；在美国，虽然联邦政府并没有规定排放上限，一些州还是采取了令人印象深刻的措施来减少能源利用和相关温室气体排放。但是，由于人们越来越多地驾驶排气量大和燃料效率低的汽车、较低的能源经济标准、人们的出行距离越来越远以及汽车数量的增加，阻止了提高能效的进一步收益。无计划的郊区发展和城市远郊聚居点的增加正在分割生态系统，增加了城市—野生动植物的分界面，影响了原始的农业用地。虽然有政策来限制这种无序发展，但现代文明和优美风景是促进郊区发展的根本原因。在过去20年，该地区的水资源出现短缺，而全球气候变化预计会加剧这种趋势。农业是该地区用水大户，不断增加的灌溉需求与城市争夺着有限的水资源。相应地，对用水的限制和保护政策也普遍出台。气候变化对人类健康的影响是新出现的问题，随着空气污染和呼吸道疾病之间关系的确立，这种影响也越来越明显，并且耗费了显著的经济成本。

在**西亚**，饮用水压力、土地退化、海岸和海洋生态系统退化、城市管理、和平与安全是该区域的当务之急。该地区绝大多数土地是旱地，不同季节间和同一季节内降水量波动较大，经常出现干旱。西亚是全球水资源压力最大的地区之一。由于人口快速增长和社会经济发展，西亚的人均水资源占有量降低了，但水资源消耗却在上升。农业消耗了该地区80%的水资源。通过补贴，灌溉农业得到发展，该区域已经达到粮食供应的安全标准，但低效方法和不良规划给有限的水资源带来了极大的压力。海水脱盐提供了大量的市政用水，但由于缺乏需求管理和价格机制，可持续发展受到了影响。西亚的污水处理率很低，因此浅层地下水受到了污染，且硝酸盐含量很高，这带来了健康风险。在马什里格（Mashriq）次区域，由水引发的疾病问题严重。由于有超过60%的地表水资源来自于本地以外，国际水资源的分享是另一项主要的挑战。随着城市化和经济的不断增长，汽车数量急剧上升。虽然该地区许多国家开始使用无铅汽油，但仍有很多人使用含铅汽油，这引发了空气污染，影响了人们的健康和经济发展。在一些国家，不断增加的经济不平衡、越来越多的农民进入城市和/或军事冲突导致了贫民窟的蔓延，环境的恶化增加了人们的痛苦。土地退化是一个重要问题，尤其是因为西亚64%的地区都是贫瘠的干旱土地。而海洋和沿岸地区的捕捞业、红树林和珊瑚的退化则是由一系列原因造成的，这包括城市和旅游业基础设施的高速发展、炼油厂、石化联合企业、发电厂、盐水淡化厂和来自轮船压舱物的油泄漏。西亚大片的陆地和海洋生态系统受到战争的严重影响，导致了数以百万桶的原油流进海里。地下含水层还受到了油和海水的渗透以及有毒物质排放的污染。该地区最近刚引入环境影响评价制度。西亚采取的其他应对措施包括保护生物多样性计划、管理海岸地区和发展海洋保护区。

两极地区影响着主要的环境进程，直接影响着全球的生物多样性和人类的福祉。两极地区的主要环境问题是气候变化、持久性污染物、臭氧层的消耗和商业活动的影响。虽然两极地区的温室气体排放几乎可以忽略不计，但作为全球气候循环的一部分，两极地区也受到了全球气候变化的影响，如变化的海流和不断上升的海平面。有证据表明，北大西洋的深海冷水循环可能减缓。这可能导致全球环境骤变。由于气候变化，北极的变暖速度是全球的两倍，导致了冰原的收缩、冰川融化和植被的变化。格陵兰岛和南极的冰层融化是海平面升高的最大原因。目前可观测到的气候变化给北极的植被、动物和人带来了广泛的影响。虽然大多数工业国家已经禁止制造和使用许多持久性有机污染物，但它们依然存在于环境中，在寒冷的地区聚集，并通过海洋和陆地生态系统进入了食物链。环境中工业汞污染物浓度也持续增加。这些有毒物质威胁传统食物体系的完整性和本地居民的健康。科学家和本地南部居民通过努力达成了一些重要的条约来控制有毒化学物质。两极地区臭氧层的消失导致了紫外线的季节性增强，影响着生态系统，并威胁人类健康。虽然《蒙特利尔议定书》已经取得成功，但预计平流层臭氧层的恢复需要50年或更长的时间。

区域发展

从世界环境与发展委员会（布伦特兰委员会）开始，国际和国家的环境政策就都纳入了可持续发展政策以处理经济增长的影响，确保今天和未来的清洁环境，减少贫困的累积效应。2005年召开的联合国首脑会议（United Nations Summit）是历史上最大规模的世界领导人聚会。会议强调了实现可持续发展的紧迫性和相关性。世界可持续发展工商理事会（World Business Council for Sustainable Development，WBCSD）指出，"地球至少是从1987年开始变得非可持续的"（WBCSD 2007）。在环境压力与日俱增、环境和健康压力千变万化的今天，可持续发展显得尤为重要。一些影响，如气候变化、远程空气污染和上下游水体污染都将造成深远的影响。

经济发展趋势

在过去20年，经济发展趋势在决定全球环境状况中扮演了重要角色（见第1章）。许多发展中国家在1987年经历了经济低迷，主要表现在煤和农产品等原材料出口商品价格下降。这些商品的价格自20世纪80年代起就没有显著上涨过，而如今的经济秩序又随着还贷的压力而进一步恶化。例如非洲，只占了发展中国家总收入的5%，却背负着全球2/3的债务（AFRODAD 2005），撒哈拉以南非洲国家每年需要偿还145亿美元的债务（Christian Reformed Church 2005）。虽然目前已有一些努力来减轻这些债务，但非洲及其他地区的发展

喀麦隆准备出口的棉花包。由于国际市场的不公平，发展中地区的农民面临着许多挑战。

致谢：*Mark Edwards/Still Pictures*

中国家仍然不得不通过开采有限的自然资源来获得资本。

布伦特兰委员会强调，要解决全球环境问题，一项需要采取的重要应对措施就是减少贫困，这在今天依然有效。贫困和环境退化存在因果关系，且有可能进入很难逆转的恶性循环（UNEP 2002a）。有些人认为在过去20年里，经济增长率过于平稳且并不平均（见图6.1和第1章的图1.7，展示了各国20年来的平均水平），很难对环境状况产生积极的影响。而相反的观点认为，经济增长是导致目前环境退化的原因。富营养化的例子能帮助我们说明这一谜题，《全球环境展望3》曾把富营养化强调为一个首要的环境问题（UNEP 2002a）。化肥的广泛应用提高了庄稼的产量，布伦特兰委员会在其报告中希望通过一场绿色革命来增加粮食产量。化肥对农业以及相应的经济发展作出了积极贡献，但使用过多化肥则导致土地退化，影响了水质和海洋生态系统，威胁着生态系统的服务能力，而生态系统服务能力是长期经济繁荣的基础（MA 2005）。

生计

在世界范围内，普遍存在着为适应人口和收入的增长而不断增加食品生产的趋势。目前全球人口大约为67亿，比1987年增长了17亿（GEO Data Portal，from UNPD 2007）。布伦特兰委员会反对将环境问题单一归咎于人口增长，因为全球的环境问题同时来自于不平等的资源分配和非可持续的利用。1987年以前，占世界人口1/4的发达国家消耗着全球80%的商业能源和金属、85%的纸制品和超过一半的食物中的脂肪（Court 1990）。今天，情况依然如此，如北美，占世界总人口的5.1%，却消耗了24%的全球初级能源（GEO Data Portal，from IEA 2007和UNDP 2007）。

世界正经历着区域和各国经济的巨大变化，这些变化产生了国际性影响，包括贸易和补贴。例如，世界贸易组织依靠区域贸易协定来解决成员国之间的贸易争端。其中一部分是单纯的贸易问题，而另一些则关注国家环境和

图6.1 GEO地区的GDP

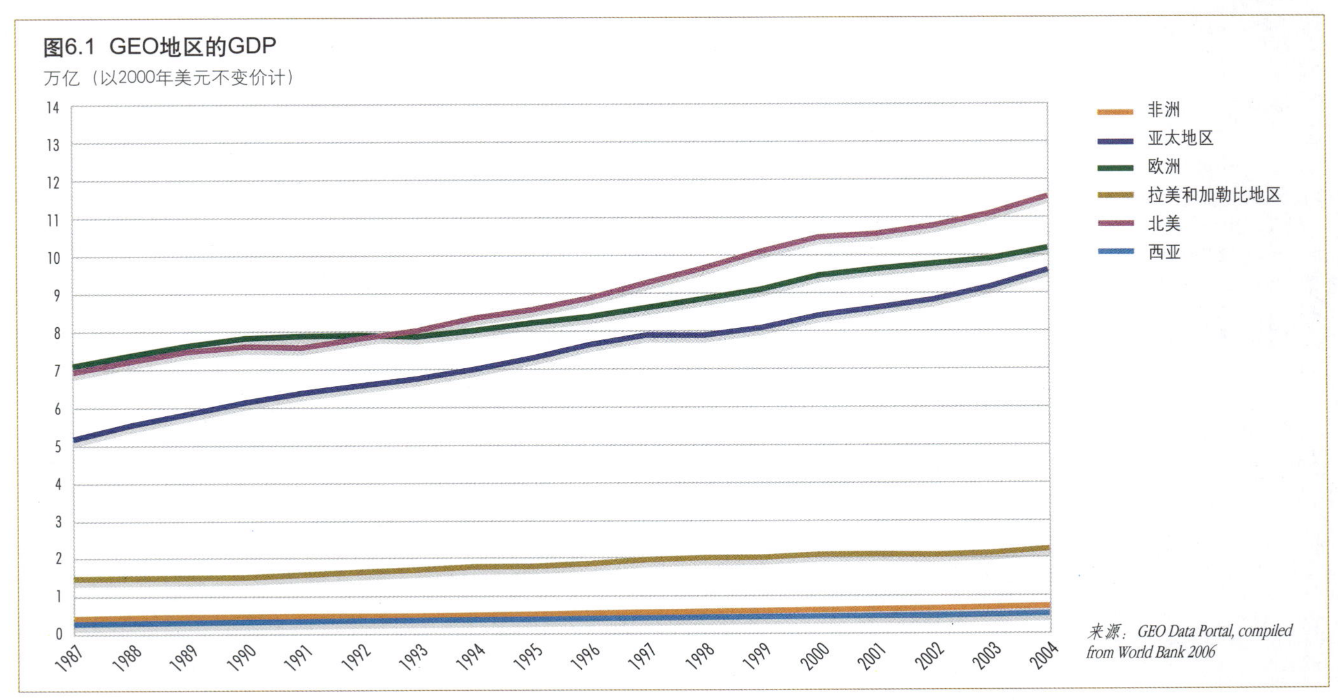

来源：GEO Data Portal, compiled from World Bank 2006

专栏 6.1 不断增长的需求——逐渐消失的全球自然资源

当今世界的环境问题比20年前更加明显。例如，2003年，全球二氧化碳排放量比1990年增加了17%。中国和印度经济的迅速扩张是其中的重要原因。目前，中国已经是二氧化碳排放量第二大国，仅次于美国。

大多数温室气体和污染气体的排放来自能源的使用。气体排放引发的空气污染不仅给当地的空气质量和人体健康带来了影响，同时也影响了全球气候（见第2章）。虽然布伦特兰委员会建议使用高能效的现代技术，2002年世界可持续发展世界首脑会议也签订协议来保证能源的多样化供给和全球新能源的使用，但预计2025年以前化石能源仍将占据主导地位，占能源总需求的80%。因此，全世界依然受制于非可持续的能源使用方式，这种能源利用方式与气候变化和其他环境与健康威胁密切相关。

这一情况因能源消费方式的区域不均衡而更为复杂（见第1章图1.8）。据估计，到2025年，超过70%的能源需求增长将来自发展中国家，中国占其中的30%，这表明，发达地区和发展中地区都将对空气质量和全球气候变化产生很大的影响。

不断增长的证据都表明全球的自然资源利用方式是非可持续的。不断加剧的对自然资源的需求和竞争，使世界人口达到了资源需求超过供给的阶段。生态过度利用的一个例子是，不断增加的食物需求加速了环境退化，如森林采伐，包括将湿地、上游水域和保护区转为耕地等。《2005年全球生态足迹报告》显示，人均生态足迹为21.9 hm^2，而地球的生物承载力平均只有15.7 hm^2，最终的结果是环境退化和净消耗。在区域层面，生态足迹的差别很大，详见《2006年地球生命力报告》(Living Planet Report 2006)（图6.2）。

来源：IEA 2007, UNFCCC-CDIAC 2006, Venetoulis and Talberth 2005, World Bank 2006, WWF 2006a

图6.2 2003年区域生态足迹和生物容量

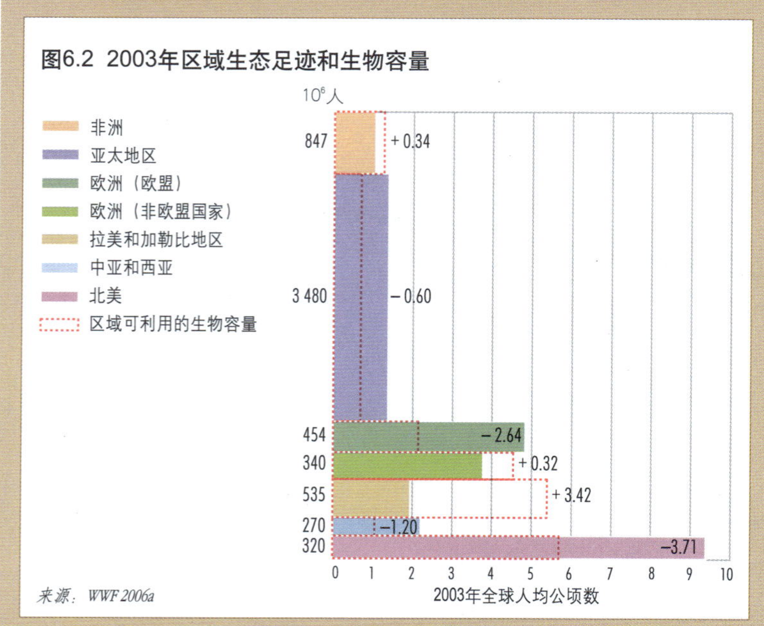

来源：WWF 2006a

社会政策对贸易竞争的影响。具体例子包括美国在保护海豚和海龟远离有害捕捞方面的努力，以及面临世贸组织关税与贸易基本协定挑战的一些努力。这些争端被称为金枪鱼—海豚、虾—海龟争端。其他著名的贸易争端案例包括牛肉和荷尔蒙（美国对欧盟）、汽油和空气污染（委内瑞拉和巴西对美国）、软木（加拿大对美国）、石棉（加拿大对法国和欧盟）以及最近发生的转基因物质（美国对欧盟）(Defenders of Wildlife 2006)。

在美国和欧洲，粮食过剩在一定程度上是在需求较弱的情况下，由补贴和其他刺激生产的手段导致的。1995—2004年这十年，美国政府提供了1 438亿美元的农业补贴（EWG 2005）。虽然其平均水平只是1986年粮食补贴额258亿美元（Court 1990）的一半，但它对发展中国家的影响是十分显著的。很多发展中国家发现进口食物比自己生产要便宜，因此不得不把农业生产重点转向棉花、烟草、茶和咖啡之类的出口农作物。这降低了小农的生存机会，尤其是威胁着农村地区的粮食安全，而由此带来的人口向城市的迁移又导致了非可持续的城市发展。

理论上，全球自然资源有能力为比现在更多的人口提供食物、药品、住所以及其他服务功能（专栏6.1）。但事实上，由于资源（包括肥沃的土地、森林、湿地和基因资源）分配的不平均，这种情况很难实现。由于土地退化、空气和水污染、气候变化、森林采伐、栖息地和生物多样性的消失等原因，自然资源支持生命的承载力正在降低。自然资源的分配和生产能力的不均衡导致了世界粮食生产水平的不均，一些地区食物过剩，另一些地区却出现短缺。

重点环境问题

本章的剩余部分将详细分析联合国环境规划署划分的七个区域：非洲、亚太地区、欧洲、

表 6.1 《全球环境展望 4》中重点区域性主要问题	
非洲	土地退化及其带来的对森林、淡水、海洋与沿岸资源的影响，以及干旱、气候变化和城市化带来的压力
亚太地区	交通与城市空气质量，饮用水压力，有价值的生态系统，农业土地利用，废弃物管理
欧洲	气候变化与能源，非可持续的生产与消费方式，空气质量与交通，生物多样性的消失，土地利用的变化，淡水资源的压力
拉美和加勒比地区	城市发展，生物多样性和生态系统，退化的海岸，污染的海洋，地区面对气候变化的脆弱性
北美	能源与气候变化，城市的无序扩张，淡水资源的压力
西亚	淡水资源的压力，土地退化，海岸与海洋生态系统的退化，城市管理，和平与安全
极地	气候变化，持久性污染物，臭氧层，开发和商业活动

拉美与加勒比地区、北美、西亚和极地地区的重要环境问题（见本报告简介部分的区域地图）。由于历史和生物物理的联系，一些地区之间略有重叠，因此数据的分解相对困难。重合地区的例子包括：非洲、由地中海划分的欧洲和西亚（专栏6.46），以及拉美和加勒比地区与北美的重合部分。

每个区域都召开了咨询会议来确定具有全球重要性的地区问题。通过协商，每个区域选取了1～5个关键的环境问题进行重点分析（表6.1）。

过去20年里，在将环境问题纳入主流政策方面，所有区域都取得了进步。大多数区域制定了可持续发展策略，并把它结合到各国政策体系中。公众，包括本地居民，在环境决策上的参与程度也日益加深（见极地部分）。

人们正采取更全面的环境管理措施，生态系统方案也开始得到越来越多地应用。例如，在淡水和海洋系统管理方面，人们采用了新的、大有前途和包括公众参与的综合管理战略来保护有价值的资源和生计。生态系统服务能力的经济价值已经得到了认可，并出现了一些补偿机制。在很多区域，建设项目的审批现在需要通过环境影响评价。很多地区开展了循环利用和其他废弃物管理策略，提倡可持续消费。人们认识到了环境压力和影响的跨地区性，更有效的共同管理模式开始出现，如区域海洋计划。

非洲

变化的驱动力

社会经济趋势

近年来，非洲的社会经济得到了很大的改善，1995—2004年，非洲经济持续增长（图6.3）。2004年，用购买力衡量的经济增长率从2003年的4%增加到了5.8%（GEO Data Portal from World Bank 2006）。撒哈拉以南的非洲经济需要保持7%的年均增长率才能在2015年实现贫困人口减半的联合国千年发展目标（AfDB 2004）。20世纪90年代中期开始的经济增长，使该地区实现联合国千年发展目标的机会增大，这对环境产生了积极的作用（UNEP 2006a）。但是，随着人口的增长和经济活动的增强，对区域内资源的需求也开始增加（图6.4）。

环境管理

1987年至今，区域内的一些重要发展使非洲的环境管理方式发生了明显的变化。包括政治改革、机构建设，新的政策措施执行了布伦特兰委员会的要求，并寻求一种可持续的

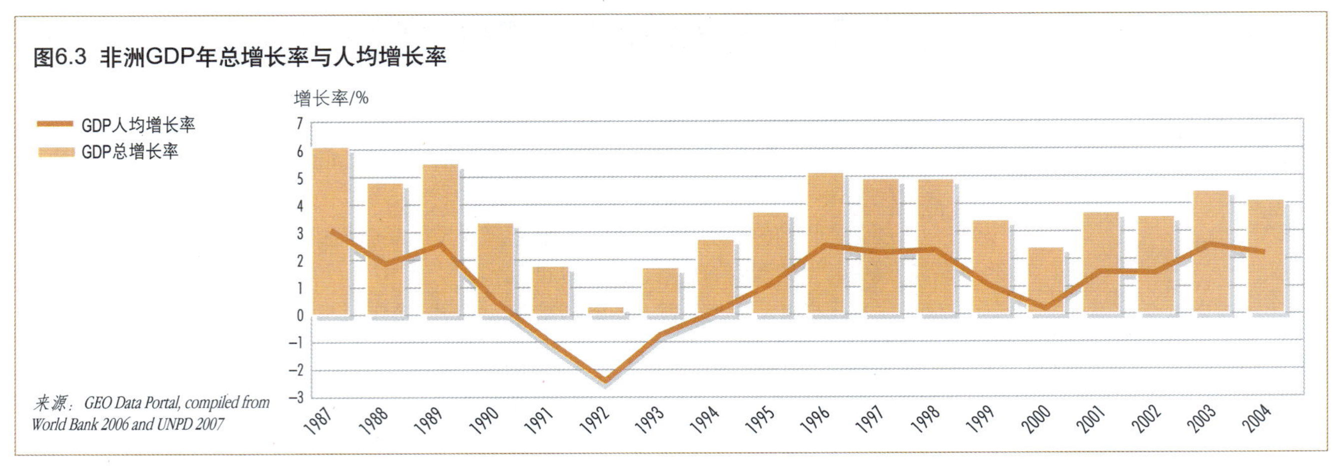

图6.3 非洲GDP年总增长率与人均增长率

来源：GEO Data Portal, compiled from World Bank 2006 and UNPD 2007

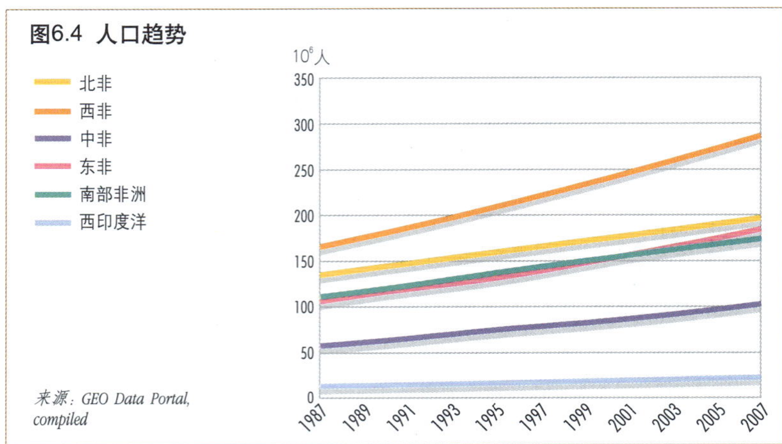

图6.4 人口趋势

来源：GEO Data Portal, compiled

发展。

1987年以来的政治改革最主要的是2002年由非洲统一组织（Organization of African Unity）向非洲联盟（African Union）的转变，这标志着对该地区政治和社会经济加速发展的更大关注。在这一情况下，非洲领导人于2003年制定了一个区域性的社会经济与发展规划，也就是《非洲发展新伙伴计划》（New Partnership for Africa's Development，NEPAD）。

联合国大会采用这一计划作为非洲的发展框架，根据该发展框架制定了非洲最新的区域环境政策，即《2003年非洲环境行动规划》（Action for Environment Initiative，EAP）。这一行动规划致力于解决非洲的环境挑战、消除贫困和促进社会经济发展。在非洲环境部长会议（AMCEN）的领导下，泛非洲环境部长论坛（Pan-African Forum for Environment Ministers）于1985年成立，它加强了非洲在环境退化方面的合作，帮助满足区域食物和能源需求（UNEP 2003a）。非洲环境部长会议从此发展为成熟的论坛，为非洲的环境政策确定了框架，并在国际舞台上维护非洲的地位和利益。

布伦特兰委员会成立后，非洲制定了一系列或许还不够有力的政策和行动计划，如1991年的《禁止有害废弃物进口、控制和管理有害废弃物在非洲越境转移的巴马科公约》（Bamako Convention on the Ban of the Import into Africa and the Control of Transboundary Movement and Management of Hazardous Wastes Within Africa）和1994年的《加强野生动植物非法贸易管理合作的卢萨卡协定》（Lisaka Agreement on Co-operative Enforcement Operations Directed at Illegal Trade in Wild Fauna and Flora）。

一些政策早在1987年之前就已经出台，包括《非洲自然与自然资源保护公约》（African Convention on the Conservation of Nature and Natural Resources）（《阿尔及尔公约》），这是非洲第一个在考虑人类利益的前提下，利用科学原理对土地、水、动植物进行保护、利用和发展的条约。非洲联盟大会于2003年7月修改和通过了这项公约。新的公约文本更综合和具有现代性，也是非洲第一个全面考虑可持续发展问题的区域性条约（UNEP 2003b）。其他早期的区域协定包括1981年的《中西非地区海洋与沿岸环境管理与发展合作公约》（Convention for Cooperation in the Protection and Development of the Marine and Coastal Environment of the West and Central African Region）（《阿比让公约》），1985年的《东非地区的海洋与沿岸环境保护、管理与发展内罗毕公约》（Nairobi Convention for the Protection, Management and Development of the Marine and Coastal Environment of the Eastern African Region）。

非洲人意识到，土地利用和退化对其他资源，包括森林、淡水、海洋与沿岸资源，都有交叉影响。同样，干旱、气候变化以及城市化的进程是加速土地退化的压力。

重点问题：土地退化

土地资源：禀赋与机会

非洲53个国家共有大约3 000万 km²土地，包含各种各样的生态系统，其中包括各类林地、旱地、草地、湿地、耕地、海岸地区、水域、山地和城市地区。非洲有870万 km²土地适宜农业生产，有能力养活非洲大部分人口（FAO 2002）。非洲森林面积为640万 km²，占世界森林总面积的16%（GEO Data Portal，from FAO 2005）。刚果河流域拥有非洲最大的森林，是继亚马逊之后世界第二大热带雨林地区（FAO 2003a）。

湿地占非洲总面积的1%，且遍布各国，是重要的土地特征（UNEP 2006a）。一些重要的湿地包括刚果湿地、乍得湖盆地、欧科范果三角洲湿地、班韦乌卢湖沼泽、乔治湖、尼日尔和赞比西河冲积三角洲、南非大圣露西娅公园湿地。

大约43%的非洲土地是“敏感”旱地（UNEP 1992）（见第3章）。这其中并不包括高度干旱的地区，如非洲北部撒哈拉地区大约2/3的土地，它的面积超过900万 km²，是世界最大的沙漠（Columbia Encyclopedia 2003）。而非洲南部的喀拉哈里沙漠（Kgalagadi desert）则和纳米比亚骷髅海岸一起构成了世界最大的沙地（Linacre 和 Geerts 1998）。

山地也是非洲重要的地形，尤其是斯威士兰、莱索托和卢旺达这些小国，它们都处于世界山地国家的前20名（Mountain Partnership 2001）。乞力马扎罗山（坦桑尼亚）、肯尼亚山脉和鲁文佐里山（乌干达和刚果民主共和国）是非洲最高的三座山脉（UNEP 2006a）。

点缀着零星树林的翻滚草浪是非洲绵延的景致，通常被称为稀树大草原。稀树大草原往往出现在降水量足够避免沙地植物的产生，而又不足以支持雨林生长的地区。它们通常处于两种极端气候之间，受到天气、放牧和火灾的影响。稀树草原在景观和野生生物方面都形成了最壮观的生态系统，它覆盖了撒哈拉以南的大部分国家（Maya 2003）。

很显然，土地对非洲人民而言是把握机遇的一种十分重要的环境、社会和经济要素。图6.5展示了非洲主要的土地利用类型，包括牧草地、农田和林地。农业用地是非洲主要的土地利用形式，也是最重要的劳动力部门，虽然自1996年以来，它相对于其他劳动力部门的重要性略有下降（图6.6）。非洲的其他经济活动包括渔业、林业、采矿业和旅游业。

世界一些主要的茶叶、咖啡和可可生产国也位于非洲。例如，肯尼亚是世界第四大茶叶生产国，2000年生产了236 290 t茶叶，2004年茶叶产量上升到了324 600 t（Export Processing Zones

图6.5 2002年非洲主要土地利用类型

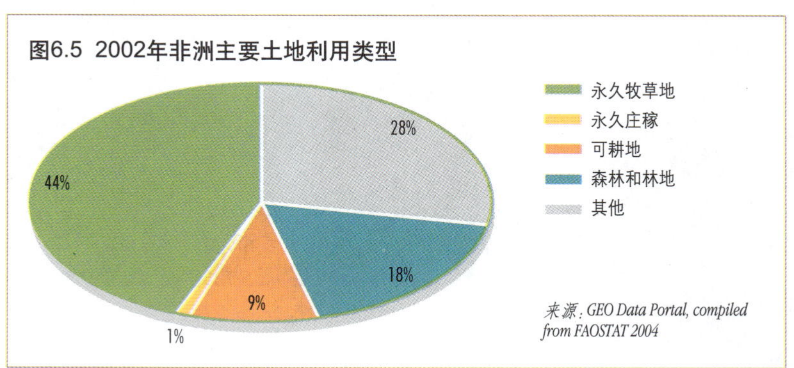

来源：GEO Data Portal, compiled from FAOSTAT 2004

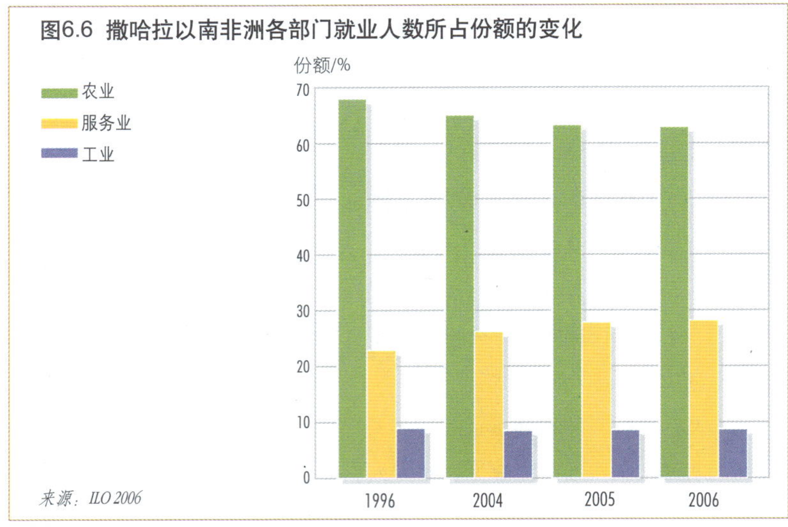

图6.6 撒哈拉以南非洲各部门就业人数所占份额的变化

来源：ILO 2006

Authority 2005)。

占世界农业贸易总额20%的园艺是非洲发展最迅速的农业产业，它在非洲有很广阔的前景。根据《非洲环境展望报告2》(UNEP 2006a)，撒哈拉以南的园艺出口每年超过20亿美元。如果能充分利用其灌溉优势，非洲还能得益更多：非洲超过7%的耕地位于灌溉平原(GEO Data Portal，from FAOSTAT 2005)。

除了农业，渔业也是非洲地区食物的重要来源，大约1 000万人依靠捕鱼、渔业养殖、加工和贸易生活。非洲每年生产730万t鱼，90%来自小型捕捞者。2005年，该地区的渔业出口额达到了270亿美元（New Agriculturalist 2005）。

电力，主要是水力发电对非洲经济增长至关重要。非洲的水力发电潜力并没有得到充分利用，每年1 000万亿瓦具有经济可行性的水力发电中只有5%得到了利用（UNECA 2000）。

森林和木材林之类的资源提供了一系列产品和服务，包括薪柴和建筑木料。虽然缺乏证据，但它们也提供了很多生态功能，如防止土壤侵蚀、保护流域和调节径流。通过提供栖息地，土地资源对非洲依靠野生动植物资源开发的旅游业十分重要（专栏6.2）。非洲还拥有丰富的矿产资源，占世界钻石储量的70%、黄金储量的55%和铬铁矿的至少25%（UNEP 2006a）。

专栏6.2 基于自然风光的旅游

基于自然风光的旅游（生态旅游）是世界范围内增长速度最快的旅游形式，占了世界产品与服务出口总量的7%。自然旅游以自然景观和野生动植物的保护为基础，这种生态系统的利用方式同时实现了人类福祉和生物多样性保护（见第7章）。

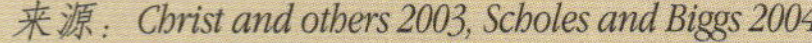
来源：Christ and others 2003, Scholes and Biggs 2004

生态旅游业是重要的增长型产业。

致谢：Ngoma Photos

许多矿产资源尚未开采。

土地压力

随着人口增长带来的资源需求上升、自然灾害、气候变化、旱涝等极端天气事件、新技术和化学物质的不恰当利用，非洲的土地正面临压力。干旱会加剧旱地的土地退化（见第3章和专栏6.3）。土地退化的原因还包括农业、林业和工业活动的不适当规划和管理，以及来自城市贫民窟和基础设施建设的影响（见第3章）。

最新研究表明，由于多方面的压力和较弱的适应能力，非洲是世界上最容易受到气候变化不利影响的地区之一（图6.7）。非洲目前已采取了一些适应气候变化的措施，但面对未来的气候变化，这些措施是远远不够的（Boko 等 2007）。

随着人口的快速增长，虽然非洲正努力提高耕地的单位产量，但它仍面临着人均可耕地占有量的下降（图6.8）趋势。2000—2004年，人均农产品占有量下降了0.4%（AfDB 2006b）。土地的退化加剧了粮食生产的不利形势，导致粮

图6.7 非洲与气候变化和变异有关的目前和未来可能的影响以及脆弱性举例

来源：Adapted from Boko and others 2007

专栏 6.3 干旱的频率和范围

非洲撒哈拉沙漠以南部分地区几乎每年都会发生干旱，过去20年，重大干旱主要发生在1990—1992年及2004—2005年。非洲西部和南部在20世纪70年代和21世纪初之间发生了大范围干旱。非洲萨赫勒地区（指撒哈拉沙漠南沿一条宽广的半沙漠地带）和非洲南部的干旱地区扩张的主要原因是降雨量很少，该地区自20世纪70年代起，由厄尔尼诺现象引发的干旱频繁发生（见第4章图4.5）。

2004—2005年的干旱是近来范围最广的旱灾。不仅包括萨赫勒地区和非洲南部，同时扩展到东部海岸地区，这里从南部的坦桑尼亚到北部的埃塞俄比亚、肯尼亚和厄立特里亚在内的许多国家由于长年干旱造成了食物短缺。非洲的合恩（索马里、埃塞俄比亚、厄立特里亚和吉布提）已经连续六年发生严重的干旱。

来源：Darkoh 1993, FEWSNET 2005, Stafford 2005

图6.8 人均耕地

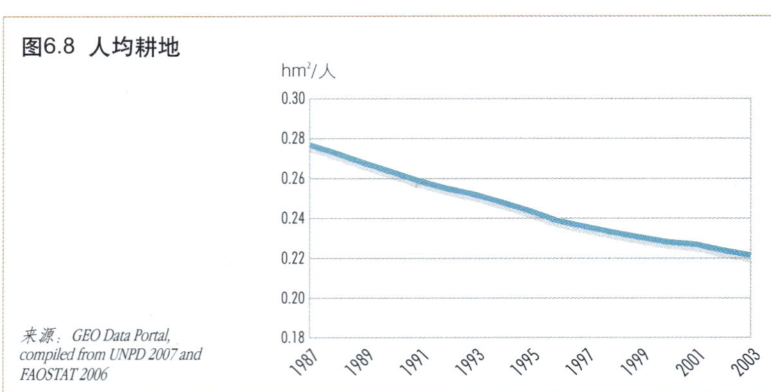

来源：GEO Data Portal, compiled from UNPD 2007 and FAOSTAT 2006

食供应的不安全性。

森林的转变

非洲森林采伐率是世界各区域中最高的，每年要损失大约4万km^2的森林，占其总量的0.62%，而世界的森林年均采伐率为0.18%（FAO 2005）。非洲原始森林很大面积已被次生林、草地和退化的土地所替代。非洲森林的变化是巨大的。森林面积越高的地区，净损失就越严重，如非洲东部和南部的安哥拉、坦桑尼亚和赞比亚。但是，自2000年起，森林损失率有一些下降的趋势（FAO 2007a）。

土地利用

土地公有的使用制度往往被认为是过度开发的原因，并由此导致土地退化和森林砍伐。在这一制度下，土地退化、沉积作用和水污染等环境影响成本由集体共同承担，而可能的利益却归个人。糟糕的土地利用管理制度导致土地利用的低效规划和管理，其结果只可能是资源的过度开采、土地的持续退化、盐化、污染、土壤侵蚀和土地脆弱性加剧（UNEP 2006a）。

城市化

虽然到目前为止，非洲是世界城市化程度最低的地区（见第1章图1.6），但伴随着2000—2005年3.3%的年增长率，目前非洲的城市化率是全球最高的，每20年城市人口就会翻倍。据估测，到2005年，有34.7亿人（占非洲人口的38%）居住在城市地区（GEO Data Portal，from UNPD 2005）。城市地区是经济活动、创新和发展的中心，但迅速扩张的城市中心正逐步侵蚀着农业生产用地。此外，非洲一些城市中心地区的贫困水平也在不断上升。撒哈拉以南非洲地区超过72%的城市居民住在贫民窟中，没有足够的住房、饮用水和卫生设施（UN-HABITAT 2006）。非正式居住区由于非法和不经处理的废弃物排放等活动而对环境整体造成了威胁。贫困迫使城市居民采取替代性的生存策略，如城市农业，来满足食物需求，增加家庭收入。

土地退化趋势

土地退化趋势是非洲的严重问题，尤其是旱地（见第3章）。到1990年，土地退化已经影响了大约500万km^2的土地（Oldeman等 1991）。1993年，非洲65%的农业用地发生了退化，包括320万km^2（25%）的敏感旱地（旱地、半干旱土地和半潮湿土地）（WRI 2000）。在过去25年单位降水量的生物产量（从卫星估测）趋势的基础上，第3章对非洲目前的土地退化给出了最新评价结果（见第3章图3.6）。非洲土地退化的最常见形式是土壤侵蚀、土壤肥力降低以及土地的污染和盐化。

土壤侵蚀在非洲十分普遍，影响了食品生产和安全。

致谢：Christian Lambrechts

土壤侵蚀

布伦特兰委员会在其报告中发出警告，如果不采取足够的保护措施，非洲和亚洲540万 km² 的肥沃土地将受到土壤侵蚀的影响（WCED 1987）。目前，土壤侵蚀现象在非洲十分普遍（见第3章）。例如，卢旺达将近一半的农业用地已经发生中等程度到严重的土壤侵蚀；2/3的土壤呈酸性，已被耗竭（IFAD 和 GEF 2002）。

尽管被侵蚀的土地生产力下降，但由于人口压力、不公平的土地所有权和糟糕的土地利用规划，非洲很多农民不得不被迫继续使用这些土地。人口密度和土壤侵蚀之间有很强的联系。据计算，具有生产力的土地的人均占有量在刚果民主共和国最低，为0.69 hm²，其他依次为：布隆迪 0.75 hm²，埃塞俄比亚 0.85 hm²，乌干达 0.88 hm²，喀麦隆 0.89 hm²，卢旺达 0.90 hm²，中非共和国 1.12 hm²，刚果 1.15 hm²，加蓬 2.06 hm²（UNEP 2006a）。

海滨地区的开发，沙子、珊瑚和石灰岩的开采所带来的海岸侵蚀也日益严重，侵蚀率在西非每年高达30 m，主要发生在多哥和贝宁湾（UNEP 2002b）。

盐化作用

虽然灌溉能为非洲的绿色革命提供部分推动力，由于盐碱化，不合适的灌溉可能会导致土地退化。大约 64.7 万 km² 土地受到盐化的影响，占非洲土地总量的 2.7%，占世界盐化土地总量的 26%（表 6.2）（FAO TERRASTAT 2003）。

沙漠化

目前，非洲接近一半土地面临沙漠化的威胁。非洲的旱地在区域内呈不均衡分布，一些甚至出现在通常潮湿的热带，即非洲中部和东部（见第3章）。旱地占非洲土地总面积的 43%（CIFOR 2007）。受沙漠化影响最严重的土地（即敏感旱地的土地退化）分布在苏丹—萨赫勒地区和非洲南部。该地区地处沙漠边缘，占非洲土地总面积的5%，面临着沙漠化的高度风险（Reich 等 2001）。其他有很高风险的地区包括萨赫勒荒漠草原（它是处于撒哈拉沙漠南部的一条狭长的半干旱地区），以及一些全部由旱地构成的国家（包括博茨瓦纳和厄立特里亚）。

土地退化的影响

土地退化是该地区充分利用土地的最大威胁。它破坏了土壤肥力，尤其能造成旱地生产力降低高达 50%（UNCCD Secretariat 2004）。土地质量的下降带来了经济压力，并且通过对陆地和水生生态系统以及渔业资源的冲击，影响整个生态系统。土地退化同时减少了水资源的可获得性和质量，会改变河水流量，所有这些都对下游地区构成严重影响。这一过程与贫困紧密相连，它是土地退化的原因和

表 6.2　超过 5% 的土地受盐化影响的非洲国家

国家	盐化面积 /10³ km²
博茨瓦纳	63
埃及	87
埃塞俄比亚	51
摩洛哥	23
索马里	57

来源：FAO TERRASTAT 2003

结果。贫困人群被迫将当前需求置于土地的长远质量考虑之前。继而产生的社会、经济和政治压力会造成冲突和更多的贫困，并加剧土地退化，迫使人们寻找新的家园和生计（UNEP 2006b）。一些人认为，沙尘暴受土地退化的影响，但事实上它只是沙漠地区的自然现象（专栏 6.4）。

粮食安全与贫困

1985—2000 年，非洲生活在贫困线以下的人口比例从 47.6% 上升到了 59%（UNECA 2004）。2005 年，约有 3.13 亿非洲人每天的生活费不到 1 美元（UNDP 2005a）。贫困的后果是很多非洲人不仅得不到充足的食物，而且无法获得足够的饮用水、最起码的医疗和教育保障。对退化土地或是低肥力土地的过度利用加剧了贫困。除非土壤肥力得到恢复，否则土地退化和贫困都将加剧。

粮食供应的不安全和热量摄入减少是土地退化最主要的社会经济影响。不断降低的土地肥力导致农业产量平均损失高达 8%（FAO 2002）。非洲的国内生产总值中，农业部门的比例相对较高，东非达到了 34%，据此计算，土地退化将导致撒哈拉以南非洲地区每年农业对国内生产总值的贡献降低三个百分点。仅在埃塞俄比亚，农业生产率的降低所导致的国内生产总值损失就达到了每年 1.3 亿美元（TerrAfrica 2004）。世界人均粮食产量自 1960 年以来上升了 20%，而非洲则持续下降，自 1981 年以来降低了 20%（Peopleandplanet.net 2003）。

非洲的粮食供应不安全性归因于一系列相关因素，包括恶劣的天气、土地退化、贫困、战争与民间冲突、艾滋病、土壤肥力低和虫害。撒哈拉以南非洲地区营养不良人口的平均比例从 1990 年的 35% 下降到了 2003 年的 32%，但该地区营养不良人口的绝对数量呈上升趋势，从 1980 年的大约 1.2 亿，增加到了 1990 年的大约 1.8 亿，到 2003 年更是达到了 2.06 亿（FAO 2007b）。正因为如此，非洲是世界范围内唯一一个粮食援助需求还在上升的地区（图 6.9）。2004 年，撒哈拉以南非洲地区的 40 个国家共收到了 390 万 t 粮食援助（占全球粮食援助总量的 52%）（WFP 2005），而 1995—1997 年，这一数字仅为 200 万 t（FAOSTAT 2005）（专栏 6.5）。

转基因（GM）技术能够增加粮食产量和质量，增加农作物的抗病（如西非的木薯疾病）能力。但是，人们对该技术有很大争议，因为转基因生物（GMOs）对环境和健康的影响尚无定论。很多非洲国家正是出于这种考虑，在粮食依然短缺的情况下，减少了接受转基因食物的援助。非洲种植了 81 万 km^2 转基因农作物，主要分布在南非（James 2004）。

预计很多非洲国家的农业生产将面临气候变化引起的严重危害。尤其是位于半干旱和干旱边缘地区国家的适宜耕作的土地、生长季节的长度和潜在农业产量预计都将减少。这在未来将对粮食安全产生负面影响，同时加剧该地区的营养不良。在一些国家，预计到 2020 年，靠雨水灌溉的农业产量可能会减少高达 50%（Boko 等 2007）。

专栏 6.4 沙漠和沙尘

风暴能将细沙和扬尘输送到很远的地方，对地区及全球的生态系统和人类健康同时造成了积极的（肥料）和消极的（细微颗粒污染物）影响。第 3 章中提到，这些沙尘中的大约 90% 来自非洲和亚洲沙漠的自然进程。

马里加奥（Gao）的沙尘暴。

致谢：BIOS Crocetta Tony/Still Pictires

专栏6.5 食物援助

食物生产的严重不足使得非洲地区每年需要在进口食物方面花费150亿～200亿美元，同时还需20亿美元的食物援助。世界粮食计划署担负着全球40%的国际粮食援助，自其成立以来，已在非洲投入了125亿美元，即总投资的45%。大量的资金本可以用于增加农业投入，或是改善衰退的土地，以再造农业的活力。

图6.9 急需外部食品援助的国家（2006年10月）

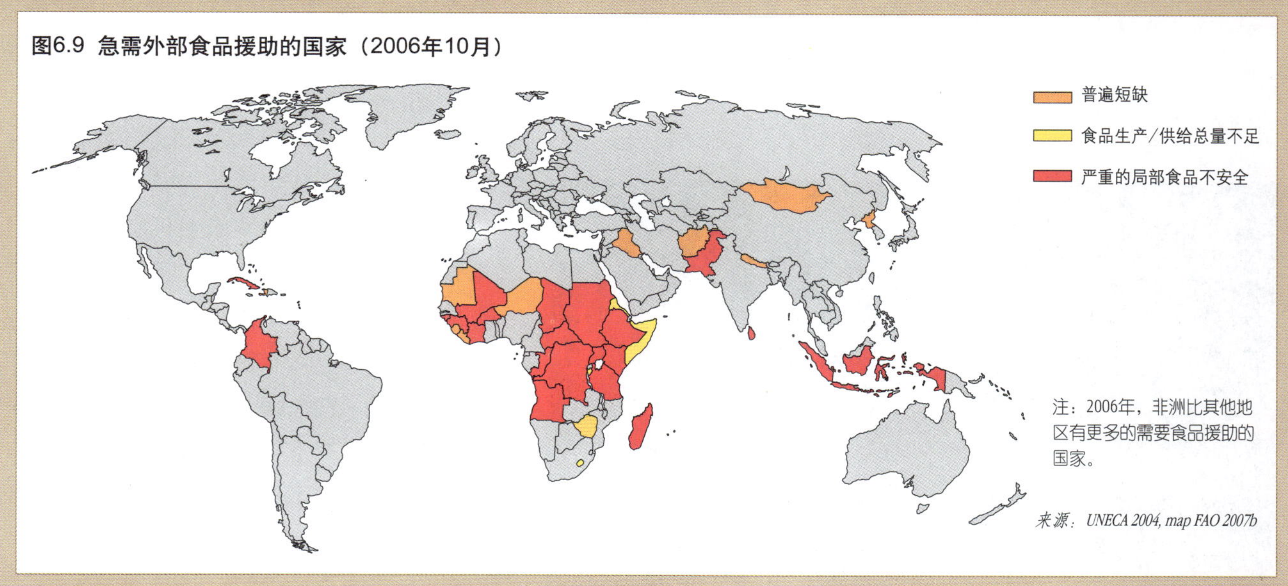

环境影响

土地退化威胁着热带雨林、牧场和其他生态系统。例如，非洲东部和南部的旱地特别容易受到失去植被的影响，稀树大草原则正面临着土地退化的很高风险。其影响包括生物多样性的减少、土地植被迅速减少和由于集水区域和蓄水层的破坏而带来的水资源的损耗。不断增加的沉积作用淤塞了大坝，造成了流域的洪灾。例如，在苏丹，由于尼罗河的沉积作用，占全国发电量80%的若色里水库的蓄水量在30年内降低了40%（UNEP 2006b）。

由于土地退化带来的栖息地的消失，莱索托和斯威士兰的四个羚羊品种、马拉维的蓝羚、莫桑比克的Tssessebe、南非西南角的蓝鹿和坦桑尼亚的非洲水羚都面临着灭绝的威胁。在毛里塔尼亚，大约有23%的哺乳动物面临灭绝的危险（UNEP 2006a）。在非洲西部和中部，濒危树种和植物包括岩榆（*Milicia excelsa*）、灰刺树（*Zanthoxylum americanum*）和非洲油棕（*Brucea guineensis*）。濒危的哺乳动物包括黑猩猩（*Pan troglodytes*）、塞内加尔大羚羊（*Alcelaphus bucelaphus*）、大象（*Loxodanta africana*）和海牛（*Trichechus senegalensis*）。仅厄立特里亚就有22种植物濒临灭绝（UNEP 2006a）。

土地退化影响着很多重要的生态系统，如湿地，造成鸟类栖息地的减少（专栏6.6）。湿地退化的同时也降低了其生态系统的功能，如对洪水的调节作用。非洲湿地的减少现象很严重，但没有得到很好地记录，据称，南非土基拉盆地（Tugela Basin）的湿地已经减少了90%，姆夫洛奇流域（Mfolozi catchment）湿地面积减少了58%（502 km²）。在突尼斯的梅杰达流域（Medjerdah catchment），湿地面积消失了84%（Moser 等 1996）。

土地退化在非洲4万km的海岸线迅速蔓

专栏 6.6 湿地的消失和濒危的肉垂鹤

湿地栖息地的退化和消失对非洲特有物种——濒危的肉垂鹤（分布地区包括从埃塞俄比亚到南非的 11 个国家）产生了巨大的威胁。肉垂鹤是对湿地依赖性最大的非洲鹤，居住在非洲南部广阔的灌溉平原，尤其是赞比亚和欧科范果。高密度的农业、过度放牧、工业化和其他对湿地的压力造成了这种动物数量的下降，尤其是在南非和赞比亚。

来源：International Crane Foundation 2003

致谢：BIOS Courteau Christophe (B)/Still Pictures

延（UNEP 2002b）。在河口、海滨和沿海大陆架开采沙子、沙砾和石灰石，在非洲沿海国家和岛屿中十分普遍。在沿海地区河流和河口中开采沙子和砾石，尤其会减少向海岸线流入沉积物的总量，从而加速海岸线的后退。在近海大陆架挖掘沙子是非洲海滩侵蚀的主要原因。贝宁、利比里亚、塞拉利昂、科特迪瓦、加纳、尼日利亚、毛里求斯、坦桑尼亚、多哥、肯尼亚、塞舌尔和莫桑比克都存在这个问题(Bryceson 等 1990)。海岸的侵蚀同时还受到了水坝带来的河流变化的影响，进而引起了河口栖息地的变化（专栏 6.7）。

海岸地区的土地退化是与海边的聚居地发展相联系的。在非洲，沿海市镇是到目前为止发展最迅速的城市地区，这意味着高度集中的居民区、工业、商业、农业、教育和军事设施。非洲主要沿海城市包括阿比让、阿克拉、亚历山大、阿尔及尔、开普敦、卡萨布兰卡、达喀尔、达累斯萨拉姆、吉布提、德班、弗里敦、拉各斯、利伯维尔、洛美、罗安达、马普托、蒙巴萨岛、路易斯港和突尼斯。

气候变化带来的生态系统的变化速度远远超出人们的想象，在非洲南部尤其如此。气候变化伴随着森林砍伐和山林火灾等人为因素，正威胁着非洲的生态系统。据估计，到 21 世纪 80 年代，非洲的干旱和半干旱土地将增长 5%～8%（Boko 等 2007）。气候变化将加剧目前各国已经面临的水资源的压力，而目前并没有这一压力的国家，未来可能会面临缺水的威胁。

冲突

非洲土地退化同时伴随着国内的冲突，例如在苏丹的达尔富尔地区，自 1986 年以来，水边林地的砍伐导致土地退化（Huggins 2004）。在达尔富尔，过去 30 年里降雨量持续减少，对农民和牧民产生了不利影响。由此带来的土地退化迫使很多人向南边迁移，在定居过程中与当地农民社区发生了冲突（UNEP 2006a）。在像安哥拉这样刚结束战争的国家，矿产资源的开采

专栏 6.7 赞比西河的水流变化

赞比西河是非洲南部最长、流经国家数目最多的河流，每年河水流量为 10^6 km³。在自然情况下，赞比西河河水湍急，在11月至次年3月的雨季流量较大，而在4月到10月的旱季流量相对较小。历史上，雨季的径流量是全年流量的60%～80%，但是由于30座水坝，包括2座水力发电站（Kariba和Cahora Bassa）的建设，使雨季径流减少了40%，旱季则增加了60%。这改变了赞比西三角洲的形态，对红树林和其他相关的海洋资源，如鱼类，造成了严重的负面影响。该流域环境的退化造成了泉水、小溪和河流的减少，对人类福祉和综合环境造成灾难性的后果。

来源：FAO 1997, Hoguane 1997

使土地的许多用途受到了影响，如农业。

应对土地退化

应对土地退化问题是帮助非洲减少贫困和实现联合国千年发展目标的关键，虽然政策弱点依然存在，专栏6.8列出了一些应对土地退化很有前途的区域政策。

阻止土地退化的努力包括综合性农作物和土地管理项目，这些项目旨在为农民提供切实的眼前利益，诸如增加产量和减少风险。地方层面的努力包括涵养水体、农林复合系统以及一系列新的或传统的放牧策略。这些方法有机会得到推广，它们不仅关注增加产量，而且强调营造健康的土壤、保护庄稼的多样性、避免使用会污染水并威胁人类健康的化肥和杀虫剂（见第3章土地侵蚀和沙漠化部分）。采取这些策略主要是为了让贫瘠地区贫困农民能适应他们所面临的生态约束，因为这些策略解决了土壤肥力和水的获得问题，这是生物技术或其他高密度生产的传统手段所无法克服的（Halweil 2002）。

《非洲发展新伙伴关系的综合农业发展规划》（Comprehensive Agricultural Development Programme）致力于通过在该地区普遍实施可持续土地管理和可靠的水资源控制体系来促进灌溉农业（UNEP 2006a）。这将包括迅速增加灌溉面积，尤其是小农户土地的灌溉面积，改进农村基础设施，提高市场的交易能力，并增加粮食供给。这一切都将有助于减少饥饿。

“西方”土地管理模式的失败是土地退化的部分原因，因为它通常并不惠泽贫困人口。而今，人们越来越重视在国家土地管理法律约束下按照惯例给予土地所有权，以保护人们的土地使用权利。改善贫困人口土地所有权的安全以及解决土地退化问题的创新工具包括：使用许可证、传统的租约和证书。然而，这些工具也存在问题，例如，在赞比亚，按惯例进行土地登记往往会导致其他权利的丧失；而乌干达的土地证书发放速度开始放慢，从1998年

专栏 6.8 环境行动计划

开展的区域政策包括非洲发展新伙伴关系的环境行动规划（NEPAD Action Plan of the Environment Initiative），它由许多规划和项目组成，执行时间为10年。规划领域包括：

- 应对土地退化、干旱和沙漠化；
- 保护非洲湿地；
- 防止、控制和管理外来物种；
- 保护和可持续利用海洋、沿岸和淡水资源；
- 应对气候变化；
- 保护和管理跨界自然资源。

这项环境行动计划建立了相应的包括污染、森林、植物遗传资源、湿地、外来物种、海洋与沿岸资源、能力建设和技术转让在内的各项政策行动计划。这些政策行动计划包括1994年的《联合国防治荒漠化公约》以及联合国大会宣布的2006年为“国际沙漠及荒漠化年”（International Year of Deserts and Desertification）。

非洲53个国家都批准了《联合国防治荒漠化公约》，并通过地方、国家和次区域层面的行动计划各自逐步执行这项公约。通过机构建设和基金的确立，这一公约已取得了部分成功。例如，在非洲南部，该公约通过南部非洲发展共同体（SADC）区域行动计划得到了实施。执行工作获得了很多国家和地方上的支持，如国家和地区环境行动计划等。

来源：UNCCD Secretariat 2004, UNEP 2006a

以来就再没有发放任何证书。在莫桑比克，尽管证书顺利地发放了，但是依然不确定这些创新工具是否很好地融入了社会（Asperen 和 Zevenbergen 2006）。

亚洲和太平洋地区

变化的驱动力

社会经济发展趋势

亚太地区由43个国家和许多地区组成，本报告将其分为6个次区域。该地区拥有丰富的自然资源和社会经济资源。它的海岸线占世界海岸线总长度的2/3，并拥有世界最长的山脉。亚太地区包括了世界上一些最贫困的国家、一些高度发展的经济体以及一些正快速发展的国家，尤其是中国和印度。1987—2007年，亚太地区人口从大约30亿增加到了40亿左右，目前该地区占世界总人口的60%（GEO Data Portal，from UNDP 2007），呈现出一系列多样的种族、文化和语言。

在许多国家，中央政府在经济规划以实现发展目标方面起主导作用，在环境政策方面亦然。该地区的国内生产总值总量（购买力平价，以2000年美元为不变价格）从1987年的7.5万亿美元上升到了2004年的18.8万亿美元（GEO Data Portal，from World Bank 2006）。

许多国家在实现联合国千年发展目标方面取得了长足的进步，虽然一些成就伴随着普遍的不公平和差异（专栏6.9）。一些国家已经实现了联合国千年发展目标中的许多具体目标，并确定了更高的发展目标，称为千年发展扩展目标（MDG Plus）。

从2000年至今，亚太地区的国内生产总值增长率超过了布伦特兰委员会于1987年建议的5%（ADB 2005），但生态系统和人类健康持续恶化。近20年来，人口增长和快速经济发展加剧了环境退化和自然资源的耗竭。恶化的环境条件反过来又威胁着数以百万计人的生活质量。

人口的快速增长、经济的迅速发展和城市化带来了不断增加的能源需求。1987—2004年，亚太地区能源需求增加了88%，而世界平均增长率是36%（GEO Data Portal，from IEA 2007）。目前，亚太地区占世界能源消费总量的34%，人均能源消费量远低于世界平均水平（见第2章）。各种现象表明，亚太地区的能源需求还将不断上升（IEA 2006）（图6.10）。亚太地区在全球二氧化碳排放中的份额从1990年的31%上升到了2003年的36%，而在地区内部又有很大的不同（图6.11）。这些能源和相应的二氧化碳

专栏6.9 实现联合国千年发展目标的进展

亚太地区在减贫整体工作上取得了显著的进步，1990—2001年，生活在日均消费1美元线下的人群减少了近2.5亿。中国的持续发展和印度经济的加速增长为这一进步作出了贡献。然而，在消除营养不良方面的努力却没有那么成功。最严重的问题发生在南亚，那里有将近一半的五岁及以下儿童营养不良。

该地区在实现千年发展目标7，即环境保护方面也取得了进步。环境保护是实现某些千年目标的基本要素，也是经济发展和减少贫困的重要驱动力。南亚在提供安全饮用水上取得了令人瞩目的成就，印度为此也作出了实质性的贡献。另一个令人振奋的现象是在提高能源利用效率方面所取得的显著进步，在东亚和南亚地区，人们开始接触清洁技术和燃料。但是，能源利用效率在东南亚持续下降。

来源：UN 2005a

图6.10 次区域能源消费

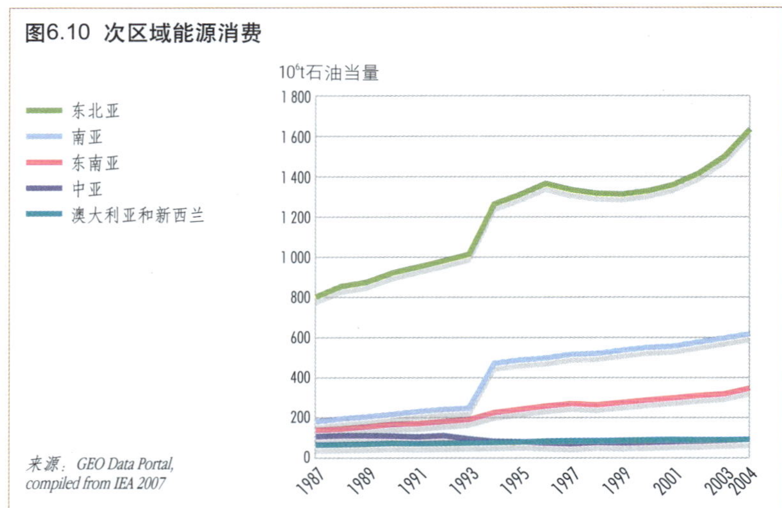

来源：GEO Data Portal, compiled from IEA 2007

图6.11 CO_2排放总量

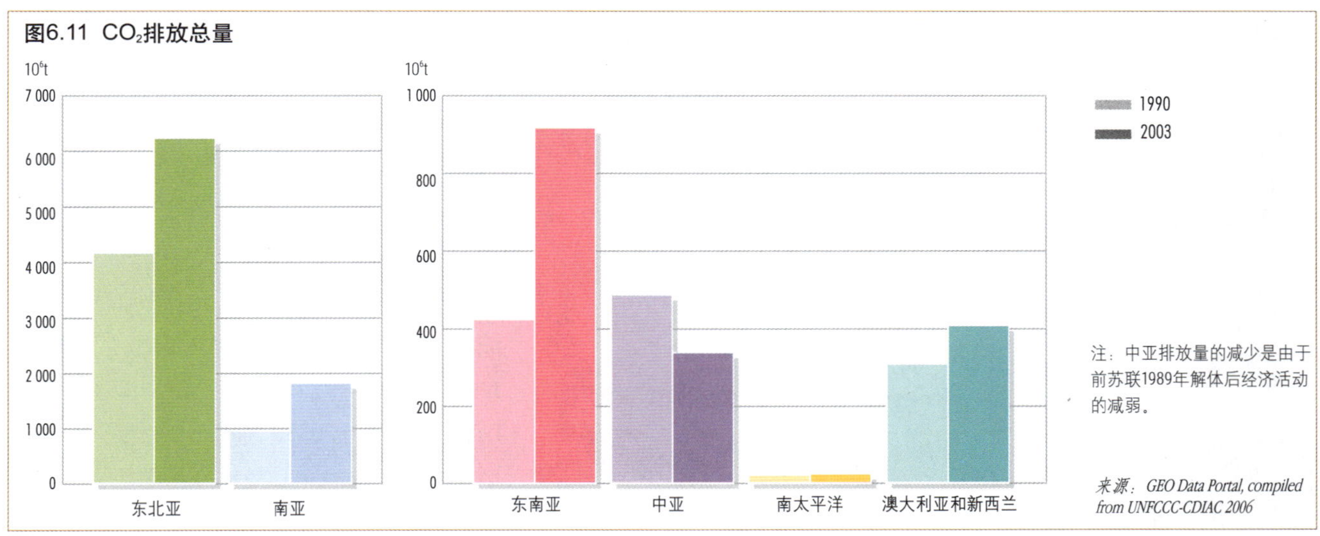

注：中亚排放量的减少是由于前苏联1989年解体后经济活动的减弱。

来源：GEO Data Portal, compiled from UNFCCC-CDIAC 2006

排放趋势是全球排放量增长模式的组成部分，并对气候变化产生了影响（见第2章）。

环境管理

这些问题一直存在，虽然有些很难处理，有些日益恶化。亚太地区的很多国家都制定了各类国家环境法律、规章和标准，并通过双边或多边环境协定参与国际行动。然而，法律和协定的实施受到了一系列因素的阻碍，包括执行、实施和监测不够，缺乏能力、专业知识、方法和不同环境机构之间的协调，公众参与、环境意识和教育不足。最重要的是，缺乏综合的环境和经济政策，这也是建立有效的环境管理体系的主要制约因素。这些都破坏了减轻环境质量和生态系统健康压力的努力。

此外，该地区特别容易遭受自然灾害的破坏。最明显的例子包括2004年的印度洋海啸和2005年巴基斯坦发生的地震。有证据表明，自20世纪90年代以来，极端天气事件的发生频率和强度不断上升，包括热浪、热带风暴、长期干旱、强降雨、龙卷风、雪崩、雷暴和严重的沙尘暴（IPCC 2007a）。这些自然灾害的后果包括饥荒、容易传播的疾病、丧失收入和生计，它们影响着当代人和下一代人的生存和福祉。

显然，亚太地区仍将面临很多艰难的环境管理挑战，以保护脆弱的自然资源和环境，同时缓解贫困，利用有限的自然资源改善生活水平。

重点问题

消费增长和由此带来的废弃物是环境问题呈指数增长的原因之一，包括水质和空气质量的恶化。土地和生态系统不断退化，食品安全面临威胁。气候变化给亚太地区带来的影响表现在变暖的压力、更严重的旱涝灾害以及土地退化、海平面上升引发的淹没沿海低地及海水倒灌（IPCC 2007b）。由于气候变暖和许多国家降雨规律的改变，预计农业生产力将会下降。以下将描述该区域五个环境问题的主要趋势和对策，它们是亚太地区需要优先解决的环境问题，包括：交通与城市空气质量、淡水压力、宝贵的生态系统、农业用地以及废弃物管理。

交通与城市空气质量

空气污染

不断增长的能源需求和相应的资源结构及能源类型的增长，导致了城市空气污染的加剧

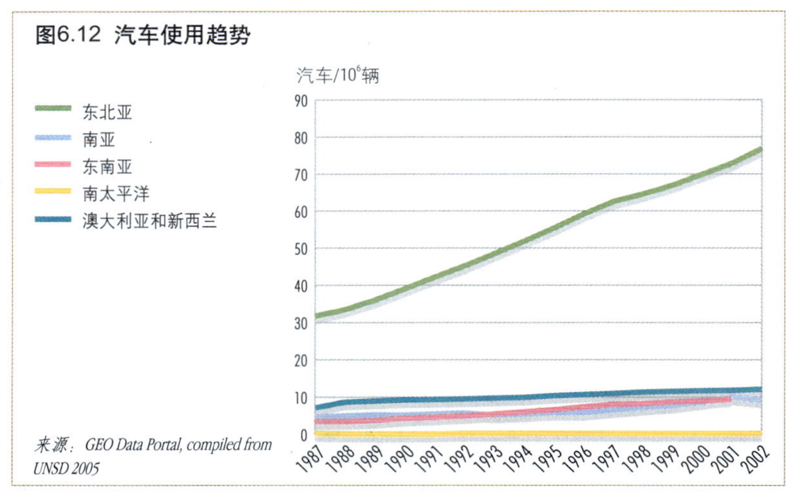

图6.12 汽车使用趋势

来源：GEO Data Portal, compiled from UNSD 2005

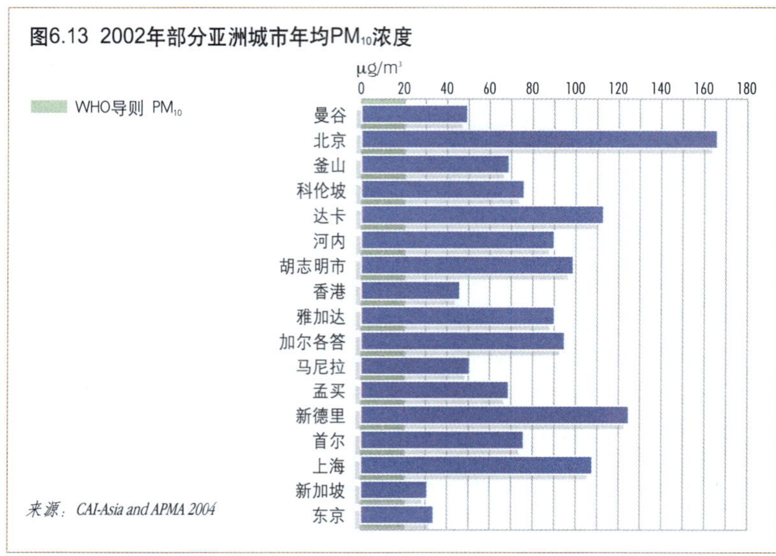

图6.13 2002年部分亚洲城市年均PM_{10}浓度

来源：CAI-Asia and APMA 2004

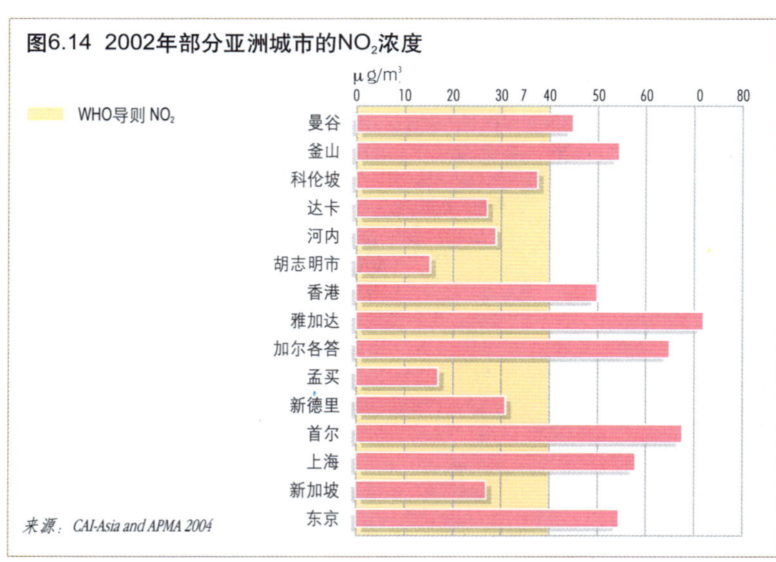

图6.14 2002年部分亚洲城市的NO_2浓度

来源：CAI-Asia and APMA 2004

以及亚洲许多城市空气质量的明显退化。这又由于该地区较低的能源密度和能源效率而进一步恶化。不断增长的能源消费同时增加了温室气体的排放，对气候变化产生影响（专栏6.11和图6.11），并对生态系统和人类健康施加了很大压力。

机动车数量的急剧增长（图6.12）是许多城市交通拥挤和空气污染加剧的主要原因。1987—2003年，汽车数量增加了2.5倍（GEO Data Portal，from UNSD 2005）。20世纪90年代，中国和印度的汽车和两轮摩托车数量的年均增长率超过了10%（Sperling和Kurani 2003）。到2004年，中国拥有2 750万辆小汽车和7 900万辆摩托车（CSB 1987—2004）。在印度，小汽车的拥有量在1987—2002年几乎增加了2倍，从每千人拥有2.5辆上升到了7.2辆（GEO Data Portal，from UNSD 2005）。空气质量的急剧恶化还有其他原因：该地区大城市的人口密度高于其他地区。除极少数城市外，大多数城市的市政发展规划不完善，缺乏清洁和人们支付得起的公交服务。另外，东南亚的森林火灾带来了烟雾污染。

城市空气污染的主要成分是氮氧化物、二氧化硫、空气颗粒污染物、铅和臭氧，在亚洲许多国家，PM_{10}（直径小于10 μm的空气颗粒污染物）的水平依然很高，超过了国际卫生组织的标准（图6.13）（见第2章）。值得注意的是，南亚城市的室外空气颗粒物污染水平一直保持在世界最高水平（World Bank 2003a）。虽然有迹象表明，一些亚洲城市的二氧化硫排放量近年来有所下降，但大城市不断增长的大量机动车的使用依然维持着二氧化氮的高水平排放（图6.14）。

最近的评估表明，室内和室外空气污染，尤其是空气颗粒污染物，对健康有显著影响。据世界卫生组织的一项研究估计，在亚洲国家，有10亿多人生活在超过世界卫生组织确立的室外空气污染标准的环境中（WHO 2000a），

表 6.3 典型城市 PM_{10} 的健康和经济成本	
马尼拉	2001 年，约有 8 400 例慢性支气管炎和 1 900 例死亡与 PM_{10} 有关，造成了 3.92 亿美元的损失（World Bank 2002a）
曼谷	2000 年，约有 1 000 例慢性支气管炎和 4 500 例死亡与 PM_{10} 有关，造成了 4.24 亿美元的损失（World Bank 2002b）
上海	2000 年，约有 15 100 例慢性支气管炎和 7 200 例过早死亡与 PM_{10} 有关，造成了 8.80 亿美元的损失（Chen 等 2000）
印度（污染最严重的 25 个城市）	据估计，机动车尾气排放所采用的欧盟前标准每年会给每个城市带来 1.4 亿～1.916 亿美元的健康损失（GOI 2002）

这导致了亚洲地区每年50万人过早死亡（Ezzati 等 2004a，Ezzati 等 2004b，Cohen 等 2005）。该地区由室内空气污染引起的疾病负担是世界最高的（见第2章）。此外，空气污染给亚洲的家庭、产业和政府带来了大量财政和经济成本。虽然相关的研究有限，但其中一些研究指出了亚洲重点城市或城市群空气颗粒污染物（PM_{10}）导致的健康和经济成本（表 6.3）。

解决城市空气污染问题

亚太地区的很多国家都制定了法律和政策框架来解决空气污染问题，在国家和城市层面都有一系列的机构设置。大多数国家在逐步淘汰含铅汽油（UNEP 2006c）。包括曼谷、北京、雅加达、马尼拉、新德里和新加坡在内的许多城市最近的行动都值得关注。为了解决烟雾污染问题，东盟（ASEAN）成员国达成了一项区域行动计划，并设立了烟霾基金来保证《东盟跨境烟霾协议》(ASEAN Agreement on Transboundary Haze Pollution）的执行（ASEAN 2006）。

大气污染物的监测，是在信息充分条件下制定并执行政策和规章以及进行环境影响评价的核心工具，但该区域只有一些城市有定期监测。该地区需要加速从化石能源向清洁和可更新能源的转变。同时需要倡导减少私家车的使用，通过采取2005年东北亚和东南亚次区域大会（Ministry of the Environment of Japan 2005）发起的区域环境可持续交通论坛（Regional Environmentally Sustainable Transport）上提出的方案和措施，提高公共交通系统的效率和可获得性。另一个需要采取的长期措施是可持续的城市规划。

淡水压力

水量与水质

在所有与淡水有关的问题中，足够的淡水供应是亚太区域所有国家面临的一项主要挑战。该地区拥有世界 32% 的淡水资源（Shiklomanov 2004），却承载了世界 58% 的人口。南太平洋地区（和非洲许多国家）是全世界人均淡水资源占有量最低的地方。

图6.15 1998—2002年各部门淡水资源平均使用量

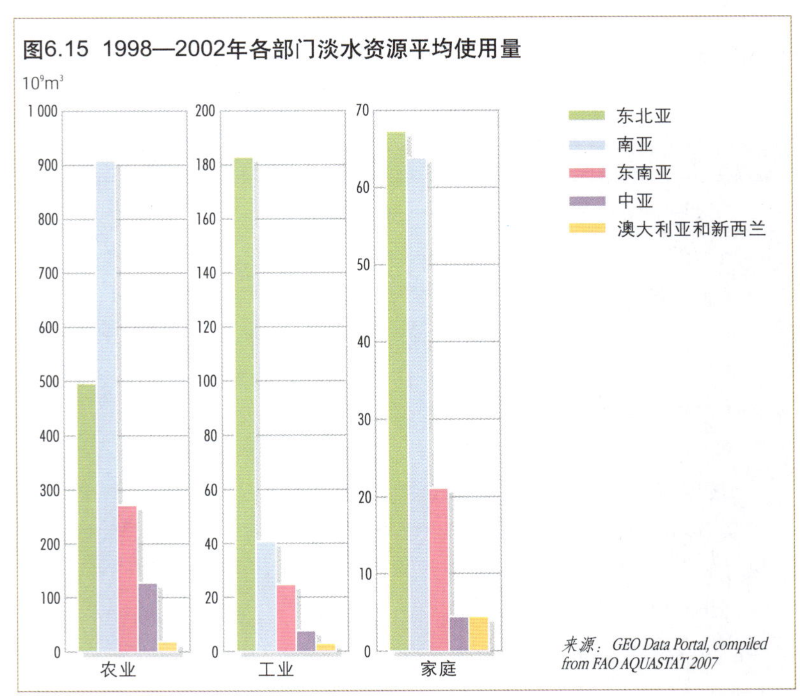

来源：GEO Data Portal, compiled from FAO AQUASTAT 2007

图6.16 总人口中可以获得健康饮用水的比例

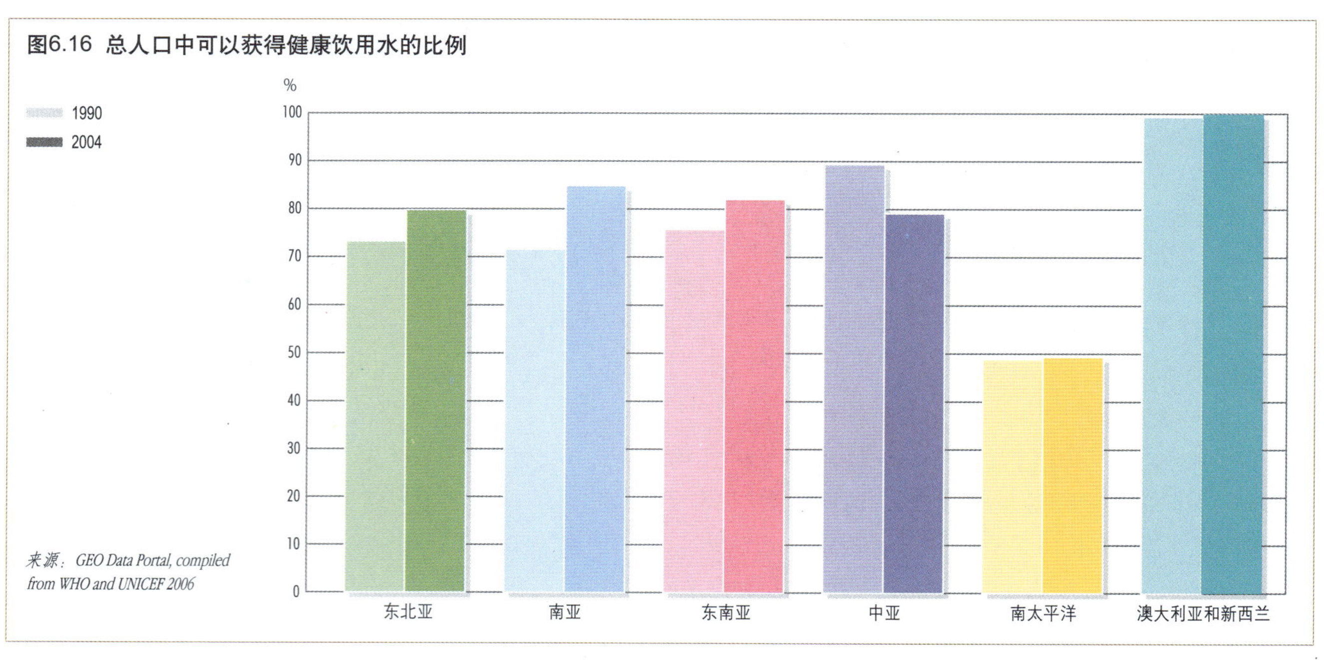

来源：GEO Data Portal, compiled from WHO and UNICEF 2006

由于亚洲的经济很大程度上依赖于农业和灌溉，因此农业是水资源需求最大的部门（图6.15）。地表水资源与地下蓄水层的过度使用、工业污染和水资源的低效利用是造成水资源压力的主要原因（WBCSD 2005）。气候变化有可能加剧亚太地区许多国家的水资源压力（IPCC 2007b）。据报道，喜马拉雅山的冰川在过去10年正以前所未有的速度不断消退（WWF 2005）。此外，近年来气候变化和自然灾害威胁着流域水质，破坏了卫生设施，污染了地下水（UNEP 2005a）（见第4章）。

人类活动，如土地利用方式的改变、水资源的储存和传送、灌溉和排水等，影响着很多流域的水文循环（见第4章）（Mirza 等 2005）。过去几年，夏季季风的连续性和规律变化导致降水量发生了显著的时空变化（Lal 2005）。孟加拉国西南部旱季经历着水资源的极度短缺，土壤也严重缺水，给生态功能和农业生产带来了负面的影响。季风季节的洪水淹没了孟加拉国20.5%的土地，在洪水最严重时，全国有70%的地方受灾（Mirza 2002）。此外，海水倒灌是许多南亚、东南亚地区和太平洋岛国面临的严重危害。

虽然过去10年里，饮用水的供给，尤其是在南亚地区，得到了明显改善（图6.16），但仍有6.55亿人（占地区总人口的17.6%）无法获得安全的饮用水（GEO Data Portal，from WHO and UNICEF 2006）。南太平洋各国情况没有得到任何改善，而中亚地区更是出现了恶化。在很多大城市，高达70%的居民生活在贫民窟，无法获得干净的水和卫生设施。

水污染和无法获得经过净化的饮用水是对

专栏6.10 南亚和东南亚的水污染与人体健康

印度和孟加拉国的部分地区水中砷和氟化物的自然浓度较高，这给当地带来了严重的公共健康问题。在孟加拉西部地区有超过7 000口水井砷浓度过高，达到了50 mg/L，超过了世界卫生组织标准4倍。水生疾病与下降的水质息息相关，在发展中国家占疾病总量的80%。南亚2/3的人口无法获得适当的卫生设施，水生疾病普遍存在，比如腹泻每年造成50万儿童死亡。

南亚和东南亚地区一直在努力改善水资源和卫生条件，包括为贫困人口提供大量的用水补贴。例如，在国家发展与贫困消除战略（NGPES）框架下，老挝正建设基础设施来保证人们获得更安全的水资源与卫生设施，尤其是农村人口。新加坡则开始了废水的循环利用，通过一种新的过滤技术使其达到饮用水标准。

来源：CPCB 1996, OECD 2006a, OECD 2006b, Suresh 2000, WBCSD 2005, WHO and UNICEF 2006

人类生存和生态健康的极大威胁。农业扩张增加了农业化学品的使用，它们排入河流与海洋引起了更严重的水污染。生活污水的增加也是城市地区水质下降的原因，虽然亚洲很多国家废水中有机污染物的排放量已经下降（Basheer等 2003），但累积的污染物仍超过了自然界的还原能力，导致水质继续恶化。人类健康受到不安全的水资源的威胁（专栏 6.10）。

平衡不断增加的需求和淡水的供给与水质

亚太地区内的国家正采取许多措施来满足对安全水资源的高需求。东北亚采取了命令—管理政策，尤其是“污染者付费”，来治理各排污点，这些措施取得了水质改善的显著成果。但随着人口持续增长和快速城市化，这些措施的效果越来越小。中国开展了一系列小规模的项目，2000—2004 年投资了 250 亿美元，使得能获得安全饮用水的人口增加了 6 000 万（Wang Shucheng 2005）。中国的三峡大坝预计将提供水资源、可再生能源（每年的发电量达到 8.5×10^{10} kW · h），并控制洪水（从十年一遇提高到百年一遇的洪水），但预计也会产生一些社会和环境的不良影响，如对被淹没地区人们生活的影响、生物多样性和生态功能的损失等。研究人员将进一步研究这些影响的规模和程度（Huang 等 2006）。蒙古和中国都采取了消费管理和流域管理政策作为目前供给管理的补充。中亚地区一些国家也进行了更有效利用水资源和废水的努力，尤其是在农业方面。

用水效率的提高，尤其是农业灌溉，将对水的可获得性产生直接的积极影响。政府、工业界和公共服务业之间的合作将带来对使用市场手段（MBIs）的更高评价，并降低设计和应用这些改变的执行成本。

宝贵的生态系统

生物多样性面临风险

在过去20年，亚太区域是世界发展最迅速的地区，对自然资源和能源的持续大量需求对

中国三峡大坝：左边1987年的图片展示了大坝建造以前河流和周围的景色（全貌和细节）；2000年的图片（右上方）展示了建造中的大坝；2006年的图片（右下方）中，大坝已开始运营。

致谢：Landsat and ASTER images from NASA/USGS compiled by UNEP/GRID- Sioux Falls

它的生态系统造成了巨大的压力。

海岸生态系统，在陆地与海洋的交互作用方面扮演了重要的角色。该地区有很长的海岸线，超过一半人口生活在海岸附近地区。他们的部分生计直接依靠海岸资源，如红树林和珊瑚礁（Middleton 1999）。由于对自然资源大规模的开发，中亚大多数内陆生态系统受到严重消耗。威胁生物多样性和生态系统功能的因素包括：土地利用方式的迅速改变、高强度但管理不善的灌溉、过度放牧、食用植物和草药的采集、修建水坝以及砍柴。

虽然经历了工业和基础设施建设的严重毁坏，亚太地区仍占全世界现存红树林总量的50%（表6.4）（FAO 2003b，UNESCAP 2005a）。东南亚地区的红树林退化最为严重，其原因是海岸的大量开发。另外，红树林正受到内陆生态系统沉积物和污染物的影响。红树林对海岸生态系统非常重要。它们在提供木材和非木材产品，海岸保护，为许多鱼类和贝类提供栖息地、产卵区和营养物质等方面发挥着重要功能。它们对于生物多样性的保护同样重要。

珊瑚礁是一种脆弱的生态系统，对气候变化、旅游等人类活动以及自然界的危胁和灾难十分敏感。亚太地区有20.6万km²的珊瑚礁，占世界总量的72.5%（Wilkinson 2000，Wilkinson 2004）。亚太地区对海洋资源的大量利用造成了珊瑚礁的退化，尤其是在一些人口集聚的中心地区。此外，海洋表面温度的上升带来了海岸地区珊瑚的大规模漂白。估计该地区大约60%的珊瑚礁面临危险，其中采矿业和破坏性捕捞是最大的威胁（图6.17）（UNESCAP

专栏6.11 气候变化及潜在的影响

1860—2004年，亚洲经历了持续加速变暖的气候变化趋势。近年来，澳大利亚经历了严重的干旱以及历史上最热的年份，并在2005年经历了最热的四月。

面对气候变化，生态系统和人类福祉都显得十分脆弱。孟加拉国、中国、印度、缅甸和泰国的海岸及不断增加的濒海聚居区，以及基础设施，正面临着由海平面上升和气候变化带来的洪水和侵蚀的危险。

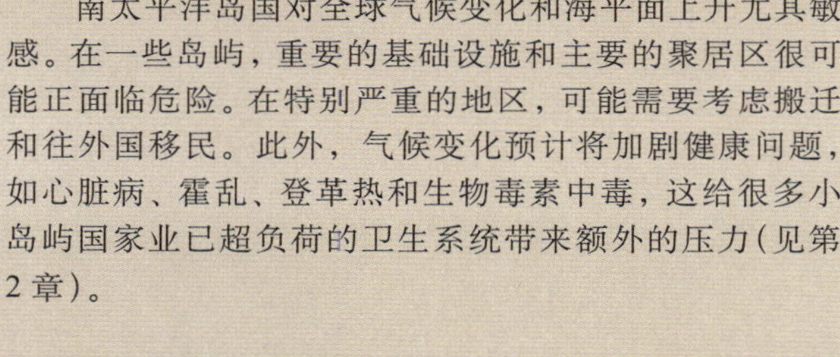

南太平洋岛国对全球气候变化和海平面上升尤其敏感。在一些岛屿，重要的基础设施和主要的聚居区很可能正面临危险。在特别严重的地区，可能需要考虑搬迁和往外国移民。此外，气候变化预计将加剧健康问题，如心脏病、霍乱、登革热和生物毒素中毒，这给很多小岛屿国家业已超负荷的卫生系统带来额外的压力（见第2章）。

来源：Greenpeace 2007, Huang 2006, IPCC 2007a

在印度尼西亚首都雅加达以北的千岛群岛，巴兰姆卡岛的一名男孩（左图）正跑着追赶上学的渡船。在千岛群岛的庞岗岛木头码头上，几名小孩（右图）正在玩耍。人们相信，由于全球气候变暖引起海平面上升，千岛之国印度尼西亚有大约2 000个岛屿面临海水泛滥的威胁。

致谢：Greenpeace/Shailendra Yashwant

2005b)。这最终将导致栖息地的退化和破坏，威胁着重要和有价值的物种，并增加了生物多样性的损失（表 6.5）。

生态系统服务功能的破坏与降低减少了其对人类福祉的贡献。例如，森林砍伐大大减少了木材的产量，尤其是只有在原始森林中生产出来的高价值木材，这影响了以林业为生的人群（SEPA 2004)。然而，一些经过良好保护和管理的有价值的生态系统能持续地给人类福祉提供支持。例如，攀牙（Phang Nga）是泰国最容易受海啸影响的地区，其南部和北部大片红树林在2004年印度洋海啸发生时起了重要的缓冲和保护作用（UNEP 2005a)。

减轻生态系统的压力

面对生态系统的破坏，一项普遍采用的政策措施是建立保护区。东南亚拥有丰富的海岸生态系统，14.8% 的土地被列入保护区，这比2003年的世界平均水平12%要高一些。在亚太区域的其他次区域，只有不到10%的土地是保护区（UN 2005a)。该区域各国通过四项区域海洋行动计划来共同保护海洋和海岸生态系统，包括：东亚海洋行动计划、西北太平洋行动计划、南亚海洋行动计划和太平洋行动计划（UNEP 2006d)。但是，最近的一项研究表明，东亚和南亚分别将其89%和85%的未经处理的废水直接排入海洋（UNEP 2006d)。

表 6.4 次区域红树林的变化

次区域	1990 年 / km²	2000 年 / km²	1990—2000 年年均变化率 /%
东北亚	452	241	8.0
南亚	13 389	13 052	0.2
东南亚	52 740	44 726	1.6
南太平洋	6 320	5 520	1.3
澳大利亚与新西兰	10 720	9 749	0.9
总计	83 621	73 288	1.3

来源：based on FAO 2003b

图6.17 2004年次区域珊瑚礁的情况

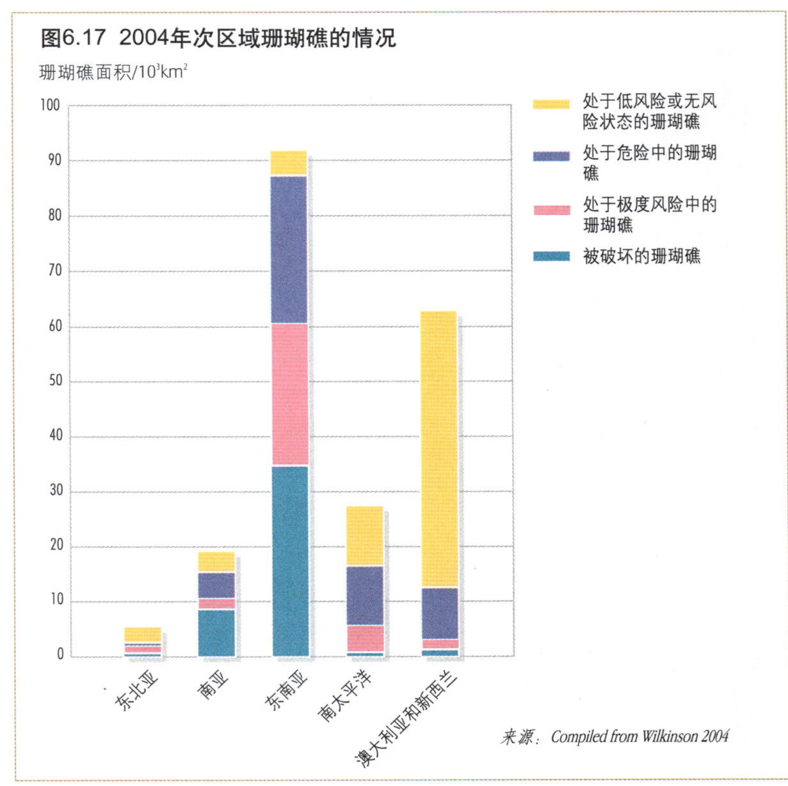

来源：Compiled from Wilkinson 2004

表 6.5 各次区域的濒危物种

次区域	哺乳动物	鸟类	爬行类	两栖类	鱼类	软体动物	其他无脊椎动物	植物
东北亚	175	274	55	125	153	28	32	541
南亚	207	204	64	128	110	2	78	538
东南亚	455	466	171	192	350	27	49	1 772
中亚	45	46	6	0	19	0	11	4
南太平洋	119	270	63	13	186	99	15	534
澳大利亚与新西兰	72	145	51	51	101	181	116	77
总计	1 073	1 405	410	509	919	337	301	3 466

来源：IUCN 2006

这表明，还需要采取具体的措施以实现行动计划的目标。

在南太平洋、印度尼西亚和菲律宾，当地社区、土地所有者和地方政府或其他合作者一起，共同管理着244个指定的海岸地区，其中包括276个更小的保护区。其中很多是地方自治海洋区域（LMMA），这是一种发展迅速的以传统知识为基础的管理实践（见第1章和第7章）(LMMA 2006)。这种自治策略为很多中央政府管理体制提供了备选方案。

除了采取合理的政策和立法，亚太地区国家需要增加生物多样性和生态系统服务价值方面的公众意识，减少人们对于生态系统的需求以减轻对生态系统的压力。

农业用地

土地质量

人类活动会对土地质量产生负面影响。不良土地管理会造成土壤侵蚀；过度放牧会带来草场的退化；肥料和杀虫剂的过度使用会降低土壤质量；在一些地区，垃圾填埋、工业行为和军事行为都会导致土地污染（见第3章）。

除了澳大利亚、新西兰和中亚，所有次区域和国家的农业土地利用都在不断扩张。在一些次区域，农业用地占了全部土地的60%。亚太地区六个次区域农业的情况和变化详见图6.18。

虽然缺乏系统的数据，但专家们一致认为，所有次区域的土地都在退化（IFAD 2000，Scherr和Yadev 2001，UNCCD 2001，ADB和GEF 2005）。这种退化会对农业和整个生态系统产生严重的后果，威胁食品安全和人类福祉。

在该地区食品安全是非常优先的问题，人们正采取对策解决土地退化问题，包括用新的可耕地取代退化的土地。虽然这些转变在全国农业面积登记数字中体现不出来，但居住在土地退化地区的人们能从他们的生活中感受到这种变化。

从20世纪60年代到1987年，亚太地区很多地方实现了主要粮食作物（即水稻）产量的显著增加，许多次区域将保持这种趋势（图6.19）。土壤肥力的降低被更多肥料和杀虫剂的使用所弥补，增加了粮食产量。

图6.18 各次区域农业用地的变化

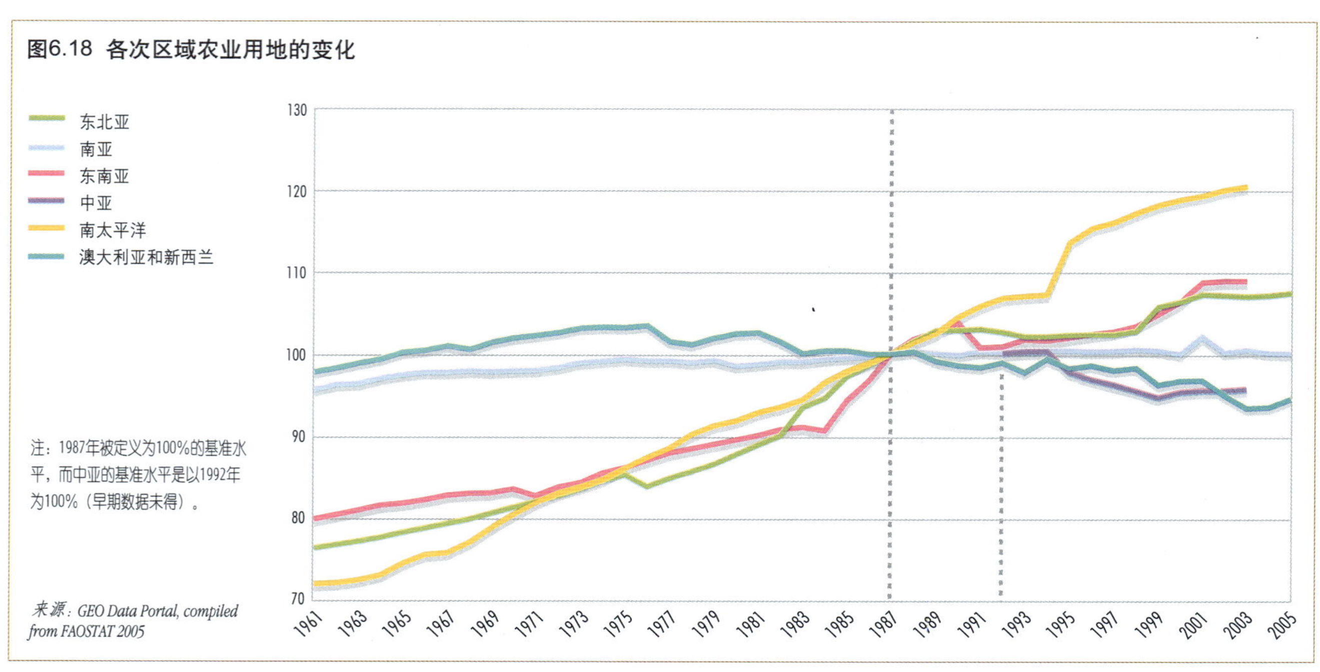

注：1987年被定义为100%的基准水平，而中亚的基准水平是以1992年为100%（早期数据未得）。

来源：GEO Data Portal, compiled from FAOSTAT 2005

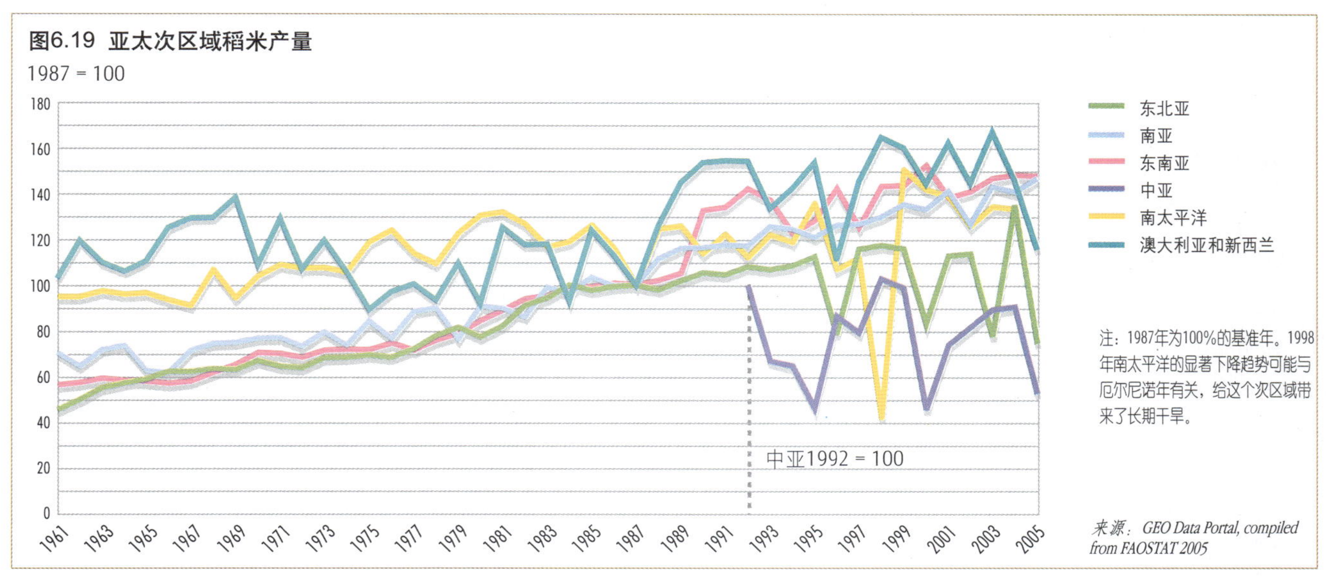

看来大多数国家都采取了足够的对策，有效地克服了土地退化对农业生产的影响（Ballance和Pant 2003）。但五个中亚国家是例外，前苏联1991年解体后，农业产量急剧下降。持续不恰当的灌溉方式使土地由于盐化而退化，尤其在能源供应不足，无法将积聚的盐水抽出的情况下。同时，昂贵的肥料和杀虫剂的使用也大幅下降。

面向可持续的土地管理

农业是亚太地区土地利用的主要形式，土地保护作为可持续农业发展的一部分，其重要地位不言而喻。可持续的农业发展可以推动农村发展，增加食品安全和生态系统活力。直接措施包括植树造林、重新界定自然保护区和应用综合管理手段，如害虫综合治理手段、有机农业和综合流域管理方案。对肥料

糟糕的土地管理可能会带来土壤的侵蚀。梯田是一个应对措施，能克服土地退化的影响。

致谢：Christian Lambrechts

和杀虫剂的适当管理对保护人类健康也十分重要。良好的政府管理是一切土地保护和管理策略的基础。除了制定土地所有权管理方面适当的法律和政策机制外，政府可以积极倡导土地改革的公众参与，保证耕地发展公平地惠及全民。

南亚和东南亚的很多农民是女性，但由于缺乏获得资源的途径，她们的努力往往被忽视。男性更容易获得农业和林业用地。土地管理和保护机制需要注意到这一点，保护妇女在农业上的参与权和利益分享权（FAO 2003c）。

废弃物管理

消费和废弃物的产生

工业化的发展模式将该区域经济带入了一个高速发展阶段，同时伴随着不断增加的环境污染。这一趋势与环境库兹涅茨曲线（Kuznets Curve）的经济初始发展阶段相吻合（Kuznets 1995, Barbier 1997）。这个发展模式和更富裕一些的新的生活方式，共同导致了消费类型的迅速变化，产生了大量的废弃物，也改变了废弃物的成分。这都是亚太地区废弃物管理问题呈指数增长的原因。

亚太地区目前每天产生人均 0.5～1.4 kg 城市垃圾（Kuznets 1995，Barbier 1997）。图 6.20 表明，这一趋势并没有得到任何缓解，并将持续到 2025 年。可堆肥的垃圾，如蔬菜、果皮和其他食物残渣，占了垃圾总量的50%～60%（World Bank 1999）。

不卫生的垃圾填埋法现已成为问题，因为它们污染土地和地下水。贫困人口，尤其是那些靠土地资源来获得食物的人，或者是拾荒者，特别容易受到这些影响。日本环境委员会（2005）发现，在菲律宾，垃圾填埋场的拾荒者中残疾儿童的出生率较高。电子和有害垃圾的

图6.20 部分亚洲国家人均城市废弃物产生量

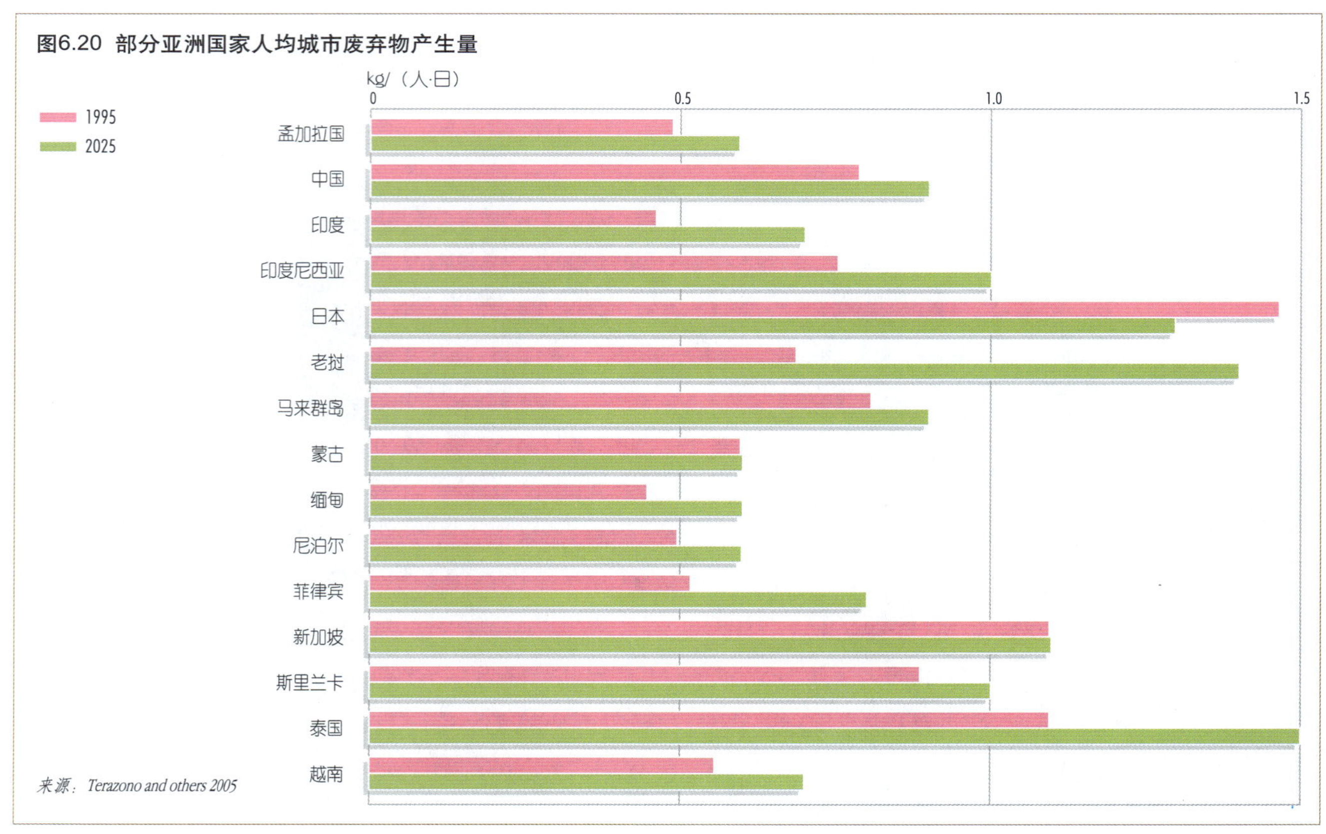

来源：*Terazono and others 2005*

专栏 6.12 电子垃圾——不断增长的人类和环境健康威胁

各类家庭电子产品和高科技的使用在全世界快速增长。通常情况下，购买一件新产品比升级旧产品要便宜，这使电子垃圾（e-waste）每年增加了 3%～5%。在每年全球产生的 2 000 万～5 000 万 t 电子垃圾中，有 90% 最终集中到了孟加拉国、中国、印度、缅甸和巴基斯坦。新德里（印度）循环利用部门收集的电子垃圾中有 70% 来自外国。

电子垃圾已成为一个严重的健康和环境问题。回收电子废弃物使处理者接触很多有害金属，包括铅、汞和镉，这些物质若处理不当，会毒害人类和生态系统。中国广东省贵屿镇是回收电子垃圾的集中场所，印度新德里郊区也有这样的电子废弃物集中回收场所，研究人员对这两处附近的土地和水体污染进行了调查，在废品堆放场附近的水体和土壤中都发现了有毒化学物质，包括重金属。有人说，亚洲国家的工人在用 19 世纪的技术处理 21 世纪的废弃物。

来源：Brigden and others 2005, Toxic Link 2004, UNEP 2005b

非法运输，以及由此带来的对环境和人类健康的影响，给亚太地区带来了新的不断上升的挑战（专栏 6.12）。

亚太区域大多数国家都签署了《控制危险废物越境转移及其处置的巴塞尔公约》，但是该地区从整体上缺乏共同的措施来阻止危险废物的进口。

可持续的废弃物管理

最近，一些国家开始实行一系列政策来解决不断增长的废弃物问题。例如，达卡制定了基于社区的固体废弃物管理和堆肥项目。这些项目节约了运输和收集成本，减少了垃圾填埋需要的土地，为城市带来了很大的收益。同样，这些项目在实现一些千年发展目标方面作出了贡献，包括减少贫困、失业、污染、土地退化、饥饿和疾病（UNDP 2005b）。垃圾的合理回收和再利用（收集、分类、处理）是劳动密集型产业，可以为贫困人口和缺乏劳动技能的人群提供就业机会。发展中国家有为数不少的人口依靠成熟的垃圾回收体系生活，如旧衣服的回收和再利用。仅印度就有超过 100 万人以垃圾处理为生（Gupta 2001）。虽然有一些国家制定和实施了处理废弃物问题的政策和措施，但很多国家仍缺乏有效的、适当的废弃物管理策略和体系，对人类健康和环境造成了严重的威胁。

很多国家开始实施清洁生产政策和实践。诸如绿色标签之类的市场工具在菲律宾、泰国、新加坡和印度尼西亚获得了良好发展。例如，泰国可持续发展商业委员会与政府、商业伙伴和其他利益相关者合作，在 1994 年推出了绿色标签项目。2006 年 8 月，已有 31 家公司的 148 个品牌或产品申请使用该标签，涵盖了 39 类产品（TEI 2006）。泰国绿色标签得到了各公司和具有环境意识消费者的认可，正逐渐成为环境友好产品的特征（Lebel 等 2006）。

日本和韩国等国家采取的是“减少、再利

在很多国家缺乏有效或适当的废弃物管理策略。

致谢：Ngoma Photos

用、循环”（3R）政策（见第10章），政府也制定更综合性的政策，把提高自然资源利用效率提上了议事日程。其目的是实现一个合理的循环利用社会（Sound Material-Cycle Society），而首要措施就是通过减少自然资源的投入，设计更精简、更有效率的生产以及更可持续的消费来从源头上减少废弃物的产生。同样，再利用、循环利用和适当的处理措施减少了进入垃圾堆的物质。在太平洋，斐济于2007年在国家废弃物管理策略框架中，制定了空气污染、固体和液态废弃物综合管理政策。然而，仍有一些国家在这方面落后很多。蒙古还没有全面的废弃物管理法规，一些南亚国家也没有制定相应政策来促进可持续消费。

欧洲

变化的驱动力

社会经济和消费趋势

欧洲地区在过去20年里发生了巨大的变化。欧盟（EU）的版图已经逐渐扩大到了27个国家，32个欧洲国家参与了欧洲环境委员会（EEA）及其名为Eionet的信息网络（专栏6.13）。

欧洲人口约有8.3亿（不到世界人口的1/6），其中超过一半（4.89亿）生活在欧盟的27个成员国（GEO Data Portal，from UNPD 2007）。欧洲地区的多样性可以从各个国家迥异的社会经济体系、环境管理政策以及政策框架中优先的环境问题中体现出来。欧洲面临的环境挑战已经发生了改变。在欧盟以外地区，工业污染是严重的问题，而在欧洲，目前关注更多的是与生活方式有关的复杂问题。

不断增加的财富（导致了能源、交通和产品消费的增加）和增长的家庭，都是导致人类活动产生温室气体排放增加的原因（图6.22）。一个稳定的、能支付得起的能源供给和有效的交通体系是经济增长的前提条件，同时也是温室气体排放和环境压力的主要来源。

环境管理：一种思想的进化

在1987年布伦特兰委员会发表报告的时候，欧洲才开始意识到它的工业化活动可能会造成越境影响。如今，欧洲尤其是欧盟已经充分意识到了其在全球环境问题中的责任。欧洲地区，尤其是欧盟的消费，已经在地球的其他地方留下了“生态足迹”。为了减少生态足迹，处理环境问题，需要对需求进行管理和平衡，至少在欧盟的情况是如此，否则不断增加的需求有可能抵消掉用最好的技术和效率所实现的进步。

布伦特兰委员会的报告《我们共同的未来》是将可持续和公平的环境发展目标纳入欧洲核心政策的里程碑。在此后20年，整个欧洲，特别是欧盟成员国，在环境保护方面取得了卓有成效的进步。

布伦特兰委员会的报告在刚刚经历了两次严重环境意外事件的欧洲引起了共鸣。一件是乌克兰切尔诺贝利核电站事故，核泄漏导致的放射性尘埃影响了欧洲的很多地方；另一件事故则是巴塞尔山度士德（Sandoz）化学品火灾，许多有毒物质排入了莱茵河。这两起工业事故都对人类和环境带来了严重的越境长期影响，一些影响现在依然存在。这些事件可能在一定程度上促进人们接受布伦兰特委员会报告的观点和视角，公众意识到需要不断增加国际行动和合作来保护人类生命，为后代保护环境。

欧盟在环境管理问题上处于全球领先地位，整个欧洲地区的环境合作有独特的经验，包括一系列不同层面的行动计划和法律工具。那些候选国和准候选国要想加入欧盟，重要条件之一就是要改善它们的环境政策。欧盟环境政策的重点从20世纪70年代的补救措施，发展到80年代的末端治理措施，再到90年代的用最

专栏 6.13 本章中的欧洲国家分类

欧洲地区由东欧、中欧和西欧的许多国家组成。本报告中的分类与以前全球环境展望报告中的分类不同，是用社会政治的特征来进行更好地分类（欧洲国家名单在本报告前言部分）。虽然中亚是广义欧洲地区的一部分，但为了防止重叠，其环境问题在亚太部分讨论。

地区（群）	次区域		国家
欧洲中部和西部（WCE）	欧盟 27 国	欧盟 15 国	2004 年以前欧盟成员国：奥地利、比利时、丹麦、芬兰、法国、德国、希腊、爱尔兰、意大利、卢森堡、荷兰、葡萄牙、西班牙、瑞典、英国
		欧盟新成员	保加利亚*、塞浦路斯、捷克、爱沙尼亚、匈牙利、拉脱维亚、立陶宛、马耳他、波兰、斯洛伐克、斯洛文尼亚、罗马尼亚*
	欧洲自由贸易联合体(EFTA)		冰岛、列支敦士登、挪威、瑞士
	其他欧洲中西部国家		安道尔、摩纳哥、圣马力诺
东欧和高加索地区(EE&C)	高加索地区		亚美尼亚、阿塞拜疆、格鲁吉亚
	其他 EE&C 国家		白俄罗斯、摩尔多瓦、俄罗斯、乌克兰
欧洲东南部（SEE）	西巴尔干半岛		阿尔巴尼亚、波黑、克罗地亚、黑山**、前南斯拉夫马其顿和塞尔维亚共和国**
	欧洲东南部其他国家		保加利亚、罗马尼亚、土耳其
欧洲环境委员会(EEA-32)			奥地利、比利时、保加利亚、塞浦路斯、捷克、丹麦、爱沙尼亚、芬兰、法国、德国、希腊、匈牙利、冰岛、爱尔兰、意大利、拉脱维亚、立陶宛、列支敦士登、卢森堡、马耳他、荷兰、挪威、波兰、葡萄牙、罗马尼亚、斯洛文尼亚、斯洛伐克、西班牙、瑞典、瑞士、土耳其、英国

注：* 保加利亚和罗马尼亚于 2007 年 1 月加入欧盟，数据并没有全部综合进来，在此情况下指欧盟 25 国。

** 黑山和塞尔维亚 2006 年 6 月 3 日和 5 日分别宣布独立，数据仍是将两者放在一起的。

好的技术进行污染排放综合预防和控制。如今，政策已经超越了技术的层面，开始关注非可持续的需求和消费的类型和驱动力，关注更全面的防治措施。欧盟新成员国政策变化的顺序几乎相同，但它们也有在欧盟经验的基础上进行跨越发展的机会，这能节约成本和提高效率。

欧洲各层面的合作还有提升的空间，例如，建立一个可持续的能源、交通和农业系统。环境政策在大气质量领域已取得成效，但仍需改进。一些在 20 世纪 80 年代困扰欧盟的问题，在20年之后开始困扰东欧国家。人们需要更多地借鉴和传播西欧的经验。

作为其国内环境领域取得的进步的补充，欧洲需承担起欧洲以外的可持续资源管理的责任。这是实现1987年布伦特兰委员会提出的公平和可持续的未来环境的下一步骤。

重点问题

尽管取得了很多进步，糟糕的水质和城市空气质量仍然在欧洲部分地区带来了很多问题，影响着人们的健康和生活质量。空气污染物与人们对更高的出行能力的需求密切相关，而水资源的污染和短缺则与工业和农业活动的影响、水资源管理不善和废水的排放密切相关，空气和水污染都威胁着生物多样性。气候变化使这些问题变得更为复杂。

气候变化与能源

地球气候正在发生变化，欧洲的平均气温比工业化前上升了1.4℃。欧洲气温的年均值偏差要高于世界平均水平（图6.21和图2.18）。俄罗斯的北极圈地区的平均气温在过去90年里上升了3℃（Russian 3rd Nat. Comm 2002，ACIA 2004）。据预测，到2080年，欧洲的平均气温将上升2.1～4.4℃。海平面上升，冰川融化速度加快；全球海平面20世纪平均每年上升1.7 mm，预计到2100年将上升0.18～0.59 m（IPCC 2007a）。

能量排放和效率趋势

1987年以来，西欧能源行业温室气体的排放已经下降，但20世纪90年代末以来，欧洲整个地区的排放量出现了上升，部分原因是天然气价格的上升重新奠定了煤作为核心能源的位置（图6.22）。在过去15年里，能源使用速度比经济增长略慢，欧洲作为一个整体在控制能源消费水平上并不成功。欧盟15国和欧盟新成员国之间的能源利用效率存在显著差异，原因包括技术和结构问题（专栏6.14）。

据预测，欧盟新成员国即使经济产出翻番，排放量仍将低于1990年的水平。但以色列并非如此，由于不受《京都议定书》的限制，它的排放水平比1996年有显著增加。在现有的地方政策和手段的控制下，整个欧盟15国的温室气体排放预计在2010年将比基准年降低仅0.6%，考虑到目前各成员国正在计划额外的政策和手段，整个欧盟15国的排放量预计可降低4.6%，其前提是一些成员国减排量要比达到国家标准更多才行。计划使用《京都议定书》机制的10个成员国将在2010年多减排2.6%。最后，根据《京都议定书》第3.3节、3.4节中碳吸收的使用，将再减排0.8%（EEA 2006a）。

面向更可持续的能源体系

欧洲已经开始启动一些泛区域规划，目的是确定共同的能源政策目标，提倡更可持续的能源生产、消费和更稳定的供给。例如，2006年11月，欧盟和黑海、里海地区的其他国家达成了一项共同的能源战略，主要包括以下四个领域：整合能源市场、加强能源安全、支持可持续能源发展、吸引共同项目的投资（EC 2006a）。2007年3月，在欧洲委员会一系列建议（EC 2007b）的基础上，欧盟签署了一项综合的气候变化和能源行动计划

图6.21 欧洲的年平均温差

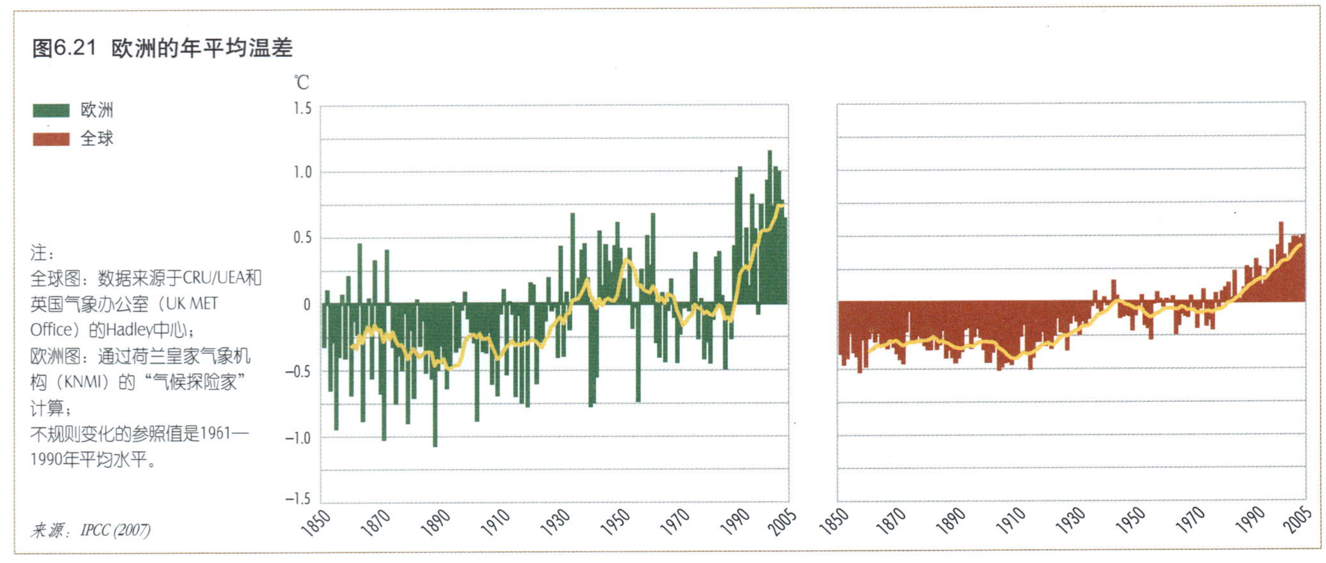

注：
全球图：数据来源于CRU/UEA和英国气象办公室（UK MET Office）的Hadley中心；
欧洲图：通过荷兰皇家气象机构（KNMI）的"气候探险家"计算；
不规则变化的参照值是1961—1990年平均水平。

来源：IPCC (2007)

（EC 2007a）。图6.23说明了一些减少二氧化碳排放措施带来的影响。这些图显示了那些影响公共电力和供热部门排放量的各种因子的贡献。

预期的能源增长需要的资本投资是能源节约和有效利用以及燃料结构改变措施的重要激励因素。在欧洲东南部的一些国家尤其需要对能源基础设施进行投资。可更新能源资源的使用同样也将对更可持续的能源体系作出很大贡献（EEA 2005b）。从这一角度看，使用清洁发展机制能达到双赢的局面，既能帮助工业化国家达到《京都议定书》的目标，同时又为发展中国家的新技术提供投资。

《京都议定书》的目标只是为达到《联合国气候变化框架公约》的长期目标而进行的全球温室气体减排的第一步。目前，发达国家尚未就根据《联合国气候变化框架公约》设定新的减排目标达成协议，或是其他国家就新的减排策略达成一致。日益上升的能源价格导致公众意识不断提高，成为欧洲气候变化政策的新动力。极端天气现象也促使欧洲国家制定气候变化政策，虽然这些极端天气现象不一定是气候变化导致的。为了将气候变

图6.22 温室气体排放总量趋势

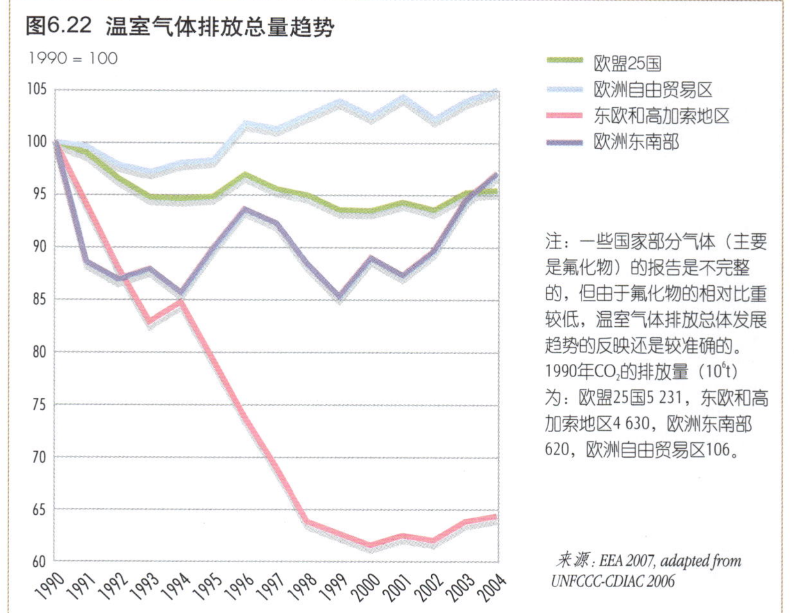

注：一些国家部分气体（主要是氟化物）的报告是不完整的，但由于氟化物的相对比重较低，温室气体排放总体发展趋势的反映还是较准确的。1990年CO_2的排放量（10^6t）为：欧盟25国5 231，东欧和高加索地区4 630，欧洲东南部620，欧洲自由贸易区106。

来源：EEA 2007, adapted from UNFCCC-CDIAC 2006

专栏 6.14 中欧和东欧的能源效率和工业重组

据估计，非OECD欧洲国家能源密度将在2003—2030年年均减少2.5%。东欧和西欧在能源效率上的这一差距与技术和结构都有关系，而很多人并不了解的是，后者在其中发挥更重要的作用。

能源密集型产业在东欧的工业结构中占有越来越重要的份额，而西欧的趋势刚好相反。分部门数据显示，西欧能源密集型工业的能源效率在过去几年里并没有发生显著的变化。

来源：EIA 2006a

图6.23 欧盟25国公共供热和电力生产中不同因子对CO_2减排的影响

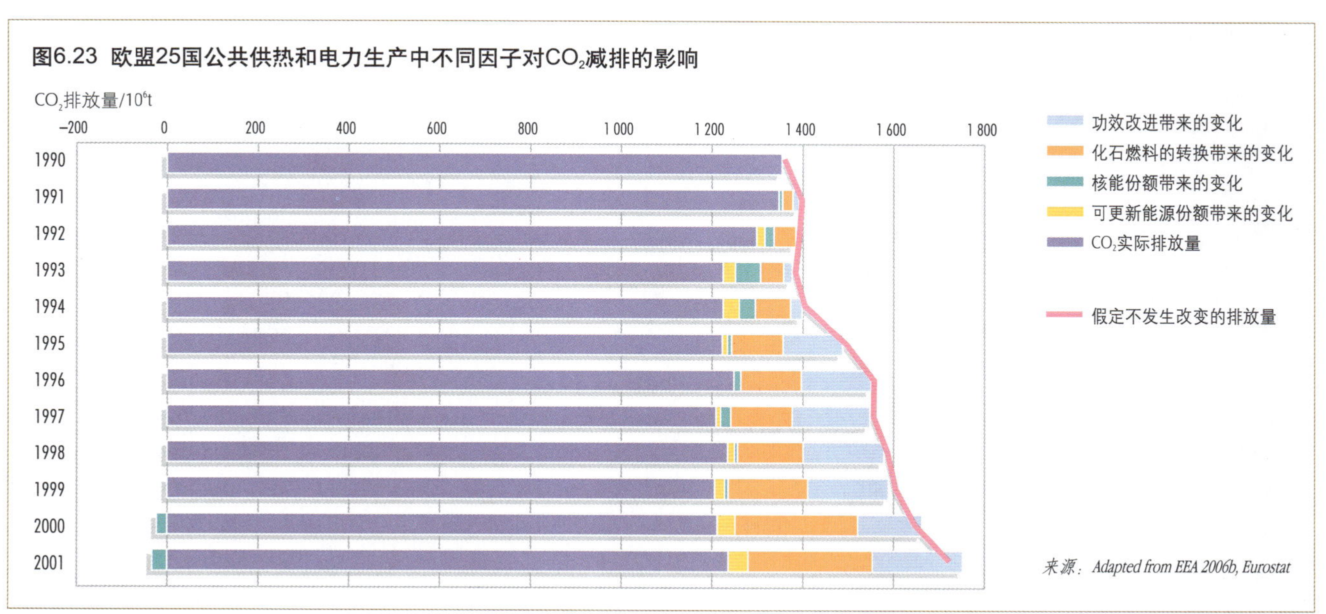

来源：Adapted from EEA 2006b, Eurostat

化带来的影响降低到可以控制的范围，欧盟建议全球平均气温与工业化前地球平均温度相比，应不高于2℃。为达到这一目标，全世界温室气体排放必须在2025年前达到最高值，并且到2050年下降到1990年水平的50%。这意味着发达国家到2050年温室气体排放量要减少60%～80%。如果发展中国家也接受减排承诺，它们也需要大量减少其温室气体排放量(EC 2007a，EC 2007b)。

可持续消费和生产

非可持续的资源使用

欧洲的消费和生产消耗了大量(通常是非可持续的)资源，加速了环境的退化、自然资源的损耗，并增加了欧洲内外废弃物的排放总量。社会越富有，消耗的资源越多，产生的废弃物也越多。欧洲户均消费支出稳步上升(图6.24)，西欧家庭消费水平为世界最高。同时，欧洲的消费模式也正在发生变化，食物所占的比例下降，交通、通讯、住房、娱乐和健康消费的比例上升。

在生命周期内产生很大环境影响的产品和服务包括住房、食品和交通(EC 2007a，EC 2007b)。而产生环境影响的主要阶段随着产品和服务的不同而变化。对食物和饮料而言，其主要环境影响来自相应的农业和工业生产活动；对交通而言，主要影响来自产品的使用阶段，如开车或坐飞机。

割断经济增长与能源使用的联系

欧盟在割断经济增长与能源使用的关联方面取得了重要的进步，整个欧洲地区也在进步，虽然速度相对较慢(专栏6.15)。然而，资源利用的绝对减少并未实现。能源使用的生态效率得到了提高，但改善消费类型的努力仅取得有限的成功，在过去40年，欧洲使用原材料和能源的生产率分别增加了100%和20%，

图6.24 家庭财政消费支出(欧盟)

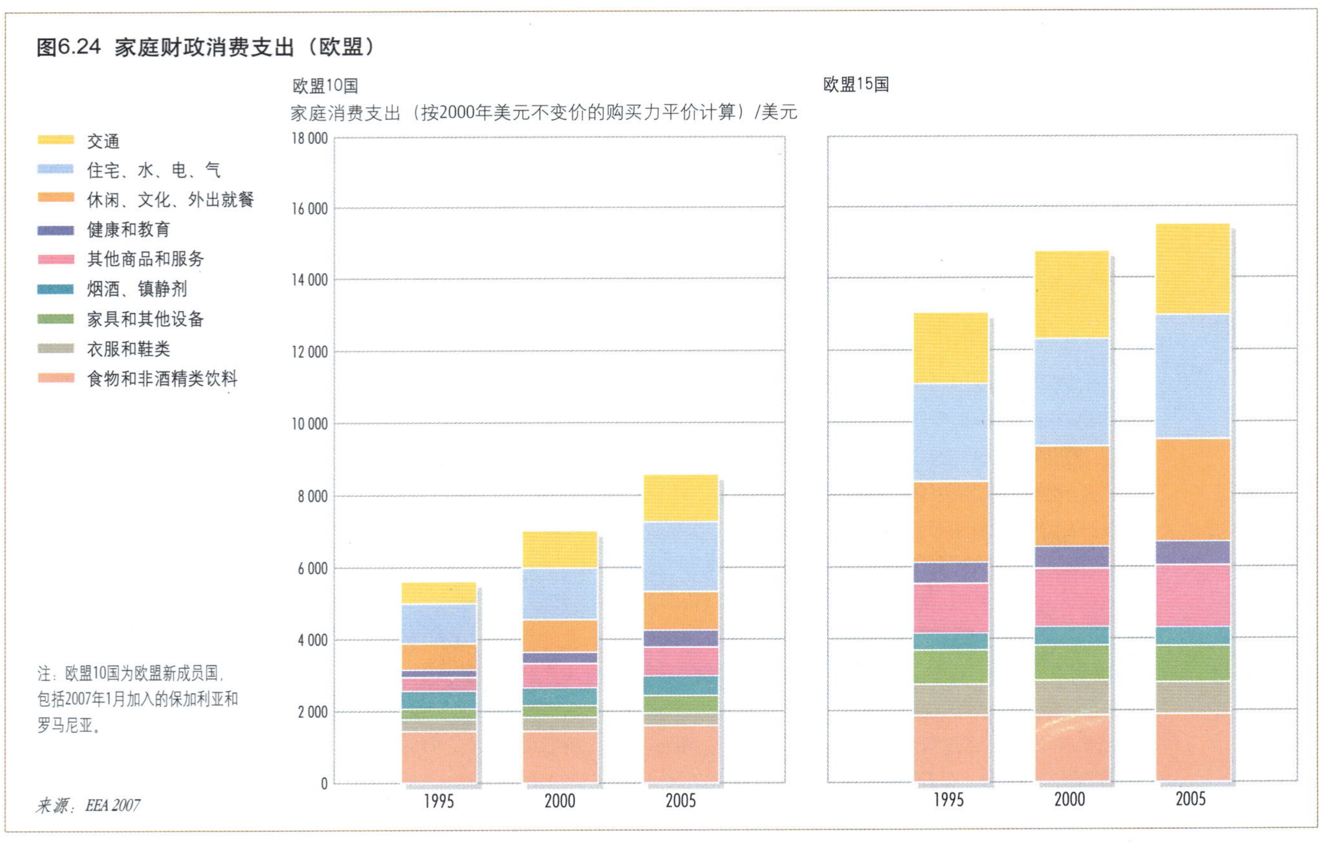

注：欧盟10国为欧盟新成员国，包括2007年1月加入的保加利亚和罗马尼亚。

来源：EEA 2007

但是欧洲能源和资源的使用仍有很大改进的空间。

欧盟新成员国过去几年里自然资源使用量的稳定甚至减少是由几个原因决定的（EEA 2007）。它们包括经济结构和生产的变化，尤其是工业生产水平和农业强度的降低，现代技术的使用和效率的提高。在西欧，使环境压力、原料的使用和废弃物的排放与经济增长完全脱离关系，仍是一项很大的挑战。

为应对这一挑战，人们开始重新设计产品，但仍不知道这能否最终达到割断两者联系的效果。同时，一些自愿措施也被用来激励可持续生产和消费，包括绿色标签、企业的社会责任、欧盟生态管理和审计制度（European Union's Eco-Management and Audit Scheme），以及各行业的自愿协定。

然而，不断增加的生产和消费，再加上缺乏预防措施，通常会抵消能源效率提高的成果（专栏 6.16）。要让消费和生产类型更具可持续性，需要能真实反映原材料和能源环境及社会成本的经济工具，同时结合法律工具、信息技术和其他手段。

西欧面临的挑战是实现切断经济增长和能源消费的联系。但在欧洲一些次区域，缺乏有效的废弃物收集和安全处置仍然是一个严重问题，因为它会导致土地和地下水污染（EEA 2007）。东欧和高加索地区一些国家则面临着另一种环境威胁——在前苏联时代积聚的废弃物，主要包括放射性物质、军事和矿山废弃物，还有大量含有持久性有机污染物的杀虫剂。由于没有足够的资金处理，这些物质对环境构成很大威胁（UNEP 2006e）。

专栏 6.15 可持续消费和生产（SCP）以及环境政策议程

1992 年在里约热内卢召开的联合国环境与发展大会（UNCED）强调了非可持续消费的问题。十年后，在约翰内斯堡召开的世界可持续发展大会（WSSD）达成了制定“一个可持续消费和生产的项目框架”的协议。在这之后，关于可持续消费和生产的马拉喀什进程包括了七项措施，旨在为联合国可持续发展委员会（CSD）2010 — 2011 年的工作准备规划框架。

在欧洲，可持续消费和生产，消除或降低经济发展的环境影响，增加生态效率和资源的可持续管理，依然是政策议程中不断升温的重点。欧盟在自然资源使用、废弃物的预防和循环利用方面采取很多措施，新修改的《欧盟可持续发展策略》（EU Sustainable Development Strategy）主要针对非可持续的消费和生产。欧洲委员会已经开始制订一项可持续消费和生产方面的欧盟行动计划。

捷克、芬兰、瑞典和英国已经制定了与可持续发展的消费和生产有关的国家战略。在欧洲的一些其他地区，包括东欧和高加索地区，以及巴尔干半岛国家，这方面的工作仍然处于起步阶段。

来源：EEA 2007

空气质量和交通

大气污染物

欧洲虽然在温室气体减排方面取得了进步，但是空气污染依然给人类健康和环境带来很大的风险。影响公共健康的主要因素是通过空气传播的细小微粒（空气颗粒污染物），其中的有毒成分包括重金属和多环芳烃；另一个因素是臭氧层。机动车数量的增长、工业排放、发电和家庭生活，都会带来空气污染（专栏 6.16）。

由于有效执行欧盟空气质量政策，西欧空气污染物的排放从2000年以来每年下降2%，预计这一趋势将持续到2020年（图 6.25）。在欧洲东南部，2000 — 2004 年的排放量保持稳定，预计到 2020 年能减少 25%。在东欧，自 1999 年以来的经济复苏，导致空气污染物排放量增加了10%，预计到2020年，除二氧化硫以外，排放量还将上升（Vestreng 等 2005）。实现更安全的空气质量水平需要更多的努力。在西欧和欧洲东南部，到2020年，预期的空气污染物减排将显著减少对公共健康和生态系统的影响，但尚不足以达到安全的水平。

在2000年，由于暴露于空气颗粒物污染的环境中，估计使欧盟25国居民的平均统计寿命减少了大约九个月。这一数字与交通事故的影

图6.25 次区域PM_{10}和臭氧前体物的排放和预测

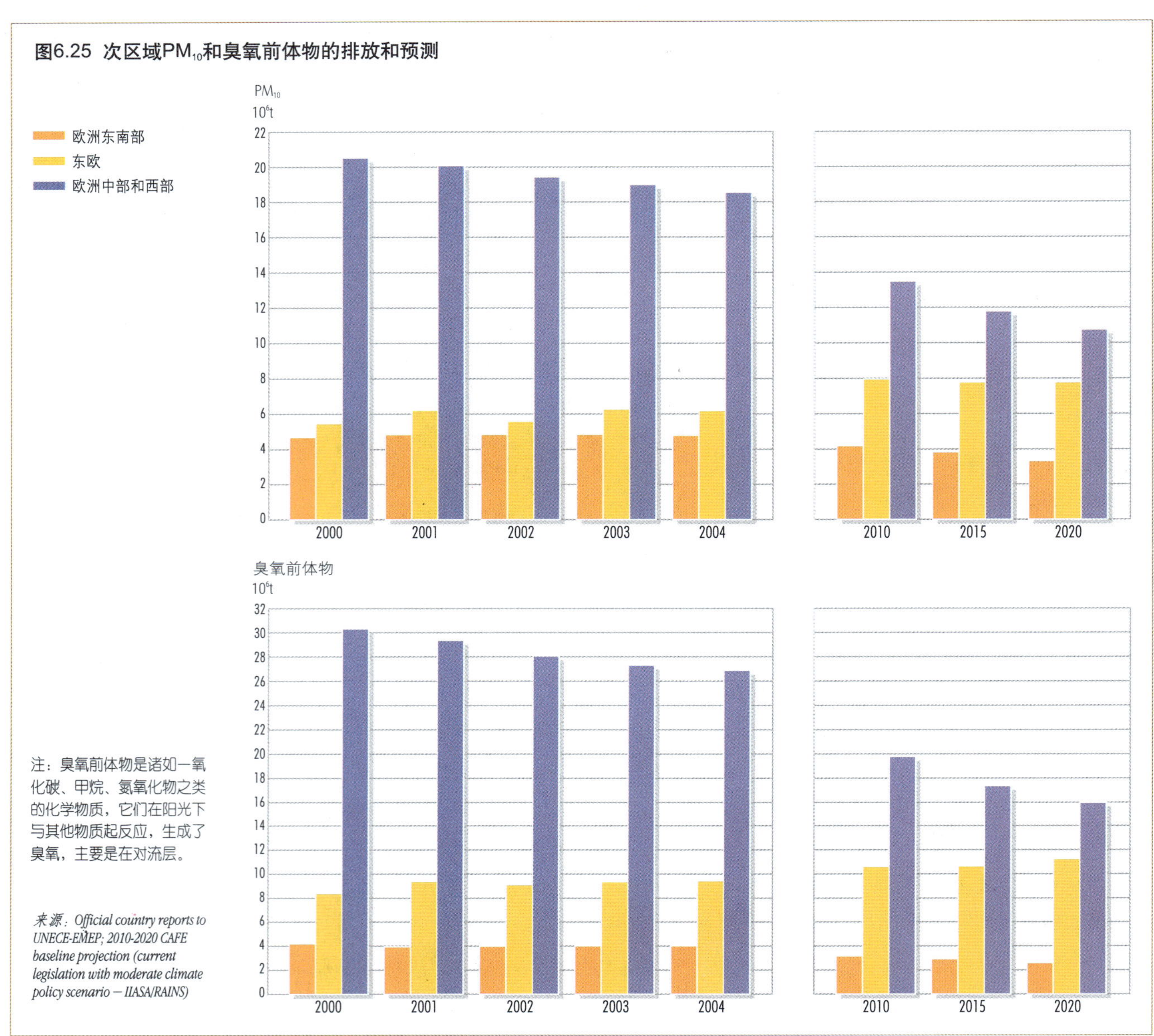

注：臭氧前体物是诸如一氧化碳、甲烷、氮氧化物之类的化学物质，它们在阳光下与其他物质起反应，生成了臭氧，主要是在对流层。

来源：Official country reports to UNECE-EMEP; 2010-2020 CAFE baseline projection (current legislation with moderate climate policy scenario – IIASA/RAINS)

响相当（EC 2005a，Amann 等 2005）。

硫化物排放是酸化的主要原因，在过去20年，这一排放已经下降（CHMI 2003）。2000 年，西欧一些国家酸性物质的排放仍然超过危险的临界值，但欧盟25国受酸雨影响的森林预计将从 2000 年的 23% 下降到 2020 年的 13%。预计未来氨将成为主要酸化物。

减少空气污染

1990—2004 年，欧洲在降低空气污染方面取得了很大进步。空气颗粒污染物的减少大部分来自能源供给部门和工业部门，随着清洁发动机技术的采用，以及固定空气污染源通过采取减少燃料使用量或使用低硫能源（如天然气或无铅汽油等）控制措施，预计欧洲的空气污染排放将进一步减少（专栏 6.17）。1993—2007 年，欧盟采取了越来越严格的机动车污染控制措施。控制的污染物包括 CO、HC、NO_x 和 PM_{10}，使用的设备包括催化转换器和更好的发动机污染控制技术。欧洲汽车排放 V 号标准将于 2009

专栏 6.16 交通需求的增长超过了技术进步

从1993年开始强制使用的催化反应转换器，为西欧空气质量的改善作出了很大的贡献（EEA 2006c），但这一成果被不断增长的公路交通和更多的柴油车所抵消。在欧洲中东部，公共交通体系从20世纪90年代开始退化，私家车数量上升（图6.26）。在西欧和中欧，2003年汽车的每千人拥有量在各国不尽相同，从斯洛伐克的252辆到卢森堡的641辆。白俄罗斯的数据来自1998年，据预测，按照那时开始的增长趋势，该国的汽车拥有量将达到俄罗斯的水平。亚美尼亚的数字来自1997年，且这一数字在1993—1997年保持平稳。

在欧洲中东部，机动车污染物排放总量要小于欧洲中西部的排放总量，但每辆机动车的平均排放量要高很多，因为路况和车子的质量都很糟糕，且缺乏有效的交通管理，使得燃料消耗更高。此外，中东欧一些地区的燃料质量也很差。

在欧洲中西部，由于欧盟的扩张和市场的国际化，公路货运交通的增长速度比经济发展更快。在欧洲中东部，20世纪90年代以来货运交通持续增长。此外，电子商务和相对较低的公路运输成本——依赖于不需要为基础设施和环境外部性付费——正在通过外包、低储备、分散发货、"即时"货运等不断改变着运输部门。

来源：EEA 2006c, EEA 2007

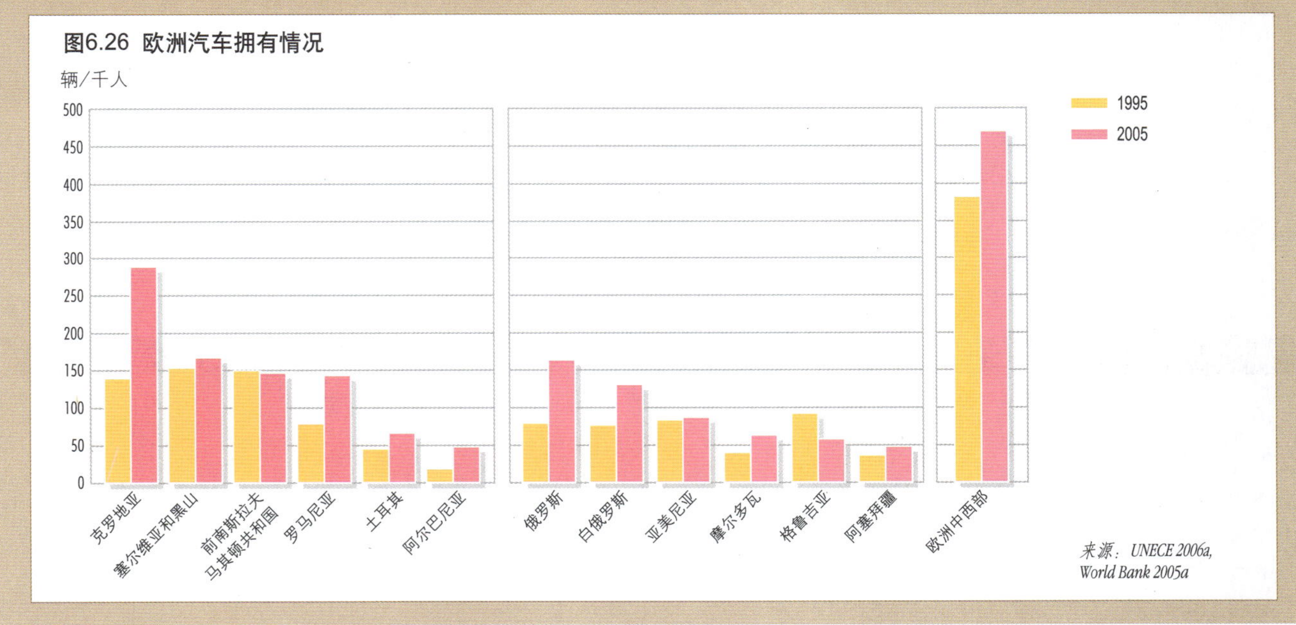

图6.26 欧洲汽车拥有情况

来源：UNECE 2006a, World Bank 2005a

年出台，这将进一步降低常规污染物的排放。

东欧和东南欧拥有自己的汽车工业，且并没有采取西欧诸如催化转换器之类的汽车技术。但是，由于这些技术在西欧已经广为流传且成本低，所以，欧盟汽车排放标准的引进对东欧来说或许是降低机动车污染排放的具有成本优势的有效手段。例如，俄罗斯和乌克兰如果能采用欧洲机动车排放标准（表6.6），将给整个东欧及高加索地区大部分居民的健康带来有利影响，甚至更大的汽车市场份额和更多的汽车产量。它同时将对没有引入欧盟汽车排放标准的国家产生影响，因为大部分厂商需要达到新的标准。

这些都是令人振奋的进步，但是人们依然生活在空气污染水平超过欧盟和世界卫生组织设定标准的环境中。1997—2004年，23%～45%的城市人口依然处于这样的大气环境中，其空气颗粒物（PM_{10}）浓度超过欧盟设定的保护人类健康的界限值，且在此期间没有发生明显的改善（图6.27）。臭氧的情况每年都在发生变化。

专栏 6.17 铅——一个成功的故事？

铅，即使浓度很低，也会影响儿童的智力发育。虽然对欧洲大部分地区而言，没有足够的信息来说明血液中的铅含量，但保加利亚、罗马尼亚、俄罗斯和前南斯拉夫马其顿共和国（FYROM）的研究表明，儿童平均铅暴露水平可能较高。

无铅汽油的使用显著降低了人体血液中的铅含量，减少了相应的健康风险，但在 2003 年，一些接受调查的中东欧国家在销售无铅汽油的同时，仍在销售含铅汽油。

工业污染排放依然是欧洲一些国家铅污染的重要来源。在前南斯拉夫马其顿共和国，一家铅锌冶炼厂周围生活的儿童血液中的平均铅含量在该工厂停止生产之后下降了一半多。

来源：WHO 2007, UNEP 2007a

在上述时期内，20%～25%的城市人口生活在臭氧浓度超过环境标准的地方。2003 年，气象条件带来的高温导致了极高的臭氧浓度（EEA 2004a），上升了大约 60%。

NO_2污染排放情况已有所改观，但约25%的欧洲城市居民仍可能处于超过NO_2浓度标准的污染环境中。处于超过 SO_2 短期浓度标准值的污染环境中的城市人口比例下降到了1%以下，且已接近欧盟的标准值。

俄罗斯、乌克兰和摩尔多瓦一些最大城市的空气污染水平近年持续上升，经常超过国际卫生组织设定的空气质量标准。这一趋势主要是由空气颗粒污染物、二氧化氮和苯并芘的增加造成的。在俄罗斯，苯并芘浓度超过最大允许范围的城市数量在近五年不断增加，到 2004 年已达到 47%。

《欧盟环境行动计划第六版》（6EAP）的目标是使空气质量达到这样的水平，即不增加对人类健康和环境的负面影响和风险。欧盟于 2005 年 9 月开始执行“空气污染专题战略”（Thematic Strategy on Air Pollution）（EC 2006b），并设定了欧洲2020年的空气质量目标。表6.7概括了该战略以 2000 年的情况为参照的预期益处。

表 6.6 非欧盟国家采用欧盟机动车排放标准的情况

	欧盟 I 号标准	欧盟 II 号标准	欧盟 III 号标准	欧盟 IV 号标准
欧洲客车 / 轻型商务车	1993/1993	1997/1997	2001/2002	2006/2007
保加利亚				2006/2007
罗马尼亚				2006/2007
土耳其				2006/2007
克罗地亚		2000		
阿尔巴尼亚	CO 和 HC 国家标准			
前南斯拉夫马其顿共和国	CO 和 HC 国家标准			
波斯尼亚和黑塞哥维那共和国	没有规定			
塞尔维亚和黑山共和国	没有规定			
白俄罗斯		2002	2006	Q4-2006
俄罗斯		2006	2008	2010
乌克兰（仅指进口）		2005	2008	2010

注：白俄罗斯：并不清楚这些信息是指强制性的规范还是仅指能达到规范的汽车。
俄罗斯：有未经证实的报道称欧盟标准的采用被推迟。
现有的欧盟 V 号标准并未包括在内，因为非欧盟国家尚未开始执行它。
正在或即将引用标准的年度指标：客车 / 轻型商务车。

来源：based on information received from EEA contact points

图6.27 欧洲环境委员会32个成员国暴露在超过限定值和目标值空气污染中的城市人口

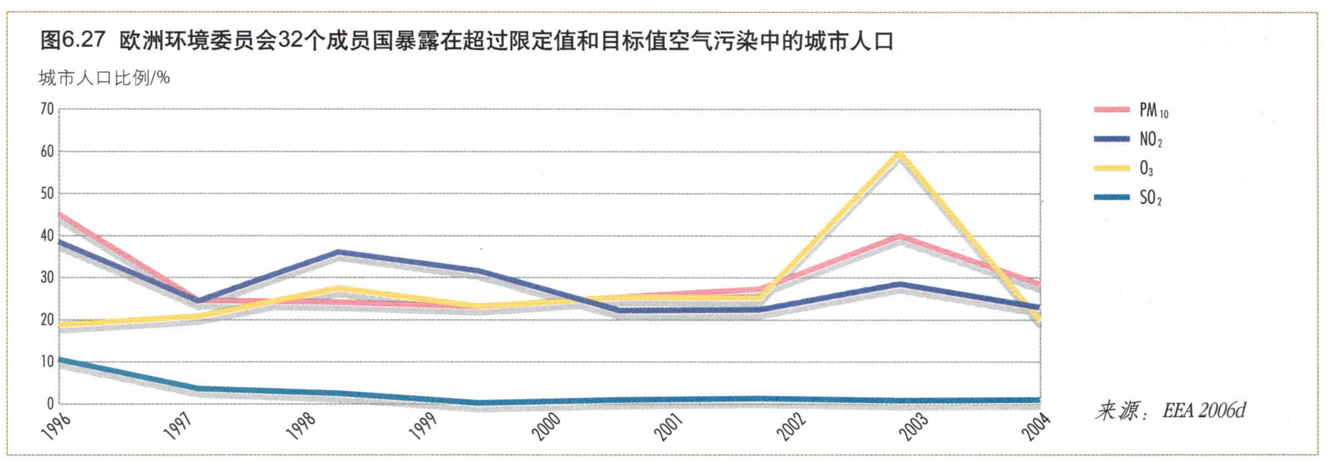

来源：EEA 2006d

土地用途的改变和生物多样性的丧失

土地利用面临的威胁

欧洲农业的两种趋势威胁着生物多样性：集约化和荒置。从社会经济角度看，在土地贫瘠地区进行的农业生产正面临压力，同时受到土地的荒废和集约化生产的影响(EEA 2004b, EEA 2004c, Baldock 等 1995)。城市的扩张、基础设施的建设、非法采伐和人为火灾是影响欧洲生物多样性的其他重要因素。

高度集约化农业造成了高产量的单一作物栽培，导致生物多样性很低。另一种是传统和物种丰富的农业生产体系，它们构成了欧洲当前的农村面貌，并留下了物种丰富的栖息地。栖息地的密度较低，几乎没有化学品的投入，需要高密度的劳动力来管理，如牧羊人。这种生态系统包括半自然的牧业，如西伯利亚大草原、德赫萨斯（有零星橡木的草原，尤其分布在蒙古和西班牙）以及高山草甸。保护这些栖息地需要持续性的传统土地管理实践。

农业部门在经济自由化、建立市场机制支持竞争性粮食市场的发展进程中经受了没有坚持到底的痛苦，其结果是以很少的钱或食物维持生计的农业遍布东欧。农村地区的小农户社会经济条件一般都不好，会导致收入低、艰难的工作条件以及缺乏社会服务，这些都使得年轻人不愿意选择农业，其结果是农村地区人口流失和土地荒废。比如，位于欧洲境内的俄罗斯国土已有超过 20 万 km^2 的可耕地变成了荒漠，预计这一趋势仍会持续下去（Prishchepov等 2006）（专栏 6.18）。随着这种荒废，传统的农业土地管理实践也消失了，因为羊群的入侵或不再有人为烧荒来控制野草生长，导致具有很高自然价值的农地退化。

缺乏良好的农业管理，加上不适当的排

表 6.7 欧盟空气污染专题战略的预期益处

	欧盟 27 国的健康收益			欧盟 27 国的自然环境收益 /km^2		
	货币化收益 /（欧元 / 年）	$PM_{2.5}$ 带来的寿命损失 / 年	$PM_{2.5}$ 和 O_3 造成的早亡 / 人	酸化（超过森林面积）	富营养化（超过生态系统面积）	臭氧（超过森林面积）
2000 年		362 万	37 万	24.3 万	73.3 万	82.7 万
2020 年战略	0.42亿～1.35亿	191 万	23 万	6.3 万	41.6 万	69.9 万

注：生态系统的收益并没有货币化，但预计其益处十分重要。

2020 年战略的生态系统收益情景是根据现有分析结果按照内插值方法推算出来的。

来源：EC 2005b

专栏 6.18 农村地区的边缘化

处于边缘化危险的地区表现出低收益，很大部分农民已经接近退休年龄。西欧农村的边缘化发生在法国、冰岛、意大利、波兰和西班牙部分地区，这些国家的农村边缘化在 20 世纪 90 年代呈上升趋势。

在俄罗斯欧洲部分的北部和东北部的很多地区，超过一半的粮食用地在 20 世纪 90 年代被荒废。恶劣的自然天气和居民的减少都是这一趋势的主要原因。大约 40% 的当地村落是“空巢村落”，人口少于 10 人。农村边缘化比例最高的地区是西伯利亚东部和远东地区。

来源：EEA 2005a, Nefedova 2003

水、过度放牧和灌溉，使得土地逐渐退化，表现为逐渐降低的土壤有机碳含量、增加的侵蚀速度、盐化、低生产力和植被的消失。

欧洲的林业发展是可持续的，但存在一些区域性问题，特别是东欧的非法伐木和人为火灾。近年来，森林火灾的数量和频率不断上升（Goldammer 等 2003, Yefremov 和 Shvidenko 2004）。巴尔干地区、克罗地亚、土耳其、前南斯拉夫马其顿共和国和保加利亚森林火灾在2000年都达到了峰值（FAO 2006a），东南欧 2003 年夏天发生了几十年来最严重的森林火灾，发生在法国和葡萄牙（EC 2004）。目前，欧洲的森林面积达到 1 030 万 km²（79% 在俄罗斯）。大约 1/4 是原始森林，没有明显的人类活动痕迹；50% 是改进的天然林，人为影响较小；剩下的则有很重的人为痕迹。

气候变化的压力不断上升，在未来可能会成为生物多样性损失的主要原因，并对生产力、植物和动物的生长周期和物种分布产生影响（Ciais 等 2005, Thomas 等 2004）。表 6.8 概括了欧洲生物多样性的主要威胁。

生物多样性管理

广阔的农村地区占了欧洲和全球陆地的很大比例，生物多样性的很大一部分依赖于对广阔农村的合理管理。农村地区的目标是保持或恢复功能良好的生态系统，为可持续发展提供基础，保证长期的生态友好条件。只有这样，生物多样性的消失才能停止，人们居住和依赖的农村地区的社会、经济和文化价值才能得到保护。

欧盟致力于在2010年遏止住生物多样性消失的趋势（EEA 2005a，Nefedova 2003），这比《生物多样性公约》的标准更严格，该公约旨在显著降低目前生物多样性消失的趋势。虽然已经取得了不少成就，但离实现欧洲生态系统、物种和栖息地全部得到保护的目标还差很远。

泛欧洲生态网络（Pan-European EcologicalNetwork，PEEN）是一个旨在通过提倡政策、土地利用规划和农村及城市不同规模发展规划间的协同效应来加强欧洲生态联系的非强制性框架（Council of Europe 2003a）。这一网络是建立在不同国际公约和协定的法律规定和工具基础上的。

欧洲生物多样性战略欧盟委员会通讯（The European Commissions Communication on a European Biodiversity Strategy）（EC 2006c）要求欧盟各国加强 2000 年自然保护网络（NATURA 2000 network）的一致性和连通性。同时强调了在欧盟保护区范围外的农村地区恢复生物多样性和生态系统服务的需要。欧盟成员国实现这些目标是执行泛欧洲生态网络的关键。自然保护的主要工具是栖息地与鸟类指令（Habitat and Birds Directives），以及覆盖欧盟 16% 土地的 2000 年自然保护网络。

布伦特兰委员会 1987 年发表的报告建议取消集约农业的补贴，割断产量和补贴之间的联系。2003 年，欧盟共同农业政策（EU Common Agricultural Policy，CAP）进行了改革，将更多的注意力放在了农村发展上。根据这项政策，集约化农业仍得到了很大份额的农业补贴，同时农业环境政策工具的范围也得到了拓宽。

农业环境制度包括支持、保护具有较高自然价值的农业用地。这些地区是农村生物多样性的“热点”（EEA 2004b，EEA 2004c）。采取像

表 6.8 泛欧洲地区主要的生物多样性威胁

威胁	西北欧	高加索地区	东欧	东南欧
气候变化	**	**	**	**
城市化和基础设施建设	**	*	**	**
集约化农业	**	*	**	**
土地荒废	**		**	***
沙漠化	*	**	*	**
酸化	*		***	*
富营养化	***	*	**	**
放射性污染物			**	
森林火灾	*		**	**
非法砍伐		**	**	*
非法捕猎与野生动物交易		***	*	
外来物种入侵	**	*	**	*

注：*轻度威胁；**中度威胁；***严重威胁。

来源：EEA 2007

减少土壤侵蚀和少用硝酸盐化肥这样的良好农业实践的农民可以得到补助。欧盟新成员国在执行这些环境工具方面进展较为缓慢。

淡水资源压力

水质和水量

虽然欧洲大多数人生活舒适，但仍有一部分人无法得到净化的饮用水，更多人无法获得卫生设施。世界卫生组织估计，由于不安全的饮用水和卫生条件不好，欧洲每年有1.8万人早亡、73.6万的伤残调整生命年（DALYs）以及118万人·年的健康损失。

一般说来，西欧居民一直都拥有高质量的饮用水。但是，在巴尔干半岛国家以及中欧一些国家，水资源的供给经常间断并且质量较低（专栏6.19）。一旦断断续续地获得饮用水，使用者则经常面临自来水管网更高的污染风险，且这些基础设施的退化日益严重。水输送网络的渗漏量很高，在欧洲中部和东部的许多国家，输送过程中损失的水资源比例高达到1/3（图6.28）。

由于废水处理和工业污水中污染负荷的减少，以及工业和农业活动的减少，欧洲许多地方的水质自1990年以来获得了很大的改善（图6.29）（EEA 2003，UNEP 2004a，EEA 2007）。但一些大型河流，如库纳河和伏尔加河，仍处于重度污染中（EEA 2007）。

农业是西欧水污染的主要原因。许多营养污染物是由肥料的残留和径流造成的，它们导致了水体的富营养化。新欧盟新成员国20世纪90年代农业部门的财政危机使得肥料用量和牛的数量急剧减少，但如今又开始上升。

许多国家的土地氮化物超标，农业集约化程度越高，土壤中氮的浓度就越高（EEA 2005a，UNEP 2004a）。再加上农业杀虫剂的使用，共同威胁着地下水资源，目前很多地下水体的硝酸盐和其他污染物含量已经超标（EEA 2003，EEA 2007）。

地表水系的城市生活污水中的耗氧物质，如氨和磷，减少其输入在很大程度上改进了河流湖泊中的氧含量和营养条件。由于氮主要来自农业生产，因此没有显著的改善。

农业不仅是造成水污染的主要因素，而且消耗了欧洲大约1/3的淡水资源，尤其是在南部。不同国家农业部门的水资源消耗量占总量的比例从0～80%不等。

专栏6.19 亚美尼亚的水资源供给和卫生设施

亚美尼亚低效的水资源供给设备及卫生设施年久失修，供应人口远远超过设计能力，有些地方甚至消失了。废水网络收集了城市地区60%～80%的管道污水，但这些污水大部分直接排入了环境水体，因为1990年以前建造的20座污水处理厂如今只有一小部分还在工作。大约63%的污水收集设备建造于40～45年前，如今已处于老化阶段。

饮用水供应网络严重退化，通常损失率高达60%。消费者往往得到的是超过微生物健康标准的水。有问题的输送管道数量从1990年的21%上升到了2000年的57%。1992—2001年，水生疾病病例增长迅速，图6.28展示了1998—2002年由供水网络损失的水量，虽然增长速度明显减缓了，但是仍然在上升。

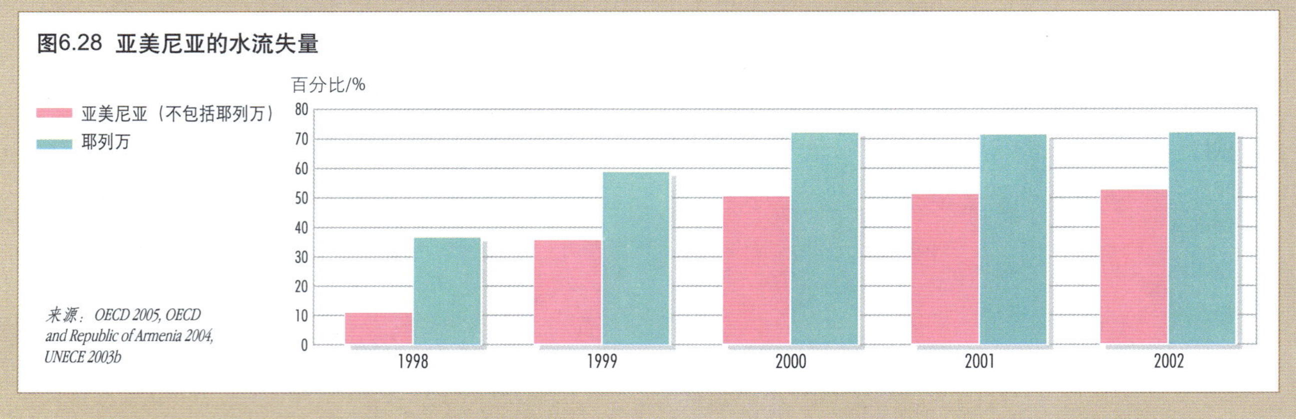

图6.28 亚美尼亚的水流失量

来源：OECD 2005, OECD and Republic of Armenia 2004, UNECE 2003b

由于水的循环利用、一些工业企业的关闭和产量的下降，工业用水自20世纪80年代和90年代开始下降（EEA 1999）。西欧的家庭用水也因水价的上升而下降。

管理水资源和卫生设施

为了解决水质问题，欧盟制定了一些公约。2000年的《欧盟水资源框架指令》(EU Water Framework Directive)采取了综合的水资源管理措施，其目标是欧洲所有水体在2015年达到良好的生态状况。

水资源管理方面的合作是欧盟的传统，欧盟成员国在这方面达成了一系列国际协议，如多瑙河委员会（Danube Commission）和保护莱茵

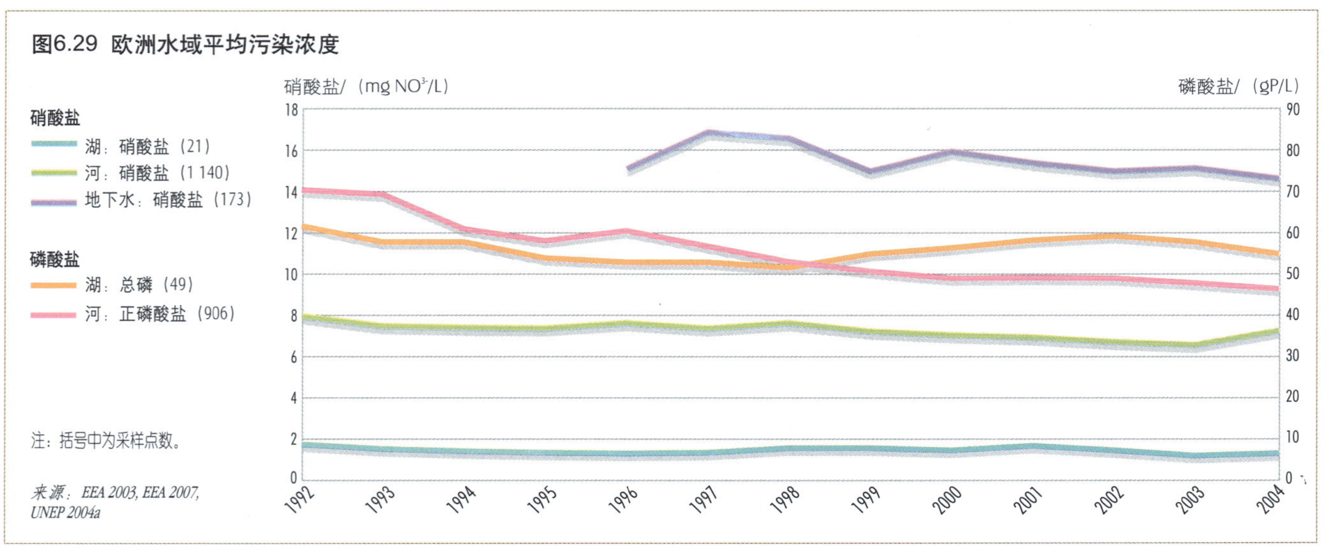

图6.29 欧洲水域平均污染浓度

注：括号中为采样点数。

来源：EEA 2003, EEA 2007, UNEP 2004a

河国际委员会（International Commission for the Protection of the Rhine）。但是在20世纪90年代，欧洲中部和东部的水质监测水平出现了显著下降。从那以后，人们进行了改进，但几个国家的监测仍不足以获得水环境质量的清晰概况（EEA 2007）。

欧盟环保工作的重点已经从水体的点源污染向分散的面源污染转变，如农业径流（EEA 2003，EEA 2005a）。面源污染更难监测和计算，因此也更难管理（UNEP 2004a）。

现代化供水网络将改进水的可获得性；防止渗漏将减少欧盟一些新成员国在输水管道中的水资源损失（EEA 2003）。安装水表和合理的价格将鼓励人们节约水资源，据估计可节约10%～20%（EEA 2001），但是必须注意水价不能太高，影响人们的正常使用。《欧盟水资源框架指令》规定，水的使用者必须支付全部的供给成本。

可在农业部门采用用水需求管理措施，如种植需水量较低的农作物（UNEP 2004a），以及使用高效灌溉技术。水的循环利用也是可持续用水的有效手段。

拉丁美洲和加勒比地区

变化的驱动力

社会经济趋势

拉丁美洲和加勒比地区（LAC）由33个国家组成，可以划分成三个次区域：加勒比地区、中美地区（墨西哥和美洲中部）以及南美地区。超过5.6亿人生活在这一地区，占世界人口总量的8%，其中一半生活在巴西和墨西哥。从1987年布伦特兰委员会发布报告到2005年，拉美和加勒比地区的人口增加了约34%。虽然人口的平均年增长率从1.93%下降到了1.42%，但美洲中部的一些国家仍超过了2%。同一时期，该地区的人口预期寿命从66岁上升到了71岁（GEO Data Portal，from UNPD 2007）。

用联合国开发计划署的人类发展指标（Human Development Index，HDI）来衡量，该地区处于中间水平。与1985年相比，所有国家的人类发展指标都取得了进步，这表明，平均而言，人们都变得更健康，得到了更好的教育且减少了贫困（UNDP 2006）。然而，该区域只有33%的居民生活在人类发展水平较高的国家。2004年，海地在全球177个国家的人类发展指标排序中位居第154位。

贫困和不公平依然是该区域面临的严峻挑战。虽然贫困人口的比例从1990年的48.3%下降到了1997年的43.5%，但2004年依然达到了42.9%（2.22亿人），其中9 600万人生活在极端贫困条件下（CEPAL 2005）。在全世界范围，拉美和加勒比地区的收入不平等程度最高。玻利维亚最贫困家庭的20%只占了全国总收入的2.2%，而这一数字在乌拉圭为8.8%。乌拉圭最富有家庭的20%享有41.8%的全国收入，在巴西则高达62.4%（CEPAL 2005）。

20世纪80年代，经历了由于经济危机导致的国内生产总值每年减少3.1%的“失落的十年”之后，1990—2004年，该区域国内生产总值的增长率达到了53%，即年均增长率为2.9%（GEO Data Portal，from World Bank 2006）。然而，与世界上其他发展中次区域（尤其是东南亚）相比，这一增长率还是偏低，且低于联合国千年发展目标为消除极端贫困而设定的4.3%（CEPAL 2005）的增长目标。区域化和全球化加剧了石油和天然气的开采，扩大了用于出口的单一农作物的种植面积，加强了加勒比地区的旅游活动（UNEP 2004b）。

能源消费

拉美和加勒比地区能源消费水平依然很低，且利用缺乏效率（专栏6.20）。该区域与能源使用密切相关的人类活动所排放的二氧化碳在1990—2003年大约增长了24%。然而，其人均排放2.4 t/a的水平依然远低于发达国家（2003年北美人均19.8 t/a，欧洲人均8.3 t/a）。事实上，

上图，孩子们和家长每天从垃圾里分离出能卖钱的残余物。下图显示的是贫富差距。

致谢：Mark Edwards/Still Pictures (top) and Ron Giling/LINEAIR/Still Pictures (bottom)

该区域当前的排放量仅占全球排放总量的5%（GEO Data Portal，from UNFCCC-CDIAC 2006）。

1980—2004年，拉美和加勒比地区的能源强度（单位GDP能耗）几乎没有变化（CEPAL 2006），这给经济和环境带来了负面影响。在工业化国家，这一数字降低了24%。拉美和加勒比地区能源强度缺乏改进的原因是没有更有效的技术、落后的工业和燃料价格补贴（相对于国际市场价格而言）以及交通部门能源大量的低效利用（见第2章）。

科学和技术

拉美和加勒比地区在科学发展和技术创新领域一向缺乏竞争力（Philippi等2002）。但各国都在采取各种措施进行环境科技的投资以实现可持续发展（Toledo和Castillo 1999，Philippi等2002）。然而，该地区很少有国家能达到把占国内生产总值至少1%的资金用于科学和技术的国际目标（RICYT 2003）。此外，高素质人才外流的趋势显著，形成了向工业化国家的“智力输出”（Carrington和Detragiache 1999）。

管理

环境管理是一个复杂的问题，目前环境问题并没有处于它所需要的优先地位（Gabaldón和Rodríguez 2002）。拉美和加勒比地区在国际环境多边协定（MEA）中的参与率普遍较高（专栏6.21），近15年来很多国家也建立了与环境事务有关的正式机构。然而，环境机构的地位和预算相对于其他部门通常较低，其他部门迄今为止也没有把环境标准纳入工作主流。

目前拉美和加勒比地区面临的环境挑战，以及很多国家的环境政策，都清楚地表明了一个事实：良好的管理，尤其是土地利用规划，是21世纪的重要议题。

该地区强调制造业和人力资本是发展的基础，而自然资本（自然资源和环境服务能力）在经济和社会发展中的物质基础作用往往被忽视。这导致了城市和农村发展规划不善、人口向城市的迁移、社会和地域不公平的加剧，以及执行环境政策和规章的能力受限。

尽管存在这些困难，政府、学术界和社会机构正做出更多努力，以确保环境问题得到考虑。各国政府日益认识到，环境管理是与贫困和社会公平息息相关的问题，良好的管理包括将稳定的经济视为可持续发展的工具，而不仅仅是单一的发展目标（Guimaraes和

专栏 6.20 能源供给和消费类型

能源可获得性的不公平，以及能源的低效利用，仍是可持续发展面临的挑战。拉美和加勒比地区占世界水力发电潜能的22%，地热能源的14%，石油储量的11%，天然气的6%和煤的1.6%。阿根廷、智利、厄瓜多尔、墨西哥和委内瑞拉等国对化石能源的依存度较高，而波多黎各和巴拉圭则更多地使用了可再生能源，巴西是世界上最重要的生物燃料生产国（使用甘蔗和大豆为原料）。

虽然有丰富的能源资源，但该区域人均能源年消耗量为0.88 t石油当量，1987—2004年仅有轻微增长。这一数字仍然低于世界平均水平（1.2 t），且比发达国家低很多（欧洲2.4 t，北美5.5 t）。交通和工业是主要的耗能产业。交通占了能源耗费总量的37%，工业部门1980—2004年占总能耗的34%。木材仍是重要的能源，尤其是在家庭，虽然1990—2004年使用量出现了下降。

来源：CEPAL 2005, GEO Data Portal from IEA2007, OLADE 2005, UNECLAC 2002

巴西是世界上最重要的生物燃料生产国。上图是巴西糖和酒精生产的蒸馏间。

致谢：Joerg Boethling/Still Pictures

Bárcena 2002）。

环境信息的免费共享和普及环境教育，能够为改进环境政策提供必要的动力和政治意愿。人们急需关于可持续发展的环境、社会、经济方面的研究，以支持把重点放在土地资产的可持续管理的政策设计，包括自然资本和社会资本两个方面。这或许是目前该地区面临的最大挑战。

重点问题

拉美和加勒比地区占世界土地总面积的15%，却拥有世界自然基金会（WWF）定义的最大面积的生态区域：除苔原（虽然高山苔原零星出现）和针叶林以外的所有生物群落。该地区同时拥有世界最丰富的生物多样性，许多物种是当地特有的；该地区还包括几个世界最大的流域：亚马逊流域、奥里诺科河流域、

专栏 6.21 全球多边环境协议的区域参与

拉美和加勒比地区超过90%的国家都签署了多边环境协议，如《拉姆萨公约》《世界遗产公约》《濒危野生动植物种国际贸易公约》《联合国海洋法公约》《蒙特利尔议定书》《京都议定书》和《巴塞尔公约》。该区域签署与生物多样性和荒漠化公约有关的多边环境协议的参与程度更高。与此相反，《卡塔赫纳生物安全议定书》《鹿特丹公约》和《斯德哥尔摩公约》等多边环境协议的参与程度（缔约方）要低很多，分别达到76%、45%和64%。

多边环境协议的执行仍然是该区域面临的一项重要挑战，因为这些环境协议的执行依靠国家（有时需要次区域）层面的行动，而各国政府执行国家行动计划的能力是至关重要的。因为一般是公众要求进行监测，因此地方政府授权民间社会是很重要的。1987年签署的《关于消耗臭氧层物质的蒙特利尔议定书》及其修正案就是很好的例子。在遵守该议定书方面没有什么社会压力，因此虽然33个国家都批准了该议定书，但只有7个国家实现了该议定书规定的目标。

来源：GEO Data Portal, from MEA Secretariats, UNEP 2004b

巴拉那河流域、托坎廷斯河流域和圣弗兰西斯科河流域，以及格里哈尔瓦河—乌苏马辛塔河流域（FAO AQUASTAT 2006）。

该地区每年的人均淡水可使用量为2.8万 m³，远高于世界平均水平，但分布不均。将近40%分布在巴西，而哥伦比亚地区每年会有9 000 mm的降雨量。另一方面，该地区约6%的土地是沙漠，在吉瓦瓦和阿塔卡马沙漠等地，几乎没有降水。不断增加的用水需求和污染，尤其是在城市地区，伴随着低效用水方式，大大降低了水的可用性和水质。近30年来，能否获得水资源第一次成为拉美和加勒比地区一些国家社会经济发展的限制因子，尤其是在加勒比地区（UNECLAC 2002）。

无计划的大规模城市化对陆地生物多样性和生态系统的威胁、海岸的退化和海洋污染、地区面对气候变化的脆弱性，是拉美和加勒比地区环境问题中需要优先解决的重点问题。这四个问题对区域和全球的可持续发展都十分重要。

成长的城市

城市化

拉美和加勒比地区是发展中国家城市化水平最高的地区，几乎与发达国家的城市化持平。1987—2005年，城市人口比例从69%上升到了77%（图6.30）。在圭亚那和圣露西娅，城市人口占总人口的比例不到28%，而在阿根廷、波多黎各和乌拉圭，这一比例高达90%以上。城市人口的增长率从1985—1990年的年均2.8%下

托坎廷斯河生物种类丰富，许多是本地特有种。

致谢：Mark Edwards/Still Pictures

降到了2000—2005年的1.9%(GEO Data Portal，from UNPD 2005)。墨西哥城、圣保罗和布宜诺斯艾利斯这几个大城市分别有2 000万、1 800万和1 300万人口。1980—2000年，这三大城市的人口年均增长率分别达到了2%、4%和1%(WRI 2000，Ezcurra等2006)。

从农村向城市的迁移

在农村地区贫困和工作机会匮乏的驱动下，人口由农村向城市迁移，在不到50年里使主要的聚居类型从农村向以城市为主转化(Dufour和Piperata 2004)。在不同国家，农村人口向城市的迁移速度各不相同。阿根廷、智利、委内瑞拉的城市化速度相对较快，而巴拉圭、厄瓜多尔和玻利维亚的城市化速度则最低。如今，这些城市化水平最低的国家显现出了极高的城市化率(3.3%～3.5%)(Galafassi 2002，Anderson 2002，Dufour和Piperata 2004)。一些主要大都市，如墨西哥城、蒙特雷和墨西哥的瓜达拉哈拉的增长率开始下降，但一些中型城市的增长率仍在上升，尤其是在旅游业和制造业较发达的城市(Garza 2002，Dufour和Piperata 2004，CONAPO 2004)。例如在秘鲁，库斯科、胡利亚卡、阿亚库乔和阿班凯等城市的增长率就高于利马(Altamirano 2003)。在巴西，超过一半的亚马逊河沿岸城市居民并没有居住在马瑙斯和贝伦这两大城市中(Browder和Godfrey 1997)。在一些情况下，农村人口的流出促进了自然森林生态系统的恢复，即森林转移(forest transition)(Anderson 2002，Mitchell和Grau 2004)。

城市空气污染

城市空气污染主要是由交通和工业部门大量使用化石能源引起的，目前仍是一个重要的环境问题(见第2章)。该地区只有约1/3的国家设定了空气质量标准或排放标准，在诸如墨西哥城(Molina和Molina 2002)和圣保罗之类长期污染较为严重的大城市，空气质量的管理和监测进行得较好。墨西哥城已经彻底消除了空气中的铅污染，但是仍然面临着臭氧层、硫化物和空气颗粒物污染的严重问题(Bravo等1992，Ezcurra等2006)。该地区的燃料质量(包括汽油和柴油)在逐渐改善；含硫量较低的无铅汽油和柴油的使用逐渐增加(IPCC 2001)。波哥大已经减少了机动车的污染，但在控制城市工业污染排放方面仍需努力。但在一些中小型城市，空气污染逐渐增加，这些城市较难获得控制空气污染的资源和技术，并且对城市增长缺乏适当的管理(UNECLAC 2002)。主要影响贫困人口用传统方式煮饭和取暖的室内污染问题，在城市环境议程中已逐渐淡出。

水资源、卫生设施和废水收集系统

生产和消费都集中在城市地区，通过森林采伐，土地退化，生物多样性的丧失，土壤、空气和水污染以及建筑材料的挖掘等方面影响着周围的环境。城市地区的许多居民(尤其是贫困居民)面临着更好的服务供给(如水、能量和污水排放)与健康、教育和其他社会服务的供应不足的矛盾，这增加了他们的生活成本。城市贫困是一个主要问题：该区域39%的城市家庭生活在贫困线以下，54%的极端贫

图6.30 城市人口占总人口的比例

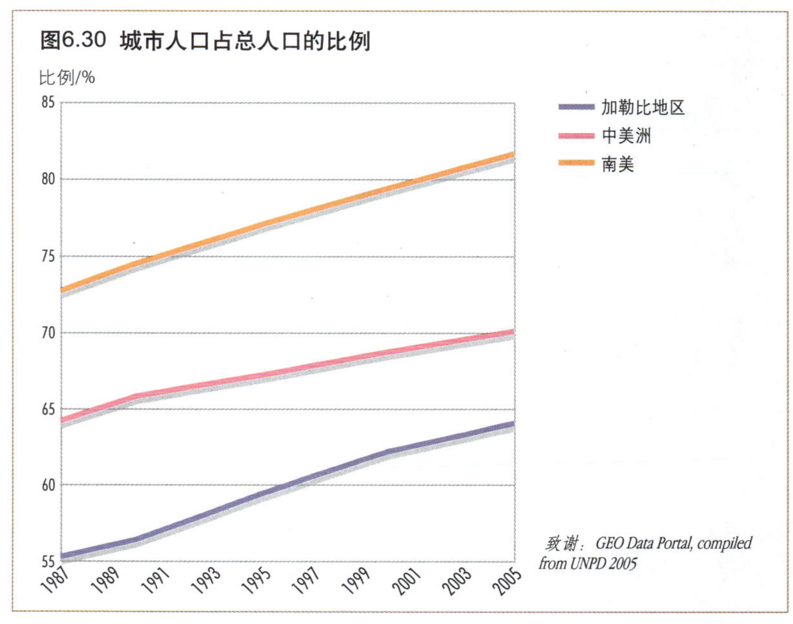

致谢：GEO Data Portal, compiled from UNPD 2005

困人口生活在城市（CEPAL 2005）。

在20世纪，水资源的抽取量（见第4章）增加了10倍，目前已达到每年约263 km^3，其中墨西哥和巴西占了51%（UNECLAC 2002）。1998—2002年，该地区71%的供水用于农业（GEO Data Portal，from FAO AQUASTAT 2007）。该地区能获得净化饮用水的人群从1990年的82.5%上升到了2004年的91%。同一时期，城市地区安全水资源的获得比例从93%上升到了96%，农村地区从60%上升到了73%。然而，到2005年，将近5 000万居民仍然无法得到经过净化的饮用水（GEO Data Portal，from WHO and UNICEF 2006，UNPD 2007），其中3 400万人住在农村地区（OPS 2006）。由于需求的增长和可获得性的降低，水资源的供给成本不断上升。在墨西哥城，取自库察马拉流域的水需要抽上1 100 m才能达到高海拔的墨西哥盆地（Ezcurra等2006）。

该地区享受卫生服务设施（见第4章）的人口比例从1990年67.9%上升到了2004年的77.2%（城市和农村地区分别为85.7%和32.3%）。然而，仅有14%的生活污水得到了适当的处理（CEPAL 2005），2004年，大约1.27亿人仍然无法享受卫生服务设施（GEO Data Portal，from WHO and UNICEF 2006 and OPS 2006）。该区域的地表水和地下水不断受到不同物质的污染，其中包括氮化物和重金属，但该区域仍然缺乏对水资源的系统性监测和保护措施。水体污染对居住着50%人口的海岸地区产生了重要的影响（GEO Data Portal，from UNEP/DEWA/GRID-Europe 2006）。

城市化使得该地区固体废弃物的数量迅速上升。城市固体废弃物的产生量从1995年的每天人均0.77 kg上升到2001年的0.91 kg。平均看来，城市垃圾中有机废弃物（易腐烂）仍然占很大比例（约56%），废纸、塑料、织物、皮革和木头等也占了不少（25%）（OPS 2005）。该区域在城市固体废物循环利用方面的努力仍处于起步阶段。虽然城市固体废物收集率达到了81%，但只有23%进行了适当的处理。其他城市固体废物未经处理，直接进入了未经批准的垃圾倾倒处、水体和路边或者进行焚烧，污染了土地、空气和水（OPS 2005）。

改善城市规划和管理

在过去十年里，针对环境问题的相关新政策措施往往采用的是命令—控制的手段，如规章和标准，再结合使用经济手段，如“谁污染谁付费”和“为环境功能付费”。然而，最近的一些例子表明，从定义上讲私有化并不是引入诸如水资源功能费等概念的最优手段，因为它不能保证资源更持续和公平地使用（Ruiz Marrero 2005）。这些政策对于改进生态系统和人类健康的作用需要认真加以评价。如果没有认真的城市规划，付费体制本身是无法扭转环境破坏趋势的。

城市无序增长、对资源的需求及现有生产和消费模式产生的压力必须给可持续的资源利用让路，这样才能改善人们的生活质量，实现长期的发展目标。为了达到这一点，不仅需要经济手段和有效的环境法律措施，还需要以生态为导向并且经过多方参与的综合城市规划来作为可持续发展的战略基础。

一些成功的案例清楚地说明了制订和执行一些应对至少一种紧迫的城市环境问题（如空气污染）的政策的可行性。所有这些都建立在更好的城市环境规划和管理基础之上。例如，在巴西库里提巴市和哥伦比亚波哥大市建立的公共交通体系成为了本区域内其他大城市（墨西哥、圣保罗、智利圣地亚哥）和欧洲国家（毕尔巴鄂和塞维利亚）的榜样，20世纪90年代在墨西哥主要城市进行的空气质量综合管理项目亦然。其他例子包括哈瓦那（一座联合国教科文组织认定的世界遗产城市）城市农业和滨水地区的恢复，智利在其《水资源法》中增加了水利用效率和废水处理的条款（Winchester 2005，PNUMA 2004，UN-HABITAT 2001），以及库里提巴市实行的基于社区的固体废物管理框架（Braga和Bonetto 1993）。

巴西库里提巴的综合公交系统。

致谢：Ron Giling/Still Pictures

陆地生物多样性

生物多样性的破坏

拉美和加勒比地区在生态系统、物种和基因层面具有极高的生物多样性水平。亚马逊流域拥有全球50%的生物多样性（UNECLAC 2002）。其中六个国家（巴西、哥伦比亚、厄瓜多尔、墨西哥、秘鲁和委内瑞拉）被公认为世界上生物多样性最丰富的国家。这些国家中的任何一个所拥有的植物、脊椎动物和无脊椎动物的物种数量都超过了地球其他国家的总和（Rodriguez等 2005）。这些生态区域形成了一条2 000万 km^2 的陆地走廊（Toledo 和 Castillo 1999）。

这些国家巨大的生物多样性正因为栖息地的消失、土地退化、土地利用方式的改变、森林砍伐和海洋污染而受到威胁（Dinerstein等 1995，UNECLAC 2002）。该区域11%的土地已被正式列为保护区（GEO Data Portal，from UNEP-WCMC 2007）。在该地区被世界自然基金会认定的178个生态保护区中（Dinerstein 等 1995，Olson 等 2001），只有8个是完全未受破坏的，27个相对稳定，31个受到威胁，51个濒危，55个非常脆弱，还有6个没有分类。在7个区域性“热点”中，超过地球植物和脊椎动物1/6的本地特有物种受到栖息地消失的威胁。其中41%面临威胁的当地特有植物物种在热带安第斯山脉，大约30%位于中美洲（包括巴拿马和哥伦比亚之间的乔科—达连—埃斯梅拉达地区）以及加勒比海，26%在巴西的大西洋森林和塞拉都（大草原）（UNEP 2004b）。

高生物多样性伴随着丰富的文化多样性（见第5章）。该地区有超过400个不同的土著群落——占总人口的10%。他们通常生活在社会的边缘，在国家层面决策中鲜有发言权。很多本土文化已经消失，其他本土文化正面临衰亡（Montenegro 和 Stephens 2006）。随着经济的单一市场化，文化多样性和传统管理知识与方法都受到威胁（见第5章）（专栏6.22）。

该地区的森林占世界森林总量的23.4%，但是正迅速减少。贸易、未经计划的城市化和缺少土地使用规划等因素促使传统森林转化为畜牧场，以及以出口或生物燃料为目的的单一庄稼作物，如棉花、小麦、稻谷、古柯和大豆。基础设施，如道路和大坝的建设以及城市地区的发展，使得大片森林被砍伐。其他压力包括土地投机、伐木、木料需求和森林火灾

专栏 6.22 文化多样性、传统知识和贸易

土著和农业部落有着与地区巨大的生物多样性密切相关的悠久的环境管理历史。这同时决定了环境资源保护的成败。财产公有是同时提供挑战和机遇的土地所有权体系。

在很多情况下，当前评价极高的资源本土化与多样性来自于土著部落。这一知识在代际之间口头流传，但是由于土著群落因为迁移和土地用途的改变而被社会边缘化，这些知识正在逐渐消失。实践证明，传统的知识具有很高的价值，如当今的生态勘探和生态工艺学。很多现代药品来自传统土著部落草药的使用。在一些情况下，传统知识是通向当今可持续环境管理的途径。我们需要深入了解该地区这类知识，并建立适当的知识产权体系。

来源：Carabias 2002, Cunningham 2001, Maffi 2001, Peters 1996, Peters 1997, Toledo 2002

巴西原住民在收集草药。传统知识对生存具有很大价值。

致谢：Mark Edwards/Still Pictures

(UNEP 2004b)。

拉美占全世界森林总面积的 23% 多，但 2000 — 2005 年，其森林覆盖率损失了 66%（图 6.31）(FAO 2005)。南美洲的森林净消失量最大（每年接近 43 000 km²），其中有 73% 发生在巴西 (FAO 2005)。森林砍伐降低了水资源的数量和质量，导致持续的土壤侵蚀和水体泥沙的沉积，造成了生物多样性的严重退化和消失 (McNeill 2000，UNEP 2006i)。森林砍伐同时是温室气体排放的重要原因。该地区森林的采伐所带来的二氧化碳的排放占由于土地利用的改变而造成的全球排放量的大约48.3%（见第2章），其中近一半发生在巴西，尤其是亚马逊流域。目前已采取许多新的努力来缓解这一恶化趋势。经过综合预防和控制项目，亚马逊流域每年的森林采伐量从 2004 年的 2.61 万 km² 下降到2006年的1.31万km² (INPE 2006)。2004年，巴拉圭议会通过的《零采伐法》帮助巴拉圭东部地区降低了 85% 的森林采伐率。巴拉圭在 2004 年是世界上森林采伐率最高的国家之一

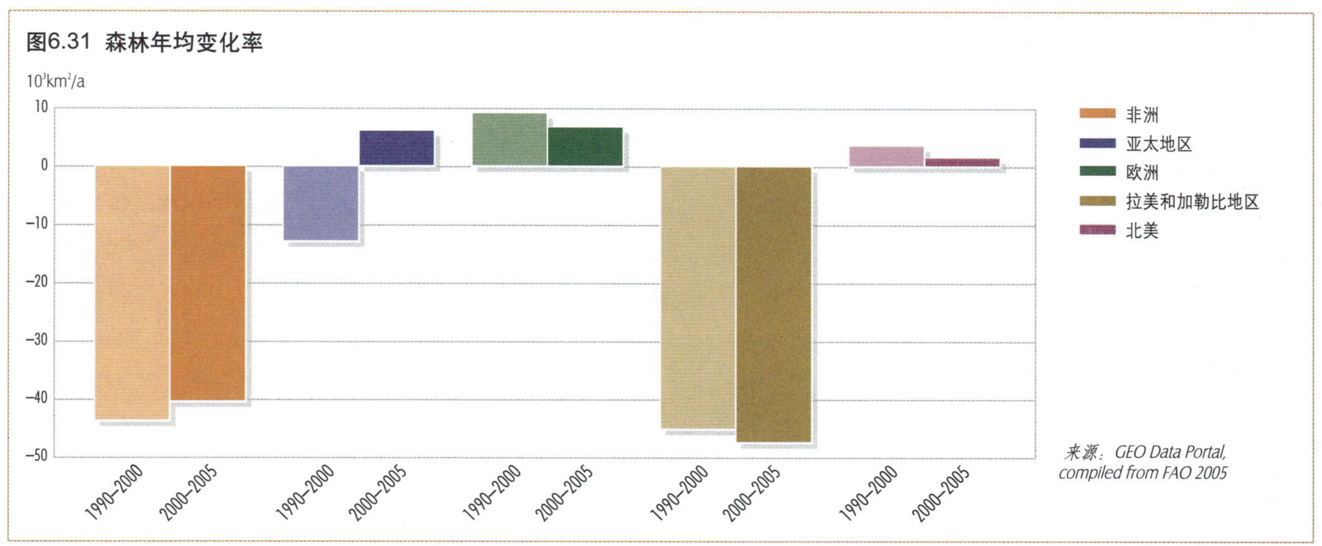

图6.31 森林年均变化率

（WWF 2006b）。

土地退化是该地区另一个主要环境问题（见第3章）。该地区15.7%的土地，共计310万km²出现了退化。在中美洲这个问题尤其明显，26%的土地发生了退化，而南美受影响的范围则是14%（UNEP 2004b）。水的侵蚀是土地退化的主要原因，而风蚀在诸如玻利维亚、智利和阿根廷三国交界等地十分明显（WRI 1995）。中美洲山区和安第斯山脉是世界上土地侵蚀最严重的区域（WRI 1995）。

森林采伐、过度放牧和不适当的灌溉引起的荒漠化影响了25%的地区（见第3章）（UNEP 2004b）。灌溉导致的农业用地盐化在阿根廷、古巴、墨西哥和秘鲁尤为严重，这些国家拥有大片旱地，经常受到水资源使用不当或持久干旱的影响（UNEP 2004b）。另外，农业集约程度过高导致土壤肥力降低（专栏6.23）。

保护陆地生物多样性

1985—2006年，保护区的面积增加了一倍（包括世界自然保护联盟分类Ⅰ～Ⅵ中的海洋和陆地），目前占整个区域面积的11%，且在北美（10.6%）、中美洲（10.2%）和加勒比地区（7.8%）的覆盖率相对较高（GEO Data Portal, from UNEP-WCMC）。有关国家正采取一些新的措施，包括从墨西哥南部到巴拿马的中美洲生态走廊的建立和保护巴西雨林的试点项目（Pilot Programme to Conserve the Brazilian Rain Forest）等。在亚马逊流域建立了7个新保护区，总面积达15万km²，包括世界上迄今为止最大的热带雨林严密保护区：Grão-Pará生态站（Conservation International 2006，PPG7 2004）。总的说来，整个区域对“生物多样性热点地区”保护不力。需要在许多热点地区以及其他拥有丰富生物多样性的地区加强保护行动和进行持续的努力。

专栏6.23 拉美和加勒比地区的集约化农业

南美约有68.2万km²土地受到土壤养分流失的影响，其中45万km²土地养分流失程度中等或严重。巴西东北部和阿根廷北部的土地肥力逐渐降低，其他显著的区域还包括墨西哥、哥伦比亚、玻利瓦尔和巴拉圭。该地区只有12.4%的农业用地未受肥力问题的困扰，40%的土地钾含量较低，接近1/3的土地铝含量过高而给农作物带来毒性影响，这是热带地区的特征。

2002年，该地区消耗了大约500万t氮肥，占全球消费总量的5.9%，其中阿根廷、巴西、墨西哥的消费量占了68%。滥用肥料造成的环境影响包括水体和土壤中的含氮化合物的增加（见第3章），这对海岸地区（见下面的章节）、饮用水供应（见第4章）和生物多样性（见第5章）都造成不良影响。

来源：FAOSTAT 2004, Martinelli and others 2006, UNECLAC 2002, Wood and others 2000

近年来，政策环境发生了很大的变化，政府越来越多地动员民间社会的力量来解决石油和天然气的获取、水的可用性以及区域生物多样性保护等问题（见第3章、第4章、第5章）。一些最新例子包括瓜拉尼含水层（世界上最大的含水层之一，面积为1 200 km²，横跨巴西、巴拉圭、乌拉圭和阿根廷）的地理政治预警（Carius等 2006），智利帕斯夸—拉马金矿采矿项目的争议（Universidad de Chile 2006），多米尼加共和国关于自然保护区的新法律以及乌拉圭流域造纸厂的建设。

生物多样性的保护和环境法律的有效执行仍然是该地区在保护生物资源方面面临的政策挑战。目前的政策可能对保护工作产生限制作用，需要在地方、国家和区域层面进行修正。在规划相关自然保护和可持续管理时，可以考虑使用地方制度和公共产权的手段，同时仍需要足够的资金和收入战略。环境服务付费（MA 2005）可能是有效保护生物多样性的重要措施（CONABIO 2006），一些国家（如墨西哥、哥斯达黎加和哥伦比亚）都有很成功的例子（Echavarria 2002，Rosa 等 2003）。

退化的海岸和污染的海洋

海岸退化的威胁

海岸退化、海洋和海岸生态系统一系列环境服务功能的退化和消失，其影响已经波及远离海岸的内陆（UNEP 2006i）（见第3章、第4章）。该区域一半人口居住在离海岸100 km以内的地区（GEO Data Portal，from UNPD 2005 and UNEP/DEWA/GRID-Geneva 2006）。美洲北部和中部将近1/3的海岸线，以及南美海岸线的一半，都受到发展的影响，处于中度到高度的威胁中。结果，在巴拿马红树林的损失率达到了67.5%，墨西哥为63%，秘鲁为24.5%，而哥斯达黎加则增长了5.9%（Burke 等 2001，FAO 2003b）。鱼虾养殖业的发展也对红树林的减少产生了影响（UNEP 2006i）。这些生态系统的破坏增加了海岸人口和基础设施的风险（Goulder 和 Kennedy 1997，Ewel 等 1998）。

加勒比海提供了许多种生态系统的服务功能，如渔业和娱乐，吸引了世界57%的潜水爱好者（UNEP 2006i）。1985—1995年，东加勒比海列岛进行监测的海滩有70%发生侵蚀，这预示着海岸线保护能力降低，以及抵抗侵蚀和风暴能力减弱（Cambers 1997）。在整个加勒比地区，由于泥沙沉积物、海洋和陆源污染物以及过度捕捞，61%的珊瑚礁面临中度或高度的风险（Bryant等 1998）。整个区域的海岸地带普遍发生了地下水污染（包括海水倒灌），导致很高的经济成本（UNEP/GPA 2006a）。

该区域海洋面临着一系列威胁，包括陆地的营养污染物造成的富营养化，无序的城市化，缺乏废水处理，淡水径流减小带来的河口盐化，船只压舱水违法排污以及外来物种的入侵（UNEP 2006i，Kolowski 和 Laquintinie 2006）。

该区域海洋面临的主要威胁包括：

- 86%的生活污水未经处理直接排入河流和海洋，在加勒比地区，这一数字达到了80%～90%（OPS 2006，UNEP/GPA 2006a）。
- 大加勒比地区和墨西哥港的炼油厂、墨西哥湾和巴西的远洋钻井平台所造成的油污染增加。石油泄露是墨西哥湾面临的一个严重环境问题（Beltrán 等 2005，Toledo 2005，UNEP/GPA 2006a）。
- 地表径流中的农药也产生较严重的污染，在加勒比、哥伦比亚和哥斯达黎加的河口已经发现很高的农药浓度，足以产生毒性（PNUMA 1999）。
- 1970—2004年，该区域海洋货运量增加了两倍（UNCTAD 2005）。海运是污染的重要来源。
- 危险废弃物，包括其他地区的放射性物质，被运至南美地区或巴拿马运河沿岸，重金属污染了墨西哥湾

(Botello 等 2004)。

- 许多外来物种（甲壳类、软体动物和昆虫）由货运轮船无意中带入，给基础设施和农作物造成了很大的经济损失（Global Ballast Water Management Programme 2006）。
- 过度捕捞是人们关注的重要问题，尤其是在加勒比地区，远洋肉食动物的数量开始减少（专栏 6.24）。

退化的海岸水体使人们的健康受到威胁。在海岸地区，霍乱和其他由水体传播的疾病开始增加，这与水质的下降、气候变化和富营养化驱动的海藻暴发都有关系。人们食用受到海藻暴发（包括赤潮）影响的海鲜，可能导致神经损害甚至死亡（UNEP 2006）。霍乱增加了患病和死亡的人数，对海岸地区的生态系统有严重的经济影响。例如，发生霍乱疫情国家的金枪鱼必须接受检疫。人类的健康同时受到近海水体污染的影响，因为人们会食用近海捕捞的鱼或其他海鲜，通过食物链，这些鱼或海鲜体内已经累积了重金属和其他毒素（见第4章）（Vázquez-Botello 等 2005，UNEP 2006i）。

应对海洋和海岸污染

很多区域与次区域的行动都与联合国环境

地区海运量增加了近三倍。上图：巴拿马城市货运码头的集装箱和起重机。

致谢：Rainer Heubeck/Das Fotoarchiv/Still Pictures

专栏 6.24 洪堡洋流大型海洋生态系统中渔业产量的变化

该区域海洋捕捞业在1994年达到峰值，约占全世界捕捞总量的28%。秘鲁和智利占了其中的绝大部分，其产量在此前十年增加了1～2倍。1998年，该区域海洋捕捞总量下降到1994年的一半，但在2000年又恢复到1994年水平的85%。这些波动的最大影响对象是小型远洋鱼类（凤尾鱼、沙丁鱼和鲭鱼），它们是南美西部海岸洪堡洋流大型海洋生态系统中捕捞业的主要鱼类（图6.32）。2001年，该地区的水产养殖业占了世界总量的2.9%和总产值的7.1%。这些主要集中在智利（51%）和巴西（19%），但它是以红树林、河口和盐水湿地为代价的。

来源：Sea Around Us 2006, UNEP 2004b

图6.32 目前洪堡最大的海洋生态系统中主要鱼类和无脊椎动物的捕捞量

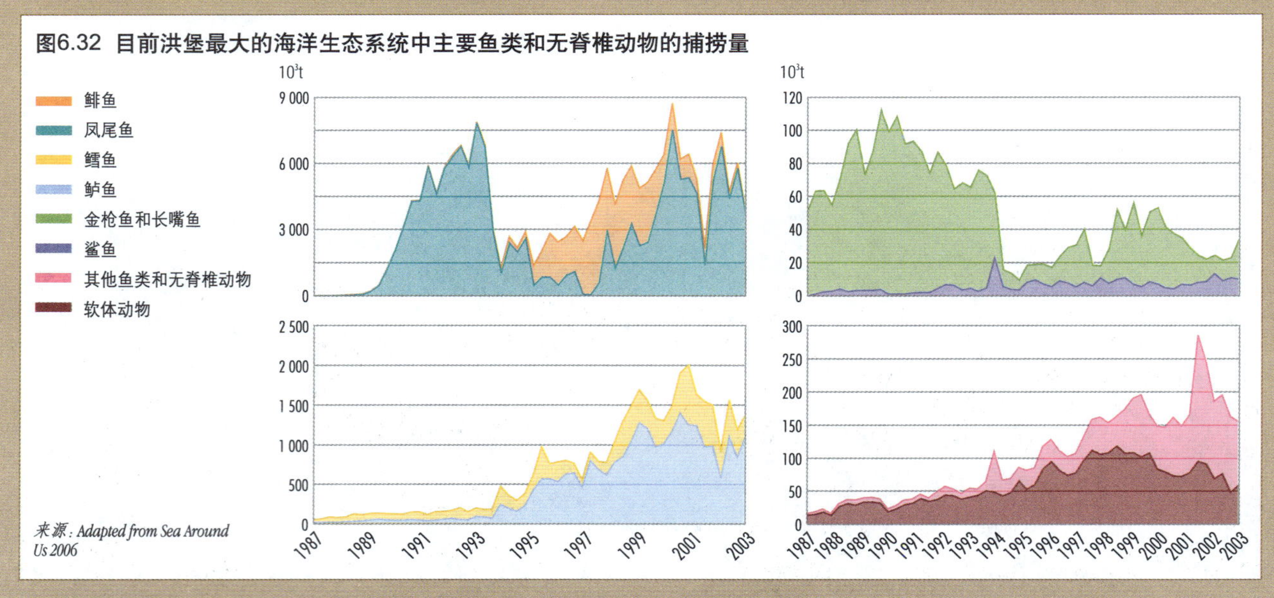

来源：Adapted from Sea Around Us 2006

规划署的《区域海洋行动计划》（UNEP Regional Seas program）、《联合国海洋法公约》（UN Convention on the Law of the Sea）以及《海洋运输及渔业保护国际公约》密切相关（UNEP 2004b，UNECLAC 2005）。只有少数国家签署了反对违法捕捞迁徙鱼类的国际协议。

东北太平洋、东南太平洋和泛加勒比地区都有各自的区域海洋行动计划。所有的计划都通过以下区域公约得到巩固：1981年的《东南太平洋海洋环境和沿海地区保护公约》（《利马公约》）、2002年《东北太平洋海洋和海岸环境保护和可持续发展合作公约》（《安提瓜公约》）和1983年的《泛加勒比地区海洋环境保护与发展公约》（《卡塔赫纳公约》）。东南太平洋和泛加勒比地区已经签订了解决具体问题（如减少和预防陆源污染、放射性污染、石油泄露、保护区和野生生物）的议定书，而在东北太平洋行动计划还处于起步阶段，正寻找实施行动计划的财政支持（UNEP/GPA 2006b）。这些计划的效果有待评估。总体说来，经济手段使用不足，使得执行这些区域海洋行动计划只能依靠有限的监测资源。

然而，综合性海洋和海岸管理已经取得较大发展，对海洋的保护不断增加，各国也正做出更多努力来建立海洋保护区，如2002年设立的墨西哥鲸类保护区（SEMARNAT 2002）。然而，为了解决海洋和海岸地区的污染问题，人们需要将工作重点放在把海岸管理同内陆流域管理结合起来上（ICARM）（见第4章、第5章）。全球环境基金会、联合国环境规划署全球行动计划秘书处支持这两者的结合，同时也支持加勒比的公有海洋资源综合管理工作。

面对气候变化的区域脆弱性

极端天气事件

政府间气候变化专门委员会（IPCC）的研究结果表明，全球气候变暖给拉美和加勒比地区带来的压力包括：海平面上升，降水量增加，干旱风险升高，与飓风有关的狂风大雨，厄尔尼诺气候带来的极端旱涝，冰川供水量的减少，农业和畜牧业产量的降低（IPCC 2007a）。在该区域众多生态系统中，中美洲和亚马逊盆地的热带雨林、加勒比和其他热带地区的红树林和珊瑚礁、安第斯山地生态系统和海岸湿地最容易受到气候变化的影响（IPCC 2007b）。小岛屿国家是具有最大脆弱性的特殊案例，因为它们可能会受到温度升高、干旱、水资源减少、洪水、海滩侵蚀和珊瑚礁变白的影响，这些都将影响当地的资源和旅游（IPCC 2007b）。此外，厄尔尼诺行为的变化可能与日益严重和更频繁的极端天气事件密切相关（Holmgren 等 2001）。

过去20年里，极端天气事件对该地区的影响不断上升。1987年以来，大西洋北部海域热带风暴和飓风的数量、频率、持续时间和强度都在增加（图6.33）。2005年是热带风暴最活跃和持续时间最长的一年，共发生27次热带风暴，其中的15次形成了飓风，有4次达到了萨菲尔－辛普森（Saffir-Simpson）飓风等级的五级，这是前所未有的。其中，威尔玛（Wilma）是历史上最强的热带风暴（Bell 等 2005）。2004年9月的飓风珍妮和伊凡、2005年7月的丹尼斯飓风都给加勒比岛屿造成了严重影响，导致了2 825人死亡，超过100万人受灾（EM-DAT）。2005年10月的斯坦飓风，导致海地、美洲中部和墨西哥1 600人死亡，250万人受到影响（EM-DAT）。

在南美，洪水和泥石流在2000—2005年造成巨大的生命和经济损失，包括玻利维亚250人死亡和41.75万人受灾。飓风引起的经济损失持续上升，部分原因是有越来越多的人暴露于飓风风险中。1997—2006年，中美洲和加勒比地区损失翻了一番，在南美则上升了50%（与此前十年相比）（EM-DAT）。贫困和处于脆弱地区，如海岸地区和边远地区的聚居区，增加了人们遭受洪水、泥石流和其他灾害的风险。此外，该区域的自然和社会条件增加了疾病传播的风险，如疟疾或登革热，气候变化加剧了疾病传播的风险（专栏6.25）。

2000—2005年，玻利维亚、巴西、古巴、萨尔瓦多、危地马拉、洪都拉斯、海地、牙买加、墨西哥、尼加拉瓜、巴拉圭、秘鲁和乌拉圭地区发生的旱灾给超过123万人造成了严重的经济损失（EM-DAT）。2003年和2004年，亚马逊河出现了十年来的水位最低点，古巴的降水量仅为其平均水平的60%（INSMET 2004，UNEP 2006f）。

拉美冰川的消失是气候变化的明显证据：安第斯山脉和阿根廷的巴塔哥尼亚山脉都证明了冰川的后退和白雪覆盖面积的减少（图6.35）。在秘鲁，亚纳马雷、Uruashraju和Broggi的安第恩（Andean）冰川的体积不断减小，厄瓜多尔的安提森冰川（Antisan）在20世纪90年代的退化速度是过去的8倍。在玻利瓦尔，Chacaltava冰川自1990年以来消失了一半（CLAES 2003）。安第斯山脉冰川的消退和海平面升高带来的海水入侵，将影响饮用水的获得，同时也有可能影

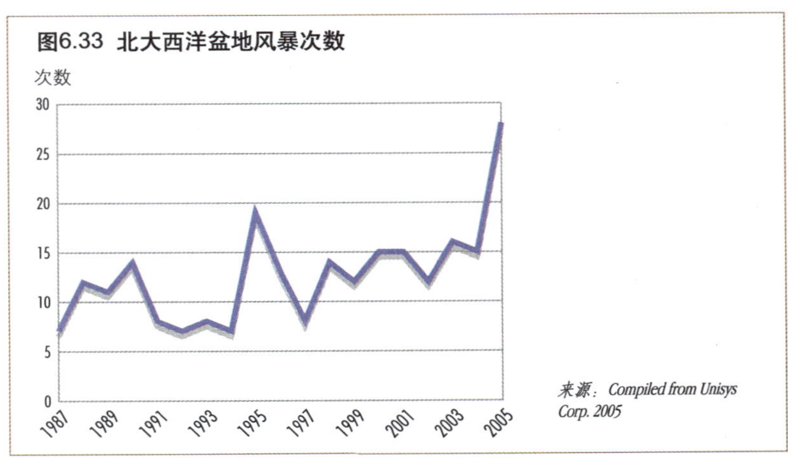

来源：Compiled from Unisys Corp. 2005

响农业生产和旅游。

缓解和适应气候变化

缺乏适应能力增加了气候变化影响的严重程度（Tompkins 和 Adger 2003）。拉美和加勒比地区，尤其是小岛屿国家，极易受到海平面升高和极端天气事件等气候变化后果的不利影响（IPCC 2007b）。该区域缺乏基础信息、观

专栏6.25 健康、气候和土地利用的变化：重新出现的流行病

温度升高、土壤植被的变化、降水规律的改变和健康支出缩减，是拉美和加勒比地区一度受到控制的流行病再次传播的主要原因。与厄尔尼诺现象有关的变化——南方涛动增加了带菌微生物的地理分布，使得带菌者和寄生虫的生命周期和季节活动发生了变化。这加大了很多微生物媒介传染的疾病暴发的风险，如疟疾、登革热、黄热病和黑死病等。伊蚊叮咬是黄热病和登革热疾病传播的主要原因（图6.34），且也被认为与气候变化有关。

降水太少或太多都会导致由排泄物传播的疾病，如霍乱（1997年在洪都拉斯、尼加拉瓜发生，1998年在秘鲁发生）、伤寒和各种腹泻的蔓延。洪水给水体带来人类粪便污染，而水资源不足就无法满足卫生需求。植被的减少和极端天气事件的发生加剧了水体污染，增加了虫害。

来源：Githeko and others 2000, Hales and others 2002, McMichael and others 2003, UNEP 2004b, WHO 2006

图6.34 拉美和加勒比地区埃及伊蚊的再流行

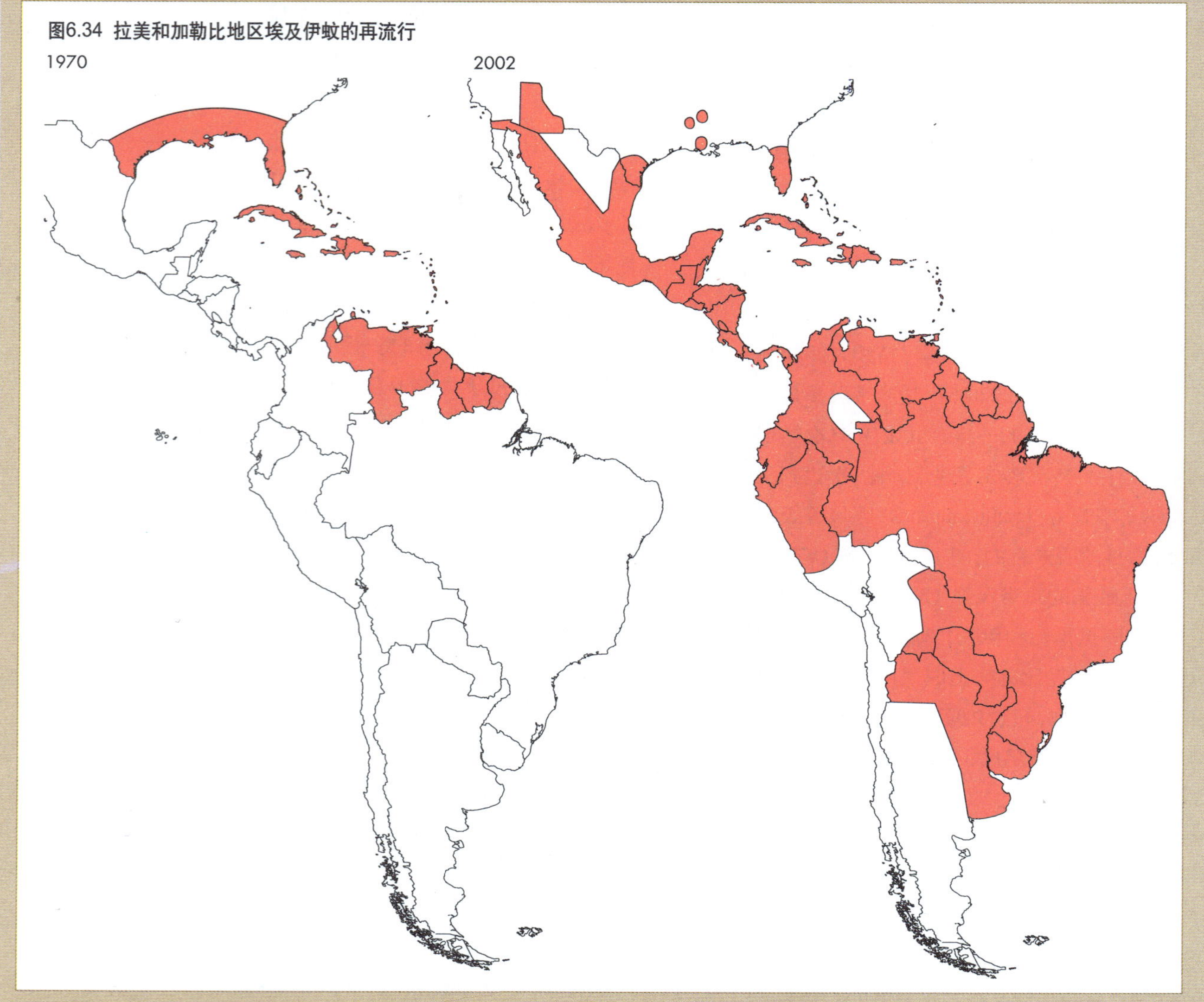

图6.35 阿根廷和智利边界地区退化的冰河区

(a) 1973

(b) 2000

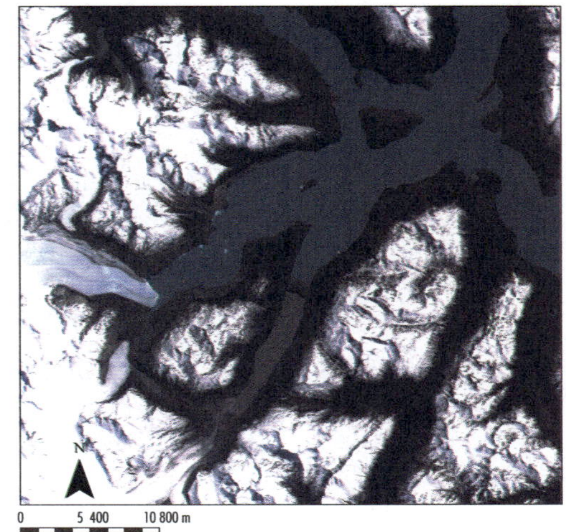

来源：Compiled from Lansat.org 2006

察和监测系统、能力建设以及合适的政策、体制和技术框架。这个区域内的居民通常收入较低，很多人居住在容易受气候变化影响的地区。根据《联合国气候变化框架公约》，该区域的国家同意在能源、交通、农业、废弃物管理方面采取缓解和适应措施，并且增加碳汇能力（Krauskopfand Retamales Saavedra 2004，Martínez 和 Fernández 2004）。

北美

变化的驱动力

社会经济趋势

在过去20年里，北美（加拿大和美国）保持着人类、经济和环境高水平的福利状态。2006年加拿大和美国人类发展指数（UNDP 2006）分别排名第六和第八。1987年以来，北美主要由于移民而使总人口不断增加，增长了23%，人口总数到2007年为3.39亿，其中90%是美国人（GEO Data Portal，UNPD 2007）。北美人均GDP增长显著（图6.36）。自1970年以来，北美的能源利用和国内生产总值的比值一直缓慢下降，这表明虽然该地区仍然是世界上能源使用强度最大的区域之一，但已经开始向低能耗的生产类型转移。1994年签订的北美自由贸易协定（NAFTA）使得这两个国家（再加上墨西哥）的经济联系更加紧密。人口和经济增长给环境和发展带来了很多影响，导致能源消耗和温室气体排放量增加，以及资源过度利用。

能源消费

虽然北美人口仅占世界人口总数的5.1%，但北美消耗了全球超过24%的初级能源。美国和加拿大人均能源消耗量见图6.37。两国的能源消耗总量上升了18%。其中，美国的交通部

图6.36 人均GDP

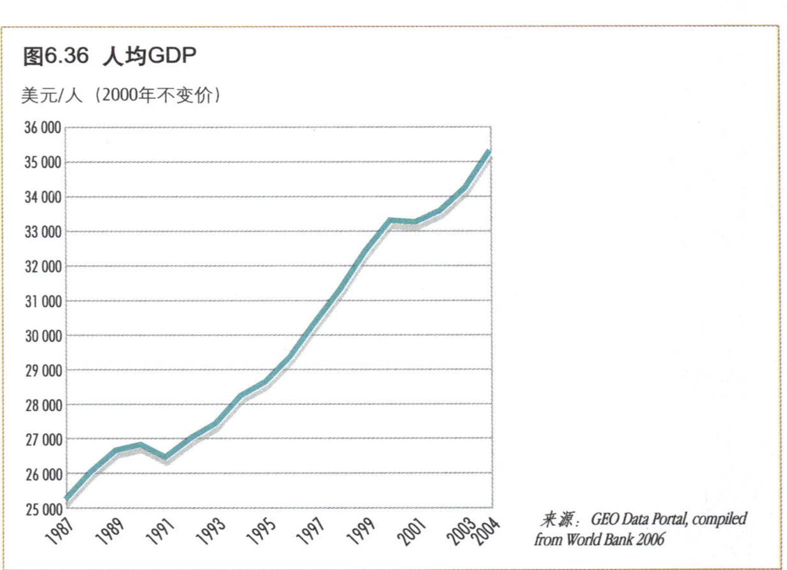

来源：GEO Data Portal, compiled from World Bank 2006

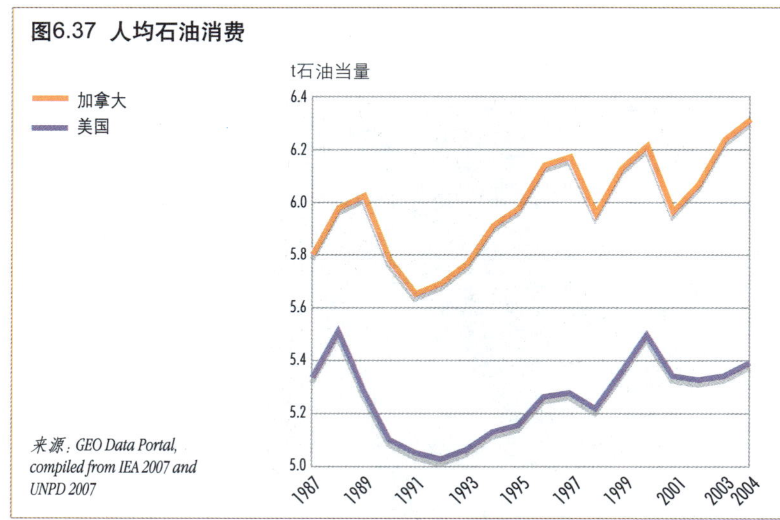

图6.37 人均石油消费

来源：GEO Data Portal, compiled from IEA 2007 and UNPD 2007

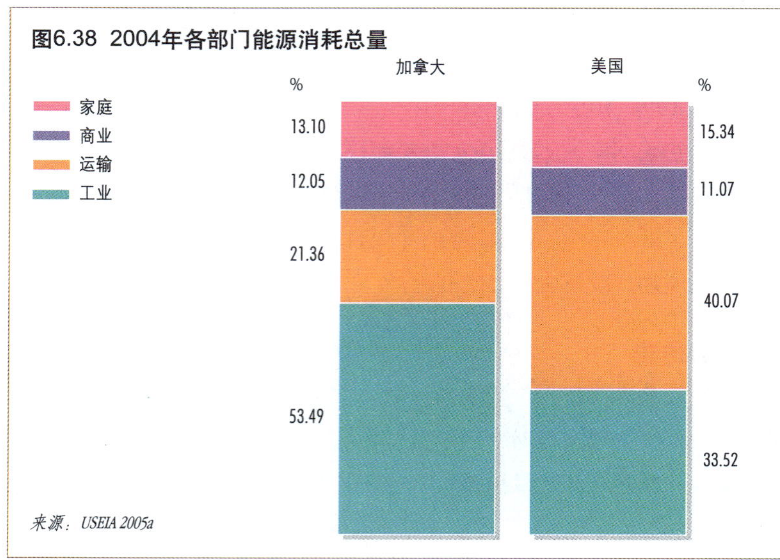

图6.38 2004年各部门能源消耗总量

来源：USEIA 2005a

门消耗了能源总量的40%（图6.38），是北美地区能源使用的主要部门。整个交通体系的能耗在1987—2004年增加了30%（GEO Data Portal，from IEA 2007）。更多大排量但能效较低的机动车、私人汽车数量的增加以及长距离出行需求是能耗增加的主要原因。

环境管理

自从20世纪70年代构建了环境法律的坚固基础，两国在过去的20年里加强了国内政策，加入了重要的双边和多边环境协定。在世界环境与发展委员会1987年发表《我们共同的未来》报告以后，两国广泛接受了可持续发展原则，两国政府也把该原则纳入国家政策和管理结构中。基于市场原则的项目取得了成效，尤其是在控制硫氧化物的排放方面，从而在北美和其他地区得到了推广。而新的生态系统服务付费模式则能更好地为控制污染和保护自然资源提供激励因素。

通过环境合作委员会（Commission for Environmental Cooperation，CEC）、国际联合委员会（International Joint Commission，IJC）以及东加拿大和新英格兰州长会议等组织形式，北美在解决共同环境问题的跨国合作方面取得了巨大进步。目前已经包括墨西哥在内的环境合作委员会建立起了一套公众参与机制，当政府看来未能有效执行其环境法律时，公众就能扮演积极的示警角色。加拿大和美国都是联邦体制，决定权大部分在地方或地区层面。州、省、市政当局和其他地方权力机构在处理环境问题方面不断进步。在环境科学和生态学研究方面，环境状况报告方面，使公众参与环境决策和及时让公众获得环境状况信息方面，北美都处于领先地位。

美国在减轻或防止环境破坏的商品和服务产出方面处于世界领先地位（Kennett 和 Steenblik 2005）。北美的发展带给世界许多地区工作机会和财富。同世界上其他区域一样，北美仍然处于从只关注增长、污染严重的模式向可持续发展模式的转变过程中，还需要更多的努力。

重点问题

通过区域咨询会，本报告中确定的北美需要优先解决的环境问题包括：能源和气候变化、城市无序扩张、淡水水量和水质。本章的分析阐释了大气和水污染，以及城市扩张如何直接对生态系统和人类健康产生影响，并带来经济、社会和文化的冲击和破坏。和其他地区一样，最容易受到影响的人群正承受着最大的压力。

能源和气候变化

虽然从1987年开始，北美能源消费总量一直增加（如上所述），但在提高能效方面取得了很大进步。单位GDP能耗从20世纪80年代开始下降，这反映了服务部门以及信息和通讯技术重要性的上升，与重工业相比，这些产业能用更少的能源来创造财富。实践证明，投资于能源效率在经济和环境方面都能获益（专栏6.26）。能源效率的改善也可部分归功于一些生产活动的外包，这等于把能源使用及其影响转移到了世界其他地方（Torras 2003）。

能源生产

美国和加拿大的能源消费模式十分相似，在过去15年里几乎没有发生变化，50%以上是石油产品。然而，两国在能源生产上差别很大。虽然两国的能源生产总量都呈上升趋势，但美国石油产量出现了下降（图6.39），其结果是对石油进口的依赖程度更高。在交通部门的燃料需求、原油价格的上涨、供给的不确定性和适宜的财政框架下，加拿大在石油生产方面投入大量资金，石油产量在1995—2004年翻了一番，上升到每天15万t。预计到2015年，产量将达到每天37万t，这也导致了温室气体排放量的翻倍（Woynillowicz等2005）。

油砂生产需要大量的天然气和水，产生大量温室气体，并需要处置有害的尾砂和废水，油砂生产还明显地改变了地貌并损害了当地森林，威胁着野生动植物的栖息地，这些栖息地急需大范围的恢复。由于产量的大幅度增加，油砂生产在环境保护方面取得的成绩很可能被抵消（Woynillowicz等2005）。

过去十年里，对进口化石能源的高度依赖给美国带来了能源安全方面的担忧（见第7章）。加拿大的担忧则是美国从加拿大进口能源将影响到其自身的能源供给，以及对环境的影响。加拿大是美国石油进口的最重要来源，超过99%的原油被运往美国（USEIA 2005b）。为满足美国的需求，加拿大石油和天然气的

专栏6.26 提高能效的经济收益

1990—2003年，单位GDP能耗减少了13%，这在2003年为加拿大节约了74亿美元的能源成本，同时，每年温室气体的排放量估计减少了5 230万t。

美国能源之星计划是一项自愿性标签计划，旨在鼓励能效高的产品和实践，这项计划仅2005年就减少了3 500万t温室气体的排放，节约了大约120亿美元。

来源：NRCan 2005, USEPA 2006a

油砂开采造成了严重的负面环境影响。

致谢：Chris Evans, The Pembina Institute

http://www.OilSandsWatch.org

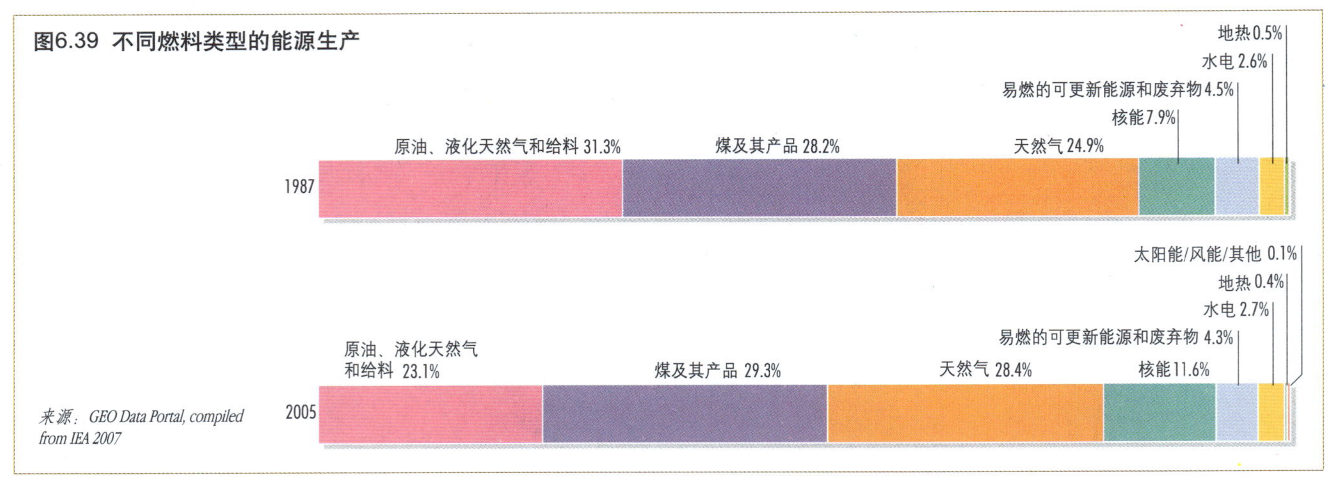

图6.39 不同燃料类型的能源生产

来源：GEO Data Portal, compiled from IEA 2007

勘探活动在过去20年增长迅速；1999—2004年，颁发的开采许可增加了两倍（GAO 2005）。

从20世纪90年代中期开始，煤床沼气的生产在两个国家同时增加。在加拿大，这一产业仍处于初级阶段，但在美国，2000年它占了天然气生产总量的7.5%。煤床沼气生产过程中含钠量很高的排水会污染饮用或灌溉用的地表水和地下水（US EIA 2005b）。地下矿产的勘探、封闭井的煤床沼气开采以及用于化石能源勘探、生产和分配的新基础设施都产生了重要的环境影响。旷野地区的分割和破坏（US EPA 2003）、日益严重的环境污染、管道渗漏和运输过程中的泄漏都给环境和健康带来了严重的威胁（Taylor等 2005）。人们对化石能源燃烧造成的人类健康影响的认识越来越深入（专栏6.27）。

专栏6.27 北美的化石燃料和人类健康

发电站和机动车化石能源的燃烧是二氧化碳、二氧化硫和氮氧化物排放的主要来源。在空气污染中的暴露程度和一系列人类健康问题有明确的联系。在最近十年的早期阶段，环境污染每年大约造成美国7万人早亡，加拿大的数字为5 900。空气污染会增加哮喘，尤其是儿童哮喘的发病率。发电厂燃煤时汞的排放进入了食物链，对北美北部当地居民的影响要超过其他地区（见第2章和本章的极地部分）。空气中的汞污染物会造成严重的健康影响。

来源：CEC 2006, Fischlowitz-Roberts 2002, Judek and others 2005

温室气体排放和气候变化

能源部门是二氧化碳排放的主要来源（图6.40）。在全球与能源有关的温室气体的排放中，美国占23%，加拿大占2.2%（US EIA 2004）。化石燃料的燃烧占了美国二氧化碳排放总量的98%。1987—2003年，北美化石燃料的二氧化碳排放量增加了27.8%，相比于其他工业化地区，单位GDP的排放量仍处于较高水平（GEO Data Portal，from UNFCCC-CDIAC 2006）。交通部门是温室气体的主要排放源，2005年，它占美国与能源有关的二氧化碳排放总量的33%（US EIA 2006b）。目前新产生的问题是空中运输的温室气体排放（见第2章）。

2007年，联合国政府间气候变化专门委员会第四次评估报告以很高的确定性指出，气候变化是由人类温室气体排放造成的（见第2章、第4章、第5章和本章的极地部分），并且将对人类健康产生重大影响（专栏6.28）（见第2章）。北美温室气体排放量很高，对其他地区的气候变化产生了影响，贫困人口及更脆弱的国家和人群自己排放的温室气体很少，但他们却受到全球气候变化的更多影响（IPCC 2007b）。

应对气候变化

20世纪90年代以来，美国和加拿大政府把工作重点放在以市场为基础，自愿性和技术性

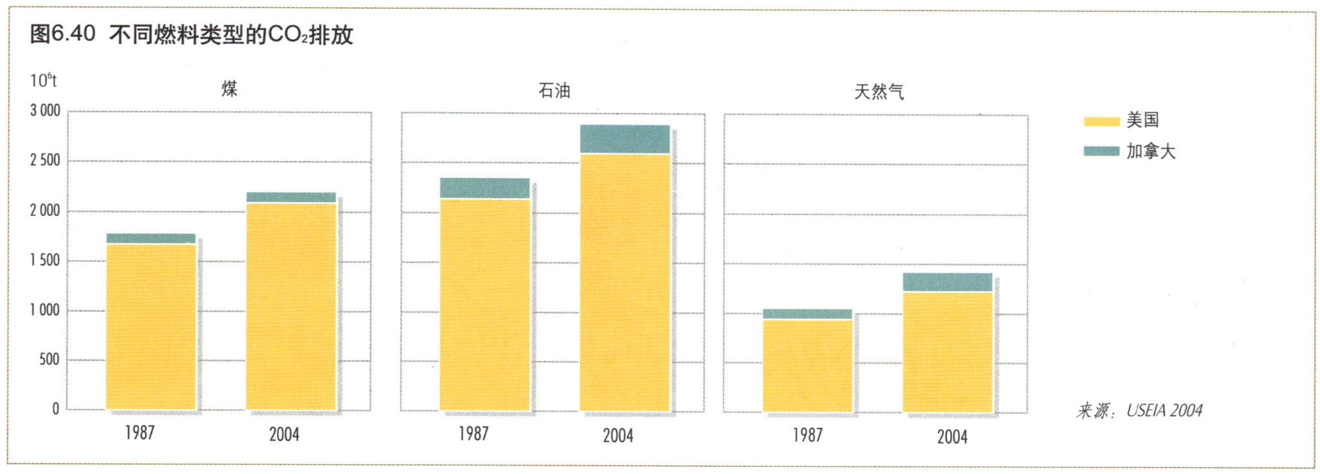

图6.40 不同燃料类型的CO_2排放

措施来解决气候变化问题。加拿大于2002年批准了《京都议定书》，承诺2008—2012年把温室气体的排放量减少至1990年水平的94%以下。美国虽然签署了《京都议定书》，但是没有批准。该国提出要在2012年让和经济产出有关的排放与2002年相比减少18%（The White House 2002）。1992—2003年，加拿大和美国的二氧化碳排放量分别上升了24.4%和13.3%（UNFCCC 2005）。

2006年，作为"绿色"议程的核心措施，加拿大颁布了新的《清洁空气法案》(Clean Air Act)。如果经议会批准成为法律，该国温室气体排放的短期目标将根据强度设定（鼓励提高效率，但允许产量增长情况下的排放增加）。2007年，加拿大制定的一项新规章框架提出了在2020年要使绝对排放量减少150 Mt（或比2006年的水平降低20%）的目标（Environment Canada 2007）。

2005年，美国开始了一项国家能源计划。为化石能源工业提供支持，包括鼓励清洁能源、

专栏6.28 气候变化可能带来的健康影响

气候变暖的最大威胁是可能带来更强、持续时间更长的热浪，这会导致人体脱水、中暑，增加死亡率。在不同的地方，气候变化可能会增加烟雾污染、水和食物污染、由昆虫传播的疾病（如莱姆病、西尼罗河病毒和汉塔病毒）以及极端天气事件（如2005年8月席卷了墨西哥湾北岸的卡特里娜飓风）。儿童、老人、贫困人口、残疾人、移民、原住民、室外工作者和亚健康状态人群更容易受到伤害。

来源：Kalkstein and others 2005, Health Canada 2001

专栏6.29 州、省、市政府和各行业应对气候变化的行动

在过去20年里，人们并没有意识到保护环境是发展的基础。通常的做法是重视经济发展，但往往以牺牲环境为代价。然而，各级政府，包括州、省、市以及跨境机构，志愿组织和私营部门有越来越多的领导人开始提倡可持续发展。以下是不同级别的政府作出缓解气候变化承诺的例子：

- 2006年，加利福尼亚，世界第十二大碳排放区，通过了美国第一项控制二氧化碳排放的法案。很多其他州也都承诺采取措施，包括碳回收、温室气体排放交易、理性增长、气候变化行动计划以及需要电力设备来提供可再生能源的投资标准（RPS）。美国有一半州执行了这一标准。
- 在双边层面，新英格兰州州长和加拿大东部省的省长于2001年达成了一项气候行动计划。
- 在城市层面，158个美国市长和255个加拿大市政府领导达成了减少温室气体排放的协议。
- 北美许多主要公司已经采取了应对气候变化的一系列措施。
- 2006年，86名教会领导人承诺倡导其宗教信仰者减少温室气体的排放。

来源：ECI 2006, FCM 2005, Office of the Governor 2006, Pew Center on Global Climate Change 2006, US Mayors 2005

可再生能源，尤其是生物能源和氢能的研究和开发，鼓励能源保护和效率的提高，以及其他措施（The White House 2005）。2006年，美国与其他五个国家共同发起了清洁发展和气候问题的亚太合作伙伴关系（Asia-Pacific Partnership for Clean Development and Climate），在美国的带领下自愿致力于加快清洁能源技术的研究和发展。这是美国支持公共或私营合作伙伴关系来成功推动全球能源项目的例子。加拿大已经表示有兴趣加入这一伙伴关系。两国的长期政策都包括采取应对气候变化的战略（Easterling 等 2004，NRCan 2004）。许多州、市政府、私营部门和其他机构自20世纪90年代后期开始采取各种重要的创新措施来解决温室气体排放问题（专栏6.29）。

关于能源安全问题的考虑促使了替代美国“石油依赖症”的能源利用的转变（The White House 2006），但是并不清楚这种转变能否带来低能耗的消费和生活方式。政治支持和财政激励使美国在过去五年里风能、酒精和煤的产量出现创纪录的增加（RFA 2005，AWEA 2006，NMA 2006），对核能的发展也重新产生兴趣。2000年以来，生物质能成为美国最大的可再生能源资源。虽然美国在使用高能效的手段替代内燃机方面落后于其他工业化国家，但混合燃料汽车的销售量在过去几年里仍然呈上升趋势（Ligntburn 2004）。北美较早时期处理空气污染和酸雨方面的成功经验为世界其他地区竖立了榜样。

城市的扩张与城乡结合部

城市扩张

《全球环境展望3》就讨论了城市的扩张问题，它现在仍然对北美环境质量构成巨大挑战。被许可土地使用规划和区域划分及富裕人口的不断增加都促进了城市的扩张。住房和住宅区越来越大，但每个家庭的平均人数越来越少（DeCoster 2000）。北美城市过去20年的扩张明显地导致汽车数量、行驶里程以及道路长度的增加。城市的发展占用了加拿大土地总量的1%（OECD 2004），美国土地总量的3.1%（Lubowski 等 2006）。

过去20年里，以城市郊区低密度住房为特征的城市扩张一直发展。美国2000年城市扩张速度是人口增长速度的2倍（HUD 2000），加拿大目前拥有世界上10个城市扩张最快地区中的3个（卡尔加里、温哥华和多伦多）（Schmidt 2004）。

图6.41 2000年美国住房密度分类

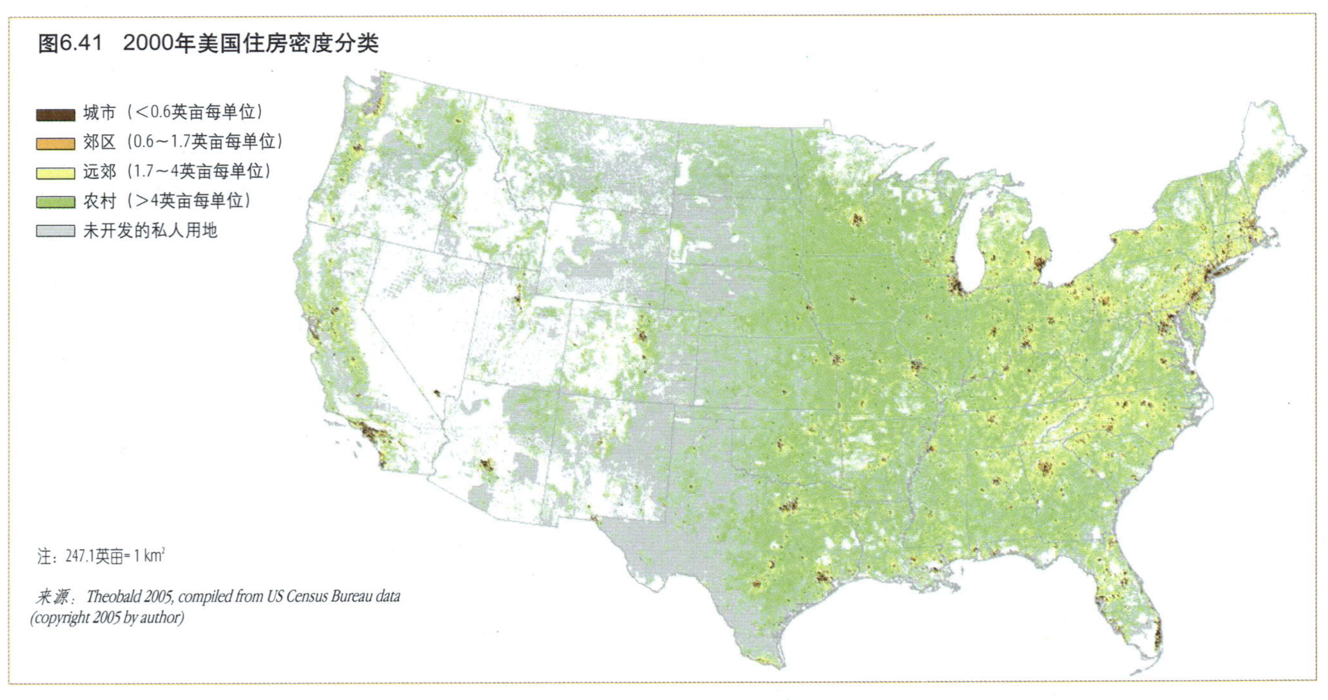

在美国，沿海地区占土地总面积的17%，却承载着超过半数的人口（Beach 2002）。城市扩张仍在继续，并向距海岸80 km远的内陆地区延伸。

在过去十年里，农村或城市远郊的扩张比其他类型的聚居区发展要快，这给自然地（保护区）和生态系统的服务功能带来了日益增长的挑战。城市远郊的扩张是指在城市边缘外大型、低密度住宅区的发展，它们被自然区域所分割，与城市的通讯距离较长（Heimlich 和 Anderson 2001）。1990—2000 年，密西西比河以西 22 个州的远郊人口增加了 17.3%（Conner 等 2001）。加利福尼亚中心峡谷是美国 1/4 食品的生产基地，这里人口的增长对有价值的农业用地构成了威胁（Hammond 2002）。

远郊地区的扩张、保护区周围商业和能源的发展都威胁着它们的整体性（Conner 等 2001）。2000 年，城市和郊区的住宅区占了美国 12.6万 km^2土地，而远郊地区的住房占地面积则是其7倍（美国陆地总量的11.8%）（Theobald 2005）（图 6.41）。洛基山脉、南部各州以及加利福尼亚州的农村地区发展迅速（OECD 2005）（见第1章专栏1.9）。加拿大人口，尤其是其西部农村人口，自 1990—1996 年以来迅速上升的主要原因正是远郊的扩张（Azmier 和 Dobson 2003）。当远郊居住区发展到城市附近的旷野时，形成了城乡结合部（URI），表现为社会和生态系统的重叠和交互影响（Wear 2005）。

远郊的扩张和城乡结合部与森林、基本农业用地（见第3章）、湿地和其他诸如野生生物栖息地和生态多样性等资源破坏和消失有关（专栏 6.30）。在美国，1997—2001 年开发的超过 3.64 万 km^2 的土地中，20% 是农田，46% 是林地，16% 是牧草地（NRCS 2003）。在加拿大，过去30年转换成城市用地的土地中，有超过一半是优质农地，即农作物产量不受限制的肥沃土地（Hoffmann 2001）。

两个国家的草地也都遭到了破坏，开始出现分割和退化，这在很大程度上改变了草原的原始景观，损失了生态多样性，带入了外来物种。北美中部大草原是该地区和全世界受威胁最严重的生态系统（Gauthier 等 2003）。另外，美国 1982—1997 年湿地平均每年净损失的一半是城市发展造成的（NRCS 1999）。

专栏 6.30 城市扩张威胁着美国的生物多样性

虽然开发后的土地仅占美国国土面积的很小一部分，但其对生态系统的服务功能有很大的影响。例如，公路仅占美国土地面积的 1%，但改变了超过22%的土地的生态结构和功能。随着远郊快速的发展、城市覆盖面增加，物种的丰富性和特殊性在逐渐消失，威胁着生物多样性。自然栖息地的分割给美国500多种濒危野生动植物造成了威胁。同时给已经通过其他途径引入的外来物种提供了新的入口（见第 5 章）。

来源：Allen 2006, Ewing and others 2005, Ricketts and Imboff 2006, USGS 2005a

蒙大拿加德纳住宅区的野生麋鹿。

致谢：Jeff and Alexa Henry/ Still Pictures

野生生物是许多森林生态系统自然扰动的中介，但在过去十年里，由于居民住房越来越多地与易燃的森林和草地混合在一起，这导致人与林地“分界面”的火灾增加(Hermansen 2003，CFS 2004)。分界面火灾造成了财产的毁坏，威胁着人类和野生生物的生命，还会带来物种的入侵和虫灾。这些火灾在加拿大没有那么严重，但依然影响着数以千计的人，造成巨大经济损失，且这一风险在不断上升（CFS 2004）。

远郊的不断发展通过几种途径影响着淡水资源。废水通过各种封闭系统进入管道和排水设施，而不是直接进入地下水，远郊成为污染物的接收处（Marsalek等2002）。此外，不断扩张的城乡结合部增加了公路以外的机动车娱乐方式，成为栖息地分割、侵蚀加剧、水体退化、噪声和空气污染的新来源，在美国情况尤其如此（Bosworth 2003）。虽然搬到郊区的主要动力是获得更健康的环境，但扩张严重地区郊区的健康威胁甚至高于城市扩张程度较低的地区（专栏6.31）。

专栏6.31 城市扩张与人类健康

交通事故的死伤、过高的臭氧水平引起的疾病在扩张市郊的发生率比密集居住区更高。

郊区比住房密集的城区更不适宜步行，缺乏锻炼会导致体重增加，以及由此带来的健康问题，如糖尿病。

城乡结合部的扩张导致人类更多地暴露在人畜共生的疾病传播环境里，如最近在美国呈上升趋势的莱姆病。

来源：Ewing and others 2005, Frumkin and others 2004, Robinson 2005

应对扩张的英明决策

通过公共和私营部门的保护、削减和恢复计划，过去20年来北美在减少城市和郊区发展带来的森林、草地和湿地的损失方面取得了显著进步。

许多州、省和市政府设计和实施了“精明增长”（Smart Growth）（UNEP 2002）和其他策略，包括一系列控制城市无序扩张的政策工具（Pendall 等 2002）。精明增长的定义是：人口密度每公顷大约48人，这是一个有利于公共交通的密度（Theobald 2005）。精明增长的特点是减少人口聚居区和交通的环境压力，保护农田和绿色空间以及它们的生态系统服务能力，增加“宜居性”。代表社会许多部门的组织已经采纳了精明增长原则（Otto 等 2002）。

美国通过精明增长合作网络、宜居议程（Liveability Agenda）和国家精明增长成就奖（National Award for Smart Growth Achievement）在全国范围内鼓励可持续的城市发展（Baker 2000，USEPA 2004，SGN 2005）。1997—2001年，美国有22个州颁布法律控制城市的无序扩张（Baker 2000，USEPA 2004，SGN 2005）。加拿大交通协会制定了30年的规划，这使控制城市的无序扩张纳入加拿大大多数城市的总体规划中（Raad和Kenworthy 1998）。2002年的加拿大城市发展战略（Urban Strategy）、2000年的绿色市政基金（Green Municipal Fund）、2005年的城市与社区新举措（New Deal for Cities and Communities）通过不同的途径来控制城市的无序扩张（Sgro 2002，Government of Canada 2005）。目前缺乏控制城市扩张效果的相关信息，但Bengston等学者（2004）发现，政策的执行、补充政策工具、垂直和水平的合作、利益相关者的参与是成功的关键因素。

城市空气污染控制政策应当是这样的综合性政策。在过去20年里，由于《清洁空气法》、自愿和强制性的酸雨项目、《跨界空气质量协定》等一系列控制措施的实施，许多污染物的排放量已然下降。美国和加拿大目前的空气质量标准相差不大（CEC 2004），实时空气质量信息亦可在网上看到。2007年起，这两个国家都制定了规章来减少新的柴油车的污染物排放（Government of Canada 2005，Schneider和Hill 2005），以及减少发电厂燃煤所产生的汞排放（CCME 2005，USEPA 2005a）。这些控制措施将有助于减少本地区相对于其他工业化国家仍然较高的传统空气污染物的浓度（OECD 2004）。

淡水资源

水资源的供给与需求

北美拥有世界13%的可更新淡水资源（GEO Data portal，from FAO AQUASTAT 2007），虽然看起来储量丰富，但并不是所有用水者都居住在淡水资源的附近，并且还有部分人经历着水资源的周期性短缺（NRCan 2004）。在美国西北部、大平原和大湖盆地的部分地区，有限的水资源供给导致了人们水资源的竞争加剧。干旱会增加缺水的压力，2000—2005年的严重干旱给北美地区从美国西南部到加拿大亚特兰大省大部分地区带来了影响（Smith 2005）。

冰川和雪山是加拿大普雷里河流域水资源的主要来源，目前它们的水量正逐渐减少（Donahue和Schindler 2006），气候变化预计会使水文条件的波动进一步恶化，加剧农业、石油和天然气产业以及市政用水之间的竞争。普雷里河流域各省已经通过流域规划和管理战略来作为解决水资源压力的应对措施（Venema 2006）。

美国和加拿大是世界上人均水资源使用量最高的两个国家（图6.42）。主要原因之一是成本很低，是世界工业化国家中最低的，这是由于工业、农业和市政用水都享受政府的补贴。另一个原因是北美是食品的净出口国，也就是世界最大的"虚拟水"（食物中的含水量）出口国（International Year of Freshwater 2003）。20世纪90年代中期以来，两国的一些市政府采用了有限的水表控制和在出现水资源短缺时的用水管制措施。现在新出现的问题是：由于老化的管道带来的市政用水的管道渗漏，在一些地区的供水损失率高达50%（Environment Canada 2001，CBO 2002）。

图6.43显示了两国水资源利用的主要类型。农业占北美每年水资源使用量的39%（Environment Canada 2001，CBO 2002）。美国的灌溉型农田占北美总量的75%还多，1995—2000年，这一面积又上升了将近7%。

北美对地下水的需求在过去的20年里出

专栏6.32 北美西部的水资源短缺

美国西部每年的平均降水量小于10.2 cm，是世界上最干旱的地区之一，美国20%人口居住在这一地区。特罗拉多河总汇水面积为62.7万 km²，它的水资源几乎全部分配给了2 400万居民的供水、8 100 km²的农地灌溉和4 000 MW的水力发电（见第4章）。曾经富饶的河口三角洲，如今只留下了一线细流。

20世纪90年代早期建立了一个水资源交易市场，允许快速发展的城市购买农民和牧场主手里的水权。美国采取了一系列措施来预防冲突，包括水资源的保护、有效利用和相关合作。

来源：Cohn 2004, Harlow 2005, Saunders and Maxwell 2005

图6.42 区域人均用水量比较

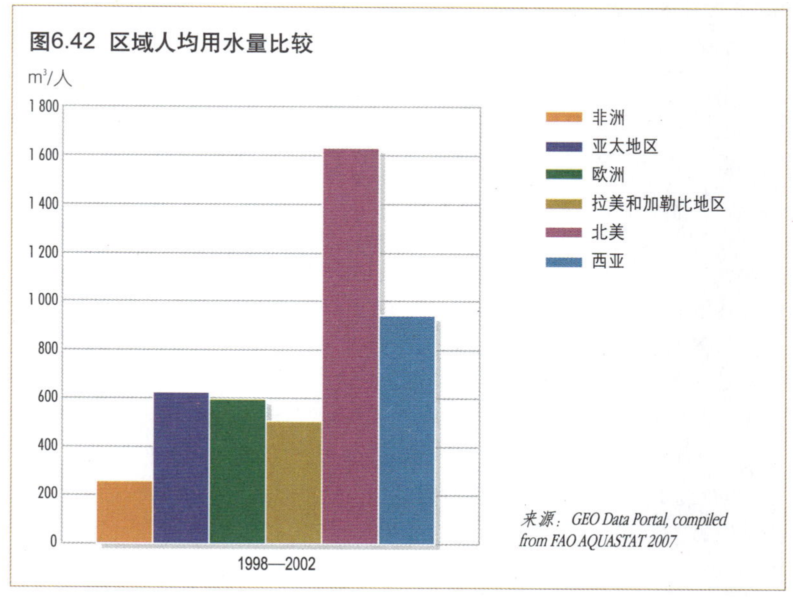

来源：GEO Data Portal, compiled from FAO AQUASTAT 2007

图6.43 2002年北美分部门用水量

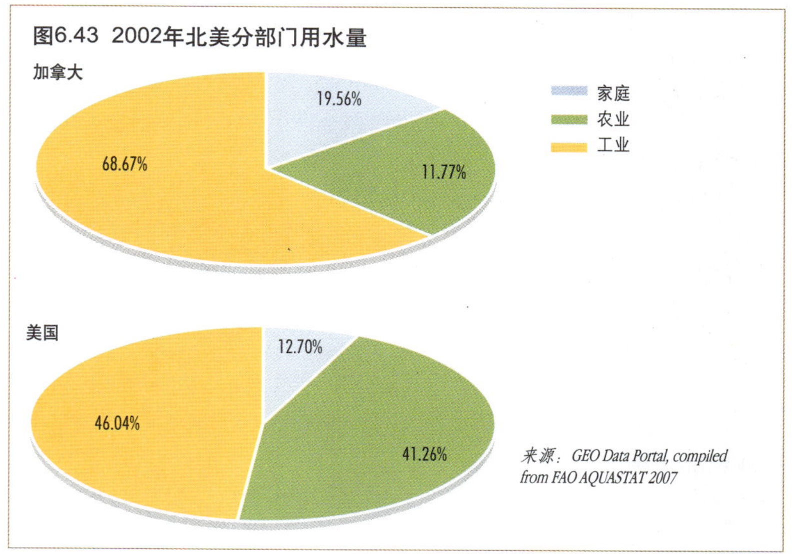

来源：GEO Data Portal, compiled from FAO AQUASTAT 2007

现了上升。美国偏干旱地区的灌溉是蓄水层水资源非可持续使用的主要原因，超过自然补给能力的25%（Pimentel和Pimentel 2004）。蓄水层透支使用的后果包括地面沉降、沿海地区的海水倒灌以及蓄水能力的降低（见第4章表4.1）。虽然加拿大地下水的数据有限，但研究表明，大部分蓄水层尚未受到过度开采的威胁（Nowlan 2005）。

在美国，由于2002年以来由《农业法》支持的水资源保护战略的实施，水利用效率得到了提高（NRCS 2005）。到2004年，由喷灌和微型灌溉系统灌溉的区域超过了总灌溉面积的一半（Cohn 2004，Harlow 2005，Saunders和Maxwell 2005）。

专栏6.33 饮用水、废水处理与公众健康

北美的饮用水可能被市政和工业废水、污水管道溢出、城市径流、农业废水和野生动物所污染。饮用水中的病原体是该地区许多健康事件的原因，同时水中还可能含有药品、荷尔蒙和其他来自生活、工业和农业的有机污染物。

加拿大

1991年以来，市政废水的处理得到了很大的改进，但是20世纪90年代早期一些与水污染有关的严重健康事件影响了数以千计的人，促使各省加强地下水的监测，并采取更好的措施来遵守国家指南。许多沿海社区仍然在排放未经有效处理的生活污水，很多原住民部落得到的供水和排水服务不如其他人。下水管网和雨水管网溢出是水污染的主要原因。各省和许多市政府有自己的废水和生活污水标准，并执行联邦指南，但加拿大并没有国家饮用水标准。2006年，在750个土著社区中，193个处于高度危险中，联邦政府制定了行动计划来解决他们的饮用水问题。

美国

水中污染物浓度很少会超过美国的饮用水标准，但一些化合物的浓度标准还没有出台，并且人们仍然不能确定复杂混合物的交互作用的影响。美国在1985—2000年经历大约250次疾病暴发，以及由饮用水污染带来的50万起由水传播的疾病。2005年，美国修订了《安全饮用水法》（Safe Drinking Water Act）来减少微生物污染及对健康产生高度风险的消毒副产品进入水体。每年有350万美国居民因为游泳、划船和钓鱼时暴露在下水管道溢出和渗漏的污染物中而得病。2000年制定的《美国海滨法》（US Beach Act）要求各州采取美国环境保护局（US EPA）的健康标准，来保护人们远离有害病原体，并实时报告海滨水质。美国的《清洁水法》要求所有城市都进行污水的二次处理，且在20世纪90年代对雨水排放制定了新管理措施。然而，2005年的一项研究表明，超过一半的大湖周边城市违反这些规定，同时年久失修的基础设施是一个刚刚出现并涉及不少花费的问题。

来源：American Rivers 2005, Boyd 2006, Environment Canada 2003, EIP 2005, USEPA2005b, INAC 2006, Kolpin and others 2002, Marsalek and others 2001, OECD 2004, Smith 2003, Surfrider Foundation 2005, Wood 2005

水质

总体上看，北美的饮用水是世界上最清洁的，但一些地区的水质仍然较差（UNESCO 2003）（专栏6.33）。水质的定义和测量在两个国家是不同的，因此很难从整体上评价北美的水质。基本指标显示，加拿大的淡水在44%的采水点为“好”或“很好”，31%的为“一般”，25%“较差”或“差”（Statistics Canada 2005）。使用不同方法的研究显示，美国36%的流域有中度的水质问题，22%有严重的水质问题，每15个流域中就有1个处于极易受未来退化影响的状态（USEPA 2002）。一项研究表明，美国42%的浅水河环境条件较差（USEPA 2006b）。

水质退化的主要原因是农业径流、污水处理厂的污水排放和水文条件变化（图6.44和专栏6.33）。北美在保护水资源免受点源污染方面取得了重要的进步，但非点源污染，尤其是作为最大的淡水污染源的农业污染，已经成为两国需要优先解决的环境问题。

过去20年里，在大小、规模和地理分布上不断增加的集中式动物养殖场（CAFOs）是不断增长的非点源污染源。如果处理不当，粪肥中的营养成分会进入水体或地下水。现在营养成分管理规划要求农民依照一定的标准来控制农业径流，但在2001年，只有25%产生有机粪肥的农场有这样的规划（Beaulieu 2004）。美国《清洁水法》对家畜养殖场废弃物的排放作了规定，而各州可以根据自己的情况放宽或加紧限制（Naylor等2005）。集中式养殖场消耗大量水资源，并带来了日益增加的维持压力（NRCS 2005）。

由于氮的富集，美国主要河口中有大约40%高度富营养化：农业肥料占了从密西西比流域进入墨西哥湾氮排放的65%（Ribaudo和

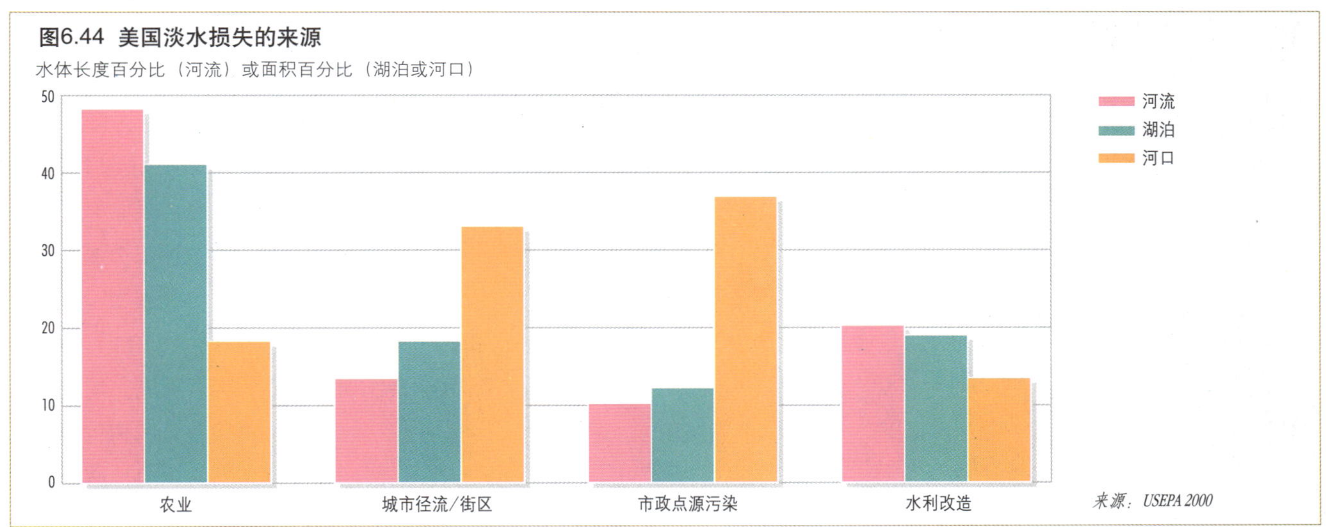

Johansson 2006）。这导致了世界第二大水生环境“死亡地带”的出现（第一是波罗的海）（Larson 2004）。美国2000年出台了一项行动计划，旨在到2015年将墨西哥湾“死亡地带”的面积减小一半（见第4章）。

切萨皮克湾（Chesapeake Bay）的营养物问题也很严重，并伴有大量海藻的暴发，导致了鱼类的死亡和贝类动物栖息地的破坏。虽然政府从1983年开始执行有关行动计划，随着人口增长带来的压力，这个海湾的生态系统已经出现了严重的退化（CBP 2007，2004）。淡水中同样出现了“死亡地带”，如伊利湖的硫化物带从1998年开始扩大，损害了湖泊的食物网络（Dybas 2005）。该地区已开始建立创新性的跨国界、多利益相关者和多层次的政策措施来处理各种水环境问题（专栏6.34）（见第4章）。

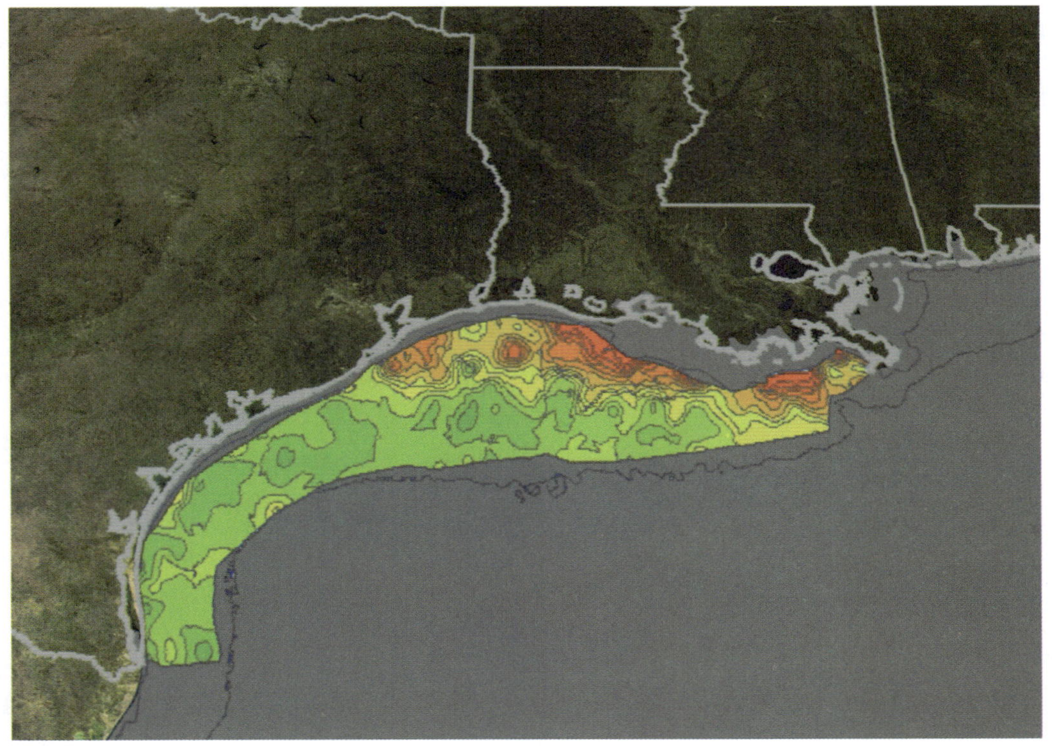

夏季卫星观察到的墨西哥湾海洋颜色表明水的高度浑浊，这可能是由密西西比河进入德克萨斯海岸的大量浮游植物造成的。红色和橘红色都说明了较低的含氧量。

致谢：NASA/Goddard Space Flight Center Scientific Visualization Studio www.gsfc.nasa.gov/topstory/2004/0810deadzone.html

专栏6.34 大湖

大湖地区居住着1 500万加拿大居民和3 000万美国居民，在过去的20年里，政府出台了针对大湖地区生态系统的国家、跨国界各方利益相关者和各个层面的法规措施，以应对工业生产、提高水质和减少沉淀物中汞浓度所带来的压力，但是，在43个受人关注的污染场地中，只有2个不再列入污染场地清单。

大湖地区仍然面临污染径流、未经处理的城市污水、海岸线侵蚀、湿地损失以及外来物种入侵的压力。湖里有超过160种外来物种，其中的一些，如斑马蚌，带来了严重的损害。该地区城市的无序扩张和人口的增长对生态系统产生了负面影响。这些压力的累积效应威胁着生态系统的健康，目前人们正努力对该生态系统进行整体研究。

来源：CGLG 2005, Environment Canada and USEPA2005

在加拿大，不断增长的肥料使用量和牲畜的数量以及使用有机肥料也增加了湖泊和河流的氮污染（Eilers 和 Lefebvre 2005），包括温尼伯湖，那里磷的负荷在过去30年间增加了10%，给湖泊的生态平衡带来了严重的威胁（Venema 2006）。2003年制定的行动计划和2006年的《马尼托巴湖水资源保护法》都旨在减少磷和氮的负荷。加拿大农业径流中氮的富集导致了一些两栖动物数量的下降（Marsalek 等 2001）。

目前，各级政府通过综合水资源管理（IWRM）和综合流域管理以及其他措施来越来越多地解决流域和综合系统层面的问题。以城市和社区为基础的管理和恢复战略也得到了日益广泛的采纳（Sedell 等 2002）（见第4章）。例如，纽约市对卡茨基尔—特拉华流域的土地保护投资提高了自然界对于城市水资源的过滤能力，从而降低了水处理厂的成本（Postel 2005）。

西亚

变化的驱动力

社会经济趋势

西亚12个国家被分为两个次区域：一是阿拉伯半岛，包括海湾合作委员会（GCC）和也门；另一个是马什里格次区域，包括伊拉克、约旦、黎巴嫩、巴勒斯坦被占领土（OPT）和叙利亚。

虽然该地区在达到千年发展目标的健康、教育和妇女权力问题方面取得了显著的进步（UNEP，UNESCWA 和 CAM RE 2001），但仍有约3 600万18岁以上的文盲，其中包括2 160万妇女（UNESCWA 2004）。该地区的贫困现象从20世纪80年代开始上升，从几乎不存在贫困的科威特，到贫困人口占总人口42%的也门（UNESCWA 2004，World Bank 2005a，World Bank 2005b）。到2015年，海湾合作委员会成员国有可能实现联合国千年发展目标，但马什里格次区域和也门的情况不容乐观，而伊拉克和巴勒斯坦被占领土则不可能实现联合国千年发展目标（UN 2005b）。

虽然该地区1960—1990年在人类发展指数得分方面取得了很大进步，但此后就几乎没有什么进步（UNDP 2001）。人们在家庭、部落、传统、社会和政治层面忍受着低水平的自由度，大部分国家依然缺乏政治制度和保障个人自由和人权的现代化的宪法和法律（UNDP 2004）。然而，有迹象表明该区域正进入一个缓慢和渐进的民主化进程，这有可能导致一种更大的责任。

两个次区域成员国对于1987年以来社会经济和地理政治变化的反应是不同的。自然资源的开发、人口和城市的持续增长依然是西亚促进经济发展的主要因素。农业是迈什里格和也门主要的经济形式，平均占国内生产总值的30%，超过40%的劳动力从事农业生产。而石油是海湾合作委员会的主要收入来源，占国内生产总值的40%和政府收入的70%（UNESCWA 和 API 2002）。

西亚国家对自然资源的依赖性很强，这使得其面对经济震荡和国际价格变化时十分脆弱，并给发展、就业、经济稳定和环境带来了深远的影响。一个明显的例子是20世纪80年代石油价格的下降使该区域的宏观经济出现连续10年的不稳定，表现为增长的债务、高失业率和还贷困难。

随着20世纪80年代后期和90年代初的经济改革，以及石油市场的复苏，该区域自90年

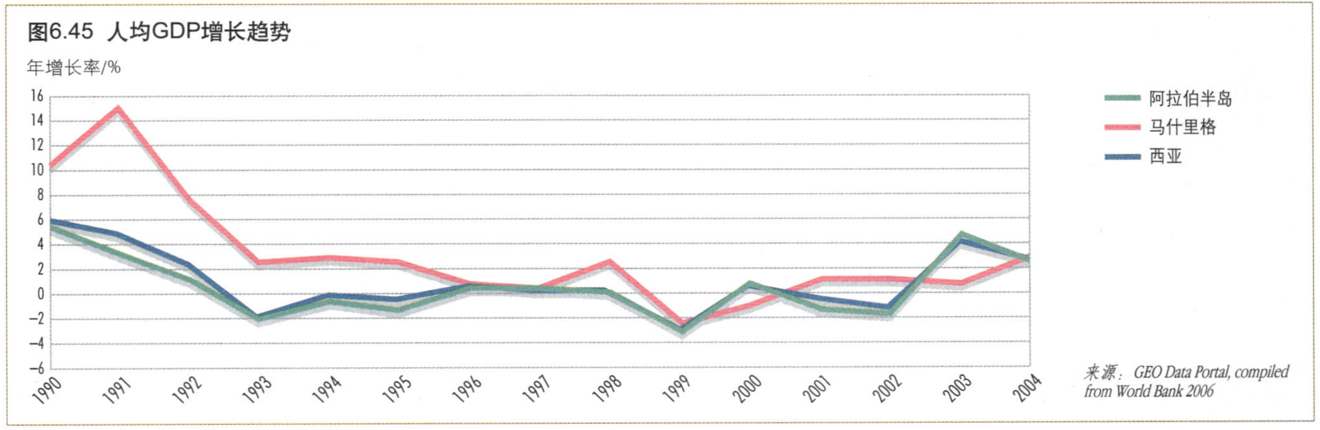

图6.45 人均GDP增长趋势

来源：GEO Data Portal, compiled from World Bank 2006

代起经济稳定下来，反映为下降的通胀率、较低的财政和贸易赤字以及投资的显著增加（World Bank 2003b），但是这些对经济的影响是有限的。人口增长可能抵消了2002年以前的经济发展成果（图6.45）。不过，随着石油价格从2002年开始的大幅度上升，西亚经济出现明显增长，尤其是海湾合作委员会成员国，经历了显著的资本流入和投资增长（World Bank 2005a，UNESCWA 2004）。

目前的发展，如与欧盟和美国的贸易协定和合作关系，预计将对区域的经济增长和发展作出很大的贡献。虽然有这些积极的发展，人口和就业的压力将持续成为发展的核心问题，并成为未来的严峻挑战。西亚人口增长率虽然有所下降，但年增长率仍接近3%。平均而言，西亚63%的人口生活在城市（GEO Data Portal，from UNPD 2005），失业率则增加了大约20%（UNESCWA 2004）。伊拉克和巴勒斯坦被占领土政治的不稳定、经济的破碎，伴随着扰乱和经济增长的急速衰退，给未来带来了极大的挑战。

环境管理

从世界环境与发展委员会发布报告以后，西亚地区在环境管理方面付出了显著的努力。各国开始积极颁布环境法规，并建立一系列地方、国家以及国际环境机构（UNESCWA 2003a）。各国都提出了国家环境战略和行动计划，一些国家正在制订可持续发展战略。然而，政府仍然不愿意实施综合环境、经济和社会因素的决策机制。各国政府依然按常规，根据部门构想和执行经济发展规划，没有考虑它们的环境和社会成因、关系及影响。

西亚急需有效机构的创建、能力建设、严格的环境立法和执行来扭转环境保护不力的局面。目前的当务之急是西亚各国进行地区合作和协调来管理共同的海洋和水资源，减少跨境环境问题，并加强区域环境管理的能力。最后，区域社会经济的整合可能会减轻人口对发展和环境的压力。

重点问题

西亚环境的主要特征是旱地，一年不同季节和同一季节内的降水量变化十分明显，干旱时常发生，这都使水资源显得尤为珍贵。过去几十年里，自然资源管理不善导致土地和海洋资源大面积退化。人口增长和消费类型的变化使城市化成为一个重要的环境问题。长期的战争和冲突使和平与安全也成为了环境问题的核心。本报告确定了该区域五个需要优先解决的环境问题：淡水压力、土地退化、海洋和海岸退化、城市管理，以及和平与安全。

淡水

水资源过度开采

西亚是世界上水资源压力最大的区域之

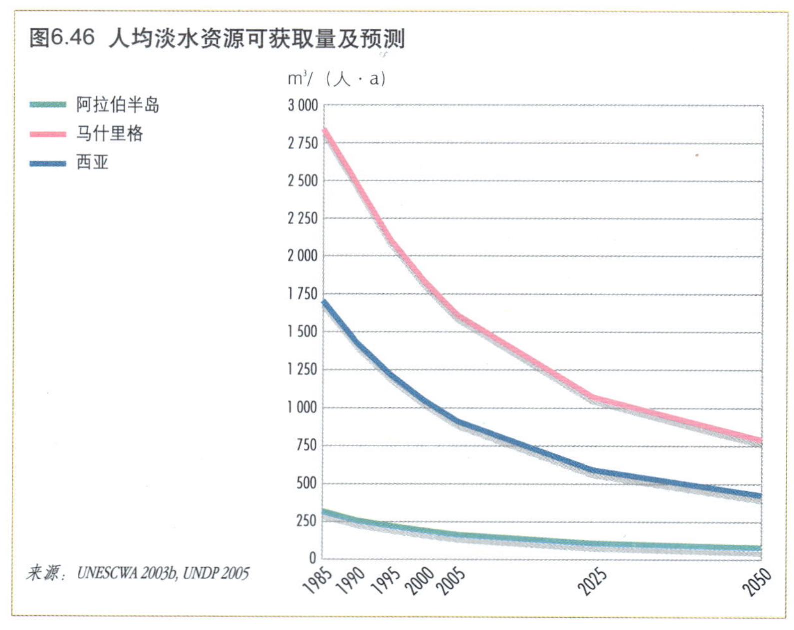

图6.46 人均淡水资源可获取量及预测

一，1985—2005年，人均可获得的淡水资源总量从每年1 770 m³下降到了907 m³（图6.46）。根据预期人口增长，这一数字将在2050年前下降到420 m³。

马什里格次区域主要依赖地表水资源，对地下水资源的依赖则相对较弱，而阿拉伯半岛的水资源则依赖于可再生及不可再生的地下水和海水淡化。这两个次区域正在越来越多地使用废水处理后的中水。由于西亚超过60%的地表水资源来源于区域以外，分享水资源成为决定该地区稳定性的重要因素。跨境大河沿岸国家一直没有签订关于公平享有和管理水资源的协议。由于工业、人民生活和农业的影响，地下水被过度开采，有限的地面及地下水资源的质量持续恶化，这加剧了水资源的短缺，影响了该区域居民的健康和生态系统（见第4章）。

快速的城市化，尤其是在马什里格和也门的快速城市化，对人们利用有限的公共投资满足不断增加的用水需求的努力构成了挑战。城市淡水消费量从1990年的78亿m³上升到了2000年的110亿m³，这一40%的增长趋势仍将持续下去（UNESCWA 2003b）。虽然西亚很多人能够获得经过净化的饮用水和卫生设施，但供给情况并不稳定，尤其是在低收入地区。这种水资源短缺现象是萨纳亚、阿曼和大马士革等大城市的一个难题（Elhadj 2004，UNESCWA 2003b）。

在海湾国家，快速的人口增长和城市化以及人均水资源消费增加导致当前城市水资源需求令人担忧的上升趋势。该地区的平均消费量为300～750 L/（人·a），位居世界人均水资源消费量最高之列（World Bank 2005c）。主要原因包括缺乏适当的需求管理和价格信号机制。政府政策主要关注的是从蓄水层或海水淡化厂获得的水资源的供给问题。水资源税通常很低，平均只占不到10%的生产成本，因此缺乏使消费者节约用水的激励机制。

虽然城市的水资源需求很高，但农业部门消耗了大部分水资源，占用水总量的80%（图6.47）。在过去几十年里，偏向于食物自给自足和社会经济发展的经济政策赋予灌溉农业的发展和扩张以优先权。农业用水量1990年为735亿m³，1998—2002年则超过850亿m³（UNESCWA 2003b），这给该区域有限的水资源带来了巨大的压力（专栏6.35）。虽然很多国家最近废除了

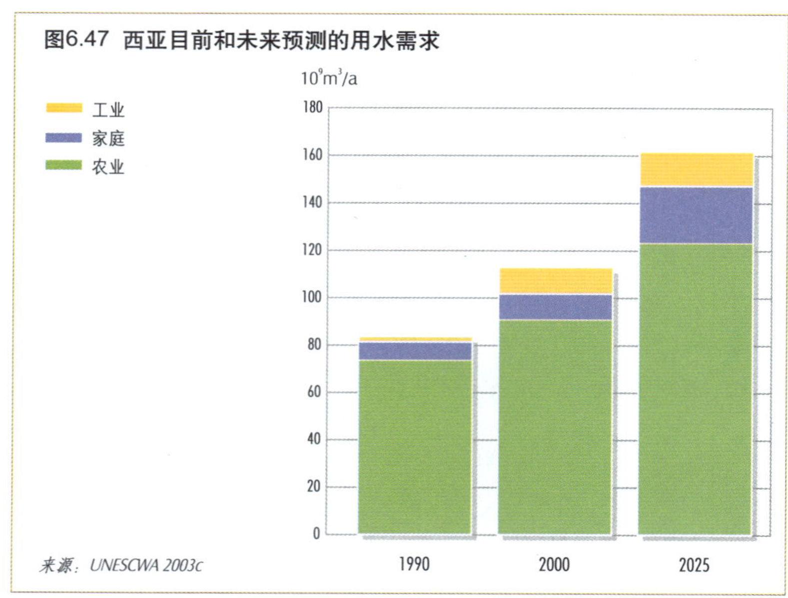

图6.47 西亚目前和未来预测的用水需求

专栏6.35 海湾地区地下水的损耗：没水了怎么办？

在过去30年里，海湾合作委员会大多数成员国的经济政策和大量补贴支持着灌溉农业的发展，从而获得国家的粮食安全。灌溉水的使用通常缺乏效率，并没有考虑饮用水的经济机会成本以及城市或工业的用水需求，农业产值占海湾合作委员会成员国国内生产总值不到2%，却造成了地下水资源的过度开采，这些地下水资源大多数是不可再生的，导致地下水资源的持续损耗以及由于海水倒灌和入侵造成的水质下降。这些国家没有制定明确的“未来策略”来解决地下水枯竭时怎么办的问题。

来源：Al-Zubari 2005

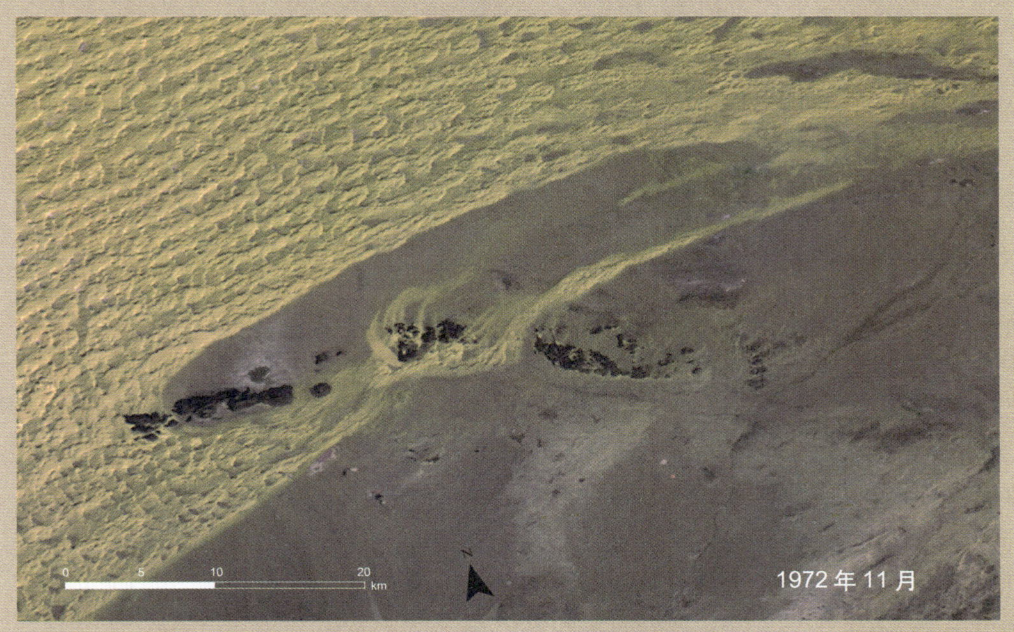

沙特阿拉伯依靠化石地下水扩张的农业。亮圈是洒水车灌溉的区域。

致谢：UNEP/GRID-Sioux Falls

这些政策，但预计农业用水量仍将上升，在农业、生活和工业部门之间的水资源分配问题将变得更严重。

在马什里格，水质较差对健康的影响是一个严重的问题（专栏6.36）。主要原因是用未经处理的城市污水来灌溉，卫生设施较差以及废弃物管理不到位（UNESCWA 2003c）。另外，地下水的过度开采造成了许多天然泉眼的干枯，导致其周边栖息地的破坏，同时伴随的还有其历史和文化价值的消失。例如，叙利亚巴尔米拉绿洲（Palmyra）具有历史价值的泉眼大部分已经干枯，包括阿富卡（Afka）泉水，历史上的詹诺比（Zanobia）帝国就是围绕它建立起来的（ASCAD 2005）。

专栏 6.36 水污染的健康影响

2002—2003年，研究人员对马什里格地下水氮污染的影响进行了评估，确定其为婴儿疾病的重要来源。总之，该区域内大多数村庄缺少足够的污水处理系统，仅依靠各家的污水坑排水。这使地下水受到污染，而地下水通常会成为未经处理的饮用水。大量使用粪肥则加剧了污染问题，因为含粪肥的径流会渗入蓄水层。硝酸盐导致婴儿的高铁血红蛋白症（蓝色婴儿综合征），可能会导致婴儿死亡或发育迟缓。

来源：UNU 2002

迈向可持续的水资源管理

由供给驱动的水资源管理手段在很大程度上没有实现水资源可持续利用或安全水平。近来，很多国家开始转向更综合的水资源管理和保护措施。水资源管理部门的政策改革把重点放在了管理权力下放、私有化、需求管理、水资源保护和经济效率、法律的修改和制度保障，以及公共参与（UNESCWA 2005）。由于现有制度能力不足，很少有国家能完成并将这些战略综合到社会经济发展框架中（UNESCWA 2001）。

此外，人口和农业政策的改善对水资源的可持续管理十分重要。水资源跨境国家没有制定共享地表和地下水资源的协议，以及缺乏财政支持（尤其是马什里格次区域国家），都给西亚带来了巨大的挑战。

土地退化和沙漠化

土地质量

亚洲西部拥有400万 km² 土地，其中64%是石灰质旱地（Al-Kassas 1999），极易发生退化。仅有超过8%的土地是农耕地，但历史上这些土地提供了大量的食物，且造成的不利环境影响很小。然而，在过去20年里，西亚人口增长了75%（GEO Data Portal，from UNPD 2007），这增加了对商品和土地的需求。伴随着人口增长的是不适当技术的高度利用、公共财产资源的不良管理、低效农业政策和高速的城市无序扩张。这些压力给很多国家带来了土地利用的广泛改变、土地退化和沙漠化（见第3章）。

风蚀、盐化和水蚀构成了最主要的威胁，而水涝、肥力降低和土地板结是次生问题。在21世纪初，西亚79%的土地经历了退化，其中98%是由人为原因造成的（ACSAD 等 2004）。这些原因包括不当的土地资源政策、集权化管理、缺乏公众参与、低水平的专业知识与经验、武断和单一领域的规划和管理。

土壤退化和食物安全

耕作和灌溉土地的扩张（图6.48），高密度的机械化耕作，现代技术、除草剂、杀虫剂和肥料的使用，温室和水培农业的发展，都带来了农业产量的显著增加。灌溉农地从1987年的440万 hm² 增加到了2002年的730万 hm²（GEO Data Portal，compiled from FAOSTAT 2005）。虽然粮食产量增加，但由于贸易赤字持续上升，食物安全依然受到威胁。管理不善和滥用灌溉水增加了土壤的盐碱化（见专栏3.5和第3章），影响了该区域大约22%的农耕地（ACSAD 等 2004）。估计土壤盐碱化造成的经济损失很大

图6.48 耕地的扩张

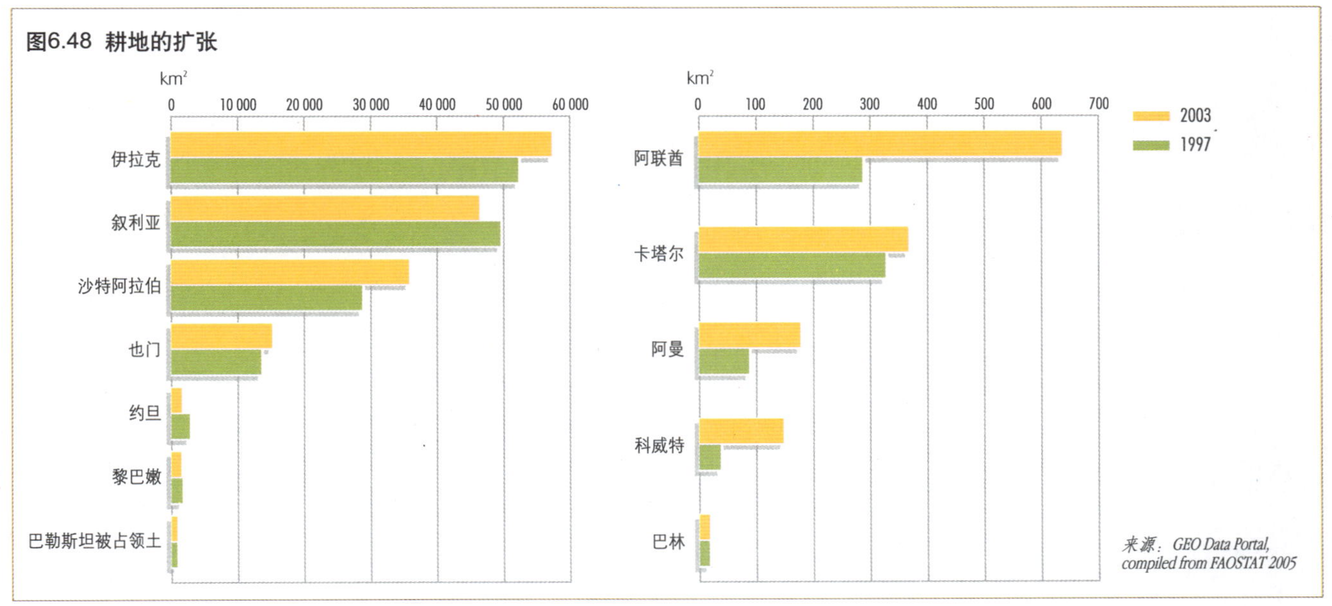

来源：GEO Data Portal, compiled from FAOSTAT 2005

(World Bank 2005c)。

牧场与土壤侵蚀

牧场占西亚土地总量的52%（GEO Data Portal，compiled from FAOSTAT 2005）。其承载能力每年都会发生变化，取决于降雨总量和分布。据预测，每年动物干饲料的产量很低，从约旦的每公顷47 kg，到黎巴嫩的1 000 kg不等（Shorbagy 1986）。虽然自1987年以来，标准牲畜单位（250 kg）的总数并未发生显著的变化，据估测在1 460万左右，这一产量仍然预示着一个明显的饲料缺口（FAOSTAT 2005）。西亚极易受干旱、霜冻和气温过高的影响，所以植被的多样性十分重要，因为它保证了植被的恢复能力。然而，施加于森林和牧场的压力使西亚的生物多样性正在下降。

过早和密集放牧、牧场的农耕和娱乐活动已经显著地减少了物种的多样性和强度，增加了土壤侵蚀和农业用地的沙化风险（Al-Dhabi等1997）。对植被变化的观察表明，干旱地区的植被在丰水年比干旱年能多延伸150 km（Tucker等1991）。1985—1993年，叙利亚的波士力被沙覆盖的土地增加了375 km²（ACSAD 2003），而在沙特阿拉伯东部的朱拜勒以北，沙丘的体积在15个月内几乎翻一番（Barth 1998）。1998—2001年，过度放牧和薪材的砍伐使约旦牧场的生产率降低了20%，这一数字在叙利亚为70%（ACSAD等2004）（见第3章）。

森林

西亚森林面积为5.1万km²，只占该区域总面积的1.34%（GEO Data Portal，from FAO 2005），占全球森林面积的不到0.1%。森林退化是普遍现象。火灾、砍伐、过度放牧、耕作和城市化都对森林的产量和服务功能造成了负面影响（FAOSTAT 2004）。在过去15年里，西亚森林面积的总量并没有发生显著变化，因为一些地区的森林采伐被另一些地区的植树造林所平衡。1990—2000年，阿拉伯半岛的森林覆盖面积平均每年增加了60 km²，但在2000—2005年保持稳定。马什里格次区域从1990年开始，每年植树造林新增的林地面积为80 km²，目前仍保持这一趋势（GEO Data Portal，from FAO 2005）。可持续森林管理面临的主要挑战和限制包括制度和执法较弱、土地使用权制度不好、气候和水资源的限制、缺乏技术人员和农业推广服务、财政资源不足以及政策失灵（UNEP，UNESCWA和CAM RE 2001）。

缓解土地退化

减轻沙漠化的国家行动计划（NAPs）包括缓解土地退化和保护受威胁区的成熟措施（ACSAD 等 2004）。已完成行动计划的国家（约旦、黎巴嫩、阿曼、叙利亚和也门），以及其他仍在努力完成行动计划的国家都需要加强实施力度来阻止沙漠化。该地区各国已经加入了保护生物多样性的国际行动，大多数都签署了《生物多样性公约》及《生物安全议定书》，并加入了联合国粮农组织关于食品和农业植物基因资源的国际条约。虽然如此，还需更有力的措施来提高人们对生态系统活力的理解，并制定更有效和可持续的生产制度，包括森林综合管理规划。

对抗沙漠化的努力可以将荒地（上图，摄于1995年）转化为有良好植被覆盖的土地（下图，摄于2005年）。这一在叙利亚Al-Bishri的土地年均降水量较为稳定，两年都有春雨。

致谢：Gofran Kattash, ACSAD

然而，在许多国家这些规划并没有纳入国家发展政策的主流。人们常常忽略土地退化问题和贫困问题的关系，导致制定的政策缺乏针对性和效率。虽然国家和地方政府已努力预防和减少土地的退化，但是由于问题的严重性，取得的成效非常有限。西亚急需广泛合作和参与来解决这个问题。

目前人们已经采取不少实际措施来改进已经退化的土地，如引入高效灌溉和农业技术（Al-Rewaee 2003）、恢复退化的牧草地（见照片）、增加保护区面积（图6.49）以及植树造林工程。不过，这些努力仅包括了阿拉伯半岛和马什里格地区退化土地的2.8%和13.6%（ACSAD等 2004）。在经历了1990—1995年的显著增长后，保护区的总量几乎持平，标志着西亚需要加强努力，扩大和整合这些保护区项目。

各国政府最近才开始意识到了森林的生态重要性，并开始保护森林生态系统和生物多样性，如通过森林储备和生态旅游的手段。叙利亚、约旦和伊拉克的大型水坝为本地和迁移物种，尤其是鸟类创造了新的栖息地。伊拉克美索不达米亚沼泽的恢复是2004年重建伊甸园规划中一项十分重要的成就（见第 4 章图 4.12），还有约旦和叙利亚对当地小麦品种的保护（Charkasi 2000，ICARDA 2002，Iraq Ministry of Environment 2004，UNEP/PCAU 2004）。

海岸和海洋环境

海岸地区的发展

沿岸城市、旅游和娱乐项目的迅速发展对西亚海岸地区和海洋环境构成了威胁（见第 4 章）。土地开垦、石油污染、化学污染和过度捕捞都是造成环境问题的原因。

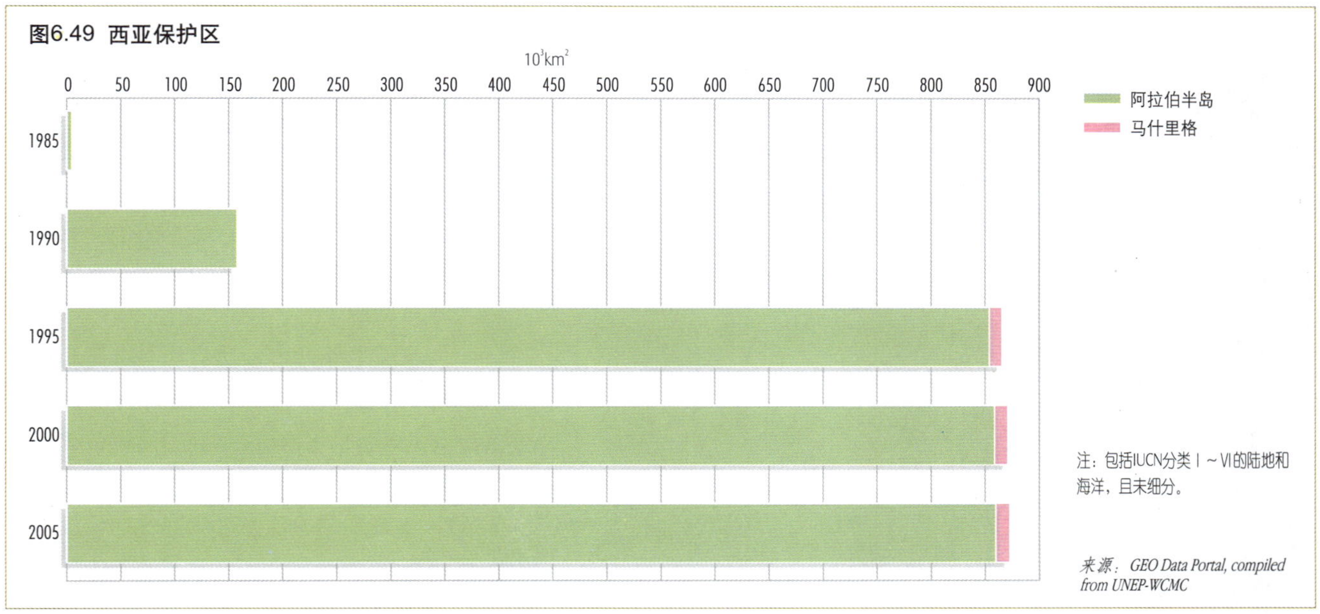

以城市和交通发展为目的的挖掘在很大程度上改变了海岸线面貌。到20世纪90年代早期，一些海湾国家已经开发了将近40%的沿岸地区（Price和Robinson 1993）。巴林的海岸地区在近20年的时间内增加了40 km（ROPME 2004）。同样，2001年以来，在迪拜沿岸的棕榈岛，人们利用了超过1亿m^3的沙石，使得海岸线增加了120 km（DPI 2005，ESA 2004）。沙特阿拉伯朱拜勒工业城使用了2亿多m^3采掘沙石（IUCN 1987），而连接朱拜勒和沙特阿拉伯的25 km的堤坝使用了大约0.6亿m^3的挖掘沙土。

工业、农业、畜牧生产和食品及饮料加工是区域海洋环境保护组织（Regional Organization for the Protection of the Marine Environment，ROPME）地区（ROPME Sea Area，RSA）有机碳负荷和需氧化合物排放的主要来源，该区域组织包括8个成员国（ROPME 2004）。海水淡化厂污水的直接排放带来了盐、氯和热量污染，同时还有包括病原菌、原生动物和病毒在内的微生物机体（WHO 2006）。

石油泄漏和化学污染是该地区海洋环境面临的其他主要威胁，其中包括区域内的地中海国家（专栏6.46）。区域海洋环境保护组织所管辖的沿岸地区共建了8座炼油厂和超过15家石化厂，有超过2.5万艘油轮，每年通过霍尔木兹海峡输送着世界石油出口总量的60%（ROPME 2004）。轮船压舱水的排放每年会造成该组织所管辖地区超过27.2万t石油污染（UNEP1999）。战争和军事冲突增加了石油泄漏和化学污染（ROPME 2004）。

如果不加以保护，约旦的珊瑚礁、黎巴嫩和叙利亚的潮汐礁石（Kouyoumjian和Nouayhed 2003）以及也门和区域海洋环境保护组织所管辖的海洋地区大量地方物种的多样性都面临风险，各地的海岸侵蚀都继续构成威胁。珊瑚礁的退化和消失（专栏6.37）以及死海海

专栏6.37 珊瑚礁的退化和漂白

红海有20多种珊瑚礁，其中60%处于区域海洋环境保护组织所管辖的海洋地区。人类的活动和其他因素是造成这个地区珊瑚礁持续退化的原因。气候变化造成了1996年和1998年该地区和红海珊瑚礁的漂白，其中鹿角珊瑚的死亡率达到了90%。

来源：PERSGA 2003, Riegl 2003, ROPME 2004, Sheppard 2003, Sheppard and others 1992

平面的下降也是影响海洋和海岸环境的严重问题。

海岸的发展给渔业带来了巨大的压力。污染、高温、疾病和生物毒素成为1986—2001年区域海洋环境保护组织所管辖的海洋地区鱼类死亡的原因，给水产业和当地渔民带来了巨大的经济损失（ROPME 2004）。此外，人口增长导致人均捕鱼量逐年下降，影响了食品安全，在区域海洋环境保护组织管辖的海洋地区尤其如此（图6.50）。这个地区有12万多渔民（Siddeek等1999）。在过去十年里，马什里格次区域国家渔业产量仍保持在每年5 000～10 000 t，而仅也门一国每年的捕捞量就从8万t上升到了14万t。渔业规章已经存在，但需要更好地执行，尤其是在区域海洋环境保护组织管辖的海洋地区。红海过去主要受到开垦活动的威胁（ROPME 2004，PERSGA 2004），但预计新兴且不断发展的养虾业将严重影响剩余的红树林（PERSGA和GEF 2003）。

图6.50 西亚人均年捕鱼量变化趋势

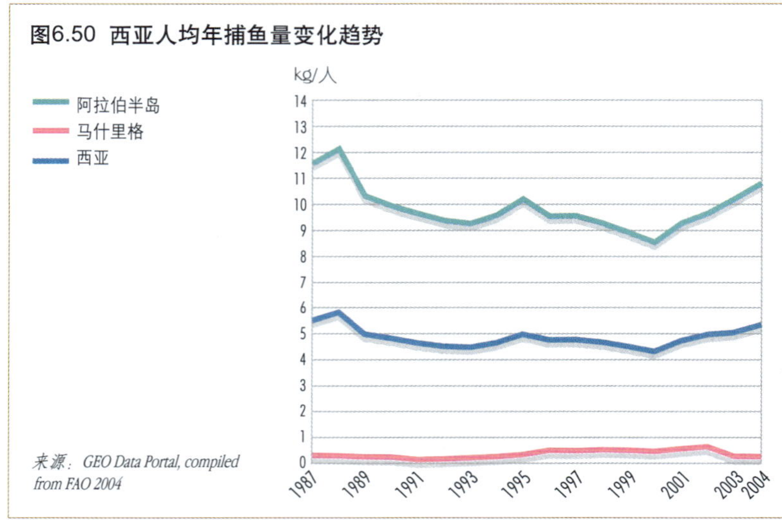

来源：GEO Data Portal, compiled from FAO 2004

图6.51 城市人口占总人口比例的变化趋势

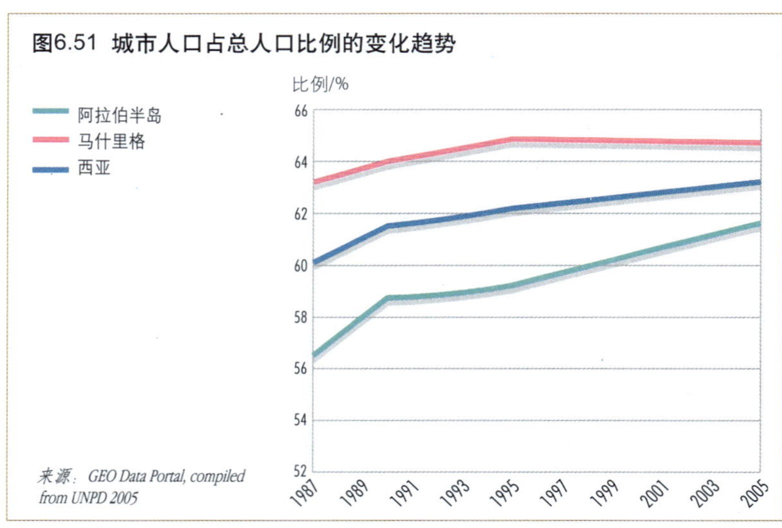

来源：GEO Data Portal, compiled from UNPD 2005

政策回应

许多国家最近出台规章，要求在进行任何海洋和海岸活动之前必须进行环境影响评价（GCC 2004），并采取综合的海岸带管理规划。西亚有超过30个海洋自然保护区（IUCN 2003），签署了18个区域和国际性的海洋与海岸环境协定。相应地，各国在过去20年里采用了各种保护措施并进行了区域保护项目（ROPME 2004）。

在过去的五年里，红海地区采取了很多行动来保护红树林，这是栖息地和生物多样性保护规划以及地域行动计划的组成部分（PERSGA 2004，ROPME 2004）。2006年，区域海洋环境保护组织成员国一致同意在阿曼建立区域环境信息中心（QEIC）来搜集红树林的信息。一项针对在全球遭遇危险的海牛兽的区域性调查于1986年展开，并通过与沙特阿拉伯、巴林和阿拉伯联合酋长国的合作持续下去（Preen1989，ERWDA 2003）。

西亚海洋和海岸地区经受着巨大的压力，例如虽然已经采取有效措施显著减少了石油泄漏，但来自石油生产的压力依然很大。《防止轮船污染国际公约》(International Convention for the Prevention of Pollution from Ships）的签署（MARPOL）以及采用油轮接收设施都将改善现有情况，但并非所有海湾国家都签署了这项国际公约（GCC 2004）。2000—2001年研究人员对区域海洋环境保护组织的海洋地区海岸水体污染进行了调查，结果显示石油碳氢化合物的浓度比1990—1991年海湾战争时的浓度低，但一些工厂附近的沉积物和海港仍有很高浓度的金属污染物（De Mora等2005，ROPME 2004）。

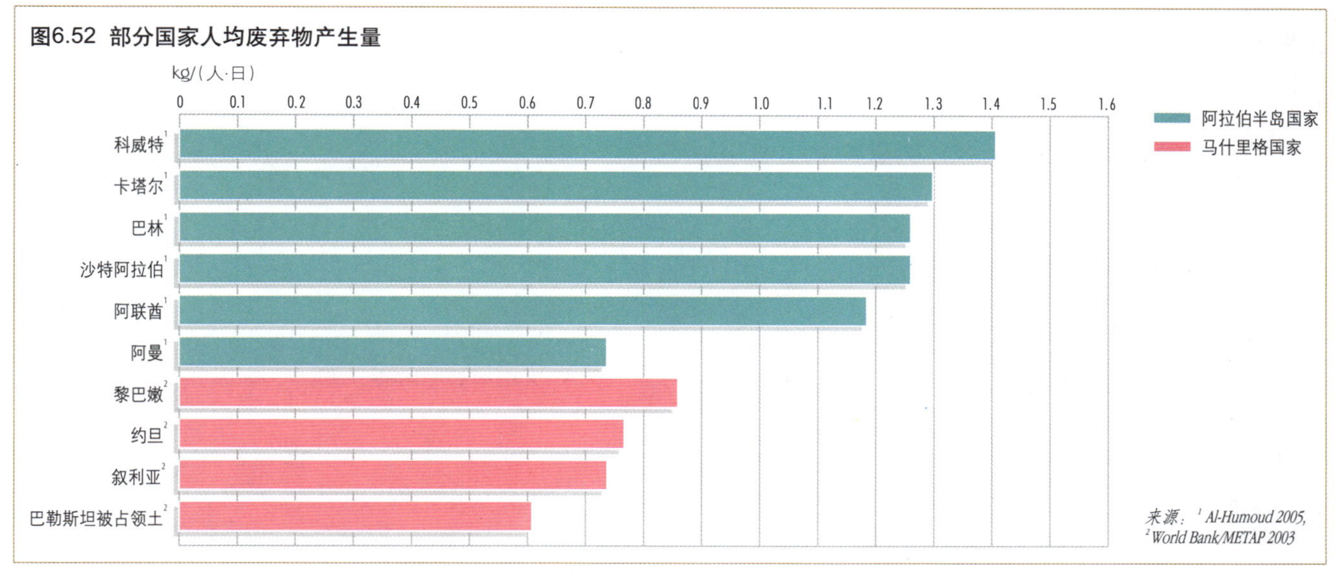

城市环境

城市化

西亚地区在过去 20 年经历了高度城市化过程（图 6.51），延伸了城市基础设施的范围，对区域环境和自然资源造成了显著但不同的影响。自然人口增长、马什里格次区域农村地区的人口迁移、经济转变、海湾地区不断增长的外来劳工都对水资源和能源产生了更高的需求，对废弃物管理提出了挑战，并导致空气质量的恶化。

贫民窟和都市贫困

贫民窟在不断扩大，尤其是在马什里格次区域里的主要城市。在过去十来年里，也门居住在贫民窟的人口几乎翻了一番，在约旦、叙利亚和黎巴嫩分别增加了 15%、25% 和 30%（UN-HABITAT 2003a）。

在巴勒斯坦被占领土和伊拉克，军事冲突导致了贫民窟和难民营人口的增加。到 2005 年，大约 40.06 万巴勒斯坦难民居住在黎巴嫩，42.47 万居住在叙利亚，大约 178 万居住在约旦。在西海岸与加沙，分别有大约 68.75 万和 96.165 万的登记难民，这两个地区的居民占巴勒斯坦总人口的 1/3（UNRWA 2005）。

在伊拉克发生的第三次海湾战争期间，严厉的经济制裁和持续的冲突毁坏了环境，造成了住房的严重短缺。伊拉克中部和南部的住房缺口大约为 140 万，而在北部，大约 1/3 的人生活在简易住房里（UN-HABITAT 2003b）。2003 年，伊拉克 32% 的城市人口生活在贫困线下，大量人口居住在与叙利亚和伊朗接壤的边界地区难民营里（UNPD 2003）。同样，在军事冲突严重的巴勒斯坦被占领土和黎巴嫩地区，这些情况导致了城市贫困水平的上升。1997 年，27% 的黎巴嫩人生活在贫困线下；2004 年，巴勒斯坦被占领土则有 67% 的人生活在贫困线以下。

城市废弃物管理

快速的城市化、废弃物的不当管理和生活方式的改变使废弃物的产生量不断上升。海湾地区人均固体废弃物产生量大约为 0.73～1.4 kg/（人 · d），而马什里格地区则为 0.61～0.86 kg/（人 · d）（图 6.52）。现有垃圾管理体系的低处理能力带来了严重的健康和环境问题。垃圾填埋场的存在、废弃物的焚烧、老鼠和难闻的气味都造成了周边房产价格的下跌。一些城市已经开始执行“减少、再利用和循环利用”（3R）行动计划。

图6.53 人均最终能源消耗总量

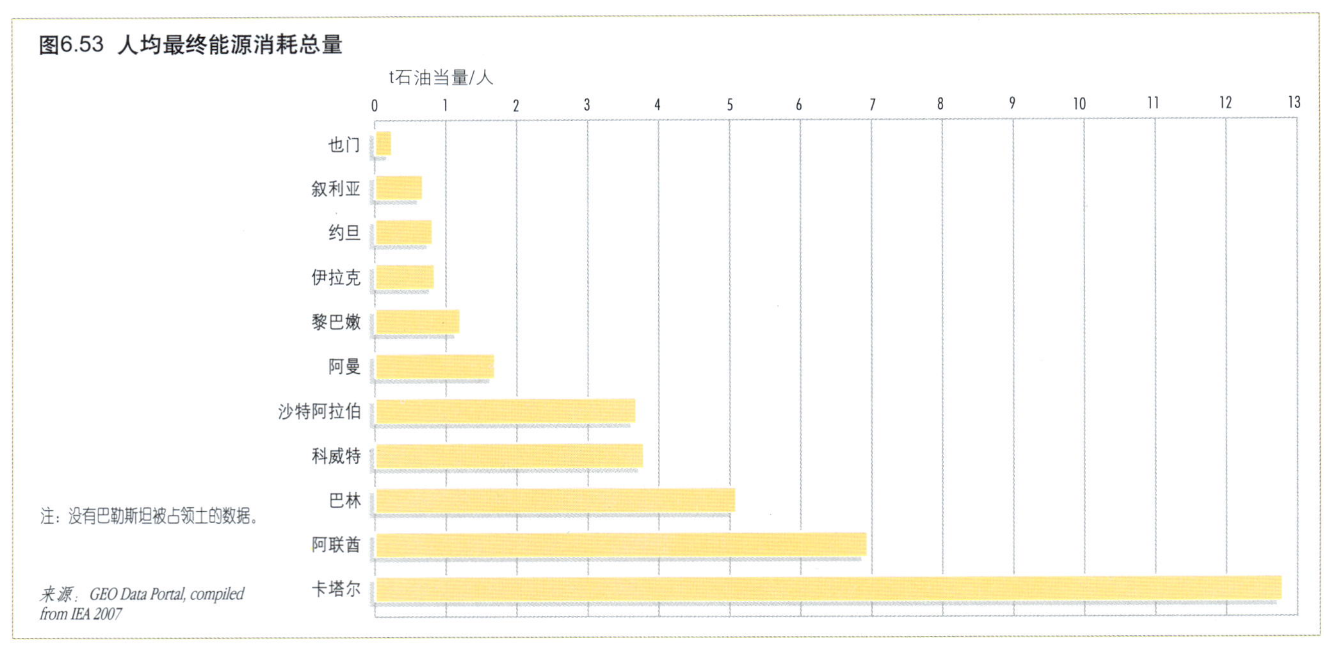

注：没有巴勒斯坦被占领土的数据。

来源：GEO Data Portal, compiled from IEA 2007

能源部门、交通与空气污染

能源部门主要由大量的石油和天然气企业及火力发电厂组成，是经济发展和环境退化的主要驱动力。西亚目前在经济发展和环境退化两者之间尚未达到平衡。该地区拥有世界52%的石油资源和25.4%的天然气储量，占世界石油产量的23%，天然气产量的8.7%（OAPEC 2005），预计其所占比例还将不断上升。该区域人均能源消费量在石油生产国和其他国家之间差别很大（图6.53）。能源部门对空气、水、土地和海洋资源产生了负面影响，也是造成全球气候变化的原因（见第2章）。1990—2003年，人均二氧化碳排放量从6 t上升到了7.2 t，而全球的平均水平为3.9 t（GEO Data Portal，compiled from UNFCCC-CDIAC 2006）。

二氧化碳排放量的增加不仅由于工业的扩张和化石燃料的使用，而且还来自于机动车数量的增加、交通管理不善、能源补贴、低效的公共交通、老化的汽车和拥挤的道路，这些现象在马什里格次区域尤其明显。在海湾国家，电力、石化、铝和化肥企业及机动车是二氧化碳和其他诸如二氧化硫和二氧化氮等空气污染物的主要来源。季节性沙尘暴带来的细微颗粒物加重了整个地区的污染负担。空气污染对人类健康的影响很大。例如在约旦，据估计每年有600多人由于城市空气污染而早亡，另外，每年由相关疾病造成了1万伤残调整生命年的损失（World bank 2004a）。

应对城市挑战

各国政府面对这些挑战的应对措施各不相同，但都远远不够。为了控制贫民窟的增长，海湾国家保证给所有居民提供住房。一

专栏6.38 黎巴嫩逐步淘汰含铅汽油

采用无铅汽油和催化转换器使得黎巴嫩铅的排放量从1993年的700 t/a下降到1999年的400 t/a左右。然而，进行空气质量监测的城市和郊区的铅浓度分别达到了平均1.86 μg/m^{3}和0.147 μg/m^3。这一浓度比已经完全淘汰含铅汽油的国家高出许多。黎巴嫩铅污染成本每年在2 800万～4 000万美元，占国内生产总值的0.17%～0.24%，铅污染会损害儿童的大脑发育。这也是我们需要持续采取有力措施减少铅污染排放的原因。

来源：Republic of Lebanon/MOE 2001, World Bank 2004a

专栏 6.39 海湾国家第一家风力发电厂

阿拉伯联合酋长国的第一家风力发电厂于2004年在阿拉伯半岛落成。该厂投资总额250万美元，坐落在阿布扎比酋长国的希尔巴尼亚斯岛上，为一家海水淡化厂提供850 kW的发电量。如果该发电厂成本—收益是经济的，这一风能脱盐措施将在整个海湾地区推广。

来源：Sawabel 2004

些国家制订了建筑和家用电器的节能规范和标准。各国也正在制订废弃物综合管理计划，并进行监测和立法控制空气污染。所有海湾国家，以及黎巴嫩、叙利亚和巴勒斯坦被占领土都已经采用无铅汽油以减轻城市空气污染（专栏6.38）。为了达到国际市场的规范，科威特、沙特阿拉伯、巴林和阿拉伯联合酋长国的炼油厂都保证要减少石油产品中的硫含量。天然气燃烧和其他氢化物的排放量正逐渐减少。

减轻空气污染和温室气体排放的另一项政策措施是采用天然气作为替代品。天然气开发项目在规划中进行区域整合，例如天然气管道项目或海豚项目，预计2005年给阿拉伯联合酋长国输送了8 200万m^3来自卡塔尔的天然气，这将改善能源使用，提高经济效率和环境质量（UNESCWA，UNEP，LAS和OAPEC 2005）。一些国家开始开发和鼓励可再生能源的使用，如风能和太阳能（专栏6.39）。

评价城市化给西亚环境带来的全面影响仍然是一个很难实现的目标。各国需要在有关部门的多部门规划、监督、立法以及提高公众意识运动方面作出大量努力。各国还需要采用统一方法和数据收集来保证更好地比较和区域评估。最近，在贝鲁特成立了旨在协调不同国家工作的区域管理组织，向实现这个目标迈进了一步。当然，如果没有有力的法律措施来执行，这些努力仍将是无效的。

和平、安全与环境

战争与冲突

西亚的武装冲突损害了人类福祉，导致自然资源和生态栖息地的退化。影响是严重的，但除了一些重点地区外，仍然缺乏可靠的数据资料（Butayban 2005，Brauer 2000），这给长期评估带来了困难。

1990—1991年发生的海湾战争造成了严重的环境损害，尤其是在伊拉克、科威特和沙特阿拉伯，这在此前的《全球环境展望》报告和其他报告中都有详细的记载（Al-Ghunaim 1997，Husain 1995，UNEP 1993）。15年后的今天，生态系统仍清晰地呈现出破坏的痕迹（Omar等2005，Misak和Omar 2004）。这一状况由于2003年的伊拉克战争而进一步恶化。军事防御工事、埋设和清除地雷、军事机动车和人员的行动，都给科威特和伊拉克的生态系统和保护区造成了严重的破坏（Omar等2005）。在沙漠地区，这些行动与沙尘暴一起加速了土壤侵蚀，增加了沙子的流动。

清除阿尔—奎迪沙瓦电镀罐中被污染的淤泥。

致谢：UNEP/Post Conflict Branch 2006

在伊拉克，人们越来越关注1991年和2003年战争期间使用贫铀弹带来的环境问题（Iraq Ministry of Environment 2004，UNEP 2005c）。此外，尽管主要的战争已经结束了好几年，未爆炸的弹药（UXO）和地雷仍在导致平民的死亡，妨碍重建工作（UNAMI 2005）。对五个需要优先解决环境问题的工业地区的详细评估表明，人类健康和环境面临严重威胁，急需采取紧急措施控制危险物质（UNEP 2005c）。

在2006年黎巴嫩的武装冲突中，以色列轰炸了贝鲁特南部吉耶一家发电站的储油设施，大量石油污染了该国的海岸。环境学家把这称为黎巴嫩历史上最严重的环境灾害（UNEP 2006g），由此造成的空气和水污染对人类健康产生了额外的威胁。

巴勒斯坦被占领几十年和长期被忽视产生的累积效应造成了严重的环境问题，包括稀缺水资源的退化、固体和液体废弃物的污染（UNEP 2003c）。

这些战争的后果包括保健服务的中断、更加贫困、机构遭到破坏和当局不能执行环境法律（Kisirwani和Parle 1987）。例如，1996—2000年，在每十个巴格达5岁以下儿童中，就有7个由于缺乏干净饮用水、恶劣卫生条件和大量未清理的垃圾而导致腹泻（UNICEF 2003）。在2005年和2006年，伊拉克非暴力死亡率上升，这反映出健康服务和环境质量的恶化（Burnham等2006）。

国际环境对西亚难民和内部人口迁移问题的重视还远远不够。持续不断的战争将他们的数量增加到了400万（UNHCR 2005，UNRWA 2005）。他们居住的社会经济条件很差，人口密度高，环境基础设施不足，给脆弱的环境带来了新的压力。加沙难民营的密集人口造成了蓄水层的损耗，导致海水倒灌，并产生不适合农业灌溉的盐水（Weinthal等 2005，Homer-Dixon和Kelly 1995）。2006年，以色列和黎巴嫩边界的敌对状态，在黎巴嫩一边就造成了100万人的临时搬迁，再加上以色列北部转移的人口，严重影响了这些人的生活（UNEP 2007b）。

战争带来了严重的基础设施的破坏。对军事和民用目标的轰炸改变了以色列和黎巴嫩的田园风光和都市景色。在巴勒斯坦被占领土，占领者毁坏了杰宁一个大难民营（UNEP 2003c）。加沙地带的经济基础设施在2004年5月遭到了以色列军队的破坏，加重了现有的环境问题（World Bank 2004b）。

1975—1990年，黎巴嫩境内埋藏着大约15万枚地雷（Wie 2005）。在伊拉克，未爆炸弹总量可能有1万～4万个（UNEP 2005c）。联合国环境规划署对目前在黎巴嫩发生的冲突的战后初步评价表明，大约有10万个未爆炸的集束“小型炸弹”，这一数字估计还将上升（UNEP 2006h）。引爆这些武器将给空气和土地造成污染。

应对战争影响

战争对西亚长期的隐性环境影响是巨大的，并且很难估测。从1990年爆发的海湾战争至今，有关国家采用一种机制来解决战争和冲突带来的环境问题。伊拉克邻国已经向联合国赔偿委员会（United Nations Compensation Commission）提交了要求伊拉克作出环境赔偿的申诉（UNCC 2004）。这项机制将有助于预防损害人类和环境福祉的政策。在受影响的国家，应对战争造成的环境影响的本地措施包括：损害的监测和评价、地雷的清除以及其他清理和恢复措施。国际社会也采取了一些应对冲突的解决机制，包括协议、谅解共识、促进和平、文化交流及其他和解措施。

极地地区

变化的驱动力

管理

从1987年布伦特兰委员会的报告《我们共同的未来》发表以来，北极发生了重要的政治变化。前苏联解体导致俄罗斯北极地区内人口减少了1/4（AHDR 2004），该地区失去了政府对经济的支持（Chapin等 2005）。北极发生了一些政治结构的调整，其中有一部分是受国际人权发展的影响，包括芬兰和斯堪的纳维亚当地居民的管理权回归，以及加拿大和格陵兰岛当地人民更多的自治（AHDR 2004）。1971年颁布的《阿拉斯加原住民归乡法案》（Alaska Native Claims Settlement Act）解决了土著人要求的土地权问题，相应地在资源管理和所有权方面都发生了变化，这继续成为北美北极地区重要的政治趋势。

一些国家提出对南极地区拥有主权，但并没有得到国际上的广泛认可。在1959年颁布《南极条约》（Antarctic Treaty）之前，该大陆并没有任何管理制度。目前，这一地区由国际多边管理体制管理，通过各国立法来执行。当前，46个国家，包括北极地区所有国家（一个除外）都是《南极条约》缔约国。这一管理体系的核心原则是和平使用、国际科学合作与环保。目前，条约的签署国、受邀专家和观察机构每年举行一次会议，以有效地管理该地区，并提供讨论和解决问题的论坛。1987年以来，最重要的法律是1991年的《环境保护议定书》（Protocol on Environmental Protection），将南极洲定义为“和平和科学的自然保护区”。2005年，该条约的附件VI开始实行，规定了各方应对南极洲环境紧急事件的义务。

与此相反的是，北极的大部分地区处于以国家为单位的主权统治之下。北极地区包括以下8个国家的全部或部分：加拿大、丹麦（格陵兰岛）、芬兰、冰岛、挪威、俄罗斯、瑞典和美国。各国法律是北极地区主要的法律控制手段。1987年以来，在区域和北极地区层面，政府制定了一系列“软法律”协定和合作安排（Nowlan 2001）。北极环境保护战略（The Arctic Environmental Protection Strategy）（1991）已经被纳入1996年成立的北极委员会的工作中。该委员会针对一系列环境和社会经济问题提出评估、建议和行动计划。该委员会的永久成员由北极8个国家、6个本地组织组成，另外还有一些国家和国际组织扮演着观察员的角色。

多边环境协议

多边环境协议（MEAs）、国际政策和指导原则在两极的法律体系中扮演日益重要的角色。可持续发展的概念以及围绕这一概念的国际多边协议在两极地区，尤其是脆弱的北极，产生了深远的影响。

北极社会和自然环境可持续发展的整体化是环北极地区协议和项目的主要内容（AC 1996）。只有充分考虑本地和外来居民的愿望，传统的生活方式和价值观以及他们在决策中的参与度，北极社会和自然环境的可持续发展才有可能实现。监测和科学模型中的预测表明，这些多边协议是有效的。然而，当前这些协议并不足以应对气候变化带来的挑战，许多有害

专栏6.40 两极地区为全球生态系统提供的服务

调节气候

如果没有全球洋流在赤道和两极地区之间的水交换（见专栏6.42和第4章），赤道会更暖（或过热），而两极地区和温带则会更冷。

储存淡水

两极的冰原占世界水资源总量的70%。

提供资源

北极占全球海洋商业鱼类捕捞量的28%。南极鱼类捕捞量占2%。北极有丰富的矿产资源、未经开发的石油和天然气，其中包括全球尚未被发现的石油估测储量的25%。

碳储存

北极储存了全球1/3的碳，是温室气体的重要碳汇。

支持迁徙物种

每年，大约有300种鱼类、海洋哺乳动物和鸟类在极地与中纬度地区迁徙。每年，大约有5亿～10亿只鸟进行迁徙，这些鸟来自世界几乎所有地区。20多种鲸鱼在极地和热带水域之间迁徙。

全球遗产的重要部分

南极洲是迄今地球最大的荒野地区，而其他11个全球最大的荒原中，有7个位于北极。这些荒原不仅对生态系统的服务功能（如生物多样性保护）具有重要的作用，而且具有美学和文化的内在价值。

来源：ACIA 2005, CAFF 2001, FAO 2004, Lysenko and Zöckler 2001, Scott 1998, Shiklomanov and Rodda 2003, USGS 2000

南极洲没有本土的陆地脊椎动物，但有大量海豹去那里繁衍后代。上图，南极洲海豹。

致谢：S. Meyers/Still Pictures

物质在国际范围内无法得到监管。相比其他地区而言，两极地区可持续发展的原则虽然已经制度化，但在执行这些行动方面的进步相对较慢（Harding 2006）。

重点问题

两极地区是全球仅存的大片荒野之一，但它们正经历着加速变化，这给南极和北极的生态系统都带来了压力，且影响着北极居民的生活。两极地区对地球的健康是十分重要的（专栏 6.40），它们的改变会影响全球。

南极和北极之间在地理和政治方面都存在显著的不同。大约400万人居住在北极，其中10%是土著居民（AHDR 2004）。南极没有土著居民，只有短暂停留的科学站中的科学家和其他成员。北极是一个部分冰冻的海洋，由各种类型的土地所包围，包括植被稀疏的荒地、苔原、湿地、森林，并受到结冰、季节性降雪和永久冻结带的影响。北极的陆地生物数量比中纬度地区要少，但遍布着大量的重要物种，有些物种对土著居民的文化和经济具有重要作用。北极的农业生产受到严重限制，人们维系生存的经济活动主要是打猎、捕鱼、放养驯鹿和采集食物。

南极洲是一片被海洋环绕的大陆，99%被冰雪覆盖（Chapin 等 2005），该地区没有陆生脊椎动物物种，但有大量前来抚养后代的海洋鸟类和海豹。这里最小的甲壳类动物是磷虾，它是南极海洋食物链的基础，支持着鱼类、海洋哺乳动物和鸟类。

气候变化、持久性有机污染物、臭氧层破坏以及不断增加的开发和商业活动，是给极地带来影响的全球活动的几个例子。在过去20年里，有南极居民，尤其是原住民，参与的极地考察和评估，是了解这些影响并引起世界关注的重要手段。

气候变化

融化的冰层：同时对当地和全球构成威胁

两极地区受到的影响增长迅速

全球人口增长、工业化、农业扩张和森林砍伐、化石燃料的燃烧导致了大气中温室气体浓度升高，在很大程度上改变了陆地表面的形态。科学家认为，过去半个世纪里人们观测到

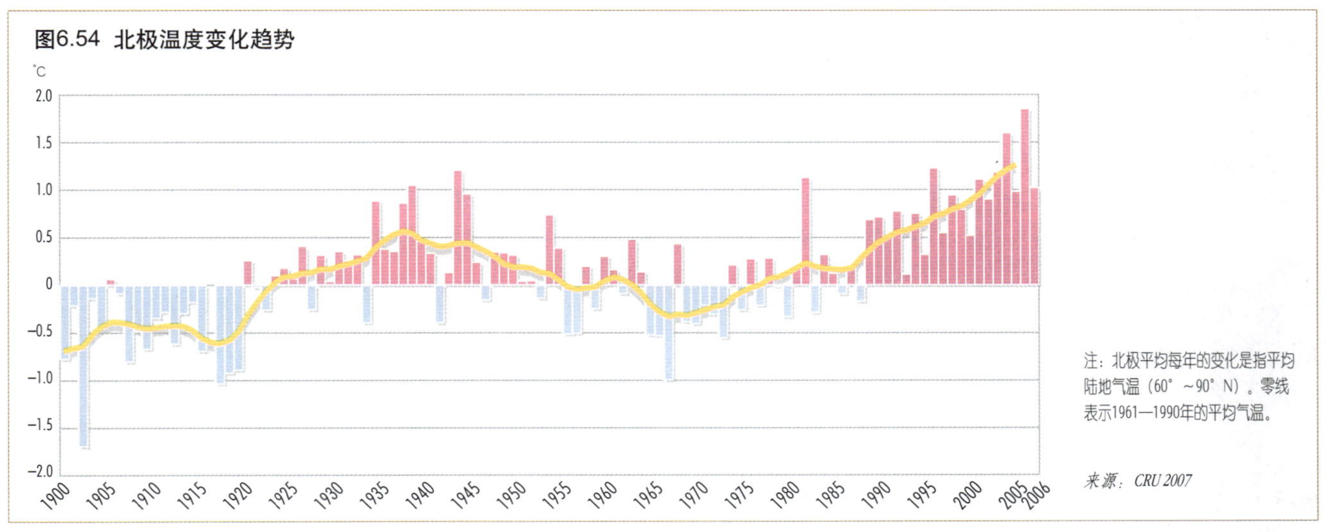

图6.54 北极温度变化趋势

的全球平均气温升高，很可能大部分是由人类温室气体的排放引起的（IPCC 2007a）。这是两极地区面临的主要问题，因为这些地区正经受着比全球平均水平更高、速度更快的影响，同时，极地气候的变化对整个地球都会产生重要影响。

之所以强调两极地区气候变化的重要性，主要是因为两极冰层和雪线后退引发的反馈机制（见第2章、第7章）。南极在时空上呈现出了同时包括升温和降温的复杂类型，最明显的升温出现在南极半岛（UNEP 2007c）。北极的变暖速度几乎是全球平均水平的两倍（IPCC 2007a），且大部分发生在最近20年里（图6.54），它带来了海洋冰层的收缩和变薄（图6.55）、冰川融化和植被的改变。当冰雪覆盖较少时，土地和海洋更容易吸收热量，导致了更多冰雪的融化。一些地区冰冻沼泽的融化释放出了沼气（一种主要的温室气体），但极地附近的冻原带是否是长期的碳源或碳汇，人们尚不清楚（Holland 和 Bitz 2003，ACIA 2005）。

全球第一个重要的区域多方利益相关者气候变化评估——《北极气候影响评估》（Arctic Climate Impact Assessment）于2005年发表。该评估综合回顾了气候变化的相关知识，以及现有和预测的影响和脆弱性，这项估测结合了

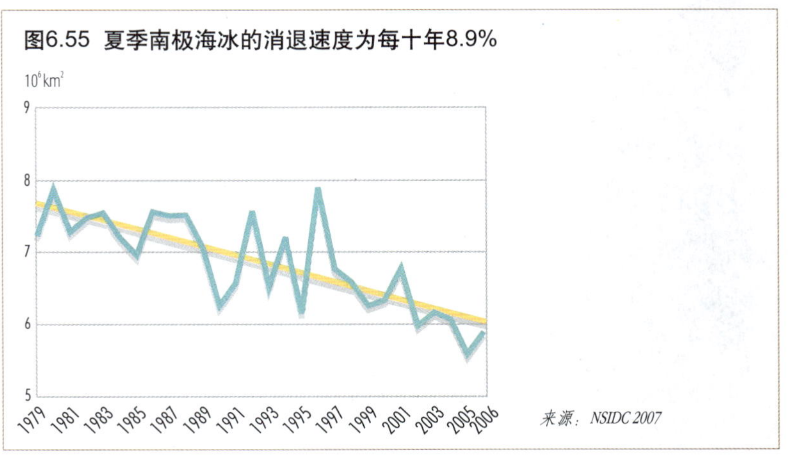

图6.55 夏季南极海冰的消退速度为每十年8.9%

北极原住民的知识。该评估确定的一些主要趋势包括：

- 骤升的气温，尤其是冬天的气温，特别是在阿拉斯加、加拿大西北部和西伯利亚最明显；
- 降雨量增加，但雪的覆盖面积下降；
- 冰川融化，夏季海冰收缩；
- 河流径流增加；
- 北大西洋盐度降低；
- 永久冻土带融化，一些地区河流和湖泊的结冰期减少。

这些观测到的变化对植物、动物和北极居民的生活产生了广泛影响（见专栏6.41和第7章的专栏7.8）。这些对人的影响包括：永久

专栏 6.41 从藻类到北极熊，气候变化影响着各类北极生物

北极地区的冻原带是由冰雪融水汇成的湖泊、蜿蜒的河流和湿地组成的。对来自 55 个北极极地湖泊的藻类沉淀物芯样的研究揭示了许多湖泊在过去 150 年里发生的剧烈变化。这些湖泊的生产力得到了提高，在浅水湖有了更多的藻类品种。这些生态系统的变化是由气候变暖引发的，纬度越高，变化越明显。研究人员通过沉积物芯样和树的年轮记录，推断出生态系统的变化与气候变暖的时间是吻合的。水生食物链基础物种的变化会给湖内和周围的其他生物带来长远的影响。

北极熊依靠海冰捕猎，利用冰走廊从一个地区转移到另一个地区。怀孕的母熊用厚厚的积雪建造冬天的洞穴，同时需要春天良好的结冰状况来寻找食物。母熊经历了 5～7 个月的饥饿后，在春天带着小熊出来觅食。北极深秋结冰期的延后和春天破冰期的提前预示着北极熊更长的禁食时间。在过去 20 年里，加拿大哈德森海湾西部的成年北极熊的生活条件下降。1981—1998 年，成年北极熊的平均重量和幼崽的出生数都降低了 15%。据一些气候模型预测，如果温室气体的排放得不到控制，北极夏季的海冰在本世纪末将几乎彻底消失。而北极熊和其他如海豹等的哺乳动物在如此变化的环境中是不可能继续生存下去的。

来源：ACIA 2005, Smol and others 2005

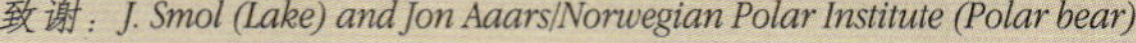

致谢：J. Smol (Lake) and Jon Aaars/Norwegian Polar Institute (Polar bear)

冻土带融化和缩短的结冰期（破坏了房屋，缩短了冬季道路的时间）、逐渐变暖和不可预测的天气（一些地区森林火灾更多，驯鹿和猎人在结冰的河流和雪地上行走将受到影响）。海冰的改变增加了海岸的侵蚀，迫使岸边的社区（如阿拉斯加的希什马廖夫社区）迁移（NOAA 2006），影响了海洋猎手和渔民。许多影响是间接的，例如，更多的雪的融化和结冰使得驯鹿得不到足够的食物，影响了牧人和猎人，以及他们的经济和文化完整性。预计未来的影响将更加广泛，包括在经济机会和环境风险方面积极和消极的改变。导致改变可能性的一个重要因素是更多北极海洋航线所带来的海洋交通方面的变化（ACIA 2005，UNEP 2007b）。

气候变化对南极生态系统产生的影响得到了越来越多的重视，包括国际极地年（2007—2008 年）进行的新研究。海冰季节性和区域性变化对生态系统的进程产生了很大影响（Chapin 等 2005）。作为很多鸟类、鱼类和海洋哺乳动物食物来源的磷虾，以海冰里的海藻为食，因此，没有海冰，磷虾就无法生存（Siegel 和 Loeb 1995）。温度上升给许多海鸟造成了很大的不利影响（Jenouvrier 等 2005），同时，冬季海冰条件的变化影响着对冰依赖程度最高的三个物种：阿德利企鹅、帝王企鹅和雪燕

(Croxall 等 2002)。即使气温小幅度上升也会导致外来植物和动物物种的进入，从而影响到本地生物多样性。

极地气候变化的全球影响

人们通过许多方法观察和预测极地地区的主要变化，以分析这些变化对全球环境、经济和人类福祉的影响。其中两个最重要的变化是海洋环流和海平面上升。

两极地区扮演着海洋环流推动力的角色（专栏6.42），起着十分重要的作用，因为它们影响着全球的气候体系。例如，海洋环流的一部分将欧洲的温度提高到了比这一纬度正常数字高5～10℃。这一温度盐分合成环流的中断有可能引起全球气候的剧烈变化（Alley 等 2003）。

1993年以来，全球海平面上升的平均速度为每年3 mm，而在20世纪，这一数字不到2 mm（WCRP 2006）。增长率的上升很可能与由人类活动导致的气候变化有关。海平面上升主要是更温暖的海洋热膨胀及来自冰川和冰层融化的淡水注入所引起的（IPCC 2007a，UNEP 2007c，Alley 等 2005）。格陵兰岛和南极洲的冰层有可能是最大的贡献者，因为它们的冰储量非常大。两极的冰层对海平面的影响比过去预测的要快，而基地冰层的未来存在着太多的不确定性。直到几年前，大多数研究冰层的科学家认为，全球变暖最大的直接影响是导致越来越多的表面冰大量融化。虽然不断增长的冰层融化是一个担忧，但看来其他机制也同样重要。例如，达到冰块底部的冰雪融水使得冰块的移动速度加快。这种加速移动比表面融化更容易造成冰体积的损失（Rignot 和 Kanagaratnam 2006）。人们尚未清楚了解冰原质量损失的动态过程，目前预测未来海平面上升的模型也没有很好地考虑这些因素（UNEP 2007c）。这表明，在预测未来海平面上升方面还存在着很多不确定性。

对格陵兰岛冰原的研究表明，冰的融化和冰山腐蚀的速度要比新冰产生的速度快（Hanna 等 2005，Luthcke 等 2006）。如果格陵兰岛平均每年气温上升3℃，将导致冰原逐渐融化完，最后只留下高山冰川。如果温室气体的排放按照目前的速度增加，预计到本世纪末，全球平均温度将超过这个转折点。冰山融水将在千年或更长的时间里使海平面升高7 m（Gregory 等 2004）。

南极有两个巨大冰原：南极西冰原和南极东冰原。两者占了世界淡水冰层的90%（Shiklomanov 和 Rodda 2003），他们的变化会引发巨大的全球影响。南极西冰原非常脆弱，目前的证据表明了它的不稳定性（Alley 等 2005）。南

专栏 6.42 极地地区与洋流

洋流的动力来自由于温度和盐度的不同而导致的海水的不同密度（见第 4 章）。南北极的高密度深层海水驱动了这一“海洋输送带”。这一过程被气候变暖和地表水的淡化、海冰的减少、冰川和冰原的融化所中断。有证据显示，北大西洋传送带中的深海冷水在过去 50 年里运动速度降低了 30%。在南极，最近降水量的上升减少了地表水的盐度，减弱了驱动南半球输送带深层海水的形成。

来源：Bryden and others 2005, Chapin and others 2005

图6.56 佛罗里达（上图）和东南亚（下图）海平面上升5 m可能带来的影响

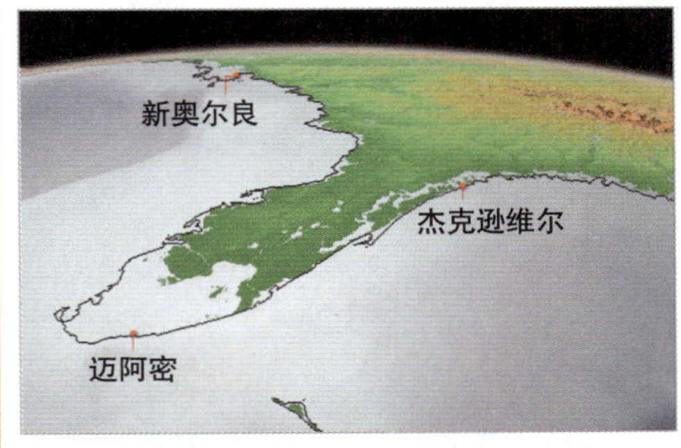

注：黑线表示目前的海岸线。模拟改造表明，海平面上升5m，海岸线将急剧后退，曼谷、胡志明市、杰克逊维尔、迈阿密、新奥尔良和仰光等城市都将从地图上消失。

致谢：W. Haxby/Lamont-Doherty Earth Observatory

极半岛的三个大型冰架在过去的11年里已经瓦解，随后，先前给这些冰架提高水来源的冰川开始加速融化和变薄（Rignot等2004，Scambos等2004）。在过去十年里，阿蒙森海和松树岛海湾的冰架已经明显变薄，后者在过去的十年里冰储量减少了超过9/10（Shepherd等2004）。一些专家认为，南极西冰原将在本世纪内发生彻底崩溃（New Scientist 2005）。一旦它彻底崩溃，海平面将上升约6 m（USGS 2005）（图6.56）。

南极东冰原相对较稳定，不断增加的降雪量增加了此地冰的总量，在一定程度上弥补了南极西冰原、格陵兰岛冰原和冰川融化引起的冰量损失（Davis等2005）。然而，2006年研究人员根据卫星观测对南极洲冰原的损失和收获进行了计算，结果发现2002—2005年出现了每年（152±80）m^3的净损失（Velicogna和Wahr 2006）。

应对气候变化

从极地的角度看，应对气候变化有两种政策应对措施：加强减少温室气体排放的努力，同时采取措施适应变化。由北极各国部长通过的《北极气候影响评估报告》（ACIA）所发布的政策文件认识到，必须在减少气候变化和适应气候变化两方面都采取措施，并为行动制定广泛的指导原则。建议的行动包括实现根据《京都议定书》确定的减少温室气体排放的目标。

适应气候变化的措施包括确认易受影响的地区和部门，评估气候变化的风险与机会，制定和实施相关战略来增加北极居民适应气候变化的能力（专栏6.43）。

北极地区国家排放的二氧化碳量占全世界排放总量约40%（见第2章）（Chapin等2005），执行上述建议将给全球带来积极影响。但是，全世界采取的反应措施一直进展缓慢，二氧化碳排放不断增加。这一问题的尺度、人类行动与生态系统反应的滞后效应，需要人们在减少和适应气候变化方面立刻采取行动。为了保护

专栏6.43 适应气候变化的猎人

北极的因纽特人适应气候变化的一个案例就是在冰面打猎时采取现代技术。由于变化迅速，因纽特人仅靠传统知识已无法预测冰的状况。目前，生活在加拿大北极圈内地区的土著猎户经常使用卫星照片，它成为他们在冰原上出行打猎的安全有效的一个工具。

来源：Ford and others 2006, Polar View 2006

致谢：Roger Debreu/CIS

环境质量、生物多样性和人类福祉，政策反应必须考虑累积影响，极地地区的一切政策需要在气候变化背景下进行评估。

持久性污染物

污染

低纬度地区从工业和农业部门中排入环境的许多有毒化学物质，通过风、洋流和野生物种的迁徙进入极地地区（Chapin等 2005）。持久性有机污染物，如DDT和多氯联苯（PCBs），都是通过食物链累积的长期脂溶性化学品。北极的动物尤其容易受伤害，因为它们通过存储脂肪来过冬。与持久性有机污染物不同，金属存在于自然环境中，但由于全球范围工业活动，包括交通（铅）、煤燃烧（汞）和废弃物处置，导致金属污染物浓度的增加。北极自身也有工业金属污染源，尤其是克拉半岛和俄罗斯诺利尔斯克的冶炼厂。然而，来自欧洲和亚洲工业企业排放的金属污染物，通过空气输送，成为北极地区最大的污染源（AMAP 2002a）。北极委员会的北极监测和评估项目（AMAP）以及相关国家项目研究并报告了北极的有毒物质状况（AMAP 2002a，INAC 2003）。图6.57展示了这些工作的部分成果。该图表明，受管制的持久性有机污染物浓度出现下降，加拿大努勒维特地区利奥波特王子岛厚喙海鸦鸟蛋中汞的含量则不断上升。在过去20～30年里，北极动物体内的DDT和PCBs浓度逐渐下降，一些物种和地区的汞含量有所增加，另一些则没有变化。汞含量增加有可能来自人类活动、气候变暖带来的生态系统变化，或者是两者的结合。

虽然南极洲贼鸥体内的多氯联苯浓度较高，但禁止使用或逐步淘汰的持久性有机污染物的水平在南极动物体内要低于北极动物（Corsolini等 2002）。在南极与汞有关的活动非常有限，这意味着北极海鸟体内汞浓度增加的现象不会发生在南极。2000—2001年，帝企鹅的羽毛中汞的浓度比20世纪70年代下降了34%（Scheifler等 2005）。很多仍在使用中且没有足够管制的持久性有机污染物，仍在极地地区鸟类、海豹、鲸、北极磷虾的体内富集（Chiuchiolo等 2004，Braune 等 2005）。

持久性有机污染物和汞给土著居民传统

图6.57 厚喙海鸦蛋中持久性有机污染物和汞含量的变化趋势

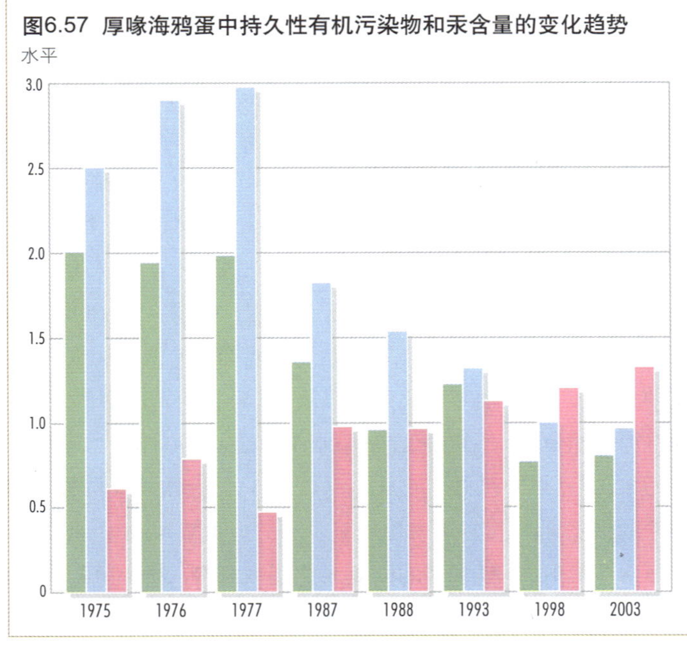

DDT总量
PCB总量
总汞

注：水平指汞的干重（μg/g）和多氯联苯（PCBs）、DDT的油脂重量。

来源：INAC 2003, Braune and others 2005

加拿大努勒维特地区利奥波特王子岛的厚喙海鸦。

致谢：M. Mallory

食物体系的整体性和健康带来了威胁（见第1章和第5章）。对这些污染物暴露程度最多的人群——格陵兰岛和加拿大东北部的因纽特人——其传统食谱中包含很多海洋物种。未出生的婴儿和儿童是高危人群（AMAP 2003）。污染物对极地动物也有广泛的影响。人们已经知道的影响包括：使北极熊的免疫反应降低，更容易感染疾病；对蓝鸥的健康产生了多方面影响；使游隼蛋壳变薄，影响了后代的繁衍（AMAP 2004a，AMP 2004b）。

应对措施

让人们了解污染物的健康风险，并在污染物健康风险与母乳喂养和遵守传统食谱所获得的好处之间取得平衡，仍然是对土著社区的一项挑战（Furgal 等 2005）。关心传统食物安全的土著组织，已经率先发起和协调相关研究，并提供了传统食物风险与收益的平衡数据（AMAP 2004c，Ballew 等 2004，ITK 2005）。

北极原住民组织和北极科学团体以及北极监测和评估项目一起，推动了全球在持久性有机污染物上的行动，并直接参与了2004年开始生效的全球《持久性有机污染物斯德哥尔摩公约》，答应政府减少或减轻具体持久性有机污染物的排放。这是极地土著居民与科学家合作的成功例子，目前已成为全球应对气候变化行动的典范（Downie 和 Fenge 2003）。

在极地持久性有机污染物问题上，需要做的事情还很多。目前正在使用的持久性有机污染物，如溴化阻燃剂，已经在极地生态系统富集（Braune 等 2005），却没有进入该公约的管制清单。虽然已经采取了一些寻找替代品的措施，但很多这种化学物质仍广泛存在，且使用量不断增加（AMAP 2002a）。在北极，过去的工业和军事活动、俄罗斯的电力设施都构成了持久性有机污染物的本地污染源。因此，北极委员会执行一项计划来帮助俄罗斯逐步淘汰多氯联苯的使用，并管理含多氯联苯的废弃物（AMAP 2002b）。此外，1998 年签署的《远程越境空气污染公约的重金属议定书》（Protocol on Heavy Metals of the Convention on Long-Range Transboundary Air Pollution）（2003 年生效）要求将汞、铅和镉的排放量降至1990年的水平以下（UNECE 2006b）。

现在，我们需要进行监测和趋势评估来确定这些国际控制措施是否真正减少了两极环境中的有毒物质，并评价新出现的问题。这包括确定目前正在使用的有问题的有毒物质，评价全球气候变化是如何与植物和动物中的有毒物质富集相联系的。

臭氧层破坏

消耗臭氧层物质

消耗臭氧层物质的使用导致了平流层臭氧空洞。这一破坏在南极地区尤为显著。同样，北极地区的臭氧层也受到了影响。2006年9月，南极臭氧层空洞面积达到了历史最高纪录（NASA 2006）。北极上空的臭氧层目前还没有像南极一样出现空洞，但2004—2005年，它出现了历史上最薄的状态（University of Cambridge 2005）（见第 2 章）。

当南极臭氧层空洞发生时，该地区大部分海岸被2～3 m厚的季节性海冰所覆盖，给海洋生物提供了保护。因臭氧损耗而导致的紫外线增加使海冰中的微藻类受到了负面影响（Frederick 和 Lubin 1994），而海冰的减少可能会影响整个地区的初级生产。尽管有保护层，但紫外线每年都能穿过冰层，损坏甚至杀死海胆的幼体（Lesser 等 2004）。

在北极地区，年轻人在整个生命周期中接触的紫外线的量比他们的前辈多30%，这增加了皮肤癌的风险。研究表明，不断增加的紫外线给北极的湖泊、森林和海洋生态系统都带来了变化（ACIA 2005）。虽然《蒙特利尔议定书》成功地减少了消耗臭氧层物质，但预计臭氧层的恢复大约还需 50 年多的时间（WMO 和 UNEO 2006）。

不断增加的开发和商业活动

多重开发压力——累积的影响

北极地区过去20年最大和最迅速的开发活动是为了满足全球能源需求而不断扩张的石油和天然气开采活动。这些活动主要集中在西伯利亚、俄罗斯远东和阿拉斯加沿岸的石油开发。在巴伦支海和波弗特海沿岸也存在石油和天然气的开采。新建、扩建和拟议中的石油生产企业，包括在北极建设通道和输油管道项目，正处于准备和实施的不同阶段，尤其是在西伯利亚、阿拉斯加、加拿大北极圈西片以及巴伦支海。

根据《南极条约》于1991年签署的《环境保护议定书》，禁止在南极开采矿产资源。《联合国海洋法》对海底资源开发作出了有关规定，《环境保护议定书》管制南极海底资源开采权力的效果目前还没能得到检验。北极的矿

专栏6.44 栖息地的消失和分割

大片野生动物栖息地被分割破坏成了许多小块，这给不少物种带来了负面影响。例如，人们观察到与驯鹿有关的一些趋势和影响如下：

- **北美**：公路和伐木业正侵占着森林驯鹿的栖息地。到1990年，加拿大安大略湖的驯鹿的活动面积仅是其1880年北部栖息地区的一半，这与伐木业逐渐向北推进的趋势相吻合。
- **阿拉斯加北坡**：石油钻探使基础设施的建设远远超出了普拉德霍湾最初的发展，迫使荒原驯鹿需要避开分裂的栖息地。
- **斯堪的纳维亚**：休闲小屋、水力发电站、爆炸试验区、输电线和修建公路等分散的开发活动导致萨米的驯鹿失去了25%～35%的夏季活动区域。据预测，未来几十年里这一数字将达到78%。
- **亚马尔半岛，西伯利亚西部**：石油设施、管道和机动车的使用破坏了当地植被，将驯鹿的放牧限制在了更小的区域内。这导致过度放牧，对生态系统、本地经济和人类福祉都产生了不利影响。

来源：Cameron and others 2005, Forbes 1999, Joly and others 2006, Schaefer 2003, Vistnes and Nellemann 2001

美国阿拉斯加迪纳利国家公园（Denali National Park）秋天里的北美驯鹿。

致谢：Steven Kazlowski/Still Pictures

图6.58 通过轮船去往南极的游客数量

来源：IAATO (2007)

业十分普遍，在一些海域有减少，而另一些地方则有所扩展。同时，森林砍伐在俄罗斯北部整体减少，但在西伯利亚的一些地区出现了增长；在斯堪的纳维亚北部和芬兰，木材生产仍然是一项重要的经济活动（Forbes 等 2004）。

这些活动带来了许多环境压力，包括污染物排放、泄露、外溢和由于矿山和石油设施的运行和退役而带来的其他污染物排放。同时，还存在着零星开发活动引发的缓慢增长的压力，如栖息地的分割和对野生动物的干扰（专栏6.44）。北极海洋和海岸地区的石油泄漏会给该地区靠打猎和捕鱼为生的居民带来灾难性的后果。

诸如全球能源需求之类的发展压力与气候变化、持久性有毒物质和极地生态系统的其他压力相互联系、互相作用。在海洋环境里，商业捕捞（见第4章）是两极地区重要的压力来源，包括目前正在发生的非法、未经许可和未报告（IUU）的渔业捕捞。在北极水域，不断增加的船只带来了日益增加的泄露和污染问题，对野生生物造成了影响。在南极，甚至连不断增加的科学研究活动和生物勘探都给该地区带来了压力（Hemmings 2005）。在南极，对可能有商业用途的自然界化学物质的勘探当前并没有得到适当的管理。

此外，南极的旅游业呈现出多样化和扩展的趋势（图6.58），这带来了海运乘客量的急剧上升（ASOC 和 UNEP 2005）。《南极条约》咨询会议（ATCM）已经着手对旅游业进行管制（ATCM

专栏 6.45 监测和评估物种分布与丰富性的重要性

气候变化是评估脆弱性问题、预测未来多重环境压力累积作用时最大的未知因素。

北极熊正面临着持久性有机污染物累积的威胁，同时它们还面临着其主要栖息地（即海岸冰面）因为气候变化而缩减的威胁（专栏6.41）。对环境和气候变化相互作用的评价表明，很难预测气候变化在长远时间会带来北极生态系统污染水平的上升还是下降，因为需要考虑的影响因素太多。风、洋流和温度都会发生改变，甚至鸟类和鱼类的迁徙规律也会发生变化，这些鸟和鱼会从低纬度地区带来污染物。

全年生活在冰层边缘的加拿大象牙鸥的数量自20世纪80年代初起下降了80%，到2005年，其总数下降到了只有210只，有迹象表明这一下降趋势仍将继续。有几个因素独立或共同导致了这种下降，包括海冰在冬季的变化、迁徙途中在西北格陵兰岛被捕猎以及来自钻石开采的影响和鸟蛋中汞含量过高。

这些例子集中体现了监测和评价物种分布和数量在确定生物多样性和应对生物多样性变化的重要性。最新的行动计划已经认识到了差距，并提出了改善北极监测和评估的建议（NRC 2006）。北极委员会开始执行极地生物多样性监测计划（The Circumpolar Biodiversity Monitoring Programme），旨在改进对生物多样性和生态系统的监测和评价，并帮助北极地区实现《生物多样性公约》确定的目标。

来源：ACIA 2005, AMAP 2002b, Braune and others 2006, Gilchrist and Mallory 2005, Muir and others 2006, NRM 2005, Petersen and others 2004, Stenhouse and others 2006

2005)。旅游者数量的上升、气候变暖造成的条件的改变，都带来了外来物种进入这片被隔离土地的风险（Frenot 等 2004）（见第 5 章）。

经济、环境和文化：寻求平衡

目前，急需长期的规划和有效的环境政策来平衡经济发展与环境和文化因素。当评估北极一些地区大规模工业发展的环境影响时，人们开始越来越多地考虑累积效应(Johnson等 2005)。然而，人们很少考虑小型项目和基础设施建设的累积后果，以及这些后果同其他发展和气候变化影响的相互作用(专栏 6.45)。如何减轻多种压力的综合作用，是北极地区管理体制中存在的严重缺陷（EEA 2004)。有效的措施包括对典型生态系统、重点栖息地和脆弱地区，特别是北极海岸，进行综合规划和保护。

在整个北极地区，各国政府和工业部门面临着使环境和社会压力最小化，以及让本地居民参与新建扩建项目决策的巨大挑战。解决这些问题的优先应对措施包括：确保本地居民分享石油开发的机遇和利益，有足够的技术、政策、规划和制度保护脆弱地区，以及预防和应对突发事件。

在南极地区，人们正在讨论监测累积影响和采取基于预先防范原则采用的管理措施（Bastmeijer 和 Roura 2004）。目前，已采取了针对具体国家或地区的指导原则，但是，这对综合保护是否足够仍是我们需要关心的问题。

区域环境挑战

已经取得进展，挑战依然存在

发达地区的国家在解决“传统”或容易管理的环境问题上的投资日益增加，并且已经取得了较大的成功，但这些问题仍困扰着发展中国家。20 世纪 80 年代中期以来，环境问题的国际会议频频召开，并通过了各种多边环境协议（图 1.1），政府和各方利益相关者始终在努力追求可持续发展。但是挑战依然存在，环境问题愈加复杂。它们通常是积累的、分散的、间接的或是永久性的。例如，当欧美国家开始处理分散污染点源时，他们发现还需要解决面源污染问题。面源污染更难控制，并且其影响也很难测量。两极地区将累积和交互作用的压力作为优先解决的环境问题。这些复杂问题的原因、后果和解决方法涉及经济和政治部门。所有地区现在都意识到了空气污染，包括气候灾害，带来的健康和经济成本，也都知道预防和缓解措施带来的节约收益。

全球许多主要环境挑战，如气候变化，都是由地方层面的许多活动引起的，最终由于积累作用产生了全球效应。通过持久性有机物对极地地区的污染以及沙尘暴输送的长途距离，人们可以看到越境环境问题的范围和严重程度。新的环境问题发展迅速，可能会在现有的政策得到应用或新的政策出台之前就给人类健康造成巨大影响。这些新兴问题包括：电子废弃物、药品、荷尔蒙和其他有机污染以及南极的商业开发等。两极地区一个重要的教训就是处理一个复杂的环境问题和看到效果之间存在很长的时间滞后，在气候变化问题上也存在这一情况。

除了复杂性，处理区域环境问题所取得的进步还受到了抵消力量和日益降低回报的挑战。例如，在东北亚，很多城市地区饮用水供应获得的成效被不断增长的城市人口所抵消。在一些地区，能效提高的收益被汽车数量增长和其他能源利用所抵消。不断增长的消费和生产，再加上缺乏保护措施所引发的不利环境影响经常超过废弃物管理获得的成效。一些地区呈现出的另一种限制是，虽然在制定环境政策方面取得了进步，但缺乏适当的监测来为新的政策、规章和其他措施的实施

专栏 6.46 地中海地区：采用整体方法

地中海周边有21个国家。超过1.3亿人口永久居住在地中海沿岸，这一数字在夏季的旅游旺季会增长一倍。地中海及其海滩是全球最大的旅游目的地。地理和历史特征，与众不同的自然和文化遗产，使地中海地区成为一个独特的生态区域。虽然地中海21个国家处于《全球环境展望》报告划分的三个不同区域中，但地中海及其周边国家有着共同的问题，需要作为一个生态系统来进行处理。

地方、区域和国家权力机构，国际组织及财政机构作出了很多努力来保护地中海地区的环境，但是很多环境问题依然困扰着这一地区。最近几十年里，地中海的环境退化在不断加剧。城市化和盐碱化正不断蚕食着有价值的农业土地（地中海南部国家80%的旱地和半干旱地区，以及北部国家63%的半干旱地区受到沙漠化的影响）。稀缺并且被过度利用的水资源正面临着日益减少和退化的危险。交通拥挤、噪声、空气质量差、废弃物迅速增加等威胁着城市生活质量和人类健康。海岸地区和海洋受到了污染物的影响，海岸线被改造或受到侵蚀，鱼类资源日益减少。总之，过度开发破坏了地中海独特的景观和多样性。

此外，该地区面对洪水、泥石流、地震、海啸、干旱、火灾和其他生态破坏的脆弱性日益上升，这对本区域大部分人口的生存和福祉产生了直接影响。虽然很难对环境退化带来的成本确定具体的数字，但这个成本数字无疑是巨大的。此外，预计环境压力在未来20年将显著增加，尤其是在旅游、交通、城市发展和能源部门。

目前，有两个主要的改善地中海地区环境的行动计划。一个是《地中海可持续发展战略》（The Mediterranean Strategy for Sustainable Development），由联合国环境规划署的地中海行动规划（UNEP's Mediterranean Action Plan）确立，并于2005年开始实行。该战略主要关注七个优先行动领域：水资源管理、能源、交通、旅游、农业、城市发展、海洋和海岸环境。另一个作为补充的行动计划是根据欧洲—地中海合作伙伴关系制定的《地平线2020行动计划》（Horizon 2020）。这项行动计划旨在通过控制各种主要污染源，包括工业污染物排放源、城市污染排放源，尤其是城市污水，“到2020年实现地中海清除污染”的目标。

来源：EEA 2006e, Plan Bleu 2005

提供信息。一些区域还存在以下现象：不同决策机构之间缺乏协调，公众参与不够或缺乏越境合作。例如，地中海盆地国家共同拥有悠久的历史和同样的地理条件，但文化和经济发展却存在很大差异，这就给该地区带来了上述挑战。专栏6.46描述了在地中海实施国际项目的跨国努力。

普遍的不平等

1987年布伦特兰委员会的报告《我们共同的未来》，以及随后的全球、区域和国家进程，都强调了可持续发展的重要性。可持续发展综合考虑了经济、社会和环境状况的改善。它要求提高代内和代际公平程度，使当代和后代公平分享环境物品和服务。然而，本章分析表明，环境不平等程度继续增加。世界很多城市都存在环境不平等现象，贫困人口一般得不到市政用水和废水处理系统的服务，且更容易接触污染。他们是环境退化的主要受害者（Henninger 和 Hammond 2002）。的确，当水资源、土地和空气退化和遭到污染时，贫困人口比富裕人口受害更深。他们不仅被剥夺了生计的选择，而且健康受到了损害。在发展中国家，环境风险因子是贫困人口健康问题的主要来源（DFID 等 2002）。

与富人相比，贫困人口还受到自然灾害更多的不利影响。在2004年印度洋海啸和2005年巴基斯坦地震带来的重大伤亡之前，1970—2002年，大约300万人（大多数是低收入国家的国民）死于自然灾害（UNEP 2002）。大多数农村贫困人口居住在生态脆弱的地区。城市贫困人口居住和工作的环境则往往充满风险。当面对灾害时，他们受收入和财产损失的影响更深，且更难面对灾害的后果。气候变化和环境退化增加了干旱、洪水、滑坡等自然灾害的频率和影响，导致土地资源损失、粮食安全问题和人口迁移（Brocklesby 和 Hinshelwood 2001，World Bank 2002c）。

本章要传达的另一个信息是，与环境有关的性别不平等在很多地区继续存在。例如，在非洲和东南亚，妇女通常在获得土地、水和其他资源方面受到限制，同时由于生物质燃料的燃烧，她们面临室内空气污染带来的健康风险更大。在很多情况下，土著居民也持续面临着与土地所有权、获得资源的途径、获得饮用水与废水处理服务方面的不平等，甚至在一些发达国家也是如此。

生态影响差异普遍

虽然从20世纪80年代以来，各区域在减少环境威胁方面取得了显著进步，但那些经济日益增长的国家仍面临着不断增加的交通、废弃物和温室气体排放的威胁。例如，亚太地区的经济增长超过了《我们共同的未来》中建议的5%的经济增长率，但其生态系统和人类健康持续恶化。生物多样性损失和全球气候变化带来了不可逆转而且经济增长无法弥补的后果（UNDP 2005c）。

本章提出，发达国家在环境前沿问题上取得的一些进步是以发展中国家的损失为代价的。这一不平衡由“生态债务”（ecological debt）这个概念体现出来。专家们认为这个概念表达了一些国家生产和消费类型给其他国家或边界以外的生态系统带来的生态损失，其代价是其他国家或人民得到生态系统产品和服务的平等权利（Paredis 等 2004）。例如能源、食物和工业产品的外包可以增加本地区的效率，但这是以环境影响转移到其他国家为代价的（图 6.59）。对欧洲的区域观察指出，高污染工业向东欧国家的迁移是造成该地区工业产出单位能耗升高，以及西欧能效提高和污染排放量减少的原因。其他例子包括向东南亚出口电子垃圾，使回收电子垃圾的人群暴露于危险环境中，以及北极地区的人们受到外来的持久性有机污染物的影响。

发达地区对全球环境产生更多影响的一个重要例子是它们通常更高的人均温室气体排放量，这对气候变化产生了影响，而贫困人口和易受损害的人群、国家和地区将更多地遭受气候变化产生的不利后果（Simms 2005）。热带国

图6.59 生态债券和债务

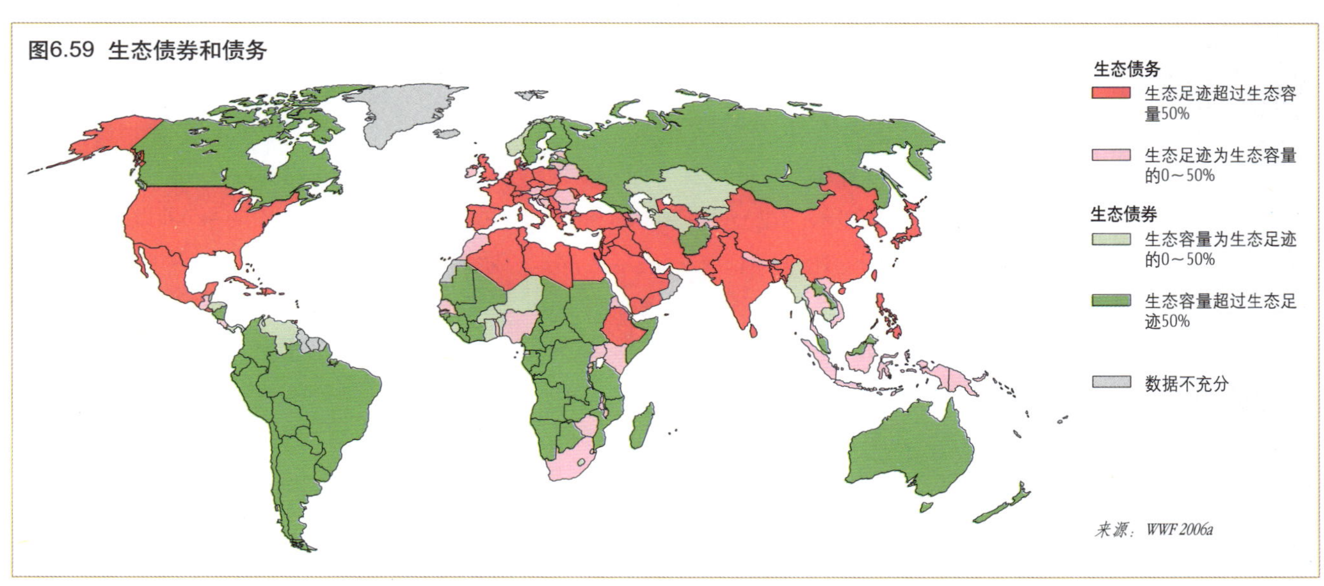

来源：WWF 2006a

“北方”城市发展模式的一个特点是依赖于汽车的城市迅速扩张。

致谢：Ngoma Photos

家的贫困人口尤其易受气候变化的影响，如水资源短缺、农业产量下降和更多人感染疾病(Wunder 2001)，而北极的土著居民则受到了气候变化不断加剧的影响。所有区域持续的环境退化都不公平地将负担转移给了后代，这是与代际公平的原则相抵触的。

《我们共同的未来》提出的一项建议是取消集约化农业的补贴，本章的概述部分已经讨论了这个问题。由于环境资产（如鱼类、森林和庄稼）占发展中国民财产的比重要高于高收入国家，因此，农业补贴改革能改善发展中国家农民的生计，增加发达地区和发展中地区的公平度。从区域视角看，虽然目前在减轻债务和改革农业补贴方面已经取得了一些进步，发展中国家依然面对不利的贸易政策和外债负担，而一些发达国家却仍然享受补贴。

经济和环境并非互相排斥

虽然有迹象显示，相比于20年前，环境问题得到了更全面的处理，但政府一般还是“分开”考虑环境问题同社会和经济方面的问题。例如，亚太地区已经意识到，环境政策与经济政策相结合的缺位是区域有效环境管理的主要限制因素。从本章中可以看到，“北方”的发展模型依然流行(一个特征是以汽车为基础的城市化发展的加速)，虽然在一些领域已经取得了进步，但仍有很多证据表明了发展对环境的损害，极少有证据表明环境促进了发展。

经济发展和环境保护并非相互抵触，减少贫困和环境保护的努力可以相互加强。提高环境资源的生产力（如土壤和鱼类存量），投资于保护和恢复土地和水资源能够确保减少贫困(UNDP 2005)。当发展中国家的生态系统保持完善功能并给农村贫困人口提供足够的食物和增加收入机会时，他们就不大可能迁移至已经十分拥挤的城市或移民外国。人们必须充分认识到生态系统的产品和服务的经济价值，各国需要加强国家政策来体现这些价值。鉴于已经观察到的全球气候变化产生的生态影响，鉴于全球气候变化预计对各区域人类福祉的影响，各区域和国际社会需要加强合作并采取更有力的措施来应对和解决气候变化问题。

减少极端贫困和饥饿是联合国千年发展目标的首要任务，这需要各国共同努力，以实现联合国千年发展目标中的第7项目标，这个目标就是实现土地、水资源和生物多样性资源的可持续管理，城市提供足够的卫生设施和饮用水以及废弃物管理服务（World Bank 2002d）。贫困和消费都是导致环境退化的原因。所有人——不论贫穷或富有、居住在城市或农村，都依赖环境产品和服务而生存。目前的挑战是要在发展中国家建立起“旨在发展的环境”，同时降低发达国家的消费速度。

参考文献

AC (1996). *Declaration on the Establishment of the AC.* Arctic Council Archive. http://www.arctic-council.org (last accessed 16 May 2007)

ACIA (2004). *Impacts of a warming Arctic.* Arctic Climate Impact Assessment. Cambridge University Press, Cambridge

ACIA (2005). *Arctic Climate Impact Assessment.* Cambridge University Press, Cambridge

ACSAD (2003). *Selected satellite images.* RS and GIS Unit Archive, Arab Center for the Studies in Arid Zones and Drylands, Damascus

ACSAD (2005). *Hydrogeological Study of Northern Palmyride Area,* Syria. Arab Center for the Studies in Arid Zones and Drylands, Damascus

ACSAD, CAMRE and UNEP (2004). *State of Desertification in the Arab World* (Updated Study)(In Arabic). Arab Center for the Studies in Arid Zones and Drylands, Damascus

ADB (2005). *Asia Development Outlook 2005.* Asian Development Bank, Manila (http://www.adb.org/Documents/Books/ADO/2005/default.asp (last accessed 5 May 2007)

ADB and GEF (2005). *The Master Plan for the Prevention and Control of Dust and Sandstorms in North-East Asia.* Asian Development Bank, Manila and Global Environment Facility, Washington, DC

AfDB (2004). *African Development Report 2004: Africa in the Global Trading System.* African Development Bank and Oxford University Press, Oxford

AfDB (2005). *African Development Bank Report 2005: Africa in the World Economy – Public Sector Management in Africa: Economic and Social Statistics on Africa.* African Development Bank and Oxford University Press, Oxford

AfDB (2006b). *Gender, Poverty and Environmental Indicators on African Countries.* Vol VII. Statistics Division, Development Research Department, African Development Bank, Tunis

AFRODAD (2005). *The Illegitimacy of External Debts: The Case of the Democratic Republic of Congo.* African Forum and Network on Debt and Development, Harare http://www.afrodad.org/downloads/publications/Illegitimate%20Debts%20-%20DRC. df (last accessed 5 May 2007)

AHDR (2004). *Arctic Human Development Report.* Stefansson Arctic Institute, Akureyi

Al-Dhabi, H., Koch, M., Al-Sarawi, M., and El-Baz, F. (1997). Evolution of sand dune patterns in space and time in north-western Kuwait using Landsat images. In *Journal of Arid Environments* 36:15-24

Al-Ghunaim, A. Y. (1997). *Devastating oil wells as revealed by Iraqi Documents.* Kuwait Institute for Scientific Research, Kuwait

Al-Humoud, J. M. (2005). Municipal solid waste recycling in the Gulf Cooperation Council States. In *Resources, Conservation and Recycling* 44:142-158

Al-Kassas, M. A. (1999). *Desertification; Land degradation in Dry Areas.* Alam Almarifah series No. 242 (In Arabic). The National Council for Culture, Art and Literature of Kuwait, Kuwait

Allen, C. R. (2006). Sprawl and the resilience of humans and nature: an introduction to the special feature. In *Ecology and Society* 11(1):36

Alley, R. B, Marotzke, J., Nordhaus, W. D., Overpeck, J. T., Peteet, D. M., Pielke Jr., R. A., Pierrehumbert, R. T., Rhines, P. B., Stocker, T. F., Talley, L. D. and Wallace, J. M. (2003). Abrupt climate change. In *Science* 299:2005-2010

Alley, R. B., Clark, P. U., Huybrechts, P. and Joughin, I. (2005). Ice-sheet and sealevel changes. In *Science* 310:456-460

Al-Rewaee, H. M. H. (2003). Water use efficiency to cultivate vegetable crops using soil less culture. MS.c. Thesis. Desert and Arid Zones Sciences Programme, Arabian Gulf University, Bahrain

Altamirano, T. (2003). From country to city: internal migration — focus on Peru. In *Revista: Harvard Review of Latin America* 2:58-61 (In Spanish) http://drclas.fas.harvard.edu/revista/articles/view_spanish/206 (last accessed 21 April 2007)

Al-Zubari, W. K. (2005). Groundwater Resources Management in the GCC Countries: Evaluation, Challenges, and Suggested Framework. Presented at *Water Middle East 2005 Conference,* Bahrain

Amann, M., Bertok, I., Cofala, J., Gyarfas, F., Heyes, C., Klimont, Z., Schöpp, W., and Winiwarter, W. (2005). *Baseline Scenarios for the Clean Air for Europe (CAFE) Programme.* International Institute for Applied Systems Analysis, Laxenburg

AMAP (2002a). *Arctic Pollution 2002 (Persistent Organic Pollutants, Heavy Metals, Radioactivity, Human Health, Changing Pathways).* Arctic Monitoring and Assessment Programme, Oslo

AMAP (2002b). *The Influence of Global Climate Change on Contaminant Pathways to, within, and from the Arctic.* Arctic Monitoring and Assessment Programme, Oslo

AMAP (2003). *AMAP Assessment 2002: Human Health in the Arctic.* Arctic Monitoring and Assessment Programme, Oslo

AMAP (2004a). *AMAP Assessment 2002: Heavy Metals in the Arctic.* Arctic Monitoring and Assessment Programme, Oslo

AMAP (2004b). *AMAP Assessment 2002: Persistent Organic Pollutants in the Arctic.* Arctic Monitoring and Assessment Programme, Oslo

AMAP (2004c). *Persistent Toxic Substances, Food Security and Indigenous Peoples of the Russian North.* Arctic Monitoring and Assessment Programme, Oslo

American Rivers (2005). *America's Most Endangered Rivers of 2005.* Washington, DC http://www.americanrivers.org/site/PageServer?pagename=AMR_endangeredrivers (last accessed 17 May 2007)

ASEAN (2006). Press Statement First Meeting of the Sub-Regional Ministerial Steering Committee (MSC) on Transboundary Haze Pollution http://www.aseansec. org/18807.htm (last accessed on 5 May 2007)

ASOC and UNEP (2005). *Antarctic Tourism Graphics, An overview of tourism activities in the Antarctic Treaty Area.* XXVIII ATCM Information Paper, Agenda Item 12. Submitted by the Antarctic and Southern Ocean Coalition and the United Nations Environment Programme to the XXVIII ATCM, Stockholm http://www.asoc.org/pdfs/2005%20XXVIII%20ATCM%20ASOC%20IP%20119%20Antarctic%20Tourism%20Graphics.pdf (last accessed 21 April 2007)

Asperen, P.C.M. van, and Zevenbergen, J.A. (2006). Towards effective pro-poor tools for land administration in Sub-Saharan Africa. In Gollwitzer, T., Hillinger, K. and Villikka, M. (eds.) *Shaping the Change; XXIII international FIG congress.* International Federation of Surveyors, Copenhagen

ATCM (2005). *Final Report XXVIII Antarctic Treaty Consultative Meeting.* Antarctic Treaty Secretariat, Buenos Aires

AWEA (2006). Annual industry rankings demonstrate continued growth of wind energy in the United States. *American Wind Energy Association News Releases, 15 March* http://www.awea.org/news/Annual_Industry_Rankings_Continued_Growth_031506.html (last accessed 5 May 2007)

Azmier, J. J. and Dobson, S. (2003). *The Burgeoning Fringe*: Western Canada's Rural Metro-Adjacent Areas. Canada West Foundation http://www.cwf.ca/V2/files/BurgeoningFringe.pdf (last accessed 5 May 2007)

Bails, J., Beeton, A., Bulkley, J., DePhilip, M., Gannon, J., Murray, M., Regier, H. and Scavia, D. (2005). *Prescription for Great Lakes Ecosystem Protection and Restoration Avoiding the Tipping Point of Irreversible Changes.* Healing Our Waters-Great Lakes Coalition http://restorethelakes.org/PrescriptionforGreatLakes.pdf (last accessed 5 May 2007)

Baldock, D., Beaufoy, G. and Clark, J. (eds.) (1994). *The Nature of Farming. Low Intensity Farming Systems in Nine European Countries.* Joint Nature Conservation Committee, Peterborough

Ballance, R. and Pant, B. D. (2003). *Environmental statistics in Central Asia – Progress and prospects,* ERD (Economics and Research Department), Working paper series No. 36, Asian Development Bank, Manila

Ballew, C., Ross, A., Wells, R. S. and Hiratsuka, V. (2004). *Final Report on the Alaska Traditional Diet Survey.* Alaska Native Health Board and Alaska Native Epidemiology Center http://www.anthc.org/cs/chs/epi/upload/traditional_diet.pdf (last accessed 21 April 2007)

Baker, L. (2000). Growing pains/malling America: the fast-moving fight to stop urban sprawl. In *EMagazine* 11: 3

Barbier, Edward B. (1997). Introduction to the Environmental Kuznets Curve Special Issue. In *Environment and Development Economics* 2(4): 369-81

Barth, H. J. (1999). Desertification in the Eastern Province of Saudi Arabia. In *Journal of Arid Environments* (1999)43:399-410. http://www.uni-regensburg.de/Fakultaeten/phil_Fak_III/Geographie/phygeo/downloads/bartharid43.pdf (last accessed 5 May 2007)

Basheer, C., Obbard, J. P. and Lee, H. K. (2003). Persistent organic pollutants in Singapore's coastal marine environment: Part I, seawater and Part II, sediments. In *Water Air and Soil Pollution* 149(1-4):295-313; 315-325

Bass, F. and Beamish, R. (2006). Development Inches Toward National Parks. Discovery News http://dsc.discovery.com/news/2006/06/19/nationalpark_pla.html?category=earth&guid=20060619120030&dcitc=w19-502-ak-0000 (last accessed 5 May 2007)

Bastmeijer, K. and Roura, R. (2004). Regulating Antarctic tourism and the precautionary principle. In *American Journal of International Law* 98:763-781

Beach, D. (2002). *Coastal Sprawl: The Effects of Urban Design on Aquatic Ecosystems in the United States.* Pew Oceans Commission http://www.pewtrusts.org/pdf/env_pew_oceans_sprawl.pdf (last accessed 5 May 2007)

Beaulieu, M. S. (2004). Manure Management in Canada. In *Farm Environmental Management in Canada* 1(2) http://www.statcan.ca/english/research/21-021-MIE/21-021-MIE2004001.pdf (last accessed 5 May 2007)

Bell, G., Blake, E., Landsea, C., Mo, K., Pasch, R., Chelliah, M. and Goldenberg, S. (2005). *The 2005 North Atlantic Hurricane Season: A Climate Perspective.* NOAA Climate Prediction Center, National Hurricane Center, and the Hurricane Research Division http://www.cpc.noaa.gov/products/expert_assessment/hurrsummary_2005.pdf (last accessed 5 May 2007)

Bengston, D. N., Fletcher, J. O. and Nelson, K. C. (2004). Public policies for managing urban growth and protecting open space: policy instruments and lessons learned in the United States. In *Landscape and Urban Planning* 69:271-286 http://www.ncrs.fs.fed. us/pubs/jrnl/2003/nc_2003_bengston_001.pdf (last accessed 1 June 2007)

Boko, M., I. Niang, A. Nyong, C. Vogel, A. Githeko, M. Medany, B. Osman-Elasha, R. Tabo and P. Yanda, 2007: Africa. *Climate Change 2007: Impacts, Adaptation and* Vulnerability. Contribution of Working Group II to the Fourth Assessment Report of the *Intergovernmental Panel on Climate Change,* M.L. Parry, O.F. Canziani, J.P. Palutikof, P.J. van der Linden and C.E. Hanson, Eds., Cambridge University Press, Cambridge UK, 433-467.

Bosworth, D. (2003). We need a new national debate. In *Izaak Walton League, 81st Annual Convention, 17 July,* Pierre, SD http://www.fs.fed.us/news/2003/speeches/07/bosworth.shtml (last accessed 17 May 2007)

Boyd, D. R. (2006). *The Water We Drink: An International Comparison of Drinking Water Quality Standards and Guidelines.* David Suzuki Foundation, Vancouver, BC http://www.davidsuzuki.org/WOL/Publications.asp (last accessed 17 May 2007)

Braga, M.C.B. and Bonetto, E.R. (1993). Solid Waste Management in Curitiba, Brazil - Alternative Solutions. In *The Journal of Solid Waste Technology and Management* 21(1)

Brauer, J. (2000). The Effect of War on the Natural Environment. In *Arms, Conflict,* Security and Development Conference, 16-17 June, Middlesex University Business *School, London* http://www.aug.edu/~sbajmb/paper-london3.PDF (last accessed 17 May 2007)

Braune, B. M., Outridge, P. M., Fisk, A. T., Muir, D. C. G., Helm, P. A., Hobbs, K., Hoekstra, P. F., Kuzyk, Z. A., Kwan, M., Letcher, R. J., Lockhart, W. L., Norstrom, R. J., Stern, G. A. and Stirling, I. (2005). Persistent organic pollutants and mercury in marine biota of the Canadian Arctic: an overview of spatial and temporal trends. In *Science of the Total Environment* 4(56):351-352

Braune, B. M., Mallory, M. L. and Gilchrist, H. G. (2006). Elevated mercury levels in a declining population of ivory gulls in the Canadian Arctic. In *Marine Pollution Bulleting* PMID: 16765993 in process

Bravo, H., Roy-Ocotla, G., Sanchez, P., and Torres, R. (1992). La contaminación atmosférica por ozono en la zona Metropolitana de la Ciudad de México. En I. Restrepo (coord.) In *La contaminación del aire en México: Sus causas y efectos en la salud.* Comisión Nacional de los Derechos Humanos, Mexico, DF

Brigden, K., Labunska, I., Santillo, D. and Allsopp, M. (2005). *Recycling of Electronic Wastes in China and India: Workplace and Environmental Contamination.* Greenpeace Research Laboratories, Department of Biological Sciences, University of Exeter, Exeter http://www.greenpeace.org/raw/content/china/en/press/reports/recycling-ofelectronic-wastes.pdf (last accessed 23 April 2007)

Brocklesby, M. A. and Hinshelwood, E. (2001). *Poverty and the Environment: What the Poor Say: An Assessment of Poverty-Environment Linkages in Participatory Poverty Assessments.* Department for International Development, London http://www.dfid.gov. uk/Pubs/files/whatthepoorsay.pdf (last accessed 21 April 2007)

Browder, J. D., and Godfrey, B. J. (1997). *Rainforest Cities: Urbanization, Development and Globalization of the Brazilian Amazon.* Columbia, New York, NY

Bryant, D., Rodenburg, E. Cox, T. and Nielsen, D. (1996). *Coastlines at Risk: an Index of Potential Development-Related Threats to Coastal Ecosystems.* World Resources Institute, Washington, DC

Bryant, D., Burke, L. McManus, J. and Spalding, M. (1998). *Reefs at Risk. A Map-Based Indicator of Threats to the World's Coral Reefs.* World Resources Institute, Washington, DC

Bryceson, I., De Souza, T. F., Jehangeer, I., Ngoile, M. A. K. and Wynter, P. (1990). *State of the Marine Environment in the East African Region.* UNEP Regional Seas Reports and Studies no. 113. United Nations Environment Programme, Nairobi

Bryden, H. L., Longworth, H. R. and Cunningham, S. A. (2005). Slowing of the Atlantic meridional overturning circulation at 25ºN. In *Nature* 438:655-657

Burnham, G., Doocy, S., Dzeng, E., Lafta, R. and Robert, L. (2006). *The Human Cost of the War in Iraq A Mortality Study, 2002-2006.* Bloomberg School of Public Health, Johns Hopkins University, Baltimore, Maryland; School of Medicine, Al Mustansiriya University, Baghdad, Iraq ; and the Center for International Studies, Massachusetts Institute of Technology, Cambridge, Massachusetts. http://web.mit.edu/CIS/pdf/Human_Cost_of_War.pdf (last accessed 16 May 2007)

Burke, L., Kura, Y., Kassem, K., Revenga, C., Spalding, M., and McAllister, D. (2001). *Pilot Analysis of Global Ecosystems: Coastal Ecosystems.* World Resources Institute, Washington, DC

Butayban, N. (2005). *An Overview of Land Based Sources of Marine Pollution in ROPME Sea Area.* Environment Public Authority, Kuwait

CAFF (2001). *Arctic Flora and Fauna: Status and Conservation.* Edita, Helsinki

CAI-Asia and APMA (2004). Air Quality in Asian Cities. Clean Air Initiative – Asia and Air Pollution in the Mega-cities Project http://www.cleanairnet.org/caiasia/1412/articles-59689_AIR.pdf (last accessed 21 April 2007)

Cambers, G. (1997). Beach changes in the Eastern Caribbean Islands: Hurricane impacts and implications for climate change. In *Journal of Coastal Research* Special Issue 24:29-47

Cameron, R. D., Smith, W. T., White, R. G. and Griffith, B. (2005). Central Arctic caribou and petroleum development: distributional, nutritional, and reproductive implications. In *Arcti* 58:1-9

Carabias, J. (2002). Conservación de los Ecosistemas y el Desarrollo Rural sustentable en América Latina: Condiciones, limitantes y retos. In Leff, E., Ezcurra, E., Pisanty, I., Romero-Lankau, P. (coords). *La transición haca el desarrollo sustentable. Perspectivas desde América Latina y El Caribe.* Instituto Nacional de Ecología, México, DF

Carius, A., Dabelko, G. D. and Wolf, A. T. (2006). Water, conflict, and cooperation. United Nations and Global Security Initiative http://www.un-globalsecurity.org/pdf/Carius_Dabelko_Wolf.pdf (last accessed 21 April 2007)

Carrington, W. J. and Detragiache, E. (1999). How extensive is the brain drain? In *Finance and Development* 36(2) http://www.imf.org/external/pubs/ft/fandd/1999/06/index.htm (last accessed 17 May 2007)

CBP (2007). Chesapeake Bay 2006 Health and Restoration Assessment: Part One, Ecosystem Health. Chesapeake Bay Program http://www.chesapeakebay.net/press. htm (last accessed 24 April 2007)

CBO (2002 Draft). Future Investment in Drinking Water and Wastewater Infrastructure. Congressional Budget Office http://www.cbo.gov/ftpdocs/39xx/doc3983/11-18-WaterSystems.pdf (last accessed 21 April 2007)

CCME (2005). Canada-Wide Standards for Mercury Emissions from Coal-Fired Electric Power Generation Plants. Canadian Council of Ministers of the Environment (Draft report) http://www.ccme.ca/assets/pdf/canada_wide_standards_hgepg.pdf (last accessed 17 May 2007)

CEC (2004). *North American Air Quality and Climate Change Standards, Regulations, Planning and Enforcement at the National, State/Provincial and Local Levels.* Commission for Environmental Cooperation of North America, Montreal

CEC (2006). *Children's Health and the Environment in North America. A First Report on Available Indicators and Measures.* Commission for Environmental Cooperation, Montreal http://www.cec.org/files/pdf/POLLUTANTS/CEH-Indicators-fin_en.pdf (last accessed 17 March 2007)

CEPAL (2005). *Objetivos de Desarrollo del Milenio: una mirada desde América Latina y el Caribe.* Comisión Económica de las Naciones Unidas para América Latina, LC/G.2331, Junio, Santiago de Chile

CEPAL (2006). Energía y desarrollo sustentable en América Latina: Enfoques para la política energética. Presentación de Hugo Altomonte en *Regional Implementation Forum on Sustainable Development, 19-20 enero,* Santiago de Chile

CFS (2004). Wildland–Urban Interface. Canadian Forest Service, Natural Resources Canada http://fire.cfs.nrcan.gc.ca/research/management/wui_e.htm (last accessed 17 May 2007)

CGLG (2005). *Governors and Premiers sign agreements to protect Great Lakes Water.* Council of Great Lakes Governors http://www.cglg.org/projects/water/docs/12-13-05/Annex_2001_Press_Release_12-13-05.pdf (last accessed 17 May 2007)

Chapin, F. S., III, Berman, M., Callaghan, T. V., Crepin, A.-S., Danell, K., Forbes, B. C., Kofinas, G., McGuire, D., Nuttall, M., Pungowiyi, C., Young, O. and Zimov, S. (2005). Polar systems. In R. Scholes (ed). *Millennium Ecosystem Assessment.* Island Press, Washington, DC

Charkasi, D. (2000). Balancing the use of old and new agricultural varieties to sustain agrobiodiversity. In *Dryland Agrobio* No. 3, October-December http://www.icarda.org/gef/newsLetter34.html (last accessed 17 May 2007)

Chen, B., Hong, C. and Kan, H. (2001). *Integrated Assessment of Energy Options and Health Benefits in Shanghai.* Final report to USEPA and USNREL. (in English & Chinese). http://www.epa.gov/ies/documents/shanghai/full_report_chapters/ ch9pdf (last accessed 20 June 2007)

Chiuchiolo, A. L., Dickhut, R. M., Cochran, M. A. and Ducklow, H. W. (2004). Persistent organic pollutants at the base of the Antarctic marine food web. In *Environ. Sci. Technology* 38:3551

CHMI (2003). *Air pollution in the Czech Republic in 2003.* Czech Hydrometeorological Insitute, Air Quality Protection Division http://www.chmi.cz/uoco/isko/groce/gr03e/akap3.html (last accessed 21 April 2007)

Christ, C., Hillel, O., Matus, S. and Sweeting, J. (2003). *Tourism and Biodiversity: Mapping Tourism's Global Footprint.* Conservation International, Washington, DC http://www.unep.org/PDF/Tourism_and_biodiversity_report.pdf (last accessed 17 May 2007)

Christian Reformed Church (2005). *Global Debt. An OSJHA Fact Sheet.* Office of Social Justice and Hunger Action http://www.crcna.org/site_uploads/uploads/factsheet_globaldebt.doc (last accessed 21 April 2007)

Ciais, Ph., Reichstein, M., Viovy, N., Granier, A., Ogée, J., Allard, V., Aubinet, M., Buchmann, N., Bernhofer, Chr., Carrara, A., Chevallier, F., De Noblet, N., Friend, A. D., Friedlingstein, P., Grünwald, T., Heinesch, B., Keronen, P., Knohl, A., Krinner, G., Loustau, D., Manca, G., Matteucci, G., Miglietta, F., Ourcival, J. M., Papale, D., Pilegaard, K., Rambal, S., Seufert, G., Soussana, J. F., Sanz, M. J., Schulze, E. D., Vesala, T. and Valentini, R. (2005). Europe-wide reduction in primary productivity caused by the heat and drought in 2003. In *Nature* 437(7058):529-533

CIFOR (2007). *Nature, wealth and power to defeat poverty in Africa* http://www.cifor.cgiar.org/Publications/Corporate/NewsOnline/NewsOnline35/defeat_poverty. htm (last accessed on 28 April 2007)

CLAES (2003). *Ambiente En América Latina: Los seis hechos ambientales más importantes en América Latina. La tendencia sobresaliente en la gestión ambiental.* Centro Latino Americano de Ecología Social, Montevideo http://www.ambiental. net/noticias/ClaesAmbienteAmericaLatina.pdf (last accessed 5 May 2007)

Cohen, A. J., Anderson, H. R., Ostra B., Pandey, K. D., Krzyzanowski, M., Künzli, N., Gutschmidt, K., Pope, A., Romieu, I., Samet, J. M. and Smith, K. (2005). The global burden of disease due to outdoor air pollution. In *Journal of Toxicology and Environmental Health* 68 (1):1-7

Cohn, J. P. (2004). Colorado River Delta. In *BioScience* 54(4):386-91

Columbia Encyclopedia (2003). Sahara. In *The Columbia Encyclopedia* Sixth Edition, 2001-05. Columbia University Press, New York, NY http://www.bartleby.com/65/sa/Sahara.html (last accessed 17 May 2007)

CONABIO (2006). *Capital Natural y Bienestar Social.* Comisión nacional para el conocimiento y uso de la biodiversidad, Mexico, DF

CONAPO (2004). Informe de Ejecución 2003-2004 del programa nacional de la poblacion 2001-2006. Consejo Nacional de la Población, Mexico, DF

Conner, R., Seidl, A., VanTassel, L. and Wilkins, N. (2001). *United States Grasslands and Related Resources: An Economic and Biological Trends Assessment.* Land Information Systems, Texas A&M Institute of Renewable Natural Resources, Tamu http://landinfo.tamu.edu/presentations/grasslands.cfm (last accessed 21 April 2007)

Conservation International (2006). World's Largest Tropical Forest Reserve Created in Amazon. http://www.conservation.org/xp/news/press_releases/2006/120406. xml (last accessed 26 June 2007)

Corsolini, S., Kannan, K., Imagawa, T., Focardi, S. and Giesy, J. P. (2002). Polychloronaphthalenes and other dioxin-like compounds in Arctic and Antarctic marine food webs. In *Environ. Sci. Technol,* 36(16):3490-3496

Council of Europe (2003a). 3rd International Symposium of the Pan-European Ecological Network - Fragmentation of habitats and ecological corridors - Proceedings, Riga, October 2002. In Environmental Encounters No. 54. Council of Europe Publishing, Strasbourg

Court, T. de la (1990). *Beyond Brundtland: Green Development in the 1990s.* (Translated by Bayens, E. and Harle, N.) New Horizons Press, New York, Zed Books Ltd, London and New Jersey

CPCB (1996). *Annual Report 1995-1996.* Central Pollution Control Board, New Delhi Croxall, J. P., Trathan, P. N. and Murphy, E. J. (2002). Environmental change and Antarctic seabird populations. In *Science* 297:1510-1514

CRU (2007). *CRUTEM3v dataset.* Climate Research Unit, University of East Anglia. http://www.cru.uea.ac.uk/cru/data/temperature (last accessed 6 April 2007)

CSB (1987-2004). *China Statistical Yearbook 1987-2004* (in Chinese). China Statistical Bureau, China Statistics Press, Beijing

Cunningham, A. (2001). *Applied Ethnobotany: People, Wild Plant Use and Conservation.* Earthscan Publications Ltd, London

Darkoh, M. B. (1993). Desertification: the scourge of Africa. In *Tiempo (Tiempo Climate Cyberlibrary)* 8 http://www.cru.uea.ac.uk/cru/tiempo/issue08/desert.htm (last accessed 1 June 2007)

Davis, C. H., Yonghong, L., McConnell, J. R., Frey, M. M. and Hanna, E. (2005). Snowfall-driven growth in East Antarctic ice sheet mitigates recent sea-level rise. In *Science* 308:1898-1901

DeCoster, L. A. (2000). Summary of the Forest Fragmentation 2000 Conference. In Decoster, L. A. (ed.) *Fragmentation 2000 – A Conference on Sustaining Private Forests in the 21st Century* Annapolis, MA http://www.sampsongroup.com/acrobat/fragsum. pdf (last accessed 17 May 2007)

Defenders of Wildlife (2006). Issues in Multilateral Trade Agreements with Environmental Impacts. http://www.defenders.org/international/trade/issues.html (last accessed 21 April 2007)

De Mora, S., Scott, W., Imma, T., Jean-Pierre, V. and Chantal, C. (2005). Chlorinated hydrocarbons in marine biota and coastal sediments from the Gulf and Gulf of Oman. In *Marine Pollution Bulletin* 50

DFID, EC, UNDP and World Bank (2002). *Linking Poverty Reduction and Environmental Management: Policy Challenges and Opportunities.* Department for International

Development, European Commission, United Nations Development Programme, and The World Bank, Washington, DC http://www.undp.org/pei/pdfs/LPREM.pdf (last accessed 6 May 2007)

Dinerstein, E., Olson, D. M., Graham, D. J., Webster, A. L., Primm, S. A., Bookbinder, M. P. and Ledec, G. (1995). In *Una Evaluación del Estado de Conservación de las Ecoregiones Terrestres de América Latina y el Caribe.* Banco Mundial en colaboración con el Fondo Mundial para la Naturaleza, Washington, DC

Donahue, W. F. and Schindler, D.W. (2006). Whiskey's for drinkin' and water's for fightin': Climate change and water supply in the Western Canadian Prairies. In *59th Canadian Conference for Fisheries Research, 5-7 January.* Calgary, Alberta

Downie, D. L. and Fenge, T. (eds.) (2003). *Northern Lights Against POPs: Combatting Toxic Threats in the Arctic.* McGill-Queen's University Press, Montreal and Kingston

DPI (2005). Dubai Property Investment. Palm Islands http://dubai.propertyinvestment. com (last accessed 17 May 2007)

Dufour D. L. and Piperata, B. A. (2004). Rural-to-Urban Migration in Latin America: An Update and Thoughts on the Model. In *American Journal of Human Biology* 16:395-404

Dybas, C. L. (2005). Dead zones spreading in world oceans. In *BioScience* 55(7):552-557

EAP Task Force (2006). *Regional Meeting on Progress in Achieving the Objectives of the EECCA Environment Strategy,* Kiev, 18-19 May 2006

Easterling, W., Hurd, B. and Smith, J. (2004). *Coping with Global Climate Change: The Role of Adaptation in the United States.* Pew Center on Global Climate Change, Arlington, VA http://www.pewclimate.org/global-warming-in-depth/all_reports/ adaptation/index.cfm (last accessed 5 May 2007)

EC (2004). *Forest fires in Europe 2003 fire campaign. European Commission.* Official Publication of the European Communities, SPI.04.124 EN. Luxembourg

EC (2005a). *Proposal for a directive of the European Parliament and of the Council on ambient air quality and cleaner air for Europe.* COM(2005) 447. European Commission, Brussels

EC (2005b). *Thematic Strategy on Air Pollution.* COM(2005) 446 final. Commission the European Communities, Brussels http://eur-lex.europa.eu/LexUriServ/site/en/com/2005/com2005_0446en01.pdf (last accessed 17 April 2007)

EC (2006a). *Ministerial Declaration on Enhanced energy co-operation between the EU, the Littoral States of the Black and Caspian Seas and their neighbouring countries.* 30

November 2006, Astana http://www.inogate.org/en/news/30-november-2006/ (last accessed 17 May 2007)

EC (2006b). *Environmental Impact of Products (EIPRO), Analysis of the life cycle environmental impacts related to the final consumption of the EU-25.* Main report, European Commission, Brussels

EC (2006c). *Halting the Loss of Biodiversity by 2010 and Beyond – Sustaining Ecosystem Services for Human Well-Being.* COM(2006) 216 final. European Commission, Brussels

EC (2007a). Presidency Conclusions of the Brussels European Council (8/9 March 2007)

EC (2007b). *Limiting Global Climate Change to 2 degrees Celsius: The way ahead for 2020 and beyond.* COM(2007) 2 final. Communication from the Commission to the Council, the European Parliament, the European Economic and Social Committee and the Committee of the Regions, Brussels

ECHAVARRÍA, M. (2002). Water user associations in the Cauca Valley, Colombia. A voluntary mechanism to promote upstream -downstream cooperation in the protection of rural watersheds. In: *FAO Land-Water Linkages in Rural Watersheds Case Study Serie.* Food and Agriculture Organization of the United Nations, Rome

ECI (2006). Climate Change: An Evangelical Call to Action. Evangelical Climate Initiative http://www.christiansandclimate.org/statement (last accessed 21 April 2007)

EEA (1999). *Sustainable water use in Europe - Part :1 Sectoral use of water.* Environmental assessment report No. 1. European Environment Agency, Copenhagen http://reports.eea.europa.eu/binaryeenviasses01pdf/en (last accessed 9 May 2007)

EEA (2001). *Sustainable water use in Europe - Part 2: Demand management.* Environmental issue report No. 19. European Environment Agency, Copenhagen http://reports.eea.europa.eu/Environmental_Issues_No_19/en (last accessed 9 May 2007)

EEA (2003). *Europe's water: An indicator-based assessment.* EEA topic report 1/2003. European Environment Agency, Copenhagen http://reports.eea.europa. eu/topic_report_2003_1/en (last accessed 9 May 2007)

EEA (2004a). *High nature value farmland. Characteristics, trends and policy challenges.* EEA report No 1/2004. European Environment Agency, Copenhagen http://reports. eea.europa.eu/report_2004_1/en (last accessed 9 May 2007)

EEA (2004b). *Agriculture and the environment in the EU accession countries.* Implications of applying the EU common agricultural policy. Environmental issue report No 37. European Environment Agency, Copenhagen http://reports.eea.europa.eu/environmental_issue_report_2004_37/en (last accessed 9 May 2007)

EEA (2004c). *Air pollution by ozone in Europe in summer 2003 - Overview of* exceedances of EC ozone threshold values during the summer season April-August *2003 and comparisons with previous years.* Topic report No 3/2003. European Environment Agency, Copenhagen http://reports.eea.europa.eu/topic_report_2003_3/en (last accessed 9 May 2007)

EEA (2004d). *Arctic environment: European perspectives.* Environmental issue report No 38/2004. European Environment Agency, Copenhagen http://reports.eea.europa. eu/environmental_issue_report_2004_38/en (last accessed 9 May 2007)

EEA (2005a). *Agriculture and environment in the EU 15 – the IRENA indicator report.* EEA report No 6/2005. European Environment Agency, Copenhagen http://reports. eea.europa.eu/eea_report_2005_6/en (last accessed 9 May 2007)

EEA (2005b). *Household Consumption and the Environment.* EEA report No 11/2005. European Environment Agency, Copenhagen http://reports.eea.europa. eu/eea_report_2005_11/en (last accessed 9 May 2007)

EEA (2006a). *Greenhouse gas emission trends and projections in Europe 2006.* EEA Report No. 9/2006. European Environment Agency, Copenhagen http://reports.eea. europa.eu/eea_report_2006_9/en (last accessed 9 May 2007)

EEA (2006b). *Energy and environment in the European Union - Tracking progress towards integration.* EEA Report No 8/2006 European Environment Agency, Copenhagen http://reports.eea.europa.eu/eea_report_2006_8/en (last accessed 9 May 2007)

EEA (2006c). *Transport and environment: facing a dilemma.* EEA report No. 3/2006. European Environment Agency, Copenhagen http://reports.eea.europa.eu/eea_report_2006_3/en (last accessed 9 May 2007)

EEA (2006d). *Exceedance of air quality limit values in urban areas (CSI 004).* EEA Core Set of Indicators. http://themes.eea.europa.eu/IMS/ISpecs/ISpecification20041001123040/IAssessment1153220262064/view_content (last accessed 9 May 2007)

EEA (2006e). *Priority issues in the Mediterranean environment (revised edition).* EEA Report No 4/2006. European Environment Agency, Copenhagen http://reports.eea. europa.eu/eea_report_2006_4/en

EEA (2007). *Europe's Environment: the Fourth Assessment.* European Environment Agency, Copenhagen

Eilers, W. and Lefebvre, A. (2005). National and regional summary. In *Environmental* Sustainability of Canadian Agriculture: Agri-Environmental Indicator Report Series - *Report #2,* Lefebvre, A., Eilers, W. and Chunn, B. (eds.). Agriculture and Agri-Food Canada http://www.agr.gc.ca/env/naharp-pnarsa/pdf/2005_AEI_report_e.pdf (last accessed 21 April 2007)

EIP (2005). *Backed Up: Cleaning Up Combined Sewer Systems in the Great Lakes.* Environmental Integrity Project, Washington, DC http://www.environmentalintegrity.org/pubs/EIP_BackedUp_fnl.pdf (last accessed 5 May 2007)

ElHadj, E. (2004). *The household water crisis in Syria's Greater Damascus Region.* SOAS Water Research Group Occasional paper 47. School of Oriental and African Studies and King's College, London http://www.soas.ac.uk/waterissues/occasionalpapers/OCC47.pdf (last accessed 5 May 2007)

El Nasser, H. and Overberg, P. (2001). A comprehensive look at sprawl in America: the USA Today sprawl index. In *USA Today* 22 February http://www.usatoday.com/news/sprawl/main.htm (last accessed 5 May 2007)

EM-DAT (undated). *Emergency Events Database: The OFDA/CRED International Disaster Database* (in GEO Data Portal). Université Catholique de Louvain, Brussels

Environment Canada (2001). *Urban Water Indicators: Municipal Water Use and Wastewater Treatment.* Environment Canada http://www.ec.gc.ca/soer-ree/English/Indicators/Issues/Urb_H2O/default.cfm (last accessed 5 May 2007)

Environment Canada (2003). *Environmental Signals: Canada's National Environmental Indicator Series 2003.* Environment Canada http://www.ec.gc.ca/soer-ree/English/Indicator_series (last accessed 17 May 2007)

Environment Canada (2007). Canada's new government announces mandatory industrial targets to tackle climate change and reduce air pollution. *Environment Canada News Releases,* 26 April http://www.ec.gc.ca/default.asp?lang=En&n=714D9AAE-1&news=4F2292E9-3EFF-48D3-A7E4-CEFA05D70C21 (last accessed 27 April 2007)

Environment Canada and USEPA (2005). *State of the Great Lakes 2005: Highlights.* Environment Canada and the U.S. Environmental Protection Agency http://www.epa.gov/glnpo/solec/solec_2004/highlights/SOGL05_e.pdf (last accessed 21 April 2007)

ERWDA (2003). *Report on Conservation of Dugong in the UAE.* Environmental Research and Wildlife Development Agency, UAE

ESA (2004). Artificial island arises off Dubai. In *ESA News: Protecting the Environment (European Space Agency)* http://www.esa.int/esaCP/SEMKRXZO4HD_Protecting_0.html (last accessed 21 April 2007)

Ewel, K. C., Twilley, R. R. and Ong, J. E. (1998). Different kinds of mangrove forests provide different goods and services. In *Global Ecology and Biogeography Letters* 7(1)83-94

EWG (2005). *Farm Subsidy Database: New EWG farm subsidy database re-ignites reform efforts.* Environmental Working Group's Farm Subsidy Database http://www. ewg.org/farm/region.php?fips=00000 (last accessed 17 May 2007)

Ewing, R., Kostyack, J., Chen, D., Stein, B. and Ernst, M. (2005). *Endangered by Sprawl: How Runaway Development Threatens America's Wildlife.* National Wildlife Federation, Smart Growth America, Nature Serve, Washington, DC http://www.nwf.org/nwfwebadmin/binaryVault/EndangeredBySprawlFinal.pdf (last accessed 5 May 2007)

Export Processing Zones Authority (2005). *Tea and Coffee Industry in Kenya.* Export Processing Zones Authority, Nairobi

Ezcurra, E., Mazari, M., Pisanty, I. and Guillermo, A. (2006). *La Cuenca de México: Aspectos Ambientales Críticos Y Sustentabilidad.* Fondo de cultura económica, México, DF

Ezzati, M., Rodgers, A. D., Lopez, A. D. and Murray, C. J. L., (eds) (2004a). Comparative Quantification of Health Risks: Global and Regional Burden of Disease Due *to Selected Major Risk Factors.* 3 vols. World Health Organization, Geneva

Ezzati M., Bailis, R., Kammen, D. M., Holloway, T., Price, L., Cifuentes, L. A., Barnes, B., Chaurey, A. and Dhanapala, K. N. (2004b). Energy management and global health. In *Annual Review of Environment and Resources* 29:383-419

FAO (1997). *Irrigation Potential in Africa: A Basin Approach.* FAO Land and Water Bulletin 4, Land and Water Development Division, Food and Agriculture Organization of the United Nations, Rome http://www.fao.org/docrep/W4347E/w4347e0o.htm (last accessed 25 September 2006)

FAO (2002). *Comprehensive Africa Agriculture Development Programme, New Partnership for Africa's Development (NEPAD).* Food and Agriculture Organization of the United Nations, Rome http://www.fao.org/documents/show_cdr.asp?url_file=/docrep/005/Y6831E/y6831e00.htm (last accessed 3 June 2007)

FAO (2003a). *Forestry Outlook Study for Africa - African Forests: A View to 2020.* European Commission, African Development Bank and the Food and Agriculture Organization of the United Nations, Rome

FAO (2003b). *Status and Trends in Mangrove Area Extent Worldwide.* Food and Agriculture Organization of the United Nations, Rome http://www.fao.org/docrep/007/j1533e/j1533e00.htm (last accessed 4 June 2007)

FAO (2003c). FAO Gender and Development Plan of Action (2002-2007). http://www.fao.org/WAICENT/FAOINFO/SUSTDEV/2002/PE0103_en.htm (last accessed 27 September 2006)

FAO (2004). *The State of World Fisheries and Aquaculture 2004.* Food and Agricultural Organization of the United Nations, Rome

FAO (2005). *Global Forest Resources Assessment 2005.* Food and Agriculture Organization of the United Nations, Rome (in GEO Data Portal)

FAO (2006a). *Global Forest Resources Assessment 2005. Report on fires in the Central Asian Region and adjacent countries.* Fire Management Working Paper 16. FAO-Forestry Department, Food and Agriculture Organization of the United Nations, Rome http://www.fire.uni-freiburg.de/programmes/un/fao/FAO-Final-12-Regional-Reports-FRA-2005/WP%20FM16E%20Central%20Asia.pdf (last accessed 17 April 2007)

FAO (2006b). *Global Forest Resources Assessment 2005. Report on fires in the Balkan Region and adjacent countries.* Fire Management Working Paper 11. FAO-Forestry Department, Food and Agriculture Organization of the United Nations, Rome http://www.fire.uni-freiburg.de/programmes/un/fao/FAO-Final-12-Regional-Reports-FRA-2005/WP%20FM11E%20Balkan.pdf (last accessed 17 April 2007)

FAO (2007a). *State of the World's Forests 2007.* Food and Agriculture Organization of the United Nations, Rome http://www.fao.org/docrep/009/a0773e/a0773e00. htm (last accessed 3 June 2007)

FAO (2007b). *The State of Food and Agriculture 2006. Food Aid or Food Security.* Food and Agriculture Organization of the United Nations, Rome http://www.fao.org/docrep/009/a0800e/a0800e00.htm (last accessed 4 June 2007)

FAOSTAT (2004). Food and Agriculture Organization Statistical Database (in GEO Data Portal)

FAOSTAT (2005). FAO Statistical Databases. Food and Agriculture Organization of the United Nations, Rome (in GEO Data Portal)

FAOSTAT (2006). FAO Statistical Databases. Food and Agriculture Organization of the United Nations, Rome (in GEO Data Portal)

FAOSTAT (2007). FAO Statistical Databases. Food and Agriculture Organization of the United Nations, Rome (in GEO Data Portal)

FAO AQUASTAT (2007). FAO's Information System on Water in Agriculture. Food and Agriculture Organization of the United Nations, Rome (in GEO Data Portal)

FAO TERRASTAT (2003). Land resource potential and constraints statistics at country and regional level. http://www.fao.org/ag/agl/agll/terrastat (last accessed 9 May 2007)

FCM (2005). *Partners for Climate Protection.* Federation of Canadian Municipalities http://kn.fcm.ca/ev.php?URL_ID=2805andURL_DO=DO_TOPICandURL_SECTION=201andreload=1122483013 (last accessed 27 July 2005)

FEWSNET (2005). FEWS Somalia food security emergency 25 August 2005: poor harvest and civil insecurity hit South. *Relief Web. Famine Early Warning System Network (FEWS NET),* 25 August http://www.reliefweb.int/rw/RWB.NSF/db900SID/RMOI-6FM7CV?OpenDocument (last accessed 10 May 2007)

Fischlowitz-Roberts, B. (2002). Air pollution fatalities now exceed traffic fatalities by 3 to 1. In *Earth Policy Institute Eco-Economy Updates,* 17 September http://www.earthpolicy.org/Updates/Update17.htm (last accessed 1 June 2007)

Forbes, B. C. (1999). Land use and climate change in the Yamal-Nenets region of northwest Siberia: Some ecological and socio-economic implications. In *Polar Research* 18:1-7

Forbes, B. C., Fresco, N., Shvidenko, A., Danell, K. and Chapin III, F. C. (2004). Geographic variations in anthropogenic drivers that influence the vulnerability and resilience of social-ecological systems. In *Ambio* 33:377-382

Ford, J. D., Smit, B. and Wandel, J. (2006). Vulnerability to climate change in the Arctic: a case study from Arctic Bay, Canada. In *Global Environmental Change* 16:145-160

Frederick, J. E. and Lubin, D. (1994). Solar ultraviolet irradiance at Palmer Station, Antarctica. In *Ultraviolet Radiation in Antarctica: Measurement and Biological Effects,* Weiler, C. S. and Penhale, P. A. (eds). Antarctic Research Series 62, American Geophysical Union

Frenot, Y., Chown S. L., Whinam, J., Selkirk P. M., Convey P., Skotnicki, M. and Bergstrom D. M. (2004). Biological invasions in the Antarctic: extent, impacts and implications. In *Biological Review* 79:1-28

Frumkin, H., Frank, L. and Jackson, R. (2004). *Urban Sprawl and Public Health: Designing, Planning, and Building for Healthy Communities.* Island Press, Washington, DC

Furgal, C. M., Powell, S. and Myers, H. (2005). Digesting the message about contaminants and country foods in the Canadian North: a review and recommendations for future research and action. In *Arctic* 58:103-114

Gabaldón, A. J. and Rodríguez Becerra, M. (2002). Evolución de las políticas e instituciones ambientales: ¿Hay motivo para estar satisfechos? In *La Transición Hacia el Desarrollo Sustentable: Perspectivas de América Latina y El Caribe.* Leff, E., Ezcurra, E., Pisanty, I. and Romero-Lankau, P. (2002). Instituto Nacional de Ecología, Universidad Autónoma Metropolitana and Programa de Naciones unidas para el Medio Ambiente, México, DF

Galafassi, G. P. (2002). Ecological crisis, poverty and urban development in Latin America. In *Democracy and Nature* 8(1):17-131

GAO (2005). Increased Permitting Activity Has Lessened BLM's Ability to Meet Its Environmental Protection Responsibilities. *US Government Accountability Office Highlights,* June http://www.gao.gov/highlights/d05418high.pdf (last accessed 21 April 2007)

Garza, G. (2002). Evolución de las ciudades Mexicanas en el siglo XX. In *Revista de información y análisis* 19:7-16

Gauthier, D. A., Lafon, A., Toombs, T., Hoth, J. and E.Wiken (2003). *Grasslands: Toward a North American Conservation Strategy.* Canadian Plains Research Center, Regina, SK, and Commission for Environmental Cooperation, Montreal, QC

GCC (2004). *Role of GCC States in Protecting the Environment and Conserving Natural Resources.* General Secretariat of the Gulf Cooperation Council, Riyadh

GEO Data Portal. *UNEP's online core database with national, sub-regional, regional* and global statistics and maps, covering environmental and socio-economic data and *indicators.* United Nations Environment Programme, Geneva http://www.unep.org/geo/data or http://geodata.grid.unep.ch (last accessed 1 June 2007)

GeoHive (2006). Global Statistics http://www.geohive.com/ (last accessed 21 April 2007)

GFN (2004). *Ecological Creditors and Debtors.* Global Footprint Network. http://www.footprintnetwork.org/gfn_sub.php?content=creditor_debtor (last accessed 21 April 2007)

Gilchrist, H. G. and Mallory, M. L. (2005). Declines in abundance and distribution of the Ivory Gull (*Pagophila eburnea*) in Arctic Canada. In *Biological Conservation* 121:303-309

Githeko, A.K, Lindsay, S.W., Confalonier, U.E. and Patz, J.A. (2000). Climate change and vector-borne diseases: a regional analysis. In *Bulletin of the World Health Organization* 79(8):1-20

Global Ballast Water Management Programme (2006). International Maritime Organization, London http://globallast.imo.org/index.asp (last accessed 10 May 2007)

GOI (2003). Auto Fuel Policy. Ministry of petroleum and Natural Gas, Government of India, New Dehli http://petroleum.nic.in/autoeng.pdf (last accessed 1 June 2007)

Goldammer, J.G., Sukhinin, A. and Csiszar, I. (2003). The Current Fire Situation in the Russian Federation: Implications for Enhancing International and Regional Cooperation in the UN framework and the Global Programs on Fire Monitoring and Assessment. In *International Forest Fire News* 29:89-111 http://www.fire.uni-freiburg.de/iffn/iffn_29/Russian-Federation-2003.pdf (last accessed 17 April 2007)

Goulder, L. H. and Kennedy, D. (1997). Valuing ecosystem services: philosophical bases and empirical methods. In G. Daily (ed.) In *Nature's Services Societal Dependence on Natural Ecosystems* 23-47. Islands Press, Washington, DC

Government of Canada (2005). *Project Green: Moving Forward on Climate Change: A Plan for Honouring our Kyoto Commitment.* Government of Canada, Ottawa http://collaboration.cin-ric.ca/file_download.php/GOC+Climate+Change+Plan.pdf?URL_ID=1839&filename=11211880921GOC_Climate_Change_Plan.pdf&filetype=application%2Fpdf&filesize=2013181&name=GOC+Climate+Change+Plan.pdf&location=user-S/ (last accessed 20 June 2007)

Government of Canada (2006). Government Notices: Department of the Environment, Canadian Environmental Protection Act, 1999: Notice of intent to develop and implement regulations and other measures to reduce air emissions. In *Canada Gazette* 140:42 http://canadagazette.gc.ca/partI/2006/20061021/pdf/g1-14042.pdf (last accessed 1 June 2007)

Greenpeace (2007). Greenpeace Southeast Asia Photos. http://www.greenpeace. org/seasia/en/photosvideos/photos/boy-runs-to-catch-the-school-b (last accessed 21 June 2007)

Gregory, J. M., Huybrechts, P. and Raper, S. C. B. (2004). Threatened loss of the Greenland ice-sheet. In *Nature* 428:616

Guimaraes, R. and Bárcena, A. (2002). El desarrollo sustentable en América Latina y el Caribe desde Río 1992 y los nuevos imperativos de la institutcionalidad. In Leff, E., Ezcurra, E., Pisanty, I. and Romero-Lankau, P. (2002). *La Transición Hacia el Desarrollo Sustentable. Perspectivas de América Latina y El Caribe.* Instituto Nacional de Ecología, Universidad Autónoma Metropolitana and Programa de Naciones Unidas para el Medio Ambiente, México, DF

Gupta, S. K. (2001). Rethinking waste management in India. In *Humanscape Magazine* 9:4 http://www.humanscape.org/Humanscape/new/april04/rethinking. htm (last accessed 1 June 2007)

Hales, S., de Wet, N., Maindonald, J., and Woodward, A. (2002). Potential effect of population and climate changes on global distribution of dengue fever: an empirical model. In *Lancet* 360:830-34

Halweil, B. (2002). Farming in the public interest. In L. Starke (ed.) *State of the* World 2002: A Worldwatch Institute Report on Progress Toward a Sustainable Society. The Worldwatch Institute, Washington, DC

Hammond, S. V. (2002). *Can City and Farm Coexist? The Agricultural Buffer Experience in California.* Great Valley Center, Agricultural Transactions Program, Modesto, CA http://www.greatvalley.org/publications/pub_detail.aspx?pld=132 (last accessed 1 June 2007)

Hanna, E., Huybrechts, P., Cappelen, J., Steffen, K. and Stephens, A. (2005). Runoff and mass balance of the Greenland ice sheet: 1958-2003. In *Journal of Geophysical Research* 110

Harding, R. (2006). Ecologically sustainable development: origins, implementation and challenges. In *Desalination* 187:229-239

Harlow, T. (2005). *Water 2025: preventing crises and conflict in the West.* US Department of Interior http://www.usbr.gov/newsroom/presskit/factsheet/factsheetdetail.cfm?recordid=3 (last accessed 1 June 2007)

Health Canada (2001). *Climate Change and Health and Well-Being: A Policy Primer.* http://www.hc-sc.gc.ca/ewh-semt/pubs/climat/policy_primer_northnord_abecedaire_en_matiere/index_e.html (last accessed 1 June 2007)

Heimlich, R. E. and Anderson, W. D. (2001). *Development at the Urban Fringe and Beyond: Impacts on Agriculture and Rural Land.* US Department of Agriculture, Economic Research Service, http://www.ers.usda.gov/publications/aer803/ (last accessed 1 June 2007)

Hemmings, A. D. (2005). A question of politics: bioprospecting and the Antarctic Treaty System. In Hemmings, A. and Rogan-Finnemore, M. (eds), *Antarctic Bioprospecting.* University of Canterbury, Christchurch Henninger, N. and Hammond, A. (2000). *Environmental Indicators Relevant to Poverty Reduction: A Strategy for the World Bank.* World Resources Institute, Washington, DC

Hermansen, L. A. (2003). The Wildland-Urban Interface: An Introduction. In *APA National Planning Conference Proceedings, 2 April,* Denver, CO http://www.design.asu.edu/apa/proceedings03/HERMAN/herman.htm (last accessed 1 June 2007)

Hoffmann, N. (2001). Urban consumption of agricultural land. In *Rural and Small Town Canada Analysis Bulletin* 3:2 http://www.statcan.ca/english/freepub/21-006-XIE/21-006-XIE2001002.pdf (last accessed 1 June 2007)

Hoguane, A. M. (1997). *Marine Science Country Profiles: Mozambique.* Intergovernmental Oceanographic Commission Western Indian Ocean Marine Science Association, Zanzibar

Holland, M. M. and Bitz, C. M. (2003). Polar amplification of climate change in coupled models. In *Clim. Dyn.* 21:221-232

Homer-Dixon, T. and Kelly, K. (1995). *Environmental Scarcity and Violent Conflict: The Case of Gaza.* Project on Environment, Population and Security. American Association for the Advancement of Science and the University of Toronto, Toronto

Holmgren, M., M. Scheffer, E. Ezcurra, J.R. Gutiérrez, y G.M.J. Mohren. (2001). El Niño effects on the dynamics of terrestrial ecosystems. In *Trends in Ecology & Evolution* 16(2):59-112

Huang, Shaopeng (2006). 1851–2004 annual heat budget of the continental landmasses. In *Geophysical Research Letters* 33

Huang, Zhenli, Wu, Bingfang and Ao, Liang-gui (2006). *Studies on Ecological and Environmental Monitoring Systems for Three Gorges Dam* (in Chinese). Science Press, Beijing

HUD (2000). *The State of the Cities 2000: Megaforces Shaping the Future of the Nation's Cities.* US Department of Housing and Urban Development, Washington, DC

Huggins, C. (2004). Communal conflicts in Darfur Region, Western Sudan, In *Africa Environment Outlook: Case Studies,* UNEP, Earthprint, Hertfordshire

Husain, T. (1995). *Kuwait Oil Fires: Regional Environmental Perspectives.* Elsevier Science Ltd., Dhahran

Hutson, S. S., Barber, N. L., Kenny, J. F., Linsey, K. S., Lumia, D. S. and Maupin, M. A. (2004). *Estimated Use of Water in the United States in 2000.* US Geological Survey http://pubs.usgs.gov/circ/2004/circ1268/ (last accessed 1 June 2007)

IAATO (2007). *IAATO Overview of Antarctic Tourism - 2006-2007 Antarctic Season.* Information Paper 121. XXX Antarctic Treaty Consultative Meeting. International Association of Antarctic Tour Operators http://www.iaato.org (last accessed 1 June 2007)

ICARDA (2002). Conservation and Sustainable Use of Dryland Agrobiodiversity, International Center for Agricultural Research in the Dry Areas. http://www.icarda. cgiar.org/Gef/Agro10_11.pdf (last accessed 22 April 2007)

IEA (2006). *World Energy Outlook 2006.* International Energy Agency, Paris

IEA (2007). *Energy Balances of OECD Countries and Non-OECD Countries: 2006 edition.* International Energy Agency, Paris (in GEO Data Portal).

IFAD (2000). *The Land Poor: Essential Partners for the Sustainable Management of Land Resources.* International Fund for Agricultural Development, Rome http://www.ifad.org/pub/dryland/e/eng1.pdf (last accessed 1 June 2007)

IFAD and GEF (2002). *Tackling Land Degradation and Desertification.* International Fund for Agricultural Development and Global Environment Facility, Rome http://www. ifad.org/events/wssd/gef/GEF_eng.pdf (last accessed 1 June 2007)

ILO (2006). *Global Employment Trends Model 2006.* Employment Trends Team, International Labour Office, Geneva http://www.ilo.org/public/english/employment/ strat/global.htm (last accessed 20 May 2007)

INAC (2003). *Canadian Arctic Contaminants Assessment Report II.* Indian and Northern Affairs Canada, Ottawa

INAC (2006). Government announces immediate action on First Nations drinking water. *INAC News Releases,* 21 March http://www.ainc-inac.gc.ca/nr/prs/ja2006/2-02757_e.html (last accessed 1 June 2007)

INPE (2006). http://www.amazonia.org.br/english (last accessed 10 May 2007)

INSMET (2004). *El proceso de sequía del 2003-2004: antecedentes, actualidad y futuro.* Declaración Oficial del Instituto de Meteorología relacionada con el actual proceso de sequía que afecta a Cuba, Instituto de Meteorología de Cuba, Havana http://www.insmet.cu (last accessed 10 May 2007)

International Crane Foundation (2003). Africa: Water, Wetlands and Wattled Cranes http://www.savingcranes.org/conservation/our_projects/article.cfm?cid=3&aid=74&pid=1 (last accessed 22 April 2007)

International Year of Freshwater (2003). *Virtual Water.* http://www.wateryear2003.org/en/ev.php-URL_ID=5868&URL_DO=DO_TOPIC&URL_SECTION=201.html (last accessed 17 May 2007)

IPCC (2001a). *Climate Change 2001 – Impacts, Adaptation and Vulnerability.* Contribution of Working Group II to the Third Assessment Report of the Intergovernmental Panel on Climate Change. McCarthy, J.J., Canziani, O.F., Leary, N. A., Dokken, D.J. and White, K.S. (eds). Cambridge University Press, Cambridge and New York, NY

IPCC (2001b). *Climate Change 2001: Synthesis Report.* A Contribution of Working Groups I, II and III to the Third Assessment Report of the Intergovernmental Panel on Climate Change. Cambridge University Press, Cambridge and New York, NY

IPCC (2001c). Climate Change 2001: The Scientific Basis. Contribution of Working Group I to the third Assessment Report of the Intergovernmental Panel on Climate Change. Cambridge University Press, Cambridge and New York, NY

IPCC (2007a). *Climate Change 2007: The Physical Science Basis.* Contribution of Working Group I to the Fourth Assessment Report of the Intergovernmental Panel on Climate Change, Geneva http://www.ipcc.ch/WG1_SPM_17Apr07.pdf (last accessed 5 April 2007)

IPCC (2007b). *Climate Change 2007: Climate Change Impacts, Adaptation and Vulnerability.* Contribution of Working Group II to the Fourth Assessment Report of the Intergovernmental Panel on Climate Change, Geneva http://www.ipcc.ch/SPM6avr07.pdf (last accessed 27 April 2007)

Iraq Ministry of Environment (2004). *The Iraqi Environment: Problems and Horizons.* Ministry of Environment, Baghdad

ITK (2005). *Effects on Human Health.* Inuit Tapariit Kanatami. http://www.itk.ca/environment/contaminants-health-risks.php (last accessed 1 June 2007)

IUCN (1987). *Saudi Arabia: Assessment of biotopes and coastal zone management requirements for the Arabian Gulf Coast.* MEPA Coastal and Marine Management Series, Report 5. World Conservation Union (International Union for the Conservation of Nature and Natural Resources), Gland

IUCN (2003). 2003 *UN List of Protected Areas.* Chape, S., S. Blyth, L. Fish, P. Fox and M. Spalding (compilers). World Conservation Union (International Union for the Conservation of Nature and Natural Resources), Gland and UNEP-World Conservation Monitoring Centre, Cambridge http://www.unep-wcmc.org/wdpa/unlist/2003_UN_LIST.pdf (last accessed 22 April 2007)

IUCN (2006). *The IUCN Red List of Threatened Species: Summary Statistics, Table 5.* World Conservation Union (International Union for the Conservation of Nature and Natural Resources) http://www.redlist.org/info/tables/table5 (last accessed 22 April 2007)

James, C. (2004). Preview: Global status of commercialized Biotech/GM crops 2004. In *ISAA Briefs* 32. International Service for the Acquisition of Agri-Biotech Applications, Ithaca, NY

Japan Environmental Council (2005). *The State of the Environment in Asia 2005/2006.* Japan Environmental Council, Toyoshinsya

Jenouvrier, S., Barbraud, C., Cazelles, B. and Weimerskirch, H. (2005). Modelling population dynamics of seabirds: importance of the effects of climate fluctuations on breeding proportions. In *Oikos* 108:511-522

Johnson, C. J., Boyce, M. S., Case, R. L., Cluff, H. D., Gau, R. J., Gunn, A. and Mulders, R. (2005). Cumulative effects of human developments on arctic wildlife. In *Wildlife Monographs* 160:1-36

Joly, K., Nellemann, C. and Vistnes, I. (2006). A re-evaluation of caribou distribution near an oilfield road on Alaska's North Slope. In *Wildlife Society Bulletin* 34(3):866–869

Judek, S., Jessiman, B., Stieb, D. and Vet, R. (2005). Estimated number of excess deaths in Canada due to air pollution. In *Health Canada News Releases* 3 November http://www.hc-sc.gc.ca/ahc-asc/media/nr-cp/2005/2005_32bk2_e.html (last accessed 1 June 2007)

Kalkstein, L. S., Greene, J. S., Mills, D. M. and Perrin, A. D. (2005). Extreme weather events. In Epstein, P. R. and Mills, E. (eds.) *Climate Change Futures: Health, Ecological and Economic Dimensions.* The Center for Health and the Global Environment, Harvard Medical School, 53-9 http://www.climatechangefutures.org/pdf/CCF_Report_Final_10.27.pdf (last accessed 1 June 2007)

Kennett, M. and Steenblik, R. (2005). *Environmental Goods and Services: A Synthesis of Country Studies.* OECD Trade and Environment Working Paper No. 2005-03. Organisation for Economic Co-operation and Development, Paris http://www.oecd.org/dataoecd/43/63/35837583.pdf (last accessed 1 June 2007)

Kisirwani, M. and Parle, W. M. (1987). Assessing the impact of the post civil war period on the Lebanese bureaucracy: a view from inside. In *Journal of Asian and African Studies* XXII:1-2

Kolowski, M. L. and Laquintinie, M. L. (2006). Heavy metals in recent sediments and bottom-fish under the influence of tanneries in south Brazil. In *Water, air, and soil pollution* 176:307-327

Kolpin, D. W., Furlong, E. T., Meyer, M. T., Thurman, E. M., Zuagg, S. D., Barber, L. B. and Buxton, H. T. (2002). Pharmaceuticals, hormones, and other organic wastewater contaminants in U.S. steams, 1999-2000: A national reconnaissance. In *Environmental Science and Technology* 36(6):1202-1211

Kouyoumjian, H. H. and Nouayhed, M. (2003). *Proceedings of the International Workshop on Mediterranean Vermeted Terraces and Migratory/Invasive Organisms,* 19-21 December, Beirut. INOC Publications

Krauskopf, R. B. and Retamales Saavedra, R. (2004). *Guidelines for Vulnerability Reduction in the Design of New Health Facilities.* Pan American Health Organization and World Health Organization, Washington, DC

Kuznets, Simon (1995). Economic Growth and Income Inequality. In *American Economic Review* 45(1):1-28

Lal, M. (2005). Climate change – implications for India's water resources. In Mirza, M. M. Q. and Ahmad, Q. K. (eds) *Climate Change and Water Resources in South Asia.* A. A. Balkema Publishers, Leiden

Landsat.org (2006). *FREE Global Orthorectified Landsat Data via FTP* http://www.landsat.org/ortho/index.htm (last accessed 26 June 2007)

Larsen, J. (2004). *Dead Zones Increasing in World's Coastal Waters.* Earth Policy Institute, Washington, DC http://www.earth-policy.org/Updates/Update41.htm (last accessed 1 June 2007)

Lebel, L., Fuchs, D., Garden, P., Giap, D. H., Hobson, K., Lorek, S., Shamshub, H. (2006). Linking *knowledge and action for sustainable production and consumption systems.* USER Working Paper WP-2006-09. Unit for Social and Environmental Research, Chiang Mai

Lesser, M. P. Lamare, M. L. and Barker, M. F. (2004). Transmission of ultraviolet radiation through the Antarctic annual sea ice and its biological effects on sea urchin embryos. In *Limnology & Oceanography* 49:1957–1963

Lightburn, S. (2004). Hybrids pick up speed in the race to go green. In *The Galt Global Review* 18 February: http://www.galtglobalreview.com/business/hybrid_race.html (last accessed 1 June 2007)

Linacre, E. and Geerts, B. (1998). The climate of the Kalahari Desert. In *Resources in Atmospheric Sciences,* University of Wyoming, Laramie, WY http://www-das.uwyo.edu/~geerts/cwx/notes/chap10/sec3.html (last accessed 1 June 2007)

LMMA (2006). *The Locally-Managed Marine Areas Network-Improving the Practice of Marine Conservation: 2005 Annual Report – A Focus on Lessons Learned* http://www.lmmanetwork.org (last accessed 1 June 2007).

Lubowski, R., Vesterby, M. and Bucholtz, S. (2006). Land use. In Wiebe, K. and Gollehon, N. (eds.) *Agricultural Resources and Environmental Indicators,* 2006 Edition. US Department of Agriculture, Economic Research Service http://www.ers.usda.gov/publications/arei/eib16/eib16_1-1.pdf (last accessed 1 June 2007)

Luthcke, S. B., Zwally, H. J., Abdalati, W., Rowlands, D. D., Ray, R. D., Nerem, R. S., Lemoine, F. G., McCarthy, J. J. and Chinn, D. S. (2006). Recent Greenland ice mass loss by drainage system from satellite gravity observations. In American Association for the Advancement of Science *Express Reports* 1130776v1

Lysenko, I. and Zöckler, C. (2001). The 25 largest unfragmented areas in the Arctic. UNEP-WCMC and UNEP Grid Arendal for the WWF Arctic Programme, unpublished MA (2005). *Ecosystems and Human Well-being: Synthesis.* Millennium Ecosystem Assessment, World Resources Institute, Washington, DC

Maffi, L. (ed.) (2001). *On Biocultural Diversity: Linking Language, Knowledge, and the Environment.* Smithsonian Institution Press, Washington, DC

Marsalek, J., Diamond, M., Kok, S. and Watt, W. E. (2001). Urban runoff. In Environment Canada (ed.) *Threats to Sources of Drinking Water and Aquatic Ecosystem Health in Canada.* National Water Research Institute, Burlington, ON http://www.nwri.ca/threats/threats-eprint.pdf (last accessed 1 June 2007)

Marsalek, J., Watt, W. E., Lefrancois, L., Boots, B. F. and Woods, S. (2002). Municipal water supply and urban developments. *Threats to Water Availability in Canada.* National Water Research Institute, Environmental Conservation Service of Environment Canada, Burlington, ON

Martinelli, L. A., Howarth, R. W., Cuevas, E., Filoso, S., Austin, A. T., Donoso, L., Huszar, V., Keeney, D., Lara, L. L., Llerena, C., McIssac, G., Medina, E., Ortiz-Zayas, J., Scavia, D., Schindler, D.W., Soto D. and Towsend, A. (2006). Sources of reactive nitrogen affecting ecosystems in Latin America and the Caribbean: current trends and future perspectives. In *Biogeochemestry* 79:3-24

Martínez, J. and Fernández, A. (comps) (2004). *Cambio climático: una vision desde México.* Instituto Nacional de Ecología, Semarnat, México, DF

Maya, S. 2003. African Savanna. In *Blue Planet Biomes* http://www.blueplanetbiomes.org/african_savanna.htm (last accessed 1 June 2007)

Mayaux, P., Bartholomé, E., Fritz, S. and Belward A. (2004). A new land-cover map of Africa for the year 2000. Institute for Environment and Sustainability, Joint Research Centre of the European Commission. In *Journal of Biogeography* 31:861-877

McMichael, A.J., Campbell-Lendrum, D.H., Corvalán, C.F., Ebi, K.L., Githeko, A.K., Scheraga, J.D. and Woodward A. (eds.) (2003). *Climate change and human health: Risks and responses.* World Health Organization, Geneva

Middleton, N. (1999). *The Global Casino: An Introduction to Environmental Issues.* 2nd. Edition. Arnold, London

Ministry of the Environment of Japan (2005). Aichi Statement. *Regional EST Forum, 1-2 August 2005, Nagoya* http://www.env.go.jp/press/file_view.php3?serial=7047&hou_id=6242 In Japanese (last accessed 1 June 2007)

Ministry of Environment, Republic of Korea (1996). National waste generation and treatment. http://eng.me.go.kr/docs (in Korean) (last accessed 20 June 2007)

Mirza, M. Q. (2002). Global warming and changes in the probability of occurrence of floods in Bangladesh and implications. In *Global Environmental Change* 12:127-138

Mirza, M. M. Q., Warrick, R. A., Erickson, N. J. and Kenny, G. J. (2005). Are floods getting worse in the GBM Basins? In Mirza, M. M. Q. and Ahmad, Q. K. (eds.) *Climate Change and Water Resources in South Asia* A. A. Balkema Publishers, Leiden

Misak, R. F. and Omar, S. A. (2004). Military operations as a major cause of soil degradation and sand encroachment in Arid Regions (the case of Kuwait). In *Journal of Arid Land Studies* 14S:25-28

Mitchell, A. T. and Grau, H. (2004). Globalization, migration, and Latin American Ecosystems. In *Science* 305:5692

Molina, T. L. and Molina, M. J. (2002). *Air quality in the Mexico megacity: an integrated assessment.* Kluwer Academic Publishers, London

Montenegro, R. A. and Stephens, C. (2006). Indigenous health in Latin America and the Caribbean. In *Indigenous Health* 367(3):1859-1869

Moser, M., Crawford, P. and Scott, F. (1996). *A Global Overview of Wetland Loss and Degradation.* Wetlands International, http://www.ramsar.org/about/about_wetland_loss.htm (last accessed 10 May 2007)

Mountain Partnership (2001). Did You Know? http://www.mountainpartnership.org/issues/resources/didyouknow.html (last accessed 22 April 2007)

Muir, D. C. G., Backus, S., Derocher, A. E., Dietz, R., Evans, T. J., Gabrielsen, G. W., Nagy, J., Norstrom, R. J., Sonne, C., Stirling, I., Taylor, M. K. and Letcher, J. J. (2006). Brominated flame retardants in Polar bears (*Ursus maritimus*) from Alaska, the Canadian Arctic, East Greenland, and Svalbard. In *Env. Sci. Tech.* 40:449-455

NASA (2006). *Ozone hole watch.* National Aeronautics and Space Administration. http://ozonewatch.gsfc.nasa.gov/index.html (last accessed 10 May 2007)

Naylor, R. L., Steinfeld, H., Falcon, W. P., Galloway, J., Smil, V., Bradford, E., Alder, J. and Mooney, H. A. (2005). Losing the links between livestock and land. In *Science* 310(5754):1621-1622

Nefedova, T. G. (2003). Selskaya Rossiya na pereput'e: geographicheslie ocherki (Rural Russia at a Cross-Roads: Geographical Essays). Novoe izdatelstvo, Moscow (in Russian)

New Agriculturalist (2005). Crisis What crisis? In *New Agriculturalist Online*, 1 November, http://www.new-agri.co.uk/05-6/focuson/focuson1.html (last accessed 1 June 2007)

New Scientist (2005). Antarctic ice sheet is an 'awakened giant'. In *NewScientist. com news service.* http://www.newscientist.com/article.ns?id=dn6962 (last accessed 1 June 2007)

NMA (2006). *Coal industry poised for national, global growth.* National Mining Association Press Releases, 14 July, http://www.nma.org/newsroom/press_releases. asp (last accessed 8 September)

NOAA (2006). *Human and economic indicators- Shishmaref.* National Oceanic and Atmospheric Administration. http://www.arctic.noaa.gov/detect/human-shishmaref. shtml (last accessed 1 June 2007)

Nowlan, L. (2001). *Arctic Legal Regime for Environmental Protection.* World Conservation Union (International Union for the Conservation of Nature and Natural Resources), Gland and International Council of Environmental Law, Bonn

Nowlan, L. (2005). *Buried Treasure: Groundwater Permitting and Pricing in Canada.*

West Coast Environmental Law and Sierra Legal Defence Fund http://www.sierralegal.org/reports/Buried_Treasure.pdf (last accessed 1 June 2007)

NRC (2006). *Toward an Integrated Arctic Observing Network.* Committee on Designing an Arctic Observing Network: National Research Council, Washington, DC

NRCan (2004). *Climate Change Impacts and Adaptation: A Canadian Perspective.* Climate Change Impacts and Adaptation, Natural Resources Canada, Ottawa http://adaptation.nrcan.gc.ca/perspective/index_e.php (last accessed 22 April 2007)

NRCan (2005). *Improving Energy Performance in Canada – Report to Parliament Under the Energy Efficiency Act For the Fiscal Year 2004-2005.* Natural Resources

Canada, Office of Energy Efficiency, Gatineau, QC http://oee.nrcan.gc.ca/Publications/statistics/parliament04-05/summary.cfm?attr=0 (last accessed 22 April 2007)

NRCS (1999). *Summary Report, 1997 National Resources Inventory, RevisedDecember 2000.* US Department of Agriculture, Natural Resources Conservation Service. http://www.nrcs.usda.gov/technical/NRI/1997/summary_report/table5. html (last accessed 1 June 2007)

NRCS (2003). *National Resources Inventory 2001 Annual NRI: Urbanization and Development of Rural Land.* US Department of Agriculture, Washington, DC http://www.nrcs.usda.gov/Technical/land/nri01/nri01dev.html (last accessed 1 June 2007)

NRCS (2005). *Conservation Innovation Grants.* US Department of Agriculture, Washington, DC http://www.nrcs.usda.gov/programs/cig/ (last accessed 1 June 2007)

NRM (2005). *Factsheet: Russian-Norwegian Seabird Collaboration.* Norwegian Polar Institute, Tromsø http://doksenter.svanhovd.no/faktaark/2005/Faktaark_Sjofugl_2005_ENG.pdf (last accessed 22 April 2007)

NSIDC (2006). *Arctic sea-ice extent.* National Snow and Ice Data Center News Release, 28 September 2005 ftp://sidads.colorado.edu/DATASETS/NOAA/G02135/Sep/N_09_area.txt (last accessed 15 May 2007)

OAPEC (2005). Arab Energy Data. Organization of Arab Petroleum Exporting Countries.http://www.oapecorg.org/images/DATA/ (last accessed 22 April 2007)

OECD (2004). *OECD Environmental Performance Reviews: Canada.* Organisation for Economic Co-operation and Development, Paris

OECD (2005). *OECD Environmental Performance Reviews: United States.* Organisation for Economic Co-operation and Development, Paris

OECD (2006a). Improving water management – Recent OECD Experience. In *OECD Policy Brief* February http://www.oecd.org/dataoecd/31/41/36216565.pdf (last accessed 1 June 2007)

OECD (2006b). *Environment Performance Reviews – Water: The Experience of OECD Countries.* Organisation for Economic Co-operation and Development, Paris http://www.oecd.org/dataoecd/18/47/36225960.pdf (last accessed 1 June 2007)

OECD and Republic of Armenia (2004). *Financing Strategy for Urban Wastewater Collection and Treatment infrastructure in Armenia.* Final Report prepared by State Committee of Water Economy and Ministry of Finance and Economy of the Republic of Armenia in cooperation with the EAP Task Force, Joint edition of OECD and Republic of Armenia, Yerevan

Office of the Governor (2006). Statement by Governer Schwarzenegger on historic agreement with legislature to combat global warming. *Press Release,* 30 August http://gov.ca.gov/index.php?/press-release/3722/ (last accessed 1 June 2007)

OLADE (2005). *Prospectiva energética de América Latina y el Caribe 2005.* Organización Latinoamericana de Energía, Quito

Oldeman, L.R., Hakkeling, R.T.A. and Sombroek, W.G. (1991). *World Map of the Status of Human-Induced Soil Degradation: A Brief Explanatory Note.* International Soil Reference Information Centre-ISRIC (currently called World Soil Information), Wageningen

Olson, D. M, Dinerstein, E., Wikramanayake, E.D., Burgess, N.D., Powell, G.V.N., Underwood, E.C., D'amico, J.A., Itoua, I., Strand, H.E., Morrison, J.C., Loucks, C.J., Allnutt, T.F., Ricketts, T.H., Kura, Y., Lamoreux, J.F., Wettengel, W.W., Hedao, P. and Kassem, K.R. (2001). Terrestrial Ecoregions of the World: A New Map of Life on Earth. BioScience 51:933-938Omar, S. A., Bhat, N. R., Shahid, S. A. and Asem, A. (2005). Land and vegetation degradation in war affected areas in the Sabah Al Ahmad Nature Reserve of Kuwait. A Case Study of Umm Ar Rimam. In *Journal of Arid Environments* 62:475-490

OPS (2005). Informe Regional sobre la Evaluación de los Servicios de Manejo de Residuos Sólidos Municipales en la Región de América Latina y el Caribe. Washington, DC

OPS (2006). Datos básicos de cobertura en agua potable y saneamiento para la región de las Américas. http://www.bvsde.paho.org/AyS2004/AguayS2004.html (last accessed 1 June 2007)

Otto, B., Ransel, K., Todd, J., Lovaas, D., Stutzman, H. and Bailey, J. (2002). *Paving Our Way to Water Shortages: How Sprawl Aggravates the Effects of Drought.* American Rivers, the Natural Resources Defense Council and Smart Growth America http://www.smartgrowthamerica.org/DroughtSprawlReport09.pdf (last accessed 1 June 2007)

Paredis, E., Lambrecht, J., Goeminne, G. and Vanhove, W. (2004). *Elaboration of the concept of 'ecological debt': VLIR-BVO project 2003.* Centre for Sustainable Development (CDO) – Ghent University, Ghent http://cdonet.ugent.be/noordzuid/onderzoek/ecological_debt/ (last accessed 1 June 2007)

Pendall, R., Martin, J. and Fulton, W. (2002). *Holding the Line: Urban Containment in the United States.* The Brookings Institution Center on Urban and Metropolitan Policy, Washington, DC

Peopleandplanet.net (2003). *People and Food and Agriculture: Production trends.* FactFile, 8 August, http://www.peopleandplanet.net/doc.php?id=344 (last accessed 22 April 2007)

Peters, C. (1996). Observation of sustainable exploitation of non-timber forest products. An ecologist's -perspective. In *Current Issues in Non-Timber Forest Products Research.* Centre for International Forestry Research, Bogor

Peters, C. (1997). Sustainable use of biodiversity: myths, realities and potential. In Grifo, F. and Rosenthal, J. (eds.). In *Biodiversity and human health.* Island Press, Washington, DC

Petersen, A., Zöckler , C. and Gunnarsdottir, M. V. (2004). *Circumpolar Biodiversity Monitoring Programme – Framework Document. CAFF CBMP Report No.1.* Conservation of Arctic Flora and Fauna International Secretariat, Akureyri

Pew Center on Global Climate Change (2006). Learning from state action on climate change. June 2006 update. In *Brief: Innovative Policy Solutions to Global Climate Change* http://www.pewclimate.org/docUploads (last accessed 1 June 2007)

Philippi, A., Soares Tenório, J.A. and Calderoni, S. (2002). In Leff, E., Ezcurra, E., Pisanty, I. and Romero-Lankau, P. (2002). *La Transición Hacia el Desarrollo Sustentable. Perspectivas de América Latina y El Caribe.* Instituto Nacional de Ecología, Universidad Autónoma Metropolitana and Programa de Naciones Unidas para el Medio Ambiente, México, DF

Pimentel, D. and Pimentel, M. (2004). Land, water and energy versus the ideal U.S. population. NPG (Negative Population Growth) Internet Forum Series, http://www.npg.org/forum_series/forum0205.html (last accessed 1 June 2007)

Plan Bleu (2005). *A Sustainable Future for the Mediterranean. The Blue Plan's Environment and Development Outlook.* Plan Bleu – Regional Activity Centre of UNEP/Mediterranean Action Plan, Valbonne and Earthscan, London

Polar View (2006). *Ice Edge Monitoring.* Global Monitoring for Environment and Security http://www.polarview.org/services/iem.htm (last accessed 11 May 2007)

Postel, S. (2005). Liquid Assets: *The Critical Need to Safeguard Freshwater Ecosystems.* Worldwatch Institute, Washington, DC

PNUMA (1999). "Evaluación sobre las fuentes terrestres y actividades que afectan al medio marino, costero y de aguas dulces asociadas en la región del Gran Caribe", in Informes y Estudios del Programa de Mares Regionales del PNUMA Nº 172, PNUMA/ Oficina de Coordinación del PAM/ Programa Ambiental del Caribe, Mexico, DF

PNUMA (2004). *Perspectivas del Medio Ambiente Urbano en América Latina y el Caribe.* Programa de las Naciones Unidas para el Medio Ambiente, México, DF

PERSGA (2003). *Regional Action Plan for the Conservation of Coral Reefs in the Red Sea and Gulf of Aden.* Technical Report Series No. 3. Protection of the Environment of the Red Sea and Gulf of Aden, Jeddah

PERSGA (2004). *Regional Action Plan for the Conservation of Mangroves in the Red Sea and Gulf of Aden.* Technical Report Series No.12. Protection of the Environment of the Red Sea and Gulf of Aden, Jeddah

PERSGA and GEF (2003). *Status of Mangroves in the Red Sea and Gulf of Aden.* Technical Report Series No. 11. Protection of the Environment of the Red Sea and Gulf of Aden, Jeddah

PPG7 (2004). *The Sustainable BR-163 Plan within the Framework of Government Policies for the Amazon Brasilia.* Pilot Program to Conserve the Brazilian Rain Forest, International Advisory Group (IAG), Report on the 21st Meeting, 26 July-6 August

Preen, A. (1989). *Dugongs.* Technical Report. Meteorological and Environmental Protection Administration, Jiddah

Price, A., and Robinson, H. (1993). The 1991 Gulf War: Coastal and marine environmental consequences. In *Marine Pollution Bulletin* 27

Prishchepov, A. V., Alcantara, P. C. and Radeloff, V. C. (2006). Monitoring agricultural land abandonment in Eastern Europe with multitemporal MODIS data products. Presented at *The 2006 Meeting of the Association of American Geographers,* 7-11 March 2006, Chicago, Illinois

Raad, T. and Kenworthy, J. (1998). The U.S. and Us: Canadian Cities are going the way of their U.S. Counterparts into car-dependent sprawl. In *Alternatives* 24(1):14-22

Reich, P. F., Numbem, S. T., Almaraz, R. A. and Eswaran, H. (2001). Land Resources Stresses and Desertification in Africa. In Bridges, E. M., Hannam, I. D., Oldeman, L. R., Pening de Vries, F. W. T., Scerr, S J. and Sompatpanit, S. (eds.) *Responses* to Land Degradation. Proc. 2nd International Conference on Land Degradation and *Desertification,* Khon Kaen. Oxford Press, New Dehli

Republic of Lebanon (2001). *Lebanon State of the Environment Report.* Ministry of the Environment, Beirut

RFA (2005). *Homegrown for the Homeland: Ethanol Industry Outlook 2005.* Renewable Fuels Association http://www.ethanolrfa.org/objects/pdf/outlook/outlook_2005.pdf (last accessed 17 May 2007)

Ribaudo, M. and Johansson, R. (2006). Water quality: impacts of agriculture. In Wiebe, K. and Gollehon, N. (eds.) *Agricultural Resources and Environmental Indicators, 2006 Edition.* US Department of Agriculture, Economic Research Service, Washington, DC

Ricketts, T. and Imhoff, M. (2003). Biodiversity, urban areas, and agriculture: locating priority ecoregions for conservation. In *Conservation Ecology* 8(2):1 http://www.consecol.org/vol8/iss2/art1/ (last accessed 1 June 2007)

RICYT (2003). Indicadores de ciencia y tecnología en Iberoamérica http://www.ricyt.org/interior/interior.asp?Nivel1=1&Nivel2=2&Idioma= (last accessed 26 June 2007)

Riegel, B. (2003). Climate change and coral reefs: different effects in two high latitude areas (Arabian Gulf, South Africa). In *Coral Reefs* 22:433-446

Rignot, E. and Kanagaratnam, P. (2006). Changes in the velocity structure of the Greenland Ice Sheet. In *Science* 311:986-990

Rignot, E., Cassasa, G., Gogineni, P., Krabill, W., Rivera, A. and Thomas, R. (2004). Accelerated discharge from the Antarctic Peninsula following the collapse of the Larsen B ice shelf. In *Geophysical Research Letters* 31

Robinson, W. D. (2005). Biodiversity and its health in urbanizing landscapes. In Emerging Issues Along Urban/Rural Interfaces: Linking Science And Society, 13-16 *March 2005,* Atlanta, GA

Rodriguez, J. P., Tatiana, G. and Dirzo, R. (2005). Diversitas y el reto de la conservación de la biodiversidad latinoamericana. In *Inci* 30(8):449-449

ROPME (2004). *State of the Marine Environment Report, 2003.* Regional Organization for the Protection of the Marine Environment of the sea area surrounded by Bahrain, I.R. Iran, Iraq, Kuwait, Oman, Qatar, Saudi Arabia and the United Arab Emirates, Kuwait

Rosa, H., Kandel, S., and Dimas, L. (2003). Compensation for environmental services and rural communities. PRISMA, San Salvador

Ruiz Marrero, C. (2005). *Water Privatization in Latin America.* Global Policy Forum. http://www.globalpolicy.org/socecon/gpg/2005/1018carmelo.htm (last accessed 10 May 2007)

Russian 3rd Nat. Comm. (2002). ТРЕТЬЕ НАЦИОНАЛЬНОЕ СООБЩЕНИЕ РОССИЙСКОЙ ФЕДЕРАЦИИ, Moscow http://unfccc.int/resource/docs/natc/rusncr3.pdf (last accessed 17 April 2007)

Saunders, S. and Maxwell, M. (2005). *Less Snow, Less Water: Climate Disruption in the West.* Rocky Mountain Climate Organization, Louisville, CO http://www.rockymountainclimate.org/website%20pictures/Less%20Snow%20Less%20Water.pdf (last accessed 1 June 2007)

Sawahel, W. (2004). Gulf's first wind power plant is opened. *SciDev.Net News,* 2 November, http://www.scidev.net/content/news/eng/gulfs-first-wind-power-plant-isopened. cfm (last accessed 1 June 2007)

Scambos, T. A., Bohlander, J. A., Shuman, C. A. and Skvarca, P. (2004). Glacier acceleration and thinning after ice shelf collapse in the Larsen B embayment, Antarctica. In *Geophysical Research Letters* 31

Schaefer, J. A. (2003). Long-term range recession and the persistence of caribou in the taiga. In *Conservation Biology* 17:1435-1439

Scheifler, R., Gauthier-Clerc, M., Le Bohec, C. and Crini, N. (2005). Mercury concentrations in King Penguin (*Aptenodytes patagonicus*) feather at Crozet Island (Sub-Antarctic): temporal trend between 1996-1974 and 2000-2001. In *Environmental Toxicology and Chemistry* 24:125

Scherr, S. J. and Yadav, S. (2001). Land degradation in the developing world: issues and policy options for 2020. In IFPRI (ed.) *The Unfinished Agenda: Perspectives on Overcoming Hunger, Poverty and Environmental Degradation.* International Food Policy Research Institute, Washington, DC

Schmidt, C. W. (2004). Sprawl: the new manifest destiny? In *Environmental Health Perspectives* 112(11):A620-A627

Schneider, C. G. and Hill, L. B. (2005). *Diesel and Health in America: The Lingering Threat.* Clean Air Task Force, Boston, MA http://www.catf.us/publications/reports/Diesel_Health_in_America.pdf (last accessed 1 June 2007)

Scholes, R. J. and Biggs, R. (eds.) (2004). *Ecosystems Services in Southern Africa: A Regional Assessment.* Council for Scientific and Industrial Reseach, Pretoria

Scott, D. A. (1998). *Global Overview of the Conservation of Migratory Arctic Breeding Birds outside the Arctic.* CAFF Technical Report No.4. Conservation of Arctic Flora and Fauna, Akureyri

Sea Around Us, 2006. A global database on marine fisheries and ecosystems. The Fisheries Centre, University British Columbia, Vancouver, BC http://www.seaaroundus.org (last accessed 10 May 2007)

Sedell, J. R., Bennett, K., Steedman, R., Foster, N., Ortuno, V., Campbell, S. and Achouri, M. (2002). Integrated Watershed Management Issues in North America. In *21st Session* of the North American Forestry Commission, Food and Agriculture Organization of the *United Nations, 22-26 October,* Kona, Hawaii www.fs.fed.us/global/nafc/2002/meeting_info/technical_papers/watershed.doc (last accessed 1 June 2007)

SEMARNAT (2002). ACUERDO por el que se establece como área de refugio para proteger a las especies de grandes ballenas de los subórdenes Mysticeti y Odontoceti, las zonas marinas que forman parte del territorio nacional y aquellas sobre las que la nación ejerce su soberanía y jurisdicción. Diario Oficial de la Federación. Viernes 24 de mayo de 2002. México, DF

SEPA (2004). *Report on the State of the Environment in China 2003.* State Environmental Protection Administration, Beijing http://www.sepa.gov.cn/plan/zkgb/2003 (in Chinese) (last accessed 22 April 2007)

SGN (2005). Smart Growth Network http://www.smartgrowth.org/sgn/default.asp (last accessed 22 April 2007)

Sgro, J. (2002). *Canada's Urban Strategy: A Blueprint for Action, Final Report, Prime Minister's Caucus Task Force on Urban Issues.* http://www.udiontario.com/reports/pdfs/UrbanTaskForce_0211.pdf (last accessed 24 April 2007)

Shepherd, A., Wingham, D. and Rignot, E. (2004). Warm ocean is eroding West Antarctic Ice Sheet. In *Geophysical Research Letters* 31

Sheppard, C. (2003). Predicted recurrence of mass coral mortality in the Indian Ocean. In *Nature* 425:294-297

Sheppard, C., Price, A. and Roberts, C. (1992). *Marine Ecology of the Arabian Region: Patterns and Processes in Extreme Tropical Environments.* Academic Press, London

Shiklomanov, I. A. (2004). Summary of the Monograph "World Water Resources at the Beginning of The 21st Century" Prepared in the Framework of IHP UNESCO. International Hydrological Programme, UNESCO, Paris

Shiklomanov, I. A. and Rodda, J. C. (2003). *World Water Resources at the Beginning of the 21st Century.* Cambridge University Press, Cambridge

Shorbagy, M. A. (1986). Desertification of rangeland in the Arab world: causes, indications, impacts and ways to combat. In *Journal of Agriculture and Water* 4:68-83 (ACSAD publication in Arabic)

Siddeek, M., Fouda, M. and Hermosa, G. (1999). Demersal fisheries of the Arabian Sea, the Gulf of Oman and the Arabian Gulf. In *Estuarine Coastal and Shelf Science* 49:87-97

Siegel, V. and Loeb, V. (1995). Recruitment of Antarctic krill *Euphasia Superba* and possible causes for its variability. In *Marine Ecology Progress Series* 123:45-56

Simms, A. (2005). Ecological Debt – the Health of the Planet and the Wealth of Nations. Pluto Books, London

Smith, G. (2005). Present day drought conditions in the Colorado River Basin. In 2005 Colorado River Symposium: Sharing the Risks: Shortage, Surplus, and Beyond, *28-30 September,* Santa Fe, NM http://www.cbrfc.noaa.gov/present/2005/GSmith_SantaFe.pdf (last accessed 22 April 2007)

Smith, R. (2003). Canada's freshwater resources: toward a national strategy for freshwater management. In *Water and the Future of Life on Earth: Workshop and Think Tank,* Simon Fraser University, Vancouver, BC http://www.sfu.ca/cstudies/science/water/pdf/Appendix_3.pdf (last accessed 22 April 2007)

Smol, J. P., Wolfe, A. P., Birks, H. J. B., Douglas, M. S. V., Jones, V. J., Korholai, A., Pienitz, R., Ruhlanda, K., Sorvarii, S., Antoniades, D., Brooks, S. J., Fallu, M-A., Hughes, M., Keatley, B. E., Laing, T. E., Michelutti, T., Nazarova, L., Nymani, M., Paterson, A. M., Perren, B., Quinlan, R., Rautio, R., Saulnier-Talbot, J. E., Siitonen, S., Solovieva, N. and Weckstrom, J. (2005). Climate-driven regime shifts in the biological communities of arctic lakes. *Proceedings of the National Academy of Sciences of the United States of America* 102:4397-4402

Sperling, D. and Kurani, K. (2003). Sustainable urban transport in the 21st Century: A new agenda. In *Transportation, Energy, and Environmental Policy: VIII Biennial Asilomar Conference Proceedings.* Transportation Research Board, Keck Center of the National Academies, Washington, DC

Stafford, L. (2005). Drought in the Horn of Africa. In *Geotime,* April 29, 2005 http://www.geotimes.org/apr05/WebExtra042905.html (last accessed 22 April 2007)

Stenhouse, I. J., Gilchrist, H. G., Mallory, M. L. and Robertson, G. J. (2006). Unsolicited Status report on Ivory Gull (Pagophila eburnea). Committee on the Status of Endangered Wildlife in Canada, Ottawa

Suresh, V. (2000). Sustainable development of water resources in urban areas. Proceedings 10th National Symposium on Hydrology, July 18-19, Central Soil and Materials Research Station, New Delhi

Surfrider Foundation (2005). Coastal A-Z. http://www.surfrider.org/a-z/index.asp (last accessed 11 May 2007)

Taylor, A., Bramley, M. and Winfield, M. (2005). *Government Spending on Canada's Oil and Gas Industry: Undermining Canada's Kyoto Commitment.* The Pembina Institute http://www.pembina.org/publications_item.asp?id=181 (last accessed 22 April 2007)

TEI (2006). *Thai Green Label Scheme.* Thailand Environment Institute, Nonthaburi http://www.tei.or.th/greenlabel/GL_home_main.htm (last accessed 11 May 2007)

Terazono, A., Moriguchi, Y., Yamamoto, Y. S., Sakai, S., Inanc, B., Yang, J., Siu, S., Shekdar, A. V., Lee, D-H., Idris, A. B., Magalang, A. A., Peralta, G. L., Lin, C-C., Vanapruk, P. and Mungcharoen, T. (2005). Waste management and recycling in Asia. In *International Review for Environmental Strategies* 5(2)

TerrAfrica (2004). *Terrafrica: Halting Land Degradation.* http://web.worldbank.org/WBSITE/EXTERNAL/COUNTRIES/AFRICAEXT0,,contentMDK:20221507~menuPK:258659~pagePK:146736~piPK:146830~theSitePK:258644,00.html (last accessed 11 May 2007)

The White House (2002). *Global Climate Change Policy Book.* http://www.whitehouse. gov/news/releases/2002/02/climatechange.html (last accessed 1 June 2007)

The White House (2005). *President Bush Signs into Law a National Energy Plan.* Office of the Press Secretary http://www.whitehouse.gov/news/releases/2005/08/20050808-4.html (last accessed 1 June 2007)

The White House (2006). President Bush delivers State of the Union Address. In *News and Policies,* 31 January

Theobald, D. (2005). Landscape patterns of exurban growth in the USA from 1980 to 2020. In *Ecology and Society* 10(1):32

Thomas, C. D., Cameron, A., Green, R. E., Bakkenes, M., Beaumont, L. J., Collingham, Y. C., Erasmus, B. F. N., Ferreira de Siqueira, M., Grainger, A., Hannah, L., Hughes, L., Huntley, B., van Jaarsveld, A.S., Midgley, G.F., Miles, L., Ortega-Huerta, M.A., Townsend Peterson, A., Phillips, O. L. and Williams, S.E. (2004). Extinction risk from climate change. In *Nature* 427(6970):145-148

Toledo, V.M. (2002). Ethnoecology: A conceptual framework for the study of indigenous knowledge of nature. In Stepp, J.R., Wyndham, F.S. and Zarger, R.S. (eds.) *Ethnobiology and Biocultural Diversity: Proceedings of the Seventh International Congress of Ethnobiology.* International Society of Ethnobiology, Athens, GA

Toledo, A. (2005). Marco conceptual: Caracterización ambiental del Golfo de México. In Botello, A.V., Rendón von Osten, J., Gold-Bouchot, G. and Agraz-Hernández C. (eds.). *Golfo de México. Contaminación e impacto ambiental: diagnóstico y tendencias. 2ª edición.* Universidad Autónoma de Campeche, Universidad Nacional Autónoma de

México, Instituto Nacional de Ecología, México, DF Toledo, V. M. and Castillo, A. (1999). La ecología en Latinoamérica: siete tesis para una ciencia pertinente en una región en crisis. In *Interciencia* 24(3):157-168

Tompkins, E.L. and Adger, W.N. (2003). *Building resilence to climate change through adaptive management of natural resources.* Working paper 27. Tyndall Center for Climate Change Research, Norwich

Torras, M. (2003). An ecological footprint approach to external debt relief. In *World Development* 31(12):2161-71

Tucker, C. J., Dregnc, H. F., and Newcomb, W. W. (1991). Expansion and contraction of the Sahara Desert from 1980 to 1990. In *Science* 253:299-301

UN (2005a). *The Millennium Development Goals Report 2005.* United Nations, New York, NY

UN (2005b). *The Millennium Development Goals in the Arab Regions*: 2005 Summary. United Nations, New York, NY

UNAMI (2005). *UN-Iraq Reconstruction and Development Update - August 2005.* United Nations Assistance Mission for Iraq

UNCC (2004). *Exhibits to the oral submissions of the State of Kuwait to the F4 Panel of Commissioners (Procedural Order No 3).* United Nations Compensation Commission, Governing Council http://www2.unog.ch/uncc/ (last accessed 1 June 2007)

UNCCD (2001). *Global Alarm: Dust and Sandstorms from the World's Drylands.* UN Convention to Combat Desertification, Bonn http://www.unccd.int/publicinfo/duststorms/part0-eng.pdf (last accessed 22 April 2007)

UNCCD Secretariat (2004). *The Secretary-General: Message on the World Day to Combat Desertification.* UNCCD Newsroom, 17 June http://www.unccd.int/publicinfo/statement/annan2004.php (last accessed 22 April 2007)

UNCTAD (2005). *El transporte maritime en 2005.* United Nations, New York and Geneva

UNDP (2001). *Human Development Report 2001.* United Nations Development Programme, New York, NY

UNDP (2004). *Arab Human Development Report 2004: Towards Freedom in the Arab World.* United Nations Development Programme, New York, NY

UNDP (2005a). *Sub-Saharan Africa – The Human Costs of the 2015 "Business-as-usual" scenario,* Human Development Report Office, United Nations Development Programme

UNDP (2005b). *The Waste Business.* United Nations Development Programme, New York, NY

UNDP (2005c). *Assessing Environment's Contribution to Poverty Reduction: Environment for the MDGs.* United Nations Development Programme, Poverty- Environment Partnership http://www.povertyenvironment.net/pep ?q=assessing_environment_s_contribution_to_ poverty_reduction (last accessed 1 June 2007)

UNDP (2006). *Human Development Report 2006: Beyond Scarcity: Power, Poverty and the Global Water Crisis.* United Nations Development Programme, New York, NY http://hdr.undp.org/hdr2006/pdfs/report/HDR06-complete.pdf (last accessed 22 April 2007)

UNECA(2000). *Transboundary River/Lake Basin Water Development in Africa: Prospects, Problems and Achievements.* ECA/RCID/052/00, United Nations Economic Commission for Africa, Addis Ababa http://www.uneca.org/publications/RCID/Transboundary_v2.PDF (last accessed 5 May 2007)

UNECA(2004). *Assessing Regional Integration in Africa.* Economic Commission for Africa, Addis Ababa

UNECE (2003a). *Kyiv Resolution on Biodiversity.* ECE/CEP/108, Fifth Ministerial Conference, Environment For Europe, Kiev, Ukraine, 21-23 May 2003

UNECE (2003b). *National report on the State of the Environment in Armenia in 2002.* United Nations Economic Commission for Europe, Yerevan http://www.unece.org/env/europe/monitoring/Armenia/ http://www.countdown2010.net/documents/biodiv_resolution_Kiev.pdf (last accessed 17 April 2007)

UNECE (2006a). Annual Bulletin of transport statistics for Europe and North America.

UN Economic Commission for Europe, Geneva

UNECE (2006b). Convention on Long-range Transboundary Air Pollution: Protocol on Heavy Metals. United Nations Economic Commission for Europe, Geneva http://www.unece.org/env/lrtap/hm_h1.htm (last accessed 1 June 2007)

UNECE-EMEP (n.d.). Official country reports to the Cooperative Programme forMonitoring and Evaluation of the Long-range Transmission of Air Pollutants in Europe (EMEP) of the United Nations Economic Commission for Europe http://www.emep. int/ (last accessed 20 June 2007)

UNCLAC (2002). *The sustainability of development in Latin America and the Caribbean: challenges and opportunities.* Economic Commission for Latin America and the Caribbean, Regional Office for the Latin America and the Caribbean, Santiago de Chile

UNEP (1992). *World Atlas of Desertification.* Edward Arnold, London

UNEP (1993). *Updated Scientific Report on the Environmental Effects of the Conflict Between Iraq and Kuwait.* United Nations Environment Programme, Nairobi

UNEP (1999). *Overview of Land-based Sources and Activities Affecting the Marine Environment in the ROPME Sea Area.* UNEP Regional Seas Reports and Studies No. 168. UNEP/GPA & ROPME, Nairobi

UNEP (2002a). *Global Environment Outlook 3: Past, Present and Future Perspectives.* Earthprint, Hertfordshire, England

UNEP (2002b). *Africa Environment Outlook: Past, Present and Future Perspectives.* EarthScan, London

UNEP (2002c). *Vital Waste Graphics.* United Nations Environment Programme. Basel Convention, GRID-Arendal, UNEP Division of Early Warning and Assessment-Europe), Arendal

UNEP (2003a). *Global Environment Outlook (GEO) – 3. Fact Sheet – Africa.* United Nations Environment Programme, http://www.unep.org/GEO/pdfs/GEO-3FactSheet-Africa.pdf (last accessed 1 June 2007)

UNEP (2003b). UNEP support to NEPAD: Period of Support 2004-2005. United Nations Environment Programme, Nairobi (unpublished report) http://www.un.org/africa/osaa/2005%20UN%20System%20support%20for%20NEPAD/UNEP.pdf (last accessed 10 May 2007)

UNEP (2003c). *Desk study on the Environment in the Occupied Palestinian Territories.* United Nations Environment Programme, Nairobi http://postconflict.unep.ch/publications/INF-31-WebOPT.pdf (last accessed 22 April 2007)

UNEP (2004a). *Freshwater in Europe. Facts, Figures and Maps.* UNEP-Division of Early Warning and Assessment, Office for Europe, Geneva http://www.grid.unep.ch/product/publication/freshwater_europe.php (last accessed 17 April 2007)

UNEP (2004b). *GEO Latin America and the Caribbean Environment Outlook 2003.* United Nations Environment Programme, Nairobi

UNEP (2005a). *After the Tsunami, Rapid Environmental Assessment.* United Nations Environment Programme, Nairobi http://www.unep.org/tsunami/tsunami_rpt.asp (last accessed 22 April 2007)

UNEP (2005b). *E-waste: the hidden side of IT equipment's manufacturing and use.* Early Warning of Emerging Environmental Threats, Issue 5. UNEP Division of Early Warning and Assessment GRID-Europe, Geneva

UNEP (2005c). *Assessment of Environmental "Hot Spots" in Iraq.* United Nations Environment Programme, Nairobi

UNEP (2006a). *Africa Environment Outlook 2: Our Environment, Our Wealth.* United Nations Environment Programme, Nairobi

UNEP (2006b). World Environment Day Factsheet. UNEP, Nairobi Africa

UNEP (2006c). *Asia-Pacific Lead Matrix.* Partnership for Clean Fuels and Vehicles, United Nations Environment Programme, Geneva http://www.unep.org/pcfv/PDF/LeadMatrix-Asia-Pacific-Jan07.pdf (last accessed 1 June 2007)

UNEP (2006d). The Regional Seas Programme, 2006. United Nations Environment Programme http://www.unep.org/regionalseas (last accessed 22 April 2007)

UNEP (2006e). *Assessment Reports on Priority Ecological Issues in Central Asia.* United Nations Environment Programme, Ashgabat

UNEP (2006f). *GEO Year Book 2006: An Overview of Our Changing Environment.* United Nations Environment Programme, Nairobi

UNEP (2006g). *The Crisis in Lebanon: Environmental Impact.* United Nations Environment Programme, Nairobi www.unep.org/Lebanon/ (last accessed 26 September 2006)

UNEP (2006h). *Situation Report #8, Environmental Issues Associated with the Conflict in Lebanon.* United Nations Environment Programme, Post-Conflict Branch, Nairobi

UNEP (2006i). *Marine and coastal ecosystems and human well-being: A synthesis report based on the findings of the Millennium Ecosystem Assessment.* DEW/0785/NA. United Nations Environment Programme, Nairobi

UNEP (2007a). *Central and Eastern Europe + Central Asia lead matrix.* Partnership for Clean Fuels and Vehicles, United Nations Environment Programme, Geneva http://www.unep.org/pcfv/PDF/MatrixCEELeadMarch07.pdf (last accessed 1 June 2007)

UNEP (2007b). *GEO Year Book 2007.* United Nations Environment Programme, Nairobi

UNEP (2007c). *Global Outlook for Ice and Snow.* United Nations Environment Programme, Nairobi

UNEP/DEWA/GRID-Europe (2006). *Gridded Population of the World version 3.* UNEP Division of Early Warning and Assessment GRID–Europe, Geneva

UNEP/GPA (2006a). *The State of the Marine Environment: Trends and Processes.*

UNEP Global Programme of Action for the Protection of the Marine Environment from Land-based Activities, The Hague

UNEP/GPA (2006b). *Implementation of the GPA at regional level: The role of regional seas conventions and their protocols.* UNEP-Global Programme of Action for the Protection of the Marine Environment from Land-based Activities, The Hague

UNEP, UNESCWA and CAMRE (2001). *World Summit on Sustainable Development. Progress Assessment Report for the Arab Region.* United Nations, New York, NY

UNEP-WCMC (2007). *World Conservation Monitoring Centre database* (in GEO Data Portal). Cambridge http://www.unep-wcmc.org/ (last accessed 4 June 2007)

UNEP/MAP (2005). *Mediterranean Strategy for Sustainable Development.* UNEPMediterranean Action Plan, Athens

UNEP/PCAU (2004). UNEP-Post Conflict Assessment Unit http://Postconflict.Unep.Ch/(last accessed 1 June 2007)

UNESCAP (2005a). *Asia-Pacific in Figures 2004.* Statistics Division, UN Economic and Social Commission for Asia and the Pacific, Bangkok

UNESCAP (2005b). *Review of the State of the Environment in Asia and the Pacific 2005.* UN Economic and Social Commission for Asia and the Pacific http://www.unescap.org/mced/documents/presession/english/SOMCED5_1E_SOE.pdf (last accessed 22 April 2007)

UNESCO (2003). Water quality indicator values in selected countries. In *The 1st UN World Water Development Report: Water for People, Water for Life.* United Nations Educational, Scientific and Cultural Organization, Paris http://www.unesco.org/bpi/wwdr/WWDR_chart2_eng.pdf (last accessed 24 April 2007)

UNESCWA (2001). *Strengthening Institutional Arrangements for the Implementation of Water Legislation and Improvement of Institutional Capacity.* Report No. E/UNESCWA/ ENR/2001/11, United Nations Economic and Social Commissions for Western Asia, New York, NY

UNESCWA (2003a). *Governance for Sustainable Development in the Arab Region: Institutions and Instruments for Moving Beyond an Environmental Management Culture.* United Nations Economic and Social Commissions for Western Asia, New York, NY

UNESCWA (2003b). *Sectoral Water Allocation Policies in Selected UNESCWA Member Countries: An Evaluation of the Economic, Social and Drought Related Impact.* Report No. E/UNESCWA/SDPD/2003/13. United Nations Economic and Social Commissions for Western Asia, New York, NY http://www.escwa.org.lb/information/publications/edit/upload/sdpd-03-13.pdf (last accessed 1 June 2007)

UNESCWA (2003c). *Updating the Assessment of Water Resources in UNESCWA Member Countries.* Report No. E/UNESCWA/ENR/1999/13. United Nations Economic and Social Commissions for Western Asia, New York, NY

UNESCWA (2004). *Survey of Economic and Social Developments in the UNESCWA Region 2002-2003.* United Nations Economic and Social Commissions for Western Asia, New York, NY

UNESCWA (2005). Integrated Water Resources Management in UNESCWA Member Countries (Draft Report in Arabic). United Nations Economic and Social Commissions for Western Asia, New York, NY

UNESCWA and API (2002). *Economic Diversification in the Arab World.* United Nations Economic and Social Commissions for Western Asia, New York, NY

UNESCWA, UNEP, LAS and OAPEC (2005). *Energy for sustainable development for the Arab region, a framework for action.* United Nations Economic and Social Commissions for Western Asia, New York, NY

UNFCCC-CDIAC (2006). Greenhouse Gases Database. United Nations Framework Convention on Climate Change, Carbon Dioxide Information Analysis Centre (in GEO Data Portal) http://unfccc.int/ghg_emissions_data/items/3800.php (last accessed 16 May 2007)

UN-HABITAT (2001). *The State of the World's Cities 2001.* United Nations Centre for Human Settlements (Habitat), Nairobi

UN-HABITAT (2003a). *Guide to Monitoring Target 11: Improving the Lives of 100 Million Slum Dwellers.* United Nations-Habitat, Nairobi http://www.povertyenvironment.net/?q=guide_to_monitoring_target_11_improving_the_lives_ of_100_million_slum_dwellers_2003 (last accessed 1 June 2007)

UN-HABITAT (2003b). *Observation of the Housing Sector.* United Nations-Habitat, Nairobi http://www.unhabitat.org/content.asp?cid=688&catid=203&typeid=13&subMenuld=0 (last accessed 1 June 2007)

UN-Habitat (2006). *State of the World's Cities 2006/7.* United Nations-Habitat, Nairobi

UNHCR (2005). *2004 Global Refugee Trends.* Population and Geographical Data Section, Division of Operational Support, United Nations High Commission for Refugees, Geneva

Unisys Corp. (2005). *Atlantic Hurricane Database.* Atlantic Oceanographic and Meteorological Laboratory, US National Oceanic and Atmospheric Administration http://weather.unisys.com/hurricane/atlantic/1987/index.html (last accessed 10 May 2007)

Universidad de Chile (2006). *Estado del Medio Ambiente en Chile 2005.* Informe país. GEO Chile. Universidad de Chile, Centro de Análisis de Políticas Públicas, Santiago

University of Cambridge (2005). *Large Ozone Losses over the Arctic.* University of Cambridge, Cambridge http://www.admin.cam.ac.uk/news/press/dpp/2005042601 (last accessed 22 April 2007)

UNPD (2003). *World Urbanization Prospects: The 2003 Revision Population Database.* United Nations Population Division, Economics and Social Affairs, New York, NY

UNPD (2005). *World Urbanisation Prospects: The 2005 Revision* (in GEO Data Portal). UN Population Division, New York, NY http://www.un.org/esa/population/unpop. htm (last accessed 4 June 2007)

UNPD (2007). *World Population Prospects: The 2006 Revision* (in GEO Data Portal). UN Population Division, New York, NY http://www.un.org/esa/population/unpop. htm (last accessed 4 June 2007)

UNRWA (2005). *Total Registered Refugees per Country and Area*. United Nations Relief and Works Agency for Palestine Refugees in the Near East http://www.un.org/unrwa/publications/pdf/rr_countryandarea.pdf (last accessed 16 May 2007)

UNU (2002). INWEH leads project to reduce blue baby syndrome in Syria. *UNU* Update: The newsletter of United Nations University and its network of research and *training centres and programmes* 14 http://update.unu.edu/archive/issue14_6.htm (last accessed 22 April 2007)

UNSD (2005). *UN Statistics Division Transport Statistics Database, UN Statistical Yearbook*. United Nations, New York, NY (in GEO Data Portal)

USEIA (2005a). *Annual Energy Review 2004*. US Department of Energy, Energy Information Administration, Washington, DC http://www.eia.doe.gov/emeu/aer/contents.html (last accessed 21 April 2007)

USEIA (2005b). *Country Analysis Briefs: Canada*. US Department of Energy, Energy Information Administration http://www.eia.doe.gov/emeu/cabs/canada.html (last accessed 21 April 2007)

USEIA (2006a). *International Energy Outlook, 2006*. Energy Information Administration, Office of Integrated Analysis and Forecasting, US Department of Energy, Washington, DC http://www.eia.doe.gov/oiaf/ieo/pdf/0484(2006).pdf (last accessed 10 May 2007)

USEIA (2006b). *Emissions of Greenhouse Gases in the United States 2005*. US Department of Energy, Energy Information Administration ftp://ftp.eia.doe.gov/pub/oiaf/1605/cdrom/pdf/ggrpt/057305.pdf (last accessed 21 April 2007)

USEPA (2000). *National Water Quality Inventory*. http://www.epa.gov/305b/2000report/ (last accessed 5 May 2007)

USEPA (2002). *Index of Watershed Indicators: An Overview*. US Environmental Protection Agency http://www.epa.gov/iwi/iwi-overview.pdf (last accessed 17 April 2007)

USEPA (2003). *Draft Report on the Environment*. US Environmental Protection Agency, Environmental Indicators Initiative http://www.epa.gov/indicators/roe/html/roePDF.htm (last accessed 5 May 2007)

USEPA (2004). *Smart Growth*. US Environmental Protection Agency http://www.epa.gov/smartgrowth/index.htm (last accessed 5 May 2007)

USEPA (2005a). *Acid Rain Program 2004 Progress Report*. US Environmental Protection Agency, Clean Air Markets Division, Office of Air and Radiation http://www.epa.gov/airmarkets/progress/docs/2004report.pdf (last accessed 17 May 2007)

USEPA (2005b). USEPA Announces New Rules that Will Further Improve and Protect Drinking Water. US Environmental Protection Agency http://yosemite.epa.gov/opa/admpress.nsf/d9bf8d9315e942578525701c005e573c/7b40d09f9a90e02f852570 d80066e978!OpenDocument (last accessed 5 March 2007)

USEPA (2006a). *Energy Star Overview of 2005 Achievments*. US Environmental Protection Agency, http://www.epa.gov/appdstar/pdf/CPPD2005.pdf (last accessed 24 April 2007)

USEPA (2006b). *Draft Wadeable Streams Assessment: A Collaborative Survey of the Nation's Streams*. US Environmental Protection Agency, Office of Water, Washington, DC http://www.cpcb.ku.edu/datalibrary/assets/library/projectreports/WSAEPAreport.pdf (last accessed 20 June 2007)

USGS (2000). *US Geological Survey World Petroleum Assessment 2000 – Description and Results*. United States Geological Survey, Washington, DC

USGS (2005a). *Distance to Nearest Road in the Conterminous United States*. Fact Sheet 2005-3011. US Geological Survey, Washington, DC http://www.fort.usgs.gov/products/publications/21426/21426.pdf (last accessed 1 June 2007)

USGS (2005b). *Coastal-Change and Glaciological Maps of Antarctica*. Fact Sheet FS 2005-3055. US Geological Survey, Washington, DC http://pubs.usgs.gov/fs/2005/3055/ (last accessed 1 June 2007)

US Mayors (2005). Adopted resolution reported out of the Standing Committees. In *73rd Annual US Conference of Mayors, 10-14 June*, Chicago, IL http://www.usmayors.org/uscm/resolutions/73rd_conference/resolutions_adopted_2005.pdf (last accessed 1 June 2007)

Vázquez-Botello, A., Rendón von Osten, J., Gold-Bouchot, G. and Agraz-Hernández, C. (2005). *Golfo de México. Contaminación e impacto ambiental: diagnóstico y tendencias*. 2ª edición. Universidad Autónoma de Campeche, Universidad Nacional Autónoma de México, Instituto Nacional de Ecología

Velicogna, I. and Wahr, J. (2006). Measurements of time-variable gravity show mass loss in Antarctica. In *Science* 311:1754-1756

Venema, H. D. (2006). *From Cumulative Threats to Integrated Responses: A Review of Ag-Water Policy Issues in Prairie Canada*. International Institute for Sustainable Development, Winnipeg, MB

Venetoulis, J. and Talberth, J. (2005). *Ecological Footprint of Nations: 2005 Update*. Redefining Progress, Oakland CA http://www.ecologicalfootprint.org/pdf/Footprint%20of%20Nations%202005.pdf (last accessed 10 May 2007)

Vestreng, V., Breivik, K., Adams, M., Wagener, A., Goodwin, J., Rozovskkaya, O. and Pacyna, J. M. (2005). Inventory Review 2005, Emission Data reported to LRTAP Convention and NEC Directive, Initial review of HMs and POPs. UNECE-EMEP Technical report MSC-W 1/2005. Meteorological Synthesising Centre-West, Norwegian Meteorological Institute, Oslo http://www.emep.int/ (last accessed 20 June 2007)

Vistnes, I. and Nellemann, C. (2001). Avoidance of cabins, roads and powerlines by reindeer during calving. In *Journal of Wildlife Management* 65:915-925

Wang Shu-cheng (2005). Report on water saving, protecting and reasonable utilization. Address at: The 13th *Session of the Standing Committee of the 10th National People's Congress of the People's Republic of China* http://www.mwr.gov.cn/bzzs/20050124/50676.asp 2005-7-16 (in Chinese) (last accessed 10 May 2007)

WBCSD (2005). *Facts and Trends: Water*. World Business Council for Sustainable Development, Geneva http://www.wbcsd.org/web/publications/Water_facts_and_trends.pdf (last accessed 1 June 2007)

WCED (1987). *Our Common Future: The World Commission on Environment and Development*. Oxford University Press, Oxford

WCRP (2006). *Summary Statement from the World Climate Research Programme Workshop: Understanding Sea-level Rise and Variability*. World Climate Research Programme, 6-9 June 2006. IOC/United Nations Educational, Scientific and Cultural Organization, Paris http://copes.ipsl.jussieu.fr/Workshops/SeaLevel/Reports/Summary_Statement_2006_1004.pdf (last accessed 22 April 2007)

Wear, D. N. (2005). Forest Sustainability along Rural Urban Interfaces. In *Emerging Issues Along Urban/Rural Interfaces: Linking Science And Society*, 13-16 March 2005, Atlanta, GA http://www.urbanforestrysouth.org/Resources/Library/copy5_of_Citation.2005-04-28.5241/ (last accessed 24 April 2007)

Webster, P. J., Holland, G. J., Curry, J. A. and Chang, H.-R. (2005). Changes in tropical cyclone number, duration, and intensity in a warming environment. In *Science* 309(5742):1844-1846

Weinthal, E., Vengosh A., Gutierrez A. and Kloppmann, W. (2005). The water crises in Gaza Strip: prospects for resolution. In *Ground Water* 43:653-660

WFP (2005). 2004 Food Aid Flows, International Food Aid Information System (INTERFAIS). In *Food Aid Monitor* May 2005 http://www.wfp.org/interfais/index. htm (last accessed 22 April 2007)

WHO (2000a). *Guidelines for Air Quality*. WHO/SDE/OEH/00.02. World Health Organization, Geneva http://whqlibdoc.who.int/hq/2000/WHO_SDE_OEH_00.02_pp1-104.pdf (last accessed 1 June 2007)

WHO (2000b). World Health Organization: Preparation of WHO water quality guidelines for desalination - A Preliminary Note (Unpublished Report)

WHO (2006). *CDC Dengue Map: Distribution of* Aedes aegypti *in the Americas*. CDC Division of Vector-Borne Infectious Diseases (DVBID), World Health Organization, Geneva

WHO (2007). Children's health and the environment in Europe: a baseline assessment. World Health Organization Regional Office for Europe, Copenhagen (in press)

WHO and UNICEF (2006). *MDG Drinking Water and Sanitation Target: Assessment Report 2006*. World Health Organization, Geneva and United Nations Children's Fund, New York, NY (in GEO Data Portal)

Wie, H. (2005). Landmines in Lebanon: An historic overview and the current situation. In *Journal of Mine Action* October

Wilkinson, C. (ed.) (2000). *Status of Coral Reefs of the World: 2000*. Australian Institute of Marine Science, http://www.aims.gov.au/pages/research/coralbleaching/ scr2000/scr-00.html (last accessed 1 June 2007)

Wilkinson, C. (ed.) (2004). *Status of Coral Reefs of the World: 2004*. Australian Institute of Marine Science, Townsville http://www.aims.gov.au/pages/research/coral-bleaching/scr2004/index.html (last accessed 1 May 2007)

Winchester, L. (2005). Sustainable human settlements development in Latin America and the Caribbean. In *Medio Ambiente y Desarrollo No. 99*, February. Sustainable Development and Human Settlements Division, UNCLAC, Santiago de Chile

WMO and UNEP (2006). *Executive Summary- Scientific Assessment of Ozone Depletion: 2006*. World Meteorological Organization/United Nations Environment Programme, Geneva/Nairobi http://www.wmo.ch/web/arep/reports/ozone_2006/exec_sum_18aug.pdf (last accessed 22 April 2007)

Wood, S., Sebastian, K. and Scherr, S. (2000). *Pilot Analysis of Global Ecosystems (PAGE)*. Agroecosystems Technical Report. World Resources Institute, Washington, DC

Wood, D. B. (2005). More tests, more closed shores. *Christian Science Monitor*, 9 August http://www.csmonitor.com/2005/0809/p01s01-usgn.html (last accessed 1 June 2007)

World Bank (1999). *What a Waste: Solid Waste Management in Asia*. Urban Development Sector Unit, East Asia and Pacific Region, The World Bank, Washington, DC http://siteresources.worldbank.org/INTEAPREGTOPURBDEV/Resources/whatawaste.pdf (last accessed 1 June 2007)

World Bank (2002a). *Philippines Environment Monitor 2002*. The World Bank, Washington, DC

World Bank (2002b). *Thailand Environment Monitor 2002*. The World Bank, Washington, DC

World Bank (2002c). *Environment Matters at the World Bank: Annual Review*. The World Bank, Washington, DC

World Bank (2002d). *The Environment and the Millennium Development Goals*. The World Bank, Washington, DC

World Bank (2003a). *The science of health impacts of particulate matter*. South Asia Urban Air Quality Management Briefing Note: Note no. 9. The World Bank, Washington, DC

World Bank (2003b). *Jobs, Growth and Governance in the Countries of West Asia: Unlocking the Potential for Prosperity*. The World Bank, Washington, DC http://lnweb18.worldbank.org/mna/mena.nsf/Attachments/Integrative+Report+-+English/$File/intergrativepaper.pdf (last accessed 1 June 2007)

World Bank (2004a). *Cost of Environmental Degradation — The Case of Lebanon and Tunisia*. The World Bank, Washington, DC

World Bank (2004b). *Four Years – Intifada, Closures and Palestinian Economic Crisis: An Assessment*. The World Bank, Washington, DC

World Bank (2005a). *World Development Indicators 2005*. The World Bank, Washington, DC

World Bank (2005b). *Middle East and North Africa Economic Developments and Prospects 2005, Oil Booms and Revenue Management*. The World Bank, Washington, DC http://web.worldbank.org/WBSITE/EXTERNAL/COUNTRIES/MENAEXT/0,,contentMDK:20449345~pagePK:146736~piPK:226340~theSitePK:256299,00.html (last accessed 1 June 2007)

World Bank (2005c). *Poverty in MENA, Sector Brief*. The World Bank, Washington, DC http://siteresources.worldbank.org/INTMNAREGTOPPOVRED/Resources/POVERTYENG2006AM.pdf (last accessed 1 June 2007)

World Bank (2006). *World Development Indicators 2006*. The World Bank, Washington, DC (in GEO Data Portal)

World Bank/METAP (2003). Regional Solid Waste Management Project in METAP Mashreq and Maghreb Countries, Inception Report (Final Version). Mediterranean Environmental Technical Assistance Program http://lnweb18.worldbank.org/mna/mena.nsf/METAP+Documents/062332B943F17C8685256CD90013EF8A?OpenDocument (last accessed 1 June 2007)

Woynillowicz, D., Severson-Baker, C. and Raynolds, M. (2005). *Oil Sands Fever: The Environmental Implications of Canada's Oil Sands Rush*. The Pembina Institute, Drayton Valley, AB http://www.oilsandswatch.org/pub/203 (last accessed 1 June 2007)

WSSCC (2006). *Partnerships in Action*. Water Supply and Sanitation Collaborative Council http://www.wash-cc.org/ (last accessed 1 June 2007)

WRI (1995). *World Resources 1994-1995: People and the environment, resource consumption, population growth and women*. World Resources Institute, in collaboration with United Nations Environment Programme and United Nations Development Programme. Oxford University Press, New York, NY

WRI (2000). *World Resources 2000-2001: People and Ecosystems, The Fraying Web of Life*. World Resources Institute, in collaboration with United Nations Development Programme, United Nations Environment Programme and The World Bank, Washington, DC

Wunder, S. (2001). Poverty alleviation and tropical forests – what scope for synergies? In *World Development* 29(11):1817-33

WWF (2005). *An Overview of Glaciers, Glacier Retreat, and Subsequent Impacts in Nepal, India and China*. World Wide Fund for Nature Nepal Program http://assets. panda.org/downloads/himalayaglaciersreport2005.pdf (last accessed 22 April 2007)

WWF (2006a). *Living Planet Report*. World Wide Fund for Nature, Gland http://assets.panda.org/downloads/living_planet_report.pdf (last accessed 4 June 2007)

WWF (2006b). *Paraguay: Zero Deforestation Law contributes significantly to the conservation of the Upper Parana Atlantic Forest*. World Wide Fund for Nature, Gland http://assets.panda.org/downloads/final_fact_sheet_eng_llp_event_asuncion_aug_30__2006.pdf (last accessed 4 June 2007)

Yefremov, D.F. and Shvidenko, A.Z. (2004). Long-terms Environmental Impact of Catastrophic Forest Fires in Russia's Far East and their Contribution to Global Processes. In *International Forest Fire News*. No. 32. 2004:43-39 http://www.fire.uni-freiburg.de/iffn/iffn_32/06-Yefremov.pdf (last accessed 17 April 2007)

环境变化的人文因素

很多人，无论是以个人行动还是集体行动的方式，

常常在无意识的情况下，

改善自身福祉的同时却给他人带来了不利影响。

这种不利影响来自于环境变化，

即通过生物物理和社会进程在不同规模和

不同地理区域之间的环境变化。

第7章

人类的脆弱性与环境：挑战与机遇

重要合作作者： Jill Jäger, Marcel T.J. Kok

主要作者： Jennifer Clare Mohamed-Katerere, Sylvia I. Karlsson, Matthias K.B. Lüdeke, Geoffrey D. Dabelko, Frank Thomalla, Indra de Soysa, Munyaradzi Chenje, Richard Filcak, Liza Koshy, Marybeth Long Martello, Vikrom Mathur, Ana Rosa Moreno, Vishal Narain, Diana Sietz

其他作者： Dhari Naser Al-Ajmi, Katrina Callister, Thierry De Oliveira, Norberto Fernandez, Des Gasper, Silvia Giada, Alexander Gorobets, Henk Hilderink, Rekha Krishnan, Alexander Lopez, Annet Nakyeyune, Alvaro Ponce, Sophie Strasser, Steven Wonink

纪念 Gerhard Petschel-Held

本章编审： Katharina Thywissen

本章协调人： Munyaradzi Chenje

致谢：Munyaradzi Chenje

主要内容

脆弱性与暴露、对影响的敏感及有无能力应付或适应息息相关，需要以全球视野从人口变化、贫困类型、健康、全球化、冲突以及管理等方面来看待这个问题，本章将具体分析具有代表性的环境及社会经济变化脆弱性的类型，它构成了我们压力相互作用的基础。本章揭示了在保护环境的同时，降低脆弱性和提高人类福祉的机遇。

过去 20 多年来，人类福祉已经有了极大提高，然而，全世界各地区还有 10 亿多穷人，他们缺少必要的服务，使得他们容易受到环境和社会经济变化的影响。许多国家无法实现联合国千年发展目标确定的2015年目标，但是，解决脆弱性问题为实现这些目标创造了机遇。

对脆弱性类型的分析表明，对不同的人群来说，风险分布是不平衡的。最脆弱的人群包括发展中国家和发达国家中的穷人、土著人、妇女和儿童。

提高人类福祉是发展的中心——在某种程度上说，人们有能力过他们所希望过的生活，并有发挥他们潜能的机遇。这从道德上讲是必要的，而且是人权的一个重要方面，必须降低脆弱性，实现环境的可持续利用。

收入分配更公平、更容易获得医疗的那些国家，平均寿命和人均健康支出有了很大提高，儿童死亡率大幅下降。然而，富裕、用户至上主义以及相对贫困导致了许多富裕社会的健康问题，这一点有些反常。

国际贸易增加了人们的收入，帮助数以百万计的人摆脱了贫困，但也带来了消费方式持续的不平衡。榨取发展中国家的自然资源以及向发展中国家转移生产和制造，意味着他们必须解决所产生的危险废弃物和其他环境影响。

冲突、暴力和迫害常常导致大量平民迁移，迫使数以百万计的人进入本国和外国生态系统贫瘠和经济状况不发达的地区。这破坏了社会和国家可持续生计和经济发展的能力，有时这种破坏会持续几十年。它们造成的贫困常常与自然资源的匮乏或下降有关，直接导致人类福祉水平低下以及脆弱性水平居高。

由于气候变化和诸如破坏保护海岸不受浪潮侵袭的红树林等行为，人类遭受越来越多的自然灾害。由于人类越来越集中生活在暴露程度高的地区，风险也增加了。在过去 20 多年里，自然灾害每年夺去 150 万人的生命，影响 2 亿多人。遭受自然灾害的人口中，90% 的人生活在发展中国家；因自然灾害而死亡的人中，一半以上发生在人类发展指数偏低的国家。国家社会保护计划减少、非官方的安全网络遭到破坏、基础设施缺乏或没有得到很好维护、慢性病以及冲突等削弱了这些国家的适应能力。

如果要改变易于受到环境及社会经济变化影响这种局面，就必须解决所有国家的贫困问题。虽然许多国家总体来说是富裕的，但相对贫困也在增加。人们不断得到改善的家庭层次资产（收入、食品、饮用水、住所、衣服、能源、自然和财政资源）和社会层次资产（物质和服务基础设施），有助于打破贫困、脆弱性和环境下降这种循环。这意味着现在贫困并不代表着一直贫困。

要实现可持续发展，必须从整体上进行管

理，即从本地扩大至全球层面，制定决策应跨部门、着眼长远。过去20年来，管理变得越来越多层面，相互影响和相互依赖程度越来越高。地方政府、社会团体以及其他非政府组织越来越广泛地参与国际合作，这有助于根据当地脆弱性的经验，更好地制定全球政策。

综合考虑发展、健康和环境政策为我们提供了机遇，因为健康和教育是人力资本的基石。继续扩大投资仍然是提高对环境和其他变化适应能力的关键所在。虽然五岁以下儿童死亡率已经大幅下降，但各地区仍然存在很大差别。

提高妇女的能力不仅有助于广泛实现公平和公正的目标，而且还会产生较好的经济、环境和社会意义。实践证明，专门针对妇女的财政计划能够带来高于常规的回报。接受更好的教育可以提高母亲的健康，从而为下一代创造一个更好的起点。消除农村和城市的妇女贫困成为解决环境和健康问题战略的中心。

开展环境合作可以促进可持续的资源利用及实现国家内部和国家之间的公平，它是创造和平的有效途径。对合作的投资就是对未来的投资，因为无论是环境资源的缺乏还是充裕，都可能加剧目前的紧张局势，造成各集团之间的冲突，尤其是在无法有效和公平规范对资源控制权的竞争的社会里更是如此。

必须提高政府发展援助，以实现国民总收入（GNI）0.7%的全球目标。如果发展中国家要发展它们的经济，提高它们适应环境和社会经济变化的能力，就必须扭转对农业和基础设施投入减少的局面。使国际贸易更加公平，在国际贸易中考虑环境，也能提高这种适应能力。

在全球范围内，利用科学技术降低脆弱性的潜力分布很不均匀。开展合作、增加投资可以改善这一局面。然而，科学技术无疑也会增加人类和环境所面临的风险，尤其是通过引起环境变化所带来的风险。

改善人类福祉和降低环境、发展和人权方面的脆弱性之间具有很强的协同性。呼吁采取行动保护环境必须将重点放在改善人类福祉上，它也强调了政府履行当前国内和国际义务的重要性。

引言

环境状况、人类福祉与脆弱性之间有很强的因果关系。了解环境和非环境变化对人类福祉和脆弱性的影响，是应对改善人类福祉的同时，也保护好环境所面临的挑战并抓住这个机遇至关重要的基础。

遥远的行动常常会引起脆弱性，这体现出全球相互依赖性。就脆弱性而言，本章将分析当前有关减轻、应对和适应能力的政策怎样使环境政策促进国际发展目标，尤其是联合国千年发展目标。这种分析还评估环境管理是否与其他相关政策领域（如消除贫困、健康、科学、技术和贸易等）密切相关。它强调必须将环境纳入这些领域的主流，以降低脆弱性。它为制定降低脆弱性、提高人类福祉的决策提供了战略方向（见第 10 章）。

正如布伦特兰委员会在《我们共同的未来》一书中所阐述的，“更认真、更敏锐地考虑他们（脆弱人群）的利益是可持续发展政策的检验标准”（WCED 1987）。这里应用的脆弱性方法（专栏 7.1）揭示了由于可获得的资源（如食品和饮用水）的减少，对人类福祉所产生的严重负面效果的潜在可能性，这种潜在的可能性存在一种极限，超出这种极限，健康和生存就会受到严重威胁。环境和社会经济变化脆弱性的类型，称为“原始模型”（archetypes），它描述了这些变化对人类福祉产生的影响。

专栏 7.1 脆弱性概念

脆弱性是人类面临风险的内在特性，它是多因素、多学科、跨部门和动态的，这里将它定义为暴露的函数，对影响的敏感性及有否应对或适应的能力。暴露可以是危害暴露，如干旱、冲突或极端价格波动等，也可以是社会经济、制度和环境状况暴露。这些影响不仅取决于暴露，而且取决于特定暴露单位的敏感性（如流域、岛屿、家庭、村庄、城市或国家）以及应对或适应的能力。

脆弱性分析广泛应用于众多国际组织的工作中以及有关消除贫困、可持续发展和人道主义援助组织的研究项目中，这些组织包括：联合国粮食与农业组织、红十字会、红新月会、联合国开发计划署、联合国环境规划署和世界银行。他们所开展的工作帮助确定最可能因环境和/或人为变化而受到影响的地方、人口和生态系统，分析潜在的原因。它还可以用于为决策者就怎样降低脆弱性和应对变化提出政策相关的建议。

脆弱性的概念是传统的风险分析的重要延伸，风险分析主要强调了自然灾害。脆弱性已经成为食品安全隐患、贫困、生计和气候变化研究的主要方面。早期的研究倾向于将脆弱人群和社区看成环境和社会经济风险受害者，而最近的工作越来越强调受影响程度不同的人群预测和应对风险的能力，以及恢复力和应对变化的制度能力。

补充的恢复力概念已被应用于分析一个系统在发生扰动后恢复到参考状况的能力，以及尽管发生了扰动，这个系统仍保持某种结构和功能的能力。如果扰动超过这种恢复力，就可能发生崩溃。

来源：Bankoff 2001, Birkmann 2006, Blaikie and others 1994, Boble, Downing and Watts 1994, Chambers 1989, Chambers and Conway 1992, Clark and others 1998, Diamond 2004, Downing 2000, Downing and Patwardban 2003, Hewitt 1983, Holling 1973, Kasperson and others 2005, Klein and Nicbolls 1999, Pimm 1984, Prowse 2003, Watts and Boble 1993, Wisner and others 2004

全球意义的脆弱性

众多因素构成了人类和环境的脆弱性，包括贫困，健康，全球化、贸易和援助，冲突，变化中的管理层面，科学与技术等。

贫困

贫困（见第 1 章）降低了个体对环境变化作出反应和适应的能力。虽然公认的造成贫困的因素有很多，但收入和消费仍然是最常用的尺度。大多数区域在实现第一个千年发展目标中的减少极端贫困和饥饿方面取得了进展（图 7.1），然而，很多地区无法实现 2015 年（减少贫困）目标。在发展中国家，极端贫困人口比例（每天生活费用少于1美元），从1990年的28%降至2002年的19%。实际人数从12亿减少至2002年的刚过 10 亿（World Bank 2006）。虽然世界上缺乏足够食品来满足其日常需求的人口比例已经下降，但是，1995—2003 年，实际贫困人数却有所增加（UN 2006），约8.24亿人处于长期饥饿中。在这期间，中国和印度人口的持续增长使亚洲的极端贫困人口比例大幅度下降（Dollar 2004，Chen 和 Ravallion 2004）。虽然贫富差距仍然很突出，包括在欧洲和中亚一些经济转型国家，但是，经济增长并不一定会消除贫困（WRI

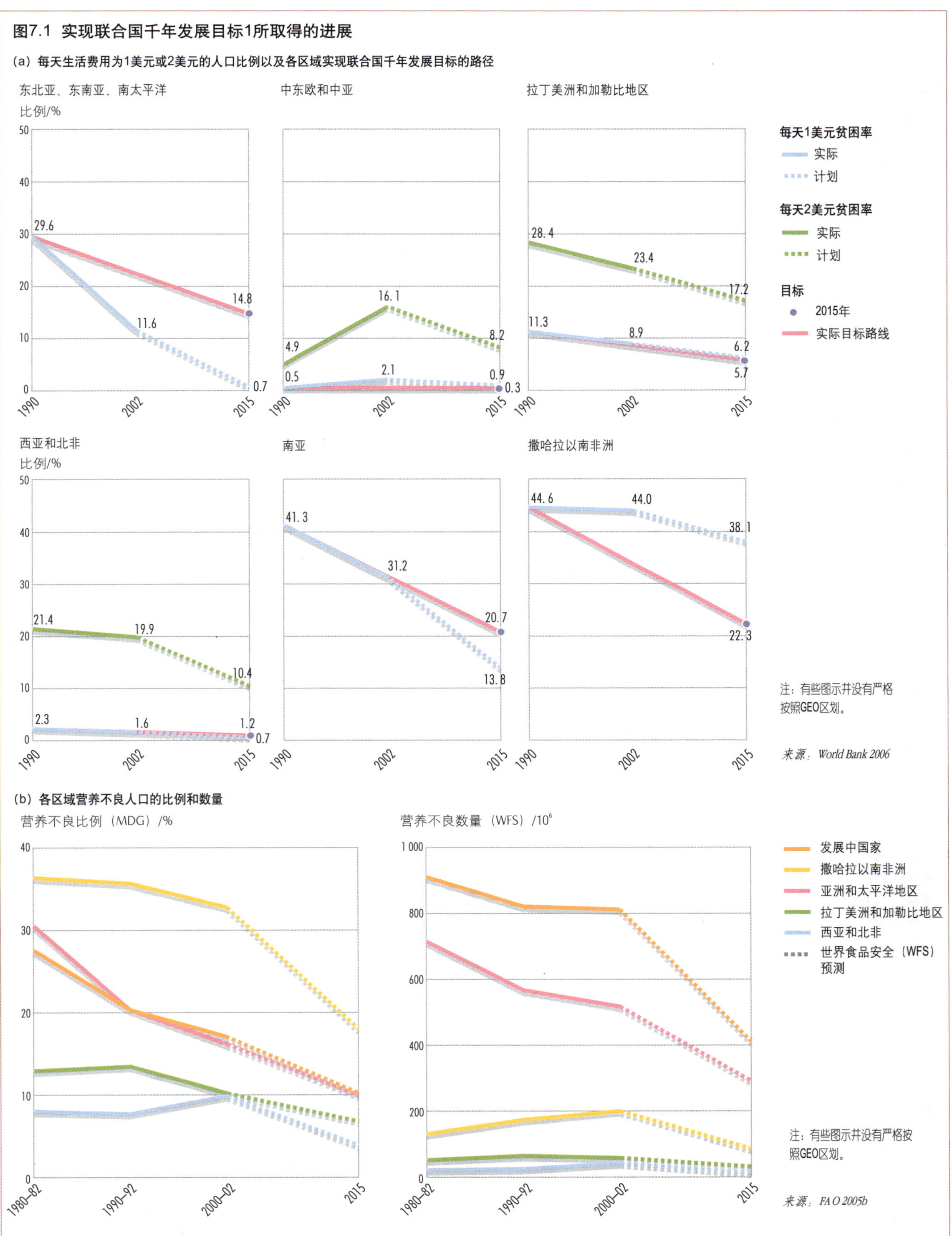

图7.1 实现联合国千年发展目标1所取得的进展
(a) 每天生活费用为1美元或2美元的人口比例以及各区域实现联合国千年发展目标的路径
东北亚、东南亚、南太平洋
比例/%
29.6
14.8
11.6
0.7
中东欧和中亚
16.1
8.2
4.9
0.5
2.1
0.9
0.3
拉丁美洲和加勒比地区
28.4
23.4
17.2
11.3
8.9
6.2
5.7
每天1美元贫困率
实际
计划
每天2美元贫困率
实际
计划
目标
2015年
实际目标路线
西亚和北非
比例/%
21.4
19.9
10.4
2.3
1.6
1.2
0.7
南亚
41.3
31.2
20.7
13.8
撒哈拉以南非洲
44.6
44.0
38.1
22.3
注：有些图示并没有严格按照GEO区划。
来源：World Bank 2006
(b) 各区域营养不良人口的比例和数量
营养不良比例（MDG）/%
营养不良数量（WFS）/10⁶
发展中国家
撒哈拉以南非洲
亚洲和太平洋地区
拉丁美洲和加勒比地区
西亚和北非
世界食品安全（WFS）预测
注：有些图示并没有严格按照GEO区划。
来源：FAO 2005b

2005，World Bank 2005）。在许多国家，尽管人们普遍富裕，但相对贫困正在扩大。例如，在美国，自2000年以来，生活在全国贫困线以下的人数有所增加，2003年达到约3 600万人。结构性经济调整、健康不良、管理差影响了一些地区的发展，包括撒哈拉以南非洲各国（Kulindwa等 2006）。

健康

健康问题是实现联合国千年发展目标的关键，因为它是劳动力生产率、学习能力、知识、物质和情感增长能力的基础（CMH 2001）。健康和教育是人力资本的基石（Dreze和Sen 1989，Sen 1999）。健康不良使得应对环境和其他变化的能力下降了。虽然五岁以下儿童死亡率大幅下降，但地区差别仍然很大（图7.2），每年还有1 000多万五岁以下儿童死亡，其中98%发生在发展中国家。约300万死于不健康的环境（Gordon等 2004）。

世界卫生组织确定了发展中国家和发达国家存在的主要健康风险，如表7.1所示。这些风险包括与不发达有关的传统风险（如体重不足、不安全的饮用水和缺少卫生条件）和与消费生活方式有关的风险（如肥胖和不爱活动）。

不同区域和不同人群的健康状况各不相同。在健康状况最差的地方，人们患有与生活条件差和环境持续退化等有关的慢性病。艾滋病是导致撒哈拉以南非洲各国居民过早死亡的主要原因，是世界上第四大死因（UN 2006）。截至2004年底，据估计，有3 900万人患有艾滋病或感染艾滋病病毒，使得受影响最重的一些国家几十年的发展进程发生逆转，导致脆弱性更加严重。

全球化、贸易与援助

贸易和资金流动的快速增长使得全球相互依赖性越来越强。迄今，贸易和发展日程并没有取得一致，贫富之间的差距越来越大。穷国正采取市场解决方案和务实的安排，扩大贸易和外商直接投资（FDI），以创造更多的就业机会和消除贫困（Dollar和Kraay 2000，UNCTAD 2004）。其结果非常不平均（图7.3）。世界贸易组织多哈回合谈判仍然给穷国中那些常常依赖农业市场的最穷国家造成伤害。

图7.2 2005—2010年五岁以下幼儿死亡率区域趋势和预测

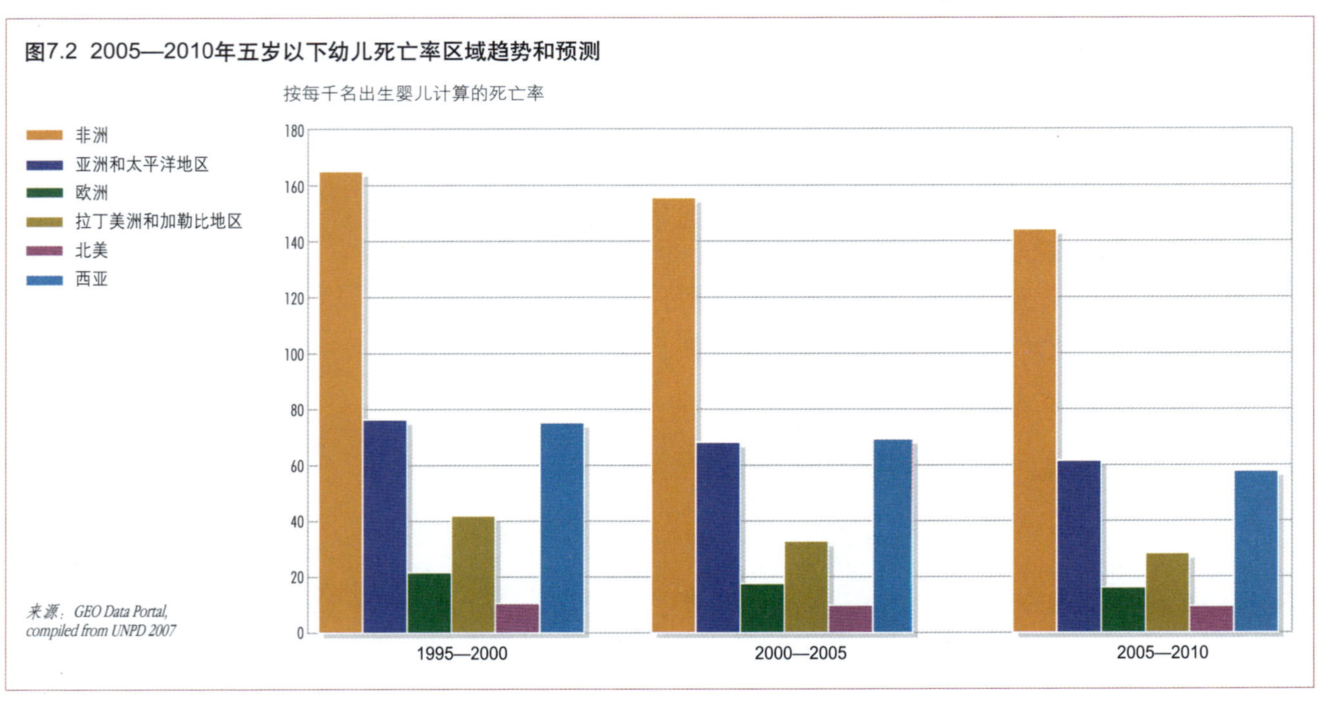

来源：GEO Data Portal, compiled from UNPD 2007

表 7.1 10 个主要风险因素原因和可避免的负担

发展中国家高死亡率 /%		发展中国家低死亡率 /%		发达国家 /%	
体重不足	14.9	酒精	6.2	烟草	12.2
不安全的性关系	10.2	血压	5.0	血压	10.9
不安全的饮用水、卫生设施和卫生	5.5	烟草	4.0	酒精	9.2
固体燃料释放的室内烟雾	3.6	体重不足	3.1	胆固醇	7.6
缺锌	3.2	超重	2.4	超重	7.4
缺铁	3.1	胆固醇	2.1	水果和蔬菜摄入低	3.9
维生素 A 缺乏	3.0	水果和蔬菜摄入低	1.9	身体不活动	3.3
血压	2.5	固体燃料释放的室内烟雾	1.9	非法毒品	1.8
烟草	2.0	缺铁	1.8	不安全的性关系	0.8
胆固醇	1.9	不安全的饮用水、卫生设施和卫生	1.8	缺铁	0.7

注：用伤残调整生命年表示的疾病负担原因构成。

来源：WHO 2002

随着对市场的兴趣日益扩大，援助议程也发生了变化。最近增加的国际援助中，多数被用于取消债务及满足灾难后的人道主义和重建需求（UN 2006）。在政府发展援助（ODA）中，用于满足人类基本需求的比例自 20 世纪 90 年代中期以来翻了一番，但是，用于农业和基础设施建设的比例却下降了。而如果各国要想养活自己的人民，发展它们的经济并提高它们的适应能力，就必须为农业并基础设施提供支持（UN 2006）。非洲仍然是迄今最依赖援助的区域，而西亚对援助的依赖在过去20年里发生了很大变化（图7.3）。如果从整体上看这些数字，可以得出一个悲哀的事实。在许多地区，作为生产资本的外商直接投资，远低于援助。2005 年，在世界范围内，1.91亿人（2000年为1.76亿）的生产资本超过 2 330 亿美元，其中，1 670 亿

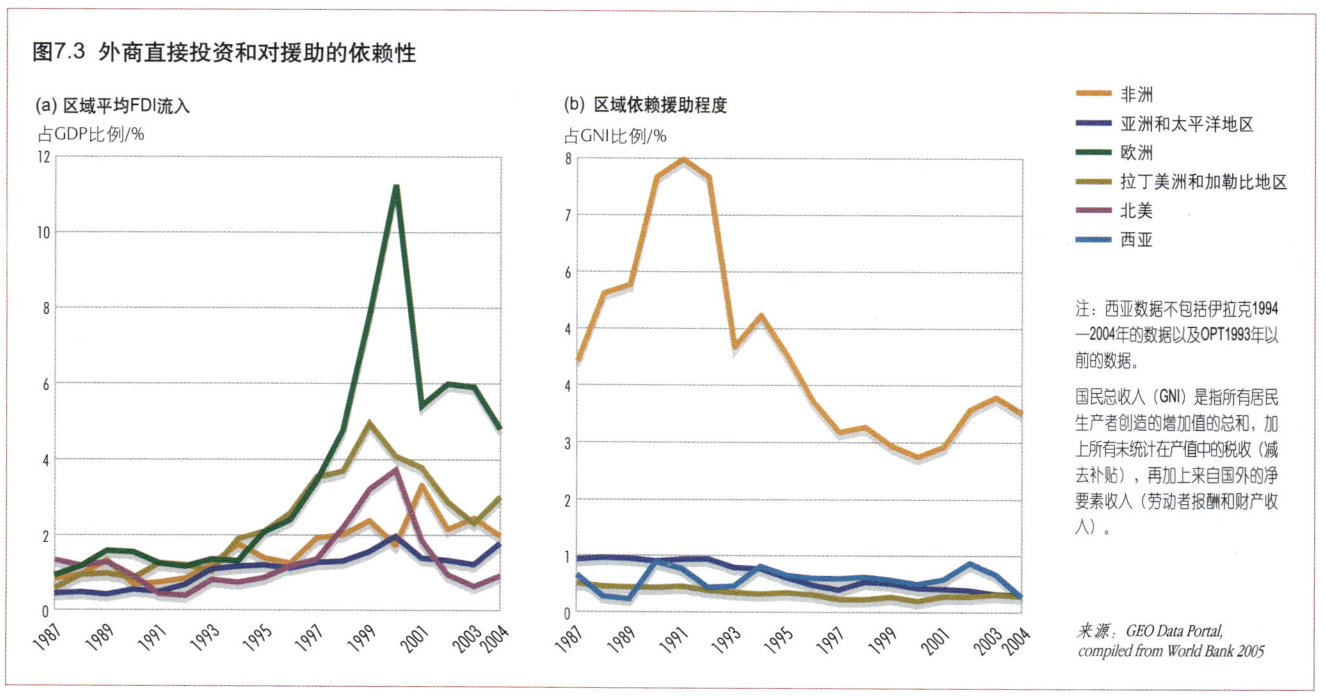

图7.3 外商直接投资和对援助的依赖性

注：西亚数据不包括伊拉克1994—2004年的数据以及OPT1993年以前的数据。

国民总收入（GNI）是指所有居民生产者创造的增加值的总和，加上所有未统计在产值中的税收（减去补贴），再加上来自国外的净要素收入（劳动者报酬和财产收入）。

来源：GEO Data Portal, compiled from World Bank 2005

美元注入了发展中国家（IOM 2005）。

冲突

20世纪80年代末，冷战的结束降低了大国间发生核战争的威胁，但是，国家和非国家实体之间的核扩散忧虑仍然存在（Mueller 1996）。尽管近几年国内冲突发生率已经大幅下降，但仍然是最大的威胁（专栏7.2和图7.4）。由于人道主义压力，国际社会主要以维护和平及增加维和能力的方式参与国内冲突，参与程度达到新高。正式民主国家的数量增加是前所未有的，这一趋势促使爆发国内战争的几率下降，尽管向民主体制过渡的时期常常高度不稳定（Vanhanen 2000）。除撒哈拉以南非洲各国和西亚外，世界各区域的武装冲突已经大幅下降（Strand 等 2005）。

虽然全世界的武装暴力出现了积极下降的趋势，但持续的冲突对福祉带来了非常消极的影响。自1960年以来，超过800万人直接或间接死于战争（Huggins 等 2006）。冲突、暴力以及对迫害的担忧常常使大量的平民迁移，导致数以百万计的人涌入本国或外国生态和经济贫瘠的区域。联合国难民事务高级专员署（UNHCR）估计，2005年，全球有1 150万难民、

专栏7.2 暴力日益减少的世界

自第二次世界大战以来，国家之间的武装冲突（国与国之间冲突）数量相对来说较少，自2003年以来，还没有发生这种冲突。体制外的武装冲突（殖民冲突以及独立国家与非国家集团在其自身疆域外的其他冲突）自20世纪70年代中期以来已经消失了，而国内冲突（民间冲突或政府与有组织的国内反叛集团之间的冲突）在1992年以前稳步上升，在此之后，却大幅下降。国际化的国内冲突（有外国政府武装干预的国内冲突）自20世纪60年代初期以来频发。这里记录的冲突的门槛是某一特定年份25次与战场有关的死亡。图7.4不包括国家针对非有组织人民的暴力（“单一暴力”或种族灭绝和屠杀）或集团之间的暴力，而政府不是参与方（“非国家暴力”或公共暴力）。该图是一个叠加图，某一特定年份中每一类冲突的数量用一特定颜色区域高度表示。

来源：Harbom and Wallensteen 2007

图7.4 各类武装冲突次数

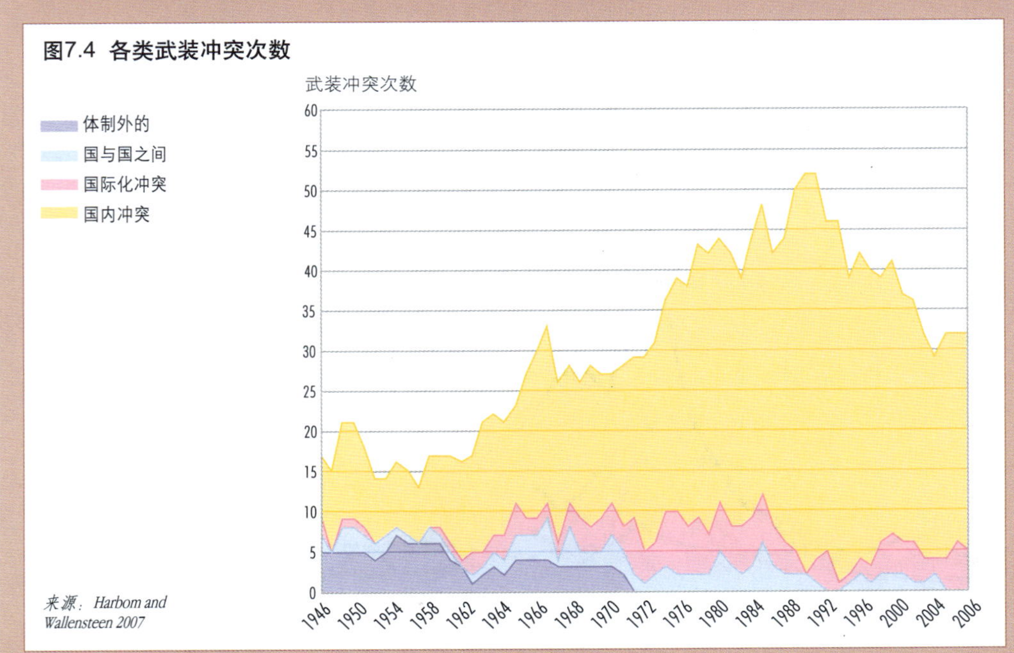

来源：Harbom and Wallensteen 2007

寻求庇护者和无国籍者，还有660万在国内迁移的人。人们被迫进入贫瘠地区，削弱了可持续生计、经济发展以及社会和国家的能力，这种影响有时持续几十年。人口迁移所带来的贫困，常常与自然资源的缺乏或退化有关，直接导致福祉水平低下以及脆弱性程度更高。

变化中的管理水平

过去20年来，管理已经变得越来越多层次，不同层次之间越来越相互作用、相互依赖。虽然国家政策产生的效果（图7.5）是复杂的，但是政府采取行动的能力和政治意愿提高了。综合而言，这些趋势提高了降低脆弱性的机遇。在冷战结束后的最初几年里，人们对多边主义和全球管理重新乐观起来。相应地，全世界区域合作也取得了重大进展，虽然这种合作的形式和强度不同。

目前，在经济合作与发展组织国家（Stegarescu 2004）、非洲和拉丁美洲内出现了一种趋势，即政治和财政权力从国家向省（州）级政府下放（Stein 1999，Brosio 2000）。这并非意味着地方政府获得了授权，没有权力转移的权力下放只是一种加强中央权力的方式（Stohr 2001）。地方政府、社区团体和其他非政府组织现在越来越广泛地参与国际合作，这有助于根据当地脆弱性的经验，更好地制定全球政策。跨国公司的影响已经超出了经济舞台（De Grauwe和Camerman 2003，Graham 2000，Wolf 2004），许多公司选择了制定自愿环境法规，并加强自我管理（Prakash 2000）。

科学与技术

科学技术的发展帮助降低了人类对环境和非环境变化的脆弱性，虽然不同区域取得进展的步伐和程度还有很大差别（UNDP 2001）。1997—2002年，经济合作与发展组织成员国在研究与开发方面的支出占GDP的2.5%，而发展中国家的研究与开发支出仅占GDP的0.9%（UNDP 2005）。在1990—2003年，经济合作与发展组织国家中研究人员的数量为每百万人中有3 046人，而发展中国家只有400人（UNDP 2005）。在世界范围内，利用科学技术降低脆弱性的潜力非常不平衡（图7.6）。这说明需要在各区域之间加强技术转让。

例如，自1960年以来，新的农业技术和实践提高了粮食产量，降低了粮食价格，解决了很多地区的营养不良和慢性饥饿问题，然而，这些技术仍然分布不均匀。20世纪80年代，适

图7.5 政府效力（2005年）

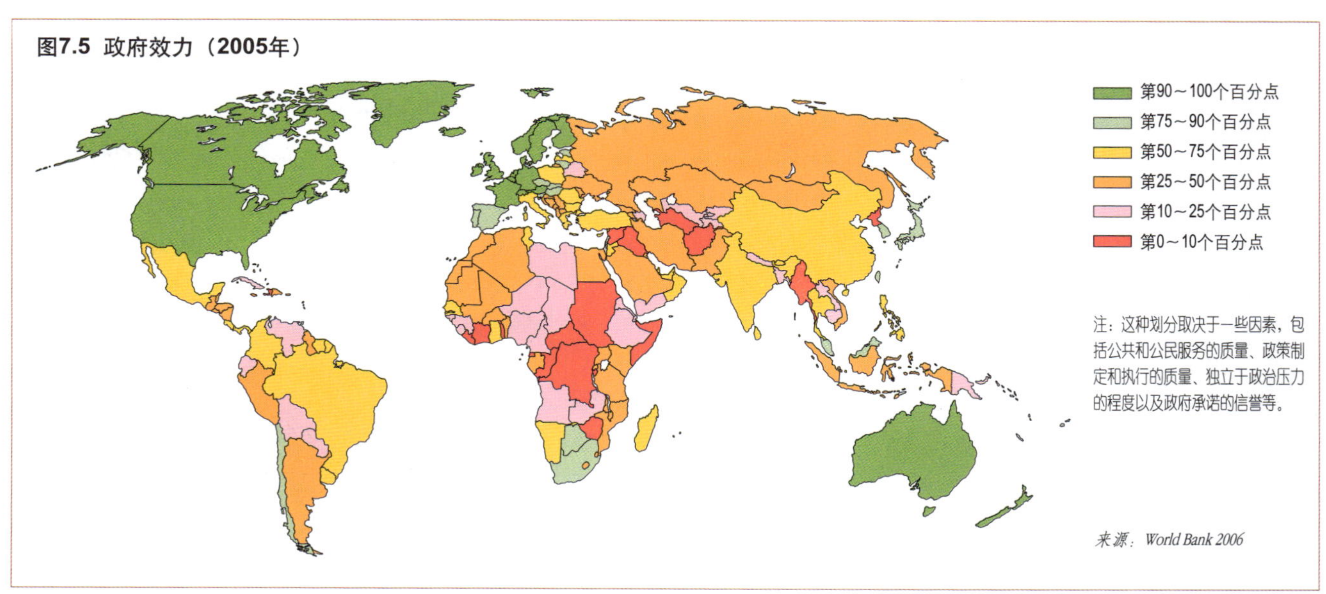

注：这种划分取决于一些因素，包括公共和公民服务的质量、政策制定和执行的质量、独立于政治压力的程度以及政府承诺的信誉等。

来源：World Bank 2006

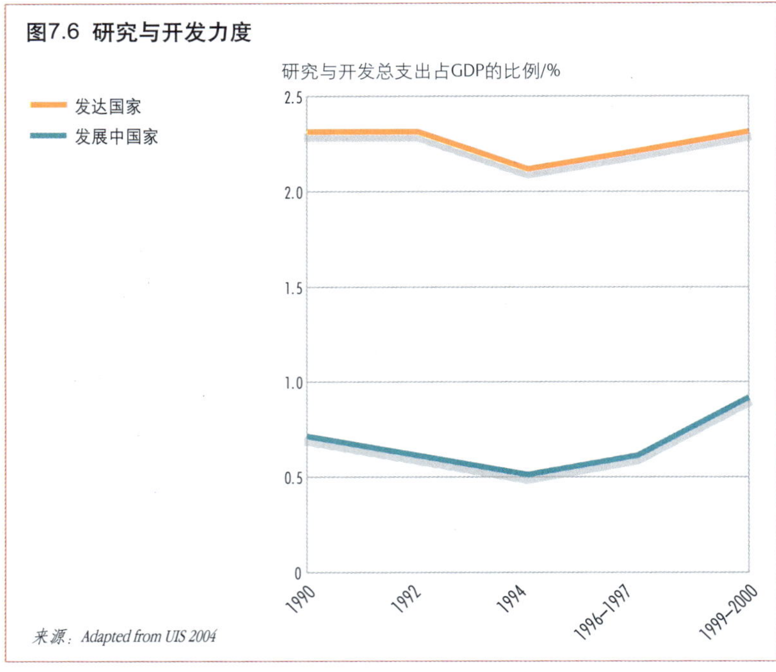

图7.6 研究与开发力度

来源：Adapted from UIS 2004

合于发展中国家使用的口服液治疗和疫苗是降低五岁以下儿童死亡率的关键。新的信息和通信技术为早期预警系统和当地企业创造了前所未有的机遇。然而，科学和技术无疑也使人类和环境面临的风险增加了，尤其是促使环境发生变化所带来的风险。

人类福祉、环境与脆弱性

发展机遇

提高人类福祉是发展的中心——在某种程度上说，人们有能力过他们所希望过的生活以及有机会发挥他们的潜力。这不仅从道德上讲是必需的，而且是人权的一个重要方面（UN 1966，UN 1986，UN 2003），对于降低脆弱性和可持续地利用环境也是非常重要的。

自从1987年布伦特兰委员会的报告强调了环境—发展关系以来，各种政策声明和多边环境协议，包括1992年的《里约宣言》（原则1）及生物多样性和气候变化公约等，都突出了环境对于发展所存在的机遇（见第1章）。这些国际性措施和各国措施之间越来越趋于一致，从将环境权力看作是人权方面来看这一点显而易见（Ncube等1996，Mollo等2005）。更重要的是，环境权力已经从强调环境质量发展到了综合基本需求、发展、跨代以及管理等多方面（UN 2003，Gleick 1999，Mollo等2005）。但是，在实现发展目标方面所取得的进展也是不平衡的。

一部分人的福祉得到提高

虽然在过去20年里，人类福祉得到显著提高，人们的收入增加、营养丰富、健康状况良好、治理有成效、实现了和平，但是，人们仍面临很多挑战（见第1～6章关于全球事务内容）（UNDP 2006）。各区域还有数以百万计的穷人，他们缺乏必要的、对富人来说很普通的服务。许多国家无法实现联合国千年发展目标中制定的2015年减贫目标（UN 2006，World Bank 2006）。然而，环境提供了实现这些目标的机遇，以及通过环境所提供的产品与服务来提高福祉的机遇。

环境与人类福祉之间的联系是复杂和非线性的，受到多种因素的影响，包括贫困、贸易、技术、性别和其他社会关系、管理、脆弱性的各个方面。全球相互联系（通过共同拥有的自然环境和全球化）意味着在一个地方实现提高人类福祉的目标可能受到其他地方做法的影响。

人类的生活方式和他们拥有的机遇与环境密切相关（Prescott-Allen 2001，MA 2003）（见1～6章）。正如布伦特兰委员会所警告的那样，环境退化导致了“贫困的螺旋下降趋势”，等于是“浪费机遇与资源”（WCED 1987）。例如，良好的健康直接依赖于良好的环境质量（见1～6章）（MA 2003）。很多国家的宪法现在承认健康的环境是基本人权。虽然环境有了很大改善，但污染仍然是个问题，有时还受到超出污染受害者控制之外的因素的驱使（见全球公域与污染场所原型）。相关风险和成本在各国分布也不均衡（图7.7）。虽然全球范围的健康不良的发生案例已经下降了，但成本巨大。

虽然在获得饮用水和卫生设施方面有了改善（图4.3），但是，由于地理位置、基础设施差以及财政资源缺乏，最贫困人口仍然严重缺水（图7.8）。结果，他们健康不良，被人所忽视（UNDP 2006）。在许多发展中国家，在用水方面，生活在城市的穷人要比富人花更多钱。

缺乏家庭层面的物质资产（收入、食品、水、住所、衣服、能源、自然和财政资源）以及缺乏社会层面的资产（物质和服务基础设施），构成了贫困、脆弱性和环境变化这种循环的一部分，结果是贫困和持续贫困（Brock 1999，Chronic Poverty Centre 2005）。同样，在发达国家，相对贫困、年龄和性别是利益分配中的主要因素。能源原型分析了由于能源匮乏所导致的脆弱性以及依赖能源进口相关的脆弱性。对物质和服务基础设施开发的投资可以通过增加市场机遇、安全、获得能源、清洁水和有效而持续利用自然资源的技术来提高人类福祉。

在人类发展指数较低的国家，人的寿命也短（图7.9），因为他们由于饥饿、不安全的饮用水和卫生及卫生设施（缺水）导致健康状况差，同时，他们也面临其他环境问题，如室内和室外空气污染（见第2章图2.12）、铅暴露和气候变化的影响。在那些收入分配更公平、能获得更好医疗的国家，人均期望寿命更长、儿童死亡率更低、人均健康开支也更大（PAHO 2002）。例如，哥斯达黎加的人均期望寿命就比美国长。在许多富裕社会，富裕、用户至上主义以及相对贫困导致了健康不良。

在人力和社会资本方面投资可减少脆弱性

环境资产为我们带来了提高人类福祉的重要机遇，然而，正如原型显示的，这些资源产生的利益往往并未带给那些最脆弱的人群。环境利益的分配受到网络（如非政府组织、政府和私营部门）获得和信任、互惠和交流之间关系的影响（Igoe 2006）。武断地剥夺地方的权力（见技术方法原型）和使环境退化的发展进程以及全球贸易体制也是影响分配的重要因素。

图7.7 环境健康风险转移

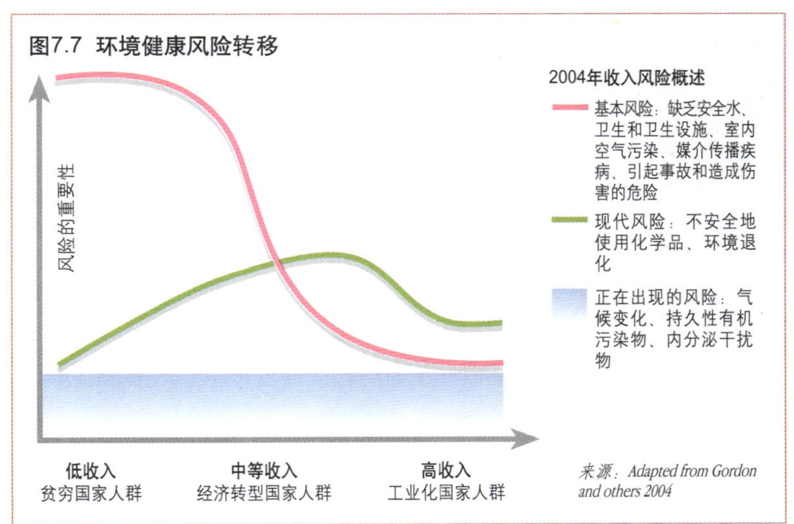

来源：Adapted from Gordon and others 2004

图7.8 2002年贫困和缺乏基本服务的人口

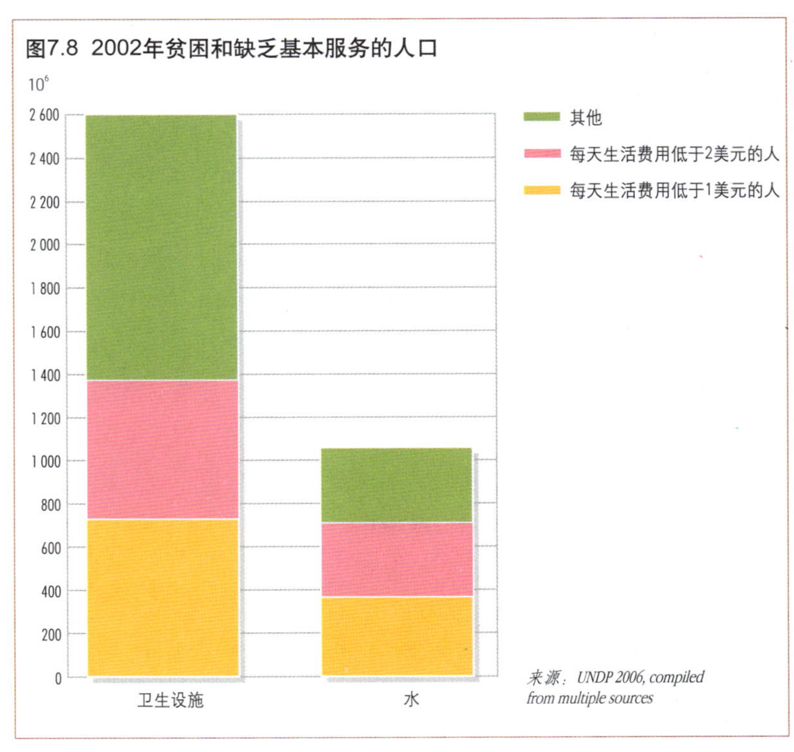

来源：UNDP 2006, compiled from multiple sources

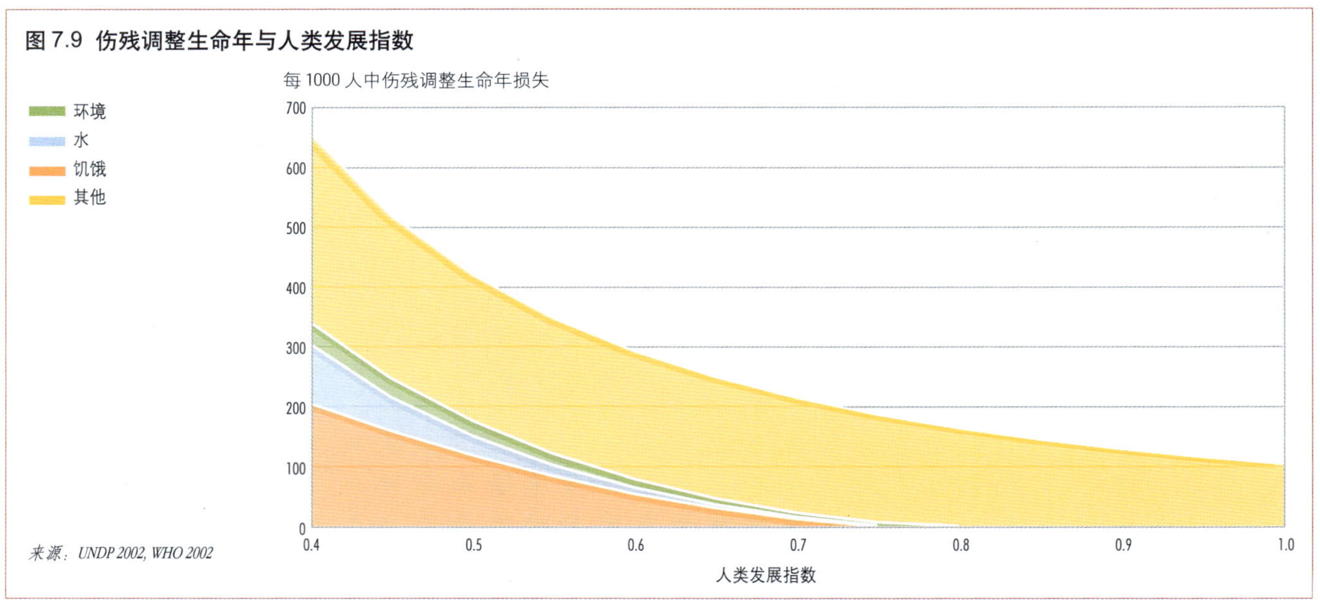

图7.9 伤残调整生命年与人类发展指数

来源：UNDP 2002, WHO 2002

人们采用了一些政策干预措施来应对挑战，但是，许多国家在实现联合国千年目标方面进展缓慢，这表明，人们的努力还远远不够。例如，《生物多样性公约》强调了更公平地共享保护利益的重要性。《21世纪议程》《里约宣言》和《生物多样性公约》都优先把公众参与看作是可持续发展所必需的。利益共享所带来的收入增加还可以进一步努力实现联合国千年发展目标的第一项目标。随着家庭资源增加，教育和健康相关的联合国千年目标也更有实现的可能。那些净化饮用水获得率低的国家公平获得教育的机会也少。在世界范围内，女孩和妇女要花大约400亿个小时去收集水——相当于法国全国劳动力一年的工作（UNDP 2006）。在许多发展中国家，妇女和女孩每天至少要花2个小时去打水（UNICEF 2004b）。不同千年发展目标所取得的进展与水资源可获得性（千年发展目标7）的改善之间存在积极的联系，它使得女孩打水的时间减少，而上学的机会增多（千年发展目标3）（UNICEF 2004b，UNDP 2006）。对许多国家来说，有效地采取联动措施具有挑战性（见第8章）。

满足基本需求（如教育和健康）是价值选择的基础，可以提高个人日常生活的能力，包括环境管理的能力（Matthew等2002）。对贫穷社区来说，教育和获得技术尤为重要，因为它们是实现局面好转、脆弱性降低的一种潜在的途径（Brock 1999）。

基本能力以及受到尊重的权力、获得信息的权力、协商的权力和在生计或资产受到影响时能够事先征得同意的权力，所有这些越来越被认为是社会和经济权力（UN 1966，UN 1986）。1986年《联合国发展权宣言》（UN Declaration on the Right to Development）表明全球一致同意这种观点，然而，对许多国家来说，由于国家和区域治理系统能力弱，无法获得这些权力，这削弱了它们的能力，减少了机遇。妇女的社会地位仍然很低。尽管自1990年以来，由于各区域农村医院获得技术和能源的情况有了改善，妇女和儿童获得教育的机会多了（千年发展目标3），产妇的健康状况有了改进（千年发展目标5），但是，妇女仍然是社会地位最低的人群之一。她们的意愿在经济和决策中没有得到充分反映（UN 2006）。

由于许多原因，妇女在社会的重要领域没

有得到充分代表。社会文化观念、教育、就业政策、在工作与家庭责任之间无法保持平衡以及在计划生育方面选择余地少，都影响了妇女的就业和参与社区事务（UN 2006）。

由于社会凝聚力下降、生活标准降低、不平等、不公平的利益分配和环境变化（Narayan 等 2000），个人安全——得到保护，不受危险侵害或不暴露在危险下，能够过他们愿意过的生活（Barnett 2003）——可能受到了威胁。在某些情况下，环境变化为整个文化、社区、国家或地区带来了安全挑战（Barnett 2003）。（文化）认同与自然资源密切相关，如在北极和小岛屿发展中国家（SIDS），社会冲突和破裂可能直接与栖息地破坏或可获得的环境服务日益减少有关。其他因素还包括农村发展水平低、收入不平等、健康不良（尤其是艾滋病病毒流行）、气候因素（如干旱和环境退化等）（见第 3 章、第 6 章和专栏 7.11）。

冲突还影响了食品安全，因为它对粮食生产基地造成了长期破坏，影响到整个人类福祉（Weisman 2006）。在许多情况下，卷入冲突的国家以及高度不平等的国家，经历着超出预期的粮食紧急情况（FAO 2003b）（图 7.10）。

对良好社会关系的投入、通过更好的管理创造社会资本、改善合作以及赋予妇女权利，不仅能支持这种保护的努力，而且能为和平、发展以及提高福祉创造机会。发达国家的经验证明，下列因素有助于防范灾害的影响：财力雄厚的政府、保险业、运输和通信基础设施、民主参与和人人富裕（Barnett 2003）（专栏 7.3 和专栏 7.11）。正如《约翰内斯堡实施计划》（JPOI）和《巴厘技术支持与能力建设战略计划》（BSP）所设想的，提高能力和获得技术，能够提高应对挑战和解决问题的能力。然而，

个人安全还受到生活水平低下的威胁。如图，简易房屋沿河口而建并延伸，使居民面临巨大风险。

致谢：Mark Edwards/Still Pictures

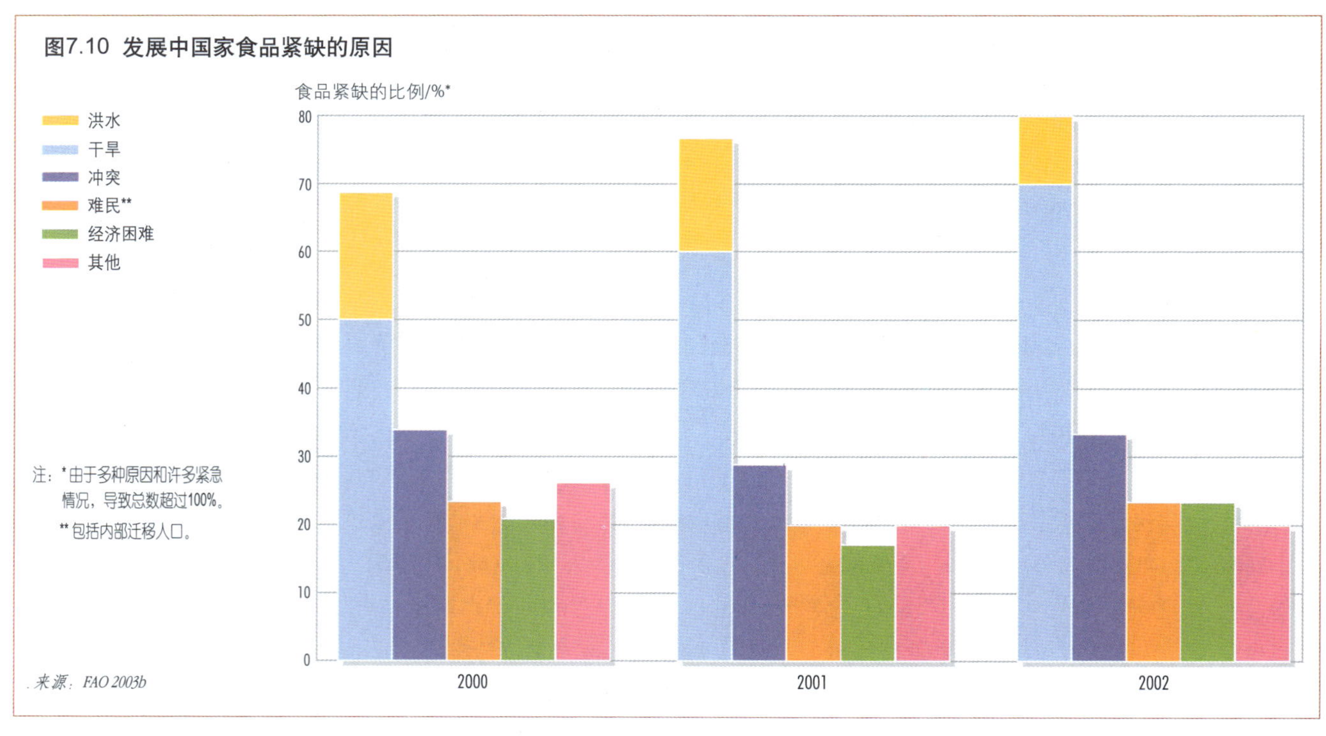

图7.10 发展中国家食品紧缺的原因

发展全球伙伴关系以支持这种进程所取得的进展仍然非常缓慢（图7.27）。对资源、商品和人员的流动持更富有远见的、公平的观点是解决最脆弱的社区在环境变化的情况下所面对的新的压力的关键（见有关旱地、小岛屿发展中国家和全球公域的原型）。

专栏7.3 环境正义

过去30年出现了大量关于环境正义的运动，虽然并非总是以这个名字出现的。社区开展的针对负面环境效果的不公平待遇和歧视的斗争促进了这一运动。要求环境正义与环境权利密切相关：每个人拥有足够福祉的环境权力。公正的体制要求政府制定的政策能保护人民不受伤害，反对以牺牲环境为代价最大限度地获取利润的趋势，更公平地分配机会、风险和成本。它还要求人们能够接近政府机构（法庭）和公平的进程。各国政府已经对这种需求作出了反应，它们扩大了法律和政策范围，包括了“污染者付费”原则、环境影响评价、友好邻居原则、环境税、再分配机制、广泛参与进程、获取信息和了解规定的权力以及补偿等（见第10章）。

脆弱性的表现

虽然不同地方有不同的脆弱性，但在不同地区、不同规模和不同背景，脆弱性存在某些共性。重要脆弱性问题，如公平，脆弱性从一个地方出口或进口到另一地方或从一代传到下一代，以及冲突、危害和环境之间的因果关系，需要引起特别重视，因为它们代表了有效降低脆弱性和有效决策的战略切入点。

不平等、公平和脆弱团体

脆弱性随类别的不同而不同，包括男人和女人、穷人和富人、农村和城市，正如在所有原型里所说明的。难民、移民、迁徙人群、穷人、幼儿和老人、女人和儿童常常是最容易受多种压力影响人群。种族、等级制度、性别、财政状况或地理位置等因素成为边缘化和能力削弱的真正原因，降低了人们对变化作出反应的能力。例如，妇女和儿童在获得保健方面，分配极不平等，产生了不公平和不公正的结果，从而加剧了这种劣势。性别不平等，反映在男女在工资、营养和参与社会选择方面的差异，这一点在污染场所原型中进行了说明。实现千年发展目标3，即促进性别平等、赋予妇女权利及在小学和中等教育方面消除性别不平等，是为妇女增加机会、降低她们的脆弱性、提高她们创造可持续和足够生计的能力所必需的。

社区和政府对脆弱性的不平均分布和对人类福祉多重压力影响的其中一个反应就是集中在环境正义上（专栏7.3）。

脆弱性的进口与出口

在许多情况下，在空间或时间上持续的因果关系常常远距离地导致或扩大了脆弱性。不少脆弱性原型都证明了“脆弱性出口”现象。例如，某些地方通过提供住所降低了一些人的脆弱性，但却通过开采建筑材料，使矿区周围的土地退化和污染，扩大了生活在遥远地方人们的脆弱性（Martinez-Alier 2002）。同时，工业化国家的许多人和发展中国家的新消费者，他们并没有感觉到由于他们的行为所导致的对环境的影响。而这些对环境和福祉（尤其是健康、安全和物质财产）造成的负面影响却被那些生活在资源过度开采地、废物倾倒地的人们（尤其是穷人）所强烈感受到了。图7.11对此进行了分析，显示出欧盟的矿山开采在下降，而矿产资源进口却在增加。与采矿和选矿有关的污染排放和土地退化在发展中国家正在日益加剧，而工业化国家却在消费高价值的终端产品。同样，进口粮食常常意味着，环境退化和社会影响发生在生产粮食的国家，而不是消费商品的地方（Lebel 等 2002）。

与此同时，脆弱性也在进口，例如，根据协议，废物和危险物质被进口到了无法安全处置或管理的地方（见第3章和第6章）。由于管理差和缺乏处理危险物质的能力，当地人民的脆弱性扩大或加强了。由于贮藏库不足以及储存管理差，常常导致对杀虫剂的储存能力不足、储存条件不合适，从事储存管理人员培训不够、分配系统差、运输过程中不适当地处理以及缺乏分析设施等（FAO 2001）。

国际贸易一方面可以增加收入，帮助数以百万计的人摆脱贫困；但另一方面，它也带来了不平等的消费方式，将自然资源开采、大部分生产和制造，以及它们的危险废物的产生和处理转移到了其他国家（Grether和de Melo 2003，Schütz 等 2004）。

然而，最近一些国家或地区，如欧盟，通过可持续性影响评估，在制定决策时考虑到了贸易政策的外部影响。

脆弱性、环境与冲突

许多脆弱性的类型具有潜在冲突的可能性或已经导致了冲突。环境问题与国际、国内冲突之间的关系一直是冷战后学术研究的主题（Diehl 和 Gleditsch 2001，Homer-Dixon 1999，Baechler 1999，Gleditsch 1999）。环境资源无论是匮乏还是丰富，都可以加剧业已存在的紧张局势，导致利益集团之间冲突，尤其是在那些无法有效和平等地管理对资源控制权的竞争的社会里（Homer-Dixon 1999，Kahl 2006）。这些情况在发展中国家非常普遍。然而，从发达国家向发展中国家出口脆弱性（见上文）意味

图7.11 欧盟15国使用的国内开采与进口工业矿物和矿石比较

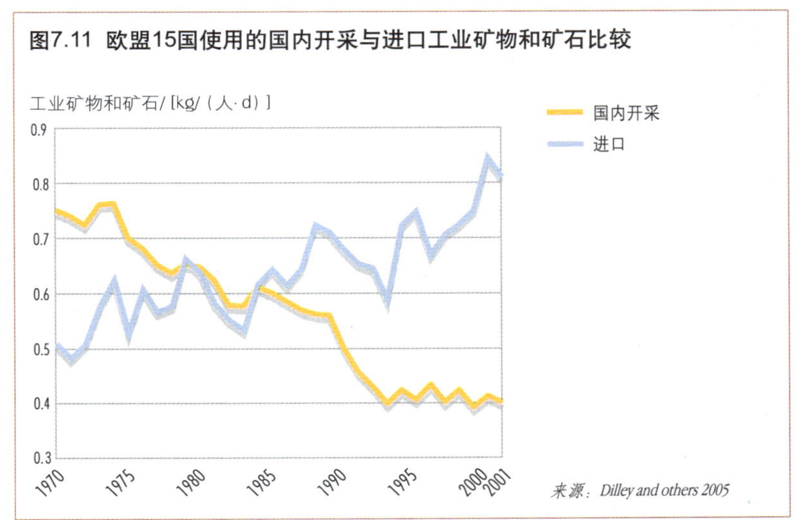

来源：Dilley and others 2005

着，即使看上去是地方性的冲突也具有重要的外部联系。

环境变化、资源获取以及人口增长这几个因素相结合，导致人均可获得的自然资源减少，这对社会的大部分阶层，尤其是依赖自然资源生存的最贫困的人的福祉构成了威胁。它所带来的社会影响——移民、加剧的非可持续的行为以及社会分化——限制了一国满足其居民需求的能力，可能导致暴力冲突（Homer-Dixon 1999，Kahl 2006）。在旱地原型中，潜在的冲突与无法公平地获得稀缺的水、森林和土地资源有关，沙漠化和气候变化又使冲突加剧。作为传统的应对战略——移民，有时会使冲突升级（移民的到来导致了新的对资源的竞争），或破坏接受移民地区脆弱的文化、经济或政治平衡（Dietz 等 2004）。换言之，这种资源的缺乏会使游牧与牧区之间紧张关系加剧。如果移民跨越了国境，它会导致国家之间的紧张局势以及新的民间斗争。如果发动战争的潜在成本要低于与确保获得这些资源进行出口有关的潜在收益，那么即使一国的自然资源基础雄厚，也会因对这些宝贵资源的控制权而爆发冲突。

在利用技术解决水问题的原型中，围绕水资源的分配、获得和质量而产生了冲突和紧张关系。巨型工程，如水坝建设，常常耗资巨大，包括沿岸居民被迫搬迁，而他们在建设项目所产生的收益中的分配微乎其微（WCD 2000）。这些成本可能还包括国家与沿岸用户之间的紧张关系、上游与下游沿岸居民间的紧张关系。全球公域的过度开发，如渔业，是另一个原型关注的重点，它把小规模的渔业团体及其政府带入了与从资源衰竭公域进入专属经济区的跨国或挂外国旗帜的船只之间的冲突。未来的能源开发和气候变化直接关系到石油进口国和出口国的安全担忧。在快速城市化的沿海区域和小岛屿发展中国家，围绕争夺可用于旅游相关活动的环境或与海洋生态系统和当地生计有关的环境服务而引发了冲突。更多地关注生态系统和有价值资源的管理可以降低对暴力的脆弱性，全面提高福祉。

脆弱性、福祉和自然灾害

过去20年来，自然灾害每年导致150多万人死亡，影响2亿多人的生活（Munich Re 2004b）。对自然灾害抵御能力越来越弱的主要原因之一，就是全球环境变化。自然灾害，如地震、洪水、干旱、风暴、热带气旋和飓风、森林火灾、海啸、火山爆发以及泥石流，影响到了每一个人。相比而言，自然灾害给穷人带来的伤害更大。全球有关极端事件的数据表明，自然灾害的数量正在增加（EMDAT，Munich Re 2004b，Munich Re 2006），2/3的灾害属于水文气象事件，如洪水、暴风和极端气温等。1992—2001年，洪水是世界上发生频率最高的自然灾害，导致近10万人死亡，给12亿人造成了影响（Munich Re 2004b）。暴露于灾害的人中，超过90%生活在发展中国家（ISDR 2004）；因自然灾害死亡的人中，一半以上在人类发展指数低的国家（UNDP 2004a）。图7.12为全球高风险热点地区的分布。

自然灾害带来了持续性影响，对发展构成了威胁，削弱了恢复能力。自然灾害也影响了食品安全、供水、健康、收入和居住场所（Brock 1999）。这些影响在几个原型中都进行了分析。环境、政治、社会及经济因素的多样性加剧了不安全性，这种不安全性与物质获得和社会关系问题密切相关。低效率的管理、管理不善以及早期预警和反应系统不足或效率差，加剧了与环境变化和自然灾害有关的脆弱性和风险。在某些情况下，短期救灾甚至会扩大长期的脆弱性。

由于气候变化和保护海岸不受潮涌侵袭的红树林的破坏，同时人们逐渐聚集在高度暴露区域，灾害暴露程度也随之增加了。此外，由于国家社会保护计划减少、非正式安全网络被

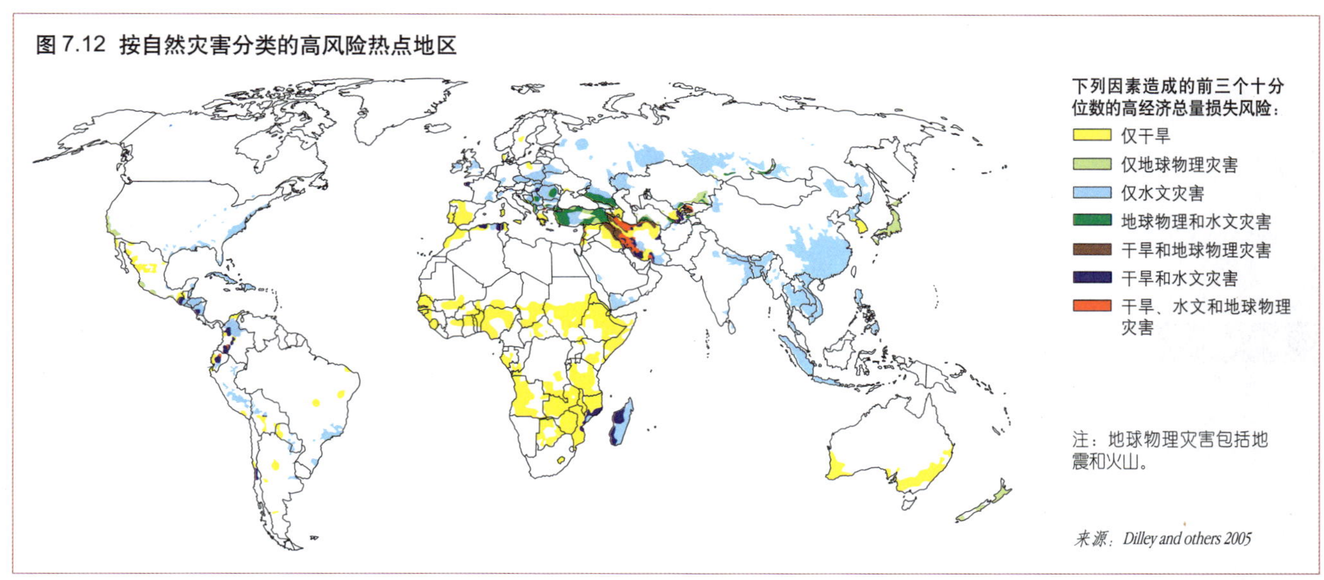

图 7.12 按自然灾害分类的高风险热点地区

破坏、基础设施质量差而且缺乏维护、慢性病和冲突也削弱了应对能力（UNDP 2004a）。

脆弱性类型

在世界各地都能发现反复出现的脆弱性类型，包括工业化地区和发展中区域、城市和农村地区。由于多种压力之间的关联性以及当地、区域与全球范围内的密切联系，脆弱性分析变得日益复杂。对于当地脆弱性事件的详细案例研究，存在一个这些研究与世界其他地方相关联的问题，在这些案例间可能存在共性，可以从中汲取与决策相关的教训。

有限数量的典型类型或所谓的“脆弱性原型”（archetypes of vulnerbility）将在本章中进行区别（表 7.2）。我们把脆弱性原型定义为环境变化与人类福祉之间具体的、有代表性的相互作用方式。这里没有描述某种特殊情景，而是把重点放在众多事件的共性上，即“原型化”。这个方法来源于综合病症方法，即着眼于人类与环境之间不可持续的相互作用方式，提示它们背后的动态机理（Petschel-Held 等 1999，Haupt 和 Müller-Boker 2005，Lüdeke 等 2004）。原型方法内容更广泛，它包括了环境提供的降低脆弱性、提高人类福祉的机遇（Wonink 等 2005）（表 7.4）。

这里提出的原型只是真实案例的简化，以表明在多重压力下脆弱性产生的基本过程。这可以使决策者在更广泛的背景上了解他们的特殊情况，提供区域性视角以及区域与全球之间的重要联系，并提出可能的解决方案。脆弱性类型并不相互排斥。在某些生态系统、国家、次区域、区域和全球范围内，这些脆弱性类型的嵌合体或其他类型也可能存在。这使得制定应对政策面临复杂的挑战。

《全球环境展望 4》评估确认了脆弱性原型，确保区域关联性与平衡。这里介绍的七种原型并非要对所有可能的脆弱性类型提供详尽的介绍。然而，它们可以成为在保护环境的同时，了解挑战、探索降低脆弱性机遇的良好基础。

人类与环境对污染物的暴露

原型涉及有害和有毒物质集中发生的场所：

- 本底水平以上，对人类健康或环境带来或有可能带来立即或长期的危害；

- 超出政策和/或规章所规定的水平（CSMWG 1995）。

正如第3章和第6章所介绍的，由于持久性有机污染物和重金属、城市和工业场地、军事行动、农用化学品储存、泄漏管道和废物倾倒，人类与生态系统暴露在大范围的污染中。

全球相关性

要定量确定有毒和危险物质的数量和污染程度，使政府和公众意识到这些问题，人们还需要做大量的工作。然而，已经有大量污染被

表7.2 用于《全球环境展望4》分析的原型综述

原型	与其他各章的联系	主要人类福祉问题	主要政策信息
污染场所	第3章 第6章 －亚太地区：废弃物管理 －极地：持久性污染物 －极地：工业和开发相关活动	健康危害——对边缘化人（被迫进入污染场所）和国家（危险废物进口）的主要影响	－针对特殊利益制定完善的法律并更严格执法 －使最脆弱人群更多地参与决策过程
旱地	第3章 第4章 －非洲：土地退化 －西亚：土地退化和沙漠化	饮用水供给恶化、可耕地损失、由于环境移民导致的冲突	－提高土地使用的安全性（如通过合作形式） －提供更多平等进入全球市场的机会
全球公域	第2章和第5章 第6章 －LAC*：退化的海岸和被污染的海洋 －LAC：消失的森林 －极地：气候变化 －西亚：退化的海岸	渔业产量下降或崩溃，导致部分特有种匮乏 空气污染导致的健康后果和社会退化	－制定综合性的有关渔业和海洋哺乳动物保护及石油勘探规章 －对重金属实行具有发展前景的持久性有机污染物政策
能源安全	第2章 第6章 －欧洲：能源与气候变化 －LAC：能源供给与消费方式 －北美：能源与气候变化	影响物质福祉，由于能源价格上涨而产生的边缘化危险	－为最脆弱的人群保证能源，让他们参与 －鼓励采用分散、可持续的技术 －为能源系统多样化进行投资
小岛屿发展中国家	第4章 第6章 －LAC：退化的海岸和被污染的海洋 －亚太：减轻对宝贵的生态系统的压力	依赖气候的自然资源的使用者的生计受到威胁，移民与冲突	－通过改进早期预警应对气候变化 －使经济更加不受气候的影响 －从“控制自然”向“与自然合作”模式转变
对水问题采取以技术为中心的方法	第4章 第6章 －亚太：保持水资源与需求平衡 －北美：淡水数量与质量 －西亚：缺水与质量	由于大坝建设带来的被迫搬迁、利益分配不均、由于水传染介质带来的健康危害	－世界大坝委员会框架、联合国环境规划署大坝与开发项目利益相关者参与途径应该得到进一步遵循 －坝址选择，如小规模解决方案和绿色工程，应该发挥重要作用
沿海地带城市化	第6章 －北美：城市扩张 －LAC：城市增长 －LAC：退化的海岸 －西亚：沿海及海洋环境退化 －西亚：城市环境管理	生命和物质财产受到洪水和泥石流威胁，由于快速和没有规划的沿海城市化，造成卫生条件差导致健康危险，高强度的地表分割	－执行兵库行动框架（Hyogo Framework of action） －制定综合沿海保护和生计机会的绿色工程解决方案

注：* LAC是拉丁美洲和加勒比地区的英文缩写。

记录下来。

除了特殊场所产生的污染物外，运输和废弃物放置也是一项主要威胁。2000 年，全世界产生了超过 3 亿 t 废弃物，包括危险废物和其他废弃物，其中，有不到2%的废弃物出口。大约 90% 的出口废物属于危险废弃物，约 30% 为持久性有机污染物（FAO 2002）。从数量来看，主要废弃物出口（图 7.13）为铅及铅化合物，进行再生利用（UNEP 2004）。

污染场所也是过去工业和经济发展遗留下来的，是目前生产和消费方式的遗产，人们当前的生产和消费方式影响到现在和未来几代人。废弃的工业场所可能对人类和环境构成严重风险。政府在让污染者负责清理这些污染场所方面困难重重。因此，国家预算或生活在周边地区、暴露在健康风险和环境恶化下的人们不得不承担清理成本。

有时，废弃的工业场所位于以前的工厂、矿山周边相对偏僻的地区；有时，整个地区都受到这个问题的影响（专栏 7.4）。短期利润追逐、缺少规章或腐败，以及执法力度不足是污染场所导致或可能导致目前及未来环境危害的因素（UNEP 2000）。

脆弱性与人类福祉

在发展中国家，小型企业（如小冶炼厂、小矿山）、农业区域和有毒废弃物处置场所周边的化学混合物，常常对人体健康构成危害（Yanez 等 2002）。例如，世界上大约 60% 的冶炼厂在发展中国家，而发达国家则进口金属（Eurostat 和 IFF 2004）。据报道，冶炼厂周围已经出现了癌症和神经心理紊乱等健康后果（Benedetti 等 2001，Calderon 等 2001）。例如，在墨西哥的托雷翁，在铅冶炼厂附近生活的儿童中，有 77% 的铅水平是标准水平的两倍（Yanez 等 2002）。

与小型金矿采选有关的汞污染成为非洲、亚洲及太平洋地区、拉丁美洲和加勒比地区至少 25 个国家的环境及人类健康的主要危害（Malm 1998，Appleton 等 1999，van Straaten 2000）。据报道，暴露在金矿地区汞污染的人们的健康已经受到了有害影响（Lebel 等 1998，Amorin 等 2000）。

杀虫剂可以造成水污染，严重威胁农村和

图7.13 《巴塞尔公约》各方在2000年报告的跨国界废弃物的构成

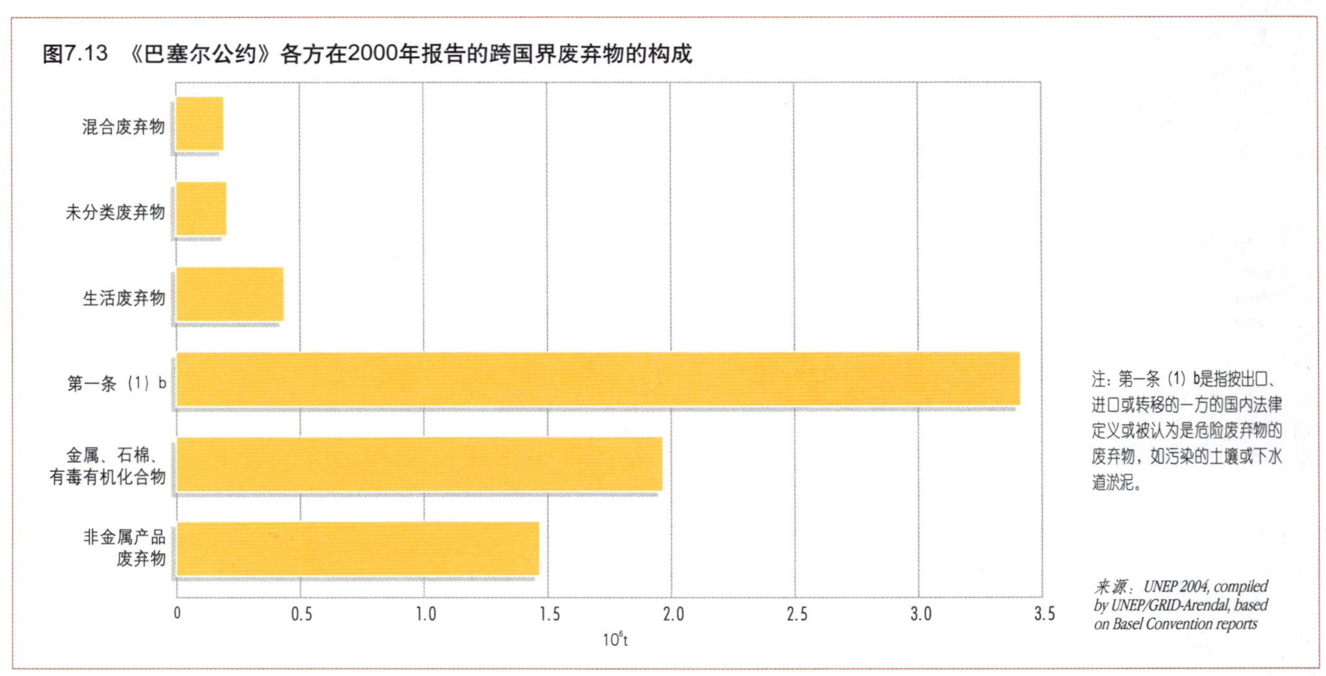

注：第一条（1）b是指按出口、进口或转移的一方的国内法律定义或被认为是危险废弃物的废弃物，如污染的土壤或下水道淤泥。

来源：UNEP 2004, compiled by UNEP/GRID-Arendal, based on Basel Convention reports

城市居民，尤其是最贫困人口的健康。有机氯化合物，如滴滴涕、狄氏剂和六六六，已经由于人类健康和/或环境原因被停止使用或禁止使用了，但仍然可以发现这些化合物被倾倒，尤其是在发展中国家。长期暴露在杀虫剂下可以增加发育和生殖系统紊乱的风险，破坏免疫和内分泌系统，削弱神经系统功能，与某些癌症的发生有关。儿童面临的健康风险比成人更大（FAO 等 2004）。

国际危险废弃物运输给当地居民带来了健康风险。例如，1998 年，约 2 700 t 工业废弃物，包含高浓度的化合物如汞和其他重金属，被非法运进了柬埔寨的西哈努克城。据估计，约 2 000 居民暴露在这些废弃物下，至少有 6 人因此次事故死亡，几百人受伤（Hess 和 Frumkin 2000）。

另一个新出现的问题就是大量电子废弃物被出口到发展中国家，在那里，工人们在

专栏 7.4 中亚 Ferghana-Osh-Khudjand 地区的污染情况

中亚的 Ferghana-Osh-Khudjand 地区（以下称费尔干纳盆地）位于乌兹别克斯坦、吉尔吉斯斯坦和塔吉克斯坦交界的区域（图7.14）。该地区是典型的中央计划经济的产物，在这里，发展计划中根本不考虑当地的条件（尤其是环境），社会进步计划通过大规模的工业化项目来实现。在费尔干纳盆地，建设的大量灌溉项目使得该地区成为棉花主要产地。由于矿产、石油、天然气和化学品生产，它也成为了重工业区。铀矿的发现导致了广泛的开采活动，该地区成为了前苏联民用和军用核项目重要的铀来源地。

容易受灾地区的人口密度、人口高增长率、贫困、土地和水资源利用、不遵守建筑标准以及全球气候变化，这些因素使得该地区尤为容易受到自然以及人为灾害的影响。各种工业设施所带来的累加风险、基础设施退化以及污染场所，不仅威胁着生活在污染地区的居民，而且对共享这个盆地的三个国家产生了跨境影响。即使过去的泄漏和事故导致了三国间的紧张局势，但官方并不认为现在的生产设施造成的环境污染会构成安全问题。

前苏联解体后，污染，尤其是在这个新的国际化流域共享水资源，引起了这三个新国家的紧张局势。各国都认为，该地区具有成为开展国际合作解决过去遗留问题的样板的潜力，然而，没有大量国际援助，当地政府要完成这一任务是不可能的。而且，缺少替代性的发展计划和无法获得环境友好技术和管理经验，有些被废弃的设施可能要重新进行生产。

来源：UNEP and others 2005

图7.14 中亚的放射性、化学及生物危害

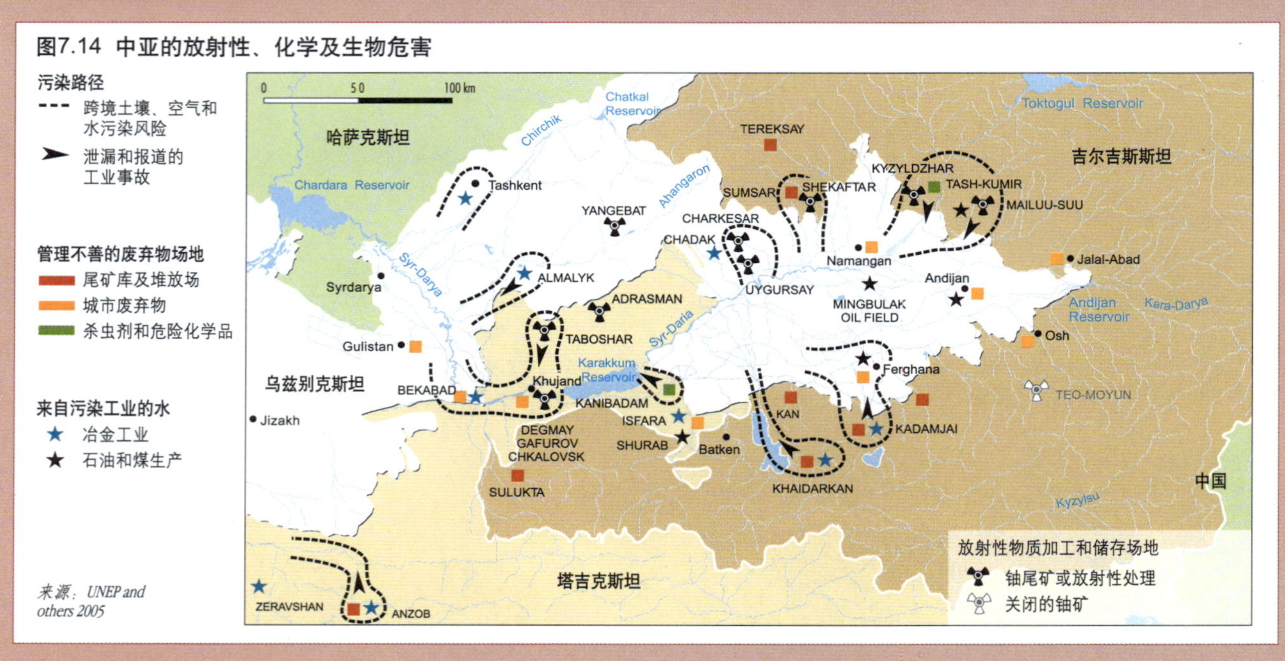

缺乏保护的情况下对这些废弃物进行回收。他们暴露在汞、铅、镉以及其他有毒化学品中（见第6章）。在中国某个进行电子废弃物再生利用的城市，沉淀物样品的重金属浓度远远超出了美国环境保护局的标准（Basel Action Network 2002）。同样，在拆卸船只进行金属回收的地方，工人们也暴露在对他们的健康造成严重风险的污染物中（Basel Action Network 2006）。

在贫困社区，常常可以找到被废弃的工厂和工业场地，它们已经成为了边缘化新移民的居所。空气、水和土地污染导致土地生产力下降，种植出的农产品不适合市场。儿童尤其会受到污染场地的威胁（他们把这些场地作为玩耍的场所）；由于生理原因，妇女也会受到健康威胁。一项在英国做的有关生活在综合污染控制场地附近人们的社会地位的调查证实，在英格兰，有证据显示，污染控制场地及其相关潜在影响的社会分布不平衡。生活在污染控制场地1 km半径内的约360万人中，利益受损最严重的人数是利益受损最轻的人的6倍。

反应

过去几年里，已经采取了一系列措施来解决有害物质和化学品对人类和环境的风险。《里约宣言》第14项原则呼吁，“各国开展有效合作，阻止或防止任何造成环境严重退化或证实有害人类健康的活动和物质迁移及转让到其他国家”。联合国人权委员会还任命了一位特别报告起草人，起草有关非法转移及倾倒有毒和危险产品及废弃物对人权造成的负面影响的报告（UN）。

为解决污染物问题，目前已经达成了17项多边协议（见第3章），再加上成立了众多的政府间机构协调机制，包括1989年《控制危险废弃物越境转移及其处置巴塞尔公约》、1998年的《关于在国际贸易中对某些危险化学品和农药采用事先知情同意程序的鹿特丹公约》、2001年的《关于持久性有机污染物的斯德哥尔摩公约》以及2006年的《国际化学品战略管理方针》。

所采取的其他反应措施也为冲突后的社会建立信任创造了机会。例如，在俄罗斯西北部进行的放射性污染物威胁联合科学评估，为俄罗斯、挪威和美国创造了交流机会，因为随着冷战的结束，超级大国开始建立联系，科学家和军事人员之间开始建立信任机制。环境问题的政治化程度很低，这促进了高度军事化和敏感区域军事人员的面对面谈话。

目前解决污染问题的方法在很大程度上取决于制度能力和政治意愿（见第3章）。未来重要行动领域包括：

- 加强国际组织监督和执行多边协议（如《巴塞尔公约》和《鹿特丹公约》）的能力；
- 推广全球环境及社会标准，避免倾倒；
- 为改善风险评估、监测、信息与交流，以及污染清理，扩大技术投资和技术转让；
- 提高公司的社会及环境责任感；
- 加大资产，尤其是技能和知识的投入，避免危险物质暴露或减轻由于危险物质暴露引起的健康影响；
- 提高国家监督和执法能力可以降低风险，提高当地的应对能力；
- 提供参与机会，改善受污染场地影响的人群的社会状况；
- 更好地将已有的国际法律原则——包括预先防范原则、生产者责任、污染者付费原则、事先知情同意和知情权原则——融入国家、区域以及全球框架内；
- 加大对工业生产和化学品影响（尤其是累积效果）的研究的支持；
- 加大对生命周期分析和环境影响评价的支持。

就污染场地而言，有效的制度，更完善的国内、国际法律，更严格地执行现行法律，是降低脆弱性的关键。这要求强有力的国内立法、执法机构共同为相同的目标而努力（Friedmann 1992）。如果得到上一级政府支持，加强国家能力的措施也有助于加强地方政府的应对能力。

提高最脆弱群体参与规划与管理的机会、为地方和上一级政府提供解决他们面临的挑战的机会，是加强他们应对能力的重要因素。让脆弱群体参与，就使他们有权表达意愿，如获得相关环境信息（正如《里约宣言》第10项原则所阐明的）和能力建设以参与治理进程。1992年召开的联合国环境与发展大会进行了机构改革，以扩大环境相关决策的公共参与。例如，《奥尔胡斯公约》（Aarhus Convention）加强了这一做法（UNECE 2005），《巴塞尔公约》和《鹿特丹公约》对于各国在污染脆弱性方面表达他们的意见是非常重要的。

扰乱旱地脆弱的平衡

在这个原型中，目前的生产及消费方式（从全球到地方层面）扰乱了在旱地上发展的人类环境交互作用之间脆弱的平衡，包含对不稳定的水供给的敏感性和干旱的恢复力。结果是产生了新层次的脆弱性。几千年来，旱地人口的生计一直依赖于这些生态系统的正确运转（Thomas 2006）。这些有恢复能力的生态系统具有相当大的生产潜力，例如，它们养活世界上50%的牲畜（Allen-Diaz等 1996）。但是，它们也逐渐面临风险。此外，管理和贸易方式意味着大量的旱地财富仍然没有利用或未有效利用，从而丧失了提高人类福祉的机会。

全球相关性

旱地分布广泛，发达国家和发展中国家都有旱地，它支持着广大的人口（见第3章）。在世界范围内，10%～20%的旱地正在退化，直接影响着旱地人口的福祉，通过生物物理（见第3章）和社会经济影响间接地影响到了其他地方的人口。包括气候变化在内的全球驱动的进程对旱地人口的福祉产生了直接影响（Patz等 2005）。

脆弱性与人类福祉

有一些因素影响旱地社区的脆弱性，它们包括：

- 生物物理特性，尤其是水资源的可获得性；
- 自然及经济资源的获得、发展水平、冲突与社会不稳定；
- 旱地与非旱地地区之间通过移民、汇款和贸易的相互联系；
- 全球管理体制（Safriel 等 2005，Dobie 2001，Griffin 等 2001，Mayrand 等 2005，Dietz 等 2004）。

生活在工业化国家（如澳大利亚和美国）旱地的人们生计选择多样，与生活在发展中国家旱地农村居民相比，他们更容易应对土地退化和缺水问题，而发展中国家农村人口直接依赖环境资源谋生，他们是最脆弱的人群。虽然土地生产率高和制造业强大，就如北美的情况，可以降低脆弱性，但自然资源和经济资源获取的分配以及参与决策程度决定了脆弱性类型（专栏7.5）。

沙漠化（见第3章）是发展与提高人类福祉面临的挑战。全球范围内，由于农业产量下降，每年损失的可耕地面积为60 000 km²，损失收入约420亿美元（UNDP和GEF 2004）。自1975年以来，干旱发生率增加了4倍，从12次增长到48次（UNDP和GEF 2004）。在那些严重依赖农业的地方，干旱可能降低粮食安全性和减缓经济运行，减少实现千年发展目标第一项目标的机会（图7.16）。例如，在巴基斯坦，旱地正受到土壤肥力下降和洪水泛滥日益严重的威胁——这是对日益临近的危机的早期预警（UNDP和GEF 2004）。

旱地表面上的低生产潜力使得旱地不太

适合进行（水和土地）系统投资，而这种投资可以抵消土地利用的负面效果，保持它们的生产能力（见第3章）。旱地可获得的淡水资源从2000年的每年人均1 300 m³进一步减少，低于满足人类福祉和可持续发展所必需的2 000 m³的最低标准（Safriel等 2005）。在干旱和半干旱地区，预计缺水将成为社会经济发展的最大制约因素（Safriel等 2005，GIWA 2006）（见第4章）。在一些国家，饮用水供给的减少意味着妇女和女孩被迫要到更远的地方去取水。

世界上存在许多跨国界蓄水层（GIWA 2006），在某些情况下，这可能会因为缺水而增加区域紧张风险。有时，应对战略，如水密集型庄稼灌溉，会导致农村使用者与城市使用者之间以及农民与牧民之间的冲突。例如，

专栏7.5 分析旱地的各种脆弱性类型

对旱地各种社会经济及自然条件进行系统分析，可以加深对脆弱性具体类型的了解。这里，采用聚类分析方法调查脆弱性的全球分布。

采用下列指标来描述脆弱性主要的根本进程：

- 水资源紧张，表明水资源需求与可获得之间的关系；
- 土壤退化；
- 通过婴儿死亡率表示的人类福祉；
- 基础设施的获得，用道路密度来表示；
- 气候和土壤对农业的潜力。

地图图例显示了代表八个聚类的指标的量值：

+表示具体指标的高值；

－表示具体指标的低值；

0表示具体指标的中间值。

这些指标分为八类，或旱地“社会经济及自然条件分类”，用不同的颜色表示，红色表示最脆弱类，灰色表示最不脆弱类（图7.15）。湿润地区用白色表示。

分析表明，必须基于现有的知识和技术，明智而有效地利用资源：

1～6类表示所有脆弱群体（低到中等水平福祉）。

1、2类属于问题最大的，水资源紧张、土壤退化严重、婴儿死亡率高、农业潜能低以及中等基础设施。

3、4类属于大型地区，与1、2类相比，对水资源的开采程度几乎相同，而且在一些地方，土壤资源过度利用更严重的情况下，人类福祉水平更高些。这表明，脆弱性最坏的表述并不是一个必要的结局。

5、6类分析表明，水资源利用改善本身并不能保证人类福祉会得到提高。

相反，7、8类属于脆弱性最低的地区，它们只有中等程度的基础设施限制和婴儿死亡率。

来源：Alcamo and others 2003, ArcWorld ESRI 2002, CIESIN 2006, GAEZ 2000, Kulshreshta 1993, Murtagh 1985, Oldeman and others 1991

图7.15 典型旱地原型的空间分布

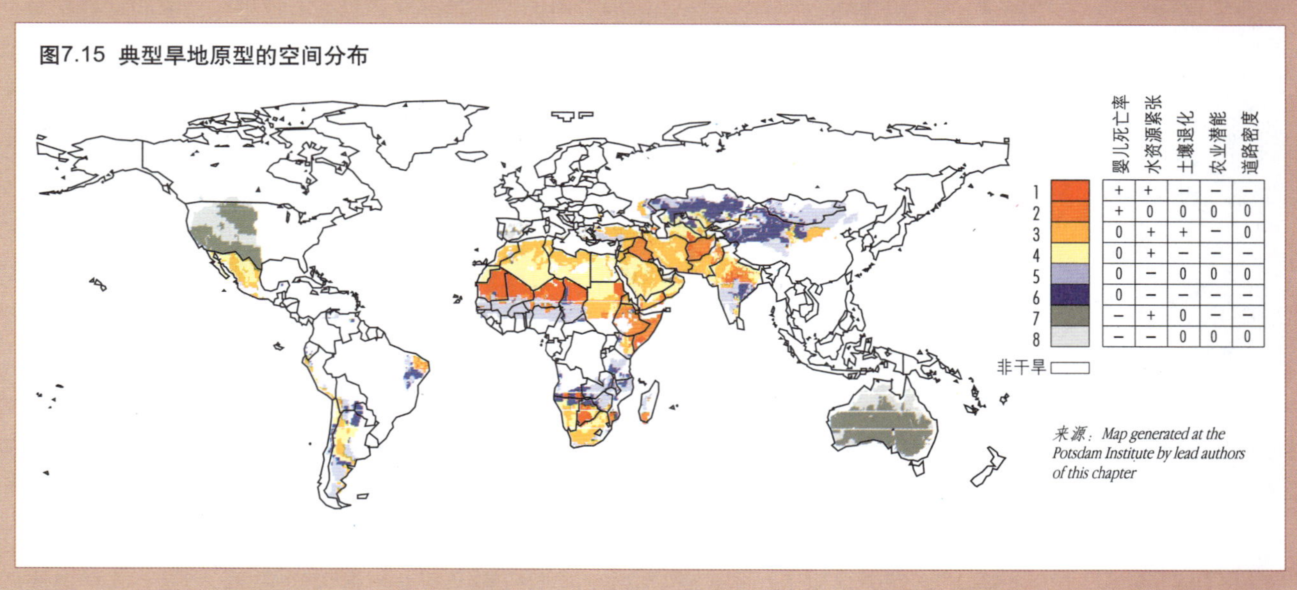

	婴儿死亡率	水资源紧张	土壤退化	农业潜能	道路密度
1	+	+	−	−	−
2	+	0	0	0	0
3	0	+	+	−	0
4	0	+	−	−	−
5	0	−	0	0	0
6	0	−	−	−	−
7	−	+	0	−	−
8	−	−	0	0	0

来源：Map generated at the Potsdam Institute by lead authors of this chapter

在美国西南部的多元利益相关者争端解决机制，包括司法体系和技术及财政资源，使大多数争端不会演变成暴力。在脆弱性高的地区（如萨赫勒），可耕地缺乏和缺水，尤其是在干旱时期，有时导致不同群体之间的暴力冲突：农村与城市、牧民与农民、一个民族与另一个民族（Kahl 2006，Lind 和 Sturman 2002，Huggins 等 2006）。

"旱地难民"迁移到新的地区（包括城市），有可能造成本地和区域种族、社会及政治冲突（Dietz 等 2004）。季节性和周期性移民对畜牧旱地人口来说是重要的应对战略。畜牧社会（各区域都有）严重暴露在生态系统变化下，这提高了他们的脆弱性，影响了他们的股本，阻碍了应对战略的实施，降低了牲畜的生产能力，并导致与其他牧民和农民社区的紧张关系（Nori 等 未标日期）。

反应

全球旱地养育着约20亿人口并保持着生物多样性，维护和恢复旱地生态能力是实现《生物多样性公约》2010年生物多样性目标和千年发展目标所必需的。《联合国防治荒漠化公约》提出了全面解决土地退化的框架（见第 3 章）。《生物多样性公约》《联合国气候变化框架公约》《21世纪议程》和可持续发展世界首脑会议以及其他多边协议成为了它的补充。

《联合国防治荒漠化公约》支持各国采取行动防治荒漠化，从土地管理中获得机会。它包括制定国家行动计划（NAP）、次区域行动计划（SRAP）和区域行动计划（RAP）。截止到 2006 年，非洲有 34 个国家、亚洲有 24 个国家、拉丁美洲和加勒比地区有 21 个国家、欧洲有 8 个国家，都制定了国家行动计划。《生物多样性公约》提供的基于平等利益共享的管理，有助于提高当地基于资源的收入。在旱地获得成功应用的有野生动植物共同管理行动计划（Hulme 和 Murphree 2001）和发展非木材林产品（NTFP）市场（Kusters 和 Belcher 2004）。政府间行动计划，包括可持续发展世界首脑会议、《联合国防治荒漠化公约》以及联合国环境规划署领导的BSP，重点是能力建设和技术转让，以加强管理、增加生产和发展市场，提供在这些成功基础上进行建设的机会。

人们广泛应用早期预警系统（EWS）以提高应对环境压力的能力。联合国环境规划署/联合国粮农组织旱地土地退化评估（UNEP/FAO Land Degradation Assessment in Drylands，LADA）系统地分析了土地退化，增进了对干旱和荒漠化进程及其影响的了解。此外，国家、次区域以及全球早期预警系统提高了对潜在食品不安全的应对能力。例如，在东非，政府间发展管理局（IGAD）将冲突监控（通过其冲突早期预警和响应机制）与环境早期预警系统（通过其干旱监控中心）联系起来，因为干旱及其他环境压力可能引起游牧民冲突。

对多种复杂的引起土地退化的原因进行有效的反应要求采取相互关联的方法、提供足够的资金和具备足够的能力（专栏7.6）。例如，努力扭转水质退化趋势受到一些因素的限制。这些因素包括：贫困、经济发展缓慢、水资源管理机构的技术、行政和管理能力不足、国家和区域法律框架不健全以及缺乏国际合作（GIWA 2006）（见第 4 章）。制定稀缺水资源的管理体制以收集雨水和径流，以及对水权利包括环境权利主张的竞争进行调停，证明是非常困难的。无法利用各种知识，包括传统的农业知识、管理和政策，意味着改善旱地农业的各种选择没有被采纳（Scoones 2001，Mortimore 2006）。资金不足，包括对国家行动计划的资金不足（White 等 2002），以及没有对早期预警作出反应（FAO 2004a），都是制约因素。

经验表明，对旱地农民的财政投资和贷款可以获得很大的回报，但是，这种做法仍

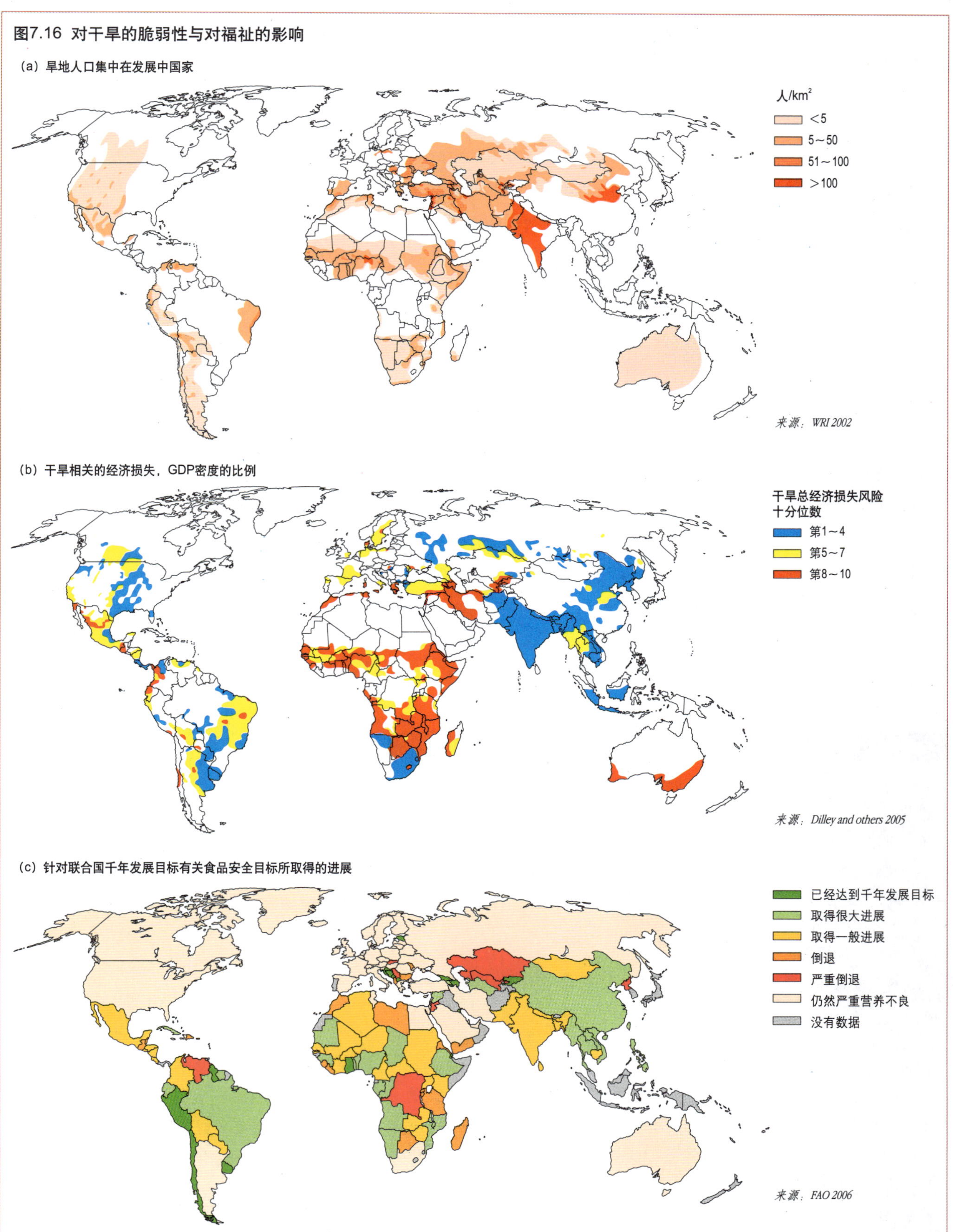
图7.16 对干旱的脆弱性与对福祉的影响
(a) 旱地人口集中在发展中国家
人/km²
<5
5～50
51～100
>100
来源：WRI 2002
(b) 干旱相关的经济损失，GDP密度的比例
干旱总经济损失风险
十分位数
第1～4
第5～7
第8～10
来源：Dilley and others 2005
(c) 针对联合国千年发展目标有关食品安全目标所取得的进展
已经达到千年发展目标
取得很大进展
取得一般进展
倒退
严重倒退
仍然严重营养不良
没有数据
来源：FAO 2006

然没有得到充分利用（Mortimore 2006）。虽然妇女在环境和农业管理中扮演了关键的角色，但她们得到的支持很有限。制度和管理因素，加上能力不足，限制生产者从旱地产品（如庄稼和非木材森林产品）中获得的财政利益（Marshall 等 2003，Katerere 和 Mohamed-Katerere 2005）。2005 年召开的《联合国防治荒漠化公约》第七次缔约方大会认识到，权力下放不够和土地使用权没有保障，削弱了管理，减少了机会。潜在的收入都让中间商赚取了：在纳米比亚，角胡麻生产者只获得了零售价格的一小部分，从与中间商交易获得的0.36%到直接与出口商交易获得的 0.85% 不等（Wynberg 2004）。

全球贸易体制，尤其是发达国家的保护性关税和农业补贴（Mayrand 等 2005），影响了发展中国家旱地生产者的收入。例如，这些关税和补贴降低了发展中国家棉花的竞争力，即使发展中国家属于低成本生产者（Goreux和Macrae 2003）。冲突也是一个抑制旱地产品和市场开发的重要因素（UNDP 2004b）。

专栏 7.6 进行机构改革，减轻旱地的贫困

肯尼亚Machakos地区长期开展的社会和生态变革被广泛认为是通过共同努力，提高旱地居民福祉的一个成功的典范。它包括解决一系列相互关联的领域：

- 生态系统管理（生物多样性保护、土壤和水资源管理）；
- 提高土地生产率（增加农产品对市场的投放、提高庄稼产量、提高产品价值和价格）；
- 土地投资；
- 社会财富（对教育投资、就业和收入机会多样化、与城市中心的联系紧密）。

20 世纪 30～90 年代，虽然人口增加了 6 倍，但通过小规模投资和扩大支持，私人农田的土壤侵蚀得到了有效控制。在同一时期，人均农产品的价格提高了 6 倍。这得益于农业技术的发展、越来越强调牲畜的生产、密集型农业、种植与牲畜生产相结合、高价值商品（如水果、蔬菜和咖啡）的生产和销售得到改善。与此同时，对教育进行投资，提供该地区之外的就业机会。

来源：Mortimore 2005

解决这些限制可以为提高福祉创造机会。可能的选择包括（见第 3 章）：

- 改进土地使用权，承认传统知识的价值，鼓励农民对水土保持进行投资，以创造一个更盈利的农业。
- 通过开展多层次的环境和开发合作，解决与资源有关的冲突，包括把所有利益相关者召集起来，就分享共有资源（如跨国界水资源）进行谈判。通过合作进行环境管理，有助于建立信任。
- 确保更公平地进入全球市场，为农业和生计多样化提供机会。

滥用全球公域

这类原型就是对全球公域的滥用所导致的脆弱性类型，它包括国家管辖之外的公海、海床以及大气。从某种意义上说，生物多样性（有关种类可以在全球公域找到）和南极洲也属于全球公域，但是这里的重点是海洋和大气。对这些全球公域的滥用导致人类和环境面临污染（如北极的重金属和持久性有机污染物）、资源消耗（如渔业）和环境变化（尤其是由于气候变化引发的环境变化）。经常发生的情况是，那些对由于滥用而导致的变化尤为脆弱的人并没有滥用全球公域。

全球相关性

“全球公域”是指不能纳入国家主权治理框架内进行管理的资源。全球公域包括地球和人类。海洋具有这样的特性，既是一个公共的（资源）来源（如提供大量的鱼类），又是一个公共的“水池”，吸纳来自船只、土地和大气的大量污染（见第 4 章）。大气是这个行星上生命决定性的（资源）来源，它既保护人类不受太阳有害辐射的伤害，提供气候系统，又为多数生物体提供维护生命所需要的含有氧气的空气。大气被严重滥用了，因为它作为一个“水池”，吸纳了人类大量活动所产生的污染物（见第2章）。

脆弱性与人类福祉

海洋生物资源为人类的饮食提供了大量的蛋白质（见第4章）。2/3的食用鱼供给来自海洋内陆水域的捕捞（WHO 2006b）。然而，渔业产量正在下降，以前很丰富的鱼种现在变得稀少了，食物网正在发生改变，沿海生态系统正受到污染并发生退化（Crowder 等 2006）。在某些地区，渔业已经崩溃，整个社区的生计遭到破坏。著名的例子就是加拿大的鳕鱼业已经崩溃。20世纪80年代初，加拿大捕捞大西洋底栖鱼类产量达到了顶峰，然后快速下降。图7.17和专栏7.7对此进行了分析，同时它也显示了渔民数量的大幅下降（Higashimura 2004）。

地中海目前已经成为了全球公域的一部分，因为许多周边国家并没有行使其建立200海里专属经济区的权力。有很高价值的金枪鱼的捕捞量在1994年达到了39 000 t的高峰，随后由于地中海过度捕捞和污染，到2002年，捕捞量下降了将近一半（FAO 2005a）。

最近，随着传统种群（如鳕鱼）减少，人们开始转向深海（深约400 m）捕鱼，而在这个深度，鱼类对过度捕捞尤为脆弱，因为它们的繁殖周期更长（见第4章）。一些深海鱼类现在已经发生过度捕捞，而且有些已经严重枯竭（ICES 2006）。只有很少的国家才能从公海捕捞到大多数鱼类（图7.18）。

许多沿海社区不具备到公海全球公域捕鱼的能力，因而他们无法获得这些资源提供的食品和收入。高技术竞争带来的小规模渔业破坏常常导致渔业枯竭的恶性循环、贫困以及文化认同的损失，它还可能引发冲突（专栏7.7）。

空气污染对人类福祉产生不良影响的一个例子表现在（通过空中和海洋）长距离地传输持久性有机污染物和重金属，这严重影响了北极的土著人口（见专栏7.8、图7.19和第6章的两极地区部分）。这些社区也对气候变化的影响非常脆弱。

专栏7.7 针对海洋资源的冲突

在国际层面，代表当地脆弱的使用者的国家与全球公域大型工业使用者的国家之间可能爆发冲突。1995年，加拿大与西班牙就大浅滩——加拿大东海岸一个丰富的渔业区——发生了冲突。国外工业拖船在捕捞大比目鱼，而这也是加拿大的纽芬兰省当地渔民维持生计的资源。加拿大政府面临当地渔民强大的政治压力，他们声称他们的生活方式受到了威胁，因为在大浅滩捕鱼的国家包括西班牙的渔民没有遵守捕捞限额。加拿大被迫在国际海域登上了一艘西班牙拖网渔船，在加拿大人再三声称他们侵入了加拿大200英里专属经济区后，逮捕了船员。西班牙谴责这一事件是海盗行为，发动了一系列公海遭遇战和外交冲突。这被称作是“大比目鱼之战”。

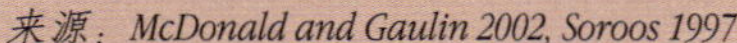
来源：McDonald and Gaulin 2002, Soroos 1997

图7.17 纽芬兰省和拉布拉多捕鱼量

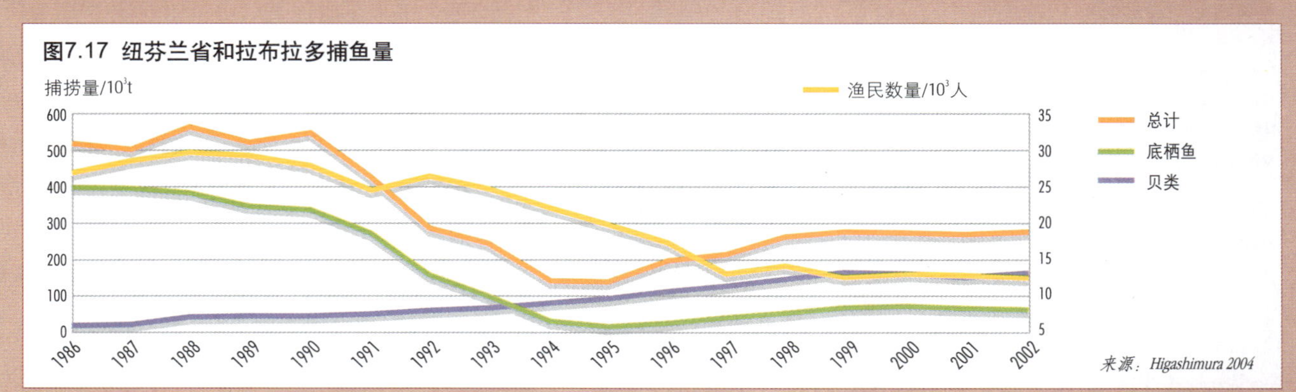

反应

190多个国家的人口在使用全球公域，但是没有一个全球机构对此执行管理体制。通过共识达成的协议常常得不到严格执行。有时，一些国家并不签署或批准这些协议，这就导致“搭便车”的问题。包括大气在内的多边协议清单如第2章表2.4所示，第4章讨论了有关海洋的国际协议。

目前已有的超越国家主权之外的海洋资源的国际协议包括《联合国海洋法公约》(UNCLOS)《联合国关于跨界鱼类种群和高度洄游鱼类种群的协议》《生物多样性公约》《预防、阻止和消除非法、未报告和无管制的捕捞活动国际行动计划》以及许多区域性渔业协议。然而，这些管理措施仍然滞后于深海渔业重复的勘探、开发、利用和枯竭。公海管理体制方面的缺失加速了深海鱼类资源的枯竭（IUCN 2005）。对渔业、水产业、海洋哺乳动物保护、运输、石油和天然气以及采矿必须采取综合的管理方法，而不是单独的管理体制。许多部门协议并不能解决不同部门间的冲突，或解决累积效应（Crowder 等 2006）。

图7.18 主要渔业国家公海捕捞量

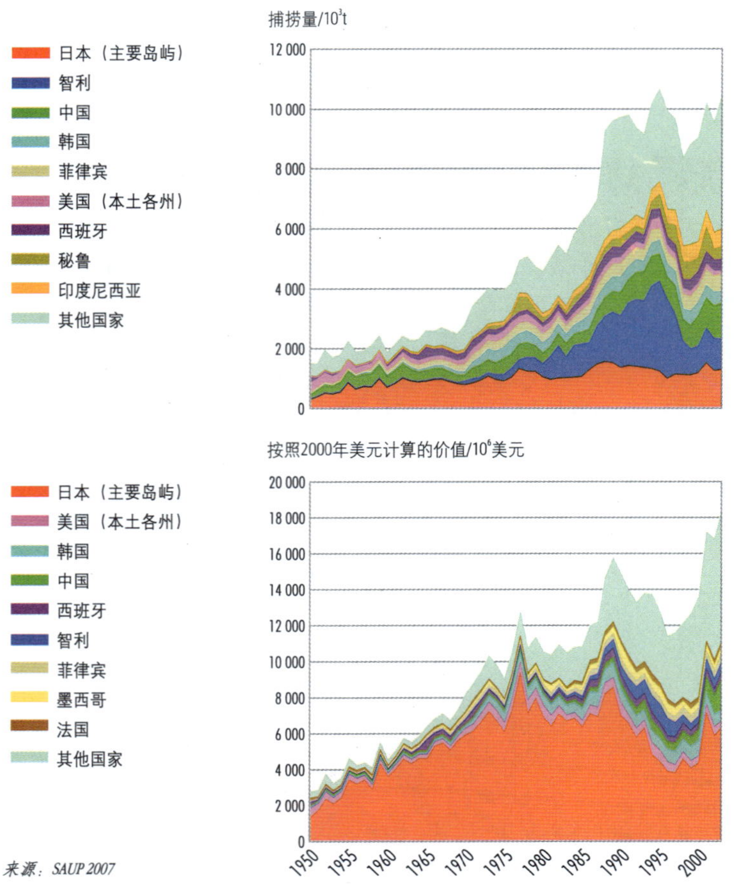

来源：SAUP 2007

国际社会在过去十年已经达成一些多边协议，以解决持久性有机污染物问题（Eckley 和 Selin 2002）。《斯德哥尔摩公约》（2001）和区域性的联合国欧洲经济委员会《远程越境空气污染公约持久性有机污染物议定书》（1998）都力求逐步淘汰一些有害物质的生产和使用。欧盟也通过强有力的政策行动减少持久性有机污染物，这些政策措施包括《保护波罗的海地区海洋环境公约》《保护东北大西洋海洋环境公约》(OSPAR) 以及《北美环境合作协议》(NAAEC)。这些相互重叠的国际协议，加上越来越多的国内规章，在很多情况下，已经使得污染程度下降，对人类健康的威胁也减少了。

目前全球还没有一个有关重金属的协议。覆盖最大地理区域的重金属协议就是1998年的联合国欧洲经济委员会《远程越境空气污染公约重金属议定书》。重金属还应遵守欧盟、赫尔辛基委员会（HELCOM）和《保护东北大西洋海洋环境公约》的规定，汞也是NAAEC的管制目标。全球为解决汞污染所作出的努力换来了汞评估（UNEP 2002a）和联合国环境规划署汞计划。重金属减排措施，如限制主要固定污染源的允许排放量和禁止在汽油里掺入铅，都有助于减少污染排放。尽管采取了这些行动，某些重金属的环境浓度似乎并没有下降，而且，有时甚至在增加，这使人不禁担心它们对人类健康的影响（Kuhnlein 和 Chan 2000）。

长期以来，海洋和大气一直在被滥用，可见的影响现在才开始缓慢出现。海洋和大气体积庞大，构成复杂，所以因果关系的滞后时间很长，它们的实际“位置”可能离人类很远。此外，国际社会的反应能力很低，保护平流层臭氧层除外。要应对这些挑战以及将这些全球公域作为人类的共有资源进行管理是非常困难的，因为全球层面的管理体制还很弱。

尽管存在这些挑战，保护全球公域的国际条约管理体制代表着空前的国际合作水平，引发了有关全球环境管理政策改革，如排放交易计划（根据《京都议定书》）和利用自然资源的惠益共享（UNCLOS）。但是，降低与全球公域退化有关的脆弱性需要采取国际条约之外的措施。应该予以密切关注的机会包括：

- 通过支持各级管理措施，将地方管理和全球管理结合起来，为负责履行全球协议的国家机构不仅仅提供资源和能力建设；
- 促使脆弱社区更多地参与全球进程，帮助成为各种知识的桥梁，建立一种行动责任文化；
- 提出长期展望，在研究努力、影响评估、决策和法律方面实现代际公平，这是扭转滥用全球公域所必需的，这也需要几年甚至几十年的渐近连贯决策和政策去实现改变；
- 关注减轻和应对措施，以对当地文化敏感的方式（如全球条约的形式），帮助对全球公域退化最脆弱社区，因为直到现在，全球条约的重点还是减少全球公域退化；
- 通过强有力的多边鱼类种群管理来解决冲突。

确保发展所需的能源

本原型是有关，尤其是依赖能源进口的国家，确保发展所需能源的努力所带来的脆弱性。过去150年里能源使用的大幅增加（Smil 2001）是促进经济和社会发展的关键因素。那些还没有从现代能源中获益的国家和人口，发展受到阻碍，因此能源安全和日益扩大能源获得已经提到国家的重要议事日程上。重要的社会功能依赖可靠的能源供给。主要的能源生产方式（集约化生产体制、化石燃料为

专栏7.8 北极土著居民

许多北极居民的人类发展指数得分不高，但他们并不认为他们的生活质量比其他社会的生活质量差。生活在北极的约40万土著人的活动基本上不会排放多少引起气候变化的温室气体，但他们却正在经受气候变化的影响。从本质上说，排放大量温室气体的国家将气候变化出口到了北极，在那里，根据北极气候影响评估，气候变化比其他地区发生得更快、更迅速，预计未来还会发生更大的变化。在该地区近400万居民中，虽然土著人只占很小的比例，但他们却是该地区大部分地方的主要居民。他们是北极受当前和未来气候变化最直接影响的居民（图7.19）（见第6章和第8章）。

北极人暴露在持久性有机污染物和重金属下，很可能会对人类福祉、土著文化和食品安全带来严重影响。持久性有机污染物和重金属与许多人类健康风险有关，包括对女性身体特征的发育和保养的负面影响（雌激素效应）、破坏内分泌功能、削弱免疫系统和影响生殖能力。有证据表明，人们暴露于传统食品中检测到的持久性有机污染物和重金属的浓度会影响人类健康，尤其是在早期发育阶段（见第1章）。

来源：ACIA 2004, ACIA 2005, AHDR 2004, Ayotte and others 1995, Colborn and others 1996, Hild 1995, Kuhnlein and Chan 2000

图7.19 气候相关变化与格陵兰岛的土著居民人体健康之间的关系

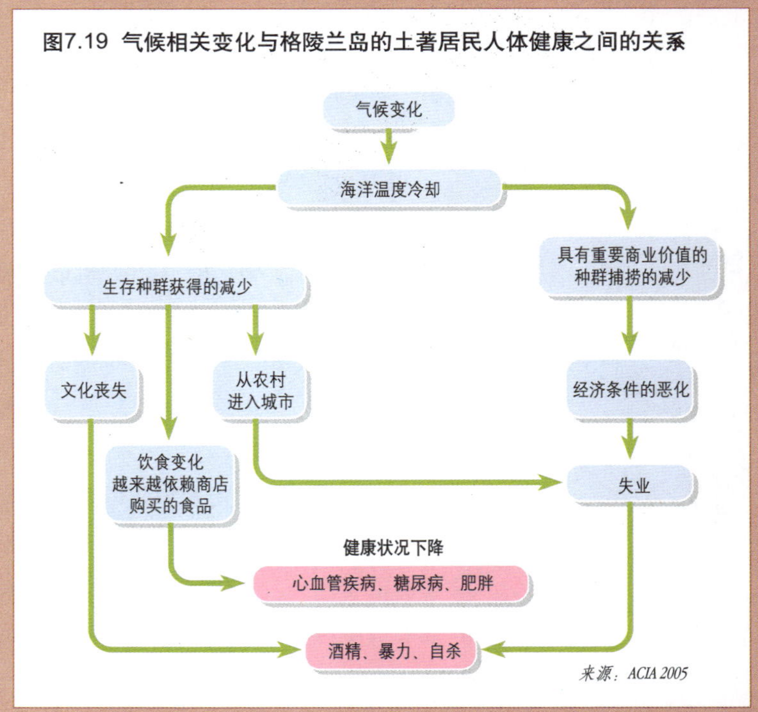

主以及缺少多样性）使得供给中断的技术风险和政治风险越来越大，成为健康和环境负面影响的主要根源。

全球相关性

20世纪70年代以来，工业化国家的国内生产总值每增长1%，就伴随着初级能源消费提高0.6%（IEA 2004）。未来二三十年里，预计多数发展中国家的能源使用有望再增长50%以上（IEA 2004，IEA 2005）。2000年，约16亿人用不上电，24亿人仍然使用传统的生物质能源，这个负担主要由妇女承担（IEA 2002）。虽然千年发展目标没有规定关于能源获得的目标，但可持续发展世界首脑会议警告说，如果得不到现代能源供给，以及在能源使用方面不发生重大改变，就很难实现减少贫困和人类可持续发展的目标（UN 2002）。

如果当前的趋势继续下去，预计石油和天然气仍然是未来二三十年主要的能源来源（IEA 2006）。由于欧洲、美国以及亚洲经济快速增长的国家之间就石油和天然气展开的竞争在加剧，能源供给安全问题越来越突出。影响能源供给安全的因素包括（IEA 2007）：

- 石油出口来自极少数国家；
- 地缘政治关系紧张；
- 对全球石油和天然气资源基地何时出现危机的不确定性，主流能源分析表明，在未来二三十年里还不可能出现，而其他人认为，石油产量现在已经达到顶峰；
- 极端天气事件对能源生产的影响，如欧洲2003年出现的热浪和墨西哥湾2005年出现的飓风。

全球约90%的人都认为温室气体排放与能源有关，为解决气候变化问题，必须向低温室气体排放的生产和消费体制过渡，发达国家和快速发展中国家尤其应该这样（Van Vuuren等2007）。

在低收入地区的能源消费总量中，石油变得越来越重要（图7.20a）。相反，在高收入国家，石油在能源使用中的比重在下降，虽然绝对石油消费量还在增加。20世纪70～80年代的石油危机导致石油的比重下降，无论是高收入国家还是低收入国家进口的石油比重却在增加（图7.20a）。20世纪70年代初以来，高收入地区的石油密度几乎减半。虽然低收入地区的石油密度也在下降，但比重仍然很高，表明石油价格波动对它们经济的影响要大得多（图7.20c）。

脆弱性和人类福祉

本书第2章分析了能源在环境污染和气候变化方面对人类福祉的冲击，以及能源在实现千年发展目标方面的重要性。对于进口能源的国家，确保廉价能源供应直接同大众利益相关联。这是关于能源的一个“脆弱性悖论”：一个国家的能源部门越不脆弱，能源问题所造成的冲击就越大（专栏7.9）。因为社会日益依赖能源，甚至可能出现“双脆弱性悖论”。能源供应脆弱性的降低和对可靠能源供应日益增加的依赖性，加大了社会面对能源供应动乱的脆弱性（Steetskamp和van Wijk 1994）。对于家庭而言，随着能源价格日益提高，能源成为一个令人关注的问题。这对于工业化和发展中国家的低收入群体产生了特别大的影响。例如，从2001年开始，英国开始实施燃料贫困战略，确认燃料贫困（特别相对于老年人）是由于低收入、缺乏提高能效措施以及高价能源等多种原因共同引起的（Burholt和Windle 2006）。

对于没有矿物燃料储备的发展中国家，供应安全是更加迫切的问题。而且它再次影响到更贫困的人群，因为运输和食品价格受到最大的影响。农村地区特别脆弱，就像通常不能应对石油价格多变性的中小企业一样（ESMAP 2005）。能源价格的上涨还导致宏观经济损失，这间接影响到大众福祉。在经合组织国家，尽管石油比重正在下降，但每桶石油上涨10美元，短期内将导致国内生产总值损失0.4%（IEA 2004）。对于最贫穷的国家，国际能源机构（2004）预测，每桶石油上涨10美元将导致国内生产总值损失1.47%。一些最低收入国家的国内生产总值损失高达4%（ESMAP 2005）。

反应

各国已经采取不同的政策选择以改善他们的能源安全，包括使能源供应多样化，改善地区能源贸易安排，通过提高能源使用效率以降低对进口的依赖，使用国内产品和替代性产品（包括可再生能源）（专栏7.10）。在大多数国家，能源基础设施的建设受到政府的广泛调控。随着许多工业化和发展中国家在过去十年的放开，这一情况已经发生了变化。欧洲内部市场在能源安全和环境方面产生了两个相互冲突的结果。一方面，它提高了能源系统的整体效率；并且创建了更节省能源技术的市场。但是，另一方面，它也进行了需要大量资本投入或者回报期更长的投资。研发更加短期化，而且研发预算被削减并且通常不符合可持续发展目标。

公共支持对于刺激新技术仍然是必要的（European Commission 2001）。许多发展战略仅仅

图7.20 对于进口能源的高、低收入国家石油安全的趋势和预测

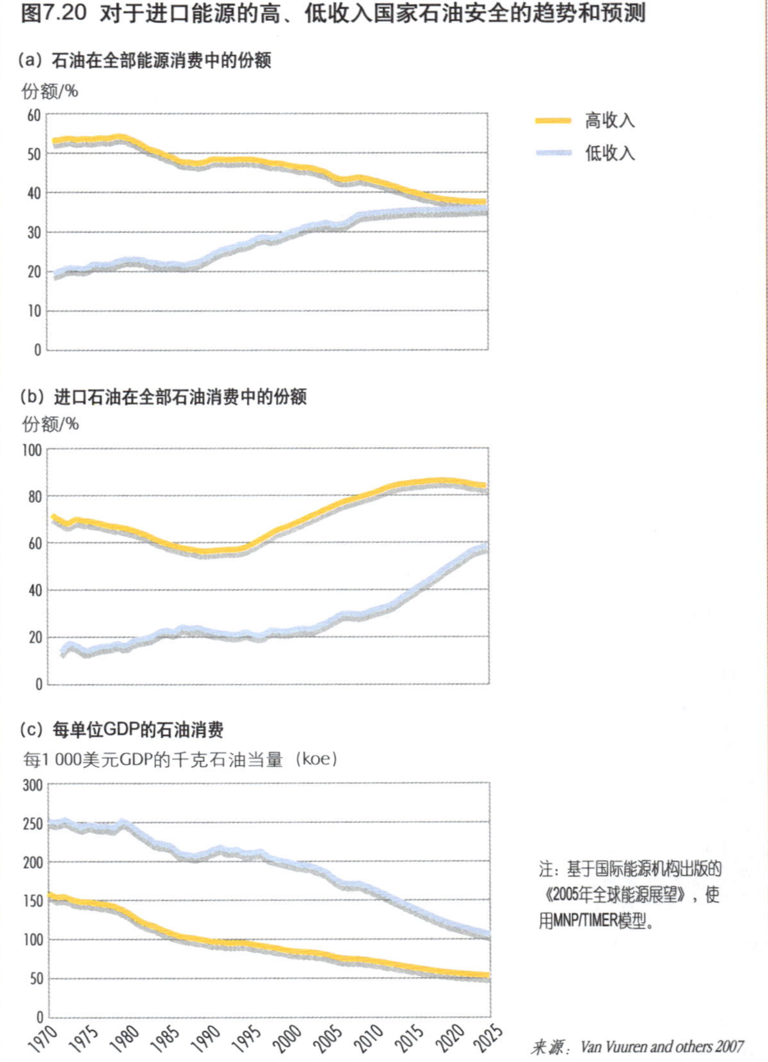

注：基于国际能源机构出版的《2005年全球能源展望》，使用MNP/TIMER模型。

来源：Van Vuuren and others 2007

专栏7.9 资源悖论：自然资源丰富、出口自然资源国家的脆弱性

在矿物燃料方面，石油输出国家有着不同的大众福祉和脆弱性挑战。生活在油井附近的人群通常受到直接的健康影响或者由于生态的恶化而受到间接的影响。在全国范围内，利润丰厚的单一商品常常削弱了推动经济多样化发展的动力，同时为管理不善和腐败提供了相当的金融温床。

“自然资源诅咒”说明许多自然资源丰富的国家在公共和私人部门呈现出的高度腐败。在虚弱或腐败的政治制度中对丰富自然资源的过分依赖降低了经济增长率。它成为人类脆弱和不幸产生的温床，并可能引起暴力冲突。

让资源财富问题脱离政治领域，这是一个健康方式，尽管也是十分困难的方式。对于石油输出国，经济的多样化发展将降低他们对输入收入的依赖。挪威这样的国家通过创设由独立中央银行管理的健康和教育基金，对大量资源租金问题进行管理。博茨瓦纳引入了社会透明政策，以对其矿产资源进行有效和公平地管理。世界银行对乍得至喀麦隆石油管道所施加的透明和社会投资条件表明了如何追求更加公平的资源租金分享的目标。对于贫穷国家，拒绝使用资源财富显然是不合理的，但是通过提高汇率，在不解除一个经济体的工业制造能力的情况下，能不能对收入进行公平和透明的使用通常处于争议中。

来源：Auty 2001, Bulte, Damania, and Deacon 2005, Collier and others 2003, De Soysa 2002a, De Soysa 2002b, De Soysa 2005, Lal and Mynt 1996, Leite and Weidmann 1999, Papyrakis and Gerlagh 2004, Ross 2001, Sachs and Warner 2001, Sala-I-Martin 1997

在大型基础设施项目的范围内涉及能源，同时能源获得问题通常受到忽视，而且其重点仅放在电力方面，燃料获得和农村能源发展没有得到重视。在联合国千年发展目标80份国家报告中，只有10份报告在涉及环境可持续的讨论中提到了能源（千年发展目标7）。在减少贫困战略文件（Poverty Reduction Strategy Papers）中，只有1/3将财政资源分配给国家能源优先项目（UNDP 2005）。可持续能源系统的实施受到一系列问题的阻碍，包括财政缺口、向矿物燃料倾斜的补贴，缺少利害关系人的参与以及监管和部门管理问题（IEA 2003，Modi等 2005）。

能源很久以来一直被认为是政府专门管理的特别物资，但在联合国系统内，除核能外，它缺少一个有组织的据点和统一的规范框架。随着可持续发展委员会在2001年、2006—2007年的会议将能源可持续发展作为大会主题，这个情况近年来已经开始发生变化。在可持续发展世界首脑会议上，能源在行动计划方面受到高度优先考虑。目标趋同的议程看来通过全球气候变化、贫困（特别是千年发展目标1）、健康和安全（CSD 2006）之间的联系正推动加强对能源的全球管理。在可持续发展世界首脑会议后，国际社会成立了一些多家利益相关方结成的伙伴关系，以执行国际能源议程的任务和目标。作为2005年在鹰谷召开的八国峰会能源行动计划的后续工作，世界银行于2006年完成了清洁能源和可持续发展的投资框架。同时，国际社会最近还通过联合国能源机构（UN-Energy），努力创设一个机制来协调能源工作；联合国能源机构是为了支持实施可持续发展世界首脑会议与能源相关的决策而成立的一个跨机构机制。

摆脱石油依赖的政策给工业化国家带来了一定影响（图7.20）。这些政策影响有限的原因之一是能源基础设施的长久生命周期（40~50年或更长时间）。这意味着数十年前的技术和投资决策已经为今天的生产和消费模式创造了路径依赖。这还意味着今天做出的决策所产生的重大影响需要数十年时间才能呈现出来，对于后代的福祉，人们很少有积极性加以考虑。

鉴于能源安全、健康和空气污染以及气候变化（见第2章）所涉及政策的协同作用的广泛程度，有许多机会以减少人们和社会的脆弱性，包括：

- 将能源政策重点放在为妇女、老人和儿童等最脆弱群体提供适当的能源服务上，以作为广泛的发展计划的一部分；
- 为最脆弱的人群提供机会，以使他们在能源问题上发出自己的声音，如在设计新的能源系统时提出他们的意见；
- 对集中和分散式技术的多样化进行投资，技术转让发挥着重要的作用；
- 同脆弱社区进行合作，加强可持续能源技术创新和生产的能力，作为创造就业机会和增强应对能力的途径。

专栏7.10 巴西乙醇计划

巴西乙醇计划（Pro-Alcool）于1975年启动，旨在回应蔗糖价格下降以及石油成本上升的趋势。从那以后，巴西发展出一个巨大的乙醇市场，并广泛使用甘蔗生产的乙醇作为运输燃料。随着石油价格的上涨，乙醇已经成为汽油高费效比的替代物，而官方的乙醇计划则逐渐停止。该项计划有助于减少对进口石油的依赖，并且在1975—2002年节省了大约520亿美元的外汇（2003年1月美元价）；创造了90万个待遇相对优厚的职位；明显地减少了当地城市空气污染和温室气体排放。随着巴西这样的国家可能扩大对欧洲、美国和日本的乙醇出口，人们日益关注大规模生物燃料生产的持续性，特别是粮食生产、保护生物多样性同种植能源作物引起的对土地资源的竞争。

来源：La Rovere and Romeiro 2003

小岛屿发展中国家应对多重威胁

小岛屿发展中国家（SIDS）在外部冲击、孤立和有限资源的情形下，面对气候变化的影响最为脆弱，这就产生了这一脆弱原型。小岛屿发展中国家很容易遭受自然灾害（如热带风暴和风暴潮）的袭击（IPCC 2007，UNEP 2005a，UNEP 2005b，UNEP 2005c）。有限的机构、人力和技术能力限制了他们适应气候变化并对气候变化和极端天气现象进行反应的能力。目前的脆弱性因为日益增长的人口而进一步地恶化。例如，大多数太平洋岛屿的总生育率超过四个孩子。国际贸易体制和世界贸易组织规则对小岛屿发展中国家提出了日益增强的要求。随着对其食糖、香蕉和金枪鱼这样的出口商品的保护性市场的通道受到削弱，商品价格下降引发经济动荡，他们对全球化和贸易自由化表现出高度的敏感性（Campling 和 Rosalie 2006，FAO 1999，Josking 1998）。

全球关联性

小岛屿发展中国家位于太平洋、印度洋、大西洋、加勒比海和南中国海地区。按照联合国环境规划署的区域划分，有6个小岛屿发展中国家位于非洲，23个位于拉丁美洲和加勒比地区，22个位于亚太地区。对47个小岛屿发展中国家的环境脆弱性指数（Environmental Vulnerability Index，EVI）的评分表明：没有任何国家被评定为弹性，并且几乎3/4的国家是高度脆弱（36%）或极其脆弱（36%）（图7.21）。环境脆弱指数是由包括联合国环境规划署在内的不同组织研究出来的。

脆弱性和人类福祉

自然危害给小岛屿发展中国家的生活和社会经济发展造成严重的消极影响。在全部5 600万人口中，相当高比例的人群经常遭受自然危害。例如，2001年，接近600万人受到加勒比海地区自然灾害的影响（见第1章图1.2）。1988年，在拉丁美洲和加勒比地区，自然灾害所造成的累计经济损失高达国内生产总值的43%（Charveriat 2000）。

海平面上升和极端天气现象的日趋频繁和严重，威胁着人们的生活并且限制了适应选择。这些压力迫使一些人放弃了他们的家园及其财产，并迁徙到其他国家。例如，新西兰就于2006年3月修改了其政府居住政策，每年允许接纳来自汤加、图瓦卢、基里巴斯和斐济的一小部分移民（NZIS 2006）。从长期看，海平面上升有可能导致大规模的移民，而大规模移民有时会导致冲突（Barnett 2003，Barnett 和Adger 2003）。放弃海岛还可能导致主权的丧失，这突出表明人们需要重新考虑传统的发展问题作为国家和区域安全问题（Markovich和Annandale 2001）、公平问题和人权问题（Barnett 和 Adger 2003）。

气候相关的危害造成了社会差异，并倾向于向贫穷和劣势人群施加更大的影响。大多数暴露于危害中的人是那些生活在环状珊瑚岛和低洼岛屿的人群，并且生活在高风险的沿岸住房中，其房屋和基础设施并没有达到有关标准。生计受到严重影响的包括那些依赖于同气候息息相关的自然资源的人们，如商业耕作和海岸旅游业（Douglas 2006，FAO 2004b 和 2005b，UNICEP 2004a，Nurse 和 Rawleston 2005，Pelling 和 Uitto 2001）。

对人类福祉造成的最严重影响包括生命

图7.21 小岛屿发展中国家的环境脆弱性评分

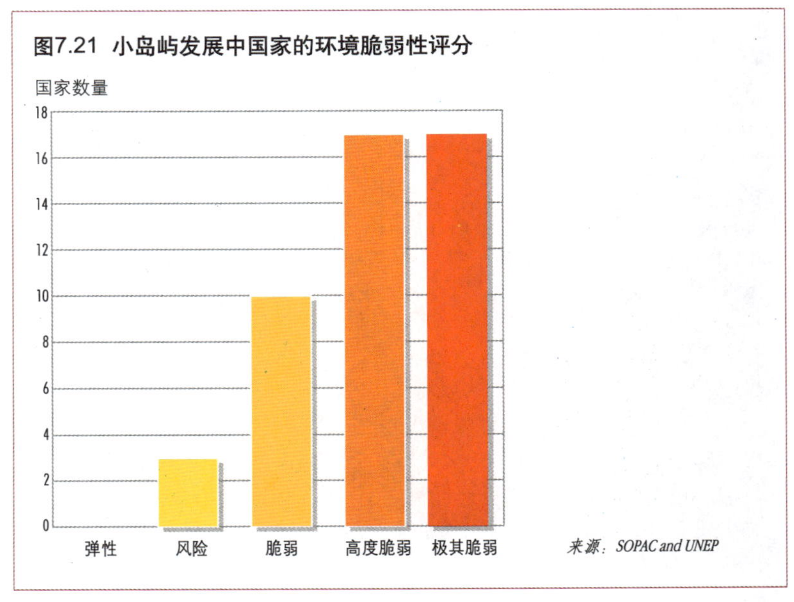

财产的丧失、迁移、日益增加的水生和媒介传播的疾病。生计和财产的丧失主要是由于受到削减或丧失的生态系统服务造成的，而这归因于反复发生的自然危害影响、海岸侵蚀造成的高产土地的丧失、土地和灌溉水的盐化、河口和淡水系统（IPCC 2007）及其他形式的环境退化，如森林的乱砍乱伐（专栏7.11和图7.22）。此外，退化和过度开发损害了珊瑚礁、海草床和红树林，而珊瑚礁、海草床和红树林构成了自然海岸保护以及人们基本生存和商业生产活动的基础（见第5章）。Hoegh-Guldberg等（2000）认为，预计到2020年，珊瑚漂白将使较小的太平洋岛国的国内生产总值下降40%～50%。而且，由于外来物种的入侵，小岛屿发展中国家将面临生态多样性的损失及对农业的冲击。

不断恶化的资源通道导致社会、国家和区域层面上日益激烈的竞争，尽管这些压力的空间分布不同（IPCC 2007，Hay等 2004，UNEP 2005a，UNEP 2005b，UNEP 2005c）。更多的压力，包括对传统资源占有的侵蚀和土地权利安全产生的社会压力，被突出作为一些海洋生态系统管理的关键问题（Cinner等 2005，Graham和Idechong 1998，Lam 1998）。

更频繁地暴露于自然危害之中可能给旅游基础设施和投资带来消极影响，并且可能减少旅游方面的收入。有时候，旅游给生态系统带来更大的压力（Georges 2006，McElroy 2003）。在一些沿岸地点，由于对自然危害影响和气候变化效果缺乏足够的考虑，在风险较大区域进行的不适当开发表明了适应方面的失败。

反应

认识到小岛屿发展中国家的脆弱性，国际社会于1994年通过了《小岛屿发展中国家可持续发展巴巴多斯行动计划》（Barbados Programme of Action for the Sustainable Development of Small Island Developing States）。可持续发展委员会于1996年和1998年对巴巴多斯行动计划的实

专栏7.11 灾害预防和福祉

图7.22表明了面对自然灾害的脆弱性和贫困之间的联系。在有财力支持的情况下，一个国家可以更好地组织人民，预防自然灾害。据更详细的资料表明，2004年，飓风Jeanne在海地夺走了2 700人的生命，但同时在多米尼加共和国，只有不到20人丧命。这并非巧合。多米尼加共和国平均富裕程度是海地的4倍，在教育和培训方面得到了很好的准备，并且受益于得到改进的基础设施和房屋。

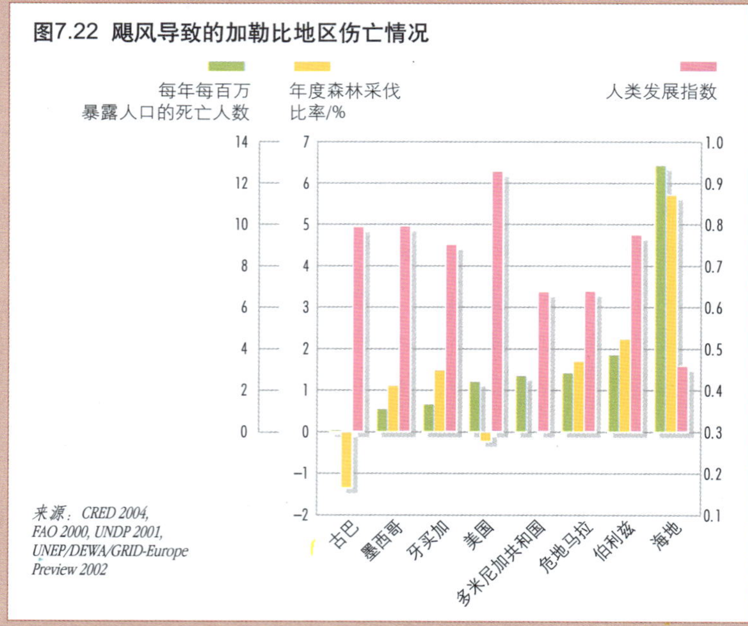

图7.22 飓风导致的加勒比地区伤亡情况

来源：CRED 2004, FAO 2000, UNDP 2001, UNEP/DEWA/GRID-Europe Preview 2002

以下卫星图片表明了另外一个因素，即环境退化。多米尼加共和国森林覆盖率超过28%，同时海地的森林覆盖率从1950年的25%下降到2004年的1%。在这张照片中，乱砍滥伐的海地位于左边，同时多米尼加共和国是位于右边的更绿区域。绿色环境非常重要，因为许多受害者是淹死或者死于泥石流，而这一现象受到土地表面变化的强烈影响。

致谢：NASA 2002

施情况进行了审核。2005年在毛里求斯举行的联合国大会也审核了巴巴多斯行动计划，这次大会的开幕词指出，国际支持和资源的减少阻碍了该行动计划的实施。2005年大会通过了《毛里求斯战略》(Mauritius Strategy)，该战略对小岛屿发展中国家的可持续发展，确定了综合性多边议程。

关于海岛入侵外来物种的合作行动计划(Cooperative Initiative in Invasive Alien Species) 涉及威胁生物多样性的入侵物种，以及农业和人类福祉。创新型行动计划将生态旅游同消除外来入侵物种结合起来（专栏7.12）。

一些适应方案在小岛屿发展中国家得到实施的同时，一些具体的适应战略为更有效的适应提供了机会，包括利用基于典型地区或文化条件的传统知识。例如，传统食品保存技术（如埋藏和熏制食物以便在干旱时期使用）可以保障农村地区的食品安全。专栏7.13给出了一个基于社区的海洋资源管理的案例，它既改善了沿海资源，又提高了人类福祉。传统的建筑材料和设计有助于减少自然危害所造成的基础设施损害和损失。可再生资源，如生物燃料（如甘蔗渣）、风和太阳能，表明能源多样化及为小岛屿发展中国家改进能源资源的可能性和能源供应的巨大潜力。这还可以在面对反复出现的极端天气现象时提高恢复能力。

为了实现成功地改善小岛屿发展中国家人类福祉的重要目标，脆弱性和适应性评估有必要纳入到国家政策以及所有层面和规模上的发展活动中。目前有一些方案可以减少脆弱性并在小岛屿发展中国家积累能力。

- 加强早期预警系统以支持灾难预防和风险管理系统(IFECRCS 2005)，有助于对短期变化的适应（Yokohama 战略、1994年安全世界行动计划和Hyogo框架）（专栏7.14）。
- 改善应对气候能力和长期发展的综合

专栏 7.12 生态旅游：承担控制入侵外来物种的成本

在许多小岛屿发展中国家，旅游是主要的经济活动。塞舌尔通过将生态旅游同本地物种恢复联系起来，为发展和环境创造了一个“双赢”模式。

两个入侵物种，*Rattus rattus* 和 *R. norvegicus*（两种外来老鼠）严重影响了塞舌尔当地物种多样性。在塞舌尔中部（41个岛屿），6个物种和1个陆地鸟亚种受到老鼠的危害和威胁。灭鼠对于重新建立支持生态旅游的本地鸟群具有重大意义。

生态旅游部门寻求把该地列为自然保护区。通过获得自然保护区域的地位，以维持一个没有食肉动物的岛屿，政府已经成功地将私营部门纳入了对入侵外来物种合作行动计划。为了在未来获得可持续的旅游收入，三个岛屿的旅游经营者自己出资接近25万美元，参加灭鼠计划。

来源：Nevill 2001

专栏7.13 斐济基于社区的保护计划，将海洋保护和资源补充结合起来

在斐济许多地方的沿岸海洋资源由于商业捕捞和维持基本生存的捕渔活动而受到过度利用。这些活动严重影响了农村社会——大约占斐济90万人口中的一半——依靠共同的海洋资源以维持他们简单生存的传统生活方式。食品安全和供给已经减少。例如，捡拾泥滩的妇女需要花费更多努力来收集蛤这样的维持简单生存的食物。30%～50%的斐济家庭生活在国家贫困线以下。

为了回应这些关切，斐济已经建立地方管理海洋区（LMMA）；并且加强了传统海洋资源管理，以让海洋恢复和补充资源。社区同Qoliqoli（被正式确认为传统捕捞权区域）进行了合作。对这些捕捞区颁布了临时禁渔令和禁令（不得捕捞某些物种）。一般，社区从分配给村庄捕捞水域中留出10%～15%以保护产卵和过度开发区域，以进行休养生息。社区从外部获得技术支持，但他们自己作出决策，使地方管理海洋区完全不同于海洋自然保护区或海洋保护区。珍贵的地方物种，如红树林龙虾每年增产250%，这在Ucunivanua村庄的禁令区域的外围所产生的溢出效应高达120%。建立地方管理海洋区提高了家庭收入并改善了营养状况。

斐济地方管理海洋区实践取得成功后，村庄已经加大了对政府的压力，以将全国410个Qoliqoli的法定所有权归还给它们传统的所有人。

来源：WRI 2005

规划，特别是生计财产规划，使当地人方便地获得资源。水资源和综合海岸带管理（ICZM）将有助于提高脆弱社区的适应能力（UNEP 2005a，UNEP 2005b，UNEP 2005c）。这就要求政府管理机构考虑可能的长期变化。

- 使用参与性方式以将传统的生态学知识纳入保护和资源管理中，并使社区能够进行灾难预防和资源管理。
- 对降低脆弱性的技术进行开发，可以从“控制自然”转移到“同自然相互合作”模式上。这包括对影响和适应选择进行评估的技术和能力，记录传统问题处理机制以及寻找替代性能源解决方案。
- 对改善区域合作进行投资可以更好地应对环境挑战，并提高应对能力。一个例子是成立和加强全球和区域机构，如小岛屿国家联盟（Alliance of Small Island States）和印度洋委员会（Indian Ocean Commission），从而建立起环境压力的早期预警系统。
- 在国家、区域和国际层面上加强合作和伙伴关系，包括在实施活动和执行多边环境协议时共同使用资源（Hay 等 2003，IPCC2001，Tompkins 等 2005，smith 等 2000，Reilly 和 Schimmelpfennig 2000，IFRC 2005）。
- 在国际谈判中认识到：一旦气候变化影响到环状珊瑚岛国家，联合国《人权宣言》中所规定的基本权利将处于危险之中（Barnett 和 Adger 2003）。

利用技术方法处理水问题

对自然环境进行大规模改造的大型水利项目，如果计划或管理不善，可能造成另一个脆弱性原型。这样的例子包括一些灌溉和排水项目、开凿运河和引水工程、大型海水淡化厂和大坝。大坝项目可能是最明显和重要的例子，尽管许多结论通常适用于另外的脆弱性，包括水管理项目。大坝具有积极和消极的双重影响：它们满足人类需求（用于食品安全的水和可再生能源）并通过提供洪水控制对既有的资源进行保护。然而，它们可能通过河流分割（见第 4 章、第 5 章）对环境和社会结构产生严重的影响。一些大坝在没有产生重大消极影响的情况下提供了好处。但是由于大坝规划和管理不善，没有适当考虑水坝对社会和生态系统的影响，许多大坝都产生了明显的不利影响。这是当前以技术为中心的发展模式的结果（WBGU 1997）。减少脆弱性意味着或者减少这些项目的消极后果，或者寻

专栏 7.14 兵库行动框架

灾害减少战略只需通过最简单的措施就能拯救生命和保护生计。认识到这一点并认识到减少自然灾害需要更多努力，各国政府于2005年1月通过“2005—2015年兵库行动框架”，以加强国家和社区应对灾难的（恢复力）弹性。该框架确定了战略目标和减少自然灾害的五个优先领域。其中，第四优先领域针对的是环境和自然资源管理问题，以降低风险和脆弱性。它鼓励对生态系统的可持续利用和管理，并将关注气候变化纳入具体风险减少措施的设计中。

为了实现千年发展目标，必须减少自然灾害的负担。减少自然灾害风险的政策应纳入发展规划和项目中，纳入特别是同消除贫困、自然资源管理和城市发展有关的多边和双边发展援助中。可以通过国际减灾战略（International Strategy for Disaster Reduction，ISDR）来降低自然灾害的风险，国际减灾战略是由各国政府、非政府组织、联合国机构、资助机构、科学界和减灾界其他利益相关方组成的伙伴关系。

来源：UNISDR

找替代性方法以满足对能源、水资源和防洪的需求（见第1章专栏1.13关于通过拆除大坝恢复生态系统的内容）。

全球相关性

这里描述的动态机理发生在世界范围内。重要的例子就是经过规划的西班牙埃布罗水坝、美国西南部的大型水资源管理项目、印度的纳尔默达（Narmada）水坝、非洲的尼罗河大坝和中国的三峡大坝。在20世纪修建的重大水利灌溉项目以及新建的多功能超大型水坝（高度超过60 m），对水资源产生了重大的影响。在140个国家有超过45 000座大坝，其中约2/3位于发展中国家（WCD 2000）。现在的趋势是新建大坝数量逐年下降，但同时超大型水坝数量则没有出现下降。新大坝建设的地理分布继续从工业化国家向新工业化和发展中国家转移（ICOLD 2006）。这些大型设施的影响很少局限于当地，具有长远的甚至是国际影响（见第4章）。

脆弱性和人类福祉

目前，大坝通常在发展中国家的偏远地区修建。大坝建设项目将周边地区纳入世界市场，这使当地人群社会条件发生了广泛的转变。因此必须考虑建设大坝的社会后果，这些后果可能包括当地居民的搬迁、经济差别的强化和国内及国际冲突（McCully 1996，Pearce 1992，Goldsmith和Hildyard 1984）。根据估算，自1950年来，由于修建大坝，全世界4 000万～8 000万人被迫离开家园。由于缺少利益相关方参与规划和决策，以及缺少对大坝建设项目利益的分享，强制搬迁使当地人在发展中进一步边缘化和沦为受害者（如Akindele和Senyane 2004）。大坝建设所获得的利益分配（发电和农业灌溉）可能非常不均衡，促使社会和经济差别及贫困进一步扩大。

差别和贫困进一步扩大可能导致和增加紧张关系，并升级为国内和国际冲突（Bachler等1996）。尽管大范围有组织的暴乱很少出现，但对大型水利项目的地方性抗议却十分普遍。尽管政治高层注意到国家之间的“水战争”，与冲突相比，国家间在20世纪后50年中的合作更为普遍。对1948—1999年围绕水资源的双边和多边国与国互动的综合分析可以发现：在超过1 830个事件中，28%是冲突，而67%是合作，剩余5%是中性或不明显的（Yoffe等2004）。国际水合作机构（如流域委员会）促进了国际合作。例如，位于阿根廷、巴西和巴拉圭的伊泰普（Itaipu）水坝和科珀斯克里斯蒂（Corpus Christi）大坝。在一些情况下，促进合作的关键显然是通过外部的促动，通过对水资源主张竞争性的权利，以确认对水的需求，打动当事方，并最后谈判解决水资源利益的分享（Sadoff和Grey 2002）。这方面合作的案例也包括赞比西河、尼日尔河、尼罗河和莱茵河。

其他对人类福祉的消极影响是以水生带菌体形式出现的健康危害（如蚊子和蜗牛），这是由于河流径流的变化而发生的。它加剧了疟疾和其他疾病在亚热带和热带许多地区的风险。图7.23表明，在加纳的巴拉基斯（Barekese）大坝附近的四个村庄，村民的水生疾病与到大坝的距离存在着联系（Tetteh等2004）。在离大坝超过4 km的Hiawo Besease村，在大坝修建后，村民健康状态没有出现任何变化。但在其他三个村庄，距离大坝仅仅1.2～1.5 km，在大坝修建后，村民的健康状态出现了下降。

反应

2000年，世界大坝委员会（WCD）评估了大坝的开发效率，并为建设大坝制定了国际指南。其最终报告（WCD 2000）确认了五个核心价值并制定了七个战略优先事项（表7.3）。

人们关注的一个重要问题是发挥生物多样性保护（《生物多样性公约》《拉姆萨湿地公约》和《迁徙物种公约》所关注的问题）和发展之间的协同效应。作为世界大坝委员会框架的后续工作，2001年发起了联合国环境规划

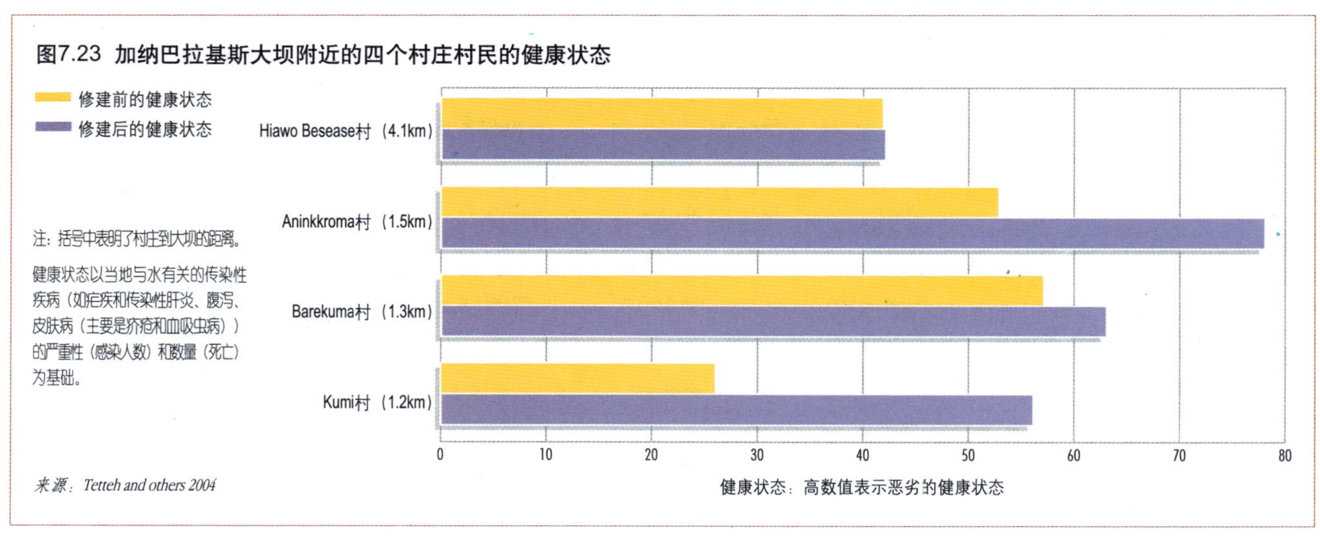

图7.23 加纳巴拉基斯大坝附近的四个村庄村民的健康状态

注：括号中表明了村庄到大坝的距离。

健康状态以当地与水有关的传染性疾病（如疟疾和传染性肝炎、腹泻、皮肤病（主要是疥疮和血吸虫病））的严重性（感染人数）和数量（死亡）为基础。

来源：*Tetteh and others 2004*

署大坝和发展项目（UNEP-DDP）。认识到在许多发展中国家，水电和灌溉仍然是满足能源和食品安全需求的当务之急，联合国环境规划署大坝和发展项目将重点放在如何可持续地支持大坝的建设和管理上。在国家和次区域层面上，越来越多国家在建设大坝前通过接受对大坝项目进行环境影响评估，来做出积极反应（Calcagno 2004）。在1997年召开的关于对国际水道的非灌溉利用的联合国大会，认识到了河流共享的管理趋势，为解决这些关注点创造了机会。

尽管如此，这些措施的有效性是混合的。在一些地方，利害关系方对大坝的规划和开发的参与、透明和责任的期望正在发生变化。世界大坝委员会的建议为非政府组织试图影响政府决策提供了新的和权威的参考点，但是其成功的程度却不尽相同。人们日益认识到国家之间进行合作的价值，但是实际上，这以不同的方式展开。例如，在土耳其充满争议的伊利苏（Ilisu）大坝，由于该大坝突出的经济和社会问题，以及很难满足从英国政府获得2亿美元的出口信贷保证条件，欧洲几家建设公司退出了这个项目，导致该项目在2001年陷入停顿。相形之下，世界银行和非洲开发银行尽管遭到跨国非政府组织的强烈反对，英国、法国、德国、瑞典和美国的双边金融机构先期退出项目，两家银行仍然向有争议的乌干达Bujagali大坝建设项目注资5.2亿美元（IRN 2006）。

一些相关国际政策动议涉及未得到充分和

表7.3 世界大坝委员会的一些发现

确认了五个核心价值	制定七个战略优先事项
■ 公平	■ 获得公众接受
■ 效率	■ 综合选择评估
■ 参与性决策	■ 关注现有大坝
■ 可持续性	■ 河流和生计的可持续性
■ 问责制	■ 确认权利，分享利益
	■ 确保遵守
	■ 为了和平、发展和安全，分享河流

公平满足的水资源需求问题（见第6章）。关于确保环境可持续性的千年发展目标第7项目标的一个重要方面就是将“不能可持续地获得安全饮用水的人口减少一半”。执行计划促进提供廉价和社会及文化上可接受的技术和实践。根据《世界水资源展望》(World Water Vision) 的建议，可以通过混合建设一些大型和小型水坝，补充地下水资源，利用传统和小规模水存储技术、雨水收集以及湿地水资源存储等措施来满足上述这些需求（专栏 7.15）。

很明显，适应不良和供应型导向的技术模式至少在中期尚不能够实现所期望的发展目标。

精心计划的水资源管理能够减少脆弱性并有助于发展。以下是一些选择（见第 4 章）：

- 提高水资源的可获得性，以满足家庭和农业生产需要。应该在水资源分配方面给予更多关注。
- 在流域管理中增加更有效的当地参与机会，因为地方权利和价值有可能同国家的权利发生冲突。这就要求有支持性和包罗万象的制度及管理程序。
- 贸易，包括通过进口粮食来进口“实质用水”，这可以在干旱地区替代灌溉水的消费。
- 改善合作型的流域管理能够增加发展机会并减少发生冲突的可能性。成立跨境流域机构将提供培养环境相互依赖的重大机会，从而促进合作，并有助于预防冲突。2000 年签订的《南部非洲发展共同体水资源议定书》(The SADC Water Protocol)、《尼罗河流域行动计划》(NBI) 和尼罗河流域管理局 (NBA) 是非洲河流沿岸居民及利益相

专栏 7.15 用小型集水替代大型水利项目

作为对灌溉用水的大型水库充满前景的替代选择就是小型集水管理，它以分散方式直接利用自然径流。一个好的例子就是在突尼斯所采用的水资源收集技术，包含古代的梯田和集水浅井 (jessour well)。这些分散化的技术允许在干旱地区种植橄榄树，同时保养甚至优化土壤。而且，对泥沙的有效控制减少了下游洪水的危险。

来源：Schiettecatte 2005

在突尼斯南部靠近塔塔维纳省（Tataouine）用于收集水和控制地表漫流的传统梯田。

致谢：Mirjam Schomaker

关方就水资源和发展确定共同远景的良好案例，同时也结合一些国际法律规范，如事先知情原则和不得引起任何重大损害原则。

- 投资开发当地能力并利用替代性技术，可以提高水资源的可获得性和利用。这一战略是提高应对能力的重要方式，并将确保考虑对常规大型解决方案的广泛替代选择（专栏7.15）。

沿海地区快速的城市化

在生态敏感的沿海地区快速但未经过精心规划的城市化将增加对沿海危害和气候变化影响的脆弱性。最近几十年，世界上许多沿海地区经历了重大、有时候是极其快速的社会经济和环境变化。有限的制度、人力和技术能力导致严重的危害影响，并且限制了许多沿海社区，特别是发展中国家沿海社区，适应变化条件的能力。

全球相关性

世界上许多沿海地区已经经历了人群及社会和经济活动的快速集中（Bijlsma等 1996，WCC93 1994，Sachs 等 2001，Small 和 Nicholls 2003）。沿海地区的平均人口密度是全球平均人口密度的2倍（UNEP 2005d）。全世界有超过1亿人生活在不超过海平面1 m的地区（Douglas和Peltier 2002）。在世界33个超大型城市中，26个位于发展中国家，21个位于沿海地区（Klein等 2003）。图7.24表明沿海人口和海岸线的退化。

许多发展是在暴露于风暴、飓风、涨潮、海啸和洪水这样高度海岸自然危害下的低洼泛滥平原、江河三角洲和河口的地方进行的。在许多城市，当前正对容易受洪水影响的前工业滨水区域进行分区规划，以满足对房屋的巨大需求。这样的例子包括新纽约的布鲁克林区和皇后区（Solecki和Leichenko 2006）及英国的泰晤士河通道——一个沿着泰晤士河、处于伦敦和泰晤士河口之间的60 km长的走廊。目前这条走廊正在经历大规模的城市改造。

在高风险的海岸地区，如果城市规划不善和开发不恰当，再加上快速的人口增长、海平面上升和其他气候变化影响，就会显著提高沿海危害对社会经济的影响。EM-DAT关于极端天气事件的全球数据表明（图7.25）：20世纪90年代极端天气事件造成的经济损失是50年代的10倍。1992—2001年，洪水是最频繁发生的自然灾害，夺走了近100 000人的生命并影响了超

图7.24 沿海人口和海岸线退化

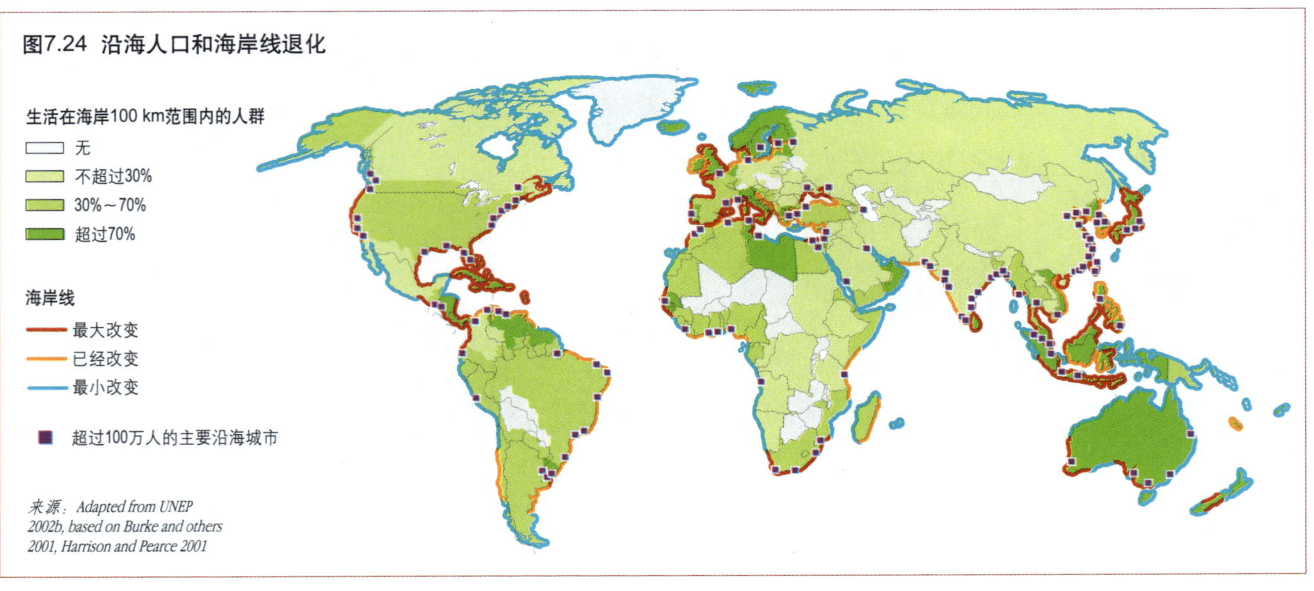

来源：Adapted from UNEP 2002b, based on Burke and others 2001, Harrison and Pearce 2001

过12亿人口。Munich Re（2004a）在他的论文里记录了自然灾害给超大型城市造成的日益增加的潜在损失。其中只有很少比例的损失进行了投保。

预计环境变化将使许多沿海城市地区暴露于上升的海平面、日益增加的侵蚀和盐化及湿地和沿海低地退化等威胁下（Bijlsma 等 1996，Nicholls 2002，IPCC 2007）。人们还关心气候变化可能会增加一些区域发生沿海风暴和飓风的强度和频率（Emanuel 1988），但在这一点，科学界并未达成一致意见（Henderson-sellers 等 1998，Knutson 等 1998）。在近期对风暴潮进行的全球评估中，尼科尔斯（Nicholls）（2006）估算的结果表明：在1990年，大约2亿人生活在对风暴潮脆弱的地区。北海、孟加拉湾和东亚被认为是显著热点地区，但其他地区，如加勒比海和北美洲的部分地区、东非、东南亚和太平洋国家也对风暴潮十分脆弱（Nicholls 2006）。

扩大在沿海地区的开发将导致沿海生态的分割和向其他利用的转变，包括基础设施和水产业的发展以及水稻和盐业生产（见第4章）。这对生态系统及提供生态服务的能力产生了不利的影响。世界粮农组织对世界红树林状态的评估发现，从1980年开始，全世界的红树林面积已经减少了25%（见第4章和第5章）。

脆弱性和人类福祉

城市化增长和对自然灾害日益增加的脆弱性之间的关系得到了广泛的宣传，但在很大程度上是由于农村向城市的移民，这并非是在发展中国家独有的现象（专栏7.16）（Bulatao-Jayme 等 1982，Cuny 1983，Mitchell 1988，Mitchell 1999，Smith 1992，Alexander 1993，Bakhit 1994，Zoleta Nantes 2002）。对于那些为城市进行综合规划，在机构、人员、财政和技术能力方面面临严重限制

图7.25 自然灾害引起的全部损失和保险损失

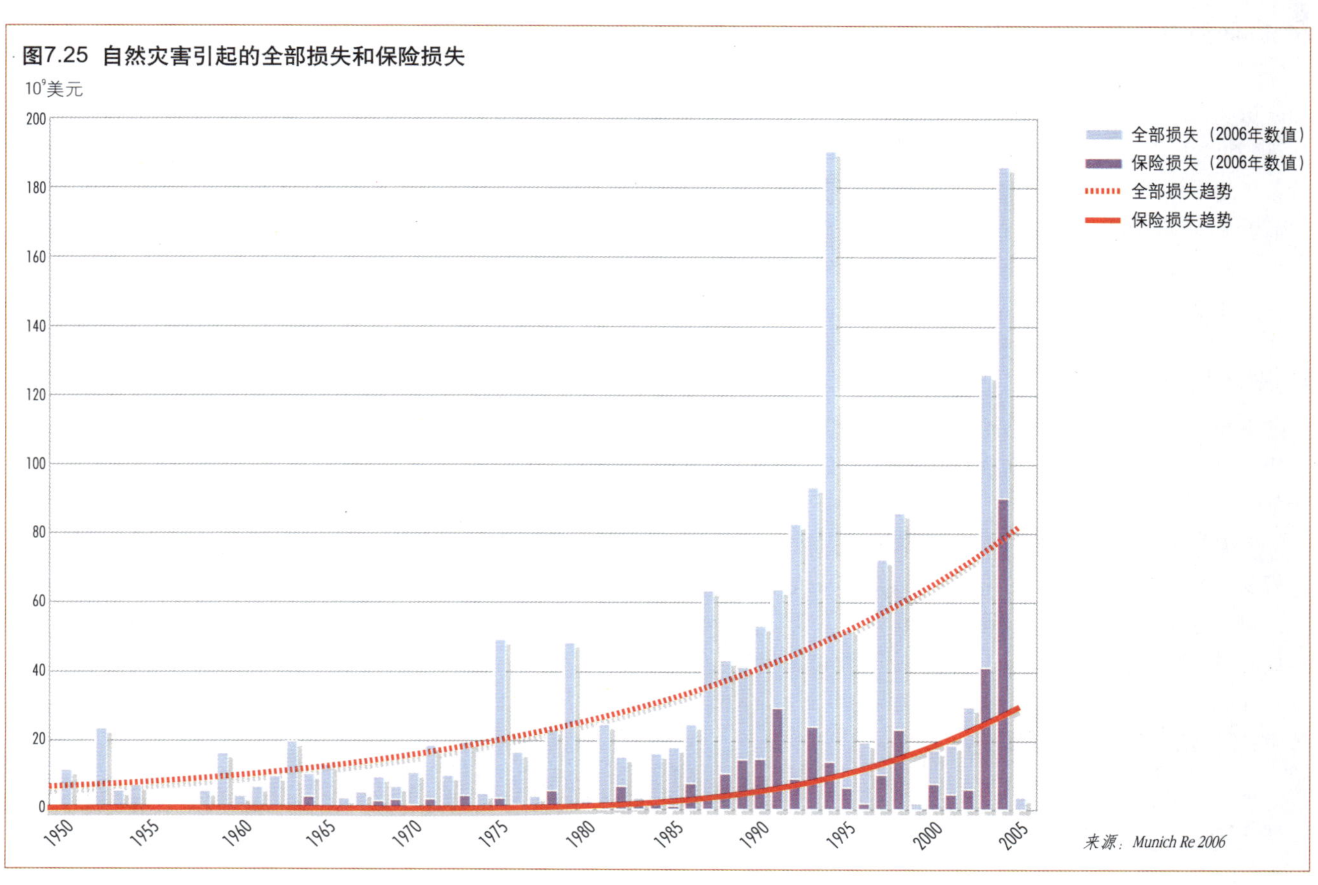

来源：Munich Re 2006

的城市来说，这经常造成不利影响。由于缺少廉价的房屋，贫穷的移民倾向于居住在非正式住房中，这些住房通常位于城市中最糟糕和最危险的地带。根据联合国人居署（2004）的资料，世界上10亿多贫穷人口中超过7.5亿人生活在城市地区，但没有足够的居住场所和基本服务。由于不安全的生活条件、缺少稳定的生计和可获得的资源及社会关系网络，被排除在决策过程外，这一切都限制了贫穷的城市人口应对一系列危害的能力。

对未来面临沿海洪水风险的人数预测结果也有很大不同，但是所有预测都表明人数的明显增长。例如，尼科尔斯（2006）预测，生活在对风暴潮洪水十分脆弱的地区的人数到21世纪20年代要比1990年增加近50%（或2.9亿人）；而Parry等（2001）预测，到21世纪50年代由于气候变化，大约又有3 000万人将暴露于沿海洪水风险中，而到21世纪80年代，这一人数将再增加8 500万人。

专栏7.16 2005年新奥尔良洪水加剧了城市地区的灾害脆弱性

美国海湾沿岸所发生的主要飓风得到了广泛研究，并在科学家和紧急情况管理者间进行了反复排演。许多人认为新奥尔良注定要发生灾难。在海湾沿岸特别是在密西西比三角洲盐沼发生了巨大的流失，估计每年高达100 km^2。这意味着许多城市地区暴露于大风、海平面和海浪风险中。由于排水和土壤压缩引起的陆地下沉，洪水风险提高了，城市大约80%地面处于海平面下。同时盐沼和屏障岛屿泥沙加速流失，水道发生迁移，海平面上升。

正是所有这些因素在过去几十年逐渐提高了这个城市的飓风风险，2005年，面对卡特里娜飓风的袭击，所设计的洪水预防基础设施出现了灾难性的崩溃，加上社会和制度上的高度脆弱性，共同助成了近代美国历史上最大的自然灾难。卡特等（2006）证明，缺少资源供给的损失和处于不利的社会地位存在着明显规律。

据估算，城市居民中约21.4%的人对于疏散讯息置之不理，因为他们没有逃离的手段。由于在月底福利发放前飓风开始肆虐，许多贫穷的人缺少金钱。尽管日渐意识到处于沿海危害的风险逐渐扩大，社会所形成的脆弱性已经在很大程度上被忽视。新奥尔良的情况就是如此，并且在其他许多地方也是这样。至少部分上它归咎于对促成社会脆弱性的因素进行测量和量化的困难。

来源：America's Wetland 2005, Blumenthal 2005, Cutter 2005, Cutter and others 2006, Fischetti 2001, Travis 2005

反应

最近几十年，特别是20世纪90年代以来，自然灾害所造成的生命财产损失的急剧增加，使减少灾害风险问题日益成为一项政治议程。从自然灾害减少国际十年（International Decade for Natural Disaster Reduction，IDNDR）到国际减灾战略，再到兵库行动框架（专栏7.14），国际减灾界呼吁重新承诺，综合减灾措施，并把追求可持续发展作为一项战略目标。

“兵库行动框架”呼吁将灾害风险评估纳入城市规划及对易受灾人居管理中。它优先处理非正式或非永久性房屋及位于高风险地带的房屋问题。这反映了国际减灾战略的预测，即20世纪90年代60%～70%的城市化是没有经过规划的。此行动框架的一个结果就是像联合国教科文组织这样的国际组织从减灾建议方面审查它们当前的工作。

大多数城市化挑战仍然是没有综合考虑环境和城市规划。对于城市化可持续发展模式的政策经常没有得到实施。对经济收益的短视让步、软弱的机构和腐败是城市规划“疏忽”“例外”和其他形式的不适当发展等许多现象的主要原因。

像非洲城市风险分析网络（African Urban Risk Analysis Network，AURAN）这样的网络，旨在把降低灾害风险纳入非洲城市规划和政府管理工作的主流。在这里，基于社区的行动研究获得了支持。像塞内加尔的圣路易（Saint Louis）进行的提高民众意识活动的项目，以及在易发生洪水的地区针对当地洪水风险进行家庭调查，降低了当地的脆弱性并为其他案例积累了可借鉴的知识。

科学日益认识到可持续资源管理和服务对于生态弹性和人类生计安全的生物多样性在面对极端环境冲击下的重要性（Edger等2005）。例如，最近就有文献围绕2004年发生的印度洋

绿色工程设计有助于利用红树林保护海岸线。

致谢：BIOS-Auteurs Gunther Michel/Still Pictures

海啸（Liu等 2005，Miller等 2006，Solecki和Leichenko 2006）和新奥尔良飓风，记录了沿海生态系统损失的恶果及其对自然危害的防范能力（专栏 7.16）。

减少脆弱性的环境行动很少在减灾战略中得到提倡，因此，人们错失了许多保护环境和减少灾难风险的机会。综合海岸带管理，甚至进一步的综合海岸和流域管理，是协调对沿海资源的多重利用以及提升生态弹性的重要工具。它们提供了机构框架以执行、实施、监督和评估保护和恢复沿海生态系统的政策，并更加重视它们所提供的商品和服务（文化价值、对沿海地区的自然保护、娱乐和旅游业以及渔业）。因此，减少危害脆弱性存在着重大机会。

- 将风险减少和适应战略同现有的部门发展政策（如综合海岸带管理、城市规划、健康规划、扶贫、环境影响评估和自然资源管理）统一起来（Sperling 和 Szekely 2005，IATF Working Group on Climate Change and Disaster Reduction 2004；Task Force on Climate Change，Vulnerable Communities and Adaptation 2003，Thomalla 等 2006）。
- 加强教育，提高意识，以应对沿海快速城市化所带来的多重风险，并做出可能的反应。
- 提供更多机会以促使当地人参与城市发展。机构发展面临的挑战是对变化进行反应。一个方法就是将重点放在促使当地使用者积极地成为的权利、管理和使用体制的积极创造者和塑造者，而这样使用体制构成了他们的生计基础（Cornwall 和 Gaventa 2001）。妇女参与也是该方法的重要组成部分（Jones 2006）。
- 绿色工程有助于利用红树林和暗礁保护海岸线。它有助于维护森林和保护土壤，并避免滑坡、洪水和干旱及海啸所带来的风险。

脆弱类型所构成的挑战

七个脆弱类型表明环境和非环境变化是怎样影响人类福祉的。世界范围内一些不同的人类环境系统共有某些脆弱创设条件。不同类型反映出遍布所有地理和经济情形下(即发展中和工业化国家及经济转型国家)的脆弱性。这将特定的情况置于更广泛的情形下,提供了区域性视角,并表明了区域与全球的联系,以及以更具战略性的方式应对挑战的可能机会。另外,对原型的分析也强调了对其他脆弱性研究的成果。

- 对人类环境变化脆弱性的因果关系基本结构的研究逐渐认识到:脆弱性是通过在不同区域内发生的多重社会政治、生态和地理过程的复杂相互作用,并在不同的时间和地点发生作用的,给各区域(Hewitt 1997)、社会群体(Flynn 等 1994,Cutter 1995,Fordham 1999)和个人造成了完全不同的影响。
- 环境风险对自然、经济、政治和社会活动及过程产生了广泛影响。因此,应该把降低脆弱性作为一项战略目标,纳入跨部门的整体发展规划中,包括教育、健康、经济发展和政府管理等领域。在一个地区减少脆弱性通常导致遥远的其他地方或未来脆弱性的增加,这也有必要纳入考虑之中。
- 环境变化有可能引发冲突。但是,得到管理的环境变化(如保护和合作)也可以为预防冲突、消除纷争和冲突后的建设作出明显的贡献(Conca 和 Dabelko 2002,Haavisto 2005)。
- 人类脆弱性和生计安全同生物多样性和生态系统弹性(恢复力)存在着密切的联系(Holling 2001,Folke 等 2002,MA 2005)。可持续环境和资源管理对扶贫和减少脆弱性十分重要。极端天气事件,如印度洋海啸,表明环境退化和开发活动规划不善增加了社区对环境冲击的脆弱性(Miller 等 2005)。
- 在很大程度上,脆弱性是因为缺乏选择,这归因于在社会中对权力和资源的不公平分配,包括全世界的最脆弱的人群,如土著居民及城市或农村贫民。严重依赖于环境服务的经济部门也是脆弱的。弹性随着生计战略的多样化以及对社会支持网络和其他资源的获得而增加。
- 为了成功地利用脆弱性研究成果,政策部门应当认识到脆弱性源自空间和时间上处于动态的多重压力。如果脆弱性降低到一个静态的指标,创造和维持脆弱性的过程的丰富性和复杂性就将丧失。
- 对脆弱类型的分析也有助于对减少脆弱性和改善人类福祉的大量机会进行确认。抓住这些机会将有助于实现千年发展目标;表 7.4 中给出这样的例子,这还表明脆弱性是如何阻碍这些目标的实现。

减少脆弱性的机会

决策者可以利用脆弱性分析以将政策指向最需要它们的群体。脆弱性分析有助于检查人类环境系统(如流域或沿海城镇)对不同的社会和环境变化的敏感性以及适应或者顺应这些变化的能力。因此,对脆弱性的评估包括注意对多重压力的暴露、敏感性和弹性。这些评估将一个系统受到特定压力(暴露)影响的程度,一系列压力影响系统(敏感性)的程度,以及该系统抵御损害或者从损害恢复过来的能力(弹性)纳入了考虑。政策可以关注这些脆弱性的各个组成部分。通常在(低于国家的)地方层面进行此项分析,然而,该项分析常常受制于缺乏资料和/或资料不可靠,说明了环境退化和人类福祉之间的关系所面临的挑战。

上述脆弱原型突出说明了已经在全球区域层面上所采取的关注脆弱性类型的应对措施。它们同时指出了通过减少暴露和敏感度以及通

表 7.4 脆弱性和实现联合国千年发展目标之间的联系以及减少脆弱性和实现千年发展目标的机会		
千年发展目标和重点目的	脆弱性影响实现千年发展目标的潜力	采取减少脆弱性的战略有助于实现千年发展目标
目标 1 消除极端贫困和饥饿 目的 将生活在每天 1 美元以下的人口减少一半 将遭受饥饿的人数减少一半	■ 受污染的地方损害健康和工作能力，因此削弱了消除极端贫困和饥饿的机会 ■ 在旱地退化中，不充分的投资和冲突导致低农业生产率，并对食品安全和营养构成威胁	■ 改善环境管理并恢复受到威胁的环境，将有助于保护自然资本，并增加生计机会和食品安全 ■ 通过集思广益、透明和责任制——改善政府管理体制可以提高生计机会，因为政策和投资越来越照顾穷人的需求
目标 2 普及初等教育 目的 确保所有男孩和女孩完成全部初级课程	■ 当孩子在受污染的地方附近玩耍、生活或上学时，处于很大风险中；铅和汞污染对孩子的发育构成特定的风险 ■ 耗费时间的打水和打柴活动降低了上课率，对女孩尤其如此	■ 可持续资源管理可以减少儿童所面对的环境健康风险，并且提高上课率 ■ 稳定和经过改善的能源供给将向家庭和学校的学习环境提供支持，这对于获取 IT 信息和从事科学和其他实验活动的机会十分重要
目标 3 促进性别平等并使妇女享有权力 目的 消除初级和中级教育的性别差别	■ 与男人相比，没有获得教育的妇女面临更大的健康风险，例如，在许多小岛屿发展中国家，更多妇女染上了艾滋病病毒 ■ 妇女作为资源管理者发挥了更关键的作用，但是在决策的时候却被边缘化了，她们的土地占有和使用权通常得不到保障，并且缺少获得信贷的渠道	■ 纠正保健和教育中的不平等现象，对于提高应对能力十分关键 ■ 将健康和房屋、营养、教育、信息联系起来的战略意味着为妇女增加机会，包括参与决策的机会
目标 4 减少儿童死亡率 目的 将五岁以下儿童的死亡率减少2/3	■ 污染场地影响了所有人的死亡率，但是孩子对于污染相关的疾病特别脆弱 ■ 每年大约 26 000 个孩子死于与空气污染相关的疾病	■ 相互联系的环境—发展—健康战略，得到改善的环境管理和确保获得环境服务的渠道将有助于减少儿童死亡率并减少脆弱性
目标 5 改善产妇健康 目的 将产妇死亡率减少 2/3	■ 在食品来源中累积的持久性有机污染物影响了妇女的健康 ■ 大坝可能增加了疟疾的风险，而疟疾反过来将影响妇女的健康。疟疾加剧了产妇的贫血症，威胁到健康胎儿的成长	■ 得到改善的环境管理将通过改善营养、降低污染风险并提供关键服务，提高产妇的福祉 ■ 环境健康综合战略通过减少脆弱性，有助于实现此目标
目标 6 制止并扭转艾滋病病毒 / 艾滋病的蔓延，消灭疟疾和其他主要疾病 目的 制止并扭转艾滋病病毒 / 艾滋病的蔓延，制止并扭转疟疾和其他主要疾病的发病率	■ 污染场地对于已经感染艾滋病病毒 / 艾滋病的人构成巨大的风险，可能会进一步损害他们的健康 ■ 气候变化有可能加剧穷人的疾病负担，包括增加疟疾的发病率	■ 环境—健康综合规划和管理十分关键 ■ 认识到发达国家和发展中国家共同有责任帮助那些最容易受到气候变化不利影响的国家，并因此采取行动，这一点十分重要
目标 7 确保环境的可持续性 目的 将可持续发展的原则纳入规划和计划之中 将不能获得安全饮用水的人数减少一半 实现对至少 1 亿贫民窟居住者生活的重大改善	■ 源于垃圾、工业和农业的水污染和水生疾病以及日益严重的水资源缺乏，威胁到所有层面的人类福祉 ■ 缺乏能源限制了对技术进行投资的机会，包括水供应和水处理技术	■ 改善管理系统，包括加强机构、法律和政策并采用相互联系战略，这对于促进环境的可持续性和减少脆弱性十分重要 ■ 确保能源供应对于改善日益增多的贫民窟居住者的生活条件是十分关键的

表 7.4 脆弱性和实现联合国千年发展目标之间的联系以及减少脆弱性和实现千年发展目标的机会		
千年发展目标和重点目的	脆弱性影响实现千年发展目标的潜力	采取减少脆弱性的战略有助于实现千年发展目标
目标 8 形成发展的全球伙伴关系 目的 一个公开的贸易和财政系统 取消官方的双边债务及更慷慨的政府开发援助 同私营部门进行合作，确保发展中国家获得新技术的惠益 关注陆地发展中国家和小岛屿发展中国家的特殊需求	■ 不公平的贸易体制降低了发展中国家的农业产品收益。低收人国家对农业的依赖达到了国内生产总值的 25% ■ 能源供给不足损害了在富饶土地和自然资源管理中可以得到利用的投资和技术 ■ 海平面上升威胁到小岛屿发展中国家和低洼沿海地区的安全和社会经济发展。全球超过 60% 的人口生活在距离海岸线不足 100 km 的地方；全球 33 个超大型城市中有 21 个位于发展中国家的沿海地区	■ 特别是贸易的透明和公平的全球程序对于提高发展中国家的机会十分关键，并有助于当地增加对环境资本的投资 ■ 大规模投资及清洁能源和运输系统的技术分享可以减少贫困，提高安全性并稳定温室气体排放。据估计，在不到 25 年内，全球能源部门基础设施投资需要约 16 万亿美元 ■ 建立关注气候变化的伙伴关系，兑现技术转让的承诺，这对于提高低洼地区政府和人民的适应和应对能力十分重要

过提高适应能力以减少脆弱性的机会。许多机会并非与环境政策过程直接相关，但同扶贫、健康、贸易、科学和技术以及可持续发展的一般政府管理存在着密切联系。本节将整合各种机会，为决策提供减少脆弱性和提高人类福祉的战略方向。

鉴于对多重压力导致脆弱性的地方性质，国家决策者有机会将目标对准最脆弱的人群。决策者应该在其政策中对创造和加强其国家脆弱性的规定进行清楚的确认，并对其进行处理。同时，在区域和国际层面的合作将发挥支持和重要的作用。这些机会强调了在世界范围内提高人们对政策选择对于其他国家人民和环境后果的意识的重要性。

统一所有层面和领域的管理

提高最脆弱人群和社区的应对和适应能力，要求综合各级政府和部门的管理，并随着时间的推移，还要关注和解决后代的应对和适应能力问题。

持续关注提高最脆弱人群福祉可能波及其他人的成本，但这有助于促进公平和正义。对某些问题而言，很显然在短期和长期目标之间、短期和长期优先事项之间可以取得双赢；但在多数情况下，虽然在社会层面上不是必然的，但对于某些群体或社会部门，甚至对于个人，却需要在短期和长期目标之间、短期和长期优先事项之间进行取舍。人们的机会包括统一认识和价值观，以巩固和支持制度设计和遵守。这涉及对地方和全球认识进行综合，例如对于影响和适应的知识，以及将对邻居的关切同对所有人类和后代的关切结合起来。

加强应对和适应能力，减少脆弱性的输出，要求在不同的管理层面和部门进行更广泛的合作。这种综合的政府管理对双边支持性政策和从地方到全球的所有管理层面都提出了要求（Karlsson 2000）。正如在多边环境协议实施过程中不断体现的那样，这可能是一项巨大的挑战。在许多情况下，它要求更高的管理层面为较低的层面提供资源、知识和能力，以执行计划和政策。这符合关于技术支持和能力建设的《巴厘战略计划》（BSP）以及其他能力建设行动计划。例如，在北极最脆弱社区对气候变化的适应需要国家和区域组织的支持。为了促进成功的适应，利害关系人必须促成和推动适应性措施。此外，政府应当考虑修改阻碍适应的政策。通过土地和自然资源所有权及管理来实施的自治和自我管理，对于促使北极土著居民有能力保持他们的恢复力并按照自己的条件应对气候变化是十分重要的（见第6章北极地区）（ACIA 2005）。另一个综合各级管理的相关战略是特定的组织形式，它将促进跨层面的互动，如对自然资源的共同管理（Berkes 2002）。

应当进行协调不同领域的优先事项并通过合作和伙伴关系进行综合，特别是当它们之间需要平衡并影响到脆弱性的时候。一个战略就是按照组织形式进行综合，重点放在加强应对能力并减少脆弱性的出口。例如，当设立理事会、工作组甚至政府部门时，它们的授权应当包括彼此联系的部门，其工作人员应当获得适当的培训和教育，从而有能力执行更广泛的授权。另一个战略就是通过政策将对脆弱性的关注纳入“工作主流”。人们已经在包括联合国系统的不同管理层面努力将环境纳入主流工作，但成功的程度有所不同（Sohn 等 2005，UNEP 2005e）。第三个战略是确保规划和管理过程纳入来自不同领域的所有利益相关方，就像成功的综合海岸带管理一样（见第4章）。第四个战略就使用经济评估，来解决环境和其他领域的综合问题，这将使自然资本同其他类型资本显得同样重要（见第1章）。

鉴于政府和其他社会领域的决策倾向于短期目标，而非可持续发展和后代人福祉所要求的那样长的时间尺度，将更长远的目标纳入管理是一项更大的挑战（Meadows 等 2004）。应该进一步探索如何使决策者改变短视的战略。这些战略可以包括：制定清晰的长期目标以及中期目标，在正式规划中延长时间尺度，研究出体现代际影响的指标和说明，并将对危害活动的责任制度化。然而，除非不同社会的人们从更长远的时间尺度看待发展，否则这些战略不可能得到实施。

改善健康

现代和后代人的福祉正面对环境变化、穷困和不公平这样的社会问题的威胁，穷困和不公平进一步助成了环境退化。对许多现代健康问题的预防性或积极的解决方案需要关注环境、健康和决定人类福祉的其他因素之间的联系。人们拥有的机会包括以最脆弱的人群、教育和提高意识作为目标，将环境和健康战略、经济评价更好地结合起来，并将环境和健康纳入经济和发展领域。

旨在确保维护生态系统服务所需要的生态可持续性的措施惠及健康，因此，从长远看，这些措施十分重要。对环境因素的强调一直是公众健康传统的核心。近年来，一些国际政策也对在发展中加强健康考虑做出了规定。全球行动计划包括世界健康组织2005年提出的健康影响评价建议。在区域层面，《联合国欧洲经济委员会环境影响评价公约战略环境评价议定书》（Strategic Environmental Assessment Protocol (1991) to the UNECE Convention on Environment Impact Assessment）强调了对人类健康的关注。许多有效的影响评价程序在发达和发展中国家都是需要的。

经济评价可能帮助确保环境和健康影响获得适当的政策关注。对这些影响的综合经济分析可以彰显政策选择的隐藏成本和惠益、协同效果以及规模效应和制度经济，这可以通过支持可持续发展的补充性政策实现。

在大多数国家，将环境和健康考虑纳入所有政府部门和经济努力之中仍然是一项挑战（Schutz 等 即将出版）。关于健康、环境、基础设施和经济发展的政策和实践应当以综合方式进行考虑（UNEP 等 2004）。由于环境污染物是通过不同的路径影响健康，应当加强环境监测和流行病监测系统。我们还需要为面对风险的特定群体，如妇女、儿童、老人、残疾人和穷人，确定健康指标和战略（WHO 和 UNEP 2004）。

不仅在健康领域，而且在能源、运输、土

数以百万计的人因为冲突而逃离家园，迁徙到其他地区。冲突降低了社会适应环境变化的能力，使可持续的环境管理变得困难重重。

致谢：UN Photo Library

地利用开发、工业和农业，通过关于决策所引起的可能健康后果的信息以提高人们的意识是十分重要的。不仅是健康专业人员，所有其他利益相关方，都需要一些手段以对影响健康的政策进行评估和施加影响。对生态系统和公众健康之间动态联系的进一步理解，将带来新的、不同的机会，从而对可能直接威胁公众健康的过程进行早期干预（Aron等 2001）。要让人们提高对环境和健康问题的意识，有关工具和政策选择将需要可持续和综合的沟通战略。

通过环境合作解决冲突

尽管全球范围内的内战近年来有所减少，数以百万计的人继续迁移并受到激烈冲突的消极影响。武装冲突通常但并不总是导致对环境的重大损害。它降低了社会适应全球变化的能力，同时使可持续的环境管理变得困难重重。减少暴力冲突，不论冲突是否同自然资源相关，都将减少一个主要的脆弱性来源并加强世界许多地方的人类福祉。环境合作为实现这一目标提供了一些机会。

旨在确认环境对激烈冲突的推动作用的政策工具和打破其联系的政策工具将有助于矫正关键的压力。研究和布置这些政策工具将要求在环境、发展、经济和外国政策机构（包括联合国机构）之间进行广泛地合作。这些合作认识到环境中不同生物物理组成部分之间以及管理体制之间的相互联系（见第8章）。联合国环境规划署和其他利益相关方进行的环境评价和早期预警工作将在收集和传播所汲取的经验教训方面发挥积极的作用。这有助于实施联合国秘书长在2006年联合国大会上关于在冲突预防战略中纳入环境考虑的呼吁。

环境合作在历史上有两个重点领域。在国际层面，重点放在以减少全球变化影响作为目标的多边环境协议上。在次区域层面，合作的重点放在共享自然资源方面，如共享区域海洋（Blum 2002，VanDeveer 2002）、水资源（Lopez 2005，Swain 2002，Weinthal 2002）以及通过跨境自然保护区（也称跨境公园）加强自然资源的保护，从而支持综合管理和像旅游这样与发展有关的活动（Ali 2005，Sandwith 和 Besancon 2005，Swatuk 2002）。致力于避免冲突和维持和平的环境合作可以在各级政治组织的层面进行。

在寻求政策干预，以切断环境和冲突之间联系的急切行动中，分析家和执行者都忽视了通过环境方面的相互依赖性来建立信心、进行合作和获得和平的前景（Conca 和 Dabelko 2002，Conca 等 2005）。环境维和是利用环境合作，通过在争议当事方之间建立信任和信心，从而减少紧张关系的一项战略。环境维和机会仍然有待测试并且处于未开发的状态，直至在所有资源类型和政治层面上进行更多的系统政策尝试后，获得大量的案例并取得巨大成果为止。

追寻建立信心的环境道路，应利用环境方面的相互依赖性，并需要长期反复的环境合作，以减少冲突引发的脆弱性，并改善人类福祉。这些政策干预将：

- 有助于预防国家和派别之间的冲突；
- 在冲突期间为双方从环境角度提供对话机会；
- 帮助解决环境方面的冲突；
- 在冲突结束后，帮助重新启动经济、农业和环境活动。

并不是所有环境合作都能够降低脆弱性并增加公平。对经验的系统评估可以增加机会。对环境维和案例中所汲取的教训进行比较，将有助于我们确认那些刺激而不是缓和冲突的环境管理方法。例如早期建立的跨境和平园，就没有同当地人进行协商（Swatuk 2002）。环境维和机会的终极目标是减少脆弱性及大量地方、国家和区域冲突对人类福祉的不利影响。

追求环境维和机会将需要把工作重点放在地方、国家和区域机构建设上，而非历史上对多边环境协议的强调。要想从这些环境合作和预防冲突中获得好处，就需要对利益相关方进行大量能力建设，利益相关方包括涉及冲突的公众和私人利益，以及像双边捐助国或联合国机构这样的和平促进者。

扩大当地权利

社会和政治价值的快速变化给人们制定减少人类脆弱性和提高福祉的有效反应政策，同时确保优先事项之间的互补性提出了挑战。扩大当地权力可以提供机会，从而确保高层决策认识到地方和国家的自然资源保护和发展优先事项的重要性。

全球化已经导致逐渐强调商品和创意的自由流动以及个人所有权和权利。在一些情形下，这可能不会支持国家和区域的发展目标（Round 和 Whalley 2004，Newell 和 Mackenzie 2004）。人们关于性别、传统制度、民主和责任制的价值观变化，使环境资源的管理极端复杂，并给制度发展提出了挑战。例如，国家和传统机构进行管理的权威和权力日益受到质疑。这在围绕自然保护区、水资源（Bruns和Meizin-Dick 2000，Wolf等 2003）和森林资源（Edmonds 和 Wollenberg 2003）的冲突中十分明显（Hulme 和 Murphree 2001）。这些冲突对自然保护和人们的生计通常产生消极后果，并且在资源区域共享的情况下可能还具有区域性影响。

对这些不同的利益和角度进行协调，要求在国家、区域和全球的层面进行回应。成立认识到当地自然资源使用者的权利和价值观的综合性机构，可以是一项有效的应对措施，并且能够在更高层面上将地方关注的问题纳入管理过程中（Cornwall 和 Gaventa 2001）。这还能促使进一步的信息共享以及对财政和其他资源更加公平的分配（Edmonds 和 Wollengberg 2003，Leach 等 2002）。包括一切考虑的程序可以降低当地价值观及权利同国家机构的价值观及权利之间的冲突（Pare 等 2002）。要想使这些方法有效，就需要对能力建设进行投资。将这些方法提升到国家或区域层面是十分适当的，特别是当这些资源使用对其他地方的使用者产生影响时，就像水资源管理的案例一样（Mohamed Katerere 和 van der Zaag 2003）。认识到现有当地机构（包括公共财产机构）的重要性，而不是成立新的机构，对于环境和社会都具有好处，特别是在它们具有高度合法性的情况下。

在地方目标和全球层面所采取的战略和政策之间建立更好的联系更加富有挑战性。它受到国际法和管理的限制，但并非不可能（Mehta 和 la Cour Madsen 2004）。建立和发展协商能力对于强化国际管理系统的发展重点可以是一项重要战略（Page 2004）。在一些部门，实践已经证明区域合作可以在全球管理和发展目标之间产生有效的协同效果。

促进更加自由和公平的贸易

贸易对于人类生计和福祉以及自然保护具有深远的影响。更加自由和公平的贸易可以促进经济增长和减少贫困（Anderson 2004，Hertel和Winters 2006），通过食品和技术的转让提高人们的恢复能力（Barnett 2003）并改善管理。

环境和公平问题应该是全球贸易体系的核心问题（DFID 2002）。当涉及贸易，特别是像威胁人类福祉的危险物质这样的产品贸易时，环境和公平问题对于确保穷人不受利用特别重要。贸易体制，特别是农业和纺织品的贸易体制的很大特点是优惠贸易协议（PTAs）、双边协议和配额。高收入国家同穷国敲定双边优惠贸易协议，但这些协议给贫穷国家产生的伤害多于利益（Krugman 2003，Hertel 和 Winters 2006）。

拥有丰富劳动力的穷国希望从进入别处的更大市场中获得好处，而高收入国家应当确保他们能进入市场。因为小国的内部市场很小，减少贸易壁垒将向他们提供利用规模经济的机会，这样穷人将获得就业机会和更丰厚的工资。大多数模型计算表明，在世界贸易组织多哈回合谈判下，放开贸易预计会减少穷困，特别是如果发展中国家相应地调整他们的政策（Bhagwati 2004）。

贸易促进了边干边学，这可以提高生产率并促进工业化（Learner等 1999）。工业化和发展中国家之间的联系通过资本和技术转移，可以是传播最佳实践的有效工具。穷国，特别是初级商品输出国，对于价格冲击和其他市场失效十分脆弱，而多样化是减少脆弱性的最好选择（UNCTAD 2004），并且有助于对自然资源的可持续使用。

较高收入、复杂的市场和非国家实体日益加强的权力可以提升民主和自由的前景（Wei 2000，Anderson 2004）。因为贸易要求大量的公平交易，其顺利进行要求有更好的机构（Greif 1992）。贸易可能不仅仅增加人们的收入，也可以间接和直接促进国际管理、社会福祉（Birdsall 和 Lawrence 1999）及国际和国内和平，这促进了繁荣，繁荣反过来也促进了和平（Barbieri 和 Reuveny 2005，De Soysa 2002a，De Soysa 2002b，Russett 和 Oneal 2000，Schneider 等 2003，Weede 2004）。

如同几乎所有其他经济活动一样，贸易产生了胜利者和失败者，并具有外在因素。对于一些国家，日趋激烈的竞争引发的调整成本十分高昂（见脆弱性的进出口）。可以通过对失败者进行补偿，并通过对教育和基础设施进行更好的公众投资以加强适应能力来解决这些问题（Garrett 1998，Rodrik 1996）。同良好的管理（良政）结合一起，贸易对于提高收入具有最大的帮助作用（Borrmann 等 2006）。良好的管理，对贸易进行调整的地方能力和以鼓励采取最佳实践的方式对工业进行调整，将有助于减少外部效应，包括源于处理危险废物和源于增加消费导致的污染。

确保获得并维护自然资源资产

对于发展中国家的许多人和发达国家的土著人、农民和渔民，保障他们对生产性资产（如土地和水资源）的稳定权益，对于确保可持续的生计是十分重要的（WRI 2005，Dobie 2001）。建立在良好自然保护实践基础上的持续的自然资源供给及其良好质量，对于发展中国家许多人的生计是十分重要的。但当前的政策常常破坏了可持续的自然资源供给。加强获得自然资源的管理体制，可以为消除穷困、改善自然资源保护和提高长期可持续性提供机会。这种国家层面的行动对于实现全球一致同意的目标（如联合国千年发展目标、《生物多样性公约》和《联合国防治荒漠化公约》规定的目标）是十分重要的。

确保权益是指使用者能够据此进行有效计划和管理的条件。确保人们能获取自然资源是摆脱贫困的重要基石，因为它提供了额外的家庭财富，这些财富可以支持对健康和教育的投资（WRI 2005，Pearce 2005，Chambers

建立在良好自然资源保护实践基础上的可持续的自然资源获取及其质量，对许多发展中国家人民的生计至关重要。

致谢：Audrey Ringler

1995）。而且，它可以通过支持以后代和选择为念的长远目标，帮助实现对自然资源的更好管理（Hulme和Murphree 2001，Dobie 2001，UNCCD 2005）。特别关注妇女对土地的使用权也非常重要，因为它在自然资源的管理中发挥关键的作用，并且特别受到环境退化的影响（Brown和Lapuyade 2001）。像水坝建设这样的政府间行动计划，不应该通过将责任从地方转移给国家或区域层面，从而削弱地方的资源权利（Mhamed Katerere 2001，WCD 2000）。为更加有效地确保人们获取资源，可能还需要解决其他可持续性和高效利用自然资源的壁垒，如全球贸易体制、资本和信息的不足、能力不足和缺乏技术。包括环境服务的支付在内的评估战略，有助于确保当地资源管理者获得更多回报。确保为小农户和直接依赖生态系统服务的人获得信用贷款是极其重要的。实践表明，专门针对妇女的融资计划具有高于平常水平的回报。信用贷款计划，如孟加拉国的格拉米（Grameen）银行，目标就是对那些确保维持环境服务的人进行补偿。

经过改善的地方自然资源当局可以帮助推动生计的多样化，减少正面临威胁的自然资源的压力（Hulme 和 Murphree 2001，Edond 和 Wollenberg 2003）。权力下放就是这样一个机制（Sarin 2003）。尽管从20世纪80年代开始，权力下放日渐兴起，向使用者授予更大权力的政策承诺日趋广泛，但仍然缺乏改善生计所需要的制度改革（Jeffrey 和 Sunder 2000）。权力下放有需要能力建设和授权、经过改善的使用权及更好的贸易和增值选择等补充措施。

增长知识，提升应对能力

在学习过程中，知识、信息和教育在减少脆弱性中的作用交汇在一起。加强对三个特定目标的学习过程是在快速变化和复杂环境下增强应对能力的一项关键战略。

在脆弱社区和更高层次的决策者间增长关于威胁人类福祉的环境风险的知识是十分重要的。这涉及加强对污染的环境、社会和健康影响进行监测和评估。它也包括公布和传播环境变化方面信息的早期预警系统（EWS）和指标（如环境脆弱性指标）（Gowrie 2003）这样的机制。应该把这些系统纳入主流发展框架。一个在此方面被证明是有用的工具就是贫困地图（图7.26）。贫困地图是贫困评估结果的空间表述。人们还可以利用贫困地图对贫困或福祉指标同其他评估结果（如自然资源的可获得性和条件）进行方便地比较。这可以帮助决策者制定和执行开发项目并向大范围的利益相关方公开信息（Poverty Mapping 2007）。图7.26中的地图说明了各地区承载该地区的人口，并使穷人摆脱贫困所需要的资源数量。它显示了在肯尼亚贫穷密度的不平衡分布。由于人口密度低，肯尼亚大多数干旱和半干旱土地中的行政区每月每平方千米需要不超过4 000 肯尼亚先令（57 美元，1 美元 =70 肯尼亚先令）。相比之下，在人口密集的维多利亚湖（Lake Victoria）的西边，所需要的数额至少是这一数额的 15 倍。

为了更好地决策，对知识进行交流也十分关键。这包括脆弱社区从国家和全球科学咨询和决策过程中进行学习，并学会在这些舞台上发出自己的声音，如专栏7.17所示。同时，科学家和决策者应当学会倾听这些社区的声音，同当地社区交谈，并考虑他们以人类环境关系和自然资源使用为中心的独特和专门的知识(Dahl 1989)，即便它们不是以科学语言的方式表达出来的。

最脆弱人群应当学会掌握一定的能力和技能，从而使其能够适应和应对风险。上述的基础和学习过程依靠良好的基础教育，如千年发展目标2所规定的那样。这将提高他们理解公众意识的信息及关于特定脆弱来源的早期预警宣传知识，并提高他们制订应对和适应战略的能力。例如，正是最贫穷和受教育程度最低的

图7.26 肯尼亚的贫困地图

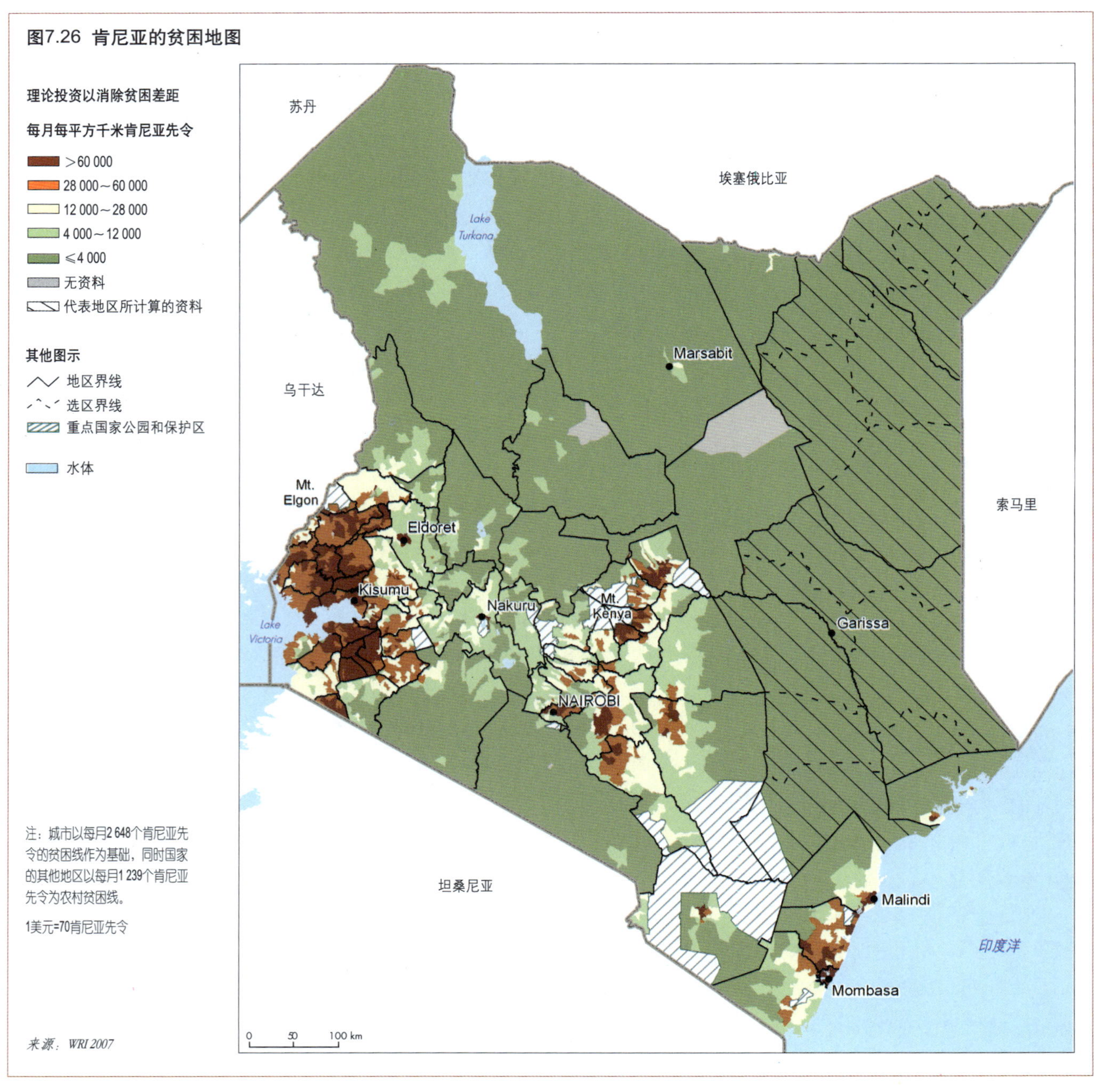

注：城市以每月2 648个肯尼亚先令的贫困线作为基础，同时国家的其他地区以每月1 239个肯尼亚先令为农村贫困线。

1美元=70肯尼亚先令

来源：WRI 2007

阶层，在2005年发生卡特里娜飓风时，对当局的疏散警告无动于衷（Cutter等2006）。对最脆弱群体进行教育，将提高他们的应对能力，并且出于公平的理由，教育他们也是十分重要的。例如，女孩接受教育是打破代代相传贫困的一个主要手段。它同更健康的儿童和家庭（UN Millennium Project 2005）及更可持续的环境管理密切相关。

对适应技术进行投资

科学、技术、传统和本地知识是减少脆弱性十分重要的资源。推动技术开发、应用并向脆弱社区和地区进行转让的政策能够改善他们对基本材料的获取，加强风险评估和早期预警系统，并促进交流和公共参与。政策应当支持开发利用这样的技术，该技术能确保对水资源、空气和能源的公平获取及安全，并提供运输、房屋和基础设施。这些技术应该能够为当地社会广为接受。在对多样化技术进行投资（包括促成分散解决方案的小型技术投资）方面，存在很多机会。通过民主化，某些类型的技术还是促进社会关系、稳定和公平的重要资源。那些通过信息技术，推动沟通、教育和管理，并提高贫困群体的地位的政策特别宝贵。

发展中国家能够从其他地方开发的技术中获得大量好处，但他们也可能在获得这些技术并管理其风险的时候面对巨大的挑战。《可持续发展世界首脑会议实施计划》(JPOI) 所作出的承诺很大程度上仍然没有兑现。发展中国家广大人民仍然没有享受到计算机、信息和通讯技术、生物技术、基因技术和纳米技术（UNDP 2001）带来的好处。过去的经验表明，对技术同更广大社会的多重联系的适当性，其在特定社会、文化和经济情形下的适宜性及其对性别的影响意义给予关注是十分重要的。确保这一关注的一项重要战略就是在技术创新和生产国家对能力建设进行大力投资。图7.6说明在全球范围内许多国家需要在这方面迈出重大步伐。联合国科学、技术和创新工作组（The UN Task Force on Science，Technology and Innovation）提出了一些建议，这些建议包括将重点放在开发平台技术、具有更广泛经济影响的现有技术上（如生物技术、纳米技术、信息和通讯技术）；为技术开发提供足够的基础设施服务；对科学技术和教育进行投资；促进科技公司的发展（UNMP 2005）。

建立责任文化

脆弱性的进出口是七个原型的共同特点，这意味着许多人常常是在提高自己的福祉时，不经意间以个人或集体的形式，促成了他人的苦难。在这种情形下，脆弱社区需要支持，以应对和适应变化。因此，我们有必要建立起更有力的“行动责任”（responsibility to act）文化。教育人们其生产和消费模式是如何向其他地区、大陆和后代人输出了脆弱性并如何在当地范围影响了人们共同生活的前景，这样将有助于建立起责任文化。联合国教科文组织面向所有人的教育强调有必要扩大教育的视野，纳入生活技能的学习，如学习如何生活在一起和“成为一分子”（UNESCO 2005）。

然而，互动推动力的链条过于复杂，以至个别和集体的行动者无法意识到他们的贡献，从而感受不到行动的责任（Karlsson 2007）。此外，用于呵护全球公域的法律责任制度框架通常十分软弱，尤其当问题跨越国界并发生在不同时间框架的时候。我们需要这样一个反应战略，即责任文化更多基于当代和后代的全球团结，并把这种团结作为将邻里价值观同全球性团结结合起来的一种方式（Mertens 2005）。可以通过教育（Dubois and Trabelsi 2007）、相互合作的互动过程（Tasioulas 2005）或者通过设计出强化世界主义观点和承诺的制度等积极培养这样的团结（Tans 2005）。

我们可以把旨在学习爱护和关心邻居的教育，或者以此建立起行动责任文化，纳入正式和非正式教育的总体战略中。促使学习者直接地参与环境问题的解决过程，是加强自然保护行为的一种有效方式（Monroe 2003）。教授与环境有关的生活技能的例子包括涉及地球宪章（Earth Charter）的教育行动计划及关于全球和世界公民与人权的各种计划和项目（Earth Charter Initiative Secretariat 2005）。

建立公平制度

对于那些对环境变化脆弱的人，是没有什么公平或正义可言的。贫穷和被边缘化的人总是受到退化环境的最沉重打击（Harper 和 Rajan 2004，Stephens 1996）。

管理不善、社会排斥和无能为力限制了穷人参与国家资源和环境相关决策以及它们是如何影响到其福祉的决策的机会（Cornwall 和 Gaventa 2001）。如果参与机会没有得到特别加强，经过改善的管理和使用体制可能对于穷人并没有什么作用。在地方和更高管理层面上提高他们参与管理和规划过程的机会有助于提高他们的应对能力。专栏 7.17 给出一个案例，北极地区的土著居民和小岛屿发展中国家最近通过行动计划表达他们关于如何应对气候变化的意见。

联合国环境和发展大会为提高环境相关决策的参与程度提供了基本的制度变化。然而，发出声音但无人倾听，并且对结果没有产生影响，将导致更大的困境。在国际层面的多重利益相关方举行的对话会上，人们对这方面的软弱多次发出抱怨（IISD 2002，Hiblin 等 2002，Consensus Building Institute 2002）。我们需要加强现有政策反应措施，并且按照《里约宣言》第十原则规定的那样，通过改善对相关环境信息的获取，制订赋予最脆弱群体权利的主动战略。许多国家已经实施了这种积极战略（Petkova 等 2002，UNECE 2005）。能力建设也至关重要。

将重点放在管理结果的公平方面是提高应对能力和管理合法性的另一个重要方面。以公平为中心的战略包括确认最脆弱群体和社区，评估拟议中的政策对这些群体所产生的影响，并采取措施提高获取资源、资本和知识方面的公平程度。

专栏 7.17 许多强烈声音——建立约束

“许多强烈声音”（Many Strong Voices）是在《联合国气候变化框架公约》缔约方 2005 年大会上所发起的一个项目，它旨在制定一项战略，以在北极和小岛屿发展中国家最脆弱人群间提高气候变化意识和提高适应能力。

本项目的目的是将北极和小岛屿发展中国家的最脆弱者联系起来，以促进对话，从而：

- 支持教育、培训和公众意识提高的区域性行动计划；
- 发展伙伴关系，使该地区的人们可以交换关于所采取的行动的信息，提高关于气候变化的意识，并制订针对气候变化的适应战略；
- 支持当地居民的努力，这样他们将能够对适应决策方面的讨论施加影响并参与其中；
- 促进区域努力，从而对适应和减少气候变化的全球努力施加影响。

培养实施能力

“实施失败”（Implementation failure）非常普遍。许多精心制定的区域与全球多边协议和行动计划没有在国家层面上得到成功地实施。实施失败背后的原因十分复杂，而且也没有简单的解决方案。解决这个问题需要多层次的方法。本书确认了以下三个重要的机会：改善融资、对能力的投资及对现有计划和政策进行有效的监督和评估。国际伙伴关系对于成功也是十分重要的。

加强财政承诺对于促进适应工作、提高人类能力，支持多边环境协议的实施和刺激开发也很重要。在发展中国家，财政资源经常受到限制，在环境和发展目标间创造更佳的协同效果非常重要。例如，可以有更多的相互联系的健康—环境战略或贫困—环境行动计划（Kulindwa 等 2006）。将环境纳入减少贫困战略文件中是一个可以得到有效利用的机会（Bojo 和 Reddy 2003，WRI 2005）。

官方发展援助（ODA）继续落后于约定目标。1992年在里约热内卢召开的联合国环境与

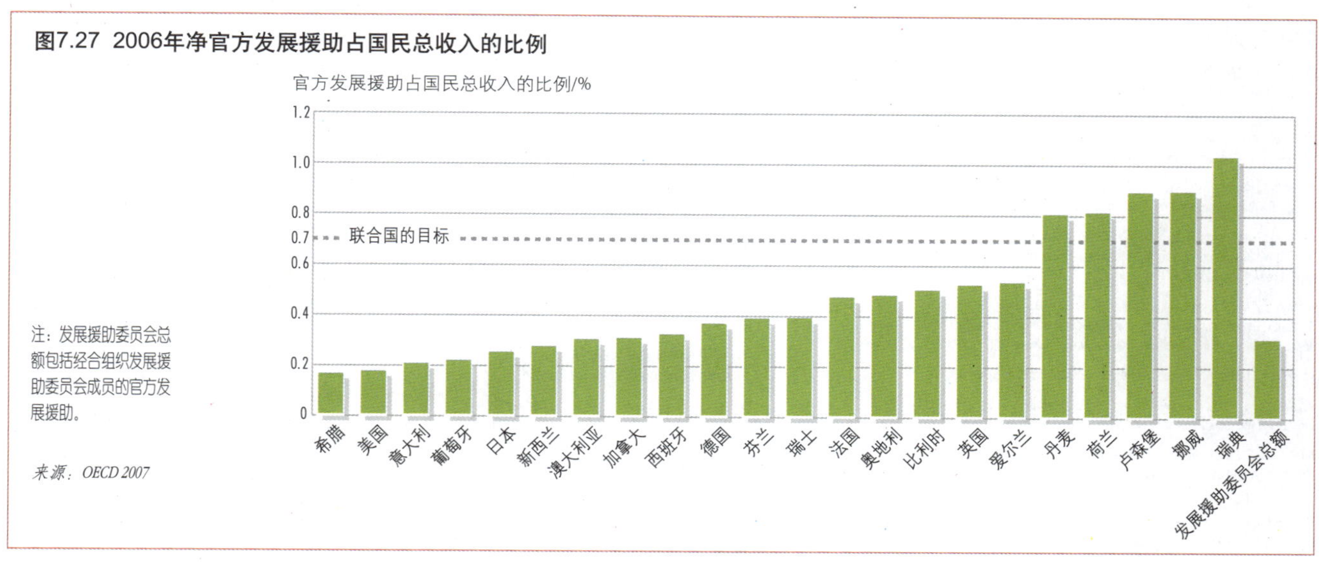

图7.27 2006年净官方发展援助占国民总收入的比例

注：发展援助委员会总额包括经合组织发展援助委员会成员的官方发展援助。

来源：OECD 2007

发展大会上，许多国家誓言增加它们的官方发展援助，以达到联合国规定的占国民总收入0.7%的目标（Parish和Looi 1999）。1993年，官方发展援助的平均水平为国民总收入的0.3%（Brundtland 1995）。声称国际再分配系统处于“令人羞耻的状况”，布伦特兰委员会强调指出，“在人类苦难、对人类资源的浪费以及环境退化中的贫困成本，很大程度上受到忽视”（Brundtland 1995）。2002年“蒙特雷共识”使发达国家再次承诺实现联合国规定的目标。从那以后，援助有了稳定的增长，到2004年，平均官方发展援助达到了援助国国民总收入的0.42%。然而，只有五个国家实现了联合国规定的援助目标，到2006年，官方发展援助平均水平再次下降到0.3%（图7.27）。国际货币基金组织最富裕的15个国家同意到2010年拨出占它们国民总收入的至少0.51%用于援助，并到2015年将这一比例提高到0.7%（Gupta等 2006）。

正如可持续发展世界首脑会议实施计划和BSP设想的那样，对能力建设的投资和必要的技术支持可以提高制订和执行所需措施的能力。能力建设以适当的水平作为目标十分关键，改善土地管理可能要求建设地方能力。但解决危险废物的非法转移则需要相关机构加强能力建设。在一些领域，如生物多样性管理，一些发达和发展中国家都缺乏制订和实施相互联系战略的能力（CBD 2006）。在区域层面，汇集资源、共享最佳实践和合作进行共同的能力建设一直都很成功。

改善监管和评估能力依赖于对能力建设的投资和适当的机构和管理。在一些情形下，需要有更强大的政府机构以及国家和国际法以确保标准得到了遵守。更好的制度和管理机制，包括确保获得相关信息和打官司的机制，是支持人民捍卫其利益的必要手段。

结论

本章重点讨论的环境和社会经济变化的脆弱类型并不是相互排斥的，也不仅是存在于国家、区域和全球层面的唯一模式。它们为不同层面的决策者提出了一个环境和发展的悖论：在一个具有史无前例财富和技术突破的世界里，数以百万计的人对于多重和相互作用的压力仍然十分脆弱。解决这些脆弱性类型所提出的挑战将有助于提高人类整体福祉并实现联合国千年发展目标。我们有一系列战略手段，其中并非环境政策领域的手段也可以加以采纳。与此同时，认真履行从基本人权到发展援助，到贸易和环境的广泛政策领域所规定的义务，将减少脆弱性并增加人类福祉。

参考文献

ACIA (2004). *Impacts of a Warming Arctic: Arctic Climate Impact Assessment.* Cambridge University Press, Cambridge

ACIA (2005). *Arctic Climate Impact Assessment.* Arctic Council and the International Arctic Science Committee. Cambridge University Press, Cambridge http://www.acia. uaf.edu/pages/scientific.html (last accessed 27 June 2007)

Adger, N., Hughes, T.P., Folke, C., Carpenter, S.R. and Rockström, J. (2005). Social- *Ecological Resilience to Coastal Disasters.* In *Science* 309:1036-1039

Akindele, F. and Senaye, R. (eds.) (2004). *The Irony of "White Gold"*. Transformation Resource Centre, Moraja http://www.trc.org.ls/publications/ (last accessed 14 June 2007)

Alcamo, J., Döll, P., Henrichs, T., Kaspar, F., Lehner, B., Rösch, T. and Siebert, S. (2003). Global estimation of water withdrawals and availability under current and "business as usual" conditions. In *Hydrological Science* 48 (3):339-348

Alexander, D. (1993). *Natural disasters.* Chapman and Hall, New York, NY

Ali, Saleem H. 2005. "Conservation and Conflict Resolution: Crossing the Policy Frontier." *Environmental Change and Security Program Report* (11):59-60

Allen-Diaz, B. (1996). *Rangelands in a changing climate: Impacts, adaptations, and mitigation.* Cambridge University Press, Cambridge

America's Wetland (2005). *Wetland Issues Exposed in Wake of Hurricane Katrina.* America's Wetland, Press Releases http://www.americaswetland.com/ article. cfm?id=292&cateid=2& pageid=3&cid=16 (last accessed 27 April 2007)

Anderson, K. (2004). Subsidies and Trade Barriers. In *Global Crises, Global Solutions* (ed. B. Lomborg). Cambridge University Press, Cambridge

Appleton, J.D., Williams, T.M., Breward, N., Apostol, A., Miguel, J. and Miranda, C. (1999). Mercury contamination associated with artisinal gold-mining on the island of Mindanao, The Philippines. In *Sci. Total Environment* 228:95-109

ArcWorld ESRI (2002) *ESRI Data & Maps 2002.* CD-ROM

Aron J.L., Ellis J.H. and Hobbs B.F. (2001). Integrated Assessment. In *Ecosystem Change and Public Health. A Global Perspective,* Aron, J.L. and Patz, J.A. (eds.). The Johns Hopkins University Press, Baltimore and London

Amorin, M.I., Mergier, D., Bahia, M.O., Dubeau, H., Miranda, D., Lebel, J., Burbano, R.R. and Lucotte, M. (2000). Cytogenic damage related to low levels of methyl mercury contamination in the Brazilian Amazon. In *Ann. Acad. Bras. Cienc.* 72:497-507

Ayotte, P., Dewailly, E., Bruneau, S., Careau, H. and A. Vezina (1995). Arctic Air- Pollution and Human Health - What Effects Should Be Expected. In *Science of the Total Environment* 160/161:529-537

AHDR (2004). *Arctic Human Development Report.* Stefansson Arctic Institute, Akureyri

Auty, R. M., ed. (2001). *Resource Abundance and Economic Development.* UNU/ WIDER studies in development economics. Oxford University Press, Oxford

Bächler, G., Böge, V., Klötzli, S., Libiszewski, S. and Spillmann, K. R. (1996). Kriegsursache Umweltzerstörung: Ökologische Konflikte in der Dritten Welt und Wege *ihrer friedlichen Bearbeitung. Volume 1.* Rüegger, Chur, Zürich

Baechler, G. (1999), Internationale und binnenstaatliche Konflikte um Wasser. *Zeitschrift für Friedenspolitik* 3:1-8

Bakhit, A.H. (1994). Mubrooka: a study in the food system of a squatter settlement in Omdurman, Sudan. In *Geojournal* 34 (3):263-268

Bankoff, G. (2001). Rendering the world unsafe: 'vulnerability' as Western discourse. In *Disasters* 21(1):19-35

Barbieri, K. and Reuveny, R. (2005). Economic Globalization and Civil War. In *Journal of Politics* 67 (4)

Barnett, J. (2003). Security and Climate Change. In *Global Environmental Change* 13(1):7-17

Barnett, J. and Adger, N. (2003). Climate Dangers and Atoll Countries. In *Climatic Change* 61(3):321-337

Basel Action Network (2002). *Exporting harm: the high tech trashing of Asia.* Basel Action Network, Seattle http://www.ban.org/E-waste/ technotrashfinalcomp.pdf (last accessed 13 June 2007)

Basel Action Network (2006). *12 Human Rights/Green Groups Call for an Immediate* Halt on Scrapping of 'Toxic Ships' Following Recent Findings of Death and Disease *in India.* Toxic Trade News. http://www.ban.org/ban_news/ 2006/060914_ immediate_halt.html (last accessed on 24 August 2007)

Benedetti, M., Lavarone, I., Combe, P. (2001). Cancer risk associated with residential proximity to industrial sites: A review. In *Arch. Environ. Health* 56:342-349

Berkes, F. (2002). Cross-Scale Institutional Linkages: Perspectives from the Bottom Up. In *The Drama of the Commons,* Ostrom, E., Dietz, T., Dolsak, N., Stern, P. C., Stonich S. and Weber, E.U. (eds.) National Academy Press, Washington, DC

Bhagwati, J. (2004). *In Defense of Globalization.* Oxford University Press, Oxford
Bijlsma, L., Ehler, C.N., Klein, R.J.T., Kulshrestha, S.M., McLean, R.F., Mimura, N., Nicholls, R.J., Nurse, L.A., Perez Nieto, H., Stakhiv, E.Z., Turner, R.K. and Warrick, R.A. (1996). Coastal Zones and Small islands. In *Impacts, Adaptations and Mitigation of Climate Change: Scientific Technical Analyses,* Watson, R.T., Zinyowera, M.C. and Moss, R.H. (eds). Cambridge University Press, Cambridge

Birdsall, N. and Lawrence, R. Z. (1999). Deep Integration and Trade Agreements: Good For Developing Countries? In *Global Public Goods: International Cooperation in the 21st Century,* Kaul, I. Grunberg, I. and Stern, M. (eds). Oxford University Press, Oxford

Birkmann, J. (ed.) (2006). *Measuring Vulnerability to Natural Hazards: towards disaster resilient societies.* United Nations University Press, Tokyo

Blacksmith Institute (2006). *The World's Worst Polluted Places. The Top Ten.* Blacksmith Institute, New York, NY http://www.blacksmithinstitute.org/ get10.php (last accessed 27 April 2007)

Blaikie, P., Cannon T., Davis, I. and Wisner, B. (1994). *At Risk: Natural Hazards, People's Vulnerability and Disasters.* Routledge, London

Blum, Douglas W. (2002). Beyond Reciprocity: Governance and Cooperation around the Caspian Sea. In *Environmental Peacemaking,* Conca, K. and Dabelko, G.D. (eds). The Woodrow Wilson Center Press and the Johns Hopkins University Press, Washington, DC and Baltimore

Bojo, J. and Reddy, R.C. (2003). *Status and Evolution of Environmental Priorities in* the Poverty Reduction Strategies. An Assessment of Fifty Poverty Reduction Strategy *Papers.* Environment Economic Series Paper No. 93. The World Bank, Washington, DC

Borrmann, A., Busse M., Neuhaus S. (2006). Institutional Quality and the Gains from Trade. In *Kyklos* 59(3):345 - 368

Blumenthal, S. (2005). No-one Can Say They Didn't See It Coming. In *Spiegel International* 31 August 2005

Bohle, H. G., Downing, T. E. and Watts, M. (1994). Climate Change and Social Vulnerability: The Sociology and Geography of Food Insecurity. In *Global Environmental Change*: 4 (1):37-48

Brock, K. (1999). *It's not only wealth that matters – it's peace of mind too: a review of participatory work on poverty and ill-being.* Voices of the Poor Study paper. The World Bank, Washington, DC

Brosio, G. (2000). *Decentralization in Africa.* Africa Department of the International Monetary Fund, Washington, DC

Brown, K. and Lapuyade S. (2001). A livelihood from the forest: Gendered visions of social, economic and environmental change in southern Cameroon. In *Journal of International Development* 13:1131-1149.

Brundtland, G.H. (1995). *A Shameful condition. Progress of Nations.* United Nations Children's Fund, New York, NY http://www.unicef.org/pon95/aid-0002.html (last accessed 27 April 2007)

Bruns, B.R. and Meizin-Dick, R. (2000). Negotiating Water Rights in Contexts of Legal Pluralism: Priorities for Research and Action. In *Negotiating Water Rights,* Bruns, B.R. and Meizin-Dick, R. (eds.). Intermediate Technologies Publications, London

Bulatao-Jayme, Fr.J., Villavieja, G.M., Domdom, A.C. and Jimenez, D.C. (1982). Poor urban diets: causes and feasible changes. In *Geoj. Suppl. Iss.* 4:3-82

Bulte, E.H., Damania, R. and Deacon, R.T. (2005). Resource Intensity, Institutions, and Development. In *World Development* 33 (7):1029–1044

Burholt, V. and Windle, G. (2006). Keeping warm? Self-reported housing and home energy efficiency factors impacting on older people heating homes in North Wales. In *Energy Policy* (34):1198-1208

Calderon, J., Navarro, M.E., Jiminez-Capdeville, M.E., Santos-Diaz, MA., Golden, A., Rodriguez-Leyva, I., Bonja-Aburto, V.H. and Diaz-Barriga, F. (2001). Exposure to arsenic and lead and neuripsychological development in Mexican children. In *Environ. Res.* 85:69-76

Calcagno, A.T (2004). *Effective environmental assessment: Best practice in the planning cycle.* Comprehensive options assessment http://www.un.org/ esa/sustdev/sdissues/energy/op/ hydro_calcagno_environ_assessment.pdf (last accessed 27 April 2007)

Campling, L. and Rosalie, M. (2006). Sustaining social development in a small island developing state? The case of the Seycheles. In *Sustainable Development* 14(2):115-125

CBD (2006). *Report of the Eighth Meeting of the Parties to the Convention on Biological Diversity.* UNEP/CBD/COP/8/31. Convention on Biological Diversity http:// www.cbd.int/doc/meeting.aspx?mtg=cop-08 (last accessed 15 June 2007)

Chambers, R. (1989). Vulnerability, coping and policy. Institute of Development Studies, University of Sussex. In *IDS Bulletin* 20:1-7

Chambers, R. (1995). Poverty and livelihoods: Whose Reality counts. In *Environment and Urbanization* 1(7):173-204

Chambers, R. and G. R. Conway (1992). *Sustainable rural livelihoods: Practical concepts for the 21st century.* Discussion Paper 296, Institute of Development Studies, Sussex

Charveriat, C. (2000). *Natural Disasters in Latin America and the Caribbean: An Overview of Risk. Inter-American Development Bank* (IADB), Washington, DC

Chen, S. and Ravallion,M. (2004) How have the World's Poorest Fared since the early 1980s? In *World Bank Research Observer*, v. 19 (2):141-70

Chronic Poverty Research Centre (2005). *Chronic Poverty Report 2004-05.* Chronic Poverty Research Centre, Oxford

CIESIN (2006). *Global distribution of Poverty. Infant Mortality Rates.* http:// sedac. ciesin.org/povmap/ds_global.jsp (last accessed 10 May 2007)

Cinner, J.E., Marnane, M.J., McClanahan, T.R., Clark, T.H. and Ben, J. (2005). Trade, enure, and Tradition: Influence of Socio-cultural Factors on Resource Use in Melanesia. In *Conservation Biology* 19(5):1469-1477

CMH (2001). *Macroeconomics and Health: Investing in Health for Economic Development.* Commission on Macroeconomics and Health, World Health Organization, Geneva

Colborn, T., Dumanoski, D. and Myers, J. P. (1996). *Our Stolen Future.* Dutton, New York, NY

Collier, P., Elliot, L., Hegre, H., Hoeffler, A., Reynal-Querol M. and Sambanis, N. (2003). *Breaking the Conflict Trap: Civil War and Development Policy.* Oxford University Press, Oxford

Conca, K. and Dabelko, G.D. (eds.) (2002). *Environmental Peacemaking.* The Woodrow Wilson Center Press and the Johns Hopkins University Press, Washington, DC and Baltimore

Conca, K., Carius, A. and Dabelko, G.D. (2005). Building peace through environmental cooperation. In *State of the World 2005: Redefining Global Security.* Worldwatch Institute, Norton, New York, NY

Consensus Building Institute (2002). *Multi-stakeholder Dialogues: Learning From the UNCSD Experience. Background Paper No.4.* United Nations Department of Economic and Social Affairs. Commission on Sustainable Development Acting as the Preparatory

Committee for the World Summit on Sustainable Development. Third Preparatory Session. 25 March - 5 April 2002, New York, NY

CSMWG (1995). *Definition of a Contaminated Site.* Contaminated Sites Management Working Group of the Canadian Government. http:// www.ec.gc.ca/etad/csmwg/en/index_e.htm (last accessed 27 April 2007)

Cornwall, A. and Gaventa, J. (2001) *From Users and Choosers to Makers and Shapers: Reposisitioning Participation in Social Policy,* IDS Working Paper 127, Institute for Development Studies, Brighton

Crowder, L.B., Osherenko, G., Young, O., Airame, S., Norse, E.A., Baron, N., Day, J.C., Douvere, F., Ehler, C.N., Halpern, B.S., Langdon, S.J., McLeod, K.L., Ogden, J. C., Peach, R.E., Rosenberg, A.A. and Wilson, J.A. (2006). Resolving mismatches in U.S. Ocean Governance. In *Science* 313:617-618

CSD (2006). *14th Session of the Commission on Sustainable Development.* Chairman's Summary. http://www.un.org/esa/sustdev/csd/csd14/documents/ chairSummaryPartI.pdf (last accessed 27 April 2007)

Cuny, 1983 and Cuny, F.C. (1983). *Disasters and development.* Oxford University Press, New York, NY

Cutter, S.L. (1995). The forgotten casualties: women, children and environmental change. In *Global Environmental Change* 5(3):181-194

Cutter, S.L. (2005). The Geography of Social Vulnerability: Race, Class, and Catastrophe. In Understanding Katrina: Perspectives from the Social Sciences. Social Science Research Council http:// understandingkatrina.ssrc.org/Cutter/ (last accessed 27 April 2007)

Cutter, S.L., Emrich, C.T., Mitchell, J.T., Boruff, B.J., Gall, M., Schmidtlein, M.C., Burton, C.G. and Melton, G. (2006). The Long Road Home: Race, Class, and Recovery from Hurricane Katrina. In *Environment* 48(2):8-20

Dahl, A. (1989). Traditional environmental knowledge and resource management in New Caledonia. In *Traditional Ecological Knowledge: a Collection of Essays* R.E. Johannes (ed.). IUCN, Gland and Cambridge http:// islands.unep.ch/dtradknc.htm (last accessed 13 June 2007)

De Grauwe, P. and Camerman, F. (2003). How Big Are the Big Multinational Companies? In *World Economics* 4(2):23–37

DfID (2002). *Trade and Poverty.* Background Briefing Trade Matters Series. UK Depratment for International Development. http://www.dfid.gov.uk/pubs/ files/bgbriefing- tradeandpoverty.pdf (last accessed 13 June 2007)

De Soysa, I. (2002a). Ecoviolence: Shrinking Pie or Honey-Pot? In *Global Environmental Politics* 2(4):1-34

De Soysa, I. (2002b). Paradise is a Bazaar? Greed, Creed, and Governance in Civil War, 1989–1999. *Journal of Peace Research* 39(4):395–416

De Soysa, I. (2005). Filthy Rich, Not Dirt Poor! How Nature Nurtures Civil Violence. In *Handbook of Global Environmental Politics,* P. Dauvergne (ed). Edward Elgar, Cheltenham

Diamond, J. (2004). *Collapse: How Societies Choose to Fail or Succeed.* Penguin Books, London

Diehl, P.F. and Gleditsch, N.P. (eds.) (2001). *Environmental Conflict.* Westview Press, Boulder, CO

Dietz, A.J., Ruben, R. and Verhagen, A. (2004). *The Impact of Climate Change on Drylands.* Kluwer Academic Publishers, Dordrecht

Dilley, M., Chen, R., Deichmann, U., Lerner-Lam, A.L. and Arnold, M. (with Agwe, J., Buy, P., Kjekstad, O., Lyon, B. and Yetman, G.) (2005). *Natural Disaster Hotspots: A Global Risk Analysis. Synthesis Report.* The World Bank, Washington, DC and Columbia University, New York, NY

Dobie P. (2001). *Poverty and the Drylands. The Global Drylands Development Partnership.* United Nations Development Programme, Nairobi

Dollar, D. (2004). *Globalization, poverty, and inequality since 1980.* Policy Research Working Paper Series 3333. The World Bank, Washington, DC

Dollar, D. and Kraay, A. (2000). *Trade, Growth, and Poverty.* Development Research Group, The World Bank, Washington, DC

Douglas, B.C. and Peltier, W.R. (2002). The puzzle of global sea-level rise. In *Physics Today* 55:35–41

Douglas, C.H. (2006). Small island states and territories: sustainable development issues and strategies - challenges for changing islands in a changing world. In *Sustainable Development* 14(2):75-80

Downing, T.E. (Ed.) (2000). *Climate, Change and Risk.* Routledge, London

Downing, T. E. and Patwardhan, A. (2003). Technical Paper 3: Assessing Vulnerability for Climate Adaptation. In UNDP and GEF *Practitioner Guide, Adaptation Policy Frameworks for Climate Change: Developing Strategies, Policies and Measures.* Cambridge University Press, Cambridge

Dreze, J. and Sen, A. (1989). *Hunger and Public Action.* Clarendon Press, Oxford

DTI (2001). *Fuel Poverty.* UK Department of Trade and Industry, London http://www.dti.gov.uk/energy/fuel-poverty/index.html (last accessed 27 April 2007)

Dubois, J.-L. and Trabelsi, M. (2007). Social Sustainability in Pre- and Post-Conflict Situations: Capability Development of Appropriate Life-Skills. In *International Journal of Social Economics* 34

Earth Charter Initiative Secretariat (2005). *Bringing Sustainability into the Classroom.* An Earth Charter Guidebook for Teachers. The Earth Charter Initiative International Secretariat, Stockholm and San José http://www.earthcharter.org/resources/ (last accessed 27 April 2007)

European Commission (2001). *Towards a European strategy for the security of energy supply.* Green Paper. European Commission, Brussels

Eckley, N. and Selin, H. (2002). The Arctic Vulnerability Study and Environmental Pollutants: A Strategy for Future Research and Analysis. Paper presented at the *Second* AMAP International Symposium on Environmental Pollution of the Arctic, Rovaniemi, Finland, 1-4 October, 2002

Edmonds, D. and Wollenberg, E. (2003). Whose Devolution is it Anyway? Divergent Constructs, Interests and Capacities between the Poorest Forest Users and the States. In *Local Forest Management. The Impacts of Devolution Policies,* Edmonds, D. and Wollenberg, E. (eds). Earthscan, London

Emanuel, K.A. (1988). The Dependency of Hurricane Intensity on Climate. In *Nature* 326:483 – 485

EM-DAT. *The International Disaster Database.* http://www.em-dat.net/ (last accessed 13 June 2007)

ESMAP (2005). *ESMAP Annual Report 2005.* Energy Sector Management Assistance Program. International Bank for Reconstruction and Development, Washington, DC

Eurostat and IFF (2004). *Economy-wide Material Flow Accounts and Indicators of Resource Use for the EU-15: 1970-2001, Series B.* Prepared by Weisz, H., Amann, Ch., Eisenmenger, N. and Krausmann, F. Eurostat, Luxembourg

FAO (1995). *Prevention of accumulation of obsolete pesticide stocks.* Food and Agriculture Organization of the United Nations, Rome http://www.fao.org/docrep/ v7460e/V7460e00.htm (last accessed 27 April 2007)

FAO (1999). *Trade issues facing small island developing states.* Food and Agriculture Organization of the United Nations, Rome http://www.fao.org/docrep/meeting/ X1009E.htm (last accessed 27 April 2007)

FAO (2001). *Baseline study on the problem of obsolete pesticide stocks.* Food and Agriculture Organization of the United Nations, Rome

FAO (2002). *Stockpiles of obsolete pesticides in Africa higher than expected.* Food and Agriculture Organization, Rome http://www.fao.org/english/newsroom/ news/2002/9109-en.html (last accessed 13 June 2007)

FAO (2003a). *Status and trends in mangrove area extent worldwide.* By Wilkie, M.L. and Fortuna, S. Forest Resources Assessment Working Paper No. 63. Forest Resources Division. Food and Agricultural Organization of the United Nations, Rome (Unpublished)

FAO (2003b). *The State of Food Insecurity in the World; monitoring progress towards the World Food Summit and Millennium Development Goals.* Food and Agriculture Organization of the United Nations, Rome

FAO (2004a). *Advance Funding for Emergency and Rehabilitation Activities.* 127th Session Council. Food and Agricultural Organization of the United Nations, Rome http://www.fao.org/docrep/meeting/008/j3631e.htm (last accessed 27 April 2007)

FAO (2004b). *FAO and SIDS: Challenges and Emerging Issues in Agriculture, Forestry and Fisheries.* Food and Agriculture Organization, Rome

FAO (2005a). *Mediterranean fisheries: as stocks decline, management improves.* Food and Agriculture Organization, Rome http://www.fao.org/newsroom/en/news/2005/105722/index.html (last accessed 21 June 2007)

FAO (2005b). *The state of food security in the world 2005; eradicating world hunger -key to achieving the Millennium Development Goals.* Food and Agricultural Organization of the United Nations, Rome

FAO (2006). *Progress towards the MDG target.* Food security statistics. Food and Agriculture Organization of the United Nations, Rome http://www.fao.org/es/ess/faostat/foodsecurity/FSMap/mdgmap_en.htm (last accessed 27 April 2007)

FAO, UNEP and WHO (2004). *Pesticide Poisoning: Information for Advocacy and Action.* United Nations Environment Programme, Geneva

Fischetti, M. (2001). Drowning New Orleans. In *Scientific American* 285(4):76-85 Flynn, J., Slovik, R. and Mertz, C.K. (1994). Gender, race and perception ofenvironmental health risks, Oregon. In *Decision Research* March 16

Folke, C., Carpenter, S., Elmqvist, Th., Gunderson, L., Holling, C. S. and Walker, B. (2002). Resilience and Sustainable Development: Building Adaptive Capacity in a World of Transformations. In *Ambio* 31(5):437-440

Fordham, M.H. (1999). The intersection of gender and social class in disaster: balancing resilience and vulnerability. In *International Journal of Mass Emergencies and Disasters* 17 (1):15-37

Friedmann, J. (1992). *Empowerment: The politics of alternative development.* Blackwell Publishers, Cambridge, MA

GAEZ (2000). *Global Agro-Ecological Zones.* Food and Agricultural Organization of the United Nations and International Institute for Applied Systems Analysis, Rome http://www.fao.org/ag/agl/agll/gaez/index.htm (last accessed 13 June 2007)

Garrett G. (1998). Global Markets and National Politics: Collision Course or Virtuous Circle? In *International Organization* 52 (4):787–824

Georges, N.M. (2006). Solid Waste as an Indicator of Sustainable Development in Tortola, British Virgin Islands. In *Sustainable Development* 14:126-138

GEO Data Portal. *UNEP's online core database with national, sub-regional, regional* and global statistics and maps, covering environmental and socio-economic data and *indicators.* United Nations Environment Programme, Geneva http://www.unep.org/geo/data or http://geodata.grid.unep.ch (last accessed 1 June 2007)

GIWA (2006). *Challenges to International Waters; Regional Assessments in a Global Perspective.* United Nations Environment Programme, Nairobi http://www.giwa.net/publications/finalreport/ (last accessed 13 June 2007)

Gleditsch, N.P. (ed.) (1999). *Conflict and the Environment.* Kluwer, Dordrecht, Boston, London

Gleick, P. (1999). The Human Right to Water. In *Water Policy* 1(5):487-503

Goldsmith, E. and Hildyard, N. (1984). *The Social and Environmental Effects of Large Dams.* Sierra Club Books, San Francisco

Gordon, B., Mackay, R. and Rehfuess, E. (2004). *Inheriting the World. The Atlas of Children's Health and the Environment.* World Health Organization, Geneva

Goreux, L. and Macrae, J. (2003). *Reforming the Cotton Sector in Sub-Saharan Africa.* Africa Regional Working Paper Series 47. The World Bank, Washington, DC. http://www.worldbank.org/afr/wps/wp47.pdf (last accessed 27 April 2007)

Gowrie, M. N. (2003). Environmental vulnerability index for the island of Tobago, West Indies. In *Conservation Ecology* 7(2:11 http://www.consecol.rg/vol7/iss2/art11/(last accessed 27 April 2007)

Graham, Edward, M. (2000). *Fighting the Wrong Enemy: Antiglobal Activists and Multinational Enterprises.* Institute for International Economics, Washington, DC

Graham, T. and Idechong, N. (1998). Reconciling Customary and Constitutional Law- Managing Marine Resources in Palau, Micronesia. In *Ocean and Coastal Management* 40(2):143-164

Greif, A. (1992). Institutions and International Trade: Lessons from the Commercial Revolution (Historical Perspectives on the Economics of Trade). In *AEA Papers and Proceedings* 82(2):128-133

Grether, J.M. and De Melo, J. (2003). *Globalization and Dirty Industries: Do Pollution Havens Matter?* NBER Working Papers 9776, National Bureau of Economic Research, Cambridge, MA

Griffin, D.W., Kellogg, C.A and Shinn, E.A. (2001). Dust in the wind:Long range transport of dust in the atmosphere and its implications for global public and ecosystem health. In *Global Change & Human Health* 2(1)

Gupta, S.; Patillo, C. and Wagh, S. (2006). *Are Donor Countries Giving More or Less Aid?.* Working Paper WP/06/1. International Monetary Fund, Washington, DC http://www.imf.org/external/pubso/ft/wp/2006/wp0601.pdf (last accessed 27 April 2007)

Haavisto, P. (2005). Environmental impacts of war. In *State of the World 2005: Redefining Global Security* Worldwatch Institute, Norton, New York, NY

Harbom, L. and Wallensteen, P. (2007). Armed Conflict, 1989-2006. In *Journal of Peace Research* 44(5) http://www.pcr.uu.se/research/UCDP (last accessed 29 June 2007)

Harper, K. and Rajan, S.R. (2004). *International Environmental Justice: Building Natural Assets for the Poor.* Working Paper Series, 87. Political Economy Research Institute, http://www.peri.umass.edu/Publication.236+M53cb8b79b72.0.html (last accessed 13 June 2007)

Harrison, P. and Pearce, F. (2001). AAAS Atlas of Population and Environment.American Association for the Advancement of Science. University of California Press, California http://www.ourplanet.com/aaas/pages/about.html (last accessed 27 April 2007)

Haupt, F., Muller-Boker, U. (2005). Grounded research and practice - PAMS - A transdisciplinary program component of the NCCR North-South. In *Mountain Research and Development* 25(2):101-103

Hay, J.E., Mimura, N., Campbell, J., Fifita, S., Koshy, K., McLean, R.F., Nakalevu, T., Nunn, P. and de Wet, N. (2003). *Climate Variability and change and sea-level rise in* the Pacific Islands Region: A resource book for policy and decision makers, educators *and other stakeholders.* SPREP, Apia, Samoa

Henderson-Sellers, A., Zhang, H., Berz, G., Emanuel, K., Gray, W., Landsea, C., Holland, G., Lighthill, J., Shieh, S.-L., Webster, P. and McGuffie, K.(1998). Tropical Cyclones and Global Climate Change: A Post-IPCC Assessment. In *Bulletin of the American Meteorological Society* 79:19–38

Hertel, T.W. and Winters, A.L. (eds.) (2006). *Poverty and the WTO: Impacts of the Doha Development Agenda.* The World Bank, Washington, DC

Hess, J. and Frumkin, H. (2000). The International trade in toxic waste: The case of Sihanoukville, Cambodia. In *Int J Occup Environ Health* 6:263-76

Hewitt, K. (1983). *Interpretations of Calamity: from the viewpoint of human ecology.* Allen and Unwin, St Leonards, NSW

Hewitt, K. (1997). *Regions of Risk. A geographical introduction to disasters.* Addison Wesley Longman, Harlow, Essex

Hiblin, B., Dodds, F. and Middleton, T. (2002). Reflections on the First Week – *Prep.* Comm. II Progress Report. Outreach 2002, 4th February, 1-2

Higashimura, R. (2004). Fisheries in Atlantic Canada after the collapse of cod. Proceedings Twelfth Biennial Conference of the International Institute of Fisheries Economics & Trade (IIFET), July 20-30, 2004, Tokyo

Hild, C.M. (1995). The next step in assessing Arctic human health. In *The Science of the Total Environment* 160/161:559-569

Holling, C.S. (1973). Resilience and stability of ecological systems. In *Annual Review of Ecology and Systematics* 4:1-23

Holling, C.S. (2001). Understanding the Complexity of Economic, Ecological and Social Systems. In *Ecosystems* 4:390-405

Homer-Dixon, T.F. (1999). *Environment, Scarcity, and Violence.* Princeton University Press, Princeton, NJ

Hoegh-Guldberg, O., Hoegh-Guldberg, H., Stout, D., Cesar, H. and Timmerman, A. (2000). *Pacific in Peril: Biological, Economic and Social Impacts of Climate Change on Pacific Coral Reefs.* Greenpeace, Amsterdam

Huggins, C., Chenje, M. and Mohamed-Katerere, J.C. (2006). Environment for Peace and Regional Cooperation. In UNEP (2006). *Africa Environment Outlook 2. Our Environment, Our Wealth.* United Nations Environment Programme, Nairobi

Hulme, D. and Murphree, M. (eds.) (2001) *African Wildlife and Livelihoods: The promise and performance of community conservation.* James Curry, Oxford

IATF (2004). Report of the Tenth Session of the Working Group on Climate Change and Disaster Reduction, 7–8 October 2004. Inter-Agency Task Force on Disaster Reduction, Geneva

ICES (2006). *Is time running out for deepsea fish?* http://www.ices.dk/marineworld/deepseafish.asp

ICOLD (2006). *Proceedings of the 22nd ICOLD Congress of the International* Commission on Large Dams, 18-23 June 2006, Barcelona

IEA (2002). *World Energy Outlook 2002.* International Energy Agency, Paris

IEA (2003). *World Energy Outlook 2003.* International Energy Agency, Paris

IEA (2004). *World Energy Outlook 2004.* International Energy Agency, Paris

IEA (2005). *World Energy Outlook 2005*. International Energy Agency, Paris

IEA (2006). *World Energy Outlook 2006*. International Energy Agency, Paris

IEA (2007). *Energy Security and Climate Change Policy*. International Energy Agency, Paris http://www.iea.org/Textbase/publications/free_new_Desc.asp?PUBS_ ID=1883 (last accessed 15 June 2007)

IFPRI (2006). *2006 Global Hunger Index. A Basis for Cross-Country Comparisons*. International Food Policy Research Institute, Washington, DC

IFRCRCS (2005). *World Disasters Report*. International Federation for the Red Cross and Red Crescent Societies, Geneva

Igoe, J. (2006). Measuring the Costs and Benefits of Conservation to Local Communities. In *Journal of Ecological Anthropology* 10:72-77

IISD (2002). WSSD PrepCom II Highlights: Monday, 28 January 2002. Earth Negotiations Bulletin. International Institute for Sustainable Development, Winnepeg

IOM (2005). *World Migration 2005: The Costs and Benefits of International Migration*. International Organization for Migration, Geneva

IPCC (2001). *Climate Change 2001 – Impacts, Adaptation and Vulnerability*. Contribution of Working Group II to the Third Assessment Report of the Intergovernmental Panel on Climate Change. McCarthy, J.J., Canziani, O.F., Leary, N. A., Dokken, D.J. and White, K.S. (eds). Cambridge University Press, Cambridge and New York, NY

IPCC (2007). *Climate Change 2007: Climate Change Impacts, Adaptation and Vulnerability, Summary for Policymakers*. Contribution of Working Group II to the Fourth Assessment Report of the Intergovernmental Panel on Climate Change, Geneva http://www.ipcc.ch/SPM6avr07.pdf (last accessed 27 April 2007)

IRN (2006). *IRN's Bujagali Campaign*. International River Network http://www.irn.org/programs/bujagali/ (last accessed 14 June 2007)

ISDR (2002). *Natural disasters and sustainable development: understanding the links between development, environment and natural disasters*. United Nations International Strategy for Disaster Reduction (ISDR), Geneva

ISDR (2004). *Living with Risk: A global review of disaster reduction initiatives*. International Secretariat for Disaster Reduction, Geneva

IUCN (2005). Constraints to the sustainability of deep sea fisheries beyond national jurisdiction. *IUCN Committee on Fisheries. Twenty-sixth Session, Rome, Italy, 7–11* March 2005

Jeffrey, R. and Sunder, N. (2000). *A New Moral Economy for India's Forests? Discourses of Community and Participation*. Sage Publications, New Delhi

Jones, R. (2006). *Slum politics: how self-government strategies are improving futures for slum-dwellers*. Association for Women's Rights in Development. http://www.awid. org/go.php?stid=1584 (last accessed 27 April 2007)

Josking, T. (1998). Trade in Small Island Economies: Agricultural Trade Dilemmas for the OECS. Paper prepared for *IICA/NCFAP Workshop on Small Economies in the Global* Economy, Grenada

Kahl, C. (2006). *States, Scarcity, and Civil Strife in the Developing World*. Princeton University Press Princeton, NJ

Karlsson, S. (2000). Multilayered Governance. Pesticides in the South - Environmental Concerns in a Globalised World. PhD Dissertation, Linköping University, Linköping

Karlsson, S. (2002). The North-South Knowledge Divide: Consequences for Global Environmental Governance. In *Global Environmental Governance: Options and Opportunities*, Esty, D.C. and Ivanova, M.H. (eds). Yale School of Forestry and Environmental Studies, New Haven

Karlsson, S.I. (2007). Allocating Responsibilities in Multi-level Governance for Sustainable Development. *International Journal of Social Economics* 34

Kasperson, J.X., Kasperson, R.E., Turner II, B.L., Hsieh, W. and Schiller, A. (2005). Vulnerability to Global Environmental Change. In *The Human Dimensions of Global Environmental Change*, Rosa, E. A., Diekmann, A., Dietz, T., Jaeger, C.C. (eds.) MIT Press, Cambridge MA

Katerere, Y. and Mohamed-Katerere, J.C. (2005). From Poverty to Prosperity: Harnessing the Wealth of Africa's Forests. In *Forests in the Global Balance – Changing Paradigms*, Mery, G., Alfaro, R., Kanninen, M. and Lobovikov, M. (eds.). IUFRO World Series Vol. 17. International Union of Forest Research Organizations, Helsinki

Klein, R. J. T. and Nicholls, R. J. (1999). Assessment of Coastal Vulnerability to Climate Change. In *Ambio* 28:182-187

Klein, R.J.T., Nicholls, R.J. and Thomalla, F. (2003). Resilience to Weather-Related Hazards: How Useful is this Concept? In *Global Environmental Change Part B: Environmental Hazards* 5:35-45

Knutson, T.R., Tuleya, R.E. and Kurihara, Y.. (1998). Simulated Increase in Hurricane Intensities in a CO2-Warmed Climate. In *Science* 279:1018–1020

Krugman, P. (2003). *The Great Unraveling: Losing Our Way in the New Century*. Norton, New York, NY

Kuhnlein, H. V. and H. M. Chan (2000). Environment and contaminants in traditional food systems of northern indigenous peoples. In *Annual Review of Nutrition* 20:595-626

Kulindwa, K., Kameri-Mbote, P., Mohamed-Katerere and J.C., Chenje, M. with Sebukeera, C. (2006). The Human Dimension. In *Africa Environment Outlook 2. Our Environment, Our Wealth*. United Nations Environment Programme, Nairobi

Kulshreshta, S.N. (1993). *World water resources and regional vulnerability. Impact of future changes*. RR-93-10. International Institute for Applied Systems Analysis, Laxenburg. Kusters, K. and Belcher, B. (Eds) (2004). *Forest products, livelihoods and conservation: case studies of non-timber forest product systems. Vol. 1, Asia*. Center for International Forestry Research, Bogor

Lal, Deepak and Mynt, Hla (1996). *The Political Economy of Poverty, Equity, and Growth*. Clarendon, Oxford

Lam, M. (1998). Consideration of Customary Marine Tenure System in the Establishment of Marine Protected Areas in the South Pacific. In *Ocean and Coastal Management* 39(1):97-104

Leach, M., Scoones, I. and Thompson, L. (2002). Citizenship, science and risk: conceptualising relationships across issues and settings. In *IDS Bulletin* 33(2):83 -91. Institute of Developing Studies, University of Sussex, Brighton

Leamer, E.E., Maul, H., Rodriguez, S. and Schott, P.K. (1999). Does Natural Resource Abundance Increase Latin American Income Inequality. In *Journal of Development Economics* 59:3–42

Lebel, J., Mergier,D., Branches, F., Lucotte, M., Amorim, M., Larribe, F., Dolbec, J. (1998). Neurotoxic effects of low-level methyl mercury contamination in the Amazonian Basin. In *Environ. Res.* 79:20-32

Lebel, L., Tri, N.H., Saengnoree, A., Pasong, S., Buatama, U. and Thoa, L.K. (2002). Industrial transformation and shrimp aquaculture in Thailand and Vietnam: Pathways to ecological, social and economic sustainability? In *Ambio* 31(4):311-323

La Rovere, E.L. and Romeiro, A.R. (2003). *Country study Development and Climate: Brazil*, COPPE/UFRJ and UNICAMP/EMBRAPA, Rio de Janeiro, http://www.developmentfirst.org/Publications/BrazilCountryStudy.pdf.

Leite, C. and J. Weidmann (1999). *Does Mother Nature Corrupt? Natural Resources, Corruption, and Economic Growth.*, International Monetary Fund, Washington, DC

Lind, J. and Sturman, K. (eds.). (2002). *Scarcity and Surfeit - The ecology of Africa's conflicts*, African Centre for Technology Studies and Institute for Security Studies, South Africa

Liu, P. F., Lynett, P, Fernando, H., Jaffe, B. E., Fritz, H., Higman, B., Morton, R., Goff, J. and Synolakis C. (2005). Observations by the International Tsunami Survey Team in Sri Lanka. In *Science* 308(5728):1595

Lopez, P. D. (2005). *International Environmental Regimes: Environmental Protection as a Means of State Making?* No. 242. Oficina do CES, Centro de Estudos Sociais. Coimbra http://www.ces.uc.pt/publicacoes/oficina/242/242.php (last accessed 15 June 2007)

Lüdeke, M. K. B., Petschel-Held, G. and Schellnhuber, J. (2004). Syndromes of global change: The first panoramic view. In *GAIA* 13(1)

Malm, O. (1998). Gold mining as a source of mercury exposure in the Brazilian Amazon. In *Environ. Res.* 77:73-78

Markovich, V. and Annandale, D. (2000). Sinking without a life-jacket? Sea Level Rise and the Position of Small Island States in International Law. In *Asia-Pacific Journal of Environmental Law* 5(2):135-154

Marshall, E., Newtron, A. C. and Schrekenberg, K. (2003). Commercialization of non-timber forest products: first steps in the factors influencing success. In *International Forestry Review* 5(2):128-137

Martinez-Alier, J. (2002). *Environmentalism of the poor*. Edward Elgar, Cheltenham

Matthew, R., Halle, M. and Switzer, J (2002). *Conserving the Peace: Resources, Livelihoods, and Security*. International Institute for Sustainable Development and IUCN – The World Conservation Union, Winnipeg

Mayrand, K., Paquin, M. and Dionne, S. (2005). *From Boom to Dust?* Agricultural Trade Liberalization, Poverty and Desertification in Rural Drylands: The Role of UNCCD. http://www.unisfera.org/?id_article=216&pu=1&ln=1 (last accessed 27 April 2007)

McCully, P. (1996). *Silenced Rivers. The Ecology and Politics of Large Dams*. Zed Books, London, New Jersey

McDonald, B. and Gaulin, T. (2002). Environmental Change, Conflict, and Adaptation: Evidence from Cases. Presented at the *Annual Meeting of the International Studies* Association, March 24-27, 2002

McElroy, J.L. (2003). Tourism Development in Small Islands Across the World. In *Geografiska Annaler* (86):231-242

Meadows, D., Randers, J. And Meadows, D. (2004). *Limits to Growth. The 30-Year Update*. Green Publishing Company, White River Junction, Vermont, Chelsea

Mertens, T. (2005). International or Global Justice? Evaluating the Cosmopolitan Approach. In *Real World Justice*, Follesdal, A. and Pogge, T. (eds.). Springer, Dordrecht

Metha, L. and La Cour Madsen, B. (2004). Is the WTO after your water? The General Agreement on Trade in Services (GATS) and poor people's right to water. In *Natural resources forum: a United Nations Journal* 2 (2):154-164

Miller, F., F. Thomalla and J. Rockström (2005). Paths to a Sustainable Recovery after the Tsunami. In *Sustainable Development Update* 5(1)

Miller, F., Thomalla, F., Downing T. E. and Chadwick, M. (2006). Resilient Ecosystems, Healthy Communities: Human Health and Sustainable Ecosystems after the Tsunami. In *Oceanography* 19(2):50-51

MA (2003). *Ecosystems and Human Well-being; a framework for assessment*. Island Press, Washington, DC

MA (2005). *Ecosystems and Human Well-being: Synthesis*. Island Press, Washington, DC Mitchell, J.K. (1988). Confronting natural disasters: an international decade for natural hazard reduction. In *Environment* 30 (2):25-29

Mitchell, J.K. (1999). *Crucibles of hazard: mega-cities and disasters in transition*. United Nations University Press, New York, NY

Modi, V., McDade, S., Lallement, D. and Saghir, J. (2005). *Energy and the Millennium Development Goals*. Energy Sector Management Assistance Programme, United Nations Development Program, UN Millenium Project, and The World Bank, New York, NY

Mohamed-Katerere, J.C. (2001). *Review of the Legal and Policy Framework for Transboundary Natural Resource Management in Southern Africa*. Paper No 3, IUCNROSA Series on Transboundary Natural Resource Management. IUCN – The World Conservation Union, Harare

Mohamed-Katerere, J.C. and Van der Zaag, P. (2003). Untying the knot of silence – making water law and policy responsive to local normative systems. Hassan, F.A. Reuss, M. Trottier, J. Bernhardt, C. Wolf, A.T. Mohamed-Katerere, J. C. and Van der Zaag, P. (eds.). In *History and Future of Shared Water Resources*. UNESCO-International Hydrological Porgramme, Paris

Mollo, M., Johl, A., Wagner, M., Popovic, N., Lador, Y., Hoenninger, J., Seybert, E. and Walters, M. (2005). Environmental Rights Report. Human Rights and the Environment. Materials for the *61st Session of the United Nations Commission on Human Rights, Geneva, March 14 – April 22, 2005*. Earthjustice, Oakland

Monroe, M. C. (2003). Two Avenues for Encouraging Conservation Behaviours. In *Human Ecology Review* 10(2):113-125

Mortimore, M. (2005). Dryland development: success stories from West Africa. In *Environment* 47:8-21

Mortimore, M. (2006). Why invest in drylands? Synergies and strategy for developing ecosystem services. In *Drylands ' hidden wealth. Integrating Dryland Ecosystem Services* into National Development Planning. Conference Report. Amman, Jordan, 26 – 27 *June 2006* http://www.iucn.org/themes/CEM/documents/drylands/amman_drylands_wreport_noppt_sept2006.pdf (last accessed 27 April 2007)

Mueller, H. (1996). *Nuclear Non-Proliferation Policy 1993-1995*. Peter Lang Publishing Munich Re (2004a). *Megacities – Megarisks: Trends and Challenges for Insurance and Risk Management*. Munich Re Group, Munich

Munich Re (2004b). *Topics 2/2004. IFRS – New Accounting Standards. Flood Risks. Rising Costs of Bodily Injury Claims*. Munich Re Group, Munich

Munich Re (2006). *Topics Geo Annual Review: Natural Catastrophes 2005*. Munich Re Group, Munich

Murtagh, F. (1985). *Multidimensional Clustering Algorithms*. Physica-Verlag Narayan, D., Chambers, R., Shah, M. and Petesch P. (2000). *Voices of the Poor – Crying Out for Change*. Oxford University Press, New York, NY

NASA (2002). Haitian Deforestation. Goddard Space Flight Center. http://svs.gsfc.nasa.gov/vis/a000000/a002600/a002640/ (last accessed 14 June 2007)

Ncube, W., Mohamed-Katerere, J. C. and Chenje, M. (1996). Towards the Constitutional Protection of Environmental Rights in Zimbabwe. In *Zimbabwe Law Review*

Nevill, J. (2001). Ecotourism as a source of funding to control invasive species. In *Invasive Alien Species: A Toolkit of Best Prevention and Management Practices*, Wittenberg, R. and Cock, M.J.W. (eds.). CAB International, Wallingford

Newell, P. and Mackenzie, R. (2004). Whose rules rule? Development and the global governance of biotechnology. Centre for the Study of Globalisation and Regionalisation, University of Warwick. In *IDS Bulletin* 35(1):82-92

Nicholls, R. J. (2002). Analysis of global impacts of sea-level rise: A case study of flooding. In *Physics and Chemistry of the Earth* 27:1455-1466

Nicholls, R.J. (2006). Storm Surges in Coastal Areas. In *Natural Disaster Hotspots - Case Studies*, Arnold, M., Chen, R.S., Deichmann, U., Dilley, M., Lerner-Lam, A.L., Pullen, R.E. and Trohanis, Z. (eds.). The World Bank, Washington, DC

Nori, M., Switzer, J. and Crawford, A (no date). *Herding on the Brink. Towards a Global Survey of Pastoral Communities and Conflict.* Occasional Working Paper. IUCN Commission on Environmental, Economic and Social Policy. IUCN – The World Conservation Union and International Institute for Sustainable Development, Gland

Nurse, L. and Rawleston, M. (2005). Adaptation to Global Climate Change: An Urgent Requirement for Small Island Developing States. In *RECIEL* 14(2):100-107

NZIS (2006). *Immigration New Zealand Online Operations Manual, April 2006 Update.* New Zealand Immigration Service, Wellington www.immigration.govt.nz/migrant/general/generalinformation/ operationsmanual (last accessed 27 April 2007)

OECD (2007). *Reference DAC Statistical Tables. Net ODA in 2006 (updated April 2007).* Organisation for Economic Cooperation and Development, Paris http://www.oecd.org/dataoecd/12/8/38346276.xls (last accessed 15 June 2007)

Oldeman, L.R., Hakkeling, R.T. A. and Sombroek, W.G. (1991) *World map of human-induced soil degradation: A brief explanatory note.* ISRIC and United Nations Environment Programme, Wageningen

Page, S. (2004). Developing Countries in International Negotiations: how they influence Trade and Climate change Negotiations.. University of Sussex, Institute of Development Studies, Brighton. In *IDS Bulletin 35(1) Globalization and Poverty*

PAHO (2002). *Health in the Americas, 2002 Edition.* Pan-American Health Organisation http://www.paho.org/English/DD/PUB/HIA_2002.htm (last accessed 27 April 2007)

Papyrakis, El. and Gerlagh, R. (2004). The Resource Curse Hypothesis and its Transmission Channels. In *Journal of Comparative Economics* 32:181–193

Paré, L., Robles, C. and Cortéz, C. (2002). Participation of Indigenous and Rural People in the Construction of Development and Environmental Public Policies in Mexico. Development Studies Institute, University of Sussex, Brighton. In *IDS Bulletin* 33(2) Making Rights Real: Exploring Citizenship, Participation and Accountability

Parish, F. and Looi, C.C. (1999). *Mobilising financial support from bilateral and multilateral donors for the implementation of the Convention.* Ramsar COP7 DOC. 20.4. The Ramsar Convention on Wetlands, Gland http:// www.ramsar.org/cop7/cop7_doc_20.4_e.htm (last accessed 15 June 2007)

Parry, M. L., Arnell, N., McMichael, T., Nicholls, R., Martens, P., Kovats, S., Livermore, M., Rosenzweig, C., Iglesias, A. and Fischer, G. (2001). Millions at Risk: Defining Critical Climate Change Threats and Targets. In *Global Environmental Change* 11(3):181-83

Patz, J.A., Campbell-Lendrum, D., Holloway, T. and Foley, J.A. (2005). Impact of regional climate change on human health. In *Nature* 438(7066):310-317

Pearce, D. (2005). *The Critical Role of Environmental Improvement in Poverty Reduction.* Report prepared for the Poverty Environment Partnership Pep Mdg7 Initiative of the United Nations Development Programme and United Nations Environment Programme, Washington, DC and Nairobi

Pearce, F. (1992). *The Dammed – Rivers, Dams, and the Coming World Water Crises.* The Bodley Head, London

Pelling, M. and Uitto, J.I. (2001). Small Island Developing States: Natural Disaster Vulnerability and Global Change. In *Environmental Hazards* 3:49-62

Petkova, E., Maurer, C., Henninger, N. and Irwin, F. (2002). *Closing the Gap: Information, Participation and Justice in Decision-making for the Environment.* World Resources Institute, Washington, DC

Petschel-Held, G., Block, A., Cassel-Gintz, M., Kropp, J., Lüdeke, M.K.B., Moldenhauer, O. and Reusswig, F. (1999). Syndromes of global change, a qualitative approach to assist global environmental management. In *Environmental Modelling and Assessment* 4:315-326

Pimm, S.L. (1984). The complexity and stability of ecosystems. In *Nature* 307:321-326

Poverty Mapping (2007). http://www.povertymap.net (last accessed 14 June 2007)

Prakash, A. (2000). Responsible Care: An Assessment. In *Business & Society* 39(2):183-209

Prescott-Allen, R. (2001). *The Well-being of Nations. A Country-by-Country Index of Quality of Life and the Environment.* Island Press, Washington DC

Prowse, M. (2003). *Towards a clearer understanding of "vulnerability" in relation to chronic poverty.* University of Manchester, Chronic Poverty Research Centre, WP24, Manchester

Reilly, J. and Schimmelpfennig, D. (2000). Irreversibility, Uncertainty, and Learning: Portraits of Adaptation to Long-Term Climate Change. In *Climate Change* 45(1), pp. 253-278(26)

Rodrik, D. (1996). *Why Do More Open Countries Have Bigger Governments?* National Bureau of Economic Research, Cambridge, MA

Round, J. and Whalley, J. (2004). *Globalisation and Poverty: Implications of South Asian Experience for the Wider Debate.* Centre for the Study of Globalisation and regionalisation, University of Warwick, *IDS Bulletin* 35(1):11-19

Ross, M.L. (2001). Does Oil Hinder Democracy? In *World Politics* 53:325–361

Russett, B. and Oneal, J. (2000). *Triangulating Peace: Democracy, Interdependence, and International Organizations.* The Norton Series in World Politics. W.W. Norton and Company, London

Sachs, J. D. and Warner, A. (2001). The Curse of Natural Resources. In *European Economic Review* 45(4-6):827–838

Sadoff, C.W. and Grey, D. (2002). Beyond the river: the benefits of cooperation on international rivers. In *Water Policy*, 4, 5:389-403

Safriel, U., Adeel, Z., Niemeijer, D., Puigdefabres, J., White, R., Lal, R., Winslow, M., Ziedler, J., Prince, S., Archer, E and King, C. (2005). Drylands Systems. In MA (2005). State and Trends. Volume 1.

Sala-I-Martin, X.X. (1997). I Just Ran Two Million Regressions (What Have We Learned From Recent Empirical Growth Research?). In *AEA Papers and Proceedings* 87(2):178-183

Sandwith, T. and Besançon, C. (2005). Trade-offs among multiple goals for transboundary conservation. In *Environmental Change and Security Program Report* 11:61-62

Sarin, M. (2003). *Devolution as a threat to democratic decision-making in forestry? Findings from three states in India.* Working Paper 197. Overseas Development Institute, London

SAUP (2007). *Landings in High Seas.* Web Products: High Seas Areas. http:// www.seaaroundus.org/eez/SummaryHighseas.aspx?EEZ=0 (last accessed 26 April 2007)

Schiettecatte, W., Ouessarb, M., Gabrielsa, D., Tanghea, S., Heirmana, S. and Abdellib, F. (2005). Impact of water harvesting techniques on soil and water conservation: a case study on a micro catchment in southeastern Tunisia. In *Journal of Arid Environments* 6:297–313

Schneider, G., Barbieri, K. and Gleditsch, N. P. (eds.) (2003). *Globalization and Armed Conflict.* Rowman and Littlefield, Oxford

Schütz, H., Bringezu, S. and Moll, S. (2004). *Globalisation and the shifting environmental burden. Material trade flows of the European Union.* Wuppertal Institute, Wuppertal

Schütz G. Hacon, S. Moreno AR and Nagatani K. Principales marcos conceptuales para indicadores de salud ambiental aplicados en América Latina y Caribe. *Revista de la Organización Panamericana de la Salud.* (In press)

Scoones, I (ed.) (2001). *Dynamics and Diversity. Soil fertility and farming livelihoods in Africa.* Earthscan, London

Sen, A. (1999). *Development as Freedom.* Alfred A. Knopf, New York, NY

Small, C. and Nicholls, R.J. (2003). A Global Analysis of Human Settlement in Coastal Zones. In *Journal of Coastal Research* 19(3):584 – 599

Smil, V. (2001). *Enriching the Earth.* MIT Press, Cambridge MA

Smith, K. (1992). *Environmental hazards: assessing risk and reducing disaster.* Routledge, New York, NY

Smith, B., Burton, I., Klein, R.J.T., Wandel, J., (2000). An Anatomy of Adaptation to Climate Change and Variability. In *Climatic Change* 45(1):223-251

Sohn, J., Nakhooda, S. and Baumert, K. (2005). *Mainstreaming Climate Change Considerations at the Multilateral Development Banks.* World Resources Institute, Washington, DC

Solecki, W.D. and Leichenko, R.M. (2006). Urbanisation and the Metropolitan Environment: Lessons from New York and Shanghai. In *Environment* 48(4):6 – 23

SOPAC and UNEP. *Environmental Vulnerability Index . EVI Results.* South Pacific Applied Geoscience Commission and United Nations Development Porgramme, Suva http://www.vulnerabilityindex.net/EVI_Results.htm (last accessed 14 June 2007)

Soroos, M.S. (1997). The Canadian-Spanish 'Turbot War' of 1995: A Case Study in the Resolution of International Fishery Disputes. In *Conflict and the Environment* Gleditsch, N.P. (ed). Kluwer Publishers, Dordrecht

Sperling, F. and Szekely, F. (2005). Disaster Risk Management in a Changing Climate. Informal discussion paper prepared on behalf of the Vulnerability and Adaptation Resource Group (VARG) for the *World Conference on Disaster Reduction in Kobe, Japan,* 18–22 January 2005

Stegarescu, D. (2004). *Public Sector Decentralization: Measurement Concepts and Recent International Trends.* Discussion Paper 04-74, Zentrum für Europäische Wirtschaftsforschung ftp://ftp.zew.de/pub/zew-docs/dp/ dp0474.pdf (last accessed 27 April 2007)

Steetskamp, I. and Van Wijk A. (1994). *Stroomloos. Kwetsbaarheid van de samenleving; gevolgen van verstoringen van de electriciteitsvoorziening* (in Dutch). Rathenau Insituut, The Hague

Stephens, C. (1996). Review Article: Healthy cities or Unhealthy Islands? The health and social implications of urban inequalities. In *Environment and Urbanization* 8(2):9-30

Stein, E. (1999). Fiscal Decentralization and Government Size in Latin America. In *Journal of Applied Economics* II (2):357-91

Stohr, W. (2001). Introduction. In *Decentralization, Governance and the New Planning for Local-level Development,* Stohr, W., Edralin, J. and Mani, D. (eds.). Greenwood Press, Westport

Strand, H., Carlsen, J., Gleditsch, N.P., Hegre, H., Ormhaug, C. and Wilhelmsen, L. (2005). *Armed Conflict Dataset Codebook.* Version 3-2005 http://www.prio.no/cscw/armedconflict (last accessed 27 April 2007)

Swain, A. (2002). Environmental Cooperation in South Asia. In *Environmental Peacemaking,* Conca K. and Dabelko, G.D. (eds.). The Woodrow Wilson Center Press and the Johns Hopkins University Press, Washington, DC and Baltimore

Swatuk, L. (2002). Environmental cooperation for regional peace and security in Southern Africa. In *Environmental Peacemaking,* Conca K. and Dabelko, G.D. (eds.). The Woodrow Wilson Center Press and the Johns Hopkins University Press, Washington, DC and Baltimore

Tan, K.-C. (2005). Boundary Making and Equal Concern. In *Global Institutions and Responsibilities: Achieving Global Justice,* Barry, C. and Pogge, T.W. (eds.). Blackwell Publishing, Oxford

Tasioulas, J. (2005). Global Justice Without End? In *Global Institutions and Responsibilities: Achieving Global Justice* Barry, C. and Pogge, T.W. (ed.). Blackwell Publishing, Oxford

Tetteh, I.K., Frempong, E. and Awuahb, E. (2004). An analysis of the environmental health impact of the Barekese Dam in Kumasi, Ghana. In *Journal of Environmental Management* 72:189–194

Thomalla, F., Downing, T.E., Spanger-Siegfried, E., Han, G. and Rockström, J. (2006). Reducing Hazard Vulnerability: Towards a Common Approach Between Disaster Risk Reduction and Climate Adaptation. In *Disasters* 30(1):39-48

Thomas, D. (2006). *People, deserts and drylands in the developing world. Policy Briefs.* Science and Development Network http://www.scidev.net/ dossiers/index. cfm? (last accessed 27 April 2007)

Tompkins, E.L., Nicholson-Cole, S.A., Hurlston, L., Boyd, E., Hodge, G.B., Clarke, J., Gray, G., Trotz, N. and Varlack, L. (2005). *Surviving Climate Change in Small Islands – A Guidebook.* Tyndall Centre for Climate Change Research, University of East Anglia, Norwich

Travis, J. (2005). Hurricane Katrina: Scientists' Fears Come True as Hurricane Floods New Orleans. In *Science* 309:1656-1659

UIS (2004). A Decade of Investment in Research and Development (R&D): 1990- 2000. In *UIS Bulletin on Science and Technology Statistics 1.* UNESCO Institute for Statistics, Paris http://www.uis.unesco.org/template/pdf/S&T/ BulletinNo1EN.pdf (last accessed 26 June 2007)

UN. *Terms of reference for the special rapporteur on the effects of illicit movement and dumping of toxic and dangerous products and waste on the enjoyment of human rights.* UN Office of the High Commissioner on Human Rights, New York, NY http://www.unhchr.ch/html/menu2/7/b/toxtr.htm (last accessed 14 June 2007)

UN (1966). *International Covenant on Economic, Social and Cultural Rights.* Office of the High Commissioner for Human Rights. United Nations, New York and Geneva http://www.unhchr.ch/html/menu3/b/a_cescr.htm (last accessed 27 April 2007)

UN (1986). *Declaration on the Right to Development.* Office of the High Commissioner for Human Rights. United Nations, New York and Geneva http:/ /www.unhchr. ch/html/menu3/b/74.htm (last accessed 15 June 2007)

UN (2002). Plan of Implementation of the World Summit on Sustainable Development. In *Report of the World Summit on Sustainable Development.* Johannesburg, South Africa, 26 August - 4 September. A/CONF.199/20. United Nations, New York, NY

UN (2003). *Substantive Issues Arising in the Implementation of the International Covenant on Economic, Social and Cultural Rights. General Comment No. 15 (2002). The Right to Water (arts. 11 and 12).* E/C.12/2002/ 11. Committee on Economic, Social and Cultural Rights Twenty-ninth session, Geneva, 11-29 November 2002. Economic and Social Council, United Nations, Geneva http://www.unhchr.ch/tbs/doc.nsf/0/a5458d1d1bbd713fc 1256cc400389e94/$FILE/G0340229.pdf (last accessed 27 April 2007)

UN (2005). *The Millennium Development Goals Report.* United Nations, New York, NY

UN (2006). *Millennium Development Goals Report 2006.* United Nations, New York, NY

UNCCD (2005). *The consequences of desertification.* Fact Sheet 3. United Nations Convention to Combat Desertification, Berlin http://www.unccd.int/ publicinfo/factsheets/showFS.php?number=3 (last accessed 27 April 2007)

UNCTAD (2004). *Trade Performance and Commodity Dependence: Economic Development in Africa.* United Nations Conference on Trade and Development, Geneva

UNDP (2001). *Human Development Report 2001: Making New Technologies Work for Human Development.* United Nations Development Programme, New York, NY

UNDP (2004a). *Reducing disaster risk: A challenge for development.* United Nations Development Programme, New York, NY http://www.undp.org/bcpr/ whats_new/rdr_english.pdf (last accessed 19 June 2007)

UNDP (2004b). *Analysis of conflict as it relates to the production and marketing of* drylands products. The case of Turkana (Kenya) and Karamoja (Uganda) cross-border *sites. Baseline Survey Results.* http://www.undp.org/drylands/docs/marketaccess/Baselines-Conflict_and_Markets_Report.doc (last accessed 27 April 2007)

UNDP (2005). *International cooperation at a crossroads: Aid, trade and security in an unequal world. Human Development Report.* United Nations Development Programme, New York, NY

UNDP (2006) *Human Development Report 2006. Beyond scarcity: Power, poverty and the global water crisis.* United Nations Development Programme, New York, NY

UNDP and GEF (2004). *Reclaiming the Land Sustaining Livelihoods.* United Nations Development Programme and Global Environment Facility, New York, NY

UNECE (2005). *Aarhus Convention. Synthesis Report on the Status of Implementation of the Convention.* ECE/MP.PP/2005/18. United Nations Economic Commission for Europe, Geneva http://www.unece.org/env/documents/2005/pp/ece/ece. mp.pp.2005.18.e.pdf (last accessed 15 June 2007)

UN-Energy. *Welcome to UN-Energy, the interagency mechanism on energy.* http://esa. un.org/un-energy/ (last accessed 14 June 2007)

UNEP (2000). *Post-Conflict Environmental Assessment — Albania.* United Nations Environment Programme , Nairobi

UNEP (2002a). *Global Mercury Assessment.* United Nations Environment Programme, Geneva http://www.chem.unep.ch/MERCURY/Report/GMA-report-TOC.htm (last accessed 15 June 2007)

UNEP (2002b). *Vital Water Graphics. Coastal population and shoreline degradation.* UNEP/GRID-Arendal Maps and Graphics Library http://maps.grida.no/go/collection/CollectionID/70ED5480-E824-413F-9B63-A5914EA7CCA1 (last accessed 27 April 2007)

UNEP (2004). Vital Waste Graphics. *Composition of transboundary waste reported by the Parties in 2000.* The Basel Convention, United Nations Environment Porgramme, and UNEP/GRID-Arendal http://maps.grida.no/go/collection/CollectionID/17F46277-1AFD-4090-A6BB-86C7D31FD7E7 (last accessed 15 June 2007)

UNEP (2005a). *Atlantic and Indian Oceans Environment Outlook.* Special Edition for the Mauritius International Meeting for the 10-year Review of the Barbados Programme of Action for the Sustainable Development of Small Island Developing States. United Nations Environment Programme, Nairobi

UNEP (2005b). *Pacific Environment Outlook.* Special Edition for the Mauritius International Meeting for the 10-year Review of the Barbados Programme of Action for the Sustainable Development of Small Island Developing States. United Nations Environment Programme, Nairobi

UNEP (2005c). *Caribbean Environment Outlook.* Special Edition for the Mauritius International Meeting for the 10-year Review of the Barbados Programme of Action for the Sustainable Development of Small Island Developing States. United Nations Environment Programme, Nairobi

UNEP (2005d). *GEO Year Book 2004/5.* An Overview of Our Changing Environment. United Nations Environment Programme, Nairobi

UNEP (2005e). *Report of the High-Level Brainstorming Workshop for Multilateral* Environmental Agreements on Mainstreaming Environment Beyond Millennium *Development Goal 7.* United Nations Environment Programme, Nairobi

UNEP, UNDP, OSCE and NATO (2005). *Environment and Security: Transforming risks into cooperation – Central Asia Ferghana/ Osh/ Khujand area.* United Nations

Environment Programme, United Nations Development Porgramme, Organization for Security and Co-operation in Europe and the North Atlantic Treaty Organization, Geneva http://www.osce.org/publications/eea/2005/10/16671_461_en.pdf (last accessed 15 June 2007)

UNESCO (2005). *Contributing to a More Sustainable Future: Quality Education, Life Skills and Education for Sustainable Development.* http://unesdoc.unesco.org/images/0014/001410/141019e.pdf

UNHCR (2006). *The State of the World's Refugees.* UN High Commission on Refugees, Geneva

UNICEF (2004a). *Children's Well-being in Small Island Developing States and Territories.* United Nations Children's Fund, New York, NY

UNICEF (2004b). *State of the World's Children 200. Childhood under threat.* United Nations Children's Fund, New York, NY http://www.unicef.org/publications/index_24433.html (last accessed 27 April 2007)

UNISDR. *Hyogo Framework for Action 2005-2015: Building the resilience of nations and communities to disasters (HFA).* http://www.unisdr.org/eng/hfa/hfa.htm (last accessed 14 June 2007)

UNMP (2005). *Environment and human well-being: a practical strategy.* Report of the task force on environmental sustainability. UN Millennium Project. Earthscan, London

UNPD (2007). *World Population Prospects: The 2006 Revision.* UN Population Division, New York, NY (in GEO Data Portal)

VanDeveer, S.D. (2002). Environmental Cooperation and Regional Peace: Baltic Politics, Programs, and Prospects. In K. Conca and G.D. Dabelko (eds.). *Environmental Peacemaking,* The Woodrow Wilson Center Press and the Johns Hopkins University Press, Washington, DC and Baltimore

Vanhanen, T. (2000). A New Dataset for Measuring Democracy, 1810–1998. In *Journal of Peace Research* 37(2):251–265

Van Straaten, P. (2000). Mercury contamination associated with small-scale gold mining in Tanzania and Zimbabwe. In *Sci. Total Environment* 259:95-109

Van Vuuren D., M. den Elzen, P. Lucas, B. Eickhout, B. Strengers, B. van Ruijven, S. Wonink, R. van Houdt (2007). Stabilizing Greenhouse Gas Concentrations at Low Levels: An Assessment of Reduction Strategies and Costs, Climatic Change (accepted for publication)

Walker, G., Fairburn, J., Smith, G. and Michell, G. (2003). *Environmental Quality and Social Deprivation.* Environment Agency, Bristol Watts M. J. and Bohle H. G. (1993). The space of vulnerability:The causal structure of hunger and famine. In *Progress in Human Geography* 17(1):43-67

WBGU (1997). *World in Transition: Ways Towards Sustainable Management of Freshwater Resources.* German Advisory Council on Global Change. Springer Verlag, Heidelberg

WCC'93 (1994). Preparing to Meet the Coastal Challenges of the 21st Century. *Report* of the World Coast Conference, NoordwijkNovember 1–5, 1993. Ministry of Transport, Public Works and Water Management, The Hague

WCD (2000). *Dams and Development. A New Framework for Decision Making.* Report of the World Commission on Dams. Earthscan, London

WCED (1987). *Our Common Future.* World Commision on Environment and Development. Oxford University Press, Oxford and New York, NY

Weede, E. (2004). On Political Violence and Its Avoidance. In *Acta Politica* 39:152-178

Wei, S. (2000). *Natural Openness and Good Government.* National Bureau of Economic Research, Cambridge, MA

Weinthal, E. (2002). The Promises and Pitfalls of Environmental Peacemaking in the Aral Sea Basin. In *Environmental Peacemaking,* Conca, K. and Dabelko, G.D. (eds). The Woodrow Wilson Center Press and the Johns Hopkins University Press, Washington and Baltimore

Weisman, D. (2006). *Global Hunger Index. A basis for cross-country comparisons.* International Food Policy Research Institute, Washington, DC

White, R.P., Tunstall, D. and Henninger, N. (2002). *An Ecosystem Approach to Drylands: Building Support for New Development Policies.* Information Policy Brief 1. World Resources Institute, Washington, DC

WHO (2002). *The world health report 2002, reducing risks, promoting healthy life.* World Health Organization, Geneva.

WHO (2006b). Global and regional food consumption patterns and trends. Chapter 3 In *Diet, Nutrition and the Prevention of Chronic Diseases.* Report of the Joint WHO/FAO Expert Consultation. WHO Technical Report Series, No. 916 (TRS 916). World Health Organization, Geneva http://www.who.int/dietphysicalactivity/publications/trs916/download/en/index.html (last accessed 15 June 2007)

WHO and UNEP (2004). *The health and the environment linkages initiative.* World Health Organization, Geneva

Wisner, B., Blaikie, P., Cannon, T. and Davis, I. (2004). *At Risk: Natural Hazards, Peoples Vulnerability and Disasters,* 2nd edition. Routledge, London

Wolf, M. (2004). *Why Globalization Works: The Case for the Global Market Economy.* Yale University Press, New Haven

Wolf, A.T., Yoffe, S.B. and Giordano M. (2003). International waters: Identifying basins at risk. In *Water Policy* 5:29-60

Wonink, S.J., Kok, M.T.J. and Hilderink, H.B.M. (2005). *Vulnerability and Human Well-being.* Report 500019003/2005. Netherlands Environmental Assessment Agency, Bilthoven

World Bank (2005). *The World Development Report 2006. Equity and Development.* Oxford University Press, Oxford and The World Bank, Washington, DC

World Bank (2006). *World Development Indicators 2006.* The World Bank, Washington, DC (in GEO Data Portal)

World Water Council (2000). *World Water Vision: Making Water Everybody's Business.* http://www.worldwatercouncil.org/index.php?id=961&L=0 (last accessed 27 April 2007)

WRI (2002). *Drylands, People, and Ecosystem Goods and Services: A Web-based Geospatial Analysis.* World Resources Institute. http://www.wri.org (last accessed 27 April 2007)

WRI (2005). *World Resources. The Wealth of the Poor –Managing Ecosystems to Fight Poverty.* World Resources Institute in collaboration with United Nations Development Programme, United Nations Environment Programme and The World Bank, Washington, DC

WRI (2007). *Nature's Benefits in Kenya. An Atlas of Ecosystems and Human Well-Being.* World Resources Institute, Department of Resource Surveys and Remote Sensing, Ministry of Environment and Natural Resources, Kenya, Central Bureau of Statistics, Ministry of Planning and National Development, Kenya, and International Livestock Research Institute. World Resources Institute, Washington, DC and Nairobi

Wynberg, R. (2004). Achieving a fair and sustainable trade in devil's claw (*Harpagophytum* spp). In *Forest Products, Livelihoods and Conservation.* Case Studies of Non-Timber Forest Products. Vol. 2 – Africa. Sunderland, T. and Ndoye, O. (eds). Centre for International Forestry Research, Bogor

Yanez, L., Ortiz, D., Calderon, J., Batres, L., Carrizales, L., Mejia, J., Martinez, L., Garcia-Nieto, E. and Diaz-Barriga, F. (2002). Overview of Human Health and Chemical Mixtures: Problems facing developing countries. In *Environmental Health Perspectives* 110 (6):901 – 909

Yoffe, S.B., Fiske, G., Giordano, M., Giordano, M.A., Larson, K., Stahl K. and Wolf, A.T. (2004). Geography of international water conflict and cooperation: Data sets and applications. In *Water Resources Research* 40(5):1-12

Yokohama Strategy and Plan of Action for a Safer World (1994). *International Strategy for Disaster Reduction* http://www.unisdr.org/eng/about_isdr/bd-yokohamastrat- eng.htm (last accessed 15 June 2007)

Zoleta-Nantes, D. (2002). Differential Impacts of Flood Hazards among the Street children, the Urban Poor and Residents of Wealthy Neighborhood in Metro Manila, Philippines. In *Journal of Mitigation and Adaptation Strategies for Global Change* 7(3):239-266

第8章

相互联系：可持续性管理

重要合作作者： Habiba Gitay, W. Bradnee Chambers, Ivar Baste

主要作者： Edward R. Carr, Claudia ten Have, Anna Stabrawa, Nalini Sharma, Thierry De Oliveira, Clarice Wilson

其他作者： Brook Boyer, Carl Bruch, Max Finlayson, Julius Najah Fobil, Keisha Garcia, Elsa Patricia Galarza, Joy A. Kim, Joan Eamer, Robert Watson, Steffen Bauer, Alexander Gorobets, Ge Chazhong, Renat A. Perelet, Maria Socorro Z. Manguiat, Barbara Idalmis Garea Moreda, Sabrina McCormick, Catherine Namutebi, Neeyati Patel, Arie de Jong

本章编审： Richard Norgaard, Virginia Garrison

本章协调人： Anna Stabrawa, Nalini Sharma

致谢：McPhoto/Still Pictures

主要内容

地球其实是一个系统：大气层、陆地、水、生物圈以及人类社会都在一个相互联系、相互作用的复杂网络中共存。来自环境和发展方面的挑战通过社会和自然过程在社会结构和自然环境的范围内相互联系。人类社会对上述联系的认识水平，以及这些相互联系对人类社会的影响总结如下：

环境变化和对发展的挑战其实是由相同的驱动力导致的。它们包括人口变化、经济活动、科技创新、分配模式，以及在文化、社会、政治和制度方面的活动。根据世界环境和发展委员会的报告，上述驱动力有逐渐增强的趋势。例如世界人口已经增长了近30%，世界贸易已经增长了约3倍。在过去20年，上述因素造成以下局面：

- 随着货物、服务、资金、人口、技术、信息、思想观念以及劳动力在人类社会中流动量的增长，全球化增强，人类社会的相互联系更为紧密；
- 来自发展的挑战变得更为严重，如完成联合国千年发展目标需要更大的努力；
- 对环境的压力以及由此导致的环境变化的速度、范围和幅度都变得更加严重，就像这些变化对人类福祉的影响变得更加严重一样。

造成环境变化的驱动力在世界范围内的分布是不平衡的。经济活动就是一个很好的例子，如2004年，最富裕国家接近10亿人口的年度总收入比最贫穷国家的23亿人口的年度总收入高出大约15倍。同样是在2004年，《联合国气候变化框架公约》附件1中列出的国家虽然只有世界人口的20%，但按购买力计算的国内生产总值却达到了整个世界的57%，温室气体的排放量也占世界排放总量的46%，而整个非洲的温室气体排放量却只占7.8%。

一种人类活动可以对环境造成多方面的影响，并且会以多种方式影响人类福祉。例如二氧化碳的排放可以造成全球气候变化，又会导致海洋酸化。另外，陆地、水以及大气都以多种方式相互联系，特别是通过碳、养分以及水的循环相互联系，因此一种因素的变化将导致另外的某种因素发生变化。例如，某种程度上由全球气候变化引起的生态系统结构和功能的变化将反过来对气候系统造成影响，特别是通过碳循环和氮循环对气候系统造成影响。而人类活动，例如农业生产、林业、渔业以及工业生产正日益改变着自然生态系统，并影响了生态系统给人类社会提供服务的方式。

社会和生物物理系统都是动态的，并且以阈值、时间滞后以及反馈圈为特点。阈值在某些情况下也称为转折点，在地球系统中非常普遍，表示由自然事件或人类活动导致的突然、意外的或者加速发生并且无法挽回的变化点。由于持续的人类活动导致跨过转折点的例子包括渔业崩溃、水系统的富营养化和缺氧、爆发疾病或虫害、物种的引进或消失以及区域性的气候变化等。生物物理和社会系统还具有维持变化状态的趋势，即使导致变化发生的原始因素已经消除。例如，虽然温室气体在大气层中聚集的情况现在已经得到控制，但温室气体排放导致的陆地和海洋温度上升的情况在以后的几十年内仍将继续，海平面在未来几个世纪内仍将继续上升，就是因为气候变化和反馈存在时间滞后的原因。

因为人类生态系统的复杂性以及人类社会对上述系统的动态变化的认识水平仍存在很大的局限性，目前还难以准确地预测上述阈值的位置。这些阈值的位置是某个活动导致的不能接受的严重危害的位置，如导致巨大的生态变化，并且需要人类社会的反应。因为人们还不能确定阈值，因此很难预先采取必要的应对措施。而这种应对措施的确定对于人类社会有非常重要的意义，过去有很多这样的例子，例如发生在美索不达米亚地区以及复活节岛地区的灾难说明跨过这样的阈值会对人类社会造成多么严重的灾难。

环境变化的复杂性、规模以及相互联系并不意味着决策者"以综合方案的名义立即采取所有措施或者以情况复杂为由放任自流"。只要我们能够确定环境变化的相互联系，就有助于我们在国家、区域或世界范围内采取更加有效的解决方案，也有助于我们建设一个更加可持续发展的社会。通过社会不同利益群体之间的利益平衡，我们可以按照最有效的方式采取环境改进方案。

考虑到环境变化各种因素之间的相互联系，有助于我们在尊重条约的法定权限的前提下更好地遵守国际条约。这样可以增强条约各方之间开展合作和项目的机会，有助于在国家层面上更有效地执行和遵守条约，也有助于能力建设以及环境方面的技术支持。考虑环境管理的总体标准基础也有助于制定出更有效的开展国际环境合作的有关制度。

在现有管理体制内开展合作有助于在更广泛的发展框架下整合环境保护的相关问题。在这方面，联合国改革因为特别关注于环境领域的合作以及在国家层面上开展的"一个联合国"方法，从而提供了很重要的合作机会。此外，像碳存储这样的减缓方法，考虑了与其他环境和发展挑战相关的气候应对措施等方案也可以同时解决多种来自环境和发展方面的挑战。

灵活、合作性强以及学习型的管理方法可能会具有更好的回应性和适应性，并且可以更好地处理来自环境和发展方面的联合挑战。这样适应性强的管理方法可以较好地处理复杂的环境联系问题，也可以处理环境变化的不确定性和变化周期问题。这样的管理方法可以按照更快并且更加节约成本的方式促进制度结构的发展，从而尽可能地避免更基础性的结构重组。处理环境相互联系问题的工具，如评价、估价技术以及环境与发展综合管理方法，可以为适应性管理提供重要的基础。

仅仅在不久前，人类在地球上的活动以及这些活动的影响还往往按照不同的国家及不同的领域（能源、农业、贸易等）进行划分，或者按照更广泛的领域（环境、经济、社会等）进行划分。但是现在，这样的界限已经开始变得模糊了。特别是在过去10年引起公众关注的全球性危机更是如此。它们不是单独的危机，如环境危机、发展危机或能源危机等，它们是同一个危机。

——布伦特兰委员会报告《我们的共同未来》

引言

世界环境和发展委员会（布伦特兰委员会）将环境、发展和能源方面的危机称为“相互联系的危机”（WCED 1987）。世界环境和发展委员会的报告自始至终强调环境和人类社会的相互联系，这种联系也是可持续发展的核心思想（WCED 1987）。这种联系还是《全球环境展望》概念框架的基础，它强调的就是环境和人类社会之间的相互联系。在本书前面的章节中，我们评价了改变环境的驱动力、压力、环境变化、生态系统服务、人类福祉以及应对环境变化的政策之间的相互关系。这些章节还说明了人类社会改变环境的模式是如何随着环境改变的规模和时间而发生变化的、环境变化如何随不同区域有不同的变化以及不同的群体对各种环境变化的承受能力。

世界环境和发展委员会发表《我们共同的未来》报告已经20年了，现在这个报告的结论比以往更加切中实际情况。人类社会相互作用的全球模式正不断地发生变化。从人类的观点看，世界变得越来越小。例如，由于人口的增长（图8.1），人均土地占有量已经降低到一个世纪前的大约1/4，并且在2050年之前预计将降低到1900年水平的大约1/5（GEO Data Portal，from UNPD 2007 and FAOSTAT 2006）。社会变化过程，如人口增长、科技创新、经济增长以及消费和生产模式的改变等，已经越来越被公认为环境变化的主要驱动力（Young 2006，Schellnhuber 1999，Vitousek 等 1997）。图8.1展现了上述部分主要驱动力的发展趋势。

在自由主义政策和技术创新的推动下（Annan 2002），我们的世界正在经历一场以货物、服务、资金、技术、信息、思想文化以及劳动力在全球范围内日益增长的流动为特征的全球化过程。特别是由于因特网的快速发展（见第1章图1.9），正在对人类的通讯能力和相互联系产生革命性的影响，并且对国家的国力和个人能力的展现也有很大的提升作用（Friedman 2006）。

全球社会的联系越来越紧密，对环境变化的影响也越来越大，因此我们有必要理解通过何种方式和何种机构才能最好地解决来自环境改变导致的挑战。《保护我们的地球——保护我们的未来》报告（Watson 等 1998）以及《千

布伦特兰（Gro Harlem Brundtland）时任挪威首相，在1987年联合国大会上发言。环境和人类社会之间的联系一直是贯穿布伦特兰委员会报告和《全球环境展望4》报告的主要线索。

致谢：UN Photo

正确理解并处理人类和环境之间的相互联系，可以增强各个层次上环境管理的有效性。

致谢：Shebab Uddin/Still Pictures

年生态系统评估报告》(2005) 都说明了环境问题是如何相互联系的。在引用前面章节结论的基础之上，本章进一步阐述了关于人类和环境之间关系的一些流行观点。本章论述了导致环境变化的不同驱动因素、人类活动及环境变化是如何通过隐藏在生物物理过程和社会活动中的复杂的因果关系而相互联系的。这部分还论述了人类活动对环境施加的日益复杂的压力将在什么程度上超越变化阈值，从而导致突然、无法预料的结果和无法挽回的环境变化。

随着环境变化情况，尽管环境管理体制也在演变，但是这些环境管理机制往往落后于它们需要解决的环境问题。因此，这些措施面临的主要挑战是当前是否有效（Schmidt 2004，Najam 等 2006）。正如前面章节叙述的那样，像点源污染这样的一些环境挑战，具有线性因果关系特点，这样的挑战相对比较容易解决。而其他环境挑战可能是由复杂、经常是环环相扣的关系导致的，这样的挑战更持久，也更难解决。人们需要采用系统性、可持续、综合和一致的方式在各种不同规模和跨行政边界的情况下来解决这样的挑战。只有当环境管理体制较好地解决了来自地球环境系统的挑战，我们才能可持续发展。

本章论述了理解环境变化的相互影响以及采用系统方法可以提高国家、区域和全球层面环境管理体制的效率。本章还论述了如何在增强的知识和信息基础设施的支持下，通过适应性管理体制来统一各个环境管理机构内和机构之间的干预措施。论述的内容包括这些方案对各种多边环境协议的遵守与执行体制的影响。

人类和环境之间的相互联系

前面章节已经论述了人类社会面对重大环境挑战方面的知识。这些章节说明了气候变化、臭氧层破坏、空气污染、生物多样性减少、土地退化、水质下降以及化学污染等环境变化现象之间存在相互联系。各种环境变化通过生物物理过程和社会活动而在不同规模和不同地理范围内相互联系。本章采用《全球环境展望》概念框架作为对上述人类社会和环境之间的各种联系进行分析的基础（见读者指南中的内容）。更具体而言，本章节专门对下列内容进行综述：

- 人类驱动力是如何导致环境发生各种变化或与这些变化密切联系的，以及各级社会和经济部门是如何改变人类和环境之间的相互联系的；

- 人类活动是如何导致各种环境变化的，以及各种环境变化现象是如何通过包括反馈圈和生物物理阈值在内的复杂系统相互联系的；
- 日益复杂的环境变化以及潜在的系统范围内的变化是如何超过生物物理阈值而对人类福祉造成突然和不可预测的影响的。

变化的驱动力

环境变化和人类社会的发展都是由相同的因素驱动的，如人口、经济活动、科技创新、分配模式以及在文化、社会、政治以及体制方面的活动等。这些活动是复杂的，并且根据社会和生态环境的不同而不同。对环境的压力以及由此造成的环境变化的速度、范围以及规模已经变得越来越大。来自发展方面的挑战更为严重，例如为实现联合国千年发展目标，就需要人类付出巨大的努力。

人口增长正在对地球施加日益增长的压力，人均土地占有量已经比1900年下降很多（图8.1）。根据本报告的估计，世界人口将从2007年的约67亿增长到2050年的约92亿。而落后地区的人口将从2007年的55亿增长到2050年的80亿。与此相反，发达地区的人口将保持在12亿，而且要是没有从发展中国家向发达国家的移民，发达国家的人口就会下降（GEO Data Portal，from UNPD 2007）。解决人口问题的政策应该与其他政策紧密配合，如关于经济发展、移民、产妇和生育健康、性别平等以及妇女权利等相关政策（UN 1994）。

人口增长对环境的影响不可避免地和人口的消费模式有关。消费，特别是发达国家居民消费的增长速度，远远超过了人口增长速度。技术创新是这种趋势的关键驱动因素（Watson等 1998）。1987年以后，世界人口已经增长了大约30%（GEO Data Portal，from UNPD 2007），全球贸易量也增长了2.6倍。如图8.1所示，全球经济产量已经增长了67%，这也促使同期人均收入的增长。但是，人均收入的变化情况在不同区域之间存在很大差异，非洲几个国家的人均收入下降率超过2%，但是亚洲和太平洋地区某些国家的人均收入却比1987年翻了一番（World Bank 2006a）。图8.1中的曲线表示了上述压力以及人类活动导致的环境变化。

资源在全球范围的分布并不平衡。世界上最贫穷的国家，主要分布在非洲、亚太地区、拉美和加勒比地区，在2004年的人均年收入只有2 100美元。而最富裕的地区和国家，主要是欧洲、北美洲、澳洲以及日本，人均年收入却达到了30 000美元。总体而言，最富裕国家约12亿人口的年度总收入比最贫穷国家的23亿人口的年度总收入高出约15倍（Dasgupta 2006）。同样是在2004年，《联合国气候变化框架公约》附件1中的国家虽然只有世界人口的20%，按购买力平价计算的国内生产总值却达到了整个世界的57%，温室气体排放量也占了世界排放总量的46%；而整个非洲的温室气体排放量却只占全球的7.8%，虽然非洲人口占世界人口总数的13%（IPCC 2007a）。

原材料消耗量的增加以及由此产生的越来越多的废物，给环境造成了巨大压力。根据《千年生态系统评估报告》，全球整个生态系统的60%正在恶化或以不可持续的方式使用。随着人类对食品、淡水、木材、纤维及燃料需求量的急剧上升，污染物排放量的增加以及气候的变化，预计生态系统的恶化程度在2050年之前将变得非常严重（MA 2005a）。

地球生物圈在过去几十年的变化推动了人类社会的繁荣和经济发展（MA 2005a）。各种社会和经济部门已经将自然资源（可以换算成自然资产）转化成各种支持经济发展和社会繁荣的形式。

在最贫穷的国家，自然资源估计可以占社会总财富的26%，这些资源构成了人们简单生活和发展资金的来源（World Bank 2006b）。农业

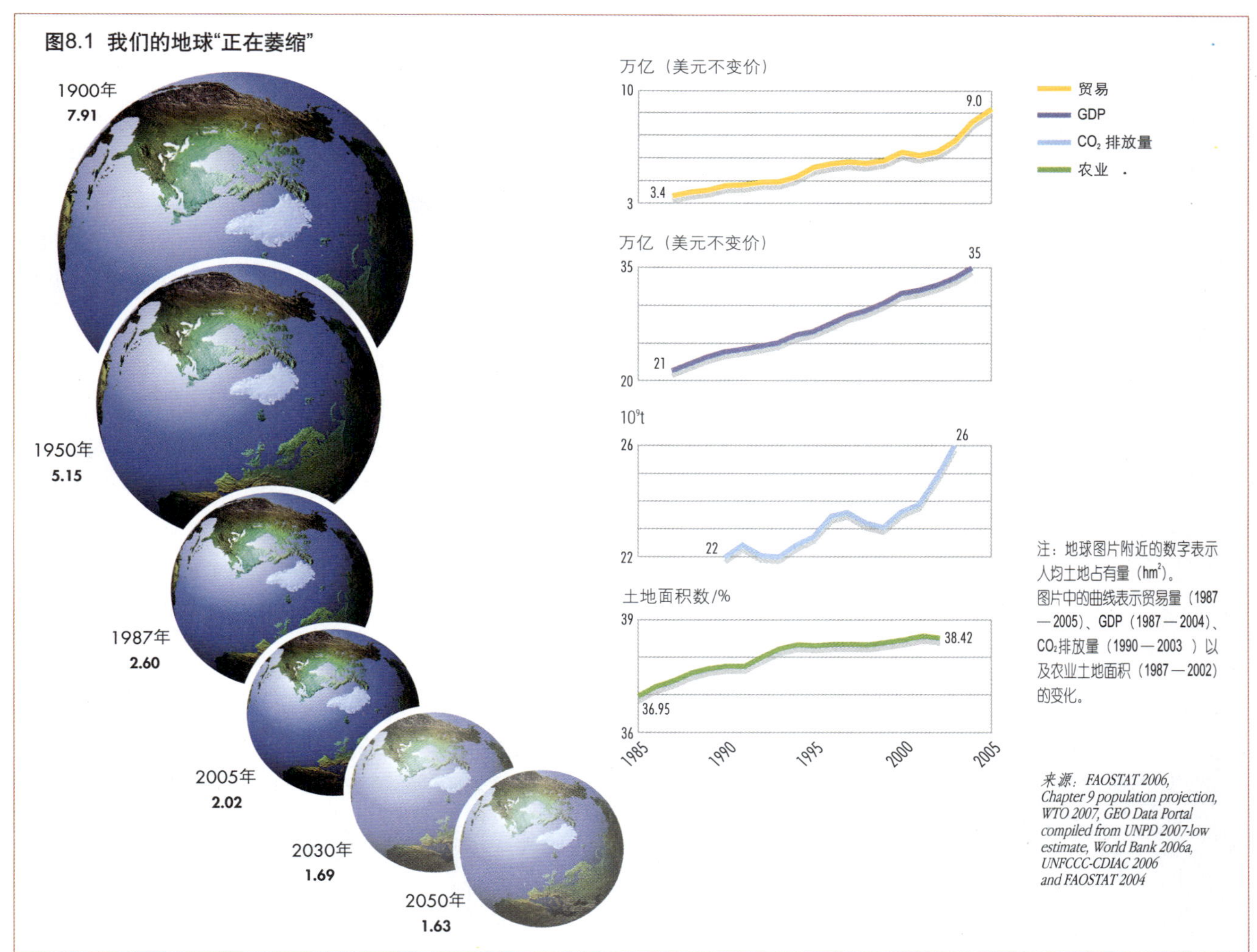

图8.1 我们的地球"正在萎缩"

注：地球图片附近的数字表示人均土地占有量（hm^2）。图片中的曲线表示贸易量（1987—2005）、GDP（1987—2004）、CO_2排放量（1990—2003）以及农业土地面积（1987—2002）的变化。

来源：FAOSTAT 2006, Chapter 9 population projection, WTO 2007, GEO Data Portal compiled from UNPD 2007-low estimate, World Bank 2006a, UNFCCC-CDIAC 2006 and FAOSTAT 2004

是低收入国家最重要的行业，一般占整个国家国内生产总值的25%～50%（CGIAR和GEF 2002）。农业增长和人类福祉紧密相关，特别是对于农民的收入和生计更是如此。在低收入国家，农民收入每增加1美元，整个国家的经济收入就会增加2.6美元（CGIAR和GEF 2002）。因此，增加粮食产量对日均收入少于1美元的农民提高经济收入有非常重要的影响。根据世界银行的估计，粮食产量每增加1%，就可以将日均收入少于1美元的人口数量减少625万。自然资本可以转换成物质资本的形式（如基础设施和机械），也可以转换成人力资本（如知识）；还可以转换成社会资源（如管理机构）。这些资源决定了个人行使自由选择权和获取物质需要的能力。

社会和经济部门为人类福祉创造的净财富增加是以环境不断恶化和某些群体人民的贫穷为代价的（MA 2005a）。可持续发展依赖于将环境保护有效地结合到经济发展政策中。要加强国际环境管理体制，关键的一点就是它可以促进经济发展和环境保护的结合（Berruga和Maurer 2006）。然而，社会和经济部门往往没有把环境影响计算进运行成本中，因此将这种影响称为外在因素。当做出发展决策时，这种将环境成本的外在化并不能使成本和收益获得真正的平衡。这些部门在利用生态系统服务和自然资源方面是重要的，它们影响了生态系统，反过来又受到生态系统变化的影响（图8.2）。

例如，农业部门和很多环境变化之间存在一定关系，包括气候变化、生物多样性减少、土地退化以及水质恶化等。化学品也是环境变化的原因之一。但农业也在很大程度上依赖于生态系统，如可预测的气候条件、生物资源、水源、土壤成分、害虫治理以及土地和水源的基本生产能力等。要想满足对粮食的需求，就必须确保生态系统能提供这些服务。本书第3章得出这样的结论，假定世界人口在2050年达到92亿，那么只有将全球粮食产量增加一倍才能满足联合国千年发展目标关于消除饥饿的目标。根据《全球环境展望4》中四种预测情景，世界人口在2050年将达到80亿~97亿（见第9章）。

应对环境变化采取的措施往往是由政府机构、私人机构、社会团体、社区以及与社会和经济部门有关的个人完成的。根据图8.2的介绍，这些措施将采取缓解环境变化或者适应环境变化的形式。不管是缓解方法还是适应方法，都将采取正式或非正式的改变人类行为模式的方式，因为人类的行为模式与改变环境的驱动力、压力和影响密切相关。应对策略应该考虑到不管是男人还是女人的作用、权利以及责任都是由社会决定的，受到文化的影响，并且反映在影响管理决策的正式和非正式权利机构中（Faures 等 2007）。对公共资源及复杂系统的管理特别具有挑战性，并且可能需要多种管理工具及适应环境的方法（Dietz 等 2003）。对环境变化的应对措施是人类和环境相互关系中不可或缺的部分。因此，对一种环境变化的应

图8.2 《全球环境展望4》概念框架的变化，强调社会和经济部门的双重作用

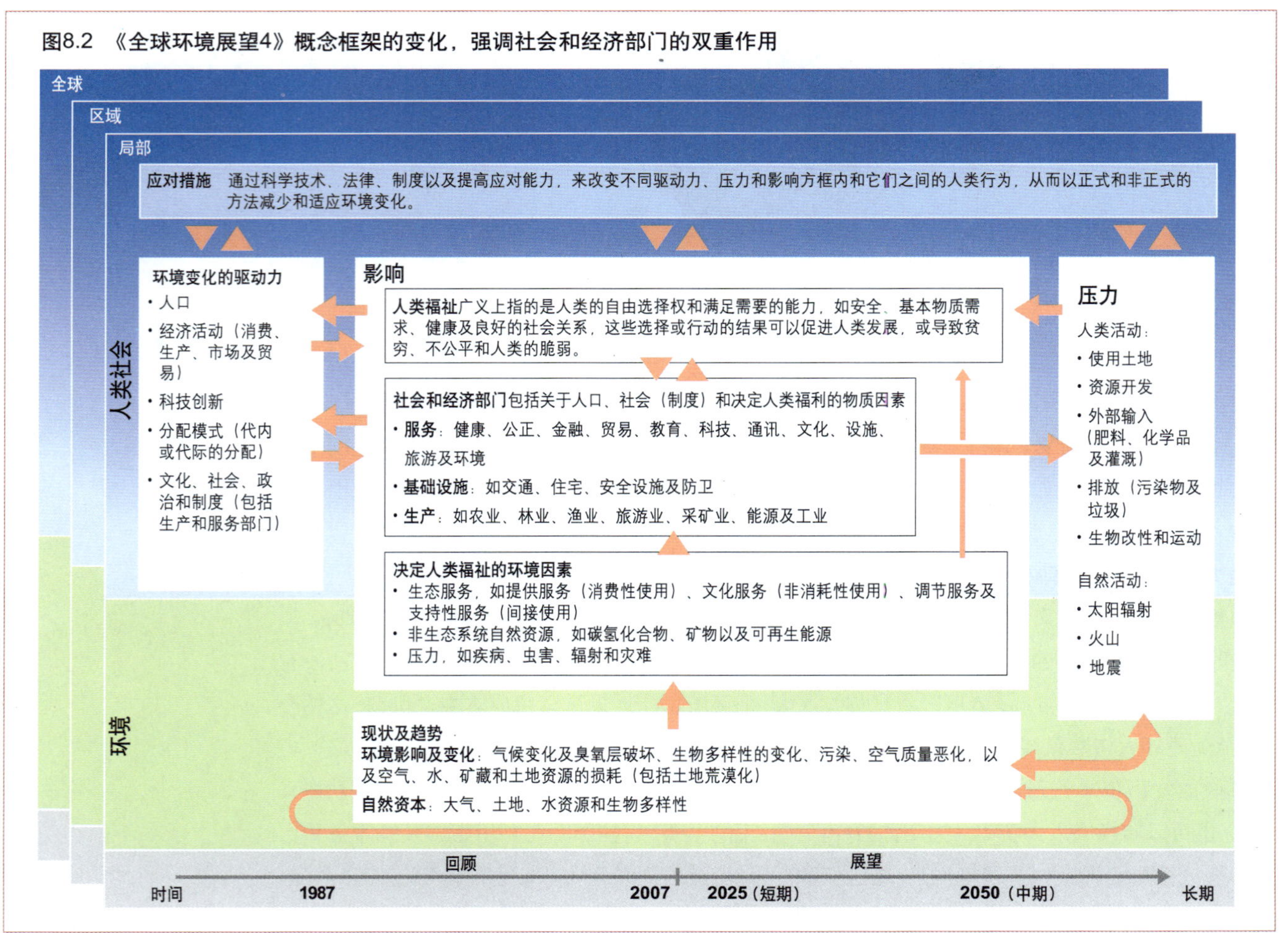

对措施可能以直接或者间接方式影响到其他环境变化，并且影响到它们之间的关系。

人类活动对生物物理过程的影响及后果

将环境考虑和发展问题相互结合并促进可持续消费和生产模式的努力，需要在人类活动（对环境施加的压力）及生物物理过程中考虑环境挑战。人类活动对环境、生态系统服务及人类福祉都有多种直接影响。例如，二氧化碳的排放既能导致气候变化（见第2章），又可导致海洋酸化（见第4章）。人类活动（如农业、林业、渔业）可以满足人类的需要，特别是可以在短期内满足人类的需要，因此对人类福祉有积极的影响（见下一节内容）。但是，如果这样的活动没有按照可持续发展的模式进行管理，也可能给环境造成不利影响。

人类活动因为生物物理的互相联系可以对环境造成多重影响。土地、水和大气通过多种方式相互联系，特别是通过碳、氮以及水的循环进行联系（见第3章），这些循环对于地球上生命的生存是必要的。环境反馈和阈值又影响生态系统的边界、构成以及功能。反馈圈的一个典型例子是影响北极的相互作用过程（专栏8.1）（见第2章和第6章）。

检查多重环境挑战之间的相互联系类似于将相互联系锁定在更广泛的全球系统或者子系统中的系统方法。生物物理联系构成了环境挑战本身的一个重要特点。像非线性变化、阈值、惯性以及转换（专栏8.2）等系统属性都是重要的特点。在确定管理选择过程中，有必要检查原因—结果链条，因为上述的系统属性（Camil和Clark 2000）经常随着时间和空间而累积。

人类活动对环境造成多重影响的一个典型例子是从矿石燃料燃烧过程中以及化肥使用过程中释放的活性氮，本书第3章对此有详细的讨论。活性氮的排放量从1860年以来已经增长了10倍（UNEP 2004）。使用化肥的好处是提高了粮食产量，从而满足了日益增长的人口的粮食需求和日益增长的人均食品消耗量的需求。

专栏 8.1 北极的反馈圈

反馈

反馈表示用系统的输出来修改系统输入的过程，修改的结果可以是正面影响，也可以是负面影响。在气候系统中，“反馈圈”表示一个相互作用的模式：系统中一个变量的变化与系统中其他变量的相互作用，结果将增强最初的过程（正反馈），或者抑制最初的过程（负反馈）。现在我们逐渐认识到北极系统中存在与区域气候快速变化有关的主要反馈（见第2章和第6章）。很明显，北极系统处于强烈的动态变化中，各种变量会在不同时间形成反馈，这样就增强了这些反馈和相互联系的复杂程度。

温度—反射率反馈

温度上升可以促进雪和海洋冰层的融化，这样不但可以降低地表反射率，而且可以增强阳光吸收率，从而导致温度进一步上升，并改变植被的覆盖率。上述的反馈圈也可以按照相反的方向运转。例如，如果地表温度下降，冰雪在夏天的融化量将减少，从而提高地表反射率，导致温度继续下降，因为此时更多的阳光会被反射，而不是被吸收。因为最初的温度变化增强了，所以这种温度—反射率反馈是一种正反馈。

温度—云层—辐射反馈

温度、云层覆盖率、云层类型、云层反射率及太阳辐射之间的反馈对区域温度有很大的影响。有资料显示：北极的云层对北极地区有升温作用（夏天除外），因为云层的“毯子效应”（blanket effect）要大于云层表面的反射效应导致的短波辐射下降量。这种情况与世界上其他区域的情况不同。因为最初的温度变化被抑制了，因此温度—云层—辐射反馈是一种负反馈。云层的毯子效应又可以阻止地球大气层长波辐射的损失。在这个过程中，地表温度上升，导致云层厚度增加，它进一步导致温度上升，因此这是一种正反馈。

永久冻土带融化与甲烷排放量之间的反馈

北极地区的永久冻土带，特别是苔原沼泽地区的永久冻土带包含上个冰川时代（大约10 000～11 000年以前）形成的甲烷。气候变化会导致永久冻土带融化，从而缓慢释放出甲烷，而甲烷的温室效应比二氧化碳高出20倍（见第2章和第3章）。这是一种正反馈，可以极大地加速气候变化过程。

来源：ACIA 2004, Stern and others 2006, UNEP 2007a

许多因素都可以影响到氮肥的使用量，如土壤湿度、施用化肥的时机、劳动力、土壤质量和类型、耕作系统以及主要宏观养分（N、P、K）的可获得性（见第3章）。人们认识到，如果要提高非洲的粮食产量，就需要提高土壤的质量和肥力，增加土壤肥力的部分措施是施加无机肥（Poluton 等 2006）。但是在其他区域，却有大量的氮流失到环境中，而这种情况在某种程度上正是由于施肥的数量和时机不正确造成的。活性氮可以对许多陆地和水生生态系统及大气层造成不良影响，如图8.3所示。例如，因为燃烧化石燃料和施用肥料流失到大气层中的氮可以增加对流层臭氧浓度，导致大气层能见度下降及增加沉降物的酸性。沉积后的氮将提高土壤酸性、降低生物多样性、污染地下水并导致近海海域的富营养化。一旦这些氮重新排放进大气层，它又将造成气候变化和同温层臭氧量下降（UNEP 2004）。只要这些氮在环境中保持活性状态，上述影响就将持续存在，只有当活性氮存储很长时间之后或者转化到非活性状态，才能停止上述影响。解决单独一种环境影响的政策措施只能避免一种污染物。这说明，我们需要采用兼顾多种联系和影响的方案，从而彻底避免活性氮的产生。

人类活动造成多重环境影响的另一个例子是气候变化。气候变化和生物多样性（包括水生生物和陆地生物多样性）之间的联系可以通过陆地、水及大气之间的联系进行说明（图

专栏 8.2 系统属性：阈值、转换、转折点及惯性

要确定和评价人类和环境之间的相互联系，我们应该认识到大多数社会和生物物理系统都具有典型的动态系统属性，如阈值、转换、惯性、时间滞后以及反馈圈等，如专栏8.1所述。

阈值在某些情况下也称为转折点。阈值是地球系统中的常见现象，它表示由自然事件或人类活动引发的突然或加速出现的不可挽回的变化。例如，有证据表明撒哈拉沙漠在几千年以前的植被覆盖量下降与降水量下降有关，从而导致植被数量不断减少，最终发展成现在干旱状态的撒哈拉沙漠。由于人类活动导致出现阈值的例子包括渔业崩溃、水生系统的富营养化及缺氧、新生疾病和虫害、物种的入侵或消失以及区域性的气候变化等。

环境变化过程中转换、阈值及相互联系的另一个例子是从草地到灌木丛的变化。在20世纪，与土地管理体制相联系的放牧与火灾管理体制的变化曾造成澳大利亚和南非较大范围的森林密度增大。在过去（如与非洲冰川期和间冰期相关的气候变化时期）还发生过生态系统的大规模变化（如从大草原到牧场的变化、从森林到稀树大草原的变化、从灌木丛到草原的变化）。但是因为这些变化经历的时间长达数千年，物种和生态系统有足够的时间抵抗这种地理上的变化，生物多样性损失的程度也得以缓解。未来几十年中管理体制和气候的变化也可能对某些地区造成类似的阈值效应，只是发生过程要相对短得多。

生物地球化学系统及社会系统都具有惯性和时间滞后效应，因此即使导致它们发生变化的因素已经消失，已经开始的变化过程仍将继续下去。例如，虽然当前大气层中温室气体的浓度已经稳定下来，但是由于与气候变化过程和反馈联系的时间滞后效应，因温室气体排放导致的陆地和海洋温度上升现象仍将持续几十年，海平面上升的现象在未来几百年内仍将继续存在（见第2章）。与人类社会相关的时间滞后包括技术（如用来缓解气候变化的技术）的开发、技术的采用以及人类行为发生变化之间的时间差。

临界阈值，是到达这一点时，人类活动导致非常严重、不可接受的危害，如发生了非常严重的生态变化，并且需要人类做出反应。因为人类—生态系统的复杂性，以及我们对这个系统的动态机制的认识仍然比较有限，因此还难以准确预测临界阈值的位置。因此，人们也很难事先确定可以预防临界阈值发生的措施。结果，人类社会只能在事后采用缓解方法来处理有害的环境变化，如果很难实施缓解措施，则只能采用适应环境变化的方法。现在人类社会对生态系统造成的影响达到了前所未有且日益严重的程度，因此有人担心生态系统正在接近甚至已经超过了一些临界阈值，它们很可能发生大规模、快速和非线形变化。超过临界阈值对人类福祉将产生重大影响，过去的历史表明，超过临界阈值曾给人类社会造成了灾难性的危害。

来源：Australian Government 2003, Diamond 2005, IPCC 2001a, IPCC 2001b, IPCC 2007b, Linden 2006, MA 2005a

图8.3 氮循环以及对环境造成的影响

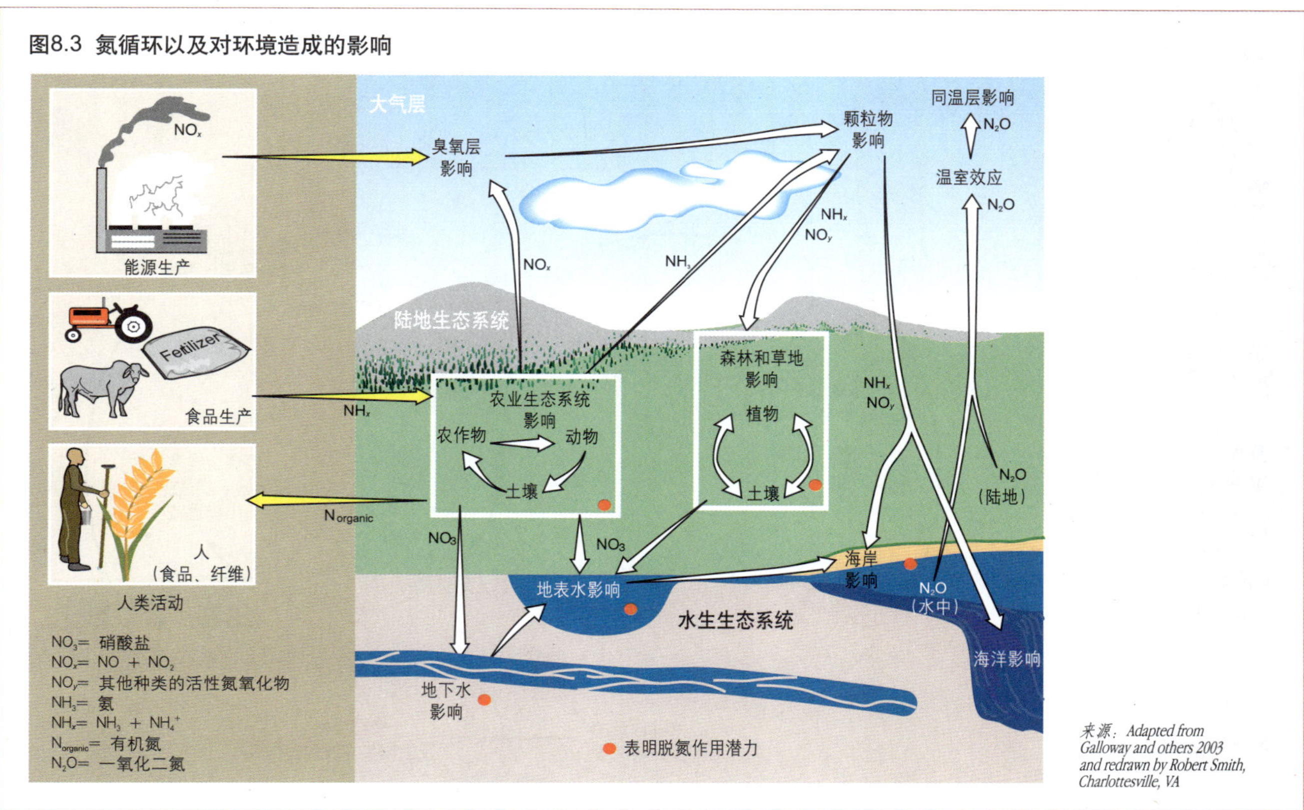

来源：Adapted from Galloway and others 2003 and redrawn by Robert Smith, Charlottesville, VA

8.4）。在很多例子中，生物多样性受到多种压力的影响，这些压力包括土地退化、土地和水污染及外来物种入侵等。气候变化对环境产生了额外的压力，也影响了生物多样性（见第5章）。其影响包括动植物繁殖时间、动物迁徙时间、生长期、物种分布及种群数量，特别是动植物物种向高纬度地区的扩张及虫害和疾病爆发的频率。世界上许多地方的珊瑚礁漂白现象和季节性海平面温度上升有关。区域温度变化已经导致河流流量和极端天气现象（如洪水、干旱及热浪等）出现的频率和强度发生了改变。这些变化已经影响到生物多样性及生态系统服务（IPCC 2002，IPCC 2007b，CBD 2003，Root等2003，Parmesan和Yohe 2003）。在北半球高纬地区的生态系统中，物种的构成甚至生态系统的类型都发生了变化。例如，位于阿拉斯加中部地区的北方森林已经在20世纪最后的几十年内变化为大面积的沼泽地。随着北美洲西部地区温度的不断上升，该地区北方森林发生火灾的面积在过去的20年中已经翻了一番。而发生在太平洋和北冰洋西部地区的海鸟和哺乳动物数量大幅波动现象则可能与该地区的气候变化和极端气候现象有关（CBD 2006）。不同物种和生态系统对环境的适应速度似乎并不相同，这样就可能破坏不同物种之间的关系，并对生态系统造成破坏。

在本书第6章详细讨论的北极地区持续不断的环境变化也说明了陆地—水—气候变化之间存在的联系。其中的部分反馈和联系在专栏8.1中进行了重点说明。北极地区正发生的变化包括区域气候变化对陆地覆盖率、永久冻土带、生物多样性、海洋冰层的形成与厚度以及冰雪融化水向冰层渗透的影响，这种影响加速了在海洋边际冰层的瓦解速度。反馈可以导致进一步变化，这样就对北极地区乃至整个世界的人类福祉造成了不利影响。

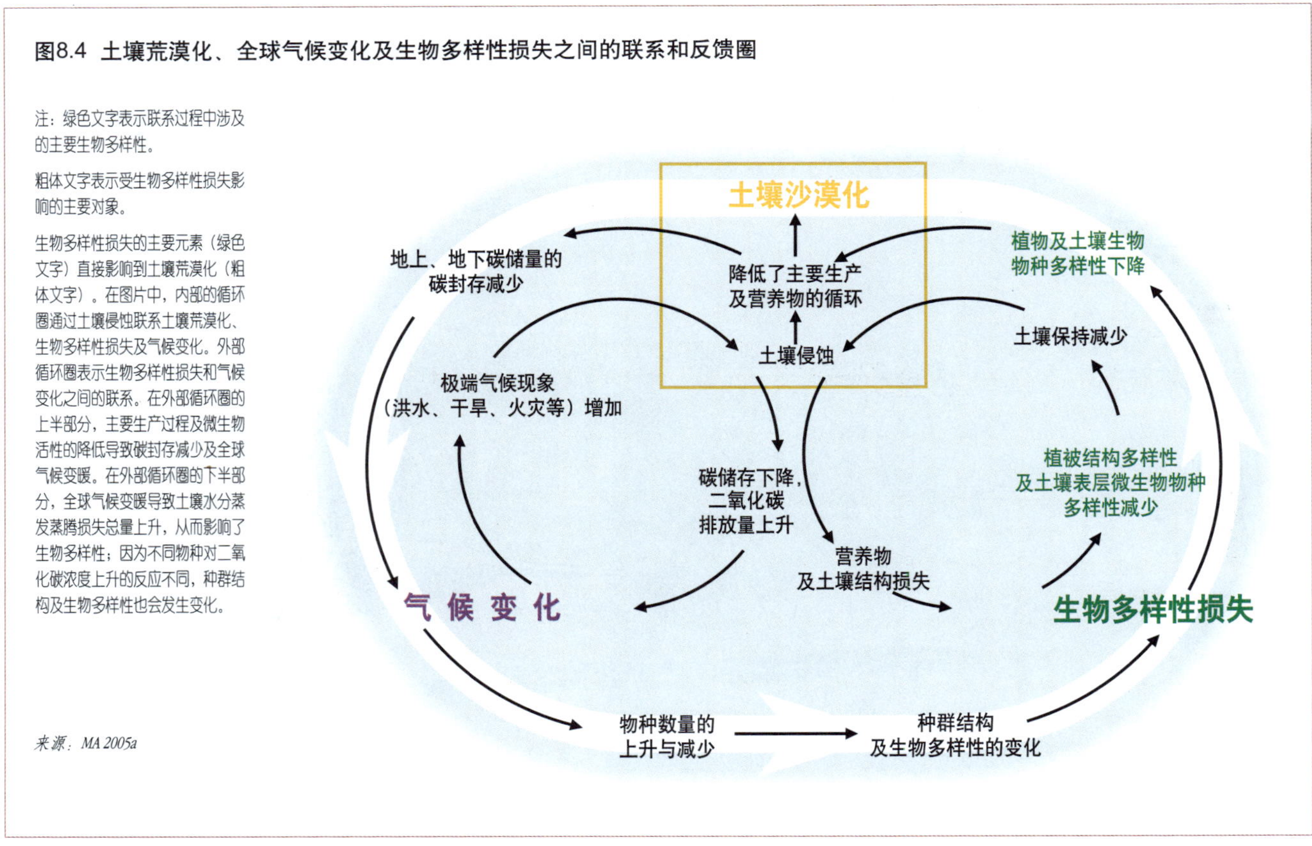

图8.4 土壤荒漠化、全球气候变化及生物多样性损失之间的联系和反馈圈

注：绿色文字表示联系过程中涉及的主要生物多样性。

粗体文字表示受生物多样性损失影响的主要对象。

生物多样性损失的主要元素（绿色文字）直接影响到土壤荒漠化（粗体文字）。在图片中，内部的循环圈通过土壤侵蚀联系土壤荒漠化、生物多样性损失及气候变化。外部循环圈表示生物多样性损失和气候变化之间的联系。在外部循环圈的上半部分，主要生产过程及微生物活性的降低导致碳封存减少及全球气候变暖。在外部循环圈的下半部分，全球气候变暖导致土壤水分蒸发蒸腾损失总量上升，从而影响了生物多样性；因为不同物种对二氧化碳浓度上升的反应不同，种群结构及生物多样性也会发生变化。

来源：MA 2005a

这些变化的主要原因是因为土地使用方式的变化，特别是陆地覆盖率的变化造成的。土地使用方式和/或土地覆盖率的变化，如森林开采以及把林地转化为农业用地，都会影响生物多样性和地表水系统，并导致土地退化（见第2～5章）。上述活动不仅在物种层面上改变生物多样性，而且会导致生物栖息地丧失、生态系统的分割和变化，还通过改变当地能源平衡、降低植物覆盖率以及土壤中的碳流失而造成全球气候发生变化。然而，土地使用方式上的某些变化，如植树造林和林地恢复等，却能提高生物多样性，并促进当地的能源平衡。

土地退化会导致遗传和物种多样性的损失，包括栽培或者驯养物种的多样性的损失。这意味着医疗、商业及工业产品将损失潜在的来源。另外，从森林向农业用地转化或森林退化，会影响生物物理过程及生物地球化学过程，尤其是水文循环。土地植被减少会导致土地持水能力减少，从而造成洪水和侵蚀增多、表层肥沃土的流失，导致土壤中的水分和有机物含量减少，最终导致河流和湖泊等水系的恶化。在淡水和海岸地区，土地退化会影响沉积物的流动性能和输送性能，进而影响生物多样性（Taylor 等 2007），如临近海岸和大陆架的珊瑚礁、红树林及海草的多样性。在某些情况下，被吸收进土壤的颗粒活性污染物（如持久性有机污染物）会加剧这些影响。

水资源管理方式会影响陆地系统、淡水系统、海岸及近岸水域系统。例如，取水量及河流改道都会影响生物多样性、陆地和水生生态系统的功能以及陆地植被覆盖率。本书第3章、第4章和第5章详细介绍了污染、淤积、开凿运河及取水等如何给生物多样性（陆地、海岸及水生生物多样性）带来不利影响，改变了生态系统的功能以及上下游生态系统的生物组成。上述因素还会导致土地退化（尤其是盐碱化）以及更多的外来物种入侵。

由于臭氧层被消耗臭氧层物质不断破坏，照射到地球表面的紫外线辐射越来越多，从而对生物圈造成了多种不良影响。紫外线辐射会影响植物的生理和发育，进而影响植物的生长、形状以及生物量，虽然影响程度在不同的物种或者培育植物之间存在很大的差异。紫外线辐射增强可能导致物种结构成分发生变化，从而通过物种间竞争性平衡、食草动物组成、植物病原体及生物地球化学循环发生变化，可能会影响生物多样性。紫外线辐射增强还会降低海洋浮游植物的产量，而浮游植物是海洋水生植物链的基本食品，也是吸收大气层中二氧化碳的主要碳汇。研究还证实紫外线辐射增强还会导致处于发育早期阶段的鱼虾、螃蟹、两栖动物以及其他海洋动物群受到伤害（见第2章和第6章）。

环境变化与人类福祉

各种环境变化不仅通过多种人类活动及生物物理过程相互联系，而且通过如何影响人类福祉而相互联系。组成人类福祉的各种要素，如基本物质需要（食品、清洁的空气和水）、健康及安全等，都可能因为生态系统变化造成的一种或者多种环境变化而受到影响（MA 2005a）。人类福祉是和贫穷同时存在的，贫穷也被定义为“福利中的显著剥夺”。与上述因素相关的是关于自然、人类、社会、金融、物质资产及不同物质资产之间的替换问题（MA 2003）。

对于高度依赖生态系统的社会经济部门，如农业、林业和渔业等部门，虽然对人类福祉作出了巨大贡献，特别是因为他们为人类社会提供了必要的服务（如食品和木材）（MA 2005a）；然而，这些贡献是以某些社会群体的贫穷和环境变化为代价的，如土地退化和气候变化等。因此，在制订管理措施时，一定要考虑在生态系统和人类福祉间可能出现的平衡和协同效应。关于各种环境变化对人类福祉的影响，请参考第2章到第5章的有关内容。

正如第7章所描述的那样，一些群体对环境变化的脆弱性取决于这些群体的适应能力以及土地和水源的状况。例如，土地退化等环境变化已经造成了洪水、干旱、热浪及暴风雨等极端天气现象的破坏潜力。在过去40年里发生的极端天气现象的频率和强度有所提高，这种

土地使用政策不良导致土地退化，继而影响了人类健康和安全，并且限制了人类的生计选择。

致谢：*Ngoma Photos*

情况也证实了这个趋势（Munich Re Group 2006）。在20世纪90年代，有大约20亿人受到极端天气现象引发的自然灾害的影响，发展中国家有40%的人口受到影响，作为对比，发达国家受极端天气现象影响的人口比例也就百分之几（图8.5）。通过对21世纪前20年的观察和预测，超过35亿，可以说发展中国家人口的80%，会受到上述灾难的影响，而发达国家预计受这些自然灾害影响的人口比例仍然是百分之几（图8.5）。发展中国家和发达国家受自然灾害影响的人口比例不同反映出不同国家人口面临的多种环境变化、各国社会—经济状态，也反映出这些人所在的区域容易受到气候变化、缺水以及在某些情况下受到冲突的影响。受影响人口增多的情况在某种程度上是由于越来越多的人生活在贫瘠地区（如半干旱和旱地）以及容易受到灾难（如暴风雨）影响的沿海地区（IPCC 2001b）。受影响人数上升在某种程度上是由于世界上许多地方气候变化、土地退化以及清洁水缺乏的程度和规模上升而导致的（UN 2004）。

环境变化对人类福祉的影响可能并不局限于一种方式（图8.6）。例如，土地退化不但会威胁粮食生产、导致水资源缺乏，而且会产生跨越空间和时间界限的影响，也就是说某个地区居民的福祉会受到该地区以外的驱动力、压力及变化的影响。人类福祉也可能受到不同部门的因素和人类活动的影响。

人类对地球系统造成的压力越来越多，而且逐渐累积，从而造成了多种相互联系的环境变化。随着变化数量的增多，人们不禁要问：是否存在一个人类活动的生物物理阈值和极限？只要在这个范围内活动就可以避免对地球造成严重的破坏（Upton和Vitalis 2002）。人类社会过去的历史或许可以给我们提供上述问题的答案。环境恶化已经被认为是导致人类社会衰落甚至崩溃的关键因素。其中的案例包括7 000年以前的美索不达米亚社会（Watson等 1998）、复活节岛社会以及上一个千年格陵兰岛上的挪威社会。对于中美洲上的玛雅社会，现在存在多种假设，有人认为除了采伐森林和过度放牧等环境变化外，周期性干旱也是导致社会衰败的原因之一（Diamond 2005，Linden 2006，Gallet和Genevey 2007）。对这些社会的衰落的研究表明，这些社会的环境—社会相互作用可能已经超出了不归点，也就是说人类社会已经没有能力扭转生态系统的恶化趋势，最终导致人类社会的生存遭到彻底破坏（Diamond 2005）。但是，我们必须认识到，与上面提到的导致有限空间范围内局部人类社会崩溃的环境变化规模相比，当代环境变化的规模远大于此。

可持续发展过程中的关键挑战是避免走可能导致社会达到不归点的发展道路（Diamond 2005）。通过加强对各种环境变化如何在人类—环境系统中相互作用的理解，我们可以更好地贯彻可持续发展道路。关于上述理解的健全的信息库应该包括以下信息：超出阈值的风险、破坏生命支持过程、越过阈值如何导致生态系统服务退化，以及从加强或限制人类的能力和实现他们看重的目标角度看如何影响发展道路。这些知识可以加强在不同人群中关于环境

图8.5 发展中国家和发达国家受气候灾难影响的人数

受气候灾难影响的人数/10^6

发展中国家

发达国家

3 500
3 000
2 500
2 000
1 500
1 000
500
0

20世纪70年代
20世纪80年代
20世纪90年代
21世纪初

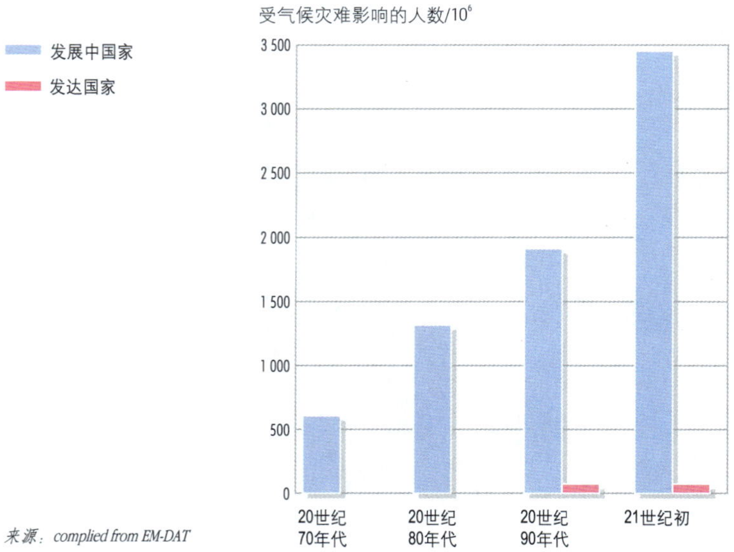

来源：complied from EM-DAT

服务使用权分配和暴露于环境压力的选择和进行利益平衡。这样的知识库应该成为适应性环境体制演变的一部分，这种体制应包括环境管理以及将环境政策综合到发展政策的理念（见本章最后一节）。

相互联系及环境管理

管理体系可以看作一种制度过滤器，它可以协调人类活动和生物物理过程（Kotchen 和 Young 2006）。相互联系的环境—发展挑战需要在可持续发展的框架内实施有效、相互联系和连贯的管理和政策反应。可持续发展管理体制需要有效的行政管理机构以及健全的法律和法规框架。这个领域在过去 20 年的进步比较复杂，成绩也有限。然而，在国际、区域或国家层面上，包括私人部门和民间社会也出现了令人鼓舞的进步，这为管理相互联系的环境—发展挑战提供了非常珍贵的经验教训和方向。这些进步包括一些灵活的、适应性更强的管理实体的出现。

自从布伦特兰委员会成立后，管理体制已经在应对不同的环境和发展挑战方面经历了重大的演变。其中具有里程碑意义的事件包括联合国环境与发展大会及其会议成果（包括《21世纪议程》）、千年首脑会议和宣言、在约翰内斯堡召开的2002年可持续发展世界首脑会议及《约翰内斯堡实施计划》（UNEP 2002a，Najam 等 2006）。一项对过去20年环境管理体制的调查显示，各个国家已经成立和签订了越来越多的机构、组织、条约、法律及行动方案，以保护环境；最近针对全球环境变化的程度和影响的最新理解，国际社会也做出了反应。通过这些峰会的召开，各国已经确定了共同的目标，对关键的环境问题也达成了共识。在国家、区域和

图8.6 多种环境变化及其对人类福祉的影响

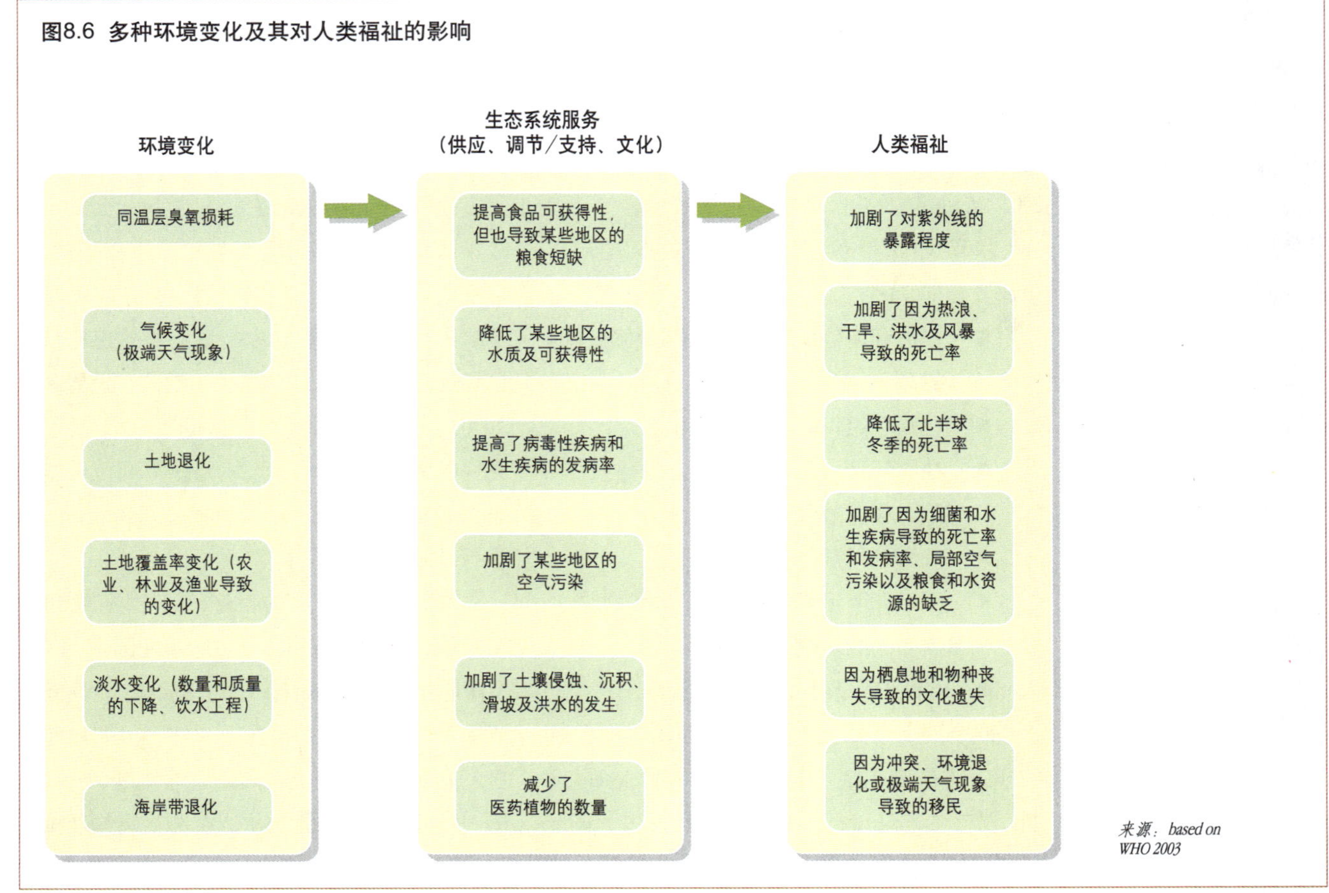

来源：based on WHO 2003

过去20年，为应对环境变化，国家、区域及国际层面的环境管理机构取得了许多进步。在国际会议上，各国政府都悬挂环境旗帜。

致谢：(FREELENS Pool) Tack/Still Pictures

国际层面上制定的许多应对措施现在缺乏相互协调，而且经常在设立的机构和正在解决的生态与发展问题之间存在适合性问题（Young 2002，Cash 等 2006）。

关于国际环境管理，共同关心的问题包括（Najam 等 2007）：

- 多边环境协议的发展及国际环境管理的划分；
- 在国际组织间缺少合作和协调；
- 在国际环境管理方面缺少执行力、强制力和有效性；
- 资源利用效率低；
- 国际环境管理超出传统的环境领域之后面临的挑战；
- 在政府体系中如何让非政府人员参与。

联合国大会关于联合国环境行动制度框架的非正式磋商确定了各国政府共同关心的问题。虽然参与环境行动的机构数量很多，从而保证了具体事务的有效解决，但也导致日益增加的分割，从而在政策制定和实施方面缺乏协调。同时也增加了各个国家在参与多边环境活动、法律制度的遵守和有效实施、提交报告及国家之间的协调方面的负担。国际社会制定的政策数量已经很多而且仍处于不断膨胀状态，但在规范、分析工作和操作层面存在的差距不断扩大。现在我们关注和行动的重点正在从政策和规范的制定转向这些政策规范在世界各国的实施。从这个角度讲，在所有层面，特别是在发展中国家各个层面，增强政策规范实施的能力建设具有十分重要的意义（Berruga 和 Maurer 2006）。

本节在制度如何应对环境跨主题、跨时空和跨领域变化的背景下，总结了在国家、区域及国际层面上的环境管理的发展情况。后面一节探讨了我们面临的这样一些机会，即如何改变、适应或重新定位当前的管理体制，从而创造一个可以更有效地解决人类和生物物理相互联系问题的管理体制。

国家层面

在国家层面上的环境管理大体按照一种直线形、分部门的方式发展，以在短期或者中期时间尺度提供具体的服务，这个时间尺度通常和政府的选举周期密切相关。这种安排无法很好地适应可持续发展提出的更复杂和跨部门挑战，因为可持续发展需要长期的、跨代的时间尺度要求和远远超出通常4～5年选举周期的持续的努力。可持续发展强调环境、经济及社会的“三重底线”标准，因此可持续发展与传统的政策制定方式是矛盾的（OECD 2002）。

有效的环境管理取决于正常运转的执行、立法及司法机构，也取决于所有利益相关方（包括选民、民间社会及私人部门等）的积极参与。这样就可能导致各方的利益冲突，因此首先需要明确的体制和工作程序，从而可以在制订决策和寻找方案的过程中考虑到所有群体的利益（OECD 2002）。全体选民已经成为环境管理、立法变更以及保护环境资源和集体权利方面关键的利益相关方（Earthjustice 2005）。工商企业界现在逐渐承担起企业公民的社会责任，努力改善并公布他们在环境和社会方面的工作表现，特别是与气候变化有关的并受到利益相关方和公共机构批评的对环境产生重大影响的产业（UNEP 2006a）。

环境政策，特别是涉及国际承诺方面的环境政策（如多边环境协议）的有效实施，其实是一个在国内和国际的政策制定层次上同时发生和相互联系的过程。在相互联系方面进行协调的一些障碍其实来自国家层面。这些障碍可能发生在同一层次上的政府各个部门和机构之间，如在多边环境协议和国家环境公约谈判和政策实施联络点之间的障碍，或者在环境部、

专栏8.3 联系环境管理挑战的国家层面上的机制

首相或者总统办公室协调机制，包括内阁或跨部委员会，如泰国由首相担任主席的国家环境委员会。可持续发展委员会，通常是在联合国环境与发展大会之后成立的，在跨部、跨机构层面协调国家和国际上与可持续发展有关的问题。

司法机构及机制对于提升可持续发展的目标、法律的解释和有效执行、新法律原则的综合、处理各种各样的部门法律，以及为社会提供一个保障获得基本权利（如获得清洁健康的环境的权利）的机会，都是非常重要的。处理相互联系的环境挑战的一个重要领域，是通过发展环境立法框架及发展跨部门综合立法，来增强国家法律及制度框架。这样做的目的是提高与某个主题（如生物多样性或化学品）有关的几项多边环境协议的执行能力。

国家联络点（NFPs）或主管机构的作用是促进像多边环境协议这样具有约束力的国际承诺的执行工作的相互协调及协调国家对可持续发展委员会的报告，有时会得到国家委员会的支持。

国家可持续发展战略（NSDS）的目的是，“增强和协调在国家层面实施的各种经济、社会及环境部门政策和计划”，这种战略是《21世纪议程》提倡的。可持续发展世界首脑会议要求各国不但要够制定出国家可持续发展战略，而且能在2005年之前开始执行这个战略，同时能够将可持续发展原则纳入国家有关政策和计划中。这也是《联合国千年宣言》的目标之一。虽然各国可持续发展战略的管理结构并不相同，但是国家可持续发展战略及相关规划过程，为处理各种环境联系提供了独特的机会，如通过多边环境协议的联系处理涉及地区和国家发展、环境问题及全球环境威胁的相互联系。

规划和发展机构和体制，如各种委员会和权利部门都是在发展问题上具有长远目标的关键宏观经济部门，也可以在经济、社会及环境问题上采取跨部门的综合方法。在一些发展中国家和中等收入国家，联合国发展协助框架（UN Development Assistance Frameworks）及国家规划策略，如消除贫穷战略（PRS），都将环境问题看成发展、消除贫穷以及获得健康、食品及安全等人类福祉过程中的关键因素。

其他创新机制，如在加拿大总审计署设立的**环境和可持续发展委员会（CESD）**，可以对联邦政府在环境和可持续发展领域的表现进行监督和报告。该委员会提供的独立的、以事实为依据的报告可以帮助议会要求政府对环境和可持续发展领域的行为负责。

来源：OAG 2007, UNEP 2005, UNEP 2006b, UNESCAP 2000

环境机构与发展规划部门之间的障碍。某些制度上的限制也可能来自不同层次上的政府部门之间，如在省级、地区级或者村级部门制定的行动计划可能不支持甚至抵触国家级政府部门制定的政策或方案（DANCED 2000）。

许多国家现在面临的一个主要障碍是国家及其他更低政府层面（联邦、省、州和地方政府）能力不足的问题。另外，在执行政策和协议过程中还可能存在资金不足的问题（UNDP 1999，UNESCAP 2000）。越来越多的多边环境协议的出台在某些情况下说明国际社会对环境问题的认识水平和应对措施的提高，但随着时间流逝，这也呈现出逐渐复杂的趋势，而且也对各国实施这些政策的能力提出了巨大的要求（Raustiala 2001）。例如，泰国国家环境局设立了42个分委员会来监督多边环境协议及其他环境政策的实施情况（UNU 2002）。随着各国逐渐认识到这个负担，有些国家为了减小负担而致力于整合和协调多边环境协议的执行工作，以便在国家层面减少负担，同时达到协同和相互联系的最佳效果（UNU 1999，UNEP 2002b）。这样的努力包括成立专门的协调机制（如国家环境委员会）、整顿立法和报告机制以及进行能力建设等（专栏8.3）。

区域层面

区域层次为环境管理提供了一个非常重要的中间舞台。区域（包括生物区域或者制度实体）提供了一个政策和方案可以在其中制定和实施的有限范围，这些政策和方案与当地相互联系的条件和优先领域相关。虽然环境管理政策主要是在国家、国际和全球层面上制定的，但区域层面在行动和执行过程中起到了重要的中间联系作用。环境变化压力施加在某个特定的地区，通常会跨越国家界限，并且与发展问题相互交叉。一些区域机构和机制现在已经进行合作，共同应对环境挑战，这些区域机构和机制对解决和协调环境—发展挑战和联系是非常重要的（专栏8.4）。

区域层面的环境管理方法逐渐开始发挥作用，部分原因是已经建立起联合试验、学习和分享经验的机制。地理相近的位置为实践做法的迅速推广提供了基础，并且也因为这些实践

专栏8.4 区域机构与体制

区域合作协议（如欧盟新设立的2007年可持续发展战略）可以协调各个成员国之间的标准，也可以实施能促成区域合作的计划，如在渔业、化学品及危险废弃物管理方面的计划（如NEPAD实施的关于环境问题的行动计划）。

区域多边环境协议或者实施机制可以将国际层次和国家层次相互联系（如《关于控制危险废物越境转移及其处置的巴塞尔公约》的非洲巴马科协议）。这些机制可以增强国际协议的实施，如安第斯地区设立的关于执行生物多样性条约的区域生物多样性战略。

区域部长级会议，如非洲环境部长会议（African Ministerial Conference on the Environment，AMCEN）、中日韩三国环境部长会议（Tripartite Environment Minister's Meetings，TEMM），这些高层论坛可以确定区域优先工作和议程，也可以提高整个区域对环境问题的认识。

区域贸易协议的附带机制，如北美自由贸易协议环境合作委员会（NAFTA's Commission for Environmental Cooperation）、东盟跨境烟雾污染协议（ASEAN Agreement on Transboundary Haze Pollution），这些机制可以通过政府间合作解决跨境环境问题。

区域或次区域环境与发展组织，如联合国区域经济委员会、区域发展银行以及中美洲环境与发展委员会（CCAD），这些组织在数据收集和分析、环境问题能力建设以及资源分配和管理方面可以发挥重要作用。

跨境或基于生物边界的计划和方案，如湄公河委员会、太平洋区域环境方案（SPREP）以及联合国环境规划署的区域性海洋计划，这些方案和计划对于数据收集、分析及公布，部门与资源评估，政策制定，能力开发以及监督都具有重要作用。

做法不必适应新环境从而缩短了适应时间。另外，在区域层面实施的行动措施也可以从其他补充行动计划提供的连续实施机会中获益(Juma 2002)。但是，要让区域机制有效运转、发挥作用并完成目标，特别是在发展中地区，仍然面临许多挑战，这些挑战包括经济来源的问题、执行机制的人员能力问题以及制度上的相互协调从而达到一致和高效的问题。

国际层面的环境管理

在国际层次上，与环境、发展及环境一发展的关系相关的主要管理机构是联合国、多边环境协议，以及处理发展、贸易、金融及相关领域的其他管理体制。私人机构、研究与科学部门、社会团体、工会和其他利益相关方也是重要因素，他们的个体行为和集体行为对于把环境纳入发展主流是非常重要的。由于国际环境管理机构的严重分割结构以及在发展管理体制上存在的类似问题，建立制度上的协调和合作已经变得日益重要（UNEP 2002c，Gehring 和 Oberthur 2006，Najam 等 2007，UN 2006）。

国际管理体制已经设置了许多处理环境和人类相互关系的组织。其中包括一些关于环境、发展、贸易及可持续发展（后者的联系比较松，因为可持续发展主要是把环境、社会一经济部门联系在一起）的知名机构。在每个管理体制下的合作和协调主要是通过一些领导机构完成的，例如在环境方面是联合国环境规划署；贸易方面是世界贸易组织；发展方面是联合国开发计划署和世界银行；可持续发展方面是可持续发展委员会。

多边环境协议在过去几十年获得了显著发展（见第1章图1.1）。与环境有关的国际条约和协议现在已经超过500个，其中323个是区域性的，302个是在1972—2000年初签订的（UNEP 2001a）。

多边环境协议中最主要的类别是关于海洋环境的，海洋环境多边环境协议占多边环境协议总数的40%以上。与生物多样性有关的协议数量占第二位，其中包括大多数主要的生物多样性国际条约，如1973年制定的《濒危野生动植物种国际贸易公约》和1992年制定的《生物多样性公约》。多边环境协议只有几个涉及国际贸易管制，《濒危野生动植物种国际贸易公约》和《关于控制危险废物越境转移及其处置的巴塞尔条约》就是其中的两个。这些国际协议也强调环境和贸易之间的某些相互联系。执行这些国际协议面临的挑战之一是野生动植物和有害废弃物非法贸易的增长。专栏8.5和图8.7重点讨论了这些问题。

大多数上述机构和条约具有独立的管理机构，也有独立的授权和目标。这些机构之间的联系比较复杂（图8.8），存在相互分割和重叠的情况（UN 1999）。随着这些机构和组织的数量和种类的增长，为了促进他们之间的联系和合作，成立了像环境管理组（Environment Management Group）、联合国发展组（UN Development Group），以及多边环境协议秘书处之间联络小组这样的跨机构机制。联合国经济和社会理事会（UN Economic and Social Council）及联合国大会起着重要的协调作用，他们还设立了促进与联合国之外的机构进行合作的论坛，如世界贸易组织和布雷顿森林体系。

在国际层面，工商业通过与全球机构的直接联系，在促进环境、发展及贸易管理体制之间的联系方面，发挥了日益重要的作用。例如，世界可持续发展商业委员会（World Business Council for Sustainable Development）及国际协定(Global Compact)等在通过商业活动促进国际合作方面都有重要作用（WBCSD 2007，UN Global Compact 2006）。市场力量在促进环境变化（如气候变化及碳市场）和发展（如通过清洁发展机制）之间的联系方面也发挥了同样重要的作用。国际投资和金融系统对全球经济发展和投资决策有重要的推动作用，从在何处建造水坝到生产何种类型的汽车等都对环境有直接影响。然而，投资者已经开始认识到全球环境变化，特别是气候变化，对不同部门投资效果的影响，而且已经开始寻求各种可以规避环境风险的商业模式。负责任投资原则（The Principles for Responsible Investment）就是已经签署该协议的投资机构和资产经理作出的主要承诺，那就是将环境和社会问题纳入投资决策过程，并且建立一个重要平台，这个平台把环境和社会问题纳入投资主要考虑中（UNEP 2006d，UNEP 2006e）。

在过去20年，国际结构多元化有了很大发展。社会团体在国际环境、发展和贸易管理体

专栏8.5 生物犯罪急需法律制度的制裁

几乎没有多边环境协议可以起到真正调节贸易的作用。但有两个例外，那就是《濒危野生动植物种国际贸易公约》及《巴塞尔公约》。虽然调节贸易是这两个公约执行过程中的关键任务，但是这两个多边环境协议的有效性却正在受到非法贸易的损害，从而加重了来自贸易和环境的联合挑战，特别是全球日益猖獗的黑市交易构成的挑战。

满足《巴塞尔公约》（巴塞尔公约秘书处，没有标记日期）要求的基本标准包括确保遵守相关法规的管制基础设施和执行人员（合格的政府官员、警察、海关职员、港口和机场职员以及海岸警察），这些人员经过技术培训，包括有害废弃物程序与识别方面的技术培训。然而，人员、培训及设备的缺乏都影响了相关法规的有效执行。其他不利因素包括工业界对从源头上合理处理、循环及再使用废弃物的措施并不够，并且在发现有害废弃物非法转移方面也缺乏信息网络和报警系统。为解决这些问题和不足，《巴塞尔公约》成员国已经编写一本针对有害废弃物非法运输的指导手册，并正在编写司法官员使用的指南，而且通过《巴塞尔公约》区域中心给发展中国家相关官员进行培训。

联合国环境规划署估计，现在国际上非法野生动植物贸易的年收入达到了50亿～80亿美元。虽然现在对野生动植物贸易的管理（特别是通过许可证、执照及配额管理）在许多情况下是有效的，但是只要有较高的消费需求、巨大的利润及较低的风险，野生动植物非法贸易（以及随之产生的黑市）就会继续存在。现在往往将野生动植物非法贸易当成一个简单的环境导致的问题，这样就降低了这个问题在国家立法及议事日程中的重要性；或者当成一个安全和经济问题，也导致了对这个问题投入的财力和精力不够。另外一个主要问题就是《濒危野生动植物种国际贸易公约》本身存在一些漏洞，而这些给黑市商人提供了可乘之机。这样的漏洞包括与《巴塞尔公约》非缔约方的贸易，以及打猎驯养动物作为一种运动形式的免除措施。

其他多边环境协议虽然与这种非法贸易及环境也有关系，但是已经受到生物犯罪的破坏。因此只有采取更有力的国际管制、在各个层次上的有效管理执行结构以及世界各国对可持续发展的不断努力，才能有效地解决发展与环境的协调问题。

来源：Lin 2005, Secretariat of the Basel Convention 1994, Secretariat of the Basel Convention undated, UNEP 1998, UNEP 2006c, YCELP undated

图8.7 废弃物运输

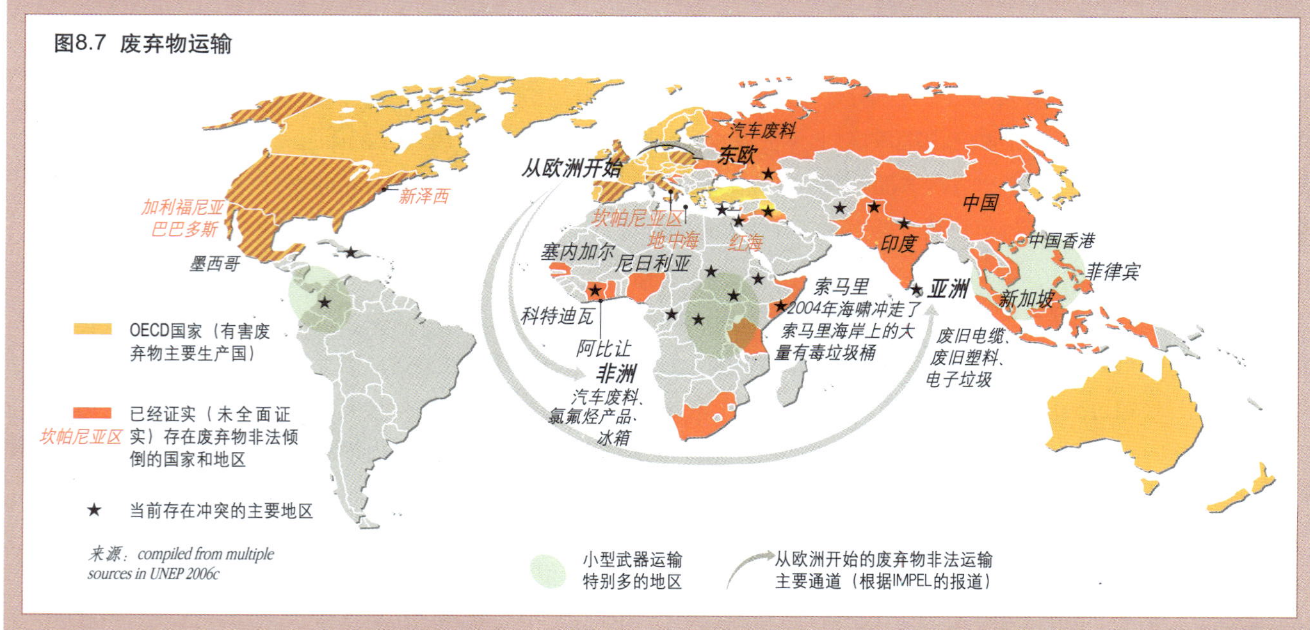

来源：compiled from multiple sources in UNEP 2006c

图8.8 国际管理—环境—发展—贸易组织之间的联系

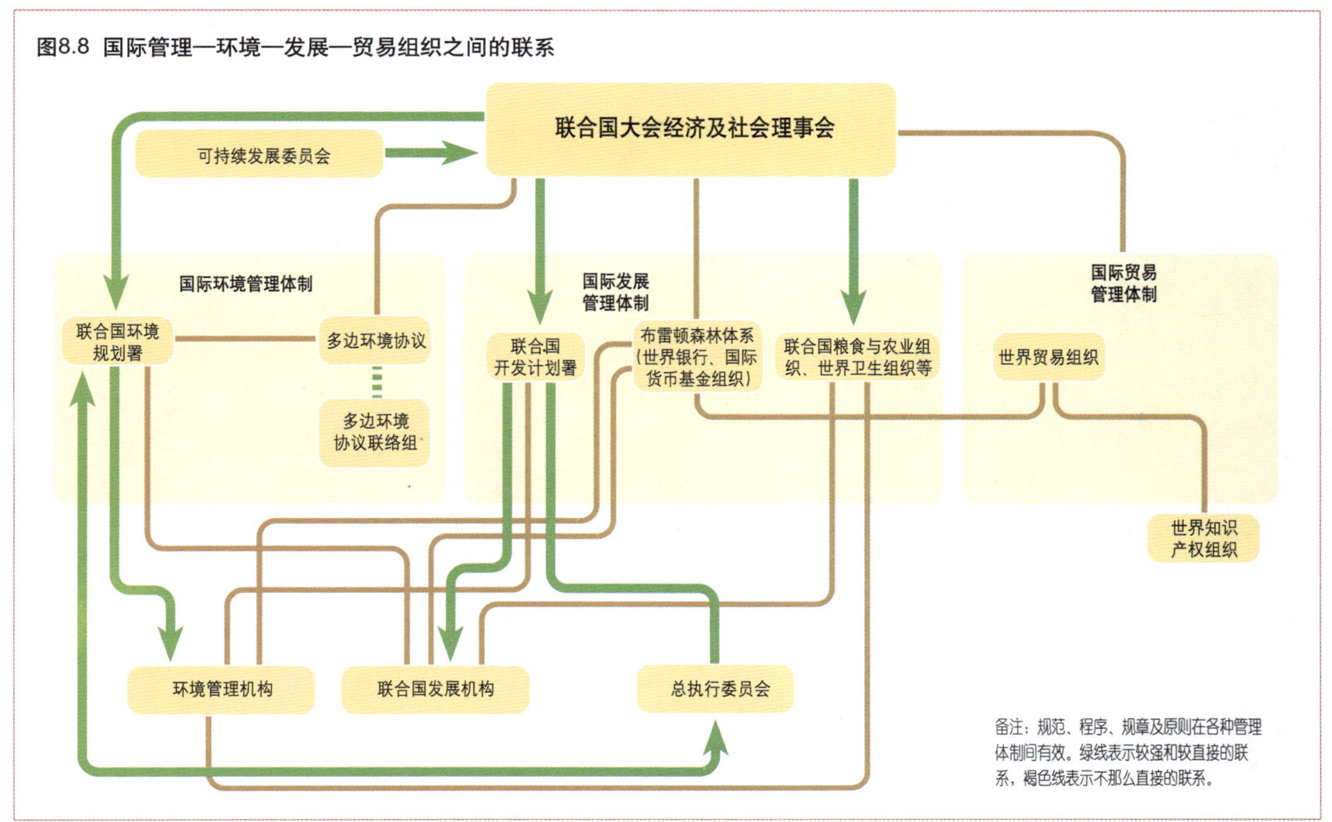

制的分析、拥护和意识提高方面发挥了关键作用。国家和国际层面的垂直联系也主要是在这个时期形成的，现在有许多国家和地方社会团体（如非政府组织和土著人团体）通过作为观察员或国家代表团成员的方式在国际决策过程中发挥着重要作用，他们可以在这个过程中通过提出意见、分析，甚至以抗议和民间运动的方式发挥作用。在水平层面上，各个社会团体之间的联系正在不断发展，其中许多已经形成伞形组织，如气候行动网络（Climate Action Network），而且在一些共同和重叠的问题及利益方面展开合作。然而，社会团体在各个因素（如环境变化驱动力、环境变化及其影响）的相互联系方面的进展并不充分。大多数社会团体还局限于单一主题领域，如气候变化、野生动植物保护、消除贫穷及人权等，而且也没有认识到处理上述主题之间相互联系的需要。

提高环境管理有效性的机会

前一节内容论述了环境管理系统是一个多角度的多元化系统，并且与发展管理体制相互交叉。各种系统管理体制的界限也比较模糊，如关于生态系统的各种管理体制往往是比较模糊的。考虑到这些国际管理体制之间的相互影响对于理解这些体系，并加强它们在处理各种跨越时空和边界而相互作用的各种环境变化的有效性是非常重要的（Young 2002）。环境管理不仅涉及许多制度体系，还涉及一些对于适应或者降低环境变化以及提高人类福祉非常重要的平衡和交易成本问题。

然而，环境变化的相互联系的程度并不意味着决策者“以综合方案的名义立即采取所有措施，或者面对复杂问题而放任自流”（OECD 1995）。相互联系可以为我们在国家、区域及全球层面采取更有效的措施提供机会。在某些情况下，应该采取综合性环境应对措施，并且这些应对措施应该前后照应，从而可以应对复杂的局势，但是，在某些情况下却需要采取更具体、更有针对性的应对措施（Malayang等 2005）。理解这些相互联系的本质及其相互作用并且确定哪些联系需要在什么规模上处理，有助于我们在国家、区域及全球层面采取更有效的环境应对措施。

各种环境变化之间相互联系的复杂性和程度，要求决策者能够确定哪些联系是需要优先处理的。从而可以在国家层面采取合适的政策措施，降低环境变化的负面影响，并提高现有政策的有效性。这样的理解也可以引导多边环境协议缔约方决定他们进行什么类型的协作以及优先进行和支持哪些联合工作计划。但是，我们仍然没有充分科学地认识到各种环境变化之间的主要相互联系（如环境变化和社会—经济变化之间的联系），因此我们需要在以后继续进行相关的评估和研究工作，以指导相应的决策。然而，现在很清楚的一点是，主要环境联系之一是由气候变化驱动的，我们可以从土地和水质退化方面看到全球气候变化的作用。

环境管理的适应方法（见后面的内容）可以满足加强协调能力以及改善政策建议和指南的要求。制定增强环境管理基础设施和保持环境审查能力的长期策略，有助于我们在国家和国际层面内以及国家和国际层面之间确定关键的相互联系。现在世界各国广泛认可在保持各条约自治权的前提下，需要更好地遵守这些国际条约。考虑环境变化之间的相互联系，可以帮助我们确定各条约间进行合作的领域，在国家层面更有效地执行和遵守条约以及有关的能力建设和技术转让。

在全面标准化基础上考虑环境管理，有助于制定更有效的制度结构。如果希望在更广泛的可持续发展的框架内的操作层次上更好地开展环境保护活动，包括通过能力建设，就需要我们更深刻地理解各种环境变化之间的相互联系。我们可以首先确定将环境纳入发展的现有国家和国际机制的不足和需要，然后探索满足这种需要的长期方案。下面的章节在环境变化相互联系的背景下评估了这些机会。

联合国改革及关于环境问题的全系统协调

联合国一直在努力增强管理体制以及联合国内部的协调（Najam 等 2007）。现在联合国内部也承认联合国的工作效率还有很多可以改进的地方。例如，联合国内部关于发展、人道援助及环境问题协调性的高层代表大会（协调委员会）就曾经指出，“联合国已经失去了其最初的风貌。我们已经看到联合国的管理无力而且脱节，资金不足而且难以保证按时提供，这导致了政策不协调、功能重叠和整个联合国内部的工作效率不高”（UN 2006）。

在应对环境变化过程中保持联合国系统的整体协调性，一直是联合国的一个重要主题，特别是在过去 10 年反复出现该问题（Najam 等 2007）。表 8.1 总结了关于这个问题的最近三个进程。第一个进程是审核2000年提出的针对全球环境管理建立更强大体系结构的需要，并通过成立国际环境组织的一揽子建议（UNEP 2002b）。第二个进程是 2005 年世界首脑会议的成果，它呼吁在联合国政策和操作过程中建立全系统更强大的一致性，特别是在人道主义事务、发展和环境问题方面。第三个进程是成立了一致性协调委员会（Coherence Panel）。该委员会的任务是探索如何更好地改进联合国体系，从而帮助各国实现联合国千年发展目标以及其他在国际上达成的关于发展的目标，并且探索联合国如何才能更好地应对环境退化等重大的全球挑战（UN 2006）。

这三个进程的成果和建议具有明显的普遍性，因为它们涉及联合国环境规划署和联合国系统内的环境问题、联合国整个系统的一致性问题、多边环境协议的实施问题以及国家层次上的运行问题。

表 8.1 最近召开的联合国环境管理改革过程得出的建议			
	国际环境管理（IEG）行动计划（UNEP 2002c）	2005 年世界首脑会议的成果（UN 2005）	联合国秘书长高层委员会关于联合国系统内加强一致性的重点建议（UN 2006）
联合国环境规划署和联合国内的环境	通过下列措施加强联合国环境规划署： ■ 提高国际环境决策的一致性——管理理事会 / 全球部长级环境论坛的作用和结构 ■ 加强联合国环境规划署的作用和资金力量 ■ 提高联合国环境规划署的科学能力	通过下列措施提高联合国环境方面的工作效率： ■ 增强协调，提高政策的建议和指导作用 ■ 提高科学知识、评估能力和合作水平	■ 通过加强新的授权和更多资金，提升联合国环境规划署的层次，从而加强和改善国际环境管理的一致性 ■ 应该加强联合国环境规划署在全球环境的监督、评估及报告方面的科技能力
联合国整个系统的一致性	■ 增强联合国系统的一致性——环境管理机构的作用	■ 增强联合国系统内部在政策与行动之间的一致性，特别是在人道主义事务、发展和环境问题上的协调性 ■ 同意探索建立更一致的制度框架（包括更综合的结构）的可能性	■ 在协调总执行委员会框架（Chief Executive Board for Coordination ）内建立联合国发展政策实施机构（UN Development Policy Operations Group），从而使联合国所有关于发展机构的领导汇集在一起，致力于发展 ■ 促进在不同环境问题上工作的联合国各个机构、项目及基金会之间的有效合作 ■ 应该对当前的联合国国际环境管理状况进行独立评估
多边环境协议	■ 促进各种多边环境协议之间的合作和有效性	■ 在保持各条约法律自治权的前提下促进对国际环境条约的遵守	■ 为促进主要多边环境协议的有效实施，进行更多更有效的协调
国家层面上的合作	■ 通过能力建设、技术转让及国家层次上的合作，为可持续发展提供环境方面的支持	■ 在操作层面将环境问题更好地纳入广泛的可持续发展框架内，包括通过相应的能力建设	■ 在国家层次上提交“一个联合国国家项目” ■ 联合国环境规划署在国家层面提供有效的领导和指导，包括能力建设以及将环境成本和收益纳入政策制定过程 ■ 联合国可持续发展委员会监督一个联合国国家项目在国家层面的执行情况，并且报告给联合国经济及社会理事会

自20世纪70年代起，就有人一直呼吁成立联合国环境组织（UNEO）或者世界环境组织（WEO）（Charnovitz 2005）。但是对于是否有必要建立一个这样的组织，以及这个组织采取什么样的形式才能克服目前全球环境管理系统的不足，人们仍然有很多争论（Charnovitz 2005，Speth和Haas 2006）。有关方面建议这个组织的功能可以包括规划、数据收集及评估、信息发布、科学研究、标准及政策制定、促进市场、危机应对、法规遵守审查、争议解决及评估（Speth和Haas 2006，Charnovitz 2005）。

许多研究结果发现，联合国当前的管理体制虽然取得了重大成绩，但是还无法有效地处理相互联系的人类—生物物理系统或者社会—生态系统之间的复杂联系（Najam 等 2007，Kotchen 和 Young 2006）。当前的改革进程和争论为在各个层次上处理环境变化和环境管理之间的联系提供非常好的机会，因为许多在全球层面达成的协议仍然需要在国家和地区层面实施。

提高条约的遵守和执行

联合国大会关于联合国环境行动制度框架的非正式磋商，确定了各成员国关于如何更好地遵守条约的观点。尽管一些国家在某些个别领域持不同观点，他们广泛支持建立一个更一致的系统，从而可以处理当前正在讨论的各种环境问题。所提出的问题包括在参与大多数会议时面临的实质性的限制、行政管理成本及繁重的报告负担。这个负担还扩展到执行法律协议的能力方面，从而影响了这些协议的合法性，因此要求增强执行能力的呼声逐渐提高，特别是在发展中国家。在遵守条约方面，则有不同观点。有的支持增强监管和遵守机制，如建立自愿的关于条约遵守的同行评议制度，而有的则支持加强能力建设（Berruga 和 Maurer 2006）。

人们面临的一项挑战就是某个环境主题经常涉及几个不同的多边环境协议，如《生物多样性公约》《濒危野生动植物种国际贸易公约》《关于国际重要湿地的拉姆萨公约》《联合国防治荒漠化公约》《保护迁徙物种公约》及《世界遗产公约》都涉及生物多样性这个主题。另外，某个多边环境协议也有助于实现其他多边环境协议的目标。例如，消耗臭氧层物质也是温室气体，通常在《蒙特利尔议定书》框架下管理。到2004年，这些气体的排放量削减到1990年排放量的20%（IPCC 2007a）。主要环境变化是相互联系的这一事实，为多层次的多边环境协议合作提供了机会。

《生物多样性公约》《濒危野生动植物种国际贸易公约》《关于国际重要湿地的拉姆萨公约》《联合国防治荒漠化公约》《保护迁徙物种公约》及《世界遗产公约》这几项多边环境协议，都涉及各种层面上的生物多样性问题——基因、物种及生态系统。

致谢：Ferrero J.P./Labat J.M./ Still Pictures

某些自发的合作机制现在起到了各个环境公约秘书处之间的桥梁作用。例如，《联合国气候变化框架公约》《生物多样性公约》和《防治荒漠化公约》就成立了联合联络组（Joint Liaison Group）；生物多样性联络组（Biodiversity Liaison Group）则涉及与生物多样性有关的五项公约。联合国大会也通过非正式磋商的方式探讨了在不同多边环境协议之间及多边环境协议与联合国环境规划署之间提高合作质量的可能途径。

虽然国际公约的遵守和执行首先是参与缔约方的责任问题，但缔约方也会经常以个体或者集体形式寻求其他机构的支持。全球环境基金是多项多边环境协议的资助机构，因此对各参与方的工作和优先领域都有重要影响，主要是负责公约执行的政府部门以及在执行过程中涉及的国家或区域机构。因此全球环境基金也特别重视某些重点领域（如生物多样性、气候变化、国际水域、土地退化和持久性有机污染物）之间的相互联系，也重视各多边环境协议之间的协同。另外，全球环境基金也对多重点领域项目进行资助，以促进可持续的交通及生物多样性的保护和可持续利用。这些工作对于农业、土地可持续管理、适应气候变化、国家环保能力评估及发展都具有重要意义。提高国际环境条约遵守的其他行动计划包括针对21世纪前10年环境法发展和定期审查的蒙得维的亚方案（UNEP 2001b），及关于遵守和实施多边环境协议的指南，有关单位针对这些指南还编写了关于如何遵守和实施多边环境协议的手册作为补充（UNEP 2002c，UNEP 2006b）。

将来要在国家层面增强遵守和执行多边环境协议的机会，我们可以将更多注意力集中在对相关或者重叠的多边环境协议进行综合或制定伞形立法。随着多边环境协议的数量越来越多，以及从磋商到执行阶段的转变（Bruch 2006），这种方法对于那些已经通过相关立法但尚未实施的国家越来越具有吸引力。利用伞形方案的好处包括可以形成更一致的国家法律框架，可以促进机构的协调，甚至可以节省成本（Bruch 和 Mrema 2006）。虽然伞形方案是比较新的方法，但在实施与生物多样性和化学品有关的多边环境协议方面，一些国家已经竖立了良好的范例（Bruch 和 Mrema 2006）。

布伦特兰委员会1987年就建议在国际层面采用伞形方案。该委员会建议，“联合国大会应负责做出全体宣言，然后可以制定出关于环境保护和可持续发展的公约”。它强调增强现有宣言、公约及决议的必要性，从而巩固和发展关于环境保护和可持续发展的相关法律原则（WCED 1987）。虽然布伦特兰委员会提出的第一项建议已经通过《里约环境与发展宣言》得到实施，但到目前为止，联合国成员国仍然没有实现签订（关于环境保护和可持续发展）全球公约的建议。但是这个思想却得到了世界自然保护联盟各成员的认同，并且发表了《环境与发展盟约草案》（Draft Covenant on Environment and Development），这项草案于1995年在联合国公共国际法大会上提出（IUCN 2004）。

各种环境和发展挑战之间存在的相互联系以及环境管理体制的多样性，需要我们定期对国际环境合作的规范基础进行检查。从理想的角度讲，多边管理结构可以来自于大家对环境合作的重要目的和范围及其对发展的贡献一致同意的规范基础。该基础将涉及关于以下方面的重要原则，即合作、国家的一般权利和义务以及支持政府间合作（包括能力建设）所需的主要框架。在国家和国际层面考虑环境管理的总体规范基础有助于制定出更有效的制度结构。

将环境纳入发展

将环境活动纳入更广泛的发展框架是实现联合国千年发展目标关于环境可持续性的第7项目标的核心内容（UN 2000）。过去10年里，在国家和国际层面，人们越来越深刻地认识到将环境问题纳入公共及私人社会和经济部门的必要性，布伦特兰委员会的远见卓识也大大增强了这一点。

将环境问题纳入发展的一个关键方案是通过“马拉喀什进程”（Marrakech Process）促进实现更加可持续的消费和生产模式（专栏8.6）。这种方法旨在在发达国家和发展中国家，通过公共和私人部门的积极参与，来实现经济增长的同时减轻环境损害的重要目标。这涉及商品和服务的整个生命周期，并且需要一系列政策工具和战略，包括意识提升、能力建设、政策框架的设计、基于市场或基于自愿的工具以及消费者信息工具。

可持续消费和生产模式正在成为世界各国的首选模式，除马拉喀什进程以外，还有许多其他行动计划和项目。发达国家的不可持续消费和生活方式已经造成特别严重的问题。迄今为止，大多数与商品和服务的生产消费有关的不利环境影响，都是这些消费方式导致的。因此有必要采取可以满足物质需求的创新措施，并开发出创新产品和服务体系。当考虑到新出现的“全球消费阶层”，即在某些经济快速发展国家（如巴西、中国及印度）的大量中产阶级消费中出现了越来越类似的消费模式，因此采取创新措施，并开发出创新产品和服务体系就显得特别重要（Sonnemann 等 2006）。

在制定可持续消费和生产政策时，关键的经验是，单一手段并不能解决问题，因此

专栏 8.6 可持续消费和生产：马拉喀什进程

可持续消费涉及消费品牌的选择以及对安全节能产品及服务的设计、开发和使用。这种方法着眼于产品整个生命周期的影响，包括回收废弃物和使用回收产品。全社会所有成员，包括消费者、政府、商业界及环境组织，都有责任采用这种方法。促进可持续消费的手段包括可持续或绿色采购、使环境成本内部化的经济和财政措施，以及采用有利于环境的产品、服务及技术。

可持续和清洁生产指的是：“在工艺、产品及服务过程中持续采用有利于综合环保的战略，从而提高总体效率，并且降低对人类及环境造成的风险。清洁生产方法可以应用到任何行业的工艺过程，也可以应用到产品本身或给社会提供的各种服务中。”这个含义丰富的术语包括生态效率、废弃物最少化、污染预防、绿色生产及工业生态学等概念。清洁生产并不反对经济发展，而是有利于生态保护的可持续发展。这也是一种既能保护环境、消费者及工人，又能提高工业效率、利润率和竞争能力的双赢策略。

这一努力的核心是全球性多方参与的马拉喀什进程（Marrakech Process），这一进程支持促进向可持续消费和生产模式转变的区域和国家层面的行动计划。这个进程也是对《可持续发展世界首脑会议约翰内斯堡执行计划》的回应，该执行计划要求制订“可持续消费和生产10年框架方案”（10-Year Framework of Programmes on Sustainable Consumption and Production）。联合国环境规划署及联合国经济和社会事务局（UNDESA）是这个全球进程的领导机构，同时积极参与的还有一些国家政府、发展机构、私营机构、社会团体以及其他利益相关方。可持续发展委员会（CSD）将审查可持续消费和生产2010—2011年（每两年一次）的活动主题。

马拉喀什进程的活动是由政府领导的自发性工作组进行的，其中还有来自发展中国家和发达国家的专家参与。通过与其他合作伙伴的合作对话，这些工作组致力于在国家或区域层面开展可以促进向可持续消费和生产模式转化的一系列具体活动。他们正在进行下列活动：

- 在非洲进行的生态标签项目；
- 关于可持续消费和生产的国家行动计划；
- 制订促进可持续政府采购的政策工具和支持相关的能力建设；
- 制订可以促进产品生态设计和性能的产品政策项目及网络；
- 集中于提高能源效率的可持续建筑项目；
- 通过示范项目促进可持续的生活方式与教育；
- 制定促进可持续旅游的政策工具和策略。

实施可持续消费和生产的另一个重要机制是开展与发展机构及区域银行之间的合作。合作对话旨在强调可持续消费及生产政策和工具对减少贫穷和促进可持续发展的贡献，包括实现联合国千年发展目标，以及在发展规划中更好地结合可持续消费和生产目标。一项优先工作是通过促进可持续消费和生产来减少贫困，这对于发展中国家尤其重要。

来源：UNEP 2006f, UNEP 2007b, UNEP 2007c

需要制定一系列不同政策手段，包括管理框架、自愿措施及经济手段。同样，积极考虑各利益相关方（如政府、工业界、商业界、广告界、学术界、消费者协会、环境非政府组织、工会以及普通大众等）的参与也很重要。另外，为了修改不可持续的消费和生产系统，也需要采用针对不同部门的方法（Sonnemann 等 2006）。

还需要在宏观经济层次上考虑将环境纳入发展的问题。针对可持续发展事业，人们最近提出了这样的概念：作为人类福祉指标的财富（Dasgupta 2001）和经济财富不应随着时间而减小，而且最好可以随着时间而增长（Dasgupta 2001，World Bank 2006b）。这个概念是建立在"财富（或资产）减小意味着非可持续的发展道路"这样的理念上的。根据会计学术语，资产的减小或者损失应该记为负值。另外，创造财富的概念也带来了投资和节约的双重概念。

组合投资方法假设，可以用使风险最小化的方式管理资产，如将投资分布在广泛的投资领域内，实现赢利，各种投资组合可实现可持续增长，所有这些就保障了储蓄和再投资（专栏 8.7）。

前面章节重点强调了包括生态系统在内的自然资本对国家发展的关键作用。但是能源、森林、农业土地和流域资源的损耗，以及空气和水质污染造成的损害，并没有记录在国家资本贬值账单中。然而，所有部门通过各自的活动又确实造成了人们不希望的负面影响。通过对这些环境影响的分析和评估，我们可以对经济活动和发展项目的得失进行评估。在这些部门中，生产基础是自然资本，这些自然资本是人类福祉巨大的来源。

对这些部门相关活动进行评估涉及发展项目对个人及整个社会带来的利益和影响的评估。这些项目的社会价值（Dasgupta 2001）不但要看金钱回报，而且还应该评估这些项目如何影响了居民的生活质量。如果项目或者投资组合对生产基础（这里指的是自然资本）产生负面影响，它的社会价值可能是负值，因此应该否决这样的项目。

在制订政策和决策过程中，将对自然资源的核算方式从次要考虑转变到主要考虑是非常重要的，因为这样可以在规划及预算过程中提供关键信息。使用"真实节约"等计算方法就是向这个方向做出的努力。的确，真实节约计算方法可以计算一个国家产出资本（商品）的贬值、人类资本的投资（教育投资）及自然资源损耗扣除之后的真实节约水平（World Bank 2006b）。这种核算方法在测量和监测某国家的行动是否可持续发展以及相关程度方面非常有帮助。

资源损耗核算可以显示对资源的投资组合是否平衡。例如，马来西亚、加拿大、智利、欧盟及印度尼西亚等国家和区域已经为森林资源确定了核算方法。挪威（1998）、菲律宾（1999）和博茨瓦纳（2000）（专栏 8.8）用资源租金来计

专栏 8.7 投资组合管理：影响分析

可持续发展的投资组合方法不但考虑手头上的资产（包括有形资产和无形资产）的价值，还考虑与发展过程同时并进的必要的制度机制。这样可以促进代内和代际的环境和社会最佳平衡。

可持续发展的投资组合方法假设以最佳和长期方式管理自然资源。我们面临的主要挑战是自然资源的社会最佳分配以及如何将这些资源合理分配到主要的经济和发展进程。也正是在这个地方，国际社会针对布伦特兰委员 1987 年出版的《我们共同的未来》报告中的建议做出的政策回应，大体上失败了。

此外，政府机构特别是负责自然资源管理的机构，基本不能说服国家财政和金融机构，使它们认识到自然资源对于发展进程和人类福祉的重要性。同时，财政部门也往往忽视对自然资源问题的分析。

探索环境和发展之间的相互联系，特别是环境和人类福祉部门的作用与影响，要求我们进行影响分析，并且对相关政策和项目进行评估。这需要对各个机构和管理制度的重要角色，以及现有政策手段和工具进行仔细分析，以便为决策过程提供所需的信息。

来源：Dasgupta 2001, Dasgupta and Maler 1999, World Bank 2006b

算资产价值的工作，表明这种核算方法在自然资源管理提高经济效益的决策以及决策的可持续性方面都有重要影响。

在自然资源核算方面，存在以下挑战(World Bank 2006b)：

- 某些国家缺少数据；
- 许多自然资源没有市场；
- 这些自然资源提供的无形服务(如在文化和精神服务方面的价值)很难或者无法计算；
- 具有综合的环境统计数据的国家很少；
- 因为在方案、范围及方法方面的不同，很难进行国际之间的比较。

我们需要更多广泛的合作伙伴的努力，这样才能够以连贯和系统的方法应对上述挑战。

环境变化的速度和规模越来越大，处理这些变化之间的相互联系已经成为发展面临的主要挑战。气候变化就是其中一个明显的例子。随着全球气候变化的影响变得越来越明显，国际和国家议程越来越关注适应气候变化的重要性。很明显，气候变化不是孤立作用的（IPCC 2002，CBD 2003）（见前面的章节）。自然资源、其他环境变化(如土地退化和水资源压力)，以及人类、社会、财政和实物资本的状态，都决定着人类的处理能力和生态系统的适应能力(IPCC 2001)。另外，现在许多发展中国家还不能应付极端天气现象，他们将气候变化看成发展的风险(Stern等 2006，World Bank 2007)。这样，适应气候变化成为他们必然的选择(IPCC 2001)。现在某些资助机构（如世界银行和英国国际发展部）开始采用气候风险管理方法，该方法会考虑当前和未来气候变化造成的威胁以及带来的机会，也会考虑各种环境变化的相互联系。采用这种方法还必须考虑环境变化、生态系统服务及人类福祉之间的相互联系。

最近对这些包括气候变化在内的相互联系的关注带来了以更协调一致的方式解决当前环境—发展问题的机会。以碳存储方式减轻全球气候变化的措施也可能同时解决多种气候和发展方面的挑战。这样的措施需要发展援助框架的支持，也应该考虑到那些最容易受环境变化不利影响的社会群体与导致环境变化的社会群体是不同的。

虽然我们在将环境纳入发展以及将人类—环境的相互联系纳入社会和经济领域方面取得了一定的成绩，但是这些成绩并没有赶上环境加速退化的步伐。将环境问题纳入更广泛的发展议程，需要当前不同管理体制的共同努力。联合国改革行动由于对环境领域增强全系统协调一致性的特别关注以及在国家层面采用“一个联合国”的方法，从而为环境和发展的协调提供了非常重要的机会。

综合考虑环境问题对所有领域都是一项严峻的挑战，特别是对于国家和国际层面的环境机构更是如此。因为这需要这些机构付出系统和持续不断的努力，而且这样的努力需要与运转良好的金融和规划部门做出的努力程度相当。我们可以首先确定将环境纳入发展的现有国家和国际机制的不足和需要，然后探索满足这种需要的长期方案。我们可以在宏观经济层面上汲取将环境纳入发展的经验教训。这可以

专栏 8.8 再投资资源租金：博茨瓦纳的案例

博茨瓦纳以前是世界上最贫穷的国家之一，但是在1966年独立之后则表现出非常好的经济增长势头。博茨瓦纳利用其矿产资源促进经济发展，并且在20世纪90年代被世界银行列为世界中高收入国家。这个国家已经制定了核算和弥补自然资源损耗的矿产资源再投资规章。该国在国家核算体系中采用可持续预算指数（Sustainable Budget Index），要求所有矿产资源收入进行再投资。博茨瓦纳取得的成绩包括基础设施、人力资本以及国民基本服务设施的改善，例如：

- 公路总长度：从1970年的23 km增长到1990年的2 311 km；
- 经过净化的饮用水：从1970年占整个人口的29%提高到1990年的90%；
- 电话：从1970年的5 000条线路增长到2001年的136 000条线路；
- 妇女受教育比例：到1997年达到77%。

来源：World Bank 2006b

环境综合考虑需要缩小差距，这样可以增强科学知识、评估及合作，而且可以改善可持续发展的决策。

致谢：*ullstein-Hiss/Mueller/ Still Pictures*

通过投资组合管理、加强可持续生产和消费模式、让经济增长与环境污染脱钩，以及基于大家同意的目标和成果指标的部门环境保护有效性评估方法来完成。

提高科学知识，加强评估和合作

布伦特兰委员会报告及随后的环境政策文件继续强调可靠的数据和科学信息作为可持续发展的关键因素。我们在发展方面的努力，包括消除贫困和人道主义援助，都需要充分考虑环境和生态系统服务对增强人类福祉的贡献。因此，在基础设施建设、提高人们的环境知识和让人们了解更多环境信息方面的投入，也是对可持续发展的投资。

在国际、区域和国家层面，在监测、观察、网络化、数据管理、确定指标、评估及环境威胁早期预警方面，现在有非常广泛的合作机制。其中明显的成绩包括臭氧层保护和全球气候变化评估。许多国家和国际组织，包括一些科学机构和联合国机构，在环境评估、监测和观察系统、信息网络以及研究项目等领域都很积极。在全球层面，这样的机构包括全球观测系统和最近新成立的地球监测集团（Group on Earth Observations），该集团制定了“全球监测系统体制”（Global Earth Observation System of Systems，GEOSS）实施计划。国际努力还包括一些国际科学计划，如由世界学术机构及国际科学委员会领导（International Council for Science，ICSU）的科学计划。

大多数多边环境协议都具有自己的辅助科学咨询机构，这些机构都在不同程度上承担科学信息分析任务。《联合国气候变化框架公约》除了自己的辅助科学咨询机构外，还具有一个相应的评估机构，即政府间气候变化专门委员会，世界气象组织和联合国环境规划署共同为政府间气候变化专门委员会提供了秘书处。有人呼吁根据《联合国千年生态系统评估》成果建立一个类似的评估机构，以便支持与生态系统有关的多边环境协议。各国政府和专家针对这个机构的用途仍在进行争论。另外，全球环境基金也有自己的科技咨询委员会（Scientific and Technical Advisory Panel，STAP）。

不同区域的许多国家针对进行国家环境评价现状、环境影响评价和战略环境评价都制定了国家立法或其他规定。这些评估对于确定和处理环境联系、加强一致性、把环境考虑结合到发展议程中，以及提高国家环境管理水平提供了机会。例如，欧盟成员国通过了2004年开始生效的《某些环境计划和方案影响评价欧盟指令》（European Directive（2001/42/EC）on the Assessment of the Effects of Certain Plans and Programmes on the Environment）（European Commission 2007）。在整个欧洲层面，欧洲各国已经一致同意制定《跨境环境影响评价公约战略环评议定书》（Protocol on a Strategic Environmental Assessment to the Convention on Environmental Impact Assessment in a Transboundary Context），这项议定书2003年开始接受各国签字。在加拿大，一个内阁层次上的指令从行政方面要求对所有政策、计划和方案实施战略环评。在南非，某些部门和规划规章将战略环评确定为环境综合管理的方法。多米尼加共和国也在战略环评方面加强了立法。其他国家现有的环境影响评价立法需要在规划（如中国）或项目方案（如伯里兹城）方面采用战略环评这种方法，或在政策和项目层面（如埃塞俄比亚）同时采用上述方法（OECD 2006）。

专栏 8.9 管理脱节的类型

空间脱节

管理过程与生态系统的空间规模不匹配。例如，地方政府机构对海胆的管理无法适应国际市场及流动性很高的“非法捕捞”的发展。

时间脱节

管理过程与生态系统的时间规模不匹配。例如，在20世纪50～60年代，因为非洲西部当时较多的降雨量，撒赫勒区域国家的政府趁机促进农业和人口的增长。但是当这个地区降雨量恢复到低生产力状态时，就导致了土壤侵蚀、移民及生计的崩溃。

阈值行为

管理过程没有认识到或者不能避免社会—生态系统的突然转变。应用“最大可持续产量”的做法对关键功能物种造成了过度捕捞，导致鱼类存储量的崩溃。

瀑布效应

管理过程不能缓冲或者增强各种环境现象之间的瀑布效应。例如，在西澳大利亚发生的从土壤水分充足到盐碱地的转变以及从淡水生态系统转变到海水生态系统，可能会在区域层面导致不适于农业生产，这可能会导致移民、失业及社会资产的减少。

来源：Adapted from Galaz and others 2006

适应性管理为处理相互联系提供了机会

管理人类—环境系统的理想情况是很少见的。正如前面章节的论述那样，在大多数情况下决策者会面临以下挑战：

- **复杂性问题**。这包括生态系统的复杂性质、生态物理过程的不同空间和时间影响、阈值和反馈圈以及影响生态系统动态变化的人类因素。
- **不确定性和变化问题**。关于环境变化的科学还不完善，人们对环境变化及生态物理过程和生态系统的动态变化的一些理解可能是错误的，某些环境变化没有预测出来，而且现有知识也没有得到充分地结合。
- **分割问题**。许多管理体制的相互联系不紧密或缺乏协调性，这导致了不同管理机构在政策建议、管理权限和授权之间存在不一致或互相冲突的地方。行政管理机构重叠，决策分裂，重要用户和选民位于决策过程之外以及管理权集中和分散没有得到合适的平衡。

从管理角度看，上述复杂性问题、不确定性和变化，以及分割问题都很容易导致管理脱节（专栏 8.9）（Galaz 等 2006）。此外，很少有机会从表现不佳的管理过程和体制转换到联系性强、反应更快的过程和体制。因为决策者和执行者很难有机会在空白基础上开始工作，他们不得不在现有利害关系和管理结构中开展工作。

适应性管理方法对处理复杂的相互联系、

管理不确定性和变化周期问题非常有效（Gunderson和Holling 2002，Folke等2005，Olsson等2006）。适应性管理来自国家—社会复合体的许多部门，并且通常可以通过类似于网络管理的结构进行制度化。适应性管理体制依赖于多中心嵌套的、相对独立的、多角度的体制结构（Olsson等2006）。适应性管理强调的重点是大家分担管理和责任；它通过连接个人、组织和机构的多层次网络进行管理。这种管理的核心特征是合作、灵活性和基于学习的问题管理（Olsson等2006）。

适应性管理方法提倡的是更现实和更有前途地处理人类—生态系统复杂性的方法，而不是资源最佳利用和控制的方法（Folke等2005）。适应性管理方法的一个主要优点是它起步于现有组织结构，并且寻求与其他相关实体和利益相关方的相互联系。除了包容所有利益相关方的民主要求外，这种包容一切的管理方法还可以极大地扩展知识基础，这样就可以把各种不同经验和专业知识结合在一起（MA 2005a）。适应性管理方法强调通过网络进行社会协调，而不是建立新的机构，因此可以从本质上促进更灵活的管理方式，并在特定人类—环境系统情况下，对环境变化的响应能力可能也更强。这种方法可以使决策者更容易采取新的洞察力和知识视角促进必要的变化、更好地适应变化，并且为变化之后的重组创造条件。

鉴于适应性管理的分散和多角色性质，有效的适应性管理两大关键因素是领导者和不同单位间的沟通（专栏8.10）。领导者对于建立信任、管理冲突、联络关键成员、在相关方促成伙伴关系、知识的整理和创建、发展和交流观点、发现和创造交流机会、动员各个层次对变化的广泛支持以及获得和保持管理方法制度化需要的推动力等是不可或缺的。不同单位间的沟通可以促进不同个体和实体之间的协作。它们经常介于科学知识和政策的交界面，或者地方经验、研究及政策的交界面。单位间的沟通可以极大地降低协作成本，并且经常具有解决冲突的重要功能（Folke等2005）。

适应性管理是一种很有前途方法，它以

专栏8.10 领导者和单位间的沟通：从下向上和从上向下的协作

由公共部门执行的反应措施可能是基于任何利益相关方提出的想法或建议。例如，在瑞典克里斯蒂安斯塔德（Kristianstad）沼泽地问题上，一个人的远见最终促使城市政府采取应对措施，并且发展成为一项促进跨部门（环境、农业、旅游业及大学）合作的建议。这个方案最终被城市执行委员会采纳，并且发展成为一项关于生态系统管理的政策。随着建立信任和学习过程的实施，参与者的数量也在增长，从而形成了横向（多部门）和纵向（多层次）网络。纵向网络对于从国家和欧盟层面吸引资金非常重要。这样一个自下而上的行动计划最终导致了一个灵活而且经济高效的项目组织，这个组织在不改变法律框架的前提下成功地将生态系统方法和适应性管理方法应用到水资源管理中。

而菲律宾内湖盆地项目被证明是一个自上而下的成功协作的行动计划。菲律宾内湖发展管理局（The Laguna Lake Development Authority，LLDA）针对水质下降问题成立了河流恢复委员会（RRCs），解决来自流入该湖的22条河流的污染问题。此前，该湖泊的管理曾经划分给很多部门，也没有让利益相关方广泛参与。河流恢复委员会包括民间组织、环境团体、工业界代表以及当地政府机构，内湖发展管理局在其中起到协助机构的作用。实践证明，民间团体的参与对解决主要冲突（例如工业和社区之间、渔业和工业之间、农业和土地用途转变之间的冲突等）起到了关键作用。河流恢复委员会的多部门性质促成了某些支流的持续净化，从而降低了内湖污染。这样，河流恢复委员会在围绕新方案达成协议并且尽可能包括有关利益相关方方面起到了关键的沟通作用。

来源：MA 2005b, MA 2005c, Malayang and others 2005

补充当前方法不足的方式，来处理重要的关键联系。在管理反应措施中加强适应能力的关键是优先贯彻管理结构中以下三个原则（Dietz 等 2003）：

- **分析能力**：涉及各利益方、官员及科学家之间的对话。
- **嵌套**：涉及复杂、分层和相互连接的结构。嵌套指的是嵌入多层管理结构中的以问题解决方案为导向的过程，因此从地区、国家甚至到国际层面的管理结构都存在负责问题，它还包括环境变化的时空规模。
- **制度变化**：一组促进实验、学习及变化的制度类型。

现在可以利用范围广泛的工具和方案，来帮助制订和实施更具适应性的政策和行动，特别是在国家及以下层面来处理环境变化的相互联系。这些工具和方法可以应用在项目或者方案层次上，也可以应用在项目和方案开发过程的几个阶段上。这些工具和方案包括但是不局限于环境影响评价、战略环境评价、决策分析框架、价值评估技术、标准、指标以及综合管理方法。在国家层面，许多这样的方法可以纳入国家政策框架并包括在立法中。还有许多工具和方法可以用来分析环境和发展之间的利害得失，其中包括对生态系统服务的经济价值评估（MA 2003）。绿色核算方法有助于将生态系统服务和自然资产纳入国家核算体系中。但是，我们非常有必要在具体地区或那些有不同环境变化和发展挑战组合情况的地区，对这些工具和方法进行试验。从这些试验过程中获得的经验将有助于这些工具和方法的未来发展。

结论

本章论述了人类、环境是如何相互作用的，以及由此造成的环境挑战是如何通过复杂、动态的生物物理和社会过程相互作用的。认识和处理这些相互联系可以促进在各个层次决策过程中更有效地应对环境变化，也可以促进在低碳经济条件下向更加可持续发展的社会转变。这种方案需要当前各个管理体制之间的协作，各管理体制之间的协作反过来又会增加它们的灵活性和适应性。

参考文献

ACIA (2004). *Impacts of a Warming Arctic.* Arctic Climate Impact Assessment. Cambridge University Press, Cambridge

Annan, K. (2002). *In Yale University Address, Secretary-General pleads cause of "Inclusive" Globalization.* United Nations News Centre, press release SG/SM/8412, 2 October 2002 http://www.un.org/News/Press/docs/2002/SGSM8412.doc.html (last accessed 18 May 2007)

Australian Government (2003). *Climate Change – An Australian Guide to the Science and Potential Impacts.* Pittock, B. (ed.) Department of the Environment and Water Resources, Australian Greenhouse Office, Canberra http://www.greenhouse.gov.au/science/guide/ (last accessed 10 July 2007)

Berruga, E. and Maurer, P. (2006). *Co-Chairmen's Summary of the Informal* Consultative Process on the Institutional Framework for the UN's Environmental *Activities.* New York, NY

Bruch, C. (2006). Growing Up. In *Environmental Forum* Volume 23, issue 3/4:28-33

Bruch, C. and Mrema, E. (2006). More than the Sum of its Parts: Improving Compliance with the Enforcement of International Environmental Agreements through Synergistic Implementation. Conference Paper at *4th IUCN International Academic* Colloquium on Compliance and Enforcement Towards More Effective Implementations of *Environmental Law*, White Plains, New York, NY

Camill, P. and Clark, J. S. (2000). Long-term perspectives on lagged ecosystem responses to climate change: Permafrost in boreal peatlands and the grassland/ woodland boundary: Fast Slow Variable in Ecosystems. In *Ecosystems* 3:534-544

Cash, D.W., Adger, W.N., Berkes, F., Garden, P., Lebel, L., Olsson, P., Pritchard, L. and oung, O. (2006). Scale and Cross-Scale Dynamics: Governance and Information in a Multilevel World. In *Ecology and Society* 11(2):8

CBD (2003). *Interlinkages between Biological Diversity and Climate Change; Advice* on the integration of biodiversity considerations into the implementation of the United *Nations Framework Convention on Climate Change and its Kyoto Protocol.* Watson, R.T. and Berghall, O. (eds) CBD Technical Series No. 10. Secretariat of the Convention on Biological Diversity, Montreal http://www.biodiv.org/doc/publications/cbd-ts-10.pdf (last accessed 10 July 2007)

CBD (2006). *Guidance for promoting synergy among activities addressing biological diversity, desertification, land degradation and climate change.* CBD Technical Series No. 25. Secretariat of the Convention on Biological Diversity, Montreal http://www.biodiv.org/doc/publications/cbd-ts-25.pdf (last accessed 10 July 2007)

CGIAR and GEF (2002). *Agriculture and the Environment. Partnership for a Sustainable Future.* Consultative Group on International Agricultural Research and Global Environment Facility, Washington, DC http://www.worldbank.org/html/cgiar/publications/gef/CGIARGEF2002final.pdf (last accessed 10 July 2007)

Charnovitz, S. (2005). A World Environment Organization. In Chambers, W.B. and Green, J. F. (eds.) *Reforming International Environmental Governance: From Institutional Limits to Innovative Reforms.* United Nations University Press, Tokyo, New York, Paris

DANCED (2000). *Thailand-Danish Country Programme for Environmental Assistance 1998-2001.* Ministry of Environment and Energy, Danish Environmental Protection Agency, Copenhagen

Dasgupta, P. (2001). *Human Well-Being And the Natural Environment.* Oxford University Press, New York, NY

Dasgupta, P. (2006). Nature and the Economy. Text of the *British Ecological Society Lecture delivered at the annual conference of the British Ecological Society*, Oxford, 7 September 2006

Dasgupta, P. and Mäler, K.-G. (1999). Net National Product, Wealth, and Social well- Being. In *Environment and Development Economics* 5:69-93

Diamond, J. (2005). *Collapse: How Societies Choose to Fail or Survive.* Allen and Lane, an imprint of Penguin Books Ltd., London

Dietz, T., Ostrom, E. and Stern, P.C. (2003). The Struggle to Govern the Commons. In *Science* 302(5652):1907-1912

Earthjustice (2005). Environmental Rights Report: Human Rights and the Environment. Materials for the *61st Session of the United Nations Commission on Human Rights.* Earthjustice, Oakland, CA

EM-DAT (undated). The International Disaster Database http://www.em-dat.net/ (last accessed 10 July 2007)

European Commission (2007). *Environmental Assessment.* http://ec.europa.eu/environment/eia/home.htm (last accessed 13 May 2007)

FAOSTAT (2004). *FAO Statistical Databases.* Food and Agriculture Organization of the United Nations, Rome (in GEO Data Portal) http://faostat.fao.org/faostat/ (last accessed 10 July 2007)

FAOSTAT (2006). *FAO Statistical Databases.* Food and Agriculture Organization of the United Nations, Rome http://faostat.fao.org/faostat/ (last accessed 10 July 2007)

Faures, J., Finlayson, C.M., Gitay, H., Molden, D., Schipper, L. and Vallee, D. (2007). Setting the scene. In *Water for food, Water for life. A comprehensive Assessment of Water Management in Agriculture. Synthesis Report.* International Water Management Institute and Earthscan, London

Folke, C., Hahn,T., Olsson, P., Norberg, J. (2005). Adaptive Governance of Social-Ecological Systems. In *Annual Review of Environmental Resources* 30:441-473

Friedman, T.L. (2006). *The World is Flat, A Brief History of the Twenty-first Century.* First updated and expanded edition. Farrar, Straus and Giroux, New York, NY

Galaz, V., Olsson, P., Hahn, T., Folke, C. and Svedin, U. (2006). The Problem of Fit between Ecosystems and Governance Systems: Insights and Emerging Challenges. Paper presented at *Institutional Dimensions of Global Environmental Change Synthesis Conference*, 6-9 December 2006, Bali http://www2.bren.ucsb.edu/~idgec/responses/Victor%20Galaz%20et%20al%20-%20Fit.pdf (last accessed 10 July 2007)

Gallet, Y. and Geneve, A. (2007). The Mayans: climate determinism or geomagnetic determinism. In *EOS, Transactions, American Geophysical Union* 88(11):129-130

Galloway, J.N., Aber, J.D., Erisman, J.W., Seitzinger, S.P., Howarth, R.W., Cowling E.B. and Cosby, B.J. (2003). The nitrogen cascade. In *Bioscience* 53(4):341-356

Gehring, T. and Oberthür, S. (2006). *Introduction to Institutional Interaction in Global Environmental Governance.* The MIT Press, Cambridge, Massachusetts and London

GEO Data Portal. *UNEP's online core database with national, sub-regional, regional and global statistics and maps, covering environmental and socio-economic data and indicators.* United Nations Environment Programme, Geneva http://www.unep.org/geo/data or http://geodata.grid.unep.ch (last accessed 10 July 2007)

Gunderson, L. H. and Holling, C.S. (eds.) (2002). *Panarchy: Understanding Transformations in Human and Natural Systems.* Island Press, Washington, DC

IPCC (2001a). *Climate Change 2001: Synthesis Report. A Contribution of Working Groups* I, II, and III to the Third Assessment Report of the Intergovernmental Panel on Climate *Change.* Watson, R.T. and others (eds.). Cambridge University Press, New York, NY

IPCC (2001b). Climate Change 2001: Summary for the Policymakers. In *Climate Change 2001: Impacts, Adaptations, and Vulnerability.* Contribution of Working Group II to the Third Assessment Report of the Interngovernmental Panel on Climate Change. McCarthy, J.J., Canziani, O.F., Leary, N.A., Dokken, D.J. and White, K.S. (eds). Cambridge University Press Cambridge, and New York, NY

IPCC (2002). *Climate Change and Biodiversity.* Gitay, H., Suarez, A., Watson, R. T. and Dokken, D. (eds.). IPCC Technical Paper V. World Meteorological Organization and United Nations Environment Programme, IPCC Secretariat, Geneva http://www.ipcc.ch/pub/tpbiodiv.pdf (last accessed 10 July 2007)

IPCC (2007a). *Climate Change 2007: Mitigation of Climate Change: Summary for Policymakers.* Contribution of Working Group III to the Fourth Assessment Report of the Intergovernmental Panel on Climate Change. World Meteorological Organization and United Nations Environment Programme, IPCC Secretariat, Geneva

IPCC (2007b). *Climate Change 2007: The Physical Science Basis: Summary for Policymakers.* Contribution of Working Group I to the Fourth Assessment Report of the Intergovernmental Panel on Climate Change. World Meteorological Organization and United Nations Environment Programme, IPCC Secretariat, Geneva

IUCN (2004). *Draft International Covenant on Environment and Development. Third Edition: Updated Text.* Prepared by the IUCN Commission on Environmental Law in cooperation with the International Council of Environmental Law. World Conservation Union (International Union for the Conservation of Nature and Natural Resources), Gland and Cambridge

Juma, C. (2002). The Global Sustainability Challenge: From Agreement to Action. In *International Journal Global Environment Issues* 2(1/2):1-14

Kotchen, M.J. and Young, O.R. (2006). Meeting the Challenges of the Anthropocene: Toward a Science of Human-Biophysical Systems. In *Global Environmental Change* (forthcoming), Norwich

Lin, J. (2005). *Tackling Southeast Asia's Illegal Wildlife Trade.* (2005) 9 SYBIL: 191-208. Singapore Year Book International Law and Contributors, Singapore www.traffic.org/25/network9/ASEAN/articles/index.html (last accessed 9 July 2007)

Linden, E. (2006). *The Winds of Change: Climate, Weather, and the Destruction of Civilizations.* Simon and Schuster, New York, NY

MA (2003). *Ecosystems and Human Well-being.* Millennium Ecosystem Assessment. Island Press, Washington, DC

MA (2005a). *Ecosytems and Human Well-being. Synthesis.* Island Press, Washington, DC

MA (2005b). *Ecosystems and Human Well-being. Multiscale Assessments, Volume 4. Findings of the Sub-global Assessments Working Group.* Millennium Ecosystem Assessment. Island Press, Washington, DC.

MA (2005c). *Ecosystems and People. The Philippine Millennium Ecosystem Assessment (MA) Sub-global Assessment Synthesis Report.* Millennium Ecosystem Assessment. University of the Philippines, Los Baños

Malayang, B.S., Hahn, T., Kumar, P. and others (2005). Chapter 9: Responses to ecosystem change and their impacts on human well-being. In Capistramo, D., Samper, C., Lee, M. and Raudsepp-Hearne, C. (eds.) *Ecosystems and Human well-being: Multiscale Assessments, Volume 4. Findings of the Sub-Global Assessments Working Group.* Island Press, Washington, DC

Munich Re Group (2006). *Natural Catastrophes 2006: Analyses, assessments, positions.* Munich Re Group, Munich http://www.munichre.com/publications/302-05217_en.pdf (last accessed 10 July 2007)

Najam, A., Papa, M. and Taiyab, N. (2006). *Global Environmental Governance, A reform Agenda.* International Institute for Sustainable Development, Winnipeg, MB

Najam, A., Runnalls, D. and Halle, M. (2007). *Environment and Globalization: Five Propositions.* International Institute for Sustainable Development, Winnipeg, MB http://www.iisd.org/publications/pub.aspx?pno=836 (last accessed 11 July 2007)

OAG (2007). *Office of the Auditor General of Canada* http://www.oag-bvg.gc.ca/domino/oag-bvg.nsf/html/menue.html (last accessed 11 July 2007)

OECD (1995). *Developing Environmental Capacity: A Framework for Donor Involvement.* Organisation for Economic Co-operation and Development, Paris

OECD (2002). *Governance for Sustainable Development: Five OECD Case Studies.* Organisation for Economic Co-operation and Development, Paris

OECD (2006). *Environmental Performance Review of China – Conclusions and Recommendations (Final).* Organisation for Economic Co-operation and Development, Paris http://www.oecd.org/dataoecd/58/23/37657409.pdf (last accessed 11 July 2007)

Olsson, P., Gunderson, L.H., Carpenter, S.R., Ryan, P., Lebel, L., Folke, C. and Holling, C.S. (2006). Shooting the rapids: navigating transitions to adaptive governance of social-ecological systems. In *Ecology and Society* 11(1):18

Parmesan, C. and Yohe, G. (2003). A globally coherent fingerprint of climate change impacts across natural systems. In *Nature* 421:37–42

Poluton, C., Kydd, J. and Dorward, A. (2006). *Increasing fertilizer use in Africa: What have we learned?* Agriculture and Rural Development Discussion Paper 25. The World Bank, Washington, DC

Raustiala, K. (2001). *Reporting and Review Institutions in 10 Selected Multilateral Environmental Agreements.* United Nations Environment Programme, Nairobi

Root, T.L., Price, J.T., Hall, K.R., Schneider, S.H., Rosenzweig, C. and Punds, J.A. (2003). Fingerprints of global warming on wild animals and plants. In *Nature* 421:57:60

Schellnhuber, H. J. (1999). "Earth system" analysis and the second Copernican revolution. In *Nature* 402(6761supp): C19

Schmidt, W. (2004). Environmental Crimes: Profiting at the Earth's Expense. *Environmental Health Perspectives* Volume 112 (2). Secretariat of the Basel Convention (1994). *The Basel Convention Ban Amandment.* Secretariat of the Basel Convention, Geneva http://www.basel.int/pub/baselban.html (last accessed 11 July 2007)

Secretariat of the Basel Convention (undated). National Enforcement Requirements. Secretariat of the Basel Convention, Geneva http://www.basel.int/pub/enforcementreqs.pdf (last accessed 11 July 2007)

Sonnemann, G., Zacarias, A. and De Leeuw, B. (2006). Promoting SCP at the International Arena. In Sheer, D. and Rubik, F. (eds.) *Governance of Integrated Product Policy.* Greenleaf Publishing, Sheffield

Speth, J.G. and Haas, P. M. (2006). *Global Environmental Governance.* Island Press, Washington, DC

Stern, N. and others (2006). *Stern Review: the Economics of Climate Change.* Final Report.The Office of the Chancellor of the Exchequer, London

Taylor, D.S., Reyier, E.A., Davis, W.P. and McIvor, C.C. (2007). Mangrove removal in the Belize cays: effects on mangrove-associated fish assemblages in the intertidal and subtidal. In press

UN (1994). *Programme of Action of the United Nations International Conference on Population and Development in Cairo 1994.* http://www.iisd.ca/Cairo/program/p00000.html (last accessed 11 July 2007)

UN (1999). UN General Assembly Resolution UNGA/53/242. United Nations, New York, NY http://www.un.org/Depts/dhl/resguide/r53.htm (last accessed 12 July 2007)

UN (2000). Resolution Adopted by the General Assembly. 55/2 *United Nations Millennium Declaration.* Document A/RES/55/2. United Nations, New York, NY http://www.un.org/millennium/declaration/ares552e.pdf (last accessed 11 July 2007)

UN (2004). *A more secure world: Our shared responsibility.* Report of the Secretary- General's High-level Panel on Threats, Challenges and Change. United Nations, New York, NY

UN (2005). Resolution Adopted by the General Assembly. 60/1 2005 *World Summit Outcome.* Document A/RES/60/1 of 24 October 2005. United Nations, New York, NY http://daccessdds.un.org/doc/UNDOC/GEN/N05/487/60/PDF/N0548760. pdf?OpenElement (last accessed 11 July 2007)

UN (2006). Final Draft to Co-Chairs "Delivering as One" Report of the Secretary- General's High-Level Panel. 17 October 2006. Secretary-General's High-level Panel on UN System-wide Coherence in the Areas of Development, Humanitarian Assistance, and the Environment. United Nations, New York, NY

UN Global Compact (2006). *What is the Global Compact?* http://www.unglobalcompact.org/AboutTheGC/index.html (last accessed on 12 July 2007)

UNDP (1999). Synergy in National Implementation: The Rio Agreements. Paper submitted by UNDP to the *International Conferences on Interlinkages: Synergies and Coordination between Multilateral Environmental Agreements*, Tokyo, July 1999

UNEP (1998). *Policy Effectiveness and Multilateral Environmental Agreements.* Environment and Trade Series. United Nations Environment Programme, Geneva

UNEP (2001a). *Open-ended Intergovernmental Group of Ministers or their Representatives on International Environmental Governance.* International Environmental Governance Report of the Executive Director, UNEP/IGM/4/3. United Nations Environment Programme, Nairobi

UNEP (2001b). *The third Montevideo Programme for development and periodic review of environmental law for the first decade of the twenty-first century.* Decision UNEP/ GC.21/23 of 9 February 2001. United Nations Environment Programme, Nairobi

UNEP (2002a). *Global Enviornment Outlook 3: Past, present and future perspectives.* United Nations Environment Programme and Earthscan, London

UNEP(2002b). *UNEP's guidelines on compliance with and enforcement of multilateral environmental agreements.* Decision UNEP/GCSS.VII/4 of 15 February 2002. United Nations Environment Programme, Nairobi

UNEP (2002c). *Report of the Governing Council on the Work of its Seventh Special Session/Global Ministerial Environment Forum, Annex I: Decision SS.VII/1.* Adopted by the Governing Council Decision UNEP/SS.VII/1 (2002). United Nations Environment Programme, Nairobi

UNEP (2004). Emerging Challenges – New Findings: The Nitrogen Cascade: Impacts of Food and Energy Production on the Global Nitrogen Cycle. In *GEO Year Book 2003.* United Nations Environment Programme, Nairobi

UNEP (2005). Divided, yet United. Discussion Paper for the *UNEP High Level Workshop Mainstreaming Environment beyond MDG 7*, 13-14 July 2005, Nairobi http://www.unep.org/dec/docs/Discussion_paper.doc (last accessed 11 July 2007)

UNEP (2006a). *Class of 2006: Industry Report Cards on environment and social responsibility.* UNEP Division of Technology, Industry and Economic, Paris http://www.unep.fr/outreach/csd14/docs/Classof2006_press_release.pdf (last accessed 11 July 2007)

UNEP (2006b). *Training Manual on International Environmental Law.* United Nations Environment Programme, Nairobi http://www.unep.org/DPDL/law/Publications_multimedia/index.asp (last accessed 11 July 2007)

UNEP (2006c). *Vital Waste Graphics Update.* United Nations Environment Programme, Nairobi and Arendal http://www.vitalgraphics.net/waste2/download/pdf/VWG2_p36and37.pdf (last accessed 10 July 2007)

UNEP (2006d). *Principles for Responsible Investment: An investor initiative in partnership with UNEP Finance Initiative and the UN Global Compact* http://www.unpri.org/files/pri.pdf (last accessed 11 July 2007)

UNEP (2006e). *Show Me the Money: Linking Environmental, Social and Governance Issues to Company Value.* UNEP Finance Initiative Asset Management Working Group http://www.unepfi.org/fileadmin/documents/show_me_the_money.pdf (last accessed 11 July 2007)

UNEP (2006f). Sustainable Consumption and Production. How Development Agencies make a difference. Review of Development Agencies and SCP-related projects. DRAFT. UNEP Division of Technology, Industry and Economics, Paris http://www.uneptie. org/pc/sustain/reports/general/Review_Development_Agencies.pdf (last accessed 11 July 2007)

UNEP (2007a). *Global Outlook for Ice and Snow.* United Nations Environment Programme, Nairobi

UNEP (2007b). *Cleaner Production – Key Elements.* UNEP Division of Technology, Industry and Economics, Paris http://www.unep.fr/pc/cp/understanding_cp/home. htm (last accessed on 11 July 2007)

UNEP (2007c). *United Nations Guidelines for Consumer Protection: Section G. Promotion of Sustainable Consumption.* UNEP Division of Technology, Industry and Economics, Paris http://www.uneptie.org/pc/sustain/policies/consumser-protection. htm (last accessed 11 July 2007)

UNESCAP (2000). Integrating Environmental Considerations into Economic Policy Making: Institutional Issues. In *Development Paper 21.* United Nations, New York, NY

UNFCCC-CDIAC (2006). *Greenhouse Gases Database.* United Nations Framework Convention on Climate Change, Carbon Dioxide Information Analysis Centre (in GEO Data Portal)

UNPD (2007). *World Population Prospects: the 2006 Revision Highlights.* United Nations Department of Social and Economic Affairs, Population Division, New York, NY (in GEO Data Portal)

UNU (1999). Inter-linkages between the Ozone and Climate Change Conventions. In *Interlinkages: Synergies and Coordination between Multilateral Environmental Agreements.* United Nations University, Tokyo

UNU (2002). National and Regional Approaches in Asia and the Pacific. In Interlinkages: Synergies and Coordination between Multilateral Environmental *Agreements.* United Nations University, Tokyo

Upton, S. and Vitalis, V. (2002). Poverty, Demography, Economics and Sustainable Development: Perspectives from the Developed and Developing Worlds: What are the Realistic Prospects for Sustainable Development in the first decade of the new Millennium? Speech delivered by the Rt. Hon. Simon Upton at *the Annual Meeting of the Alliance for Global Sustainability*, ETH-MIT-UT-Chalmers in cooperation with the Instituto Centro Americano de Administracion de Empresas (INCAE) 21-23 March 2002 in San Jose, Costa Rica

Vitousek, P.M, Mooney, H.A., Lubchenko, J. and Melillo, J. M. (1997). Human Domination of Earth's Ecosystems. In *Science* 277(5325):494-9

Watson, R.T., Dixon, J.A., Hamburg, S.P., Janetos, A.C. and Moss, R.H. (1998). Protecting Our Planet Securing Our Future: Linkages Among Global Environmental Issues *and Human Needs.* United Nations Environment Programme, US National Aeronautics and Space Administration and The World Bank, Washington, DC

WBCSD (2007). *Then & Now: Celebrating the 20th anniversary of the "Brundtland Report".* 2006 WBCDS Annual Review. World Business Council for Sustainable Development, Geneva http://www.wbcsd.org/DocRoot/BfNGWxUk4gSKBfZfbYV7/annual-review2006.pdf (last accessed 11 July 2007)

WCED (1987). *Our Common Future.* World Commission on Environment and Development. Oxford University Press, Oxford and New York, NY

WHO (2003). *Climate change and human health: risks and responses.* Summary. World Health Organization, Geneva http://www.who.int/globalchange/climate/en/ccSCREEN.pdf (last accessed 11 July 2007)

World Bank (2006a). *World Development Indicators 2006.* The World Bank, Washington, DC (in GEO Data Portal)

World Bank (2006b). *Where is the Wealth of Nations? Measuring Capital for the 21st Century.* The World Bank, Washington, DC

World Bank (2007). *An Investment Framework for Clean Energy and Development. A platform for convergence of public and private investments.* The World Bank, Washington, DC http://siteresources.worldbank.org/EXTSDNETWORK/ Resources/AnInvestmentFrameworkforCleanEnergyandDevelopment.pdf?resourceurlname=AnInvestmentFrameworkforCleanEnergyandDevelopment.pdf (last accessed 11 July 2007)

WTO (2007). *Statistics Database.* World Trade Organization, Geneva http://www.wto. org/english/res_e/statis_e/statis_e.htm (last accessed 9 July 2007)

YCELP (undated). *Improving Enforcement and Compliance with the Convention on International Trade in Endangered Species.* Yale Centre for Environmental Law and Policy, New Haven , CT http://www.yale.edu/envirocenter/clinic/cities.html (last accessed 11 July 2007)

Young, O. R. (2002). *The Institutional Dimensions of Environmental Change: Fit, Interplay and Scale.* MIT Press, London

Young, O. R. (2006). Governance for Sustainable Development in a World of Rising Interdependencies. Background Paper for the *Workshop on Governance for Sustainable Development, at the Donald Bren School of Environmental Science and Management*, University of California, Santa Barbara, 12-14 October 2006

E部分

展望——面向2015年后

本章中的情景展示了
未来的风险和机遇，
特别重要的是跨越阈值的风险、
到达人类与环境关系转折点的潜力，
以及在探求更可持续路径中说明
相互联系的需要。

未来的今天

重要合作作者： Dale S. Rothman, John Agard, Joseph Alcamo

主要作者： Jacqueline Alder, Waleed K. Al-Zubari, Tim aus der Beek, Munyaradzi Chenje, Bas Eickhout, Martina Flörke, Miriam Galt, Nilanjan Ghosh, Alan Hemmings, Gladys Hernandez-Pedresa, Yasuaki Hijioka, Barry Hughes, Carol Hunsberger, Mikiko Kainuma, Sivan Kartha, Lera Miles, Siwa Msangi, Washington Odongo Ochola, Ramón Pichs Madruga, Anita Pirc-Velkarvh, Teresa Ribeiro, Claudia Ringler, Michelle Rogan-Finnemore, Alioune Sall, Rüdiger Schaldach, David Stanners, Marc Sydnor, Bas van Ruijven, Detlef van Vuuren, Peter Verburg, Kerstin Verzano, Christoph Zöckler

本章编审： Christopher Magadza

本章协调人： Munyaradzi Chenje, Marion Cheatle

致谢：Munyaradzi Chenje

主要内容

本章是在前几章的基础上，探索未来不同发展路径模式下社会、经济、环境的趋势，以及对环境、发展和人类福祉的意义。本章展示了到2050年的四种假设情景，使用了叙述性手法和大量的数据，在全球和区域层次探索不同政策方案和社会选择。这四种主要情景为：市场优先、政策优先、安全优先和可持续发展优先。

需要强调的是，很多环境问题之间都存在着联系，如大气和水体污染、土地退化、气候变化以及生物多样性丧失。此外，还应当把环境和发展问题联系起来，如极端贫困和饥饿，联合国千年发展目标的执行以及人类的脆弱性和福祉。这也正是《我们共同的未来》报告中所强调的一点，即"选择可持续发展政策路径的能力要求：在同一议程和相同的国家及国际制度中考虑经济、贸易、能源、农业、工业等其他领域政策的同时，还必须考虑生态因素"。

到21世纪中叶，全球环境变化一系列指标的速率将趋缓或发生逆转。在所有四种情景中，农田扩张和森林减少的速率平稳下降。除安全优先情景外，在其他所有情景中，取水量最终都会下降。一些情景也展示了物种减少的脚步放慢，温室气体增多和全球气温上升。这些全球指标的增长速度减缓是由于预期人口转变的完成、物质消费的饱和以及科技的进步。这种速度的放慢是很重要的，因为它给予我们一种希望，即社会和自然能够在经历许多负面结果之前适应并且成功地跟上变化的步伐。

尽管存在全球环境变化减缓的可能性，不同情景中全球环境变化的峰值和结束点差异很大。变化速度越大，在随后的几十年内阈值被超越的危险性越大，甚至导致突然加速而且无法逆转的变化。不同的变化速率会引起不同情景的不同结束点。在市场优先的情景中，预计有13%的物种将在2000—2050年消失；而在可持续发展优先情景中，这个数字仅有8%。到2050年，相比可持续发展优先情景的475 ppm，市场优先情景中大气中CO_2浓度将超过560 ppm。预计环境变化程度越高，超过阈值的风险就越大，而且这种变化是突然的，而非渐近的。例如，《全球环境展望4》所设想的情景展示了捕鱼量快速地增长，同时伴随着海洋生物多样性的显著下降，而这又将会导致21世纪中期渔业的崩溃。

环境和社会可持续发展领域的投资并不削弱经济的发展。对于大多数区域，增加健康、教育以及环境友好技术投资的情景将使人们更公平地分享经济增长的好处，并且发展更均衡。在目前几乎所有欠发达地区，在可持续发展优先和政策优先情景中，人均国内生产总值水平要比市场优先和安全优先情景高出很多。

仅仅依靠市场是不太可能实现重要的环境和人类发展目标的。在过分强调市场的市场优先情景中，环境压力显著增大，而社会目标的实现变慢。在大多数区域增加对健康、教育和环境方面的投资，同时借助政策优先和可持续发展优先情景中的发展援助和新对策，将会取得显著和快速的进步，却不会牺牲经济发展。

不同层次、部门和时间的政策综合，增强地区权利及建设能力，有助于实现环境和人类福祉的目标。可持续发展优先情景中的其他行动——不同层面、部门和时期的政策综合，加强地区权利和建设能力——相比政策优先情景能够产生更大的改善和更缓慢的环境退化。这其中很大部分原因是更广泛的公众参与和更好的政策。全球和区域进程中的相互作用表明，在一个层面过度集中的环境治理不太可能对环境问题产生恰当的反馈和应对。

在实现环境和人类福祉重要目标的努力中，存在着权衡取舍和协同作用。要实现相互竞争的目标，就可能导致对土地资源的竞争。这些相互竞争的目标包括为实现全球气候目标的生物质燃料生产、确保食品安全的粮食生产以及为保护生物多样性而划出的自然保护区。在为人类活动提供充足的水资源和为维持水生生态系统的完整性而保证充足的水流量之间也存在竞争。而且，为实现这些目标需要接受发达国家当前的经济增长速度，有明显的增长，但增长速度不是很高。旨在解决很多环境问题驱动力的政策能够导致重要的协同效应。这些政策包括在健康和教育方面的投资，尤其是对妇女健康和教育方面的投资，这将直接实现主要人类福祉目标，并通过改善环境管理和降低人口增长，有助于实现当前和未来的环境目标。

权衡取舍的多样性和多重性以及协同方面的机遇为决策者增加了难度，需要新的适应性方法。人们不应该忽视这种复杂性。然而，它更表明我们需要创新方案，人们可以利用该创新方案来探索合适的政策选择和行动，以应对世界面临的相互联系的环境和发展挑战。

引言

我们的前景如何呢？当前，哪种环境、社会和经济趋势能够持续下去，或出现显著的转变？这些对环境、人类福祉，尤其是最脆弱的生态系统和社会群体意味着什么？它们对单独的次区域和区域层次以及全球层面意味着什么？最后，今天的社会在形成、维系着我们共同的未来中扮演着什么样的角色呢？

设想半年后会发生什么事情并非易事，更不用说设想未来半个世纪发生的事情。而设想国家、次区域、区域和全球层面的未来将更加复杂。鉴于许多已经发生的过程是过去决策的结果，设想某些趋势在短期内将持续下去相对容易一些。尽管如此，历史证明，在短期内，仍然会发生许多变化，无论是预料中的还是预料之外的。而且绝大多数趋势持续数十年不衰减、不改变路线的可能性很小。历史还证明，某些政策决定花费了几十年才得以出台，例如可持续发展和环境主流化。自世界环境和发展委员会出版了《我们共同的未来》报告以来，可持续发展和环境主流化写入国际和国家议程已20多年，但是加深对它们的理解在今天看来仍旧如当年一样急迫。

在不改变路线的情况下，大多数趋势不可能持续数十年不减弱。

致谢：Munyaradzi Chenje

今天针对环境发展问题所做出的选择只是开始揭示它们数十年后的影响。因此，展示未来短期和长期内可能出现的情景是重大的挑战。这包括关注即将到来的转折点状况。例如，《生物多样性公约》的2010年目标，在全球、区域和国家层面上降低生物多样性丧失率；《千年宣言》2015年国际性共同目标，如水和卫生方面的目标。同时，我们有必要及时预测更长远的目标，例如稳定大气中温室气体浓度。

区域性和全球性协商和进程中涉及很多利益相关者，包括政府和其他机构。在此基础上，本章将从环境发展的角度考虑未来，探究这些协商和进程以及其他问题。以下四种情景将顾及优先性和前面几章中探讨的跨领域问题。

四种情景集中于环境和人类福祉的未来，区域和全球采取的各种行动、方法和社会选择的涵义。根据对行动、方法和社会选择的不同假定而形成每一种情景，展示到2050年的未来路径。每一种情景取决于谁制定主要决策（主要决策者），如何制定这些决策（主要治理方法），以及为什么制定这些决策（主要优先权）。情景性质和名称源自未来情景预想的特定主题，如哪一种优先考虑。简要地，情景假设如下：

- 市场优先情景：拥有政府积极支持的私人部门，追求经济增长的最大化，这是改善环境和人类福祉的最佳途径。布伦特兰委员会、《21世纪议程》以及其他可持续发展决策的理想目标由口头承诺来兑现。它仅关注市场的可持续而非广阔的人类环境系统的可持续。在牺牲其他政策干预和一些试验测试过的措施条件下，凸现针对环境挑战的技术困境。
- 政策优先情景：由拥有积极的私人和社会行业支持的政府创建和实施

强硬的政策来改善环境和人类福祉，同时仍然强调经济发展。政策优先首先会引入一些以促进可持续发展为目标的措施，但是由于社会经济因素，环境和经济政策之间关系趋紧。尽管如此，它带来了布伦特兰委员会的理想观念，可以弥补不同层次环境政策进程，包括努力贯彻里约地球首脑会议、可持续发展世界首脑会议和千年首脑会议的建议和协议。它强调自上而下的方法，其部分原因是渴望在主要目标上取得快速的进展。

- 安全优先情景：政府和私人部门为争夺控制权而努力改善或者至少维持社会富裕阶层和强势群体的福利。安全优先，也可以说是自我优先，主要关注少数人——富人、国家和地区范围。它仅在强势群体最大地获得和使用环境的条件下才强调可持续发展。与布伦特兰声明中的共同危机原则相反的是，安全优先情景中的对策强调统治的稳固，对于联合国的角色持怀疑态度，尤其是社会富裕阶层和强势群体。
- 可持续发展优先情景：政府、民间组织、私人部门共同合作，以改善环境和人类福祉，尤其强调平等。环境和社会经济政策被赋予同样的重要性，特别强调每个行动者的责任、义务、透明度和合法性。正如政策优先情景，可持续发展优先带来了布伦特兰委员会的理想观念，即在不同层次环境政策进程进行彻底改革，其中包括努力贯彻里约地球首脑会议、可持续发展世界首脑会议和千年首脑会议的建议和协议。重点是在项目以及管理背景下发展有效的公共—私人部门合作关系，以确保环境与发展不同领域的利益相关者在政策制定和实施中的战略性参与。必须承认，这个过程需要花费时间，它们的影响很可能是长期的，而不是短期。

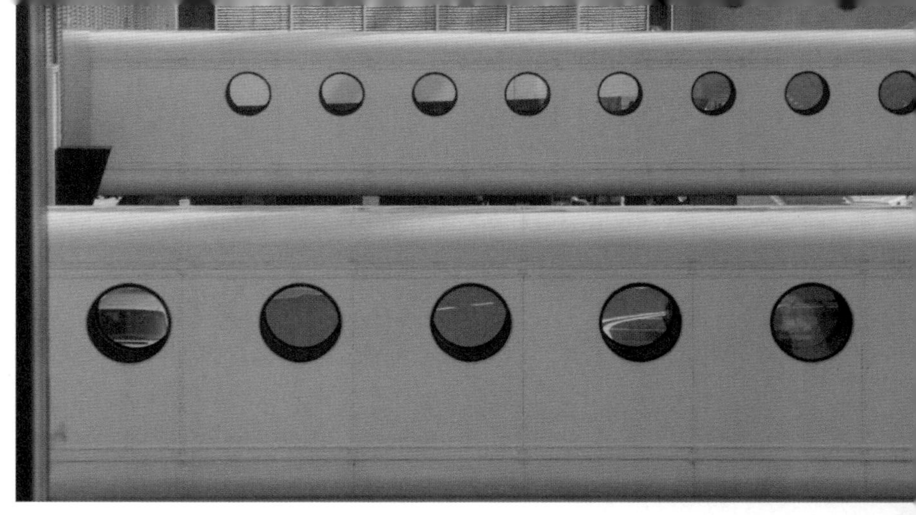

每一个情景对行动、方法和选择的假设不同，该图描述了到2050年的未来发展路径。

致谢：*Munyaradzi Chenje*

正如大多数情景案例，这四种情景描绘了真实未来所包括的这四种以及其他很多情景中的元素。另外，情景不是预测，因此不能作为未来众多可能中最可能的情景。根据主要参与者选择的连贯性和内在一致性假设、其他社会过程的进展，以及系统的内在关系，这四种情景最多描述了几种未来景象而已（Robinson 2003）。最后，在每一个设想的情景中，都存在着因人类及生态系统目前的状况和行为而产生的内在不确定性。因而，基于对人类系统和生态系统，以及上面所提及的行动、对策和选择的不同假设，每个情景展现了不同条件的情况（Yohe 等 2005）。

尽管存在这些挑战，在此展现的四种情景对今天的决策提供了颇有价值的见解。这里文字与数字互相补充，展示了最近绝大多数情景研究的方法（Cosgrove 和 Rijsberman 2000，IPCC 2000，MA 2005，Raskin 等 2002，Alcamo 等 2005，Swart 等 2004）。本章后面的技术附录简要地回顾了情景的逐渐形成过程。

四种情景的基本假设

传统上情景研究的特点是识别未来发展中

的主要驱动力和关键的不确定性，假定这些关键的不确定性的演变过程，然后探索这些发展更广阔的影响。在《全球环境展望4》的概念框架中、环境变化的主要驱动力包括：制度和社会政治框架、人口、经济需求、市场和贸易、科技创新和价值体系。这与《全球环境展望3》《千年生态评估》(Nelson 2005)及其他最新情景研究中所使用的清单大致相同。

在这些不同驱动力背后是主要参与者的决策，如是否会对环境变化采取主动或被动的行动。此外，研究人员根据主要系统之间的关系做出假设，如气候系统对温室气体浓度增加的精确敏感度，或农作物产量的下降对某些人群健康的确切影响。从这个角度看，很多驱动力、压力、状态和影响的演变，本身是情景发展的一部分而不是预先性假设。因此，《全球环境展望4》情景假设与相似情景研究的假设存在某些差异。

图9.1和表9.1总结了支持和区别四种情景的假设。表9.1考虑了一系列问题，它们根据《全球环境展望4》概念框架主要驱动力对这些问题进行了分类。利用第7章中提到的一系列降低人类—环境系统脆弱性、提高人类福祉的机遇，图9.1揭示了实现这些机遇的投资力度。这些图表给出了在前面部分提及的假设基础上的更多具体信息。它们还突出显示了四种情景的共同特点，那就是不同时间和区域，差异都必定存在，就像今天一样。

不同于贸易、技术和资源，在市场优先情景中的投资被假定为小于政策优先和可持续发展优先情景。可持续发展优先情景与政策优先情景的区别在于，前者更强调平等和共同管理，尤其是在地区层面。在安全优先情景中，这些机遇的所有投资都被假定为最低，虽然不排除个别机构显著投入的情况，这一点并不出人意料。每一种情景都展示了人类社会以合适的方式解决环境问题的挑战和机遇。

至于人类及生态系统目前状态和行为的其他方面，如环境健康水平和自然资源的可获取性等主要系统关系，在四种情景中都假设维持不变。虽然，这些因素中的多数显然存在很大的不确定性，但如果在不同情景中假设它们不一样，将使我们理解针对个人和社会选择的不同假定条件下的影响变得复杂化，而情景设想的重点正是了解个人和社会不同选择的影响。

图9.1 降低人类—环境系统的损害和改善人类福祉机遇下的投资力度

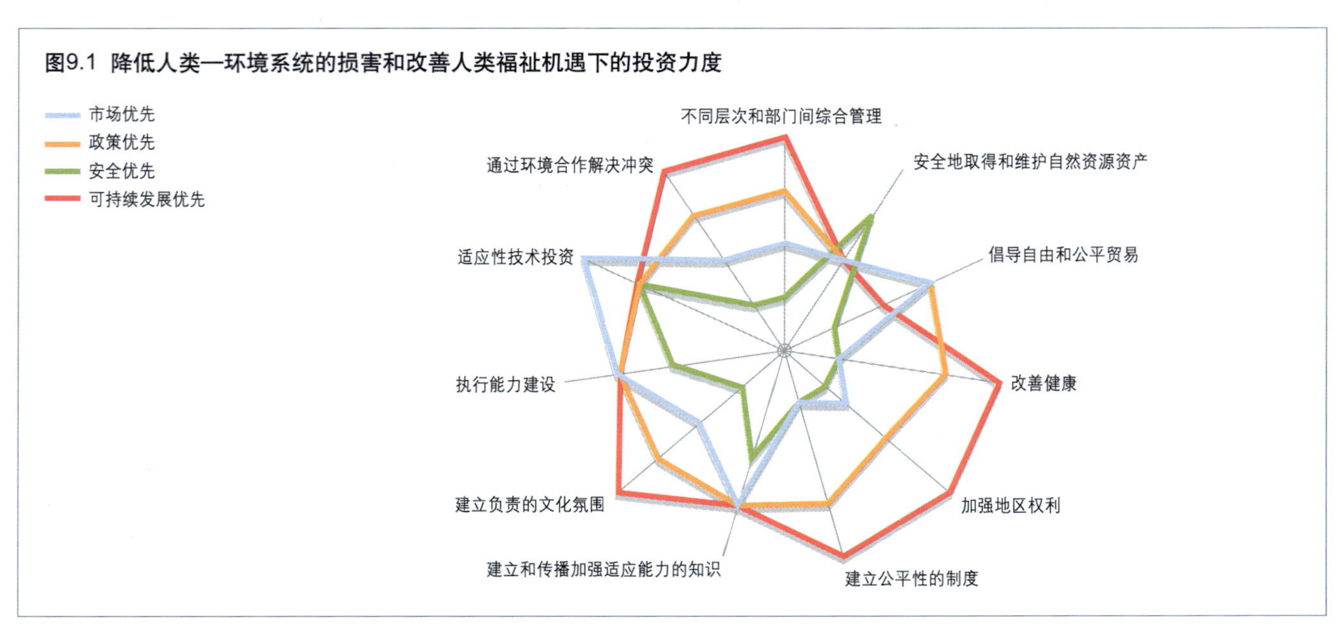

表 9.1 与情景假设有关的主要问题

驱动因子类型	关键的不确定性	基本假设			
		市场优先	政策优先	安全优先	可持续发展优先
制度和社会政治框架	决策的主要范围有多大？	国际性的	国际性的	国家性的	无
	国际合作的一般性质和水平如何？	高，集中于经济问题（贸易）	高	低	高
	管理中公共参与的一般性质和级别如何？	低	中	最低	高
	政府、私人部门和民间社会行动者之间的权力平衡如何？	私人权力更多	政府权力更多	政府和某些私人部门	平衡
	政府在不同领域投资的总体水平和分配状况（如健康、教育、军事和研究与开发）如何？	中等，相对公平的分配	高，侧重于健康和教育	低，重点在军事	最高，侧重于健康和教育
	官方发展援助的一般性质和水平如何？	低	高，越来越多的是赠款而非贷款	最低	最高，越来越多的是赠款而非贷款
	社会和环境政策的主流化程度如何？	低，例如很少或没有具体的气候政策、对当地大气污染只有被动的应对措施	高，例如稳定 CO_2 当量浓度在650ppmv、对当地大气污染采取主动应对措施	最低，例如很少或没有具体的气候政策、对当地大气污染只有被动的应对措施	最高，例如稳定 CO_2 当量浓度在550ppmv、对当地大气污染采取预防措施
人口	针对国际人口迁移采取什么行动？	边界开放	边界比较开放	边界封锁	边界开放
	有自我选择权时，妇女们选择生育几个孩子？	随着收入增加生育率持续下降	加速趋势	减缓趋势	加速趋势
经济需求、市场和贸易	针对国际市场的开放采取什么行动？	增加开放度，没有什么控制	越来越开放，同时体现一些公平贸易原则	逐步趋向保护主义	越来越开放，同时伴随强有力的公平贸易原则
	经济体制中部门专业化与多样化的程度如何？	专业化	平衡	多样化，但是重视政府和强势私人部门行动者的利益	多样化
	人们选择从事正规经济活动的比例如何？	绝大多数工作属于正规经济活动	绝大多数工作属于正规经济活动	很大比例的地下经济活动	在不同区域和社会群体间存在变化
	政府干预经济的程度和重点如何？	低，市场有效	高，有效和公平的市场	不同区域和部门间存在差异	中等程度，更注重市场的公平
科技创新	研发投资的水平、来源和重点如何？	高，主要是私人投资，或在私人部门要求下以收益为目的政府投入	高，主要是政府投资 良性，但仍注重收益	变化的，政府和特定私人部门行动者 军事或安全方面	高，渠道广泛 良性、适当的
	能源技术的重点是什么？	注重经济效益	关注总体效益和环境影响	强调供给的安全性	关注总体效益和环境影响

表 9.1 与情景假设有关的主要问题

驱动因子类型	关键的不确定性	基本假设			
		市场优先	政策优先	安全优先	可持续发展优先
科技创新	在获取新技术方面做了什么工作?	能支付得起的，主要通过贸易	促进技术转让和扩散	封闭式的保护	促进技术的转让和扩散，鼓励开放型的技术资源
价值体系	如何对待文化同质和多样性?	很少采取明显行动	很少采取明显行动	多样的，趋向于排外	努力维持多样性并容忍差异性
	更注重个人主义还是集体主义?	个人主义	更加集体主义	个人主义	集体主义
	与捕鱼业相矛盾的优先性如何排序?	收益	收益、总捕鱼量和就业之间的平衡	总捕鱼量	关注生态恢复，同时也重视就业和捕鱼量
	涉及自然保护区的关键优先工作是什么?	“可持续利用”，重视旅游开发和一些遗传资源的保护	物种保护和生态系统服务 维持以便可持续利用，包括利益共享	旅游开发和一些遗传资源的保护	可持续利用包括利益共享，然后是生态服务功能的维持和物种保护
	资源需求转换是否独立于价格和收入的变化?	遵从传统模式	大多数资源遵从传统模式，但是相对地减少水资源利用	遵从传统模式	随着收入增加，肉类、能源、水及其他资源消费缓慢上升

简述四种未来情景

1987年以来，世界很显然已经发生了许多巨大变化。我们可以看到这个时期的发展和趋势支持四种情景和其他未来情景的发展路径和趋势。

对某些人来说，在气候变化问题上国际间不断增强的合作是一个很好的案例，说明了高层次政策行动可以对环境保护作出贡献。《京都议定书》的生效，促成碳捕获技术和排放交易的全球规则的发展，减少温室气体排放的国家战略的执行以及采用多边环境协议来应对各种环境挑战，这些都表明了经过谈判的协议的成功。根据《生物多样性公约》确定2010年生物多样性保护目标，是针对共同目标的国际协议的另一个例子。最近，在区域层次上的政策改革已经更大程度地整合了不同国家的政策、部门和标准，例如在扩张后的欧盟地区实施的水环境管理和农业实践就是这样。

政府和民众都继续把他们的重点转向社会和环境议程，其他社会成员看到这样持续的转变也备感振奋。共同努力普及初等和中等教育，对GDP数字进行环境和社会调整使之主流化是这一方向的两大发展。国际认可的《联合国千年宣言》目标的采纳体现了全世界迎接可持续发展挑战的承诺。在地区层次上，越来越多的基层和民间组织参与其中，将精力和注意力投入到包括贸易公平在内的区域及全球生计问题之中。

令人略感失望的是，可以看到当今世界上的国家内部以及国与国之间令人不安的冲突模式和坚固的利益格局，表现为日趋严重的不平等和社会分离的加剧。限制人们活动的增强的安全措施和增加军事支出强化了这一观点。不稳定性和冲突严重地影响了数以百万计人口的生活质量。某些国际贸易政策通过增加关税和保护主义措施维护着现有势力的平衡，在城市中从高度安全的住房发展方面可见当地的聚居地变化。

虽然对市场经济的成功仍然存在着分歧，但其仍被认为是促进增长和人类福祉的主导范式。支持者看到的是原油消费和价格持续上升带动的经济增长；而怀疑者主要关注的是其负面的社会和环境影响。一些人争论说，政府的作用是倾向经济目标，甚至它在面对决策过程中公司的影响和贸易协定影响日益增加的情况下，政府的作用可能全面收缩的情况时也是这样。

近来的和当今社会的不同问题对人类决策和行为施加了各种压力，也给环境和人类福祉带来了影响。任何模式中的持续或变化都将对地方、区域和全球层面的重大议题产生重大影响。政府领导、市场激励、贸易保护动机或者非传统途径都将带来当前环境关注问题的显著改善或平稳下降，这些环境问题包括淡水的质量和可用量、土地退化、生物多样性保护以及与温室气体排放和气候变化影响有关的能源使用等。从社会角度来看，这些不同方案对于公平、财富分配、和平和冲突、资源的可得性及健康服务、政治和经济承诺实现的机会等方面来说，可以转化成不同的结果。

未来几十年里，这些趋势中哪种趋势会占主导地位？这个问题没有确切答案，有待讨论。最终在不同区域和时间上答案极有可能是不一样的。下面将简要介绍本章提及的四种未来情景。

市场优先情景

该情景的主要特点是极力相信和依靠市场来实现经济发展，并且实现社会和环境的改善。这有以下几种方式体现：以往政府占主导地位的领域，私人部门的作用现在不断增强，更自由的贸易，以及自然资源的商品化。它提出的关键问题是：市场优先的风险有多大？

随着各国政府力图提高经济效益，减少财政负担，明显增加大多数区域的教育、健康和其他服务的私有化程度，甚至延伸到军事

方面。研究和开发逐渐由私人组织所主导。发展中国家得到的援助来自直接投资和私人部门捐助的数量越来越多，而官方发展援助却没有变化。

国际贸易加速了世界贸易组织的发展。尽管没有实现全球自由贸易，但是已经存在的区域自由贸易协定得到了强化，并且新的自由贸易区不断出现，例如南亚地区（SAFTA）。此外，区域内和区域之间的国际经济合作不断加强。令人瞩目的发展是亚太地区、非洲、拉丁美洲及加勒比地区等的南南合作日益增强。

在不断推进私有化和贸易的同时，社会致力于为生态系统服务定价并把其转化为商品。尽管这促使人们更好地认识到这些服务的价值，但这并不是主要目的，更重要的是意识形态的改变。例如，水、基因物质和传统知识文化等的商品化和物品的经济交换得到显著的增加。这些变化使得全球和区域层面的共有物品规模明显缩减。

由于要与增加经济投资和扩大贸易相竞争，正规的环境保护进展缓慢。《京都议定书》并未得到有效执行，并且国际社会还没有达成2012年期满后的主要后续进展。当面临冲突时，多边环境协议一般会服从贸易和其他经济协议。

这些选择的效果在社会和环境的很多方面都得到了体现。持续增长的经济，伴随着看似无限的能源需求、化石燃料持续占据主导地位，以及减少温室气体排放的有限成果，将导致全世界二氧化碳排放量整体上持续快速增长。

随着收入的增加，不同区域的大气污染模式存在地区差异，要求更大的控制力度。在南美洲和西欧等区域，尽管随时间推移削减速度可能有所降低，但大气污染排放持续减少。一些地区的经济水平达到一定程度时，大气污染排放先是增加，随后将出现下降，尤其是那些对人类健康危害很大的污染物，如颗粒污染物和SO_2。其他如拉丁美洲及加勒比地区、非洲和中亚的部分地区污染水平则持续上升。

很多因素，最显著的是日益增长的粮食需求、更加自由化的贸易、逐步减少的农业补贴、技术进步、城市扩张，以及不断增长的生物质燃料需求，在世界各地以不同的方式影响着土地的使用。从全球来看，粮食用地面积实际上有微小的下降，但牧场用地面积却增加了。世界森林总面积在减少，但在随后的一段时间内开始恢复，尽管成熟林的数量仍将持续小幅度下滑。所有区域都出现了农业的集约化，这使人们越来越担心土壤退化。在拉丁美洲及加勒比地区和非洲，集约化尽管没有导致农田总面积的净减少，但对土壤退化存在着严重的影响。

水资源的私有化和技术改进导致大部分区域水资源利用效率的提高，但人们主要关注的是增加供给。同时，很多地区补贴减少影响到那些支付能力低的农业、工业以及家庭用户。此外，随着人口的增加，尤其是那些需求达到饱和状态或者气候变化导致降水量急剧下降的地区，面临严重水资源压力的人口数量显著增长。尽管废水处理率提高，但未经处理的废水数量仍在快速增长。

在陆地和海洋生物多样性方面我们已经付出高昂的代价。全球范围内，物种丰度正在持续下滑，损失最大的地区在撒哈拉以南非洲地区、南美洲及亚太局部地区。一些自然保护区管理不善，另外一些保护区的开放，以及物种入侵和转基因物种，都会导致物种数量的减少。尽管农业生产通过土地使用使陆地生物多样性减少，是历史上导致陆地生物多样性减少最主要的原因，不过，全球气候变化和基础设施建设等因素现在也成为陆地生物多样性减少的原因。事实上，除了非洲、拉丁美洲及加勒比地区，土地使用模式的转变减少了农业生产对陆地生物多样性的压力。很多地区海洋渔业产量的不断增长掩盖了海洋生物多样性的持续减少。

政策优先情景

政策优先情景的主要特点是采用高度集中的措施，在强劲的经济增长和减轻潜在的环境社会影响之间取得平衡。这种情景的关键问题在于这种缓慢增长的方案是否足够满足需要。

21世纪第一个十年，各国政府共同致力于解决世界在新千年开始面临的紧迫问题。诸如艾滋病危机和缺乏安全饮用水问题，已经在世界许多地区彰显出来。其他问题，像目前已经可以感受到的全球气候变化，如果现在不采取行动，未来将导致更严重的后果。

环境挑战应对模式表现为更顾及整体性管理方式，尤其在经济管理方面。在这个情景中，人们认为需要经济增长，但不能在不考虑社会和环境影响的情况下追求经济增长。更具体地说，人们已经意识到并开始担忧自由市场在提供社会重要的公共物品和服务方面的能力有限，包括在维护主要生态系统服务和管理不可再生资源方面。新的理论指出这些商品和服务从国家和国际层面对经济的长期可持续性意义重大。这些理论有助于支持加大公共投资，即在健康、教育（尤其是女性教育）、研发和环境保护等方面的投资，但是政府为此需要增加支出。它还体现在富裕国家最终实现上世纪确定的对贫困国家的援助目标。

各国政府和包括联合国组织与区域性组织在内的国际机构在这些努力中起领导作用。事实上，在区域层面不断增强的经济和政治一体化是这些变化的显著特点之一。随着一些新机构如亚太环境与发展共同体（Asia Pacific Community for Environment and Development）的成立，以前成立的机构也在扩张，例如欧盟。而私人部门和民间组织在极大程度上都理解和支持政府的努力。

虽然区域内或区域间采取的环境管理具体

措施各不相同，但存在一些共同点，这在很大程度上取决于国际制度安排被越来越多地整合为国际协议。“不恰当”的补贴鼓励化石燃料、水资源、农业用地和深海捕鱼业等自然资源的过度开发。现在，这些“不恰当”的补贴如果说没有取消的话，也在逐渐减少。各国政府增加了科技方面的投入，并越来越重视环境问题，尤其是最脆弱群体关注的环境问题。各国划定的陆地和海洋自然保护区的面积逐年增加，做出的努力非常广泛，尽管这些努力没有完全奏效，但在很大程度上防止了这些地区土地使用的改变。

这些选择的影响可见于社会和环境的方方面面。全球气候变化及其影响还是主要关注点。一系列的国际协议、补贴的取消和研发投入的加大促使全球共同致力于提高能源效率和转向使用低碳及可再生资源，如生物质燃料。然而能源消费总量依然持续增长。此外，虽然可再生能源显著增加，但石油和天然气仍占燃料供给的主导地位。

虽然科技不断进步、大部分农业补贴逐步取消，甚至耕地面积在达到顶峰之后出现轻微下降，但是人类不断增加的生物质燃料需求和粮食需求导致牧地面积显著增加。牧场草地面积的增加在很多情况下是以牺牲林地为代价的。

在增加供给、减少需求方面进行大力投资，尤其是以提高效率为目的的投资，缓解了人们对世界大部分地区淡水供应的关注。然而人口增长和经济活动仍带来了资源压力，尤其在发展中地区。在全球范围，生活在严重水紧张状况中的人口数量不断增加，而且大部分出现在人口持续增长的地区。社会和政治机构正致力于更好地管理公有资源，帮助控制水资源紧张对绝大多数地区的影响。

不断增长的需求也影响了水资源的质量。虽然世界各区域废水处理量正在增加，但落后于需求的增长。虽然废水处理率在提高，但是全球未处理的废水总量持续增加。

气候变化对陆地生物多样性产生显著的影响。农业对生物多样性的损失也有很大影响。中非、拉丁美洲及加勒比地区，以及中亚的部分地区是生物多样性影响最严重的，主要是因为当生物多样性保护与粮食和生物质燃料的生产发生冲突时，土地使用方式发生了最大程度的改变。

人类对食物的需求已经延伸到全球海洋地区，它们中的大部分海洋的捕捞量都在增长。然而，在大多数情况下，这还涉及捕捞靠近食物链下层的鱼类。南极洲周围的西北大西洋和南太平洋两个地区的捕获物多样性的改善程度最为显著，部分原因是这两个地区减少了捕捞总量。

安全优先情景

该情景的主要特点是强调安全，这使得其他价值黯然失色。这是一个相对狭隘的安全概念，表明对人们物质上和心理上如何生存的限制不断增加。无论人们生活在限制内还是限制之外，他们的行动没有像21世纪初人们所设想的那样自由。移民限制的增多使人口流动性降低了，贸易壁垒的持续和扩展限制了商品的跨境流动，人口和商品流动日益增加的限制的主要原因是世界很多地区间的不断冲突、政府授权和人均资源的匮乏。因此，随着人口增长使世界变得更加拥挤，社会提供的选择似乎变得更少。这个情景的关键问题是：安全优先更广泛的影响是什么？

不论政府还是私人部门，在安全方面增加支出是以包括研发在内的其他优先领域的投资为代价的。很多政府将公共服务交给私人部门来经营，旨在提高效率和节省开支。官方发展援助（ODA）和外国直接投资（FDI）总体收缩，或更加集中并要求满足更强的制约条件。国际贸易也遵从相似的模式。在国际层面，过去很多反全球化组织成员所拥护的、令人难以接受的观点现在盛行起来。在国家层面，基础广阔的社会安全网络既没有发展也没有恶化。

政府，尤其是那些在国家层次上保持很强控制力的政府，依然在决策过程中发挥主要作用，但他们也越来越多地受到跨国公司和其他利益团体的影响。在减少政府部门的腐败问题上几乎没有进展。区域和全球性的国际机构的权威正在下降。公共参与和民间组织的角色，无论从国内还是国际层面，都在日益边缘化。

这些广泛的变化减弱了环境管理，这在人们的意料之中；当环境管理“成功”时，通常是针对社会个别部门的利益。大多数新技术很少顾及环境影响，实际应用中造成一定程度的环境退化，如无机化肥的使用。在资源使用方面，有各种各样的激励和限制措施，但这背后的逻辑很少是从环境角度出发。在全球范围，陆地和海洋自然保护区网络并没有扩展，从开发现有保护区这方面而言，自然保护区的保护从整体上说正在下降。同时，主要的环境服务也越来越成为竞争和冲突的焦点。

这些选择的影响可见于社会和环境的方方面面。能源使用总量显著上升，这反映出能源效率提高的速度非常缓慢。此外，在几十年前缓慢的增长之后，煤炭用量开始大幅度增加，并很快接近天然气和石油的使用水平。这些因素共同导致大气中CO_2浓度显著上升，而增长速度却并没有出现减缓的迹象。地球持续变暖，却没有任何升温速度下降的迹象。

全球SO_x排放总量没有什么变化。欧洲、北美洲和西亚SO_x排放量的减少被其他地区排放量的增加所抵消。全球各区域NO_x排放量都增加了。世界各地都感觉到了这些污染物对健康的影响，尤其是人口日益密集的城市。

随着气候变化，物种向北迁移，北极圈的森林面积在扩张。欧洲和北美的森林面积也有部分增长，尽管北美地区大部分增长的森林面积并不是成熟林。这些现象都属于个例，很多区域甚至整个世界正见证着森林的消失，林地正逐步用于粮食生产，尤其是让位于放牧。这在非洲、拉美及加勒比地区表现得尤其突出。这些地区收入增加缓慢和土地所有权的持续集中，在某种程度上减缓了这些趋势。人们看到的这一趋势的负面影响是可获得的食物缓慢增长，这些地区儿童营养不良的比例持续居高不下，这也反映出可获得食物增长缓慢的事实。

全球气候变化、人口持续增长和更多的经济活动，使全球淡水资源压力进一步加大。水资源利用效率的缓慢提高并不能减缓水资源压力显著增加的趋势。在全球不同流域地区，面临严重水资源压力的人口数量大量增加。仅非洲地区增加的人口数量就可达到在21世纪初整个区域的人口数。国内和国家之间针对共享资源的冲突不断。

水资源的质量也同样令人担忧。废水产生量大大超过了废水处理能力的增长，结果导致了未处理废水量的显著增加。世界上的贫困地区受到的影响最大，这在西亚和非洲等地区更为显著。这导致了水传播疾病人数的明显增加。

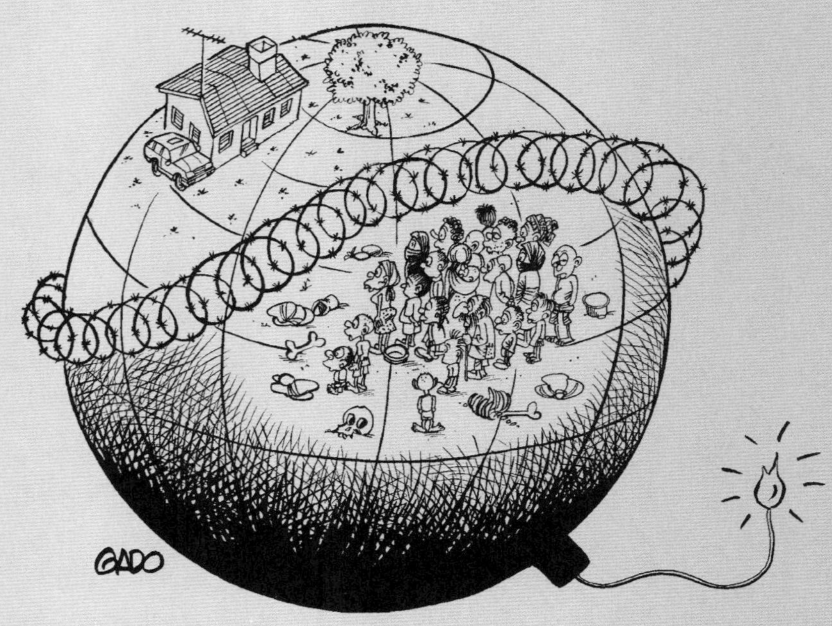

在缺乏共同努力的情况下，气候变化、人口总量增长、城市化和对粮食需求及传统生物质燃料需求的增长，对陆地生物多样性产生了显著影响。基础设施的增加和全球气候变化是生物多样性损失的主要驱动力，而过去农业生产扩张则是陆地生物多样性损失的主要原因。物种丰度的减少是普遍现象，但是在某些地区如撒哈拉以南非洲、拉美及加勒比部分地区、亚洲和太平洋局部地区，物种损失更加严重。除了这些显著的变化外，一些地区由于武装冲突，物种丧失程度也非常惊人。

世界海洋面临的压力显著增加，尤其是在21世纪前几十年里。大部分地区的捕鱼量增加，但是大多数情况，捕捞鱼类的质量在下降。之后的年份里，捕鱼量下降，并且不同地区存在鱼类的质量差异。同时，很多地区的人们致力于扩大淡水和海水养殖业，而这是以包括红树林和珊瑚礁在内的重要生态系统为代价的。

可持续发展优先情景

该情景的主要特点是假定所有层次的行动者——地方、国家、区域、国际以及所有部门包括政府、私人和民间——都一致贯彻执行为解决环境和社会问题所订立的诺言。这意味着他们的行为不仅遵守承诺文件，而且遵守承诺的精神。

21世纪初，人们强烈呼吁各级政府关注社会所面临的种种问题，这从《联合国千年宣言》等体现出国家和国际层面的响应。与此同时，来自私人和民间部门的组织，以及拥有重要私有资源的关键人物，并不等待政府采取行动，他们已经发出呼吁，提倡公司的社会责任、环境公平、贸易平等、对社会负责任的投资、有机食品和慢食运动。随着追随者突破一定数量，他们得到推动力，并增加了社会影响。

国家和国际制度都发生了变革，逐步开放以达到更为平衡的参与。支配国际贸易的规则也随时间逐步发生改变，以解决除经济效益之外的更广泛问题。政府发展援助和外国直接投资的性质和数量发展到能够使更多的团体受益。世界见证了在社会和环境方面分配的公共资源显著增加，在军事方面分配的资源相对减少。其重要基础就是富裕和贫困国家之间潜在并不总是清晰的国际协议，这些国际协议的目标是为了更认真地满足贫困国家的需要。

通过采取行动解决社会和环境问题，尤其是把社会和环境问题贯穿到决策过程的各方面，政府起到很重要的作用。然而，最显著的影响是政府愿意为私人和民间部门创造这种空间，支持并借鉴他们的行动。更开放和以伙伴关系为基础的方案会导致更高程度的协作和服从，这来自于政府行为的适当性和合法性。这个平台针对不同的参与者而设，以便于他们在共同关注的问题上更易恰如其分地发挥他们的作用，扬长避短。

环境管理的发展表现出社会和环境目标之间的互补性和竞争性。在能源和水资源供给领域，人类正致力于平衡降低资源使用总量的要求和解决燃料、贫困和水危机等问题的需求。在水资源基础设施、能源和技术方面的公共及私人投资增加，强调以更加有益于环境的方式来应对这些及其他挑战。在平衡生物多样性保护和粮食安全方面，人类在土地使用方面必须做出选择，更不用提生物质燃料需求日益增长的问题。国家指定的陆地和海洋保护区数量正在增加，但是，划定这些保护区强调的是可持续利用自然资源和生态服务功能的维持，而不是单纯的物种保护。

人们可以在社会和环境的许多方面看到这些选择的影响。气候变化依旧是一个永久性的问题。经过巨大的努力，大气中CO_2浓度增长速度已经得到控制，但是还需要经历几十年才能达到稳定水平。气温升高后，全球气温的变化速度将减缓并会持续下降，但是，仍然无法避免全球可能的显著变暖和海平面上升。与此同时，我们已经看到能源部门转变的希望。能源使用总量增加，但是能源使用结构已经发生显著变化。石油使用量达到顶峰，并且随着太阳能和风能带来更多的能源，煤炭使用量下降。现代生物质燃料、太阳能和风能已经在能源结构中占据明显比例，不过天然气将会在能源结构中成为主要能源。

至于地方层面的大气污染，NO_x和SO_x排放量已经出现显著下降。北美和欧洲在21世纪初已经出现一定的减少，在其带领下所有区域开始发生快速的变化。

随着全球气候的变化，物种北移的同时北极圈地域的森林范围在扩大。解决气候变化问题的努力也对土地使用产生了影响，更多的土地用来满足生物质燃料需求的增长。在非洲、拉丁美洲及加勒比地区，在粮食产量增加的情况下增加了种植粮食的土地，但其面积的增加被其他地区占用农田的面积所抵消。牧场面积的增长主要是以森林为代价的，然而，粮食供应的增加是减少饥饿的基本途径。此外，随着时间推移，林地损失速度显著减缓。

世界各国广泛采用强调需求管理和保护的水资源综合管理策略，这有利于缓解水资源压力。这部分是由于人口增长模式的差异和作为气候变化影响的降水规律的改变，一些地区出现了水资源压力的增长，最显著的是在非洲、亚太地区和西亚。几乎在所有区域，人们已经采取措施来应对这个问题。

在维持和改善世界水资源质量上，降低水资源需求增长的努力也起到了重要的作用。水处理能力与废水量的增长步伐一致，这样，未处理废水总量变化就会很小。但是，不同区域的情况不同。像北美等一些区域，废水几乎达到完全处理，而如拉丁美洲和加勒比地区等，尽管处理率在提高，却依然出现废水总量的小幅增长。

转变生物多样性损失趋势的努力很有意义，但是由于粮食和燃料需求的竞争，尤其是气候变化，使这种努力面临严峻的挑战。迄今为止，气候变化是导致物种减少的最主要因素。非洲、亚太地区、拉丁美洲和加勒比地区的局部，生物多样性也面临农业扩张的压力，结果造成了这些地区更显著的损失。

在粮食需求增加的驱动下，海洋的很多地区捕鱼业面临着越来越大的压力，但是一些海域的压力已经在减轻。值得注意的是很多海域捕捞鱼类的平均营养水平依旧保持不变或者在上升，海洋禁渔区对此发挥着重要的作用。此外，人类正致力于减少淡水和海水养殖业对沿海脆弱生态系统的损害。

四种情景的影响

前面章节简单介绍了在不同的假设前提下四种设想情景未来可能的发展趋势。每种情景对于环境和人类福祉有什么影响？按照这篇报告的结构，这一节将依次分析大气、土地、水资源和生物多样性、人类福祉、脆弱性。因为它们会影响到很多结果，所以首先来简要地看看不同情景中整体的人口状况和经济发展。

人口和经济变化

每种情景中全球人口都是继续增加（图9.2）。在安全优先情景中，人口增加量最大，预计2050年达到97亿人。在可持续发展优先情景中，预计2050年人口低于80亿，此后人口增长速度很小。在政策优先和市场优先情景中，预计全球人口分别达到86亿和92亿。相比之下，联合国最新预测是在低、中、高变量情况下，

图9.2 人口趋势

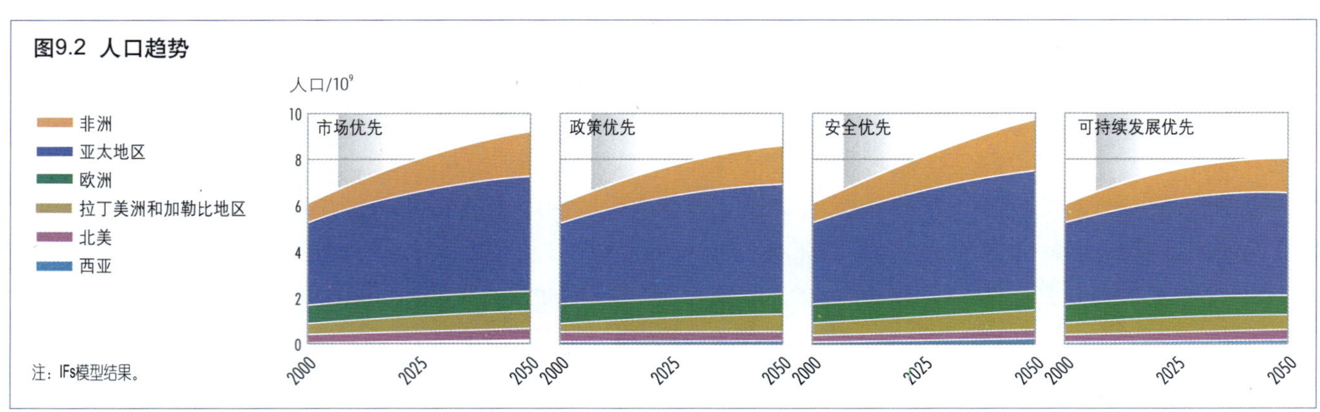

注：IFs模型结果。

图9.3 国内生产总值

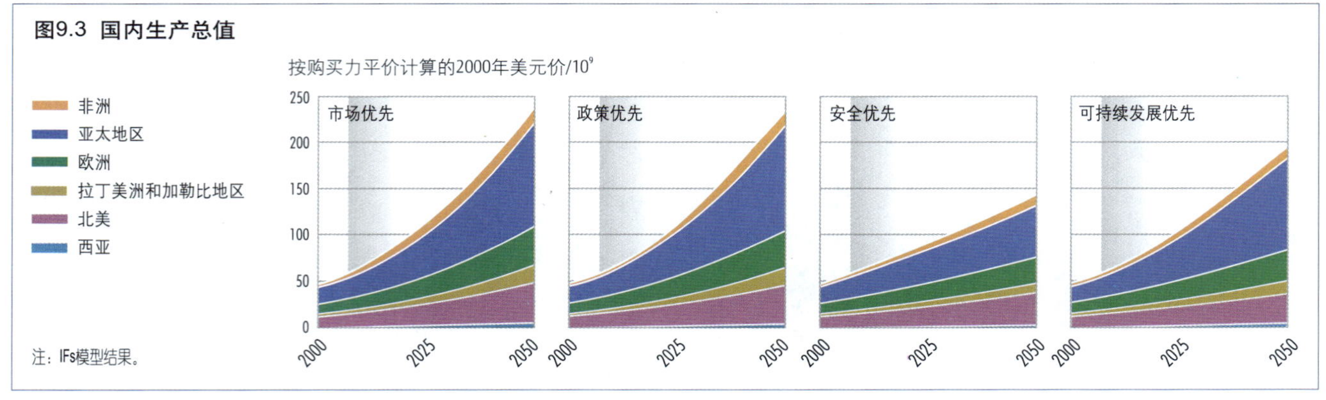

注：IFs模型结果。

图9.4 全球总出口

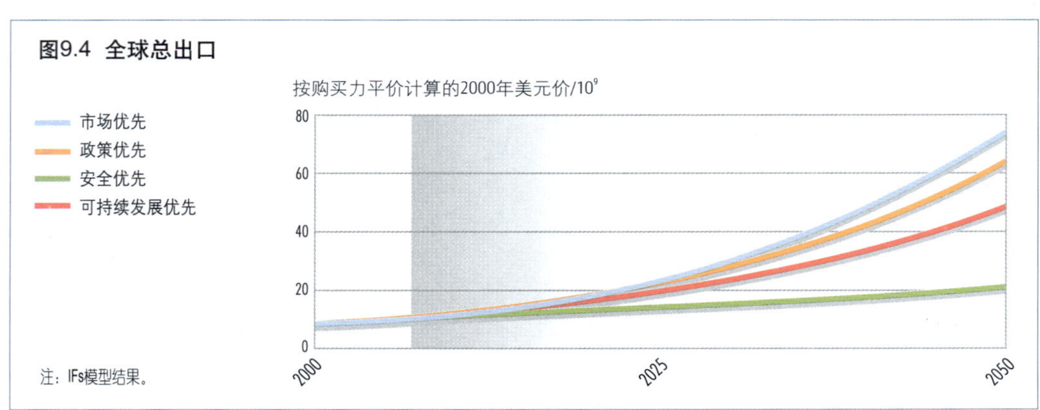

注：IFs模型结果。

世界人口到2050年将分别达到77.9亿、91.9亿和107.6亿（UN 2007）。这些差别体现了不同情景中很多因素的差异，如妇女教育、人口政策和收入增长。绝对量最大的增长出现在亚洲和太平洋地区，但从增长的百分比来看，最多的是在非洲和西亚。欧洲是该时期内唯一的人口绝对数量下降的地区，尽管下降量很小，尤其是在可持续发展优先情景中。

在四种情景假设时期内，全球经济活动显著增长，尤其是市场优先和政策优先情景中，全球国内生产总值预计将增加近5倍，即使是安全优先情景中，经济活动也有近3倍的增长（图9.3）。相比之下，最近的全球经济预测（World Bank 2007）描述了2005—2030年年均增长率在2.8%～3.7%的三种情景（采用市场汇率）；这里展示的四种情景在同一时期内的经济增长率范围是2.6%～3.9%（同样采用市场汇率）。正如图9.4所展示的，伴随着全球贸易活动的显著增加经济不断增长，最明显的是市场优先情景。部分由于人口的快速增长，在市场优先、政策优先和可持续发展优先情景中，非洲和西亚地区经济的绝对增长速度和亚太地区一样，而在安全优先情景中能更快一点。

在稍低的人口增长速度和相同经济增长的假设条件下，政策优先情景的全球人均国内生产总值将比市场优先情景有更快的增长，在设想情景时期内将达到近3.5倍的增长（表9.5）。可持续发展优先情景中增长略缓，但全球人均国内生产总值增长仍然超过3倍；在安全优先情景中，全球人均国内生产总值增长不到2倍。在所有四种情景中，最快的增长出现在亚洲和太平洋地区。相比市场优先情景，在政策优先和可持续优先情景中，目前发展水平较低的区域会有更大幅度的增长，而对所有地区来说，安全优先情景的增长最慢。

图9.6和图9.7展示了不同情景中收入的集中情况。在安全优先情景中，不论是用基尼系

图9.5 人均GDP

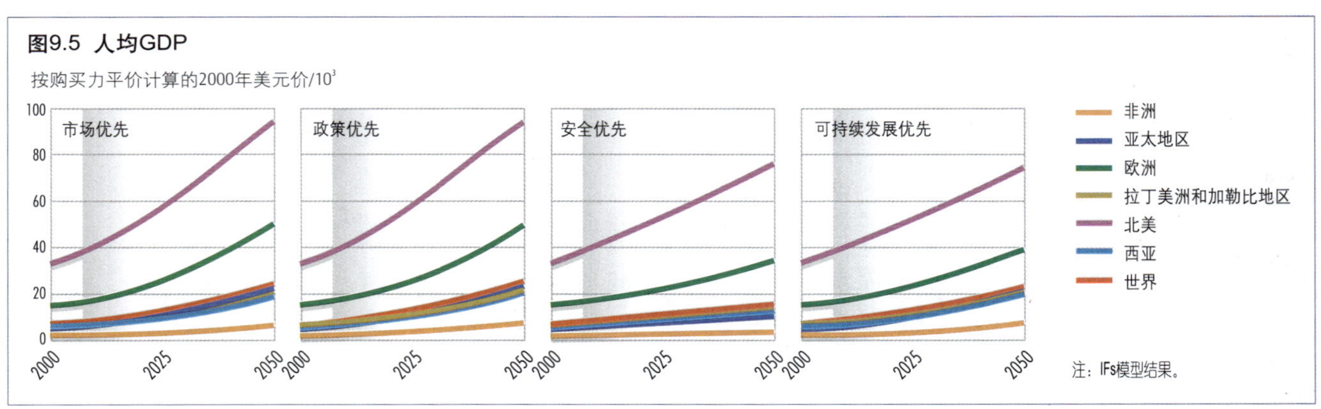

注：IFs模型结果。

图9.6 国家和家庭收入的全球基尼系数

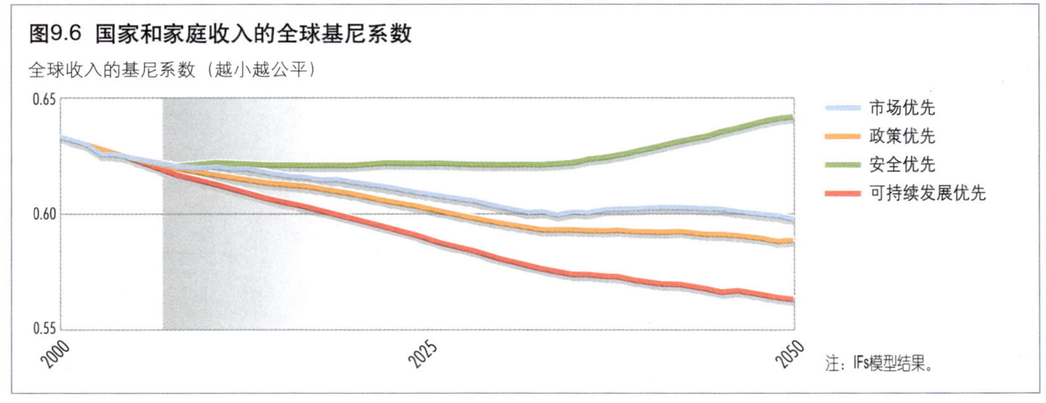

注：IFs模型结果。

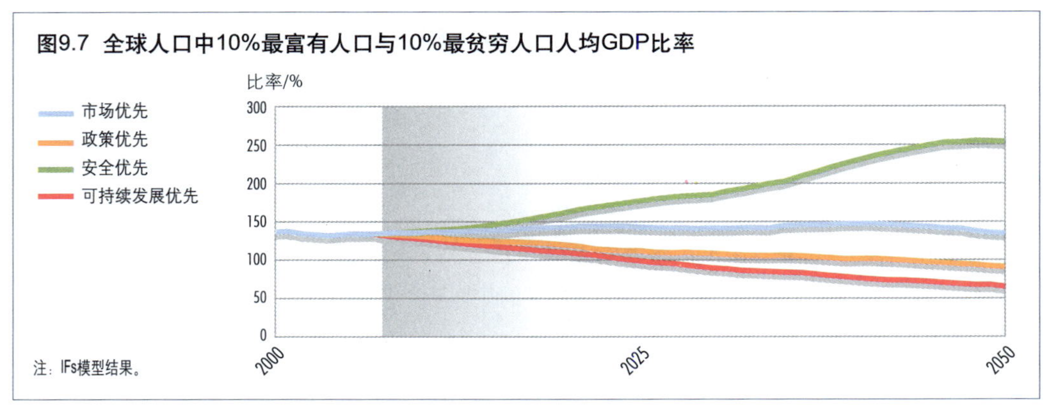

数计算还是用各占全球人口总数10%的最富有和最贫困人口的收入比率计算，结果都表明不公平在逐渐增加。在市场优先情景中，用基尼系数计算表明不公平现象有小幅度改善，而用后者计算却没有改善。在可持续发展优先情景中，用基尼系数计算和用各占全球人口总数10%的最富有和最贫困人口的收入比率计算结果显示，不公平现象都有很大的改善。

大气

第2章重点介绍了大气方面的主要问题。下面的四种情景首先从能源使用（主要压力之一）开始，展示了未来大气的不同可能性。

能源使用

从全球来看，在四种情景中世界能源使用量都会增加，主要是由于低收入国家能源使用

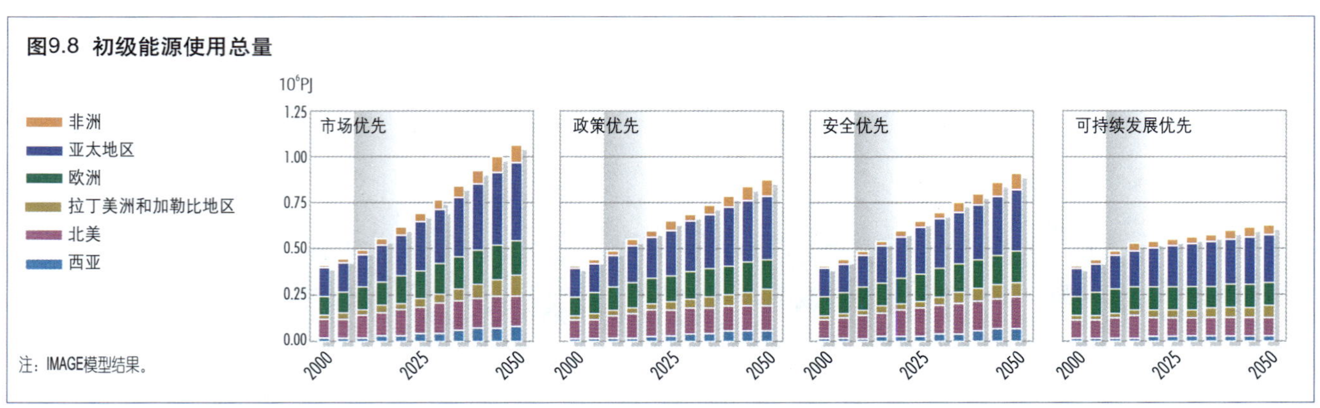

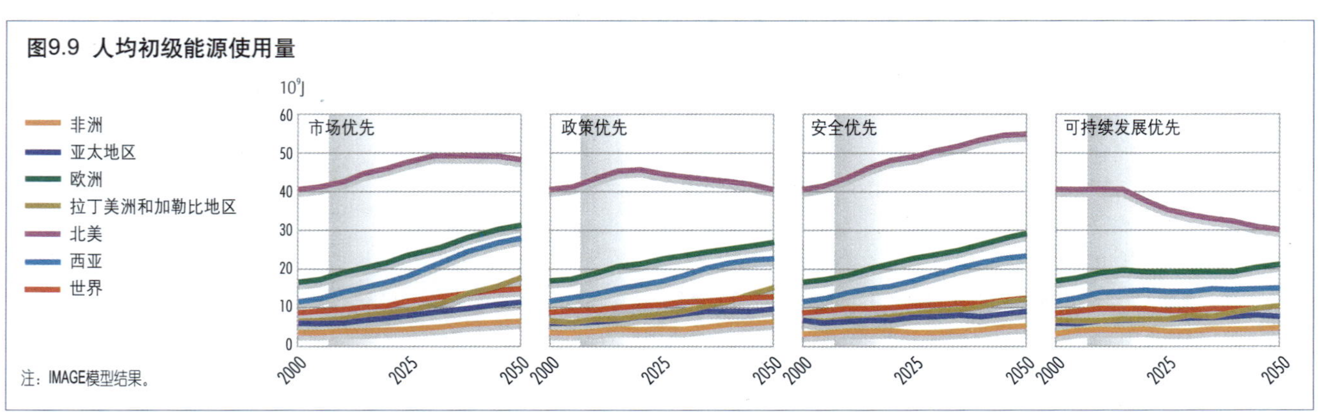

增加推动的（图9.8）。然而，与低收入国家相比，高收入国家的人均能源使用量仍然高出很多（图9.9）。在政策优先和安全优先情景中，初级能源使用量从2000年的400 EJ增加到2030年的600～700 EJ，预计到2050年将达到800～900 EJ。这一增长轨迹与研究文献中的中等水平的情景一致（如IEA 2006）。相对来说，在安全优先情景中，人口增长是更重要的因素，而收入增长在政策优先情景中发挥更大的作用。市场优先情景中的能源发展轨迹完全在另两种情景之上，主要驱动因素是快速的收入增长和更加注重物质的生活方式。相比之下，可持续发展优先情景中是一条较低的增长轨迹。在这种情景中，低能源消耗量主要得益于不太注重物质消费的生活方式和相对较高的效率——部分是由于全球气候政策所致。

能源组成方面，四种情景中化石燃料在能源供给方面继续占主导地位（图9.10）。然而，四种情景间存在重要差异。在市场优先情景中，目前国际能源市场的紧张局面将得到缓解，导致全世界石油和天然气使用快速增长。在政策优先情景中，温和的气候政策降低了石油需求的增长，减少了煤炭的使用，刺激了生物质能源的使用和无碳能源选择，如风能、太阳能和核能。电力部门化石燃料的使用结合了碳捕获和碳储存措施。在安全优先情景中，出现的是完全不同的情况。由于国际能源市场供应的紧张，石油和天然气需求的增长下降。但这种情况将导致煤炭使用的增加。最后，可持续发展优先情景和政策优先情景相似，但是趋势却更明显。在这两个情景中，严格的气候政策使得煤炭和石油使用量都下降。生物质能源在部分程度上取代了石油。随着天然气使用增加，预计2020年以后电力部门大都结合了碳捕获和碳储存。

区域大气污染物和温室气体的排放

在全球层面，能源使用在人为排放量中占

图9.10 全球燃料形式的初级能源使用

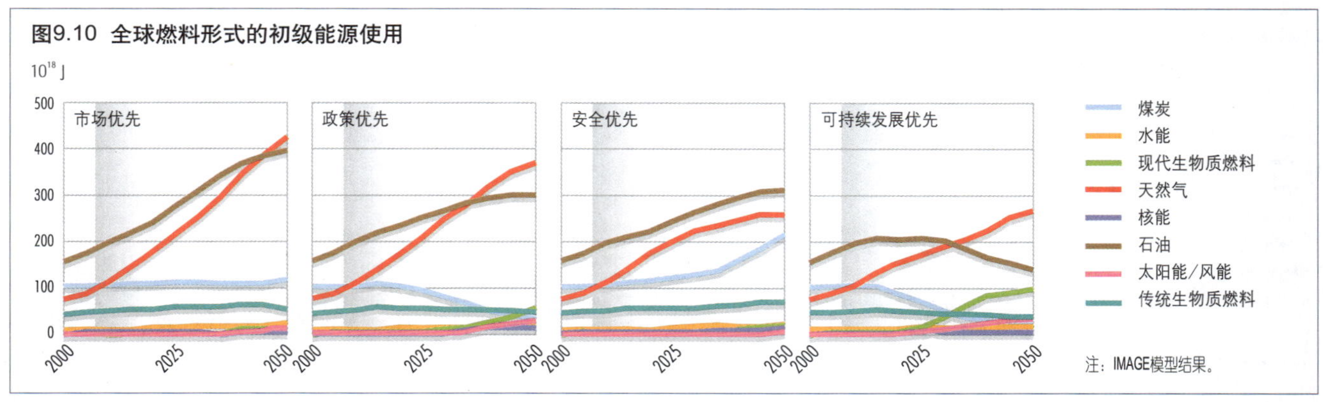

注：IMAGE模型结果。

图9.11 全球各行业（部门）人为SO_x排放

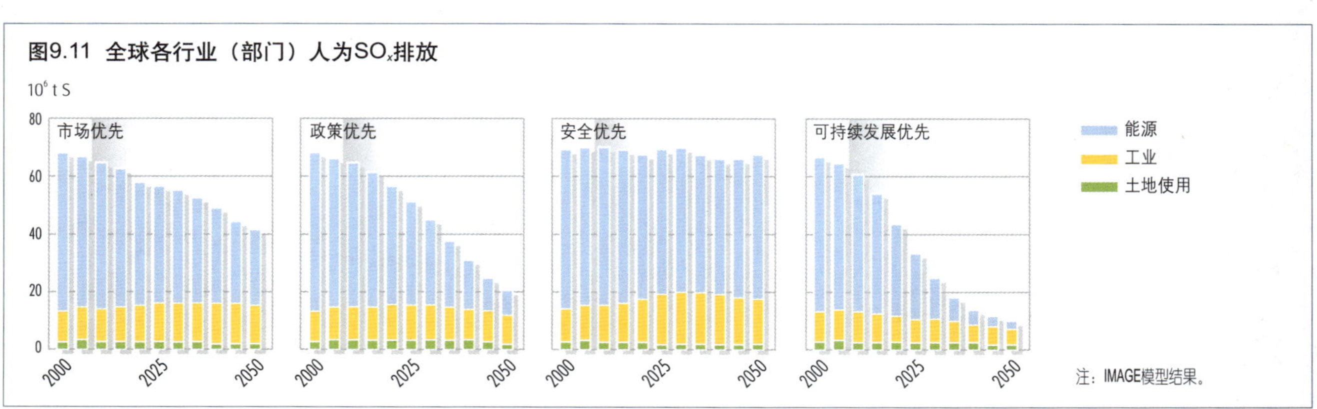

注：IMAGE模型结果。

主要地位，主要是以 SO_x 排放为主要指标的区域大气污染物（图9.11）和温室气体（图9.12）。能源使用总量和排放量之间的关系受到其他因素的严重影响，尤其是政府针对排放控制的相关政策。

除安全优先情景外，其他三种情景中区域大气污染物排放总量将下降。这是因为安全优先情景中缺乏对大气污染物和温室气体的控制。在政策优先和可持续发展优先情景中，大气污染物和温室气体的显著下降反映了一系列强硬政策的效果，如单位能耗的排放量的削减、相对趋缓的能源使用总量增长和转向清洁能源。市场优先情景呈现的是大气污染物和温室气体排放总量的下降，但是经济活动总量水平的增加使其不能与政策优先和可持续优先情景中的减少相比。

市场优先情景将导致温室气体排放量最大增长，超过基准量的两倍，这说明能源使用的

图9.12 全球分行业（部门）人为碳排放总量

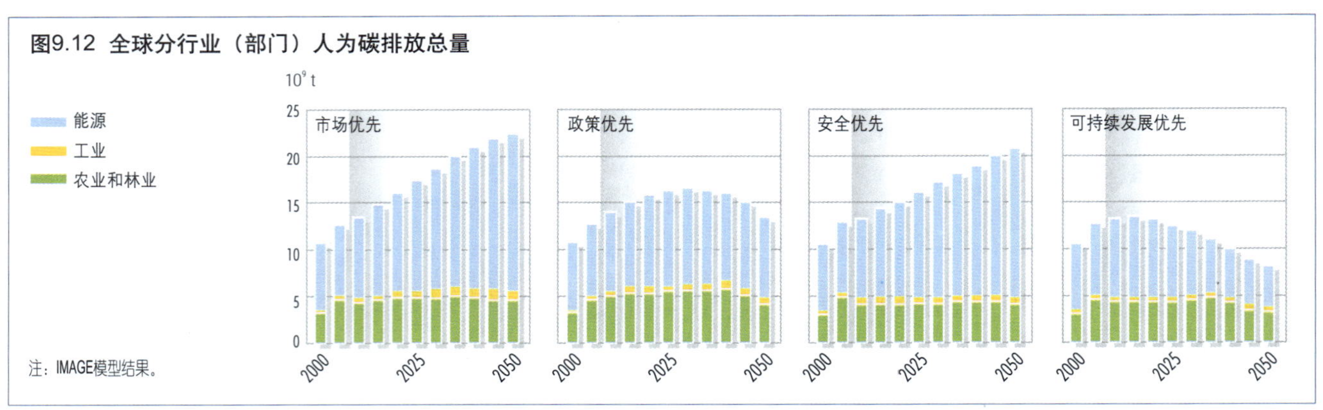

注：IMAGE模型结果。

图9.13 各区域能源和工业的人均碳排放量

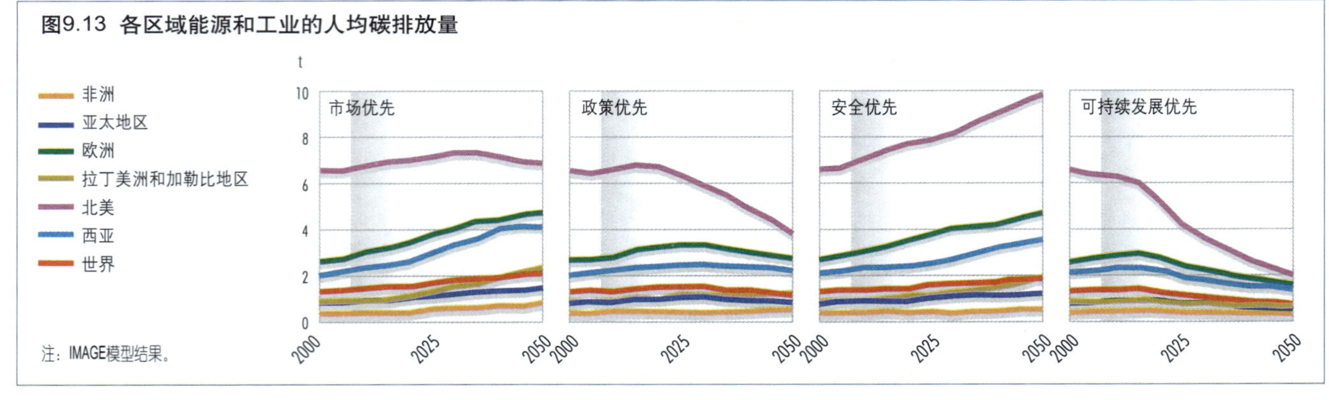

注：IMAGE模型结果。

图9.14 大气中 CO_2 的浓度

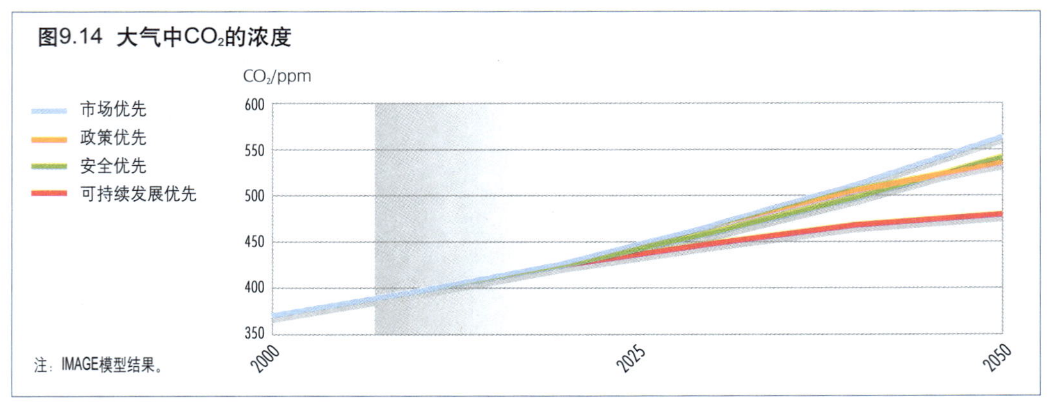

注：IMAGE模型结果。

增加和有效减排政策的缺乏，在降低人均排放量上没有什么进展（图9.13）。由于类似原因，安全优先情景中也出现了很大的增加，尽管由于适度的经济增长而相对较小。相比之下，在政策优先和可持续发展优先情景中，大气污染物和温室气体排放在情景期内达到峰值后开始下降。主要原因是执行了温室气体减排政策。然而，在情景设想的初期，政策优先情景实际上是所有情景中产生大气污染物和温室气体排放量最高的，这主要是由于土地利用方式的变化导致很高水平的污染物和温室气体排放。这些污染排放水平都在联合国政府间气候变化专门委员会最新报告（IPCC 2007a）的预计范围之内（不同情景的气候对比详见IPCC，见专栏9.1）。

大气中二氧化碳浓度和全球表面平均气温

全球大气中CO_2浓度趋势，反映了排放和被海洋及生物圈吸收的大气CO_2的变化趋势。CO_2浓度在市场优先情景中最高，预计2050年超过550 ppm（图9.14）。尽管情景期间内发展途径显著不同，但是政策优先和安全优先情景中CO_2浓度水平相似，预计2050年在540 ppm左右。在安全优先情景中，情景初期由于低排放量使CO_2浓度较低，但此后它将持续加速增长。政策优先在情景初期CO_2浓度实际上有最高的增长，但是末期时增长速率明显减缓。在可持续发展优先情景中，CO_2浓度最低，预计2050年大约是475 ppm，这也是CO_2浓度接近稳定的唯一情景。

专栏9.1 与IPCC第四次评估报告的气候预测比较

该情景模拟所使用的模型也是联合国政府间气候变化专门委员会（IPCC）所使用的模型，以确保本报告的预测结果和IPCC 2007年最新发布的第四次评估报告（见第2章）预测结果的一致性。由于时间选择问题，不是所有的模型参数都根据IPCC的最新发现进行了更新。结果表明，两者结论的区别微不足道。具体结论如下：

- 气候科学中的一个关键不确定因素是气候敏感性的评估，例如大气中CO_2浓度达到工业化前水平2倍的情况下，全球稳定期望气温的变化。IPCC最新报告中预计的温度增长范围是2.0～4.5℃，属于较低的增加值。中等预估是2.5～3.0℃。IMAGE 2.4模型使用的是以前研究的估计，这体现了运用该模型时人们的科学理解。这个差别引起的2050年的计算结果并没有多大差异，因为气候敏感性只反映了稳定状态下温度最终增加值指标，这只有在100年以后才能看见；情景中的温度到2050年预计最大增加量为0.2～0.3℃。
- 另一个关键的不确定性是对海平面上升的计算。如同气候敏感性，IMAGE 2.4模型使用了IPCC以前报告中的设置，这体现了在运用模型时人们的科学理解。因此，相比IPCC的中等预估（20世纪海平面上升17 cm），2000年的数值较低。在21世纪，IPCC预计随着海洋的膨胀、冰川融化及格陵兰岛和南极洲冰原厚度的持续减小（0.4 mm/a），海平面会再上升20～60 cm。IPCC的数值可与图9.21情景期间的数值相对比（海洋膨胀贡献值11～13 cm，冰川贡献值9～10 cm，格陵兰岛和南极洲融化贡献值2 cm）。最大的不确定性是来自格陵兰岛和南极洲的冰原融化水流速度的提高，但本报告和IPCC第四次评估报告都没有将其考虑在内。IPCC认为，了解这些现象不足以评估它们的可能性或者最准确地预估海平面上升的上限。

来源：Bouwman and others 2006, IPCC 2000, 2007a, 2007b

所有情景都显示了全球平均气温的显著上升。到2050年，可持续优先情景中，全球平均

图9.15 前工业化时代以来的全球平均气温变化趋势

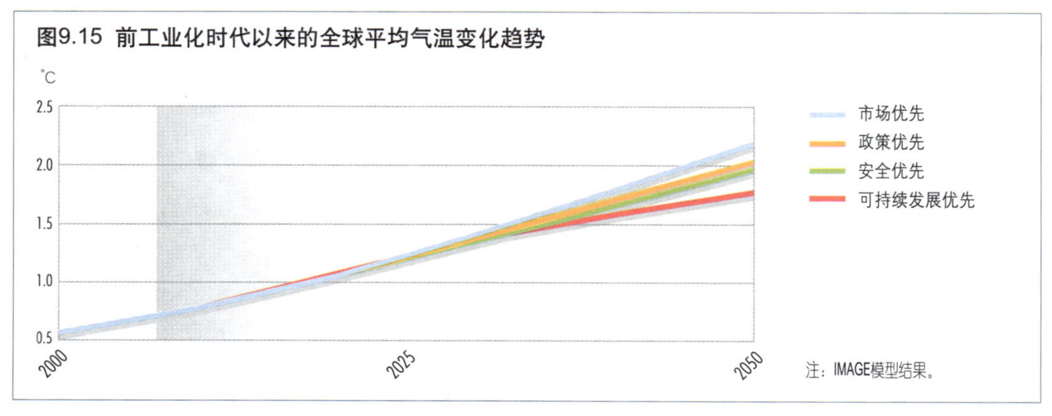

注：IMAGE模型结果。

图9.16 气候变化引起的海平面上升

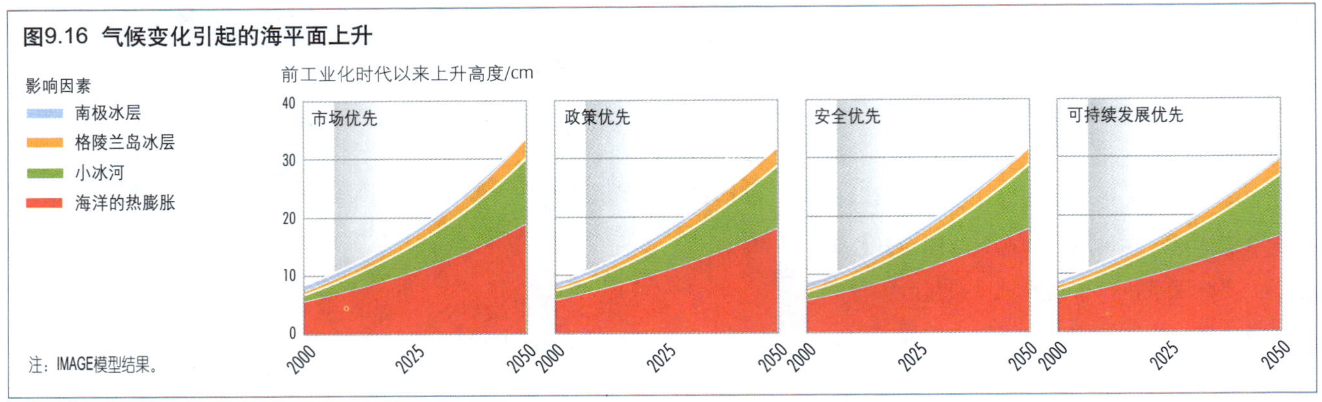

注：IMAGE模型结果。

气温比工业化以前水平高1.7℃，市场优先情景中高2.2℃，而政策优先和安全优先情景中增高2.0℃（图9.15）。这些反映了2050年气温的实际变化。由于气候系统的滞后性，在不考虑2050年以后CO_2排放情况下，预计在所有情景中，全球平均气温到2050年之后将继续增加。

海平面上升

气候变化带来的海平面上升，例如海洋的热膨胀和冰层的融化，都有很长的反应期。因此，海平面对全球温度变化的反应比较缓慢。所有四种情景中估算的2050年海平面上升大约比工业化之前水平高30 cm，四种情景之间的差异非常小（图9.16）。海平面显著上升，会导致风暴事件发生时沿海地区被淹没、海滩侵蚀加速，以及海岸区域的其他变化。像全球表面平均气温一样，海平面继续上升的时间尺度远远超过了这些情景的时间尺度，这可以从情景末期观察到的海平面稳定上升的速度体现出来。

土地

一项主要的环境挑战是土地保护，以维持其对生态系统物品和服务的供给能力（见第3章）。人口、经济财富和消费的增长导致每种情景中土地使用总体压力增大，以及不同使用方式之间竞争的增加。

农业、生物燃料和森林用地

在所有情景中，在仍存有耕地的地区，传统农业使用的土地（粮食作物生产、放牧和饲料）增长量最多，最显著的是非洲、拉丁美洲和加勒比地区（图9.17）。这种转换也表明不同区域的农业增长是依靠土地扩张还是依靠产量增长的区别。在安全优先情景中，农业用地扩张最小，因为低速经济增长使人们对土地的需求受限。市场优先和可持续发展优先情景得到类似结果，但有不同的原因。在市场优先情景中，对土地需求的增长随着科技的发展得到部分缓解。而在可持续优先情景中，这种改善被更重视粮食供应问题所抵消。政策优先情景中，土地资源总量最高，原因是和可持续发展优先情景相同的关注和更高的人口数量。在政策优先和可持续发展优先情景中，对温室气体减排设定了严格目标，这额外增加了生物质燃料作物的用地需求（图9.18）。对农业和生物质燃料需求的影响在林地变化中得到体现（图9.19）。所有情景中，拉丁美洲和加勒比地区以及非洲的森林显著减少，尤其是在政策优先情景中，非洲几乎所有的森林都消失了。同时，欧洲和北美洲可以看到小幅的增加，尤其是在市场优先情景中。

土地退化

来自耕地的粮食生产的持续性遭受不同方式的威胁。首先，雨水侵蚀增加，主要是因为气候变化引起降水的增多。市场优先情景中降水增加最多，尽管因为气候系统的滞后性，到2050年四种情景间的差异仍旧很小。与土壤和气候条件无关的农业区的水侵蚀最严重。

图9.17 各区域农田和牧场面积

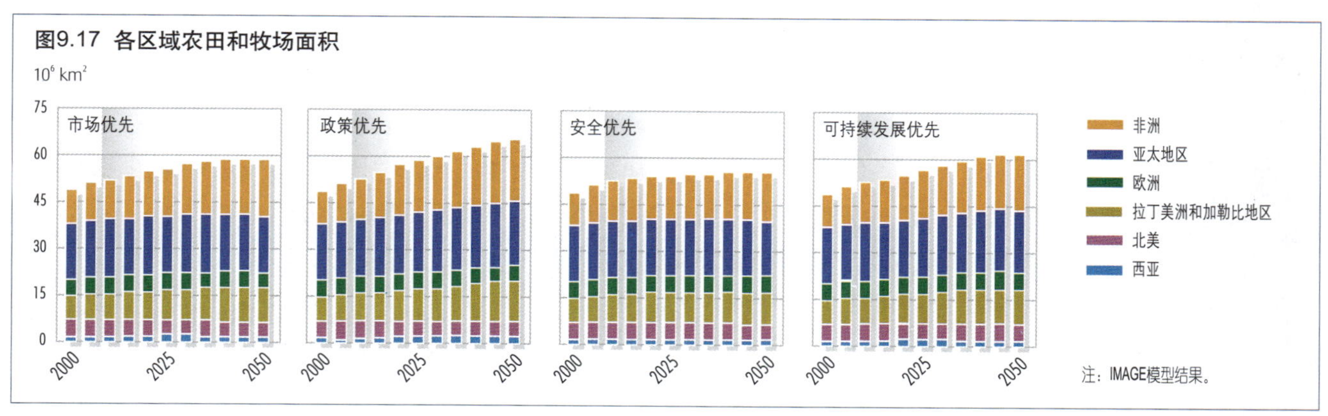

注：IMAGE模型结果。

图9.18 各区域现代生物质燃料用地占土地总量比例

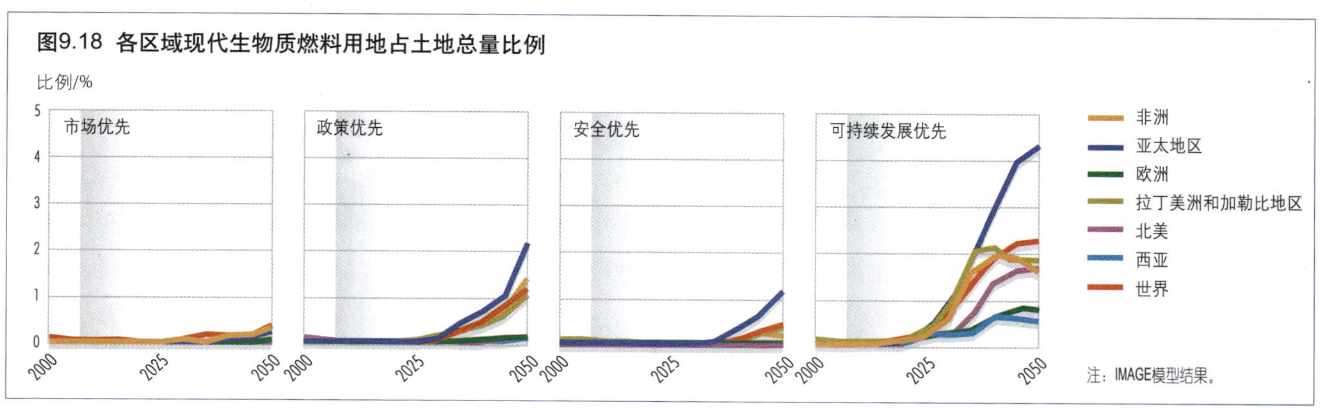

注：IMAGE模型结果。

图9.19 森林用地

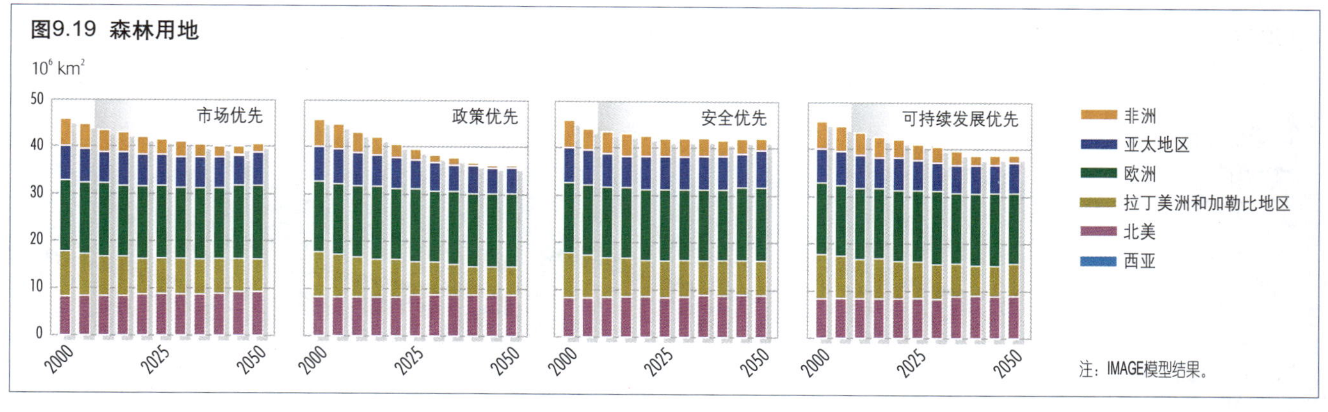

注：IMAGE模型结果。

图9.20 全球具有高风险土壤侵蚀的土地面积

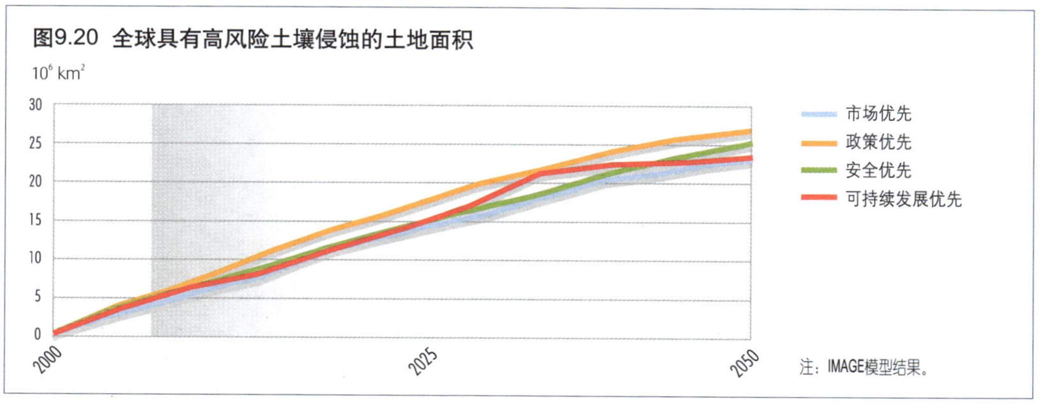

注：IMAGE模型结果。

人们利用气候和土地使用变化的综合趋势及侵蚀指数，可以计算出水侵蚀风险指数。相比目前状况，各种情景中水侵蚀风险高的地区面积预计将增加50%（图9.20）。到2050年，不同情景之间的差异相对较小。在可持续发展优先和市场优先情景中，尽管可持续发展优先情景有段时期内由于生物质燃料作物的引入而升高，但是水侵蚀风险在一定程度上低于其他情景。政策优先情景中土地退化增加幅度最大，主要原因是粮食需求的增大，加上生物质燃料作物需求的增加。

荒漠化

粮食生产面临的另一个威胁就是荒漠化。世界很多国家认为它是重大的社会、经济和环境问题。如同土地退化，荒漠化源于自然因素（如降水的变化）和人类行为（如土地清理和过度利用）或者两者兼而有之。

干旱地区（由于气候变化）的变化相对小些。出现这种情况的原因是气候变化既带来降水增多，又导致加速蒸发（温度升高的结果）。干旱地区荒漠化的增加相对其他压力来说是次要的。因此，干旱地区农业用地的扩张导致对气候重大事件的脆弱性增加。

粮食产量和供应

土地使用方式和质量的变化，以及技术的进步和经济整体发展（如贸易），都会引起农业产量和粮食供应的改变。在所有四种情景中，所有区域单位土地谷物产量都在提高，但是安全优先情景中，增加量明显较低，这是因为科技的缓慢发展和土地管理不善（图9.21）。粮食需求的增加和越来越多的技术投入，导致了市场优先和政策优先情景中农业产量增长最大，不过不同区域之间稍有差异。可持续发展优先情景中，粮食增长要缓慢一些，但是这和较低的人口总量保持平衡。

图9.22突出显示了预计的人均粮食供应变

图9.21 各区域谷类产量

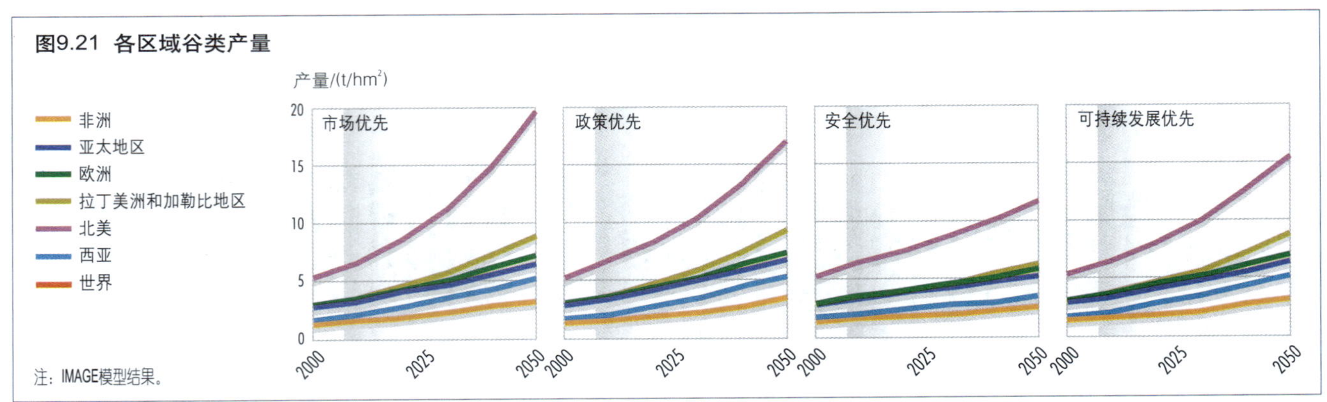

注：IMAGE模型结果。

图9.22 人均食物供应

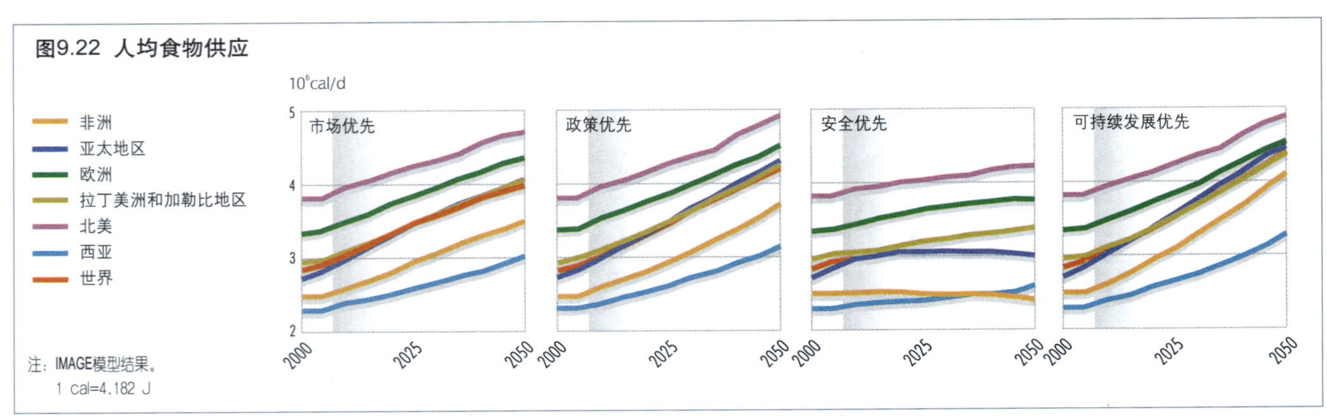

注：IMAGE模型结果。
1 cal=4.182 J

化。四种情景中粮食总产量增加，但是人均可获得粮食量受到不同人口增长速度的影响。市场优先、政策优先和可持续发展优先情景中，粮食有显著的增加，其中可持续发展优先情景比前两种情景在全球层次上分别高出10%和5%。在安全优先情景中，预计2020年后粮食生产很难跟上人口增长速度；2040年左右粮食产量开始出现下降，非洲出现产量下降可能会更早一些。到2050年，在安全优先和可持续发展优先情景之间，预计人均可获得粮食量差异超过30%；在非洲，这两种情景导致的人均可获得粮食量差异为70%。

水资源

正如第4章讨论过的那样，水资源——无论数量还是质量——对环境和人类福祉都是十分重要的。各情景展示了由于我们近期的选择不同而带来的水资源完全不同的未来。

水资源利用

市场优先情景下追求更高的物质生活水平的结果之一，就是所有社会经济部门水资源使用的快速增长，导致地表水和地下水抽取量的大幅度增长（图9.23）。不同国家之间水资源利用趋势差异很大，很多工业化国家水资源使用在情景期间达到饱和点，然而发展中国家收入的不断增长需要更多现代水资源服务。市场优先情景中，水资源服务的私有化和技术改进在很多区域带来了利用效率适度而平稳地提高。但是水资源部门强调的是增加水资源的供给而非保护。在政策优先情景中，家庭和工业用水行为发生了变化，同时所有部门水利用效率快速提高，这促使很多工业化国家水资源取用量发生下降，同时其他地区的增长减缓。安全优先情景中，人口增长和忽视水资源保护倾向于加速水资源取用量的上升。然而较缓慢的经济增长将减缓水资源取用量的增加速度。可持续优先情景假定水资源综合管理政策得到了广泛采用，并且重点强调需求管理和保护。这些改进和缓慢的人口增长率减缓了水资源使用总量的增长速度。

水资源严重紧张地区的居民

在所有情景中，气候变化对未来水资源供给的影响使水资源紧张（压力）的严重程度变得复杂。降水量增加将会增加大多数流域水资源的年供给量，但是气温上升和降水量减少会降低某些干旱地区的年供水量，如西亚、欧洲的南部地区，以及拉丁美洲和加勒比地区东北部。气候变化可能会引起高径流和低径流更加频繁地发生。到2050年，在干旱地区，干旱将

专栏9.2 水资源紧张

在水资源评估中经常使用“水资源紧张”（Water stress）这个概念，目的是为了得到社会对水资源压力程度的初始估计值。水资源严重紧张定义为取用量超过可更新资源40%的现象。这里假设水资源紧张程度越高，越有可能发生慢性或突发的水资源匮乏。

图9.23 全球行业（部门）水资源取用量

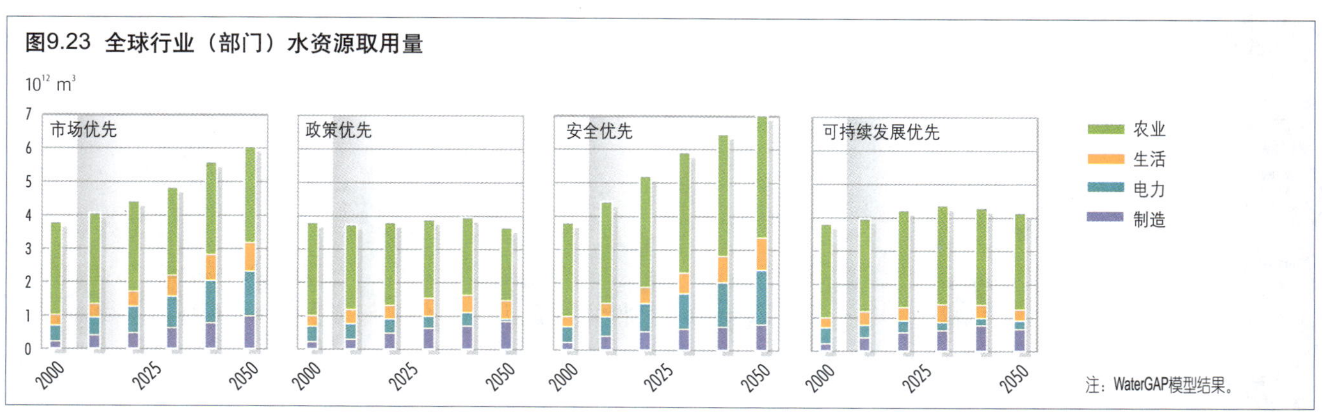

注：WaterGAP模型结果。

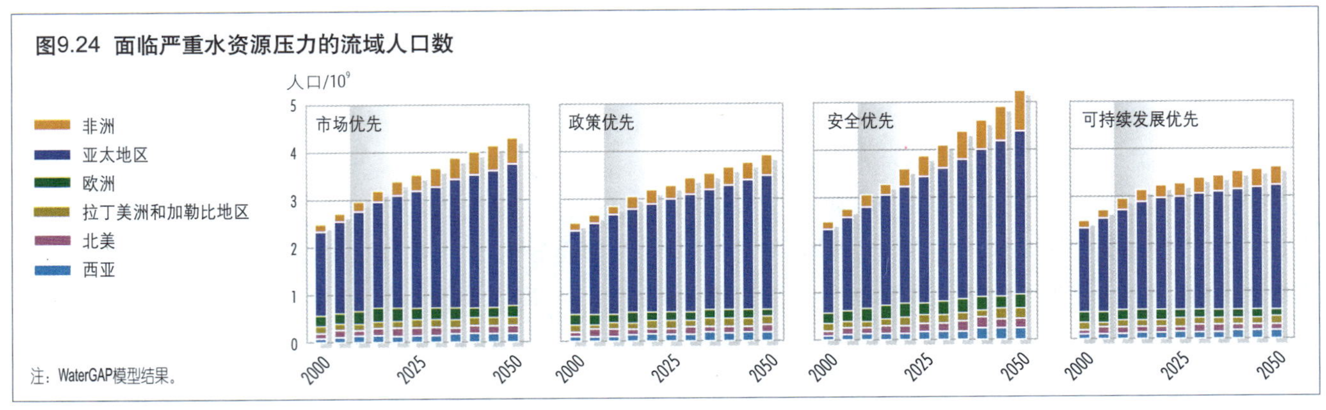

会更普遍，如澳大利亚、印度南部和南非。与此同时，降水的增多会引发亚太地区、拉丁美洲和加勒比地区以及北美部分地区的河流发生更加频繁的高径流。

这些因素加上需求和人口的增长决定了居住在水资源严重紧张流域区的人口数量（专栏9.2和图9.24）。在市场优先情景中，受影响的人口从2000年的25亿增加到2050年的接近43亿。在政策优先情景中，减缓水利用增长趋势的行动将有助于缓解世界很多地区对淡水资源供给的担忧。然而，某些地区不断增长的人口和经济活动仍在对水资源产生压力，尤其是发展中地区。全球生活在严重水资源（紧张）压力下的人口已经增长了40%，近39亿。在安全优先情景中，更高人口数量和需求增长的净影响将使2050年面临严重水资源压力的流域人口超过51亿。非洲生活在水资源短缺状况下的人口数量将近8亿，大约等于21世纪初居住在该地区的人口总数。在可持续发展优先情景中，有关水资源利用的发展，和相对较缓慢的人口增长速度，使得很多流域的水资源压力显著下降。然而，部分由于人口增长模式的差异和作为气候变化一部分的降水规律的转变，水资源压力增加，特别是非洲、亚太地区和西亚。全球居住在严重水资源压力的流域人口数量增加11亿以上。在可持续发展优先和政策优先这两种情景中，预计人类将采取众多行动来帮助面临水资源压力的流域人口更好地应对水资源短缺问题。这些措施包括降低水资源配送损耗，以及地表和地下水资源的高效管理。

废水处理

市场优先情景中，水资源取用量的快速增长使废水产生量增长迅速。尽管治污能力在增强，但仍无法跟上废水总量的增长。因此，全世界未经处理的生活和生产废水总量在2000—2050年翻了一番（图9.25）。由于大部

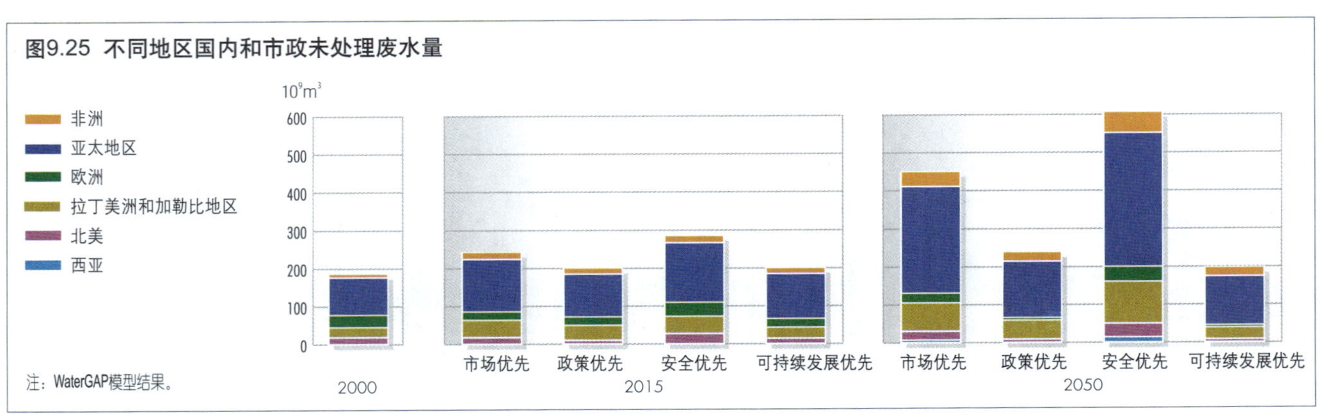

分废水直接排入地表水体，世界为此遭受严重的水污染扩散问题和健康风险。在政策优先情景中，预计废水处理能力在2000—2050年增加50%～80%，但由于人口增长，未处理废水总量仍在上升，同期大约增长25%（图9.25）。然而全球平均水平掩盖了地区间的差异。欧洲未处理废水总量缩减了近一半，而拉丁美洲和加勒比地区却增长了近一倍。在安全优先情景中，社区污水处理厂覆盖率相对较低，未处理废水总量在2000—2050年增长超过3倍。大量未处理废水排入地表水体导致水污染的扩散，使健康风险加大，水生生态系统发生退化。在可持续发展优先情景中，致力于减缓水资源需求增长的努力同时也保护和改善了世界水资源质量。废水处理能力提高与废水数量增长保持一致，这样自世纪交替之后，未处理废水总量变化很小（图9.25）。然而，这导致不同区域产生了很大差异。北美洲废水总量显著下降，而拉丁美洲和加勒比地区有少量的增加。

生物多样性

在不同情景和区域，地球生物多样性继续受到威胁，这对第5章中描述的生态系统服务和人类福祉产生重大影响。陆地和海洋生物多样性都面临威胁。然而，在不同情景之间，生物多样性发生变化的程度和位置有很明显的差异。

陆地生物多样性

在每种情景中，所有地区的陆地生物多样性将持续减少。图9.26展示了2000年平均物种丰度（Mean Species Abundance）及各种情景中2000—2050年的变化；图9.27和图9.28总结各区域和不同行业贡献率的差异和变化。对大部分区域来说，陆地生物多样性在市场优先情景中损失最大，随后是安全优先情景、政策优先情景和可持续发展优先情景。在四种情景中，非洲、拉丁美洲和加勒比地区预计到2050年陆地生物多样性将遭受最大的损失，紧跟着是亚洲和太平洋地区。不同区域间的差异很大程度是因为之前描述的土地使用方式大范围的变化，尤其是牧场和用于生物质燃料生产的土地面积的增加。但是，陆地生物多样性总体变化受到一系列因素的影响，包括基础设施建设、污染和气候变化以及公共政策和冲突。

相比其他情景，在政策优先和可持续发展优先情景下，农业包括农作物和牲畜生产对整体生物多样性有更大的影响，一方面是因为这些地区的粮食安全受到很高的重视；另一方面是因为基于农业产品的生物质燃料有更大推进。在这种转变中，热带森林的生物多样性依然特别容易受到不利影响。

在全球范围内，相比其他情景，市场优先情景将导致更多的生物多样性损失，主要是因为基础设施建设。与安全优先情景相比，市场优先情景导致全球人口增加更加有限，道路建设和城市发展受到更多的控制。然而市场优先下发展的驱动力更强：物品的国际市场强化，建设了基础设施以获得自然资源，财富的创造比自然保护更受重视。在市场优先和安全优先情景中，随着这些情景进程的发展，生物多样性丧失持续加速，但是在政策优先和可持续发展优先情景下，预计全球生物多样性丧失速率在2050年趋于稳定。

在每种情景中，气候变化影响的模型计算结果相似，但实际上，物种和生态系统的适应及减轻能力将缓解气候变化的影响。相比支离破碎、过度开发的生态系统，恢复能力强、对外联系多的生态系统受到气候变化负面影响较少，例如那些安全优先和市场优先情景中的生

专栏9.3 生物多样性的定义和测量

《生物多样性公约》中定义的生物多样性包括基因、物种和生态系统的多样性。物种多样性的陆地测量手段之一是一个生态系统的所有物种现有平均丰度，或者“平均原生物种丰度”（Mean original species abundance，MSA）。MSA代表与自然状态相关的本地物种密集度。例如，如果一片森林被清除，则MSA就以存活的森林中的物种为根据。MSA是从0（生态系统被毁灭）到100%（生态系统完整）的相对范围。《全球环境展望》报告未来情景研究中使用GLOBIO模型来预测MSA的变化，附录中介绍了这个模型。

图9.26 2000年和2050年平均原生物种丰度及其趋势

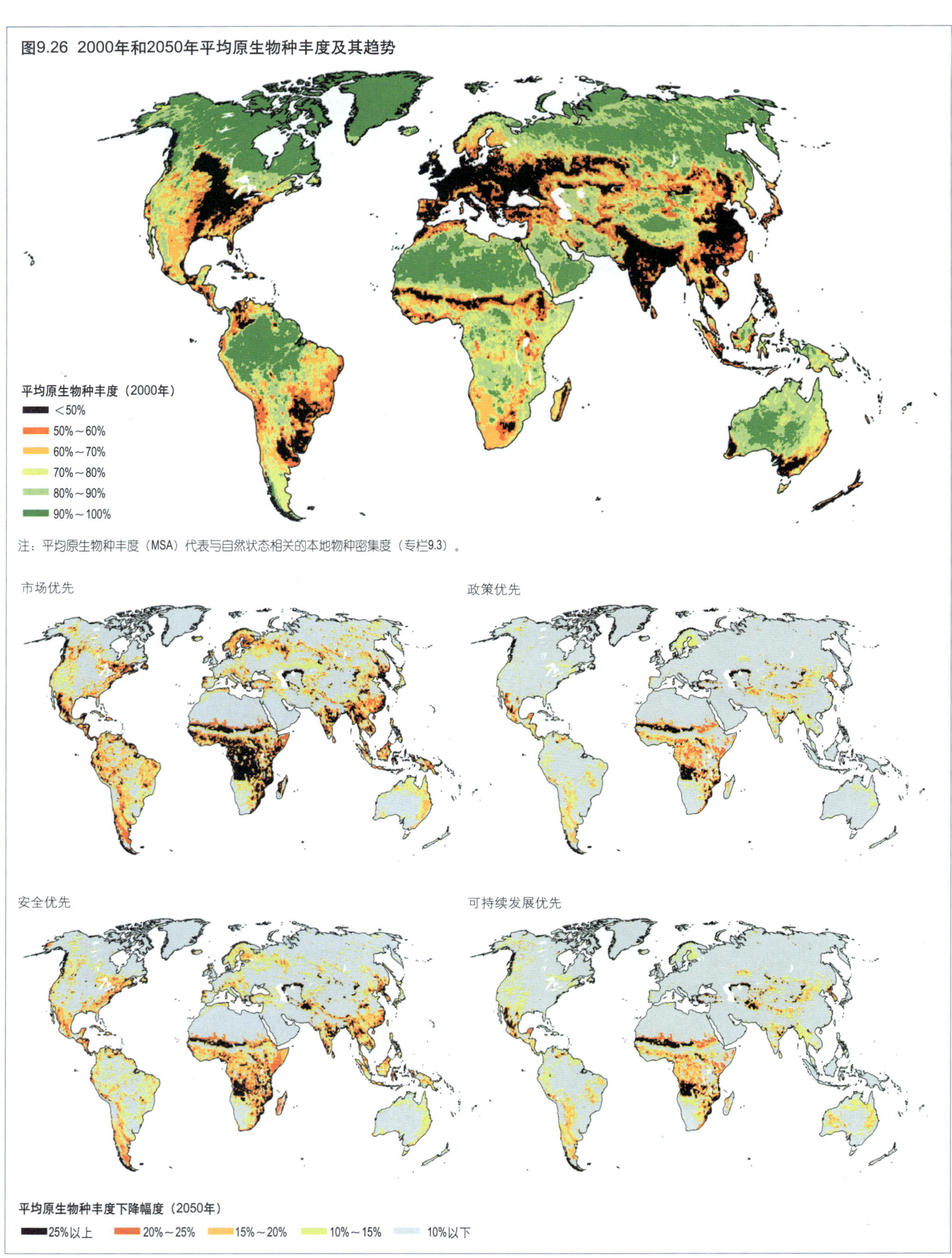

注：平均原生物种丰度（MSA）代表与自然状态相关的本地物种密集度（专栏9.3）。

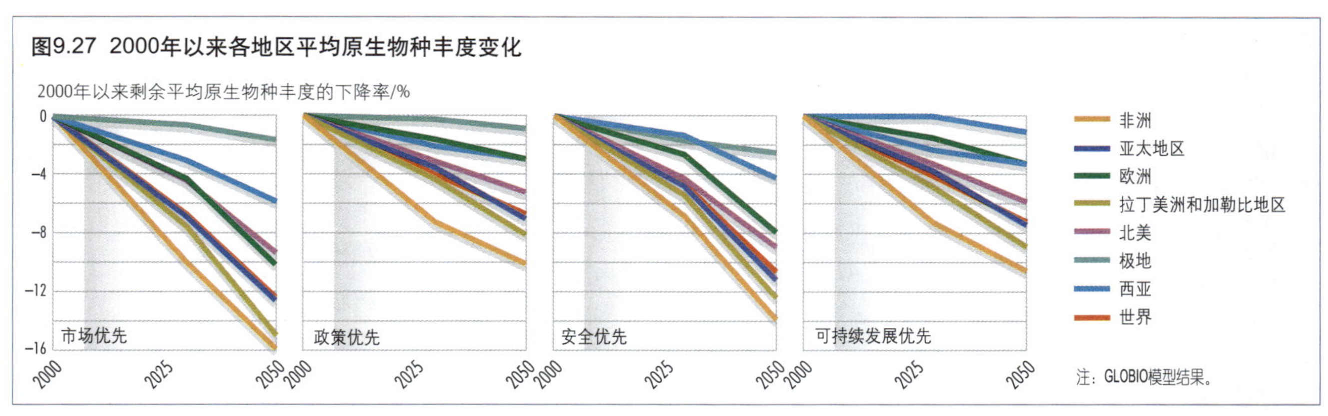

图9.27 2000年以来各地区平均原生物种丰度变化

注：GLOBIO模型结果。

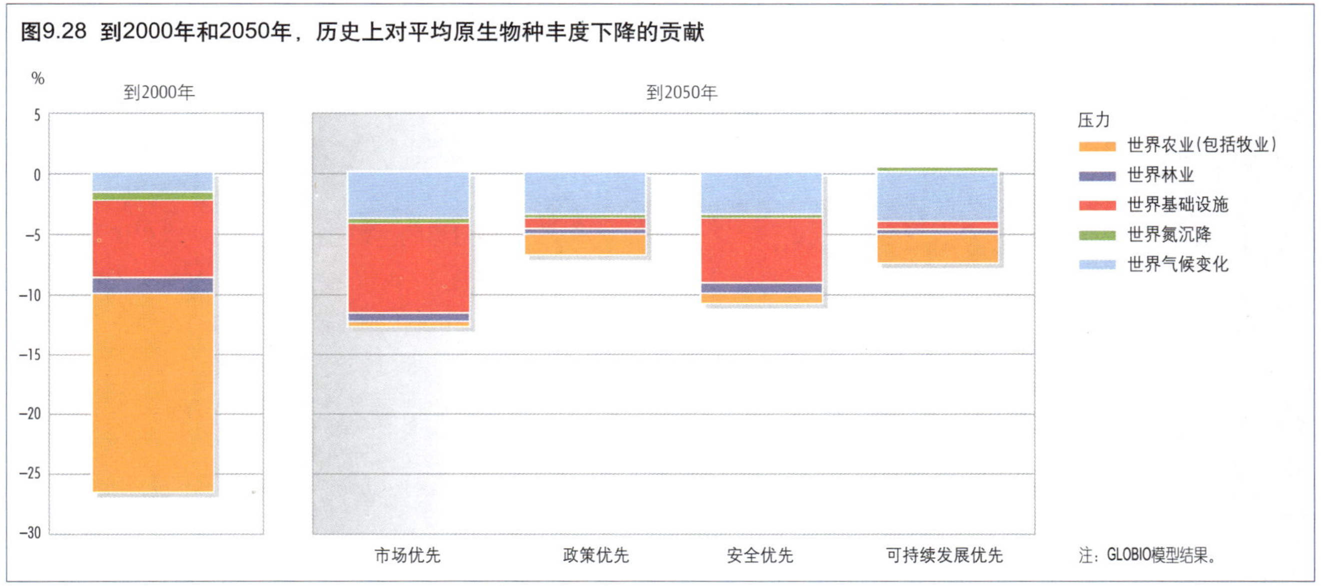

图9.28 到2000年和2050年，历史上对平均原生物种丰度下降的贡献

注：GLOBIO模型结果。

态系统。全球气温持续上升速度对2050年后世界众多物种的存活率将产生深远的影响。

在政策优先和可持续发展优先情景中，保护区网络扩张创造了具有生态代表性的国家及区域保护区系统。市场优先情景中有较小的扩张，安全优先情景中保护区扩张为零；不同情景中进行的投资及保护区管理的效率遵循相同的模式。虽然新保护区没有限制荒地转化为农业用地的总体数量，但是它们保护了一些最重要的物种栖息地，包括那些有限范围内濒危物种的栖息地。MSA（平均原生物种丰度）指标没有体现这种影响，因为它对这些特殊、稀有和独特的物种及生态系统不够敏感。在一些保护区可能有部分土地用于农业生产，但是到2050年很可能在保护区发生土地使用冲突。这一点在政策优先情景下最明显。在诸如中美洲和南部非洲次区域，农田需求很高，以至于保护区外的荒地已经被密集使用，而保护区却被农田孤立了。在这种情况下，其农田设计直接关注生物多样性保护的可持续农业显得尤为重要。

最后，安全优先情景下不断增加的武装冲突给生物多样性以及人类带来了难以预测的风险。一旦形势恶化，保护行动所需的国际援助资金经常被冻结。枪支供应和冲突的增加降低了粮食产量，使非法和不可持续的狩猎问题更加突出。农村居民努力生存，民兵组织则为战争而找寻资助，而不道德的公司却利用乱世牟利。一些人或组织在发生冲突地带的保护区掠夺肉类、矿产和木材资源（Draulans 和 van Krunkelsven 2002，Dudley 等 2002）。

海洋生物多样性

所有情景中的海洋生物多样性将持续减少，主要原因是为满足食物需求的海洋捕鱼业压力的不断加大（图9.29）。人口小幅增长和饮食的转变使得可持续发展优先情景下海洋生物多样性下降最小。虽然人口增长很多，但是相比市场优先和政策优先情景，安全优先情景中海洋生物多样性的下降没有那么大，这是因为较低的平均收入水平，以及带来更大捕捞量的科技发展缓慢。

不同情景中捕获的鱼类品种也不同。从图9.30可以看出，在可持续发展优先情景下，人们努力捕获食物链较低端的鱼类，这体现了保护海洋生物多样性的目标。虽然这些差异可能看上去比较小，但是结合较低的总体捕捞水平看，效果则很显著（图9.31）。到2050年，大型底栖鱼类总量在可持续发展优先情景中预计有显著增长，在政策优先和安全优先情景下增长幅度较小，在市场优先情景下则出现下降。至于大和小的浮游鱼类，在两种情景中分别出现下降速度趋缓、数量有微小增加的结果。

人类福祉和脆弱性

在人类福祉方面，四种情景将展示什么结果呢？人类福祉指的是在何种程度上人有能力和机会实现他们的愿望；从个人和环境安全角度，获得美好生活所需要的物质、良好健康和社会关系等角度，人们如何做出比较；所有这些都与做出选择和采取行动的自由度密切相关。

在某种程度上，通过设计，这四种情景都展示了人类福祉在某方面变高或变低的情况。相比政策优先和安全优先情景，市场优先和可持续发展优先情景更强调个体选择和行动的自由。而与市场优先或安全优先情景相比，政策优先和可持续发展优先情景更强调改善健康、增加地方权力和能力建设。

以联合国千年发展目标为指导，表9.2（及相关图示）总结了这些情景如何提高了人类福祉。在此，同样地，很多结果都应看成是假设而非实际情况。全球发展伙伴关系的建立（千年发展目标第8项目标），把千年发展目标原则结合到国家政策与计划中（千年发展目标第7项目标的主要方面）是可持续优先情景的基本假设。在政策优先情景下，这些假设程度要低些。市场优先情景假定只有符合更广阔的经济增长目标时，这种程度的发展才会发生。而安全优先情景中，则假设这些方面没有取得任何进步（专栏9.4）。

只有在情景中考虑各项发展细节，才能呈现人类福祉的完整画面。大多数区域和次区域都呈现一种相当统一的改善模式，从安全优先到市场优先，到政策优先，再到可持续发展优先，逐渐改善。目前比较富裕的区域和次区域在可持续发展优先情景中人均收入将经历缓慢的增长，但是这些必须与其他指标的改善进行权衡。即使在可持续发展优先情景中，预计到2015年日收入不足1美元的人口比例相对1990年水平降低一半的这个联合国千年发展目标也不能在所有区域实现。

如果时间尺度超越千年发展目标，在安全优先情景中，大多数人的个人安全明显较低，但在市场优先情景中也很紧张，并且存在潜在的冲突。加上所有情景中对环境不断增长的压力，这将明显地影响环境安全，市场优先情景将对全球环境产生最大压力，而安全优先情景将对地区环境产生最大压力。这些变化体现于

专栏9.4 体现环境变化对人类福祉的影响

正如《全球环境展望4》概念框架所描述的那样，社会和制度因素将大大缓解环境变化对人类福祉的影响。此外，与教育、个人安全、良好的社会关系和所有与美好生活相关物质需求有关的人类福祉相比，环境变化与像粮食供应和水资源压力等人类福祉的某些直接联系得到了更好地理解。四种情景所呈现的是定量因素，不能完全反映环境变化对人类福祉，特别是后几类福祉的影响。假设这些人类福祉由于积极的环境变化而得到提高，那么这里展现的结果很有可能低估了不同情景间福祉的差异。

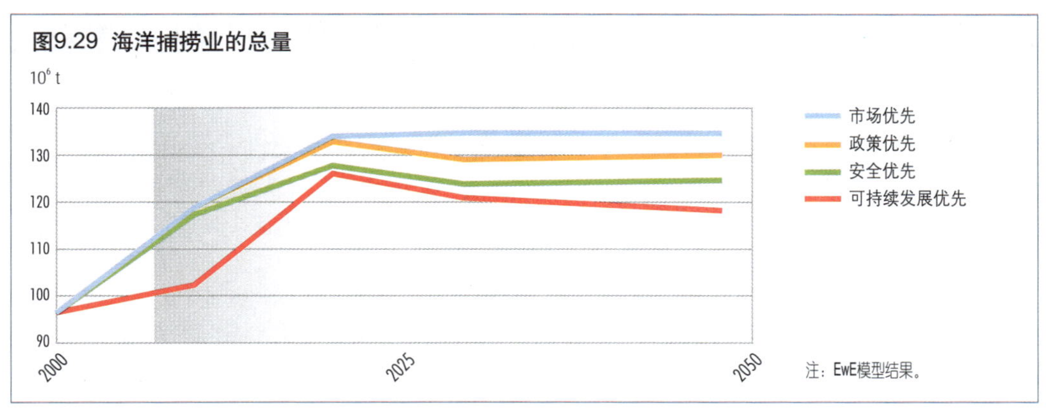
图9.29 海洋捕捞业的总量
10⁶ t
140
130
120
110
100
90
2000
2025
2050
市场优先
政策优先
安全优先
可持续发展优先
注：EwE模型结果。

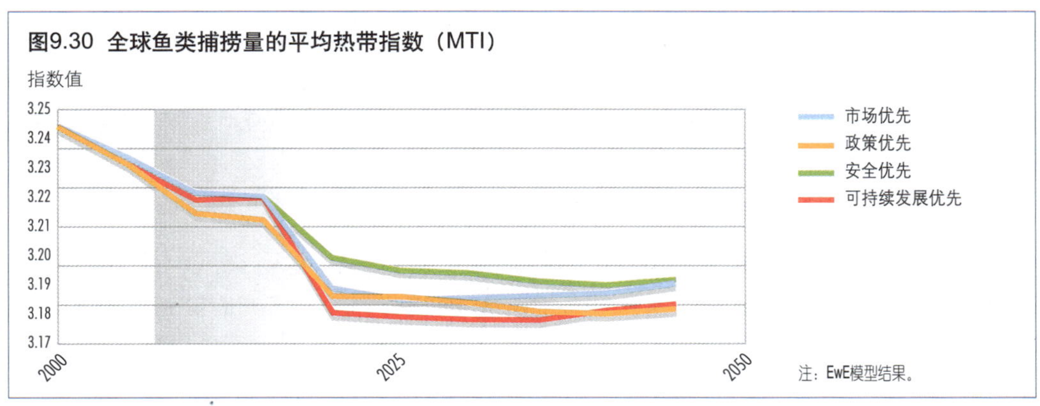
图9.30 全球鱼类捕捞量的平均热带指数（MTI）
指数值
3.25
3.24
3.23
3.22
3.21
3.20
3.19
3.18
3.17
2000
2025
2050
市场优先
政策优先
安全优先
可持续发展优先
注：EwE模型结果。

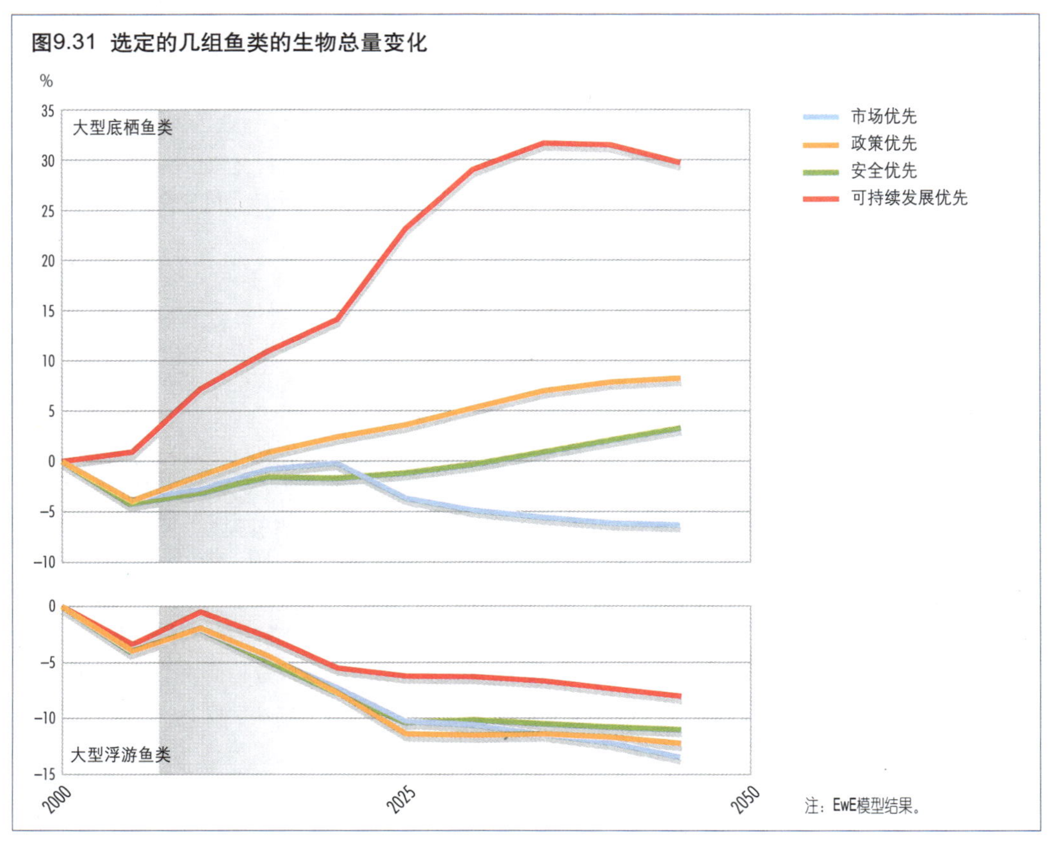
图9.31 选定的几组鱼类的生物总量变化
%
35
30
25
20
15
10
5
0
−5
−10
大型底栖鱼类
0
−5
−10
−15
大型浮游鱼类
2000
2025
2050
市场优先
政策优先
安全优先
可持续发展优先
注：EwE模型结果。

表 9.2 在不同情景中千年发展目标方面的进展 *	
千年发展目标及相关目标 **	各情景取得的进展
目标 1 根除极度贫困和饥饿	极度贫困和饥饿受到很多因素的影响，不仅包括总体经济增长和粮食产量，还包括其分配。全球层次上，所有情景到目标期 2015 年将日收入不足 1 美元的人口百分比降低一半是可以实现的，主要依靠的是亚太地区的强劲增长（图 9.32）。然而，并不是所有区域都这样。拉丁美洲和加勒比地区，以及非洲落在了后面，尤其是在市场优先和安全优先情景中。在安全优先情景中，情景期内非洲永远不可能实现目标，拉丁美洲和加勒比地区很晚的时候才能实现。从更长时期看，可持续发展优先和政策优先情景中所有区域都会有最大程度的改善。在安全优先情景中，情景中期会出现相反的趋势，主要是受到非洲和西亚缓慢增长的影响。西亚的情况部分原因是他们的经济依赖石油和天然气部门，当石油、天然气资源日益减少时，他们的经济面临着转型。在其他情景中也可以看到小幅度的相同影响。 所有情景中饥饿度都呈现相似的下降，而安全优先情景中仅有微小的下降，这意味着在营养不良数量上有显著增加（图 9.33，没有取得北美和欧洲的数据）。所有情景中非洲、亚太地区继续存在最高水平的营养不良人口。
目标 2 普及初等教育	可持续发展优先情景中，所有区域的初等教育普及都达到最高水平，随后是政策优先情景，这反映出在各种因素中，这两种情景最重视教育投入（图 9.34）。在市场优先情景中，初等教育普及也渐渐取得成效。非洲和西亚仍然稍落后，但是已有明显的追赶其他地区方面取得显著进展的趋势。在安全优先情景中，早期的增长之后是全球层次上达到该目标努力的微小逆转。这是因为非洲和西亚入学率的增长缓慢，以及拉丁美洲和加勒比地区及亚太地区的某些下降。
目标 3 实现男女平等和妇女权利	全球来看，所有情景中初等和中等教育中的性别不平等程度逐渐下降，安全优先情景中的下降最为缓慢（图 9.35）。中等教育相比初等教育实现更早的平等。大部分地区转变的模式相似。拉丁美洲和加勒比地区、北美及欧洲，21 世纪初已经实现平等。亚太地区落后于全球平均水平，并且依旧如此，尤其是在安全优先情景下。所有情景中西亚和非洲都呈现出快速的改进，尤其是非洲的中等教育，但是总体上仍落后于其他区域。
目标 4 降低儿童死亡率	尽管在所有情景中，各区域都在降低儿童死亡率方面取得了进步，但是能否实现 2015 年的目标尚不清楚。经济增长更加快速，分配更加公平，伴随着教育和健康方面的更大投入，这些最显著的进步预计出现在可持续发展优先和政策优先下。相反的原因，最小的进步是在安全优先下。更高的人口增长使 5 岁之前儿童死亡绝对数更高。
目标 5 提高产妇健康水平	与儿童死亡率相类似，尽管所有情景中世界各区域在产妇健康水平方面都有所改善，但是并不肯定 2015 年的目标能够实现。由于相同的原因，最显著的改善预计出现在可持续发展优先和政策优先情景中，而安全优先情景中，进步最缓慢。
目标 6 抗击 HIV/AIDS、疟疾和其他疾病	全球艾滋病病毒感染率在 21 世纪增长主要发生在亚太、非洲和东欧局部地区，随后在所有情景中于 2010 — 2015 年达到顶峰。艾滋病死亡率的顶峰发生在几年之后，安全优先情景中死亡率最高，而可持续发展优先情景中死亡率最低。不同情景间死亡率的差异不仅说明安全优先情景中更高的感染率，而且反映出较低效的公共健康服务，而这决定了感染人群能存活多久和保健水平。疟疾和其他主要疾病在不同情景中呈现类似规律。这部分反映了不同情景中预期寿命的差异（图 9.36）。
目标 7 确保环境的可持续性	在市场优先和安全优先情景中，可持续发展原则的一体化进展是有限的。政策优先和可持续发展优先情景出现了显著的进步。市场优先和安全优先情景中巨大的人口总量，以及更加不平等的收入分配，意味着大量的贫困居民。相对缺乏解决他们问题的具体政策也表明改善这些群体生活水平的进展较少。至于环境可持续性的具体措施，从安全优先到市场优先，到政策优先，再到可持续发展优先，呈现出越来越积极的趋势。
目标 8 建立发展全球伙伴关系	在市场优先情景中，这个目标可以取得有限的进展；如果出现这方面的进展，主要出现在经济增长的发展方面。安全优先情景中几乎没有什么进步，因为群体越来越关注地方问题。在政策优先和可持续发展优先情景中，在建立发展全球伙伴关系方面将取得很大的进展。政策优先情景主要是建立和扩大了相对集中的机构。在可持续发展优先情景中，在国际、区域、国家以及地区层次建立了更多补充性制度，而且采用了更广泛的发展定义。

注：* 上面表格中展示的结果是结合各情景的文字和数字。某些结果，尤其是目标 8 反映的是假定结果，而不是情景结果。

** 联合国（2003）描述了具体的目标和用来衡量这些目标实现情况的指标。

人类和环境的脆弱性。根据第7章中所讨论的关于共有物、小岛屿发展中国家和水资源压力的几个原型，特别是关于全球公域的例子，这些不同的原型导致不同情景存在明显的差异。

所有情景都展示了全球性公共物品所面临的挑战，只是方式不同和程度不同。诸如市场优先情景展示了巨大的挑战；除了人口和经济活动的增加之外，对社会和环境议题的关注相对较少。更根本的是，私有化增强趋势表明现在被视为共同财产的物品会越来越多地被私人控制。这可能会对环境保护产生正面或者负面的影响，但可以肯定这会导致更加有限的供应。安全优先情景中，全球公共物品将会从以下几个因素中受益：更低的经济活动水平、贸易减少、某些区域更加严格的管制。但是，在公共物品能获得的地区，公共物品很可能受到

图9.32 地区收入不足1美元/日的人口比例

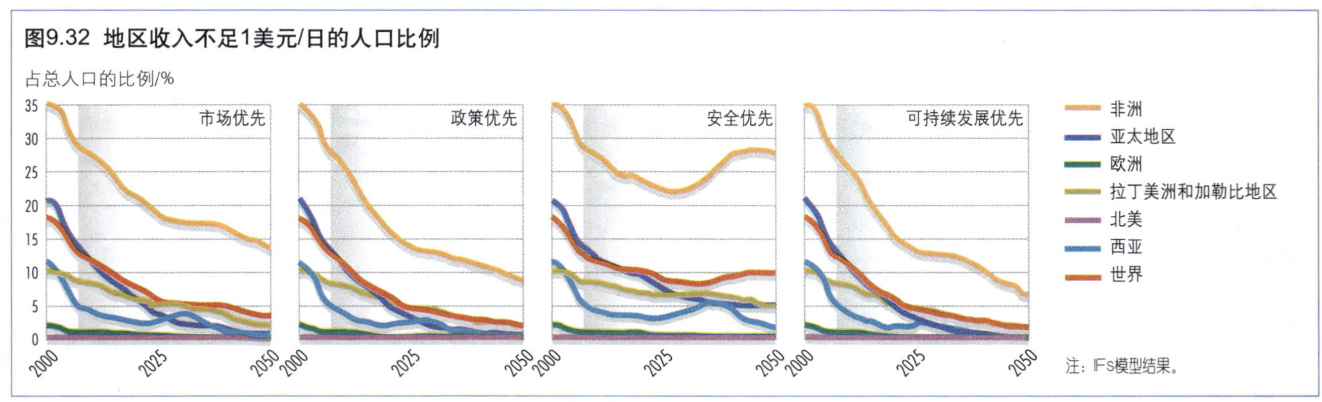

注：IFs模型结果。

图9.33 所选地区营养不良儿童比例

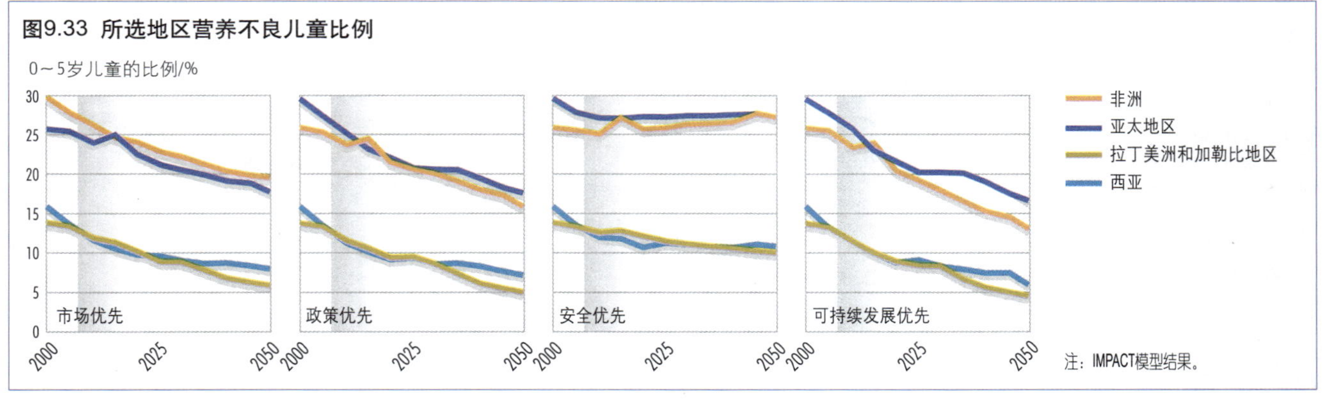

注：IMPACT模型结果。

图9.34 地区小学教育净入学率

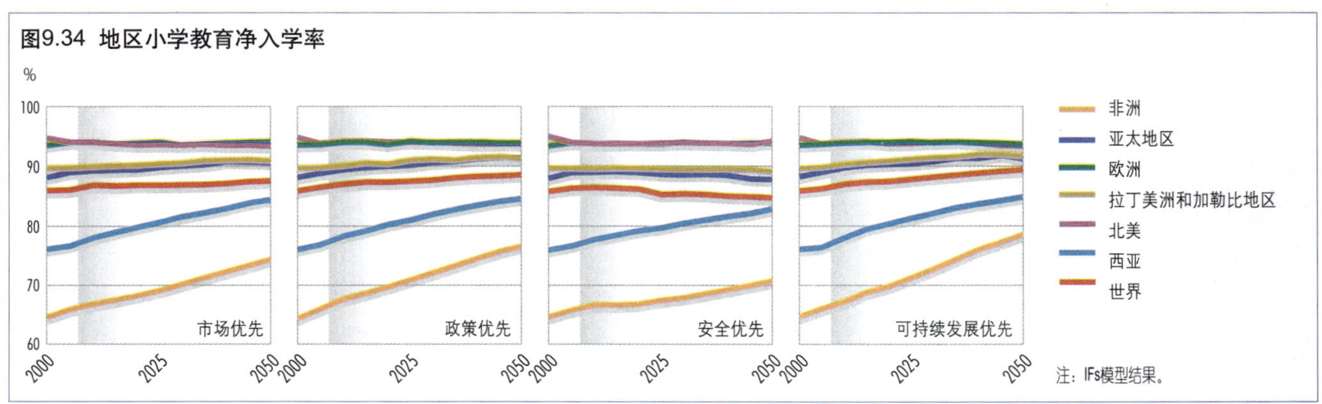

注：IFs模型结果。

图9.35 地区中小学教育入学性别比率

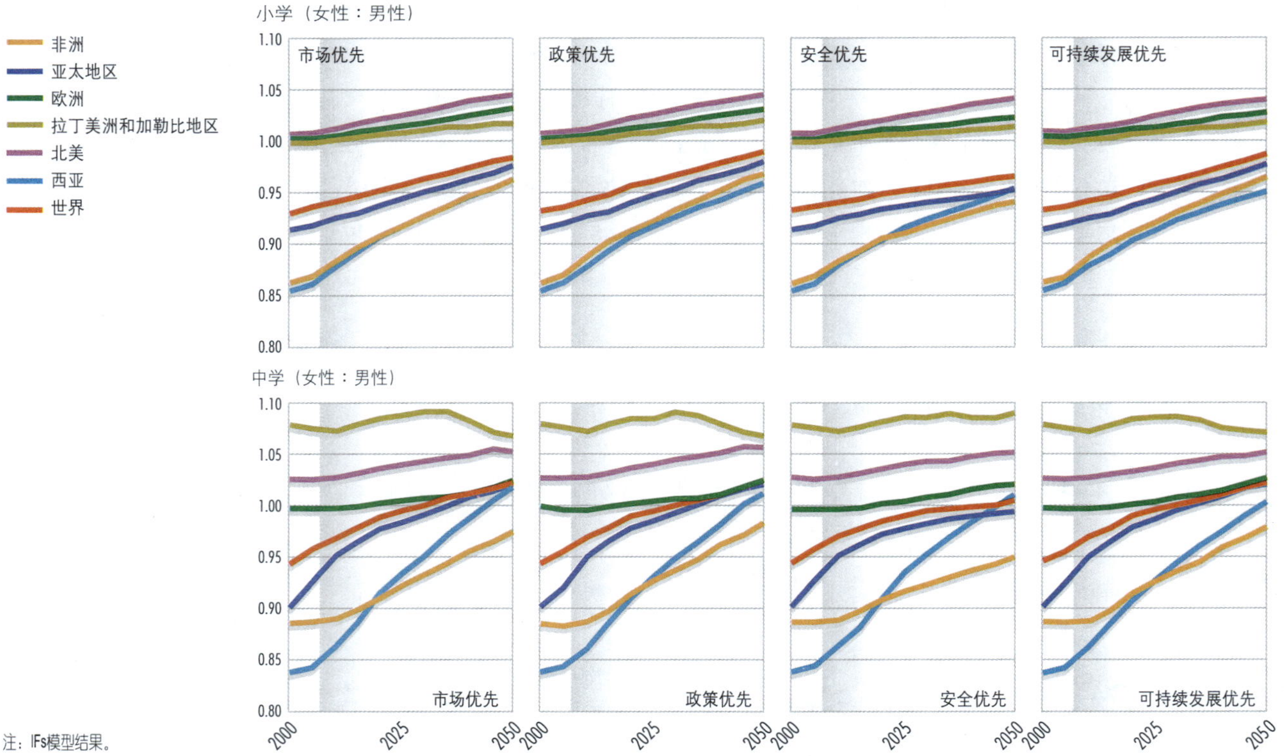

小学（女性：男性）

中学（女性：男性）

注：IFs模型结果。

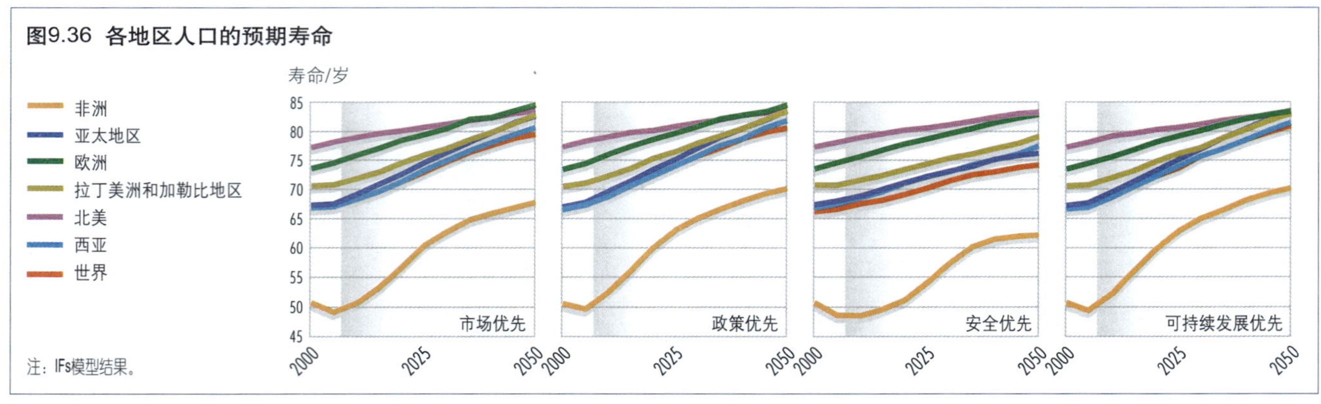

图9.36 各地区人口的预期寿命

注：IFs模型结果。

严重的影响。政策优先和可持续发展优先情景更多地关注公共财产的保护和利益分配。尽管如此，这些情景中较贫困地区的收入相对更快的增长，同时满足环境和人类福祉目标的要求可能会引发冲突，这对全球公共物品产生更大的压力。特别是满足不断增长的粮食和生物质燃料需求会导致森林和保护区面临日益增加的压力。这更容易发生在人口数量更多的政策优先情景中。

多数小岛屿发展中国家的命运与气候变化的影响，尤其是海平面上升密切相关。在任何一种情景中，这些国家的前景都不乐观（图9.16），都显示出到21世纪中期全球海平面再升高20 cm，这将会导致他们遭受更多的热带风暴和风暴潮袭击。然而在其他与小岛屿发展中国家脆弱性相关的因素中，不同情景间存在差异。安全优先情景中将会出现更多的人口，相对较低水平的国际贸易，较低的收入和更多的国际迁移限制。这些因素意味着小岛屿发展中国家严重的脆弱性。市场优先情景中的技术发展以及增加的贸易和流动性可以帮助降低脆弱性。在政策优先和可持续发展优先情景中，较贫穷的小岛屿发展中国家的较低幅度的人口增长和相对较大的收入增长，将会增强这些地区人口的适应能力。

水资源压力是所有情景中都面临的问题。随着人口增长，他们对服务的需求也增加，这是因为随着情景中更大的人口增长，自然引发对资源更大的需求。安全优先情景中所有地区缓慢的经济增长，以及可持续发展优先情景中富裕地区较低的增长，将会缓和对自然资源的需求。同样重要的是不同情景如何以不同的方式满足这些需求，包括通过增加供给和提高配送服务的效率。市场优先情景中，私有化、补贴的减少和水资源定价都降低了对水资源的有效需求。但该情景仍然重视增加供给，主要是运用科技为主的方法，如修建水坝、深钻打井取用地下水和修建大型海水淡化厂。安全优先情景采取相同的方式来满足供给的需要，虽然执行效率要低一些。此外，这些活动的环境影响很少受到关注，政府很少采取措施帮助脆弱群体应对这些影响。政策优先和可持续发展优先情景对减少整体水需求做出了更大的努力，尽管仍保留很多补助，甚至采取了很大措施来保证穷人能获得水资源。平衡（折中）的最终结果是面临水资源问题的人数可能稍微多一些，但人们应对这些问题的能力却提高了。

区域主要信息

世界上不同地区不一定面临同样的未来。正如本报告其他章节，尤其是第6章，所讨论的那样，世界不同区域面临明显不同的挑战。因此，在情景期内，关注的主要问题和发展的性质在不同区域也会不同。本节将概述不同情景得出的不同区域的主要信息。

非洲

在所有情景中，人口的增加仍旧是最主要的驱动力。人口分布、移民、城市化、年龄结构、增长和组成，将受到非洲和其他地区经济和移民政策的影响。另一个共同因素是实现由非洲发展新伙伴关系（NEPAD）所制定的能源目标不能忽视对环境的考虑。这包括开发更多的清洁能源、提高可靠和廉价的商业能源供给、降低供生产活动的能源费用，以及采取措施扭转农村地区使用传统燃料造成的环境退化趋势。这些将促进非洲联盟成员国能源经济一体化，以确保非洲发展新伙伴关系目标的实现，尤其是在考虑削减贫困策略时确保考虑能源供给的可持续性。

在市场优先和安全优先情景中，利益驱使的密集化农业活动和不可持续生产实践的强化分别导致严重的土地退化。这随后带来对环境和人类福祉的影响。市场优先情景中的私有化和部门间的合并促进了人类发展一些方面的改善，但是市场优先情景中有限的环境治理和全球化的权衡取舍表明，到2050年会出现显著的负面后果。安全优先情景中不当的经济政策会导致水、土地和矿产资源的过度开采。在政策优先情景中，环境和社会政策有助于实现环境管理和社会平等。在可持续发展优先情景中，价值体系、环境意识以及有利的人口、经济和技术发展趋势的积极变化会促进环境保护，使土地退化明显减缓。在政策优先和可持续发展优先情景中，由非洲发展新伙伴关系政策框架和非洲环境部长会议确定的有利的经济政策、区域整合和经济环境管理，为实现环境和人类发展目标提供了一个良好的环境。

所有情景分析结果都表明，政策对环境的影响需要时间，政府在制订、实施和监督政策方面应该加强机构和制度能力以避免政策的逆转。政策制定不应当是技术官员和技术专家的工作，而应是一个和公民、科学家及执行者不断进行对话、协商的过程。政策的出台也需要

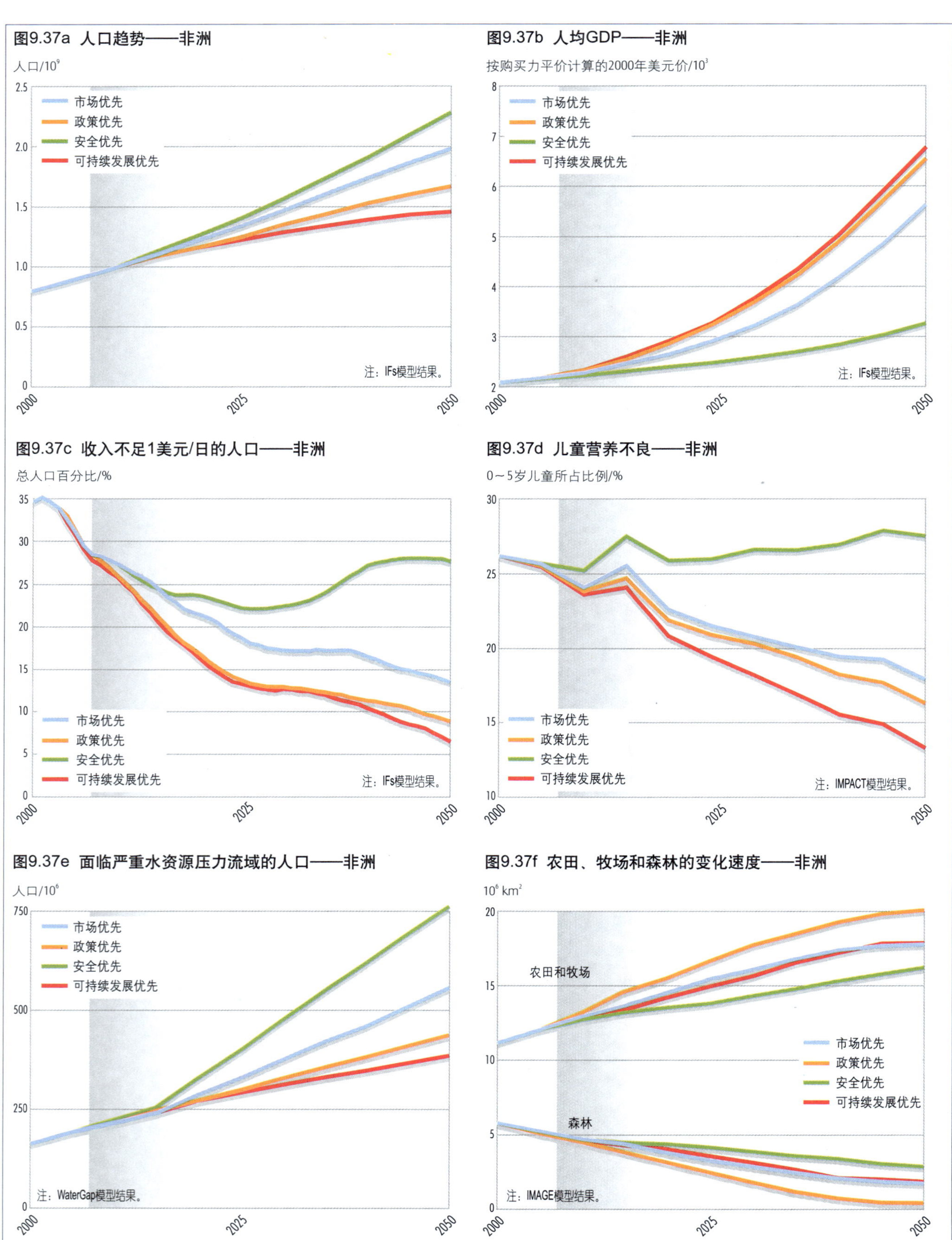

图9.37a 人口趋势——非洲
人口/10^9
市场优先
政策优先
安全优先
可持续发展优先
注：IFs模型结果。
图9.37b 人均GDP——非洲
按购买力平价计算的2000年美元价/10^3
市场优先
政策优先
安全优先
可持续发展优先
注：IFs模型结果。
图9.37c 收入不足1美元/日的人口——非洲
总人口百分比/%
市场优先
政策优先
安全优先
可持续发展优先
注：IFs模型结果。
图9.37d 儿童营养不良——非洲
0～5岁儿童所占比例/%
市场优先
政策优先
安全优先
可持续发展优先
注：IMPACT模型结果。
图9.37e 面临严重水资源压力流域的人口——非洲
人口/10^6
市场优先
政策优先
安全优先
可持续发展优先
注：WaterGap模型结果。
图9.37f 农田、牧场和森林的变化速度——非洲
10^6 km^2
农田和牧场
森林
市场优先
政策优先
安全优先
可持续发展优先
注：IMAGE模型结果。

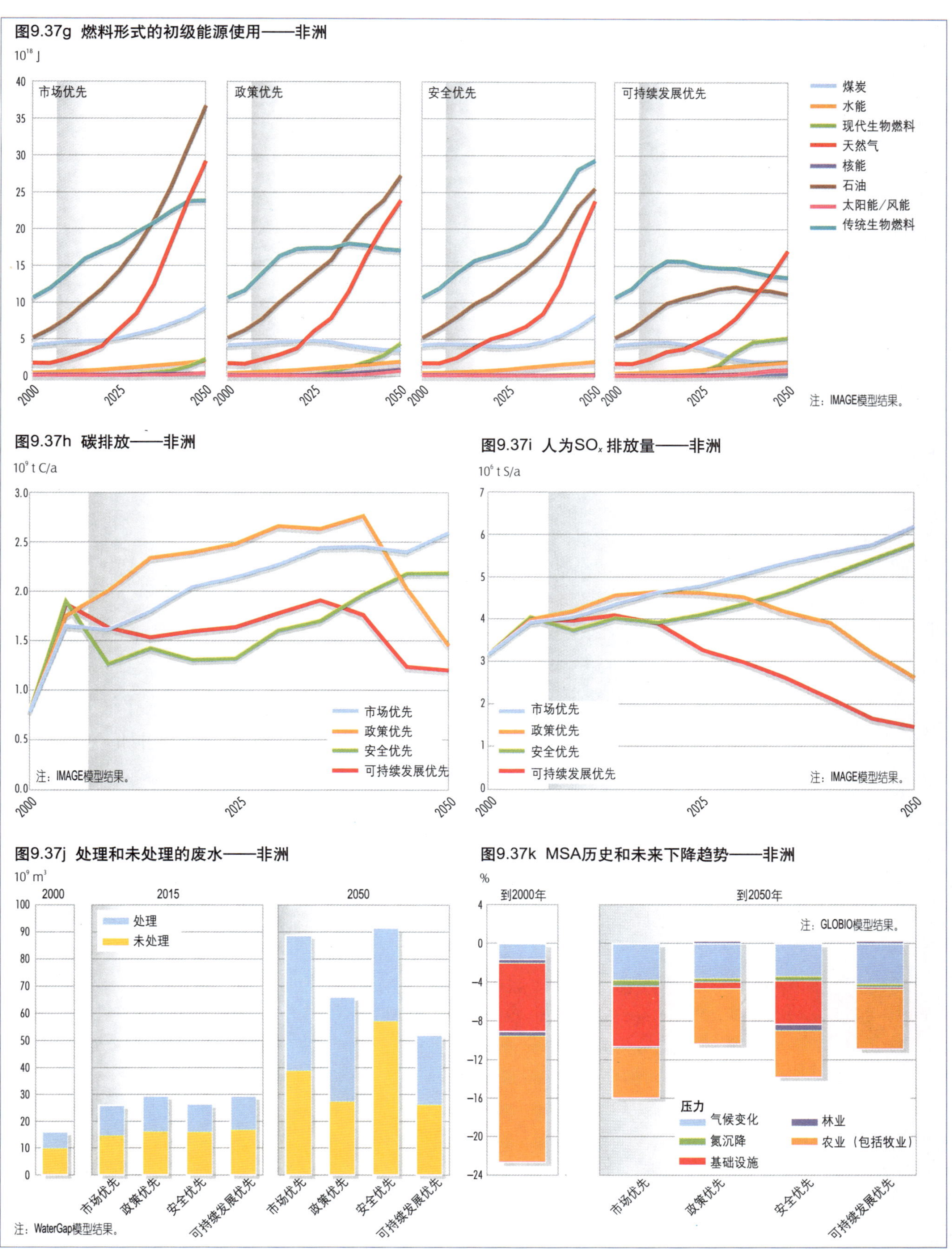
图9.37g 燃料形式的初级能源使用——非洲
10^{18} J
市场优先
政策优先
安全优先
可持续发展优先
煤炭
水能
现代生物燃料
天然气
核能
石油
太阳能/风能
传统生物燃料
注：IMAGE模型结果。
图9.37h 碳排放——非洲
10^9 t C/a
市场优先
政策优先
安全优先
可持续发展优先
注：IMAGE模型结果。
图9.37i 人为SO_x排放量——非洲
10^6 t S/a
市场优先
政策优先
安全优先
可持续发展优先
注：IMAGE模型结果。
图9.37j 处理和未处理的废水——非洲
10^9 m^3
2000
2015
2050
处理
未处理
市场优先
政策优先
安全优先
可持续发展优先
注：WaterGap模型结果。
图9.37k MSA历史和未来下降趋势——非洲
%
到2000年
到2050年
注：GLOBIO模型结果。
压力
气候变化
林业
氮沉降
农业（包括牧业）
基础设施
市场优先
政策优先
安全优先
可持续发展优先

价值体系的引导。将该地区的环境从目前的边缘位置转移到发展的核心是可持续发展的关键所在。图 9.37 展示了该地区可能的未来。

亚洲和太平洋地区

亚太地区存在这样一种威胁，即该地区居民的财富和物质福利日益增长可能是以环境退化和资源耗竭为代价的，除非采取合适的对策。市场优先情景中该地区平均生活水平提高，但是海洋鱼类的多样性和稳定性受到威胁，水资源稀缺加重，而且污染控制努力赶不上不断增加的污染压力。在政策优先情景中，物质福利也有所增加，而政府强调资源节约和环境保护的中央集权政策缓解了这种情况下的负面影响。可持续发展优先情景中，该地区居民的生活水平也得到提高，然而人口数量稳定并且个体消费要比市场优先和政策优先情景中少。因此，可持续发展优先情景对自然环境的压力要小于其他两种情景。

在繁荣经济和恢复保持环境质量中，政府管理将发挥关键作用。安全优先情景中治理的崩溃会导致所有经济福利指标的下降，以及环境状态的恶化。水资源匮乏冲突会加剧，海洋渔业产量下降，大气及水体质量恶化。相比之下，其他情景中都引入了新管理结构，如亚洲太平洋环境与发展共同体（Asia Pacific Community for Environment and Development），为环境目标的实现提供了政治手段。可持续发展优先情景认为，如果由共同体而不是中央政府组成这些管理结构，它们将更加有效。

所有情景都表明，技术和研究投资是该区域可持续发展的关键所在。这将会带来能源效率、水资源利用效率和资源消费效率的提高，减轻自然环境的负担。图 9.38 展示了亚太地区未来的可能性。

欧洲

四种情景以不同方式展示了欧洲对于环境变化的脆弱性。在所有情景中，欧洲都不是经济发展的主要动力，但是却通过对环境和可持续发展技术的支持，以及环境领域的管理和危机管理经验，对世界其他地区产生影响。然而，在不利的条件下，欧洲可能会依赖政策联盟和其他区域的自然资源。

四种情景所揭示的一个特别的不确定性在于未来的移民及其将如何影响欧洲人口的增长，尤其是在与世界其他地区的相互作用中。人口老龄化成为重要的问题，然而同样重要的是确定未来教育和研究项目的范围，从而可以降低欧洲人才流失的可能性及增强环境相关的创新和技术研发。情景分析显示这样的发展存在重要的机会，在更广大区域内帮助调整和克服众多的社会经济或环境危机。然而，能够起到这种作用的研发和教育项目投资水平可能会相当高。

四种情景中的两种环境变化会给欧洲的社会和自然带来负面的影响。在市场优先情景中，人们在全球化经济中追求更高的生活水平会带给欧洲西部地区更高的生产效率，但该地区的消费水平也随之升高。温室气体排放明显增加，生物多样性下降，以及水资源压力加大。由于不同的原因，安全优先情景中很多环境现状和趋势指标将变得不那么有利。在该情景中，欧洲将会出现制度及环境污染控制上的整体削弱。低效能源使用和来自土地的高水平污染物扩散导致了温室气体排放的大量增加。在这两种情景中，废水排放和栖息地的破坏给水生生态系统带来日益增加的压力。

政策优先和可持续发展优先情景显示了欧洲可实现可持续未来的不同发展途径。一条途径是更加熟练地应对气候变化和其他危机；另一条途径是进一步强化欧盟政策活动，并且把这些政策向东欧地区扩展。强有力的策略包括技术交流、综合管理和利益相关者参与到决策过程。图 9.39 突出显示了欧洲未来的可能性。

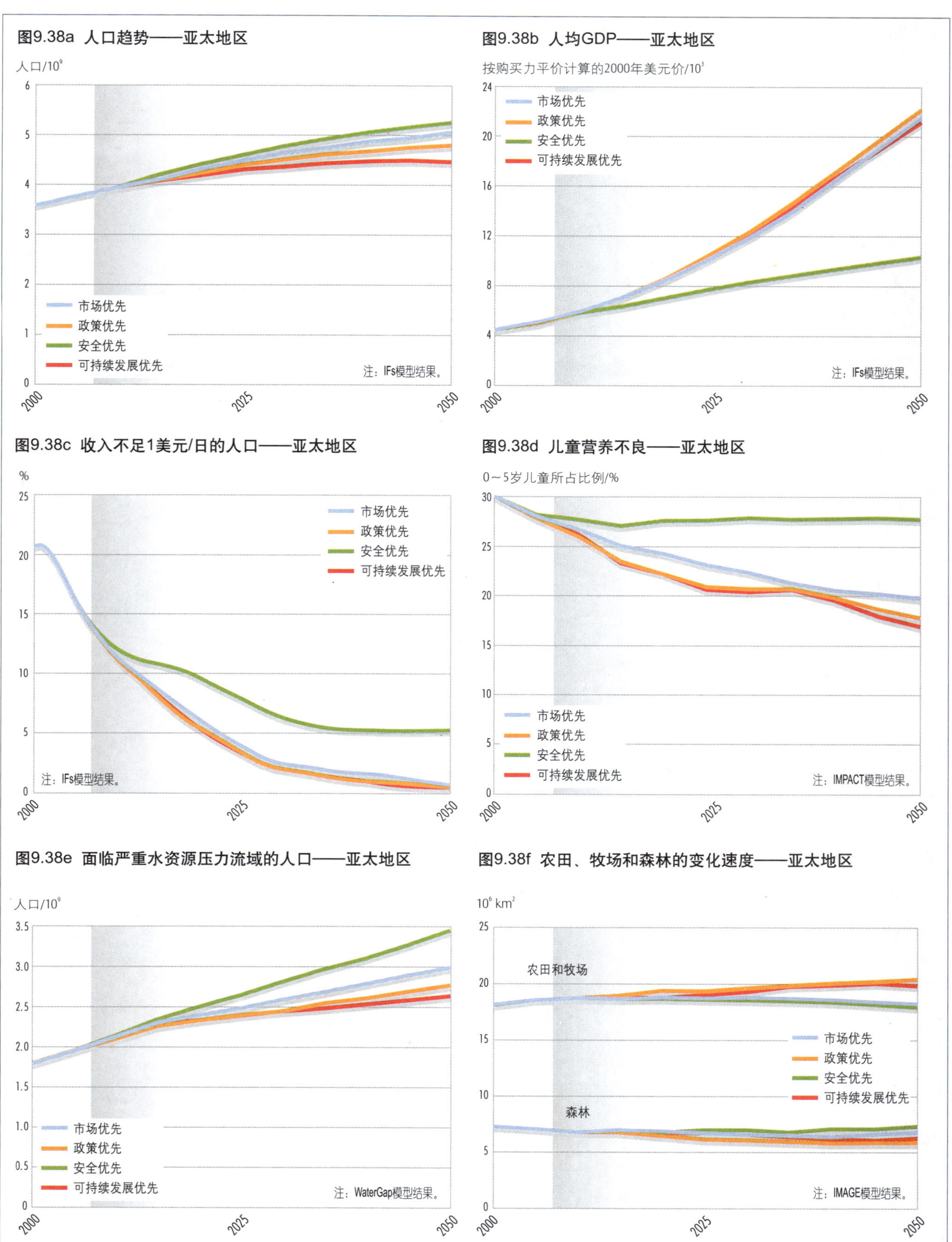

图9.38a 人口趋势——亚太地区
人口/10⁹
市场优先
政策优先
安全优先
可持续发展优先
注：IFs模型结果。
图9.38b 人均GDP——亚太地区
按购买力平价计算的2000年美元价/10³
注：IFs模型结果。
图9.38c 收入不足1美元/日的人口——亚太地区
%
注：IFs模型结果。
图9.38d 儿童营养不良——亚太地区
0～5岁儿童所占比例/%
注：IMPACT模型结果。
图9.38e 面临严重水资源压力流域的人口——亚太地区
人口/10⁹
注：WaterGap模型结果。
图9.38f 农田、牧场和森林的变化速度——亚太地区
10⁶ km²
农田和牧场
森林
注：IMAGE模型结果。

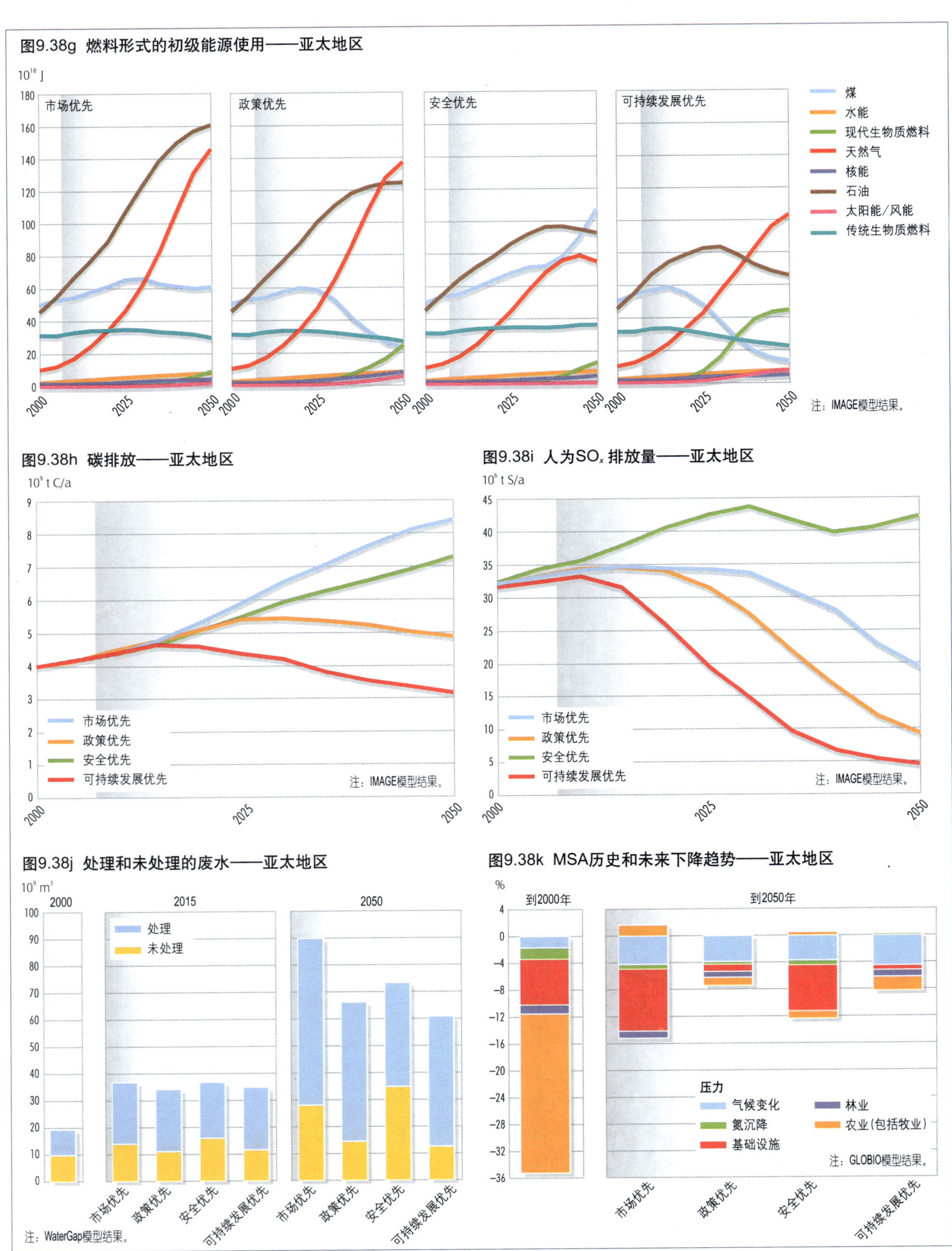
图9.38g 燃料形式的初级能源使用——亚太地区
10^{18} J
市场优先
政策优先
安全优先
可持续发展优先
煤
水能
现代生物质燃料
天然气
核能
石油
太阳能/风能
传统生物质燃料
注：IMAGE模型结果。
图9.38h 碳排放——亚太地区
10^9 t C/a
市场优先
政策优先
安全优先
可持续发展优先
注：IMAGE模型结果。
图9.38i 人为SO_x排放量——亚太地区
10^6 t S/a
市场优先
政策优先
安全优先
可持续发展优先
注：IMAGE模型结果。
图9.38j 处理和未处理的废水——亚太地区
10^9 m^3
2000
2015
2050
处理
未处理
市场优先
政策优先
安全优先
可持续发展优先
注：WaterGap模型结果。
图9.38k MSA历史和未来下降趋势——亚太地区
%
到2000年
到2050年
压力
气候变化
氮沉降
基础设施
林业
农业（包括牧业）
注：GLOBIO模型结果。
市场优先
政策优先
安全优先
可持续发展优先

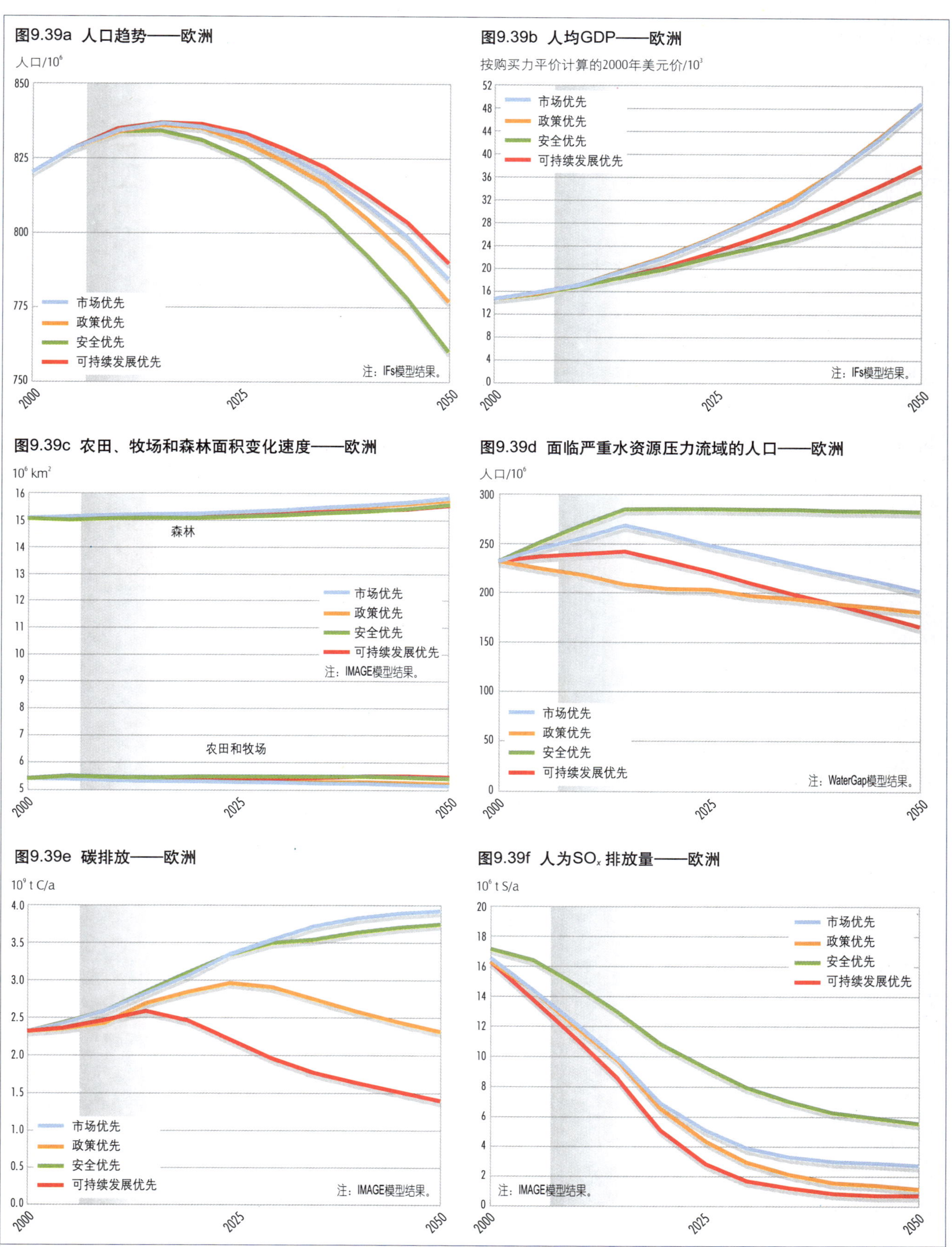
图9.39a 人口趋势——欧洲
人口/10^6
850
825
800
775
750
2000
2025
2050
市场优先
政策优先
安全优先
可持续发展优先
注：IFs模型结果。
图9.39b 人均GDP——欧洲
按购买力平价计算的2000年美元价/10^3
52
48
44
40
36
32
28
24
20
16
12
8
4
0
市场优先
政策优先
安全优先
可持续发展优先
注：IFs模型结果。
图9.39c 农田、牧场和森林面积变化速度——欧洲
10^6 km^2
森林
农田和牧场
市场优先
政策优先
安全优先
可持续发展优先
注：IMAGE模型结果。
图9.39d 面临严重水资源压力流域的人口——欧洲
人口/10^6
300
250
200
150
100
50
0
市场优先
政策优先
安全优先
可持续发展优先
注：WaterGap模型结果。
图9.39e 碳排放——欧洲
10^9 t C/a
4.0
3.5
3.0
2.5
2.0
1.5
1.0
0.5
0.0
市场优先
政策优先
安全优先
可持续发展优先
注：IMAGE模型结果。
图9.39f 人为SOx 排放量——欧洲
10^6 t S/a
20
18
16
14
12
10
8
6
4
2
0
市场优先
政策优先
安全优先
可持续发展优先
注：IMAGE模型结果。

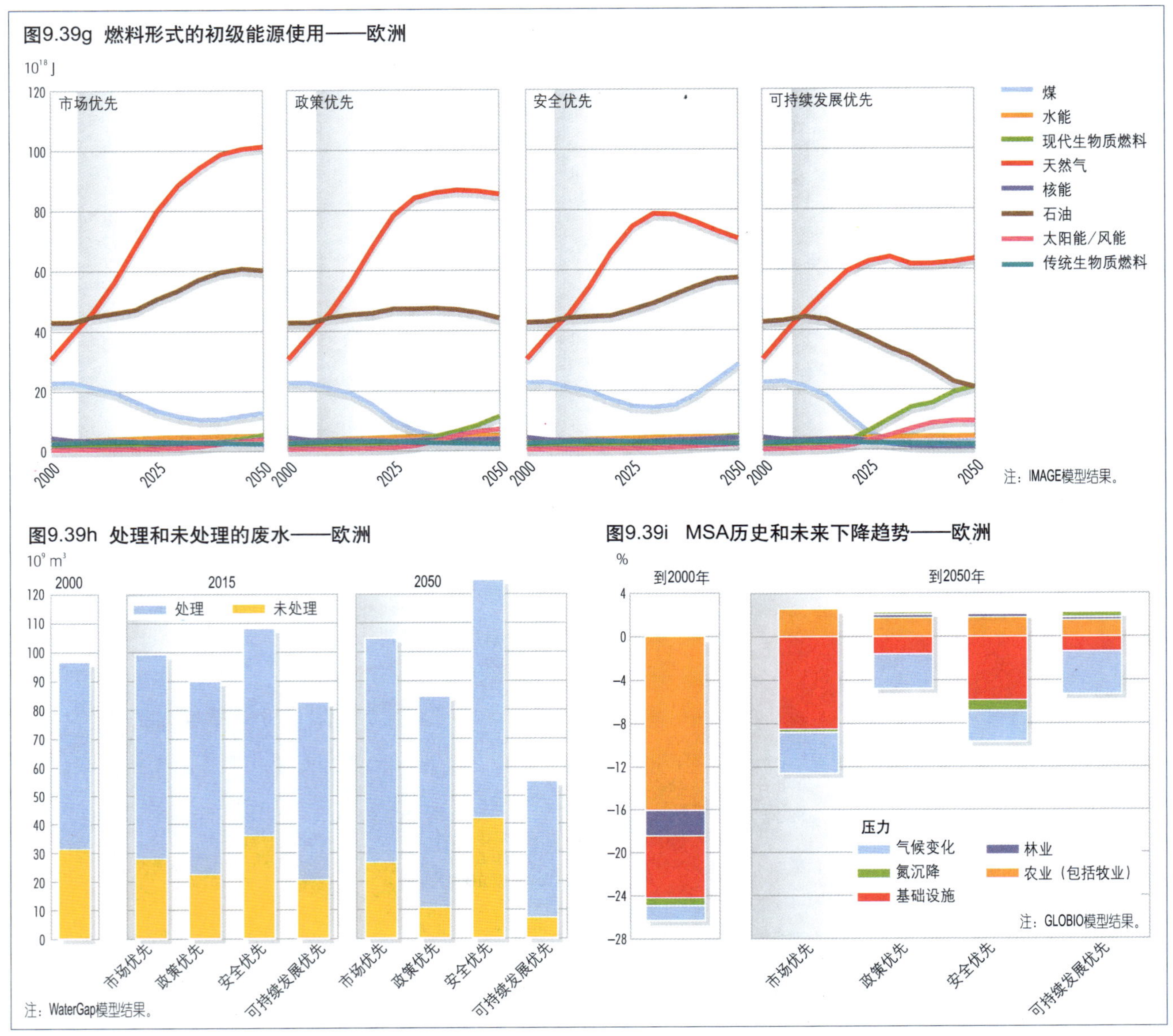

拉丁美洲和加勒比地区

从历史上看，拉丁美洲和加勒比地区经济政策和计划的执行往往会对社会、环境及自然资源施加额外的压力。在市场优先和安全优先情景中，尽管在生活水平低于1美元/日等的人口指标上没有明确的体现，但不公平和贫困明显加剧。政策优先情景中，这种情况有所缓和，而可持续发展优先情景中，不公平和贫困现象明显减少。在市场优先和政策优先情景中，对可持续发展来说外债仍是障碍；而且外债在安全优先情景中有显著的增加；在可持续发展优先情景中，外债将会降低，并在可控范围内。

森林和生物多样性代表该区域自然资源的重要组成部分，它们不仅对该地区，而且对全世界都有重要影响。市场优先情景中，森林砍伐增加和森林覆盖率下降明显，导致栖息地进一步减少和分割。在安全优先情景中，符合“精英”阶层利益的主要林区受到保护，但是保护区之外的森林砍伐快速增加。在政策优先情景中，森林采伐和栖息地分割现象有适当的减少，主要是由于规章和执行机制的改善。在可

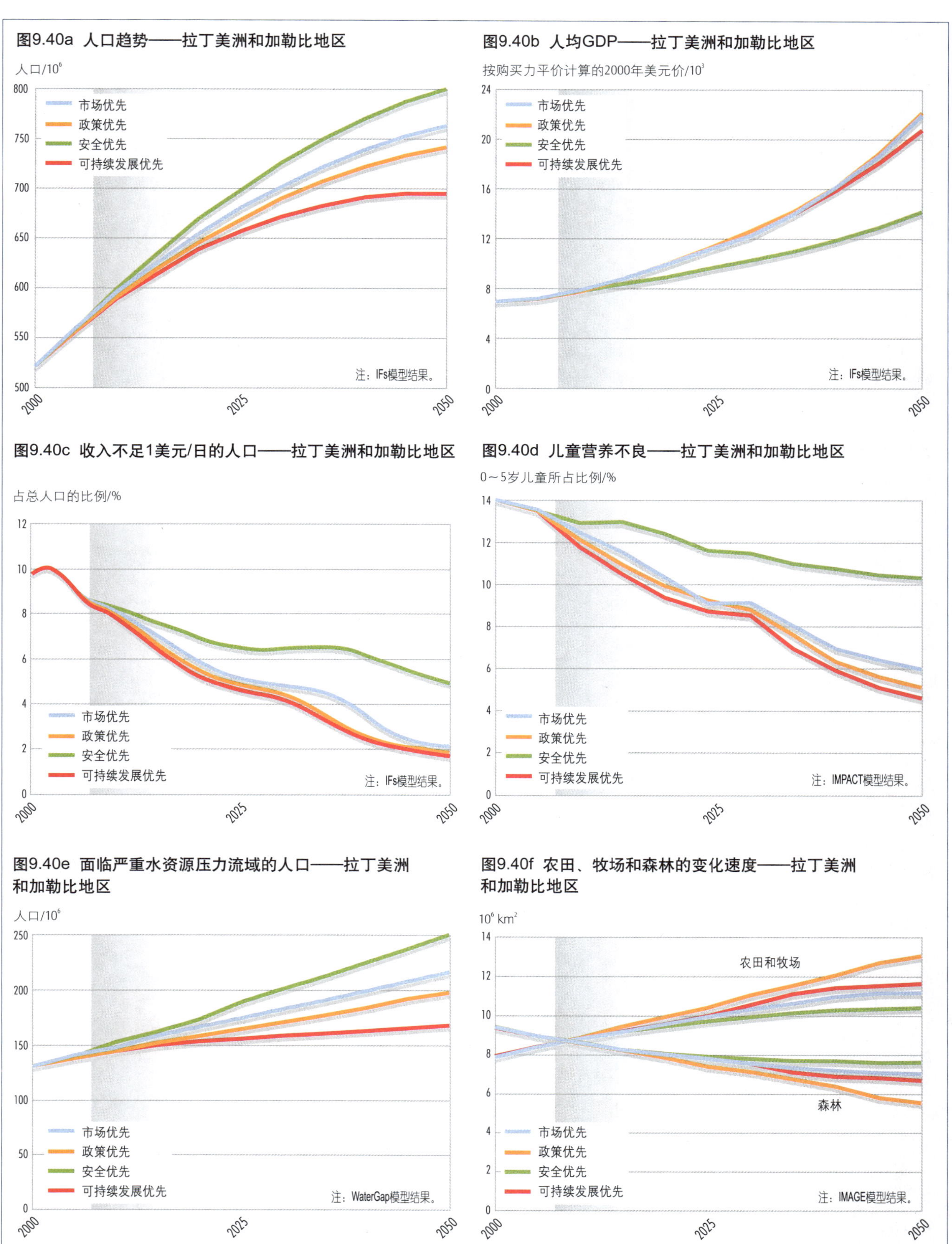
图9.40a 人口趋势——拉丁美洲和加勒比地区
人口/10⁶
800
750
700
650
600
550
500
市场优先
政策优先
安全优先
可持续发展优先
注：IFs模型结果。
2000
2025
2050
图9.40b 人均GDP——拉丁美洲和加勒比地区
按购买力平价计算的2000年美元价/10³
24
20
16
12
8
4
0
市场优先
政策优先
安全优先
可持续发展优先
注：IFs模型结果。
2000
2025
2050
图9.40c 收入不足1美元/日的人口——拉丁美洲和加勒比地区
占总人口的比例/%
12
10
8
6
4
2
0
市场优先
政策优先
安全优先
可持续发展优先
注：IFs模型结果。
2000
2025
2050
图9.40d 儿童营养不良——拉丁美洲和加勒比地区
0～5岁儿童所占比例/%
14
12
10
8
6
4
2
0
市场优先
政策优先
安全优先
可持续发展优先
注：IMPACT模型结果。
2000
2025
2050
图9.40e 面临严重水资源压力流域的人口——拉丁美洲和加勒比地区
人口/10⁶
250
200
150
100
50
0
市场优先
政策优先
安全优先
可持续发展优先
注：WaterGap模型结果。
2000
2025
2050
图9.40f 农田、牧场和森林的变化速度——拉丁美洲和加勒比地区
10⁶ km²
14
12
10
8
6
4
2
0
农田和牧场
森林
市场优先
政策优先
安全优先
可持续发展优先
注：IMAGE模型结果。
2000
2025
2050

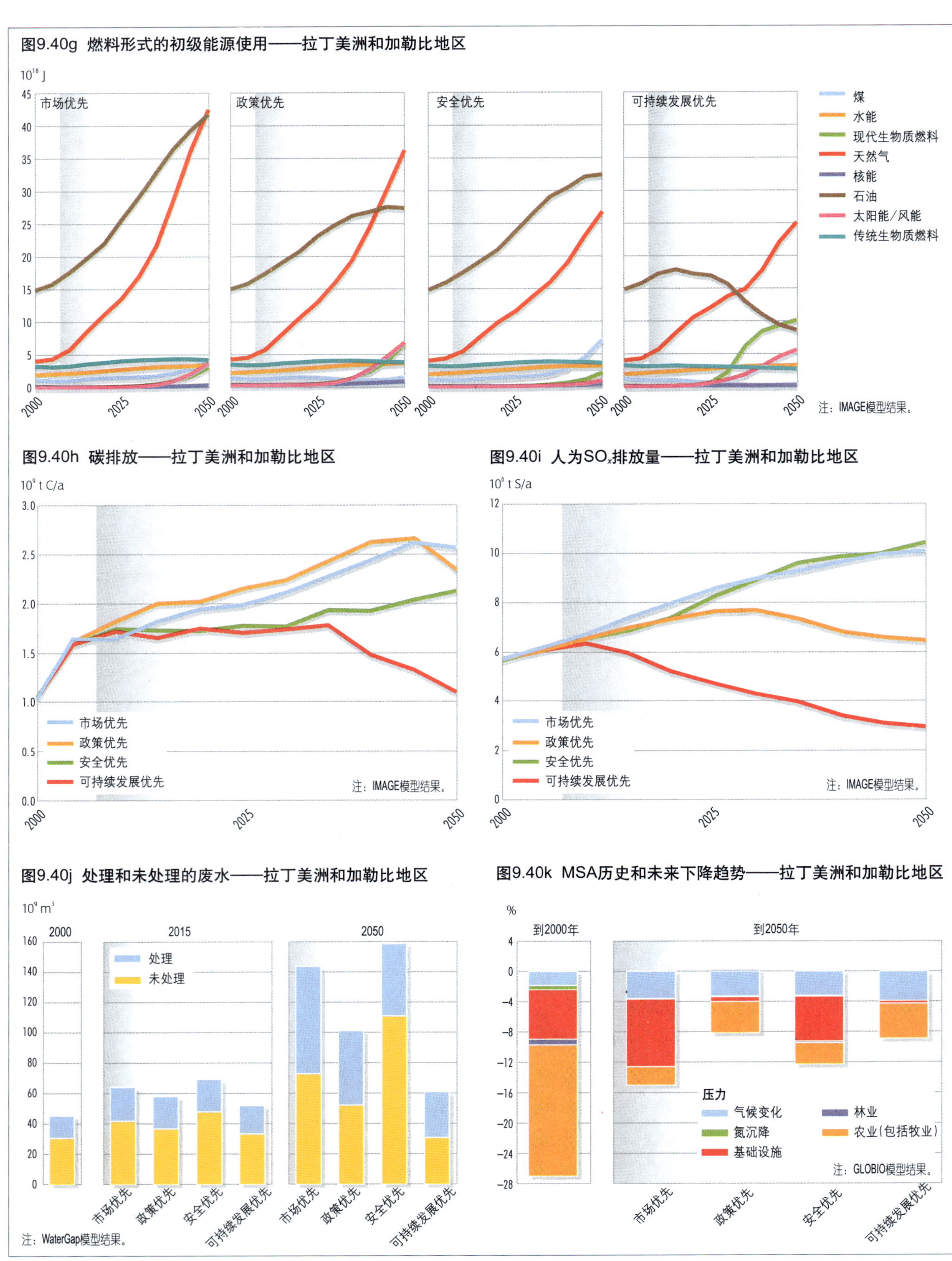

图9.40g 燃料形式的初级能源使用——拉丁美洲和加勒比地区

图9.40h 碳排放——拉丁美洲和加勒比地区

图9.40i 人为SO_x排放量——拉丁美洲和加勒比地区

图9.40j 处理和未处理的废水——拉丁美洲和加勒比地区

图9.40k MSA历史和未来下降趋势——拉丁美洲和加勒比地区

持续发展优先情景中，政府实施了森林生态系统恢复机制，遏制了这些重要栖息地的丧失和分割。

到2050年，四种情景分析结果是该地区水资源压力持续增加，但是可以识别出定性差异。在市场优先和安全优先情景中，地表水和地下水的质量和数量都下降；在政策优先情景中，因为投资于新节水技术会带来经济部门水利用的很大改善，使水资源取用量的增加得到缓解。在可持续发展优先情景中，在管理地区冲突、提高水资源利用效率和改变用水行为方面做出了特别努力。

在市场优先情景中，获得和控制能源资源仍然是冲突的主要来源，在安全优先情景中更是这样，因为两种情景在化石燃料之外的能源多样化和能源效率方面的改善非常有限。与此相反，政策优先情景促进更多地利用可再生能源以提高能源多样性、提高能源效率和促进区域能源合作，而可持续发展优先情景加强了这些努力。

城市化也是一个主要驱动力，在发展中国家里，拉丁美洲和加勒比地区是城市化程度最高的地区。在四种情景中城市化进程都继续发展，但仍存在明显的差异。市场优先和安全优先情景将出现难以控制的城市化扩张；政策优先情景中，城市化无序局面有所减轻。可持续发展优先情景中，根据城市发展的长期规划，城市化主要出现在中小城市。

市场优先情景中，区域内和向北美的人口迁移压力持续增加，主要是因为很多群体的社会条件发生恶化。在安全优先情景中，边境地区的人口迁移压力有所增加，但是移民立法更加严格。在政策优先和可持续发展优先情景中移民压力减小。在可持续发展优先情景中，移民外国更趋向于是一种选择而非必需。图9.40展示了该地区未来可能的情景。

北美

所有情景之间，互相区别的关键特征是这个地区积极地应对环境问题及其协调的程度。正如市场优先情景展示的那样，市场在产品创新和应对消费者需求满足上卓有成效。然而，如政策优先情景显示的那样，如果没有政策引导，市场在提供环境问题的解决对策方面并不是非常有效。如果有市场优先情景中的市场活力和政策优先情景中的政策导向，再进一步加上可持续发展优先情景中的文化意识和社会参与，那么民间社会将能促进私有部门和政策制定者在环境领域取得更大的成绩。

在温室气体排放方面，各个情景存在着显著的差别。相比市场优先情景，政策优先情景中的温室气体排放量将近减半，而可持续发展优先情景中减少得更多。在水资源方面，可持续发展优先和政策优先情景相比安全优先和市场优先情景显示出更积极的对策。在后两种情景中，主要蓄水层和地表水资源的退化已经敲响警钟，尤其是农业部门和生活用水，这是因为有越来越多的人生活在存在水资源压力的流域。

城市无序扩张、气候变化和水资源问题给北美地区决策能力提出了挑战。这些问题并不集中，比较分散，但会慢慢恶化而且严峻。它们需要很多不同的、不一致的参与者采取行动，并需要重新思考社会进步和人类福祉的概念。

因此，如果没有更加坚决和自觉的努力，北美洲保护和保持淡水资源、转向低碳经济、打破土地更集约化发展所需要的措施就将无法到位。解决这些问题最终需要雄心勃勃的政策，如基于市场机制来评估流域等自然资源的价值，支持科技创新，以及超前思考"明智增长"策略。此外，正如可持续发展优先情景显示的那样，对于这些问题，文化和个人意识的觉醒，以及对问题对策的敏感性，或许是促进政策和市场领域做出回应的必备要素。可以想象的最坏情况就是情景中环境和社会经济条件恶化到一定程度，以至于无法补救。

最后，尽管可持续发展优先和安全优先情

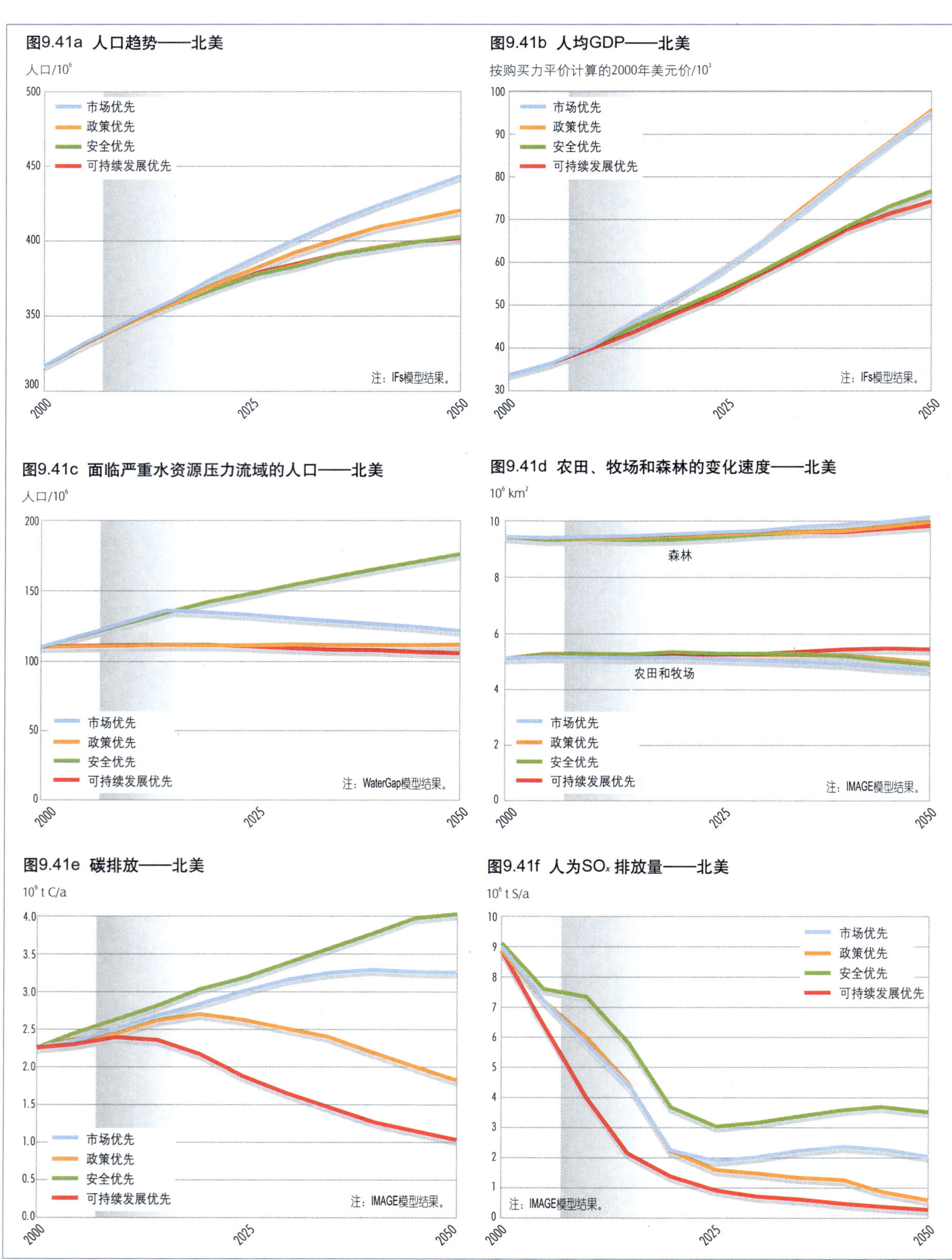
图9.41a 人口趋势——北美
人口/10⁶
500
450
400
350
300
市场优先
政策优先
安全优先
可持续发展优先
注：IFs模型结果。
2000
2025
2050
图9.41b 人均GDP——北美
按购买力平价计算的2000年美元价/10³
100
90
80
70
60
50
40
30
市场优先
政策优先
安全优先
可持续发展优先
注：IFs模型结果。
2000
2025
2050
图9.41c 面临严重水资源压力流域的人口——北美
人口/10⁶
200
150
100
50
0
市场优先
政策优先
安全优先
可持续发展优先
注：WaterGap模型结果。
2000
2025
2050
图9.41d 农田、牧场和森林的变化速度——北美
10⁶ km²
10
8
6
4
2
0
森林
农田和牧场
市场优先
政策优先
安全优先
可持续发展优先
注：IMAGE模型结果。
2000
2025
2050
图9.41e 碳排放——北美
10⁹ t C/a
4.0
3.5
3.0
2.5
2.0
1.5
1.0
0.5
0.0
市场优先
政策优先
安全优先
可持续发展优先
注：IMAGE模型结果。
2000
2025
2050
图9.41f 人为SOₓ 排放量——北美
10⁶ t S/a
10
9
8
7
6
5
4
3
2
1
0
市场优先
政策优先
安全优先
可持续发展优先
注：IMAGE模型结果。
2000
2025
2050

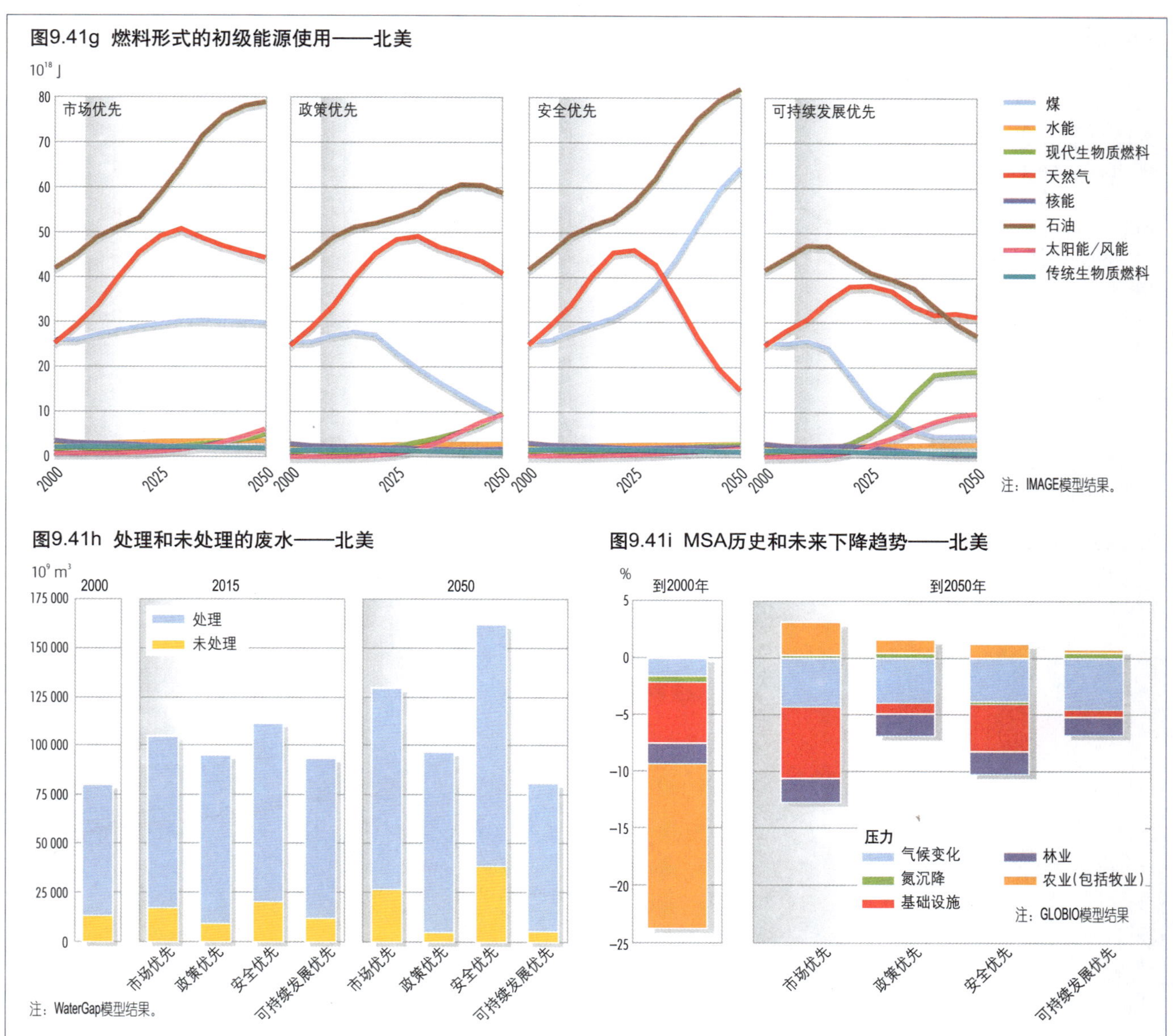

景中该区域的收入水平相似，然而可持续发展优先情景中，人们的生活质量更高。可以论证它好于市场优先和政策优先，尽管后两种情景中的收入更高。市场优先情景在为消费者提供产品方面相当成功；政策优先情景有助于确保环境影响的减弱；然而，在可持续发展优先情景中，在健康的环境和增强社会意识等非物质福利方面的投资，反映出一种强化的社会协议，这个协议提供更多公平获得重要资源的机会，如医疗保健、教育和政治决策。图9.41展示了该地区未来可能的情景。

西亚

四种情景展示了该区域社会可能遵循的不同发展道路和未来，以及与塑造人类福祉和环境变化未来的各种驱动力有关的复杂影响。市场优先情景对西亚来说是一个前途黯淡的情景；尽管市场优先情景提高了资源效率和社会经济指标，然而西亚将面临大量环境、健康和社会问题，从长期看，它们将破坏经济的发展。

在政策优先情景中，政府对市场力量采取了很严格的政策约束，使它们对环境和人类福祉的不良影响最小化。政策评估、管制框架和

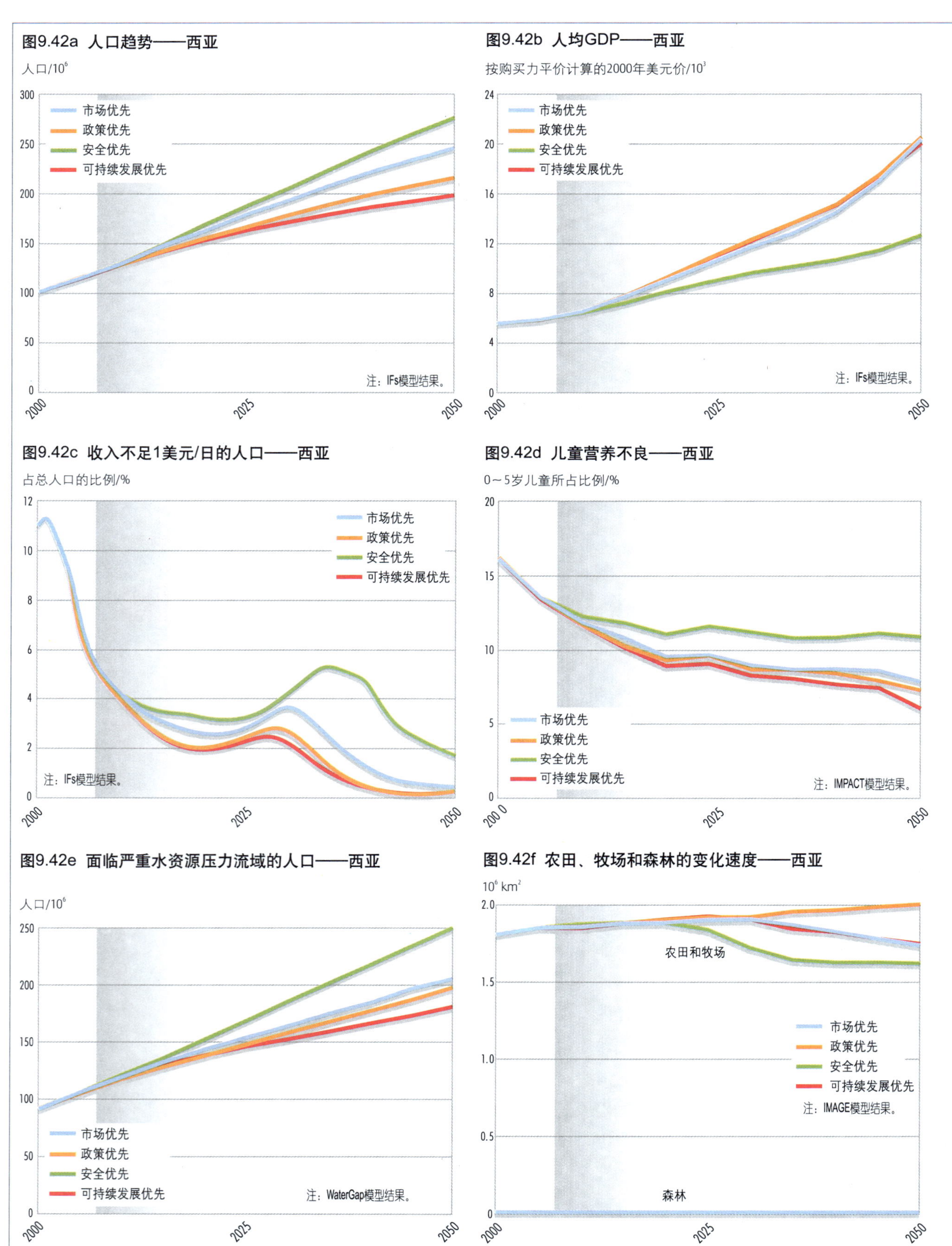
图9.42a 人口趋势——西亚
人口/10⁶
300
250
200
150
100
50
0
市场优先
政策优先
安全优先
可持续发展优先
注：IFs模型结果。
2000
2025
2050
图9.42b 人均GDP——西亚
按购买力平价计算的2000年美元价/10³
24
20
16
12
8
4
0
市场优先
政策优先
安全优先
可持续发展优先
注：IFs模型结果。
2000
2025
2050
图9.42c 收入不足1美元/日的人口——西亚
占总人口的比例/%
12
10
8
6
4
2
0
市场优先
政策优先
安全优先
可持续发展优先
注：IFs模型结果。
2000
2025
2050
图9.42d 儿童营养不良——西亚
0～5岁儿童所占比例/%
20
15
10
5
0
市场优先
政策优先
安全优先
可持续发展优先
注：IMPACT模型结果。
2000
2025
2050
图9.42e 面临严重水资源压力流域的人口——西亚
人口/10⁶
250
200
150
100
50
0
市场优先
政策优先
安全优先
可持续发展优先
注：WaterGap模型结果。
2000
2025
2050
图9.42f 农田、牧场和森林的变化速度——西亚
10⁶ km²
2.0
1.5
1.0
0.5
0
农田和牧场
森林
市场优先
政策优先
安全优先
可持续发展优先
注：IMAGE模型结果。
2000
2025
2050

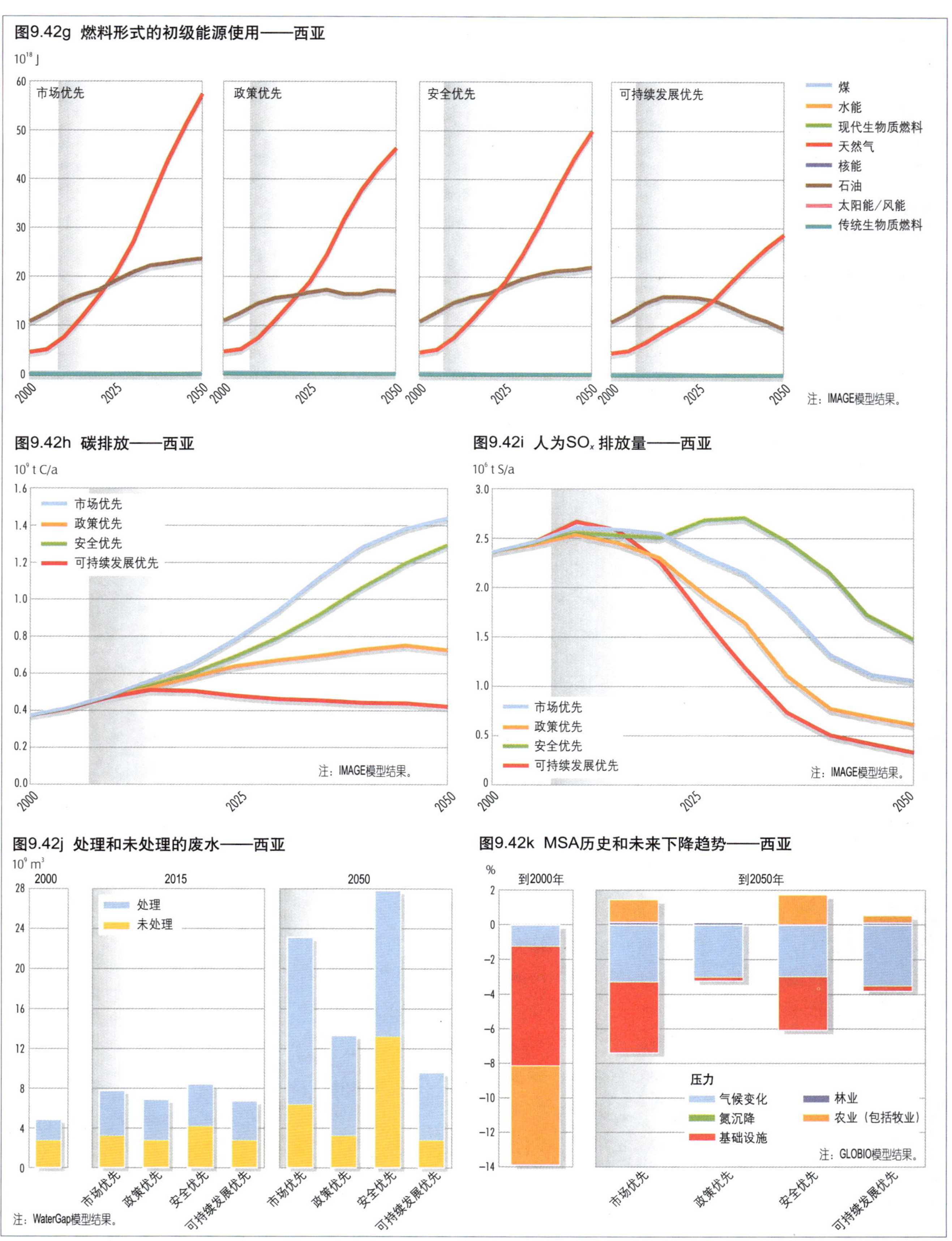
图9.42g 燃料形式的初级能源使用——西亚
10^{18} J
市场优先
政策优先
安全优先
可持续发展优先
煤
水能
现代生物质燃料
天然气
核能
石油
太阳能/风能
传统生物质燃料
注：IMAGE模型结果。
图9.42h 碳排放——西亚
10^{9} t C/a
市场优先
政策优先
安全优先
可持续发展优先
注：IMAGE模型结果。
图9.42i 人为SO_x排放量——西亚
10^{6} t S/a
市场优先
政策优先
安全优先
可持续发展优先
注：IMAGE模型结果。
图9.42j 处理和未处理的废水——西亚
10^{9} m^3
处理
未处理
市场优先
政策优先
安全优先
可持续发展优先
注：WaterGap模型结果。
图9.42k MSA历史和未来下降趋势——西亚
%
到2000年
到2050年
压力
气候变化
氮沉降
基础设施
林业
农业（包括牧业）
市场优先
政策优先
安全优先
可持续发展优先
注：GLOBIO模型结果。

规划进程都考虑环境和社会成本，以实现更大程度的社会公平和环境保护，从而减少了环境退化并提高了人类福祉。然而，投资政策的压力依旧很高。

在安全优先情景中，从区域、国家和地区来看，政治紧张及冲突长时间内还没有得到解决，这也是市场优先下的一个极端情况。它们依旧是主要驱动因素，对区域总体发展产生负面影响，最终将导致该地区社会和经济结构的瓦解。为了满足安全需求，牺牲了人类福祉、环境和自然资源。

在可持续发展优先情景中，管理的改善和社会、经济、环境政策间持续的联系为区域可持续性变化问题提供了解决方案。在国家、区域和跨区层面上的整合、合作和对话取代了紧张关系和武装冲突。人类福祉和环境成为规划的中心要素，各国政府采用长期综合战略规划，目标是实现更高的生活质量和健康的环境。大力投资于人力资源的开发，目的是建立一个知识型社会。主要资金将用于科技研究和开发，以解决共同的社会、经济和环境问题。

四种情景的共同特征在于水资源压力、土地退化、粮食安全和生物多样性持续丧失，尽管由于区域普遍的自然干旱及其脆弱的生态系统，以及人口规模和增长速度所带来的压力，使得眼下这些问题正以不同的速度出现。伴随着连续监控、评估及能力建设，积极适应性管理将是应对和适应未来人类及环境压力所必需的。

也许这些情景给予该地区各国最重要的政策教训在于，投资于人力资源和研究与开发、改善管理、进行区域合作和整合，是该地区通往可持续发展漫长而复杂道路上的关键性问题。图 9.42 展示了该地区未来的可能情景。

极地

在所有情景中，气候变化是贯穿南北极所有次区域的最主要问题。在情景期内及2050年以后，气候变化仍有长期和加速的影响。气候变化对极地的影响远远超越极地地区各次区域，在情景期内及之后将产生重要的全球影响，如严重干扰海洋生态系统、海平面上升以及危害全球数以百万计的海岸居民的可持续性。在四种情景中，全球气候变化的后果和影响预计到2050年基本上都一样。这主要是由于极地和全球海洋系统巨大的惯性，它们对气候变化的反应有几十年的时间滞后。不同情景间的差异只在2050年之后变得明显，这是因为政策优先和可持续发展优先情景中确立了显著削减碳排放量的新目标。

极地以冰块的形式保存了全世界大约 70% 的淡水。而全球气候变化将导致流向北冰洋和大西洋的年均淡水流量增加，这在情景间存在着明显的差异，在市场优先情景中，平均淡水流量将从目前的每年 4 600 km^2 增加到 2050 年的将近每年 6 000 km^2。

极地是全球的仓库，有巨大的开采潜力。各次区域间以及在不同的情景中存在显著的差异，从市场优先情景中广泛而巨大的破坏性开采，到安全优先情景中地方性密集开采以及政策优先情景中更加克制和明智的开采。在市场优先和安全优先情景中，随着越来越容易接近极地生态系统和对极地资源的整体需求持续增长，全球最后一块原始荒野区及其独特的生物多样性面临破坏的风险，不过在政策优先情景中很多独特区域得到了保护，而在可持续发展优先情景中，则出现了极地生态系统缓慢地恢复（图9.43）。市场优先情景中，人们越来越多地把极地视为全球资源或者商品，包括南极地区。此外，它还建立了（无论是有害垃圾还是旅游者）从全球其他区域流向极地的通道，不同情景间，这些通道存在明显的差异。

北极土著居民面对全球气候变化和自然资源开采带来的日益增长的压力，在安全优先情景中，土著居民的政治影响力出现下降；在可持续发展优先情景中，土著居民得到有力的授

图9.43 MSA历史和未来下降趋势——极地（格陵兰岛）

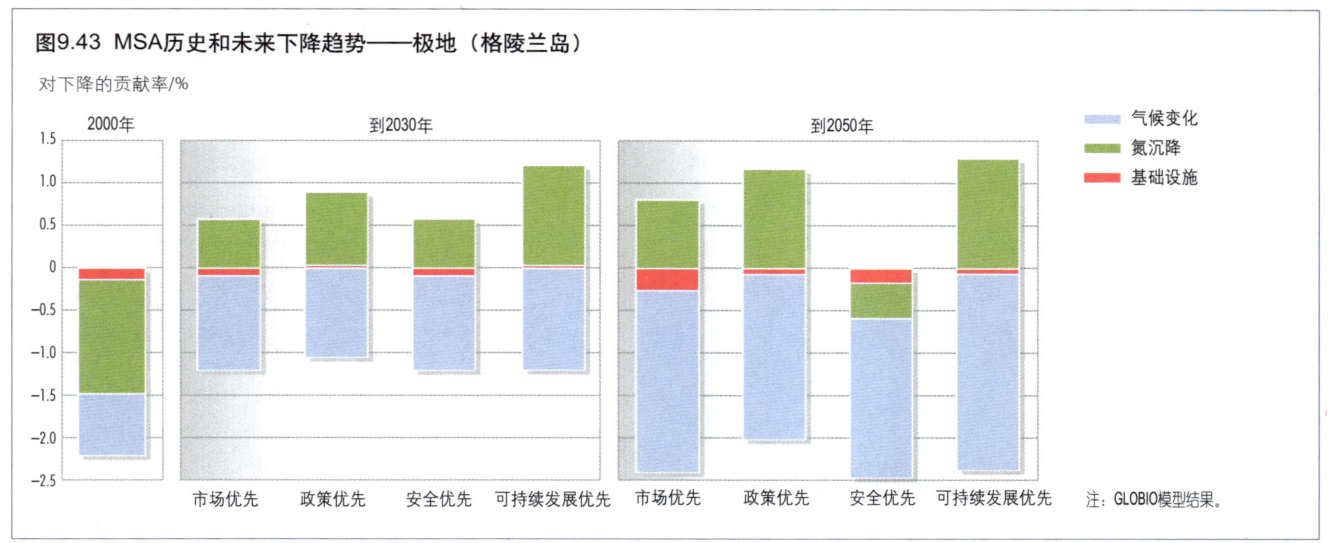

注：GLOBIO模型结果。

权；在市场优先情景中，他们令人吃惊地参与共同管理。在安全优先和市场优先情景中，地缘政治利益日益主导地方和土著民族的主权。可持续发展优先情景提倡政府统治体系权力下放，即把权力转向当地社区和土著民族，以便于他们采取适应性管理来维持生计和提高人类福祉。

极地资源长期可得性和生态系统稳定性很大程度上取决于可持续原则的执行。四种情景分析结果表明，极地和全球的人类活动如何交织在一起，以及全球只有采取共同的行动才能给予极地以不一样的未来。

未来的风险和机遇

《全球环境展望4》所有四种情景展示了未来的风险和机遇。特别重要的是超过阈值的风险、到达人类和环境关系转折点的可能性，以及追求更加可持续发展路径中的解决相互联系作用的需求。

全球变化——转折点和阈值

全球变化的特点在生活中随处可见——城市向郊区扩张、暖冬和不断增加的洪水事件及严重热浪中体现的气候变化，以及在世界偏远地区人造污染物的出现。虽然本章中的研究结果显示出这些变化仍将继续下去，但也表明很多关键指标的变化速度到21世纪中期将会减慢。变化继续发生，但变化的速度将会降低，这表明在人类与环境关系中存在一个潜在的转折点。同时，情景分析中所展示的实际变化水平可以迫使我们超过地球系统的阈值，导致突然、急剧或加速变化，并且很可能是不可逆转的变化。本书前几章所描述的案例，包括捕鱼业的崩溃、水生生态系统的富营养化和供氧不足、病虫害的出现、物种损失和外来物种的侵入、大范围农作物减产和全球气候变化。

为什么《全球环境展望4》四种情景展示的是速度减缓的变化？为什么不同情景间会存在差异？答案在于这些情景中驱动因子的发展趋势，如可持续发展优先情景中人口的稳定性，安全优先和可持续发展优先情景中经济活动总量更缓慢的增长。技术进步将提高发电效率、降低水配送系统的损失、提高农作物产量，虽然不同区域、不同的情景中这些因素的变化速度不一样。这些和其他方面的发展有助于减缓全球环境变化在某些方面的速度。

除了安全优先情景，在其他三种情景中，情景末期水资源取用量增加的速度将减慢（图9.44）。在情景期内，农田扩张和森林损失的速度平稳下降（图9.45和图9.46）。一些情景也展示了物种损失、温室气体和地球气温升高速度的减缓趋势（图9.47～9.49）。

尽管一些情况下变化速度减慢，但所有情景中变化的终点并不完全相同。例如，在市场优先情景中，水资源每年取用量超过6 000 km²，而在政策优先情景中不到4 000 km²（图9.44）。大气中CO_2浓度和全球表面平均气温也表现出同样的特点。预计到2050年，大气中CO_2的浓度从可持续发展优先情景中的大约475 ppm到市场优先情景中的超过560 ppm（图9.14）。对于地球表面平均气温，预计2050年温度增加的范围从可持续发展优先情景中超过工业化水平的1.7℃到市场优先情景中的2.2℃（图9.15）。最高的温度增长值超过了2℃这个阈值（见第2章），在这种情况下，气候变化影响将更加严重，造

图9.44 全球水取用量变化速度

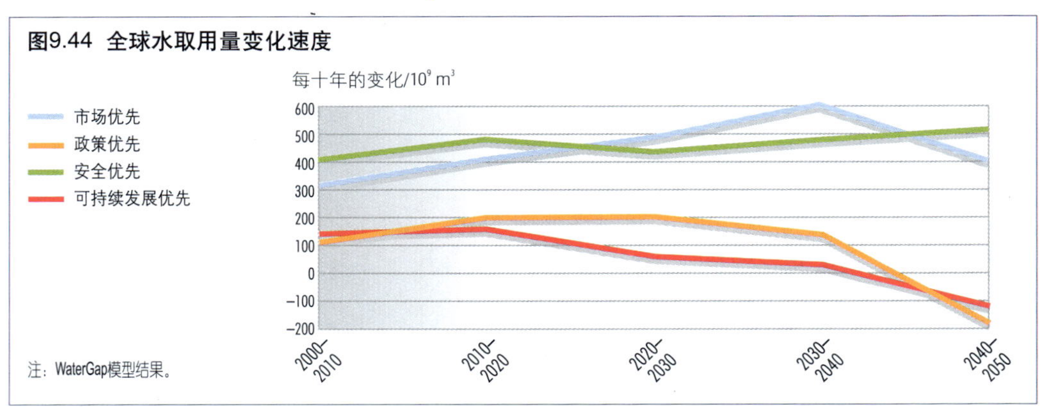

注：WaterGap模型结果。

图9.45 全球牧场和农田变化速度

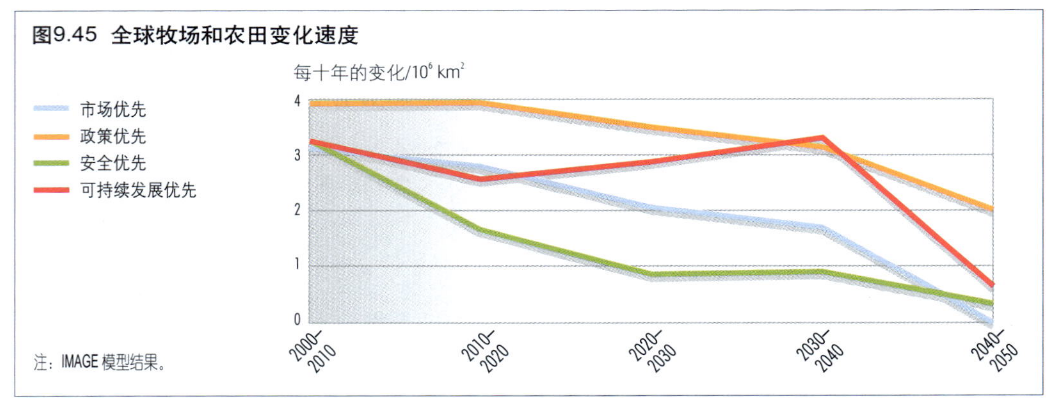

注：IMAGE 模型结果。

图9.46 全球森林面积变化速度

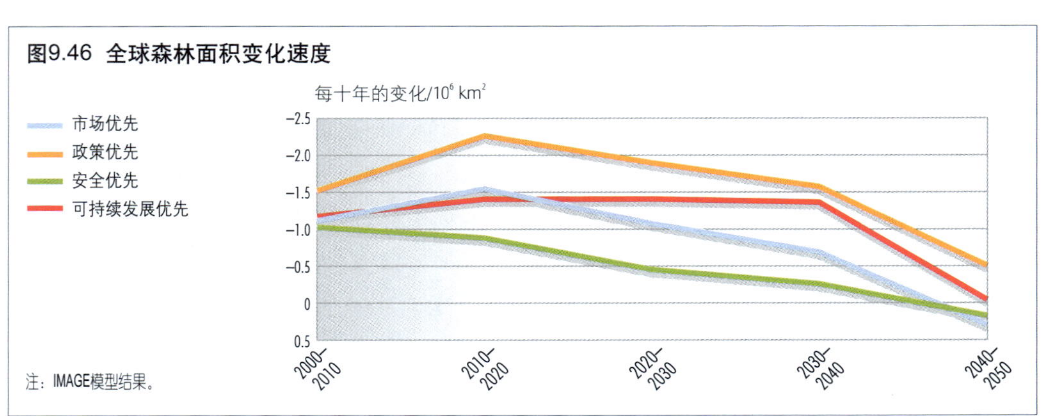

注：IMAGE模型结果。

成不可逆损害威胁的可能性更高。

为什么这很重要呢？较慢的变化速度给予我们这样一种希望：在很多负面影响发生之前，社会与自然能够更好地跟上并适应变化的速度。社会通过建设新的基础设施，可以有更好的机会来跟上环境变化，自然生态系统有更多的时间进行迁移，自然保护政策能够更好地跟上物种丧失的速度，社会有更多的时间来学会如何适应。相反，变化速度较快的情景更容易接近地球系统的崩溃点。人类社会最先进入的是哪一种情景呢？是环境变化速度较慢，让人类有足够时间进行适应，还是变化速度较快，超过了地球生态系统重要的阈值？

相互联系

《我们共同的未来》强调，“选择可持续发

图9.47 全球现有MSA平均值变化速度

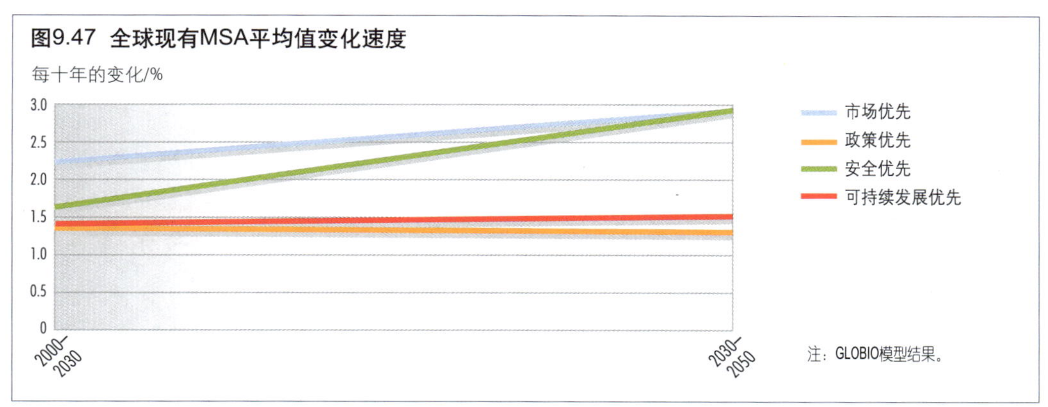

图9.48 全球大气CO_2浓度变化速度

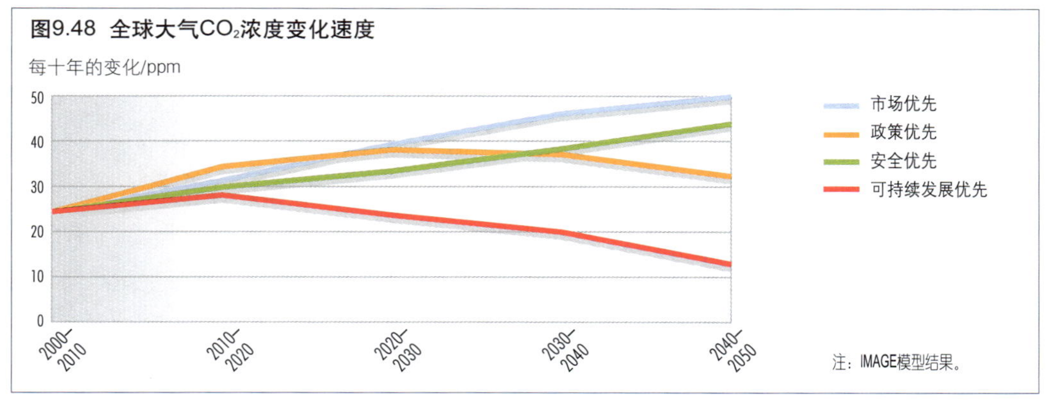

图9.49 全球气温变化速度

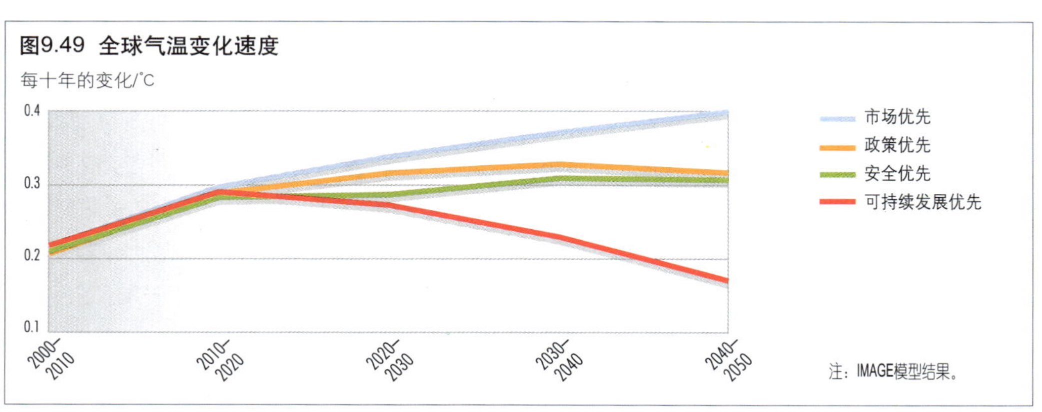

各种情景指出了未来的机遇和风险。在寻求更为持续的路径时需要说明它们之间的相互联系。

致谢：Munyaradzi Chenje

展政策路径的能力要求：在同一议程和相同的国家及国际制度中考虑经济、贸易、能源、农业、工业等其他领域政策的同时，还必须考虑生态因素”。最新研究结果表明，过去20年，“我们的社会和应对挑战的方案仍然存在很大程度的分化”（WBCSD 2007）。展望未来，人类对相互联系的认识和实践，在不同情景间存在很大差异。这里需要强调的是众多环境问题之间的相互联系，如大气污染、水污染、土地退化、气候变化、生物多样性损失以及对生态系统产品和服务的估价。而且有必要把环境和发展问题联系起来，例如把极端贫困和饥饿、千年发展目标的执行、解决人类的脆弱性和提高人类福祉问题同环境问题联系起来。

在市场优先情景中，相互联系作为一个因子嵌入无约束机能的市场之中。它着重强调的是经济部门，把生态系统的产品和服务看成为生产投入。多边环境协议的执行在很大程度上遵从司法管辖和行政边界。经济增长创造出更多的财富，但人类发展以及许多环境问题仍然面临挑战。

在政策优先情景中，政府做出了更大的努力以解决环境自身以及管理体制下相互联系的复杂性问题。它把气候变化看成是不同地域和不同时期减缓和适应挑战的主要切入点，而非环境—发展关系的严重问题。政策制定者突出那些考虑相互联系的措施，而法律和制度框架却因为改革不充分难以在国家、行政和特殊利益边界上发挥作用。区域、国家和制度机构间的竞争依旧明显，尤其是当人们注意到可能在国家层面出现负面社会经济影响时。

安全优先情景为《里约宣言》原则7带来了新的含义——共同但有区别的责任，促进对问题的选择性关注，限制特殊利益区域的责任。例如，在那些加速发展生物能源以满足少数人额外能源需求的地区，它们没有考虑满足粮食安全的农业生产、水资源需求增加、土地利用变化和化学品使用日益增多的问题。人力和财政资源，以及管理体制，被用来解决经过选择的挑战和满足少数人的利益。一些环境问题得到有效解决，但是当考虑到整体环境退化问题时，却并没有很大的改善作用。最终，整个社会处于风险中，更多脆弱区域和社会将面临更大的潜在不利影响。对少数人来说，他们仅仅在有限的时期内获得了发展，因为社会动荡威胁到他们安全的避难所。

在可持续发展优先情景中，政府、民间社会、工商业、科学界和其他利益相关者共同努力，应对不同的环境和发展挑战。人们在不同层面改革法律和制度框架，从而在国际层面加强了多边环境协议的一致性，在其他层面加强了部门法律的一致性。多边协议如《生物多样性公约》《野生动物迁徙物种保护公约》《濒危野生动植物种国际贸易公约》和《国际湿地公约》融合在一起，不仅确保了生物多样性得到保护，而且减少了野生物种及其产品的非法贸易增长。《巴塞尔公约》《关于在国际贸易中对某些危险化学品和农药采用事先知情同意程序的鹿特丹公约》和《关于持久有机污染物的斯德哥尔摩公约》采取了类似的行动计划，并且同世界贸易组织进行密切的合作，以解决化学品和废物相关的问题。虽然在利用相互联系应对挑战方面取得了成效，但广泛协商和冗长的决策过程限制了短期效果。该情景面临的挑战是最大限度地发挥相互联系（综合）方案的优点，同时把它们的缺点降到最低程度。

结论

本章展示了到2050年设想的四种情景——市场优先、政策优先、安全优先和可持续发展优先，每一种情景都探索了目前社会、经济和环境发展趋势可能如何发展，以及这些对环境、发展和人类福祉的影响。四种情景定义根本上基于不同的政策措施和社会选择，它们的性质和名称源自预想未来情景占主导地位的主题，例如哪一种是优先考虑。实际上，真实的未来就像当前一样，它将包含各种情景的某些元素及其他元素。尽管如此，这四种情景清晰地表明，从长远的观点看，未来依赖于个人和社会现在做出的决策。因此，这些对未来的情景设想应该又会影响我们今天的决策。这些对未来的探索将洞察社会在即将来临的半个世纪中所面临的挑战和机遇，将有助于决策过程的选择。

这些情景在全球和区域层面上得以展示，因为对于全球环境变化及其影响的理解需要了解世界不同区域发生了什么。每个区域发生的事件都受到其他区域和作为整体的全世界发生事件的影响。我们只有一个全球环境，每个地区、每个人都以自己的方式体验着全球环境。因此，挑战和机遇，甚至未来的前景在不同地区和个人间存在很大的差异。

没有一种情景描述的是乌托邦。尽管出现了一些改善，全球环境变化在某些方面变化的速度放慢，然而所有情景中依然存在某些问题。尤其是全球气候变化和生物多样性损失仍将继续构成严峻的挑战，并且可能最终导致超过地球系统重要阈值的危险。同样，人类福祉水平得到显著的提高，尤其是在可持续发展优先情景中，但是这也需要时间，而且在情景末期，依然存在显著的不平等现象。

此外，每种情景都有成本和风险。在安全优先情景中这一点可能最明显，对某些人的狭义的安全极有可能导致所有人的脆弱性的增加。在市场优先情景中，假如不超过转折点的话，环境和社会都在快速发展。超过转折点指的是可能出现突然、急速、加快和不可逆的变化。鉴于环境和社会系统恢复力存在不确定性，这是人们特别关注的问题。在政策优先和可持续发展优先情景中，社会将达到更高的物质生活水平和更好的环境保护，但是成本很高。的确，解决环境和人类福祉问题的行动和措施都存在很高的成本和风险。这些行动的社会和经济成本可能明显超过前面的假定，事实也可能证明可持续发展情景中当前发达区域较低的经济增长速度可能无法被接受。执行这些措施所需要的时间可能要延长，这主要因为政策优先情景中预测的执政当局更高的官僚主义和可持续发展优先情景中协调水平的提高。最后，权衡取舍意味着可持续发展优先情景中追求平衡的措施可能与所有具体目标上的更大进展相抵触。

然而，在所有四种情景反映出我们对地球系统和环境管理理解的这种程度方面，它们表明，一些方法很可能比其他方法更加有效。具体而言，在应对实现环境、发展和人类福祉目标的挑战中，认识到需要进行权衡取舍、寻求协同作用和抓住机遇是很重要的。这需要增加不同层面、部门和时间上政策的整合，加强地方权利，在广泛的社会群体中加强能力建设和提高科学认识。这些权衡取舍的多样性和多重性，以及协同效果的机遇，明显给决策增加了复杂性。但这并不是说复杂性可以被忽略；这将会误解所有情景分析和《我们共同的未来》以及随后20年所传达的信息。然而，这确实指出了对探索解决世界仍将继续面对的、交织在一起的环境和发展挑战需要选择创新方法。此外，各情景都指出需要迅速行动。我们共同的未来取决于我们今天的行动，而不是明天或者未来某一时间的行动。

技术附录

正如《全球环境展望3》报告及其他近期发布的情景分析报告（如IPCC 2000，MA 2005，Cosgrove和Rijsberman 2000，Raskin等2002）所述，文字和模型相互补充的写作方式丰富了对未来的全面分析。本附录就文字叙述和模型建立结果的由来提供了一些具体信息。然而，值得注意的是在此所提供的细节仍无法完全展现写作本章的所有付出，而本章本身也只是涵盖了所开发内容的一小部分。

贡献者

在《全球环境展望3》首度引入的四种情景基础上，成千上百的工作人员和组织参与本章准备工作。以下段落突出了相关者以及开发《全球环境展望4》情景分析的过程。

在此采取的合作方式为本章工作提供了一种有序途径，它将众多参与者为本章所作贡献整合进来，让尽可能多的人享受此过程以及成果。三位重要合作作者以及本章统稿人监督了章节形成过程。区域组负责人、模型量化人员，以及一名协调专家共同组成了本章专家组，并成为主要作者。此外，由区域组负责人选取每一组约10人的区域专家队伍，主要为了准备区域成果，并请UNEP预警评价部门以及其他部门的区域协调员做顾问。考虑到以上各组不可能真正代表或完全精通本章写作展开过程所涉及的所有领域内容，其他区域模型专家也被邀请参与本章的写作，以提供更广泛的观点和具体的专家意见。本工作组得到Bee Successful的援助（http://www.beesuccessful.com），这是一个管理顾问团，专长于情景思维和参与性方法。

过程

重要合作作者和主要作者在2004年和2005年初多次会谈，共同计划本章工作的开展。在《全球环境展望4》区域磋商中，参会者强烈倾向于留用各情景的基本特性，而不是重新开始的方式。因此，在此展现的情景必须看成是《全球环境展望3》中情景的文字叙述和模型量化的修正和更新版本（UNEP/RIVM 2004）。此外，四种情景还参考了最近情景分析研究，包括直接来自《全球环境展望3》的，如非洲区域研究（UNEP 2006）、拉丁美洲区域研究（UNEP 2004），以及《全球环境展望3》中简单提到的一些情景，特别参考了作为千年生态系统评估一部分的全球和次全球情景（MA 2005，Lebel等2005）。

在2005年9月，本章专家组，同七个区域代表组，在曼谷进行了会谈。此后，除北美外的各区域组在2006年都举行了会议。此外，专家组成员小型会议在此后18月内召开，进一步明晰议题，解决区域文字叙述之间的潜在矛盾，以及文字叙述和量化结果之间的潜在矛盾。

七个区域组从各区域观点出发，形成了各情景文字叙述部分。区域组从《全球环境展望3》全球情景的驱动因子和假设出发，从区域角度一同展开四个情景过程和结果状态的具体描述。同时，每一组，认真考虑所在区域实践或发展趋势会如何影响其他区域发展和全球发展或被其他区域发展和全球发展所影响。通过一系列重复，区域和全球层面的逻辑思路终于形成。同时，如下所述，形成了一套最新高级技术水平模型，用于开发量化估算未来环境变化和对人类福祉的影响。为了检查情景的有效性和一致性，文字叙述组与区域模型建造人员交流频繁，保证情景的定量和定性描述能相得益彰。此外，各领域（如能源）的专家严格地评判了各情景，他们大多是本报告其他章节的作者。

整个过程，在共同努力下，构建了情景开发的区域研究能力，并将区域部分的内容纳入全球内容之中。特别值得注意的是，《全球环境展望4》早期所识别出的并贯穿之前章节的内容中优先考虑的区域议题，可见于情景分析之中。

模型

由于没有单一最重要的“超级模型”用于计算未来环境变化以及对人类福祉影响，在此采用的是一套高级的全球和区域模型。这些模型在一些同行评审的科学文献上发表，并证明了社会变化与自然环境变化之间的有效联系。模型之间由模型输出嵌套相互联系，即一模型输出值作为其他模型的输入值。遵循标准操作，所有模型以基准年后的历史数据校准，此多数是2000年的数据。因此，所展示的结果在不同情景间可能会显示出稍微偏差，新近的历史数据，即2000年到本报告出版日期，也可能会有偏差。此外，部分历史数据可能出现在其他章节中。

模型简述

IFs（世界的未来系统）是一个大型综合性全球系统模型（Hughes和Hillebrand 2006）。IFs作为一种分析工具，分析长期特定国家未来、区域未来、全球未来，有关多议题和交叉议题领域。该系统利用标准方法，对有可能模型化的具体问题领域建造模型，进行必要扩展并整合到议题领域。对《全球环境展望4》而言，IFs提供了人口预测、GDP和人均GDP趋势，以及增加额、住房消费、健康和教育的附加信息。

IMAGE（全球环境综合模型）是针对全球变化的动态综合评估模型，由荷兰公共卫生和环境国家研究所（RIVM）开发（Bouwman等2006）。IMAGE研究一整套环境和全球变化问题，特别是土地利用变化、大气污染和气候变化领域的问题。IMAGE主要作用是通过社会—生物圈—气候系统的主要过程和交互作用中相对重要因素的量化来帮助科学理解和支持决策。对《全球环境展望4》而言，IMAGE估算了能源使用量、温室气体产生量，以及温度和降雨变化。

IMPACT（农产品和贸易政策分析世界模型）描述了32种农作物和畜产品（包括所有谷类、豆类、根茎类、肉类、奶制品、蛋类、油类、豆饼膳食，糖类、甜料，水果和蔬菜，以及鱼类）竞争激烈的世界农产品市场。它开发于20世纪90年代早期，开发的原因是当时缺乏远见和一致意见来采取行动保证世界未来粮食安全、减少贫困和保护自然资源库。对《全球环境展望4》而言，IMPACT预测了农作物面积、牲畜量、产量、生产、食物需求、包括食物在内的粮食总需求、价格、贸易和儿童营养不良状况。

WaterGAP（水—全球评估和预测）是一个全球模型，由卡塞尔大学环境系统研究中心开发，它计算了0.5°网格下的可获得水量和水利用量（Alcamo等2003a, b；Döll等2003）。模型为评估现有水资源量和水利用量提供基础，并对综合地看待气候变化和社会经济驱动因子对未来水环境的影响提供基础。对《全球环境展望4》而言，WaterGAP估算了水利用量（用于灌溉、家庭、生产、电力部门），可获得水量和水资源压力。

EwE（Ecopath和Ecosim）是一套用于个人电脑的生态模型软件，其中一些模块在近20年得到了开发。该开发主要是由不列颠哥伦比亚大学的渔业中心完成。该方法完全有科学文献可查，至今已应用于超过100个生态系统模型（见www.ecopath.org）。EwE使用了两个主要部分：Ecopath——静态的，海洋生态系统大规模均衡模型；Ecosim——基于Ecopath模型的时间动态模拟模块，用于政策开发。对于《全球环境展望4》而言，EwE估算了捕获量、收益和海洋水产质量。

GLOBIO模型模拟了对生物多样性施加多重压力所产生的影响（Alkemade等2006）。该模型依靠于一个实地调查数据库，该实地调查将压力大小与生物多样性影响程度相联系。该数据库包括在不同压力状况下分别测量平均原生物种丰度（MSA）、生态系统原始物种的物种数量（MSR）。数据库数据全部来自同行评审研究，每一个改动要么是时间上单一变化，要么是不同压力的平行变动。一份独立研究可能有物种数量或平均物种丰度，或两者兼而有之。数据按压力类型进行分类，分不同的研究、生物群落和地区。对于《全球环境展望4》而言，GLOBIO评估了陆地生态系统平均物种丰度的变化。

LandSHIFT是综合模型系统，它模拟和分析空间上直观土地利用动力学及其全球和陆地层次上对环境的影响。模型设计采用高度模块化结构，这样可以集成各种功能模块。对于《全球环境展望4》而言，LandSHIFT详细估算了非洲土地利用的变化。

CLUE-S（土地利用变化及其影响）模型，是缩减所要预测的国土利用变化规模的工具（Verburg等2002，Verburg和Veldkamp 2004，Verburg等2004）。该工具结合了各种机制，这些机制对于空间直观的土地利用系统而言非常重要。模型动态模拟了土地利用方式之间的竞争和交互作用，而且它是一种路径依赖，从而造成土地利用系统非线性的行为特征。对于《全球环境展望4》而言，CLUE-S详细估算了中西欧的土地利用变化。

AIM（亚太综合模型）是一套大规模计算模拟模型，由环境研究国家研究所和京都大学合作联手亚太地区其他几个研究机构共同开发的。它评估了稳定全球气候及一系列其他环境问题的政策选择。对于《全球环境展望4》而言，AIM特别评估了亚太地区的环境变化，结果被用于该地区文字叙述部分。

参考文献

Alcamo, J., Van Vuuren, D., Ringler, C., Alder, J., Bennett, E., Lodge, D., Masui, T., Morita, T., Rosegrant, M., Sala, O., Schulze, K. and Zurek, M. (2005). Chapter 6. Methodology for developing the MA (Millenium Ecosystem Assessment) scenarios. In Carpenter, S., Pingali, P., Bennett, E. and Zurek, M. (eds.) *Ecosystems and Human Well-Being.* Volume 2 Scenarios. Island Press, Washington, DC

Alcamo, J., Döll, P., Henrichs, T., Kaspar, F., Lehner, B., Rösch, T., and Siebert, S. (2003a). Development and testing of the WaterGAP 2 global model of water use and availability. In *Hydrological Sciences* 48 (3):317-337

Alcamo, J., Döll, P., Henrichs, T., Kaspar, F., Lehner, B., Rösch, T. and Siebert, S. (2003b). Global estimation of water withdrawals and availability under current and 'business as usual' conditions. In *Hydrological Sciences* 48 (3):339-348

Alkemade, R., Bakkenes, M., Bobbink, R., Miles, L., Nellemann, C., Simons, H. and Tekelenburg, T. (2006). GLOBIO 3: Framework for the assessment of global terrestrial biodiversity. In Bouwman, A.F., Kram, T. and Klein Goldewijk, K. (eds.) *Integrated Modelling of Global Environmental Change. An Overview of IMAGE 2.4.* Netherlands Environmental Assessment Agency, Bilthoven

Bouwman, A.F., Kram, T. and Klein Goldewijk, K. (2006). *Integrated Modelling of Global Environmental Change: An Overview of Image 2.4.* Netherlands Environmental Assessment Agency, Bilthoven

Butler, C. (2005). Peering into the Fog: Ecological Change, Human Affairs, and the Future. In *EcoHealth* 2:17-21

Butler, C. and Oluoch-Kosura, W. (2005). Human Well-Being across Scenarios. In Millennium Assessment Ecosystems and Human Well-being. Scenarios: Findings of the *Scenarios Working Group.* Island Press, Washington, DC

Cosgrove, W. J. and Rijsberman, F. R. (2000). *World Water Vision: Making water everybody's business.* Earthscan, London

Döll, P., Kaspar, F. and Lehner, B. (2003). A global hydrological model for deriving water availability indicators: model tuning and validation. In *Journal of Hydrology* 270 (1-2):105-134

Draulans, D. and Van Krunkelsven, E. (2002). The impact of war on forest areas in the Democratic Republic of Congo. In *Oryx* 36:35–40

Dudley, J.P., Ginsberg, J.R., Plumptre, A.J., Hart, J.A. and Campos, L.C. (2002). Effects of war and civil strife on wildlife and wildlife habitats. In *Conservation Biology* 16 (2):319–329

Hughes, B. and Hillebrand, E. (2006). *Exploring and Shaping International Futures.* Paradigm Publishers, Boulder, CO

IEA (2006). *World Energy Outlook 2006.* International Energy Agency, Paris

IPCC (2000). *Emission Scenarios.* Cambridge University Press, Cambridge

IPCC (2007a). *Climate Change 2007: Mitigation of Climate: Summary for Policymakers.* Contribution of Working Group III to the Fourth Assessment Report of the Intergovernmental Panel on Climate Change. World Meteorological Organization and United Nations Environment Programme, IPCC Secretariat, Geneva

IPCC (2007b). *Climate Change 2007: The Physical Science Basis: Summary for Policymakers.* Contribution of Working Group I to the Fourth Assessment Report of the Intergovernmental Panel on Climate Change. World Meteorological Organization and United Nations Environment Programme, IPCC Secretariat, Geneva

Lebel. L., Thongbai, P. and Kok, K. (2005). Sub-Global Assessments. In *Millennium* Assessment Ecosystems and Human Well-being: Multi-scale Assessments: Findings of *the Sub-global Assessments Working Group.* Island Press, Washington, DC

MA (2005). *Ecosystems and Human Well-being: Scenarios: Findings of the Scenarios Working Group of the Millennium Ecosystem Assessment Working Group.* Island Press, Washington, DC

Nelson, G. (2005). Drivers of Change in Ecosystem Condition and Services. In Millennium Assessment Ecosystems and Human Well-being: Scenarios: Findings of the *Scenarios Working Group.* Island Press, Washington, DC

Robinson, J. (2003). Future Subjunctive: Backcasting as Social Learning. In *Futures*: 35, 839-856

Raskin, P., Banuri, T., Gallopin, G., Gutman, P., Hammond, A., Kates, R. and Swart, R. (2002). *Great Transition: The Promise and Lure of the Times Ahead.* Stockholm Environment Institute, Boston, MA

Swart, R. J., Raskin, P. and Robinson, J. (2004). The problem of the future: sustainability science and scenario analysis. In *Global Environmental Change Part A* 14:137-146

UN (2003). *Indicators for Monitoring the Millennium Development Goals: Definitions, Rationale, Concepts and Sources.* United Nations, New York, NY

UNEP (2006). *Africa Environment Outlook 2: Our Environment, Our Wealth.* United Nations Environment Programme, Nairobi

UNEP (2004). *GEO Latin America and the Caribbean Environment Outlook 2003.* United Nations Environment Programme, Nairobi

UNEP and RIVM (2004). *The GEO-3 Scenarios 2002-2032. Quantification and analysis of environmental impacts.* Potting, J. and Bakkes, J. (eds.). UNEP/DEWA/RS.03-4 and RIVM 402001022. United Nations Environment Programme, Nairobi and National Institute for Public Health and the Environment (currently MNP), Bilthoven

UNPD (2007). *World Population Prospects: The 2006 Revision* (in GEO Data Portal). UN Population Division, New York, NY http://www.un.org/esa/population/unpop. htm (last accessed 4 June 2007)

Verburg, P.H., Ritsema-Van Eck, J., De Nijs, T.C.M., Visser, H. and De Jong, K. (2004). A method to analyse neighborhood characteristics of land use patterns. In *Computers, Environment and Urban Systems* 28 (6):667-690

Verburg, P.H., Soepboer, W., Veldkamp, A., Limpiada, R., Espaldon, V. and Sharifah Mastura S.A. (2002). Modeling the Spatial Dynamics of Regional Land Use: the CLUES Model. In *Environmental Management* 30 (3):391-405

Verburg, P.H. and Veldkamp, A. (2004). Projecting land use transitions at forest fringes in the Philippines at two spatial scales. In *Landscape Ecology* 19 (1):77-98

WBCSD (2007). *Then & Now: Celebrating the 20th Anniversary of the "Brundtland Report" – 2006 WBCSD Annual Review.* World Business Council for Sustainable Development, Geneva

World Bank (2007). *World Economic Prospects 2007.* The World Bank, Washington, DC

Yohe, G., Adger, W.N., Dowlatabadi, H., Ebi, K., Huq, S., Moran, D., Rothman, D. S., Strzepek, K. and Ziervogel, G. (2005). Recognizing Uncertainties in Evaluating Responses. In *Millennium Ecosystem Assessment (ed.) Ecosystems and Human Wellbeing: Policy Responses. Chapter 4.* Island Press, Washington

F 部分

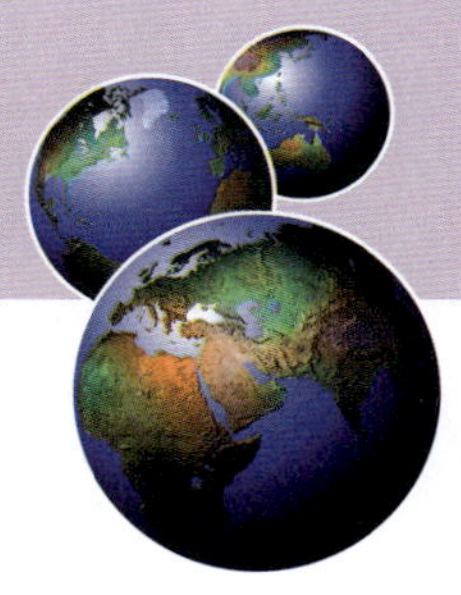

保护我们共同的未来

第10章 **从决策边缘到核心**
——行动选择

政府是当仁不让的领导者，

但其他利益相关者在取得可持续发展的成功

上也有着同样重要的作用。

任务迫在眉睫，时不我待，

我们已经更好地理解了面临的挑战，

必须立即采取行动，

保卫我们当代和后代的生存环境。

第10章

从决策边缘到核心——行动选择

重要合作作者： Peter N. King, Marc A. Levy, George C. Varughese

主要作者： Asadullah Al-Ajmi, Francisco Brzovic, Guillermo Castro-Herrera, Barbara Clark, Enma Diaz-Lara, Moustapha Kamal Gueye, Klaus Jacob, Said Jalala, Hideyuki Mori, Harald Rensvik, Ola Ullsten, Caleb Wall, Guang Xia

其他作者： Christopher Ambala, Bridget Anderson, Jane Barr, Ivar Baste, Eduardo Brondizio, Munyaradzi Chenje, Marina Chernyak, Paul Clements-Hunt, Irene Dankelman, Sydney Draggan, Patricia Kameri-Mbote, Sylvia Karlsson, Camilo Lagos, Varsha Mehta, Vishal Narain, Halton Peters, Ossama Salem, Valerie Rabesahala, Cristina Rumbaitis del Rio, Mayar Sabet, Jerome Simpson, David Stanners

本章编审： Steve Bass, Adil Najam

本章协调人： Tessa Goverse

致谢：Munyaradzi Chenje

主要内容

我们处在一个环境问题严重性加剧总是领先于政策反应的时代。为了避免未来灾难性的后果，我们需要采取新的政策措施来改变环境变化驱动力的方向和大小，使环境政策纳入决策制定的核心。本章包括的主要政策结论和信息如下：

我们可以把环境问题看成这样一个连续体，从已经过"证实"有效的解决方案的环境问题，到对它的理解和答案都刚刚"浮现"的环境问题。对已经证实有效的解决方案的环境问题而言，人们清楚地了解其因果关系，它们的规模可以是本地或国家层面的，影响是清楚和短期的，受影响的群体也是明确的。而刚出现的环境问题（也称为"持久性"环境问题）是由结构性原因导致的。导致这些环境问题的相同原因同时巩固了不容易改变的贫困和过度消费。对于这些环境问题，人们在因果关系方面有一些科学的认知，但并不足以预测转折点。它们通常需要在全球或区域层面做出反应。这方面的例子包括气候变化、臭氧层空洞、持久性有机污染物、重金属、酸雨、大规模渔业退化、濒危物种和外来物种入侵。

环境政策成功解决了很多环境问题，尤其是存在有效技术手段时。然而，这些政策的成功需要继续得到扩展、采纳和再评估，尤其是在发展中国家，许多在别的地方已经有效解决的环境问题，在那里却影响了上亿人的健康。

处理环境问题的政策集（工具箱）在过去20年里变得更为复杂和多样。有很多成功的例子表明了如何有效利用这些工具箱。例如，许多政府利用命令—控制手段和市场机制来实现环境目标，利用公共参与技术来帮助管理自然资源，利用技术进步来更有效执行政策。私人部门和社会团体的其他参与者，已经建立了创新型自发的合作伙伴关系，在实现环境目标方面作出了贡献。

然而，那些成功解决环境问题的实践证实有效的解决方案，并不能解决布伦特兰委员会指出的"影响人类生存的紧迫且复杂的问题"。实践证明，仍有一系列问题并不适合用现有的措施和制度安排来解决。这些问题从生物、物理和社会系统复杂的相互作用演化而来，并涉及许多经济部门和广泛的社会方面，在这些问题上要取得长期的明显改善是不可能的，其中一些问题造成的破坏是不可逆转的。

对于这些刚出现的环境问题，其目前有效政策反应措施的研究，正把重点放在改变产生这些问题的驱动力上。虽然环境政策反应主要关注减少压力，达到特定的环境状态或消除负面影响，但关于政策的争论开始日益关注如何处理环境变化的驱动力，如人口和经济增长、资源消耗、全球化和社会价值。

幸运的是，影响经济驱动力的政策选择比布伦特兰委员会《我们共同的未来》报告发布时已经改进了许多。包括使用绿色税收、建立生态系统服务市场和使用环境核算方法。这些手段的分析基础更精确，政府在执行这些政策时也获得了不少经验，虽然仅在相对较小的范围执行这些政策。

要在各层面关注新出现的环境问题，需要将环境因子从决策考虑的边缘转移到核心地

位。可以通过结构调整、把环境考虑纳入部门规划的主流、在发展规划和执行中使用更综合的方法，把环境在政府、跨政府组织以及私人部门中当前扮演的角色中心化。

我们急需对政策有效性进行定期监测，以更好地了解政策的优势和弱点，并促进适应性管理。在过去20年里，虽然政策目标得到了相当程度的拓展，但这方面的工作并没有得到很好的发展。人类福祉并不能通过经济收入单一地反映，总的发展指标还必须考虑自然资本的使用。而最紧要的是对可能出现转折点的科学理解，因为超过了这个点，环境将无法回到原来的状态。

对于很多问题而言，早期采取的重大行动所获得收益超过了它们的成本。对忽视早期预警的成本分析以及全球环境变化的成本情景分析评估结果都表明，现在就坚决采取行动比等待未来出现更好解决方案的成本要低。尤其是在气候变化方面，据我们了解，即使是我们现在还有立即行动的支付能力，但现在不作为的成本高得令人担忧。

政府决策需要相应的支持和合法性才能实施。环境问题的认知基础在过去20年里发展迅速。同样，可以影响公众态度、价值观和认知的选择范围也得到了扩展。更好的环境教育项目、提高环境意识的宣传运动和更注重让不同的利益相关者参与决策，使得环境政策的根基更为牢固。在应对政策失灵和使政府承担责任方面，具有较高教育程度和参与热情的人群将更有效率。

未来20年甚至更长时间的环境政策议程可以有以下两条途径：

- **扩大和配合实践证实有效的政策手段来解决传统环境问题，尤其是在落后国家和地区；**
- **在达到不可逆转折点之前，为新出现的环境问题尽快寻找可行的解决方案。**

政策决策者现在可以选用一系列创新手段来处理不同类型的环境问题。目前最重要的是，做出把可持续发展放在首位的选择，并在全球、区域、国家和地方层面采取行动。

对于政策制定者而言，减少做出有利于环境的正确决定所带来的政治风险是十分必要的。仓促做出最后被证明是错误的决策将带来破坏性的政治后果，尤其是当强大的政治支持者受到负面影响的时候。

引言

自世界环境与发展委员会（布伦特兰委员会）提出一系列“影响人类生存的紧迫且复杂的问题”以来，近20年里，国际社会对环境和发展问题的关注不断拓展（WCED 1987）。然而，清楚的解决方法和制度机制依然没有得到很好的定义。委员会所指出的问题日益严重，未预测到的新问题已然出现。本报告前几章中提到的主要环境问题可以分成从已有经过实践“证实”有效的解决方案的环境问题，到问题和答案都刚刚“浮现”的环境问题连续体（图10.1）。

“对那些基本的、重要的问题还没有答案，因此我们除了努力寻找答案外别无选择。”

《我们共同的未来》

处于环境问题连续体末端的一些问题具有一系列使得它们难以管理的特点，包括全球、区域和地方层面复杂的互动，长期的动力学特点以及涉及多方压力和利益相关者（见第1章）。很多类似难以管理的问题可以被定义为“持久性”环境问题（Jänicke和Volkery 2001）。不幸的是，政策制定和机构改革通常仅仅关注20世纪70年代就有的复杂性较低、更易于管理的环境挑战，而没有与时俱进地关注新出现的持久性环境问题。

一个关于环境政策目的和对象的清单，一项相关跨领域管理经验的回顾，一份关于多边环境协议是否足够的评价以及第9章的未来情景政策分析，都支持本书的研究结论。有证据表明，我们急需采取相应措施来解决那些可能产生不可逆后果的环境问题，因为它们有可能逐渐使地方、区域甚至国际环境日益变得不适宜人类居住。

未来的政策选择可以有以下两条途径：

- 扩大和配合实践证实有效的政策手段来解决传统环境问题，尤其是在落后国家和地区；
- 在达到不可逆转折点之前，为新出现的环境问题尽快寻找可行的解决方案。

随着时间的流逝，环境政策逐渐从社会经济发展决策的边缘向核心移动，预计上述两种途径将逐渐合二为一。

图10.1 用已经证实的和新出现的解决方法处理环境问题的两条途径

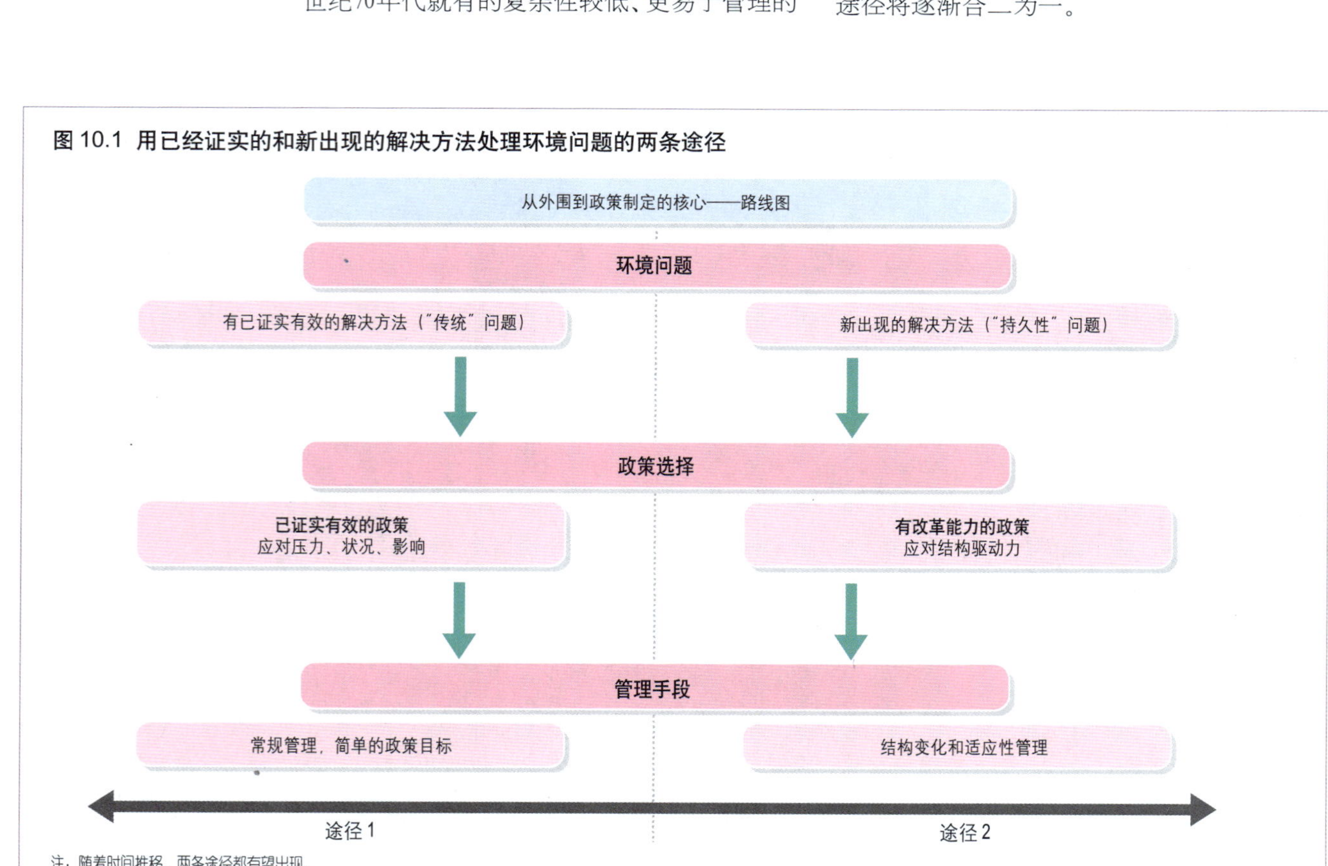

注：随着时间推移，两条途径都有望出现。

对于第一条途径，可以从世界上其他国家的环境政策成功案例中学到管理和制度手段的经验；第二条途径应对的是新产生的环境问题，需要在适应性管理的基础上，研究出新的制度安排，找到创新性财政机制，改进监测和评估并加强社会学习。然而，这两条途径都需要重点关注社会和文化价值，增强教育，授权于公民和下放政府的管理权力。

当前的环境政策反应

环境问题管理

环境问题通过空气、水和土地对自然和人类健康产生影响。本书前面的章节中描述了这些环境问题的大多数方面。第2章到第5章共讨论了18个核心环境问题来说明管理的困难，以及这些环境问题具有可逆转或不可逆性的程度，从而导致地区、区域或全球的环境逐渐不适宜人居住（图10.2）。认知环境问题的维度有很多，本书中将环境问题划分成连续发展的两个主要的问题组。

有已“证实”的解决方法的环境问题

这类环境问题的因果关系一目了然，一般能够知道引起该问题的单一原因，受害者一般与这些源头距离很近，且处于地方或国家层面。在解决这些环境问题方面有很多好的成功案例，内容包括微生物污染、地方性有害蓝藻的暴发、硫化物的排放、二氧化氮、空气颗粒污染物、石油泄漏、地方范围的土地退化、栖息地的破坏、土地的分割使用以及淡水资源的过度开采。

有新出现解决方案的环境问题

人们已经了解这类环境问题因果关系的一

图 10.2 根据管理和可逆性绘制环境问题的地图

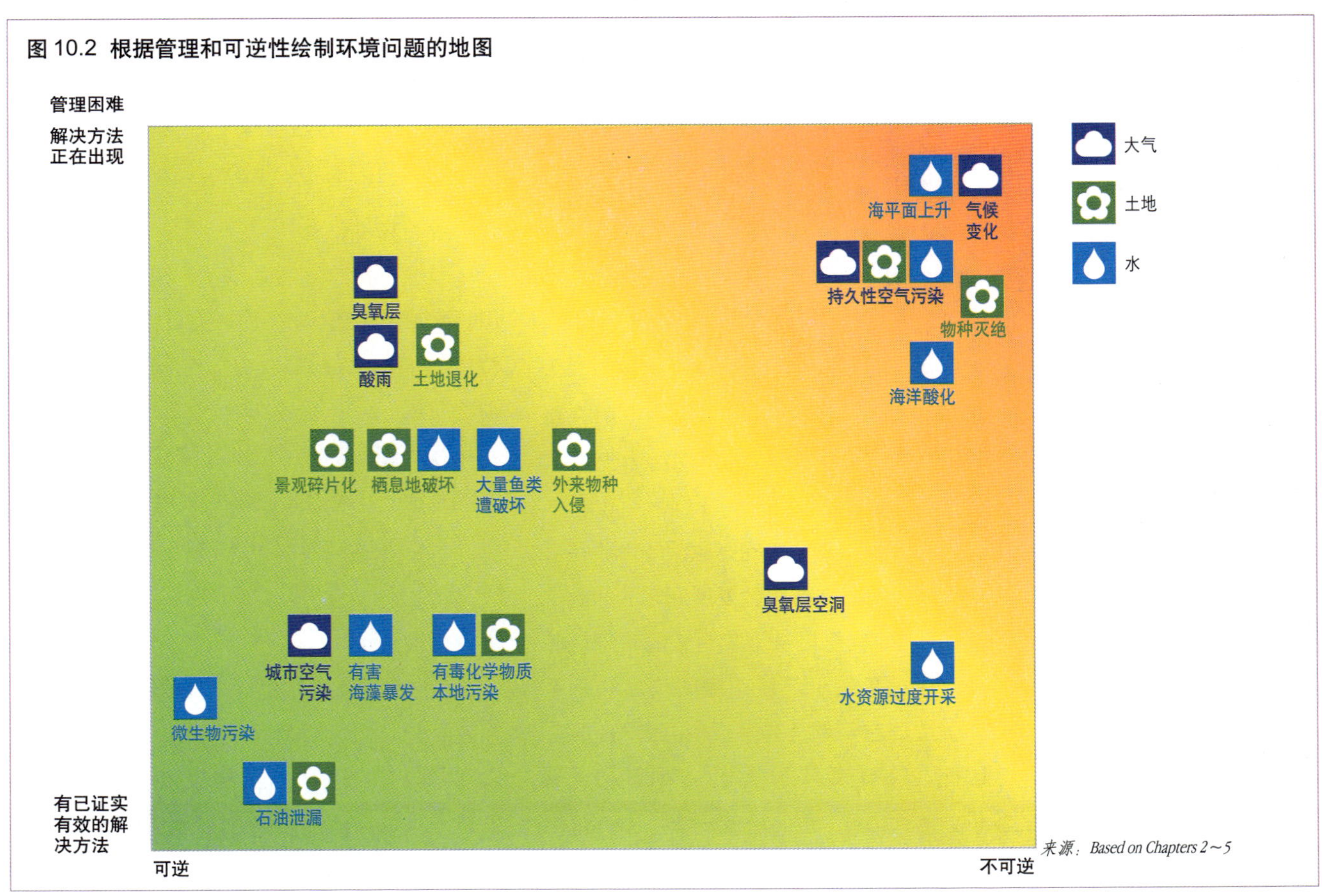

来源：*Based on Chapters 2～5*

些基本科学原理，但是并不足以预测何时达到转折点，或不可逆拐点，同时也不知道人类的健康将如何受到影响。问题的来源通常较为分散，来自不同部门，潜在的受害者也离问题的源头较为遥远，其中可能会有一些多层次的复杂生态过程，也可能在原因和影响之间有很长的时间间隔，需要在一个很广的范围内（通常是全球或区域层面）采取行动。这方面的例子包括全球气候变化、平流层臭氧层空洞、持久性有机污染物、重金属、濒危物种、海洋酸化以及外来物种的入侵。

有“新出现解决方法”的环境问题处于问题系列的末端，它们以下面两条基本方式影响发展：

- 环境资源和相关变化对发展产生了直接的机会和威胁（Bass 2006）。自然资源通常是很重要的经济资产，其相关管理对经济增长有重要的作用（Costanza和Daly 1992）。贫困国家的总资产中，自然资源通常会比生产资本占有更高的比例（World Bank 2006）。环境资源通过调和或改变自然灾害的脆弱性，通常会影响暴露风险。它们通常在易受破坏的社会群体的授权中扮演重要的角色，这些脆弱社会群体包括妇女、少数民族、在语言或地理位置上处于社会边缘的群体以及极端贫困人群。环境资源在影响经济发展战略的长期活力方面同样起到很强的作用。
- 对于持久性环境问题原因的诊断在很多方面都与持久性发展问题的诊断类似。尤其是已被证实有效的管理机制远远落后于环境问题的广度和复杂性，这一点是与发展相类似的。

因此，我们有足够的理由协调环境与发展的步伐。重大国际议程的主要计划，如《21世纪议程》和《约翰内斯堡可持续发展宣言》，都明确传递出这一信息，但环境与发展议程中依然存在重大差距（Navarro等2005）。

一系列大范围、持久性环境问题之间有更加复杂的交互作用，因此在多层面协力解决相互交织的问题也更加困难（见第8章）。就像布伦特兰委员会描述的那样，它们通常是“困扰着很多贫困国家的生态与环境相互联系、盘旋下降问题”的一部分（WECD 1987）。

解决这类环境问题的成功例子要比解决20世纪70年代环境问题的例子少很多。此外，第一类中的很多环境问题由于忽视或未加控制，通常会发展或导致一些持久性环境问题。例如，不断扩大的地方性土地退化（见第3章）可能会导致区域范围的扬尘或沙尘暴，带来了可能导致全球变暗的棕色云团（减少了达到地面的阳光），进而影响区域性季风气候（见第2章）。

提高政策议程中环境要素的地位

在环境问题连续序列中的任何一点，都面临着增加环境要素在公共政策中的地位的重要挑战，但机会与挑战并存。提高政策中环境要素的地位可能需要采取以下行动：

增加环境议程

虽然可持续发展获得了广泛的政治支持，但环境在政策议程，尤其是日常政治中的地位依然很低。最具政治优先性的议题无疑是消除贫困、经济增长、安全、教育和健康。证明环境可以加强和明显促进前述所有优先问题的解决，可以提高环境的政治能见度，从而得到更多的政治支持（Diekmann和franzen 1999，Carter 2001）。

加强综合

传统的环境政策制订者没有将工作重点放在建立与其他重要政治议程的相互联系上，如发展中国家的消除贫困、健康和安全问题以及发达国家的经济部门。例如，逐渐减少破坏环境的补贴，能节约更多的资金来有针对性地减少贫困和改善环境。将环境政策与其他政策领域相综合是一个持续的适应性过程。20世纪70年代的末端污染控制促进了80年代的清洁生产和90年代的污染物零排放。当代环境政策和法规需要遵循这样一条步步为营的改革道路来探索和运用持久性环境问题的解决方案（EEA 2004，EEB 2005）。

明确目标，加强监测

对于明确目标的政治承诺，是有效解决环境问题的基础。这一领域的发展效果通常只能在中长期显现出来，从而脱离了日常政治的视野。因此，科学研究、监测和信息系统都需要保持足够的水准，并由独立单位对进展进行定期审查（OECD 2000）。联合国千年发展目标第7项目标对环境可持续性缺乏量化指标，是其在国际议程中地位相对较弱的原因之一（UNDP 2005）。我们需要为联合国千年发展目标第7项目标设定有时间限制的目标，这将从战略上加强监管和相关责任。

加强利益相关方的参与

共同参与能够达成不同利益相关方之间的合作，产生主人翁感，从而使新的行动计划更具可持续性。同时，能获得充分信息的公众能在政策失灵时扮演更有效的角色，加强透明度和保证政府机构负责任。虽然利益相关方的参与常常需要时间和资源上投入额外的成本，但地方层面的公共参与已被证实是一个成功的手段，并可能最终降低成本（Eden 1996）。然而，在许多国家和国际层面，正式参与政策制定的权利往往受到很大的限制。

从小规模成功开始

对于国际基金支持的项目和行动计划，项目的规模往往和可获得的基金成正比。所以，许多环境行动计划的规模还没有达到可能引起环境发生真正变化的程度（UNESCO 2005a）。一旦环境问题的规模超出了国家边界，合理分配国家预算或双边发展补助显得尤为困难，并可能产生“搭便车”问题。

明确政府角色

通常环境部门的职责更像是协助者而不是执行者——指导但不操作。它的优先工作是制定更有效的政策和让政策具有更好的一致性。环境部门更关注将环境目标以及研究和监测的结果转化成长期的目标、优先工作、

经济活动与土地、水和大气息息相关，所以环境政策的制定需要综合考虑这些方面。

致谢：Ngoma Photos

基本立法以及强制性限度。他们同时担负审查各部门环境成果的任务。相应地，各部门需要建设必要的能力来将环境优先性内化入其政策，承担起实施环境行动的更大责任。在一些国家，政府已经进行了机构改革，各部门都设立了环境办公室，虽然它们可能仍然关注本部门的利益。

避免过于复杂的立法

在发达国家，对环境规章不断增加的修改和执行的缺位使得一些规章变得几乎不可理解。腐败的空间增大，这给工业界带来了不必要的负担。发展中国家通常缺乏足够的能力来制定创新性的本国政策，它们往往引进发达国家的相关政策工具，但这些政策太过复杂，使得它们很难执行。在可能的情况下，我们需要利用其他利益相关方的能力，来制定更清晰、更具成本—效益的规章（Cunningham和Grabosky 1998）。在理想情况下，投资于能力建设和支持国家制定包罗万象的立法进程，从长期看更具效益。

处理困难的选择

目前的很多状况是不可能出现“双赢”的解决方法的。需要以自由可获得性、高质量信息和公众咨询为基础的目标评估在各潜在选项之间进行权衡取舍。选择方案的目标评估需要考虑非市场性环境物品和服务的经济价值，以及潜在的社会影响。政治领导是非常重要的。延迟抉择可能会导致不必要的破坏，甚至死亡（EEA 2001）及不可逆转的变化，到那时就没有权衡的机会了。

主要政策差距和执行挑战

政策差距减缓成功步伐

1972年，在斯德哥尔摩会议议程中占主导地位的是单一来源、单一媒介的线性环境问题，各国在此后20年里采取了不断增长的有效管理措施。他们设立了环境部门，制定了国家管理空气和水资源质量的法规，执行了接触有毒化学物质的标准。根据本书第2章到第8章的分析结果，可以得出这样的结论：几乎所有国家，即使没有专门的环境政策，也有一系列的政策工具为改善环境管理提供平台（Jordan等 2003）。同时，大多数发展中国家也为增强个体能力、改善环境管理的项目和创新试验提供了支持。

各国在运用新手段制定环境政策方面付出了很多努力（Tews等 2003）。虽然有失败，且很多好的政策因为机制和制度的限制并没有得到实行，但大多数国家都取得了持续和明显的进步。在一些城市，今天的环境质量比20世纪80年代中期有所改善。主要政策缺口在于保证在某些地方有效的政策和安排保持并运用到所有国家（尤其是发展中国家）。虽然目前有一项影响上亿人健康的未完成的议程，但各国常常忽略给实现这些议程提供必要的资源和政治意愿。

复杂问题仍是一项主要政策挑战

与此相反，布伦特兰委员会提出的以及自那以后产生的复杂、多来源和持久性环境问题，在所有地方都没有得到有效管理（OECD 2001a，Jänicke和Volkery 2001，EEA 2002，Speth 2004）。针对《我们共同的未来》所提出的主要问题，目前可预测的趋势都不容乐观。除了明显需要在将这些问题纳入国家主流决策过程方面努力外，为在现代社会中需要基础性转变的问题提供可操作政策也是新出现的需求。

虽然在一些国家观察到了积极趋势，全球环境仍然面临严重的威胁，重要生态系统和环境功能可能已经逼近转折点，而超过转折点的后果将是灾难性的（见本报告前面章节）。所以，我们迫切需要加强发展的环境维度，设定现实的目标和对象（专栏10.1），保证环境目标和需求综合进入全球、区域和国家层面的主流公共政策。

专栏 10.1 全球政策目标综述

作为评估的一部分，我们确认了第2章至第5章分析的具有高度优先性的全球环境问题的政策目标及其特点。全球目标是主要关注点，但我们也分析了涉及许多国家的一些区域目标。

在目标层面，或者说一般原则方面，全球在所有具有较高优先性问题上的目标是一致和相互连接的。然而，当涉及某一具体目标，或详细、量化和有时间限制的结果时，情况就变得不均衡了。对于很多多维度的持久性挑战，他们很可能没有具体的共同目标，更多情况下是转向实践证明有有效解决方法的问题。以水资源为例，在获得输水管道和基本卫生设施方面有明确的目标，这与消除贫困的最紧迫方面的广义目标相联系。相反，虽然综合流域管理的目标同样广泛，却很少有如何执行的具体目标。城市空气污染相关决策的制定方面有明确的目标，但在室内空气污染方面却没有。

监测和评估程序对政策目标的支持力度也有很大不同。以臭氧层损耗为例，在消耗臭氧层物质在大气中的聚集浓度、臭氧层的厚度、消耗臭氧层物质的生产及消费和排放趋势方面，各国有可靠的监测项目。作为对比，大多数生物多样性保护的目标缺乏基准，且缺乏能保证跟踪相关趋势的常规监测。

大多数目标是改善基因能力（包括执行规划、建立政策框架、进行评估和确定优先工作领域），或者减少压力（减少排放、开采或转化）。很少有减少驱动力或达到特定状态的目标。虽然在生物多样性方面有一些减少驱动力的目标，但在其他领域未曾见到。欧洲的区域性空气污染是以环境状况为目标的最好例子（与重要污染物负荷相关的排放水平）。

图 10.3 全球和区域目标及监测规划

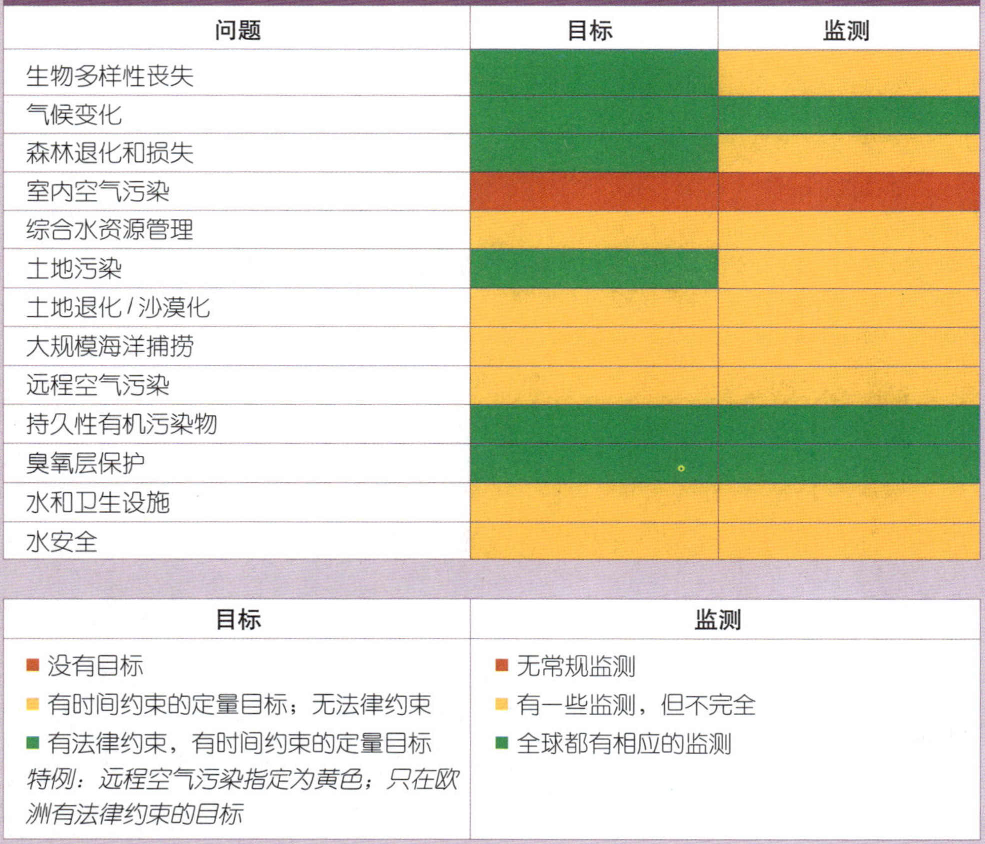

问题	目标	监测
生物多样性丧失	■（绿）	■（黄）
气候变化	■（绿）	■（绿）
森林退化和损失	■（绿）	■（黄）
室内空气污染	■（红）	■（红）
综合水资源管理	■（黄）	■（黄）
土地污染	■（绿）	■（黄）
土地退化/沙漠化	■（黄）	■（黄）
大规模海洋捕捞	■（黄）	■（黄）
远程空气污染	■（黄）	■（黄）
持久性有机污染物	■（绿）	■（绿）
臭氧层保护	■（绿）	■（绿）
水和卫生设施	■（黄）	■（黄）
水安全	■（黄）	■（黄）

目标	监测
■ 没有目标	■ 无常规监测
■ 有时间约束的定量目标；无法律约束	■ 有一些监测，但不完全
■ 有法律约束，有时间约束的定量目标	■ 全球都有相应的监测
特例：远程空气污染指定为黄色；只在欧洲有法律约束的目标	

来源：Chapters 2~5, review of MEAs at Ecolex 2007, UN 2002a

情景的政策影响

第9章描述的情景分析表明，应对持久性环境问题以及及时调整方向的困难。不同情景的环境影响表现出过去几十年的积累，以及扭转强有力的趋势所需的努力。从这些情景中得到的最主要的政策教训之一是，人类行为，包括政策选择和其环境影响的变化方面存在明显的滞后，具体而言：

- 许多将在未来50年发生的环境改变，在过去和现在已经采取了措施（De-Shalit 1995）；
- 许多在未来50年将要执行的相关环境政策的效果，需要在很长时间后才能显现出来。南极臭氧层“空洞”的缓慢修复就很好地反映了这一时间尺度。

全球经济系统内含巨大的动力，同时很多社会力量对世界当前的运作方式（获得收益）感到满意。再加上不确定生态系统何时会超过转折点，因此不难理解采用协商和预先防范的手段向可持续发展的轨道转移是多么的困难。尽管如此，四种情景分析结果依然表明：

- 如果关键措施没有及时采纳，将带来非常不同的后果；
- 正确的选择采取得越早，越可能出现避免全球崩溃趋势的机会。

这些情景中一个主要的不确定性是将污染强度与经济发展脱钩的能力，在转向服务型工业的同时，不会影响经济增长率（Popper等2005）。

执行挑战

一些良好实践的执行需要扩展到那些由于缺乏能力、合适的财政以及社会经济环境而无法跟上步伐的国家。由于国内或国际压力，大多数国家已经执行一些政策来应对那些实践证

能源的使用和交通是工业化和城市化的驱动力。很多国家开始实施政策来减少无效率的能源使用，虽然进展还很缓慢。

致谢：Ngoma Photos

明有有效解决方案的环境问题。然而，这些政策的实施在很多发展中国家仍相对较弱，甚至从未出现。在一些情况下，政府似乎并没有真正执行这些政策的意愿，政府在环境管理方面只做出了口头上的努力来应付游说团体或捐资方（Brenton 1994）。

在许多国家，环境政策依然让位于经济发展。通常状况下，宏观经济目标和结构改革比环境质量具有更高的优先性。目前还没有哪个地方有可能将经济、生态和社会目标一致纳入可持续发展的模型中（Swanson 等 2004）。不断增加的全球问题，如贫困和安全，还有可能使环境问题日益远离政治议程的外围（Stanley foundation 2004，UN 2005d）。

把处理影响社会核心结构的持久性环境问题提到更高的议程，带来了巨大的执行挑战。令人担忧的不仅是只有少数国家成功地进行了机构改革，更主要的是，一些国家甚至在执行传统环境议程方面也出现了倒退（Kennedy 2004）。

环境政策的实施需要大量社会或文化的改变，如建设环境保护的文化、结构重组等，这将遇到来自受影响部门和部分公众的激烈抵抗。因此，当需要这种"艰难的"结构变化时，政府通常会拖延时间，推迟决策，直到不得不这样做为止（New Economics foundation 2006）。当环境与经济产生相互作用导致难以处理的结构问题时，决策通常是困难的。潜在的驱动力通常是很难改变的，它将环境因子深深嵌入社会与经济问题中。

这些变化的重要程度和政府认为做出改变的认真程度通常由政府的意识形态和价值观所决定。政府很少有机会在执行这些"困难"的选择之前仔细研究前人的行为和经验。通常情况下，阻碍执行的是社会政治成本，而不是缺乏资金（Kennedy 2004）。例如，取消农业补贴可能具有重要的环境成果，但会带来巨大的政治影响（CEC 2003）。旨在减少二氧化碳排放的政策影响了所有能源消耗部门。所以，行业行政部门和受影响的利益相关者需要"认同"环境政策（NEPP2 1994）。

最容易执行的政策通常不存在财富或权利的再分配问题，即"双赢"局面或"温和"选择。很多温和选择已经被采纳，如增加公众意识、建立组织机构、制定象征性的国家法律以及签署约束力不强的国际协议。这些行为通常给人留下了已经采取行动的印象，但却没有真正触及持久性环境问题的核心驱动力问题。

虽然一些政策辩论开始关注环境变化的驱动力，并把它作为政策干预的焦点（Wiedmann 等 2006，Worldwatch Institute 2004），但它们在国际舞台上仍处于初始阶段。本书前几章中提到的具有很高优先性的与环境问题相关的全球政策目标系统中，在 325 个明确的政策目标中仅有 2 个是针对驱动力的（专栏 10.1）。其中大部分以压力和提高能力为目标。唯一例外的是那些在生物多样性方面以推进自然资源可持续消费和森林保护政策领域的目标。

通常，现有环境组织的创建并非以强调处理复杂的跨部门和跨国界的政策执行为目的。这些机构一直不能赶上经济增长所造成的累积的环境退化脚步。正如布伦特兰委员会所指出的，一项综合方法需要考虑环境问题和跨越所有部门的措施。随着持久性环境问题产生跨境影响，并变成次区域、区域和全球环境问题（见第6章），执行手段的合作与协调将带来新的机构挑战。

改善知识管理对政策的有效执行是十分重要的。虽然我们能得到一些与持久性环境问题有关的消息，但通常不完整，并且不能弥补技术手段和对人类的影响之间的差距，而后者通常是决策者的动机。决策者需要清晰而简单的知识框架、简明的度量标准和适当的解决方案。科学和学术团体使用复杂且不完整的测量手段同政策制定者交流这些问题的各个维度。在很多重要的经济和社会结果方面，提供数据是相对容易的，如国内生产总值和人类发展指数，但在环境领域并没有对等的广为接受的具体评估工具，尽管有几个颇有竞争力的选择。一项回顾发现了23个可选的总体环境指标（OECD 2002a），其他更多的指标还在研究中。

支持建立一个理解可持续政策影响的公共平台的评估和衡量项目，以及清晰地衡量经济活动的环境后果，都将有助于明智地决策。进行经济价值估价时获得多数人的同意是十分重要的，因为并不是所有环境物品和服务都能货币化，同时也不应该如此。非货币化、得到广泛接受的评价指标，与财政和社会指标相联系，可以反映目前的情况和相关的趋势是接近还是远离可持续发展。

未来政策框架

一项战略方案

环境政策在解决一系列单一来源、单媒介的线性问题或"传统"环境问题方面取得了很大的成功，尤其是采用市场化技术解决方案，如用其他化学物质代替消耗臭氧层物质（Hahn和Stavins 1992）。然而，持久性环境问题，如温室气体的浓度日益增长、生物多样性的丧失、土地和地下水污染、人体内有毒化学物质的累积效应，是无法取得长期显著进步的环境问题。在一些情况下，破坏甚至是不可逆转的（OECD 2001a，Jänicke和Volkery 2001，EEA 2002）。无法有效地解决这些持久性环境问题，将破坏或否定解决传统环境问题时取得的所有重大成果。

因此，我们找到了一项双轨策略：适应和扩大已被实践证明有效的政策的可及范围；在各层次制定能传达到更基层和引发结构性变化的政策。

扩大实践证明有效政策的应用范围

虽然我们现在面临很多环境挑战，但已经有了一些可用的有效政策。在其他国家实践证明成功的环境政策，可以鼓舞落后国家解决他们自身遗留的环境退化问题。有效的政策加强了生态系统的独特服务功能，在不显著影响其他生态系统功能或其他社会群体的基础上，为人类福祉作出了贡献（UNEP 2006b）。有前途的应对政策要么是缺乏长期的追踪记录，所以无法获得清晰的结果，要么如果经常得到足够的修正，将变得更加有效。有问题的应对政策无法达到目标，或者会损害生态系统的其他服务功能或社会群体。

1987年以来，政策领域得到了极大扩展，直接或间接的环境政策已经接触到了几乎所有经济活动（Jänicke 2006）。表10.1展示的是许多环境政策分类的一种分类方法。过去20年里，政策从"命令—控制型"向"创造市场"的进步，

表 10.1 环境政策工具的分类

命令—控制型管制	政府直接提供	公众和私人部门参与	利用市场手段	创造市场
■ 标准 ■ 禁令 ■ 许可和配额 ■ 区划 ■ 责任 ■ 法律赔偿 ■ 灵活的规章	■ 环境基础设施 ■ 生态工业园（区） ■ 国家公园、自然保护区和娱乐设施 ■ 生态恢复	■ 公众参与 ■ 地方分权 ■ 信息披露 ■ 生态标签 ■ 自愿协议 ■ 政府—私人伙伴关系	■ 取消不适当的补贴 ■ 环境税费 ■ 使用者付费 ■ 押金返还制度 ■ 有目标的补贴 ■ 自我监督（如ISO 14000）	■ 财产权 ■ 可交易的许可和权力 ■ 补偿项目 ■ 绿色采购 ■ 环境投资基金 ■ 种子基金和激励机制 ■ 生态服务付费

为了避免竞争行业间的市场扭曲或全球化带来的污染避难所，需要制订国际公认的标准并谨慎实施。

致谢：Ngoma Photos

在这个分类中得到了很好的说明。

政策手段的工具箱逐渐扩展，更多地强调经济手段、信息、交流和自愿行动（Tews等2003）。政策手段的这些发展部分是因为政策对污染控制的关注领域从大型点源污染转移到了更分散的污染源，而这更难以控制（Shortle等1998）。然而，直接管制（命令—控制型）仍然扮演着主要角色，并且在未来还将如此（Jaffe等2002）。一些国家的政府已经开始改革他们的环境标准以获得目标更远大、有利于创新的体系。例如，日本的顶级领跑者（Top Runner Programme）能效项目已经获得了越来越多的关注。在这个项目里，一些环境标准根据最佳可获得技术进行了修改，最佳可获得技术对改善这些环境标准提供了持续不断的动力。

虽然市场力量和“温和工具”的使用，如信息的提供，已经扮演了越来越重要的角色，但政府仍需要持续运用（或是被迫利用）“强有力的工具”，如命令—控制型管制，来保证政策的有效实施（Cunningham和Grabosky 1998）。因此，一个有效的政策工具箱，需要包括更广泛的多种工具，并经常在符合有关国家或区域的制度、社会和文化条件下使用。

人们现在面临的挑战是发掘最有效的政策工具或工具组合，来处理特定地理和文化环境下的特定环境问题。政策制定者正不断关注更复杂的社会、经济和文化模型来引导政策选择。然而，这些模型本身不可避免地只能反映片面的现实。对于许多环境问题而言，命令—控制型管制是有效的工具，因此被广泛应用（专栏10.2）。特别是，这项工具在确定预期效果而非技术手段方面的利用更有效。此外，由法律规定并得到广泛认可的技术标准可能促进有关工业的公平竞争，并作为技术逐渐地发展和创新，以及改善环境保护的激励机制。为了避免竞争行业间的市场扭曲或全球化带来的污染避难所，需要制订国际公认的标准并谨慎实施。在等待国际行动的同时，一些市场的进口商已经开始自发地为自己的生产和供应链设立标准。

实践证明，一系列成功因素同最佳实践政策一样重要。一些关键因素如下（Dalal-Clayton和Bass 2002，Volkery等2006，Lafferty 2002，OECD 2002b）：

- 政策得到可靠的研究或科学支持；

专栏 10.2 挪威对政策工具的灵活应用

一个有多方利益相关者参与的创新而灵活的政策工具例子，是挪威废弃电子电气产品的规章（根据《污染控制法》和《生产控制法》制定）。信息和通讯技术（ICT）部门产生越来越多固体废弃物，其中有害物质的成分较高，如重金属。这些污染源同样推动欧盟制定了WEEE（废弃电子电气产品）和RoHS（有害物质限制）法令。

挪威的处理方法在一开始检查问题时就包括了相关生产商、进口商和分销商，对这些废弃物数量及其环境影响的范围进行了全面的研究，讨论了处理这一问题的各种方法。这些行动揭示了这样一个事实：现有的废弃物总量比原先设想的要多，在经过了广泛征求公众意见后，1999年7月1日，政府决定这项新的规章开始生效。

在颁布此规章同时，环境当局和主要大公司以及行业协会制定了执行该规章的协议，这些协议规定了确定的日期、承诺和报告机制。这些协定都是“自愿”的，厂商可自由选择是否加入任一协定（因此不存在竞争问题，或“进入壁垒”问题），但它们都以规章为依据，并努力避免“搭便车”问题，同时解决商业和权力机构所担心的遵守、管理和执行问题。

这些协定包括针对不同的WEEE(废弃电子电气产品)，通过商业途径建立三个废弃物收集公司，并筹集经费在财政上支持废弃物的回收和处理。这些经费由商业伙伴管理（通过增值税系统征收，以保证较低的行政管理成本）。1999年引入新的政策工具后，政府于2005年向国会汇报表示，2004年，“超过90%”的废弃电子电气产品得到了回收。此外，回收品中的大部分得到了再利用，有毒废弃物则采用了环境无害化的处理方式。这一传统的命令—控制型工具已与相关的商业部门合作，取到了一些转变，并通过契约协定扩大了管理范围，将执行交给了商业部门。

来源：Ministry of Environment Norway 2005

- 政治意愿程度较高，通常两党合作，从而更具可持续性；
- 多方利益相关者的参与，通常通过正式或非正式的伙伴关系；
- 愿意与政策反对者对话；
- 协调冲突的有力体制；
- 执行的能力以及经过训练的职员；
- 经同意的监督和政策修订系统，包括规定周期性修订的条款；
- 立法的支持以及积极的环境司法官；
- 可持续的金融系统，能够防止腐败；
- 独立于规章制定机构的政策评估，如咨询委员会或公共审计师；
- 使政策制定与实施的滞后最小化；
- 保持所有政府政策的一致，无冲突。

寻找新的有变革能力的政策

仍在寻找解决方案的环境问题分类，需要创新性政策来应对生存或阈值问题。它们会挑战现有的社会结构、消费和生产类型、经济、权力关系以及财富的分配（Diamond 2005，Leakey和Lewin 1995，Rees 2003，Speth 2004）。我们急需对公共和私人环境政策的基础重新定位，并进行结构性变革（Gelbspan 1997，Lubchenco 1998，Posner 2005，Ehrlich和Ehrlich 2004）。

不幸的是，缺乏政治意愿使得环境因素很难进入政府使命的中心（De-Shalit 2000）。当代政治可以概括为政治家和特殊利益群体为他们的问题和利益寻求关注的连续磋商（最强的利益群体通常获胜）。这就导致一个很容易只关注短期利益和政治收益，而忽视长期的、可持续和公平发展的混乱局面（Aidt 1998）。只要政府和市民没有认识到人类福祉是建立在健康的环境上，从而将环境以外的因素置于优先位置，那么决策者只能寄希望于其他政策（如经济、贸易或发展政策）不会使环境状况变坏。许多持久性环境问题的形成很缓慢，一开始“看不见”，因此在进行权衡取舍时很难准确考虑它们的权重，从而不能得到只关注短期范围的政治家的关注（Lehman 和 keigwin 1992）。然而，仓促做出随后被证实是错误的决定可能会带来政治上的危害，尤其是当强有力支持者的利益受到了负面影响时（UCS 1992，Meadows 等 2004）。因此，决策者急需合适的工具来帮助他们做出正确的环境决策，减少相关的政治风险。

对一些持久性环境问题，如气候变化、生物多样性减少等问题，各国仍然在推进遏制环境进一步退化的激励政策，因为这方面的进展主要取决于其他政策领域及其竞争目标（Gelbspan 1997，Wilson 1996，Myers 1997）。虽然有最好的意图，但各国政府执行国际环境协议来解决这些问题的努力失败了，而且很少对这些执行失败有过惩罚（Caldwell 1996，Speth 2004）。

环境政策失灵很大程度上与将环境政策和其他部门政策相综合的挑战有关（Giddings 等 2002）。随着环境问题在各部门变得日益重要，更需要将其与经济发展政策相结合（见欧洲跨部门绿色努力的讨论）（Lenschow 2002）。然而，我们依然缺乏强有力的综合政策评价工具（尽管在欧洲取得了很大进步）来保证将环境问题纳入其他部门的主流政策（Wachter 2005，Steid 和 Meijers 2004）。

在某种程度上，环境问题和自然资源的管理不善，部分是由于没有对生态系统的服务功能全额付费（Pearce 2004）。政府采用了很多不同的目标，它们通常会相互竞争，有的甚至相冲突，却没有意识到它们都依赖于生态系统适当的服务功能。一旦经济发展比环境保护更优先，同时，由于环境组织力量通常很弱小，常被视为一种特殊的利益从而在政治斗争中失败，因此加剧了政策失灵。另一个复杂因素是因为行政管理能力不够，发展中国家普遍缺乏环境法规的遵守和执行（Dutzik 2002）。

在理想状况下，可靠的科学应该支持和巩固环境政策选择。1987 年以来，重要环境问题的知识基础无疑得到了极大拓展，但人类仍不知道我们距离转折点有多近，或如何才能实现长期的可持续发展。就像《我们共同的未来》中所说的那样，“科学至少给了我们更深入观察和了解自然系统的可能性”（WCED 1987）。布伦特兰委员会发现，科学家是第一个指出越来越密集的人类活动所带来的不断增长的风险的，他们在不断协调的过程中继续发挥类似的作用。

联合国政府间气候变化专门委员会（IPCC）、千年生态系统评估（MA）、全球环境展望（GEO）、全球海洋评估（GMO）、全球森林资源评估（GFRA）、全球生物多样性评估（GBA）、国际农业科技发展评估（IAASTD）以及旱地土地退化评估（LADA），都反映出国际科学界的共同关注，以及相互合作的愿望。这些和其他一些评估巩固了多边环境协议，支持着全球首脑会议，通过媒体和其他传播手段向国际社会传达着重要的科学信息。科学家、统计学者以及其他学科的专家越来越意识到用政策制定者和公众能够理解的方式说明一些较难问题的重要性。

然而，矛盾的是这些研究几乎每天都会有一些糟糕的消息，虽然证据显示，人类整体福祉逐步得到改进，但这可能使政策制定者和公众认为科学家总是会带来灾难的预言。这些不间断产生的科学信息本身为不作为和推延提供了政治外衣（Downs 1972，Committee on Risk Assessment of Hazardous Air Pollutants 等 2004）。当一则独立的科学前沿的好消息（如将某一物种从濒危边缘挽救回来）公布于众时，通常会成为科学家总是夸大危险的证据。尽力在报道时保持观点平衡的媒体，总能发现至少有一个科学家与大部分科学家的观点是不一致的，从而导致通常的政治观点认为科学是不确定的，也就没有必要迅速采取措施（Boykoff和Boykoff 2004）。

这种平衡的、“还不需行动”的做法的危害在于它可能会带来数以百万计的不必要的生命损失，影响人类健康，或导致物种的灭绝。滞后决策的危害在放射性物质、石棉、氯氟烃和其他环境与人类健康问题中有清晰的记载。虽然科学家在这些问题上早已提出了警告，但政府直到几十年后才采取了相应的措施（EEA 2001）。同样的滞后还表现在气候变化和生物多样性丧失的相关问题方面。

为这些持久性环境问题探寻创新政策措施的高难度有以下几个原因。自然资源的使用和废弃物的排放通常取决于工业生产系统和相关技术的基本原则。因此，可持续的解决方案需要在工业结构、技术以及相关部门，如采矿业、能源、交通、建筑和农业投入要素方面发生根本变化。管理这些部门的政府机构认为，他们的主要职责是为私人（或公共）部门的生产提供以及保障便宜（甚至是免费）的环境投入。这些结构问题不能单靠环境政策本身来解决，相反，我们需要不同政策制定者的协调行动以及政府的执行过程（Jänicke 2006）。

然而，由于相对较弱的组织框架和许多允许利益集团阻止目标远大政策实施的否决点的存在，国际性的解决方案甚至更难实行（Caldwell 1996）。尽管各国政府批准了多边环境协议，但有效的执行依然受到了财政和技术能力、繁锁的报告过程、非官方行动者的不合作及对其他压力问题关注的限制（Andresen 2001，Dietz等2003）。

有效的政策工具能在一个可预测的基础上提供长期的信号和激励。这对商业部门、消费者和普通家庭都很重要。公布关于如何加强规章和管制的长期规划是有利于变化的途径之一。为了使社会能够接受，需要一些彰显公平的再分配工具，如管制限额和环境税以及其他经济手段。

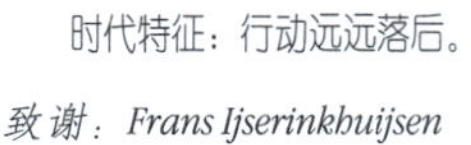
时代特征：行动远远落后。

致谢：Frans Ijserinkhuijsen

有前途和有变革能力的政策选择

有几项有前途的政策选择，它们显示了有助于解决持久性环境问题所需要的结构变化的那些革新政策的力量。这需要仔细监测，并广泛和迅速地学习和传播各种经验教训，从而使成功的政策不断加入工具箱中，并始终记住地方适应和社会学习的需求。

绿色税收

可以把增加的税收收益的一小部分用来加强有关能源保护和提高能源效率的措施。对“产生环境负面影响的物品”征税，对“产生正面环境影响的物品”给予补贴，同时对所得收益进行再分配，就是将环境带入政治决策前沿的典型政策（Andersen 等 2000）。

日本的减少、再利用和再循环（3R）政策

日本 2000 年制定了《建立循环社会基本法》(The Basic Law for Establishing the Recycling based Society)，其目的是降低废弃物的数量（表 10.2）。为了使这项法律可操作，日本2003 年制定了《建立物质再循环社会基本规划》(Fundamental Plan for Establishing a Sound Material-Cycle Society）作为 10 年实施工作的指导（MOEJ 2005）。除了要求更多的循环、处置和收集设施外，该法律还规定了生产和销售业的生产者责任延伸（EPR）制度。生产者责任延伸制度要求生产者回收其产品、抵押金退还机制以及把产品的财政和/或物质责任从后—消费者阶段转移到上游生产者的身上。日本已经在集装箱、包装行业和家用电器行业执行该项政策。

迄今为止，这项政策的成果是喜人的，在指定收集点所得到的消费者消费完的产品数量有所上升，2003 年和 2004 年分别比 2002 年增加了 3% 和 10%（MOEJ 2005）。

中国的循环经济

循环经济包括工业、农业和服务业各不同部门的生产和消费，同时还包括垃圾和废弃物的综合利用产业（yuan 等 2006）。循环经济有三个层面，包括工厂通过清洁生产的小规模循环经济，生态工业园的中等规模的循环经济，以及各地生态产业网络的大规模循环经济。循环经济旨在改革传统产业体系，提高自然资源和能源使用效率，并减轻环境负荷。同时，在建立可持续消费机制方面也做出了努力，包括政府倡导绿色采购。

以 2003 年的指标为基准，中国政府确定了 2010 年国家目标（China State Council 2005 in UNEP 2006a）:

- 每吨能源、钢铁和其他资源的生产力提高 25%；
- 单位国内生产总值能耗减少 18%；
- 农业灌溉平均水资源利用效率提高 50%；
- 工业固废再利用率提高 60%；
- 主要可更新资源的循环利用率提高 65%；
- 工业固废的最终处置量限制在 45 亿 t 以内。

中国的循环经济政策是最近才开始实施的，包括 13 个省和全国 57 个市县。相对数量较少的公司（5 000 个）通过了清洁生产评估，32 个获得了“国家环境友好企业”的称号。今后

表 10.2 日本“3R”政策 2000—2010 年的数量目标

项目	2000 年指标	2010 年目标
资源生产力	每吨 28 万日元（2 500 美元）	每吨39万日元（3 500美元）（改进40%）
循环利用率	10%	14%（提高 40%）
最终处理量	5 600 万 t	2 800 万 t（减少 50%）

几年，中国在减弱经济增长与资源消耗许可方面的努力还需更进一步的监管。

向环境创新型市场引导

环境创新在“引导市场”中的发展尤为显著（Jacob等 2005，Jänicke和Jacob 2004，Beise 2001，Meyer-krahmer 1999）。这些指的是在创新方面领先的国家，而且这些国家的市场渗透度通常要高于其他国家。他们通常是其他国家的典范，他们的技术和相关政策也被其他国家所采纳。市场引导的概念一直以来都在发展，并极大地应用到许多技术创新领域，如芬兰的移动电话、日本的传真机或是美国的因特网（Beise 2001）。环境技术的市场引导比较特别，不仅受到该国消费者环境选择偏好的影响，而且依赖特殊的促进措施或者是对市场直接的政府干预。

领先市场的出现，如风能的使用，需要政治意愿、长期和综合的策略，以及适合创新的条件。

致谢：Jim Wark/Still Pictures

环境保护市场引导的例子包括美国通过法律强制执行的机动车催化反应转换器，日本的脱硫技术，丹麦对风能的支持，欧盟电子废弃物法令以及德国的无氟冰箱（Jacob 等 2005）。另一个例子是无氯纸张的全球应用。这是一项最初由绿色和平组织发起的行动，并得到了美国国家环保局的支持。斯堪的纳维亚国家、德国和奥地利都引入了无氯纸张增白剂，而在东南亚则引入了有效的政治市场干预（Mol 和 Sonnenfeld 2000）。这表明，刺激国际上成功的创新的政治活动并不仅局限于政府，环境积极分子同样可以采取行之有效的政治干预活动。

市场引导的出现不仅是引入了一个单独的政策工具，而且是具有决定意义的政治意愿、长期而综合的策略和有力的框架条件（如为了创新）（Porter 和 Van der Linde 1995，Jacob 等 2005）。最为重要的则是经济竞争力和环境政策成效之间的联系（Esty 和 Porter 2000）。市场引导的发展需要以创新为导向、强有力的环境政策，同时需要综合创新和产业政策（Meyer-Krahmer 1999）。在环境政策制定中扮演先锋角色的国家在制定全球标准方面取得了更多的成功（Porter 和 van der Linde 1995，Jacob 等 2005）。

市场引导实现了很多功能。从国际视角上看，它们为全球环境问题提供了市场化的解决方案。高收入国家的市场引导可以为技术的发展筹集必要的资金，帮助它们度过早期的困难。它们示范了技术和政治的可行性，鼓励其他国家和公司采用它们的领先标准。从国家层面上看，有力的标准或支持机制能为国内产业创造原动力优势。此外，有力的政策措施能够吸引国际流动资金来促进环境创新的发展和市场的建立。最后，这些经济优势使得国家的政策制定者合法化，强有力的政策使他们能在国际舞台上扮演吸引人的、有影响力的角色。

先进的太阳能使用促进了可再生能源的利用。

致谢：Frans Ijserinkhuijsen

荷兰的转型管理

环境政策对于大型技术体系的有效转换时，通常导致失败，为了克服这种情况，荷兰发展了转型管理的概念（Rotmans等 2001，Kemp和Rotmans 2001，Loorbach 2002，Kemp和Loorbach 2003）。这一概念关注“系统创新”，即技术、社会、规章和文化制度的根本转变，这些因素通过相互作用，满足特定的社会需求，如交通、食物、住房、水资源和能源。体系的转变需要技术、基础设施、规章、标识、知识和工业结构的同时变革。历史上这样的例子有从风能向蒸汽能的转变，或者是从以木材为基础的能源向以煤为基础的能源的转变。这些体系的转变最典型的需要30～40年的时间（kemp和Loorbach 2003）。

这样一个长期的框架和必要的改变并不是传统的政府所能管理的。传统的政策制定被划分给各个具体部门，而对于商业部门来说，它们的决策是很短视的。转型管理需要在管理体系创新方面交出更好的答卷。然而，转型管理并不是需要实在的规划转变，而是要影响转型过程的方向和速度。这一进程可以分为以下四个不同的阶段：

- 为已设定的转换问题建立一个创新网络（转换的舞台），包括政府、科学、商业和非政府组织的代表；
- 发展可能的25～50年转换路径的综合远景，并以此确定中期目标；
- 根据转换议程，完成相关试验和共同行动（试验可以是技术、规章或财政模式方面的）；
- 过程的监督和评价，实施学习过程的结果。

政策过程需要吸收成功的试验，并将其推广。

荷兰自2001年以来进行了几个项目来试验它的战略，虽然人们并不奢望转型管理立竿见影，但能源部门的行动计划依然显示这些过程导致：

- 现有政策选择和方法的进一步结合；
- 利益相关方之间的联合和合作网络的发展（从2000年的10个发展到了2004年底的数百个）；
- 包括“重帖标签”和增加基金在内的更多投资（从2000年的20万美元上升到了2005年的8 000万美元）；
- 更多的对于长期问题的关注（Kemp和Loorbach 2003）。

在发展决策中加强环境考虑

政府总是追求一系列不同的，有时甚至是相互竞争和冲突的目标。各政府部门的分工是有效果和效率的，但在处理诸如环境保护的跨部门问题上，其效率相对较低。更糟糕的是，环境问题通常被视为实现其他社会目标时需要协调的一个另外的部门，而不是所有生命依赖的基础。虽然在将环境因素从经济社会决策边缘向核心转移的努力中取得了有限的进步，但仍有许多事情需要做。

环境政策的综合

将环境因素纳入其他非环境政策的制定过程始终是一个更有效政府面临的挑战。以前，环境政策的综合（EPI）仅仅是环境部门的任务。然而，有效介入其他部门政策制定领域是十分困难的。所以，一些国家将综合环境因素的责任分解到了各部门内部，这意味着过去反对综合性绿色政策的部门，如交通、工业、能源和农业部门，需要为他们的环境影响负责任（专栏10.3）。

这一方案可以被视为“政府的自我调整”。各部门可以自由选择最好的措施来将环境目标纳入自己的工作目标以及一致的国家战略中，并报告其结果。例如，很多主管不同工业的政府部门建立了拥有先进废弃物处理系统的生态工业园和产业集群（UNIDO 2000）。然而，为了实现这种责任的转移，需要内阁或议会高层次的承诺，或者是主管部门的明确引导，同时需要清晰可行的目标、指标和基准，以及监督内容。例如，欧盟的加的夫进程（Cardiff Process）是环境政策综合的一个模范（Jacob和Volkery 2004）。

政策评估和影响评价

将环境因子纳入其他部门政策考虑范围的工具包括战略环境评价（SEA）（图10.4）、规划影响评价（EEA 2004，CEC 2004）和其他形式的政策评估（见第8章）。这些工具的目的在于分辨政策制定过程中可能的负面影响和利益冲突。在一般情况下，政府部门自己根据一系列标准来评估规划、项目和政策。虽然这提供了很多学习机会并增加了透明度（Stinchcombe和Gibson 2001），但评估结果很少得到应用。美国和加拿大20世纪70年代率先在政策规划中引入环境影响评价。战略环境评价（Strategic environmental assessment）在90年代被欧盟重新发掘。然而，战略环境评价通常仅限于对环境有直接影响的规划、政

专栏10.3 坦桑尼亚环境公共支出评价

坦桑尼亚增长与消除贫困国家战略2005-9（MKUKUTA）并没有采用过去战略中特定部门的“优先性”状态以及由此带来的保护性预算。而是提倡了一种以结果为导向的方法，为过去边缘化的跨部门问题（如环境问题）敞开了大门。而开启大门的钥匙则是财政部的公共支出评价系统（PER），它揭示了备选的投资方案如何对计划的结果产生影响：

- 环境投资可以支持卫生、农业、旅游业和工业，并为政府收入作贡献；
- 过去，尤其是渔业和野生生物部门的定价很低，收入也很少；
- 许多环境敏感的“优先”部门并没有为环境管理付出任何东西；
- 为环境资产负责的地区几乎得不到收入；
- 固定的政府预算约束了环境问题的综合考虑。

公共支出评价系统的例子是强制性的，2006年政府环境支出显著增加，总的支出形式需要考虑环境的综合处理。

来源：Dalal-Clayton and Bass 2006

策和项目（World Bank 2005）。一般政策通常不进行环境影响评价，虽然这些影响可能相当大。

战略环境评价的例子包括多边银行规划和项目，如英国的综合政策评价和规章影响评价、欧盟的综合评价以及瑞士的可持续评估（Wachter 2005，Steid 和 Meijers 2004）。最近，出现了综合各种影响评价需求的趋势，包括性别、商业、制造业、中小企业、环境和预算，这些评价可以用单独或全面的方法或综合评价（IA）。起初，综合评价的焦点局限于使商业部门的成本最小化以及增加规章效率。这个类型的综合评价并没有关注无意的负面影响或非市场效果（Cabinet Office 2005）。综合评价的目标在于分析一系列一般问题，如竞争的加剧、对中小型公司的支持、性别方面或是环境方面的考虑。这样综合的视角旨在解释目标之间的冲突，或找到双赢的解决方案。丹麦、加拿大、荷兰、芬兰、瑞典和英国都在这方面走在前列，而波兰目前也急切需要可持续性影响评价。这个趋势反应了一个不断发展的真知灼见，即副作用、相互作用或非市场化的作用可能会对其他政策领域产生严重的影响，因此需要加以考虑。

虽然综合评价是一个具有普适性的工具，但它有可能改善环境绩效指数，因为它需要各政府各部门或机构将环境考虑纳入其政策制定过程的早期阶段。此外，这些其他部门需要在决策前咨询环境部门、机构或利益相关者。然而，一些对综合评价机制的最初评价表明，这一手段有可能被误用，从而以更好的管理议程为由排挤环境考虑（Wilkinson 等 2004，Environmental assessment Institute 2006，Jacob 等 2007）。

各种环境评价的最终效果将通过它们如何

图 10.4 战略环境评价应用的闭联集

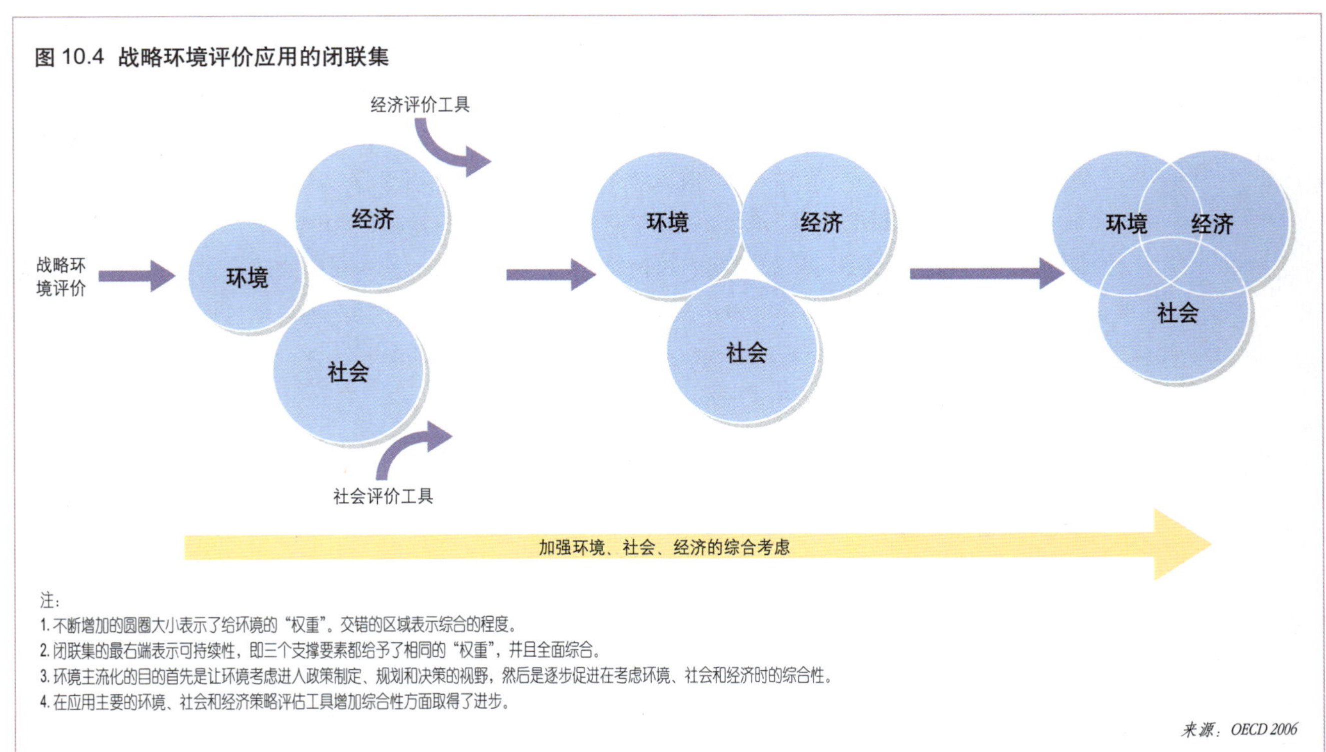

注：
1. 不断增加的圆圈大小表示了给环境的“权重”。交错的区域表示综合的程度。
2. 闭联集的最右端表示可持续性，即三个支撑要素都给予了相同的“权重”，并且全面综合。
3. 环境主流化的目的首先是让环境考虑进入政策制定、规划和决策的视野，然后是逐步促进在考虑环境、社会和经济时的综合性。
4. 在应用主要的环境、社会和经济策略评估工具增加综合性方面取得了进步。

来源：OECD 2006

影响政策制定过程，从而更好地管理环境，改善人类健康来判断。

地方分权与权力下放

另一项在政策制定过程中综合环境考虑的创新手段是将环境目标纳入控制体系。新的公共管理制度给予政策制定的不同单位和层面更多的判断力。在许多国家，中央政府已经把一些控制机制下放给一些政府单位。

从现有的地方分权以及综合环境考虑的例子中可以得到以下一些经验：

- 为了解决部门战略中说易行难的问题，定期的评估是必要的。这可以通过定期地向国会或议会汇报在执行规划中取得的进步来实现。在一些国家，国家审计局授权审查和报告环境和可持续发展的成绩以及相关的政府财政管理。加拿大在综合审计署下设了独立的环境与可持续发展委员会，新西兰建立了一个独立的环境议会委员会。经济合作与发展组织的案例证明，通过国际组织的检查和评估是十分具有影响力的。经济合作与发展组织环境绩效评估同时帮助成员国监督自身政策的执行，以及在达到自己设定目标方面所取得的成就。最近，欧洲委员会发起了一项“成员国国家可持续发展战略评估”（National Strategies for Sustainable Development of its Member States）（European Commission 2006）。
- 环境责任的分散增加了政府不同部门环境绩效和政策的透明度。
- 分权的最初动力通常来自中央机构，如总理、议会或内阁。然而，环境绩效指数不可能在这些机构的政治议程中长期占据主导地位。因此，十分需要利用这些最初的动力将环境绩效指数快速综合到政策制定的常规程序和制度中。
- 对于可持续的环境综合考虑而言，需要使环境绩效指数与政府财政机制相结合。一些国家有选择性地试验了在基础设施、区域和结构发展的投资项目中确定环境标准。但是，很少有国家深入进行支出绩效评估来反应与环境目标相抵触的支出（专栏 10.3）。

环境机构之外

日常汇报环境影响的要求，以及部门政策的评价，往往使得环境要素在非环境政府部门中保持较高地位。然而，为了取得效果，必须由强有力的独立组织来监管这些汇报。在一些国家，是由环境部来监督这些行动的。但是，作为成立时间不长的部门，他们通常在更强力的部门面前无法取得优势。在其他国家，这一职责属于首相。在极少国家（英国和德国），国家议会设立了委员会来监管这些工作。加拿大和新西兰委托国家公共审计署署长来为议会委员会服务。在一些国家，虽然并未得到充分利用，但科学顾问已经开始定期评估环境政策（及其综合环境政策）（Eden 1996）和国际政策，不同领域的几个研究机构公布了比较结果和建议。环境部门在这些方法上并不落后，因为他们必须组织政策制定的知识基础，提供监督和评估的指标和数据，组织采纳这些目标的政治过程。一些感兴趣国家的部门甚至与科学机构强强联合，运用跨领域的经验，并设定了不同部门环境绩效的基准。

很明显，在各国普遍增长的社会压力下，环境因素已经逐渐接近社会关注的核心，并且在决策过程中，环境考虑已经发生了“从边缘转向核心”的变化。这包括更好地了解现有政策制定核心的本质及其驱动力，以及环境问题所处的地位和扮演的角色。现有决策的核心已经围绕既定的不停积累一系列物质财富所不可缺少的条件运转了太久。在那样的导向中，环境只可能被看成是另一个经济政策的变量，这意味着最多只需要进行一些权衡取舍。将环境因素从决策的边缘向核心转移意味着对核心做出一些改变，从而最终使经济和社会向实现可持续的环境质量和人类福祉方向转型。这一转型需要在教育、制度和财政领域进行重大变革。

新政策框架成功执行的条件

驱动力—压力—状况—影响—反应（DPSIR）框架是理解人类与环境相互作用的基础。通常，我们通过针对这个模型中一个单独部门或环节的方式成功地处理那些实践证明有有效解决方法的环境问题，但持久性环境问题则更需要多部门或跨DPSIR框架的措施，尤其是以驱动力为目标时。以下章节评估了可以形成一个更雄心勃勃的全球政策议程基础的结构创新类型。

公众意识、教育和学习

集体学习（Keen等2005）和适应性管理（Holling 1978）是针对复杂性和不确定性的管理手段。鼓励执行者和其他不同层面的利益相关者收集数据和信息，并运用可提供反馈和自我学习的形式进行处理。提供能力建设支持来改善以土著居民或社区为基础的监督体系，并将其与更高层次的信息收集和决策相联系。例如，在制定政策时可以利用土著人掌握的生态系统知识，并通过创新性指标来评价这些政策的影响。

例如，最贫困地区民间社会项目（Poorest Areas Civil Society Programme）包括了印度最穷的100个地区，它发展了一个特殊的以信息技术为基础的监督、评价和学习（MEAL）体系（PACS 2006）。超过440个民间社会组织（CSOs）和2万个社区团体积极参与了这个体系。该体系综合了各种资源，包括村庄的面貌和基本状况报告、季报、产出跟踪、评估报告、过程反应、案例分析和研究文献。这个体系帮助提高了项目效率，保证了项目参与方和其他有兴趣机构的知识和经验共享。

集体学习意味着很大程度上承诺为提高公众意识和教育而分享信息。在丰富可靠的相关信息基础上，形成公众观点，促使各方广泛参与决策，并最终形成良好的管理。提高公众意识的行动计划可能有具体专题或目

坦桑尼亚的棉农训练中心：本地知识的反馈将有助于改进创新。

致谢：Joerg Boethling/Still Pictures

专栏 10.4 里约原则 10 和《奥尔胡斯公约》

1992年，《里约宣言》的原则10规定了环境信息、政策制定和公平方面的权利。通常也称作"可获得性原则"。

虽然原则 10 是一个很"温和"的手段，但它带来了很大程度的影响，并且在《奥尔胡斯公约》里，在联合国欧洲经济委员会主导的商谈中，发展成为区域层面的一项"强硬"政策。《奥尔胡斯公约》于 1998 年在丹麦奥尔胡斯签署，2001 年生效，欧洲和中亚 33 个国家到 2005 年初批准了该公约。非政府组织不仅对谈判的进程有很大的影响，而且在操作程序方面也扮演着核心角色。在缔约方大会主席团、随后组成的工作组和遵守机制里，都有环境非政府组织代表，这使得公众能够提出反对意见。一些相关例子包括：

- 必须能有效地获得关于影响空气、水、土壤、人体健康和安全、生存条件、文化场地以及建筑结构的行动或措施的信息。例如，每个缔约方应该建立一个结构化、由电脑支持并公开的数据库来记录全国范围的污染排放和转移（PRTR），同时通过标准化的报告来汇总。
- 在决策时需要公众参与来决定是否许可某一类型的行动——如能源、采矿和废弃物处理部门——并且决策主体需要承担这种参与的相关责任。在环境规划和项目的一般决策过程中，也需要公共参与。
- 必须提供与获得环境信息和公众参与评估程序相关的司法途径，在发生环境违法时，也能运用司法途径解决问题。

公约执行情况的第一份报告表明，在信息获得方面已经取得了很大进步，而在公众参与方面进步相对较少，在获得司法途径方面的进步最少。这与另一项世界范围内9个国家执行里约原则10情况的研究是一致的。该公约具有超过联合国欧洲经济委员会影响区域的潜力。它向该区域外国家开放签署，签署国需要同意加强这一原则在国际环境决策进程以及国际环境相关组织中的应用。

来源：Petkova and Veit 2000, Petkova and others 2002, UNECE 2005, Wates 2005

标，也可能是广泛的。综合性提高公众意识的行动计划的一个例子是《奥尔胡斯公约》(Aarhus Convention)，它为公众（个人或社团）得到环境信息、参与环境决策和环境公平确定了权力（专栏 10.4）。公约要求各缔约方为政府当局（在国家、省或地方层面）制订必要的规章，以保证这些权力的有效性。南非的信息公开政策是这些原则在国家层面应用的一个例子。

全球范围内，《联合国可持续发展教育十年计划》(UN Decade of Education for Sustainable Development) 是获得更广泛受众（尤其是在校和不在校青少年）的一个重要行动计划 (UNESCO 2005b)。提高健康和卫生意识以及相应的能力建设，赋予了南非金伯利的贫困人群建设可持续家庭卫生设施的权力 (SEI 2004)。同样，巴西库里提巴的可持续城市行动计划在很大程度上依靠提高公众意识以及地方社区的参与（McKibben 2005）。

由国际组织发表的环境绩效评议是加强集体学习的重要而有效的机制，相关国际组织包括经济合作与发展组织、联合国欧洲经济委员会以及现在正提出报告的UNECLAC，还有区域层面的联合国其他机构和组织。这些公正的同行评议通过基于事实的可靠分析、建设性的意见和建议，为环境政策的有效性、效率和公平提供了独立的外部评价。他们给责任、透明度和良政以物质内容，同时为各国提供了以系统方式定期交换关于最佳实践和成功政策的信息（OECD 2000）。同行评议在鼓励内部学习方面卓有成效，但在促使学习向外部扩展到整个评估领域方面则收效甚微。增加学习价值的途径之一是鼓励同行评议机构进行更多的跨国比较或"基准设定"。这同时将导致在方法论和专业术语的选择方面得到更多的一致性。

集体学习手段与环境管理中生态系统手段的复杂交互作用相类似。这一手段认识到搜集和综合生态系统结构和功能信息的需要，认识到生态系统的不同层面是相互联系和相互依赖的，并采用了生态、预测性和与伦理有关的管理战略。这一手段的重要原则是将人类视为生态系统的一部分，而不是生态系统以外的部分。地方利益相关者的健康、活动和关注问题应当视为他们所居住的生态系统的特征。这同样意味着应该把利益相关者纳入影响他们环境的那些决策中 (NRBS 1996)。

政策有效性的定期评估和评价是十分重要的。

致谢：Ngoma Photos

监测和评估

即使是在具有变革能力的政策落实到位，相关组织也已完成变革来执行这些政策的地方，仍需要了解确定的目标是否得到实现。我们不仅需要监测，还需要定期估测和评价政策的有效性。统计部门的权力需要得到扩大以获得政策执行方面的数据。很少有国家授权统计部门独立评估政策。一些国际和区域组织制定了政策监督和评价的相关项目，如经济合作与发展组织的环境政策绩效评估（Lehtonen 2005）。

大多数国家都设立了顾问委员会，由专家和利益相关方提出可持续发展相关问题的政策建议。然而，他们的权力和资源通常是有限的。只有几个国家，如奥地利、法国和瑞士，授权对整个政策绩效进行独立评价（Carius 等 2005，Steurer 和 Martinuzzi 2005）。目前在超越自我汇报层面的系统而独立的政策评价方面，已经取得了令人满意的进步，但这仍不够。目前欧盟、经济合作与发展组织成员国以及联合国机构正努力组织对国家可持续发展战略的评估和同行评议，这可以为这些进程的未来发展提供动力（Dalal-Clayton 和 Bass 2006，European Commission 2006）。传统的，尤其是命令—控制型管理体制下的监测和评价手段，通常倾向于跟踪变化，并采取追溯性的纠正行动。其结果是使得执行者不愿意向管理者汇报（Dutzik 2002），只提供少量信息并强调积极的一面。即使有外部评估者，他们一般在现场只停留很短的时间，很难捕捉到实质的问题。对持久性环境问题而言，需要仔细选择指标来及时反映基本驱动力的变化。

机构变革

强有力的机构对公共政策的有效执行是十分关键的。在过去20年里，出现了多样化的机构安排。做出全面判断是通过评价加强有效性的重要组成部分。由于环境问题跨越多方权限和范围，有必要在多个层面确定改善目标。

全球层面

自从 1972 年联合国大会成立联合国环境规划署以来，各类环境组织、多边协议、机构、基金和项目显著增加（UNGA 1972）。在《我们共同的未来》发表和其他国际进程后，这种增加趋势更加明显。20世纪90年代是国际会议层出不穷的10年，包括1992年召开的全球首脑会议，以及性别、人口和粮食方面的国际会议。增加全系统一致性的努力是联合国改革管理进程的特点。本书第8章描绘了国际组织所面临的挑战，并分析了提高行动效果的选择。全球层面的改革伴随着激烈的辩论，这对更广泛地发掘解决全球环境问题的有效方案是至关重要的。

区域层面

在区域和次区域层面，虽然存在明显和紧迫的跨界环境问题，但很少有组织机制有能力处理这些复杂问题。欧盟可能是这方面最领先的，拥有目标远大的协议，此外欧洲委员会具有强大的执行力。如今，欧盟成员国中大约80%的环境规章植根于欧洲法律之中。如果成员国违反欧盟法律，欧洲委员会有权对其采取行动。同时，还有很多有效的机构和宪法手段可以避免各国在环境标准方面向“低标准看齐”(CEC 2004)。

处理区域问题的一个实例是酸雨问题（专栏10.5）。例如1979年签署的《远程越境空气污染公约》，得到了联合国欧洲经济委员会的支持，其范围东起俄罗斯联邦，西至加拿大和美国。还制定了一项土壤保护政策。

中美洲环境与发展委员会（CCAD）由区域内各国环境部长牵头，该委员会与负责其他部门的部长建立了联系，这些部门包括农业、海岸资源管理、城市化、性别、生物多样性保护、环境健康、食品安全、经济、市场、减灾、教育、旅游、能源和矿产以及扶贫。他们能保证政策的协同效应和区域法律框架的和谐一致。在中美洲地区，环境部长与地方政府以及公民社会共同合作，在解决该地区（包括中美洲和墨西哥）相互联系和跨界问题方面获得成功经验。相关项目包括美洲中部生物走廊和珊瑚礁保护项目。在非洲，非洲环境部长会议开始于1985年，是各国环境部长定期会晤讨论环境议题的永久性论坛。东盟没有成立区域性的环境组织，他们选择通过常设委员会来工作。环境合作委员会（CEC）是在北美环境合作协定下建立起来的，它是美国、加拿大和墨西哥《北美自由贸易协定》关于环境的“附属协定”。环境合作委员会的目的在于应对区域环境问题，帮助防止潜在的贸易和环境冲突，提高环境法律的实施效果。

然而，这样的区域组织安排并非各处都有，或者在有些情况下，即使有，也因为既得利益者的原因而不能有效发挥其功能。例如在东亚，尽管酸雨和沙尘暴问题非常严重，但仍缺乏组织机制来应对类似跨界环境问题。

国家层面

国家政府部门和机构一直是谈判、执行和强制实施环境政策的关键点。虽然出现了非国家行动者，且在全球、区域、次区域和地方各层面也出现了一些责任的转移，但政府仍然控制着实施环境政策的主要资源。大多数国家拥有环境政策的基本组织框架，如环

专栏 10.5 酸雨

欧洲环境规章最早定义的行动之一即硫化物的排放控制，因为硫化物导致了酸雨，危害人类健康。消除最严重的酸雨是欧洲环境政策合作的成功案例（见第2章、第3章）。

在1972年斯德哥尔摩举行世界环境大会后，欧洲开展了应对酸性物质排放的项目。1979年，联合国欧洲经济委员会《远程越境空气污染公约》促进了区域监测和评估，建立了各国讨论规章标准的平台。一开始的削减是建立在一个共同基准上的武断削减。20世纪80年代后期，欧洲采用综合手段应对酸化、富营养化和臭氧层问题。1994年起，区域的削减协定开始通过“临界负荷”手段来解决这些问题，控制二氧化硫、氮氧化物、氨和非甲烷挥发性有机化合物的排放，以加强对最容易受破坏的生态系统的保护。通过一个建立共同监测系统的协议，一个以特定临界负荷为目标的政治承诺，以及使谈判代表能够使用综合手段评估备选规章机制的政策支持工具，来保证这项方案的实施。

今天，欧盟确定的污染物排放目标比《远程越境空气污染公约》设定的还要严格。由于实行了《关于某些大气污染物国家排放最高限值的欧盟指令》(NECD) 和《远程越境空气污染公约》里的相应规定，预计酸性沉降物将持续减少。根据当前的预测，欧盟二氧化硫的排放将在2000—2005年下降51%，达到自1990年以来的最低水平。

来源：EEA 2005, Levy 1995, UNECE 2007

境部门、监测与实施环境标准的基本法律和政府机构。然而，很多国家，在国家层面上有效执行仍然是一项巨大的挑战。大多数国家制定了可持续发展的环境规划或战略，其中有不同程度的利益相关者的积极参与及严密的科学性（Swanson 等 2004）。

相对来说，只有较少数国家将他们的环境政策有意识地同重要的政府预算相关联。挪威和加拿大通过评估他们的财政预算来确定拟议中公共支出预算的环境影响（OECD 2001b，OECD 2004）。欧盟要求建设和区域资金所支持的国家项目必须进行环境影响评价。虽然有这些实例，但主要公共预算和环境政策之间的机构联系在很多国家仍较为薄弱。

一些国家已经建立了国家层面的机构来促进使用市场力量应对环境问题。第2章中提到，碳排放交易是特别受益于这种机构安排的典型。对能源密集型产业征收较高税收遭遇了既得利益者的强烈反对，但生态税改革仍然激励了创新和创造了新的就业机会。

在国家层面，人们已经观察到政府态度的转变，政府更重视让利益相关者参与解决环境问题。这一点可以从利益相关者的参与来说明，如公民社会的代表和私人部门的代表与政府、联合国机构和其他国际组织共同举办论坛等。一些国家还规范了公民参与程序。例如，越南和泰国通过法律保证当地人参与森林管理（Enters 等 2000）。巴西国家自然保护机构体系承认社区在范围广泛的地区（如自然保护区、开发区以及森林保护区）方面使用和管理自然资源的权力（Oliveira Costa 2005）。权力分散和创新性地方政府的出现为社会学习和推广成功经验的可能性提供了机会（Steid 和 Meijers 2004，MOEJ 2005）。

组织原则的出现

过去几十年里，全球、区域、国家和地方层面应对复杂和跨部门环境问题的行动经验表

虽然问题十分严重，解决跨界环境问题（如酸雨或沙尘暴）的机制依然没有到位。

致谢：sinopictures/viewchina/Still Pictures

明了制定和执行一些公共政策的普遍原则。主要包括：

- 将权力下放给较低层次的政策制定者，因为那里的工作更及时、更有意义——权力下放政策原则；
- 将权力交给那些在履行责任时相对更有优势、资金和更有能力承担责任的其他利益相关者；

专栏 10.6 国家角色的转变

对于许多国家而言，20世纪80年代中期是国家角色、核心职责及管理模式转变的开端，并伴随着各种社会参与者的出现。国家角色的变化导致了进一步政治分权、经济自由和私有化，并使得公民社会更多地参与到决策中。

首先，这种转变可以解释为权力从中央转移到了省和地方政府。大约80%的发展中国家正经历着一定形式的分权。在几乎所有国家，地方环境问题（如空气和水污染、废弃物管理以及土地管理）的责任属于地方政府和市政府。分权改革的范围包括泰国授予选举出的地方政府自然资源管理权，对柬埔寨村庄委员会的财政支持以及越南和老挝逐渐出现的水资源和森林的共同管理。虽然跨国经验表明，分权对贫困和公共服务供给的影响并不是直接的，但它有可能对管理、参与和公共服务有效供给产生积极的影响。

其次，在经济领域，国家权力削减意味着世界范围内大规模国有企业的私有化。私人企业自此成为面对气候变化等国际挑战的主要行动者之一，并成为执行《京都议定书》和《联合国气候变化框架公约》所规定的弹性机制的主要利益相关者，尤其是在清洁发展机制和排污权交易项目方面。

最后，这一转变向民间社会及其组织，尤其是非政府组织，敞开了大门，使其能够作为利益相关者积极参与政治、社会、经济和环境管理。例如，在巴西的阿雷格里港，制定预算过程中包括与民间组织的磋商。在英国，妇女预算组受邀参加政府预算案的审查。在对出口木材的可持续采伐认证时，森林管理委员会邀请了环境组织、木材产业、森林工人、当地土著居民和社区团体共同参与。对发展中国家超过70亿的资助目前通过国际非政府组织进行，这反映并验证了非政府组织开展的活动在范围和性质上的极大扩展。2000年，有超过3.7万家注册国际非政府组织（比1990年多了1/5）。超过2 150个非政府组织在联合国经济和社会理事会中拥有顾问地位，1 500个与联合国公共信息部门有联系。

来源：Anheier and others 2001, Dupar and Badenoch 2002, Furtado 2001, Jütting and others 2004, Work undated, World Bank 1997

- 加强政府机构在更高水平运作时的规范能力；
- 支持和促进妇女、本地社区、边缘和易受损害群体的参与；
- 加强生态系统健康监测的科学基础；
- 运用综合生态系统监测手段。

分散权力

权力下放政策原则表明，高层实体不应该干涉低层实体可以很好操作的事情，除非他们可以做得更好。这一原则可以用来规范现有资格的实践活动，指导能力的分配。在欧洲一体化过程中，人们可以看到这两种功能。地方政权的合作网络，如地方环境项目国际委员会（International Council for Local Environmental Initiatives，ICLEI），也充当着指导更好实践的角色，如在水资源利用以及绿色采购指南方面。

将权力转移给利益相关者

在一些国家，一种协商的手段已经得到试验，以让更多的利益相关者不仅参与规划和咨询，并且参与决策，如流域、森林和其他自然资源的管理（专栏10.6）。正如第4章中描述的那样，分散权力和更灵活的协商手段能使远离主要水源地和输送系统的基层地区都能有效地得到水资源。协商手段通过建立正式及非正式的水资源管理机制授权于地方水资源用户，使现有的知识和视野得以程式化。同时，其基础是生态系统的解决方案及明智地使用生态系统资源。扩大地方项目，并将其带入更高层次的决策中是协商手段的其他特点之一（ENDS和Gomukh 2005）。

加强更高层面的政府机构

跨界环境问题，如酸雨、烟雾污染、沙漠化、气候变化、臭氧层损耗以及迁移物种的消失和共有自然资源的管理，对环境管理提出了一系列独特的挑战。它们强调了跨越国家层面决策制定过程的必要性，体现了在区域和国际

女性在环境管理和可持续发展中的作用十分重要，并受到日益重视。图中，肯尼亚妇女在种植树木，这是“绿带运动”的一部分。

致谢：William Campbell/Still Pictures

层面建立应对这些问题机制的需要。随着国家更多地将部分功能转交给区域或国际组织来处理跨界环境问题，这一过程创立了国际组织的新功能。

通过社区立法、行动项目和30年来的标准制定，欧盟已经建立了一个综合的环境保护体系。这个环境保护体系内容包括从噪声到废弃物，从自然栖息地保护到汽车尾气排放，从化学品到工业事故，从洗澡水水质到欧盟范围紧急事件的信息，以及帮助处理石油泄漏或森林火灾之类的环境灾害的相关网络。欧盟成立了欧洲环境署，通过为政策制定者和公众提供相关可靠信息，以帮助改善欧洲的环境。然而，立法权仍在欧盟手中。其他地区的一些区域组织也开展了类似但范围有限的行动，如北美环境合作委员会（North American Commission for Environmental Cooperation）、亚太环境与发展部长会议以及非洲环境部长会议。

推进积极参与

谈到1992年举行的联合国环境与发展大会，全世界妇女都组织了起来，以使环境决策中能听到她们的声音。这使得《21世纪议程》中妇女成为在环境保护和可持续发展方面扮演主要角色的9个群体之一。在此后许多相关进程中，如可持续发展委员会会议，妇女都完全参与其中。在这些活动中，妇女通常与其他民间社会群体（如土著居民、工会和青年人）合作，通过协商，更好地反映了当地社区和边缘化、脆弱群体的利益。正如第7章中所描述的那样，这些全球进程也反应了区域和国家层面的行动计划。

加强监测生态系统健康的科学基础

在过去20年里，衡量具体环境参数的工具和技术得到了很大改进。然而，对各个空间范围和不同政策领域的生态系统及其健康状况的科学认知依然处于相对初级阶段。各种环境参数的生态关系十分复杂。生态系统的人类、社会和经济维度加剧了这一复杂性。在这些维度上建立有意义的目标和指标是十分重要的，如2010年生物多样性保护目标、人类发展指数以及其他生态系统健康的新指标。

恢复能力分析鼓励建立监测系统来探测我们距离重要临界值（阈值）有多近、超越阈值之前系统可能被打扰的程度，以及超过阈值后系统回到初始状态的难易程度（Walker 等 2004）。测量这些重要的指数是监测生态系统健康最经济有效的途径。

生态系统功能的变化会给社会的不同部门以及人类后代的福祉带来影响（见第7章）。从政策角度看，这与追溯生态系统可以保持其全部功能的程度有关。生态系统健康方案可以视为诊断和监测支持生物和社会组织能力的一种模式，以及达到合理和可持续的人类目标的一种能力（Nielsen 1999）。然而，世界很多地方并没有监测生态系统的健康。

专栏 10.7 监测尼日尔《联合国防治荒漠化公约》的实施情况

同其他签署了《联合国防治荒漠化公约》的国家一样，尼日尔承诺定时提交国家报告以记录在公约框架执行过程中取得的进步。土地的退化过程和动态变化是尼日尔定期监测的对象。在防治沙漠化国家行动规划（PANLCD/GRN）的执行框架中，一个战略方向是观察并监测沙漠化。在所有行动中，系统监测土地退化的动态变化提供了早期预警系统，以便制订减轻干旱和沙漠化的计划。

自然资源的退化率主要是通过野外项目和计划来评估的，如沙漠边缘计划（Desert Margins Programme）收集了如下数据：

- 本土灭绝或濒危植物种类目录；
- 本土动植物多样性特征；
- 生产性资本（土地、植被和水资源）的特点，气候变化特点和不同规模的社会—经济成分特征；
- 对牧区退化机制的认知改善；
- 进一步了解湿地退化机制；
- 防治土壤流失，管理土壤肥力。

此外，在一项由意大利资助的环境管理培训与援助项目的框架中，尼日尔建立了国家环境信息系统（National Environmental Information System，SIEN）。

来源：CNEDD 2004

生态系统综合监测

正如第2章中讨论的那样，过去十年的气候变化谈判清晰地展示了制定政策的良好科学基础和决策政治之间的关系。科学地认知和描述生态系统健康及其与持久性环境问题的关系不可避免地需要一定的时间。同时，建立使政策及其制定能顺利进行的生态系统综合监测实用方法势在必行。一个综合的监测框架至少包括以下几个步骤：确定生态系统的大目标，确定具体的管理目标，选择合适和可测量的生态系统指标，监测和评估环境状态，使用选出的指标，采取适当的行动。

人们现在越来越认识到广泛参与的监测和学习的有效性。然而，这表明不同层面的利益相关者需要在监测方面具有灵活性，并使用他们认为方便和舒服的方法和类型（专栏 10.7）。因而，人们面临的挑战也就是如何把各种不同数据和信息进行合理整理，使其有助于国家、区域或全球层面的决策。例如，土著居民对其神圣树林的监测方法与千年发展目标第7项目标或《生物多样性公约》有怎样的联系？同时，我们需要认识到不同层面能力建设和技术合作的需求并采取行动。

确定监测的频率也是十分复杂的，环境和生态系统变换的生命周期和时间跨度比形成命令和大家一致同意的项目、规划的时间尺度更长。因此，政治和规划单位通常会避免或拖延决策，因为决策实施的效果或许不能在其执行期间见到。同时，也会有环境信息过剩的情况，这导致了环境决策中的“噪声”。理想的状态是在不同层面，合适的时间，用最简约的形式，为政策制定提供最少量的信息。

此外，还需要制订一个能在较低层面体现其灵活性，同时又能够为国家、区域和地区层面的政策制定捕捉信息和知识的监测协议书。

为环境议程筹集经费的创新方法已经展开。以上，是坦桑尼亚的恩戈罗戈罗保护区，它保护并发展了地区的自然资源，促进了旅游业，保护和提高了马塞人的利益。

致谢：Essling/images.de/Still Pictures (left); McPHOTO/Still Pictures (right)

在全球层面，每3～5年需要进行一次综合环境评估。这可以由一系列的单位和进程来提供，包括全球环境展望进程。然而，我们需要把生态系统综合监测方法和早期预警纳入这些行动计划中。

为环境议程提供财政支持

我们可以通过严格执行“污染者付费”和“使用者付费”的财政政策来解决像污染控制和土地退化这样的传统环境问题。同样，如果问题的源头很难确定，或环境物品本质决定了这是一种实用方法时，也可以通过公共财政来解决环境问题。

然而，减少持久性环境问题的财政计划或项目更为复杂，因为这些变化涉及社会的很多方面。没有单一的污染者或污染物，没有单一的“受害”群体，通常没有简单的因果关系或剂量—反应方程（即问题产生于DPSIR框架的“驱动力”层面）。它可能涉及所有部门、国际关系以及全球经济。虽然援助资金帮助是有限的，但投资和贷款的资金目前在全球范围内很容易得到。由于在最需要这些资金的发展中国家，投资具有高风险、低回报，因此资助非常有限。

目前仍然存在着动员财政资源参与传统和持久性环境问题管理的空间。《21世纪议程》（第33章，第13条款）清晰地指出，为可持续发展项目提供的财政支持必须来自各国自己的公共和私人部门（UNCED 1992）。这一点得到了其他国际政策工具的重申，如作为国际发展融资会议的最终文件——《蒙特雷共识协议》（UN 2002b）。一些研究表明，在逐步取消补贴的过程中可能会出现双赢的机会。例如，国际能源机构（IEA）进行的一项研究得出结论，在八个发展中国家减少能源补贴会使年均经济增长率上升0.7%，而二氧化碳排放量下降大约16%（IEA 1999）。

公共部门预算

各国可能都有增加政府环境支出的空间（Friends of the Earth 2002）。如果在国家预算中给予环境问题足够的优先权，适度增加支出就会产生显著的附加资源。例如，在亚太地区，亚洲开发银行（ADB）建议发展中国家至少分配国民生产总值（GNP）的1%来满足环境友好型发展的财政需求。而1%的投入水平对该区域国内资源的贡献就可以达到每年约260亿美元（UNESCAP 2001），作为比较，亚太地区的军事预算则高达GNP的6%。欧洲委员会在欧盟成员国的空气污染主题战略方面的正回报率预计可达到至少6：1（European Commission 2005）。

目前，已经开始了一些为新的环境议程增加额外资金的有效创新方案。例如，绿色预算，创立保护基金，引入使用者付费、税收及为生态系统物品和服务付费等的经济政策工具（专栏10.8），是不同国家已经分散运用的经济手段（ADB 2005，Cunningham 和 Grabosky 1998）。当前面临的一项挑战是保证收取的费用重新投资给基础资源或支持其他生态系统（交叉补助），而不是用于其他非环境目的。对工业和国家竞争力有着潜在重要影响的一些政策，如碳税，则不那么普遍。迄今为止，全球仅12个国家征收碳税，碳税的推广过程一直非常缓慢（OECD 2003）。

环境政策的市场工具自20世纪90年代中期以来，在包括中东欧国家在内的欧洲获得了推广，尤其是在税费和可交易许可领域。尽管

专栏 10.8 市场政策工具在欧洲的使用

环境税和环境费的使用自1996年以来在欧洲有显著扩展，在二氧化碳、燃料中的硫、废弃物处理和原材料方面征收了更多的税，并对一些新产品征税。只有很少一些税率最初是在环境成本的估价上设定的，如英国的垃圾填埋税和沙石场开采税。

在区域层面，排放交易已经成为政治议程中使用最多的工具，通过采用欧盟排放交易法令来减少二氧化碳的排放，排放交易已经同国家法律规定和国家排放分配规划结合起来。二氧化碳交易系统从2005年开始实行。同时还有很多已经运行的交易机制，包括丹麦和英国的国家二氧化碳排放交易计划、荷兰的氮氧化物排放交易、比利时绿色电力的认证交易，以及爱沙尼亚、冰岛、意大利和葡萄牙的渔业管理中的配额交易。

其他一系列政策工具或者正在规划中，或者正在认真地思考中，较为典型的有根据欧盟水资源框架法令（EU Water Framework Directive）确定的2010年水资源定价政策、道路收费体系以及日益增加的绿色电力交易证书的使用。这些以及其他行动计划都表明，以市场为基础的政策工具的使用在近年会有所增加，并可能成为广义环境税收和补贴改革行动计划的组成部分。

来源：Ministry of Environment, Norway 2005

伦敦2003年开始收取拥堵费，起初争议很大，但是，在一年的实践中证明十分成功（收费地区交通量减少15%，交通延迟减少30%）。

致谢：Transport for London http://www.cclondon.com/signsandsymbol.shtml

考虑到人们的支付能力和意愿，且费率相对较低，但空气和水资源污染收费的体制仍得以实施。一些国家同时引进了资源使用税和废弃物税。在产品税费领域也取得了进步，比较显著的有饮料罐和其他包装物。

斯堪的纳维亚国家和荷兰在环境税收改革方面起步较早，目前仍处在这方面发展的前沿。德国和英国自20世纪90年代后期以来取得了很大进步。主要措施在国家或联邦层面得以施行，但这些工具也越来越多地应用在较低的层次，例如，佛兰德斯和加泰罗尼亚征收的资源税，以及一些城市（如伦敦、罗马和奥斯陆等中型城市）征收的交通拥堵费。

绿色税费

一些国家已经尝试了诸如生态税改革和“税收转移”等方案，能源使用税和其他资源消费税不断增加而收入所得税却有所降低。当以不影响国家税收和易于管理的方式逐渐应用这些方案时，这些方案能在不引发明显的社会分配负面结果的前提下，鼓励具有环保意识的消费模式（Von Weizsäcker 和 Jesinghaus 1992）。一些国家开始尝试生态旅游等增加收入的新方法。例如，中美洲伯里兹城的保护区自然保护信托基金的大部分收入来自3.75美元的机场税，由旅游者在离开时支付，另外还包括游船乘客代理佣金的20%。英属海外岛屿殖民地特克斯和凯科斯群岛要求拿出9%旅馆税中的1%用于支持自然保护区的维护和保护费用（Emerton 等 2006）。

生态系统服务付费

诸如森林、草地和红树林之类的生态系统，为人类社会带来了有价值的环境服务，包括提供丰富的食物、水、木材和纤维制品的供给性服务；影响气候、洪水、疾病、废弃物和水质等调节性服务；提供休闲、美景和精神享受的文化性服务；形成土壤、光合作用以及营养循环等支持性服务（MA 2003）。生物多样性始终是食品安全和药品的基础。不幸的是，现有市场体系没能反应这些生态系统和服务功能的价值，造成了“市场和社会价值的不对称”（UNEP 和 LSE 2005，Canadian Boreal Initiative 2005）。其结果是，受益者常常把生态系统的服务功能看成是免费的公共物品。这两者导致了生态系统的过度利用。

一项新的“为环境（或生态系统）服务付费”（PES）的方案旨在解决这一问题。该机制给那些积极参与有意义且可测量的保护生态系统服务功能行动或项目的人士支付一定的费用，而生态系统服务的受益者需要为保证生态系统服务的保护者支付费用。很多为环境（或生态系统）服务付费计划开始于发达国家，尤其是在美国，估计政府每年支付超过17亿美元来鼓励农民保护土地（USDA 2001）。虽然保护土地的目的是值得鼓励的，但政府补贴所导致的贸易扭曲也必须加以考虑。一些发展中国家，如哥斯达黎加、巴西、厄瓜多尔和墨西哥，率先使用为环境（或生态系统）服务付费机制保护淡水生态系统、森林和生物多样性（Kiersch 等 2005）。野生动物基金会（Wildlife Foundation）正致力于通过每年提供1美元/1 000 m^2 的保护租金来保护肯尼亚私人领地上的动物迁徙走廊（Ferraro 和 Kiss 2002）。

综合的解决方案

生态系统服务功能的三个主要市场包括：

- 流域管理，包括洪水、侵蚀、泥沙控制、水质保护、水生栖息地和旱季河流的维护；
- 生物多样性保护，包括生态标签产品、生态旅游、野生生物栖息地保护费；
- 碳捕获，国际购买者为种植新树木或保护现有森林吸收空气中的二氧化碳支付费用，补偿其他地方的碳排放。

碳减排信用市场发展迅速，2003年的市场交易额为3亿美元（IFC 2004），预计到2010年将上升到100亿～400亿美元（MA 2005）。仅世界银行就有九项碳基金，2005年总资金额达17亿美元。它们的重点都集中在四个领域——碳捕获、景观优美、生物多样性和水资源，这将帮助解决农村贫困问题（UNEP和LSE 2005）。

虽然公认的是需要纠正市场失灵，但是解决方法并不仅限于市场本身。市场的健康运行需要的是市场机制和管制结构的有效结合。关于碳排放中的碳捕获与交易（cap-and-trade）模式就是一个在建立碳排放信用市场之前，先由政府管理框架来确定总排放量的案例（UNEP和LSE 2005）。

给予金字塔底部资金支持

通过市场和经济政策手段筹措额外资金的新方案之所以可行，原因通常在于人们愿意为生态系统服务和环境质量付费，而这个意愿没有得到利用。对于水资源，研究结果表明，贫困人口为不安全、不方便和质量不可靠的水资源供给付出的费用要高于富裕人群为安全、公共资金支持的管道供水所付出的费用。通过多重机制，如补贴银行贷款利率、集体信贷计划以及将补贴与使用者的贡献相结合等，我们可以发现支付意愿的存在，例如在可再生能源部门，即使在很低的收入水平，情况也是这样（Farhar 1999）。为了使贫困人口能够参与，需要改善支持体系，让穷人能够获得他们需要的贷款和市场。

管理环境资源和鼓励那些通过在不同领域能增加就业和收入机制的保护活动，如森林管理、生物多样性保护和可持续能源项目投资等，这些都被证明非常有效。联合国环境规划署同联合国基金会和其他几个非政府组织结成伙伴关系，在非洲、巴西和中国进行了“农村能源企业发展”（Rural Energy Enterprise Development，REED）行动计划，为那些一直帮助建立农村和城市周边地区提供清洁能源技术和服务的成功企业提供了启动资金和发展服务（UNEP 2006c）。这些行动计划表明，即使小规模的财政投资都可能通过环境友好的行动促进进取精神和就业。同样重要的是对它经济多样化的贡献，以及新市场的建立，尤其是在低增长和贫困国家，或是为本地社区服务，例如，通过自然保护和增加收入的项目来支持妇女的发展（Jane Goodall Institute 2006）。事实证明，对微型、小型和中型企业，特别是妇女领导的企业，给与小额财政支持和信贷，是获得贷款、培育小规模生产活动，尤其是农村地区小规模生产活动的重要手段。

全球资金

在国际层面已经出现了几个筹集赠款的资金机制，其中包括全球环境基金（GEF）。这些机制大都强调了全球关注的环境问题（全球公域或公共物品，如清洁空气和生物多样性）。环境压力或退化表现在很多领域，然而，财政资源仅在国内或地方才能得到动员。经常发生的情况是，如果从长期角度，地方资源保护能够

专栏 10.9 有记录的环境投资回报

很多大型经济部门十分依赖自然资源和生态系统的服务功能，包括农业、林业和渔业。因此，保护环境资产的投资有可能带来切实的经济回报。皮尔斯（Pearce 2005）评价了400项可以量化这些投资回报的工作。采用保守的假设，他记录了下面这些收益—成本比率：

- 控制空气污染：0.2：1～15：1；
- 提供清洁的水和卫生设施：4：1～14：1；
- 减轻自然灾害的影响：高达7：1；
- 农林间作：1.7：1～6.1：1；
- 保护红树林：1.2：1～7.4：1；
- 保护珊瑚礁：高达5：1；
- 土壤保护：1.5：1～3.3：1；
- 国家公园：0.6：1～8.9：1。

在其他假设下，考虑长期时间框架和对贫困人群更广泛的影响，发现其回报率更高。

来源：Pearce 2005

自我支付，那么就可以发展相应的资金机制，但是地方社区或国家财政资源有时并不能提供初始的“种子”投资（专栏10.9）。在这种情况下，可以谨慎地利用国际贷款或赠款作为国内发展的“活力种子”。除了传统的资金来源，还有很多新的或恢复机制，如债务换自然、清洁发展机制、排放交易以及建立全球公共物品基金（如雨林和生物多样性国际基金）。

对很多国家而言，吸引一些海外直接投资来进行环境管理是一项很有前途的选择。虽然海外直接投资大量集中于一些发展迅速的国家，尤其是亚洲，但私人部门的行动计划，包括企业社会责任制度（CSR）和环境责任，在世界很多地方得到了扩展。在全球范围内开展的一些项目或活动也鼓励了企业的社会责任和一些与社会和环境活动有关的企业赞助，这些活动能刺激企业不仅报告它们的经济活动，还报告它们的社会和环境表现（GRI 2006和专栏10.10）。

目前有一些已经出现但仍有争议的建议，包括征收航空燃料税（历史上长期忽视）和国际货币交易税。航空旅行占了全球碳排放总量的3%，是增长最快的排放源（Global Policy forum 2006）。联合国政府间气候变化专门委员会专家估计，到2050年，预计航空旅行将占碳排放总量的15%（IPCC 1996，IPCC 1999）。2000年，欧洲议会经济与货币事务委员会（European Parliament's Economic and Monetary Affairs Committee）确认它将支持一项允许成员国对国内及欧洲内部航班征税的建议（Global Policy forum 2000）。

在国际层面，巴西、智利、法国、德国和西班牙参与的消除饥饿和贫困的行动计划，针对公共和私人融资的创新性机制提出了各种各样的建议，包括用航空客票税（统一税）资助消除饥饿和贫困的行动。这项建议在2004年于纽约召开的反饥饿和贫困行动世界首脑会议（Summit of World Leaders for Action against Hunger and Poverty）上获得了112个国家的支持（Inter Press Service 2005，UN 2005a），并在2006年获得了足够的支持，转化成了购买药品的国际基金会。虽然很多国家表示出了兴趣，但一个普遍的观点是，与税收有关的计划最好应在国家层面实施，并在国际层面协调（UN 2005b）。

每位乘客征收6美元的税，公务舱追加24美元，就能带来每年120亿美元的收入，这大约是实现联合国千年发展目标每年资金缺口的

专栏 10.10 风险价值的复兴

2006年4月，联合国秘书长科菲·安南在敲响了纽约证券交易所的开幕钟后，签署了负责任投资原则（PRI）。6个月后，它拥有来自17个国家的94家机构总计5万亿美元的投资。

这项原则的签署创立了第一个全球投资者合作网络，旨在解决联合国计划解决的许多同样的环境、社会和管理问题。这个原则共同体的目标之一是和政策制定者一起处理对于投资者和社会都具有长期重要性的问题。这些投资者占了全球资本市场价值的10%以上，因此，这一行动向市场传达了一个强有力的信号，即环境、社会和良政问题应该把在政策制定和决策中的投资计算在内。

负责任投资原则得到发展的原因是投资者认识到可持续发展的系统问题对于长期投资来说是有回报的。因为大投资商是多元化的，涉及各种领域，他们意识到能为受益人（通常是拥有退休金的人）做的唯一事情就是，通过让利益相关者参与，加大透明度（公开）以及更好地分析会影响它们投资的长期可持续性的风险和机遇，来协助处理市场上的系统问题。

然而，投资者同样需要来自政策制定者的帮助。在很多领域，政策制定者可以创造必要的环境以鼓励投资者用长远的视角看待环境、社会和管理问题。环境绩效的强制开放就是这样一个领域。当投资者能够评估各种行为的风险时，他们能够向企业施加压力来应对这些风险。当他们对企业作为一无所知时，就做不到这一点。信息强制开放制度拉平了运作平台，允许投资者在需要的时候采取行动。

来源：UNEP 2006d

消费模式和全球的相互依赖增加了海运量和贸易自由化。

致谢：Ngoma Photos

1/4（UN 2005c）。2006年，法国开始征收航空旅行附加税，在国内和欧洲范围航线的经济舱和公务舱每人分别征收2.74美元和27.40美元。而跨洲航班的税率则上升到51美元。据预测，这项税收每年总计将带来2.66亿美元收入。除了为国际药品购买基金（the International Drug Purchase Facility，IDPF-UNITAID）提供资金外，很多国家可能也非常愿意加入以保护环境为目标的资金筹集行动计划（UNITAID 2006）。

充分利用国际贸易

国际贸易作为可持续发展资金来源的可能性已经在许多国际论坛和机构中得到了强调（UN 2005b，UN 2002b，WTO 2001）。符合发展中国家利益的物品和服务自由贸易，可以每年额外产生总计3 100亿美元的资金流（UNCTAD 2005）。实现这一潜力将取决于一个以规则为基础、开放、无偏见和平等的多边贸易体系的成功，以及能使处于任何发展阶段的国家受益的贸易自由化。

估计所需资源

世界卫生组织的预测表明，实现联合国千年发展目标的水资源和卫生设施目标所需的成本和收益总计约260亿美元，收益—成本比为4∶14（Hutton和Haller 2004）。世界银行也进行了自己的计算，成本估计是卫生组织的2倍，但收益—成本比仍达到3.2∶1，并且可以在2015—2020年挽救高达10亿5岁以下儿童的生命（Martin-Hurtado 2002）。如果不考虑气候变化，未来15～20年实现联合国千年发展目标中环境可持续目标（目标7）的总费用大约为每年600亿～900亿美元（Pearce 2005）。相比之下，经济合作与发展组织国家2000—2002年对农业生产者的补贴支出大约为2 300亿美元（Hoekman等 2002）。

在亚太地区，根据两种情景，亚洲开发银行估计了达到环境良好的发展目标每年所需的投资成本。在一切照旧的情景下，成本将达到每年129亿美元。在加速发展的情景下，到2030年，预计该地区的发展中国家能达到经合组织国家的最好水平——成本将达到每年702亿美元。介于两者之间的折中估计每年大约为400亿美元（UNESCAP 2001）。此外，修复对土地、水资源、空气和生物区造成的损害每年需要大约250亿美元。考虑到所需的所有财政资源和现有的支出水平，1997年达到可持续发展目标的资金差额为300亿美元（Rogers等 1997）。作为比较，中亚、东亚和东南亚同一年度（1997年）的军事开支大约为1 209亿美元（SIPRI 2004）。

不作为的代价

尽管在实施使成功政策创新成为可能的措施方面需要付出实实在在的成本，但不作为也会付出成本。忽略警告以及全球环境变化的事后成本评估都表明，现在采取行动比等到出现更好的措施再采取行动的费用要低。以气候变化为例，尽管我们现在有经济能力立即采取措施，我们所认知的不作为成本依然展现出了一幅令人十分担忧的前景（Stern 2007）。一些研究试图测算由于各种环境问题带来的疾病和死亡负担的后果，以伤残调整生命年（DALYs）为单位。将生命年转化为货币度量得出，全球因为环境原因带来的人力资本的损失，仅在发展中国家就超过了每年2万亿美元（Pearce 2005）。使用更传统的人均收入来衡量，发展中国家每年总的伤残调整生命年的损失仍将达到2 000亿美元（Pearce 2005）。同样的研究表明了发展中国家和发达地区环境影响的伤残调整生命年的显著不同，发展中国家由于暴露在环境损害中的程度更高，所以成本也是最高的（Pearce 2005）。

通过对14个针对减少暴露在危险物质中的不作为或延迟作为的不同案例研究的回顾分析，欧洲环境署（EEA 2001）论证了执行环境政策的成本通常被高估了。荷兰房屋与社会服务部的报告表明，如果早在1965年就禁用石棉（相比于1993年的实际禁用），带来的可能收益将避免3.4万人的早亡并节省240亿美元的房屋清理和补偿费用。据估测，荷兰社会石棉的长期成本包括1969—2030年5.6万人的死亡和390亿美元的损失（EEA 2001）。

所有这些研究结果表明，不作为、延迟作为和不适当作为不仅带来了更高的成本，而且将支付这些成本的负担不公平地转移给了后代，这与代际公平原则相抵触。这样的分配问题需要在政策制定的过程以及执行成本的估算中给予更高的权重。

结论

采用本报告中列出的未来政策框架提供了难得的机会，使个人重新思考环境及其对社会福利的影响，使国家政策制定者在他们制定规划时多考虑环境问题，使财政资源大量进入环境领域，以及国际社会如何在联合国体系和专门机构内更好地组织和安排自己。难管理的持久性环境问题需要复杂的解决方案，且可以预见的是，选择出的解决方案也可能会导致新的甚至更复杂的问题。然而，许多环境问题（即使已有经证实的解决办法）的不作为成本现在已经变得很明显。最近出现的一系列持久性环境问题的不作为成本甚至更高——直接影响未来生态系统服务于人类的能力。

所以，未来20年甚至更长时间新的环境议程有两条途径：

- 扩大和配合实践证实有效的政策手段来解决更传统的环境问题，尤其是在落后国家和地区；
- 在到达不可逆转的转折点前，为新出现的环境问题尽快寻找可行的解决方案。

后面提到的解决方案通常依赖于本报告中提到的DPSIR框架的“驱动力”比例。它们将直接影响人类社会的结构核心及其与自然的关系。

政府是当仁不让的领导者，但其他利益相关者在保证成功实现可持续发展方面扮演着同样重要的角色。任务迫在眉睫，时不我待，我们已经更好地理解了我们面临的挑战，必须立即采取行动，以保卫我们和后代的生存环境。

参考文献

ADB (2001). *Asian Development Outlook 2001.* Asian Development Bank, Manila

ADB (2005). *Asian Environment Outlook 2005. Making Profits, Protecting Our Planet.* Asian Development Bank, Manila

Aidt, T.S. (1998). Political internalization of economic externalities and environmental policy. In *Journal of Public Economics* 69:1-16

Andersen, M.S., Dengsøe, N. and Pedersen, A.B. (2000). *An Evaluation of the Impacts of Green Taxes in the Nordic Countries.* Centre for Social Research on the Environment, Aarhus University, Aarhus

Andresen, S. (2001). Global Environmental Governance: UN Fragmentation and Co-ordination. In Stokke, O.S. and Thommessen, Ø.B. (eds.) *Yearbook of International Co-operation on Environment and Development.* Earthscan, London

Anheier, H.K., Glasius, M. and Kaldor, M. (eds.) (2001). *Global Civil Society 2001.* Oxford University Press, Oxford

Bass, S. (2006). *Making Poverty Reduction Irreversible: Development Indications of the Millennium Ecosystem Assessment.* International Institute for Environment and Development, London

Beise, M. (2001). *Lead Markets. Country-Specific Success Factors of the Global Diffusion of Innovations.* Physica, Heidelberg

Both ENDS and Gomukh (2005). *River Basin Management; a Negotiated Approach.* Amsterdam and Pune http://www.bothends.org/strategic/RBM-Boek.pdf (last accessed 12 july 2007)

Boykoff, J. and Boykoff, M. (2004). Journalistic Balance as Global Warming Bias: Creating Controversy where Science Finds Consensus. In *Extra!* November/December 2004 http://www.fair.org/index.php?page=1978 (last accessed 12 July 2007)

Brenton, T. (1994). *The Greening of Machiavelli: The Evolution of International Environmental Politics.* Earthscan, London

Cabinet Office (2005). *Regulatory Impact Assessment (RIA) overview.* Department for Business, Enterprise and Regulatory Reform, London http://www.cabinetoffice.gov.uk/regulation/ria/overview/the_ria_process.asp (last accessed 12 July 2007)

Caldwell, L.K. (1996). *International Environmental Policy: From the Twentieth to the Twenty-First Century.* Duke University Press, Durham and London

Canadian Boreal Initiative (2005). *Counting Canada's Natural Capital: Assessing the Real Value of Canada's Boreal Ecosystems.* Canadian Boreal Initiative, Ottawa and Pembina Institute, Drayton Valley

Carius, A., Jacob, K., Jänicke, M. and Hackl, W. (2005). *Evaluation Study on the Implementation of Austria's Sustainable Development Strategy* (in German). Prepared for the Bundesministeriums für Land- und Forstwirtschaft, Umwelt und Wasserwirtschaft http://www.nachhaltigkeit.at/strategie/pdf/Evaluationsbericht_NStrat_Langfassung_06-05-11.pdf (last accessed 12 July 2007)

Carter, N. (2001). *The Politics of the Environment: Ideas, Activism, Policy.* Cambridge University Press, Cambridge

CEC (2003). *Reforming the European Union's Sugar Policy: Summary of Impact Assessment Work.* Commission of the European Communities, Brussels

CEC (2004). *Integrating Environmental Considerations into Other Policy Areas: A Stocktaking of the Cardiff Process.* Commission Working Document. Commission of the European Communities, Brussels

CNEDD (2004). *Troisième rapport national du Niger dans le cadre de la mise en œuvre de la Convention internationale de lutte contre la desertification.* République du Niger, Conseil national de l'environnement pour un développement durable., Niamey

Committee on Risk Assessment of Hazardous Air Pollutants, Board on Environmental Studies and Toxicology, Commission on Life Sciences, National Research Council (2004). Science and Judgment in Risk Assessment. In *National Academy Press*, Washington, DC

Costanza, R. and Daly, H. E. (1992). Natural Capital and Sustainable Development. In *Conservation Biology* 6:37-46

Cunningham, N. and P. Grabosky (1998). *Smart Regulation: Designing Environmental Policy.* Clarendon Press, Oxford

Dalal-Clayton, B. and Bass, S. (2002). *Sustainable Development Strategies – A Resource Book.* Earthscan, London

Dalal-Clayton, B. and Bass, S. (2006). *A review of monitoring mechanisms for national sustainable development strategies.* Environmental Planning Series. International Institute for Environment and Development, London

De-Shalit, A. (1995). *Why Posterity Matters: Environmental Policies and Future Generations.* Routledge, London

De-Shalit, A. (2000). *The Environment: Between Practice and Theory.* Oxford University Press, Oxford

Diamond, J. (2005). *Collapse: How Societies Choose to Fail or Succeed.* Viking, New York, NY

Diekmann, A. and Franzen, A. (1999). The Wealth of Nations and Environmental Concern. In *Environment and Behavior* 31(4):540-549

Dietz, T., Ostrom, E. and Stern, P.C. (2003). The Struggle to Govern the Commons. In *Science* 302 (5652):1907-1912

Downs, A. (1972). Up and Down with Ecology – the "Issue-Attention Cycle." In *Public Interest* 28:38-50 http://www.anthonydowns.com/upanddown.htm (last accessed 25 June 2007)

Dupar, M. and Badenoch, N. (2002). *Environment, livelihoods, and local institutions: Decentralisation in mainland Southeast Asia.* World Resources Institute, Washington, DC

Dutzik, T. (2002). *The State of Environmental Enforcement: The Failure of State Governments to Enforce Environmental Protections and Proposals for Reform.* CoPIRG Foundation, Denver

Ecolex (2007). *Ecolex. A gateway to environmental law.* Operated jointly by FAO, IUCN and UNEP http://ecolex.org/index.php (last accessed 12 July 2007)

Eden, S. (1996). Public participation in environmental policy: Considering scientific, counter-scientific and non-scientific contributions. In *Public Understanding of Science* 5 (3):183-204

EEA (2001). *Late lessons from early warnings: the precautionary principle 1896-2000.* Environmental Issue Report No. 22. European Environment Agency, Copenhagen

EEA (2002). *Environmental Signals 2002 - Benchmarking the millennium.* Environmental Assessment Report No. 9. European Environment Agency, Copenhagen

EEA (2004). *Environmental Policy Integration in Europe: Administrative Culture and Practices.* European Environment Agency, Copenhagen

EEA (2005). *The European Environment: State and Outlook 2005.* European Environment Agency, Copenhagen

EEA (2006). *Using the market for cost-effective environmental policy.* EEA Report 1/2006, European Environment Agency, Copenhagen

EEB (2005). *EU Environmental Policy Handbook: A Critical Analysis of EU Environmental Legislation.* European Environment Bureau, Brussels

Ehrlich, P.R. and Ehrlich, A.H. (2004). *One with Nineveh: Politics, Consumption, and the Human Future.* Island Press, Washington, DC

Emerton, L., Bishop, J. and Thomas, L. (2006). *Sustainable Financing of Protected Areas: A global review of challenges and options.* World Conservation Union (IUCN), Gland http://app.iucn.org/dbtw-wpd/edocs/PAG-013.pdf (last accessed 12 July 2007)

Enters, T., Durst, P.B. and Victor, M. (eds.) (2000). *Decentralization and Devolution of Forest Management in Asia and the Pacific.* RECOFTC Report N.18 and RAP Publication 2000/1. Regional Community Forestry Training Centre for Asia and the Pacific, Bangkok

Environmental Assessment Institute (2006). *Getting Proportions Right – How far should EU Impact Assessments go?* Danish Ministry of Environment, Environmental Assessment Institute, Copenhagen http://imv.net.dynamicweb.dk/Default.aspx?ID=674 (last accessed 12 July 2007)

Esty, D. C. and Porter, M. E. (2000). *Measuring National Environmental Performance and Its Determinants. The Global Competitiveness Report 2000:* 60-75. Harvard University and World Economic Forum. Oxford University Press, New York, NY

European Commission (2005). Cost-Benefit Analysis of the Thematic Strategy of Air Pollution. AEAT/ED48763001/Thematic Strategy. Issue 1. AEA Technology Environment for the European Commission, DG Environment, Brussels http://ec.europa.eu/environment/air/cafe/general/pdf/cba_thematic_strategy_0510.pdf (last accessed 12 July 2007)

European Commission (2006). *A guidebook for peer reviews of national sustainable development strategies.* European Commission, DG Environment, Brussels

Farhar, B.C. (1999). *Willingness to Pay for Electricity from Renewable Resources: A Review of Utility Market Research.* US Department of Energy, National Renewable Energy Laboratory, Golden, CO http://www.nrel.gov/docs/fy99osti/26148.pdf (last accessed 12 July 2007)

Ferraro, P.J. and Kiss, A. (2002). Direct Payments to Conserve Biodiversity. In *Science* 298:29

Friends of the Earth (2002). *Marketing the Earth: The World Bank and Sustainable Development.* Halifax Initiative, Ottawa

Furtado, X. (2001). *Decentralisation and Capacity Development: Understanding the Links and the Implications for Programming.* CIDA Policy Branch No. 4. Occasional Paper Series. Canadian International Development Agency, Ottawa

Gelbspan, R. (1997). *The Heat is On: The High Stakes Battle over the Earth's Threatened Climate.* Addison-Wesley, Reading

Giddings, B., Hopwood, B. and O'Brien, G. (2002). Environment, economy and society: fitting them together into sustainable development. In *Sustainable Development* 10(4):187-196

Global Policy Forum (2000). *European Parliament Supports Move to Tax Aircraft Fuel.* European Report. Global Policy Forum, New York, NY http://www.globalpolicy.org/socecon/glotax/aviation/001213ep.htm (last accessed 12 July 2007)

Global Policy Forum (2006). Aviation Taxes. http://www.globalpolicy.org/socecon/ glotax/aviation/index.htm (last accessed 12 July 2007)

GRI (2006). Global Reporting Initiative. http://www.globalreporting.org (last accessed 12 July 2007)

Hahn, R.W. and Stavins, R.N. (1992). Economic Incentives for Environmental Protection: Integrating Theory and Practice. In *The American Economic Review* 82 (9):464-468

Hoekman, B., Ng, F. and Olarreaga, M. (2002). *Reducing Agricultural Tariffs versus Domestic Support: What's More Important for Developing Countries?* World Bank Policy Research Working Paper No. 2918. The World Bank Washington, DC

Holling, C.S. (ed.) (1978). *Adaptive Environmental Assessment and Management.* John Wiley and Sons, New York, NY

Hutton, G. and Haller, L. (2004). *Evaluation of the Costs and Benefits of Water and Sanitation Improvements at the Global Level.* WHO/SDE/WSH/04. 04. World Health Organization, Geneva http://www.who.int/water_sanitation_health/en/wsh0404. pdf (last accessed 12 July 2007)

IEA (1999). *World Energy Outlook – Looking at Energy Subsidies, Getting the Prices Right.* International Energy Agency, Paris

IFC (2004). *2004 Sustainability Report.* International Finance Corporation. Washington, DC

Inter Press Service (2005). *France Begins to Tax Flights for Aid.* November 30. http://www.globalpolicy.org/socecon/glotax/aviation/2005/1130paris.htm (last accessed 12 July 2007)

IPCC (1996). *Technologies, Policies and Measures for Mitigating Climate Change.* IPCC Technical Paper No. 1. Intergovernmental Panel on Climate Change, Geneva

IPCC (1999). *Aviation and the Global Atmosphere.* A Special Report of Working Groups I and III of the Intergovernmental Panel on Climate Change, Cambridge

Jacob, K. and Volkery, A. (2004). Institutions and Instruments for Government Self- Regulation: Environmental Policy Integration in a Cross-Country Perspective. In *Journal of Comparative Policy Analysis* 6(3):291-309

Jacob, K., Beise, M., Blazejczak, J. Edler, D., Haum, R., Jänicke, M., Loew, T., Petschow, U. and Rennings, K. (2005). *Lead Markets of Environmental Innovations.* Physica Verlag, Heidelberg and New York, NY

Jacob, K., Hertin, J. and Volkery, A. (2007). Considering environmental aspects in ntegrated impact assessment : lessons learned and challenges ahead. In George, C. and Kirkpatrick, C. (eds.) *Impact Assessment and Sustainable Development: European Practice and Experience. Impact Assessment for a New Europe and Beyond.* Edward Elgar, Cheltenham

Jaffe, A.B., Newell, R.G. and Stavins, R.N. (2002). Environmental Policy and Technological Change. In *Environmental and Resource Economics* 22(1-2):41-70

Jane Goodall Institute (2006). http://www.janegoodall.org/ (last accessed 25 June 2007)

Jänicke, M. (2006). Trend Setters in Environmental Policy: The Character and Role of Pioneer Countries. In Jänicke, M. and Jacob, K. (eds.) *Environmental Governance in Global Perspective. New Approaches to Ecological Modernisation.*, Freie Universität Berlin, Berlin

Jänicke, M. and Jacob, K. (2004). Lead Markets for Environmental Innovations: A New Role for the Nation State. In *Global Environmental Politics* 4(1):29-46

Jänicke, M. and Volkery, A. (2001). Persistente Probleme des Umweltschutzes. In *Natur und Kultur* 2 (2):45-59

Jordan, A., Wurzel, R.K.W. and Zito, A.R. (eds.) (2003). *"New" Instruments of Environmental Governance? National Experiences and Prospects.* Frank Cass, London and Portland

Jütting J., Kauffmann, C., Mc Donnell. I., Osterrieder, H., Pinaud, N. and Wegner, L. (2004). *Decentralisation and Poverty in Developing Countries: Exploring the Impact.* OECD Development Centre. Working Paper No. 236. August. Organisation for Economic Co-operation and Development, Paris http://www.oecd.org/dataoecd/40/19/33648213.pdf (last accessed 12 July 2007)

Keen, M., Brown, V.A. and Dyball, R. (eds.) (2005). *Social Learning in Environmental Management: Building a Sustainable Future.* Earthscan, London

Kemp, R. and Loorbach, D. (2003). Governance for Sustainability through Transition Management. Paper for the *EAEPE 2003 Conference,* 7-10 November 2003, *Maastricht*

Kemp, R. and Rotmans, J. (2001). The Management of the Co-Evolution of Technical, Environmental and Social Systems. Paper for the *International Conference "Towards Environmental Innovation Systems."* 27-29 September 2001, Garmisch Partenkirchen

Kennedy, R.F. Jr. (2004). *Crimes Against Nature*. Harper Collins, New York, NY

Kiersch, B., Hermans, L. and Van Halsema, G. (2005). Payment Schemes for Water-related Environmental Services: A Financial Mechanism for Natural Resources

Management - Experiences from Latin America and the Caribbean. Seminar on Environmental Services and Financing for the Protection and Sustainable Use of *Ecosystems*, 10-11 October 2005, Geneva http://www.unece.org/env/water/meetings/payment_ecosystems/Discpapers/FAO.pdf (last accessed 13 July 2007)

Lafferty, W. B. (2002). *Adapting Government Practice to the Goals of Sustainable Development*. Governance for Sustainable Development. Five OECD Case Studies. Organisation for Economic Co-operation and Development, Paris

Leakey, R. and Lewin, R. (1995). *The Sixth Extinction: Patterns of Life and the Future of Humankind*. Doubleday, New York, NY

Lehman, S.J. and Keigwin, L.D. (1992). Sudden changes in North Atlantic circulation during the last deglaciation. In *Nature* 356:757-762

Lehtonen, M. (2005). OECD Environmental Performance Review Programme. In *Evaluation* 11(2):169-188

Lenschow, A. (ed.) (2002). *Environmental Policy Integration: Greening Sectoral Policies in Europe*. James & James/Earthscan, London

Levy, M.A. (1995). International Cooperation to Combat Acid Rain. *Green Globe Yearbook*, Oxford University Press, Oxford

Loorbach, D. (2002). Transition Management - Governance for Sustainability. Paper presented at the *Conference Governance and Sustainability - New challenges for the state, business and civil society, 31 September - 1 October2002*, Berlin

Lubchenco, J. (1998). Entering the Century of the Environment: A New Social Contract for Science. In *Science* 279:491-497

MA (2003). *Ecosystems and human well-being*. Millennium Ecosystem Assessment. Island Press, Washington, DC

MA (2005). *Ecosystems and Human Well-being: Opportunities and Challenges for Business and Industry*. Millennium Ecosystem Assessment/World Resources Institute, Washington, DC

Martin-Hurtado, R. (2002). *Costing the 7th Millennium Development Goal: Ensuring Environmental Sustainability*. Environment Department, The World Bank, Washington, DC

McKibben, B. (2005). Curitiba: A Global Model for Development http://www.commondreams.org (last accessed 25 June 2007)

Meadows, D.H, Randers, J. and Meadows, D.L. (2004). *Limits to Growth: The 30-Year Update*. Chelsea Green Publishing, White River Junction

Meyer-Krahmer, F. (1999). Was bedeutet Globalisierung für Aufgaben und Handlungsspielräume nationaler Innovationspolitiken? In *Innovationspolitik in globalisierten Arenen*. Opladen, Leske und Budrich

Ministry of Environment Norway (2005). Norwegian Parliamentary Bill No: 1 (2005-2006) of 7th October 2005 from the Ministry of Environment (see Chapter 12 on Waste and Recycling)

MOEJ (2005). *Japan's Experience in the Promotion of the 3Rs: For the Establishment of a Sound Material-Cycle Society*. Global Environment Bureau, Ministry of Environment, Tokyo

Mol, A.P.J. and Sonnenfeld, D.A. (eds.) (2000). Special Issue on Ecological Modernisation. In *Environmental Politics* 9(1)

Myers, N. (1997). Mass Extinction and Evolution. In *Science* 24(5338):597-598

Navarro, Y.K., McNeely, J., Melnick. D., Sears, R.R. and Schmidt-Traub, G. (2005) *Environment and Human Well-Being*. Earthscan, London

NEPP2 (1994). *The National Environmental Policy Plan 2 - The Environment: Today's Touchstone*. Ministry of Housing, Spatial Planning and the Environment, Government of the Netherlands, The Hague

New Economics Foundation (2006). *The UK Interdependence Report: How the World Sustains the Nation's Lifestyles and the Price it Pays*. New Economics Foundation, London

Nielsen, N.O. (1999). The Meaning of Health. In *Ecosystem Health 5(2):65-66*

NRBS (1996). *Report of the Northern Rivers Basin Study*. Northern Rivers Basin Study Board, Edmonton

OECD (2000). *Environmental Performance Reviews (First Cycle): Conclusions and Recommendations, 32 countries (1993-2000)*. Organisation for Economic Co-operation and Development, Paris

OECD (2001a). *Sustainable Development. Critical Issues*. Organisation for Economic Co-operation and Development, Paris

OECD (2001b). *OECD Environmental Performance Reviews (Second Cycle): Norway*. Organisation for Economic Co-operation and Development, Paris

OECD (2002a). *Aggregated Environmental Indices: Review of Aggregation Methodologies in Use*. Organisation for Economic Co-operation and Development, Paris

OECD (2002b). *Policies to Enhance Sustainable Development. Critical Issues*. Organisation for Economic Co-operation and Development, Paris

OECD (2003). Policies to Reduce Greenhouse Gas Emissions in Industry - Successful Approaches and Lessons Learned: Workshop Report, OECD and IEA Information Paper. In *OECD Papers 4(2), Special Issue on Climate Change. Climate Change Policies: Recent Developments and Long-Term Issues*. COM/ENV/EPOC/IEA/SLT(2003)2:322.

Organisation for Economic Co-operation and Development, Paris http://www.oecd.org/dataoecd/8/36/31785351.pdf (last accessed 12 July 2007)

OECD (2004). *OECD Environmental Performance Reviews: Canada*. Organisation for Economic Co-operation and Development, Paris

OECD (2006). *Applying Strategic Environmental Assessment: Good Practice Guidance for Development Co-operation*. Organisation for Economic Co-operation and Development, Paris

Oliveira Costa, J.P. De (2005). Protected Areas Ministro de Estado das relações Exteriores, Brasília http://www.mre.gov.br/cdbrasil/itamaraty/web/ingles/meioamb/arprot/apresent/apresent.htm (last accessed 13 July 2007)

PACS (2006). http://www.empowerpoor.org/ (last accessed 13 July 2007)

Pearce, D.W. (ed.) (2004). *Valuing the Environment in Developing Countries: Case Studies*. Edward Elgar, Cheltenham

Pearce, D.W. (2005). *Investing in Environmental Wealth for Poverty Reduction*. United Nations Development Programme, New York, NY http://www.undp.org/pei/pdfs/InvestingEnvironmentalWealthPovertyReduction.pdf (last accessed 25 June 2007)

Petkova, E. and Veit, P. (2000). *Environmental Accountability Beyond the Nation-State: The Implications of the Aarhus Convention*. World Resources Institute, Washington, DC

Petkova, E., Maurer, C., Henninger, N. and Irwin, F. (2002). *Closing the Gap: Information, Participation and Justice in Decision-making for the Environment*. World Resources Institute, Washington, DC

Popper, S.W., Lempert, R.J. and Bankes, S.C. (2005). Shaping the Future. In *Scientific American* 28 March 2005

Porter, M. E. and Van der Linde, C. (1995). Toward a New Conception of the Environment-Competitiveness Relationship. In *Journal of Economic Perspectives* 9:97-118

Posner, R.A. (2005). *Catastrophe: Risk and Response*. Oxford University Press, Oxford

Rees, M. (2003). *Our Final Hour: A Scientist's Warning: How Terror, Error, and*

Environmental Disaster Threaten Humankind's Future in this Century-On Earth and *Beyond*. Basic Books, New York, NY

Rogers, P., Jalal, K.F., Lohani, B.N., Owens, G.M., Yu, C., Dufournaud, C.M. and Bi, J. (1997). *Measuring Environmental Quality in Asia*. Harvard University and Asian Development Bank, Cambridge

Rotmans, J., Kemp, R. and Van Asselt, M. (2001). More Evolution than Revolution - Transition Management in Public Policy. In *Foresight 3(1):15-31*

SEI (2004). *Ecological Sanitation: Revised and Enlarged Edition*. Stockholm Environment Institute, Stockholm

Shortle, J.S., Abler, D.G. and Horan, R.D. (1998). Research Issues in Nonpoint Pollution Control. In *Environmental and Resource Economics* 11(3-4):571-585

SIPRI (2004). *World and regional military expenditure estimates 1988 – 2006*. Stockholm International Peace Research Institute, Stockholm http://web.sipri.org/contents/milap/milex/mex_wnr_table.html (last accessed 13 July 2007)

Speth, J.G. (2004). *Red Sky at Morning: America and the Crisis of the Global Environment*. Yale University Press, New Haven and London

Stanley Foundation (2004). *Development, Poverty and Security – Issues before the UN's High Level Panel*. http://www.stanleyfoundation.org/publications/report/UNHLP04d.pdf (last accessed 12 July 2007)

Steid, D. and Meijers, E. (2004). Policy integration in practice: some experiences of integrating transport, land-use planning and environmental policies in local government. Berlin Conference on the Human Dimensions of Global Environmental Change: Greening *of Policies – Interlinkages and Policy Integration*, 3-4 December 2004, Berlin

Stern, N. (2007). *The Economics of Climate Change: The Stern Review*. Cambridge University Press, Cambridge

Steurer, R. and Martinuzzi, A. (2005). Towards a New Pattern of Strategy Formation in the Public Sector: First Experiences with National Strategies for Sustainable Development in Europe. In *Environment and Planning C: Government and Policy* 23(3):455-472

Stinchcombe, K. and Gibson, R.B. (2001). Strategic Environmental Assessment as a Means of Pursuing Sustainability: Ten Advantages and Ten Challenges. In *Journal of Environmental Assessment Policy and Management* 3(3):343-372

Swanson, D., Pintér, L., Bregha, F., Volkery, A. and Jacob, K. (2004). *National* Strategies for Sustainable Development: Challenges, Approaches and Innovations in *Strategic and Coordinated Action*. International Institute for Sustainable Development, Winnipeg, and Deutsche Gesselschaft für Technische Zusammenarbeit (GTZ) GmbH, Eschborn

Tews, K., Busch, P.-O. and Jörgens, H. (2003). The diffusion of new environmental policy instruments. In *European Journal of Political Research* 42(4):569-600

TFL (2004). *Congestion Charging: Update on Scheme Impacts and Operations*. Transport for London, London

UCS (1992). World Scientists' Warning to Humanity (1992). Scientist Statement. Union of Concerned Scientists http://www.ucsusa.org/ucs/about/1992-worldscientists-warning-to-humanity.html (last accessed 13 July 2007)

UN (2002a). *World Summit on Sustainable Development, Johannesburg Plan of Implementation*. United Nations, New York, NY http://www.un.org/esa/sustdev/documents/WSSD_POI_PD/English/POIToc.htm (last accessed 13 July 2007)

UN (2002b). *Report of the International Conference on Financing for Development*. Monterrey, 18-22 March 2002. United Nations VA/CONF.198/II. United Nations, New York, NY

UN (2005a). *Summary by the President of the Economic and Social Council of the* Special High-level Meeting of the Council with the Bretton Woods institutions, the World *rade Organization and the United Nations Conference on Trade and Development*. New York, 18 April 2005. A/59/823–E/2005/69. United Nations, New York, NY

UN (2005b). *Summary by the President of the General Assembly of the High-level Dialogue on Financing for Development*. 27-28 June 2005. A/60/219. United Nations, New York, NY

UN (2005c). Address by H. Exc. Mr. Thierry Breton Minister for the Economy, Finance and Industry of France at the *High-level Dialogue on Financing for Development of the General Assembly*, 27 June 2005. United Nations, New York, NY http://www.un.int/france/documents_anglais/050627_ag_financement_developpement_tbreton.htm (last accessed 13 July 2007)

UN (2005d). *In Larger Freedom: Towards Development, Security and Human Rights for All*. United Nations, New York, NY http://www.un.org/largerfreedom/executivesummary.pdf (last accessed 13 July 2007)

UNCED (1992). *Agenda 21 - The United Nations Programme of Action from Rio*. United Nations Conference on Environment and Development, New York, NY

UNCTAD (2005). Statement by Carlos Fortin, Officer-in-Charge of the United Nations Conference on Trade and Development (2004-2005) at the *High-level Dialogue on Financing for Development of the General Assembly*, 27 June 2005. United Nations, New York, NY http://www.unctad.org/Templates/webflyer.asp?docid=6006&intItemI D=3551&lang=1 (last accessed 13 July 2007)

UNDP (2002). *Human Development Report 2002: Deepening democracy in a fragmented world*. United Nations Development Programme, New York, NY

UNDP (2005). *Environmental Sustainability in 100 Millennium Development Goals Country Reports*. http://www.unep.org/dec/docs/UNDP_review_of_Environmental_Sustainability.doc (last accessed 13 July 2007)

UNECE (2005). *Synthesis Report on the Status of Implementation of the Convention*. Meeting of the Parties to the Convention on Access to Information, Public

Participation in Decision-making and Access to Justice in Environmental Matters, ECE/MP.PP/2005/18, 12 April. United Nations Economic Commission for Europe, Geneva http://www.unece.org/env/pp/reports%20implementation.htm (last accessed 12 July 2007)

UNECE (2007). Convention on Long-range Transboundary Air Pollution (CLRTAP). http://www.unece.org/env/lrtap/ (last accessed 12 July 2007)

UNEP (2006a). *GEO Year Book 2006*. United Nations Environment Programme, Nairobi

UNEP (2006b). *Marine and coastal ecosystems and human well-being: A synthesis report based on the findings of the Millennium Ecosystem Assessment*. United Nations Environment Programme, Nairobi

UNEP (2006c). *Rural Energy Enterprise Development (REED)*. United Nations Environment Programme, Paris http://www.uneptie.org/energy/projects/REED/REED_index.htm (last accessed 13 July 2007)

UNEP (2006d). *Principles for Responsible Investment: An investor initiative in partnership with UNEP Finance Initiative and the UN Global Compact* http://www.unpri.org/files/pri.pdf (last accessed 11 July 2007)

UNEP and LSE (2005). Creating Pro-Poor Markets for Ecosystem Services. Concept Note for the *High-Level Brainstorming Workshop "Creating Pro-Poor Markets for Ecosystem Services,"* 10–12 October 2005. United Nations Environment Programme and London School of Economics, London

UNESCAP (2001). *Regional Platform on Sustainable Development for Asia and the Pacific, 3rd Revision.* United Nations Economic and Social Commission for Asia and the Pacific, Phnom Penh

UNESCO (2005a). *"Scaling Up" Good Practices in Girls' Education.* United Nations Educational, Scientific and Cultural Organization, Paris

UNESCO (2005b). *UN Decade of Education for Sustainable Development: Links Between the Global Initiatives in Education.* Technical Paper No. 1. United Nations Educational, Scientific and Cultural Organization, Paris

UNGA (1972). *General Assembly resolution 2997.* United Nations, New York, NY

UNIDO (2000). *Cluster Development and Promotion of Business Development Services (BDS): UNIDO's experience in India.* PSD Technical working papers series Supporting Private industry. United Nations Industrial Development Organization, Vienna http://www.unido.org/en/doc/4809 (last accessed 25 June 2007)

UNITAID (2006). *UNITAID Basic Facts – UNITAID at work.* http://www.unitaid.eu/en/(last accessed 13 June 2007)

USDA (2001). *FI 2001Budget Summary of the. United States Department of Agriculture* http://www.usda.gov/agency/obpa/Budget-Summary/2001/text.htm (last accessed 13 July 2007)

Volkery, A., Swanson, D., Jacob, K., Bregha F. and Pintér L. (2006). Coordination, Challenges and Innovations in 19 National Sustainable Development Strategies. In *World Development* (accepted for publication)

Von Weizsäcker, E.U. and Jesinghaus, J. (1992). *Ecological Tax Reform. A Policy Proposal for Sustainable Development.* Zed Books, London

Wachter, D. (2005). Sustainability Assessment in Switzerland: From Theory to Practice. *EASY-ECHO 2005-2007, First Conference*, Manchester http://www.sustainability.at/easy/?k=conferences&s=manchesterproceedings

Walker, B., Holling, C.S., Carpenter, S.R. and Kinzig, A. (2004). Resilience, adaptability and transformability in social-ecological systems. In *Ecology and Society* 9(2):5

Wates, J. (2005). The Aarhus Convention: a Driving Force for Environmental Democracy. In *JEEPL* (1):2-11.

WCED (1987). *Our Common Future.* World Commission on Environment and Development, Oxford University Press, Oxford

Wiedman, T., Minx, J., Barrett, J. and Wackernagel, M. (2006). Allocating ecological footprints to final consumption categories with input-output analysis. In *Ecological Economics* 56(1):28-48

Wilkinson, D. (1997). Towards sustainability in the European Union? Steps within the European Commission towards integrating the environment into other European Union policy sectors. In *Environmental Politics* 6(1):153-173

Wilkinson, D., Fergusson, M., Bowyer, D., Brown, J., Ladefoged, A., Mokhouse, C. and Zdanowicz, A. (2004). *Sustainable Development in the European Commission's Integrated Impact Assessments for 2003.* Institute for European Environmental Policy, London http://www.ieep.org.uk/publications/pdfs//2004/sustainabledevelopmentineucommission.pdf (last accessed 13 July 2007)

Wilson, E.O. (1996). *In Search of Nature.* Island Press, Washington

Work, R. (undated). *The Role of Participation and Partnership in Decentralised* Governance: A Brief Synthesis of Policy Lessons and Recommendations of Nine Country *Case Studies on Service Delivery for the Poor.* UNDP-MIT Global Research Programme on Decentralised Governance. United Nations Development Programme, New York, NY

World Bank (1997). *World Development Report 1997: The State in a Changing World.* The World Bank, Washington, DC

World Bank (2005). *Integrating Environmental Considerations into Policy Formulation: Lessons from Policy-based SEA Experience.* The World Bank, Washington, DC

World Bank (2006). *Where is the Wealth of Nations: Measuring Capital for the 21st Century.* The World Bank, Washington, DC

Worldwatch Institute (2004). *State of the World 2004: Consumption by the Numbers.* Worldwatch Institute, Washington, DC

WTO (2001). Ministerial declaration of the *World Trade Organization Ministerial Conference Fourth Session*, 9-14 November 2001, Doha. WT/MIN(01)/DEC/1 http://www.wto.org/english/thewto_e/minist_e/min01_e/mindecl_e.doc (last accessed 13 July 2007)

Yuan, Z., Bi, J. and Moriguichi, Y. (2006). The Circular Economy: A New Development Strategy in China. In *Journal of Industrial Ecology* 10(1-2):4-8

《全球环境展望4》进展

缩略词

参与者

术语表

《全球环境展望4》进展

1995年UNEP管理委员会决议启动全球环境展望（GEO）计划，要求将筹备GEO作为执行UNEP工作指示的一部分以持续关注世界环境。自GEO计划启动以来，GEO4评估是最全面的评估。之后，管理委员会在2003年2月决定采用GEO评估，并在此基础上，UNEP在过去的4年中组织了全球和地区的协商活动：首先，收集决策者对评估的范围和对象的意见；其次，寻找科学和政策专家研究和撰写报告的内容。

由两个相关的协商活动界定出了GEO4的范围和对象：

- 2004年2月，有关加强UNEP科学基础的政府间协商；
- 2005年2月，GEO4政府间协商和多边利益团体协商。

广泛的协商活动增强了UNEP科学基础，100多个政府和50个合伙人参与其中，并识别出了以下需求：

- 加强科学和政策之间的互动，特别是加强环境评估的可信度、适时性、合法性和实用性，以免过分偏重于科学；
- 密切关注环境问题与反应机制，以及环境问题的主流——环境和发展的挑战，与对未知将来所设定的发展模式之间的科学联系；
- 改善大多数环境问题涉及的数据信息的质量、互动性和可获得性，包括与自然灾害有关的预警数据信息；
- 加强发展中国家和经济转型国家数据收集和分析能力、环境监测和综合评价能力；
- 改善政府、联合国机构、多边环境协议、地区环境、科学、学术研究机构以及国家和地区研究机构网络之间的配合与协作。

全球政府间及多方利益相关者就GEO4发表声明，建议GEO4的对象、范围和全部要点必须对环境和社会之间的互动提出全面、综合、可信、科学、具备政策实用性、合法的最新评估和展望。声明中陈述了评估必须以国际环境管制的发展状况，以及与1987年世界环境与发展委员会报告中国际认同的可持续发展目标之间的关系为背景，分析《里约宣言》《21世纪议程》《千年宣言》《约翰内斯堡宣言》及其执行计划，以及与环境有关的全球和区域性文件。

报告也评估了全球环境的现状和变化趋势、驱动力和压力，环境变化对生态系统服务和人类福祉的影响，以及实现多边环境协议的进展和障碍。其他对象包括：

- 评估重大环境挑战与其影响之间的联系，比较评定政策和技术反应方案，寻找为了缓解和适应环境变化所采取的技术和政策干预的机遇。
- 关注弱势群体、物种、生态系统和特定区域，集中探讨关键的交叉问题和如何遏制环境退化以评估机遇与挑战。
- 提出了全球和次全球展望，包括对主要社会发展路径的短期（到2015年）、中长期（到2050年）的情景分析及其对环境和社会的影响。
- 评估人类福祉和社会发展的环境，集中关注各种搭建环境政策途径的有效性的认识水平。

GEO4必须回答报告第10章中的30多个问题。这些问题是在2005年2月的声明中提出来的。

合作情况

GEO4评估将已认可的科学评估进展（如《千年生态系统评估》）的精髓结合到广泛、备受推崇的GEO进展之中。在过去10年，得益于GEO遍布全球的合作中心网络，GEO评估获得了成功。其中，有40个合作中心参与了此次评估，他们从主题的确定到政策分析，提供了不同的专业技术。评估还做到了地区和性别的均衡。

各章节的专家组情况

GEO4报告共分为10章，每一章都建立了相应的专家组，他们研究、撰写、修改和完成各章。每一组由15～20名专家组成，包括科学家、GEO合作中心的代表、政府指定的专家、政策执行者、联合国组织和GEO伙伴的代表。这些专家凭借在科学上作出的贡献和/或政策领域的专业水平，被推荐到GEO。UNEP给每一组分配了一名工作成员作为章节工作的协调人。专家组由2～3名重要合作作者紧密配合UNEP章节协调人做好协调工作。每个专家组的成员有主要作者和其他专家（其他作者），他们是对章节有特殊贡献的专家。

章节编审

约20个章节编审参与了评审和修改工作。

常设专家组

三个主要常设评估组负责数据、能力建设、项目扩展和通讯联络。

GEO数据工作组

在GEO评估产生的过程中，GEO数据工作组给予GEO数据以支持和指导工作。焦点在于指标的正确使用，在发展中国家和地区加强数据能力建设，填补现有和识别出紧急数据需求空白，保证和控制数据质量。GEO数据的开发集中于可获取的和GEO评估相关的新数据和指标，与全球新的或现有权威数据的建立和强化紧密联系。重要成果之一便是GEO信息门户。该信息门户提供口径一致的环境和社会经济的权威数据，有全球、区域、次区域和国家层次的多套数据，并且可以做数据分析和图表。目前该在线数据库拥有450多个变量。该信息门户涵盖了环境主题（如气候、森林、淡水），还有社会经济数据（包括教育、健康、经济、人口和环境政策）。

能力建设工作组

能力建设工作组对GEO能力建设活动提供支持、指导和建议。能力建设从1995年首次GEO评估开始就成为了核心内容。发展中国家专家积极参与GEO4实现了能力建设，并由他们支持政府形成次全球研究报告，其间得到以下方面的支持：

- 开发和促进综合评估工具和方法论的应用，包括使用GEO资源书；
- 培训和研讨会；
- 工作网络和合作关系；
- 为参与GEO评估工作的学生和学者提供奖学金。

项目扩展工作组

工作组拥有来自营销、通讯、科学、教育和技术各领域的专家，为UNEP在扩展项目方面给予支持和提供建议。项目扩展工作组的任务是将媒体和其他关键受众融入报告及成果的所有权建设，以及连接全球网络系统。

政府任命人员

在政府间和多方利益相关者GEO4构思和范围协商会议（2005年2月内罗毕）提供的建议之一就是，要加强各国专家代表的参与。UNEP对此作出了反馈，请求政府提名的专家参与GEO4，48个政府提名了在论题、技术和政策方面的157名专家。其中一部分专家加入了专家工作组。

GEO 伙伴

GEO 伙伴奖学金在2005年8月发起，目的是为了吸引年轻的、合格的专业人员加入GEO4之中。GEO伙伴从大型环境评价（GEO4）之中获取经验，为将来次全球或全球评价作贡献。代表27个国家的34名成员从115名GEO评估的申请者中脱颖而出，以其他作者的身份参与到GEO4中。

高级顾问组

GEO4的高级顾问组由不到20人的高级政策、科学、商业和文化社会背景的人员组成。高级顾问组为评估各过程提供指导。

协商过程

GEO4评估的一个关键附加特征在于政府间和多方利益相关者的大型特殊协商行动，该行动最终在2007年9月底的最后一次协商中结束，在此次协商活动中，对评估的发现，特别是《决策者摘要》（SDM）进行了评审。此次协商活动的成果将在2008年UNEP管理委员会/全球环境部长论坛上探讨。除了以上提到的两次全球协商活动，UNEP还组织了许多全球和地区会议以阐释环境问题，并研究和撰写GEO4评估的内容。以下是自2004年以来举行的关键会议：

- 2004年6月的GEO4计划会议，会议产生了报告的思想、范围和焦点。随后在同年10月，与决策者、其他利益相关者商讨基本构思，并选择出GEO4报告的关键问题。同年11月的GEO4构思会议上最终确定了2005—2006年期间的撰写进度安排和主要活动安排。
- 报告成果和作者会议在2005—2006年召开了3次，讨论获得了GEO4各章大纲和内容目录，并建立章节专家组研究和撰写各章，评审了两份草稿，与章节编审一起完成报告。
- 在2007年5月召开重要合作作者的签到会议是GEO4完整报告定稿前的最后一次修改。
- 人类福祉专家工作组会议就GEO4评估项目中人类福祉及价值的定义作了探讨，并达成共识。
- 针对报告20多章内容的一系列会议上都准备、评审和修改了报告草稿。
- 约1 000名专家受邀参加了2006年5月的同行审阅GEO4报告第一稿。此次审阅面非常广，共收到了至少1.3万份评论意见，对不同草稿的修订起到了重要的作用。
- 每章由两名编审评估，评估收到的评论是否被作者完全采纳到草稿修改之中。
- 地区协商活动于2006年7月在各地展开，审阅了GEO4第一稿的地区层次内容。
- 一系列GEO4高级顾问组会议探讨有关评估的政策问题，包括加强政策含义以及利益相关者的政策参与。
- 3次扩展项目工作组会议开发并实行了一项通讯策略，公开GEO4的成果，并使利益相关者可在政策过程中运用成果。
- 此外，还召开了一系列能力建设工作组会议，会议将新GEO4评估方法论内容结合到综合环境评价培训指南之中。

《决策者摘要》

《决策者摘要》是独立的文件，以与政策相关的主题信息的形式综合了所有重要的科学发现、空白和挑战。《决策者摘要》突出了生态系统所提供的环境和服务对发展的使命和贡献，包括通过分析生态系统和人类福祉层面，以及不同时间和空间条件下它们之间的复杂而多变的互动关系。在2007年9月召开的第二次全球政府间和多方利益相关者协商会议上，各国政府和其他利益相关者仔细考虑了《决策者摘要》的内容。

缩略词

ACSAD 阿拉伯干旱区域及干土研究中心
AEPC 非洲环境保护委员会
AEPS 北极环境保护战略
AEWA 非洲—欧亚大陆迁徙水鸟保护协定
AIDS 艾滋病，获得性免疫功能丧失综合征
ALGAS 亚洲温室气体减排最小成本战略
AMCEN 非洲环境问题部长级会议
AMU 阿拉伯马格里布联盟
ANWR 北极国家野生动物保护区
AoA 农业协定（WTO 乌拉圭回合）
AOCs 受关注地区（北美五大湖区）
APELL 地方紧急事故认知与防御计划
APFM 洪水管理联合项目（世界气象组织和全球水伙伴）
ASEAN 东南亚国家联盟
AU 非洲联盟
BOD 生物需氧量
BSE 牛海绵状脑病（疯牛病）
CAB 农业和生物科学中心
CAMP 海岸地区管理项目
CAP 共同农业政策（欧盟）
CARICOM 加勒比共同体
CBC 以社区为基础的自然保护
CBD 生物多样性公约
CBO 社区组织
CCAB-AP 中美洲森林和保护地委员会
CCAMLR 南极海洋生物资源保护委员会
CCFSC 洪水与风暴控制中央委员会
CEB 联合国执行首长协调理事会
CEC 环境合作委员会（北美自由贸易协议）
CEE 中欧与东欧
CEIT 经济转型国家
CEP 环境保护委员会（南极洲）
CERES 环境负责经济组织联盟
CFC 氯氟烃
CGIAR 国际农业研究咨询小组
CH_4 甲烷
CIAT 国际热带农业中心
CILSS 西非荒漠草原抗旱国家间永久委员会
CITES 濒危野生动植物种国际贸易公约
CLRTAP 远程越境空气污染公约
CMS 野生动物迁徙物种保护公约
CAN 国家水利委员会（墨西哥）
CNC 中国国家委员会
CNG 压缩天然气
CNROP 国家海洋和渔业研究中心（毛里塔尼亚）
CO 一氧化碳
CO_2 二氧化碳
COP 缔约方会议
CPACC 加勒比海适应全球气候变化规划
CPF 森林问题合作伙伴关系
CRAMRA 南极矿产资源活动管理公约
CRP 自然保护区规划（美国）
CSD 可持续发展委员会
CTBT 全面禁止核试验条约
CZIMP 滨岸区综合管理规划
DALY 伤残调整生命年
DDT 二氯二苯三氯乙烷
DESA 经济与社会事务部
DEWA 早期预警和评估处（UNEP）
DPSIR 驱动力—压力—状态—影响—反应框架
EANET 酸沉降监测网络
EBRD 欧洲复兴开发银行
EC 欧洲共同体
ECOWAS 西非国家经济共同体
EEZ 专属经济区
EfE 欧洲环境
EIA 环境影响评价
EMEP 欧洲空气污染物远程传输监测与评价体系
EMS 环境管理体系

ENSO 厄尔尼诺南方涛动
EPC 加拿大应急部
EPCRA 紧急安排和信息知情权法案（美国）
EPPR 突发事件的预防、准备和反应
ESA 濒危物种法案（美国）
ESBM 生态系统管理
ESDP 欧洲空间展望
ESP 静电除尘器
EU 欧盟
EVI 环境脆弱性指数
FAD 捕鱼装置
FAO 联合国农业和粮食组织
FDI 外国直接投资
FDRP 洪灾减免计划
FEMA 美国联邦灾难防治署
FEWS 饥饿早期预警系统
FEWS NET 饥饿早期预警系统网络
FMCN 墨西哥自然保护基金
FSC 森林认证委员会
FSU 前苏联
FTAA 北美自由贸易区
G7 7国集团：加拿大、法国、德国、意大利、日本、英国、美国
G8 8国集团：加拿大、法国、德国、意大利、日本、俄罗斯、英国、美国
GATT 关税及贸易总协定
GAW 全球大气监测网
GBIF 全球生物多样性信息装置
GCC 海湾合作委员会
GCOS 全球气候观测系统
GCRMN 全球珊瑚礁监测网
GDP 国内生产总值
GEF 全球环境基金
GEMS 全球环境监测系统
GEO 全球环境展望
GISP 全球入侵物种规划
GIWA 全球国际水域评价
GLASOD 全球土壤退化评价
GLOF 冰碛湖
GLWQA 大湖区水质协议
GM 转基因
GMEF 全球部长级环境论坛
GMO 转基因生物
GNI 国民总收入
GNP 国民生产总值
GRI 全球报告系统
GRID 全球资源信息数据库
GSP 州生产总值
GWP 全球水伙伴组织
HCFC 氟氯化烃
HDI 人类发展指数
HELCOM 赫尔辛基委员会
HFC 含氢氟烃
HIPC 重债穷国
HIV 人类免疫缺陷病毒
IABIN 美洲生物多样性信息网
ICAM 沿海地区综合管理网
ICARM 沿海地区和流域综合管理
ICC 国际商会
ICLEI 国际环境地方行动委员会
ICM 海岸带综合管理
ICRAN 国际珊瑚礁行动网络
ICRI 国际珊瑚礁保护对策
ICT 信息通讯技术
IDNDR 国际减灾十年
IEG 国际环境治理
IFAD 国际农业发展基金会
IFF 政府间森林论坛
IIASA 国际应用系统分析研究所
IJC 国际联合委员会
ILBM 湖泊流域综合管理
ILEC 国际湖泊环境委员会
ILO 国际劳动组织
IMF 国际货币基金组织
IMO 国际海事组织
INBO 国际流域组织网
INDOEX 印度洋试验计划
INEGI 墨西哥国家统计协会
IPCC 政府间气候变化专门委员会
IPF 森林政府间工作组
IPM 害虫综合治理
IPR 知识产权
IRBM 流域综合管理

ISDR 国家减灾战略
ISO 国家标准化组织
ITTO 国际热带木材组织
IUCN 世界自然保护联盟
IWC 国际捕鲸委员会
IWRM 综合水资源管理
IWMI 国际水资源研究所
IYM 国际山地年
LADA 干旱土地退化评价
LCBP 尚普兰湖流域规划（美国）
LIFD 低收入缺粮
LMMA 自治海洋区
LMO 活体转基因生物
LPG 低丙烷天然气
LRT 轻轨系统
LUCAS 欧洲土地利用/土地覆被调查统计
MA 千年生态系统评估
MAP 地中海行动计划
MARPOL 防止船舶污染国际公约
MARS 重大事故报告制度
MCPFE 欧洲森林保护部长级会议
MDGs 千年发展目标
MEA 多边环境协议
MEMAC 海洋紧急事故互助中心
MERCOSUR 拉丁美洲南部共同市场
MPA 海洋保护地
MRT 大流量快速公交系统
MSC 海洋管理工作委员会
NAACO 国家空气质量目标（加拿大）
NAACS 国家空气质量标准（美国）
NABIN 北美洲生物多样性信息网
NAFTA 北美自由贸易联盟
NARSTO 北美对流层臭氧研究战略
NAWMP 北美水禽管理计划
NCAR 国家大气研究中心（美国）
NEAP 国家环境行动计划
NECD 欧盟特定大气污染物排放量最高国家标准
MEP 中国环境保护部
NEPM 国家环境保护手段（澳大利亚）
NGO 非政府组织
NH_3 氨气
NH_x 氨氮
NSIDC 美国国家冰雪数据中心
NIS 新独立国家
NO 一氧化氮
NO_2 二氧化氮
NO_x 氮氧化物
N_2O 一氧化二氮
NPK 氮磷钾复合肥
NSSD 可持续发展国家战略
O_3 臭氧
OAU 非洲统一组织
ODA 海外发展援助
ODS 消耗臭氧层物质
OECD 经济合作与发展组织
OCIPEP 加拿大重要基础设施和紧急事故修复办公室
OSPAR 保护东北大西洋海洋环境公约
PACD 防止沙漠化行动计划
PAME 保护北极海洋环境
PCB 多氯联苯
PCP 永久覆被计划（加拿大）
PEBLDS 泛欧洲生物与景观多样战略
PEEN 泛欧洲生态监测网络
PEFC 泛欧洲森林认证
PERSGA 红海与亚丁湾环境保护区域组织
PFRA 大草原农田改造管理局（加拿大）
PICs 太平洋岛屿国家
PLUARG 土地利用活动的污染参照组（加拿大、美国）
PM $PM_{2.5}$是直径小于2.5 μm的颗粒物；PM_{10}是直径小于10 μm的颗粒物
POPs 持久性有机污染物
PRRC 帕西格河改造委员会（菲律宾）
PSR 压力—状态—反应
RAP 修复行动计划
REMPEC 地中海海洋污染事故紧急处理中心
RFMO 区域渔业管理组织
ROPME 保护海洋环境区域组织
SACEP 南亚环境合作项目
SADC 南部非洲发展共同体
SANAA 国家供排水自治局（洪都拉斯）
SAP 结构调整计划
SARA 濒危物种法案（加拿大）
SCOPE 环境问题科学委员会

SCP 可持续的消费和生产
SEA 战略环境评价
SEI 斯德哥尔摩国际环境研究所
SIDS 小岛屿发展中国家
SO_2 二氧化硫
SO_x 硫氧化物
SoE 环境国家
SOPAC 南太平洋应用地理科学委员会
SPIRS 塞文索植物信息检索系统
SPM 悬浮颗粒物
SPRD 战略规划与研究处（新加坡）
SST 海平面温度
START 分析、研究与训练系统
TAI 技术成就指数
TAO 赤道大气—海洋列阵
TCA 亚马逊合作协议
TCDD 二噁英
TEA 运输权益法案
TEK 传统生态知识
TEN 泛欧洲网络
TFAP 热带雨林行动计划
TOE 吨石油当量
TRAFFIC 国际动植物贸易研究委员会
TRI 有毒物质排放清单
TRIPs 与贸易有关的国际产权协议
UEBD 人居发展执行处（洪都拉斯）
UK 英国
UN 联合国
UNCCD 联合国防治荒漠化公约
UNCED 联合国环境与发展大会
UNCHS 联合国人类居住中心
UNCLOS 联合国海洋法公约
UNCOD 联合国沙漠会议
UNCTAD 联合国贸易与发展会议
UNDAF 联合国发展协助框架
UNDP 联合国开发计划署
UNEP 联合国环境规划署
UNEP-GPA 联合国环境规划署保护海洋环境免受陆源污染全球行动计划
UNEP-WCMC 联合国环境规划署世界自然保护监测中心
UNESCO 联合国教科文组织
UNF 联合国基金会
UNFCCC 联合国气候变化框架公约
UNFF 联合国森林论坛
UNHCR 联合国难民署
UNICEF 联合国儿童基金会
UNOCHA 联合国人类事务协调办公室
UNSO 联合国苏丹—撒哈拉办公室（现在是沙漠化防治办公室）
US 美国
USEPA 美国环境保护局
USAID 美国国际发展署
USFWS 美国渔业及野生动物服务局
USGS 美国地质调查局
UV 紫外线（A和B）
VOC 挥发性有机化合物
WBCSD 世界可持续发展工商理事会
WCED 世界环境与发展委员会
WCD 世界水坝委员会
WCP 世界气候计划
WCS 世界野生动物保护协会
WFD 欧洲水框架指令
WFP 世界粮食计划
WHC 世界遗产公约
WHO 世界卫生组织
WHYCOS 世界水循环观测系统
WIPO 世界知识产权组织
WMO 世界气象组织
WRI 世界资源研究所
WSSCC 供水和卫生合作理事会
WSSD 世界可持续发展峰会
WTO 世界贸易组织
WWAP 世界水资源评估计划
WWC 世界水理事会
WWF 世界自然基金会
ZACPLAN 赞比西河流域行动规划
ZAMCOM 赞比西河流域管理委员会

参与者

以下列出了以各种方式为GEO4作出贡献的个人和研究机构，包括政府、合作中心、科学团体和私人部门以及GEO地区和政府间协商的参与者等。

非洲

Anita Abbey, Youth Employment Summit Campaign, M & G Pharmaceuticals Ltd., Ghana

Mamoun Isa Abdelgadir, Ministry of Environment and Physical Development, Sudan

Maisharou Abdou, Ministère de l' Environnement et de la Lutte Contre la Désertification, Niger

Gustave Aboua, Université d' Abobo-Adjamé, Cote d' Ivoire

Melkamu Adisu, Kenya

Vera Akatsa-Bukachi, Kenyatta University, Kenya

Moïse Aklé, c/o African Development Bank, Tunisia

Jonathan A. Allotey, Environmental Protection Agency, Ghana

David R. Aniku, Ministry of Environment, Wildlife and Tourism, Botswana

A. K. Armah, University of Ghana, Ghana

Joel Arumadri, National Environment Management Authority, Uganda

Samuel N. Ayonghe, Faculty of Science, University of Buea, Cameroon

Thomas Anatole Bagan, Ministère de l' Environnement, de l' Habitat et de l' Urbanisme, Benin

Philip Olatunde Bankole, Federal Ministry of Environment, Nigeria

Taoufiq Bennouna, Sahara and Sahel Observatory, Tunisia

Jean-Claude Bomba, University of Bangui, Central African Republic

Monday Sussane Businge, Gender and Environmental Law Specialist, Kenya

Adama Diawara, Consulate of Cote d' Ivoire, Kenya

Zephirin Dibi, Permanent Mission of the Republic of Côte d' Ivoire to UNEP, Ethiopia

Ismail Hamdi Mahmoud El-Bagouri, Desert Research Center, Egypt

Moheeb Abd El Sattar Ebrahim, Egyptian Environment Affairs Agency, Egypt

RoseEmma Mamaa Entsua-Mensah, Water Research Institute, Council for Scientific and Industrial Research, Ghana

Sahon Flan, Network for Environment and Sustainable Development in Africa, Côte d' Ivoire

Moustafa M. Fouda, Ministry for State of Environmental Affairs, Egypt

Tanyaradzwa Furusa, ZERO Regional Environment Organisation, Zimbabwe

Cuthbert Z. Gambara, Institute of Mining Research, University of Zimbabwe, Zimbabwe

Donald Gibson, SRK Consulting, South Africa

Elizabeth Gowa, Kenya

Kirilama Gréma, Ministère de l' Environnement et de la Lutte Contre la Désertification, Niger

Caroline Happi, Bureau Régional de l' UICN pour l' Afrique Centrale, Cameroon

Tim Hart, SRK Consulting, South Africa

Ahmed Farghally Hassan, Faculty of Commerce, Cairo University, Egypt

Qongqong Hoohlo, National Environment Management Authority, Lesotho

Pascal Valentin Houenou, Network for Environment and Sustainable Development in Africa, Côte d' Ivoire

Paul Jessen, Ministry of Agriculture, Water and Forestry, Namibia

Wilfred Kadewa (GEO Fellow), University of Malawi, Malawi

Alioune Kane, Universite Cheikh Anta Diop, Senegal

Eucharia U. Kenya, Kenyatta University, Kenya

Darryll Kilian, SRK Consulting, South Africa

Seleman Kisimbo, Division of Environment, The Vice President's Office, United Republic of Tanzania

Michael K. Koech, Kenyatta University, Kenya

Germain Kombo, Ministère de l' Economie Forestière et de l' Environnement, Congo

Mwebihire Kwisenshoni, Permanent Mission of the Republic of Uganda to UNEP, Kenya

Ebenezer Laing, University of Ghana, Ghana

Jones Arthur Lewis (GEO Fellow), Twene Amanfo Secondary School, Ghana

Estherine Lisinge-Fotabong, NEPAD Secretariat, South Africa

Samuel Mabikke, Conservation Trust, Uganda

Lindiwe Mabuza, Council for Scientific and Industrial Research, South Africa

M. Amadou Maiga, Institutionnel de la Gestion des Questions Environnementales, Mali

Nathaniel Makoni, ABS TCM Ltd., Kenya

Peter Manyara (GEO Fellow), Egerton University, Kenya

Deborah Manzolillo Nightingale, Environmental Management Advisors, Kenya

Gerald Makau Masila, British American Tobacco, Kenya

Bora Masumbuko, Network for Environment and Sustainable Development in Africa, Côte d' Ivoire

Simon Mbarire, National Environment Management Authority, Kenya

Likhapha Mbatha, Centre for Applied Legal Studies, University of the Witwatersrand, South Africa

Maria Mbengashe, Biodiversity and Marine International Cooperation, South Africa

John Masalu Phillip Mbogoma, Basel Convention Regional Centre For English-Speaking African Countries, c/o Council for Scientific and Industrial Research, South Africa

Charles Muiruri Mburu, British American Tobacco, Kenya

Salvator Menyimana, Permanent Mission of the Republic of Burundi to UNEP, Kenya

Jean Marie Vianney Minani, Rwanda Environmental Management Authority, Ministry of Land, Environment, Forestry, Water and Mines, Rwanda

Rajendranath Mohabeer, Indian Ocean Commission, Mauritius

Hana Hamadalla Mohammed, High Council of Environment and Natural Resources, Sudan

Crepin Momokama, Agence Internationale pour le Développement de l' Information Environnementale, Gabon

Elizabeth Muller, Council for Scientific and Industrial Research, South Africa

Betty Muragori, IUCN – The World Conservation Union, Kenya

Constansia Musvoto, Institute of Environmental Studies, University of Zimbabwe, Zimbabwe

Shaban Ramadhan Mwinjaka, Division of Environment, The Vice President's Office, United Republic of Tanzania

Omari Iddi Myanza, Ministry of Water, Lake Victoria Environment Management Project, United Republic of Tanzania

Alhassane Savané, Consulate of Cote d' Ivoire, Kenya

Déthié Soumaré Ndiaye, Centre de Suivi Ecologique, Senegal

Jacques-André Ndione, Centre de Suivi Ecologique, Senegal

Martha R. Ngalowera, Division of Environment, The Vice President's Office, United Republic of Tanzania

David Samuel Njiki Njiki, Interim Secretariat of NEPAD Environment Component, Senegal

Musisi Nkambwe, University of Botswana, Botswana

Dumisani Nyoni, Organisation of Rural Associations for Progress, Zimbabwe

Beatrice Nzioka, National Environment Management Authority, Kenya

Tom Okurut, East African Community, United Republic of Tanzania

Ayola Olukanni, Permanent Mission of the Federal Republic of Nigeria to UNEP, Nigeria High Commission, Kenya

Scott E. Omene, Permanent Mission of the Federal Republic of Nigeria to UNEP, Nigeria High Commission, Kenya

Joyce Onyango, National Environment Management Authority, Kenya

Oladele Osibanjo, Basel Convention Regional Coordinating Centre for Africa for Training and Technology Transfer, Federal Ministry of Environment – University of Ibadan, Nigeria

Joseph Qamara, Division of Environment, The Vice President's Office, United Republic of Tanzania

John L. Roberts, Indian Ocean Commission, Mauritius

Vladimir Russo, Ecological Youth of Angola, Angola

Shamseldin M. Salim, Common Market For Eastern and Southern Africa Secretariat, Zambia

Bob Scholes, Council for Scientific and Industrial Research, South Africa

Alinah Segobye, University of Botswana, Botswana

Riziki Silas Shemdoe, Institute of Human Settlements Studies, University College of Lands and Architectural Studies, United Republic of Tanzania

Teresia Katindi Sivi, Institute of Economic Affairs, Kenya

Emelia Sukutu, Environmental Council of Zambia, Zambia

Fanuel Tagwira, Faculty of Agriculture and Natural Resources, Africa University, Zimbabwe

The Department of Environment and Natural Resources of the Ministry of Tourism, Environment and Natural Resources of Zambia, Zambia

Adelaide Tillya, Permanent Mission of United Republic of Tanzania to UNEP, Kenya

Zabeirou Toudjani, Ministère de l' Environnement et de la Lutte Contre la Désertification, Niger

Alamir Sinna Toure, Ministère de l' Environnement et de l' Assainissement, Mali

Evans Mungai Mwangi, University of Nairobi, Kenya

Chantal Will, Council for Scientific and Industrial Research, South Africa

Nico E. Willemse, Ministry of Environment and Tourism, Namibia

Benon Bibbu Yassin, Environmental Affairs Department, Malawi

Ibrahim Zayan, Egypt

Naoual Zoubair, Observatoire National de l' Environnement, Direction des Etudes, de la Planification et de la Prospective, Ministère de l' Aménagement de Territoire, de l' Eau et de l' Environnement, Morocco

Edward H. Zulu, Environmental Council of Zambia, Zambia

亚洲及太平洋地区

Sanit Aksornkoae, Thailand Environment Institute, Thailand

Mozaharul Alam, Bangladesh Centre for Advanced Studies, Bangladesh

Jayatunga A. Amaraweera, Buddhist and Pali University of Sri Lanka, Sri Lanka

Iswandi Anas, Bogor Agricultural University, Indonesia

Ratnasari Anwar, Ministry of the Environment, Indonesia

Australian Government Department of the Environment and Water Resources, Australia

Lawin Bastian, Ministry of the Environment, Indonesia

Si Soon Beng, Ministry of the Environment and Water Resources, Republic of Singapore

Arvind Anil Boaz, South Asia Cooperative Environment Programme, Sri Lanka

Liana Bratasida, Ministry of the Environment, Indonesia

Chuon Chanrithy, Ministry of Environment, Cambodia

Chaveng Chao, Government and Association Liaison, Bayer Thai Company Limited, Thailand

Weixue Cheng, State Environmental Protection Administration, China

Muhammed Quamrul Islam Chowdhury, Asia-Pacific Forum of Environmental Journalists, Bangladesh

Michael R. Co, Clean Air Initiative for Asian Cities Center, Philippines

Dalilah Dali, Ministry of Natural Resources and Environment, Malaysia

Pham Ngoc Dang, Hanoi University of Civil Engineering, Vietnam

Elenita C. Dano, Third World Network, Philippines

Surakit Darncholvichit, Ministry of Natural Resources and Environment, Thailand

Vikram Dayal, The Energy and Resources Institute, India

Elenda Del Rosario Basug, Department of Environment and Natural Resources, Philippines

Bhujangarao Dharmaji, Ecosystem and Livelihoods Group, IUCN – The World Conservation Union, Sri Lanka

Fiu Mataese Elisara, O Le Siosiomaga Society Incorporated, Samoa

Kheirghadam Enayatzamir (GEO Fellow), Soil and Water Science Department, Agriculture Faculty, Tehran University, Islamic Republic of Iran

Neil Ericksen, International Global Change Institute, University of Waikato, New Zealand

Muhammad Eusuf, Bangladesh Centre for Advanced Studies, Bangladesh

Daniel P. Faith, The Australian Museum, Australia

Sota Fukuchi, Ministry of the Environment, Japan

Min Jung Gi, Ministry of the Environment, Republic of Korea

Harka B. Gurung, National Environment Commission, Bhutan

Siti Aini Hanum, Ministry of the Environment, Indonesia

Xiaoxia He, Peking University, c/o State Environmental Protection Administration, China

Saleemul Huq, Bangladesh Centre for Advanced Studies, Bangladesh

Toshiaki Ichinose, National Institute for Environmental Studies, Japan

Saeko Ishihama, Ministry of the Environment, Japan

Zahra Javaherian, Department of the Environment, Islamic Republic of Iran

Suebsthira Jotikasthira, The Industrial Environment Institute, The Federation of Thailand Industries, Thailand

Mahmood A. Khwaja, Sustainable Development Policy Institute, Pakistan

Somkiat Khokiattiwong, Ministry of Natural Resources and Environment, Thailand

Satoshi Kojima, Institute for Global Environmental Strategies, Japan

Santosh Ragavan Kolar (GEO Fellow), The Energy and Resources Institute, India

Pradyumna Kumar Kotta, South Asia Cooperative Environment Programme, Sri Lanka

Margaret Lawton, Landcare Research, New Zealand

Lee Bea Leang, Department of Irrigation and Drainage, Ministry of Natural Resources and Environment, Malaysia

Xinmin Li, State Environmental Protection Administration, China

Ooi Giok Ling, Nanyang Technological University, Republic of Singapore

Qifeng Liu, State Environmental Protection Administration, China

Chou Loke-Ming, National University of Singapore, Republic of Singapore

Shengji Luan, Peking University, c/o State Environmental Protection Administration, China

Ranjith Mahindapala, IUCN Asia Regional Office, Thailand

Sansana Malaiarisson, Thailand Environment Institute, Thailand

Sunil Malla, Asian Institute of Technology, Thailand

Irina Mamieva, Scientific Information Center of Interstate Sustainable Development Commission, Turkmenistan

Melchoir Mataki, The University of the South Pacific, Fiji

Wendy Yap Hwee Min, Association of Southeast Asia Nations Secretariat, Indonesia

Umar Karim Mirza, Pakistan Institute of Engineering and Applied Sciences, Pakistan

Chiaki Mizugaki, Fisheries Agency of Japan, Japan

Hasan Moinuddin, Greater Mekong Subregion Environment Operations Center, Thailand

Kunihiro Moriyasu, Ministry of Land, Infrastructure and Transport, Japan

Hasna J. Moudud, Coastal Area Resource Development and Management Association, Bangladesh

Victor S. Muhandiki, Ritsumeikan University, Japan

Suyanee Nachaiyasit, Ministry of Natural Resources and Environment, Thailand

Rajesh Nair, National Institute for Environmental Studies, Japan

Masahisa Nakamura, Shiga University and International Lake Environment Committee Foundation, Japan

Shuya Nakatsuka, Fisheries Agency of Japan, Japan

Adilbek Nakipov, Ministry of Environment Protection, Republic of Kazakhstan

K. K. Narang, Ministry of Environment and Forests, India

Somrudee Nicro, Thailand Environment Institute, Thailand

Shilpa Nischa, The Energy and Resources Institute, India

Akira Ogihara, Institute for Global Environmental Strategies, Japan

Tomoaki Okuda, Keio University, Japan

Kongsaysy Phommaxay, Science Technology and Environment Agency, Lao People's Democratic Republic

Warasak Phuangcharoen, Ministry of Natural Resources and Environment, Thailand

Chumnarn Pongsri, Mekong River Commission Secretariat, Lao People's Democratic Republic

Bidya Banmali Pradhan, The International Centre for Integrated Mountain Development, GRID-Kathmandu, Nepal

Eric Quincieu, Eco 4 the World, Republic of Singapore

Atiq Rahman, Bangladesh Centre for Advanced Studies, Bangladesh

Danar Dulatovich Raissov, Economic Research Institute, Republic of Kazakhstan

Lakshmi Rao (GEO Fellow), Dorling Kindersley India Pvt. Ltd., India

Karma Rapten, National Environment Commission, Bhutan

Taku Sasaki, Fisheries Agency of Japan, Japan

Ram Manohar Shrestha, Asian Institute of Technology, Thailand

Chiranjeevi L. Shrestha (Vaidya), Freelance Environmentalist, Nepal

Qing Shu, State Environmental Protection Administration, China

Reiko Sodeno, Ministry of the Environment, Japan

Manasa Sovaki, Department of Environment, Ministry of Environment, Fiji

Wijarn Simachaya, Mekong River Commission Secretariat, Lao People's Democratic Republic

Wataru Suzuki, Ministry of the Environment, Japan

Anoop Swarup, Global Knowledge Alliance, Australia

Taeko Takahashi, Institute for Global Environmental Strategies, Japan

Yukari Takamura, National Institute for Environmental Studies, Japan

Pramote Thongkrajaai, Huachiew Chalermprakiet University, Thailand

The Ministry of Forestry, Myanmar

Tawatchai Tingsanchali, Asian Institute of Technology, Thailand

Sujitra Vassanadumrongdee, Thailand Environment Institute, Thailand

Kazuhiro Watanabe, Ministry of the Environment, Japan

Don Wijewardana, International Forestry Consultant, New Zealand

Wipas Wimonsate, Thailand Environment Institute, Thailand

Guang Xia, State Environmental Protection Administration, China

Qinghua Xu, State Environmental Protection Administration, China

Makoto Yamauchi, Fisheries Agency of Japan, Japan

Wang Yi, Chinese Academy of Sciences, China

Ruisheng Yue, State Environmental Protection Administration, China

Ahn Youn-Kwang, Ministry of Environment, Republic of Korea

Jieqing Zhang, State Environmental Protection Administration, China

欧洲

Eva Adamová, Department of Environmental Policy and Multilateral Relations, Ministry of the Environment, Czech Republic

Juliane Albjerg, Ministry of Environment, Denmark

Chris Anastasi, British Energy plc, United Kingdom

Georgina Ayre, Department of Environment, Food and Rural Affairs, United Kingdom

Mariam Bakhtadze, Ministry of Environment of Georgia, Georgia

Jan Bakkes, Netherlands Environmental Assessment Agency, The Netherlands

Snorri Baldursson, Icelandic Institute of Natural History, Iceland

Richard Ballaman, Federal Office for the Environment, Switzerland

Anna Ballance, Department for International Development, United Kingdom

C. J. (Kees) Bastmeijer, Faculty of Law, Tilburg University, The Netherlands

Steffen Bauer, German Development Institute, Germany

Rainer Beike, The City Council of Munster, Germany

Stanislav Belikov, All-Russian Research Institute for Nature Protection, Russian Federation

Pascal Bergeret, Ministère de l' agriculture et de la pêche, France

John Michael Bewers, Andorra

Rut Bízková, Ministry of the Environment, Czech Republic

Gunilla Björklund, GeWa Consulting, Sweden

Line Bjørklund Ministry of Environment, Denmark

Antoaneta Boycheva, International Activity Directorate, Ministry of State Policy for Disasters and Accidents, Bulgaria

Anne Burrill, DG Environment, European Commission, Belgium

Elena Cebrian Calvo, European Environment Agency, Denmark

Rada Chalakova, Environmental Strategies and Programmes Department, Ministry of Environment and Water, Bulgaria

Fiona Charlesworth, Department for Environment, Food and Rural Affairs, United Kingdom

Laila Rebecca Chicoine, Bee Successful Limited, United Kingdom

Petru Cocirta, Institute of Ecology and Geography of the Academy of Sciences, Republic of Moldova

Laurence Colinet, Ministère de l' écologie, du développement et de l' aménagement durables, France

Peter Convey, British Antarctic Survey, Natural Environment Research Council, United Kingdom

Wolfgang Cramer, Potsdam Institute for Climate Impact Research, Denmark

Marie Cugny-Seguin, Institut national de l' environnement, France

Angel Danin, National Transport Policy Directorate, Ministry of Transport, Bulgaria

Francois Dejean, European Environment Agency, Denmark

A. J. (Ton) Dietz, Department of Geography, Planning and International Development Studies, University of Amsterdam, Netherlands

Yana Dordina, Russian Assoication of Indigenous Peoples of the North, Russian Federation

Carine Dunand, Federal Office for the Environment, Switzerland

John F. Dunn, DG Environment, European Commission, Belgium

Ida Edwertz, Division for International Affairs, Ministry of the Environment, Sweden

Bob Fairweather, United Kingdom Mission to the United Nations, Switzerland

Malin Falkenmark, Stockholm International Water Institute, Sweden

Jaroslav Fiala, European Environment Agency, Denmark

Richard Fischer, Programme Coordinating Centre of ICP Forests Institute for World Forestry, Germany

Tonje Folkestad, World Wide Fund for Nature, Norway

Karolina Fras, DG Environment, European Commission, Belgium

Atle Fretheim, Ministry of the Environment, Norway

Pierluca Gaglioppa, Nature Reserve Monterano (Rome) – Latium regional Forest Service, Italy

Nadezhda Gaponenko, Analytical Center on Science and Industrial Policy, Russian Academy of Sciences, Russian Federation

Emin Garabaghli, Ministry of Ecology and Natural Resources, Azerbaijan

Anna Rita Gentile, European Environment Agency, Denmark

Amparo Rambla Gil, Ministerio de Medio Ambiente, Spain

Francis Gilbert, The University of Nottingham, United Kingdom

Armelle Giry, Ministère de l' écologie, du développement et de l' aménagement durables, France

Johanna Gloël, University of Tuebingen, Germany

Genady Golubev, Faculty of Geography, Moscow State University, Russian Federation

Elitsa Gotseva, Air Protection Directorate, Ministry of Environment and Water, Bulgaria

Michael Graber, Environmental Consultant, Israel

Alan Grainger, School of Geography, University of Leeds, United Kingdom

Eva-Jane Haden, World Business Council for Sustainable Development, Switzerland

Peter Hadjistoykov, Working Conditions, Management of Crisis and Alternative Service Directorate, Ministry of Labour and Social Policy, Bulgaria

Tomas Hak, Charles University Environmental Centre, Czech Republic

Katrina Hallman, International Secretariat, Swedish Environmental Protection Agency, Sweden

Neil Harris, University of Cambridge, United Kingdom

David Henderson-Howat, Forestry Commission, United Kingdom

Thomas Henrichs, European Environment Agency, Denmark

Rolf Hogan, World Wide Fund for Nature – Convention on Biological Diversity, Switzerland

Ybele Hoogeveen, European Environment Agency, Denmark

Joy A. Kim, Organisation for Economic Cooperation and Development, France

Carlos Solana Ibero, CITES Animals Committee for Europe, Spain

Gytautas Ignatavicius, Environment Protection Agency, Ministry of Environment, Lithuania

Bilyana Ivanova, Ministry of Environment and Water, Bulgaria

Esko Jaakkola, Ministry of Environment, Finland

Andrzej Jagusiewicz, Department of Monitoring, Assessment and Outlooks, Environmental Protection, Poland

Ryszard Janikowski, Institute for Ecology of Industrial Areas, Poland

Dorota Jarosinska, European Environment Agency, Denmark

Karen Jenderedjian, Agency of Bioresources Management, Ministry of Nature Protection, Republic of Armenia

Peder Jensen, European Environment Agency, Denmark

Andre Jol, European Environment Agency, Denmark

Svetlana Jordanova, Energy Efficiency and Environmental Protection Directorate, Ministry of Economy and Energy, Bulgaria

Nazneen Kanji, International Institute for Environment and Development, United Kingdom

Jan Karlsson, European Environment Agency, Denmark

Pawel Kazmierczyk, European Environment Agency, Denmark

Bruno Kestemont, Statistics Belgium, Belgium

Gilles Kleitz, Ministère de l' écologie, du développement et de l' aménagement durables, France

Peter Kristensen, European Environment Agency, Denmark

Alexey Kokorin, World Wildlife Fund – Russian Federation, Russian Federation

Marianne Kroglund, Ministry of the Environment, Norway

Hagen Krohn, University of Tuebingen, Germany

Carmen Lacambra-Segura, Department of Geography, St Edmunds College, University of Cambridge, United Kingdom

Robert Lamb, Federal Office for the Environment, Switzerland

Tor-Björn Larsson, European Environment Agency, Denmark

Patrick Lavelle, Institut de recherche pour le développement, France

Alois Leidwein, Attaché for Agricultural and Environmental Affairs, Permanent Mission of Austria, Switzerland

Øyvind Lone, Ministry of the Environment, Norway

Jacques Loyat, Ministère de l' agriculture et de la pêche, France

Rob Maas, Netherlands Environmental Assessment Agency, The Netherlands

Elena Manvelian, Armenian Women for Health and a Healthy Environment, Republic of Armenia

Pedro Vega Marcote, Facultad de Ciencias de la Educación, Universidad de A Coruña, Spain

Jovanka Maric, Directorate for Environmental Protection, Department for International Cooperation, Ministry of Science and Environmental Protection, Republic of Serbia

Roberto Martin-Hurtado, Environment Directorate, Organisation for Economic Co-operation and Development, France

Miguel Antolín Martinez, Ministerio de Medio Ambiente, Spain

Julian Maslinkov, Climate Change Policy Department, Ministry of Environment and Water, Bulgaria

Jan Mertl, Czech Environmental Information Agency, Czech Republic

Maria Minova, Energy Efficiency and Environmental Protection Directorate, Ministry of Economy and Energy, Bulgaria

Ruben Mnatsakanian, Central European University, Hungary

Richard Moles, Centre for Environmental Research, University of Limerick, Ireland

Miroslav Nikcevic, Directorate for Environmental Protection, Ministry of Science and Environmental Protection, Republic of Serbia

Stefan Norris, World Wildlife Fund International Arctic Programme, Norway

Markus Ohndorft, ETH Zürich Institute for Environmental Decisions, Switzerland

Bernadette O' Regan, Centre for Environmental Research, University of Limerick, Ireland

Olav Orheim, Norwegian Research Council, Norway

Larisa Orlova, Centre for International Projects, Russian Federation

Siddiq Osmani, School of Economics and Politics, University of Ulster, United Kingdom

Paul Pace, Centre for Environmental Education and Research, Malta

Renat Perelet, Institute for Systems Analysis, Russia

Tania Plahay, Department for Environment, Food and Rural Affairs, United Kingdom

Jan Pokorn, Czech Environmental Information Agency, Czech Republic

Franz Xaver Perrez, Federal Office for the Environment, Switzerland

Nicolas Perritaz, Federal Office for the Environment, Switzerland

Hanne K. Petersen, Danish Polar Center, Denmark

Iva Petrova, Energy Market and Restructuring Directorate, Ministry of Economy and Energy, Bulgaria

Marit Victoria Pettersen, Ministry of the Environment, Norway

Attila Rábai, Environmental Informatics Division, Ministry of Environment and Water, Hungary

Hanna Rådberg, Swedish Ecodemics, Sweden

Ortwin Renn, University of Stuttgart, Institute for Social Sciences, Germany

Dominique Richard, Museum National d' Histoire Naturelle, France

Louise Rickard, European Environment Agency, Denmark

Odd Rogne, International Arctic Science Committee, Norway

José Romero, Federal Office for the Environment, Switzerland

Laurence Rouil, Institut National de l' Environnement Industriel et des Risques, France

Ahmet Saatchi, Marmara University, Turkey

Guillaume Sainteny, Ministère de l' écologie, du développement et de l' aménagement durables, France

Guri Sandborg, Ministry of the Environment, Norway

Sergio Álvarez Sánchez, Ministerio de Medio Ambiente, Spain

Gunnar Sander, European Environment Agency, Denmark

Anna Schin, European Bank for Reconstruction and Development, United Kingdom

Gabriele Schöning, European Environment Agency, Denmark

Astrid Schulz, German Advisory Council on Global Change, WBGU Secretariat, Germany

Stefan Schwarzer, Global Resource Information Database, Geneva, Switzerland

Nino Sharashidze, Ministry for Environmental Protection and Natural Resources of Georgia, Georgia

Sanita Sile, Information Exchange Department, Latvian Environment, Geology and Meteorology Agency, Latvia

Viktor Simoncic, Sivicon, Croatia

Jerome Simpson, The Regional Environmental Center for Central and Eastern Europe, Hungary

Agnieszka Skowronska, Department of Strategic Management and Logistics, Faculty of Regional Economy and Tourism, Academy of Economics in Wroclaw, Poland

Anu Soolep, Estonian Environment Information Centre, Estonia

Danielle Carpenter Sprüngli, World Business Council for Sustainable Development, Switzerland

Rania Spyropoulou, European Environment Agency, Denmark

Lindsay Stringer, School of Environment and Development, University of Manchester, United Kingdom

Larry Stapleton, Department of the Environment, Heritage and Local Government, Environment International, Environmental Protection Agency, Ireland

George Strongylis, DG Environment, European Commission, Belgium

Rob Swart, Netherlands Environmental Assessment Agency, The Netherlands

Elemér Szabo, Ministry of Environment and Water, Hungary

José V. Tarazona, Department of Environment, Spanish National Institute for Agriculture and Food Research and Technology, Spain

Tonnie Tekelenburg, Netherlands Environmental Assessment Agency, The Netherlands

Nevyana Teneva, Water Directorate, Ministry of Environment and Water, Bulgaria

Sideris P. Theocharapoulos, National Agricultural Research Foundation, Greece

Anastasiya Timoshyna, Central European University, Hungary

Ferenc L. Toth, International Atomic Energy Agency, Austria

Camilla Toulmin, International Institute for Environment and Development, United Kingdom

Sébastien Treyer, Ministère de l' écologie, du développement et de l' aménagement durables, France

Milena Tzoleva, Energy Strategies Directorate, Ministry of Economy and Energy, Bulgaria

Edina Vadovics, Central European University, Hungary

Vincent Van den Bergen, Ministry of Housing, Spatial Planning and the Environment, The Netherlands

Kurt van der Herten, DG Environment, European Commission, Belgium

Irina Vangelova, International Activity Directorate, Ministry of State Policy for Disasters and Accidents, Bulgaria

Patrick Van Klaveren, Ministère d' Etat, Monaco

Philip van Notten, International Centre for Integrated Assessment and Sustainable Development, Maastricht University, The Netherlands

Bas van Ruijven, Netherlands Environmental Assessment Agency, The Netherlands

Victoria Rivera Vaquero, Ministerio de Medio Ambiente, Spain

Katya Vasileva, Coordination of Regional Inspectorates of Environment and Water Directorate, Ministry of Environment and Water, Bulgaria

Raimonds Vejonis, Ministry of the Environment of the Republic of Latvia, Latvia

Guus J. M. Velders, Netherlands Environmental Assessment Agency, The Netherlands

Sibylle Vermont, Federal Office for the Environment, Switzerland

Kamil Vilinovic, Environmental Policy and Foreign Affairs Section, Ministry of Environment of the Slovak Republic, Slovakia

Axel Volkery, Environmental Policy Research Unit, Free, University of Berlin, Germany;

Bart Wesselink, Netherlands Environmental Assessment Agency, The Netherlands

Peter D. M. Weesie, University of Groningen, The Netherlands

Wolfgang Weimer-Jehle, University of Stuttgart, Institute for Social Sciences, Germany

Beate Werner, European Environment Agency, Denmark

Mona Mejsen Westergaard, Ministry of Environment, Denmark

Manuel Winograd, European Environment Agency, Denmark

Rebekah Young, World Business Council for Sustainable Development, Switzerland

Dimitry Zamolodchikov, Eco-Accord Center, Russian Federation

Svetlana Zhekova, Mission of Bulgaria to the European Communities, Belgium

Karl-Otto Zentel, Deutsches Komitee Katastrophenvorsorge, Germany

拉丁美洲及加勒比地区

Elena Maria Abraham, Instituto Argentino de Investigaciones de las Zonas Áridas, Argentina

Ilan Adler, International Renewable Resources Institute, Mexico

Elaine Gomez Aguilera, Agencia de Medio Ambiente, Ministerio de Ciencia Tecnologia y Medio Ambiente, Cuba

Ollin Ahuehuetl, Mexico

Gisela Alonso, Agencia de Medio Ambiente, Cuba

Germán Andrade, Fundación Humedales, Colombia

Afira Approo, Caribbean Regional Environmental Network, Barbados

Patricia Aquing, Caribbean Environmental Health Institute, Saint Lucia

Carmen Arevalo, Independent Consultant, Colombia

Francisco Arias, Instituto de Investigaciones Marinas y Costeras, Colombia

Dolors Armenteras, Instituto de Investigación de Recursos Biológicos Alexander Von Humboldt, Colombia

Delver Uriel Báez Duarte, Club de Jóvenes Ambientalistas, Nicaragua

Garfield Barnwell, Caribbean Community Secretariat, Guyana

Giselle Beja, Ministerio de Vivienda, Ordenamiento Territorial y Medio Ambiente, Uruguay

Salisha Bellamy, Ministry of Agriculture, Trinidad and Tobago

Jesus Beltran, Centro de Ingeniería y Manejo Ambiental de Bahías y Costas, Cuba

Byron Blake, Independent Consultant, Jamaica

Teresa Borges, Ministerio de Ciencia, Tecnología y Medio Ambiente, Cuba

Rubens Harry Born, Institute for Development, Environment and Peace, Brazil

Eduardo Calvo, Universidad Nacional Mayor de San Marcos, Perú

Mariela C. Cánepa Montalvo, GEO Juvenil Perú, CONAM, Perú

Juan Francisco Castro, Universidad del Pacífico, Perú

Luis Paz Castro, Instituto de Meteorología, Agencia de Medio Ambiente, Ministerio de Ciencia, Tecnología y Medio Ambiente, Cuba

Sonia Catasús, Centro de Estudios Demográficos, Universidad de la Habana, Cuba

Loraine Charles, Bahamas Environment, Science and Technology Commission, Bahamas

Emil Cherrington, Water Center for the Humid Tropics of Latin America and the Caribbean, Panamá

Nancy Chuaca, Consejo Nacional del Ambiente, Perú

Luis Cifuentes, Pontificia Universidad Católica de Chile, Chile

Julio C. Cruz, Mexico

Crispin D' Auvergne, Ministry of Physical Development, Environment and Housing, Saint Lucia

Marly Santos da Silva, Secretaria Executiva, Ministério do Meio Ambiente, Brazil

Guadalupe Menéndez de Flores, Ministerio de Medio Ambiente y Recursos Naturales, El Salvador

Juan Ladrón de Guevara G., Comisión Nacional del Medio Ambiente, Chile

Roberto De La Cruz, Autoridad Nacional del Ambiente, Panamá

Genoveva Clara de Mahieu, Instituto de Medio Ambiente y Ecología, Universidad del Salvador, Argentina

Benita von der Groeben de Oetling, Consejo Nacional de Industriales Ecologistas de México, México

Enma Diaz-Lara, Ministry of Natural Resources and Environment, Guatemala

Jean Max Dimitri Norris, Ministère de l' Environnnement, Haiti

Edgar Ek, Land Information Centre, Ministry of Natural Resources and the Environment, Belize

Daniel Escalona, Ministerio del Ambiente y de los Recursos Naturales Renovables, Venezuela

Argelia Fernández, Agencia de Medio Ambiente, Ministerio de Ciencia Tecnologia y Medio Ambiente, Cuba

Margarita Parás Fernández, Centro de Investigación en Geografía y Geomática – Centro GEO, México

Maria E. Fernández, Universidad Nacional Agraria La Molina, Perú

Raúl Figueroa, Instituto Nacional de Estadistica Geografia e Informatica, México

Guillaume Fontaine, Facultad Latinoamericana de Ciencias Sociales, Ecuador

Patricia Peralta Gainza, Centro Latino Americano de Ecología Social, Uruguay

Maurício Galinkin, Fundação Centro Brasileiro de Referência e Apoio Cultural, Brazil

Guillermo García, Instituto de Meteorología, Agencia de Medio Ambiente, Ministerio de Ciencia, Tecnología y Medio Ambiente, Cuba

Fernando Gast, Institute Humboldt, Colombia

Héctor Daniel Ginzo, Ministry of Foreign Affairs, Argentina

Deborah Glaser, Island Resources Foundation, United States

Agustín Gómez, Observatorio del Desarrollo, Universidad de Costa Rica, Costa Rica

Alberto Gómez, Centro Uruguayo de Tecnologías Apropiadas, Uruguay

Rosario Gómez, Centro de Investigación de la Universidad del Pacífico, Perú

Claudia A. Gómez Luna, Centro de Educación y Capacitación para el Desarrollo Sustentable, México

Ricardo Grau, Laboratorio de Investigaciones Ecológicas de las Yungas, Universidad Nacional de Tucuman Casilla de Correo, Argentina

Jenny Gruenberger, Liga de Defensa del Medio Ambiente, Bolivia

Eduardo Gudynas, Centro Latino Americano de Ecología Social, Uruguay

Luz Elena Guinand, Secretaría de la Comunidad Andina, Perú

Gonzalo Gutiérrez, Centro Latino Americano de Ecología Social, Uruguay

Alejandro Falcó, Environmental Consultant, Argentina

Sandra Hacon, Fiocruz News Agency, Brazil

Romy Montiel Hernández, Ministerio de Ciencia, Tecnología y Medio Ambiente, Cuba

Laura Hernández-Terrones, Center for Studies on Water, Mexico

Guilherme Pimentel Holtz, Brazilian Institute of The Environment and Renewable Natural Resources, Brazil

Silvio Jablonski, State University of Rio de Janeiro, Brazil

Anita James, Ministry of Agriculture, Forestry and Fisheries, Saint Lucia

Luiz Fernando K. Merico, Instituto Brasileiro do Meio Ambiente e dos Recursos Naturais Renováveis, Brazil

Joanna Noelia Kamiche, Centro de Investigación Universidad del Pacífico, Perú

Elma Kay, University of Belize, Belize

Timothy Killeen, Conservation International, Bolivia

Julian Kenny, National Institute for Space Research, Trinidad and Tobago

Ana María Kleymeyer, Office of International Environmental Issues, Secretariat of Environment and Sustainable Development, Argentina

Amoy Lum Kong, The Institute of Marine Affairs, Trinidad and Tobago

David Kullock, Secretaría de Ambiente y Desarrollo Sustentable, Argentina

Iván Lanegra, Consejo Nacional del Ambiente, Perú

Beatriz Leal, Universidad Metropolitana, Venezuela

Kenrick R. Leslie, The Caribbean Community Climate Change Centre, Belize

Juliana León, Mexico

Rafael Lima, Land Information Centre, Ministry of Natural Resources and the Environment, Belize

Juan F. Llanes-Regueiro, Facultad de Economía, Universidad de la Habana, Cuba

Fernando Antonio Lyrio Silva, Ministerio de Medio Ambiente, Brazil

Manuel Madriz, Association of Caribbean States, Trinidad and Tobago

Vicente Paeile Marambio, Comisión Nacional del Medio Ambiente, Chile

Laneydi Martínez, Centro de Investigaciones de la Economía Mundial, Cuba

Osvaldo Martínez, Centro de Investigaciones de la Economía Mundial, Cuba

Arturo Flores Martinez, Secretaría de Medio Ambiente y Recursos Naturales, México

Juan Mario Martínez, Agencia de Medio Ambiente, Cuba

Julio Torres Martinez, Observatorio Cubano de Ciencia y Tecnología, Academia de Ciencias de Cuba, Cuba

Rosina Methol, Centro Latino Americano de Ecología Social, Uruguay

Napoleao Miranda, ISER Parceria 21, Universidad Federal Fluminese, Brazil

Elizabeth Mohammed, Fisheries Division, Ministry of Agriculture, Trinidad and Tobago

Maria da Piedade Morais, Department of Regional and Urban Studies, Institute of Applied Economic Research, Brazil

Amílcar Morales, Centro de Investigación en Geografía y Geomática – Centro GEO, México

Cristóbal Díaz Morejón, Ministerio de Ciencia, Tecnología y Medio Ambiente, Cuba

Evandro Mateus Moretto, Ministerio de Medio Ambiente, Brazil

Scott Agustín Muller, Conservación y Desarrollo Sostenible en Acción, Panamá

Javier Palacios Neri, Secretaría de Medio Ambiente y Recursos Naturales, México

Jorge Madeira Nogueira, Universidade de Brasília, Brazil

Kenneth Ochoa, Organización Juvenil Ambiental, Universidad El Bosque, Colombia

Luis Oliveros, Organizción del Tratado de Cooperación Amazónica, Brazil

Carlos Sandoval Olvera, Consejo Nacional de Industriales Ecologistas de México, México

Hazel Oxenford, Centre for Resource Management and Environmental Studies, University of the West Indies, Barbados

Raúl Estrada Oyuela, Ministry of Foreign Affairs, International Trade and Worship, Argentina

Elena Palacios, Fundación Ecológica Universal, Argentina

Margarita Paras, Centro de Investigación en Geografía y Geomática, Ing. J. L. Tamayo, México

Martín Pardo, Centro Latino Americano de Ecología Social, Uruguay

Wendel Parham, Caribbean Agricultural Research Development Institute, Trinidad and Tobago

Araceli Parra, Consejo Nacional de Industriales Ecologistas de México, México

Lino Rubén Pérez, Agencia de Información Nacional, Cuba

Joel Bernardo Pérez Fernández, Water Center for the Humid Tropics of Latin America and the Caribbean, Panamá

Alejandro Mohar Ponce, Centro de Investigación en Geografía y Geomática – Centro GEO, México

Carlos Costa Posada, Instituto de Hidrologia, Meteorología y Estudios Ambientales Instituto de Colombia, Colombia

Armando José Coelho Quixada Pereira, Instituto Brasileiro do Meio Ambiente e dos Recursos Naturais Renováveis, Brazil

Lorena Aguilar Revelo, IUCN – The World Conservation Union, Costa Rica

Sonia Reyes-Packe, Dirección de Servicios Externos, Facultad de Arquitectura, Diseño y Estudios Urbanos, Pontificia Universidad Católica de Chile, Chile

Evelia Rivera-Arriaga, Centro de Ecología, Pesquerías y Oceanografía del Golfo de México, Universidad Autónoma de Campeche, México

César Edgardo Rodríguez Ortega, Secretaría de Medio Ambiente y Recursos Naturales, México

Mario Rojas, Oficial de Cooperación y Relaciones Internacionales, Ministerio del Ambiente y Energía, Costa Rica

Marisabel Romaggi, Escuela de Ingeniería Ambiental, Facultad de Ecología y Recursos Naturales, Universidad Andrés Bello, Chile

Emilio Lebre-La Rovere, Federal University of Rio de Janeiro, Brazil

Francisco José Ruiz, Organización del Tratado de Cooperación Amazónica, Brazil

Tricia Sabessar, The Cropper Foundation, Trinidad and Tobago

Dalia Maria Salabarria Fernandez, Centre for Environmental Information Management and Education, Ministry of Science Technology and Environment, Cuba

José Somoza, Instituto Nacional de Investigaciones Económicas, Cuba

Juan Carlos Sanchez, Universidad Metropolitana, Venezuela

Orlando Rey Santos, Ministerio de Ciencia, Tecnología y Medio Ambiente, Cuba

Muriel Saragoussi, Ministerio de Medio Ambiente, Brazil

Amrikha Singh, Ministry of Housing, Lands and the Environment, Barbados

Avelino G. Suárez, Instituto de Ecología y Sistemática, Agencia de Medio Ambiente, Ministerio de Ciencia, Tecnología y Medio Ambiente, Cuba

José Roberto Solórzano, University of Denver, El Salvador

Felipe Omar Tapia, Centro de Investigación en Geografía y Geomatica "Ing. Jorge L. Tamayo" A.C, México

Rodrigo Tarté, International Center for Sustainable Development at the City of Knowledge, Panamá

Adrian Ricardo Trotman, Caribbean Institute for Meteorology and Hydrology, Barbados

Miyuki Alcázar V., Mexico

Virginia Vásquez, Coastal Zone Management Authority and Institute, Belize

Raúl Garrido Vázquez, Ministry of Science, Technology and Environment, Cuba

Gerardo Bocco Verdinelli, Investigación de Ordenamiento Ecológico y Conservación de los Ecosistemas, Instituto Nacional de Ecología, México

Carolina Villalba, Centro Latino Americano de Ecología Social, Uruguay

Paola Visca, Centro Latino Americano de Ecología Social, Uruguay

Leslie Walling, Mainstreaming Adaptation to Climate Change Project, The Caribbean Community, Belize

Marcos Ximenes, Instituto de Pesquisa Ambiental da Amazonia, Brazil

Gustavo Adolfo Yamada, Universidad de Pacífico, Perú

Bolívar Zambrano, Autoridad Nacional del Ambiente, Panamá

Anna Zuchetti, Grupo GEA "Emprendemos el Cambio", Perú

北美洲

Sherburne Abbott, American Association for the Advancement of Science, United States

Arun George Abraham, Department of Political Science, University of Pennsylvania

John T. Ackerman, Department of International Security and Military Studies, Air Command and Staff College, United States

Patrick Adams, Statistics Canada, Environmental Accounts and Statistics Division, Environment Canada, Canada

Kwaku Agyei, Natural Resources Canada, Canada

Marie-Annick Amyot, Natural Resources Canada, Canada

John C. Anderson, Environment Canada, Canada

Robert Arnot, Environment Canada, Canada

Ghassem R. Asrar, National Aeronautics and Space Administration, United States

Richard Ballhorn, Department of Foreign Affairs and International Trade, Canada

Bill Bertera, Water Environment Federation, United States

Greg Block, Northwestern School of Law and Clark College, United States

Erik Bluemel, Georgetown University Law Center, United States

Wayne Bond, National Indicators and Reporting Office, Environment Canada, Canada

Denis Bourque, Canadian Space Agency, Canada

Birgit Braune, Environment Canada, Canada

William Brennan, National Oceanic and Atmospheric Agency, United States

Morley Brownstein, Environmental Health Centre, Health Canada, Canada

Angle Bruce, Environment Canada, Canada

Elizabeth Bush, Environment Canada, Canada

John Calder, National Oceanic and Atmospheric Administration, United States

Richard J. Calnan, United States Geological Survey, United States

Celina Campbell, Natural Resources Canada, Canada

Hilda Candanedo, Autoridad Nacional del Ambiente, Panamá

F. Stuart Chapin, III, University of Alaska Fairbanks, United States

Audrey R. Chapman, American Association for the Advancement of Science, United States

Julie Charbonneau, Strategic Information Integration, Environment Canada, Canada

Franklin G. Cardy, Canada

John Carey, Environment Canada, Canada

Chantal Line Carpentier, Commission for Environmental Cooperation of North America, Canada

Amy Cassara, World Resources Institute, United States

Gilbert Castellanos, Office of International Environmental Policy, United States Environmental Protection Agency, United States

Bob Chen, Center for International Earth Science Information Network, United States

Eileen Claussen, Pew Center of Global Climate Change and Strategies for the Global Environment, United States

Steve Cobham, Environment Canada, Canada

Nancy Colleton, Institute for Global Environmental Strategies, United States

Paul K. Conkin, Vanderbilt University, United States

Richard Connor, Unisféra, Canada

Luke Copland, University of Ottawa, Canada

Sylvie Côté, Environment Canada, Canada

Carmelle J. Cote, Environmental Systems Research Institute, Inc., United States

Philippe Crabbé, Institute for the Environment, University of Ottawa, Canada

Rob Cross, Environment Canada, Canada

Howard J. Diamond, National Oceanic and Atmospheric Agency, United States

Martin Dieu, United States Environmental Protection Agency, United States

Chuck Dull, United States Forest Service, United States

Alex de Sherbinin, Center for International Earth Science Information Network, United States

Joanne Egan, Environment Canada, Canada

Roger Ehrhardt, Canadian International Development Agency, Canada

Mark Erneste, United States Geological Survey, United States

Victoria Evans, Office of Air Quality Planning and Standards, United States Environmental Protection Agency, United States

Terry Fenge, Terry Fenge Consulting, Canada

Eugene A. Fosnight, United States Geological Survey, United States

Amy A. Fraenkel, United States Senate Committee on Commerce, Science and Transportation, United States

Bernard Funston, Sustainable Development Working Group of the Arctic Council Secretariat, Canada

Tim Gabor, Mount Sinai Hospital, Canada

Brigitte Gagne, Canadian Environmental Network, Canada

Wei Gao, Colorado State University, United States

David K. Garman, United States Department of Energy, United States

David Gauthier, Canadian Plains Research Center, Canada

Sylvie M. Gauthier, Natural Resources Canada, Canada

Aubry Gerald, Canadian Environmental Assessment Agency, Canada

Mike Gill, Circumpolar Biodiversity Monitoring Program, Canada

Michael H. Glantz, Center for Capacity Building, University Corporation for Atmospheric Research, United States

Jerome C. Glenn, American Council for the United Nations University, United States

Victoria Gofman, Aleut International Association, United States

Jean-François Gobeil, Environment Canada, Canada

Bernard D. Goldstein, Graduate School of Public Health, University of Pittsburgh, United States

Peter Graham, Natural Resources Canada, Canada

Don Greer, Canadian Water Resources Association, Ontario Ministry of Natural Resources, Canada

Charles G. Groat, United States Geological Survey, United States

Charles Gurney, United States Department of State, United States

Leonie Haimson, Class Size Matters Campaign, United States

Veena Halliwell, Transport Canada, Canada

David Hallman, World Council of Churches' Climate Change Programme, United Church of Canada, Canada

Nancy Hamzawi, Environment Canada, Canada

Chris Hanlon, Environment Canada, Canada

Kelley Hansen, United States Department of State, United States

Selwin Hart, Permanent Mission of Barbados to the United Nations, United States

Tracy Hart, The World Bank, United States

Alan Hecht, United States Environmental Protection Agency, United Sates

Ole Hendrickson, Environment Canada, Canada

Kerri Henry, Environment Canada, Canada

John Herity, IUCN – The World Conservation Union, Canada

Hans Herrmann, Commission for Environmental Cooperation of North America, Canada

Janet Hohn, United States Fish and Wildlife Service, United States

Annette Teresa Huber-lee, Boston Office, Stockholm Environment Institute, United States

Nathaniel Hultman, School of Foreign Service, Georgetown University, United States

Henry P. Huntington, Huntington Consulting, United States

Gary Ironside, Environment Canada, Canada

Irwin Itzkovitch, Earth Science Sector, Natural Resources Canada, Canada

Kirsten Jaglo, United States Department of State, United States

Robin James, Strategic Engagement, Climate Change International, Environment Canada, Canada

Lawrence Jaworski, Water Environment Federation, United States

David J. Jhirad, World Resources Institute, United States

Matt Jones, Climate Change International, Environment Canada, Canada

Glenn P. Juday, University of Alaska, United States

Shashi Kant, Faculty of Forestry, University of Toronto, Canada

John Karau, Fisheries and Oceans, Canada

Terry J. Keating, Office of Air and Radiation, United States Environmental Protection Agency, United States

Norine Kennedy, United States Council on International Business, United States

John Kineman, National Oceanic and Atmospheric Agency, United States

Ken Korporal, Canadian GEO Secretariat, Environment Canada, Canada

Sarah Kyle, Sustainable Development Strategy, Sustainable Policy, Environment Canada, Canada

Nicole Ladouceur, Environment Canada, Canada

Tom Laughlin, National Oceanic and Atmospheric Agency, United States

Conrad C. Lautenbacher, Jr., National Oceanic and Atmospheric Agency, United States

Philippe Le Prestre, Institut Hydro-Québec en Environnement, Development Société, Canada

Song Li, Global Environmental Facility Secretariat, United States

Kathryn Lindsay, Environmental Reporting Branch, Knowledge Integration Directorate, Environment Canada, Canada

Steve Lonergan, University of Victoria, Canada

Thomas E. Lovejoy, The John Heinz III Center for Science, Economics and Environment, United States

Sarah Lukie, McKenna Long, United States

H. Gyde Lund, Forest Information Services, United States

Ron Lyen, Natural Resources Canada, Canada

Daniel Magraw, Center for International Environmental Law, United States

Mark Mallory, Canadian Wildlife Service, Environment Canada, Canada

Tim Marta, Agriculture and Agri-Food Canada, Canada

Margaret McCauley, Office of Environmental and Scientific Affairs, United States Department of State, United States

Elizabeth McLanahan, National Oceanic and Atmospheric Administration, United States

Claudia A. McMurray, Bureau of Oceans and International Environmental and Scientific Affairs, United States Department of State, United States

John Robert McNeill, School of Foreign Service, Georgetown University, United States

Terence McRae, Knowledge Integration Strategies, Strategic Information Integration, Environment Canada, Canada

John Melack, Bren School of Environmental Science and Management, University of California, United States

Jerry Melillo, Ecosystem Center, Marine Biological Laboratory, United States

Roberta B. Miller, Center for International Earth Science Information Network, United States

Rebecca Milo, Meteorological Service of Canada, Environment Canada, Canada

Adrian Mohareb, Natural Resources Canada, Canada

Jim Moseley, United States Department of Agriculture, United States

Melissa Dawn Newhook, Natural Resources Canada, Canada

Kate Newman, World Wide Fund for Nature, United States

Dennis O' Farrell, National Indicators and Reporting Office, Environment Canada, Canada

Dean Stinson O' Gorman, Environment Canada, Canada

Maureen O' Neil, International Development Research Centre, Canada

Katia Opalka, Commission for Environmental Cooperation of North America, Canada

Gordon H. Orians, Department of Biology, University of Washington, United States

Yuga Juma Onziga, Environmental Centre for New Canadians, Canada

László Pintér, International Institute for Sustainable Development, Canada

Robert Prescott-Allen, Canada

Gary Pringle, Foreign Affairs Canada, Canada

David Renne, National Renewable Energy Laboratory, United States

Christina Paradiso, Environment Canada, Canada

Anjali Pathmanathan, Center for International Environmental Law, United States

Corey Peabody, Industry Canada, Canada

Kenneth Peel, Council on Environmental Quality, United States

Luc Pelletier, Environment Canada, Canada

Sajjadur Syed Rahman, Canadian International Development Agency, Canada

David J. Rapport, The School of Rural Planning Development, University of Guelph, Canada

Paul Raskin, Boston Office, Stockholm Environment Institute, United States

John Reed, Secretariat of the Working Group on Environmental Auditing of the International Organization of the Supreme Audit Institutions, Office of the Auditor General of Canada, Canada

Carmen Revenga, Global Priorities Group, The Nature Conservancy, United States

Sandra Ribey, Natural Resources Canada, Canada

Douglas Richardson, Association of American Geographers, United States

Brian Roberts, Indian and Northern Affairs, Canada

Keith Robinson, Agriculture Canada, Canada

David Runnalls, International Institute for Sustainable Development, Canada

Paul Salah, Economic and Social Research Institute, Canada

Peter D. Saundry, National Council for Science and the Environment, United States

Mark Schaefer, NatureServe, United States

Karl F. Schmidt, Johnson and Johnson, United States

Jackie Scott, Natural Resources Canada, Canada

Nancy Seymour, Consumer and Commercial Products, Environmental Stewardship Branch, Environment Canada, Canada

Hua Shi, Global Resource Information Database, Sioux Falls, United States

Emmy Simmons, United States Agency for International Development, United States

Andrea Dalledone Siqueira, Indiana University, United States

Risa Smith, Environment Canada, Canada

Sharon Smith, Natural Resources Canada, Canada

William Sonntag, United States Environmental Protection Agency, United States

Janet Stephenson, Natural Resources Canada, Canada

David Suzuki, David Suzuki Foundation, Canada

Darren Swanson, International Institute for Sustainable Development, Canada

Hongmao Tang, AMEC Earth and Environmental, Canada

Fraser Taylor, International Steering Committee for Global Mapping, Carleton University, Canada

Ian D. Thompson, Natural Resources Canada, Canada

Jeffrey Thornton, International Environmental Management Services Limited, United States

John R. Townshend, University of Maryland, United States

Woody Turner, National Aeronautics and Space Administration, United States

Mathis Wackernagel, Global Footprint Network, United States

Lawrence A. White, Algonquin College, Canada

Loise Vallieres, Canadian International Development Agency, Canada

Richard Verbisky, Environment Canada, Canada

Charles Weiss, School of Foreign Service, Georgetown University, United States

Doug Wright, Commission for Environmental Cooperation of North America, Canada

Ruth Waldick, Environment Canada, Canada

John D. Waugh, IUCN – The World Conservation Union, United States

西亚

Directorate General of Environment, Ministry of Environment, Lebanon

Iman Abdulrahim, Conference Services Centre, Syrian Arab Republic

Ziad Hamzah Abu-Ghararah, Meteorology and Environment Protection, Saudi Arabia

Emad Adly, Arab Network for Environment and Development, Egypt

Mohammed Bin Sulaiman Al-Abry, Ministry of Regional Municipalities, Environment and Water Resources, Sultanate of Oman

Suzan Mohammed Al-Ajjawi, Public Commission for the Protection of Marine Resources, Environment and Wildlife, Bahrain

Fahmi Al-Ali, Gulf Cooperation Council, Saudi Arabia

Badria Al-Awadhi, Arab Regional Center for Environmental Law, Kuwait

Abdul Rahman Al-Awadi, Regional Organization for the Protection of the Marine Environment, Kuwait

Hanan S. Haider Alawi, Public Commission for the Protection of Marine Resources, Environment and Wildlife, Bahrain

Ziyad Al-Alawneh, Ministry of Environment, Jordan

Eman Al-Banna, Environment Friends Society, Bahrain

Ahmed Mohammed Al-Hamadeh, The Emirates Centre for Strategic Studies and Research, United Arab Emirates

Ali Jassim M. Al-Hesabi, Public Commission for the Protection of Marine Resources, Environment and Wildlife, Bahrain

Jaber E. Al-Jabri, Environmental Research and Wildlife Development Agency, United Arab Emirates

Mohammed Al-Jawdar, Environment Agency – Abu Dhabi, United Arab Emirates

Nada Al-Khalili, Al-Reem Environmental Consultation and Ecotourism, Bahrain

Ahlam Al-Marzouqi, Environment Agency, United Arab Emirates

Hamad Eisa Al-Matroushi, Federal Environmental Agency, United Arab Emirates

Ahmed Al-Mohammad, General Commission Environmental Affairs, Syrian Arab Republic

Khawla Al-Muhannadi, Environment Friends Society, Bahrain

Abdullah Al-Ali Al-Nuaim, Arab Urban Development Institute, Saudi Arabia

Safia Saad Al-Rumaihi, Bahrain Radio and TV Cooperation, Bahrain

Ahmed Al-Salloum, Arab Urban Development Institute, Saudi Arabia

Abdulkader Mohammed Al-Sari, Natural Resources and Environment Research Institute, King Abdulaziz City for Science and Technology, Saudi Arabia

Abdulrahman Hassan Hashem Al-Shehari, Department of GIS, Environment Protection Authority, Yemen

Mohanned S. Al-Sheriadeh, University of Bahrain, Bahrain

Mahmoud Al-Sibai, The Arab Centre for the Studies of Arid Zones and Drylands, Syrian Arab Republic

Ibrahim N. Al-Zu' bi, Emirates Diving Association, United Arab Emirates

Feras Asfour, Ministry of Local Administration and Environment, Syrian Arab Republic

Sarah Ben Arfa, PHE Gulf, Bahrain

Abdulla Saleh Babaqi, Sana' a University, Yemen

Yousif H. Edan, Arabian Gulf University, Bahrain

Alia El-Husseini, Lebanon IUCN National Committee, Lebanon

Karim El-Jisr, ECODIT LIBAN, c/o Ministry of Environment, Lebanon, Lebanon

Reem Aref Fayyad, Department of Guidance and Assessment, Ministry of Environment, Lebanon

Ibrahim Abdel Gelil, Arabian Gulf University, Bahrain

Bashar A. Hamdoon, Arab Science and Technology Foundation, United Arab Emirates

Waleed Hamza, Emirates Environmental Group, United Arab Emirates

Meena Kadhimi, Bahrain Women Society, Bahrain

Maher Suleiman Khaleel, Arab Forests and Range Institute, Syrian Arab Republic

Fadia Kiwan, Institute of Political Sciences, Saint Joseph University, Lebanon

Lamya Faisal Mohamed, Environmental Management Program, Arabian Gulf University, Bahrain

Abdullah Abdulkader Naseer, Arab NGO Network for Environment and Development, Saudi Arabia

Najib Saab, Al-Bia Wal Tanmia Environment and Development, Lebanon

Mohammed Y. Saidam, Environment Monitoring and Research Central Unit, Royal Scientific Society, Jordan

Taysir Toman, Environment Quality Authority, Palestine National Authority, Occupied Palestinian Territories

Shahira Hassan Ahmed Wahbi, Department of Environment, Housing and Sustainable Development, Council of Arab Ministers Responsible for the Environment, Egypt

Batir M. Wardam, Ministry of Environment, Jordan

Abdel Nasser H. Zaied, Arabian Gulf University, Bahrain

政府间和多利益团体协商

Yousef Abu-Safieh, Environmental Quality Authority, Palestine National Authority, Occupied Palestinian Territories

Jeanne Josette Acacha Akoha, Ministère de l' Environnement de l' Habitat et de l' Urbanisme, Benin

Meshgan Mohamed Al Awar, Zayed International Prize for the Environment, United Arab Emirates

Salem Al-Dhaheri, Federal Environmental Agency, United Arab Emirates

Hussein Alawi Al-Gunied, Ministry of Water and Environment for Environmental Affairs, Yemen

Mohammed Bin Saif Sulaiyam Al-Kalbani, Ministry of Regional Municipalities, Environment and Water Resources, Sultanate of Oman

Cholpon Alibakieva, Ministry of Ecology and Emergency Situations, Republic of Kyrgyzstan

Zahwa Mohammed Al-Kuwari, Public Commission for the Protection of Marine Resources, Environment & Wildlife, Bahrain

Said Al-Numairy, Federal Environmental Agency, United Arab Emirates

Khawlah Mohammed Al-Obaidan, Environment Public Authority, Kuwait

Muthanna A. Wahab Wahab Al-Omar, Deputy Minister for Technical Affairs, Republic of Iraq

Mario Andino, Ministry of Environment, Ecuador

Gonzalo Javier Asencio Angulo, National Environmental Commission, Chile

Mahaman Laminou Attaou, Ministère de l' Hydraulique, de l' Environnement de la Lutte Contre la Désertification, Niger

Rajen Awotar, Environment Liaison Centre International, Mauritius

Christoph Bail, Delegation of the European Commission – Kenya and Somalia, Kenya

Mogos Woldeyohannes Bairu, Department of Environment, Ministry of Lands, Water and Environment, Eritrea

Maria Caridad Balaguer Labrada, Ministry of Foreign Affairs, Cuba

Abbas Naji Balasem, Ministry of Environment, Republic of Iraq

Kurbangeldi Balliyev, Unit of Scientific, Technological Problems and International Co-operation Science- Information Centre, Ministry of Nature Protection of Turkmenistan, Turkmenistan

W. M. S. Bandara, Sri Lanka High Commission, Kenya

Stephen Bates, Department of the Environment and Heritage, Australia

Theo A. M. Beckers, Telos Research Center for Sustainable Development, Tilburg University, The Netherlands

Dzaba-Boungou Benjamin, Ministère de l' Economie Forestière et de l' Environnement, Congo

Nalini Bhat, Ministry of Environment and Forests, India

Peter Koefoed Bjørnsen, National Environmental Research Institute, Ministry of the Environment, Denmark

Adriana Maria Bonilla, Latin American Faculty of Social Sciences, Costa Rica

Valerie Brachya, Ministry of the Environment, Israel

Liana Bratasida Ministry of the Environment, Indonesia

Andrea Brusco, Environmental and Sustainable Development Promotion, Ministry de Salud y Ambiente, Argentina

Cesar Buitrago, Instituto de Hidrologia, Meteorologia y Estudios Ambientales, Instituto de Colombia, Colombia

Robin Carter, Department for Environment, Food and Rural Affairs, Ministry of State for Environment and Agri- Environment, United Kingdom

Sergio Castellari, Ministry for the Environment and Territory, Italy

Enid Chaverri-Tapia, Ministry of Environment and Energy of Costa Rica, Costa Rica

Chris Reid Cocklin, Monash Environment Institute, Australia

Victor Manuel do Sacramento Bonfi, Ministério dos Recursos Naturais e Meio Ambiente, Saõ Tomé and Principe

Stela Bucatari Drucioc, Ministry of Ecology and Natural Resources, Republic of Moldova

Ould Bahneine El Hadrami, Islamic Republic of Mauritania

James Emmons Coleman, Environmental Protection Agency, Liberia

Loraine Cox, The Bahamas Environment, Science and Technology Commission, Ministry of Health and Environment, The Bahamas

Rodolfo Roa, Ministerio del Ambiente y de los Recursos Naturales, Venezuela

Raouf Hashem Dabbas, Ministry of Environment, Jordan

Oludayo O. Dada, Department of Pollution Control and Environmental Health, Federal Ministry of Environment, Federal Secretariat, Nigeria

Allan Dauchi, Ministry of Tourism, Environment and Natural Resources, Zambia

Adama Diawara, Consul Honoraire de la Republique de Côte D' Ivoire au Kenya, Kenya

Didier Dogley, Ministry of Environment and Natural Resources, Seychelles

Sébastien Dusabeyezu, Rwanda Environmental Management Authority, Ministry of Lands, Environment, Forestry, Water and Mines, Rwanda

Fatma Salah El Din El Mallah, Department of Environment and Sustainable Development, League of Arab States, Egypt

Davaa Erdenebulgan, Ministry of Nature and Environment, Mongolia

Indhira Euamonchat, Office of Natural Resources and Environmental Policy and Planning, Ministry of Natural Resources and Environment, Thailand

Jan Willem Erisman, Energy Research Centre of the Netherlands, The Netherlands

Caroline Eugene, Sustainable Development and Environment Unit, Ministry of Physical Development, Environment and Housing, Saint Lucia

Fariq Farzaliyev, Ministry of Ecology and Natural Resources, Azerbaijan

Qasim Hersi Farah, Ministry of Environment and Disaster Management, Somalia

Liban Sheikh Mahmoud Farah, Federal Environmental Agency, United Arab Emirates

Veronique Plocq Fichelet, Scientific Committee on Problems of the Environment, France

Seif Eddine Fliss, The Embassy of Tunisia in Addis Ababa, Ethiopia

Cheikh Fofana, Secrétariat Intérimaire du Volet Environnement du NEPAD, Senegal

Cornel Glorea Gabrian, Ministry of Environment and Water Management, Romania

Jorge Mario García Fernández, Centro de Información, Gestión y Educatión y Education Ambiental, Ministerio de Ciencia, Techología y Medio Ambiente, Cuba

Sameer Jameel Ghazi, Meteorology and Environment, Saudi Arabia

Tran Hong Ha, Vietnam Environment Protection Agency, Ministry of Natural Resources and Environment, Viet Nam

Nadhir Hamada, Ministry of Environmental and Sustainable Development, Tunisia

Mohamed Salem Hamouda, Environment General Authority, Libyan Arab Jamahiriya

Hempel Gotthilf, Berater des Präsidenten des Senats für den Wissenschaftsstandort Bremen, Germany

Keri Herman, National Environment Service, Cook Islands

Paul Hofseth, Ministry of the Environment, Norway

Rustam Ibragimov, State of Committee for Nature Protection, Republic of Uzbekistan

Khan M. Ibrahim Hossain, Ministry of Environment and Forests, Government of the People' s Republic of Bangladesh

Moheeb A. El Sattar Ibrahim, Egyptian Environmental Affairs Agency, Egypt

Lorna Inniss, Ministry of Housing, Lands and the Environment, Barbados

Nikola Ru Inski, Faculty of Mechanical Engineering and Naval Architecture, University of Zagreb, Croatia

Adélaïde Itoua, Attaché Forêts, Faune et Environnement, Congo

Said Jalala, Environment Quality Authority, Occupied Palestinian Territory

Christopher Joseph, Ministry of Health, Social Security, Environment and Eccelesiastic Relations, Grenada

Volney Zanardi Júnior, Ministry of the Environment, Brazil

Etienne Kayengeyenge, Department de l' Environnement et du Tourism L' Aménagement du Territoire et de l' Environnement, Environnement et du Tourism, Burundi

Keobang A. Keola, Cabinet of Science, Technology and Environment Agency, Lao People' s Democratic Republic

Mootaz Ahmadein Khalil, Ministry of Foreign Affairs, Egypt

Bernard Yao Koffi, Ministère de l' Environnement, Cote d' Ivoire

Tomyeba Komi, Ministry of Environment and Natural Resources, Togo

Margarita Korkhmazyan, Department of International Cooperation, Ministry of Nature Protection, Republic of Armenia

Pradyumna Kumar Kotta, South Asia Cooperative Environment Programme, Sri Lanka

Izabela Elzbieta Kurdusiewicz, Ministry of the Environment, Poland

Daniel Lago, Maoni Network, Kenya

Aminath Latheefa, Ministry of Environment and Construction, Maldives

Stephen Law, Environment Liaison Centre International, South Africa

P. M. Leelaratne, Ministry of Environment and Natural Resources, Sri Lanka

Rithirak Long, Ministry of Environment, Cambodia

Sharon Lindo, Ministry of Natural Resources and the Environment, Belize

Fernando Lugris, Permanent Mission of Uruguay to the United Nations, Switzerland

Rejoice Mabudhafasi, Department of Environmental Affairs and Tourism, Republic of South Africa

Oualbadet Magomna, Chad

Sylla Mamadouba, Ministrère de l' Environnement, Republic of Guinea

Seraphin Mamyle-Dane, Ministry in Charge of Environment, Central African Republic

Blessing Manale, Department of Environmental Affairs and Tourism, Republic of South Africa

Alena Marková, Department of Strategies, Ministry of the Environment of the Czech Republic, Czech Republic

Chrispen Maseva, Department of Natural Resources, Zimbabwe

Maurice B. Masumbuko, Ministère de l' Environnement, Democratic Republic of Congo

Lyborn Matsila, Department of Environmental Affairs and Tourism, Republic of South Africa

Mary Fosi Mbantenkhu, Ministry of Environment and Forestry, Cameroon

Dave A. McIntosh, Environmental Management Authority, Trinidad and Tobago

Lamed Mendoza, Intergubernmental y de Múltiples Autoridad Nacional del Ambiente

Cooperation Tecnica Internacional, Panamá

Raymond D. Mendoza, Department of Environment and Natural Resources, Philippines

José Santos Mendoza Arteaga, Ministerio del Ambiente Y Los Recursos Naturales, Nicaragua

Samuel Kitamirike Mikenga, World Wildlife fund International, Kenya

Rita Mishaan, Ministry of Environment and Natural Resources, Guatemala

Bedrich Moldan, Charles University Environmental Centre, Czech Republic

Santaram Mooloo, Ministry of Environment and National Development Unit, Mauritius

Majid Shafiepour Motlagh, Department of Environment, Environmental Research Centre, Islamic Republic of Iran

John Mugabe, African Commission on Science and Technology, South Africa

Telly Eugene Muramira, National Environment Management Authority, Uganda

Dali Najeh, Ministry of Environment and Sustainable Development, Tunisia

Timur Nazarov, Department of Ecological Monitoring and Standards, State Committee for Environmental Protection and Forestry, Tajikistan

Przemyslaw Niesiolowski, Permanent Mission of the Poland to UNEP

Faraja Gideon Ngerageza, The Vice President' s Office, United Republic of Tanzania

Raharimaniraka Lydie Norohanta, Ministry of Environment, Water and Forests, Madagascar

Kenneth Ochoa, Organization Juvenil Ambiental, Colombia

Herine A. Ochola, Environment Liaison Centre International, Kenya

Rodrigue Abourou Otogo, Directeur des Etudes du Contentieux et du Droit de l' Envrironnement, Gabon

Monique Ndongo Ouli, Ministry of Environment and Nature Protection, Cameroon

Pedro Luis Pedroso, Permanent Mission of Cuba, Cuba

Detelina Peicheva, Ministry of Environment and Water, Bulgaria

Reinaldo Garcia Perera, Embassy of Cuba, Kenya

Carlos Humberto Pineda, Secretaria de Recursos Naturales y Ambiente, Honduras

Peter Prokosch, GRID Arendal, Norway

Navin P. Rajagobal, Ministry of the Environment and Water Resources, Republic of Singapore

Victor Rezepov, Centre for International Projects, Russian Federation

Cyril Ritchie, Environment Liaison Centre International, Switzerland

Rosalud Jing Rosa, Environment Liaison Centre International, Italy

Thomas Rosswall, International Council for Science, France

Uilou F. Samani, Ministry of the Environment, Tonga

Mariano Castro Sánchez-Moreno, Consejo Nacional del Ambiente, Perú

Kaj Harald Sanders, Ministry of Housing, Spatial Planning and the Environment, Netherlands

Carlos Santos, Ministry of Urban Affairs and Environment, Angola

Momodou B. Sarr, National Environment Agency, Gambia

Alhassane Savane, Consulate of Cote d' Ivoire

Gerald Musoke Sawula, National Environment Management Authority, Uganda

Tan Nguan Sen, Public Utilities Board, Republic of Singapore

Manuel Leão Silva de Carvalho, Ministry of the Environment, Agriculture and Fisheries, Republic of Cape de Verde

Mohamed Adel Smaoui, Permanent Mission of Tunisia to UNEP, Federal Democratic Republic of Ethiopia

Kerry Smith, Department of the Environment and Heritage, Australia

Miroslav Spasojevic, International Cooperation and European Integration, Directorate for Environment Protection, Ministry for Science and Environment Protection of Serbia, Serbia and Montenegro

Katri Tuulikki Suomi, Ministry of the Environment, Finland

Hamid Tarofi, Embassy of Iran, Kenya

Tshering Tashi, National Environment Commission Secretariat, Bhutan

Tukabu Teroroko, Ministry of Environment, Lands and Agriculture Development, Kiribati

Tesfaye Woldeyes, Environmental Protection Authority, Ethiopia

Nicholas Thomas, Environmental Systems Research Institute, United States

Alain Edouard Traore, Secrétaire Permanent du Conseil National pour l' Enviornnement et le Développement Durable, Burkina Faso

Lourenço António Vaz, General Directorate of Environment, Guinea-Bissau

Sani Dawaki Usman, Department of Planning, Research and Statistics, Federal Ministry of Environment, Federal Secretariat, Nigeria

Geneviéve Verbrugge, Direction Générale de l' Administration, Service des affaires internationals, Ministère de l' Ecologie et du Développement Durable, France

Jameson Dukuza Vilakati, Swaziland Environment Authority, Ministry of Tourism, Environment and Communications, Swaziland

Eric Vindimian, Ministère de l' écologie, du développement et de l' aménagement durables, France

Aboubaker Douale Waiss, Ministère de L' Habitat, de l' Urbanisme, de l' Environnement et de l' Amenagement du Territoire, Republic de Djibouti

Shahira Hassan Ahmed Wahbi, Division of Resources and Investment, League of Arab States, Egypt

Elisabeth Wickstrom, Swedish Environmental Protection Agency, Sweden

Alf Willis, Department of Environmental Affairs and Tourism, Republic of South Africa

Théophile Worou, Ministère de l' Environnement de l' Habitat et de l' Urbanisme, Benin

Carlos Lopes Ximenes, Ministry of Development and Environment, Timor (East)

Huang Yi, Peking University, China

B. Zaimov, Ministry of Foreign Affairs of Blugaria, Bulgaria

Daniel Ziegerer, Federal Office for the Environment, Switzerland

联合国环境规划署

Peter Acquah
Martin Adriaanse*
Awatif Ahmed Alif
Siren Al-Majali
Abdul Elah Al-Wadaee
Ahmad Basel Al-Yousfi
Lars Rosendal Appelquist
Charles Arden-Clarke
Andreas Arlt [Secretariat for the Basel Convention]
Edgar Arredondo
María Eugenia Arreola
Franck Attere
Esther Berube
Luis Betanzos
An Bollen
Matthew Broughton
Alberto T. Calcagno
John Carstensen
Paul Clements-Hunt
Twinkle Chopra
Luisa Colasimone [Coordinating Unit for the Mediterranean Action Plan]
Ludgarde Coppens
Emily Corcoran
Julia Crause
Tamara Curll [Secretariat for the Vienna Convention for the Protection of the Ozone Layer and for the Montreal Protocol]
James S. Curlin
Mogens Dyhr-Nielsen [United Nations Environment Programme Collaborating Centre on Water and Environment]
Ayman Taha El-Talouny
Kamala Ernest
Ngina Fernandez
Silvia Ferratini
Hilary French
Betty Gachao
Louise Gallagher
Ahmad Ghosn
Marco Gonzalez [Secretariat for the Vienna Convention for the Protection of the Ozone Layer and for the Montreal Protocol]
Matthew Gubb
Julien Haarman
Abdul-Majeid Haddad
Batyr Hadjiyev
Stefan Hain
Lauren E. Haney
Peter Herkenrath
Ivonne Higuero
Arab Hoballah [Coordinating Unit for the Mediterranean Action Plan]
Robert Höft [Secretariat of the Convention on Biological Diversity]
Teresa Hurtado
Melanie Hutchinson
Yuwaree In-na
Niels Henrik Ipsen [Collaborating Centre on Water and Environment]
Mylvakanam Iyngararasn
David Jensen
Bob Kagumaho Kakuyo
Charuwan Kalyangkura [Regional Coordinating Unit for the East Asian Seas Action Plan]
Valerie Kapos
Aida Karazhanova
Nonglak Kasemsant
Elizabeth Khaka
Johnson U. Kitheka
Arnold Kreilhuber
Nipa Laithong
Christian Lambrechts
Fredrick Lerionka
Bernadete Lange
Achira Leophairatana
Kaj Madsen
Ken Maguire
Robyn Matravers
Emilie Mazzacurati
Desta Mebratu
Mushtaq Ahmed Memon
Danapakorn Mirahong
Ting Aung Moe
Erika Monnati
Cristina Montenegro
David Morgan [Secretariat of the Convention on International Trade in Endangered Species]
Andrew Morton
Elizabeth Maruma Mrema
Onesmus Mutava
Fatou Ndoye
Hiroshi Noshimiya
Werner Obermeyer
Akpezi Ogbuigwe
David Ombisi
Joanna Pajkowska
Janos Pasztor
Hassan Partow
Cecilia Pineda
Mahesh Pradhan
Daniel Puig
Mark Radka
Anisur Rahman
Purna Rajbhandari
Richard Robarts
Adelaida Bonomin Roman
Hiba Sadaka
Bayasgalan Sanduijav
Vincente Santiago-Fandino
Rajendra M. Shende
Fulai Sheng
Otto Simonett
Subrato Sinha
Angele Luh Sy
Gulmira Tolibaeva
Dechen Tsering
Rie Tsutsumi
Aniseh Vadiee
Sonia Valdivia
Maliza Van Eeden
Hanneke Van Lavieren
Anja Von Moltke
Monika G. Wehrle-MacDevette
Willem Wijnstekers [Secretariat of the Convention on International Trade in Endangered Species]
Matthew Woods
Grant Wroe-Street
Saule Yessimova

其他联合国机构

Mohamed J. Abdulrazzak, United Nations Educational, Scientific and Cultural Organization
Mohammed Ahmed Al-Aawah, United Nations Educational, Scientific and Cultural Organization
Mohammed H. Al-Sharif, United Nations Development Programme
Jörn Birkmann, United Nations University Institute for Environment and Human Security
Sandra Bos, United Nations Human Settlements Programme
Caros Corvalan, World Health Organization
Phillip Dobie, United Nations Development Programme
Glenn Dolcemascolo, United Nations International Strategy for Disaster Reduction
Henrik Oksfeldt Enevoldsen, Intergovernmental Oceanographic Commission of United Nations Educational, Scientific and Cultural Organization;
Nejib Friji, United Nations Information Centre
Sonia Gonzalez, United Nations Development Programme
Robert Hamwey, United Nations Conference on Trade and Development
Maharufa Hossain, United Nations Human Settlements Programme
Masakazu Ichimura, United Nations Economic and Social Commission for Asia and the Pacific
Rokho Kim, World Health Organization European Centre for Environment and Health, Germany
Melinda L. Kimble, United Nations Foundation
Anne Klen, United Nations Human Settlements Programme
Iris Knabe, United Nations Human Settlements Programme
Mikhail. G. Kokine, United Nations Economic Commission for Europe
Ousmane Laye, United Nations Economic Commission for Africa
Sarah Lowder, United Nations Economic and Social Commission for Asia and the Pacific
Silvia Llosa, United Nations International Strategy for Disaster Reduction
Festus Luboyera [United Nations Framework Convention on Climate Change Secretariat]
Ole Lyse, United Nations Human Settlements Programme
Leslie Malone, World Meteorological Organization
Mariana Mansur, United Nations Development Programme
Anthony Mitchell, United Nations Economic Commission for Latin America and the Caribbean
S. Njoroge, World Meteorological Organization Subregional Office for Eastern and Southern Africa
Joseph Opio-Odongo, United Nations Development Programme, Regional Service Centre for Eastern and Southern Africa Drylands Development Centre
Nohoalani Hitomi Rankine, United Nations Economic and Social Commission for Asia and the Pacific
Xin Ren, Seretariat of the United Nations Framework Convention on Climate Change
Ulrika Richardson, United Nations Development Programme
Tarek Sadek, United Nations Economic and Social Commission for Western Asia
Trevor Sankey, United Nations Educational, Scientific and Cultural Organization
Halldor Thorgeirsson, United Nations Framework Convention on Climate Change
Rasna Warah, United Nations Human Settlements Programme
Ulrich Wieland, United Nations Statistics Division

*since moved or retired

术语表

该术语表来自各章节的引用，术语的解释来自以下组织、网络和项目的网站资源：美国气象学会、美国交通优化中心、澳大利亚查尔斯·达尔文大学、国际农业研究协商工作组、国际重要水鸟栖息地保育公约、欧洲信息学会、欧洲环境署、欧洲核学会、联合国粮食和农业组织、新西兰研究、科学和技术基金会、全球足迹网络、环境术语网站、政府间气候变化专门委员会、国际农业森林学研究中心、国际比较项目、美国哥伦比亚大学气候和社会国际研究所、国际减灾战略、美国莱姆关节炎基金、千年生态系统评估、美国伊利诺斯州清洁煤研究所、美国国家安全委员会、美国Natsource公司、经济合作与发展组织、英国民生职业发展计划、SafariX 在线教科书、美国 Redefining Progress 网站、美国“爱德华蓄水层”网站、TheFreeDictionary.com、世界银行、联合国防治荒漠化公约、联合国气候变化框架公约、联合国工业发展组织、联合国统计司、美国农业部、美国内政部、美国交通部、美国能源信息署、美国环保局、美国地质调查局、美国水质学会、维基百科和世界卫生组织。

术语		定义
丰度	Abundance	指个体数量，或者用来衡量人口、群落或空间单位的数量（如生物的数量）。
酸沉降	Acid deposition	指由于酸性污染物（如二氧化硫、硫酸盐、二氧化氮、硝酸盐、铵基化合物等）在水体、地面和其他表面上任何形式的沉降，增加了水体、地面和其他表面的酸性。这种沉降可以是干燥环境（如酸性污染物甚至颗粒的吸附），也可以是潮湿环境（如酸性降水）。
酸化	Acidification	指由于酸性物质浓度的增加导致环境自然化学平衡的变化。
酸度	Acidity	是衡量溶液酸性程度的标准。当 pH 小于 7.0 时，溶液就是酸性的。
适应	Adaptation	指面对新的或正在改变的环境，自然系统、人类系统所作出的调节，包括预期反馈适应、个人和群体适应以及自主和计划适应。
适应能力	Adaptive capacity	指一个系统、地区或群落适应一系列变化产生的影响或作用的潜力和能力。适应能力的加强意味着对付变化和不确定性、降低脆弱性和促进可持续发展能力的加强。
气溶胶	Aerosols	是空气中的固体或液态颗粒物质的集合体，一般在0.01～10 μm，能够在大气中滞留数小时以上。气溶胶产生的原因可以是自然因素也可以是人为因素。
造林	Afforestation	指在土地上种植人造林，但是它不属于森林范畴。
藻床	Algal beds	是珊瑚顶层的一种特征，藻类通常是褐藻（如马尾藻类海草、喇叭藻）覆盖在上面。
外来种（也叫非本地种）	Alien species (also nonnative, non-indigenous, foreign, exotic)	指被引入非该物种正常分布地区的物种。
水产业	Aquaculture	是以个人或集体的形式在内陆或海岸带养殖水生生物，并在养育过程中干预生物个体的繁殖。
水生生态系统	Aquatic ecosystem	是一个基本生态单位，其中的生物与非生物因素都在水环境之中。
蓄水层	Aquifer	指地下地质层组或一组地质组成，其中所含地下水能供给井和泉。
耕地	Arable land	指用于种植农作物（多次种植地区只能计入一次）、种植草场或放牧、为市场或自家提供蔬菜水果和花的农圃和菜园，以及休耕（少于5年）的土地。由于种植物的改变而被弃置的土地不能归于此类。
脆弱性原型模式	Archetype of vulnerability	指环境变化和人类福祉之间的一种特殊又具代表性的互动模式。

术语		定义
干旱指数	Aridity index	指在给定地区，年平均降水量与年平均潜在蒸发量的长期比例均值。
底栖生物	Benthic organism	指生活在海洋、河流或湖泊底部或靠近底部地区的生物。
生物体内积累	Bioaccumulation	指居住在污染环境中的生物体，体内化学物质浓度不断增加的现象。同时，也用来描述由于某种物质的吸收快于生物体的新陈代谢和排泄过程，而产生的体内化学物含量递增的现象。
生物承载力	Biocapacity	指当前管理条件和提取技术下，生态系统生产有用生物质和吸收人类产生的废物的能力。一个地区的生物承载力的计算是用实际面积乘以产出因子再乘以适当的等价因子得到的。通常，生物承载力以地球公顷数为单位。
生物需氧量	Biochemical oxygen demand (BOD)	指微生物（如细菌）降解有机物质所需要溶解氧的每升毫克数。BOD用来检验河流或湖泊的有机污染水平。BOD值越大，则水体污染越严重。
生物多样性	Biodiversity (a contraction of biological diversity)	指地球上生命的多样性，包括物种间、生态系统间和栖息地间的遗传水平的多样性。它包括个体数量、分布以及行为的多样性。生物多样性还包括了人类文化的多样性，文化多样性同样受生物多样性驱动力的影响，而生物多样性本身也会影响到基因、其他物种和生态系统的多样性。
生物燃料	Biofuel	指干燥有机质产生的燃料或植物的可燃油，如发酵的糖产生的酒精，造纸产生的黑色液体，柴油和豆油等。
沼气	Biogas	指动物的粪便、人类排泄物或农作物残余放在密封容器中发酵产生的富含甲烷的气体。
生物质	Biomass	指包括地面和地下、活的和死亡的有机质，如树木、庄稼、草、树枝和树根。
生物群落	Biome	指为了便于识别，仅次于全球水平的最大生态系统分类单位。陆地生态系统主要是以植被为主（如森林和草原）。尽管群落中的生态系统功能是非常相似的，但是在物种构成上非常不同。例如，所有森林都共享某些特征，如营养循环、分布和生物量特征，这就不同于草原的特征。
生物工程（现代）	Biotechnology (modern)	指为了克服自然生理、生殖或重组的障碍，不在传统饲养和个体选择中使用的试管核酸技术的应用，这些技术包括DNA重组、直接向细胞或器官细胞中注射核酸，以及不同类细胞间的融合。
（珊瑚礁）漂白现象	Bleaching (of coral reefs)	指珊瑚被迫驱逐共生的微藻虫黄藻而产生的一种现象。其结果导致了光合作用色素的严重减少甚至完全散失。大多数成礁的珊瑚都有白色碳酸钙构造，所以完全散失色素后可以从珊瑚的组织看出，从而呈现珊瑚礁漂白的现象。
深水	Blue water	指自然水流以及可用来灌溉、城市和工业使用的地表水和地下水。
高速公交运输系统	Bus rapid transit (BRT)	指乘客交通系统，该系统依靠铁路运输的质量和公交汽车的便利。高速公交运输系统由智能运输系统技术，运输优先权，更清洁、低噪声的汽车，快速而方便的收费系统构成，并与土地利用政策相结合。
盖度	Canopy cover (also called crown closure or crown cover)	指地面被植物自然伸展的树叶形成的垂直投影而遮盖的百分比。此数不可能超过100%。
限量管制与交易系统	Cap and trade (system)	指规定了污染排放量或自然资源使用量的管理规制系统，在配额分配完后，由许可证交易来决定配额的价格。
资本	Capital	指用来实现个体目标的资源。因而，我们有自然资本（自然资源如土地、水），实物资本（技术和工艺），社会资本（社会关系、网络和联系），经济资本（银行的存款、借款和信用）以及人力资本（教育和技能）。
碳交易市场	Carbon market	指在《京都议定书》之后产生的一套机构、规则、项目注册系统和交易实体的总和。议定书根据世界主要经济体设定了总排放量的上限，给定了一个排放单位的具体数额。议定书还允许拥有多余排放单位（没被使用的排放许可）的国家出售给超过排放限额的国家。这就形成了“碳交易市场”，这么叫是因为二氧化碳是产生范围最广的温室气体，且其他的温室气体可以用二氧化碳的等价物进行记录和计算。
碳截存	Carbon sequestration	指不在大气中而在碳库中增加碳含量的过程。
流域	Catchment (area)	指由分水岭所包围的集水地区，水流入河、盆地或水库之中。参见流域盆地。
清洁技术（也叫环境友好技术）	Clean technology (also environmentally sound technology)	指与被替代的技术比较，能减少污染或废物产生、能源或材料消耗的生产过程或产品技术。清洁是相对于“末端技术”而言的，是将环境设备结合到生产过程之中。
气候变化	Climate change	指不论是由于自然变异还是人类活动所造成的气候随时间推移而发生的任何变化。（《联合国气候变化框架公约》中“气候变化”指除在类似时期内观测的气候的自然变异之外，由于直接或间接的人类活动改变了地球大气的组成所造成的气候变化。）

术语		定义
气候变异性	Climate variability	指在各种时空尺度上，忽略个别天气事件，气候变异的平均状态和其他统计（如标准差和极端值的出现）情况。变异性可能产生于气候系统的自然内部过程（内部变异性），或者产生于自然或人类外部施压（外部变异性）。
洗煤	Coal washing	指用浮法/汇分离法的传统煤预分离步骤，移除硫铁矿中硫的工艺。同时，在洗煤时，会加入一些助燃剂和减少可能的污染物。
保护性耕作	Conservation tillage	指不必翻动土壤而破土耕作。
传统环境问题	Conventional environmental problems	指因果关系已明晰，可识别出其通常来源，且受体与污染源密切联系，地方或国家范围的环境问题。解决传统环境问题已有成功的例子，如微生物污染，地区性有害藻花，二氧化硫和二氧化氮的排放，石油泄漏，地区性土地退化，地区性栖息地毁坏，土地破裂，淡水资源的过度开发。参见持久性环境问题和环境问题。
应对能力	Coping capacity	指在实践、方法和结构上为了缓解或抵消潜在损害而进行调节或利用机遇的本领。
成本效益分析	Cost-benefit analysis	指通过量化成本和效益来决定项目或计划可行性的一项技术。
交叉领域问题	Cross-cutting issue	指一些必须考虑多方面影响才能完全理解或解释的问题，而这些方面的影响往往出于政策的目的不加考虑。例如，在一些环境问题中，经济、社会、文化和政治方面相互影响，从而可以用来阐释社会与自然之间的相互影响的方式，以及两者交互作用的后果。
文化服务	Cultural services	指人类从生态系统中获取的非物质收益，包括精神财富、认识的拓展、娱乐以及审美。
死亡带	Dead zone	指部分水体由于缺氧而导致常规生物无法在此中生存。水体缺氧的原因往往是土壤流失的化肥造成水体富营养化，进而造成水体缺氧。
森林采伐	Deforestation	将森林用地转换为非林用地。
荒漠化	Desertification	指因气候变化、人类活动等多种因素导致的干旱、半干旱和半干旱半湿润地区土地退化现象。它越过了基础生态系统无法自行恢复的瓶颈，要想恢复需要更多的外部资源。
伤残调整生命年	Disability Adjusted Life Years (DALYs)	指一种健康差距的测量方法，此方法将因过早死亡而造成的潜在寿命损失年的概念扩展到非完全健康（也广义地称为伤残）状态下同等健康生命损失年。一个DALY代表等同完全健康一年的损失。
灾害风险管理	Disaster risk management	指为了减轻自然灾害以及与环境和技术有关的灾害造成的影响，使用管理决策，组织技能，业务技能和执行政策、策略的能力以及社会和团体应对能力的系统过程。
灾害风险消减	Disaster risk reduction	指在可持续发展的广阔背景下，利用社会来最小化脆弱性和灾害风险，以避免（防止）或限制（缓解和防备）灾害的不利影响因素的概念框架。
流域盆地（也叫流域、分水岭）	Drainage basin (also called watershed, river basin or catchment)	指降水流入的溪流、河流、湖泊和水库所在地区。它是一种陆地特征，识别方法是在地图上两地区海拔最高点，通常是山脊间连线处。
旱地	Drylands	指因缺水而限制了两项相互联系的基本生态系统服务（基本繁殖和物质循环）为特征的地区。四种次级旱地为：半干旱半湿润地区、半干旱地区、干旱地区和极度干旱地区，干旱程度依次递增、潮湿度依次递减。定义应包括所有干旱指数小于0.65的土地。
早期预警	Early warning	指由认证的机构提供及时有效的信息，给与受到危险的个体采取行动以防止或降低他们的危险和进行有效反应的准备。
电子商务	E-business (electronic business)	指最优化利用数字化技术进行的电子贸易（网上买卖）以及重建的商务程序。
生态标签	Eco-labelling	指一种（产品）环境质量认证，以及用针对生命周期和协议的标准、规格为基础的程序进行环境绩效认证的自愿方法。
生态足迹	Ecological footprint	指用来生产资源和吸纳废物的生产性土地和水生生态系统的面积指数，资源和废物是指不论土地所在位置、特定人口规模和生活物质水平下使用的资源和产生的废物。
生态安全	Ecological security	是为了确保可持续的供应流、调节流和文化服务流能够满足当地居民的基本需求。
生态系统	Ecosystem	指植物、动物和微生物群体，以及它们所生活的非生物环境组成的交互作用的动态复合功能单位。
生态系统途径	Ecosystem approach	指以保护和可持续公平利用为目的的土地、水和生物资源的综合管理策略。生态系统途径是以恰当的科学方法应用为基础，集中在生物组织水平上的管理方法。生物组织水平是指围绕生物体的核心构造、生命过程、功能和交互作用以及它们所处的环境为研究内容。生态系统途径认为人类的文化多样性是多种生态系统的重要组成部分。
生态系统评估	Ecosystem assessment	指一种社会方法，使生态系统变化的原因、对人类福利的影响，以及相应的管理和政策选择的科学成果运用到决策之中。也可参见环境评价和战略环境评价。

术语		定义
生态系统功能	Ecosystem function	指生态系统维持自身完整性（如基本的繁殖、食物链和生物化学循环）的条件和作用过程，是生态系统的内生特征。生态系统功能包括分解、生产、营养物质循环、营养和能量的流动等过程。
生态系统健康度	Ecosystem health	指生态因子及其交互作用完整程度，生态系统持续复原能力水平、繁殖和恢复能力水平。
生态系统管理	Ecosystem management	指为了自然和改进的生态系统的持续性，维持和恢复其组成、结构、功能和提供服务的途径。它着眼于适应未来期望状况和综合了生态、社会经济和制度角度的发展远景的需求，被应用到地理学框架之中，基本界定在自然生态边界内。
生态系统复原能力	Ecosystem resilience	指生态系统在不改变自身结构或改变产出的情况下能承受的干扰水平。复原能力靠生态动态机制，以及人类对机制理解、管理和反馈的组织和制度能力。
生态系统服务	Ecosystem services	指人类从生态系统获取的收益，包括供应服务如食物、水，调节服务如控制洪水和疾病，文化服务如精神、娱乐和文化收益，以及支持服务如维持地球生命的物质循环。有时也被称为生态系统产品和服务。
污水	Effluent	涉及水质量问题，指来自工业生产过程和污水处理厂的（处理或没处理的）排放到环境之中的废液。
厄尔尼诺（也叫厄尔尼诺—南方涛动）	Niño (also El Niño-Southern Oscillation (ENSO))	从起源来说，它是一股暖流，周期性流动在厄瓜多尔和秘鲁海岸，影响当地渔业的现象。该海洋性事件与印度洋和太平洋热带气压振动和循环有关，也叫南方涛动事件。与大气海洋现象相伴而行的是厄尔尼诺—南方涛动现象。在一次厄尔尼诺中，盛行的信风减弱而赤道逆向风增强，引起印度尼西亚地区的海面暖流向东流动到南美洲海岸的秘鲁寒流上层。事件对热带太平洋地区的风、海洋表面温度和降水产生了巨大影响，对整个太平洋地区和世界的许多地区的气候也造成了影响。与厄尔尼诺相反的过程叫做拉尼娜。
排放名录	Emission inventory	指排放到环境中的污染物数量和种类的详细资料。
濒临灭绝物种	Endangered species	指用可获得的证据，能表明其符合 IUCN 红色名录所列濒危种类的 A 到 E 标准之一的物种，也就是被认为在野生环境中具有高度灭绝风险的物种。
特有物种	Endemic species	指小部分在某特定地理区域内或仅在此区域内的物种。
特有分布	Endemism	指相对于特定区域的物种总量而言，特有物种的分布情况。
末端技术	End-of-pipe technology	指在不改变生产工艺的情况下，收集和转化成形排放物的技术。它包括烟囱清洗、汽车排气管安装的催化式排气净化器和废水处理。
能源强度	Energy intensity	指能源消耗与经济或物量产出的比值。国家层次的能源强度是指国内主要能源消费总量或者最终能源消耗量比国内生产总值或物量产出的比值。能源强度越低表明能源的利用效率越高。
能源效率	Energy efficiency	指同等产出或目标下使用尽可能少的能源。
环境评价	Environmental assessment (EA)	指对支持决策的信息实施必要、客观的评估和分析的全过程。它将现有专家判断应用到现有知识之中，为政策相关问题提供科学可信的答案和量化的可信度水平。它降低了复杂性却增加了用概述、综合和情景构建得来的结果，鉴别出哪些是已知的和广泛认可的，哪些是未知的和无法通过的内容。它使科学界参与到政策需求中，也使政策界参与到科学行动之中。
环境健康	Environmental health	指人类健康和疾病中受环境因子影响的方面。它也可以指评估和控制可能影响健康的因子的实践和理论。环境健康包括化学品、辐射和生物药剂的直接病理学影响，以及广义的物理、心理、社会和美学环境对健康和福利产生的影响（通常是间接的），还包括住房、城市发展、土地使用和交通。
环境影响评价	Environmental impact assessment (EIA)	指系统检查给定活动（项目）的执行所产生的可能环境影响的分析过程或程序。目的是确保活动执行的决策前考虑决策可能的环境影响。
环境政策	Environmental policy	指主动解决环境问题和迎接环境挑战为目的的政策。
环境问题	Environmental problems	指人类和/或自然对生态系统的影响使生态系统功能被制约、削减甚至停止。环境问题可以广义地分类为已解决的环境问题和即将解决的环境问题。参见传统环境问题和持久性环境问题。
公平	Equity	指权利、分配和使用的平等。不同情景下，公平可指资源、服务或权力的公平。
河口	Estuary	指河的入口地区，河流在此处入海，淡水和海水在此处混合成盐水。河口环境野生生物特别是水生物非常丰富，但是由于人类活动也非常容易受到破坏。
富营养化	Eutrophication	指由于营养物质（主要是氮化物和磷）富集导致植物（主要是藻类）过度生长和腐烂而产生的水质退化的现象。湖泊的富营养化通常导致了湖泊演化过程，变成沼泽或湿地，最后变成旱地。人类的活动会加速富营养化和湖泊的衰退过程。
蒸腾作用	Evapotranspiration	指土壤或地面水体蒸发和动植物水分运输中的水量损失。
E 废物（电子废物）	E-waste (electronic waste)	指没有使用价值和被弃置的各种电子设备。实际中电子废物的定义是指所有无法满足现有所有者的使用要求的电动设备。

术语		定义
外部成本	External cost	指产品和服务没有计人市场价格之中的生产成本。换言之，外部成本是指没有被产生成本的对象所承担的成本，如污染物排放到环境中所产生的污染的清理成本。
微粒	Fine particle	指悬浮在大气中直径小于 2.5 μm（$PM_{2.5}$）的特殊物质。
废气脱硫	Flue gas desulphurization	指一种使用吸附剂，常用石灰或石灰石，去除石油燃料燃烧产生的二氧化硫气体。废气脱硫是针对大型二氧化硫排放者（如电厂）的尖端科技。
森林	Forest	指树高 5 m 以上，盖度高于 10%（或树能达到生长临界值），面积大于 0.5 hm^2 的土地。它不包括农业为主的农业用地和城市用地。
森林退化	Forest degradation	指对树木和森林结构和功能产生不利影响，从而降低了供给产品和 / 服务的能力的森林内变化。
森林管理	Forest management	指为了实现特定环境、经济、社会和/或文化目标，管理和使用森林和其他林地的规划和实施过程。
种植森林	Forest plantation	指造林和重造林工程中种植的林木和树苗。它们通常采用引人树种（全部是树苗），或是集中管理的本地树种，以符合以下标准：种植 1～2 种树种，恰当的树龄差别和树间距。“人工林”是种植的另一术语。
自由	Freedom	指个人有各种选择决定生活的类型。
燃料电池	Fuel cell	指一种可以将化学能直接转化为电能的装置。它可以由外部供给的燃料（如正极的氢）和氧化剂（如阴极的氧）来产生电能。电解液就是靠这个反应。只要能维持所需，燃料电池实际上可以持续工作。燃料电池与电池不同，需要消耗反应物，所以必须补充反应物，而电池则将电能以化学能方式储存在闭合系统中。燃料电池最大的优点是产生的污染物非常少——用于产生电能的氧和氢最后合成了水。燃料电池现被开发为机动车的固定电源。
燃料转换	Fuel switching	指控制酸性气体排放的最简单方法，就是用低硫燃料替换高硫燃料。最普遍的燃料转换是高硫煤和低硫煤的替换。煤也可以完全被替换为石油或天然气。
遗传多样性	Genetic diversity	指特定物种、种或属的基因多样性。
地理信息系统	Geographic information system	指用地理索引将所有数据以及数据组组织起来的计算机化系统。
全球（国际）环境管理	Global (international) environmental governance	指调整社会—自然交互作用和制作环境成果的法律和机构的集合。
全球变暖	Global warming	指空气温度也就是全球温度的变化，是由排人大气中的温室气体引发严重的温室效应引起的。
全球化	Globalization	指全球经济和社会，特别是在贸易和资金流、文化和技术的转让渠道递增的一体化趋势。
治理	Governance	指社会控制资源的方式。它表示一种机制，这种机制界定了控制资源的方式并管制了资源的获取。例如，有州治理、市场治理，或文明社会团体和地方组织的治理。治理依靠制度（法律）、产权制度和社会组织的形式。
绿色采购	Green procurement	指考虑环境因素的公共部门采购和机构采购。
绿色税收	Green tax	指对环境影响有潜在积极作用的税收。它包括能源税、交通税、污染税和资源税，它们也被称为环境税。绿色税收是通过提高价格，将税基从人力和资本转移到能源和自然资源的方式来减轻环境的压力。
绿色水	Green water	指可被植物生长利用的，贮存在土壤中的小部分降水。
温室效应	Greenhouse effect	温室气体对特定波长红外线具有高反射率。大气红外辐射靠温室气体散射，也射到了地面。于是，温室气体在表层对流层系统内增温，导致气温上升。 大气辐射与温度水平紧密联系。在对流层，温度一般随高度增加而降低。事实上，反射到太空的红外辐射来自平均温度为 -19℃的高海拔地方，以保持净太阳辐射的均衡，然而，地球表面需要的平均温度为 +14℃。 温室气体浓度的增加导致了红外线逐渐无法透过大气，因而需要有更多高海拔低温度地面的有效辐射射向太空。这就引起了辐射抢夺，只能靠表层对流层系统温度的增加来恢复平衡。这就是加强的温室效应。
温室气体	Greenhouse gases (GHGs)	指自然和人类产生的，能够吸收和反射地表、大气和云反射的红外线频谱的特定波长辐射的大气气态组分。这种特性产生了温室效应。水蒸气（H_2O）、二氧化碳（CO_2）、一氧化二氮（N_2O）、甲烷（CH_4）和臭氧（O_3）是地球大气中主要的温室气体。大气中还有人造温室气体，如卤烃和其他含氯或溴物质。除了 CO_2、N_2O、CH_4，《京都议定书》还指出了硫氟化物（SF_6）、氢碳氟化合物（HFCs）和磷碳氟化合物（PFCs）。
灰水	Grey water	指不是污水的废水，如水池或洗衣机排水。
地下水	Groundwater	指向下流动或渗漏和浸透土壤或岩石、可供给泉和井的水。浸透区的上层表面就是地下水位。

术语		定义
栖息地	Habitat	（1）指生物体或种群自然存在的地方或某类地点。 （2）指区别于地理的、非生命和生命特征的陆地或水生地区，不论是完全天然的还是半天然的。
灾害	Hazard	指一种潜在有破坏性的自然事件、现象或人类活动，会引起死亡或受伤、财产损失、社会经济混乱或环境退化。
有害废物	Hazardous waste	指没有恰当管理时，会对人类健康或环境产生实质或潜在危害的社会副产物。被划定为有害废物的物质至少含有以下四种特征之一：可燃性，腐蚀性，可反应或有毒性，或者在特定名录中。
重金属	Heavy metals	是金属和半金属（非金属）的统称，如砷、镉、铬、铜、铅、汞、镍和锌，它们都存在污染性和潜在毒性。
远海	High seas	指国家权限之外的海区，在国家专属经济区或其他陆地水域之外。
人类健康	Human health	指完整的身体、精神和社会福利的状态，而不仅是没有疾病。
人类福祉	Human well-being	指个人能以自己期望的方式生活，实现抱负的机遇的水平。人类福祉的基本组成包括：安全、物质需求、健康和社会关系（见第 1 章表 1.2）。
水文循环	Hydrological cycle	指水从大气到地面再回到大气中的连续过程。这些过程包括地面、海洋或内陆水体的蒸发，浓缩形成云、降雨，积聚到土壤或水体中以及再度蒸发。
收入贫穷	Income poverty	指一种仅集中于个人收入或家庭收入情况的福利丧失的测量方法。
无机污染物	Inorganic contaminants	指矿质化合物，如金属、硝酸盐和石棉，它们可以自然地产生于环境中，但是也可能由于人类活动而进入环境。
海岸带综合管理	Integrated coastal zone management (ICZM)	指综合考虑经济、社会和生态方面的管理海岸资源和地区的方法。
制度	Institutions	指社会组织规范化模式：人类之间的相互作用的准则、实践和协定。该术语涉及广泛，可以包括法律、社会关系、产权和使用权体制、规范、信念、习俗和行为准则，如多边环境协定、国际协定和资金机制。制度可以是正式的（具体的、成文的、通常有国家的批准），也可以是非正式的（非成文的、默示的、默许的、互相认可和接受的）。正式制度包括法律、国际环境协定、规章制度、谅解备忘录。非正式制度包括非成文准则、行为规范和价值体系。制度应区别于组织机构。
生态系统综合监测	Integrated ecosystem monitoring	指间断性（常规或非常规）监测，以确定符合或偏离预设标准的程度。
水资源综合管理	Integrated water resources management (IWRM)	指不牺牲重要生态系统的可持续性条件下，促进水资源、土地和其他相关资源的协调开发和管理，以公平的方式达到经济产出和社会福利的最大化过程。
联系	Interlinkages	指超越现有环境挑战与环境开发挑战之间界限的因果链。
内在价值	Intrinsic value	指不考虑自身对人类的效用，仅指某人或某物的本身价值。
入侵性外来种	Invasive alien species	外来种的生长和蔓延改变了生态系统、栖息地或种群，这些物种就被称为入侵性外来种。
《京都议定书》	Kyoto Protocol	指在 1997 年，在日本东京召开的 1992 年《联合国气候变化框架公约》第三次缔约方大会上通过的议定书。它从法律上规定了需遵守的义务，包含了《联合国气候变化框架公约》条款。议定书附件 B 中所有国家（多数 OECD 国家和经济转型国家）都一致同意控制本国的温室气体（CO_2、CH_4、N_2O、HFCs、PFCs 和 SF_6）排放，这些国家协定期间（2008—2012 年）排放总量要在 1990 年水平上下降 5% 以上。该协议将于 2012 年失效。
（环境）库兹涅茨曲线	Kuznets curve (environmental)	指人均收入和环境污染指标之间的倒 U 型曲线关系。该关系表明，在经济增长的早期，环境污染水平递增，社会经济需求得到不断满足，但是，随着收入增加到一定水平和资金用于削减和预防污染后，最后污染水平会下降。事实上，这种关系对地区大气和水体污染物成立，但是没有证据表明对环境退化的其他指标也成立，如人为排放的温室气体。
拉尼娜	La Niña	指南美洲西海岸的洋流表层的冷却效应，每 4～12 年周期性发生，影响了太平洋和其他天气类型。
土地覆盖	Land cover	指土地的自然覆盖，通常是指植被覆盖或植被覆盖的缺失，受土地利用的影响但不同于土地利用。
土地退化	Land degradation	指农田、牧场和林地中生物或经济生产力和复杂性的丧失。引起土地退化的原因主要是气候变化和不考虑可持续性的人类活动。
土地利用	Land use	指人类出于某种目的的土地使用。受土地覆盖的影响，但是不同于土地覆盖。
渗滤液	Leachate drainage	指含有土壤滤出污染物的溶液。
环境创新主导市场	Lead markets for environmental innovations	较早引入环境创新并广泛扩散创新成果的国家，如果他们可以为其他国家树立榜样，且创新能得到扩散，那么这些国家就是主导市场。
合法性	Legitimacy	指用来测量政治的可接受度或公平。国家法律在本国有合法性；地方法律及实施在社会认可的体系中有效。在此体系中，社会机构和社会关系系统赋予了它们的合法性。

术语		定义
存在期（大气中）	Lifetime (in the atmosphere)	指用将大气污染物转变为其他化学合成物或用接收器吸收大气污染物的方式，使由人为增加的大气污染物浓度回到自然水平（假设排放停止情况下）所需的大致时间。一般，存在期可以从一周（硫酸盐气溶胶）到超过 100 年（CFCs、二氧化碳）。我们无法给定二氧化碳固定存在期，因为它在大气、海洋和地面生物圈中不断循环，完全从大气移除需要不同时间表和一系列程序。
莱姆关节炎	Lyme disease	指莱姆螺旋体菌引起的多系统细菌感染。这些细菌来自自然中野生动物的身体，靠被感染的虱子在动物之间传播。人类和宠物都是虱子的宿主。
主流化	Mainstreaming	让环境问题融人发展政策决策主流，是指让发展的政策设计考虑环境问题。
海洋保护区	Marine protected area (MPA)	指为了特别的保护目的，被指定、控制和管理的地理意义上的海洋区域。
大型城市	Mega-cities	指居民数超过 100 万的城市。
缓解作用	Mitigation	指用来降低自然灾害、环境退化和技术灾难的不利影响的建筑和非建筑方法。
监测（环境）	Monitoring (environmental)	指对环境（空气、水、土壤、土地利用和生物区）进行的持续或常规标准化测量方法和观察。
多边环境协议	Multilateral environmental agreements (MEAs)	指多个国家同意参与到针对具体环境问题行动的条约、协定、议定书和契约。
自然资本	Natural capital	自然资本的角色是为经济生产提供自然资源和环境服务。自然资本包括土地、矿产、石油、太阳能、水、生物体和其他生态系统中所有组分间相互作用所提供的服务。
固氮	Nitrogen deposition	指主要来自二氧化氮和氨中的活性氮从大气进人生物圈的过程。
非点源污染	Non-point source of pollution	指会扩散的污染源（非单点源或不是由固定出口流人受体）。常见的非点源是农业、森林地、城市道路、矿业、建筑物、大坝、渠、废置土地、土地填埋场和海水人侵地带。
非林森林产品	Non-wood forest product (NWFP)	指在森林内和森林外树木和其他林地得到的生物产品，如食物、草料、药材、橡胶和其手工艺品。
标准化植被指数	Normalized difference vegetation index (NDVI)	也指绿色指数。它是由地球探测卫星测度的反射光，其红色和近红外波段的非线性转换，由总量除以红色和近红外通道的差距得到的。由于近红外波段能有效地被叶绿素吸收，NDVI与植被覆盖率和单位面积生物量相关。
营养负荷	Nutrient loading	指在给定期间内进人生态系统的营养物数量。
营养盐污染	Nutrient pollution	指过度营养盐进人水资源所引起的污染。
营养物	Nutrients	大约 20 种化学成分是生命体生长的必需品，包括氮、硫、磷和碳。
油沙	Oil sands	指沙、水和重油黏土的复杂混合物，也叫沥青。
机构	Organizations	指以特定目的的个人和团体。机构可以是政治组织（政党、政府和部门）、经济组织（工业联盟）、社会组织（NGOs 和自助组织），也可以是宗教组织（教堂及其信徒）。机构区别于制度。
过度开采	Overexploitation	指不顾长期生态影响而过度使用原材料。
臭氧层空洞	Ozone hole	指在南极洲上空产生的恒温层臭氧浓度急剧季节性下降现象，一般发生在8～11月。首次是在20世纪 70 年代发现，之后臭氧层空洞每年都发生。
臭氧层	Ozone layer	指离地面 10～50 km 高度的非常稀薄、臭氧集中的大气层。
消耗臭氧潜能	Ozone-depletion potential	指表示化学物引起臭氧消耗程度的相对指数。参考水平 1 是 CFC-11 和 CFC-12 的消耗臭氧潜能。
消耗臭氧层物质	Ozone-depleting substance (ODS)	指所有消耗臭氧潜能大于 0，也就是可以消耗恒温层的臭氧层的物质。
草木区	Parklands	指西非萨赫勒地区常见的树木一农作物一牲口系统。
参与办法	Participatory approach	指对于所有成员在决策过程中，为保证人们有足够而平等的机会，针对议程提出问题，表达最后结果偏好的办法。参与可直接发生，或通过法人代表发生。参与方式可以是达到一致的协商和职责的形式。
畜牧，畜牧系统	Pastoralism, pastoral system	指家畜利用，是主要的获取畜产品的途径。
病菌疾病	Pathogen	指由微生物、细菌或病毒引起的疾病。
环境服务支付	Payment for environmental services	指使环境服务需求与土地使用者动机相结合的机制，土地使用者的行为改变了环境服务的供给。
泥炭地	Peatlands	指具有高有机质土壤的湿地，它的有机质高的原因在于它是由未完全分解的植物构成。
浮游生态系统	Pelagic ecosystem	指涉及开放海域，或者生活或产生于其中的浮游生物系统。
过滤	Percolation	指让液体流过不饱和多孔介质。

术语		定义
常流河	Perennial stream	指从源头到入口常年流动的河流。
永久冻结带	Permafrost	指终年寒冷且冻结地带的土壤、泥沙和岩石所在地。
持久性环境问题	Persistent environmental problems	指环境问题的基本因果科学关系已被知晓，但是还不足以预测什么时候可以解决或者不可解决，或还未知人类福祉受影响的准确方式。这样的环境问题的来源非常广泛，往往是跨部门的，潜在受害者又常是远离问题源头，可能涉及极度复杂的跨等级生态过程，起因与影响之间可能隔了很长时间，而且需要在很大范围内（通常是全球或地区）采取措施。例子有全球气候变暖、臭氧层消耗、持久性有机污染物、重金属、物种的灭绝、海洋酸化以及外来物种入侵。参见传统环境问题和环境问题。
持久性有机污染物	Persistent organic pollutants (POPs)	指能长时间在环境中保持完整性，且地理上广泛分布，能在生命体脂肪组织上富集而对人体和野生生物有毒害性的化学物质。POPs 能全球循环，所及之处都受其破坏。
光化反应	Photochemical reaction	指由太阳的光能引起的化学反应。二氧化氮与烃在太阳光下反应生成臭氧就是光化反应的例子。
浮游植物	Phytoplankton	指在淡水或盐水中缓慢浮游的微小植物。
（法律或制度的）多元性	Pluralism (legal or institutional)	指对于相同的行动，多个法律或制度体系的共存。例如，国家法律与惯例法和惯例共存，社会关系和地方系统的产权与使用权制度共存。
点源污染	Point source of pollution	该术语涵盖了静态源，如污水处理厂、电厂和其他工业建筑物，还有其他单列可识别的污染源，如管道、沟渠、船、矿井和烟囱。
政策	Policy	指干预行为或社会反馈的所有形式。它不仅包括目的性声明，如水资源政策或林地政策，还包括其他形式的干预，如经济手段的使用、市场创建、补贴和体制改革、法制改革、分权和体制改良。政策可以看作治理的实践工具。当这样的一种干预行为被国家强制执行时，它就称为公共政策。
政策空间	Policy space	指政策形成和／或执行的地区。例如，健康、教育、环境和交通都可视为政策空间。
污染物	Pollutant	指当混入土壤、水体或空气时，会引起环境损害的所有物质。
污染	Pollution	指特定污染物作用使矿物质的存在、化学或物理属性变化不符合“好或可接受”的质量水平，而符合“坏或不可接受”的质量水平时，就是污染。
贫困	Poverty	指显著的福利（福祉）丧失。
预防方法	Precautionary approach	指一种管理观念，该观念认为，当受到严重的或不可逆的损害威胁时，缺乏完全的科学确定性不将作为推延执行防止环境退化的成本—效益分析方法的理由。
精准农业	Precision agriculture	指考虑了土壤和地形的变化，适合于当地每个管理单元不同土壤和地形的农业实践。该术语也用于描述农业实践中使用的自动化技术。
预报	Prediction	指尝试对即将的情况作描述的行为，或者描述本身，如“明天气温 30℃，我们可以去海滩”。
初级能源	Primary energy	指存在于自然资源（如煤、原油、日照、铀）之中，未经人类转化或转变的能源。
初级污染物	Primary pollutant	指直接来自污染源的污染物。
规划	Projection	指尝试根据预先的假设前提对未来作描述的行为，或描述本身，如“明天气温30℃，我们可以去海滩”。
供应品	Provisioning services	指生态系统中获得的产品，如基因资源、食物、纤维和淡水。
购买力平价	Purchasing power parity (PPP)	指购买单位基础流通货币（如美元）的数量所能购买的商品和服务，所需要的本地流通货币量。
牧场	Rangeland	指主要土地用来放牧哺乳动物如牛、绵羊、山羊、骆驼和羚羊的地区。
重造林	Reforestation	指在原先是林地、后被转作其他用途的地面上造林。
调节服务	Regulating services	指从调节生态系统功能（如气候、水和人类疾病的调节）中获取的收益。
可更新能源	Renewable energy source	指不靠燃料的有效贮存的能源。最广为人知的可更新能源是水力电能；其他可更新能源包括生物质能、太阳能、潮汐能、波浪能和风能。
恢复力	Resilience	指可能暴露有害环境中的系统、群落或社会，通过抵抗或改变以达到和维持可承受水平的功能和结构的适应能力。
抵抗力	Resistance	指系统在不改变现有状态情况下承受驱动力影响的能力。
河边的	Riparian	指与自然水道岸边有关，或者居住或位于自然水道的岸边。通常指河流，但有时也指湖泊、潮水或封闭海域。
保护海洋环境区域组织的海域	ROPME Sea Area	指围绕保护海洋环境区域组织（ROPME）八个成员国的海域。成员国包括：巴林、伊朗伊斯兰共和国、伊拉克、科威特、阿曼、卡塔尔、沙特阿拉伯和阿拉伯联合酋长国。
准则和规范	Rules and norms	指伞形制度的一部分内容。二者区别其实很小。准则能用于指导行为，可以是明确规定的也可以是约定俗成的。规范是可接受的标准，或者被多数人认可的行为范式。

术语		定义
径流	Run-off	指流经地表、最后流入溪流的降雨、融雪或灌溉水的一部分。径流可从空气和土壤中吸收污染物，并携带汇入接收水体。
荒漠草原（西非）	Sahel	不严格地说，它是指分割撒哈拉沙漠和南部热带大草原的过渡狭长植被带。该地区被用作农业生产和放牧。由于处于沙漠边缘地带，环境条件恶劣，荒漠草原对人类引起的土地覆盖变化非常敏感。荒漠草原包括塞内加尔、冈比亚、毛里塔尼亚、马里、尼日尔、尼日利亚、布基纳法索、喀麦隆和乍得的部分地区。
盐化作用	Salinization	指土壤中盐类的累积。
大草原	Savannah	指长有草地和其他抗旱（喜干燥）植物的热带或亚热带地区。该类型的形成发生在旱季（通常冬季干燥）长的地区，但是有丰富的降雨季节，且持续的高温。
范围	Scale	指用于衡量和研究现象的空间、时间（定量的或分析性）尺度。于是，具体问题的范围可以是考虑不同水平（如当地的、地区的、国家的和全球的）。
情景	Scenario	指以假设条件为前提的对未来展现过程的描述，特别地，其组成之中设定了初始状态，描述了导致未来特定状态的关键驱动力和变化。例如，假设我们在海边度假，“如果明天气温30℃，我们就去海滩”。
海草床	Seagrass bed	是底栖生物群落，通常生活在主要是草型海洋植物的较浅、多沙或多泥的海底。
二次能源	Secondary energy	指由初级能源转化而来的能源形式，如由天然气、核能、煤或油、原油产生的电能，由矿物油提炼出的汽油，由煤转化来的焦炭和焦炉气。
次生林	Secondary forest	指原始森林植被受人类或自然严重的干扰之后，主要通过自然过程而重新长成的森林。
二次污染物	Secondary pollutant	指不直接排放的，而是其他污染物（初级污染物）在大气中发生反应形成的污染物。
安全	Security	指个人和环境的安全。包括获取自然和其他资源，免受暴力、非法活动和战争侵扰以及自然和人类引发的灾难。
沉积物	Sediment	指靠水体运输，或能在水中悬浮，或在水中沉积的，主要来自破裂岩石的固体物质。
沉积负荷	Sediment load	指单位时间，能通过设定的河流横截面的不溶解物质的数量。
沉降	Sedimentation	狭义上是指悬浮于水中的沉积物沉积的活动或过程。广义上是指岩石材料颗粒累积形成沉积物的所有过程。通常所说的沉降，不仅指在水介质中，还指冰川中、风中和有机体中的。
共有水域	Shared waters	指多于两个政府所享有的水资源。
淤积	Siltation	指在河流、河床及水库底部，被完好分开的土壤和岩石颗粒的沉积。
烟雾	Smog	是烟和雾的结合，在烟雾中，如烃、颗粒物质、硫氧化物、氮氧化物等的燃烧产物浓度累积，以致对人类和其他生物体产生危害。更常见的情况是产生光化学烟雾，它在日光下氮氧化物和烃发生反应产生臭氧的过程中产生。
软法	Soft law	指非法律要求的指令，如执行国家或国际法律而建立的导则、标准、准则、行为规范、决定、原则或声明。
土壤酸化	Soil acidification	指湿润气候下发生的自然过程。长时间以来土壤酸化一直是研究对象，研究发现酸雨影响陆地植物的生产力。具体过程概括如下：随着土壤变酸，土壤中基本阳离子（如 Ca^{2+}、Mg^{2+}）会与氢离子交换或者析出金属。之后溶液中基本阳离子会通过土壤过滤。随着时间推移，土壤变得贫瘠而酸化。结果土壤 pH 下降，引起土壤微生物群体的减少和活力的下降，反过来，又减缓了植物残体的降解和必需植物营养的循环。
物种	Species	指生物体的混种组，它们可以通过繁殖离开所有其他生物体。在特定分类中该规则有许多的特例。事实上，物种通常是在形态或遗传相似性基础上的基本分类学单位。形态和遗传相似性曾经被界定和认可，并赋予特定科学名称。
物种多样性	Species diversity	指物种层次的生物多样性，一般是在物种丰富、相对数量和相异性方面。
物种丰富/数量多	Species richness/abundance	指在给定样本、群落或地区中物种数。
战略环境评价	Strategic environmental assessment (SEA)	战略环境评价是针对规划、计划和政策的。它帮助决策者更好地理解环境、社会和经济如何更好地组合在一起。SEA 被描述为综合环境因素到政策、规划和计划之中并评估经济和社会联系的一系列分析和参与过程。
辅助性原则	Subsidiarity, principle of	指把决策权下放到最低合适的位阶上的观点。
亚种	Subspecies	指生殖上不完全相同于其他物种，但是，还没有完全脱离可以完成混种的种群。
支持服务	Supporting services	指其他所有生态系统服务的生产所必需的生态系统服务。例如生物质的生产、大气氧的产生、土壤的形成和保持、营养循环、水循环和栖息地。
地表水	Surface water	指自然对大气开放的所有水体，包括河流、湖泊、水库、溪流、坝水、海域和河口。还包括泉、井及直接受地表水影响的水收集器。

术语		定义
敏感旱地	Susceptible drylands	指干旱、半干旱、半干旱半湿润地区。极度干旱地区（干旱指数小于0.05的沙漠）被视为容易荒漠化地区，因为它们的生物活动极少，人类活动的机会也受限。参见旱地和干旱指数。
可持续性	Sustainability	指一种状态特征，在后代人和其他地区人口的需求能满足的情况下，当前和当地人口的需求得到满足的状态。
可持续发展	Sustainable development	指既满足当代人的需求又不危害后代人满足其需求的发展。
残渣	Tailings	指原材料残余和在加工农作物、矿石或油沙过程中分离出的废物。
分类单元	Taxon (pl. taxa)	指个体和物种所指定的分类单位，更高的分类单元是在物种水平之上的。例如，常见的老鼠——家鼠，属于鼠种，鼠科，哺乳类。
分类学	Taxonomy	能反映进化关系或形态相似性的嵌套类别系统。
技术	Technology	指物质形态或知识的载体。例子有抽水构造（如管井）、可更新能源技术和传统知识。技术与制度是有关的。任何的技术都有一套有关使用、获取、扩散和管理的实施方法、规则和规定。
技术障碍	Technology barrier	指现有技术中可识别的差距。为了目的产品、加工或服务开发，现有技术空白需要加以填补（填补技术的能力必须得到建立）。
技术转让	Technology transfer	指不同利益相关者之间专门知识、经验和设备的流动过程。
温盐环流	Thermohaline circulation (THC)	指海洋中大范围的受浓度驱动的循环，它是由温度和盐度的不同引起的。在北大西洋，THC由向北流的表层暖流和向南流的深层寒流组成，结果导致热量的传输流向极点。表层水在很有限的高纬度地区沉没。THC也指全国海洋输送带或经向翻转环流（MOC）。
临界点	Threshold	指在何处或在何种水平，新特性出现在一个生态、经济或其他系统中。在此水平，在较低水平可以适用的基于关系式的预测就无效了。
转折点	Tipping point	指发生不可逆转新发展的关键时刻。
最大日负荷总量	Total maximum daily load	指水体保持水质和可利用前提下，可接纳的污染物总量。
传统或者当地生态知识	Traditional or local ecological knowledge	指学问、专门知识、实践的累积载体，或者是受自然环境长期影响的人们发展而来的陈述。
（自然资源）常规利用	Traditional use (of natural resources)	指由本地人或使用传统方法的非本地居民开发自然资源。本地使用指由本地居民对自然资源开发。
营养级	Trophic level	指食物随着食物链间的联系连续变动的过程。根据简单化的图解，主要生产者（浮游植物）组成了第一营养级，食草动物是第二营养级，食肉动物构成了第三营养级。
城市扩展	Urban sprawl	指城市核心带通过无限外延、逾越城市边界的扩散发展。在城市边界地带，低人口密度和商业发展加剧了土地使用权的分散。
城市系统	Urban systems	指人口密度高的人造环境。实际上定义为，人口密度最少在每平方千米400～1 000人，最小面积应容纳1 000～5 000人，最大（非）农业雇用人数通常在50%～75%的人类居住地。
城市化	Urbanization	指城市人口占总人口比例的增加过程。
自愿协议	Voluntary agreement	指政府和商界之间的协议，或是以实现环境目标或改进环境绩效为目的私人部门被政府所承认的单方面承诺。
脆弱性	Vulnerability	指处于危险中人的内在特征。它是暴露在特定环境（如流域、内陆、家庭、村庄、城市或家乡）中，对产生的影响具有揭发和敏感的能力，或无法对付和适应。它是多方面的、多学科的、多部门的和动态的。所说的暴露状况是指灾难，如干旱、冲突、价格大幅波动，也暗指社会经济、制度和环境条件。
废水处理	Wastewater treatment	指为降低污染水平改变废水质量所采用的所有机械、生物和化学过程。
水质	Water quality	指水的化学、物理和生物特征，通常由特定目的决定适当水质水平。
水资源短缺	Water scarcity	指年水供给降到每人1 000 m^3以下，或者超过40%的可用水资源被使用的情况。
水资源紧张	Water stress	指由于供水紧张限制了食品生产、经济发展和影响人类健康情况下的水资源状况。如果年水供给降到每人1 700 m^3以下，一个地区就处于水资源紧张。
地下水位	Water table	指蓄水层饱和部分最上层水面。
西尼罗河病毒	West Nile virus	指一种蚊子传播的病毒，会引起西尼罗河高烧。它是黏菌病毒的一种，也可以引起登革热、黄热病和虱子传播的脑炎。
湿地	Wetland	指沼泽地、沼池、泥炭地、泥沼或水区，不论是自然的还是人工的，永久的还是短暂的，水是流动的还是静止的，淡水、淡盐水还是盐水，湿地还包括海水潮汐深度不超过6 m的海区。
林地	Woodland	指林木地，不属森林，它面积大于0.5 hm^2，树高5 m以上，盖度高于10%，或树能达到生长临界值，或灌木、树丛和树的综合盖度在10%以上。它也不包括以农业和城市用地为主的地区。

图书在版编目（CIP）数据

全球环境展望 4：旨在发展的环境 / 联合国环境规划署编．—北京：中国环境科学出版社，2008.3
ISBN：978-7-80209-688-2
Ⅰ．全… Ⅱ．联… Ⅲ．全球环境—研究报告 Ⅳ．X21

中国版本图书馆 CIP 数据核字（2008）第 014197 号

出版发行 中国环境科学出版社
（100062 北京崇文区广渠门内大街 16 号）
网　　址：http://www.cesp.cn
联系电话：010-67112765（总编室）
发行热线：010-67125803
印　　刷 北京中科印刷有限公司
经　　销 各地新华书店
版　　次 2008 年 3 月第一版　2008 年 3 月第一次印刷
开　　本 210 mm × 275 mm
印　　张 34.5
字　　数 1 000 千字
定　　价 208.00 元